FORTSCHRITTE DER BOTANIK

BEGRÜNDET VON FRITZ VON WETTSTEIN

UNTER ZUSAMMENARBEIT
MIT MEHREREN FACHGENOSSEN
UND MIT DER
DEUTSCHEN BOTANISCHEN GESELLSCHAFT

HERAUSGEGEBEN VON

ERNST GÄUMANN u. OTTO RENNER
ZÜRICH   MÜNCHEN

VIERZEHNTER BAND
BERICHT ÜBER DAS JAHR 1951

MIT 75 ABBILDUNGEN

SPRINGER-VERLAG
BERLIN · GÖTTINGEN · HEIDELBERG
1953

ISBN-13: 978-3-540-01694-6   e-ISBN-13: 978-3-642-94606-6
DOI: 10.1007/978-3-642-94606-6

Inhaltsverzeichnis.

---

[1] Der Beitrag folgt in Bd. XV.

---

[1] Der Beitrag folgt in Bd. XV.

A. Morphologie.

1. Morphologie und Entwicklungsgeschichte der Zelle.

Von Lothar Geitler, Wien.

Mit 2 Abbildungen.

Protisten. Den im einzelnen noch immer nicht aufgeklärten Zellbau der Cyanophyceen behandelt Bringmann [1951 (1)] mit moderner Methodik (einschl. Elektronenoptik) und gelangt zu der Auffassung, daß Desoxyribosenukleinsäure-haltige Körper vorhanden wären („Karyoide"; NB: der Ausdruck ist für Einschlüsse in den Chromatophoren der Conjugaten vergeben). Diese Körper betrachtet Bringmann als Kernäquivalente — wie dies bisher schon von anderen Autoren für die von ihnen gefundenen feulgenpositiven Strukturen geschehen ist — und meint im besonderen, daß sie mit gewissen Bildungen mancher Bakterien vergleichbar wären. Ihr starkes Schwanken in Zahl und Größe, das die Abbildungen des Autors zeigen, warnt aber wohl vor zu weitreichenden Schlüssen. — In den Membranscheiden weist Bringmann [1951 (2)] elektronenoptisch eine Maschenstruktur nach, die vielleicht mit lichtoptisch festgestellten Strukturen übereinstimmt. Die Bilder lassen die Möglichkeit offen, daß es sich um zusammengefallene Scheiden handelt, deren bekannter Schraubenbau bei Projektion in der Ebene rhombische Netzmaschen nur vortäuscht.

Modrone und Modrone weisen für Bakterien eine Abhängigkeit der Chromatinstrukturen von der Höhe der Teilungsfrequenz nach. — De Lamater und Hunter glauben bei Bakterien echte Kerne mit typischer Mitose und Centriolen gesehen zu haben; die Angaben sind nur durch Photographien belegt, die keine Einzelheiten erkennen lassen und ebensowenig wie der Text überzeugen.

Bei der Spermiogenese von *Chara* lassen sich vier Phasen der Kernveränderungen nach der letzten Mitose unterscheiden (Delay). Wesentlich scheint dabei das unterschiedliche Verhalten eu- und heterochromatischer Abschnitte der Chromosomen zu sein. Der reife Kern erscheint homogen und ist doppelbrechend. Der Fixierungszustand dürfte, soweit die Abbildungen dies zeigen, kein optimaler gewesen sein.

In eingehenden Untersuchungen und unter Verwendung des Nachweises von Ribonukleinsäure, Proteinen, Phosphatiden und Polysacchariden, unterstützt von Regenerationsexperimenten, weist Stich für *Acetabularia* nach, daß die Kern- und Nukleolengröße innig mit dem Grad der Eiweißsynthese im Plasma zusammenhängt. Zellen mit starker Plasmavermehrung haben, weitgehend unabhängig von ihrer Größe, große Kerne, solche mit gehemmter Eiweißsynthese kleine.

Das Prinzip der rechtwinkeligen Schneidung von Scheidewänden ist, mehr oder weniger deutlich mechanisch bedingt, für das Entstehen dreidimensionaler Zellverbände auch bei Protisten maßgebend [GEITLER 1951 (1)]. Es setzt sich z. B. auch im Fall der Palmellabildung von Euglenen, trotz deren fixierter Polarität der Protoplasten, durch; der fixen Achsenlage wird durch Drehungen der Protoplasten innerhalb der die Anordnung mechanisch bestimmenden Membranen Genüge geleistet. Verschiedene Flagellaten- und Algentypen zeigen je nach Festigkeit der Membranen Modifikationen. Bei der Cyanophycee *Merismopedia* herrschen an den Ecken der quadratisch-tafelförmigen Kolonien besondere Wachstumsbedingungen, die sich aber dennoch nicht in der Lage der Scheidewände ausdrücken.

Eine neuerliche Untersuchung der Mitose von *Navicula radiosa* (Diatomee) und verwandter ergibt einen auffallend hohen Grad von Heterochromasie der Chromosomen [GEITLER 1951 (2)]. Die Folge ist die Bildung eines riesigen Sammelchromozentrums im Ruhekern. In der Metaphase zeigt sich eine bezeichnende Trennung der Centromeren: die Tochtercentromeren gehen schon präanaphasisch polwärts auseinander; ähnliches kommt offenbar nicht nur auch bei anderen Diatomeen, sondern auch bei Tieren mit Zentralspindelmitose vor.

An einer neuen Polymastiginee *Notila* beschreibt CLEVELAND neuerlich eine Meiose in einem Teilungsschritt; sie erfolgt nach der Syngamie und vor der Kernfusion (die Gameten wie die vegetativen Individuen sind diploid; vgl. dazu Fortschr. Bot. **13**, 6).

Zellteilung. In einer zusammenfassenden, kritischen Darstellung, die notwendigerweise auch die Verhältnisse bei den Tieren berücksichtigt und viel Neues bringt, behandelt MÜHLDORF die vielfältigen Phänomene, die sich an die Zellteilung einschl. Membranbildung knüpfen. Es werden grundsätzlich unterschieden Durchschnürung und Teilung unter Bildung plasmogener Scheidewände. Fälle reiner Durchschnürung bieten z. B. die Amöben und nackten Flagellaten. Im Fall der tierischen Eifurchung (und bei vielen Protisten) handelt es sich meist nur im Beginn um eine Durchschnürung; sie wird später durch zentripetal sich entwickelnde plasmatische Zellplatten abgelöst. Den Begriff „Furchungsteilung" als allgemeine Bezeichnung für einen Typus zentripetaler Teilung, der unter totaler Durchschnürung verläuft oder mit Durchschnürung beginnt und sich dann unter Membranbildung fortsetzt, wie ihn Ref. aus vergleichend-entwicklungsgeschichtlichen Gründen verwendet, lehnt MÜHLDORF ab; erst recht seinen Mißbrauch als Ausdruck für eine Kammerung oder Fächerung einer Mutterzelle in mehrere kleine Tochterzellen (hiergegen wendet sich neuerdings auch TROLL). MÜHLDORF legt also weniger Gewicht darauf, ob die Teilung zentripetal oder -fugal verläuft, als auf den Umstand, ob sie mit Zellplatten- oder Membranbildung verbunden ist oder nicht, und unterscheidet demnach als Untergruppen der Teilung mit Scheidewänden solche mit zentripetalem und zentrifugalem Verlauf. Die Darstellung gibt im übrigen nicht nur ein allgemeines Bild, sondern umfaßt auch eine große Zahl spezieller Fälle, wobei die physikalischchemische Betrachtungsweise im Vordergrund steht. In dem Kapitel über die Ursachen der Ausrichtung der Teilungsebene wird das Problem übersehen, das die „2. Teilung" in kugelrunden Zellen bietet (S. 114, 115; vgl. dazu Fortschr. Bot. **12**, 2, VOGL).

Mitochondrien. An tierischen Objekten weisen ZOLLINGER und MÜHLETHALER, MÜLLER und ZOLLINGER, z. T. elektronenoptisch, eine Differenzierung der Mitochondrien in einen Körper und eine artifiziell abhebbare Membran nach. Der Körper enthält Ribonukleoproteine. — In Form eines Sammelreferats behandelt NEWCOMER die Morphologie und Physiologie. Die sog. Dualität der Mitochondrien bei „den Pflanzen" — die einen bleiben Mitochondrien, die anderen werden zu Plastiden — wird erneut aufgewärmt, was u. a. auf der Nichtberücksichtigung der Protisten beruht. Die Sachlage ist längst geklärt: die Plastidenanlagen der Angiospermen — und nur dieser — sehen Mitochondrien ähnlich, sind aber trotzdem — wie im ganzen Pflanzenreich — keine Mitochondrien (Fortschr. Bot. **12**, 3). Da das Auftreten von Ribonukleinsäure immer mit Selbstreproduktion verbunden erscheint, ist diese auch für die Mitochondrien nach NEWCOMER anzunehmen. Funktionell dürften die Mitochondrien der Sitz der respiratorischen und hydrolytischen Enzyme sein. Auf mögliche Beziehungen zu den Plasmagenen kann hier nicht eingegangen werden.

Chromosomen. Telozentrische Chromosomen. Bei *Phleum echinatum* findet sich je Chromosomensatz ein echt telozentrisches Chromosom (ELLERSTRÖM und TJIO). Daß wirklich ein terminales Centromer vorliegt, ergibt sich aus dem Nachweis des Vorhandenseins der charakteristischen vier centromerischen Chromomeren in der Metaphase (Fortschr. Bot. **13**, 13). — In einer Population von *Campanula persicifolia* finden DARLINGTON und LA COUR zwei durch misdivision entstandene telozentrische Chromosomen. In Kreuzungen entstehen durch sekundäre misdivision aus telozentrischen Chromosomen Isochromosomen, die instabil sind oder als überzählige durch Pollen und Eizellen weitergegeben werden[1].

SAT-Chromosomen. Bei *Campanula persicifolia* kommt ein Chromosom mit auffallend langer primärer Einschnürung vor (LA COUR). Sie erklärt sich aus der extrem proximalen Lage der SAT-Zone (des „nucleolar organiser"). Für *Pisum* ist in Bestätigung älterer Beobachtungen HÅKANSSONS und LEVANS anzunehmen, daß der Nukleolus unmittelbar vom Centromer selbst gebildet wird. Hier ist im übrigen der Fall gegeben, daß alle Chromosomen Nukleolen bilden, und zwar an der Stelle des Centromers, ohne daß aber eine Verlängerung der primären Einschnürung erfolgt.

B-Chromosomen (vgl. Fortschr. Bot. **13**, 13) wurden auch bei *Phleum phleoides* nachgewiesen (BÖCHER); sie zeigen vor der Meiose

---

[1] Andere wichtige Ergebnisse der Untersuchungen gehören in das Kapitel „Cytogenetik".

somatische non-disjunction und können Inversionen besitzen. — HÅKANSSON untersucht das Verhalten im Bastard *Godetia nutans* × *Whitneyi*; in der Wurzelspitze, auch derselben Pflanze, tritt eine beträchtliche Zahlenvariation der Chromosomen sowie Brückenbildung, Fragmentbildung und Elimination auf.

Auf eine große Zahl neu festgestellter und mehr oder weniger eingehend untersuchter Chromosomenmutationen und sonstiger Pathologien, die in verschiedener Hinsicht von Interesse sind, kann hier nur summarisch hingewiesen werden [D'AMATO 1950 (1), BATTAGLIA 1950 (4), BÖCHER, BRUHIN — spontane Anomalien an Wildformen von *Crepis*, die oft die Homologen gleichzeitig am gleichen locus betreffen, LA COUR, DARLINGTON, DARLINGTON und McLEISH, EHRENBERG et alii — Wirkung von Radiophosphor, DEUFEL, GOTTSCHALK 1951 (1), MARQUARDT, OEHLKERS und LINNERT, SAX, SPARROW und MALDAWER, SPARROW und SPARROW]. Die Agglutination (sticky-Effekt, Verklebungsbrücken u. a.) behandeln eingehend PINTO-LOPES und RESENDE, DOLCHER, RESENDE, SALORD, BRUHIN. Agglutination tritt auch als Wirkung der Behandlung mit Natriumnukleat auf (PÄTAU).

Luzula (Fortschr. Bot. **13**, 10). Durch Colchizinierung erhielten SAMPAYO, CASTRO und GARDÉ drei Pflanzen von *Luzula purpurea*, die in den PMZ die verdoppelte Chromosomenzahl enthielten; die Dyadenkerne besaßen ausnahmslos 12 Chromosomen, die Tetradenkerne überwiegend 6, und es entwickelten sich normale, aber diploide Mikrosporen. Verschiedene Anomalien kommen vor. — Für die Determination bei der 1. Mitose im Pollenkorn, die ALMEIDA und SAMPAYO an *Luzula purpurea* untersuchten, scheinen die gleichen Verhältnisse wie bei anderen Angiospermen maßgebend zu sein; entscheidend ist die Lage der Spindel bzw. die verschiedene Lage der Telophaseplatten in verschiedenem Plasma. — Zusammenfassend behandelt DE CASTRO neben Bekanntem (diffuses Centromer) eine nach seiner Meinung vermutlich bestehende Beziehung zwischen dem Auftreten von Postreduktion und der bei *Luzula*, Rhynchoten u. a. bestehenden charakteristischen Chromosomenorganisation.

Heterochromatin. HÖVERMANN untersuchte die Wirkung von Aminosäuren, Pepton, Glucosamin, Hydroxylamin, Arginin und Histidin auf die Chromozentren in den Wurzeln von *Impatiens* und *Sinapis*, die in steriler Organkultur gezogen wurden. Außer Hydroxylamin und Histidin bewirken die Substanzen eine Zunahme der Größe und der Färbbarkeit der Chromozentren bei gleichbleibender Größe der Kerne und Erhaltenbleiben des diploiden Zustands. — Bei vier Cruciferen (Brassiceae) fand REITBERGER in verschiedenen primären Meristemen gute Übereinstimmung der Chromozentrenzahl mit der Chromosomenzahl, und zwar in haploiden, diploiden, triploiden, 3n + 2-, 8-, 16- und 32-ploiden Ruhekernen der Gameto- und Sporophyten (die polyploiden Stufen wurden durch Colchizinierung gewonnen). Das Ergebnis erklärt sich offenbar daraus, daß jedes Chromosom proximales Heterochromatin besitzt, welches je Chromosom ein Chromozentrum ergibt; es liegen also Prochromosomen vor.

Meiose. Eine übersichtliche, mehr nomenklatorischen Zwecken dienende Zusammenstellung der eigenartigen Meiosetypen, die sich bei Cocciden (Homopteren) finden, gibt BATTAGLIA [1950 (3)]; die Chromosomen sind bekanntlich durch den Besitz eines diffusen Centromers ausgezeichnet. — Im Anschluß an die Untersuchungen BROWNS (Fortschr. Bot. **13**, 17) beschreibt BARTON an den distalen Enden der euchromatischen Chromosomenarme je ein „Telochromomer".

Bei *Trillium*-Arten ergibt die Analyse der meiotischen Paare nach MATSUURA Bilder, die nach der neo-two-plane-Theorie leicht, nach der Chiasmatypietheorie kaum interpretierbar sind und die die Möglichkeit belegen, daß reduktionelles und äquationelles Öffnen der Chromatiden erfolgt, daß sich die gepaarten Centromeren reduktionell und äquationell trennen und daß sich die Chromosomen der ganzen Länge nach, einschließlich der Centromeren, paaren, und zwar auch in Trivalenten. — MATSUURA und KURABAYASHI beschreiben an *Trillium*-Arten gelegentlich auftretende meiotische Assoziationen von Centromeren Nichthomologer und schließen, daß alle Centromeren, auch die inhomologer Chromosomen, „homolog" sind, d. h. gleiche Struktur besitzen und gleiche Anziehung ausüben, ferner, daß die Chromosomenpaarung außerhalb der Centromeren beginnt und diese sich nur passiv paaren, und daß ebenso die Trennung außerhalb der Centromeren einsetzt.

Mitosemechanik. Eine außerordentlich lesenswerte kritische Übersicht gibt SCHRADER, deren wesentlicher Inhalt ist, daß weder die Taktoidhypothese noch die der Eiweißketten (welche die Spindelfasern aufbauen und sich einfalten und glätten) ein Bild vom Bau der Spindel geben kann, das ihr Verhalten und das der Chromosomen befriedigend verständlich machen kann und allen Beobachtungstatsachen gerecht wird (vgl. Fortschr. Bot. **12**, 13). Dies liegt allerdings vielleicht daran, daß unsere physikalisch-chemischen Vorstellungen von Taktoiden und Eiweißketten noch nicht so weit, wie es nötig wäre, gediehen sind. Jedenfalls ist jede neue cytologische Beobachtung, welche die empirischen Kenntnisse erweitert, wertvoll. SCHRADERS Mitteilung zeigt aber u. a., wie viele schon bekannte cytologische Tatsachen von theoretisierenden Autoren nicht berücksichtigt werden. Hierher gehört z. B. das Verhalten von *Humbertiella* (Fortschr. Bot. **13**, 12) und das Verhalten von *Barbulonympha*, bei der die extranukleäre, cytoplasmatische Spindel fähig ist, während der gesamten Mitose die intranukleär (im geschlossenen Kern) verbleibenden Chromosomen an ihren Centromeren zu bewegen. Überhaupt bieten Protisten und Tiere eine viel größere Mannigfaltigkeit der Spindelausbildung und des Bewegungsverhaltens als höhere Pflanzen; mit dem Hinweis, daß es sich um hochspezialisierte Verhaltensweisen handelt, lassen sich solche Fälle nicht einfach abtun. Der Taktoidhypothese im besonderen erwachsen große Schwierigkeiten aus dem Auftreten funktionierender, gekreuzt einander durchdringender Spindeln, der Eiweißketten-Faser-Hypothese aus der seitlichen Verschiebbarkeit der Chromosomen in der Spindel. Ganz allgemein darf nicht vergessen werden, daß in der Spindel auch Nukleolen — für die kein Centromerenmechanismus existiert — sich wie Chromosomen bewegen und sich teilen (durchschnüren) können, wobei die Teilprodukte auf zwei Pole verteilt werden.

Das Problem der Koorientierung, d. h. der Einnahme der charakteristischen Lage der Centromeren der Chromosomen in der ersten Metaphase, behandelt in Fortsetzung seiner früher entwickelten Vorstellungen eingehend ÖSTERGREN [1950 (1)] an Angiospermen. Auf Grund der gegebenen Voraussetzungen — Polarität des Centromers, Zugwirkung zwischen Spindelpol und kinetischer Seite des Centromers (Fortschr. Bot. **13**, 12), Befestigung der Centromeren an der Spindel derart, daß Drehungen möglich sind — gelangt ÖSTERGEN zu der Auffassung, daß die metaphasische Lage auf dem Weg einer Einpendelung erreicht wird (ein solches Einpendeln ist in dem Zeitrafferfilm von MICHEL — 1934 — an Spermatozyten von *Psophus* unmittelbar sichtbar). Aus dem gleichen Prinzip lassen sich auch die Zickzackketten von *Oenothera* und *Rhoeo* verstehen. Für das meiotische Geschehen überhaupt ist, im Gegensatz zur Mitose, bezeichnend, daß Tochtercentromeren auf einer Seite liegen. Als Ursache dieser Anordnung ist abweichende Spiralisierung anzunehmen; bemerkenswerterweise ist die primäre „Einschnürung" in der ersten meiotischen Teilung nicht oder kaum als „Einschnürung" ausgebildet; sie ist, wie dies ÖSTERGREN [1950 (2)] nennt, „isopyknotisch" entwickelt, d. h. sie unterscheidet sich — im Gegensatz zu positiver oder negativer Heterochromasie — nicht vom übrigen Chromosomenkörper.

Endomitose, Kernwachstum. Eine Übersicht mit Nomenklaturvorschlägen gibt BATTAGLIA [1950 (65)]. Dem Ref. scheinen die Ausführungen nicht ganz das Richtige zu treffen. BATTAGLIA unterscheidet koordiniert „Monoreproduktion" (der Chromosomen), d. i. der „normale" Vorgang, der von einer gewöhnlichen Mitose („Eumitose") gefolgt wird; 2. eine „Polyreproduktion" (Vervielfachung der Chromosomen oder Chromonemen), gefolgt von einer „Mitose mit Diplochromosomen" oder einer „Mitose mit Polychromosomen"; 3. die „Endomitose", mit welchem Namen der Habitus des Ablaufs der Endomitose bei *Gerris* — genauer überhaupt bei Heteropteren und Homopteren, bei *Gordius*, Schnecken und Asseln — gemeint ist; irrtümlicherweise zählt BATTAGLIA hierher auch die defekten Mitosen im Tapetum von *Spinacia* (vgl. Fortschr. Bot. **12**, 6; **13**, 18). In Wirklichkeit ist BATTAGLIAS „Endomitose" nur ein bestimmter Aspekt der „Polyreproduktion", und gegenüberzustellen sind die beiden Begriffe „Mitose" und „Endomitose"; um eine Endomitose handelt es sich genau so gut im Falle der Heteropteren usw. wie der Dipteren und der Angiospermen; bei letzteren hat sie selbst noch niemand verfolgt oder gesehen (abgesehen von den älteren Angaben — 1941 — des Ref. für *Trianea*; vgl. Fortschr. Bot. **12**, 5, 6). Wie die Chromosomen in der auf die Endomitose eventuell folgenden Mitose in Erscheinung treten — isoliert oder als Diplo- bzw. Polychromosomen mit zusammenhängenden Centromeren (?) oder durch Heterochromatin zusammengehalten, ist eine ganz andere Frage.

Über die Endopolyploidie in Dauergeweben von Angiospermen liegen mehrere eingehende Untersuchungen vor. Mit Hilfe der Auslösung von Mitosen mittels Natrium-2,4-Dichlorophenoxyazetat findet D'AMATO [1950 (3)] in den Wurzeln von zwei *Crinum*-Arten nur Diploidie, in den Wurzeln von *Allium, Bellevalia, Muscari* und *Hyacinthus* übereinstimmend in der Rinde vorwiegend Tetraploidie (vereinzelt auch 2n- und 8n-Kerne), im Perizykel und Prokambium Diploidie, im Zentralzylinder überwiegend Tetraploidie. In der tetraploiden Prophase treten Diplochromosomen mit Zusammenhalt der Centromeren bis zur Metaphase auf, oder es erfolgt Trennung ,,just at the beginning of prophase" (wer weiß, ob sie vorher zusammenhielten? Ref.). Im zweiten Fall ist ein Zusammenhalt bis zur Prometaphase durch relational coiling gegeben[1]. — HOLZER löste an 27 verschiedenen Angiospermen mit Heteroauxin Mitosen in den Dauergeweben der Wurzeln aus. Bei 15 Arten bestehen die Dauergewebe aus tetra-, okto- und seltener auch aus 16-ploiden Zellen; die anderen 12 Arten behalten anscheinend rein diploide Wurzeln. Das Verteilungsbild der Polyploidie ist im allgemeinen für die Art charakteristisch, verwandte Arten stimmen aber im wesentlichen überein. — Endopolyploidie ist auch ausgiebig im Stamm, und zwar im Mark wie in der Rinde von *Vicia faba* mittels Indol-3-Essigsäure-Stimulation nachweisbar (COLEMAN). Dabei zeigt sich ein deutlicher Unterschied zwischen Knoten und Internodien: im Mark steigt die Zahl der polyploiden Mitosen (meist 4n, seltener 8n) von den Knoten bis zur Mitte der Internodien um ein Vielfaches an. Sowohl im Mark wie in der Rinde besteht im allgemeinen in der Prophase ein enger Zusammenhalt der Schwesterchromosomen, doch finden sich in der Rinde auch isolierte Chromosomen[2]. Ob die Centromeren zusammenhalten oder nicht, wird nicht angegeben. Doch findet COLEMAN in Wiederholung der bekannten Versuche LEVANS an *Allium cepa*, daß auch hier, entgegen LEVANS Angaben, die Centromeren getrennt liegen (abgebildet ist nur eine Prometaphase). Erstaunlich ist die durch gute Photographien belegte Angabe, daß in der Wurzelrinde von *Vicia* in der Prophase echte Chiasmen auftreten. — In Keimlingen von *Lathyrus* und *Lens* findet DOLCHER [1950 (2)] nach Behandlung mit 2,4-Dichlorophenoxy-Essigsäure in Sproß und Wurzel neben diploiden auch tetra- und oktoploide Mitosen; bei *Lens* ist auch die Epidermis des Stammes polyploid (Epidermen ließen sich bisher nicht stimulieren, ihre Kerne sind zufolge ihrer Größe und Struktur — abgesehen von Epidermen von Samen — in der Regel als diploid anzusprechen). In der Prophase treten teils Einzelchromosomen, teils Diplochromosomen auf, und der Autor gibt sogar Quadruplochromosomen an, von denen er ausdrücklich betont, daß sie ein ungeteiltes

---

[1] Bedauerlich ist, daß — wie auch in anderen ähnlichen Fällen — als Belege nur Photographien gebracht werden, die zwar sehr schön sind, aber dem Beschauer nicht das zeigen, was sie zeigen sollten und nur Zeichnungen zeigen könnten.

[2] Irrtümlicherweise spricht COLEMAN dauernd von ,,Homologen" statt von Schwesterchromosomen.

Centromer besaßen. — In den Wurzeln von *Allium cepa* findet THER-
MAN [1951 (2)] in tetra- und oktoploiden Prophasen teils Diplochromosomen, teils einfache, was sie durch die Annahme deutet, daß die
Wuchsstoffbehandlung die Kerne in verschiedenen Stadien der Endomitose überrascht hat. Außerdem werden in großer Zahl Fragmente
und Brücken beobachtet (ob die verwendete Substanz nicht vielleicht
verunreinigt war?). Die Schlußfolgerung jedenfalls, daß die chromosomalen Abnormitäten reelle Anzeichen für das Vorhandensein in-
aktivierter Gene und der Ausdruck der Gewebedifferenzierung als
solcher wären, entbehrt wohl jeder Grundlage. Es ist auch nicht richtig,
daß „all differenciated plant tissues", die daraufhin untersucht wurden,
endopolyploid sind.

Besondere Verhältnisse herrschen in Endospermen. Bei *Zea* (DUN-
CAN und ROSS) erfolgt im Zusammenhang mit der gesteigerten physiologischen Aktivität eine beträchtliche endomitotische Vergrößerung
der Kerne (vgl. auch GEITLER 1948 für *Gagea*). Die vergrößerten Kerne
enthalten eine Art polytäner Chromosomenkomplexe, — offenbar
ähnlich wie im Suspensorhaustorium von *Lupinus* (GEITLER 1941).
Da keine Mitosen mehr ablaufen und sich auch keine mit den geläufi-
gen Mitteln auslösen lassen, kann die Frage nicht sicher entschieden
werden, ob die Kerne polyploid sensu stricto sind (der primäre Endo-
spermkern ist bei *Zea* triploid). Daß aber entsprechend der triploiden
Ausgangszahl nur 6 „knobs" (heterochromatische Abschnitte 3mal
zweier Chromosomen) erkennbar sind, beweist, entgegen der Ansicht der
Autoren, nicht, daß nur sechs — polytäne — Chromosomen vorhanden
sind; es könnten auch entsprechend der erhöhten Chromonemenzahl viele
Chromosomen vorliegen, wie dies bei *Sauromatum* (GRAFL 1939) nachweisbar der Fall ist und wohl auch für *Lupinus* gilt, — beide Objekte
mit Heterochromatin, das einen Zusammenhalt im Ruhekern bewirkt.
Die Kerne verhalten sich im übrigen wohl grundsätzlich so wie die von
Gagea und *Scilla* (GEITLER 1948), und wie im Fall von *Gagea* erfolgt
auch bei *Zea* eine — nicht weiter aufgeklärte — V e r k l e i n e r u n g der
Kerne in den späteren Entwicklungsstadien des Endosperms.

N i c h t s mit eigentlichen Endomitosen zu tun haben, wie mehrfach ausgeführt (vgl. z. B. Fortschr. Bot. **12**, 6; **13**, 18), die defekten,
mit C-Mitosen und anderen Anomalien vergleichbaren Mitosen im
T a p e t u m. Dies zeigen erneut die eingehenden Untersuchungen AVANZIS
am Tapetum von *Solanum tuberosum*, die freilich die Autorin selbst
Endomitosen nennt, weil sie habituell ähnlich aussehen wie die Endomitose bei *Gerris* („according to the typical scheme of *Gerris*", — er-
gänze: und Rhynchoten, *Gordius* usw.). Es finden sich alle Übergänge
zwischen normalen Mitosen, Restitutionskernbildungen, Spindel-
fusionen und Kernfusionen, was bei Unterbleiben der Zellteilung kombiniert mit mehreren aufeinanderfolgenden Mitosen zu einer großen
Mannigfaltigkeit führt; es finden sich z. B. Tapetumzellen mit vier
tetraploiden Kernen oder mit zwei oktoploiden oder einem 16-ploiden
Kern oder zwei 16-ploiden Kernen usw. (Abb. 1). Zu analogen Ergebnissen, aber einer etwas anderen Interpretation, gelangt CARNIEL

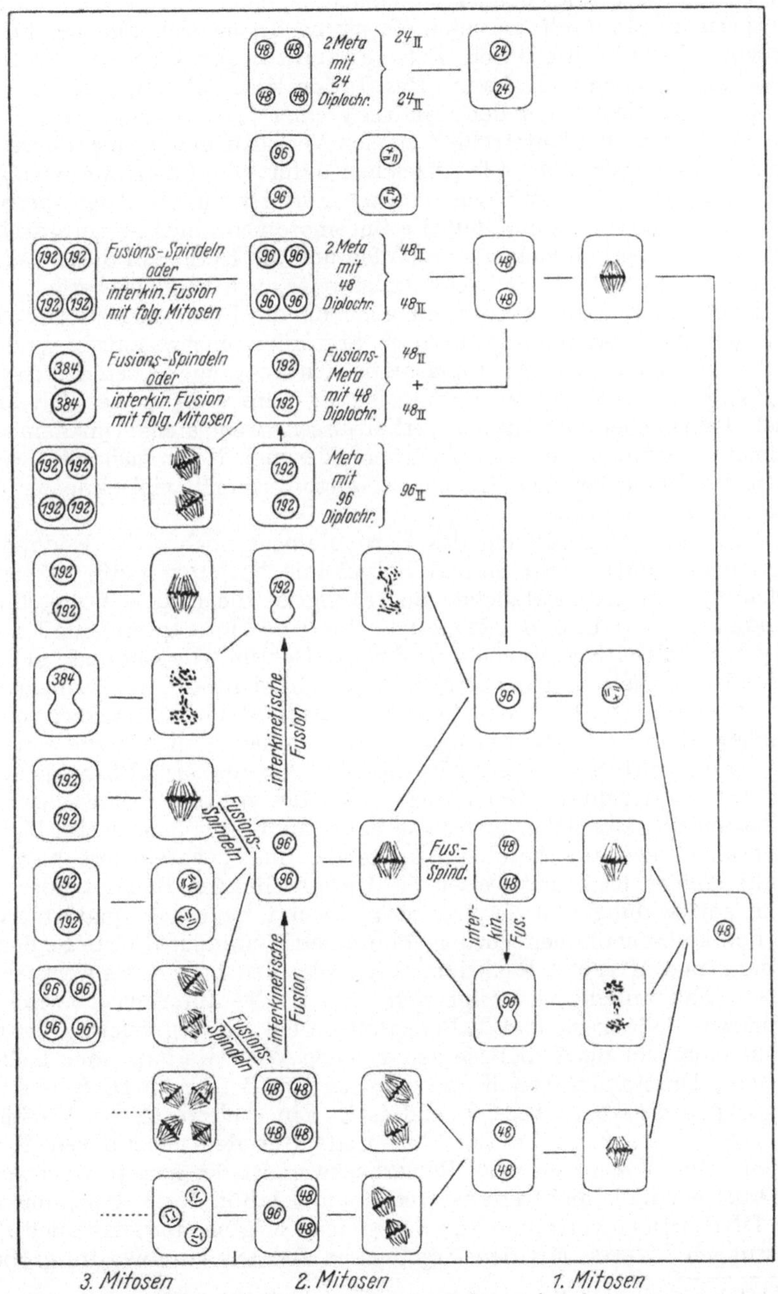

Abb. 1. Verschiedenartiger Ablauf von Mitosen, defekten Mitosen, Restitutionskernbildungen, Spindel- und Kernfusionen im Tapetum von *Solanum tuberosum*, die zu verschiedenen Kernzahlen und verschieden polyploiden Kernen führen. — Nach AVANZI.

auf Grund der vergleichenden Untersuchung einer großen Zahl von Angiospermen. Im mehrkernigen Tapetum finden sich alle möglichen Polyploidiegrade, die durch Mitosehemmungen im weitesten Sinn zustande kommen (z. B. kann „Restitutionskern"bildung schon in der Prophase erfolgen, was den Eindruck einer „*Gerris*-Endomitose" erwecken kann). Im Unterschied zu den Verhältnissen im mehrkernigen Tapetum sprechen aber alle Anzeichen dafür, daß im einkernigen Tapetum wirklich Endomitosen, und zwar in der für die Angiospermen typischen Weise — ohne daß die Chromosomen einen $\pm$ mitotischen Formwechsel durchmachen — ablaufen und die Kerne auf diesem Wege tetra- oder oktoploid, vielleicht stellenweise auch 16-ploid werden.

Nach allem steht es nunmehr auch für die Pflanzen fest, daß eine anatomische Beschreibung im alten Sinn nicht mehr genügt, sondern daß — in Analogie zur „protoplasmatischen Anatomie" — eine „karyologische Anatomie" zu fordern ist. Es wäre wohl an der Zeit, daß auch Lehrbücher von diesen Verhältnissen, wenigstens von dem allgemeinen Prinzip der Gewebedifferenzierung, Notiz nehmen, wenn auch die Dinge bei den Pflanzen erwartungsgemäß viel einfacher als bei den Tieren liegen.

Daß eine Vergrößerung des Kernvolumens noch nicht Endopolyploidie und auch nicht einmal Polyploidie bedeuten muß, ist lange bekannt. Von grundsätzlicher Bedeutung ist die exakte Feststellung SCHRADERS und LEUCHTENBERGERS (für eine Heteroptere), daß auch rhythmisches Kernwachstum, das die Deutung als Endopolyploidie besonders nahelegt, ganz anders, nämlich nicht durch Vermehrung der Chromosomen bzw. des feulgenpositiven Materials (Desoxyribose-Nuklein-Säure, — DNS) erfolgen kann, sondern daß sich die extrachromosomalen Proteine in dieser Weise und unabhängig von der DNS vermehren. Nach dieser Art des echten Kernwachstums verhalten sich zweifellos auch viele Fälle, die Ref. früher als auf bloßer Kernsaftvermehrung beruhend aufgefaßt und bagatellisiert hat. — In die gleiche Richtung weisen die Untersuchungen BRYANs über die Pollenentwicklung von *Tradescantia*, die mit moderner quantitativer Methodik vorgenommen wurden (Photometrie, standardisierte Feulgenfärbung und MILLONS Reaktion usw.). Was den DNS-Formwechsel in diesem Fall anlangt, so zeigt sich, daß in der Interphase zwischen primärem Pollenkern und 1. Pollenmitose ein Anstieg erfolgt, der bis unmittelbar vor der Prophase den 4fachen Wert des haploiden Satzes erreicht. Die haploiden Kerne erhalten den Betrag an DNS, der für den diploiden Satz bezeichnend ist[1]. Ein weiterer Anstieg erfolgt im vegetativen Kern bis zur Pollenreife (für den generativen Kern liegen keine Messungen vor). Bemerkenswert ist der exakte Nachweis, der aber ebenfalls nicht unerwartet kommt, daß in der 1. Pollenmitose die DNS äqual verteilt wird; das gleiche zeigten übrigens auch die Messungen SWIFTs. Mit den Ergebnissen BRYANs stimmen im großen

---

[1] Dies kommt vielleicht nicht so unerwartet, wenn man bedenkt, daß die Chromosomen in der Pollenmitose oft deutlich größer als in somatischen Geweben sind.

ganzen auch die von OGUR u. Mitarb. an der Pollenbildung von *Lilium* erhobenen Befunde überein. — Sowohl BRYANS und OGURS Ergebnisse wie auch die SCHRADERS und LEUCHTENBERGERS (Fortschr. Bot. **13**, 19) zwingen nicht, Polytänie der Chromosomen anzunehmen (vgl. Fortschr. Bot. **13**, 18, 19), da die Werte nicht oder nicht immer deutlich in multiplen Proportionen stehen, also, wenn eine fixe Mengenbeziehung zwischen DNS und Chromonema angenommen wird, zumindest keine synchrone Reduplikation der Chromonemen nachgewiesen ist. BRYAN hält eine asynchrone Reduplikation allerdings für möglich. Auffallend ist, daß SWIFT Werte findet, die durch BRYAN und OGUR nicht bestätigt werden, die aber eine Interpretation als Polytänisierung nahelegen. So erhält er bei Maisrassen und *Tradescantia*-Arten in verschiedenen Dauergeweben Werte von 2, 4, 8, 16, 32 gegenüber dem haploiden Bestand. Bei *Zea* finden sich beispielsweise in der „root elongation zone" Werte für Ruhekerne (der Autor spricht irrtümlicherweise von „Interkinesen") in der Höhe von 4, 8, 16, 32, dazu noch, wenn auch in einem sehr kleinen Prozentsatz, Zwischenzahlen von $\pm\,6, \pm\,12$ und $\pm\,24$. Zum Teil handelt es sich dabei, wie mit guten Gründen anzunehmen ist, um den Ausdruck der ja anderweitig unmittelbar nachgewiesenen Endopolyploidie. Für die beiden meiotischen Teilungen führt SWIFT den Nachweis, daß der diploide Wert im Pachytän auf die Hälfte in den Tetradenkernen herabgesetzt wird.

Der Vollständigkeit halber sei erwähnt, daß nunmehr auch der lang ausstehende Nachweis der Endopolyploidie für die Makronuklei der Ciliaten erbracht wurde. Bei *Ephelota* gelang es GRELL, die Endomitosen, die in der Makronukleusanlage des Exkonjuganten ablaufen, unmittelbar zu verfolgen, da die Chromosomen individualisiert in Erscheinung treten. Der Ablauf konnte bis zur Bildung von Achtergruppen der Chromosomen verfolgt werden, was einer 16-Ploidie entspricht. Die sog. „Amitose" des Makronukleus besteht offensichtlich in einer Auseinandersortierung ganzer Genome. Der Vorgang ist allerdings noch nicht cytologisch nachgewiesen. Doch kann als Muster das Radiolar *Aulacantha* dienen, bei dem GRELL Endopolyploidie des Primärkerns feststellte und weiterhin beobachtete, daß die Nichthomologen eines Genoms durch feine Fäden verbunden bleiben, so daß bei der Kernteilung ganze Genome manövrieren[1].

„**Somatische Meiosen**". Die zahlreichen diesbezüglichen Angaben werden von BATTAGLIA [1950 (2)] kritisch zusammengestellt und im allgemeinen als Fehlbeobachtungen bzw. auf Grund der neueren Einsichten in das Wesen der C-Mitose (im weiteren Sinn) und der Endomitose als Mißdeutungen solcher Vorgänge erkannt, die grundsätzlich nichts mit einer Meiose — für die ja Chromosomenpaarung und ihre Folgen wesentlich sind — zu tun haben. Nur in dem sog. „Drüsengewebe", dessen Funktion aber nie bewiesen wurde, an der Basis des Griffelkanals im Fruchtknoten von *Sambucus*-Arten glaubt BATTAGLIA

---

[1] Eine im Wesen vielleicht ähnliche, freilich funktionell ganz andersartig wirkende Verbindung von Inhomologen findet sich auch bei dem Flagellaten *Trichonympha* in der Haplophase (Fortschr. Bot. **13**, 6, 7).

ein Beispiel dafür gefunden zu haben, daß echte, evtl. $\pm$ gestörte Meiosen in somatischen Geweben vorkommen. Tatsächlich handelt es sich, wie schon in der älteren Literatur überzeugend festgestellt und vom Ref. nachgeprüft wurde (1952), um rudimentäre Samenanlagen, die ein vielzelliges Archespor bilden, also um kein somatisches Gewebe. Ähnliches gilt auch für einige andere Fälle bei Angiospermen (vgl. Fortschr. Bot. 12, 5, Fußnote), in denen wirkliche Meiosen vorliegen, die aber nicht in somatischen Geweben stattfinden.

Dagegen handelt es sich nicht um Meiosen im Fall der von Huskins u. Mitarb. beschriebenen „somatic reduction" in den Wurzeln von Angiospermen, die nach Einwirkung von Natriumnukleat, aber spärlich auch spontan auftreten (Fortschr. Bot. 12, 13; neuerdings Huskins und Cheng, Huskins und Chouinard). Pätau spricht nunmehr mit Huskins von „reductional grouping" (RG). Es erfolgt in diesen Fällen ein Auseinandersortieren von, im übrigen normal ausgebildeten, mitotischen Chromosomen in zwei ungleiche oder auch zahlengleiche Gruppen, wobei im letzteren Fall auch eine Trennung gleicher Genome zustande kommen kann. Pätau macht hierfür eine hypothetische „homologous repulsion" verantwortlich. An tetraploiden *Rhoeo*-Pflanzen fanden Huskins und Chouinard diploide und triploide Wurzeln und einen diploiden Sproß. In unbehandelten und mit Natriumnukleat behandelten tetraploiden Wurzeln (n = 24) ließen sich Chromosomenverteilungen von 12:12 und 6:18, in triploiden von 9:9 und 6:12 häufiger, als es dem Zufall entspräche, beobachten. — Die Vorgänge als solche haben, trotz Zahlenreduktion, mit Meiose nichts zu tun, sondern sind mit Levan und Lotfy und Battaglia [1950 (1), (2)] auf der Grundlage extremer, besonderer Formen der C-Mitosen zu verstehen, denen Mitosen folgen. Die physiologische Wirkung des Natriumnukleats im einzelnen haben Pätau und Patil verfolgt. Das letzte Wort ist, wie auch Huskins und Cheng betonen, wohl noch nicht gesprochen.

Verschiedenes. Modifikativ oder genotypisch bedingte starke Störungen der Pollenentwicklung fand Fernandes bei einer Pflanze von *Lapiedra Martinezii* (Liliacee). Es entstehen infolge teilweisen oder vollständigen Unterbleibens der Zellwandbildung tetraploide Monaden, diploide Dyaden (die $\pm$ zusammen„fließen" können) und $\pm$ vereinigte haploide Tetradenzellen sowie Triaden. Vegetativer und generativer Kern können — durch die offene Zellverbindung hindurch — miteinander fusionieren. Dies mit dem Autor als eine Art Sexualakt aufzufassen und von einer unvollkommenen männlichen Geschlechtsbestimmung der Mikrosporen zu sprechen, entbehrt aber jeder Grundlage (man denke z. B. auch an das normale Verhalten der Polkerne im Embryosack).

Sekundäre Paarung in der Meiose und „somatische Paarung" in Wurzelspitzen gibt Therman [1951 (1)] für zwei *Ornithogalum*-Arten an. Die beiden einzigen Bildbelege der „somatischen Paarung" zeigen nur eine undeutliche und teilweise Annäherung der Partner. Mit

der somatischen Paarung der Dipteren hat die Erscheinung jedenfalls
überhaupt nichts zu tun.

GEROLA untersucht den weiblichen Gametophyten und die An-
fangsstadien der Embryogenese bei verschiedenen Angiospermen cyto-
chemisch und findet charakteristische Unterschiede im Desoxy- und
Ribosenukleinsäuregehalt, in der Verteilung basischer und nicht-
basischer Proteine und in der Lage des isoelektrischen Punkts, was
zum Teil schon durch jede einfache mikroskopische Untersuchung anzunehmen nahegelegt wird (vgl. auch STEFFEN). Als „Physiochromatin"
wird die feulgenpositive Substanz bezeichnet, deren Menge je nach dem
physiologischen Zustand schwankt und die nicht direkt auf die Telophase zurückgeht, wie dies im Fall des Heterochromatins gegeben ist.
Bemerkenswerterweise zeigen Eikern und Polkern einerseits und
Spermakerne andererseits deutliche Verschiedenheit des isoelektrischen
Punkts.

Bei einer trisomen Pflanze von *Antirrhinum majus* fand MECHELKE
in den PMZ eine 3., nach normaler Meiose und nach kurzer Interphase im ungeteilten Protoplasten ablaufende Mitose. Sie erfolgt synchron in allen vier Gonenkernen, verläuft normal und liefert acht
Tochterkerne. Dagegen verläuft die folgende Zellwandbildung abnorm

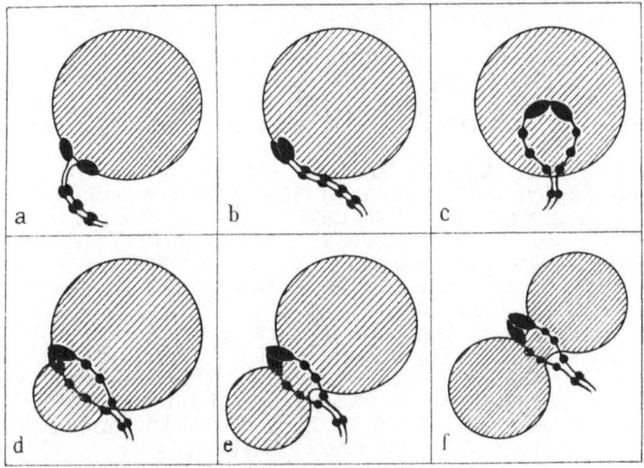

Abb. 2. Veränderungen des Nukleolus im Zygotän und Pachytän in PMZ von *Solanum lycopersicum* im
Zusammenhang mit der Bildung einer Paarungslücke im SAT-Chromosomenpaar. — Nach GOTTSCHALK

und ergibt Pollenpentaden, Hexaden usw. Der Fall steht ohne Analogie
da; er hat jedenfalls nichts zu tun mit den Teilungen in embryosack-
artigen Pollenkörnern oder mit der vom Ref. beschriebenen post-
meiotischen Teilung im Pollen von *Paris*. Dazu, diese Teilung mit
MECHELKE als 3. „meiotische" Teilung zu bezeichnen, besteht aber
kein Anlaß.

Eine eigenartiges Verhalten zeigt der Nukleolus im Zygotän und
Pachytän der PMZ bei *Solanum lycopersicum* und einigen anderen

(nicht allen untersuchten) Solanaceen [GOTTSCHALK 1951 (2)]: in allen Kernen entsteht im SAT-Chromosomenpaar eine Paarungslücke von konstanter Breite, durch die ein Teil des Nukleolus sich bruchsackartig hindurchzwängt, so daß der Nukleolus Hantelform annimmt (Abb. 2). Dabei erfolgt keine Zu- oder Abnahme der Substanz, und das Ergebnis des Vorgangs wird im späten Pachytän unter Schließung der Paarungslücke wieder rückgängig gemacht. Eine Deutung steht noch aus. Möglicherweise gehört ein Teil der oft beobachteten sog. Knospenbildungen am Nukleolus auch anderer Pflanzen hierher (dies gilt z. B. sehr wahrscheinlich für *Anthericum*; vgl. GEITLER, Grundr. d. Cytologie, Abb. 167c).

Das Verhalten der Plastiden im männlichen Gametophyten von Oenotheraceen untersucht KAIENBURG. Die generative Zelle und die beiden Spermazellen enthalten zahlreiche, winzig kleine, stärkefreie Plastiden, die sich mit der Annäherung der Pollenschlauchspitze an den Embryosack noch verkleinern, so daß ihr Übertritt in die Eizelle cytologisch nicht nachweisbar ist. — Die Befruchtung bei *Impatiens glandulifera* studiert STEFFEN, findet entsprechende Unterschiede im DNS-Gehalt, beschreibt in den reifen Spermakernen einen Chromatinfaden (ähnliches ist seit GERASSIMOVAS Untersuchungen von *Crepis* bekannt) und gibt Übertritt von männlichem Plasma in die Eizelle an.

Literatur.

D'AMATO, F.: (1) Protoplasma **39**, 423 (1950) — (2) Caryologia **2**, 361 (1950); (3) **3**, 11 (1950). — ALMEIDA, J. L. DE FERREIRA, u. T. M. SAMPAYO: Bol. Soc. Brot. **24**, 324 (1950). — AVANZI, M. GRAZIA: Caryologia **2**, 205 (1950).

BARTON, D. W.: Amer. J. Bot. **37**, 639 (1950). — BATTAGLIA, E.: (1) Caryologia **2**, 325 (1950); (2) **3**, 79 (1950); (3) **3**, 47 (1950) — (4) Pubbl. Staz. Zool. Napoli **22**, Suppl., 125 (1950) — (5) Caryologia **2**, 298 (1950). — BÖCHER, T. W.: Bot. Notiser **1950**, 353. — BRINGMANN, G.: (1) Planta (Berl.) **38**, 541 (1951) — (2) Z. wiss. Mikr. mikr. Techn. **60**, 83 (1951). — BRUHIN, A.: Arbeit. Inst. allg. Bot. Zürich, Ser. B, **1**, Zürich 1950. — BRYAN, J. H. D.: Chromosoma **4**, 369 (1951).

CARNIEL, K.: Österr. Bot. Z. **99**, 318 (1952). — CASTRO, D. DE: Genetica Iberica **2**, 201 (1950). — CLEVELAND, L. R.: J. Morph. **87**, 317 (1950). — COLEMAN, L. C.: Canad. J. Res., C., **28**, 382 (1950). — LA COUR, L. F.: Heredity **4**, Tl. 2, 243 (1950) — Nature (Lond.) **167**, 218 (1951).

DARLINGTON, C. D.: Pubbl. Staz. Zool. Napoli **22**, Suppl., 22 (1950). — DARLINGTON, C. D., u. L. F. LA COUR: Heredity **4**, Tl. 2, 217 (1950). — DARLINGTON, C. D., u. J. McLEISH: Nature (Lond.) **167**, 407 (1951). — DE LAMATER, E. D., u. M. ELIZABETH HUNTER: Amer. J. Bot. **38**, 659 (1951). — DEUFEL, J.: Chromosoma **4**, 239 (1951). — DELAY, CECILE: Rev. Cyt. biol. vég. **11**, 315 (1949). — DOLCHER, T.: (1) Caryologia **2**, 127 (1950); (2) **3**, 339 (1950). — DUNCAN, R., u. J. G. ROSS: J. Hered. **41**, 259 (1950).

EHRENBERG, L., Å. GUSTAFSSON, A. LEVAN u. UDA V. WETTSTEIN: Hereditas **35**, 469 (1949). — ELLERSTRÖM, S., u. J. H. TJIO: Bot. Notiser **1950**, 462.

FERNANDES, A.: Bol. Soc. Brot. **24**, 291 (1950).

GEITLER, L.: Chromosoma **3**, 271 (1948) — (1) Österr. Bot. Z. **98**, 171 (1951); (2) **98**, 206 (1951); **99**, 160, (1952). — GEROLA, F. M.: Commentationes Pontif. Acta Sci. **14**, 1 (1950). — GOTTSCHALK, W.: (1) Chromosoma **4**, 298, 342 (1951); (2) **4**, 503 (1951). — GRELL, K. G.: Naturwiss. **1950**, 347.

HÅKANSSON, A.: Hereditas **36**, 39 (1950). — HÖVERMANN, ILSE: Planta (Berl.) **39**, 480 (1951). — HOLZER, K.: Österr. Bot. Z. **99**, 118 (1952). — HUSKINS, C. L., u. L. CHOUINARD: Genetics **35**, 115 (1950). — HUSKINS, C. L., u. C. CHENG: J. Hered., **41**, 13 (1950).

KAIENBURG, ANNE-LIESE: Planta (Berl.) **38**, 377 (1950).

MARQUARDT, H.: Chromosoma **4**, 232 (1951). — MATSUURA, H.: Chromosoma **4**, 284 (1951). — MATSUURA, H., u. M. KURABAYASHI: Chromosoma **4**, 274 (1951). — MECHELKE, F.: Z. Abstammgslehre **83**, 439 (1951). — MODRONE BORGHI, VISC. DI L., u. N. VISC. DI MODRONE: (1) Chromosoma **4**, 393 (1951) — (2) Experientia **7**, 62 (1951). — MÜHLDORF, A.: Die Zellteilung als Plasmateilung. Springer: Wien 1951. — MÜHLETHALER, K., A. F. MÜLLER u. H. U. ZOLLINGER: Experientia **6**, 16 (1950).

NEWCOMER, E. H.: Bot. Review **17**, 53 (1951).

OGUR, M., R. O. ERICKSON, G. U. ROSEN, K. B. SAX u. C. HOLDEN: Exper. Cell Res. **2**, 73 (1951) (im Original nicht eingesehen!). — ÖSTERGREN, G.: (1) Hereditas **36**, 371 (1950); (2) **36**, 511 (1950); (3) **37**, 85 (1951). — OEHLKERS, F., u. GERTRUD LINNERT: Z. Abstammgslehre **83**, 136 (1949).

PÄTAU, K.: Genetics **35**, 128 (1950). — PÄTAU, K., u. R. P. PATIL: Chromosoma **4**, 470 (1951). — PINTO-LOPES, J., u. F. RESENDE: Port. Acta Biol. **2**, Ser. A, 325 (1949).

REITBERGER, A.: Naturwiss. **36**, 380 (1949) — Chromosoma **4**, 205 (1951). — RESENDE, F.: Port. Acta Biol. **3**, Ser. A, 109 (1950).

SALORD, JUANA: Port. Acta Biol. 2, Ser. A, 337 (1949). — SAMPAYO, T. M., D. CASTRO u. NYDIA MALHEIROS-GARDÉ: Agronomia Lusitana **13**, 1 (1951). — SAX, K.: Science (N. Y.) **112**, 332 (1950). — SCHRADER, F.: Symposium on Cytology, Michigan, **37** (1951). — SCHRADER, F., u. CECILIE LEUCHTENBERGER: Exper. Cell Res. **1**, 421 (1950). — SPARROW, C. RHODA u. A. H. SPARROW: Amer. Nat. **84**, 477 (1950). — SPARROW, A. H., u. M. MALDAWER: Proc. nat. Acad. Sci. USA. **36**, 636 (1950). — STEFFEN, K.: Planta (Berl.) **39**, 175 (1951). — STICH, H.: Z. Naturwiss. **6b**, 319 (1951). — SWIFT, H. H.: Proc. nat. Acad. Sci. USA. **36**, 643 (1950).

THERMAN, EEVA: (1) Heredity **5**, Tl. 2, 253 (1951) — (2) Ann. Acad. Sci. Fennicae, Ser. A, IV. Biol. **16**, 1 (1951). — TROLL, W.: Ak. Wiss. Lit. Mainz **1951**, 113.

WADA, B.: Jap. J. Genet. **24**, 51 (1949) (im Original nicht eingesehen!).

ZOLLINGER, H. U.: (1) Amer. J. Path. **24**, 569 (1948) — (2) Schweiz. Z. Path. **11**, 617 (1948) — Experientia **6**, 14 (1950).

2. Morphologie einschließlich Anatomie.

Von Wilhelm Troll und Hans Weber, Mainz.

Mit 19 Abbildungen.

I. Sproßbildung und Sproßbau.

1. Bau und Wachstum der Sproßvegetationspunkte. Seit der Einführung der Tunica-Corpus-Konzeption durch A. Schmidt (1924) ist eine Fülle von Arbeiten erschienen, die sich mit der Zonierung des Sproßscheitelgewebes befassen. So sind es in den letzten Jahren vorwiegend amerikanische Untersuchungen gewesen, die uns mit dem Bau der Vegetationspunkte zahlreicher gymnospermer und angiospermer Pflanzen vertraut gemacht haben. Einige ihrer wichtigsten Ergebnisse, soweit es sich dabei um Arbeiten bis 1948 handelt, hat neuerdings Foster (1) in der 2. Auflage seiner „Practical plant anatomy" kurz charakterisiert. Wenn auch einzelne Beobachter, zuletzt z. B. Popham und Chan, die Gliederung der Sproßscheitel in Tunica und Corpus in Zweifel ziehen, so zeigen doch alle übrigen Befunde, daß wir bei der Betrachtung angiospermer Scheitelmeristeme ohne jene Begriffe nicht auskommen. Tatsächlich läßt sich eine derartige Zonierung kaum leugnen, wenn auch den einzelnen Schichten nicht die Bedeutung von Histogenen im Sinne Hansteins zugesprochen werden kann (vgl. Fortschr. Bot. **13**, 24). Freilich ist in manchen Fällen die Zahl der Tunicaschichten während der Ontogenese Schwankungen unterworfen, ja selbst im Verlauf eines Plastochrons kann deren Zahl sich ändern, wie Reeve dies für *Garrya elliptica* ausgeführt hat. Doch sind in jüngster Zeit nicht wenige Fälle beschrieben worden, in denen keine größeren Schwankungen hinsichtlich der Zahlenverhältnisse beobachtet werden konnten. In diesem Zusammenhang verdienen die Untersuchungen von Gifford (1) Beachtung, die sich über eine Reihe von Arten aus den Familien der *Winteraceae, Schizandraceae, Illiciaceae, Trochodendraceae* und *Tetracentraceae* erstrecken. Bei den meisten dieser Objekte, deren Sproßscheitel sonst nach Gestalt und Größe nicht unerheblich voneinander abweichen, wurde eine zweischichtige Tunica festgestellt. Besonders interessant erscheint der Vegetationspunkt von *Drimys Winteri*, der im Unterschied zu den übrigen Gattungen in einer terminalen Einsenkung gelegen ist (Abb. 3). Damit ist ein weiteres Beispiel für „Scheitelgruben" im Bereich der Dikotylen bekanntgeworden, auf die schon im vorigen Bericht (Fortschr. Bot. **13**, 24) hingewiesen werden konnte.

Irgendeine Beziehung zwischen der Größe des Vegetationspunktes und der Zahl der Tunicaschichten scheint nicht zu existieren. Das geht nicht nur aus den Untersuchungen von GIFFORD u. a., sondern

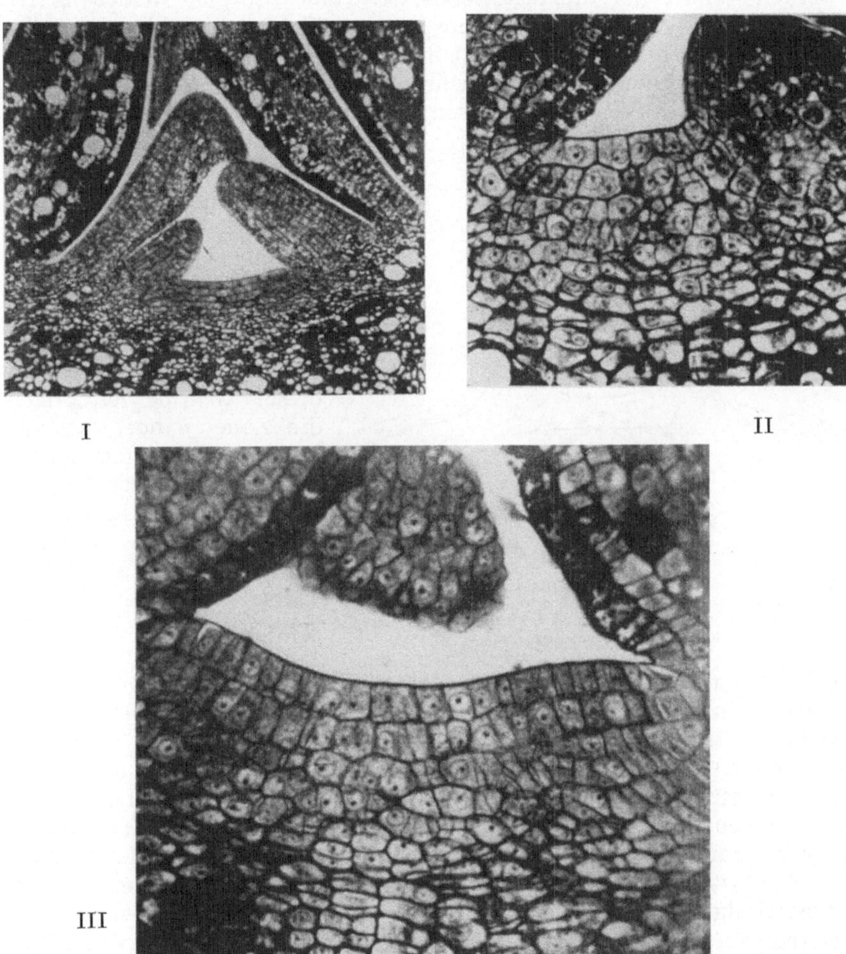

Abb. 3. *Drimys Winteri* var. *chilensis*. I, II mediane Längsschnitte durch eine Winterknospe während der „größten" Phase eines Plastochrons (I) und während der „kleinsten" Phase (II); III Längsschnitt durch den Scheitel eines Laubtriebes (vgl. hierzu Abb. 4!). I etwa 100fach, II, III etwa 400fach vergrößert. Nach GIFFORD.

auch deutlich aus den Ergebnissen hervor, die ROUFFA und GUNCKEL (1) bei der Betrachtung von 54 Rosaceen erzielt haben. Hier sind bei den verschiedenen Arten 1 bis 6 Tunicalagen festgestellt worden. Die Autoren neigen zu der Annahme, daß eine größere Schichtenzahl, wenigstens innerhalb dieser Familie, einen phylogenetischen Fortschritt bedeutet. Im übrigen bestehen zwischen der Größe des Vege-

tationspunktes und dem Habitus der erwachsenen Pflanze keinerlei
Zusammenhänge.

Eine wichtige Erkenntnis, die während der letzten Jahre gewonnen
werden konnte, ist die, daß neben der Tunica-Corpus-Gliederung der
Sproßscheitel bei vielen Angiospermen eine weitere histologische
Zonierung vorhanden ist, die in mancherlei Hinsicht an die Verhältnisse bei den Gymnospermen erinnert (vgl. Fortschr. Bot. **13**, 25). Es
sei dazu auf ein Schema verwiesen, das GIFFORD (1) für *Drimys Winteri*
gegeben hat (Abb. 4). Hier
liegt unter der zweischich-
tigen Tunica (1) eine kleinere, dem. Corpus ange-
hörige Gruppe von ver-
hältnismäßig großen, stark
vakuolisierten Zellen, die
sich nur wenig teilen (zentrale Mutterzellzone). Von
dieser Gruppe leitet sich
die Zone *3* her, die aus
kleineren, plasmareichen,
in reger Teilungstätigkeit
befindlichen Elementen
besteht und die die Rinde
sowie das Prokambium
liefert. Aus der Zone *4*
schließlich geht der Markkörper hervor. Ganz ähn-

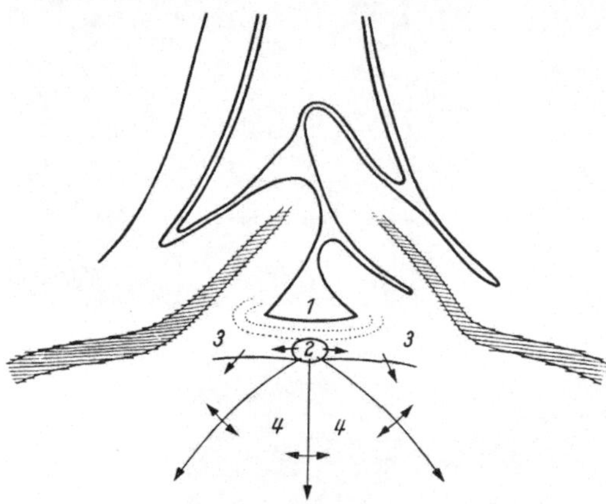

Abb. 4. *Drimys Winteri* var. *chilensis*. Schema für die
Zonierung des Sproßscheitels. *1* Tunica (2 schichtig), *2* zentrale
Mutterzellzone, *3* periphere Zone, *4* Zone, die den Mark-
körper liefert. Nach GIFFORD.

liche Angaben macht BOKE für den mit einer einschichtigen Tunica
versehenen Vegetationspunkt von *Echinocereus Reichenbachii* (Abb. 5),
während MILLINGTON und GUNCKEL für *Liriodendron* die Tunica in
die zentrale Mutterzellzone mit einbeziehen möchten, was aber nach
den beigefügten Abbildungen nicht überzeugend erscheint. Demgegenüber geben POPHAM und CHAN für *Chrysanthemum morifolium* noch eine
kambiumartige Zellplatte an, die jedoch nur während der mittleren Phase
eines Plastochrons voll entwickelt ist und sich dann unterhalb der
Zentralmutterzellzone schalenförmig quer über den gesamten Scheitel
erstrecken soll. Ob dieser Modus unter den Dikotylen weitere Verbreitung besitzt, bedarf noch der Untersuchung; bei anderen Compositen
(*Chrysanthemum leucanthemum, Galinsoga parviflora*), die LAWALRÉE
studiert hat, wurde er nicht gefunden.

Für eine Reihe von Monokotylen ist es charakteristisch, daß der
kuppenförmig gewölbte Vegetationspunkt während der Ontogenese
erst allmählich herausgebildet wird, wie man aus Abb. 6 ersieht, die
in *I* median zum Kotyledo geführte Längsschnitte durch den Sproßscheitel aufeinanderfolgender Stadien von Keimpflanzen und in *II*
wiederum mediane Längsschnitte durch die Scheitelregion einer älteren
Pflanze von *Juncus bufonius* vor Augen führt. Die auf den Kotyledo
(*Co*) folgenden Blattorgane sind in der Reihenfolge ihres Entstehens

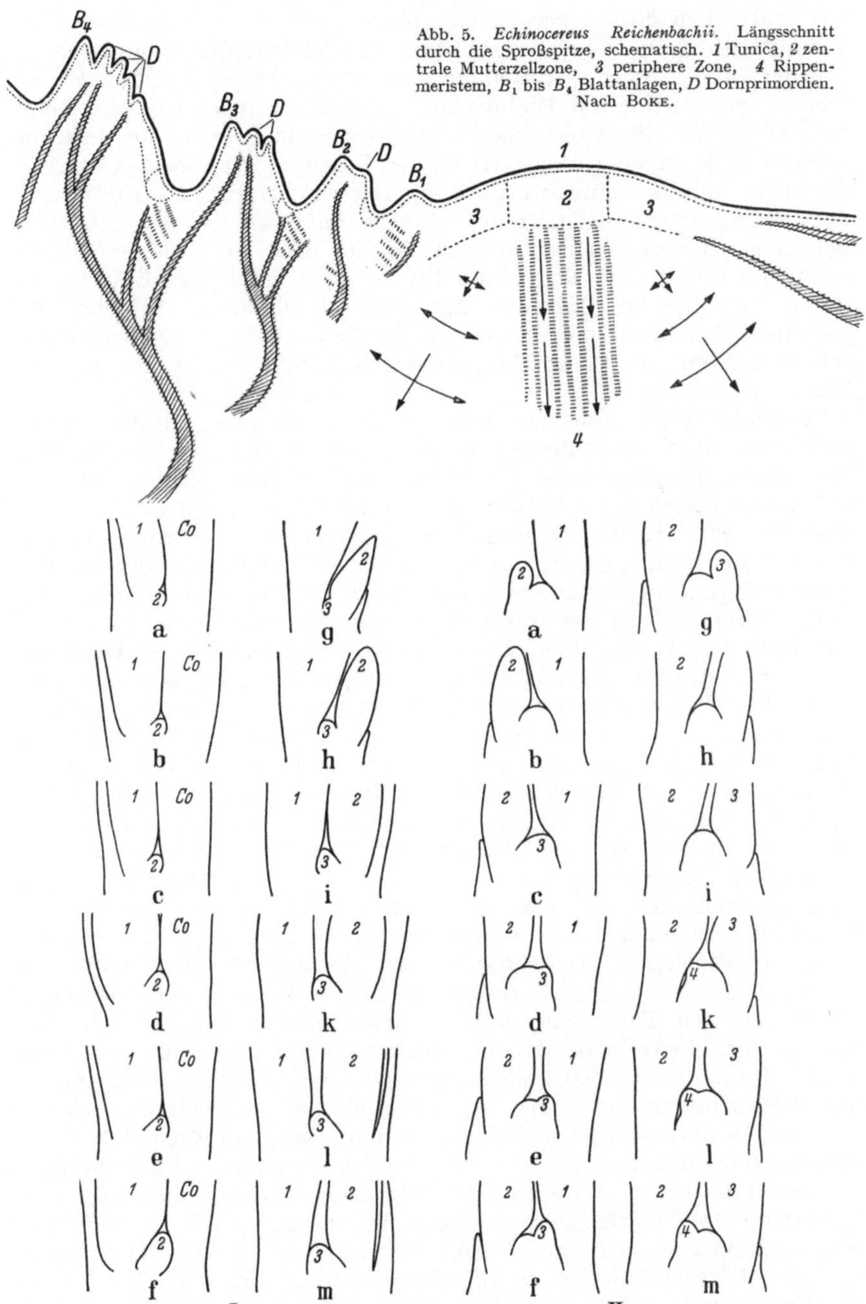

Abb. 5. *Echinocereus Reichenbachii.* Längsschnitt durch die Sproßspitze, schematisch. *1* Tunica, *2* zentrale Mutterzellzone, *3* periphere Zone, *4* Rippenmeristem, B_1 bis B_4 Blattanlagen, *D* Dornprimordien. Nach BOKE.

Abb. 6. *Juncus bufonius.* Erstarkung des Achsenscheitels. In II hat sich die Bildung eines kuppenförmigen Vegetationspunktes vollzogen. Nähere Erläuterungen im Text. Originale M. GLIEM-RIEBESEL.

mit arabischen Ziffern bezeichnet. Jedes folgende Blatt scheint ohne Vermittlung eines Vegetationspunktes aus der Basis des vorausgehenden hervorzusprossen. Tatsächlich aber ist ein Vegetationspunkt vorhanden, nur wird er zur Bildung der neuen Blattanlage jedesmal weitgehend verbraucht. Hier liegen also Erscheinungen vor, die stark an die von SCHENK für rosulate Arten der Gattung *Streptocarpus* geschilderten Verhältnisse erinnern (Fortschr. Bot. **12**, 20). Erst mit zunehmender Achsenerstarkung tritt bei *Juncus bufonius* der Sproßscheitel deutlicher hervor. Nach TROLL (1) erklärt sich auch die scheinbar terminale Stellung des Kotyledos bei vielen monokotylen Embryonen durch eine Verzögerung des Erstarkungswachstums. Auf die allgemeinen Zusammenhänge zwischen der Erstarkung des Achsenscheitels und damit des Achsenkörpers wurde früher bereits hingewiesen (Fortschr. Bot. **13**, 35).

2. Blatt- und Knospenanlegung. Im Zusammenhang mit den Untersuchungen über die Zonierung der Sproßscheitel hat auch die Bildung der Blattprimordien mehrfach Beachtung gefunden. Dabei konnten wiederholt ältere Befunde bestätigt werden, z. B. durch ROUFFA und GUNCKEL (2), die für die Rosaceen mitteilen, daß die Anlegung der Blattorgane im allgemeinen durch periklinale Teilungen in der zweiten Tunicaschicht eingeleitet wird. Aber auch die dritte und vierte Lage können am Aufbau der Primordien beteiligt sein, gleichgültig, ob sie noch der Tunica oder schon dem Corpus angehören. Ähnliches berichtet GIFFORD (2) für *Drimys Winteri*, der an diesem Beispiel auch die weitere histologische Differenzieiung des jungen Blattes verfolgt. Bei *Echinocereus*, dessen Scheitel nur von einer Tunicaschicht bedeckt ist, sind es die drei oder vier äußeren Corpuslagen, die bei der Blattanlegung periklinale Teilungen erfahren (BOKE). Die Blattepidermis geht in allen Fällen aus der ersten Tunicaschicht (dem Dermatogen) hervor. Was die Bildung der Prokambiumstränge anlangt, so sind die genannten Autoren darüber einig, daß diese akropetal und kontinuierlich von älterem Leitgewebe des Sprosses her erfolgt.

Mit der Anlegung der Achselknospen bei *Drimys* hat sich GIFFORD (3) in einer besonderen Studie beschäftigt. Er betont ihren axialen Ursprung und weist darauf hin, daß die Bildung mit antiklinalen Teilungen in der zweiten Tunicalage und der angrenzenden Corpusschicht beginnt. Vom Leitgewebe werden zuerst isolierte Prokambiumstränge in der Basis der Vorblattanlagen sichtbar, die sich dann akropetal in die Blätter hinein und basipetal zur zukünftigen Achse hin entwickeln, wo sie Anschluß an bereits vorhandene und akropetal wachsende Leitstränge gewinnen. Demgegenüber wird von LAWALRÉE die Prokambiumentwicklung in den Achselknospen von *Bellis perennis* und *Galinsoga parviflora* stets als rein akropetal geschildert. Akropetale Entwicklung des Prokambiums gibt auch BOKE für die Areolen von *Echinocereus* an, deren Entstehung er im einzelnen verfolgt (vgl. Abb. 5).

Von jeher hat die Frage interessiert, wie es zu der für die einzelnen Gewächse charakteristischen geordneten Blatt- und Knospenanlegung kommt. Gerade in jüngster Zeit ist dieses Thema wieder aufgenommen und insbesondere durch experimentell-morphologische Untersuchungen gefördert worden. So konnte WARDLAW (1, 2) am Beispiel von *Dryopteris aristata* nach Zerstörung der Blattprimordien und der Scheitelzellen neue Blatt- und Knospenanlagen in abnormer Stellung erzielen. Er schließt aus diesen Versuchen, daß der äußerste Bereich des Farnvegetationspunktes sowie die jungen Blattanlagen Wachstumszentren mit je einem umgebenden physiologischen Feld darstellen, in dessen Bereich die Bildung weiterer Seitenorgane verhindert wird. Die früher von M. und R. SNOW geäußerte Auffassung, nach der das jüngste Blattprimordium am Vegetationspunkt jeweils in dem nächst verfügbaren freien Raum angelegt wird, kann danach nur für den Fall bejaht werden, daß man Primordium und zugehöriges Feld als morphogenetische Einheit betrachtet. Allerdings ist hiermit noch keine Erklärung für die spezifische Anordnung der Blätter gegeben; die Frage, wieso es zu der bekannten harmonischen Stellung dieser Einheiten kommt, bleibt nach wie vor ungelöst.

Ähnliche Versuche hat BALL (1 bis 3) am Vegetationspunkt von *Lupinus albus* angestellt. Nachdem durch einen keilförmigen Einschnitt das äußerste Scheitelgewebe entfernt war, bildeten sich an den Flanken des Scheitels, und zwar an den Stellen, wo es sonst zur Anlegung von Blattprimordien gekommen wäre, zwei neue Vegetationspunkte heraus, die bald darauf eine normale Weiterentwicklung zeigten. Die ersten Zellteilungen, die die Bildung der neuen Sproßscheitel einleiteten, waren hier in der zweiten Tunicalage erkennbar.

Diese Untersuchungen sind deshalb so wertvoll, weil sie zeigen, daß die Sproßscheitel einen Einfluß auf die Organbildung auszuüben vermögen, der vor allem in der geordneten Anlegung der Seitenorgane zum Ausdruck kommt. Aber auch für die Gewebedifferenzierung in der Sproßspitze selbst scheinen die Scheitelmeristeme eine hervorragende Rolle zu spielen. Das hat sich insbesondere bei der anatomischen Auswertung einer ganzen Reihe von Gewebekulturen ergeben, auf die hier nur insoweit eingegangen werden soll, als es sich dabei um Knospenbildung an Sproß- und Wurzelfragmenten handelt. Derartige Knospen gehen aus peripheren Schichten eines Kallus hervor, über dessen Bildung und zellulären Aufbau die neuen Angaben (GAUTHERET, CAMUS, BALL, STERLING) kaum von denen älterer Autoren abweichen. Neu ist, daß von der jungen Knospe her in allen Fällen eine basipetale Anlegung des Prokambiums beobachtet werden konnte, das entweder blind endigt oder, wenn in den Kulturfragmenten Leitgewebe vorhanden ist, Anschluß an dieses gewinnt. Der Prokambiumentstehung geht eine „Entdifferenzierung" der betreffenden Kalluszellen voraus, die dabei Teilungen erfahren. Und zwar vollzieht sich dieser Vorgang nach CAMUS selbst dann, wenn auf eine derartige Kultur eine Knospe aufgepfropft und das Reis von der Unterlage durch eine Cellophanlamelle getrennt wird (vgl. auch Fortschr. Bot. 12, 372). Wenn in einem solchen Kallusgewebe unabhängig von Knospenbildung Leitelemente auftreten, so kann von einer geordneten Anlegung keine Rede sein.

2 a

Neuerdings ist es MOREL und WETMORE gelungen, auch von monokotylen Pflanzen (*Amorphophallus Rivieri* und *Sauromatum guttatum*) Gewebestücke aus der Sproßknolle zu kultivieren, wobei ebenfalls Knospen- und Wurzelbildung erzielt wurde. Genauere histologische Angaben liegen darüber noch nicht vor, doch dürften die hier herrschenden Verhältnisse den oben geschilderten ähnlich sein.

3. Weitere Untersuchungen zur Anatomie des Achsenkörpers. Im vorhergehenden Bericht (Fortschr. Bot. **13**, 30) wurde ein Überblick über neuere zellmorphologische Studien gegeben, die inzwischen durch HOLTZMANN (Meristemzellen aus der Sproßspitze von *Coleus*), LEWIS (epidermale und subepidermale Zellen verschiedener Gewächse), FLINT (Rinden- und Krongallzellen des Tomatensprosses) und DUFFY (meristematische und gereifte Zellen aus der Primärwurzel der Tomate) weitergeführt sind. Recht interessant erscheinen Untersuchungen über die Häufigkeit von antiklinalen Teilungen im interfascikularen Kambium von *Thuja*- und *Chamaecyparis*-Arten im Verlauf des sekundären Dickenwachstums (WHALLEY bzw. BANNAN). Bisher hatte man nämlich angenommen, daß derartige Teilungen nur selten auftreten. Nun aber lassen die neuen Beobachtungen, die an Hand der Tracheidenreihen durchgeführt wurden, auf eine verhältnismäßig rege Teilungstätigkeit schließen, selbst in alten Stämmen mit nur geringer jährlicher Dickenzunahme. Drei- oder viermalige radiale Teilung einer Initiale im Jahresablauf ist danach keine Seltenheit. Allerdings büßen viele der neu gebildeten Zellen ihre ursprüngliche Funktion wieder ein, sei es, daß sie in den Dauerzustand übergehen oder absterben oder auch Ausgangspunkt von Markstrahlen werden, über deren z. T. abnorme Ausbildung bei *Chamaecyparis*-Arten eine weitere Arbeit von BANNAN (2) handelt. Wie aus den Schemata in Abb. 7 ersichtlich ist, fällt die Zeit der besonders regen Teilungstätigkeit der Kambialzellen in den letzten Abschnitt der Vegetationsperiode.

Zahlreich sind die Arbeiten über die Anatomie des Leitgewebes. Auf sie kann nur hingewiesen werden. Was das Phloem betrifft, so liegt eine zusammenfassende Bearbeitung von ESAU vor, die die Ergebnisse der letzten 10 Jahre berücksichtigt. ARTSCHWAGER hat den jahreszeitlichen Verlauf der Holz- und Bastbildung bei *Carya illinoensis* beschrieben. Weitere derartige Studien befassen sich mit der Leitgewebsentwicklung bei verschiedenen *Astragalus*-Arten (JAMES) sowie bei Maisstämmen und deren Hybriden (HEIMSCH, RABIDEAU und WHALEY). Mehrfach erwähnt sind bisher markständige Leitbündel, die aber in der Regel mit dem Gesamtleitsystem des Sprosses in Verbindung stehen. Dagegen handelt es sich bei den von HOLWILL im Markkörper von Apfelbaumtrieben erkannten Bündeln um blind endende kleinere Stränge, die sich jeweils nur über den Zuwachs einer Vegetationsperiode erstrecken. Sie bestehen aus einem zentralen Siebteil, der von radialen Reihen verholzender Zellzüge umgeben ist.

Schließlich sei eine Beobachtung F. WEBERs hervorgehoben, die zum erstenmal bei einem einheimischen Gehölz (*Populus tremula*) das Vorkommen von sklerenchymatischen Thyllen feststellt. Besonders interessant daran ist, daß die nach Art von Steinzellen verdickten Wände von Tüpfelkanälen durchsetzt sind, die mit denen benachbarter Thyllen korrespondieren können. Allerdings werden diese Bildungen nur in mißgestalteten Ästen angetroffen, wo sie im Bereich von Larvenkammern des Aspenbockes (*Saperda populnea*) auftreten. Ähnliche Steinthyllen hat WEBER im Holz von *Caulotretus* gefunden.

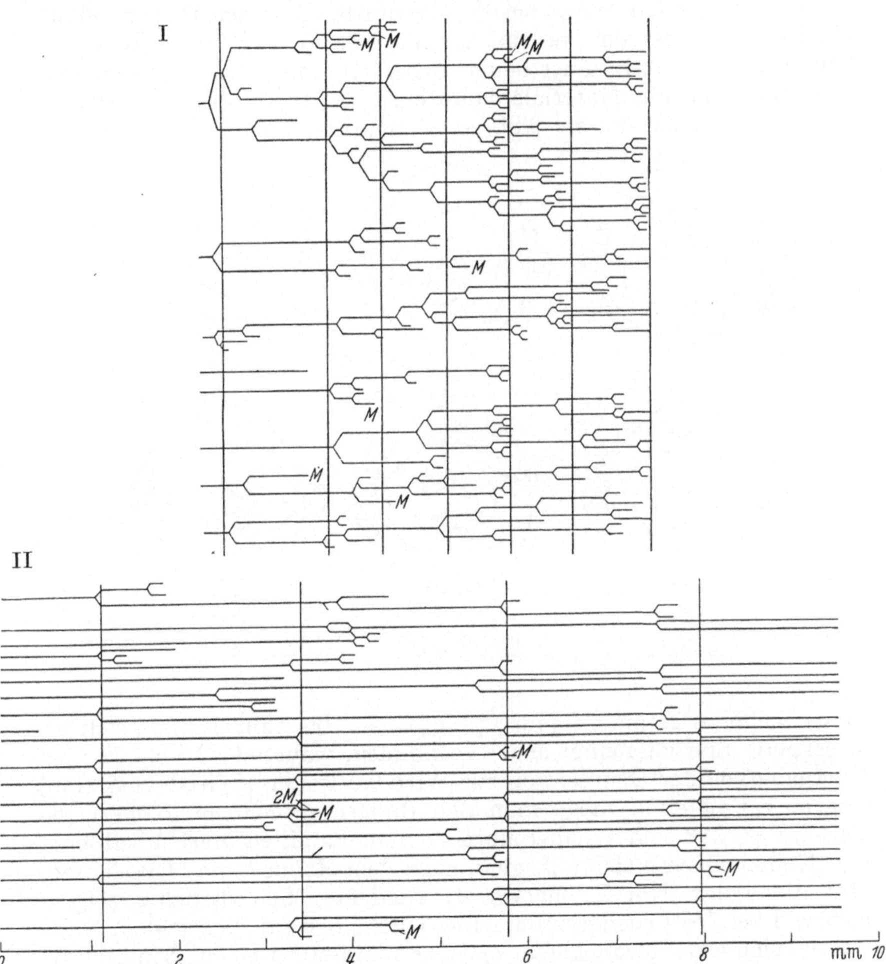

Abb. 7. Diagrammatische Darstellung des Verlaufs der Tracheidenreihen im Holz von I *Chamaecyparis Lawsoniana* (junger Stamm) und II *Chamaecyparis thyoides* (alter Stamm). Die senkrechten Linien bedeuten die Jahresringgrenzen, der Buchstabe *M* kennzeichnet die Bildung eines bzw. mehrerer Markstrahlen. Nach BANNAN.

4. Blattstellung. Nachdem TROLL darauf hingewiesen hatte, daß die aus der Distichie sich herleitende Dispersion auch bei vielen dikotylen Pflanzen verbreitet ist, konnte HACCIUS diese Erscheinung in zahlreichen Dikotylenfamilien nachweisen (Fortschr. Bot. 9, 21). Genauer handelt es sich darum, daß die Wirtelstellung der Kotyledonen und manchmal auch der Primärblätter von einer plötzlich einsetzenden Distichie abgelöst wird, die mehr oder weniger rasch in eine Spirodistichie übergeht. Daneben aber gibt es nicht wenige Fälle, in denen sich die Spiralstellung aus anfänglicher Dekussation ableitet, und zwar auf dem Wege über die Wirtelauflösung. Für die Entscheidung darüber, welcher der beiden Wege bei der Herausbildung der Dispersion beschritten wird, ist das genaue Studium der Übergänge erforderlich, dem sich HACCIUS in einer neuen Arbeit gewidmet hat. Bei der Sichtung eines reichen Materials konnte sie 6 verschiedene Übergangsformen erkennen, die in Abb. 8 schematisch dargestellt sind. Von

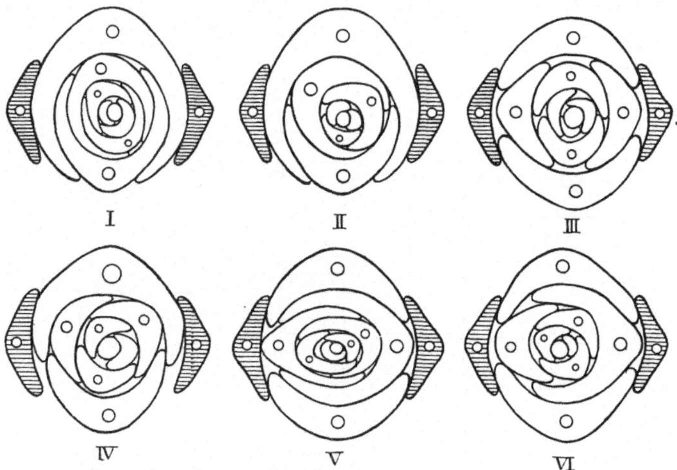

Abb. 8. Schematische Darstellung der Übergangsformen von Distichie zu Spirodistichie bzw. von Dekussation zu Spirodekussation. Näheres im Text. Nach HACCIUS.

diesen gehören *I* und *II* (ausgeprägte bzw. bis zum 3. Blatt sich erstreckende Spirodistichie) enger zusammen, während *III* bis *IV* den Übergang von der Dekussation zur Wirtelauflösung (Spirodekussation) zeigen. Einzelheiten möge man den Bildern entnehmen. Bemerkenswert ist es, daß von 4 näher untersuchten Familien die Umbelliferen und Ranunculaceen sich allgemein nach dem Modus *I* und *II* verhalten, also die Folge Kotyledonarwirtel, Distichie, Spirodistichie zeigen, während bei den Cruciferen derartige Übergänge gänzlich fehlen. Diese weisen vielmehr Spirodekussation oder mindestens einen Primärblattwirtel auf. Innerhalb der Compositen schließlich sind alle Möglichkeiten gegeben, wobei aber speziell für die Ligulifloren die Typen *I* und *II* charakteristisch sind. Es scheint also, daß diesen Verhältnissen eine systematische Bedeutung zukommt, wofür der Beweis für andere Gruppen aber noch aussteht.

Eine distiche Übergangszone weisen nach KAUSSMANN (1) auch die Primärsprosse von *Phyllanthus Niruri* auf, bevor sie zur Dispersion übergehen. Die Pflanze liefert einen neuen Beleg für die Zusammenhänge zwischen Sproßsymmetrie und Blattstellung. Während nämlich der orthotrop-radiäre Haupttrieb zerstreut beblättert ist, zeichnen sich die dorsiventralen Seitenäste durch reine Distichie aus, wie es TROLL (Vgl. Morphologie 1, I; 454) für diese und andere Gattungen in größerem Zusammenhang früher schon dargestellt hat. Sehr eindrucksvoll erscheint die Beziehung zwischen Achsensymmetrie und Blattstellung ferner bei zahlreichen Farnrhizomen. Das zeigen wieder Untersuchungen von BELL an einigen auf Jamaica gesammelten *Elaphoglossum*-Arten (*Acrostichoideae*). Hier gibt es neben Formen mit kriechender dorsiventraler Achse und zweizeiliger Beblätterung (*E. latifolium* u. a.) solche mit aufrechtem radiärem Rhizom, dessen Blattorgane allseitig zerstreut angeordnet sind (*E. villosum*). Zwischen den Extremen vermitteln Übergänge (*E. muscosum, E. hirtum, E. pallidum*). Die Symmetrieverhältnisse wirken sich auch im Bau der Stele, ja selbst in der Beschaffenheit des Sproßscheitels aus.

Schon im Einsatz der Vorblätter an dorsiventralen Auszweigungen macht sich die Achsensymmetrie geltend (vgl. die eingehende Darstellung hierüber bei TROLL, Vgl. Morphologie 1, I; 333). Das kommt darin zum Ausdruck, daß alle α-Vorblätter nach ein und derselben Seite orientiert sind (im Gegensatz zu dem Verhalten an einem distichbilateralen Sproß), und zwar meist nach der Abstammungsachse (*A*) des Seitentriebes erster Ordnung (*S*) hin (Abb. 9, *I*). Ungleich seltener als diese Epitropie der Vorblätter dürfte bei dorsiventralen Trieben die Apotropie sein, bei der die α-Vorblätter nach der Tragblattseite zu gerichtet sind (Abb. 9, *II*). Für diesen Fall hat neuerdings BUGNON (2) in *Ulmus campestris* ein Beispiel gefunden, nachdem er vorher schon (1)

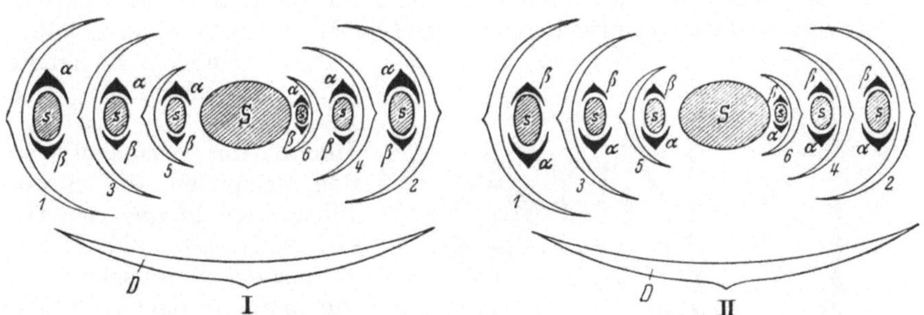

Abb. 9. Diagrammatische Darstellung des Vorblatteinsatzes an dorsiventral-distichen Sprossen. I Epitropie, II Apotropie. Original W. TROLL.

für *Vitis vinifera* ähnliche Verhältnisse feststellen konnte. Ein kurzer Hinweis auf die Dorsiventralität der Jahrestriebe dieser letzteren Pflanze findet sich auch bei J. ZIMMERMANN.

Anhangsweise sei hier noch kurz auf das Psilophytenproblem eingegangen. Anlaß dazu gibt eine Schrift von MARTENS, in der die Blattlosigkeit der Rhyniaceen als primitives Merkmal neuerlich stark in Zweifel gezogen wird. Ausgehend von den Bauverhältnissen, wie sie für den Achsenkörper von *Asteroxylon Elberfeldense* bekanntgeworden sind, betont der Verfasser, daß dort auf eine blattlose Anfangsphase ein beblätterter Abschnitt folgt, der schließlich wieder von einer blattfreien Region abgelöst wird. Es wäre denkbar, daß die Unterdrückung der Blattbildung, die sich bei *Asteroxylon* auf die Anfangs- und Endphase der Sproßentwicklung beschränkt, bei *Rhynia* auf den gesamten Achsenkörper übergegriffen hat, dessen Aphyllie in diesem Fall nicht als primär, sondern als sekundär angesehen werden müßte. *Rhynia* würde sich demnach als Hemmungsform gegenüber *Asteroxylon* erweisen, eine Auffassung, die früher schon Troll (Vgl. Morphologie 1, I; 303) mit noch weiter reichenden Argumenten vertreten hat. Freilich bedeutet sie keine Lösung des Problems; sie zeigt aber, daß die Blattlosigkeit der Rhyniaceen keineswegs so sicher als primitiv gewertet werden kann, wie dies vielfach (z. B. durch W. Zimmermann) geschieht. Dies gilt um so mehr, als in der erst 1935 beschriebenen *Baragwanathya* (Lang und Cookson) eine Pflanze mit schon sehr hoch entwickelten Blättern gefunden wurde, die auf ein noch höheres geologisches Alter zurückblickt als *Rhynia*.

II. Blatt.

1. Hochblätter und verwandte Bildungen. Unter Hochblättern verstehen wir bekanntlich solche Blattorgane, die sich im blühenden Bereich befinden und die im allgemeinen gegenüber den Laubblättern schon durch ihre geringe Größe auffallen. Häufig haben wir es dabei mit schuppenförmigen Bildungen zu tun, die als Hemmungsformen von normalen Laubblättern aufgefaßt werden müssen (vgl. Fortschr. Bot. 12, 27). Nun konnte aber Troll (3) zeigen, daß es auch ganz anders geartete Hochblätter gibt, nämlich solche, die von laubiger Beschaffenheit sind und die vorausgehenden Laubblätter an Größe sogar zu überbieten vermögen. Er hat sie zum Unterschied von den brakteosen als foliose Hochblätter bezeichnet. Von den Beispielen, die er anführt, seien 2 *Lamium*-Arten (*L. purpureum* und *L. amplexicaule*) herausgegriffen, die merkwürdigerweise bisher nicht auf diese Verhältnisse hin untersucht worden sind. So führt Abb. 10 in *I* ein Laubblatt von *L. purpureum*, in *II* und

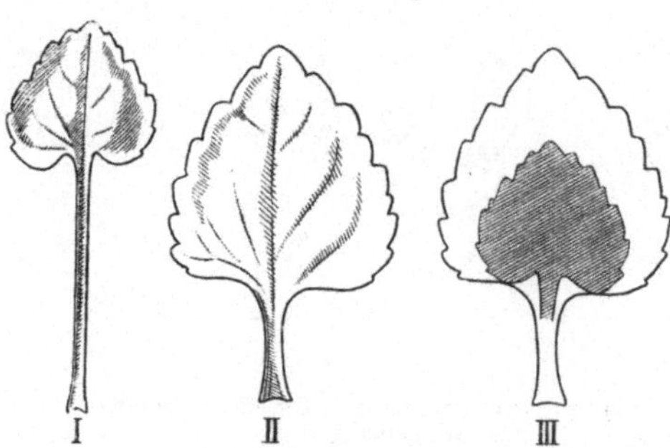

Abb. 10. *Lamium purpureum.* I Laubblatt; II, III Hochblatt; III Hochblatt, dem die Spreite des Laubblattes eingezeichnet ist. Nach Troll.

III Hochblätter dieser Pflanze vor Augen. An letzteren fällt gegenüber dem Laubblatt die Verkürzung des Stieles auf, mit der eine Verlängerung der Spreite einhergeht (Stiel-Spreiten-Relation; vgl. Fortschr. Bot. 13, 46). Extrem durchgeführt ist die Reduktion des Stieles bei *Lamium amplexicaule,* wozu man Abb. 11 vergleiche. Es ist klar, daß bei der starken Betonung des Spreitenabschnittes dieser Hochblätter ein wesentlicher Teil der Assimilationsleistung von ihnen übernommen werden kann; so überrascht es nicht, wenn bei derartigen Pflanzen die Zahl der gewöhnlichen Laubblätter vielfach begrenzt ist. *Lallemantia peltata* z. B. hat nur 4 solcher Blattpaare aufzuweisen, während die Zahl der foliosen Hochblätter ein Vielfaches davon beträgt. Wegen der Folgerungen, die sich aus diesen Erkenntnissen für die Auffassung der Infloreszenzen ergeben, vergleiche man den IV. Abschnitt.

Hochblattnatur haben auch die Involucralblätter der Compositen. Ihre morphologischen und anatomischen Eigentümlichkeiten hat NAPP-ZINN an zahlreichen Beispielen studiert und dabei gefunden, daß die äußeren Involucralorgane in allen Fällen Oberblattcharakter besitzen, während bei den inneren auch vaginale Bildungen vorkommen. In beiden Gruppen gibt es wieder je nach dem Grad der Reduktion verschiedene Ausbildungsformen. So finden sich im Bereich der äußeren Involucralblätter neben rein laminaren Bildungen solche, die dem Blatt-

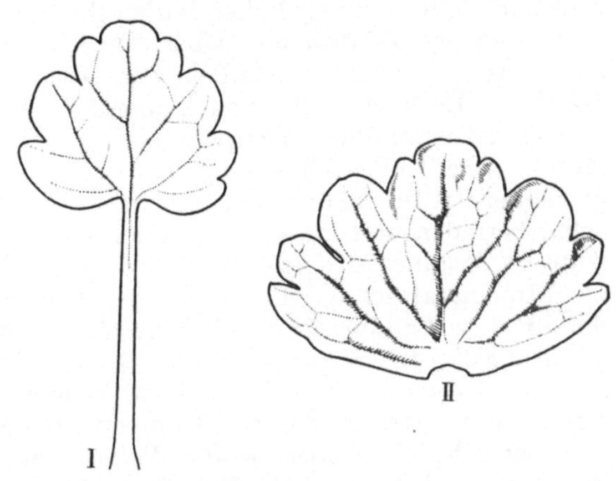

Abb. 11. *Lamium amplexicaule.* I Laubblatt, II Hochblatt. Nach TROLL,

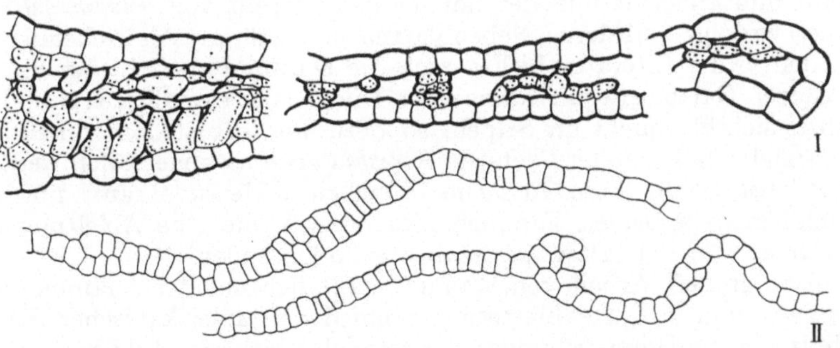

Abb. 12. I *Haplopappus croceus*, Hautsaum eines inneren Involucralblattes im Querschnitt. II *Helipterum Manglesii*, Querschnitt durch die häutigen Anhängsel zweier innerer Involucralblätter. Nach NAPP-ZINN.

stiel entsprechen (petiolarer Typ), wie dies etwa für *Helianthus annuus* geschildert wird, im Gegensatz zur Darstellung von MÜLLER-HOEFS (1944), die für das Zustandekommen der Hüllkelchblätter dieser Pflanze auch die Beteiligung der Spreite vermutet hat. Wo bei den Compositen Spreublätter auftreten, weisen diese morphologisch regelmäßig Beziehungen zu den inneren Involucralorganen auf. Von anatomischen Befunden kann nur hervorgehoben werden, daß an den Involucralblättern inverse Dorsiventralität weit verbreitet ist, was insofern nicht als Novum erscheint, als ältere Autoren diese Erscheinung auch an den Laubblättern mancher Compositen schon beobachtet haben. Selbst in den Hautsäumen ist die Inversion gelegentlich zu beobachten; in anderen Fällen laufen diese einschichtig aus (Abb. 12).

2. **Sonstige Blattorgane.** Über die Anlegung der Blattorgane und ihre ersten Entwicklungsstadien wurde schon im I. Abschnitt (S. 20) berichtet. In einer Reihe von Untersuchungen über Ontogenese und Leitbündelversorgung der Stipulargebilde verschiedener Gewächse greift MITRA, wie es früher schon durch TROLL (Vgl. Morphologie 1, II; 1237 ff.) geschehen ist, auf die Erscheinung zurück, daß der Blattgrund die Sproßachse berinden, mit ihr also ,,verwachsen'' sein kann. Wenn daher im adulten Zustand in einzelnen Fällen nicht mehr erkennbar ist, daß die Stipeln tatsächlich Bildungen des Unterblattes sind, so soll dies darauf zurückzuführen sein, daß sich jenes entweder überhaupt nicht [*Ficus elastica* (4), *Paederia foetida* (2)] oder nur mit einem kurzen Abschnitt [*Artocarpus integrifolia, Ficus religiosa* (4)] von der Achse löst. Bei anderen Arten ist die freie Komponente des Blattgrundes bekanntlich beträchtlich größer, wofür *Polygonum* (1), *Rosa* (3) und durch MAJUMDAR *Heracleum* als Beispiele näher erörtert werden. Sproßberindung durch die Blattbasen ist ja, wie wir seit HOFMEISTER wissen, im Pflanzenreich weit verbreitet. Extrem wirkt sie sich etwa in der Gattung *Salicornia* aus. Ein weiteres Beispiel, das stark an *Salicornia* erinnert, liegt nach LEJSLE in *Anabasis aphylla* vor (eine Gesamtdarstellung des Berindungsphänomens findet sich bei TROLL, Vgl. Morphologie 1, I; 263 ff.). Zuletzt hat MITRA Entstehung, Wachstumsweise und Innervierung der laubartigen Stipeln von *Pisum sativum* näher verfolgt und deren Nebenblattnatur bestätigt. Als Nebenblätter wurden in der Literatur bisher auch die Dornbildungen in der Phytolaccaceen-Gattung *Seguieria* gewertet. Die genauere Analyse ergab aber, daß es sich hier nicht um Stipeln, sondern um Vorblattdornen handelt, wie sie ebenfalls bei der Cactacee *Pereskia aculeata* angetroffen werden. BUXBAUM greift diese Tatsache — neben anderen — auf, um auf Homologien in beiden Familien hinzuweisen, die eine Ableitung der *Cactaceae* von den *Phytolaccaceae* begründen sollen.

Eine größere Arbeit von WYLIE befaßt sich mit der Anatomie von Sonnen- und Schattenblättern verschiedener amerikanischer Laubgehölze. Seine Untersuchungen vertiefen das bisherige Bild und unterscheiden sich von denen älterer Autoren vor allem darin, daß sie genauere vergleichende Messungen nicht nur der Blattdicke, sondern auch der Epidermis-, Palisaden- und Schwammparenchymzellen enthalten. In ähnlicher Weise hat sich SHIELDS mit den Blättern von zahlreichen auf stark gipshaltigen Dünen (bei Alamogordo, Neu-Mexiko) wachsenden Pflanzen beschäftigt, hauptsächlich im Hinblick auf deren xeromorphe Strukturen. Seine Ergebnisse sind in vielen Abbildungen niedergelegt. Bau und Nervaturverhältnisse der gefiederten Blätter von *Touroulia guianensis* und *Froesia tricarpa* hat FOSTER (2) beschrieben und damit die Studien an Vertretern der *Quiinaceae* fortgesetzt, von denen schon berichtet wurde (Fortschr. Bot. **13**, 47). MIMEUR fand bei Vertretern der Gattung *Coix* auf den Blattscheiden epidermale Drüsenzellen, von denen jeweils mehrere um ein größeres, einzelliges, mit blasiger Basis in das Hypoderm eingesenktes Haar gruppiert sind. Da nun auch auf dem Scutellum mancher Gräser (*Zea, Coix, Triticum*) rudimentäre Drüsen aufgefunden worden sind, könnte man diese Eigentümlichkeit als einen weiteren Hinweis auf die Keimblattnatur jenes Organs werten. Interessant ist ferner die Feststellung von DUNLOP, daß Zellen mit Wandverdickungen nach Art der CASPARYschen Streifen auch in Blattorganen vorkommen können. Derartige Zellschichten fand er in den Blättern von *Isoetes*-Arten (*I. macrospora, I. muricata* var. *Braunii*), wo sie an der Basis der Ligula verlaufen. Ob einer solchen „Ligulaendodermis" eine besondere physiologische Bedeutung zukommt, bleibt noch dahingestellt; auffallend ist jedenfalls, daß viele ihrer Zellwände in engem Kontakt mit angrenzenden Tracheidalzellen stehen.

An den Blattspreiten mancher Pflanzen, z. B. von *Aristolochia Sipho* und laciniater Formen von Buche und Erle, treten zuweilen leistenartige Wucherungen auf, die als Enationen bezeichnet worden sind. Wie KÜSTER jetzt zeigen konnte, werden diese Bildungen, die typische Blattstruktur besitzen, aus der Knospenlage verständlich. Bei plikativer Vernation nehmen sie die Orte ein, die durch die Firstlinien der Interkostalfelder bestimmt sind. An diesen Stellen dürften nach KÜSTER besondere Voraussetzungen gegeben sein, die den benachbarten Spreitenteilen fehlen. Die frühere Vermutung, daß — wenigstens bei laciniaten Blättern — die Enationen auf Randverwachsungen ursprünglich getrennter Zipfel zurückzuführen seien, läßt sich demnach nicht aufrechterhalten.

III. Wurzel.

1. Wurzelmeristeme. Wenn die neue Darstellung VON GUTTENBERGS (vgl. auch Fortschr. Bot. **12**, 32) den Schluß erlaubt, daß die Wurzelentwicklung der Dikotylen weitgehend einem einheitlichen Grundschema folgt, indem sie von einer zentralen Schlußzelle ausgeht, so vermitteln die Angaben von CLOWES für *Fagus silvatica* ein recht abweichendes Bild. Diesem Autor zufolge soll sich in der Wurzelspitze in Gestalt eines umgestülpten Bechers ein vielzelliges Promeristem befinden, das die Initialen für die einzelnen Histogene liefert (Abb. 13). Und zwar werden 4 Gruppen von Initialen unterschieden, aus denen sich jeweils Plerom, Columella, peripherer Teil der Haube mitsamt der Epidermis sowie das Periblem ableiten. Hervorgehoben sei, daß die verschiedenen Initialgruppen, also auch Plerom- und Columella-Initialen scharf voneinander getrennt werden. Ob diese Beobachtungen, insbesondere was die Bildung der Wurzelhaube betrifft, in allem richtig sind und ob sich noch andere derartige Beispiele finden lassen, müssen zukünftige Untersuchungen erweisen. Ein besonderes Augenmerk hat CLOWES auf die Teilungsvorgänge der Initialen gerichtet. Die Ergebnisse sind in Abb. 14 schematisch dargestellt.

Von entwicklungsphysiologischen Gesichtspunkten ausgehend, hat
Bünning interessante Mitteilungen über die Gewebedifferenzierung in
der Cruciferenwurzel gebracht. Für die diarchen Primärwurzeln von

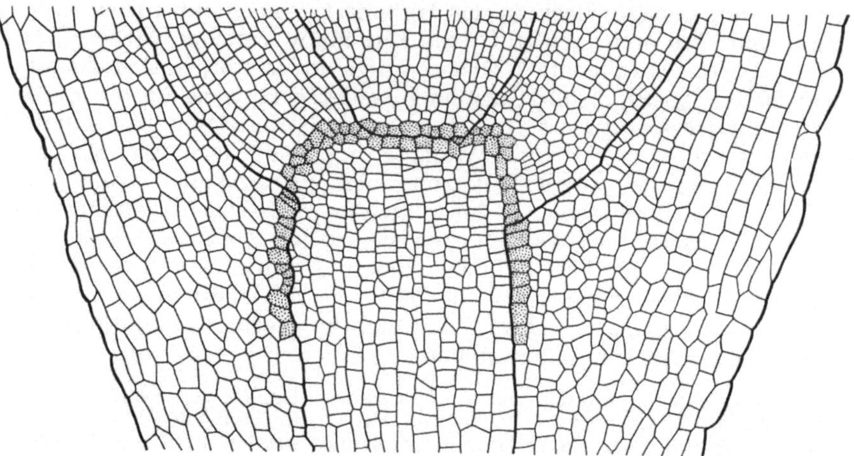

Abb. 13. *Fagus silvatica.* Medianer Längsschnitt durch die Spitze einer Primärwurzel. Die dick aus-
gezogenen Linien geben die Grenzen zwischen Plerom, Wurzelhaube und Columella an. Die vermeintlichen Initialzellen sind punktiert. Nach Clowes.

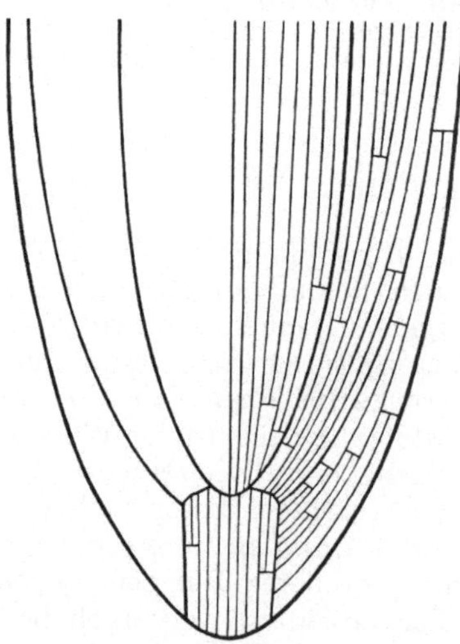

Abb. 14. *Fagus silvatica.* Schematische Darstellung der Teilungsvorgänge in der Wurzelspitze. Nach Clowes.

Sinapis alba konnte er zeigen, daß
die Bildung der Xylemplatten in unmittelbarer Nähe der Wurzelinitialen
von zentral gelegenen Pleromzellen
ausgeht, in deren elliptischer Form
schon eine radiale Polarität zum Ausdruck kommt (Abb. 15). Die Determination derartiger Zellen zu Xylem-
elementen äußert sich zunächst in
einem stärkeren Plasmawachstum, das
auch auf die davorliegenden Perizykel-
zellen übergreift. Ebenso beginnt die
Phloembildung mit intensivem Plasmawachstum einzelner Pleromzellen, aber
immer nur an Stellen, die von den
bereits angelegten Xylemplatten am
weitesten entfernt sind. Es scheint
demnach, daß die Phloementstehung
als solche an Orten stärkeren Plasmawachstums unterdrückt wird, eine
Vermutung, die im übrigen experi-
mentell bestätigt werden konnte. Für die Bildung der Wurzelhaare
war schon bekannt, daß Trichoblasten sich da entwickeln, wo Rhizodermiszellen antiklinalen Wänden der äußersten Rindenschicht auf-

sitzen (vgl. den Sammelbericht von Cormack; Fortschr. Bot. **13**, 52). Abweichend von Cormack vertritt Bünning die Auffassung, daß diese Lage eine physiologische Isolierung der Trichoblasten bedingt und eine Hemmung durch benachbarte Orte lebhaften Plasmawachstums ausschließt, wie sie für die den unterlagernden Zellen mit breiter Fläche aufsitzenden Atrichoblasten anzunehmen ist. Dafür spricht u. a. die

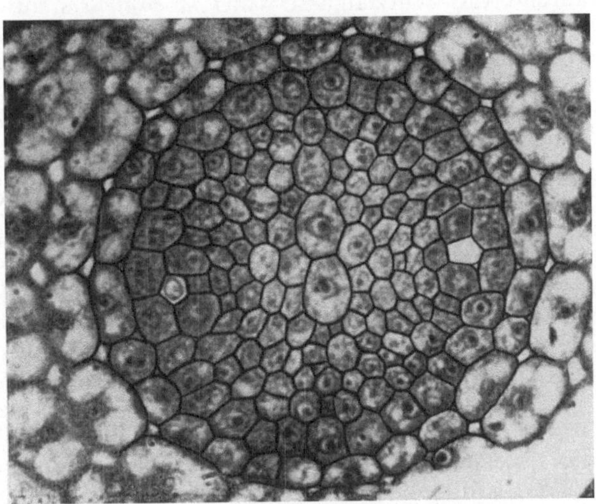

Abb. 15. *Sinapis alba.* Plerom einer Keimwurzel im Querschnitt. In der Senkrechten ist die Anlage des Xylems zu erkennen (elliptische Zellen). Links und rechts, unmittelbar unter dem Perizykel, junge Stadien der Phloembildung („Ursiebröhren"). Nach Bünning.

Beobachtung, daß sämtliche Rhizodermiszellen sich zu Trichoblasten entwickeln können, wenn die Rhizodermis im geeigneten Zeitpunkt vom plasmareichen Rindengewebe getrennt wird.

Im Vegetationspunkt junger Primärwurzeln von *Melandryum album* hat Heitz ein Objekt gefunden, das die direkte Messung der großen Periode des Wachstums an aufeinanderfolgenden Zellen zuläßt.

2. Wurzelsysteme. Wie Troll in seiner Vgl. Morphologie (**1**, **III**; 2389) in einer umfassenden Darstellung der Wurzelbildung von Mangrovegewächsen schon ausgeführt hat, ist bei vielen dieser Pflanzen die Primärwurzel völlig bedeutungslos, ja sie kommt in manchen Fällen (z. B. *Rhizophora*) überhaupt nicht zur Entwicklung. So verhält es sich auch bei *Avicennia officinalis*, worauf neuerdings Baglis hingewiesen hat. An Stelle einer Hauptwurzel, die hier nur als kleiner Höcker an der Basis des Hypocotyls in Erscheinung tritt, entstehen mehr als 25 m weit unmittelbar unter der Bodenoberfläche streichende hypokotylbürtige Strangwurzeln, denen bald darauf weitere sproßbürtige Wurzeln folgen. Deren morphologische und anatomische Verhältnisse ähneln weitgehend denen von *Sonneratia* (vgl. Fortschr. Bot. **1**, 13).

Die Unterdrückung der Hauptwurzel bei Mangrovegewächsen (ihre Anlage ist jedoch immer vorhanden!) ist, ebenso wie bei anderen sich

so verhaltenden Angiospermen, ein unveränderliches Organisations-
merkmal der betreffenden Pflanzen, wie überhaupt die Gesamtradika-
tion für die einzelnen Arten oft sehr charakteristisch ist. Das geht
wieder aus Untersuchungen an einigen Präriegräsern hervor (WEAVER
und VOIGT), denen zufolge die Wurzeln von *Andropogon furcatus* unter
allmählicher Abnahme ihrer Masse bis in eine Tiefe von 180 cm
reichen, während die Wurzelmasse von *Poa pratensis* auf denselben
Böden viel geringer ist und zu fast 90 % in der obersten, 30 cm dicken,
Bodenschicht liegt. Von dieser Art gehen selbst einzelne Wurzeln nicht
tiefer als 90 cm. Daß darüber hinaus die Wurzelsysteme in ihrer Ausbildung, vor allem in ihrer Verzweigung und Längenentwicklung, in
stärkerem Maße von Außenfaktoren abhängig sein können, wissen wir
aus zahlreichen Beobachtungen, wenn es auch schwer ist, den Wirk-
samkeitsbereich dieser Faktoren im einzelnen abzugrenzen. Neuerdings
hat STEUBING auf die Bedeutung der Bodentemperaturen für die Aus-
gestaltung des Wurzelsystems von *Thymus serpyllum* aufmerksam gemacht. Sie scheinen sich insbesondere auf die Verzweigung der Primärwurzel auszuwirken. Das Längenwachstum ist dagegen weitgehend
vom Feuchtigkeitsgehalt des Substrats abhängig. Auch dafür bieten die
Untersuchungen STEUBINGS einen weiteren Beleg, ebenso wie die Mitteilungen von SINGH und JOON über die Entwicklung des Wurzelsystems von Tomatenpflanzen in feuchten und trockenen Böden.

3. Bildung sproßbürtiger Wurzeln. Von Weidenarten ist seit langem
bekannt, daß ihre Stämme und Zweige im Bereich der Knoten sog.
latente Wurzelanlagen besitzen, die unter geeigneten Bedingungen
austreiben können. Nach CARLSON entwickeln sich die Primordien,
die bereits im ersten Jahr des Sproßwachstums angelegt werden, nur
außerordentlich langsam weiter. Selbst nach 9 Jahren waren die in
der Stammrinde verborgenen Wurzelspitzen noch nicht voll differenziert. Wenn freilich derartige Zweige in Wasser gestellt werden, verläuft die Entwicklung rapide. Nebenbei sei bemerkt, daß die beim Her-
vorbrechen der Wurzeln aus der Rinde auftretenden Wucherungen
von parenchymatischen Rindenzellen ihrer Entstehung nach mit
Lenticellen nichts zu tun haben.

Zu diesen im ersten Jahr gebildeten Wurzelanlagen können bei
der Weide später, namentlich in Wasserkulturen, weitere hinzukommen,
die serial über oder unter den zuerst entstandenen auftreten. Es kann
kein Zweifel darüber sein, daß diese kambialer Herkunft sind, wie ja
die Entstehung sproßbürtiger Wurzeln aus interfasciularem Kambium
heraus überhaupt eine weitere Verbreitung zu besitzen scheint. Zuletzt hat z. B. VENTURA in *Senecio angulatus* und *Salvia Grahami* Beispiele dafür genannt.

4. Wurzelbildung am Pteridophytenembryo. Wie schon in anderem
Zusammenhang dargetan wurde, zeichnen sich die Embryonen der
Pteridophyten vor denen der Spermatophyten durch ihren unipolaren
Bau aus (Fortschr. Bot. **13**, 50). Die fehlende Primärwurzelanlage wird
bei ihnen durch die schon am Keim auftretende erste sproßbürtige
Wurzel ersetzt. Es verfügen diese Embryonen also wohl über eine Keim-

wurzelanlage, nicht jedoch über eine Radikula. Schwierigkeiten könnten dieser Auffassung allenfalls die Farne bereiten. Obwohl auch bei ihnen die Keimwurzel endogen angelegt ist, entsteht leicht der Eindruck, als sei sie dem Sproßvegetationspunkt opponiert und der Embryo nach dem allgemeinen Vorbild der Spermatophytenembryonen bipolar gebaut.

Deshalb war es notwendig, exakte Kriterien für den Ursprungsort der Keimwurzel bzw. dafür zu finden, daß sie am Embryo nicht terminale, sondern seitliche Stellung aufweist. Dazu verhilft nach TROLL (1) eine Analyse des Spermatophytenembryos. Entscheidend ist die Feststellung, daß die Polarität des Embryos schon mit dem Auftreten der sog. Basalwand festgelegt wird, deren Orientierung für die folgenden Teilungen maßgebend bleibt. Die Polaritätsachse, deren beide Enden später vom Sproß- und Wurzelvegetationspunkt des Embryos eingenommen werden, steht senkrecht auf ihr.

Nun herrscht gerade in den einleitenden Schritten, die zur Aufteilung der Zygote führen, Übereinstimmung zwischen den Spermatophyten und Pteridophyten. Auch bei den letzteren, und unter ihnen bei den Farnen, beginnt die Embryoentwicklung mit der Anlegung einer Basalwand, die hier ebenso wie bei den Spermatophyten die Lage der Polaritätsachse bestimmt. Zwar fällt der Sproßscheitel anfangs nicht in deren Richtung. Bezeichnenderweise aber wird er schon frühzeitig entsprechend verlagert, was bei dem gleichfalls seitlich von der Polaritätsachse auftretenden Keimwurzelprimordium nicht der Fall ist. Dieses und somit auch die aus ihm hervorgehende Keimwurzel behält also die seitliche Lage dauernd bei. Nimmt man diesen Befund mit dem anderen zusammen, daß die Keimwurzel endogenen Ursprungs ist, so kann über die eingangs skizzierte Auffassung kein Zweifel mehr bestehen. Der Embryo der Farne ist gleich dem aller anderen Pteridophyten unipolar.

5. Teratologisches. Einige Arbeiten (BOND, WILDE, WATSON) berichten über Veränderungen an Wurzeln, die sich unter der Einwirkung von 2,4-Dichlorphenoxyessigsäure oder ähnlichen Substanzen eingestellt haben. Wenn auch hinsichtlich der einzelnen Untersuchungsobjekte und der jeweils applizierten Stoffe Verschiedenheiten herrschen, so lassen sich doch nach den bisher vorliegenden Befunden die Beobachtungsresultate folgendermaßen zusammenfassen: Hemmung des Längenwachstums der Wurzeln, Bildung einer ungewöhnlich großen Zahl von Seitenwurzeln und Entwicklung abnormer Anschwellungen unmittelbar hinter der Wurzelspitze, d. h. in der Wachstumszone. Was die Anschwellungen betrifft, so konnte WILDE für *Phaseolus vulgaris* zeigen, daß es sich dabei um Wucherungen handelt, die vom Perizykel ausgehen, doch scheinen bei anderen Objekten, z. B. bei *Pisum sativum*, auch Rindenzellen und zuweilen die Endodermis an ihrer Bildung beteiligt zu sein (BOND). Bemerkenswert ist es, daß in der Wachstumszone der Wurzeln an Stelle der gewöhnlichen Transversalteilungen (d. h. senkrecht zur Wurzelachse) häufig Tangentialteilungen auftreten, was auf eine Umstimmung der Zellpolarität hindeutet. Besonders diese letztere Frage verdiente nähere Untersuchung.

IV. Infloreszenzen.

1. Infloreszenzbegriff. Unter einer Infloreszenz wird allgemein der blütenbildende Abschnitt einer Pflanze bzw. eines Triebes verstanden, sofern er sich vom rein vegetativen „Unterbau" durch die abweichende Art der Beblätterung deutlich unterscheidet. Schwierigkeiten macht die Anwendung des Begriffs jedoch dort, wo die reproduktive Region nicht scharf vom vegetativen Bereich gesondert ist, z. B. bei vielen krautigen Dikotylen. GOEBEL hat deshalb für solche Fälle eine andere

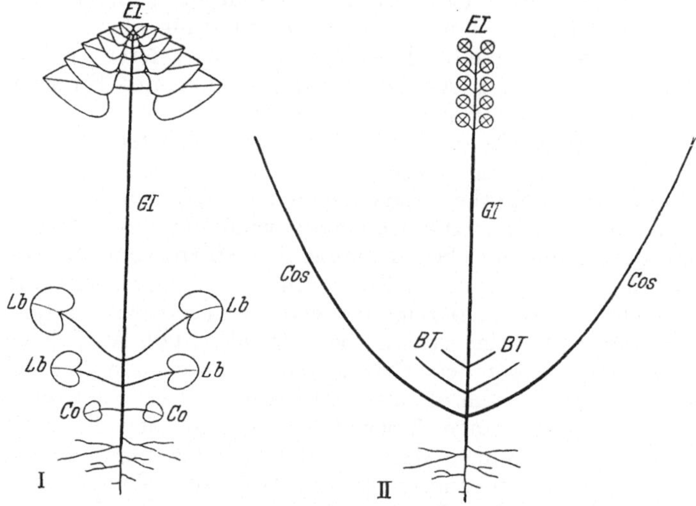

Abb. 16. *Lamium purpureum*. Aufbau der Pflanze (schematisch). In I ist nur die Blattbildung, in II allein die Verzweigung berücksichtigt. *Co* Kotyledonen; *Lb* Laub- und *Hb* Hochblätter; *Cos* Kotyledonartriebe; *EI* primäre Infloreszenz, *GI* das dieser vorausgehende Grundinternodium. Nach TROLL.

Bezeichnung, die des „blühenden Sprosses", eingeführt, zugleich aber bemerkt, daß Übergänge vorhanden sind und sich keine scharfen Grenzen ziehen lassen. So trug diese Trennung von „Infloreszenzen" und „blühenden Sprossen" von vornherein ein recht künstliches Gepräge, und es war die Frage, ob sich hinter diesen Verschiedenheiten nicht doch ein einheitliches Gestaltungsprinzip erkennen ließe. In einer eingehenden Studie konnte nun TROLL (3) tatsächlich den Infloreszenzbegriff einer typologischen Fundierung zuführen und insbesondere zeigen, daß auch die „blühenden Sprosse" Infloreszenzen darstellen, und zwar „foliose" Infloreszenzen, d. h. solche, die nicht durch brakteose, sondern durch foliose Hochblätter ausgezeichnet sind. Die Besonderheit dieser Blattbildung wurde schon im II. Abschnitt erörtert (S. 26). Zum Beleg sei auf Abb. 16 verwiesen, die den Aufbau einer *Lamium purpureum*-Pflanze zeigt. Die foliose Infloreszenz beginnt mit einem verlängerten Internodium, dem Grundinternodium (*GI*), und trägt in den Achseln ihrer Hochblätter die bekannten Partialinfloreszenzen. Der Infloreszenzcharakter derartiger blühender Sprosse wird bei oberflächlicher Beobachtung leicht dadurch verwischt, daß oftmals der Unterbau stark reduziert ist, wie dies Abb. 17 für *Veronica hederaefolia* vor Augen führt. Hier weist der vegetative Sproßabschnitt außer den Kotyledonen überhaupt nur ein einziges Laubblattpaar auf, dem bereits das Grundinternodium der foliosen Infloreszenz folgt. Im Unterschied etwa zu *Veronica longifolia*, die über eine brakteose Infloreszenz mit ausgedehntem Unterbau verfügt, tritt dieser bei *V. hederaefolia* extrem zurück. Gleichwohl haben wir es in beiden Fällen mit homologen Gestaltungen zu tun, die nur nach dem Prinzip der variablen Proportionen abgewandelt sind. Auf die weiteren Ausführungen TROLLS, die auch die Formen mit Anthokladienbildung einbeziehen, soll hier nur verwiesen werden.

2. Spezielle Untersuchungen. Über die Entwicklungsgeschichte der Tomateninfloreszenz lagen bisher keine genaueren Angaben vor; vor allem wurde hier verschiedentlich dichotome Verzweigung vermutet (zuletzt von HONTSCHICK sowie von VENNING; vgl. Fortschr. Bot. **13**, 34), was aber von vornherein als unwahrscheinlich gelten mußte. Daß davon keine Rede sein kann, zeigen neue sorgfältige Untersuchungen von HELM, die an normalen Tomatenpflanzen sowie an einer Röntgenmutante (*anantha*) durchgeführt wurden. Danach beginnt die Infloreszenzentwicklung im ersten Fall mit der

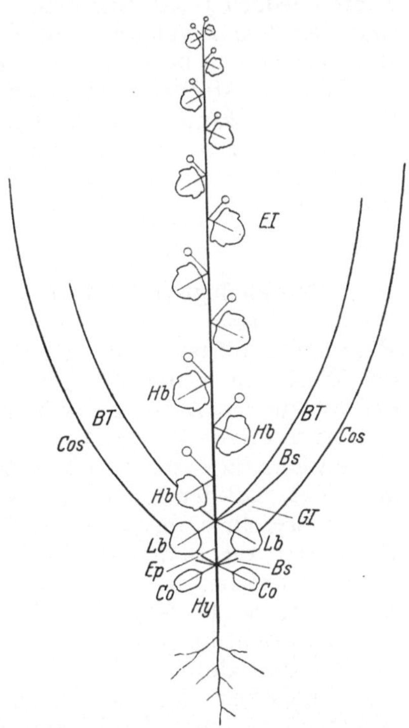

Abb. 17. *Veronica hederaefolia*. Wuchsschema. *Hy* Hypokotyl; *Ep* Epikotyl; *Bs* Beisprosse der Bereicherungstriebe (*Bt*). Sonstige Bezeichnungen wie in Abb. 16. Weiteres im Text. Nach TROLL.

Bildung eines Dichasiums, seltener eines Monochasiums (Boragoids). Während die Mittelblüte angelegt wird, bauen sich aus den Seitenästen Wickel auf. Es handelt sich also immer um seitliche Auszweigungen am morphologischen Ort der Brakteen, die selber allerdings unterdrückt sind. Für die Mutante *anantha* dagegen ist es bezeichnend, daß die Wickelbildung bedeutungslos ist, dafür aber die dichasiale Verzweigung sich vielfach wiederholt bei gleichzeitigem Wegfall der Mittelblüten in den einzelnen Dichasien. So kommen die für diese Mutante charakteristischen reichverzweigten sterilen Infloreszenzen zustande.

Die doldenförmig aussehenden Infloreszenzen von *Schizocapsa plantaginea*, die KAUSSMANN (2) näher untersucht hat, stellen durch kongenitale Prozesse modifizierte Doppelwickel dar und gleichen darin den Infloreszenzen von *Tacca*-Arten.

Aus dem Bereich der Monokotylen hat sich NOZERAN mit der eigentümlichen mediterranen Liliacee *Aphyllanthes monspeliensis* befaßt. Deren Infloreszenz wurde bisher als reduziertes (einblütiges) Köpfchen gedeutet. Das 5 zipflige Involucrum sollte zusammen mit dem darunterstehenden Schuppenblatt 6 Tragblättern entsprechen, deren Blüten jedoch nicht entwickelt sind. Nach NOZERAN handelt es sich aber bei dem Involucrum um ein einziges Hochblatt, das durch von ihm gelegentlich beobachtete Übergangsformen mit einfacheren, tieferstehenden Blättchen verbunden sein soll. Endgültig klären könnten diesen interessanten Fall nur entwicklungsgeschichtliche Untersuchungen. — Eine zusammenfassende, z. T. systematischen Gesichtspunkten unterstellte Darstellung des Ährchenbaues der Cyperaceen hat HOLTTUM vorgelegt.

V. Blüte.

1. Morphologischer Wert der Blütenorgane. Im vorhergehenden Bericht (Fortschr. Bot. **13**, 54) wurde auf eine neue Blütentheorie von PLANTEFOL aufmerksam gemacht, der zufolge allein den Kelchblättern der Wert von echten Blattorganen zukäme, und zwar deshalb, weil die von diesem Autor postulierten „mehrfachen Blattschrauben" sich nur bis in diesen Bereich hinein verfolgen lassen. Neuerdings hat auch DECHATRES für diese Ansicht plädiert und an Hand weiterer Beispiele dargelegt, daß der Kelch mit seinen Organen in die gegebenen Blattstellungsregeln einbezogen sei. Für die übrigen Blütenorgane leugnet PLANTEFOL die Blattnatur im Widerspruch zu zahlreichen neuen entwicklungsgeschichtlichen und histogenetischen Untersuchungen. Zu den schon in Fortschr. Bot. **13**, 54 ff. erwähnten Befunden kommen jetzt Beobachtungen von BLASER und EINSET über die Blütenstruktur bei Periklinalchimären von Apfeltrieben hinzu, die die Gültigkeit der sog. klassischen Blütentheorie betonen. Für diese sprechen auch Mittelbildungen zwischen Laub- und Perianthblättern, wie sie WEBER für *Caltha palustris* geschildert hat. Die zuerst angelegten Teile tragen Laubblattnatur, wogegen die später gebildeten Abschnitte bereits den Charakter von Perianthblättern besitzen. Hier wird also ein und dasselbe Organ, das laubblattartig beginnt, im Verlauf seiner Entwicklung in ein Blütenblatt verwandelt. Vergleichbare Verhältnisse finden sich bei den von TROLL (Vgl. Morphologie **1**, II; 1357) aufgefundenen Übergangsformen zwischen Laub- und Hochblättern. Unter diesem Gesichtspunkt werden auch abnorme Blattbildungen verständlich, die VALENTA bei *Cyclamen* beobachtet hat. Die kronblattartigen Randsäume nämlich, die er an der Basis von im Blütenbereich stehenden Laubblättern erkannte, sind nichts anderes als die zuletzt differenzierten Teile, die bereits unter dem Einfluß der Blütenbildung standen. Daß diese Erscheinungen wichtige entwicklungsphysiologische Probleme aufwerfen, bedarf keiner besonderen Erwähnung.

Auch für die Blattnatur der Organe des Androeceums und des Gynoeceums sind in jüngster Zeit wieder Beweise geliefert worden. Hingewiesen sei auf Untersuchungen von BAUM (3), die insbesondere die Frage geprüft hat, ob sich in diesem Bereich der Blüte Anklänge an die phylogenetische Entwicklung aus Telomen oder Telomständen feststellen lassen, wie dies zuletzt WILSON wieder für das Androeceum der Melastomataceen behauptet hat. Sie kommt zu einem negativen Ergebnis und betont den Blattcharakter der Karpelle und der Staubblätter. Für die letzteren nimmt sie übrigens eine den Karpellen vergleichbare peltate Struktur an (2). Ihre Befunde bedürfen aber einer histogenetischen Nachprüfung, die über die von JANCHEN (2) geübte Kritik hinausgeht. Dieser verficht nach wie vor die Pseudanthientheorie (1). Ihr zufolge möchte er das einzelne Staubblatt von einer männlichen *Ephedra*-Blüte hergeleitet wissen, doch bleibt er die Beweise für seine schon von R. WETTSETIN vertretene Auffassung schuldig, die somit die durch verschiedenste Untersuchungen begründete Foliartheorie der Blüte nicht zu erschüttern vermag. Daß auch die Nervaturverhältnisse nicht gegen die Blattnatur der Stamina sprechen, hat PURI wiederholt dargetan, zuletzt in einer Studie über *Crataeva religiosa* (*Capparidaceae*).

Was die Karpelle betrifft, so hat für ihre Blattnatur RAUH erneut Belege beigebracht, und zwar an Hand von Verlaubungserscheinungen bei *Prunus paniculata*. Die betreffenden Karpelle nehmen eine Zwischenstellung zwischen Hochblättern und normal gestalteten Fruchtblättern ein. Auch in der Rebenblüte können nach BREIDER gelegentlich den Fruchtknoten mit einbeziehende Verlaubungen auftreten.

2. Perianth. Problematisch sind seit langem die kleinen kronblattartigen Organe in den Blüten vieler Thymelaeaceen. EICHLER (1878) hat sie als echte Petalen gedeutet, was jedoch nicht unwidersprochen geblieben ist. Jetzt hat sich HEINIG wieder mit diesen Bildungen befaßt. Sie möchte sie auf Grund ihrer Innervierung als Stipularauswüchse der Kelchblätter deuten, wie dies früher schon HEINTZE (1925) vorgeschlagen hatte. Allerdings ist bis heute noch kein anderes Beispiel dafür bekanntgeworden, daß im Blütenbereich Stipeln auftreten können, wenn im vegetativen Abschnitt der betreffenden Pflanze solche vollkommen fehlen. Das letzte Wort dürfte demnach in dieser Frage noch nicht gesprochen sein. — Eine entwicklungsgeschichtliche Studie, die in erster Linie die Bildung des Perianths betrifft, haben ROTOR und MacDANIELS für *Cattleya labiata* vorgelegt.

TROLL (2) behandelt die Blütenbildung von *Ceropegia*, insbesondere von *C. Sandersonii* und *C. Haygarthii*, beides Arten mit Blüten, deren höchst absonderliche Gestaltung die Frage dringlich werden läßt, in welchen typologischen Beziehungen sie zu der aus der Gattung sonst bekannten Blütenbildung steht (Abb. 18). Es zeigt sich, daß auch hier nur extreme Varianten des Typus vorliegen, auf den sie nach dem Prinzip der variablen Proportionen zurückgeführt werden können. Recht bemerkenswert ist die gestaltliche Verwandtschaft der Blüte von *Ceropegia Haygarthii* mit derjenigen gewisser *Aristolochia*-Arten. Bei dem sonst herrschenden Parallelismus zwischen den *Aristolochia*- und den *Ceropegia*-Blüten hätte man die Existenz einer solchen Form auch bei *Ceropegia* fast voraussagen können.

Ein weiterer Beitrag TROLLS (2) befaßt sich mit einer die *Brillantaisia*-Blüte auszeichnenden Gelenkbildung, deren Eigentümlichkeit auf der Nekrose bestimmter Gewebebezirke beruht. Das Gelenk, das

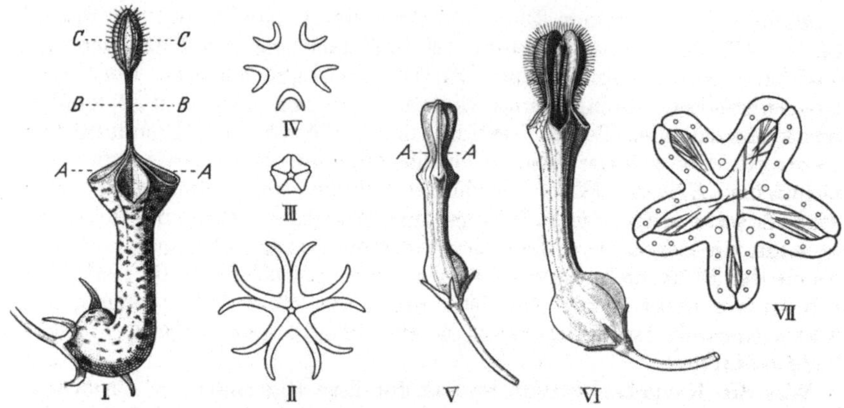

Abb. 18. I bis IV *Ceropegia Haygarthii*. I Blüte in Anthese; II bis IV schematisierte Querschnitte durch den Kronsaum in Höhe der mit *A*, *B* und *C* bezeichneten Horizonte in I. V bis VII *Ceropegia Woodii*. V Blüte in Präfloration und VI in Anthese; VII Querschnitt durch die Struktur des Kronsaumes in Höhe des Horizontes *A* in V. Wie die vergleichende Betrachtung lehrt, ist der säulenartige Abschnitt in I als Teil des Kronsaumes aufzufassen, dessen Zipfel extrem verschmälert sind. I nach HAYGARTH, sonst nach TROLL.

in keiner Beziehung zur Pollination steht, dient ausschließlich der Blütenentfaltung. Es handelt sich also um ein Entfaltungs- und nicht um ein Bestäubungsgelenk (Abb. 19).

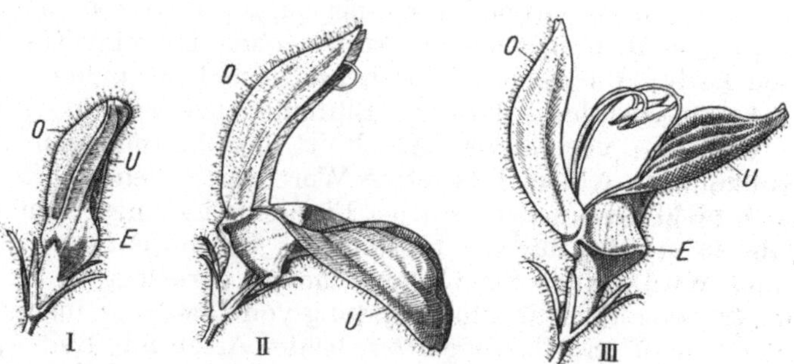

Abb. 19. *Brillantaisia Lamium*. I Blütenknospe, II und III entfaltete Blüten (in III Kronsaum künstlich gehoben). *E* die kehlsackartige, als Gelenk dienende Vorwölbung auf der Unterseite des Kronschlundes, in II eingefaltet und in III durch Heben des Kronsaums sichtbar gemacht. Nach TROLL.

3. Gynoeceum. Den Bemühungen BAUMS (Fortschr. Bot. **13**, 57) um eine einheitliche Auffassung des Angiospermengynocoecums auf der Grundlage der von TROLL entwickelten Vorstellungen ist inzwischen eine Arbeit von LEINFELLNER gefolgt, die sich mit dem Bauplan des coenokarpen Fruchtknotens befaßt. Allerdings vermeidet der Autor den seit TROLL üblich gewordenen Begriff „coenocarp" und spricht dafür allgemein vom synkarpen Gynoeceum (im alten Sinne), das je nach dem Grad der kongenitalen Verwachsung der Einzelkarpelle in einer eusynkarpen oder einer hemisynkarpen Form auftreten kann. Für die vertikale Gliederung des Fruchtknotens sind die Bauverhältnisse der Fruchtblätter maßgebend, die bekanntlich als in der Regel peltate Organe eine schlauchförmige („ascidiate") Spreitenbasis und einen nur zusammengefalteten („plikaten") Oberteil aufweisen. Dementsprechend sind an einem typisch eusynkarpen Gynoeceum von

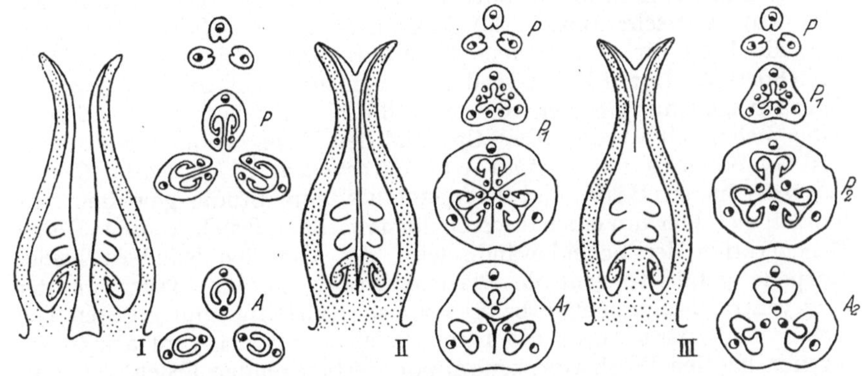

Abb. 20. Schematische Darstellung von Längs- und Querschnitten durch I ein apokarpes Gynoeceum mit ascidiatem (A) und plikatem Abschnitt (P), II ein hemisynkarpes Gynoeceum (mit der hemiascidiaten Zone A_1, der hemisynplikaten Zone P_1 und der asynplikaten Zone P) und III ein eusynkarpes Gynoeceum mit synascidiatem (A_2), synplikatem (P_2), hemisynplikatem (P_1) und asynplikatem Abschnitt (P). Nach LEINFELLNER.

der Basis her 4 aufeinanderfolgende Zonen zu erkennen, die LEINFELLNER als synascidiaten, synplikaten, hemisynplikaten und asynplikaten Abschnitt bezeichnet (Abb. 20). Wesentlich ist die Erkenntnis, daß die ganze Mannigfaltigkeit der Erscheinungsformen des Gynoeceums auf quantitativen Veränderungen in der Ausbildung und Beschaffenheit dieser 4 Zonen beruht, wobei der erste und der vierte Abschnitt auch unterdrückt sein können. So untersteht also auch der Fruchtknotenbau dem Prinzip der variablen Proportionen (Fortschr. Bot. 13, 46). Freilich bleibt die Allgemeingültigkeit der vorgetragenen Auffassung noch an einem größeren Untersuchungsmaterial zu prüfen.

Recht vielgestaltig ist einer Arbeit MORFS zufolge das Gynoeceum in der Verwandtschaft der Saxifragaceen. Der Autor weist u. a. darauf hin, daß bei den Arten dieser Familie ein kontinuierlicher Übergang von apokarpen zu coenokarpen Formen zu beobachten ist. Auch hier beruhen die zahlreichen Ausbildungsformen des Fruchtknotens jeweils auf dem Grad der kongenitalen und postgenitalen Verwachsung der Karpelle sowie auf quantitativen Verschiedenheiten in der Gestaltung ihrer einzelnen Abschnitte. Auf die zahlreichen Details kann ebensowenig eingegangen werden wie auf die Befunde von WUNDERLICH, die sich auf das Gynoeceum der *Agavaceae* beziehen. Die Unterständigkeit des Fruchtknotens soll in der Gattung *Agave* nicht durch Achsenberindung des Gynoeceums, sondern durch Verwachsung mit den äußeren Blütenteilen zustande kommen, was PORSCH auch für die weiblichen Blüten von *Castanea sativa* und RAO für die Blüten von *Turnera* annehmen. .

Angaben über die Bauverhältnisse des Gynoeceums bei den Thymelaeaceen hat HEINIG beigebracht. Sie bestätigt die Auffassung, daß auch der einfächrige Fruchtknoten, soweit er in dieser Familie auftritt, typisch zweikarpellig ist, wobei aber das zweite Fruchtblatt eine extreme Reduktion erfährt (pseudomonomeres Gynoeceum nach ECKARDT; Fortschr. Bot. **7**, 29). Leitbündelanatomische Untersuchungen, die PURI für verschiedene Verwandtschaftbereiche durchgeführt hat (Fortschr. Bot. **13**, 60), sind jetzt von ihm auch auf die *Capparidaceae* ausgedehnt worden, von denen die Blüten von *Crataeva religiosa* näher behandelt werden. Dem Bau und den Plazentationsverhältnissen des Gynoeceums von *Cuphea*-Arten (*C. cyanea*, *C. lanceolata*, *C. procumbens*) haben BAUM und LEINFELLNER eine Studie gewidmet. Es handelt sich hier um einen dimeren dorsiventralen Fruchtknoten. Durch Degeneration der Scheidewände wird der von den Rändern beider Karpelle gebildete zentrale Plazentarstrang, der ebenfalls von der dorsiventralen Symmetrie beherrscht ist, frühzeitig zum größten Teil isoliert und später durch die Tätigkeit einer auf der Ventralseite gelegenen basalen Wachstumszone aus der zerbrechenden Frucht mitsamt den Samen herausgekrümmt.

Septalspalten im Fruchtknoten dikotyler Pflanzen waren bisher nur von *Cneorum tricoccum* bekannt. Jetzt sind solche auch im sterilen Abschnitt des Gynoeceums von *Koelreuteria paniculata* gefunden worden, wo sie nach BAUM (4) am apikalen Griffelende nach außen münden. Die Spalten erscheinen hier aber im ausgewachsenen Fruchtknoten nicht als Hohlräume, sondern sie sind durch papillöse Auswüchse der umgrenzenden Epidermiszellen der Karpelle ausgefüllt. Diese sondern ein klebriges Sekret ab, das während der Anthese aus den Spalten herausquillt und dann vermutlich als Narbensekret dient.

Schließlich ist der Hinweis von B. W. SMITH von Interesse, daß das bei *Arachis hypogaea* allgemein als Gynophor bezeichnete Organ, durch dessen interkalare Verlängerung der junge Fruchtknoten in den Boden verlagert wird, keineswegs ein Internodium, also ein Achsenabschnitt, sei, sondern die Basis des Fruchtknotens selbst. Ob dem aber wirklich so ist, bedarf noch der Begründung, die SMITH nicht liefert. Nach neuen Angaben von JACOBS (Fortschr. Bot. **12**, 40) sind Zweifel berechtigt.

VI. Frucht.

Merkwürdigerweise wurden die Symmetrieverhältnisse des Gynoeceums, insbesondere der Frucht, bisher nur wenig untersucht, obwohl sie zweifellos für das Verständnis der Fruchtformen recht bedeutungsvoll sind. Allgemeine Beziehungen zwischen der Symmetrie der Blüte und derjenigen der gereiften Frucht lassen sich nicht erkennen. So ist etwa Dorsiventralität im Bereich der Frucht viel seltener als im Bereich der Blüten, andererseits aber können aus radiären Blüten zygomorphe Früchte hervorgehen. Neuerdings hat sich STOPP solchen Fragen gewidmet und für eine größere Reihe von Fruchtformen die Symmetrieverhältnisse studiert. Aus seinen Untersuchungen, die sich an Hand eines wertvollen Materials mit monomeren, dimeren und polymeren Früchten befassen, sei etwa das Verhalten der *Medicago*-Arten

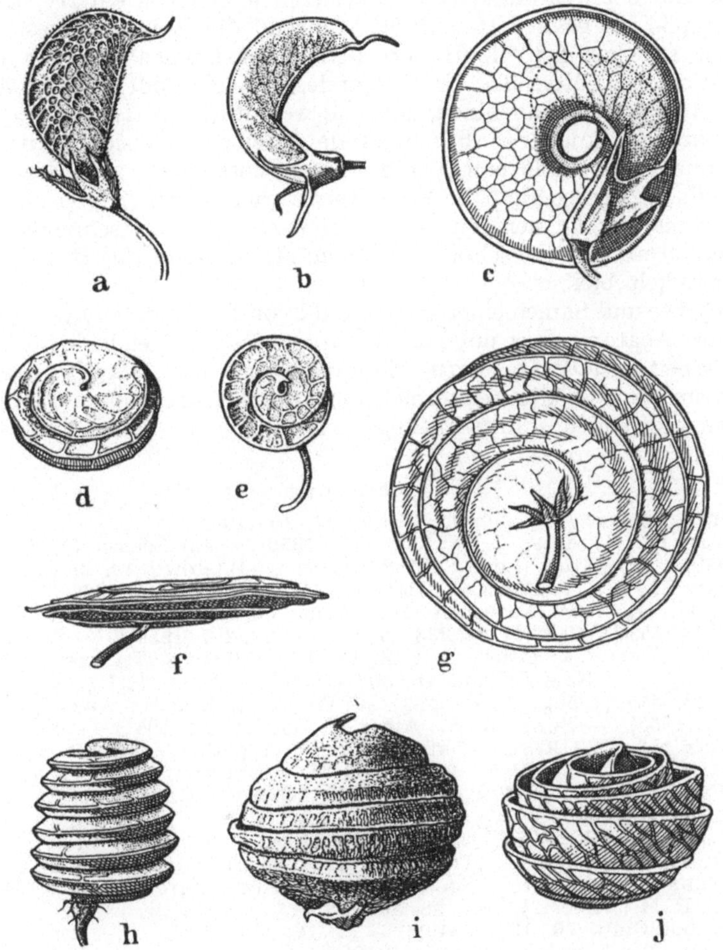

Abb. 21. Früchte von *Medicago*-Arten. a) *M. Pourettii*, b) *M. falcata*, c) *M. arborea*, d) *M. Helix*, e) *M. cancellata*, f) und g) *M. orbiculata*, h) *M. tornata*, i) *Blancheana*, j) *M. scutellata*. Nach STOPP (delin. M. ZAHN).

hervorgehoben, deren anfangs dorsiventrale Früchte später weithin durch eine mit starkem Längenwachstum einhergehende Schraubung nach verschiedener Richtung modifiziert werden (Abb. 21). Auch in der Gattung *Astragalus* durchlaufen die Früchte nach BAUM (1) zunächst ein allen Arten gemeinsames Stadium, bevor die Differenzierung verschiedene Wege geht. Was weitere Einzelheiten anbelangt, so muß auf die Originalarbeiten verwiesen werden.

STOPP verdanken wir ferner neue Mitteilungen über das Fleischig-
werden von Fruchtstielen. Neu sind vor allem die Angaben, die sich
auf *Pollichia*-Arten (*Caryophyllaceae*), nämlich *P. campestris* und die
neu beschriebene *P. cupulata*, beziehen. Die Blüten stehen hier in di-
chasial aufgebauten Knäueln und besitzen je einen in ein Hypo- und
ein Epipodium gegliederten Stiel. Während die Epipodien gestaucht
bleiben, strecken sich die Hypopodien und krümmen sich, vor allem
postfloral, zur Mitte des Fruchtstandes. Da sie zudem anschwellen
und rote Färbung annehmen, sind sie wesentlich an der Bildung der
beerenartigen, kugeligen Fruchtstände beteiligt, die sich schließlich
als Ganzes mit Hilfe eines Trennungsgewebes von der Mutterachse
lösen. Es liegen also ähnliche Verhältnisse vor, wie wir sie von *Laportea*
(*Urticaceae*) her kennen, nur sind dort nach STOPP ausschließlich die
Epipodien an der Fleischbildung beteiligt, während die Hypopodien
unentwickelt bleiben.

Früchte und Samen einer großen Zahl von Palmenarten hat GUÉRIN
auf ihre Anatomie hin untersucht. Hingewiesen sei endlich noch auf
eine Arbeit von W. H. SMITH, die am Beispiel von 9 Apfelsorten Beobachtungen über die Zellvermehrung und Zellstreckung im Fruchtknoten während des Entwicklungsverlaufs von der Blütenknospe bis
zur Fruchtreife bringt.

Literatur.

ARTSCHWARER, E.: Amer. J. Bot. **37**, 15 (1950).

BALL, E.: (1) Amer. J. Bot. **37**, 117 (1950) — (2) Science (N. Y.) **112**,
16 (1950) — (3) Nature (Lond.) **167**, 36 (1951) — (4) Growth **14**, 295 (1950). —
BANNAN, M. W.: (1) Amer. J. Bot. **37**, 511 (1950); (2) **37**, 232 (1950). —
BAUM, H.: (1) Ann. Naturhist. Mus. Wien **56**, 246 (1948) — (2) Österr.
bot. Z. **96**, 453 (1949); (3) **97**, 333 (1950); (4) **97**, 207 (1950). — BAUM, H.,
u. W. LEINFELLNER: Österr. bot. Z. **98**, 187 (1951). — BAYLIS, G. T. S.:
Trans. roy. Soc. New Zealand **78**, 509 (1950). — BELL, P. R.: Ann. Bot.,
N. S. **14**, 545 (1950). — BLASER, H. W., u. J. EINSET: Amer. J. Bot.
37, 297 (1950). — BOKE, N. H.: Amer. J. Bot. **38**, 23 (1951). — BOND, L.:
Bot. Gaz. **109**, 435 (1948). — BREIDER, H.: Phytopathol. Z. **16**, 106 (1949). —
BÜNNING, E.: Planta (Berl.) **39**, 126 (1951). — BUGNON, F.: (1) C. r. Acad.
Sci. (Paris) **228**, 1967 (1949); (2) **231**, 982 (1950). — BUXBAUM, F.: Österr.
bot. Z. **96**, 5 (1949).

CAMUS, G.: Rev. Cyt. et Biol. **9**, 1 (1949). — CARLSON, M. C.: Amer.
J. Bot. **37**, 555 (1950). — CLOWES, F. A.: New Phytologist **49**, 248 (1950).

DECHATRES, R.: Rev. Soc. Bourbonnais et Centre Fr. **1949**, 14. —
DUFFY, R. M.: Amer. J. Bot. **38**, 393 (1951). — DUNLOP, D. W.: (1) Bull.
Torrey bot. Club. **76**, 134 (1949); — (2) **76**, 440 (1949).

ESAU, K.: Bot. Rev. **16**, 67 (1950).

FLINT, TH. J.: Amer. J. Bot. **38**, 342 (1951). — FOSTER, A. S.: (1) Practical
Plant Anatomy. 2. Aufl. New York 1949 — (2) Amer. J. Bot. **37**, 848 (1950).

GAUTHERET, R. J.: C. r. Soc. Biol. Paris **142**, 807 (1948). — GIFFORD,
E. M. jr.: (1) Amer. J. Bot. **37**, 595 (1950); (2) **38**, 93 (1951); (3) **38**, 234
(1951). — GUÉRIN, H. P.: Ann. Sci. natur. Bot., 11. Ser. **10**, 21 (1949). —
GUTTENBERG, H. VON: Lehrbuch der allgemeinen Botanik. Berlin 1951.

HACCIUS, B.: Sitzungsber. Heidelberger Akad. Wiss., Math.-naturw. Kl.
1950, 289. — HELM, J.: Züchter **21**, 89 (1951). — HEIMSCH, C., G. S. RAGI-
DEAU u. W. G. WHALEY: Amer. J. Bot. **37**, 84 (1950). — HEINIG, K. H.:
Amer. J. Bot. **38**, 113 (1951). — HEITZ, E.: Experientia **6**, 265 (1950). —
HOLTTUM, R. E.: Bot. Rev. **14**, 525 (1948). — HOLTZMANN, D. H.: Amer.
J. Bot. **38**, 221 (1951). — HOLWILL, P. I. A.: Nature (Lond.) **165**, 156 (1950).

JAMES, L. E.: Amer. J. Bot. **37**, 373 (1950). — JANCHEN, E.: (1) Österr. bot. Z. **97**, 129 (1950) — (2) Phyton **2**, 267 (1950).

KAUSSMANN, B.: (1) Planta (Berl.) **38**, 586 (1950); (2) **39**, 91 (1951). — KÜSTER, E.: Ber. dtsch. bot. Ges. **62**, 83 (1950).

LAWALREE, A.: Cellule **52**, 215 (1948). — LEINFELLNER, W.: Österr. bot. Z. **97**, 403 (1950). — LEJSLE, F. F.: Bot. Ž. SSR. **34**, 253 (1949); dtsch. Ref. in Ber. wiss. Biol. (Abt. A) **70**, 177 (1951). — LEWIS, F. T.: Amer. J. Bot. **37**, 715 (1950).

MAJUMDAR, G. P.: Proc. Ind. Acad. Sci. **28**, 83 (1949). — MILLINGTON, W. F., u. J. E. GUNCKEL: Amer. J. Bot. **37**, 326 (1950). — MIMEUR, G.: C. r. Acad. Sci. (Paris) **231**, 666 (1950). — MITRA, G. C.: (1) J. Ind. vot. Soc. **24**, 191 (1945); (2) **27**, 150 (1948); (3) **28**, 68 (1949) — (4) Proc. nat. Inst. Sci. India **16**, 157 (1950) — (5) Proc. Ind. Acad. Sci. **31**, 210 (1950).— MOREL, G., u. R. H. WETMORE: Amer. J. Bot. **38**, 138 (1951). — MORF, E.: Ber. Schweiz. bot. Ges. **60**, 516 (1950).

NAPP-ZINN, K.: Österr. bot. Z. **98**, 142 (1951). — NOZERAN, R.: Ann. Sci. nat. Bot. (Ser. 11) **7**, 147 (1947).

POPHAM, R. A., u. A. P. CHAN: Amer. J. Bot. **37**, 476 (1950). — PORSCH, O.: Österr. bot. Z. **97**, 269 (1950). — PURI, V.: Amer. J. Bot. **37**, 363 (1950).

RAO, V. S.: J. Ind. Bot. Sci. **28**, 198 (1949). — RAUH, W.: Beitr. Biol. Pflanz. **28**, 160 (1950). — REEVE, R. M.: Amer. J. Bot. **35**, 591 (1948). — ROTOR, G. jr., u. L. H. MacDANIELS: Amer. J. Bot. **38**, 147 (1951). — ROUFFA, A. S., u. J. E. GUNCKEL: (1) Amer. J. Bot. **38**, 290 (1951); (2) **38**, 301 (1951).

SHIELDS, L. M.: Amer. J. Bot. **38**, 175 (1951). — SINGH, S. N., u. B. S. JOON: Current Science **19**, 182 (1950). — SMITH, B. W.: Amer. J. Bot. **37**, 802 (1950). — SMITH, W. H.: Ann. Bot. **14**, 23 (1950). — STERLING, CL.: Amer. J. Bot. **37**, 464 (1950). — STEUBING, L.: Angew. Meteorol. **1**, 15 (1951). — STOPP, K.: Abh. Akad. Lit. Wiss. Mainz, Math.-naturw. Kl. **1950**, 495.

TROLL, W.: (1) Abh. Akad. Wiss. Lit. Mainz, Math.-naturw. Kl. **1950**, 295; (2) **1950**, 343; (3) **1950**, 373.

VALENTA, V.: Stud. bot. čechoslowaca **8**, 125 (1947). — VENTURA, M.: Atti acad. naz. Lincei 8. Ser. **9**, 368 (1950).

WARDLAW, C. W.: (1) Ann. Bot. N. S. **14**, 435 (1950) — (2) Proc. Linn. Soc. London **162**, 13 (1950). — WATSON, D. P.: Amer. J. Bot. **37**, 424 (1950). — WEAVER, J. E., u. J. W. VOIGT: Bot. Gaz. **111**, 286 (1950). — WEBER, F.: Phyton **3**, 104 (1951). — WEBER, H.: Phyton **2**, 291 (1950). — WHALLEY, B.: Canad. J. Res. **28**, 331 (1950). — WILDE, M. H.: Amer. J. Bot. **38**, 79 (1951). — WILSON, C. L.: Amer. J. Bot. **37**, 431 (1950). — WUNDERLICH, R.: Österr. bot. Z. **97**, 437 (1950). — WYLIE, R. B.: Amer. J. Bot. **38**, 355 (1951).

ZIMMERMANN, J.: Weinbau (wiss. Beih.) **3**, 99 (1949). — ZIMMERMANN, W.: Geschichte der Pflanzen. Stuttgart 1949.

3. Entwicklungsgeschichte und Fortpflanzung.

Von Otto Jaag, Zürich.

Mit 6 Abbildungen.

1. Allgemeine Entwicklungsgeschichte.

a) Feinbau und Vermehrung der Bakterienzellen. In neuerer Zeit erfuhren die Bakterien nach vielen Richtungen hin eine Bearbeitung, der vor allem das Bestreben zugrunde liegt, die Schizomyceten aus der Sonderstellung, die sie zusammen mit den Blaualgen (Schizophyceen) im System der Organismen bisher einnahmen, herauszuführen und mit den übrigen Stämmen des Pflanzen- (und Tier-) Reiches in nähere Verbindung zu bringen. Daß dabei kerncytologische, fortpflanzungsmechanische und genetische Fragestellungen in den Vordergrund gerückt wurden, liegt auf der Hand. Aber auch die Beschaffenheit und Gliederung der Zellhüllen, Art und Funktion der Begeißelung und die physiologische Aktivität standen im Zentrum der Diskussion. Eine Reihe neuerer und neuester Darstellungen, z. B. von Gale (1947), A. A. Miles und N. W. Pirie (1949), K. A. Bisset (1950) und G. Knaysi (1951), fassen die Ergebnisse dieser Untersuchungen zusammen, eine äußerst verdienstliche Arbeit, ist es doch angesichts der verschiedenartigen, weit verstreuten Originalliteratur „schwierig, die Spreu vom Korne zu trennen" [Knaysi (siehe S. VII), Vorwort zur 1. Auflage].

Aufbau der Bakterienzellen. Knaysi (S. 63) bringt die Ergebnisse der morphologischen Untersuchungen an Bakterienzellen in Abb. 22 zum Ausdruck. Danach enthält das Cytoplasma Kern, Vakuole, Spore und Einschlüsse verschiedener Art; es ist von einer distinkten Plasmagrenzschicht und diese wiederum von einer Zellwand und Schleimhülle nach außen hin abgeschlossen. Dazu kommen bei den beweglichen Formen, je nach Art, eine oder mehrere Geißeln. In ihrer Organisation unterscheidet sich die Bakterienzelle also kaum mehr von derjenigen eines Pilzes. Hatten die unablässigen, in neuerer Zeit insbesondere durch Anwendung der Feulgenschen Färbetechnik die frühere Auffassung von der Kernlosigkeit der Bakterienzelle schrittweise zu erschüttern vermocht, so brachte die elektronenmikroskopische Untersuchung schließlich den Beweis der Existenz eines Zellorgans, das heute allgemein als „Kern" bezeichnet wird.

Knaysi und Baker (1947), Toulasne und Venrely (1947), Duguid (1948), De Ley (1950), Cassel (1950), McClung (1950) u. a. brachten dieses Problem der Abklärung näher, sei es durch Säurebehandlung der in Untersuchung genommenen Bakterien, durch Anwendung von Ribonuclease oder durch die Kultur auf einem stickstoff- und phosphorfreien Substrat. Zunächst brachte die elektronenmikroskopische Untersuchung [PIEKARSKI (1939), PIEKARSKI und RUSKA (1939), KNAYSI und MUDD (1943)] dieselben Schwierigkeiten wie die lichtmikroskopische Analyse gefärbter Präparate. Erst die Behandlung mit Mononatriumcarbonat (NaHCO$_3$), wodurch die Kernpartien von Ribonucleinsäure befreit und damit sichtbar wurden, machte die Kernforschung erfolgreicher [KNAYSI und BAKER (1947), McCLUNG (1950)] und führte zur Beobachtung von mehreren an den Polen und in der Zellmitte verteilten dunklen Kernkörpern, die mit den durch Färbemethoden und Ultraviolettbetrachtung beobachteten Chromatinmassen in den Zellen höherer Pflanzen vergleichbar waren.

Über Struktur und Verhalten bei der Zellteilung liegen Angaben von CHANCE (1938) und von BISSET (1948) vor. Nach ihnen bestünde

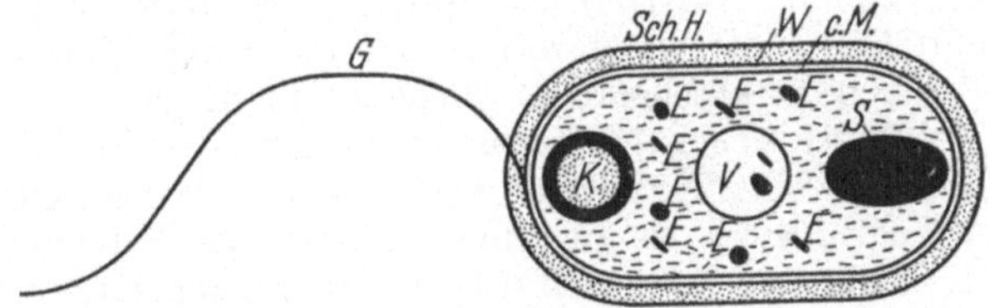

Abb. 22. Schematische Darstellung des Feinbaus der Bakterienzelle. *G* Geißel; *Sch.H.* Schleimhülle; *W* Zellwand; *c.M.* zytoplasmatische Membran; *K* Zell„kern"; *V* Vakuole; *S* Spore; *E* verschiedenartige Einschlüsse des Zellplasmas. Aus: G. KNAYSI (1951).

der Ruhekern aus einer nicht weiter differenzierten Rinde aus Chromatinsubstanz und einem zentralen Kernplasma, bestehend aus Protein, Desoxyribonucleinsäure und Lipoiden. Was bisher als „Mitose" oder mitoseähnliche Erscheinung beschrieben wurde, muß mit größter Skepsis beurteilt werden. Eine Kernmembran konnte jedenfalls in keinem Fall überzeugend nachgewiesen werden.

Die Zahl der sog. „Kerne" je Bakterienzelle hängt von der Art und der Wachstumsgeschwindigkeit bzw. vom unterschiedlichen Rhythmus zwischen Kern- und Zellteilung ab. Coccen scheinen einkernig, Gerad- und Krummstäbchen dagegen, insbesondere im Stadium intensiven Wachstums, mehr- bis vielkernig (coenocytisch) zu sein. Für den Kern werden Kugel-, Ellipsoid- und Stäbchenformen angegeben, von etwa 0,034 bis 0,1 μ^3, was z. B. bei *Staphylococcus flavo-cyaneus* einer Masse von 5 bis 16% derjenigen des Zellplasmas entspricht. Bei *Escherichia coli* 0,065 bis 0,231 μ^3 (6 bis 44%).

Was ist nun ein Kern? LINDEGREN (1942) ist der Ansicht, unter der Bezeichnung „Kern" sei eine Struktur zu verstehen, deren Hauptaufgabe es sei, den Gehalt an Genen in bestimmter linearer Anordnung zu halten, eine Vorbedingung für die Konstanz der Übertragung von Eigenschaften auf die Nachkommenschaft. Wären die Gene ungeordnet im Plasma verteilt, so müßte die Zahl der Neukombinationen viel größer sein, als sie es in Wirklichkeit ist. Wie steht es in dieser Hinsicht bei den Bakterien? Die „Kern"- und „Mitose"bilder, die VEJDOVSKY von „*Bacterium gammari*" erhielt, scheiden als Beweis für die

Existenz eines Zellkerns bei Bakterien wohl aus, nachdem sich als mehr denn wahrscheinlich erwies, daß der untersuchte Organismus nicht zu den Bakterien gehört [KNAYSI (1951)]. Einen überzeugenderen Beweis stellen die Angaben von A. MEYER (1912) an *Bacillus amylobacter* (*Clostridium butylicum*) dar.

Warum der Bakterienkern so schwierig nachzuweisen ist, liegt — insbesondere seitdem das Elektronenmikroskop zur Verfügung steht — nicht nur in seiner Kleinheit, sondern hauptsächlich darin, daß er — wenn überhaupt vorhanden — durch Nucleoproteide und Nucleinsäuren des Cytoplasmas maskiert ist, was insbesondere bei Färbungen die klare Sicht in hohem Maße erschwert.

FEULGENS sog. ,,Kernreaktion'' [FEULGEN und ROSSENBECK (1924)] verlieh der Suche nach einem Kern in den Zellen höherer Pflanzen und Tiere bedeutenden Auftrieb, da sie die färberische Trennung von Zellplasma und Chromatinsubstanz des Kerns ermöglichte. Aber das Geheimnis um den Bakterienkern wurde dadurch vorerst nicht gelüftet, denn FEULGEN-positive Färbungen traten auch auf an anderen Bildungen, wie z. B. in der Plasmamembran der Bakterienzelle und rund um den sog. Kern, der in einen Mantel aus Ribonucleinsäure eingehüllt ist. Indessen läßt sich diese Ribonucleinsäure entfernen [KNAYSI (1946), VENDRELY und LIPARDY (1946)]. Was gemeinhin als Chromatin bezeichnet wird, besteht aus Desoxyribonucleoprotein und Lipoiden.

Wenn auch die neueren Untersuchungen, über die im vorstehenden berichtet wurde, einen bedeutenden Fortschritt in der Kernforschung bei Bakterien darstellen, so kann man sich doch ernsthaft fragen, ob die bisher sicher beobachteten Tatsachen über Struktur, Teilungsmechanismus und Funktion der kernartigen Gebilde genügen, um (wie dies heute beinahe allgemein getan wird) von einem ,,Zellkern'' zu sprechen. Vom cytologischen Studium bei höheren Pflanzen und Tieren her sind wir gewohnt, in einem Zellkern nicht nur ein funktionelles, sondern auch ein klar umgrenztes morphologisches System mit klarer Gliederung und innerer Struktur und einem verhältnismäßig komplizierten, aber klar erkennbaren Ablauf bei der Kern- und Zellteilung zu sehen. Bei den Bakterien aber ist bisher nicht viel mehr als die Chromatinsubstanz, die sich in verschiedener Form präsentiert und die freilich in manchen Fällen eine kernplasmaartige Masse mehr oder weniger umschließt, mit Sicherheit festgestellt worden. Dagegen scheint es uns verfrüht, heute schon von ,,Chromosomen'' und gar von ,,karyokinetischen'' Erscheinungen zu sprechen, denn Kernmembran, Nucleolen, Kernspindel usw. sind bei Bakterien noch nicht festgestellt worden. Ob man in diesem Falle, wenigstens bis zum Nachweis der noch fehlenden Elemente, nicht besser fahren würde, von ,,Chromatinkörperstrukturen und -teilungen'' zu sprechen?

Ähnlichkeit mit dem Zellenbau bei Pilzen liegt gewiß vor, aber, im Detail betrachtet, bleiben im Aufbau und den internen Vorgängen der Bakterienzellen doch die Unterschiede, die zur Aufstellung des Formenkreises der Schizophyten Anlaß gaben und die zur Auffassung ihrer Sonderstellung im System der Organismen führten, bis heute weitgehend bestehen.

Das Plasma der Bakterienzelle erscheint auch heute noch als ein undifferenziertes, kolloidales System, bestehend aus Proteinen, Ribonucleinsäure und Lipoiden. Indessen wiesen KNAYSI, HILLIER und FABRICANT (1950) Fadenmakromoleküle nach, die in großer Zahl im Plasma verteilt und in der Längsachse der Zelle orientiert sind. Diese werden als Mitochondrien gedeutet. Der Anteil der Ribonucleinsäure ist verschieden nach Art, Nährsubstrat und Alter [BELOZERSKY (1947), MORSE und CARTER (1949)]. Er kann bis 20 % des Trockengewichtes einer Bakterienzelle ausmachen, wird im Laufe des Wachstums gebildet und kann in der stationären Phase einer Zelle als N- und P-Quelle abgebaut werden. Basische und neutrale Färbemittel färben die Ribonucleinsäure in der jugendlichen Zelle tiefer als in deren Alter. In derselben Weise ist auch die Durchdringungsfähigkeit der Elektronen und des Ultraviolettlichtes vom Gehalt an Ribonucleinsäure abhängig. Im Cytoplasma können Vacuolen entstehen, die von einer tonoplasmaartigen, aus Lipoprotein bestehenden Grenzschicht umschlossen sind. Nach außen ist das Cytoplasma durch die Plasmamembran [Cytoplasmic membrane, KNAYSI (1938)] begrenzt. Sie erscheint im Dunkelfeld als eine hell aufleuchtende Grenzlinie und stellt Plasma von besonderen chemischen und chemisch-physikalischen Eigenschaften dar. Bei der Plasmolyse bleibt sie mit dem Cytoplasma in Verbindung, ist gegenüber der Autolyse widerstandsfähiger als das Cytoplasma und läßt sich bei allen Bakterien nachweisen.

, **Begeißelung.** Die Lokomotion der Bakterien beruht auf zwei unterschiedlichen Mechanismen: 1. einer Art Kriechbewegung, offenbar einem Effekt wellenartiger Kontraktion mit Veränderung von Form und Volumen des Zellkörpers, ähnlich wie bei manchen Blaualgen, 2. der Fortbewegung mittels Flagellen, die in der bekannten Weise in Zahl und Anordnung am Zellkörper von Art zu Art variieren.

Es erübrigt sich, an dieser Stelle erneut auf die Kontroverse über die Existenz von Geißeln als charakteristischen und funktionellen Organen der Bakterienzelle hinzuweisen, wurde doch diese Streitfrage schon in früheren Bänden dieser Zeitschrift erörtert. Hier handelt es sich lediglich darum, auszuwerten, was sich aus jüngsten Untersuchungen über diese Frage an neuen Erkenntnissen ergab.

Angesichts der oft schwierigen, oft auch wechselnden Art der Begeißelung vereinfacht KNAYSI (1951) das von MESSEA (1890) aufgestellte System (monotrich, amphitrich, lophotrich usw.), indem er nur von terminaler (cephalotrich) und lateraler (peritrich) Insertion der Geißeln spricht. Unter die erste Gruppe stellt er die Gattungen *Spirillum, Vibrio, Pseudomonas* u. a. Mit wenigen Ausnahmen zeigen die beweglichen Stäbchenformen laterale Begeißelung. Mit dem Alter der Zelle erhöht sich vielfach die Zahl der Geißeln. Ihre Bildung kann schon bei der Sporenkeimung beginnen. Die Geißellänge kann ebenfalls mit dem Alter der Kultur und der Art des Nährsubstrates variieren, ihre Dicke ist auf der ganzen Länge konstant und beträgt je nach Art ungefähr 0,013 (*Aerobacter cloacae*) bis 0,1 μ (*Vibrio*).

Diese Beobachtungen stehen in Übereinstimmung mit denjenigen, die A. L. Houwink und W. van Iterson (1950) beschrieben und abbildeten. Sie beobachteten neben cephalotricher und peritricher Begeißelung eine weitere Art, in der beide vereinigt sind. Obwohl die Autoren mit getrockneten (toten) Bakterienzellen arbeiteten, lesen sie aus ihren elektronenmikroskopischen Bildern heraus, daß sich die Geißeln nacheinander bilden und in die Länge wachsen. Sie entwickeln sich schon im ruhenden Stadium der Zellen anfänglich sessiler Formen (z. B. *Caulobacter* sp.). Der Auffassung Pijpers, nach der es sich bei den Geißeln um Artefakte, entstanden aus der irreversibeln Aufspaltung einer amorphen Schleimmasse, handle, wird auf Grund dieser gesicherten Ergebnisse mit Nachdruck entgegengetreten.

Bei manchen Arten (*Bacillus mesentericus*) wurden neben Einzelgeißeln seitlich inserierte Geißelbüschel, bei anderen (*Escherichia coli*) sogar eine Art endständiger Geißelzöpfe beobachtet, wie sie schon früher durch lichtmikroskopische Betrachtung nachgewiesen worden waren.

Aus welchem Teil des Zellkörpers die Geißeln entspringen und welcher Funktion sie dienen, ist bis heute unklar geblieben. Das Elektronenmikroskop vermochte in diese umstrittene Frage aus technischen Gründen wenig Licht zu bringen. Offenbar bestehen sie chemisch aus demselben Material, das die fibröse Struktur der Zellwand ausmacht [Knaysi (1951)]. Indessen weisen die elektronenmikroskopischen Bilder von Houwink und van Iterson (1950) eher auf eine Insertion in den peripheren Schichten des Zellplasmas hin. Werden nämlich Geißeln (bei der Vorbehandlung zur Untersuchung) frei, so zeigen sie an einem Ende eine kugelige Anschwellung, die als Geißelbasis gedeutet wird. Daß diese in der Zelle wirklich vorhanden ist, wurde gezeigt im plasmaleeren Gebiet teilweise (nach der Methode von Robinow) autolysierter Zellen von *Proteus vulgaris* (Abb. 23). Diese Insertion im Zellplasma stünde demnach in Übereinstimmung mit derjenigen von Protozoengeißeln.

Neben wirklichen Flagellen beobachteten Verf. „myzelartige" Bildungen von unregelmäßiger Struktur (z. B. bei *Pseudomonas phycocyanea* und *Escherichia coli*). Ob es sich dabei um Zellauswüchse von der Art handelt, wie sie schon Hinterberger (1901) abbildete, kann zur Zeit noch nicht entschieden werden.

Über die Funktion der Geißeln und ihre Rolle bei der Fortbewegung der Bakterienzelle geht die Diskussion weiter. Hat man auch zunächst Mühe, sich Pijpers Auffassung, daß den Geißeln dabei keine oder doch nur untergeordnete Bedeutung zukäme, anzuschließen, so verfehlt doch die Betrachtung des Films dieses Autors über die Bakterienfortbewegung (der z. B. am Internationalen Mikrobiologenkongreß in Rio de Janeiro gezeigt wurde) nicht, zum mindesten vorerst ernsthaft diese Möglichkeit ins Auge zu fassen.

Auf Grund dieser Feststellungen, welche die durch lichtmikroskopische Untersuchung bekanntgewordenen Verhältnisse der Begeißelung in hohem Maße bestätigt, gelangen HOUWINK und VAN ITERSON zu der Auffassung, daß die charakteristische Art der Begeißelung weiterhin als brauchbare Grundlage für die systematische Gliederung des Formenkreises der Bakterien beibehalten werden kann.

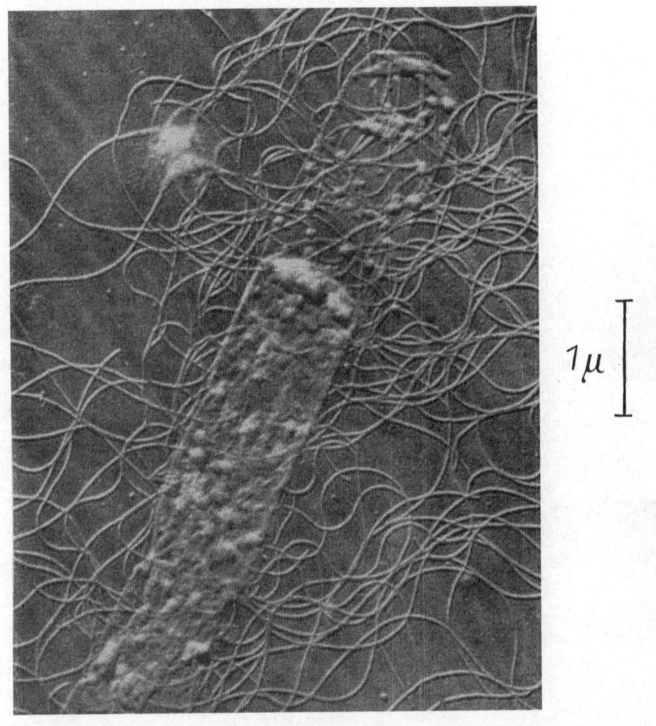

Abb. 23. *Proteus vulgaris.* Teilweise autolysierte Zelle, in deren oberem Teil die kugeligen Anschwellungen an der Geißelbasis in situ erkennbar sind. Vergr. 15000fach. Aus: Biochimica et Biophysica Acta 5 (1950), Abb. 18.

Vermehrung. Nach KNAYSI (1951) vollzieht sich die Vermehrung und Fortpflanzung der Bakterien normalerweise durch Zellteilung, in Ausnahmefällen durch eine Art Knospung. Die erstere erfolgt in drei sukzessiven Schritten: 1. einer Teilung des Protoplasmas der Mutterzelle durch diaphragmaartige Einschnürung der Plasmamembran, 2. durch die Sekretion einer scheibenförmigen Querwand, die sich schließlich spaltet und zur seitlichen Wand der Tochterzellen wird, 3. der Teilung der Wand der Mutterzelle infolge des erhöhten osmotischen Druckes in den Tochterzellen. In manchen Fällen bleibt im Zentrum der Querwand eine tüpfelförmige Öffnung ausgespart, durch die das Cytoplasma der Tochterzellen plasmodesmenartig verbunden bleibt.

b) Feinbau der Flagellatengeißeln. Durch Anwendung der LÖFFLERschen Färbetechnik vermochte A. FISCHER (1894) bei Flagellaten sog. „Flimmergeißeln" und „Peitschengeißeln" auseinanderzuhalten. An den ersteren beobachtete er als oberflächliche Bildungen der Geißelachse feinste Anhängsel, in einer Reihe seitlich angeordnet bei *Euglena*, zweiseitig oder über die ganze Achsenoberfläche verteilt bei *Monas*-Arten. Peitschengeißeln ohne solche Anhängsel wurden bei *Polytoma*, *Bodo* und *Chlorogonium* nachgewiesen. Die Geißelachse wurde auf-

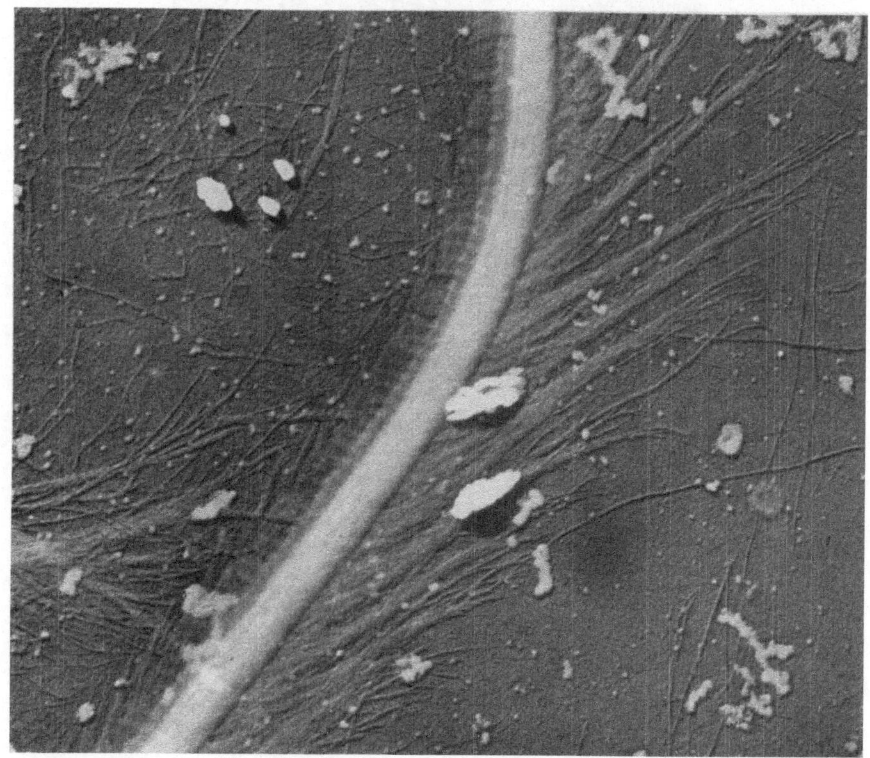

Abb. 24. Geißelstruktur bei *Euglena gracilis*. Geißelachse mit quergestreifter Achsenhülle (links der Achse) und z. T. gebüschelten Mastigonemata (rechts); Vergr. 16000fach. Aus: Proc. Koninkl. Nederl. Akad. Wetensch., Ser. C **54** (1951), Abb. 1.

gefaßt als ein kontraktiles, fibröses, von einer cytoplasmatischen Scheide eingehülltes und der Fortbewegung dienendes Organ.

Vermehrte Einsicht in die Feinstruktur der Protozoengeißeln vermittelte die elektronenmikroskopische Untersuchung, wie sie von BROWN (1945), PITELKA (1949) und in einer neueren Arbeit von HOUWINK (1951) an *Euglena viridis* angewendet wurde. Die Flimmern sind von zweierlei Art: kurze, etwa 1 µ lange, über die ganze Oberfläche verteilte „Anhängsel" und längere (etwa 3 µ lang) in einer Reihe inserierte „Mastigonemata"; diese sind an ihrem Scheitel fädig ausgezogen. Die Geißelachse besteht aus einem oder zwei Bündeln von faserartigen Gebilden, die gesamthaft von einer cytoplasmatischen Scheide eingehüllt sind. Schwierig zu erklären ist die Natur eines quergestreiften Bandes, das allseitig die Geißelachse umgibt. Ob es sich dabei um die kurzen „Anhängsel" handelt, wie Houwink dies für möglich hält, bleibt noch abzuklären. Offenbar handelt es sich dabei um eine spezielle Bildung oder Struktur der cytoplasmatischen Scheide, in die die Geißelachse eingeschlossen ist.

Ob diese quergestreifte Hülle für die Kontraktion und Beweglichkeit der Geißel verantwortlich ist oder aber die Geißelachse, wie Pitelka dies andeutet, läßt sich zur Zeit nicht entscheiden.

c) Myxomycetes; thermotaktische Empfindlichkeit. K. B. Raper (1940) wies darauf hin, daß das Pseudoplasmodium des Schleimpilzes *Dictyostelium discoideum* als Ganzes positiv phototaktisch reagiert, sich also, innerhalb bestimmter Grenzen, in der Richtung der höheren Lichtintensität fortbewegt. Es lag nahe, diese Reizempfindlichkeit in quantitativer und qualitativer Hinsicht experimentell zu prüfen. Dieser Aufgabe unterzogen sich J. T. Bonner, W. W. Klarke, Ch. L. Neely und M. K. Slifkin (1950). Sie zeigten, daß der Schleimpilz auf Licht von verschiedener Wellenlänge in einheitlicher Weise anspricht, daß also für die Orientierung des Wanderplasmodiums der Lichtqualität im Bereich der Wellenlängen von 0,38 bis 0,70 μ keine entscheidende Bedeutung zukommt, daß es sich dabei also offenbar nicht um einen photochemischen Effekt handeln kann. Eher war an einen rein thermischen Effekt zu denken.

Diesbezügliche Versuche zeigten, daß sich in der Tat das *Dictyostelium*-Pseudoplasmodium positiv thermotaktisch verhält. Wurde nämlich im dunkeln Raum durch seitliche Erwärmung einer Agarplatte im Agar ein Temperaturgradient erzeugt, so setzten sich alsbald die darauf ausgesetzten Plasmodiummassen in der Richtung des wärmeren Pols in Bewegung. Die Versuche vermittelten ein eindrückliches Bild von der außerordentlich hohen Empfindlichkeit der Reaktion, genügte doch schon ein Temperaturgradient von 0,05° C/cm, um eine Orientierung der Plasmodien auszulösen. Dies entspricht einer Temperaturdifferenz von 0,0005° C zwischen den einander gegenüberliegenden Seiten des Plasmodienkörpers.

Auf Grund dieses Verhaltens darf wohl die phototaktische Empfindlichkeit des *Dictyostelium*-Plasmodiums auf den thermischen Effekt, d. h. die Temperaturdifferenz, die sich ergibt aus der stärkeren Strahlenabsorption auf der dem Licht zugekehrten Seite des Plasmodiums, zurückgeführt werden. Verff. weisen darauf hin, daß kein anderer Organismus bekannt ist, der in der taktischen Empfindlichkeit an *Dictyostelium discoideum* herankäme.

d) Reservestoffe bei Diatomeen. Seit einigen Jahren ist bekannt, daß die im Formenkreis der Chrysophyten im Sinne Paschers (1914) zusammengefaßten Flagellaten durch einen gemeinsamen, in glänzenden Ballen auftretenden und daher von Klebs als Leukosin bezeichneten Reservestoff ausgezeichnet sind. Bei näherer Betrachtung scheint es, daß diese Ballen einen in hoher Konzentration gelösten Inhaltsstoff darstellen. Das Assimilat hat die Eigenschaft, sich mit den üblichen

Methoden nicht fixieren zu lassen, so daß es wegen seiner hohen Wasser-
löslichkeit den bisherigen Bearbeitern buchstäblich unter den Händen
zerrann und seiner Natur nach unbekannt blieb. H. A. VON STOSCH
(1951) gelang es nun, diesen Stoff mit konzentriertem Alkohol innerhalb der Vakuole von Diatomeenzellen in amorpher Form zu fällen
und durch Erwärmen auf 60° C während 5 bis 10 Min. in 50% Diacetin
in doppelbrechenden sphäritähnlichen Diskuskristallen zu erhalten.
Die mikrochemischen Reaktionen dieser durch Jod nicht färbbaren
Kristallaggregate zeigen Kohlehydratcharakter, und nach ihren physikalischen und chemischen Eigenschaften zu schließen, scheinen sie mit
dem aus Phaeophyceen isolierten Polyglukosan, dem Laminarin, irgend-
wie verwandt zu sein. Doch bleiben diesbezüglich die Ergebnisse der
chemischen Untersuchungen abzuwarten. Das Leukosin wurde bereits
in kleinen Mengen aus Süßwasserdiatomeen isoliert.

Speicherungsphysiologisch ähnliche Stoffe sind in den Polyfrukto-
sanen der höheren Pflanzen, z. B. in dem in der Vakuole von Kompo-
siten gelösten Inulin, bekannt. Es ist bemerkenswert, daß sich das
Leukosin, wie dieses, in der lebenden Zelle in relativ hoher Konzentration finden kann. Eine optische Bestimmungsmethode ergab bei Plank-
tondiatomeen des Meeres Gehalte bis zu etwa 15 bis 20% des Frischgewichtes. Somit dürfte auch bei den Diatomeen wie bei den übrigen
photoautotrophen Pflanzen ein Kohlehydrat als Assimilat eine bedeutende Rolle spielen.

**e) Durch Streptomycin induzierte Verlustmutation bei EUGLENA-
Stämmen.** In Versuchen, die L. PROVASOLI, S. H. HUTNER und
A. SCHATZ (1948) durchführten, um durch die Behandlung mit anti-
biotischen Stoffen farblose Formen ursprünglich grüner Flagellaten
zu gewinnen, verhielten sich verschiedene *Euglena*-Stämme (*E. gracilis* var. *bacillaris* und var. *urophora*) in der erwarteten Weise. In geeigneter Nährlösung, insbesondere bei Zusatz von Leberextrakt und
Aminosäuren wie Alanin und Na-Glutamat, aber auch von Glucose
ergaben die belichteten Kulturen grüne, die im Dunkeln gehaltenen
dagegen farblose Zellen, die freilich alsbald ergrünten, wenn sie ins
Licht zurückversetzt wurden.

Durch Zusatz von Streptomycin zeigte sich im Licht mit wachsender
Konzentration zunehmende Wachstumshemmung, und unter der Wirkung von 1000 μg/ml bzw. 5000 μg/ml Streptomycin ergaben sich nur
farblose Zellen. Im Dunkeln blieb dagegen das Antibioticum in allen
Konzentrationen ohne Wirkung. Nach 1- bis 8stündiger Einwirkung
des Streptomycins (100 μg/ml) hatten die Zellen rund 50% ihres Pigments verloren, nach 4 und mehr Tagen waren sie völlig gebleicht.
Nach 15tägiger Versuchsdauer genügt schon 1 μg/ml, um den Verlust
der Hälfte des Pigments zu induzieren. Bei Anwendung von 40 μg/ml
waren die Zellen völlig farblos. Gebleichte Kulturen, auf streptomycinfreies Substrat zurückversetzt, ergaben in sukzessiven Überimpfungen
keinerlei Pigmentbildung mehr. Streptomycinbehandlung induzierte
also eine Verlustmutation der behandelten *Euglena*-Stämme mit demselben Effekt, der bei den von Natur aus farblosen Formen (die in der

Gattung *Astasia* zusammengefaßt werden) im Laufe der Entwicklung spontan erreicht wurde. Im übrigen scheint die Wirkung des Streptomycins auf die physiologische Wirksamkeit des Protoplasten beschränkt zu bleiben, denn in geeigneten (kohlehydrathaltigen) Nährböden entwickeln sie sich sowohl im Licht wie im Dunkeln normal.

f) Vitaminproduktion bei Algen. Hinsichtlich der Frage der Vitaminversorgung vitaminheterotropher, bodenbewohnender, pflanzenparasitischer Pilze während der saprophytischen Phase ihres Entwicklungsganges mußte die Möglichkeit ins Auge gefaßt werden, daß bodenbewohnende Algen als Vitaminspender in Frage kommen. Um dies experimentell abzuklären, nahmen E. GÄUMANN und O. JAAG (1950) 18 aus verschiedenen Böden isolierte Grünalgen aus den Formenkreisen der *Volvocales* (*Chlamydomonas* cf. *Rudolphiana*), der *Chlorococcales* (verschiedene *Chlorella*-Arten, *Chlorococcum humicola*, *Dictyococcus*- und *Coccomyxa*-Arten, *Cystococcus parmeliae*, *Scenedesmus obliquus* und *Ankistrodesmus falcatus*), der *Ulotrichales* (*Stichococcus bacillaris*, *Hormidium flaccidum* und *H. nitens*), schließlich der *Chaetophorales* (*Protococcus viridis* und *Trentepohlia* cf. *ellipsiocarpa*, die Gonidienalge einer tropischen *Graphis*-Flechte) in Kultur. Alle diese Algen wuchsen auf völlig vitaminfreiem Substrat (ausgewaschener Agar mit $^1/_3$ normaler KNOP-Nährlösung versetzt) zu üppigen Kulturen heran, woraus hervorging, daß sie die für ihre Entwicklung notwendigen Vitamine selbst zu synthetisieren vermögen. In einer zweiten Versuchsreihe wurde eine Anzahl Pilze, die als aneurinheterotroph galten, auf ihr Vitaminbedürfnis nachgeprüft. Dabei zeigte sich, daß einzelne von ihnen auf ausgewaschenem (aneurinfreiem) Glucose-KNOP-Agar wirklich nicht oder doch nur sehr schwach angingen, während andere freilich so üppig heranwuchsen, daß sie für den vorgesehenen Versuch ausgeschieden werden mußten.

Unter den ersteren griffen Verff. 4 Arten heraus, von denen die eine: *Phytophthora cambivora*, auf die Zugabe von Aneurin angewiesen war. *Phycomyces Blakesleeanus* vermag die Aneurinmolekel zusammenzusetzen, wenn beide Komponenten, Pyrimidin und Thiazol, geboten werden. *Polyporus adustus* vermag Thiazol zu synthetisieren, ist also lediglich auf eine Zugabe von Pyrimidin angewiesen, während *Mucor Ramannianus* umgekehrt Pyrimidin zu synthetisieren imstande ist [FRIES (1938), SCHOPFER (1939), JANKE (1939)]. Auf vitaminfreiem Substrat versagte in der Tat *Phycomyces Blakesleeanus* jedes Wachstum, während die übrigen drei Pilze schmächtige Kolonien bildeten.

Diese Pilze wurden nun (in 7 parallelen Versuchsreihen) einzeln in Glucose- und KNOP-Lösung-haltigen aneurinfreien Agar eingeimpft, auf dem jede der oben erwähnten Algen bereits Kolonien von mittlerer Größe gebildet hatte.

In allen diesen Substraten entwickelten die 4 Pilze üppige Kolonien. Abb. 25 zeigt davon ein Beispiel: Die Alge *Chlorella rubescens* zusammen mit dem Pilz *Phycomyces Blakesleeanus*. Während letzterer im aneurinfreien Substrat nicht angeht, bildet er in dem von der Alge mit Vitamin versorgten Nährboden ein üppiges Mycelium.

Dasselbe Ergebnis lieferten die Versuche mit den übrigen Algen und Pilzen.

So erwiesen sich die willkürlich gewählten Grünalgen ohne Ausnahme als aneurinautotroph; überdies sind sie imstande, das Vitamin an den Pilzpartner bzw. an dessen Nährsubstrat abzugeben, woraus hervorgeht, daß Bodenalgen zweifellos eine Rolle spielen in der Vitaminversorgung vitaminheterotropher saprophytischer und parasitischer

Abb. 25. Beispiel der Versuchsanordnung der Wuchsstoffversuche [auf einem vitaminfreien Nährboden. Links Pilzkontrolle: *Phycomyces Blakesleeanus* für sich allein (kein Wachstum). Rechts Algenkontrolle: *Chlorella rubescens* für sich allein (kräftiges Wachstum). Mitte: *Chlorella rubescens*, superinfiziert mit *Phycomyces Blakesleeanus* (kräftiges Wachstum des Pilzes). Rund $^1/_4$ nat. Gr. Aus: Phytopatholog. Z. **17**, 2 (1950).

Bodenpilze. Algen und Pilze wachsen in der Regel ohne engeren Kontakt nebeneinander her; die Algen werden also von den Versuchspilzen nicht befallen. Dagegen kann es geschehen, daß die Algenkulturen durch Lichtentzug infolge mechanischen Überwachsens durch die Pilzdecke geschädigt werden.

2. Spezielle Entwicklungsgeschichte.

Schizomycetes. Die Gattung *Acetobacter*. Auf Grund morphologischer, insbesondere aber biochemischer Untersuchungen unterzieht J. FRATEUR (1950) den Formenkreis der Essigsäurebakterien in systematischer Hinsicht einer kritischen Betrachtung und Revision. In der neuen Fassung der Artengruppen werden die, wie sich zeigte, stabileren biochemischen Eigenschaften und Fähigkeiten der einzelnen Arten als „Merkmale" den labileren mikro- und makromorphologischen Verhältnissen übergeordnet. Letztere werden hauptsächlich bei der Charakterisierung von Arten und Varietäten herangezogen.

Ausgehend von der durch jahrzehntelange Beobachtung gesicherten Stabilität des für jede *Acetobacter*-Art charakteristischen Oxydationsvermögens, werden folgende Artengruppen aufgestellt:

1. Gruppe „*oxydans*", Arten, zu energischer Oxydation von Äthylalkohol und anderen Alkoholen, Essigsäure und anderen organischen Säuren, Zuckern und höhern Alkoholen befähigt. Bei vielen dieser organischen Verbindungen führt die Oxydation bis zur Bildung von CO_2 und H_2O. In diese Gruppe werden die Arten *Acetobacter lovaniense* sp. nov., *A. ascendens* (Henneberg) Bergey, *A. rancens* Beij., *A. rancens* Beij. var. *filamentosum* var. nov., *A. rancens* var. *pasteurianum* Beij. und drei neue Varietäten der Art gestellt.

2. Gruppe „*suboxydans*", Arten, bei denen eine starke Oxydationsfähigkeit in weitgehender Nuancierung und Differenzierung vorliegt. Eine Zerlegung der organischen Verbindungen bis zur Stufe von CO_2 und H_2O findet hingegen nicht statt (*Acetobacter suboxydans* Kluyver et de Leeuw, *A. melangonum* Beij. und mehrere Varietäten dieser Arten).

Zwischen diesen beiden Gruppen liegt eine

3. Gruppe „*mesoxydans*" mit intermediären Eigenschaften (*A. aceti* [Pasteur] Beij., *A. xylinum* [Brown] Beij. und *A. mesoxydans* sp. nov. mit mehreren Varietäten).

Außerhalb dieses Rahmens wird die

4. Gruppe „*peroxydans*" gestellt. In ihr sind katalasefreie Formen (*A. peroxydans* Visser 't Hooft und *A. paradoxum* sp. nov.) zusammengefaßt.

Flagellatae. Im Rahmen der Bücherreihe A. THIENEMANNS „Die Binnengewässer" ist von G. HUBER-PESTALOZZI (1950) eine eingehende Bearbeitung der *Pyrrophyta* vorgelegt worden. Verf. schließt in diesen Stamm einzelliger Flagellaten ein: 1. die (marinen) *Desmocontae*, 2. die *Cryptophyceae* (*Monomastiginae* und *Cryptomonadinae*), 3. die *Chloromonadinae* und die *Dinophyceae* (*Gymnodiniales* und *Peridiniales*). *Cryptophyceae* und *Chloromonaden* zeichnen sich aus durch den Besitz von Trichocysten, d. h. stärker lichtbrechenden, feinen, reihenweise angeordneten, runden oder länglichen Körperchen, die im Plasma der Schlundgegend eingefügt sind und auf bestimmte Außenreize hin ausgestoßen werden.

Verf. deutet das Trichocystensystem als eine Sicherungs- und Schutzvorrichtung der Zelle, die ihr erlaubt, sich aus einer Gefahrenzone zu entfernen. Bei manchen Formen treten zwei verschiedene Systeme dieser Art in Erscheinung.

In der Unterklasse der *Monomastiginae* sind die von SCHERFFEL (1911) beschriebenen Gattungen *Monomastix* (eingeißelig) und *Pleuromastix* (zweigeißelig) vertreten. Sie werden als eine Nebenreihe, die zu den *Crypto-* und *Chrysomonaden* Verwandtschaft zeigt, aufgefaßt.

Die Ordnung der *Cryptomonadales* umfaßt 5 Familien: *Cryptochrysidaceae* (*Cryptochrysis*), *Cryptomonadaceae* (*Rhodomonas*, *Chroomonas*, *Cyanomonas*, *Cryptomonas*), *Cyathomonadaceae* (*Cyathomonas*), *Katablepharidaceae* (*Katablepharis*, *Cryptaulax*, *Phyllomitus*) und

Senniaceae (*Protochrysis, Sennia*). Die durch die einzige Art *Tetragonidium verrucatum* Pascher repräsentierte Ordnung der *Cryptococcales* stellt den im vegetativen Stadium unbeweglichen Typus der *Cryptomonadinae* dar.

Die Klasse der *Chloromonadineae,* deren Vertreter durch ihre „maigrüne" Pigmentierung auffallen, umfaßt die 6 Gattungen *Vacuolaria, Trentonia, Gonyostomum, Merotrichia, Reckertia* und *Thaumatomastix.* Dabei handelt es sich um hochdifferenzierte, meist große Monaden des Planktons und Schlammes von Gewässern verschiedenster Art.

Die *Peridineae,* eine dritte Klasse im Stamm der *Pyrrophyta,* werden auf Grund der unterschiedlichen Art der Begeißelung und der Beschaffenheit der Zellhülle unterteilt in 3 Unterklassen: 1. *Adiniferae,* Organismen mit Flagellatenorganisation und zellpolständiger Insertion der Geißeln, furchenlos; 2. *Diniferae*: Geißeln in nicht polständigen Furchen, Zellen nackt oder gepanzert, die Ordnungen der *Gymnodiniales* und der *Peridiniales* umfassend, und 3. die *Phytodiniformes,* Zellen im vegetativen Stadium ohne Geißeln und Furchen, also von *Tetrasporalen-* und *Protococcalen*-Organisation.

Huber-Pestalozzi besorgte die sehr verdienstliche Arbeit der Sammlung und übersichtlichen Darstellung unserer bisherigen Kenntnisse über Morphologie und Biologie dieser Flagellatenformen. Darüber hinaus machte er den schwierigen Formenkreis für den Biologen zugänglicher durch die Ausarbeitung von Bestimmungsschlüsseln, wodurch die Weiterarbeit an den mannigfaltigen Problemen, die insbesondere bei den *Cryptophyceen* noch der Abklärung harren, in hohem Maße erleichtert wird.

Bacillariaceae. Bei den pennaten Diatomeen *Frustulia rhomboides* var. *saxonica, Anomoeoneis exilis, Anomoeoneis serians* var. *brachysira* und *Cymbella gracilis* wurde die Auxosporenbildung von L. Geitler (1949) beschrieben. Bei der erstgenannten Art lag ein Material vor, in dem sich Auxosporen in Massen gebildet hatten. Ihre Entstehung wird in Abb. 26 dargestellt: Die Mutterzellen legen sich parallel aneinander und werden von relativ zarter Gallerte zusammengehalten. Aus den Zellpolen zieht sich der Protoplast zurück, auch hier wird in dem frei werdenden Raum Gallerte abgeschieden (die Verhältnisse sind im Leben ohne weiteres sichtbar, können aber mittels wässeriger Toluidin- oder Methylenblaulösung verdeutlicht werden). Jede Mutterzelle bildet zwei Gameten, die in der Richtung der Apikalachse „übereinander" liegen (Abb. 26a). Die Kopulation erfolgt derart, daß je ein Gamet der einen Mutterzelle zu einem ruhend bleibenden der anderen übertritt. Die Wanderung spielt sich in morphologisch distinkten Kopulationsschläuchen ab, die in der Zweizahl vorhanden sind, eine relativ feste Wandung besitzen und annähernd gleichbleibenden Querschnitt zeigen (Abb. 26a bis d). Nach Aufnahme des Wachstums der Auxosporen sind sie nicht mehr erkennbar (Abb. 26e). Die jungen Zygoten kommen innerhalb des Raums zu liegen, den die Gameten eingenommen haben, und füllen ihn so aus, daß ohne nähere

Kenntnis des Ablaufs dieses Stadium als vor der Kopulation gelegen aufgefaßt werden könnte.

Es sind also deutlich Wander- und Ruhegameten ausgebildet, jedoch nicht in der extremen Weise wie bei *Nitzschia subtilis* und *sigmoidea* [GEITLER (1928, 1949)], wo nur ein einziger Kopulationsschlauch ausgebildet ist, der von den beiden Wandergameten des Paares nacheinander in umgekehrter Richtung durchwandert wird, noch auch in der wenig geregelten Weise von *Gomphonema* u. a., bei denen distinkte Kopulationsschläuche fehlen. Die für *Frustulia* bezeichnende Aus-

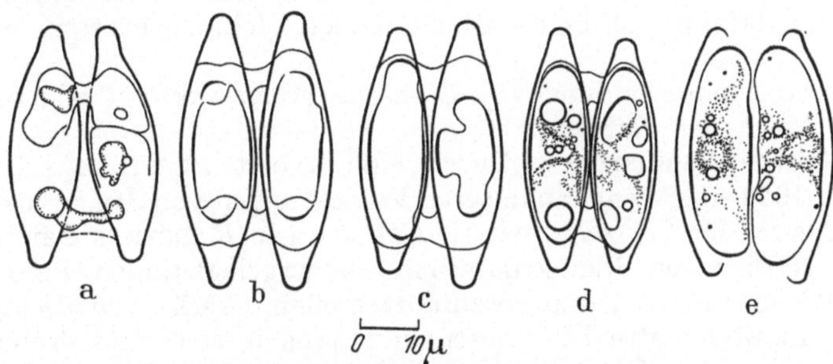

Abb. 26. *Frustulia rhomboides* var. *saxonica*, Kopulationspaare. *a* während der Kopulation zugrunde gegangen und desorganisiert, vom Zellinhalt sind nur Ölklumpen erhalten; *b*, *c* junge, desorganisierte Auxosporen mit äquatorialer Anlage des verkieselten Perizoniums (in *b* stark mazeriert, daher die polaren Membrankappen isoliert und besonders deutlich); *d* ebenso, lebend, aber leicht geschrumpft: im Bild oben haben sich die Pole von der die Zellenden ausfüllenden Gallerte zurückgezogen; *e* etwas ältere, heranwachsende Auxosporen. Aus: Österr. Bot. Z. 96, 3/4, S. 468 (1949).

bildung von zwei Kopulationsschläuchen steht zunächst ohne Vergleichsfall da und bildet eine bemerkenswerte Abwandlung des Typus der physiologisch anisogamen Kopulation.

Die Verkieselung des Perizoniums beginnt äquatorial und schreitet nach beiden Polen zu gleichmäßig vor. Es färbt sich, trotz deutlicher Verkieselung und Querringelung, intensiv mit Pectinschleimfarbstoffen. Im fertigen Zustand ist es, wie schon PFITZER beobachtete, überaus deutlich quergeringelt. Seine feinere Struktur bliebe freilich noch zu untersuchen.

Die fertiggestellten Auxosporen besitzen zueinander und zu ihren Mutterzellen bzw. der Kopulationsebene eine ganz bestimmte Achsenlage, wie dies offenbar immer der Fall ist, wenn die gemeinsame Gallerte fest genug ist; diese Lagerung ist spezifisch. Bei *Frustulia* liegen die Auxosporen zueinander parallel in der Kopulationsebene und strecken sich senkrecht zur Kopulationsrichtung. Die erste Schale der Erstlingszelle bildet sich in jeder Auxospore außen; nebeneinanderliegend sichtbare Auxosporen zeigen dem Beschauer die Gürtelansichten, übereinander sichtbare die Schalenansichten. Das Verhalten stimmt mit dem von *Cymbella*, *Gomphonema* und anderen Pennales, die zwei physiologisch anisogame Gameten bilden, überein.

Bei *Anomoeoneis exilis* bilden sich aus zwei Mutterzellen zwei Auxosporen. Die Art besitzt also zwei Gameten. Bezeichnend ist die nach der Zygotenbildung einsetzende und ein sehr beträchtliches Ausmaß erreichende Gallertproduktion. Durch die Gallertbildung werden die Mutterschalen zu zwei und zwei weit voneinander entfernt. Dabei scheinen die wachsenden Auxosporen die Schalen gewissermaßen auseinanderzustemmen, scheinen also quer zu den Apikalachsen der Mutterzellen und in der Kopulationsrichtung auszuwachsen. Demnach dürfte isogames Verhalten, wie etwa bei *Amphora*, vorliegen.

Bei *Anomoeoneis serians* var. *brachysira* ist der Typus der Auxosporenbildung im großen und ganzen der gleiche wie bei *A. exilis*; es entstehen also aus zwei Mutterzellen zwei Zygoten bzw. Auxosporen. Die Gallertbildung ist beträchtlich, jedoch nicht so exzessiv wie bei *A. exilis*.

Die Auxosporenbildung von *Cymbella gracilis* erfolgt wie bei den andern Arten der Gattung.

Zentrische Bacillariales. Durch eine Arbeit PERSIDSKYs brachte das Jahr 1928 eine Wende in unseren Vorstellungen von den Sexualitätsverhältnissen der *Centrales*, wie sie sich etwa in KARSTENS Darstellung in den „Natürlichen Pflanzenfamilien" niedergelegt finden. PERSIDSKY entdeckte in jungen Auxosporenmutterzellen (AMZ) von *Chaetoceras borealis* unzweifelhafte Diakinesen und danach vier- und dreikernige Stadien. Einen ähnlichen Befund glaubte er einige Jahre später (1935) für *Melosira varians* feststellen zu können. Damit mußte notwendigerweise die bis dahin herrschende Auffassung von einer Isogamie der Mikrosporen wenigstens für die genannten Formen fortfallen, denn zwei verschiedene Befruchtungsvorgänge beim gleichen Organismus erscheinen wohl als außerordentlich unwahrscheinlich. PERSIDSKY lieferte selbst eine neue Deutung, die von den Mikrosporen als sexuellen Fortpflanzungszellen absah und zwei der vier aus der Reduktionsteilung in den AMZ hervorgehenden Kerne autogam verschmelzen ließ.

In den Beobachtungen, auf die sich diese Auffassung stützte, klafften freilich bedeutsame Lücken, indem der Autor den Nachweis wichtiger Zwischenstadien der Entwicklung schuldig blieb. Ähnlich verhält es sich mit den entsprechenden Beobachtungen bei *Chaetoceras borealis*. Die Tatsache, daß PERSIDSKY hier vierkernige Auxosporenmutterzellen abbildete, in denen drei Kerne kleiner waren als der vierte, veranlaßte GEITLER (1932), auf die Möglichkeit einer Oogamie bei *Chaetoceras* hinzuweisen.

In neuen Untersuchungen über die Auxosporenbildung von *Melosira varians* durch H.-A. VON STOSCH (1951) findet diese Hypothese ihre Bestätigung. Verf. beobachtete in einem genetisch homogenen Material neben vegetativen Zellen zwei Zellarten, die sich durch verschiedene Merkmale von den ersteren unterscheiden, die eine Meiose durchmachen und sich als geschlechtsverschieden erwiesen (Abb. 27).

Die weiblich determinierten Zellen ergaben in der statistischen Durcharbeitung eine Zellhöhe (Valvarabstand ungestreckter Zellen) von etwa 18 bis 27 μ und eine Zellbreite von etwa 11 bis 18 μ. Ihre Schale ist verhältnismäßig dickwandig, das Plasma leicht färbbar, eine kleine Vakuole umschließend und plastidenreich; der angeschwollene Kern liegt noch im vorgerückten Prophasestadium in der Epivalva.

Die männlichen Zellen sind sowohl schmäler (etwa 8 bis 14 μ) als auch kürzer (8 bis 19 μ), die Schale ist dünnwandig, das Plasma, das eine große Vakuole umschließt, plastidenarm.

Meist sind die *Melosira*-Fäden eingeschlechtlich. So wurden in einem vermessenen Material neben 118. männlichen 101 weibliche und 19 zwittrige Fäden gefunden. Die Mittelwerte der Fadendicke liegen für die ♂ Fäden bei etwa 11,5 μ, für die ♀ bei etwa 15 μ und für die zwittrigen bei etwa 13 μ. Für die Auxosporenmutterzellen ergibt sich die gleiche Gesetzmäßigkeit, die L. GEITLER (1932) für die pennaten Kieselalgen formulierte: Nur Zellen über einer Minimalbreite, die von vegetativen Zellen unterschritten werden, und einer Maximalbreite, die von diesen überschritten werden kann, sind imstande, Auxosporen zu bilden. Anders liegen die Dinge bei den männlichen Zellen: Hier gibt es zwar auch eine obere Grenze, aber keine untere. Jede noch so schmale vegetative Zelle scheint Antheridien entwickeln zu können.

Auxosporenbildung wird meist im Frühjahr, insbesondere aber im Herbst beobachtet. Im allgemeinen

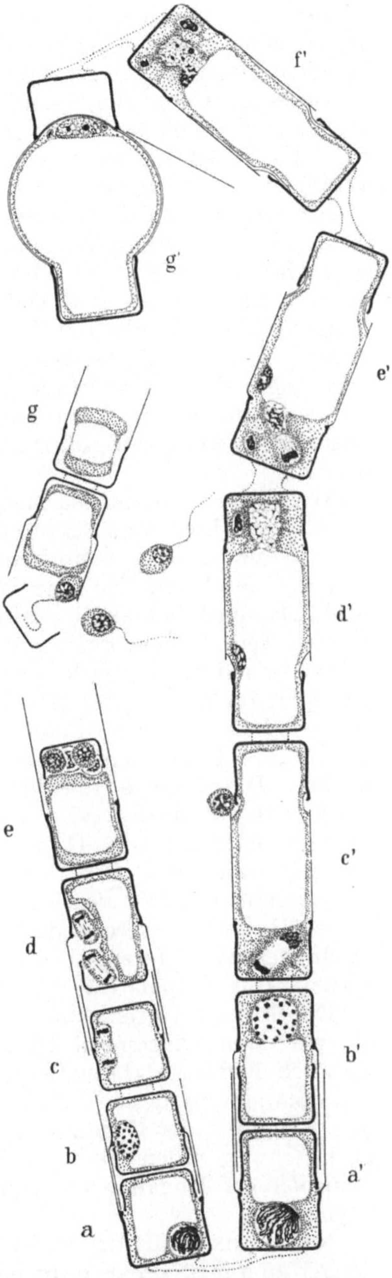

Abb. 27. Schema der Auxosporenbildung von *Melosira varians*. Ein zwittriger Faden, von dem der linke Schenkel progressive Stadien der Antheridienentwicklung, der rechte die Auxosporenbildung zeigt. Die Überdehnung der Gallertpolster zwischen einigen Zellen wurde aus darstellungstechnischen Gründen vorgenommen, in der Natur ist sie nicht zu beobachten. *a, a'* Synapsis. *b, b'* Diakinese. *c, c'* Telophase I. *d* männliche Anaphase II; die Spermatozoidmutterzellen knospen vom Plasma ab. *e* reifes Antheridium mit 4 Spermatozoiden und Plasmarestkörper. *f* geöffnetes und *g* entleertes Antheridium, beide mit Plasmarestkörper; die Spermatozoiden wurden eingeißelig angenommen. *d'* Interkinese, männlicher Kern am Befruchtungsspalt; neben dem Interphasenkern 1. Richtungskörper. *e'* Telophase II; Die Tochterkerne entwickeln sich verschieden, unten im Wandbelag männlicher Kern, am Spalt Perizoniumanlage. *f'* Tetrade in Kernverschmelzung; zwei Richtungskörper in fortgeschrittener Verdauung; Perizoniumanlage wächst, besonders zur Epivalva hin, aus. *g'* Junge Auxospore; zwei Richtungskörper, Gürtel gesprengt und im optischen Schnitt als Linse sichtbar. Aus: Arch. Mikrobiol. **16**, 130 (1951).

schließen sie die Phase der vegetativen Massenentfaltung der betreffenden Kieselalge ab. Über die die Bildung der Geschlechtsorgane auslösenden Bedingungen ist aber wenig bekannt.

Differenzierung der Geschlechtsorgane: Bei der Differenzierung vegetativer Zellen zu Auxosporen vermehrt sich das Plasmavolumen. Im männlichen Faden ergeben sich aus zwei aufeinanderfolgenden Teilungen, deren viele in einem Faden synchron verlaufen können, Vierergruppen von Zellen mit verkürzter Längsachse, die in Meiose treten. Sie sind verhältnismäßig plasma- und plastidenarm; der Kern ist auffallend klein. Nun schwillt der Kern an, wandert in den Zelläquator und macht eine Teilung durch, der eine zweite folgt. Es trennen sich 4 kernhaltige Plasmamassen vom Plasmarestkörper. Sie bilden eine (möglicherweise 2) vorgestellte Geißel aus, machen sich nach dem Auseinandergleiten von Epi- und Hypovalva frei und schwimmen in geradliniger Bewegung davon. Das sind die Spermatozoiden. Ihre Mutterzelle muß als Antheridium aufgefaßt werden.

Weibliche Geschlechtszellen sind den männlichen (und auch den vegetativen) homolog. Bei ihrer Reifung schwillt der Kern in der Epivalva an und geht in meiotische Teilung über, so daß zwei Kerne entstehen, von denen der eine, eine Art „Richtungskörper", aufgelöst wird. Dasselbe Schicksal erleidet der eine Tochterkern, der aus der zweiten Teilung hervorgeht. So bleibt ein einziger funktioneller Kern, Eikern genannt. Unterdessen hat sich die Hypovalva gelöst, und ein Spalt im Zelläquator erlaubt das Eindringen eines Spermatozoids, dessen Kern mit dem Eikern verschmilzt. Nun bildet sich um das befruchtete Oogon eine Pectinmembran, die zum Perizonium auswächst. Die Zygote schwillt unter Verformung des Perizoniums so an, daß sie die Epivalva verläßt, während das andere Ende mehr oder weniger in der Hypovalva steckenbleibt. Die Bildung der ersten Schale im Perizonium erfolgt am epivalvaren Pol der Auxospore. Dann wandert der Kern an das gegenüberliegende, meist noch in der Hypotheca steckende Zellende, worauf die zweite Schale ausgeschieden wird. Jetzt kehrt er wieder an seinen Platz in der Epivalva zurück. Die Zellpolarität bleibt also unverändert.

Durch diese Untersuchung wurde gezeigt, daß die zentrischen wie die pennaten Diatomeen Diplonten darstellen. *Melosira varians* erwies sich überdies als homothallisch. Indessen hat sich die Kluft zwischen den entwicklungsgeschichtlichen Vorgängen der beiden Reihen durch den Nachweis der Oogamie bei den *Centrales* noch vertieft, hält es doch schwer, einen Übergang von diesem Modus der (primitiveren) *Centrales* zur Isogamie von Aplanogameten der *Pennatae* zu konstruieren.

Nach Aufklärung der Verhältnisse bei *Melosira varians* lag es nahe, danach zu fragen, ob auch die eigenartigen Mikrosporen der zentrischen Meeresdiatomeen Spermatozoidcharakter besäßen und ob auch in dieser Gruppe die Auxosporenmutterzellen auskeimende, oogam entstandene Zygoten wären. Aus den vorläufig mitgeteilten Ergebnissen einer Erkundungsfahrt an die Nordsee durch H. A. von Stosch (1951) geht hervor, daß dies für eine Anzahl von Formen zum mindesten wahrscheinlich ist. Vor allem wurde bei einer Reihe von Arten das gleichzeitige Auftreten von Mikrosporen und den vegetativen Zellen ähnlichen und daher leicht übersehenen Auxosporenmutterzellen festgestellt. Die beobachteten kettenbildenden Species erwiesen sich außerdem als homothallisch im Sinn der Oogamiehypothese. Damit sind auch hier die grundsätzlichen Voraussetzungen für einen oogamen Sexualprozeß gegeben. Bei *Biddulphia rhombus* konnte, ähnlich wie bei *Melosira*, die Befruchtung cytologisch verfolgt werden. Auch hier führt die Reduktionsteilung zur Bildung der Oogonien und Antheridien. Bei den übrigen Formen bilden sich Auxosporenmutterzellen ebenfalls nach erfolgter Meiosis. Aus einer vegetativen Zelle können dabei entstehen: entweder 2 Auxosporenmutterzellen durch äquale Teilung (*Biddulphia granulata*) oder 1 Auxosporenmutterzelle und 1 Richtungskörper durch inäquale Teilung (*Biddulphia rhombus*) oder schließlich nur eine Auxosporenmutterzelle durch gänzliches Ausfallen der Zellteilung (*Melosira, Lithodesmium, Streptotheca* u. a.). Die überschüssigen Kerne der zweiten und beim letzten Typus auch der ersten meiotischen Teilung gehen im Plasma zugrunde. Von den übrigen Ergebnissen sei noch das Austreten der reduzierten Auxosporenmutterzellen in Form nackter Eier bei *Lithodesmium* und *Streptotheca* erwähnt.

Hepaticae. Jedem, der sich eingehender mit den Lebermoosen beschäftigt, muß die oft sehr starke und regelmäßige Verpilzung sowohl der Rhizoide als auch des Thallusgewebes bzw. des Stämmchens bei den foliosen Formen auffallen. Die frühesten Beobachtungen über diese, nur im weitesten Sinne als „Mycorrhiza" zu bezeichnende Erscheinung liegen daher weit zurück und gehören zu den ersten, die die Epoche der Mycorrhizaforschung einleiteten. Den ersten Beschreibungen durch Gottsche (1843), der die Pilzhyphen bei *Preissia commutata* zunächst für wasserleitende Elemente des Mooses hielt, sind weitere Untersuchungen bei thallosen und foliosen Formen in großer Zahl gefolgt. Ihre Aufzählung im einzelnen erübrigt sich hier, da über sie in den zusammenfassenden Berichten von Rayner (1927), Nicolas (1932) und Müller (1906—1916) ausführlich referiert wurde.

Aus der Fülle der bisherigen Untersuchungen ergibt sich zunächst noch kein klares Bild. Die entwicklungsgeschichtlich-cytologischen Darstellungen weichen, sogar für dieselben Objekte, oft stark voneinander ab. Noch unterschiedlicher sind die Ergebnisse, was die Isolierung der Pilze oder gar die Deutung dieses engen Zusammenlebens zwischen Moospflanze und Pilz anbelangt. Der Grund hierfür mag hauptsächlich darin zu suchen sein, daß die saubere Isolierung aus den meist sehr zarten, oft nur wenige Zellschichten dicken Thallusteilen (in die nicht selten auch fremde Infektionspilze eindringen, die keineswegs eine typische Mycorrhiza hervorrufen), nicht ganz einfach ist. Bei einer großen Anzahl, nämlich den phycomycetoid verpilzten Arten kommt weiterhin erschwerend hinzu, daß sich der Pilz auf den normalerweise verwendeten Nährböden nicht leicht züchten läßt. Er wurde daher häufig übersehen und fremde Infektionen, die aus den nicht genügend gereinigten Thalli rasch auswuchsen, für den wahren Endophyten gehalten.

M. STAHL (1948) führte diese Untersuchungen an einer großen Zahl von Lebermoosen, insbesondere thallosen Formen weiter. Verfasserin unterscheidet z. T. mit BURGEFF (1938) bei den *Hepaticae* 4 Hauptgruppen der Verpilzung: 1. die thamniscophage Mycorrhiza, eine der Hauptformen der durch Phycomyceten hervorgerufenen Lebermoossymbiosen. Sie zeichnet sich aus durch charakteristisch querwandlose Hyphen, durch Bildung blasiger, meist endständiger Anschwellungen, der Vesikel, und durch bäumchenartige Stadien, die Arbuskel, die durch Verdauung in Sporangiolen übergehen. Sowohl bei Phanerogamen wie bei Kryptogamen ist sie weit verbreitet und seit langem ein Gegenstand vielfacher Erörterungen und Vergleiche.

Bei den Lebermoosen ist sie häufig, beschränkt sich hier aber fast ausschließlich auf die thallosen Formen wie *Marchantiales* und *Anthocerotales*, bei denen niemals ein anderer Typus angetroffen wird. Übergangsformen zwischen thallosen und foliosen Moosen, wie sie die anacrogynen Jungermaniaceen darstellen, weisen z. T. noch diesen Typus auf; niemals wurde er aber bei den acrogynen Jungermaniaceen gefunden.

Größeren Gewinn zieht die Wirtspflanze offenbar aus der 2. Form der Verpilzung, der sog. thamnisco-physalidophagen Mycorrhiza, bei der auch die besonders stark entwickelten, inhaltsreichen Vesikeln verdaut werden. 3. Beim tolypophagen Typus, der insbesondere bei Arten der Gattung *Aneura* verwirklicht ist und bei dem nicht Phycomyceten, sondern (wie bei den Orchideen) Vertreter der Imperfektengattung *Rhizoctonia* beteiligt sind, wird das gesamte Mycel verdaut. 4. Haplohaustoriale Mycorrhiza wird für Vertreter der acrogynen Jungermaniaceen (*Lophozia*) nachgewiesen. Sie beschränkt sich in den meisten Fällen auf die Rhizoidbasis, in der die Pilzhyphen durch kettenartige Anschwellung ein dichtes pseudoparenchymatisches Geflecht bilden können. In die angrenzenden Zellen werden nur kurze haustorienartige Fortsätze entsandt.

Daß das symbiontische Verhältnis Lebermoos/Mycorrhizenpilz physiologisch wirksam und der grünen Pflanze förderlich ist, geht daraus hervor, daß diese im verpilzten Zustand kräftiger heranwächst als im pilzfreien.

Die Verbreitung der Mycorrhiza bei den thallosen Lebermoosen, einschließlich der anacrogynen Jungermaniaceen, geht aus der nachfolgenden Tab. 1 der Verfasserin hervor.

Auch die Sporogone von Lebermoosen zeigen gelegentlich Pilzinfektionen, deren Erreger der Gattung *Tilletia*, also Brandpilzen, zugeordnet wurden, so: *Tilletia sphagni* Nawaschin auf *Sphagnum* sp., *T. abscondita* Sydow auf *Anthoceros dichotomus*, *T. chrysosplenium* v. Höhnel auf *Bryum* sp. Die Zuordnung einzelner dieser Pilze zu den Ustilagineen wurde durch R. BAUCH (1938) in Zweifel gezogen, und es

Tabelle 1.

Thamniscophag verpilzt	ohne Mycorrhiza	andere Verpilzungsarten
	Riccia Bischoffii	
	Riccia ciliata	
	Riccia glauca	
	Riccia fluitans bzw. *fluitans terrestris*	
	Ricciocarpus natans	
Targionia hypophylla	*Tesselina (Oxymitra) pyramidata*	
Cyathodium foetidissimum (Java)	*Corsinia marchantioides*	
	Clevea Rousseliana	
	Sauteria alpina	
	Peltolepis grandis	
Plagiochasma spec. (Brasilien)	*Plagiochasma rupestre*	
Plagiochasma elongatum	*Plagiochasma Aitonianum, Pl. italicum*	
Reboulia hemisphaerica	*Reboulia hemisphaerica* (Steinernes Meer)	
Fimbriaria Stahlii?	*Grimaldia dichotoma*	
Fegatella conica	*Fimbriaria Lindenbergiana*	
Lunularia cruciata	*Fimbriaria Blumeana*	
Dumortiera velutina	*Exormotheca Holstii*	
Dumortiera irrigua		
Wiesnerella denudata	*Dumortiera* spec.	
Preissia commutata		
Marchantia paleacea	*Marchantia alpestris*	
Tropische *Marchantia*-Arten	*Marchantia aquatica*	
M. geminata		
M. multiradia	*Sphaerocarpus* spec.	*Aneura pinguis*
M. thermarum		*Aneura multifida* } tolypophag
M. grisea		*Aneura sinuata*
M. calcarea	*Aneura palmata*	*Aneura maxima*
	Metzgeria pubescens	
	Metzgeria furcata	
Mörckia Blyttii		*Symphyogyne* spec. (Brasilien)
Monoclea Forsteri	*Pallavicinia Zollingeri*	*Pallavicinia* spec. (Philippinen)
Monoclea spec. (São Paulo)		
Pellia epiphylla	*Blasia pusilla*	
Pellia Fabbroniana		
Pellia Neesiana		
Androcryphia confluens		
Fossombronia Wondraczeki		
Fossombronia pusilla		*Treubia insignis*
Fossombronia angulosa		*Haplomitrium Hookeri* } thamniscophysalidophag
Anthoceros dichotomus		*Calobryum Blumii*
Anthoceros levis und sämtliche untersuchten Tropenarten von *Anthoceros*		

gelang ihm, den als *Tilletia sphagni* bezeichneten Pilz mit der Konidien-
form des Discomyceten (Ascomyceten) *Helotium Schimperi,* der auf
den Blättchen des Mooses Apothecien bildete, zu identifizieren.

Einen Pilzparasiten der Sporogone von *Anthoceros laevis* untersuchte
G. Feldmann (1950). Er fand das Archespor, in dem bereits die
Sporentetraden des Mooses erkennbar waren, von einem feinen, inter-
zellulär wuchernden, nicht oder wenig septierten Mycel durchzogen.
Mit der Reife der Moossporen entwickelt auch der Pilz Sporen von
kugeliger bis ovaler Form und vom Typus der Sporen von Phycomyceten.
Sie waren nicht zum Keimen zu bringen. Trotzdem dürfte durch diese
Untersuchung ihre Zugehörigkeit zu den Brandpilzen klar widerlegt
worden sein. Pathologische Veränderungen scheint der Pilz bei seiner
Wirtspflanze nicht auszulösen. Im Gegenteil, da die von ihm parasitier-
ten Sporogone durchwegs größere Ausmaße zeigten als die pilzfreien, darf
vielleicht an eine stimulierende Wirkung, die auf das Wachstum ausgeübt wird, gedacht werden.

Literatur

Bauch, R.: Ber. dtsch. bot. Ges. **56**, 2 (1938). — Belozersky, A. N.:
Cold Spring Harbor Symp. Quant. Biol. **12** (1947). — Bisset, K. A.: J. Gen.
Microbiol. **2** (1948). — Bonner, J. T., W. W. Clarke jr., Ch. L. Neely
and M. K. Slifkin: J. Cell. and Comp. Physiol. **36**, 2, 149—158 (1950). —
Brown, H. P.: Ohio J. Sci. **45** (1945). — Burgeff, H.: Manual of Pteri-
dology. Hague: F. Verdoorn 1938.

Cassel, W. A.: J. Bacter. **59** (1950). — Chance, H. L.: J. Bacter. **35**
(1938).

Duguid, J. P.: J. Pathol. Bact. **60** (1948).

Feldmann, G.: Rev. Bryol. et Lichenol. **19**, 3/4 (1950). — Feulgen, R.,
u. H. Rossenbeck: Z. physik. Chem. **135** (1924). — Fischer, A.: Jb. wiss.
Bot. **26** (1894). — Frateur, J.: Cellule **53**, 3, 287—392 (1950). — Fries, N.:
Symb. Bot. Upsal. **3**, 2 (1938).

Gale, E. F.: The Chemical Activities of Bacteria. London University
Tutorial Press Ltd., 231 S. (1951). — Gäumann, E., u. O. Jaag: Phyto-
path. Z. **17**, 2 (1950). — Geitler, L.: (1) Arch. Protistenkde **61** (1928);.
(2) **78**, 1 (1932) — (3) Österr. Bot. Z. **96**, 3/4 (1949) — (4) Portug. Acta Biol.,
Goldschmidt-Festschr. (1949). — Gottsche, C. M.: Verh. Leopold-Karol.-
Akad. **12** (1843).

Hinterberger, A.: Zbl. Bakter. I, **30** (1901). — Houwink, A. L.:
Proc. Koninkl. Ned. Akad. Wetensch., Ser. C, **54** (1951). — Houwink, A. L.,
u. W. v. Iterson: Biochim. Biophys. Acta **5**, 10 (1950). — Huber-Pestalozzi, G.: Die Binnengewässer, hrsg. v. A. Thienemann, **16**, 3. Teil, 310 S.
Stuttgart: Schweizerbarth 1950.

Janke, A.: Zbl. Bakter. **100** II (1939). — Juel, H. O.: Kungl. Sc. Vet.
Ak. Handl. **58** (1918).

Klebs, G.: (1) Flora **73** (1890) — (2) Bot. Ztg. **29** (1891). — Knaysi, G.:
(1) Bot. Rev., **4** (1938). — (2) J. Bacter. **51** (1946) — (3) Elements of Bacterial
Cytology (2. Aufl.), 375 S., New York: Comstock Publishing Comp. Inc. Ithaca
1951. — Knaysi, G. and R. F. Baker: J. Bacter. **53** (1947). — Knaysi, E.
and S. Mudd: J. Bacter. **45** (1943) — Knaysi, G., J. Hillier and C. Fabricant: J. Bacter. **60** (1950).

Ley, J. de: Manuskript (1950), zitiert nach G. Knaysi (1951). —
Lindegren, C. C.: Iowa State College J. Sci. **16** (1942).

Mainx, F.: Arch. Protistenkde **75** (1931). — McClung, N. M.: J. Bacter.
59 (1950). — Messea, A.: Revista d'igiene e sanità publica (1890). —
Meyer, A.: Die Zelle der Bakterien. Jena: G. Fischer 1912. — Milès, A. A.,

and N. W. PIRIE: The Nature of the Bacterial Surface. Blackwell, Sci. Publ. Oxford, 179 S. (1949). — MORSE, M. L. and C. E. CARTER: J. Bacter. **58** (1949). — MÜLLER, K.: Rabenh. Kryptogamenflora **6**, Abt. I/II (1906—1916). NICOLAS, G.: Manual of Bryology. Hague: Fr. Verdoorn 1932.

PASCHER, A.: Heterokonten. Rabenhorst Krypt. Flora **11**. Leipzig 1914. — PERSIDSKY, B. M.: (1) (Moskau 1929) (zitiert nach H. A. VON STOSCH 1951) — (2) Beih. Bot. Zbl. A **53** (1935). — PIEKARSKI, G.: Zbl. Bakter. **144 I** (1939). — PIEKARSKI, G., u. H. RUSKA: Arch. Mikrobiol. **10** (1939). — PITELKA, D. R.: Univ. California Public. Zool. **53** (1949). — POCOCK, M. A.: Rev. Soc. South Africa **24** (1937). — PRINGSHEIM, N.: Monatsber. Akad. Wissensch. Berlin (1860). — PROVASOLI, L., S. H. HUTNER u. A. SCHATZ: Proc. Soc. exper. Biol. a. Med. **69**, 279—282 (1948).

RAPER, K. B.: J. Elisha Mitchell Sci. Soc. **56** (1940). — RAYNER, C. M.: New Phytologist **26** (1927).

SCHERFFEL, A.: Arch. Protistenkde **22** (1911). — SCHOPFER, W. H.: Ergebn. Biol. **16** (1939). — STAHL, M.: Planta (Berl.) **37**, 103—148 (1949). — VON STOSCH, H. A.: (1) Naturwiss., 38. Jg., **8**, 191—192 (1951); (2) 192—193 (1951) — (3) Arch. Mikrobiol. **16**, 101—135 (1951).

TULASNE, R., u. R. VENDRELY: Cold Spring Harb. Symp. Quant. Biol. **12**, 7 (1947).

VENDRELY, R., u. J. LIPARDY: C. r. Acad. Sci., Paris **223** (1946).

4. Submikroskopische Morphologie.

Von A. Frey-Wyssling, Zürich.

Mit 1 Abbildung.

Bericht 1949/51.

Terminologie. Die Bezeichnung „sublichtmikroskopische Morphologie", die im Jahresbericht 1949 verwendet worden war, konnte sich im neuen Schrifttum nicht durchsetzen, wohl vor allem deswegen, weil dieser Ausdruck nicht ohne Umschreibung ins Englische oder Französische übersetzt werden kann. Es ist daher angezeigt, daß zur ursprünglichen Bezeichnung „submikroskopische Morphologie" zurückgekehrt wird.

Untersuchungsmethoden.

Elektronenmikroskop. Das Elektronenmikroskop ist in allen Teilgebieten der Naturwissenschaften (Biologie, Medizin, Pharmazie, Kolloidchemie, Mineralogie, Metallurgie, Zelluloseindustrie, Textilindustrie usw.) zu einem unentbehrlichen Forschungs- und Kontrollinstrument geworden. In den meisten Ländern sind Gruppen oder Gesellschaften für Elektronenmikroskopie gegründet oder, wie z. B. in Frankreich, den bestehenden nationalen Gesellschaften für Mikroskopie angeschlossen worden. Die 1951 wiedererscheinende Zeitschrift für wissenschaftliche Mikroskopie (früher Leipzig, nunmehr Stuttgart) führt einen besonderen elektronenmikroskopischen Teil, der ungefähr die Hälfte des Inhaltes der Hefte beschlägt, und auch das österreichische Zentralblatt für mikroskopische Forschung und Methodik „Mikroskopie" (Wien, seit 1946) enthält reichlich elektronenmikroskopische Arbeiten. Über die technische Entwicklung der Elektronenmikroskope gibt die Zeitschrift „Optik" (Stuttgart, seit 1946), Fachorgan der deutschen Gesellschaft für Elektronenmikroskopie, Auskunft. Die rege Entwicklung dieser neuen Wissenschaft kommt in den zahlreichen Kolloquien und Symposien über Elektronenmikroskopie zum Ausdruck, die in den beiden Berichtsjahren stattgefunden haben. Internationale Treffen wurden vom 4. bis 8. Juli 1949 in Delft (Proceedings of the Conference on Electron Microscopy, 188 S., reich ill., Delft 1950) und vom 14. bis 22. September 1950 in Paris organisiert. Zusammenkünfte nationaler Gruppen, Kolloquien und Symposien sind in Detroit [USA; s. Mikroskopie (Wien) **5**, 298 (1950); **6**, 54, 123 u. 193 (1951)], in London (s. Inst. of Metals 1950), in Bern [Chimia **4**, 237 (1950)], in Mosbach (Baden, 2. Jahrestagung für Elektronenmikroskopie 1950) und in Hamburg (3. Jahrestagung. Beilage zu Heft 6/1951 der Physikal. Blätter, Physik Verlag, Mosbach) veranstaltet worden.

Der Standardtypus der 50 Kilovolt-Mikroskope hat sich nicht gewandelt. Das Elektronenmikroskop der Firma Trüb, Täuber & Co., Zürich, das sich durch eine besonders einfache Konstruktion auszeichnet, ist weiterhin das einzige Modell mit kalter Kathode geblieben. Das 100 Kilovolt-Mikroskop der N. V. Philips, Eindhoven, ist auf den Markt gekommen. Die höhere Beschleunigungsspannung verleiht den Elektronen ein stärkeres Durchdringungsvermögen, so daß etwas dickere Präparate durchstrahlt werden können; leider nimmt die Geschwindigkeit der von der Kathode ausgesandten Elektronen nicht proportional, sondern nur mit der 2. Wurzel der angewendeten Spannung zu.

Ferner sind neuartige, wesentlich verbilligte Modelle mit permanenten magnetischen Linsen durch die Radio Corporation of America (RCA) und Metropolitan Vickers in den Handel gebracht worden (COSSLETT 1950). Beim Standardelektronenmikroskop müssen die Linsen durch einen Strom erregt werden. Für die Erregung elektrostatischer Linsen ist Hochspannung, für jene der elektromagnetischen Linsen dagegen Schwachstrom notwendig. Bei den elektromagnetischen Linsen kann man durch Veränderung der Stromstärke die Krümmung des magnetischen Feldes leicht variieren, so daß die verschiedenen Vergrößerungsstufen im Elektronenmikroskop in der Regel durch elektromagnetische Linsen erzielt werden. Durch den Einbau permanent magnetischer Linsen kann das Mikroskop vereinfacht werden, da kein elektrischer Aufwand für die Erregung der Linsen notwendig ist. Ein solches Mikroskop ist schon 1940 von BORRIES, RUSKA, KRUMM und MÜLLER beschrieben und von BORRIES (1949) weiter vereinfacht worden, doch wurde es bisher nicht für marktwürdig befunden. Dies ist erstaunlich, da ja das magnetostatische Elektronenmikroskop mit seinen festen Brennweiten vollkommen dem Lichtmikroskop entspricht. Die Schwierigkeit besteht darin, daß man bei festen Brennweiten eine Grobeinstellung des Präparates benötigt (Zahn und Trieb beim Lichtmikroskop), während in der Schleuse des Elektronenmikroskops höchstens eine Feineinstellung (Mikrometerschraube) möglich ist. Um dieser Schwierigkeit zu begegnen, wird beim magnetostatischen Elektronenmikroskop der RCA die Wellenlänge der Elektronenstrahlen durch Veränderung der Kathodenspannung variiert und auf diese Weise feste Vergrößerungen von 1500-, 3000- und 6000fach erzielt. Da die Auflösung nur etwa 100 Å erreicht, eignet sich dieses Mikroskop sehr wohl für gewisse Routinearbeiten, jedoch weniger für Forschungszwecke.

Neben den im letzten Berichte erwähnten Büchern über das Elektronenmikroskop ist 1949 von WYCKOFF die lang erwartete Zusammenfassung seiner Präpariermethoden und seiner Erfahrungen mit dem Elektronenmikroskop erschienen. Eine allgemeinverständliche, knappe Darstellung des gegenwärtigen Standes der Elektronenmikroskopie hat der Referent zusammengestellt (1951a).

Elektronenmikroskopische Präpariertechnik. Während der Berichtsperiode ist vor allem die *Schneidetechnik* zur Gewinnung von Mikrotomschnitten für das Elektronenmikroskop entwickelt worden. Um von

den Elektronen durchstrahlt werden zu können, sollten solche Schnitte
nur 0,1 μ dick sein. Die Schwierigkeit, Schnittbänder dieser Feinheit
herzustellen, besteht weniger in der Beschaffung geeigneter Messer
als in der Ungenauigkeit und im toten Gange des Vortriebes. Mikro-
meterschrauben können nämlich nicht in beliebiger Feinheit gedreht
werden, und unterhalb 1 μ ist die Genauigkeitsgrenze erreicht. Aus
dieser Erkenntnis heraus sind Vortriebsprinzipien ausprobiert worden,
die von jenen der zur Zeit üblichen Mikrotome abweichen. NEWMAN,
BORYSKO und SWERDLOW (1949) machen Gebrauch von der regelmäßigen Ausdehnung abgekühlter Metalle. Sie montieren auf dem Vorschub eines SPENCER-Mikrotoms einen Metallblock von mehreren cbcm
Inhalt und kleben das zu schneidende Objekt in üblicher Weise auf
diese Metallmasse. Durch Kohlensäureschnee wird der Block tiefgekühlt
und dann die Schnittfläche des Objektes mit Hilfe der Mikrometerschraube des Mikrotoms, die nur zur Grobeinstellung dient, an das
Mikrotommesser gebracht. Der tiefgekühlte Metallblock dehnt sich zufolge seiner Erwärmung durch die Zimmertemperatur sehr langsam
mit konstanter Geschwindigkeit aus. Während dieser Ausdehnung,
die als Mikrovortrieb benutzt wird, kann eine Serie von theoretisch
beliebig dünnen Bändern heruntergeschnitten werden. Die Begrenzung
der Schnittdicke liegt bei den Eigenschaften des eingebetteten Objektes und des verwendeten Mikrotommessers.

HILLIER und GETTNER (1950) haben das SPENCER-Rotationsmikro-
tom, das den Vorschub nicht durch die Mikrometerschraube direkt, sondern durch Vermittlung einer den Vortrieb verkleinernden schiefen
Ebene überträgt, durch Änderung des Neigungswinkels der schiefen
Ebene so umgebaut, daß konstante Vorschübe von 0,1 bis 0,2 μ erreicht werden. Mit diesem Mikrotom sind 0,2 μ dicke Schnitte der
Mäuseleber gewonnen worden.

Die eindruckvollsten Bilder von Dünnschnitten hat BRETSCHNEIDER
(1950) veröffentlicht. Diese wurden mit einem alten Rocking-Mikrotom
der Cambridge Instrument Co. aus dem Jahre 1885 hergestellt. Bei
diesem Schaukelmikrotom wird der Vortrieb durch eine sinnreiche
Hebelübertragung verkleinert. Nach dem Erfolge BRETSCHNEIDERS ist
die Cambridge Instrument Co. zur Wiederaufnahme der Fabrikation
von neuen Rocking-Mikrotomen übergegangen. Nach dem gleichen
Prinzip arbeitet das Mikrotom von DANON und KELLENBERGER (1950),
das von der Firma Trüb, Täuber & Co., Zürich, hergestellt wird.

Als Messer werden die handelsüblichen Mikrotommesser verwendet.
Es liegen aber auch erfolgreiche Versuche mit Rasierklingen vor. Origi-
nell ist die Verwendung einer scharfen Glaskante zur Gewinnung von
Dünnschnitten (LATTA und HARTMANN 1950). Diese Glasmesser haben
sich allgemein eingebürgert.

Von FREY-WYSSLING und MÜHLETHALER (1946) wurden erstmals
an Stelle von Dünnschnitten hauchdünne Filme von Zellkulturen verwendet. In der Folge sind ähnliche Erfolge mit Gewebekulturen erzielt worden (CLAUDE, PORTER und PICKELS 1947). Diese Methode wird
nun neuerdings von MARTIN und TOMLIN (1950) für das Studium der

Bindegewebszellen in der Milz und des embryonalen Darmepithels der Maus empfohlen.

Die **Metallbedampfung** ist neben der Schneidetechnik nach wie vor das wichtigste Präparierhilfsmittel in der Elektronenmikroskopie. Sie kann auch verwendet werden, um die Kollodiumobjektträger vor dem Aufbringen der Präparate durch einen feinen Überzug von Siliziumoxyd oder Beryllium zu härten oder ihnen besondere Eigenschaften zu verleihen. So kann man dem elektronegativ geladenen Nitrozelluloseobjektträger durch Auftragung eines Berylliumfilmes, der dann anoxydiert wird, eine elektropositive Oberfläche verleihen. Sole mit negativ geladenen Kolloidteilchen, die sich beim Eintrocknen auf einem Kollodiumfilm zu formlosen Massen zusammenlagern, werden auf diese Weise regelmäßig über die gesamte Folie verteilt elektroadsorptiv festgehalten (RIBI und RÅNBY 1950). ZBINDEN und HUBER (1947) haben bereits früher mit Hilfe von Alkaloidlösungen solche Umladungen der Kollodiumobjektträger erzielt.

Indirekte Methoden. Mit einfachen Mitteln kann die Leistungsfähigkeit des *Polarisationsmikroskopes* gesteigert werden. SWANN und MITCHISON (1950) behaupten, Gangunterschiede bis hinunter auf $^1/_{20\,000}$ einer Lichtwellenlänge (0,28 Å) noch nachweisen zu können, während bisher die Grenze bei einigen Å lag. Diese Steigerung wird erreicht durch Drosselung der Kondensorapertur, der Objektivapertur und der Irisblende der Lichtquelle, d. h. durch Verwendung möglichst paralleler Lichtbündel. Natürlich beeinträchtigt diese Maßnahme das Auflösungsvermögen des Mikroskopes, so daß die Verwendung starker Objektive sinnlos ist. Um die nötige Lichtstärke zu gewinnen, müssen vergütete Linsen und die hellsten Lichtquellen verwendet werden. Der Gangunterschied wird mit einem Glimmerkompensator (drehbares Glimmerblättchen) gemessen.

In neuerer Zeit wendet sich das Interesse stark dem UV-Dichroismus zu. Da wichtige Zellbestandteile, wie vor allem die Nukleinsäuren, ferner die aromatischen Aminosäuren, das Lignin und gewisse Kutinbegleiter UV-Licht absorbieren, kann im UV-Polarisationsmikroskop festgestellt werden, inwieweit diese natürlichen Farbstoffe in den Chromosomen oder in den Zellwänden gerichtet eingelagert sind. Genaue Messungen des UV-Dichroismus sind durch kritische Betrachtungen über die quantitativen UV-Absorptionsmessungen der Schule CASPERSSONS angeregt worden (COMMONER 1949). Die Schwächung der Lichtintensität I/I_0 fällt nämlich nicht gleich aus, wenn ein isotropes oder ein anisotropes Objekt durchstrahlt wird, auch wenn beide Objekte die gleiche Menge UV-absorbierender Substanz enthalten. THORELL und RUCH (1951) haben diesen Effekt für Nukleinsäureeinlagerungen berechnet. Dabei ist von der Tatsache auszugehen, daß die Nukleinsäureteilchen aus gebündelten Fadenmolekülen bestehen und daher zwei senkrecht aufeinanderstehende Hauptabsorptionsrichtungen a und b besitzen. Wird nun das Objekt mit unpolarisiertem UV-Licht durchstrahlt, so ergibt die Absorption einen Mittelwert zwischen den beiden stark verschiedenen Absorptionskonstanten a

und b. Falls die Nukleinsäureteilchen gerichtet eingelagert sind, ist dies das arithmetische Mittel $(a + b)/2$, während bei isotroper Einlagerung das geometrische Mittel $\sqrt{a \times b}$ maßgebend ist. Wenn die Nukleinsäure optimal orientiert eingelagert ist, kann der Unterschied zwischen diesen beiden Mitteln bis 64% betragen, während er bei bescheidener Streuung der Nukleinsäureteilchen rasch auf sehr kleine Werte absinkt. Da vorläufig nur geringe Orientierungsgrade der Nukleinsäure, z. B. in den Chromosomen, nachgewiesen worden sind, kann dieser Fehler die bisherigen quantitativen photometrischen Messungen des Nukleinsäuregehaltes zytologischer Objekte nicht entwerten.

Die Strömungsdoppelbrechung kann zum Nachweis des Längenwachstums fadenförmiger submikroskopischer Kolloidteilchen in gelierenden Lösungen verwendet werden (JOLY 1948a). Mit dieser Methode gelingt es, in Gelatine Teilchenlängen festzustellen, die größer sind als die abgewickelt gedachte Polypeptidkette der kugeligen Gelatinemoleküle (JOLY 1949). Hieraus wird der Schluß gezogen, daß der Übergang der Gelatine von einem korpuskulär dispersen Sol in ein retikuläres Gel nicht in einer Denaturierung der globulären Proteinmoleküle durch Abwicklung ihrer Polypeptidketten besteht, sondern in der Zusammenlagerung der Kugelmoleküle zu Perlenketten. Es häufen sich die Hinweise dafür, daß die Gelstränge gewisser Eiweißgele aus gegliederten Ketten (beaded chains) bestehen, die durch lineare Aggregation von Kugelmolekülen gebildet werden. So gelingt es, Kollagen als im Elektronenmikroskop sichtbare Kugelmoleküle zu lösen, die bei geeigneter Koagulation gestreifte Mikrofibrillen liefern (BAHR 1950). Es besteht daher die Möglichkeit, daß die Periode der submikroskopischen Segmentierung, die bei so vielen fibrillären Proteinen (Aktomyosin, Kollagen, Blutfibrin, Trichozysten von Paramaecium usw.) gefunden worden ist, in direktem Zusammenhang mit der Teilchengröße der Kugelmoleküle in den entsprechenden Eiweißlösungen steht.

Die Feinbauanalyse mit Röntgenstrahlen ist in verschiedenen Richtungen weiterentwickelt worden. Die Kleinwinkelstreuung kann nicht nur zur Bestimmung von Großperioden in Molekülgittern und zur Teilchengrößenbestimmung verwendet werden, sondern sie gestattet auch, die Teilchenform (GÜNTHER 1949) in Solen und Gellösungen zu bestimmen (globuläre Teilchen, Fädchen, Plättchen). Die Moleküle des Hämoglobins sind flache Zylinder von 57 Å Durchmesser und 34 Å Höhe und jene des Eialbumins Rotationsellipsoide von 63 Å Durchmesser und 22,5 Å Höhe (RILEY und HERBERT 1950). Mit Hilfe der diffusen Untergrundschwärzung von Röntgenspektrogrammen mangelhaft kristallisierter organischer Objekte kann die amorphe Substanz, die im Präparat vorhanden ist, mit erstaunlicher Genauigkeit bestimmt werden (HERMANS 1949, HERMANS und WEIDINGER 1950). Für die Beurteilung von Zellulosepräparaten kommt dieser Methode eine große Bedeutung zu. Native Fasern und *Valonia*-Zellulose weisen etwa 70%, Bakterienzellulose und Kunstseide dagegen nur 40% Kristallinität auf (PRESTON, HERMANS und WEIDINGER 1950).

Neuerdings ist auch die Röntgenabsorption, wie sie in der diagnostischen Medizin Verwendung findet, für die Massenbestimmung in histologischen Präparaten herangezogen worden. ENGSTRÖM hat ein Verfahren ausgearbeitet, welches erlaubt, Absorptionsbilder mikroskopischer Objekte mit Röntgenlicht aufzunehmen. Die erhaltenen Bilder werden 200- bis 500mal mikrophotographisch vergrößert. Die Auflösung ist beschränkt durch das Korn der Lippmann-Emulsion; sie beträgt etwa 1 μ (ENGSTRÖM und LINDSTRÖM 1950). In Wurzelspitzen der Zwiebel weisen die Zellkerne die stärkste Röntgenabsorption auf, dann folgen die Zellwände und schließlich das Zytoplasma. Da die Absorption des Röntgenlichtes eine Funktion der durchstrahlten Masse ist, erlaubt dieses Verfahren Mikromassenbestimmungen durchzuführen. Gleichzeitig mit dem Präparate wird ein aus Nitrozellulosefilmen aufgebauter Keil aufgenommen, der die Schwärzung für eine bekannte Dicke bei einem bestimmten CNO-Verhältnis wiedergibt. Durch Vergleich kann dann die Masse der verschiedenen Zellbestandteile ermittelt werden. Sofern deren Schwärzung durch schwerere Elemente wie P im Kern oder Mineralstoffe in den Zellwänden bedingt ist, tritt die entsprechende Schwärzung auf dem Nitrozellulosekeil natürlich erst bei einer wesentlich größeren Dicke auf. Beim Nerven finden ENGSTRÖM und LÜTHY (1949) mit dieser Methode in der Nervenscheide $0,4 \times 10^{-12}$ g/μ^3, während der Achsenfaden 5- bis 8mal massenärmer ist $(0,05—0,08 \times 10^{-12}$ g/$\mu^3)$.

Wie im Berichte von 1949 mitgeteilt worden ist, stimmt die Teilchengrößenermittlung mit indirekten Methoden nicht immer mit jener durch das Elektronenmikroskop überein. Ein systematischer Vergleich von osmotisch und viskosimetrisch bestimmten Teilchengewichten von Polystyrolfraktionen mit deren Elektronenmikrographien ist von SIEGEL, JOHNSON und MARK (1950) durchgeführt worden. Die in Zyklohexan gelösten Polystyrolteilchen werden direkt auf den Objektträger gestäubt und dann beschattet. Die Beschattung zeigt, daß die aufgetrockneten Teilchen keine ideal kugelige, sondern eine leicht ellipsoidische Gestalt aufweisen. Ihre Höhe h kann aus dem Beschattungswinkel berechnet werden. Ihr Volumen beträgt dann $4/3\pi\, hr^2$. Das Teilchengewicht wird mit Hilfe der bekannten Teilchendichte ermittelt. Der Vergleich liefert für 4 verschiedene Fraktionen folgende übereinstimmende Werte:

Bestimmungsmethode	Teilchengewicht			
osmotisch und viskosimetrisch	$4,8 \times 10^5$;	$1,1 \times 10^6$;	$1,8 \times 10^6$;	$2,5 \times 10^6$
elektronenmikroskopisch	$6 \ \ \times 10^5$;	$9,9 \times 10^5$;	$1,9 \times 10^6$;	$2,5 \times 10^6$

Untersuchungsergebnisse.

Die neueren Ergebnisse der submikroskopischen Morphologie sind in der 3. Auflage der Monographie „Submicroscopic Morphology of Protoplasm" des Ref. (1952) zusammengefaßt. Dem bisherigen Stoff ist ein Kapitel über den Feinbau der Gameten beigefügt worden. Ferner ist das Elektronenmikroskop entsprechend seiner überragenden

Bedeutung mehr ins Zentrum der Besprechungen gerückt worden. Die Veröffentlichung mikroskopischer Bilder stellt sehr hohe Anforderungen an die Reproduktionstechnik. In dieser Hinsicht sind die beiden neuen Zeitschriften Biophysica et Biochimica Acta (Amsterdam, seit 1947) und Experimental Cell Research (New York, seit 1950) sowie Protoplasma, die seit 1949 nunmehr in Wien erscheint, unübertroffen.

Faserfeinbau. Die verbreitete submikroskopische Segmentierung der Eiweißfibrillen (Blutfibrin, Kollagen, glatte Muskelfaser, ausgestoßene Trichozysten der Paramaecien usw.) scheint, wie oben erwähnt, mit deren Bildung aus Kugelmolekülen im Zusammenhang zu stehen.

Im Gegensatz dazu kann bei den Zellulosemikrofibrillen mit dem Elektronenmikroskop keine Segmentierung nachgewiesen werden (FREY-WYSSLING und MÜHLETHALER 1951a), obschon immer wieder als Ergebnis schlechter Beschattung gestreifte Mikrofibrillen reproduziert werden (MEYER, HUBER und KELLENBERGER 1951). Die Zellulosemikrofibrillen enthalten auf dem Querschnitt etwa 2000 Zellulosekettenmoleküle. Die Diskussion über den micellaren Feinbau der Zellulosefasern hat sich nun auf die Mikrofibrillen verschoben. Es muß angenommen werden, daß die sogenannte „amorphe" oder besser „parakristalline" Zellulose sich nicht zwischen, sondern in den Mikrofibrillen befindet. Nach HERMANS und WEIDINGER (1949) beträgt der Anteil kristalliner Zellulose in nativen Fasern (Ramie, Lein, Baumwolle) nur etwa 70%. In den Mikrofibrillen muß es daher weniger geordnete Bereiche und intermicellare Räume geben. Ein noch ungelöstes Problem ist die Ursache des regelmäßigen Querzerfalls der Mikrofibrillen beim hydrolytischen (RÁNBY und RIBI 1950) und oxydativen Abbau (PATEL 1951). Anordnungsmöglichkeiten der Zelluloseketten, die eine beschleunigte Hydrolyse in bestimmten Querebenen gestatten, werden im STAUDINGER-Festband zum 70. Geburtstage des Begründers der Makromolekularen Chemie diskutiert (FREY-WYSSLING 1951b).

Die Frage der gerichteten Einlagerung von Methylenblau in Zellulosefasern ist von PATEL (1951) bearbeitet worden. Um kräftige Färbungen zu erzielen, müssen die Fasern anoxydiert werden. Die aufgenommene Methylenblaumenge ist ein Maß für den Carboxylgehalt der Faser. Aus dem Dichroismus der Oxyzellulosefasern geht hervor, daß das lattenförmige Methylenblaumolekül mit seiner Längsrichtung parallel zur Faserachse eingelagert wird. Absorptionskurven verraten, daß von stärker oxydierten Fasern das Methylenblau nicht ausschließlich in Form seiner monomeren Kationen, sondern teilweise als dimere Kationen absorbiert wird (Absorptionsbande: monomer 656,5 mμ, dimer 600 mμ).

Von besonderer Bedeutung ist die Feststellung, daß nur gewachsenen Zellulosefasern ein regelmäßiger Mikrofibrillenbau zukommt, während Kunstseide eine heterogene Textur aus verschieden dicken Zellulosesträngen aufweist (MÜHLETHALER 1950a). Die Heterogenität ist ein Ergebnis des Spinnprozesses, denn die technischen Viskoselösungen und Cu-Oxydammoniaklösungen erscheinen im Elektronenmikroskop homogen (FREY-WYSSLING 1951c). Interessanterweise besitzt auch die Naturseide eine heterogene Fibrillentextur (HEGETSCHWEILER 1949), so daß ein prinzipieller Unterschied besteht zwischen gewachsenen Fasertexturen mit gleichartigen Mikrofibrillen und gesponnenen Fasertexturen mit ihren verschieden dicken submikroskopischen Fibrillen mit gleichartigen Mikrofibrillen und gesponnenen Fasertexturen mit ihren verschieden dicken submikroskopischen Fasersträngen. Offenbar ist die Zusammenlagerung der Fadenmoleküle, die mit großer Wahrscheinlichkeit beim Wachstum in situ aus den monomeren Molekülen aufgebaut werden, durch die Kontrolle des lebenden Plasmas besser geregelt als durch die stürmische Fällung gelöster Kettenmoleküle beim Spinnprozeß, wobei feinere Fibrillen zu gröberen Strängen zusammenkleben. Immerhin ist bei Bakterienzellulose (MÜHLETHALER 1949) und in pflanzlichen Zellwänden mit besonders dichter Lagerung der Zellulosefibrillen (FREY-WYSSLING 1951d) auch eine seitliche Verklebung der Mikrofibrillen zu Zellulosebändern beobachtet worden. Die Bandfläche entspricht der hydrophilsten Netzebene im Zellulosekettengitter.

Die neuere Literatur über Zellulose haben PACSU (1948), TREIBER (1949), FREY-WYSSLING und MÜHLETHALER (1951a) zusammengestellt und von verschiedenen Gesichtspunkten aus diskutiert.

Zellwände. Einleitend muß auf ein Versehen im Bericht von 1949 hingewiesen werden, indem die Elektronenbilder, die auf S. 77 und 79 erwähnt worden sind, nicht aus der Wurzel von *Vicia Faba*, sondern von *Zea Mays* stammen.

Das Studium der submikroskopischen Morphologie der Zellwände setzt die genaue Abklärung der Mikrochemie der vorhandenen Wandsubstanzen voraus. In dieser Hinsicht konnten während der Berichtsperiode verschiedene Streitfragen geklärt werden. Die Kutikula der *Tradescantia*-Staubfadenhaare ist von ROELOFSEN und HOUWINK (1951) zellulosefrei gefunden worden; sie ist schmelzbar und ohne Rückstand in Alkali verseifbar. KREGER (1949) hat eine eingehende Röntgenuntersuchung über die Pflanzenwachse durchgeführt. Die Röntgeninterferenzen von 37 verschiedenen Wachsen erlauben, deren Moleküle zu identifizieren. Es handelt sich in den meisten Fällen um unverzweigte n-Ketten aus den Reihen der Paraffine, primären Alkohole, Ketone oder sekundären Alkohole (n = 26 bis 36). Freie Fettsäuren treten nur in untergeordneter Menge auf. Nur 2 Diagramme verrieten die Gegenwart von Estern. Elektronenmikrographien zeigen, daß die Wachsstäbchen der Gräser (Schilf, Zuckerrohr) aus submikroskopischen Wachsbändchen aufgebaut sind.

Besonders lohnend ist die Anwendung der Röntgenspektrographie für den Nachweis kristalliner Zellwandsubstanzen. Es gelingt vor allem relativ leicht, Zellulose und Chitin in gereinigten Zellwänden einwandfrei zu identifizieren. R. FREY (1950) konnte zeigen, daß in der umstrittenen Klasse der *Phycomycetes* nur die *Oomycetes* Zellulosewände besitzen, während jene der *Blastocladiales* und der *Zygomycetes* Chitin enthalten. Bei den *Saccharomycetaceae* konnte weder Zellulose noch Chitin nachgewiesen werden, während die *Endomycetaceae* Chitinwände besitzen, so daß also auch bei den niederen *Ascomyceten* die

Zellwandchemie systematisch verwertbar ist. Zellulose und Chitin treten nie gleichzeitig auf, besonders auch in jenen Fällen nicht, wo andere Autoren glaubten, diese beiden Wandstoffe mikrochemisch oder sogar makrochemisch nebeneinander nachgewiesen zu haben. In verschiedenen Pilzen und Algen wurden bei dieser Untersuchung in den Röntgendiagrammen die Interferenzen von Bariumsulfat (Baryt) gefunden; chemisch konnte allerdings ein solcher Aschenbestandteil bisher nicht nachgewiesen werden. — Die Meeresalge *Halicystis* enthält merkwürdigerweise nicht die native Zellulose I, sondern die in Kunstseide vorhandene, etwas anders kristallisierende umgefällte Zellulose II. E. NICOLAI (1951) hat nun in verschiedenen anderen Meeresalgen röntgenspektrographisch Zellulose II nachgewiesen; im Elektronenmikroskop konnte bisher in solchen Zellwänden kein Mikrofibrillenbau aufgefunden werden. In diesem Zusammenhange ist zu erwähnen, daß die tierische Tunikatenzellulose Tunicin aus Zellulose I besteht und prachtvolle Fibrillentexturen im Elektronenmikroskop liefert, wenn die schwerlöslichen Begleitstoffe richtig aus der Wand herausgelöst werden (FREY-WYSSLING und R. FREY 1950; MEYER, HUBER und KELLENBERGER 1951).

Über den submikroskopischen Feinbau der Zellwände liegen viele Einzeluntersuchungen an verschiedenen Objekten vor. HUBER und KOLBE (1948) untersuchten die Siebplatten der Siebröhren. Während die Siebporen der Querwände offen sind, so daß das Elektronenmikroskop gegenüber dem Lichtmikroskop lediglich eine genauere Vermessung der Porendurchmesser erlaubt, bieten die Siebfelder der Längswände Tüpfelbilder mit einer submikroskopischen Felderung, deren Poren den Plasmodesmen entsprechen. Großes Interesse beanspruchten exotische Textilfasern, deren Feinbau nun ähnlich wie jener von Baumwolle, Ramie und Lein abgeklärt wird (Jute: SEN und WOODS 1949, SEN und HERMANS 1949; Sisal: PRESTON und MIDDLEBROOK 1949a; Bambus: PRESTON und SINGH 1950). Zahlreiche Untersuchungen über den Feinbau der Koniferentracheiden stammen von PRESTON und WARDROP, ohne daß dabei prinzipiell neue Gesichtspunkte gewonnen worden wären. An frischen, ungetrockneten Kambiumzellen wird nachgewiesen, daß sie kristalline Zellulose I enthalten wie getrocknete Zellwände; die Kristallisation der Zellulose findet also bereits in der lebenden Zelle statt, woran niemand zweifelte, obschon die Beweise hierfür spärlich waren (PRESTON, WARDROP und NICOLAI 1948). Die Kambiumzellwand und damit die Primärwand der Tracheiden besitzt Röhrentextur mit einem Streuwinkel von max. 16° (PRESTON und WARDROP 1949a). In der Sekundärwand hängt der Steigungswinkel der Schraubentextur nicht nur in der Zentralschicht, sondern auch in der Außenschicht von der Länge der Tracheiden ab, und zwar derart, daß mit zunehmender Tracheidenlänge die Schraubung steiler wird (PRESTON und WARDROP 1949b). Dies wird auf die verschiedene Ausdehnungsgeschwindigkeit der Kambialzellen zurückgeführt (WARDROP und PRESTON 1950). Wird das Längenwachstum der Tracheiden durch radiale Pressung beeinträchtigt, resultieren kürzere Tracheiden mit flacherer Schraubung als bei der Kontrolle (WARDROP 1949a). Im Elektronenmikroskop können die Zellulosemikrofibrillen und ihre parallele Anordnung nachgewiesen werden (HODGE und WARDROP 1950). Bei der Behandlung von Koniferenholzquerschnitten mit 17,5% NaOH wird das Gewebe nicht bis zum Zerfall in seine Einzelzellen mazeriert; hieraus folgt, daß die Mittellamelle nicht aus reinem Pektin besteht, da nur Zellulose diese Behandlung überlebt (WARDROP und DADSWELL 1947). WARDROP (1949b) bemüht sich, aus der Breite der Röntgeninterferenzen nachzuweisen, daß die kristallinen Bereiche (Micelle) in den Mikrofibrillen der Primärwände schmäler sind (20 Å) als in den Sekundärwänden (40 bis 50 Å). Diese Bestimmungen müssen mit Vorsicht aufgenommen werden, da Linienverbreiterung nicht nur durch die Kleinheit der Teilchen, sondern auch durch begleitende Fremdstoffe und parakristalline Zellulose bewirkt wird. Nach HESSLER, MEROLA und BERKLEY (1948) beträgt der Polymerisationsgrad der Zelluloseketten der Baumwolle in der Sekundärwand 10650 ($\sim 5\,\mu$), in der Primärwand dagegen nur 5940 ($\sim 3\,\mu$).

CAVAZZA (1950a) hat mit Erfolg die sogenannte Linea lucida der Leguminosensamen untersucht und ihren Feinbau gedeutet. Es handelt sich bei dieser Lichtlinie um Stellen der Zellwand, wo die Dichte der Zellulose zufolge der Abwesenheit von submikroskopischen Interfibrillarräumen wesentlich größer ist als in normalen Zellwänden. Dies äußert sich in erhöhter Doppelbrechung, stärkerer Quellbarkeit, erschwerter Färbbarkeit und verzögerter Löslichkeit. Andere Zellwandstoffe als Zellulose kommen in der Lichtzone nicht vor; es handelt sich im Gegenteil um sehr reine und gut kristallisierte Zellulose. Im Elektronenmikroskop konnte die sehr dichte Lagerung der Mikrofibrillen nachgewiesen werden. Unerwarteterweise hat die Lichtlinie nichts mit der verzögerten Keimungsbereitschaft der sogenannten harten Leguminosensamen zu tun, denn wenn die Testa der Samen bis unterhalb der Lichtlinie abgeschliffen wird, kann die Keimungsbereitschaft der hartschaligen Leguminosensamen nicht beeinflußt werden. Die mangelnde Quellbarkeit dieser Samen muß daher ihren Sitz innerhalb der Lichtlinie haben. Es konnte nachgewiesen werden, daß die hartschaligen Spätkeimer durchwegs ein Gewichtsdefizit aufweisen (CAVAZZA 1950b), das daher rührt, daß diese Samen nicht vollständig ausgereift sind, was in den vielsamigen Hülsen leicht vorkommt.

Über das Wachstum der Zellwände sind eine Reihe wichtiger Arbeiten erschienen. In einem Symposium (FREY-WYSSLING 1948) sind die Probleme morphologischer Art zusammengestellt worden, die gelöst werden sollten, bevor die vielbesprochene Wuchsstofffrage mit Erfolg für die kausale Erklärung des Zellwandwachstums in Angriff genommen werden kann. Das Flächenwachstum der Zellmembranen erfolgt in der Regel lokal, indem die einzelnen Facetten mit verschiedener Geschwindigkeit wachsen. Beim bipolaren Spitzenwachstum der sich vom Kambium ableitenden Fasern und Tracheiden stellt das „Mittelstück" der Zelle sein Wachstum sogar ein (SCHOCH-BODMER und HUBER 1946), und nur die Zellspitzen wachsen weiter. Stößt die lokale

Wachstumszone der Zellspitze auf Widerstand, so können Fasergabelungen auftreten (Schoch-Bodmer und Huber 1948, 1949). Nur im Mittelstück, welches das Flächenwachstum abgeschlossen hat, bilden sich Tüpfel aus, während die Faserspitzen, die aneinander vorbeiwachsen, tüpfelfrei bleiben. Dieses Spitzenwachstum der Fasern erklärt, warum auf dem Querschnitt durch das sekundäre Phloem die Zahl der Bastfasern auf jeder von einer Kambiuminitialen abgeleiteten Zellreihe stark vermehrt erscheint. Mühlethaler (1950b) hat nun nachgewiesen, daß dieses Prinzip des bipolaren Spitzenwachstums auch in den schnell wachsenden Koleoptilen eine große Rolle spielt. Seine wundervollen Elektronenmikrographien zeigen, wie nicht nur die Tracheiden und die Siebröhren ein Spitzenwachstum aufweisen, sondern daß sich auch die Parenchym- und die Epidermiszellen auf diese Weise „strecken". Bei den Parenchymzellen werden sehr frühzeitig Kantenverstärkungen mit Paralleltextur in der Längsrichtung der Zelle angelegt, wodurch eine Streckung der Zelle als Ganzes verunmöglicht wird. Unterdessen wachsen jedoch die Zellenden rasch weiter; die äußerste Spitze scheint offen zu sein, und es erhebt sich die Frage, ob in diesen sehr rasch wachsenden Objekten extramembranöses Plasma vorkommt, das von außen her am Aufbau der ausbruchartig vorstoßenden Zellwand mithilft. Die Epidermiszellen besitzen schon von frühester Jugend (Zellänge 13 μ) an eine verdickte Außenwand; auch diese wächst in ihrer ganzen Dicke durch rapides bipolares Spitzenwachstum — die Einlagerung von Mikrofibrillen ist im Elektronenmikroskop festgestellt worden —, bis sie 2000 μ lang ist.

Diese Entdeckungen scheinen gegen eine Intussuszeption im klassischen Sinne zu sprechen, denn das Spitzenwachstum besteht nicht aus einer allgemeinen Flächenausweitung, sondern mehr in einer Flächenanlagerung. Neuere Untersuchungen in unserem Laboratorium (noch unveröffentlicht) zeigen jedoch, daß neben dem Spitzenwachstum auch ein Flächenwachstum von Zellwandfacetten auftritt, das zu einem „Weitenwachstum" der Zellen führt. Dabei wird das Mikrofibrillengefüge der Primärwand mosaikartig aufgelockert und ausgeweitet, worauf dann wieder neue Mikrofibrillen eingezogen werden. Dieses Mosaikwachstum ist häufig unterhalb des oben beschriebenen Spitzenwachstums zu beobachten, und es tritt deutlich auf, wenn Zellen ihr Volumen allseitig oder doch ihren Umfang vergrößern, wie z. B. bei der Differenzierung der weitlumigen Gefäße aus den schmalen Kambialzellen der ringporigen Hölzer (Esche, Eiche, Ulme).

Auch bei der Zellteilung ist die Zellwand nicht eine passive Hülle der sich teilenden Mutterzelle. Man kann im Elektronenmikroskop beobachten, wie Mikrofibrillen entlang der Teilungsfurche ins Innere der Zelle gezogen werden, wo sie dann mit der Zellplatte verflochten werden (Frey-Wyssling und Mühlethaler 1951b), so daß die erhaltenen Bilder stark an den Einschnürungsvorgang bei der Furchung tierischer Eier erinnern.

Über das Schraubenwachstum des Sporangiophors von *Phycomyces* liegen zahlreiche Untersuchungen vor. Im Elektronenmikroskop wurde der Feinbau von dessen Chitinzellwand abgeklärt (FREY-WYSS-LING und MÜHLETHALER 1950.) Es sind Chitinmikrofibrillen vorhanden, die sich morphologisch von Zellulosemikrofibrillen nicht unterscheiden; ihre Breite ist mit 150 bis 250 Å Durchmesser analog. Es liegt eine Primärwand mit Streuungstextur vor, die unterhalb der Wachstumszone durch eine Sekundärwand mit axialer Paralleltextur verstärkt wird. ROELOFSEN (1951) unterscheidet in der Primärwand eine äußere Lamelle mit einem isotropen Netzwerk von Mikrofibrillen, unter welcher eine Lamelle mit praktisch transversaler Richtung oder sehr flacher Schraubung der Mikrofibrillen liegt. PRESTON hält an seiner Auffassung fest, daß das Schraubenwachstum des Sporangiophors aus den physikalischen Eigenschaften der Zellwand herzuleiten sei (PRESTON und MIDDLEBROOK 1949b). Nach der Meinung des Ref. läuft dies auf eine Verwechslung von Ursache und Wirkung hinaus. Denn da das Plasma die Zellwand mit ihrer komplizierten Textur aufbaut, sind die Wachtumsäußerungen des Sporangiophors eine direkte Folge der Plasmaaktivität und sicherlich nicht nachträglich durch das Ergebnis der morphogenetischen Tätigkeit der Zelle bedingt. Falls die Intussuszeption in der Wachstumszone nicht allseitig gleichmäßig erfolgt, sondern im Kreise herumwandert, muß das beobachtete Schraubenwachstum resultieren. Es ist richtig, daß durch Turgoränderungen Rotationen des Sporangiums erzielt werden können, die tatsächlich durch die Schraubentextur der Zellwand (ROELOFSEN 1950) bedingt sind. Aber solche Rotationen sind, wie ROELOFSEN (1949/50) feststellte, viel geringer als jene, die während des Schraubenwachstums auftreten; dies deutet darauf hin, daß diese interessante Wachstumserscheinung durch eine besondere Art der Zellwandintussuszeption verursacht wird.

Eine genaue Berechnung des Volumanteiles des Zellulosegerüstes am Aufbau lebender, im Wachstum begriffener Primärwände ergibt nur etwa 2,5% (s. Abb. 28). Es geht daraus hervor, daß in der lebenden Zellwand die Gerüstsubstanz nur eine untergeordnete Rolle spielt. In ihren Maschen ist reichlich Platz für lebendes Plasma und begleitende Zellwandstoffe (Pektin, Hemizellulosen). Die Mikrofibrillen sind so weit voneinander entfernt, daß es verständlich wird, warum sie in der Regel seitlich nicht miteinander verwachsen. Ferner ist reichlich Raum für die Einflechtung neuer Mikrofibrillen, also für Intussuszeption vorhanden.

Es ist interessant, daß das Modell von Abb. 28 sehr stark den Elektronenmikrographien von pflanzlichen Zelluloseschleimen ähnelt. Solche sind von Kresse-, Quitten- und *Cobaea*-Samen (MÜHLETHALER 1950c), von Wurzelhaaren (FREY-WYSSLING und MÜHLETHALER 1949a), von *Oscillatoria* (BRINGMANN 1951) und *Nostoc* (in unserem Laboratorium aufgenommen, noch unveröffentlicht) untersucht worden. Überall zeigen sich die gewohnten Zellulosemikrofibrillen, die jedoch im Gegensatz zu den Primärwänden nicht verwoben, sondern mehr oder weniger parallel gelagert sind. Dieses Zellulosegerüst ist wohl die Ursache, warum die pflanzlichen Schleime soviel fester und steifer sind als die tierischen. Ein geringer Anteil von Zellulosemikrofibrillen neben großen Mengen von Quellstoffen und Begleitsubstanzen verleiht sowohl den Primärwänden als auch den Pflanzenschleimen ihre besonderen mechanischen Eigenschaften.

Zytoplasma und Zellkern. Die elektronenmikroskopischen Ergebnisse über den Feinbau des lebenden Protoplasmas sind viel spärlicher und weniger gesichert als jene über die Zellwände. Dies rührt davon her, daß die Eiweißstoffe durch Trocknung und Fixierung in ihrer Morphologie viel stärker beeinträchtigt werden als die Kohlehydrate der Zellwand. Auch können die relativ drastischen Mazerationsverfahren nicht angewendet werden, sondern man ist auf die Herstellung von 0,1 bis 0,3 μ dünnen Gewebeschnitten angewiesen.

ROZSA und WYCKOFF (1950) haben elektronenmikroskopische Untersuchungen am klassischen Objekte der Wurzelspitze von *Allium cepa* durchgeführt. Nach ihrem Befunde sind alle Fixierungs-

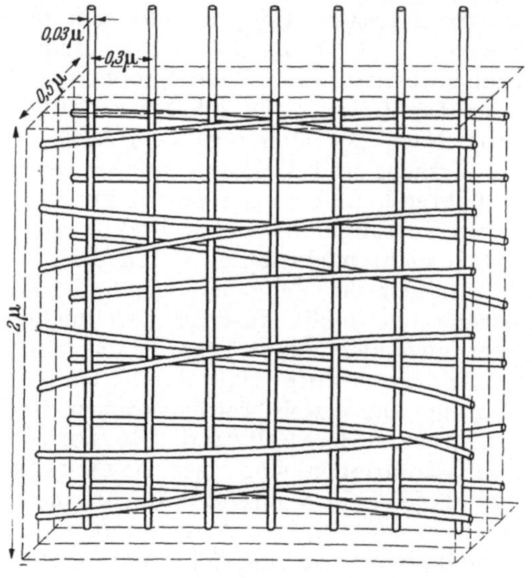

Abb. 28. Modell des Zellulosegerüstes einer lebenden Primärwand. Aus: FREY-WYSSLING (1951 a).

mittel, die Säuren enthalten, für die Erhaltung der natürlichen Feinstruktur untauglich; insbesondere werden Osmiumsäure und Fleming-Gemisch als Koagulationsartefakte erzeugende Fixierungsmittel abgelehnt. Die beste Fixation wurde mit 4% neutralem Formalin erhalten. In solchen Präparaten erscheint das Zytoplasma homogen gekörnelt; die Mitochondrien heben sich deutlich ab. Der Kern, der eine größere Massendichte verrät, grenzt ohne Kernmembran an das Zytoplasma. Bei Zellen, die in Teilung begriffen sind, erkennt man strukturlose Chromosomen und die völlige Abwesenheit eines Spindelapparates. BRETSCHNEIDER (1950 b) kommt gleichzeitig mit dem gleichen Objekte zu etwas anderen Ergebnissen. Er findet, daß Champy und Regaud die besten Fixierungen ergeben, obschon das ersterwähnte Gemisch Osmiumsäure und Chromsäure enthält. Reines Formalin gibt weniger fein strukturierte Bilder als das Formalin-Bichromat-Gemisch von Regaud. Auch in den Aufnahmen von BRETSCHNEIDER ist weder eine Kernmembran noch ein Spindelapparat sichtbar. Das Kernkörperchen zeichnet sich durch größere Massendichte aus.

Die Tatsache, daß sich die Kernmembran und der Spindelapparat der Mitose bei optimaler Fixierung im Elektronenmikroskop nicht darstellen lassen, ist kein Beweis für deren Nichtexistenz im lebenden Zustande. Es ist lediglich ein Hinweis dafür, daß die Struktur dieser Zellbestandteile nicht submikroskopisch, sondern amikroskopisch ist. Da sie sich in lebenden Zellen durch Doppelbrechung auszeichnen, müssen sie Gebiete geordneter Molekülverbände vorstellen. Es ist richtig, daß durch ungeeignete Fixierung und Entwässerung diese Strukturen vergröbert werden; aber es ist nicht anzunehmen, daß die eiweißfällenden Agentien diese Strukturen aus einem völlig strukturlosen Substrat erzeugen. BEAMS, EVANS, v. BREEMEN und BAKER (1950) haben nach Fixierung mit Bouin (Essig- und Pikrinsäure) sehr klare Spindelapparate abgebildet. BAUD (1949) findet in fixierten Leberzellen nicht nur die Kernmembran in Form eines negativen Sphäriten doppelbrechend, sondern es gibt ferner eine perinukleäre Schicht, die zufolge gerichtet eingelagerter Lipoide das Bild eines positiv doppelbrechenden Sphäriten liefert. Von den großen Kernen der Amphibienoocyten konnte CALLAN (1950) die Kernmembran wegpräparieren; sie erscheint im Elektronenmikroskop doppelschichtig mit einer homogenen Basallamelle, die eine mit groben Poren versehene Decklamelle trägt.

Über den submikroskopischen Feinbau der Chromosomen sind keine neuen Gesichtspunkte gewonnen worden. Doch muß auf die wichtige mikroskopische Arbeit von RUCH (1949) hingewiesen werden, die beweist, daß im klassischen Objekte der vermeintlichen mikroskopischen Doppelwendelstruktur, nämlich in den Pollenmutterzellen von *Tradescantia* keine Kleinspirale auftritt. Die angeblichen „optischen" Querschnitte durch die Kleinspirale sind keine Schnitte durch einen gefärbten Faden, sondern sie stellen die Chromomeren vor. Wie nachgewiesen wird, ist die Tiefenschärfe der Immersionsobjektive genügend groß, daß vorhandene Kleinspiralen in ihrem ganzen Verlaufe gleichzeitig scharf abgebildet werden sollten. Es muß als eine Erleichterung empfunden werden, wenn die Hypothese des Doppelwendels (Groß- und Kleinspirale) aus der Diskussion über den Chromosomenfeinbau verschwindet.

BRETSCHNEIDER (1951) legt Wert darauf, daß dem Grundzytoplasma eine feinste Netzstruktur zukommt, die er auch auf Schnitten durch allerlei unbelebte Gele nachweisen konnte. Eine solche Netztextur ist unerläßlich für das Verständnis der interessanten Versuche von CRICK und HUGHES (1950) mit in das Grundzytoplasma eingeführten magnetischen Partikelchen. Diese lassen sich im magnetischen Felde nicht beliebig verschieben, sondern sie schwingen nach der Ausschaltung des Feldes etwas zurück und verraten auf diese Weise eine echte Elastizität des Zytoplasmas. Über das Wesen dieses Netzwerks besteht noch keine Klarheit. Es ist möglich, daß es aus perlenkettenartigen Strängen (beaded chains) aufgebaut ist, denn es sind, wie oben erwähnt, Anzeichen dafür vorhanden, daß die Faserproteine durch lineare Aggregation aus globularen Proteinen entstehen können.

Im Grundplasma, das man sich als thixotropes Gel oder gelierfähiges Sol vorstellen muß, sind die Mitochondrien und submikroskopischen

Mikrosomen suspendiert. Diese korpuskularen Plasmabestandteile sind die Träger des Respirationsfermentes (z. B. DU BUY, WOODS und LACKEY 1950). An den großen Mitochondrien der Niere von Albinoratten konnten MÜHLETHALER, MÜLLER und ZOLLINGER (1950) eine deutliche Mitochondrienhaut mit einer faserigen Textur nachweisen.

Der Dualismus retikulare Netzstruktur und korpuskulare Teilchen im Zytoplasma scheint auf eine Arbeitsteilung zwischen metabolischem und Gerüstplasma hinzuweisen. Die für den Stoffwechsel wichtigen Fermente sitzen auf den dispersen Teilchen, während das gelierfähige Grundplasma die mechanische Funktion einer Gerüstsubstanz übernimmt. Diese Deutung steht im Gegensatz zu der Auffassung von VIRTANEN (1947, 1949), nach welcher das gesamte Eiweiß eines Bakteriums aus Fermentträgern besteht. In jenem Falle würde also in der Zelle kein besonderes Gerüsteiweiß auftreten, indem die Fermentträgermoleküle gleichzeitig auch das Substrat der Zellmorphogenese wären.

Am 6. Zytologenkongreß in Stockholm hat der Referent (1947/49) eine Theorie vorgetragen, nach welcher die Plasmaströmung durch Kontraktionswellen in den Plasmasträngen zustande kommt. Damit diese wirksam sein können, muß sich das Plasma im Momente der Kontraktion im Gelzustande befinden. Auf die gleiche Deutung kommt 1949 LOEWY. Er legt vor allem Wert auf eine feste Unterlage, auf der sich die submikroskopischen kontraktilen Elemente verankern können, um so das bewegliche Plasma nachzuziehen. Auf diese Weise läßt sich die Rotationsströmung leicht deuten, ebenso die Kriechbewegungen der Schleimpilze. Für die Zirkulationsströmung ergeben sich allerdings Schwierigkeiten, indem dort keine feste Unterlage vorliegt, über welche das Plasma fließt. Als gesichert darf die Auffassung angenommen werden, daß die Plasmaströmung ein besonderer Ausdruck der Kontraktilität des Protoplasmas vorstellt.

Plastiden. Die Erkenntnis, daß die Mitochondrien der Zellen Zentren des Stoffwechsels sind, erlaubt die Plastiden in die gleiche physiologische Gruppe der stoffwechselaktiven korpuskularen Plasmabestandteile einzureihen.

Nach YASUI (1949) entsteht die Stärke in sogenannten Amylumvakuolen der Leukoplasten. Sie sind stets zahlreich, woraus sich ohne Schwierigkeit der Aufbau der zusammengesetzten Stärkekörner (z. B. Reisstärke) erklärt. Schwieriger ist der Autorin zu folgen, wenn sie auch die einfachen Stärkekörner der Kartoffel, des Weizens und der Leguminosen in zahlreichen Amylumvakuolen entstehen läßt und ihre Schichtung auf diese polygene Entwicklung zurückzuführen versucht.

Über den Kristallbau der Stärkekörner war man bisher im unklaren, da man von Stärkemehl nur DEBYE-SCHERRER-Diagramme erhält, die nicht verraten, in welchen Richtungen des Raumes die gefundenen Gitterabstände auftreten. KREGER (1951) ist es nun gelungen, mit seiner Mikrokamera Röntgenspektren von bestimmten Partien eines einzelnen Stärkekornes von *Phajus grandifolius* zu gewinnen. Diese ergeben eine Fasertextur, die radial orientiert ist. Das Faserdiagramm verrät eine orthorhombische Elementarzelle mit den

Achsen $a = 9,0$ Å, b (Faserperiode) $= 10,6$ Å, $c = 15,6$ Å. Durch den Elementarbereich verlaufen 6 Stärkeketten. Er weist einen Rhombenwinkel von $60°$ auf, so daß dem Gitter auch hexagonale Symmetrie zukommt. Die hexagonale Elementarzelle hätte die Achsen $a : b = 18 : 10,6$ Å und würde von 18 Ketten durchlaufen. Die hexagonale Symmetrie verlangt, daß in der Faserperiode von $10,6$ Å nicht nur zwei, sondern drei Glukosereste inbegriffen sind. Dies hat zur Folge, daß die Stärkeketten im Kristallgitter schraubig verlaufen, derart, daß je drei $C_6H_{10}O_5$-Reste die Länge von $10,6$ A beanspruchen.

Über den Feinbau der Chloroplasten sind wichtige Einzelheiten bekannt geworden (FREY-WYSSLING und MÜHLETHALER 1949b). Die Chloroplastenhaut konnte im Elektronenmikroskop dargestellt werden; das Stroma scheint eine korpuskulare Dispersion aus Makromolekülen von etwa 250 Å Durchmesser zu sein. Die Grana erweisen sich als geschichtet; es ist gelungen, ein solches Schichtenpaket wie eine Geldrolle umzustoßen und die einzelnen Scheibchen von etwa 80 Å Dicke abzubilden (Dicke berechnet aus der Schattenlänge; Beschattungswinkel 1 : 6). Der große Lipoidgehalt der Chloroplasten (25 bis 37%) macht sich in Form verschieden gestalteter Myelinfiguren und Myelinscheiben geltend (FREY-WYSSLING 1949). Es besteht die Möglichkeit, daß die Granen Schichtpakete von Lipoid- und Eiweißlamellen vorstellen. Die im Elektronenmikroskop abgebildeten Granascheibchen bestehen aus Protein.

STRUGGER (1950) hat nachgewiesen, daß die farblosen Proplastiden bereits ein Granum enthalten, von dem sich durch identische Reproduktion alle Granen eines ausdifferenzierten Chloroplasten ableiten. Die Teilung erfolgt so, daß die Granen in Säulen übereinanderstehen. Diese Anordnung erlaubt, die Abwesenheit von Chlorophyll im Stroma zwischen den Grana zu erkennen. Auf Grund seiner Untersuchungen hat STRUGGER (1951) ein Schema des Chloroplastenbaues entworfen, in welchem 8 Granen übereinander geschichtet sind; sie werden durch Lamellen, die den Chloroplasten parallel zu seiner Oberfläche durchsetzen, getragen und in Suspension gehalten. Diese Trägerlamellen konnten bisher im Elektronenmikroskop noch nicht mit Sicherheit nachgewiesen werden. Da die Chloroplasten für die elektronenmikroskopische Untersuchung im Blendor zerschlagen werden müssen, will dies wenig besagen; die Trägerlamellen könnten sehr labile Häutchen sein.

STEINMANN (1952) ist es gelungen, dünne Querschnitte durch Tulpenchloroplasten herzustellen und im Elektronenmikroskop abzubilden. Man erkennt deutlich die Lamellierung der Granen. Die Beziehung zwischen Granenlamellierung und Aufschichtung der Granen zu Granenpaketen ist nicht eindeutig abgeklärt. STEINMANN (1952) hat in den Granen von *Aspidistra*-Chloroplasten gegen 30 Lamellen gefunden. Falls diese Lamellen 80 Å dick sind und im intakten Granum durch ebenso dicke Lipoidlamellen voneinander getrennt sind, ergäbe sich eine Dicke der Granascheiben von $0,5\ \mu$, d. h. ein viel zu großer Wert.

Es ist eindeutig festgestellt, daß das Chlorophyll nur in den Granen lokalisiert ist. Aus dem Chlorophyllgehalt der Chloroplasten (7,7%)

berechnet, müssen in den Grana Chlorophyllkonzentrationen von 25%
vorkommen (FREY-WYSSLING 1952); sie bestehen also zu fast $^1/_4$ aus
Pigment und sind in dieser Hinsicht mit den roten Blutkörperchen
vergleichbar. Das Verhältnis Chlorophyll/Eiweiß ist 9 Chlorophyll-
moleküle je SVEDBERG-Einheit vom Molekulargewicht 18000. GRANICK
(1951) hat eine interessante Zusammenfassung über unsere derzeitige
Kenntnis der Biosynthese des Chlorophylls veröffentlicht.

Viren und Phagen. Über Viren sind so viele elektronenmikroskopische Publikationen erschienen, daß hier keine Vollständigkeit angestrebt werden kann. Es wird daher nur über einige prinzipiell interessante Befunde berichtet.

Da die elektronenmikroskopische Beobachtung im Vakuum erfolgt,
erhebt sich immer wieder die Frage, inwieweit die gemessenen Teilchen-
größen den natürlichen Verhältnissen im hydratisierten Zustande entsprechen. BERNAL und CARLISLE (1948) haben kristallisiertes Turnip
Yellow Mosaik-Virus feucht und trocken röntgenometrisch untersucht
und die erhaltenen Werte mit jenen von COSSLETT und MARKHAM
(1948) verglichen. Nach drei verschiedenen Methoden ergeben sich für
die tetraedrischen oder kugeligen Teilchen folgende Durchmesser:
1. aus dem spezifischen Volumen der Teilchen und ihrer Dichte in
der Mutterlauge 206 Å; 2. röntgenometrisch gemessener Abstand der
Teilchen im Kristallgitter (in der Mutterlauge aufgenommen) 228 Å
(hieraus folgt, daß die Teilchen von einer Wasserschicht von 11 Å
umgeben sind); 3. im Elektronenmikroskop messen die Teilchen
193 Å, welcher Wert gut mit 206 Å übereinstimmt. Man darf also den
elektronenmikroskopischen Messungen Vertrauen entgegenbringen, wobei aber stets daran zu erinnern ist, daß es sich um dehydratisierte
Teilchen handelt. Sehr interessant ist der Befund, daß die Teilchengröße und das Kristallgitter sich nicht meßbar ändern, wenn man vom
Nukleoprotein die Nukleinsäure abspaltet. Da dann die Infektions-
kraft des Virus verlorengeht, sind somit infektiöse und nichtinfektiöse
Teilchen gleich groß.

Das Tomaten-Bushy-stunt-Virus besitzt ein kubisch raumzentriertes
Kristallgitter mit einer Kantenlänge der Elementarzelle von 386 Å
im feuchten und 314 Å im trockenen Zustande (CARLISLE und DORN-
BERGER 1948). Unter Voraussetzung einer lückenlosen Kugelpackung
errechnet sich hieraus die Teilchengröße zu 334 Å im hydratisierten
und 272 Å im dehydratisierten Zustande. Hier würde der Hydratations-
mantel die beträchtliche Dicke von 31 Å aufweisen; es ist wohl anzunehmen, daß dieses Schwellwasser nicht nur an der Oberfläche sitzt,
sondern intramolekular im Makromolekül verteilt ist.

Das Tabakmosaikvirus (TM) bildet nach wie vor Gegenstand eingehender Untersuchungen. In den hexagonalen TM-Kristallen wurde
eine Schichtung parallel zur Prismenbasis mit einer Periode von 0,3
bis 0,6 μ entdeckt, die durch periodisch wechselnde Neigungen der
Kristallachse bedingt ist. Solche Kristalle haben für sichtbares Licht
den Effekt eines Beugungsgitters (WILKINS, STOKES, SEEDS und OSTER
1950). Die Doppelbrechung maximal orientierter Gele beträgt im

feuchten Zustande 0,0054, getrocknet jedoch nur 0,0007; hieraus wird geschlossen, daß die Doppelbrechung dieser Gele im wesentlichen Stäbchendoppelbrechung sei.

Entgegen früheren Ansichten kommt den stäbchenförmigen TM-Makromolekülen keine bestimmte Länge zu, was sich nicht nur im Elektronenmikroskop, sondern auch bei Untersuchungen über die Strömungsdoppelbrechung von TM-Solen zeigt (JOLY 1948b); mechanische Beanspruchung der Sole führt zu einer Dissoziation der vorhandenen Stäbchen in kürzere Teilchen. Es besteht der berechtigte Verdacht, daß die TM-Stäbchen Aggregationen von Kugelmolekülen vorstellen. OSTER (1951) hat den isoelektrischen Punkt von sieben verschiedenen TM-Rassen bestimmt. Dieser schwankt zwischen p_H 3,91 und 4,90; es besteht eine Korrelation zwischen diesen Werten und dem Aminosäuregehalt der betreffenden Rassen; ferner wurde eine Beziehung zwischen dem IEP und der Wanderungsgeschwindigkeit des Virus in der Wirtspflanze festgestellt.

Eine eigenartige Gestalt scheint das Kartoffel-X-Virus zu besitzen, das im Elektronenmikroskop aus drei Strängen geflochtene Zöpfe zeigt (KÖHLER und BODE 1951). Es wurde nicht untersucht, ob es sich hier um ein Trocknungsartefakt handelt, wie dies von den gezwirnten Zellulosesträngen des *Bacterium xylinum* bekannt ist.

Im letzten Bericht wurde über Arbeiten referiert, nach denen die Bakteriophagen von *Escherichia coli* nicht schneller wandern, als der Diffusion von Teilchen ihrer Größe entspricht. Es wurde daher vermutet, daß die Phagen trotz ihres kurzen Flagellums keine eigene aktive Bewegung besitzen. Dieses Ergebnis ist durch den Nachweis umgestoßen worden, daß die Ausbreitungsgeschwindigkeit der Phagen T_3 und T_4 konzentrationsabhängig ist (POLSON 1949). Verdünnt man die Lösungen von 10^9 Teilchen/ml auf 10^5 Teilchen/ml, so nimmt die Wanderungsgeschwindigkeit bedeutend zu und wird wesentlich größer, als auf Grund der Diffusion zu erwarten wäre. Die aktive Fortbewegung von Phagenteilchen ist damit erneut zur Diskussion gestellt. HERČIK (1950) und WYKOFF (1950) haben interessante Bilder der geschwänzten Phagenrasse T_2 publiziert.

Literatur

BAHR, G.: Exp. Cell Res. **1**, 603 (1950). — BAUD, CH. A.: Bull. Histol. app. **1949**, Nr. 5, 99. — BEAMS, H. W., T. C. EVANS, V. VAN BREEMEN u. W. W. BAKER: Proc. Soc. exper. Biol. a. Med. **74**, 717 (1950). — BERNAL, J. D., u. C. H. CARLISLE: Nature (Lond.) **162**, 139 (1948). — BORRIES, B. VON: Kolloid.-Z. **114**, 164 (1949). — BORRIES, B. VON, E. RUSKA, J. KRUMM u. H. O. MÜLLER: Naturwiss. **28**, 350 (1940). — BRETSCHNEIDER, L. H.: Mikroskopie (Wien) **5**, 15 (1950a) — Proc. Acad. Amsterdam C **53**, 1476 (1950b); C **54**, 89 (1951). — BRINGMANN, G.: Z. Mikrosk. **60**, 83 (1951). CALLAN, H. G.: Proc. roy. Soc. Lond. B **137**, 367 (1950). — CARLISLE, C. H., u. K. DORNBERGER: Acta Crystallogr. **1**, 194 (1948). — CAVAZZA, L.: Ber. schweiz. bot. Ges. **60**, 596 (1950a) — Schweiz. landw. Mh. **28**, 378 (1950b). — CLAUDE, A., K. R. PORTER u. E. G. PICKELS: Cancer Res. **7**, 421 (1947). — COMMONER, B.: Science (N. Y.) **110**, 31 (1949). — COSSLETT, V. E.: Nature (Lond.) **166**, 305 (1950). — COSSLETT, V. E., u. R. MARKHAM:

Nature (Lond.) **161**, 250 (1948). — CRICK, F. H. C., u. A. F. W. HUGHES: Exp. Cell. Res. **1**, 37 (1950).

DANON, D., u. E. KELLENBERGER: Arch. Sci. (Genève) **3**, 169 (1950). — DU BUY, H. G., M. W. WOODS u. M. D. LACKEY: Science (N. Y.) **111**, 572 (1950).

ENGSTRÖM, A., u. B. LINDSTRÖM: Biochim. Biophys. Acta **4**, 351 (1950).— ENGSTRÖM, A., u. A. LÜTHY: Exper. **5**, 244 (1949).

FREY, R.: Diss. ETH Zürich 1950 u. Ber. schweiz. bot. Ges. **60**, 199 (1950). — FREY-WYSSLING, A.: Exp. Cell Res., Suppl. **1**, 33 (1949) of 6th Int. Congr. Exp. Cytology, Stockholm 1947 — Growth Symp. (USA.) **12**, 151 (1948) — Faraday Soc. Discuss. **1949**, Nr. 6, 130 — 153. Neujahrs-blatt der Naturf. Ges. Zürich **1951**a — Makromol. Chemie **6**, 7 (1951b); **7**, 163 (1951c) — Holz (Berlin) **9**, 333 (1951d) — Submicroscopic Morphology of Protoplasm, 3. Aufl. Amsterdam u. New York 1952. — FREY-WYSSLING, A., u. R. FREY: Protoplasma **39**, 656 (1950). — FREY-WYSSLING, A., u. K. MÜHLE-THALER: J. Polymer Sci. **1**, 172 (1946) — Mikroskopie (Wien) **4**, 257 (1949a) — Vjschr. naturforsch. Ges. Zürich **94**, 179 (1949b) — **95**, 45 (1950)— Fortschr. Chem. organ. Naturst. (Wien) **8**, 1 (1951a) — Mikroskopie (Wien) **6**, 28 (1951b).

GRANICK, S.: Ann. Rev. Plant Physiol. **2**, 115 (1951). — GÜNTHER, P.: Z. Naturforsch. **4a**, 401 (1949).

HEGETSCHWEILER, R.: Diss. ETH Zürich 1949 u. Makromol. Chemie **4**, 156 (1949). — HERČIK, F.: Experientia **6**, 64 (1950). — HERMANS, P. H.: Kolloid-Z. **115**, 103 (1949). — HERMANS, P. H., u. A. WEIDINGER: J. Polymer Sci. **4**, 135 (1949); **5**, 269 (1950). — HESSLER, L. E., G. V. MEROLA u. E. E. BERKLEY: Text. Res. J. **18**, 628 (1948). — HILLIER, J., u. M. E. GETT-NER: Science (N. Y.) **112**, 520 (1950). — HODGE, A. J., u. A. B. WARDROP: Nature (Lond.) **165**, 272 (1950). — HUBER, B., u. R. W. KOLBE: Svensk Bot. Tidskr. **42**, 364 (1948).

Institute of Metals: Report Serie No. 8, London 1950.

JOLY, M.: Bull. Soc. Chim. biol. Paris **30**, 398 (1948a); **30**, 404 (1948b) — Kolloid-Z. **115**, 83 (1949).

KÖHLER, E., u. O. BODE: Naturwiss. **38**, 355 (1951). — KREGER, D. R.: Diss. Delft 1948, Rec. trav. bot. Néerl. **41**, 603 (1949) — Biochim. Biophys. Acta **6**, 406 (1951).

LATTA, H., u. J. F. HARDTMANN: Proc. Soc. Exp. Biol. a. Med. **74**, 436 (1950). — LOEWY, A. G.: Proc. Amer. Philos. Soc. **93**, 326 (1949).

MARTIN, A., u. S. G. TOMLIN: Biochim. Biophys. Acta **5**, 154 (1950). — MEYER, K. H., L. HUBER u. E. KELLENBERGER: Experientia **7**, 216 (1951). — MÜHLETHALER, K.: Biochim. Biophys. Acta **3**, 527 (1949) — Experientia **6**, 226 (1950a) — Ber. schweiz. bot. Ges. **60**, 614 (1950b) — Exp. Cell Res. **1**, 341 (1950c). — MÜHLETHALER, K., A. F. MÜLLER u. H. U. ZOLLINGER: Experientia **6**, 16 (1950).

NEWMAN, S. B., E. BORYSKO u. M. SWERDLOW: Science (N. Y.) **110**, 66 (1949). — NICOLAI, E.: (Dept. of Botany, Univ. Leeds) mündl. Mitt. (1951).

OSTER, G.: J. Biol. Chem. (USA.) **190**, 55 (1951).

PASCU, E.: Fortschr. Chem. organ. Naturst. (Wien) **5**, 128 (1948). — PATEL, G. M.: Diss. ETH Zürich 1951 u. Makromol. Chemie **7**, 12 (1951). — POLSON, A., u. C. C. SHEPARD: Biochim. Biophys. Acta **3**, 137 (1949). — PRESTON, R. D., P. H. HERMANS u. A. WEIDINGER: J. exper. Bot. **1**, 344 (1950). — PRESTON, R. D., u. M. MIDDLEBROOK: J. Text. Inst. Manchr. **40**, 1715 (1949a) — Nature (Lond.) **164**, 217 (1949b). — PRESTON, R. D., u. K. SINGH: J. exper. Bot. **1**, 214 (1950). — PRESTON, R. D., u. A. B. WAR-DROP: Biochim. Biophys. Acta **3**, 549 (1949a); **3**, 585 (1949b). — PRESTON, R. D., A. B. WARDROP u. E. NICOLAI: Nature (Lond.) **162**, 957 (1948).

RÅNBY, B. G., u. E. RIBI: Experientia **6**, 12 (1950). — RIBI, E., u. B. G. RÅNBY: Experientia **6**, 27 (1950). — RILEY, D. P., u. D. HERBERT: Biochim. Biophys. Acta **4**, 374 (1950). — ROELOFSEN, P. A.: Biochim. Biophys. Acta **3**, 518 (1949) — Rec. trav. bot. Néerl. **42**, 73 (1949/50) —

Biochim. Biophys. Acta **6**, 340 (1950); **6**, 357 (1951). — ROELOFSEN, P. A., u. A. L. HOUWINK: Protoplasma **40**, 1 (1951). — ROSZA, G., u. R. W. G. WYCKOFF: Biochim. Biophys. Acta **6**, 335 (1950). — RUCH, F.: Diss. ETH Zürich 1949 u. Chromosoma **3**, 357 (1949).

SEN, M. K., u. P. H. HERMANS: Rec. Trav. chim. Pays-Bas et Belg. (Amsterd.) **68**, 1079 (1949). — SEN, M. K., u. H. J. WOODS: Biochim. Biophys. Acta **3**, 510 (1949). — SCHOCH-BODMER, H., u. P. HUBER: Mitt. Naturf. Ges. Schaffhausen (Schweiz) **21**, 29 (1946) — Experentia **4**, 146 (1948) — Vjschr. naturforsch. Ges. Zürich **94**, 188 (1949). — SIEGEL, B. M., D. J. JOHNSON u. H. MARK: J. Polymer Sci. **5**, 111 (1950). — STEINMANN, E.: Exp. Cell Res. 1952 (im Druck). — STRUGGER, S.: Naturwiss. **37**, 166 (1950) — Ber. dtsch. bot. Ges. **64**, 69 (1951). — SWANN, M. M., u. J. M. MITCHISON: J. exper. Biol. **27**, 226 (1950).

THORELL, B., u. F. RUCH: Nature (Lond.) **167**, 815 (1951). — TREIBER, E.: Protoplasma **40**, 166 (1951).

VIRTANEN, A. I.: Proc. 4th Int. Congr. Microbiol. Copenhagen 1947, S. 379. — VIRTANEN, A. I., u. J. K. MIETTINEN: Acta chem. Scand. **3**, 1437 (1949).

WARDROP, A. B.: Leeds Philos. Soc. **5**, 128 (1949a) — Nature (Lond.) **164**, 366 (1949b). — WARDROP, A. B., u. H. E. DADSWELL: Coun. Sci. Ind. Res. (Aust.) Bull **1947**, Nr. 221. — WARDROP, A. B., u. R. D. PRESTON: Biochim. Biophys. Acta **6**, 36 (1950). — WILKINS, M. H. F., A. R. STOKES, W. E. SEEDS u. G. OSTER: Nature (Lond.) **166**, 127 (1950). — WYCKOFF, R. W. G.: Electron Microscopy. New York u. London 1949 — Experientia **6**, 66 (1950).

YASUI, K.: Cytologia (Tokio) **15**, 61, 75 (1949).

ZBINDEN, H., u. K. HUBER: Experientia **3**, 452 (1947).

B. Systemlehre und Pflanzengeographie.

5a Systematik und Stammesgeschichte der Pilze.

Von HEINZ KERN, Zürich.

Mit 6 Abbildungen.

I. Allgemeines.

Das Vorkommen von Chitin und Zellulose in Pilzzellwänden ist umstritten; es sind hier offenbar die sich widersprechenden Ergebnisse früherer Untersuchungen teilweise auf Mängel der angewandten Methoden zurückzuführen. FREY (1950) konnte röntgenanalytisch im Gegensatz zu andern Angaben bei keinem der von ihm untersuchten Pilze Chitin und Zellulose gleichzeitig nachweisen. Zellulose ließ sich nur bei den Oomyceten feststellen; diese Reihe nimmt also auch zellwandchemisch eine Sonderstellung ein (vgl. Fortschr. Bot. **13**, Abb. 38). Chitin wurde bei allen untersuchten Zygomyceten, Ascomyceten und Basidiomyceten mit Ausnahme der Saccharomyceten, Spermophthoraceen und einiger anderer sprossender Pilze gefunden; diese letztern Gruppen enthalten eine anorganische Substanz, deren Röntgendiagramm mit dem von Bariumsulfat übereinstimmt. Sie kommt auch in den Sproßzellen von *Ustilago violacea* vor; dagegen ergab *Sporobolomyces roseus* (eine imperfekte Hefe, die vielleicht mit Ustilaginaceen in Beziehung steht) ein Chitindiagramm. Es müßten nun noch weitere Vertreter verschiedener Formenkreise mit der gleichen Methodik geprüft werden; dem Zellwandchemismus der Pilze darf offenbar doch eine stammesgeschichtliche Bedeutung zuerkannt werden.

Morphologie und Systematik der Pilze sind in dem Lehrbuch von BESSEY (1950) erneut zusammengefaßt; es enthält neben den eingehenden Darstellungen der einzelnen Gruppen ausführliche Literaturzusammenstellungen, Bestimmungsschlüssel für die Gattungen (einschl. Fungi imperfecti) und eine Diskussion der phylogenetischen Zusammenhänge. Der in 3. Auflage erscheinende „Dictionary of the Fungi" von AINSWORTH und BISBY (1950) bringt neben Angaben über die einzelnen Gattungen (systematische Stellung, Synonymie, Literatur, Verbreitung) Erklärungen der verschiedensten mykologischen Spezialausdrücke. Schließlich publiziert PETRAK (1950) eine Liste der von 1936 bis 1939 neu beschriebenen Arten.

II. Phycomyceten (inkl. Archimyceten).

Die zahlreichen Untersuchungen über wasserbewohnende Phycomyceten führen dauernd zur Auffindung neuer Arten. Einige davon tragen dazu bei, mit der Zeit über die Unzahl dieser Formen einen

Überblick zu gewinnen; andere sind erst unvollständig bekannt und lassen sich noch nicht in einen Zusammenhang stellen. Die Konstanz der Merkmale und damit die Abgrenzung der Gattungen und Arten ist vielfach unsicher; es zeigt sich hier immer mehr die Notwendigkeit, die Formen zu isolieren und in Reinkultur unter kontrollierbaren Bedingungen über eine längere Periode zu beobachten, um ihre Variabilität und den vollständigen Entwicklungsgang zu erfassen. Unter besonderer Berücksichtigung dieser experimentellen Aspekte gibt EMERSON (1950) eine Zusammenfassung der Hauptrichtungen, in denen gegenwärtig auf diesem Gebiet gearbeitet wird.

Synchytriaceen. Die Entwicklungsgeschichte von *Micromyces zygogonii* Dang. auf Konjugaten ist noch nicht vollständig bekannt; sie folgt nach den bisherigen Beobachtungen dem Typus von *Synchytrium endobioticum* (Schilb.) Perc. (HEIDT, 1937; RIETH, 1950a). Eine Zoospore setzt sich auf einen Algenfaden fest, enzystiert sich und entläßt den nackten Protoplasten in die Wirtszelle, wo er sich an den Kern anlegt und zu einer stacheligen Sommerspore heranwächst. Die Sommersporen liegen meist einzeln in der Wirtszelle und keimen mit einem exogenen Sorus von Sporangien, aus denen die Zoosporen durch einen Porus ins Freie gelangen. Daneben treten stachelige Dauersporen unbekannter Entstehung auf, die kleiner sind als die Sommersporen und meist zu mehreren in einer Zelle liegen. Sie gelangen durch Auflösung der Wirtszelle ins Freie und keimen endogen ohne Sorus durch direkte Zerklüftung des Plasmas in Zoosporen. — Auch die Sommersporen von *Micromyces ovalis* Rieth (1950b) keimen nach dem gleichen Typ mit einem exogenen Sorus aus vier Sporangien.

Chytridiales. In der Gattung *Rhizophidium* sind einige neue Kopulationsformen bekannt geworden. Bei *Rh. columnaris* Canter (1947) tritt das männliche Plasma nach dem Schema des operculaten *Zygorhizidium Willei* Loew. durch eine vom männlichen Thallus gebildete Kopulationshyphe in den etwas größeren weiblichen Thallus über, worauf dieser zur Dauerspore wird. Doch verläuft die Entwicklung bei diesen beiden Arten nicht immer gleich; Thalli, die bereits einen Kopulationsfortsatz gebildet haben, können sich nachträglich noch zu Zoosporangien umbilden. — Bei *Rhizophidium planktonicum* Canter (CANTER und LUND, 1948), *Rh. ephippium* und *Rh. sphaerocystidis* Canter (1950a) kopuliert |wie bei *Rh. goniosporum* Scherffel ein enzystierter männlicher Gamet mit einem weiblichen, auf der Wirtszelle sitzenden Thallus; das männliche Plasma tritt über, und die leere Zellwand bleibt als Anhängsel an der Dauerspore zurück. Bei *Rh. sphaerocystidis* löst sich die Zoosporangienwand nach der Reife auf, und die Zoosporen schwimmen auseinander. — Schließlich erfolgt die Kopulation bei *Rhizophidium anomalum* Canter (1950b) ähnlich wie bei *Rh. ovatum* Couch, bei dem sich eine weibliche Gamete auf einen männlichen Gameten setzt, seinen Inhalt in sich aufnimmt und zur Dauerspore wird. Bei *Rh. anomalum* wächst der männliche Gamet vorerst zu einem jungen Thallus heran, indem er einen Keimschlauch treibt, der mit einer Wirtszelle in Kontakt tritt. Eine weibliche Gamete läßt sich auf dem männlichen Thallus nieder und enzystiert sich; hierauf nimmt sie den Inhalt des männlichen Partners in sich auf und wird zur Dauerspore.

Die Zoosporen von *Rhizidium windermerense* Canter (1950a) dringen in die Schleimhülle der Grünalge *Gemellicystis neglecta* (Teil.) Skuja ein und treiben verzweigte Rhizoiden, die mit den Algenzellen in Kontakt treten. Die Zoosporen wachsen zu Zoosporangien heran. In anderen Fällen bilden zwei Thalli je eine Kopulationshyphe; diese vereinigen sich und geben einer Dauerspore den Ursprung.

Im Entwicklungsgang der Gattung *Physoderma* folgt auf eine ephemere epibiontische eine dauerhafte endobiontische Phase; die Einzelheiten sind noch nicht bekannt. KARLING (1950) stellt die umfangreiche Literatur über diese Gattung (einschl. *Urophlyctis*) in einer Monographie zusammen, die eine Grundlage bildet für eingehendere Untersuchungen der über 50 meist nur schlecht bekannten Arten.

Unter den operculaten, monozentrischen Chytridiales steht die Gattung *Chytriomyces* Karling (1945; HASKINS, 1946; FAY, 1947; CANTER, 1949) in der vegetativen Entwicklung auf der Höhe von *Zygorhizidium* in der operculaten und von *Rhizophidium* in der inoperculaten Reihe. Das extramatrikale Sporangium trägt endobiontisch eine Apophyse und stark entwickelte, verzweigte Rhizoiden. Die Dauersporen entstehen, soweit bekannt, asexuell direkt aus einer Zoospore und extramatrikal; sie keimen mit einem exogenen operculaten Zoosporangium, dessen Zoosporen wie bei den direkt gebildeten Sporangien in einer Blase ausschwärmen.

Anisochytridiales. Die Anisochytridiales im Sinn von KARLING (1943; Fortschr. Bot. **13**, 92) umfassen chytridiale Formen, deren Zoosporen eine a p i k a l e Geißel tragen. Die Zoosporenbildung erfolgt bei diesen Formen nach zwei Typen, welche innerhalb der gleichen Gattungen auftreten können (z. B. bei *Anisolpidium* oder *Hyphochytrium*; CANTER, 1950c). Im einen Fall entstehen die Zoosporen endogen; im andern tritt das nackte Plasma aus dem Sporangium aus, und die Zoosporen entstehen exogen.

Saprolegniaceen. Die hier zu besprechenden Arbeiten ergänzen das über die Phycomyceten einleitend Gesagte. So fand SALVIN (1942) bei der Untersuchung einer *Brevilegnia*-Isolierung in Einsporkultur eine starke Variabilität der Merkmale (Ausbildung und Größe der Sporangien, Keimung der Sporangiosporen, Gemmen- und Antheridienbildung); er stellte deshalb *Brevilegnia* als Untergattung zu *Thraustotheca* und hielt nur zwei der vorher beschriebenen Arten aufrecht. Auf Grund dieser Arbeit prüfte JOHNSON (1950) einen andern Stamm aus der gleichen Gattung; er erschien ihm jedoch in der Folge als genügend konstant, um als neue Art *Brevilegnia longicaulis* gelten zu können.

In der Gattung *Dictyuchus* erfolgt die Enzystierung der Zoosporeninitialen bereits im Innern der Zoosporangien. Die Sporangiosporen drücken sich im typischen Fall die Wände gegenseitig flach, entlassen die Zoosporen einzeln durch eine Pore nach außen und bilden schließlich als leere Zellwände ein Netz („true net" nach COUCH, 1931; vgl. GÄUMANN, 1949, S. 53). In andern Arten bleiben die einzelnen Sporen isoliert, und die leeren Zellwände behalten die ursprüngliche runde Form („false net"). Bei diesen letztern Formen können auch Sporangien nach dem *Achlya*-Typ auftreten, bei dem sich die im Zoosporangium differenzierten Zoosporeninitialen vor der einen apikalen Mündung sammeln, sich dort enzystieren und die Zoosporen entlassen. Die auf diesen Merkmalen aufgebaute Unterteilung der Gattung wird von einer Neuisolierung durchbrochen, bei der JOHNSON (1951) alle drei Fälle an der gleichen Einsporkultur fand.

Bei *Aphanodictyon papillatum* Huneycutt (1948) entlassen die Sporangiosporen wie bei *Dictyuchus* je eine Zoospore einzeln nach außen, oder sie keimen wie *Aplanes* mit einem Keimschlauch.

Die Dauersporen der Saprolegniaceen keimen nach einer Ruheperiode im allgemeinen bei Übertragung in frisches destilliertes, durch Aktivkohle filtriertes Wasser (ZIEGLER, 1948). Die Keimung erfolgt nach vier Typen, welche unregelmäßig bei den einzelnen Gattungen vorkommen und auch bei ein und demselben Stamm variieren können:

1. Lange, unverzweigte Hyphe.
2. Verzweigtes Mycel.
3. Lange, unverzweigte Hyphe mit apikalem Sporangium.
4. Verzweigtes Mycel mit apikalen Sporangien.

III. Ascomyceten.

Die verschiedenen Stufen der Ersatzsexualität im Bereich der Ascomyceten (GÄUMANN, 1949) können nicht nur bei den Arten einer höheren systematischen Einheit (z. B. Sordariaceen) oder innerhalb der gleichen Art bei verschiedenen Stämmen (z. B. *Pyronema confluens*), sondern auch im gleichen Stroma einer Art vermischt vorkommen. HESS und MÜLLER (1951) konnten dies an *Dothidella insculpta* (Wallr.) Th. et Syd. zeigen. Die reifen Ascosporen dieser Art enthalten in jeder der beiden Zellen acht Kerne; auch die Zellen ihrer Keimschläuche sind mehrkernig. Die Stromaentwicklung beginnt im Frühsommer; daran schließt sich eine Ruheperiode an, während der höchstens Mikrokonidien (*Asteromellopsis* n. g.; s. unten) gebildet werden. Die Stromazellen enthalten 4 bis 6 oder mehr Kerne. Zu Anfang des Winters differenzieren sich im Innern der Stromata Geschlechtszellen; die darüberliegenden Stromapartien wachsen zu Protuberanzen aus. Randzellen solcher Protuberanzen können endogen Makrokonidien bilden: einkernige Plasmapartien runden sich ab und entwickeln sich durch Zellwandbildung und Kernteilungen zu mehrkernigen Sporen. Die mit einem Trichogyn versehenen Ascogonien können nun normal sexuell mit Antheridien kopulieren. In den meisten Fällen ist das Antheridium jedoch nicht vorhanden oder mindestens nicht funktionsfähig. Hier wächst das Trichogyn (eventuell unter Verzweigung) nach oben und kopuliert mit oberflächlichen Stromazellen (Makrokonidienmutterzellen). Andere Trichogyne durchwachsen das Stroma nach oben und kopulieren vermutlich mit Makrokonidien (Spermatisierung). Es muß also offenbar eine Kopulation stattfinden, doch kann sie auf verschiedene Arten vollzogen werden. Wenn keine Antheridien vorhanden sind, werden Stromazellen männlich determiniert und liefern dem viele kleine Kerne enthaltenden Ascogon die großen männlichen Partnerkerne. Bei andern Arten werden sich wohl noch weitere Varianten finden lassen; die zahlreichen in Betracht zu ziehenden Möglichkeiten erschweren die Interpretation der Beobachtungen an diesen Objekten noch mehr.

Die Mikrokonidien von *Dothidea collecta* (Schw.) Ell. entstehen (in gleicher Weise wie diejenigen von *Dothidella insculpta*) innerhalb einer mehrkernigen Stromazelle (LUTTRELL, 1951). Das Plasma zerklüftet sich in einkernige Fragmente. Darauf bildet jeder Plasmaballen ein Sterigma, das stäbchenförmige Mikrokonidien abschnürt, die sich mit einer Wand umgeben. Schließlich reißt die Wand der Stromazelle, und die Konidien gelangen in die Stromahöhlung und ins Freie; sie dienen vermutlich als männliche Kopulationspartner.

In Einsporkulturen von *Pleospora Gaeumanni* n. sp. erhielt MÜLLER (1951) innerhalb vier Tagen nach dem Beimpfen Fruchtkörper mit reifen Ascosporen. Die Entwicklung beginnt mit dem Anschwellen einer Hyphenzelle, die sich nach allen Richtungen teilt und ein Stroma aus einkernigen Zellen entstehen läßt. Im Stroma differenzieren sich ein einkerniges Ascogon mit Trichogyn und ein einkerniges Antheridium. Aus dem normal befruchteten Ascogon wachsen dikaryontische ascogene Hyphen; die Endzellen ihrer Seitenzweige werden zu den Asci, die unter Resorption und Zusammenpressen des Grundgewebes in das Stroma hineindringen. Im Achtkernstadium der Asci erfolgt die Differenzierung der Sporen mit anschließender Quer- und Längsteilung.

Auch bei *Physalospora obtusa* (Schw.) Cooke entstehen die Ascosporen im Achtkernstadium (AYCOCK, 1951). Sie bleiben vorerst einkernig und wachsen stark in die Länge; dann verbreitern sie sich, es erfolgen Kernteilungen, und die reifen Sporen enthalten 16 bis 20 Kerne. Bei der oben erwähnten *Dothidea collecta* bilden sich auf dem Achtkernstadium vier zweikernige Sporen; sie werden zweizellig und jede Zelle durch weitere Teilungen mehrkernig.

Zwei Arbeiten diskutieren das Vorhandensein einer Doppelbefruchtung und Brachymeiose. OLIVE (1950) konnte im Gegensatz zu GWYNNE-VAUGHAN (1937) in der Ascusentwicklung von *Patella melaloma* (Alb. et Schw.) Seaver keine Brachymeiose finden; die Chromosomenzahl (2n = 8) wird im ersten Teilungsschritt reduziert, und der dritte Schritt ist mitotisch. Zum gleichen Ergebnis kommt HIRSCH (1950) bei einem Stamm von *Pyronema confluens* (Pers.) Tul. Es kann jedoch unter den labilen Verhältnissen in diesem Bereich kaum von einem Fall aus verallgemeinert werden.

Saccharomycetaceen. Die Hefen bilden heute wie *Neurospora* ein Standardobjekt der Genetiker. LINDEGREN (1949) stellt die Ergebnisse seiner langen Untersuchungen auf diesem Gebiet in einem Buch zusammen.

Erysiphaceen. Ähnlich wie früher bei *Sphaerotheca mors-uvae* (Fortschr. Bot. **13**, 95) fand BEATUS (1950) bei *Sphaerotheca humuli* (DC.) Burr. zwei Möglichkeiten der Ascogonentwicklung. Das Kernpaar des (vermutlich normal befruchteten) Ascogons kann sich konjugiert teilen, und es entstehen zwei paarkernige Zellen. Die größere von ihnen bildet den Ascus, während die beiden Kerne der anderen Zelle degenerieren. In den meisten Fällen jedoch entwickelt sich das Ascogon ohne Teilungen direkt zum Ascus, wie das auch bei *Sphaerotheca mors-uvae* ausnahmsweise vorkommen kann. — Bei *Erysiphe cichoracearum* DC. entsteht durch konjugierte Teilungen des Dikaryons eine dicke Hyphe mit in der Regel paarkernigen Zellen, aus denen meist über ein Dutzend Asci hervorgehen. Durch drei Teilungsschritte wird der Ascus achtkernig, doch werden nur zwei Sporen ausgebildet; die sechs überzähligen Kerne degenerieren.

BLUMER (1951) konnte mit einem *Oidium* von *Cucumis sativus* unter anderem *Erica gracilis*, *Valerianella olitoria*, *Viola tricolor*, *Helianthus annuus* und *Matricaria Chamomilla* infizieren und damit die Versuche von HAMMARLUND (1945; Fortschr. Bot. **13**, 96) bestätigen. Die Konidienmessungen auf verschiedenen Wirten ließen dagegen keine Matrikalmodifikationen erkennen.

Pseudosphaeriales. Die hier als Pseudosphaeriales im weitern Sinne zusammengefaßten Ascomyceten entwickeln sich im Prinzip nach dem ascolocularen Schema: Die Asci lösen die stromatischen Zellen im Innern des Fruchtkörpers auf und wachsen (ursprünglich einzeln) in die so geschaffenen Hohlräume (Loculi) hinein; zwischen den Asci können Reste des Grundgeflechtes übrigbleiben, welche je nach der Zahl der Asci mehr oder weniger zu Interthezialfasern (Paraphysoiden) zusammengedrückt werden, die nach unten und nach oben in das Grundgeflecht übergehen. Es bestehen jedoch in einzelnen Entwicklungslinien (z. B. *Leptosphaeria*, Phacidiaceen) Beziehungen zu ascohymenialen Formen, bei denen die Asci palisadenförmig in eine vorgebildete Höhlung des Fruchtkörpers hineinwachsen und so ein echtes Hymenium bilden; dieses kann von sterilen Hyphenenden (Paraphysen) durchsetzt sein, die oben immer frei endigen.

Die Zahl der hier (und in andern Ascomycetengruppen) beschriebenen Gattungen und Arten ist außerordentlich groß und wächst weiter; es bedarf noch langer Einzeluntersuchungen, um sie in ein System zusammenzufassen (vgl. MILLER, 1949). MÜLLER und VON ARX (1950) geben eine Übersicht der Verhältnisse bei einer großen Zahl pseudosphaerialer Pilze; sie leiten dabei von zwei Grundformen, dem *Wettsteinina*-Typ (Pseudosphaeriales) und dem *Dothiora*-Typ (Dothiorales), eine Anzahl Reihen ab, die im wesentlichen ähnliche Entwicklungen durchmachen (Abb. 29 bis 31).

Die Fruchtkörper von *Wettsteinina mirabilis* (Abb. 32; PETRAK, 1947a) bestehen aus einem unregelmäßig kegelig-elliptischen Stroma mit verdickter Außenwand und einer schwachen Stelle am Scheitel, die später zu einer Öffnung ausbröckelt. Zwischen den wenigen breit elliptischen, dickwandigen Asci finden sich zusammengedrückte Stromareste. Die großen Sporen entwickeln sich langsam; sie sind von körnigem Plasma mit großen Öltropfen erfüllt und von einer Schleimhülle umgeben. Sie bleiben lange einzellig und werden dann einmal septiert;

erst bei der Nachreife im Freien färben sie sich braun und bilden drei
weitere Querwände aus.

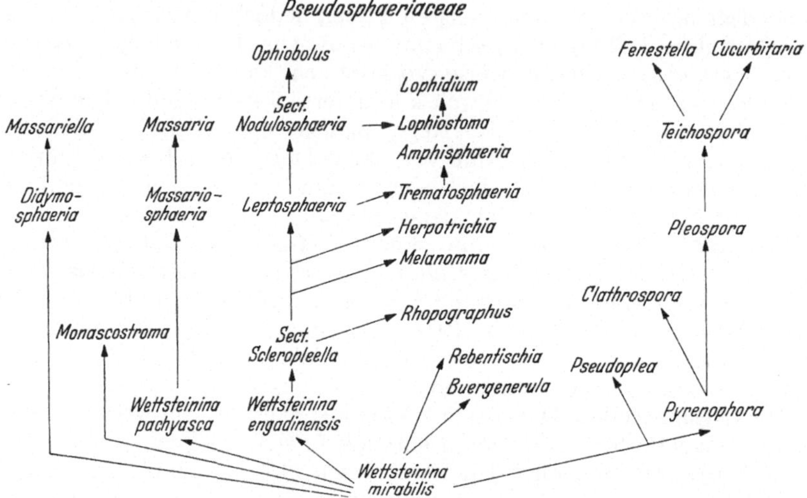

Abb. 29. Schema der morphologischen Zusammenhänge innerhalb der Pseudosphaeriaceen.
(Nach MÜLLER und VON ARX, 1950.)

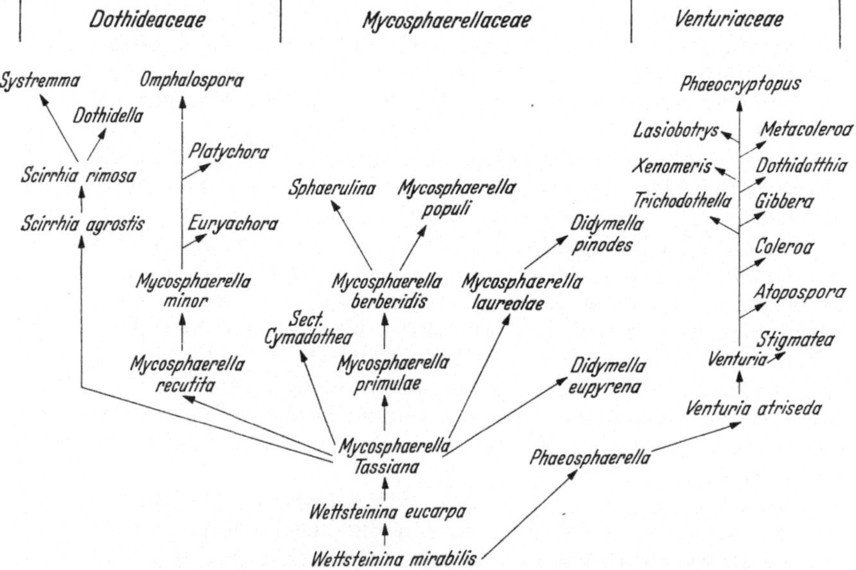

Abb. 30. Schema der morphologischen Zusammenhänge innerhalb der Dothideaceen, Mycosphaerellaceen
und Venturiaceen. (Nach MÜLLER und von ARX, 1950.)

Von hier aus lassen sich nun zahlreiche Linien zu abgeleiteten Formen ziehen; die allgemeinen Tendenzen sollen an Hand der *Leptosphaeria*-Reihe dargestellt werden.

Eine eingehende Bearbeitung haben die schweizerischen Arten der Gattungen *Wettsteinina, Leptosphaeria, Buergenerula* und *Rebentischia*

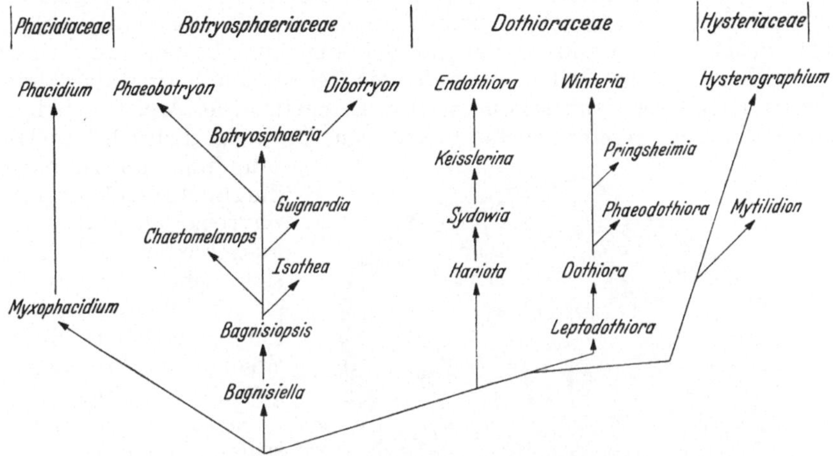

Abb. 31. Schema der morphologischen Zusammenhänge innerhalb der Dothiorales. (Nach MÜLLER und VON ARX, 1950.)

durch MÜLLER (1950) erfahren. Er schlägt dabei für die große Gattung *Leptosphaeria* die im folgenden genannten vier Untergattungen vor, in denen er verwandte Arten zu Formenkreisen vereinigt.

Neben einer bereits innerhalb der Gattung *Wettsteinina* auftretenden Neigung zur Abkürzung der Sporenreifung ist allgemein eine Vermehrung der Asci festzustellen. Diese erfolgt bei *Leptosphaeria* sect. *Massariosphaeria* und bei *Massaria* durch eine Vergrößerung der Fruchtkörper, wobei Asci und Sporen (Größe, dicke Wand, Schleimhülle) im wesentlichen gleichbleiben.

Bei *Leptosphaeria* sect. *Scleropleella* dagegen werden die Asci und Sporen kleiner, und die Schleimhülle verschwindet. Die Asci vermehren und strecken sich und pressen das Grundgeflecht des Stromas zusammen; so finden sich bei

Abb. 32. Schnitt durch einen Fruchtkörper von *Wettsteinina mirabilis* (Niessl) v. H. Vergr. 250fach. (Nach MÜLLER und VON ARX, 1950.)

Eu-Leptosphaeria (Abb. 33) zwischen den Asci fädige Paraphysoiden, die nach oben wieder in das ursprüngliche Stroma übergehen. Die flache oder kegelige Mündung ist von dünnwandigen Zellen ausgefüllt, die erst spät ausbröckeln.

Die höchst entwickelten Vertreter aus der Sektion *Nodulosphaeria* schließlich (Abb. 34) zeigen bereits ascohymeniale (sphaeriale) Züge. Die Fruchtkörperwand ist gut ausgebildet und besteht aus langgestreckten, oft in Reihen verlaufenden Zellen; durch eine Streckung der Fruchtkörper kann schon vor dem Erscheinen der Asci eine fädige Ausbildung des Stromas zustande kommen. Die meist deutlich kegelige Mündungszone ist innen durchbohrt und mit periphysenartigen Hyphen ausgekleidet und kann sich schon früh vollständig öffnen. So haben die Fruchtkörper ihren Stromacharakter weitgehend verloren.

Neben diesen Hauptstufen finden sich abweichende Einzelmerkmale, so z. B. die in einer Richtung verlängerte Mündung von *Lophiostoma* oder die Neigung zur Verwachsung der Fruchtkörper, welche die Gattung *Rhopographus* bei *Leptosphaeria* anschließt.

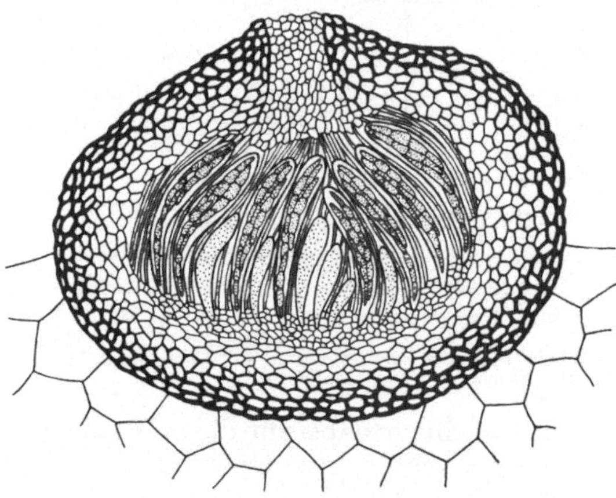

Abb. 33. Schnitt durch einen reifen Fruchtkörper von *Leptosphaeria Nitschkei* Rehm. Vergr. 300 fach. (Nach MÜLLER, 1950.)

Ähnliche Entwicklungstendenzen lassen sich in der *Pleospora*-Reihe (Sporen mauerförmig septiert) und in der *Didymosphaeria*-Reihe (Sporen zweizellig, gefärbt) erkennen.

Bei den Mycosphaerellaceen verschwinden die Reste der Paraphysoiden zwischen den Asci bis zur Reife meist vollständig (Asci auf einem konvexen Basalpolster büschelig oder auf einem flachen Polster hymeniumartig); doch erhielten MÜLLER und VON ARX von einem Stamm von *Mycosphaerella Tassiana* in Reinkultur auf Lupinenstengeln große, in manchen Merkmalen an *Wettsteinina* erinnernde Fruchtkörper (zwischen den Asci reichliche Stromareste in Form faseriger Zellen; Sporen teilweise mehrfach septiert, in Schleim eingebettet).

Die Dothideaceen sind charakterisiert durch polsterförmige Stromata, in denen die Asci in einfachen Loculi, Höhlungen ohne eigene Wand, gebildet werden. Die Sporen sind zweizellig und hyalin oder seltener etwas gebräunt. Die Neigung zum Zusammentreten einzelner Fruchtkörper (entsprechend den Loculi) bestehen schon bei *Mycosphaerella* (Fruchtkörper eng beisammen und teilweise verwachsen, aber noch selbständig; VON ARX, 1949); die noch kugeligen Loculi können dann durch Stromaplatten verbunden werden (*Scirrhia agrostis*), und durch Ausbildung basaler Schichten entsteht schließlich ein kräftiges Stroma, eventuell mit einem charakteristischen Fuß (*Dothidella ribesia*).

Die Familie der Venturiaceen ist (bei mannigfacher Ausbildung der einfachen oder zusammengesetzten Stromata) charakterisiert durch die anfangs hyalin-grünlichen, dann olivgrünlichgrauen, meist ungleich zweizelligen Sporen (PETRAK, 1947b; SHEAR,

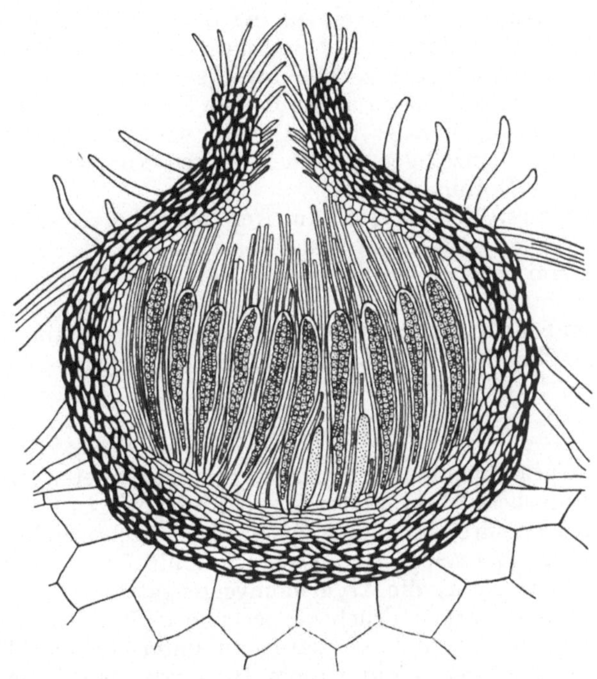

Abb. 34. Schnitt durch einen reifen Fruchtkörper von *Leptosphaeria derasa* (B. et Br.) Auersw. Vergr. 240fach. (Nach MÜLLER, 1950)

1948). Viele Arten tragen Haare und Borsten, z. B. um die Mündung (*Venturia*).

Im Gegensatz zu *Wettsteinina* ist bei der (hypothetischen) Stammform der *Dothiorales* (Abb. 31) das Stroma krusten- bis polsterförmig, aus senkrechten Zellreihen aufgebaut und von dunklern Wandschichten umgeben. Die Asci entspringen aus einer flachen Platte auf gleicher Höhe und wachsen parallel, aber einzeln ins Grundgeflecht hinein; dieses wird mehr oder weniger zu Fasern zusammengedrückt oder aufgelöst. Die Sporen sind groß und einzellig.

Von hier aus erfolgt bei den Botryosphaeriaceen eine Gliederung in einen fertilen Teil und ein steriles Basalstroma und schließlich eine Aufteilung der Fruchtschicht in mehrere fertile Konzeptakel (*Botryosphaeria*). Die Ascosporen bleiben hier einzellig. Die Dothioraceen kennzeichnen sich durch mehrzellige Sporen und durch schwächere

Ausbildung der basalen Stromateile, die **Hysteriaceen** durch längsgestreckte Fruchtkörper mit einer spaltförmigen Einsenkung der Deckschicht, die bei der Reife ausbröckelt.

Die morphologischen Verhältnisse der **Phacidiaceen** werden verschieden interpretiert (Fortschr. Bot. **13**, 97); sie stehen offenbar an einem Übergang zwischen ascolocularen und ascohymenialen (apothezialen) Formen. Bei *Phacidium* entwickelt sich zuerst ein flaches Stroma aus senkrechten Zellreihen, die oben und unten in unregelmäßiges Parenchym übergehen; sie strecken sich zu paraphysoiden Fasern, zwischen die die Asci hineinwachsen, und wölben die Deckschicht empor, die schließlich aufreißt. Die Fasern nehmen die Gestalt von Paraphysen an, und der Fruchtkörper wird discomycetenähnlich. Auch die kleinen, einzelligen, hyalinen Sporen erinnern eher an Discomyceten als an Dothiorales.

Laboulbeniales. Bei der auf Ameisen parasitierenden *Laboulbenia formicarum* Thaxt. (BENJAMIN und SHANOR, 1950) entwickelt sich das Individuum wie bei den verwandten Arten (z. B. GÄUMANN, 1949, Abb. 291) nach einem starren Schema von Zellteilungen; nur entstehen hier an einem Fruchtkörper entweder ein Ascogon oder dann Spermatien ausstoßende Phialiden, aber nicht beides zusammen.

IV. Basidiomyceten.

Auf die Zusammenhänge zwischen Hymenomyceten und Gastromyceten wurde bereits im letzten Bericht hingewiesen (Fortschr. Bot. **13**, 98). Dazu beschreibt SINGER (1951) zwei argentinische Arten der neuen Gattung *Thaxterogaster* aus der Familie der Secotiaceen und versucht, von hier aus die Hymenomycetengattung *Cortinarius* abzuleiten. Die angiokarpen Fruchtkörper sind in Form und Farbe von jungen *Cortinarius*-Exemplaren kaum zu unterscheiden. Der Raum zwischen der kugeligen Peridie (dem Hut) und der Columella (dem Stiel) ist von der Gleba, deren unregelmäßige Kammern mit Basidien ausgekleidet sind, erfüllt. Die seidigfaserige Außenschicht der Peridie bildet an ihrem unteren Rand ein gürtelartiges Velum, die Innenschicht einen Haarschleier; die Peridie kann unten geschlossen bleiben oder sich teilweise öffnen. Die Sporen entsprechen denjenigen von *Cortinarius*, stehen jedoch symmetrisch zum Sterigma (s. unten). An den Fundstellen von *Thaxterogaster* wuchsen auch viele *Cortinarii*, darunter zahlreiche Exemplare mit abnormem Hymenophor (Lamellen mit Anastomosen usw.).

An weiteren Bindegliedern nennt SINGER die Brücken zwischen *Galeropsis* und *Cyttarophyllum*, *Montagnea* und den Coprinaceen und *Truncocolumella* und den Boletaceen, ferner die Gattungen *Richoniella*, *Battarraea* und *Torrendia*.

Die Bildung der Basidiosporen erfolgt bei Hymenomyceten und Gastromyceten unterschiedlich (MALENÇON, 1950). Das Anfangsstadium: eine Anschwellung der Sterigmenspitze, die Apophyse, ist bei beiden prinzipiell gleich. Bei den Hymenomyceten stellt sie eine kleine Kugel dar; bei *Hymenogaster*, der als Gastromycetenbeispiel untersucht wurde, sitzt sie als abgerundete Kapsel dem dicken Sterigma auf und wird erst nach einer Verdickung ihrer Wand deutlich sichtbar. Die Weiterentwicklung erfolgt bei den Hymenomyceten asymmetrisch zur Längsachse des Sterigmas: die äußere Hälfte der Kugel vergrößert sich nach außen, krümmt sich nach vorn und bildet so den Sporenkörper; die innere Hälfte der Apophyse bleibt als halbkugeliges, seitliches Anhängsel in ihrer ursprünglichen Größe bestehen. — Bei *Hymenogaster* erfolgt die Sporenbildung symmetrisch zur Sterigmenachse. Die Apophyse verlängert sich, die obere Apophysenhälfte wächst zur eigentlichen Spore heran, und die untere Hälfte bleibt als kleiner basaler Fortsatz erhalten.

CORNER (1950) bearbeitet in einer umfangreichen Monographie Morphologie und Systematik der Gattungen *Clavaria*, *Ramaria*, *Pterula* und ihrer Verwandten. Der siebente Band der „Researches on Fungi" von BULLER (1950) behandelt die Sexualvorgänge bei den Rostpilzen. Schließlich sind in der Berichtszeit zwei Bücher über die Brandpilze erschienen, nämlich die Darstellung ihrer Biologie und Systematik von AINSWORTH und SAMPSON (1950) und die Zusammenstellung der Literatur über sie und die von ihnen verursachten Krankheiten von FISCHER (1951).

Literatur.

AINSWORTH, G. C., u. G. R. BISBY: A Dictionary of the Fungi. 3. Aufl. Kew 1950. 447 S. — AINSWORTH, G. C., u. K. SAMPSON: The British Smut Fungi (Ustilaginales). Kew 1950. 137 S. — v. ARX, J. A.: Sydowia **3**, 28—100 (1949). — AYCOCK, R.: Phytopath. **41**, 459—465 (1951).

BEATUS, R.: Arch. Mikrobiol. **15**, 253—269 (1950). — BENJAMIN, R. K., u. L. SHANOR: Amer. J. Bot. **37**, 471—476 (1950). — BESSEY, E. A.: Morphology and Taxonomy of Fungi. Philadelphia/Toronto 1950. 791 S., 210 Abb. — BLUMER, S.: Phytopath. Z. **18**, 101—110 (1951). — BULLER, A. H. R.: Researches on Fungi, Bd. VII. Toronto 1950. 458 S.

CANTER, H. M.: Trans. Brit. Myc. Soc. **31**, 129—135 (1947); **32**, 16—21 (1949); **33**, 335—344 (1950c) — Ann. Bot., N. S. **14**, 263—289 (1950a) — New Phytologist **49**, 98—102 (1950b). — CANTER, H. M., u. J. W. G. LUND: New Phytologist **47**, 238—261 (1948). — CORNER, E. J. H.: A Monograph of Clavaria and allied Genera. London 1950. 740 S. — COUCH, J. N.: J. El. Mitchell Sci. Soc. **46**, 225—239 (1931).

EMERSON, R.: Ann. Rev. Microbiology **1950**, 169—200.

FAY, D. J.: Mycologia **39**, 152—157 (1947). — FISCHER, G. W.: The Smut Fungi. New York 1951. 387 S. — FREY, R.: Ber. Schweiz. Bot. Ges. **60**, 199—230 (1950).

GÄUMANN, E.: Die Pilze. Basel 1949. 382 S. — GWYNNE-VAUGHAN, H. C. I.: Ann. Bot., N. S. **1**, 99—105 (1937).

HAMMARLUND, C.: Bot. Notiser **1945**, 101—108. — HASKINS, R. H.: Trans. Brit. Myc. Soc. **29**, 135—140 (1946). — HEIDT, K.: Ber. dtsch. bot. Ges. **55**, 204—217 (1937). — HESS, H., u. E. MÜLLER: Ber. Schweiz. bot. Ges. **61**, 5—34 (1951). — HIRSCH, H. E.: Mycologia **42**, 301—305 (1950). — HUNEYCUTT, M. B.: J. El. Mitchell Sci. Soc. **64**, 277—285 (1948).

JOHNSON, T. W.: Mycologia **42**, 242—252 (1950); **43**, 365—372 (1951).

KARLING, J. S.: Amer. J. Bot. **30**, 637—648 (1943); **32**, 362—369 (1945) — Lloydia **13**, 29—71 (1950).

LINDEGREN, C. C.: The Yeast Cell, its Genetics and Cytology. St. Louis 1949. — LUTTRELL, E. S.: Amer. J. Bot. **38**, 460—472 (1951).

MALENÇON, G.: Rev. Mycologie **15**, 138—145 (1950). — MILLER, J. H.: Mycologia **41**, 99—127 (1949). — MÜLLER, E.: Sydowia **4**, 185—319 (1950) — Ber. Schweiz. bot. Ges. **61**, 165—174 (1951). — MÜLLER, E., u. J. A. VON ARX: Ber. Schweiz. bot. Ges. **60**, 329—397 (1950).

OLIVE, L. S.: Amer. J. Bot. **37**, 757—763 (1950).

PETRAK, F.: Sydowia **1**, 55—60 (1947a); **1**, 169—201 (1947b) — Index of Fungi 1936—1939. Kew 1950. 117 S.

RIETH, A.: Naturwiss. Rundschau **1950**, 264—269 — Österr. bot. Z. **97**, 510—516 (1950b).

SALVIN, S. B.: Mycologia **34**, 38—51 (1942). — SHEAR, C. L.: Mycologia **40**, 748—759 (1948). — SINGER, R.: Mycologia **43**, 215—228 (1951).

ZIEGLER, A. W.: J. El. Mitchell Sci. Soc. **64**, 13—40 (1948).

5b Systematik der Spermatophyta

Von K. SUESSENGUTH, München.

Der Beitrag folgt in Band XV

6. Paläobotanik.

Von Karl Mägdefrau, München.

Mit 25 Abbildungen.

Die letzten Berichte über das Gebiet der Paläobotanik, bearbeitet von Max Hirmer, erschienen in den Bänden VIII bis X, und zwar über das Paläophytikum 1941, Mesophytikum 1939 und Känophytikum 1940. Es gilt daher jetzt, ein volles Jahrzehnt zu überbrücken. Da bereits eine reine Bibliographie der paläobotanischen Weltliteratur dieser Zeitspanne den für das Referat zur Verfügung stehenden Raum weit überschreiten würde, so bleibt nur die eine Möglichkeit, die besonders für den Botaniker wichtigen Ergebnisse der paläobotanischen Forschung herauszugreifen und kurz zu kennzeichnen. Die Kenntnis der fossilen Pflanzensippen ist für den Botaniker von größerem Interesse als die der fossilen Floren; deshalb sollen letztere nur kursorisch behandelt werden.

I. Zusammenfassende Darstellungen.

Eine knappe, lebendige Übersicht über die Probleme der Paläobotanik, ihre Arbeitsmethoden und ihre geschichtliche Entwicklung gibt Gothan (1948a). Derselbe Autor (1948b) stellt den Anteil deutscher Paläobotaniker an der Erforschung fossiler Pflanzen zusammen. Kräusel (1950b) führt in allgemeinverständlicher Weise in das Stoffgebiet der Paläobotanik ein, indem er die Thallophyten nach systematischen Gesichtspunkten, die Pteridophyten und Gymnospermen nach dem erdgeschichtlichen Ablauf unter Beigabe vieler Abbildungen bespricht, die Angiospermen jedoch außer Betracht läßt. Walton (1940) legt seiner „Introduction" das natürliche System der Pflanzen zugrunde und behandelt jeweils nur die wichtigsten Vertreter, diese jedoch so, daß man ein vollständiges Bild derselben erhält. Arnold (1947) gliedert den Stoff in gleicher Weise und bietet durch die stärkere Berücksichtigung des amerikanischen Materials eine gute Ergänzung zu den europäischen Lehrbüchern. Halles vorzügliche Darstellung (1938 bis 1940) ist leider an einer uns unzugänglichen Stelle erschienen. Von den beiden neueren französischen Lehrbüchern ist Moret z. T. recht rückständig, während Emberger (1944) den heutigen derzeitigen Kenntnisstand mit besonderer Berücksichtigung der morphologischen Fragen wiedergibt.

Mägdefrau (1942a) versucht eine Synthese botanischer (bzw. paläobotanischer) und geologischer Tatsachen zu geben; während im ersten Teil allgemeine Fragen (Erhaltung, Gesteinsbildung durch Pflanzen, Lebensräume, Paläogeographie usw.) behandelt werden, ist im Hauptteil der Stoff erdgeschichtlich gegliedert, indem aus jeder Formation eine Fundstelle herausgegriffen wird. Eine Ergänzung hierzu bilden die „Vegetationsbilder der Vorzeit" (Mägdefrau 1948), welche

die Pflanzengemeinschaften im Landschaftsbild in Form einfacher
Strichzeichnungen zur Darstellung bringen. Auch BERTRAND (1950)
entwarf mehrere Vegetationsbilder des Devon, Karbon und Jura, in
denen aber jeweils nur wenige Einzelpflanzen hervortreten. Eine Veröffentlichung von ANDREWS (1947) hat — dem Titel nach zu schließen — ebenfalls das Ziel, die fossilen Pflanzen in ihrer natürlichen
Umwelt zu zeigen, war aber Ref. nicht zugänglich.

Über die 1939 bis 1946 in Deutschland erschienenen paläobotani-
schen und phylogenetischen Veröffentlichungen berichtet ZIMMER-
MANN (1949a, b). Eine Bibliographie der europäischen paläobotanischen
Literatur seit 1939 stellte SELLING (1948, 1950a) zusammen. Auch das
amerikanische paläobotanische Schrifttum wird jährlich erfaßt
(BROWN).

An dieser Stelle seien auch zwei umfangreiche Verzeichnisse fossiler
Pflanzen nebst der dazugehörigen Literatur genannt: ein Katalog
aller bisher in Rußland und Russisch-Asien gefundenen Pflanzenfossilien
(KRYSTOFOVICH) und der die Jahre 1919 bis 1937 umfassende Katalog
mesozoischer und känozoischer Pflanzen Nordamerikas (LA MOTTE).

II. Untersuchungsmethoden.

Das bestens bewährte Buch KRÄUSELS (1950a), welches in alle
wichtigen Arbeitsmethoden einführt, ist kürzlich in neuer Bearbeitung
erschienen. MÜLLER-STOLL (1951) behandelt die Mikroskopie des zersetzten und fossilisierten Holzes sowie den Vorgang der Fossilisation[1]
und bringt Übersichten zur Bestimmung der Gattungen fossiler Hölzer.
Speziell über die Methoden der Pollenanalyse des Quartärs unterrichten
BERTSCH (1942), ERDTMAN und OVERBECK. Nähere Angaben über die
Präparationsmethoden von Pollen bzw. Sporen aus älteren Sediment-
gesteinen finden wir bei REISSINGER und GROSS. Über die Pollen- und
Sporenanalyse der Kohlen siehe Abschnitt IV.2 und 4. Die Bestimmung
fossiler Früchte des Quartärs ermöglicht das Bestimmungsbuch von
BERTSCH (1941), die der Sporen der mitteleuropäischen Pteridophyten
eine Abhandlung von GREGUSS (1941).

Um strukturerhaltene Reste (Hölzer, Epidermen) aus den jüngeren
Formationen zu bestimmen, stellt der sorgfältige Vergleich mit den
Strukturen der lebenden Sippen eine unumgängliche Grundlage dar.
Hier hilft uns vor allem die umfangreiche „Anatomy of Dicotyledons"
von METCALFE und CHALK, die eine Neubearbeitung der klassischen
„Systematischen Anatomie" von SOLEREDER darstellt. Für die bestand-
bildenden mitteleuropäischen Hölzer bot SCHMIDT erstmals ein gutes
Bildmaterial der Holzanatomie. In jüngster Zeit ist GREGUSS mit
mehreren umfangreichen xylotomischen Arbeiten hervorgetreten, die

---

[1] Den Vorgang der echten Versteinerung, besonders der Hölzer, muß
man sich nach ARNOLD (1941c) so vorstellen, daß Kieselsäure bzw. Kalk
in echter Lösung in die intermizellaren Räume der Zellwände eingedrungen
und hier zur Ausfällung gelangt ist. Gelang es doch ARNOLD, aus paläozoischen Hölzern vorsichtig die Kieselsäure bzw. den Kalk herauszulösen
und durch das übrigbleibende Zellwandgerüst noch Schliffe anzufertigen.

durch ihre exakten Beschreibungen, vorzüglichen Bilder (von jeder Art 4 Mikrophotographien, und zwar Querschnitt in schwächerer und stärkerer Vergrößerung, Tangential- und Radialschnitt sowie Zeichnungen zahlreicher Einzelformen der Holzelemente) und Übersichtstabellen eine ausgezeichnete Unterlage zur Bestimmung känophytischer Hölzer darbieten. In dem Atlas der mitteleuropäischen Laubhölzer (GREGUSS 1947) werden alle in Mitteleuropa heimischen sowie eine Anzahl kultivierter Arten (insgesamt 250) behandelt. Für die Nadelhölzer liegen bereits eine Darstellung der Gattungen (GREGUSS 1948, 1951) und einiger seltenerer tropischer Typen (GREGUSS 1949a) sowie xylotomische Bestimmungsschlüssel der *Pinus-* und *Picea*-Arten (GREGUSS 1950, GREGUSS und HORVATH 1950) vor. Eine recht brauchbare Bestimmungstabelle für rezente Coniferenhölzer bietet auch PHILLIPS (1948).

Die Untersuchung tierischer Mikrofossilien hat zu einer neuen Methode geführt, die auch auf pflanzliche Kleinreste (*Chara*-Oogonien, Coccolithen usw.) Anwendung finden kann, nämlich die Aufbereitung des Gesteins durch Perhydrol (HUCKE) und mittels Ultraschall (W. WETZEL 1950). Methoden zum Färben von Mikrofossilien beschreibt DEFLANDRE (1936b). Die von VOIGT bei den Geiseltalgrabungen entwickelte Lackfilmmethode wurde weiter ausgebaut, vor allem zur Bergung von Bodenprofilen (Torf-, Braunkohlenprofile). Bei der Untersuchung von Sporen und Kutikeln hat man sich mit Erfolg der Phasenkontrasteinrichtung bedient (HORST). Auch das Elektronenmikroskop hat bereits Eingang in der paläobotanischen Forschung gefunden (WESLEY und KUYPER).

III. Fossile Pflanzensippen und Stammesgeschichte.

1. Allgemeines. Die Stammesgeschichte der Pflanzen in ihren Hauptzügen unter besonderer Berücksichtigung des Fossilmaterials hat MÄGDEFRAU (1943) dargestellt. Das gleiche Thema hat kürzlich NĔMEJC (1950b) ausführlicher behandelt und dabei auch die Hauptzüge des natürlichen Systems auf Grund der paläontologischen Befunde aufgezeichnet. In allen wesentlichen Fragen stimmen die Auffassungen beider Autoren überein. ZIMMERMANN (1949c) zeigt die wichtigsten Merkmalsabwandlungen auf, die sich in der Stammesgeschichte der Pflanzen abgespielt haben, und zwar an Hand der „Hauptreihe", die zu den Blütenpflanzen führt. Hierbei ergibt sich, daß es nur wenige „Elementarprozesse" (Übergipfelung, Planation, Verwachsung, Reduktion usw.) sind, die den großen Gestaltenreichtum der Gefäßpflanzen hervorgehen lassen. In einer weiteren Veröffentlichung legt ZIMMERMANN (1948) die erkenntnistheoretische Basis der Deszendenztheorie dar und erörtert die prinzipiellen Fragen des Evolutionsablaufs und seiner Ursachen. Auch auf die kritische Darstellung der Methoden der Phylogenetik durch ZIMMERMANN (1943) sei hingewiesen. Über die grundsätzlichen Fragen der Stammesgeschichte und über die Evolutionsfaktoren sind von paläozoologischer Seite in neuester Zeit mehrere höchst bedeutsame Werke erschienen (JEPSEN, SIMPSON und

MAYR, SCHNINDEWOLF 1950a, SIMPSON, STROMER 1944), auf die hier besonders hingewiesen sei, da sie auch dem Botaniker eine Fülle von Anregungen bieten.

2. Thallophyta. *Flagellatae.* Unsere Kenntnis der fossilen Flagellaten hat in den beiden letzten Jahrzehnten eine erstaunliche Erweiterung erfahren, besonders infolge der mikropaläontologischen Erforschung der Kreidefeuersteine durch DEFLANDRE und WETZEL. DEFLANDRE (1936a) verdanken wir auch eine Zusammenfassung unseres diesbezüglichen Wissens. Da in den „Fortschritten der Botanik" über die gerade für den Botaniker so wichtigen Flagellatenfunde noch nicht berichtet wurde, sei das Wesentlichste über die wichtigsten Sippen kurz erwähnt. Von den Chrysomonaden kennen wir die im Süßwasser lebenden *Chrysostomaceae* seit dem Tertiär und die marinen *Archaeomonadaceae* von der Oberkreide ab; beide Gruppen tragen im Zystenzustand eine Kieselhülle (DEFLANDRE 1938, 1944). Die *Silicoflagellatae* begegnen uns erstmals in der Kreide und treten im Tertiär in zahlreichen Formen auf, so daß wir bereits gewisse Entwicklungstendenzen erkennen können (DEFLANDRE 1949). Über die *Coccolithineae* (= *Coccolithophoridae*), eine durch einen Panzer von Kalkscheibchen gekennzeichnete Unterordnung der *Chrysomonadales*, liegen zwar vorzügliche systematische Darstellungen der lebenden Arten vor, aber was an fossilen Formen, die schon seit 80 Jahren vom Kambrium ab durch alle Formationen bekannt sind, beschrieben und abgebildet worden ist, war bis vor kurzem durchaus unzureichend. Erst KAMPTNER, dem wir bereits wertvolle Abhandlungen über lebende Arten verdanken, hat die Coccolithineen aus dem Torton (Miozän) des Wiener Beckens sorgfältig untersucht (KAMPTNER 1948) und dabei 20 neue Arten beschrieben und abgebildet. Eine ungewöhnliche Ausbeute ergaben jungtertiäre Gesteine der Molukken, in denen KAMPTNER (1946, 1949), einem kurzen Überblick zufolge, 111 Formen (darunter 100 neue) feststellen konnte. Auch DEFLANDRE (1942) beschrieb aus dem Pliozän Nordafrikas eine Anzahl Coccolithineen und entdeckte (1939a) im oberen Jura Nordfrankreichs einen neuen Typ (*Stephanolithion*). Möglicherweise in die Nähe der Coccolithineen gehören die aus Kreide und Tertiär, nicht aber rezent bekannten *Discoasteridae*, die man früher für Kalkkörperchen von Holothurien hielt, was sich aber als unrichtig herausgestellt hat; man vermutet jetzt, daß sie ähnlich wie die Coccolithen irgendwelchen Einzellern als Außenskelett angesessen haben (DEFLANDRE 1936a, BERSIER)[1].

Zu den erstaunlichsten Entdeckungen gehören die mit einer Geißel erhaltenen Flagellaten aus dem Kreidefeuerstein. Hierbei handelt es sich nicht etwa um vereinzelte Funde; hat doch allein WETZEL im norddeutschen Feuerstein 21 Exemplare gefunden. DEFLANDRE stellt sie in eine eigene Ordnung der Flagellaten (*Ophiobolaceae*). Auch die

---

[1] Nach KAMPTNER (briefl. Mitteilung) handelt es sich jedoch um Skelettkristalle (= Kristalle, bei denen das Wachstum der Flächen hinter dem der Kanten zurückbleibt), also um Produkte der Diagenese.

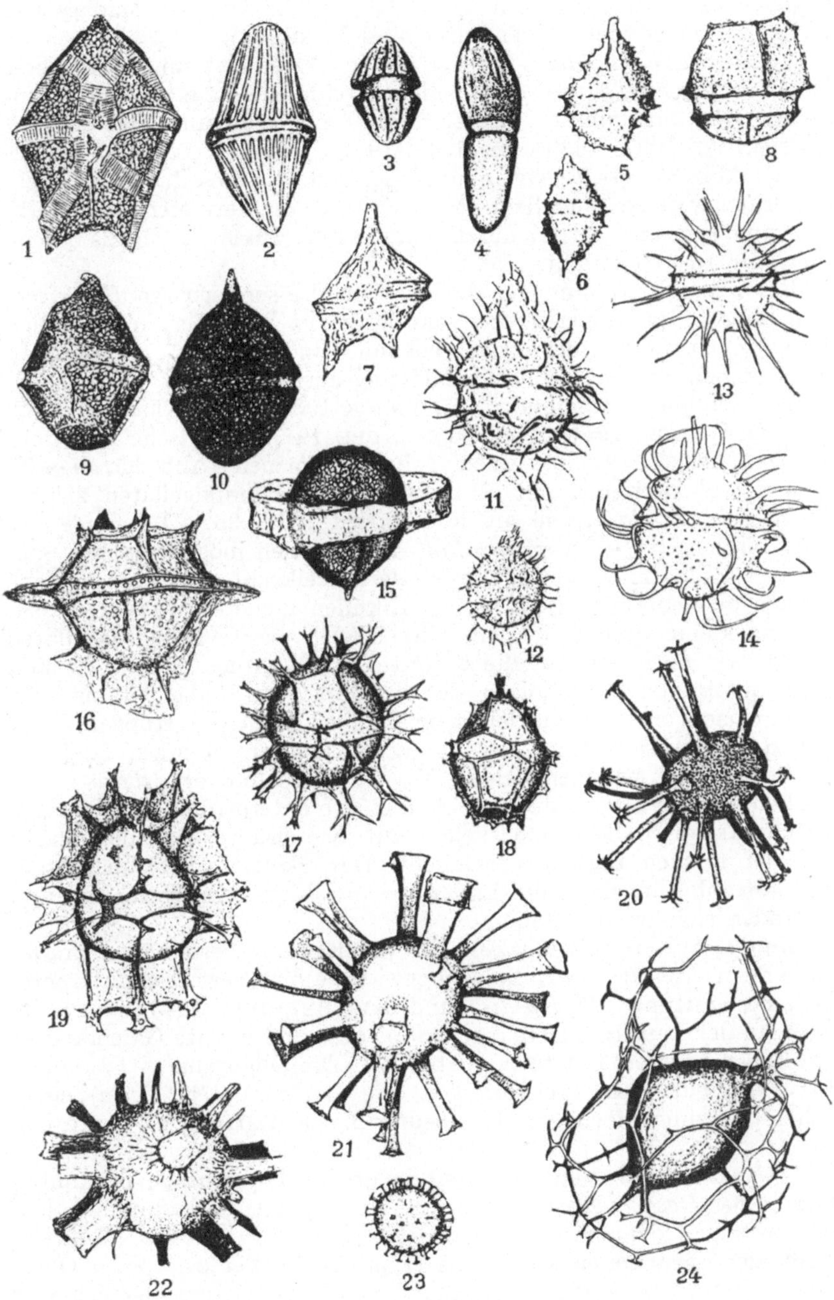

Abb. 35. Mikrofossilien des Kreidefeuersteins. *1* bis *16* Dinoflagellaten. *17* bis *23 Hystrichosphaera*-Arten. *24 Cannosphaeropsis*. 300/1 bis 400/1 nat. Gr. (Nach DEFLANDRE und WETZEL.)

Euglenaceae (*Trachelomonas*) konnten im Pliozän von Madagaskar nachgewiesen werden (DEFLANDRE und LENOBLE).

Von den *Dinoflagellatae* hat sich uns in letzter Zeit ein unerwarteter Reichtum erschlossen, sowohl aus dem Kreidefeuerstein als auch Hornsteinen und bituminösen Schiefern des mittleren und oberen Jura (DEFLANDRE 1937, 1939 a—c, 1943, 1947a, DEFLANDRE und COURTEVILLE). Abb. 35, *1—16* zeigt einige Typen solcher fossilen Peridineen. Bemerkenswert ist vor allem der Nachweis von Vertretern mit Kalkhülle aus Jura und Tertiär durch DEFLANDRE (1948), der sie als *Calciodinellidae* zusammenfaßt.

Besondere Erwähnung verdienen noch die sonderbaren *Hystrichosphaeridae* („Stacheleier"), die vom Silur bis zum Tertiär aus allen Formationen (außer der Trias) bekannt sind (Abb. 35, *17—23*). In neuester Zeit hat ein lebhafter Meinungsaustausch über diese rätselhaften Gebilde stattgefunden (EISENACK 1938, 1939, KRÄUSEL 1939, 1940, O. WETZEL 1944, 1950, DEFLANDRE 1947a; kritische Übersicht bei DEFLANDRE 1947b). Einen Teil der Formen (Abb. 35, *17—19*) können wir zweifellos mit WETZEL zu den Dinoflagellaten zählen, manche zeigen Anklänge an Radiolarien (Abb. 35, *24*), einige der paläozoischen *Hystrichosphaeridium*-Arten stellen möglicherweise Sporen von Psilo- und Pteridophyten dar. Vielleicht trifft für manche Formen auch die alte Deutung als Eihüllen niederer Wassertiere zu.

Eine kleine Familie der ein Kieselskelett besitzenden Flagellaten müssen wir noch nennen: die *Ebriaceae* (DEFLANDRE 1936a). Sie sind fossil durch alle Abteilungen des Tertiärs vom Paläozän bis zum Pliozän nachgewiesen und leben heute noch in den Gattungen *Ebria* und *Hermesinum* im marinen Plankton. Letztere besitzen zwei ungleiche Geißeln, bewegen sich im Wasser taumelnd fort (*ebrius* = betrunken), sind frei von Chromatophoren, also heterotroph, und besitzen ein charakteristisches Innenskelett aus Kieselsäure, das den Nachweis der fossilen Formen ermöglicht. Das Skelett wird zunächst 3- oder 4strahlig angelegt, die Enden der Strahlen verzweigen sich und verbinden sich untereinander.

Chlorophyceae. *Ulotrichales.* Die von KÖCK in der eozänen Braunkohle des Geiseltals bei Halle nachgewiesene blattbewohnende Trentepohliaceengattung *Phycopeltis* fand KIRCHHEIMER (1943a) auch im Oligozän der Lausitz, klärte ihre Ontogenese und konnte Gametangien und Zoosporangien feststellen (Abb. 36). Die Oligozänart (*Ph. microthyrioides*) hat etwa kreisförmigen, die Eozänart (*Ph. Köcki*) einen fächer- bis zungenförmigen Thallusumriß. Die Gattung ist heute fast rein tropisch.

Siphonocladales. Von der fossil in großer Formenfülle bekannten Familie der *Dasycladaceae* sind mehrere neue Arten bekanntgeworden, und zwar aus dem nordamerikanischen Perm (PIA 1940a, JOHNSON 1946), der ungarischen Mitteltrias (PIA 1940b), der ostalpinen Obertrias (KAMPTNER 1942b) und aus dem obersten Jura der Schweiz (CAROZZI) sowie eine neue Gattung (*Coelosporella*) mit kugeligen Höhlungen, die als Sporangien gedeutet werden (WOOD 1940). Welche große Bedeutung den *Dasycladaceae* bei der Erörterung klimatologischer und stratigraphischer Fragen zukommt, hat PIA (1941, 1942) auf Grund seiner umfassenden Kenntnis dieser Gruppe dargelegt.

Siphonales. Eine mit Sporangien erhaltene Codiacee (*Limnocodium*) aus dem Miozän Bayerns sieht dem aus dem marinen Miozän bekannten *Microcodium* sehr ähnlich, hat aber im Süßwasser gelebt (ANDRES 1952).

Charophyceae. Die Erforschung der fossilen Characeen hat, abgesehen von einigen gut erhaltenen Funden aus dem Jungtertiär von Ungarn (RÁSKY 1941) und aus dem Alttertiär von Indien (SAHNI und

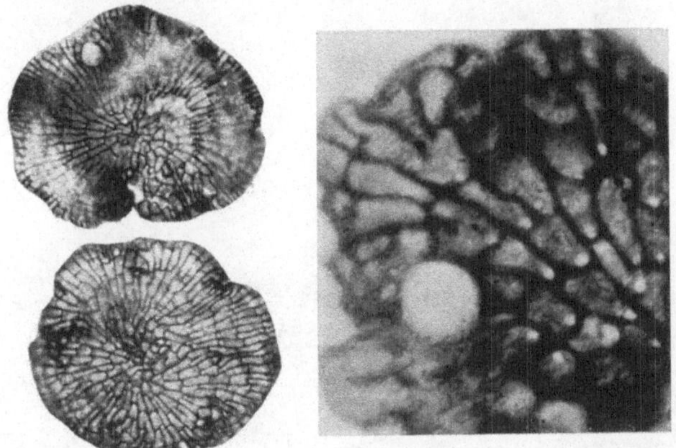

Abb. 36. *Phycopeltis microthyrioides.* Oligozän. Lausitz. Links: zwei Thalli. 200/1 nat. Gr. Rechts: Thallusstück mit Gametangium und zahlreichen Zoosporangienöffnungen. 700/1 (Nach KIRCHHEIMER 1943 a.)

RAO 1943), einen besonderen Fortschritt durch die gründliche Untersuchung der Characeenreste aus der mittleren Kreide und dem Alttertiär von Ungarn gemacht (RÁSKY 1945). Die Gattung *Gyrogonites* läßt RÁSKY fallen und nennt Gyrogonite mit HARRIS (1939) ganz allgemein die fossilen Reste der Oogonien (es liegt ja nur ein Teil des Oogonium als Versteinerung vor). Über 1000 Gyrogonite wurden untersucht, die sich auf 28 Arten verteilen, welche folgenden 5 Gattungen (Abb. 37) angehören: *Chara, Aclistochara* (Spitze der Gyrogonite flach), *Atopochara* (Gyrogonite halb gerade, halb spiralig gerippt), *Kosmogyra* (mit Knotenreihen zwischen den Rippen) und *Clavator* (Gyrogonite birnförmig). — Aus dem Malm des Schweizer Jura (Purbeckstufe) macht CAROZZI drei *Clavator*-Arten bekannt. Es sei daran erinnert, daß bereits früher HARRIS (1939) den *Chara*-Resten dieses Zeitabschnittes eine zusammenfassende Bearbeitung hat zuteil werden lassen.

Phaeophyceae. CORSIN (1945) entdeckte im Unterdevon (Gedinnestufe) von Vimy (Pas de Calais) eine Reihe z. T. neuer Algen aus den Gattungen *Nematophycus* (*Prototaxites*) und *Pachytheca*, deren histologische Struktur vorzüglich erhalten ist. In Abdrücken vorliegende, kugel- oder diskusförmige Gebilde bis zu 4 cm Durchmesser deutet CORSIN als Schwimmblasen (Aerocysten). *Nematophycus* hält CORSIN wie frühere Autoren für eine Phaeophycee, die systematische Stellung von *Pachytheca* bleibt nach wie vor trotz der guten Strukturerhaltung unklar.

Rhodophyceae. KAMPTNER (1942a) gelang erstmals der Nachweis zweier strukturerhaltener Corallinaceen (*Lithophyllum sarmaticum* und *Melobesia carnuntina*) in einer brackischen Fazies des Miozäns (Sarmat,

Abb. 37. Characeen-Gyrogonite. Oberkreide bis Alttertiär. Ungarn. 1. *Chara Gayeri*, von oben gesehen. 2. Dieselbe, von unten. 3. *Kosmogyra Szepaesflvyi*, Seitenansicht. 4. *Clavator Reidi*, Seitenansicht. 5. *Aclistochara Vadaszi*, von unten. 6. Dieselbe, von oben. 7. *Atopachara trivolvis*, von unten. 1, 2, 7: 30/1; 3, 5, 6:40/1.4:50/1. (Nach RASKY 1945.)

Nubecularienkalk). Zwei *Solenoporaceae*, über deren Zuordnung zu den Rhodophyceen noch keine völlige Klarheit herrscht, beschrieb PIA (1942) aus der sächsisch-böhmischen Oberkreide und aus dem Jura Westaustraliens. Auch erwähnt PIA (1940) Solenoporaceen aus dem Perm Nordamerikas. Die Deutung bestimmter Strukturen bei Solenoporen als Sporangien ist nach WOOD (1944) höchst unsicher.

Algae incertae sedis. In Kalksteinen aller Formationen finden wir Knollen verschiedenster Größe, die einen schichtigen Aufbau zeigen und im Dünnschliff in günstigen Fällen fädige Zellstrukturen erkennen lassen. Daß Algen vorliegen, dürfte kaum zu bezweifeln sein, doch ist in den meisten Fällen ungewiß, welcher Algenklasse sie zuzuzählen sind (*Codiaceae? Cyanophyceae?*). Im letzten Jahrzehnt wurden wieder mehrfach solche Funde bekanntgemacht. GOLDRING berichtet zusammenfassend über die z. T. schon seit 70 Jahren aus dem Kambrium und Ordovicium von New York bekannten Cryptozoen und bespricht die Bedeutung dieser und ähnlicher Formen als Riffbildner in verschiedenen Zeitaltern. Aus dem Paläozoikum (Unterkarbon?) der Libyschen Wüste beschreibt CHIARUGI eine neue mit Zellstruktur erhaltene Form (*Palaeocodium*), ebenso DANGEARD aus dem Oberdevon von Belgien. In vorzüglicher Strukturerhaltung liegen zwei neue Formen (*Pseudostromatopora, Dobrogeites*) vor, die im Mesozoikum (Unterkreide bzw. Mitteltrias) der Dobrudscha gefunden wurden (SIMIONESCU). PFENDER beschreibt aus dem unteren Lias von Spanien Algenknollen, die in Größe und Aussehen den Sphaerocodien der alpinen Trias gleichen und teilweise vorzüglich erhaltene Zellstrukturen zeigen. Im Miozän (Aquitan) am Zugersee (Schweiz) entdeckte SPECK eine Linse von etwa 35 m Ausdehnung und bis 3 m Mächtigkeit, die von Kalkknollen von wenigen mm bis zu 18 cm Durchmesser erfüllt ist, und deutet diese als Algenbildungen; organische Strukturen konnten aber nicht beobachtet werden. Sphaerocodien, die denen der Trias gleichen, fanden sich auch im Jungtertiär von Makedonien (VON FREYBERG). Die von JOHNSON (1946) aufgestellte Gattung *Anchicodium* aus dem Oberkarbon und Unterperm von Kansas dürfte hierhergehören. *Sphaerocodium Gotlandicum* und *Sph. Munthei* stellen nach WOOD (1948) keine einfachen Algenknollen dar, sondern eine Symbiose zweier inkrustierender Organismen, einer Kalkalge (*Rothpletzella*) und einer Foraminifere (*Wetheredella*). Auch *Osagia* besteht aus einer Verwachsung verschiedener Algen mit der Foraminifere *Nubecularia* (JOHNSON 1946). Für *Mitcheldeania* aus dem englischen Kohlenkalk konnte WOOD (1941) zeigen, daß an ihrer Bildung, wie schon PIA vermutete, drei verschiedene Algen sich beteiligen. JOHNSON (1940) untersuchte die als Gesteinsbildner bedeutsamen, aber ohne Zellstruktur erhaltenen Kalkalgen des Oberkarbons von Colorado und stellte 6 neue Formgattungen auf. — Aus dem Ordovicium von Quebec macht LEWIS eine neue *Girvanella* bekannt, deren Fäden eine Tendenz zu schneckenförmiger Anordnung zeigen.

Phycomycetes. Im Eisenoolith (Lias α) Württembergs fanden sich in weiter Verbreitung eigentümliche hyphenähnliche Strukturen, die von BENDER mit Phycomyceten in Verbindung gebracht werden.

Basidiomycetes. Sicher bestimmbare Reste von höheren Pilzen kennen wir an und für sich nur wenige. Was an solchen Formen aus dem Tertiär bekannt ist, hat KIRCHHEIMER (1941) zusammengestellt, wozu als neuere Ergänzung noch ein Fund aus dem Alttertiär von Idaho hinzukommt (ANDREWS und LENZ, ANDREWS 1948a). KIRCHHEIMER (1948) gelang auch der Nachweis von Rhizomorphen, die denen der lebenden *Armillaria mellea* äußerlich wie histologisch ähnlich sehen, in der oligozänen Braunkohle der Lausitz.

Algomycetes. Die vor 80 Jahren von DAWSON im Oberdevon Nordamerikas entdeckten, höchst eigentümlichen „Sporocarpien" hat KRÄUSEL (1941) einer mikroskopischen Prüfung unterzogen und in ihnen ein Scheingewebe aus schlauchartigen, quergegliederten Hyphen sowie Sporentetraden nachgewiesen; mit ähnlichen Formen faßt er sie als

Foerstiales zusammen und gründet darauf eine neue Thallophytenklasse (*Algomycetes*).

3. Bryophyta. Aus dem Dogger von Yorkshire (England) beschreibt HARRIS (1942b) zwei thallose, wohl zu den *Jungermaniales* gehörige Lebermoose. Die meso- und känozoischen Moose Nordamerikas einschließlich Grönlands unterzog STEERE, ein gründlicher Kenner der rezenten Moose, einer Revision. Obwohl 10 bisher als Moose angesprochene Fossilien als zu unsicher ausgeschieden wurden, bleiben noch 16 Leber- und 11 Laubmoosarten übrig, die sich auf folgende Gattungen verteilen: *Hepaticites* (ab Rhät/Lias), *Marchantites* (ab Unterkreide), *Metzgeriites* (Lias), *Jungermanites* (ab Oberkreide), *Muscites* (ab Oberkreide), *Sphagnum* (Oberkreide), *Plagiopodopsis* (Miozän) und *Palaeohypnum* (Miozän).

In der eozänen Braunkohle des Geiseltals bei Halle entdeckte KÖCK auf Blättern eine Ephemeropsis, die weitgehend der rezenten *Ephemeropsis Tjibodensis* gleicht (s. a. MÄGDEFRAU 1942a, S. 290). *Anthoceros* ist im Tertiär durch Sporen nachgewiesen, und zwar vom Oligozän ab, im Mio- und Pliozän sogar häufig (THIERGART 1942).

Beachtenswert ist der Nachweis einer Laubmoosflorula von 17 Arten im Pliozän von Kroscienko in Polen (SZAFRAN), von denen 9 Arten heute noch in Polen leben, während die anderen vorzugsweise nach Südosten deuten.

4. Pteridophyta. a) *Psilophytinae.* Eine wesentliche Erweiterung unsrer Kenntnis der Psilophyten verdanken wir der umfassenden Bearbeitung der Devonflora Spitzbergens durch HøEG (1942). Neben mehreren neuen Arten kamen zwei bisher unbekannte Typen zutage: *Psilodendrion* und *Svalbardia.* Bei *Psilodendrion* (Unterdevon oder unteres Mitteldevon, Abb. 38) sitzen an straff aufrechten, bis 1 cm starken Sprossen Seitenzweige an, die sich ihrerseits sympodial, zuletzt rein. dichotom aufbauen; die Verzweigungen 1., 2. und höherer Ordnung sind fast gegenständig. Kurze, dornartige Emergenzen bedecken die Hauptachse wie die Seitenzweige. *Psilodendrion* dürfte von den bisher bekannten Psilophyten der Gattung *Psilophyton* am nächsten stehen. *Svalbardia* (oberes Mitteldevon, Abb. 39) besitzt schlanke, meterlange Achsen, denen seitlich Zweigsysteme ansitzen, die sich fadenförmig aufteilen. Auch hier macht sich wie bei Psilodendrion in der Anordnung der Seitenzweige eine Tendenz zu paariger Opposition bemerkbar. Den Zweigen letzter Ordnung entspringen fiederartige, in schmale Abschnitte gabelig aufgeteilte Organe, die aber nicht in einer Ebene liegen. Die fertilen Zweige tragen in rispiger Anordnung die bis 2 mm langen Sporangien, welche keine Columella besitzen und feinwarzige, kugeltetraedrische Sporen bergen. *Svalbardia* steht *Pseudosporochnus* nahe, zeigt aber auch Anklänge an *Archaeopteris* (vgl. Fortschr. Bot. **10**, 86).

Von der unterdevonischen, weltweit verbreiteten Psilophytengattung *Zosterophyllum* beschreibt LECLERQ (1942) aus Belgien eine neue Art (*Z. fertile*) mit dichtstehenden, nierenförmigen Sporangien; KRÄUSEL und WEYLAND (1948) halten sie jedoch für identisch mit *Z. Rhena-*

num. In die Verwandtschaft von *Zosterophyllum* gehört wohl auch die Gattung *Bucheria* mit zweizeilig angeordneten Sporangien, erstmals von DORF aus Nordamerika bekanntgemacht. Das von MÄGDEFRAU (1938) aus dem Unterdevon des Harzes — ohne Kenntnis von DORFs Publikation — beschriebene *Distichophytum mucronatum* gehört wohl in dieselbe Gattung und wäre daher mit HøEG (1942) in *Bucheria mucronata* umzubenennen. Eine dritte *Bucheria*-Art gibt HøEG (1942) aus dem Unterdevon von Spitzbergen bekannt, eine vierte STOCKMANS aus dem Oberdevon von Belgien.

Für *Rhynia* hat FILZER die relative Leitfläche im Sinne HUBERS (Verhältnis der Leitfläche zur versorgten Oberfläche) berechnet und zu 1,4 gefunden, ein Wert, wie wir ihn heute nur bei Wüstenpflanzen kennen und den FILZER auf die „noch unvollkommene Beherrschung der Mittel der Regulierung des Wasserhaushalts unter den Bedingungen des Landlebens" zurückführt. — Die Sprosse von *Rhynia* vergleicht MARTENS (1951) mit den oberen (jüngeren), blattlosen Teilen von *Asteroxylon Elberfeldense* und sieht daher die Blattlosigkeit von *Rhynia* für ein dauerndes Verweilen im Jugendzustand an, hält sie also für sekundär.

An dieser Stelle sei näher eingegangen auf einen vom Unterdevon bis zum Perm vorkommenden Pflanzentypus, der durch fächerförmige, *Ginkyo*-ähnliche Blätter gekennzeichnet und unter verschiedenen Namen (*Psygmophyllum, Ginkyophyllum, Platyphyllum*) beschrieben worden ist. Ein Vertreter dieser Gruppe, *Enigmophytum superbum*, fand sich im Mitteldevon Spitzbergens (HøEG 1942). Es war ein stattliches Gewächs (das größte Bruch-

Abb. 38. *Psilodendrion spinulosum.* (? Unter-) Devon. Spitzbergen. Nat. Gr. (Nach HøEG 1942.)

stück ist bereits $^1/_4$ m lang). Den gabelig verzweigten Achsen saßen — und zwar jeweils an den Gabelstellen — breite, fächerförmige Blätter an, die von dichotomen Nerven durchzogen werden (Abb. 40). Die Epidermiszellen der Achse waren rechteckig; sonst wissen wir über den inneren Bau dieser sonderbaren Pflanze leider nichts. In denselben

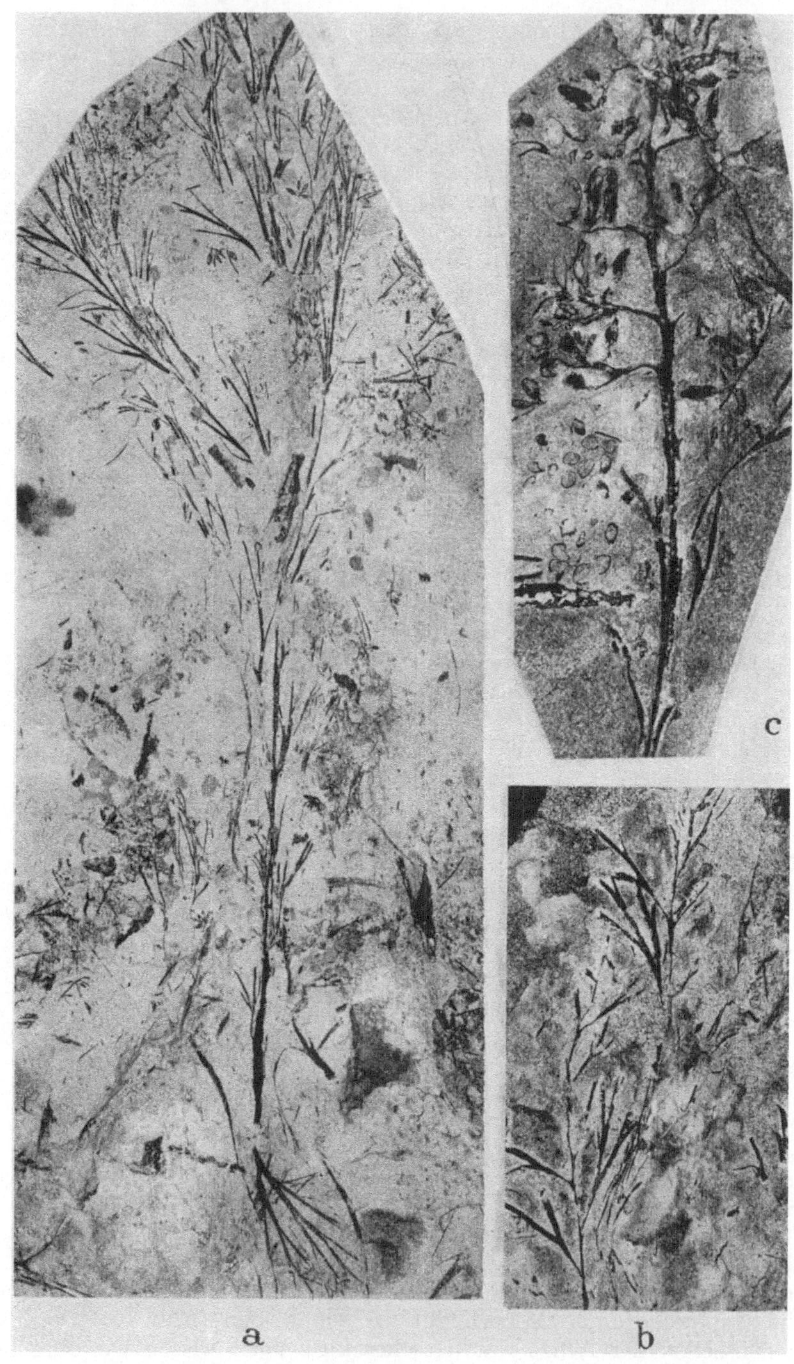

Abb. 39. *Svalbardia polymorpha*. Mitteldevon. Spitzbergen. a) Steriler Zweig. b) Einzelfiedern. c) Sporangientragender Zweig. a), b): nat. Gr.; c): 3/1 nat. Gr. (Nach HOEG 1942.)

Schichten, in denen *Enigmophyton* häufig ist, fanden sich ährenförmige, heterospore Fruktifikationen, die möglicherweise dazugehören. Høeg gibt folgende Übersicht über die einander recht ähnlichen Gattungen:

1. *Psygmophyllum* Schimper. 4 Arten. Perm. Ural, asiatisches Rußland, China.

2. *Ginkyophyllum* Saporta. 4 Arten. Oberkarbon — Perm. Frankreich, Schottland, Petchora, Kusnetzk.

3. *Ginkyophyton* Zalessky. 4 Arten. Mitteldevon — Oberkarbon. Mitteleuropa, Belgien, Großbritannien, Natal.

4. *Platyphyllum* Dawson. 11 Arten. Mitteldevon — Unterkarbon. Nordamerika, Europa, Spitzbergen.

5. *Enigmophyton* Høeg. 1 Art. Mitteldevon. Spitzbergen.

6. *Germanophyton* Høeg. 1 Art. Unterdevon. Deutschland (= *Prototaxites psygmophylloides*).

Möglicherweise gehören *Barrandeina* und *Duisbergia* ebenfalls in diesen Formenkreis, vielleicht auch die von Zalessky (1939, 1945/48) in mehreren Arten aus dem Perm des Urals beschriebene Gattung *Bardia*. Høeg hält es

Abb. 40. *Enigmophyton superbum*. Mitteldevon. Spitzbergen. 1/4 nat. Gr. (Nach Høeg 1942.)

nicht für ausgeschlossen, daß eine zu den *Filicinae, Lycopodiinae* und *Articulatae* parallele Entwicklungslinie vorliegt. Nemejc (1950) faßt die „*Psygmophyllineae*" als eigene, den genannten Gruppen gleichwertige Klasse auf und fügt ihnen auch die *Cladoxylales* und *Noeggerathiales* (s. Fortschr. Bot. **10**, 80) ein.

b) *Lycopodiinae*. Kräusel und Weyland (1949) geben eine Übersicht über die primitiven Sippen der *Lycopodinae* und kommen dabei zu folgender Einteilung, die zugleich erkennen läßt, wie beträchtlich sich unsre Kenntnisse dieser Formen in den letzten Jahrzehnten (vgl. Hirmer, Handbuch der Paläobotanik, Bd. 1, 1927!) vermehrt hat:

Archaeolepidophytales. Gefäßpflanzen mit einfachem Stelenbau, ohne sekundäres Dickenwachstum, Blätter dorn- oder nadelförmig, Sporophylle wie die Blätter gebaut, mit Sporangium auf der Oberseite.

Drepanophycaceae. Sprosse aufrecht, gabelig verzweigt, Blätter unregelmäßig bis spiralig angeordnet.

Drepanophycus. 3 Arten. Unter- bis Mitteldevon.

Baragwanathia. 1 Art. Gotlandium.

Protolepidophytales. Gefäßpflanzen von Lycopodinen-Habitus, krautig oder baumförmig, Blätter spiralig angeordnet, einfach oder gegabelt, histologisch einfacher gebaut als bei den höheren Lepidophyten, Sporophylle wie die Blätter.

Eleutherophyllaceae. Krautig, Rhizom kriechend, schuppig beblättert, Sprosse dünn, entfernt beblättert, Blätter schmal, gegabelt oder einfach.
    Eleutherophyllum. 1 Art. Oberkarbon.
    Zimmermannia. 1 Art. Oberdevon.
Protolepidodendraceae. Krautig oder baumförmig, Blätter gegabelt oder einfach, schmal, spiralig gestellt, Sporophylle (soweit bekannt) wie die Blätter.
    Protolepidodendron. 2 Arten. Unter- bis Mitteldevon.
    Colpodexilon. 2 Arten. Mittel- bis Oberdevon.
    Lepidodendropsis. 5 Arten. Oberdevon — Unterkarbon. (Vgl. auch JONGMANS 1939 b.)
    Protolepidodendropsis. 2 Arten. Oberdevon.
Sublepidodendraceae. Habitus wie *Lepidodendraceae*, Blätter aber histologisch einfacher gebaut, nach dem Abfall eine $\pm$ längsrhombische Basis hinterlassend.
    Sublepidodendron. 2 Arten. Oberdevon — Unterkarbon.
Leptophloeaceae. Habitus *Lepidophloios*-ähnlich, Blattnarben querrhombisch, mit den Blättern wechselnd Zonen mit schildförmigen, der Achse angedrückten Sporophyllen.
    Leptophloeum. 2 Arten. Oberdevon.
Archaeosigillariaceae. Kleinwüchsig, *Sigillaria*-ähnlich, Blätter einfach, gedrängt spiralig angeordnet, histologisch einfacher als bei *Sigillaria*, Polster rhombisch bis sechseckig.
    Archaeosigillaria (= *Gilboaphyton*). 4 Arten. Mitteldevon – Oberkarbon.
Lepidosigillariaceae. Baumförmig, Blätter spiralig gestellt, histologisch sich denen der echten Lepidophyten nähernd, mit deutlicher Polsterbildung (bald mehr *Sigillaria*-, bald mehr *Lepidodendron*-ähnlich).
    Lepidosigillaria. 1 Art. Oberdevon.
Lepidophytales.
    Cyclostigmaceae.
    Lepidodendraceae.
    Sigillariaceae usw.

Lepidodendraceae. NEMEJC (1946) konnte an Hand des Originalstücks zeigen, daß STERNBERGS *Lepidodendron dichotomum* zwei völlig verschiedene Arten umschließt, nämlich junge und schwache Zweige von *Lepidodendron obovatum* sowie *L. longifolium*, demnach als Artbezeichnung überflüssig geworden ist; in seinem Zapfenbau zeigt *L. longifolium* Beziehungen zur Gattung *Lepidophloios*. In einer weiteren Abhandlung legt NEMEJC (1947) die Ergebnisse einer Prüfung aller im böhmischen Karbon vorkommenden Arten von *Lepidodendron* und *Lepidophloios* vor, und zwar werden zunächst nur die vegetativen Teile behandelt, während die Fruktifikationen einer späteren Darstellung vorbehalten bleiben.

In den Coal-balls des Oberkarbons von Illinois fand PANNELL (1942) in beträchtlicher Häufigkeit die Achsen einer neuen Art (*L. scleroticum*), die sich von allen bisher bekannten Arten durch die vielen in der Rinde vorhandenen Steinzellnester auszeichnet. — Elektronenmikroskopische Untersuchung des Sekundärholzes von *L. vasculare* ließ erkennen, daß die Balken der Treppentracheiden durch vertikale, untereinander anastomosierende Fäden miteinander verbunden sind (WESLEY und KUYPER). — REED (1941) beschreibt mehrere neue *Lepidodendron*-Blätter mit verschieden tief eingesenkten Spaltöffnungsrillen. Den Extremfall stellt *Lepidophyllum trichosulcatum* dar, deren

Rillen bis auf einen schmalen Spalt geschlossen sind und in der Nähe des Spaltes Haare tragen. Bezüglich des Gegensatzes zwischen dem xeromorphen Bau der Blätter der Lepidodendren einerseits und ihrem Lebensort (Sümpfe) andererseits kommt PANNELL (1942) unabhängig und gleichzeitig zur selben Erklärung wie WEIGELT (MÄGDEFRAU 1942a, S. 150), daß nämlich das schwach entwickelte Xylem nur geringe Wassermengen zu leiten imstande war.

Höchst bemerkenswert ist die Auffassung von ANDREWS (1951), daß die meisten oder gar alle im Oberkarbon Nordamerikas vorkommenden Lepidodendren Samen vom *Lepidocarpon*-Typus trugen, von welchem aus dem nordamerikanischen Karbon mehrere neue, strukturerhaltene Arten beschrieben worden sind (ANDREWS und PANNELL, DARRAH 1941a, HOSKINS und CROSS 1941). Von den im nordamerikanischen Karbon an sich nicht häufigen Lepidostroben fanden HOSKINS und CROSS (1940) zwei neue Arten mit relativ schmalen Brakteen. SCHOPF (1941a) weist darauf hin, daß *Lepidocarpon* und *Miadesmia* keine engeren Beziehungen zueinander zeigen, was schon MÄGDEFRAU (1932) zum Ausdruck gebracht hat, und daß die Vereinigung beider unter der Bezeichnung „Lepidospermen" unnatürlich ist. Eine kurze Zusammenfassung unsrer Kenntnis über *Lepidocarpon* und die damit verwandten Genera *Illiniocarpon* und *Cyclosporites* gibt SCHOPF (1941b). Das früher hierher gerechnete *Nucellangium* stellt jedoch eine *Cordaites*-Frucht dar (ANDREWS 1949).

Sigillariaceae. Unsre Kenntnis der Sporophyllstände der Lepidophyten wurde beträchtlich erweitert durch SCHOPFs (1941a) Untersuchungen an *Mazocarpon* aus Coal-balls des Oberkarbons von Illinois. Mikro- und Megasporen wurden in getrennten, etwa 10 cm langen, ligulaten Zapfen erzeugt. Die Megasporen, die einen Durchmesser von 2 mm besitzen, liegen zu 8 im Sporangium und sind in ein massives Parenchym eingebettet. Der Gametophyt ähnelt dem von *Selaginella* und *Isoëtes*, führt aber nur ein einziges, großes, kurzhalsiges Archegonium. Die Megasporen entsprechen den als *Triletes Reinschii* beschriebenen isolierten Sporen. Die Mikrosporangien unterscheiden sich von den Megasporangien vor allem durch das Fehlen des inneren Parenchyms und enthalten zahlreiche Mikrosporen. Diese haben einen Durchmesser von 60 μ, ihre drei Strahlen sind zart, reichen aber bis zum Äquator, das Exospor ist schwach papillös; einen inneren Gametophyten hat man aber nirgends beobachtet. SCHOPF konnte dartun, daß die strukturbietenden *Mazocarpon*-Zapfen weitgehend mit den als Abdrücke erhaltenen *Sigillaria*-Zapfen (*Sigillariostrobus*) übereinstimmen.

Die Stigmarien werden von den meisten Forschern morphologisch mit der Stammbasis von *Isoëtes* und die Appendices der ersteren mit den *Isoëtes*-Wurzeln verglichen. Nur SOLMS-LAUBACH und SCHOUTE homologisieren die Appendices mit Blättern und halten dementsprechend die Stigmarien für Rhizome. STEWART (1947) hat die Appendices und die *Isoëtes*-Wurzeln vergleichend-histologisch untersucht und zeigen können, daß sie sich in der Anordnung der Gewebe sowie im Bau des kollateralen Bündels völlig gleichen und sich nur durch verschiedene Größe unterscheiden. STEWART entdeckte hierbei im Phloem der Appendices Siebplatten und konnte sogar noch die Kerne in den Siebröhren erkennen (Abb. 41).. Der kontinuierliche Übergang von der äußeren Rinde der Appendices zur sekundären Rinde der Stigmarienachse ist derselbe wie bei *Isoëtes*, wie auch *Stigmaria* und die Stammbasis von *Isoëtes* im Bau der sekundären Rinde übereinstimmen und beide eine bemerkenswerte Kambiumtätigkeit aufweisen. Bei der grundsätzlichen Übereinstimmung der *Stigmaria*-Appendices mit den Wurzeln von *Isoëtes* müssen wir auch erstere als Wurzeln und infolgedessen die Stigmarien als Rhizophore ansprechen.

Isoëtaceae. Die Gattung *Isoëtes*, bisher mit Sicherheit erst von der Oberkreide ab, und zwar fossil nur aus Europa, bekannt, konnte WALKOM (1914/42) aus dem Jura von Westaustralien nachweisen (die Megasporen sind gut erhalten, während die Mikrosporen keine Einzelheiten mehr erkennen lassen).

Selaginellaceae. Für *Selaginella* ist die bisherige Lücke zwischen Oberkarbon und Unterkreide eingeengt worden durch *Selaginella Hallei* aus dem Rhät Schwedens (LUNDBLAD 1950a, b). Die dichotom verzweigten Sprosse dieser Pflanze sind anisophyll, die Megasporen liegen zu 4 im Sporangium und haben einen Durchmesser von 0,4 mm, die Mikrosporen erreichen

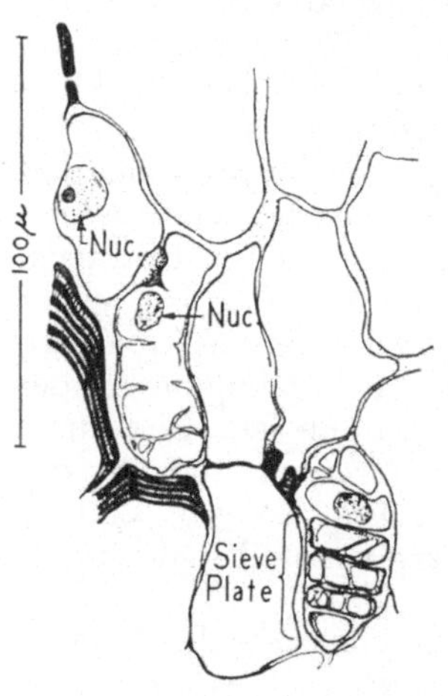

Abb. 41. *Stigmaria ficoides.* Querschnitt durch das Phloem einer Appendix. Siebröhren mit Siebplatten. *Nuc.* Zellkern. (Nach STEWART 1947.)

etwa 0,05 mm, beide Sporenarten zeigen kugeltetraedrische Gestalt. Auch in der ältesten Trias von Ostgrönland fand sich ein selaginelloider (allerdings 7 mm breiter!) Zapfenrest mit Megasporen in Gesellschaft von Mikrosporen (LUNDBLAD 1948a).

Lycopodiaceae. Die als *Microsporites (Triletes) Karczewskii* von ZERNDT beschriebenen isolierten oberkarbonischen Sporen hat CHALONER als zu dem eligulaten *Spencerites insignis* gehörig erkannt.

c) *Articulatae. Hyeniales.* Fast gleichzeitig wurde aus dem Mitteldevon Nordamerikas (New York) und Spitzbergens ein neuer Typ der Gattung *Hyenia* beschrieben, der durch verzweigte Sprosse gekennzeichnet ist (subg. *Hyeniopsis*). Beide Arten sind aber nicht identisch, da die Blätter der amerikanischen *Hyenia Banksii* (ARNOLD 1941a) meist nur einmal, der von Spitzbergen stammenden *Hyenia Vogtii* (HøEG 1942) hingegen bis zu fünfmal gegabelt sind. HøEG (1945) beschrieb schließlich noch eine dritte, allerdings weniger gut erhaltene verzweigte *Hyenia ramosa* aus dem Mitteldevon Norwegens.

Sphenophyllales. Die Histologie der Sprosse, Blätter und Wurzeln von *Sphenophyllum* hat BAXTER (1948) an Material aus den Coal-balls von Iowa und Illinois untersucht und dabei die älteren Feststellungen französischer und englischer Autoren weitgehend bestätigen können. Trotz einer beträchtlichen Variabilität rechnet BAXTER alle Einzelstücke zu *Sphenophyllum plurifoliatum.* Das bisher stärkste *Sphenophyllum*-Stämmchen mit 1,5 cm Durchmesser beschrieb REED (1949) aus dem nordamerikanischen Karbon. Nach Untersuchungen derselben Autorin zeigen junge *Sphenophyllum*-Blätter nur geringe Differenzierung, während ältere unter der Epidermis Sklerenchymstränge führen, so daß die relativ dünnen Blättchen ziemlich steif gewesen sein müssen. Das gut entwickelte Leitgewebe, der Mangel an Durchlüftungsräumen, die Sklerenchymbündel in den Blättern lassen sich mit der Auffassung der Sphenophyllen als Wasserpflanzen nicht vereinbaren; die langen und schlanken, unterwärts blattlosen und nur im oberen Teil beblätterten Sprosse sprechen für eine Lebensweise als Kletterpflanze.

Aus dem russischen Unterkarbon beschreibt ZALESSKY (1945/48) einen neuen Vertreter der *Sphenophyllales, Suvundukia aciculata,* bei welcher die Rippen in den aufeinanderfolgenden Internodien alternieren und die meist in einem Quirl zu 9 stehenden, schmalen Blättchen am Grunde zu einer Scheide verwachsen sind.

In den oberkarbonischen Coalballs von Iowa fand sich eine Sporophyllstand (*Sphenostrobus Thompsoni,* Abb. 42), der wahrscheinlich zu den Sphenophyllales gehört (LEVITTAN und BARGHOORN) und vor allem durch eine tetrarche Protostele und sitzende Sporangien gekennzeichnet ist. Je 16 Sporophylle bilden einen Quirl. *Peltastrobus* aus dem Oberkarbon von Indiana dürfte gleichfalls den Sphenophyllales zuzurechnen sein (BAXTER 1950); es handelt sich hierbei um einen vorzüglich erhaltenen Sporophyllstand (sogar die Kerne in den Sporen haben sich konserviert!), dessen peltate Sporangiophore je 30 bis 40 Sporangien in 2 bis 3 konzentrischen Kreisen tragen. Die als *Bowmanites* bekannten, zu den Calamiten gerechneten Blüten haben durch HOSKINS und CROSS (1943) eine eingehende Bearbeitung erfahren und werden den *Sphenophyllales* zugeteilt. Je drei Sporangien entspringen der Oberseite der Brakteen, ihre Stiele sind von ungleicher Länge. Während *Bowmanites* bislang für homospor galt, konnte ARNOLD (1944) aus dem Oberkarbon von Michigan eine heterospore Art beschreiben.

Equisetales. *Asterocalamitaceae:* Die für das Unterkarbon kennzeichnende Gattung *Asterocalamites* hätte SOLMS-LAUBACH in einem strukturbietenden Stück eines Internodiums beschrieben (*A. Goep-*

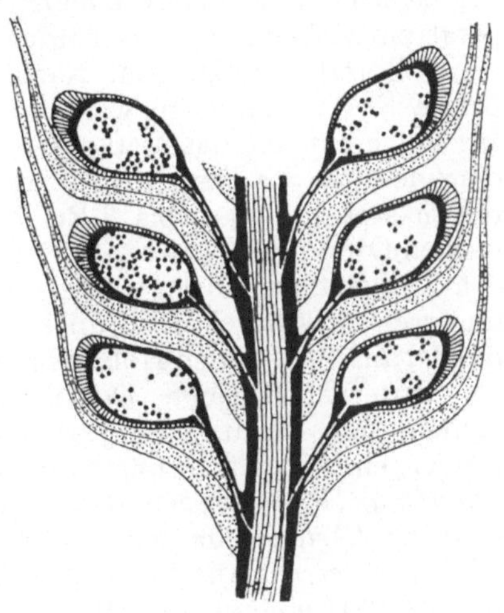

Abb. 42. *Sphenostrobus Thompsonii.* Oberkarbon. Iowa. 5/1 nat. Gr.
(Nach LEVITTAN u. BARGHOORN.)

perti). WALTON (1949b) konnte nun an Material von Dunbartonshire die Knotenstruktur klären. Zwischen Markhohlraum und Xylem liegt eine etwa 5 Zellen starke Schicht von Markparenchym. Die primären Bündel besitzen im Internodium eine Karinalhöhle, die gegen das Markparenchym durch Tracheiden (bei *Calamites* durch sklerenchymatische Zellen) begrenzt ist. Einige dieser Karinalkanäle scheinen durch Thyllen verstopft zu sein. Im Längsschliff sieht man in den Karinalkanälen zerrissene Protoxylemelemente wie bei *Calamites*. An der Markseite des Kanals liegen Treppentracheiden, das Protoxylem ist demnach nicht wie bei *Calamites* rein zentrifugal, sondern auch zentripetal entwickelt; die Tracheiden besitzen Treppen- oder Ring-, aber keine Spiralverdickungen. Nach den Knoten zu wächst das zentripetale Xylem rapid an, was die Einschnürung an den Markausgüssen zur Folge hat. An das Metaxylem schließt sich unmittelbar das Sekundärxylem an. Es besteht aus Tracheiden, die in regelmäßigen Radialreihen stehen und 1 bis 3 Reihen runder Hoftüpfel mit schief elliptischen Öffnungen aufweisen. Die Markstrahlen sind einreihig und über den Tangentialschnitt gleichmäßig verteilt, während sie bei *Calamites* im interfaszikulären Holz dichter liegen als in dem an die Primärbündel anschließenden Holz. Von der Rinde ist leider nichts erhalten. — Im Unterkarbon von Dobrilugk südlich Berlin (s. Abschn. IV. 2) fanden sich recht häufig *Asterocalamites*-artige Stammstücke, die jedoch eine Beblätterung tragen, die äußerlich an *Sphenophyllum tenerrimum* erinnert, was GOTHAN (1949) zur Aufstellung einer neuen Gattung (*Asterocalamitopsis sphenophylloides*) veranlaßt hat.

Calamitaceae: Aus dem rheinischen Oberkarbon beschreibt SCHINDEWOLF (1951) eine gut erhaltene *Calamites*-Wurzel vom *Myriophyllites*-Typ, aber mit 18 Protoxylemgruppen. — Untersuchungen strukturbietender *Calamites*-Blüten (*Calamostachys Binneyana*) ergaben, daß die Sporangiophore nicht peltat, sondern cruciat oder 4armig sind, wodurch sie sich denen der *Hyeniales* nähern (LACEY). — Die von STERNBERG als *Huttonia spicata* bezeichneten Calamitenblüten aus dem böhmischen Oberkarbon gehören, wie eine Nachprüfung durch NEMEJC (1950a) ergab, in ihrer Sporangiophorstellung zum *Palaeostachya*-Typ und weichen nur durch die Anordnung der Dorsalauswüchse der Brakteen ab, die ungewöhnlich breit und miteinander scheibenförmig verbunden sind, so daß sie wie kleine Schirme die Sporangiengruppen verdecken. — Im Unterkarbon von Schottland fand WALTON (1949b) eine Calamitenblüte (*Protocalamostachys*), vielleicht zu *Asterocalamites* gehörig, deren Sporangiophore in Längsreihen stehen und in gleicher Weise, wie eben für *Calamostachys Binneyana* ausgeführt, in 4 Arme sich teilen; die mesarchen Leitbündel der Blütenachse anastomosieren nicht miteinander.

Equisetaceae: Als *Elaterites triferens* wurden aus dem Oberkarbon von Iowa Sporen von 70μ Durchmesser beschrieben, die drei (!) keulenförmige Elateren nach Art der lebenden Equiseten tragen (WILSON). — Im Buntsandstein wie im Keuper Deutschlands kommen Wurzelböden vor; die Wurzeln sind monopodial verzweigt, wobei die

Seitenwurzeln in einer Ebene liegen wie bei einem Fiederblatt. Rühle von Lilienstern (Mägdefrau 1942a, S. 237) gelang es, den Zusammenhang mit Equiseten festzustellen. Linck (1943) veröffentlichte gute Abbildungen solcher *Equisetites*-Wurzeln aus dem mittleren Keuper von Württemberg, aus denen hervorgeht, daß *Equisetites* in ausgedehnten Reinbeständen gewachsen ist.

   d) Filicinae. Coenopteridales. Im belgischen Oberdevon fand Leclerq (1950) eine neue *Rhacophyton*-Art (*Rh. zygopteroides*). Bei dieser Gattung gabeln sich die Fiedern 1. Ordnung unmittelbar an ihrer Ursprungsstelle in 2 divergierende Arme, welche 2 Reihen von Fiedern 2. Ordnung tragen, an denen die dichotom gebauten Fiedern 3. Ordnung ansitzen. Fertil sind nur die untersten Fiedern 2. Ordnung, welche zahlreiche spindelförmige Sporangien tragen. Die systematische Stellung von *Rhacophyton* (nebst der damit zu vereinigenden *Cephalopteris*) dürfte, worauf schon Hirmer (Fortschr. Bot. **10**, 74) hingewiesen hat, an der Basis der *Zygopteridaceae* zu suchen sein. — Auch die von Høeg (1942) aus dem Mitteldevon von Spitzbergen als *Actinopodium* beschriebenen strukturbietenden Reste weisen in manchen Punkten auf *Coenopteridales* hin.

   Von dem bisher nur aus dem Mitteldevon bekannten *Aneurophyton*

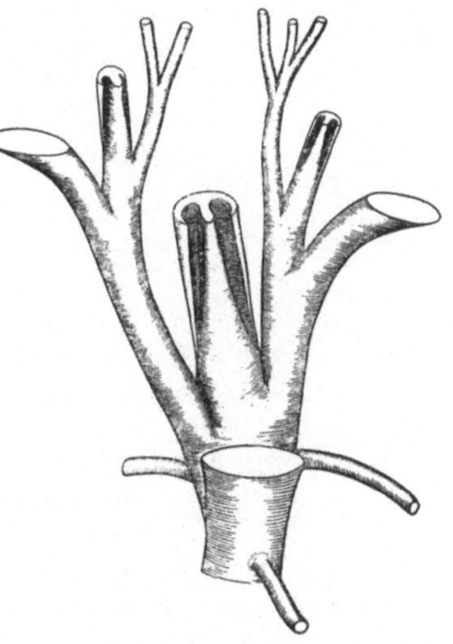

Abb. 43. *Botryopteris trisecta*. Oberkarbon. Illinois. Leitbündelverlauf. ³/₁ nat. Gr. (Nach Mamay u. Andrews.)

macht Stockmans eine neue Art aus dem Oberdevon von Belgien bekannt, die in ihren Hauptzügen mit dem mitteldevonischen *A. Germanicum* übereinstimmt.

   Mamey und Andrews gelang es, die Gattung *Botryopteris*, die sich in den Coal-balls des nordamerikanischen Karbons offenbar häufiger findet als in Europa, an Hand einer neuen Art morphologisch weiter zu klären (Abb. 43). Nach der Abzweigung von der Stele des 1 cm starken Stämmchens verflacht sich die Blattspur und teilt sich bald darauf in drei Arme, deren mittlerer einen W-förmigen Querschnitt annimmt (drei adaxial gerichtete Protoxylemgruppen!). Die beiden Seitenarme (Fiedern 1. Ordnung) behalten ihren runden Querschnitt bei und teilen sich wiederum in drei Teile, und zwar rechtwinklig zur ersten Dreiteilung. Auch jetzt zeigt das Bündel des mittleren Armes wieder den W-förmigen Querschnitt, während die beiden seitlichen Bündel rund bleiben. Die distale Spur teilt sich 2- oder 3mal, die Bündelquerschnitte bleiben rund. Der proximale Arm stellt sich schief zum Stämmchen und verzweigt sich weniger regelmäßig als der distale. Es bleiben demnach auch die letzten Auszweigungen rund, das Ganze stellt ein dreidimensionales Zweigsystem dar, es kommt nicht zur Ausbildung einer eigentlichen Blattfläche. Am Schluß der Abhandlung geben die Verff. eine Übersicht über die 13 bisher bekannten *Botryopteris*-Arten. Sporangienstände von *Botryopteris* beschreiben DARRAH (1939) und MAMAY (1950): die ovalen, 1,5 mm langen Sporangien stehen in dichten Büscheln beisammen und besitzen einen Anulus-ähnlichen Wall. LONG (1943) konnte bei *Botryopteris hirsuta* und *antiqua* blattbürtige Knospen nachweisen.

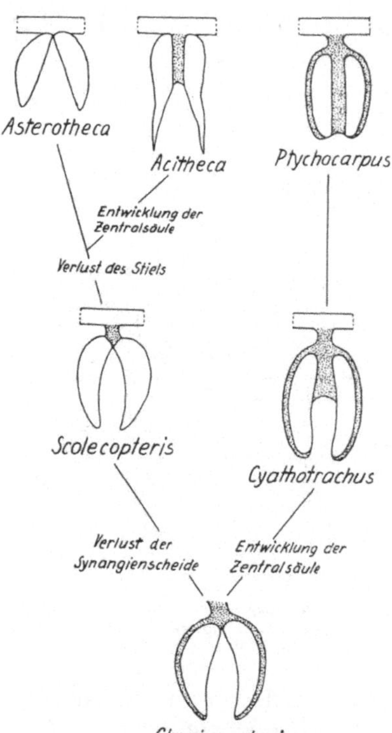

Abb. 44. Morphogenie der Synangien eusporangiater Farne. (Nach MAMAY.)

An einer neuen *Ankyropteris*-Art (*A. glabra*) zeigte BAXTER (1951), daß die axilläre Zweigstelle ihren Ursprung vom Stamm oberhalb der Blattspur nimmt, was HIRMERS Ableitung dieser axillären Verzweigung von einer Gabelteilung bestätigt. Reine Dichotomie findet sich tatsächlich bei den ältesten *Ankyropteris*-Arten (z. B. *A. corrugata*, Unt. Oberkarbon). BAXTER reduziert die bisher beschriebenen 8 *Ankyropteris*-Arten auf 4 (*A. Grayi, corrugata, Hendricksi, glabra*).

Im Oberkarbon von Illinois glückte ANDREWS (1942) die Entdeckung einer neuen Coenopteridengattung, *Scleropteris*; sie zeigt gewisse Beziehungen zu *Zygopteris*, unterscheidet sich aber von ihr durch den Besitz von Sklerenchymnestern in der Rinde und durch multiseriate Hoftüpfel in den Radial- und Tangentialwänden der Tracheiden.

Während DARRAH (1941b) die *Coenopteridales* für eine natürliche Gruppe hält, möchte BERTRAND (1941) *Stauropteris* herausnehmen und zu den Articulaten in nähere Beziehung bringen.

Eusporangiales. Die Beschreibung mehrerer fertiler *Scolecopteris*-Arten gab MAMAY Gelegenheit, der Morphogenie der Marattiaceen-Sori nachzugehen (Abb. 44). Von *Chorionopteris* (= *Anachoropteris*), die wegen der randständigen Sori noch zu den *Coenopteridales* zu rechnen ist, ausgehend, nimmt MAMAY zwei Entwicklungslinien an: die eine führt unter Bildung einer inneren sterilen Gewebesäule über *Cyathotrachus* zu *Ptychocarpus*, die andere unter Verlust der Synangienscheide zu *Scolecopteris*, von hier unter Verlust des Synangienstielchens zu *Asterotheca* sowie mit Entwicklung einer kurzen Zentralsäule zu *Acitheca*. In der ersten Reihe verschmelzen also die Sporangien, in der zweiten bleiben sie frei. Bei allen genannten Gattungen sind die Synangien radiär. Wenn wir uns vorstellen, daß mehrere miteinander verschmelzen, dann kommt es zur Bildung von linearen Synangien, so daß wir uns über die von MAMAY entdeckte *Eoangiopteris Andrewsi* den Entwicklungsgang zu der heute noch lebenden Gattung *Angiopteris* vorstellen können.

CORSIN (1948) wies nach, daß die Wedel von *Megaphyton* unmittelbar über ihrer Ansatzstelle gegabelt sind, und stellte für zweizeilig beblätterte Baumfarne mit nicht gegabelten Wedeln die neue Gattung *Hagiophyton* auf (CORSIN und GERBER).

Im Oberkarbon (Stephan) des Donezbeckens fand ZALESSKY (1944) einen höchst eigentümlichen, einfach gefiederten Farn, *Amacodopteris Rossica*, dessen Fiedern beiderseits abwechselnd stehende zweigeteilte Synangien tragen; die an der Fundstelle häufigen fertilen Wedel finden sich zusammen mit *Pecopteris mironowana*, zu der sie möglicherweise gehören. — Bei der von GOTHAN (1950a) *Waldenburgia corynepteroides* benannten Farnfruktifikation aus dem niederschlesischen Karbon haben wir leider gar keinen Anhaltspunkt, zu welcher Belaubung sie gehören mag.

Leptosporangiales. *Osmundaceae:* Ein strukturerhaltenes Sproßstück aus dem Oberkarbon von Illinois, das ANDREWS und BAXTER als *Protoosmundites* bezeichnet hatten, erkannte EVERS als *Lepidodendron*-Sproß. — Aus Brasilien wurde kürzlich ein baumförmiger, einschließlich des Wurzelmantels 15 cm starker Osmundaceenstamm beschrieben (ANDREWS 1950). Die Fundschicht soll dem Perm angehören, vom paläobotanischen Standpunkt aus — der Stamm gehört bereits einem fortgeschrittenen Typus der Osmundaceen an — dürfte sie nicht älter als jurassisch sein.

Schizaeaceae: C. F. REED stellt ein neues System der *Schizaeaceae* auf, das rezente und fossile Formen in gleicher Weise berücksichtigt, indem sie den Formenkreis zur Ordnung erhebt (*Schizaeales*), die in 8 Familien aufgegliedert wird: *Senftenbergiaceae, Klukiaceae, Tempskyaceae, Acrostichopteridaceae, Schizaeaceae, Lygodiaceae, Aneimiaceae, Mohriaceae.* — Für die im Oberkarbon häufige „*Pecopteris*" (*Dactylotheca*) *plumosa* führte RADFORTH (s. auch Fortsch. Bot. **10**, 91) auf Grund des Sporangienbaues den Nachweis, daß sie zu *Senftenbergia*, also zu den *Schizaeaceae*, gehört. ANDREWS (1943a) konnte dies an nordamerikanischem Material bestätigen. — Der Gattung *Lygodium* haben KRÄUSEL und WEYLAND (1950) eine zusammenfassende Darstellung gewidmet. Aus dieser geht hervor, daß *Lygodium* von der Kreide ab bekannt und fossil bis ins Jungtertiär nachzuweisen ist. In den Sequoienwäldern des deutschen Tertiärs muß *Lygodium* ein häufiger Farn gewesen sein, während es heute in Europa völlig fehlt. — SELLING (1944a) verdanken wir eine außerordentlich gründliche, mit vorzüglichen Abbildungen versehene Beschreibung der Sporen aller rezenten *Schizaea*-Arten. Sie sind im Gegensatz zu denen der anderen Gattungen dieser Familie bilateral und monolet[1] bei einer Größe von 20 bis 74

---

[1] Als monolet bezeichnet man die bohnenförmigen Sporen, die nur eine Leiste besitzen, als trilet die kugeltetraedrischen Sporen mit drei in einem Punkt zusammenstoßenden Leisten.

mal 32 bis 94 μ. Auf Grund von Sporen aus dem mitteldeutschen Tertiär werden drei neue fossile *Schizaea*-Arten beschrieben (*Sch. palaeocaenica, eocaenica, miocaenica*) sowie eine weitere aus dem Quartär der Hawaii-Inseln (*Sch. Skottsbergi*). Die Ansicht von CHRIST, daß die Gattung *Schizaea* ihren Ausgangspunkt auf der Südhalbkugel habe, wird von den Fossilfunden nicht bestätigt; SELLING kommt zu dem Schluß, daß *Schizaea* sich in alten Hochländern der Tropen entwickelt hat.

Tempskyaceae: Eine der sonderbarsten Farngestalten ist die Gattung *Tempskya* aus der Kreide, die durch ARNOLD (1945) und ANDREWS und KERN weiter geklärt werden konnte. Dieser Farn besaß einen dicken, bis 6 m hohen Scheinstamm (Abb. 45), der von stark verzweigten siphonostelischen Stämmchen, eingebettet in eine Masse dünner, diarcher, verzweigter, sklerotischer Wurzeln, gebildet wurde. Über 200 Stämmchen hat man auf einigen Querschnitten der Scheinstämme gezählt! Die Blätter kennt man leider noch nicht; sie waren wohl klein, wie wir aus der relativen Kleinheit der Blattstiele schließen können, aber sie saßen dafür in großer Zahl am Stamm. Ähnliche Stammbildungen finden wir heute, nur nicht so extrem, bei gewissen Arten von *Hemitelia* und *Todea*, unter den fossilen Formen noch bei der karbonischen Gattung *Clepsydropsis*.

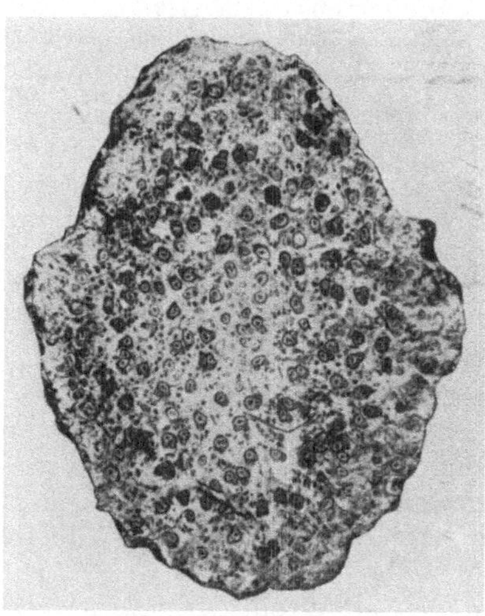

Abb. 45. *Tempskya Wesselii*. Kreide. Idaho. Querschliff durch einen aus 192 Stämmen zusammengesetzten Scheinstamm. 1/2 nat. Gr. (Nach ANDREWS u. KERN.)

In einigen Stücken hat man auch Sporen und Anuli von Sporangien gefunden, die aber keine nähere Bestimmung zulassen (vielleicht *Cyatheaceae* — *Dicksoniaceae*?). Es ist wohl angebracht, *Tempskya* als Vertreter einer eigenen Familie (*Tempskyaceae* ARNOLD) anzusehen.

Dipteridaceae. Aus dem unteren Keuper von Argentinien (Provinz San Juan) beschreiben STIPANIC und MENENDEZ nicht weniger als 8 (darunter 4 neue) Arten von Dipteridaceen aus den Gattungen *Hausmannia, Dictyophyllum* und *Thaumatopteris*, woraus sich eine auffallende Ähnlichkeit mit der Rhätflora der nördlichen Halbkugel ergibt.

Salviniaceae. Eine Übersicht über die fossilen Funde (FLORIN 1940) zeigt, daß von der Gattung *Salvinia* eindeutige Reste erst vom Eozän ab, aber bereits in weiter Verbreitung (Europa, Ostasien, Westafrika, Nordamerika) vorliegen. Die meisten (über 60!) Funde entstammen dem Oligozän und Miozän (Europa, Asien, Virginia, Columbia). Aus den USA ist *Salvinia* seit dem Mitteltertiär verschwunden.

5. Gymnospermae. Unser heutiges Wissen über die rezenten und fossilen Gymnospermen faßt GAUSSEN (1943, 1944, 1946) übersichtlich und vollständig zusammen. Von jeder Ordnung werden Morphologie, Histologie, Fortpflanzung, räumliche und zeitliche Verbreitung und Phylogenie behandelt, zahlreiche, meist den Originalabhandlungen entnommene Abbildungen sind beigegeben. Bisher sind erschienen: *Pteridospermales, Cycadales, Bennettitales, Cordaitales* und *Ginkyoales*.

Mit der Phylogenie der Gymnospermen befassen sich MÄGDEFRAU (1942a, 1943, auch bereits 1932), ARNOLD (1948d) und NEMEJC (1950). Alle drei Autoren kommen — unabhängig voneinander — zu dem Ergebnis, daß die Gymnospermen keine phyletische Einheit repräsentieren, sondern Ordnungen gleicher Organisationshöhe umfassen, und daß sie aus zwei, bereits in den primitiven Pteridophyten sich trennenden Stämmen bestehen: *Pteridospermales, Cycadales, Bennettitales* einerseits, *Cordaitales, Ginkyoales, Coniferales* andererseits. Die Stellung der *Gnetales* bleibt infolge Mangels an Fossilfunden unsicher. ARNOLD schlägt daher vor, die Gymnospermen in drei den Pteridophyten gleichwertige Klassen aufzulösen:

1. *Cycadophyta*. Blätter breit und laubartig, deutlich gestielt, lederartig („coriaceous"). Blattspuren groß oder aus zahlreichen Strängen bestehend. Sekundärxylem aus weiten, dünnwandigen Tracheiden aufgebaut, Parenchym reichlich, Markstrahlen breit. Fortpflanzungsorgane umgebildete oder nicht umgebildete Blätter.

2. *Coniferophyta*. Blätter einfach, linealisch, pfriemen- oder fächerförmig, ungestielt (außer einigen *Ginkyoales*), Blattspuren dünn, aus einem einzelnen oder einem Doppelbündel bestehend. Sekundärxylem kompakt, massiv, aus dickwandigen, getüpfelten Tracheiden bestehend, wenig Parenchym, schmale Markstrahlen. Fortpflanzungsorgane stammbürtig, Infloreszenz eine brakteolate Achse.

3. *Chlamydospermophyta*. Merkmale der *Gnetales*.

a) Pteridospermales. In den Coal-balls des nordamerikanischen Oberkarbons ist eine große Zahl neuer Funde von Pteridospermenstämmchen der Gattung *Medullosa* geglückt (ANDREWS 1945, ANDREWS und KERNEN, BAXTER 1949, STEIDTMANN). *Medullosa* besitzt eine faserreiche äußere Rinde, wie sie für Pteridospermenstämme allgemein charakteristisch ist, und eine Polystele; in den Blattstielen sind die dünnen Bündel über den ganzen Querschnitt verstreut wie in einem Monocotylensproß. Die meisten Arten sind 1 bis wenige cm dick; *Medullosa Noëi* aus dem Oberkarbon von Illinois (STEIDTMANN) und eine kürzlich in Kansas gefundene Art (ANDREWS 1951) stellen mit etwa 20 cm Durchmesser die stärksten bisher bekannten *Medullosa*-Stämme dar. Die Zahl der Stelen im Stamm schwankt je nach der Art zwischen 2 und 12. STEWART (1951) fand in *Medullosa pandurata* (Oberkarbon, Illinois) einen schon von SCHOPF (1939) postulierten Typ, der zwischen *M. Anglica* und *M. Noëi* vermittelt.

Einen offenbar recht primitiven Typ der Pteridospermen haben wir in *Microspermopteris aphyllum* (sprachlich richtig muß es heißen: *Microspermatopteris aphylla!*) aus dem Oberkarbon von Iowa vor uns (BAXTER 1949), bestehend aus einem verzweigten, blattlosen, nur mit Emergenzen besetzten und Adventivwurzeln tragenden Achsensystem, das einen ziemlich gleichbleibenden Durchmesser von $^1/_2$ cm besitzt. An die Protostele schließt sich ein von einreihigen Markstrahlen durchzogenes Metaxylem an, dessen Radialwände netzförmig von Hoftüpfeln mit gekreuzten elliptischen Öffnungen durchsetzt sind. BAXTER sieht in *Microspermatopteris* eine Form, die zwischen den Psilophyten einerseits und *Lyginodendron* und *Heterangium* andererseits vermittelt. Es sei noch darauf hingewiesen, daß BAXTER seiner Abhandlung eine ausführliche Übersicht über alle Gattungen der Pteridospermenstämme sowie Querschnittsbilder aller *Medullosa*-Arten beigegeben hat.

Einen eigentümlichen Pteridospermenstamm repräsentiert *Schopfiastrum decussatum* aus dem Oberkarbon von Iowa, (ANDREWS 1945). Bei diesem gehen von der Protostele große Blattspuren in gegenständigen Paaren ab, die aufeinanderfolgenden Paare alternieren miteinander; auch Sekundärholz ist vorhanden.

Für *Mariopteris* konnte CORSIN (1950) zeigen, daß die Wedel sich zweimal gabeln und einem dünnen, gebogenen Stämmchen entspringen.

Bei seinen Untersuchungen zur vergleichenden Histologie der Stele der Pteridospermen hat ANDREWS (1940 b) besonders den Markstrahlen sein Augenmerk zugewandt und folgende vier Typen unterschieden (vgl. Abb. 46):

I. Markstrahlen variierend von sehr niedrig (1 bis 4 Zellen) und einreihig bis zu hoch (nicht über 2 mm) und 3- bis 4reihig (in letzterem Fall nicht ausgesprochen spindelförmig). *Sphenoxylon, Tetrastichia, Palaeopitys, Aneurophyton.*

II. Markstrahlen von größerer Höhe (bis über 2 cm), Seiten im Anfang parallel, niedrige einreihige oder spindelförmige Strahlen außerordentlich selten. Zellwände sehr dünn.
A. Markstrahlen von innen nach außen breiter werdend. *Lyginopteris.*
B. Tangentiale Dimensionen wenig veränderlich, meist nicht mehr als 5 Zellen breit.
Heterangium, Stenomyelon, Calamopitys, Rhetinangium, Sutcliffia, Megaloxylon, Medullosa z. T. (z. B. *Anglica, Noëi, distelica*).

III. Markstrahlen länglich-spindelförmig bis fast kreisförmig, einreihige selten. *Cycadoxylon, Colpoxylon, Ptychoxylon, Medullosa* z. T. (z. B. *Solmsii, gigas*).

IV. Markstrahlen meist einreihig, niedrig (höchstens 10 Zellen hoch), Zellwände dicker als bei den anderen Gruppen.
Eristophyton, Bilignea, Protopitys, Cladoxylon, Endoxylon.

Die Tüpfel sind bei den Gruppen I und II unregelmäßig angeordnet, bei III und IV araukarioid. Leiterförmige Tüpfelung findet sich bei keinem Pteridospermenholz, sondern stets Hoftüpfel. Bei *Lyginopteris* ist nach ANDREWS das Holz viel einförmiger, als man nach den verschiedenen dazu gehörigen Belaubungen erwarten sollte (also ein ähnliches Verhalten wie oben für *Sphenophyllum* angegeben!). Die Tracheidenlängen betragen durchschnittlich bei *Lyginopteris oldhamia*

5,8 mm, *Medullosa Anglica* 17,5 mm, *M. Noëi* 24,0 mm (bei Coniferen
3,6 mm, Cordaiten 5 mm, Cycadeen 6,8 mm, Ginkyoaceen 3,5 mm,
Dicotyledonen 1,2 mm).

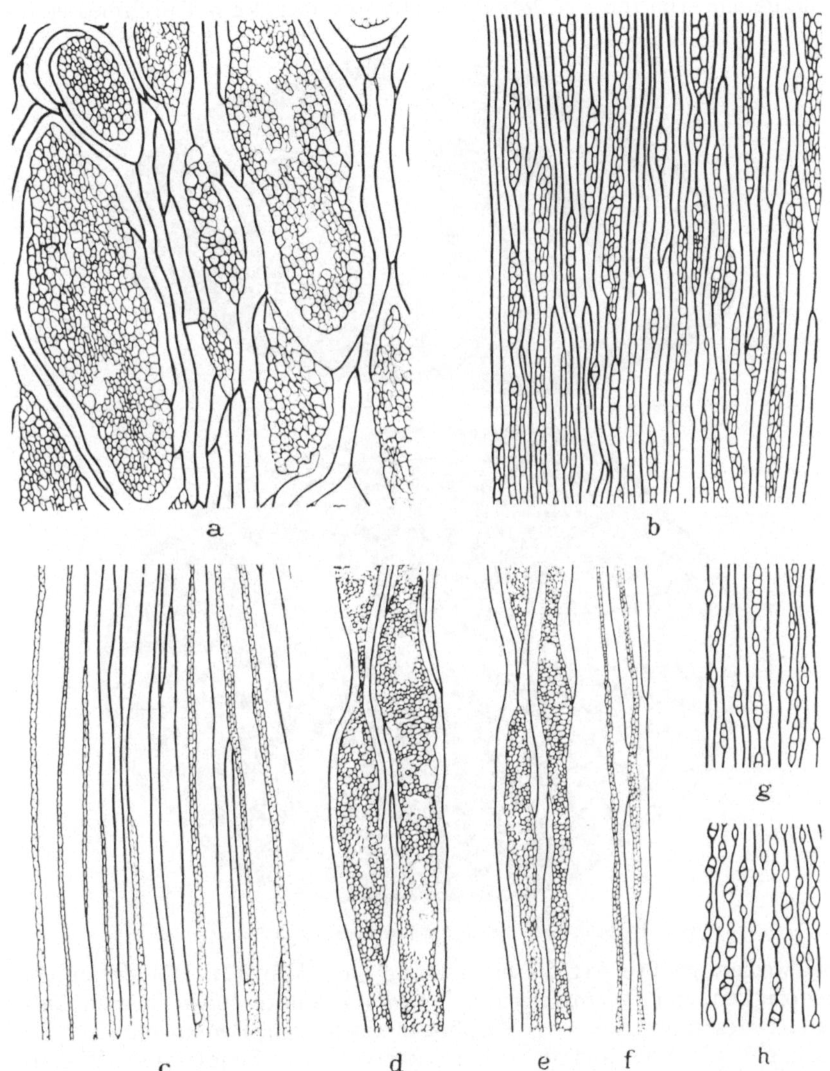

Abb. 46. Tangentialschliffe durch das Sekundärxylem von Pteridospermen. a) *Cycadoxylon anomalum.*
b) *Sphenoxylon eupunctatum.* c) *Medullosa Noei.* d) bis f) *Lyginodendron oldhamium* (rindennaher,
mittlerer und marknaher Schliff). g) *Bilignea resinosa.* h) *Endoxylon zonatum.* 25/1 nat. Gr.
(Nach ANDREWS 1940b.)

Bezüglich der Mikrosporangienstände der Pteridospermen (vgl.
Fortschr. Bot. **3**, 42) ist vor allem unsre Kenntnis von *Dolerotheca*
durch Funde aus den nordamerikanischen Coal-balls erweitert worden.

BAXTER (1949) entdeckte zwei neue Arten (*D. sclerotica* und *Schopfi*), bei denen der Synangienbecher von radialen, sich gabelnden Sklerenchymfaserbändern durchsetzt ist. Die von SCHOPF (1948) beschriebene, vorzüglich erhaltene *D. formosa* stellt mit fast 4 cm Durchmesser die

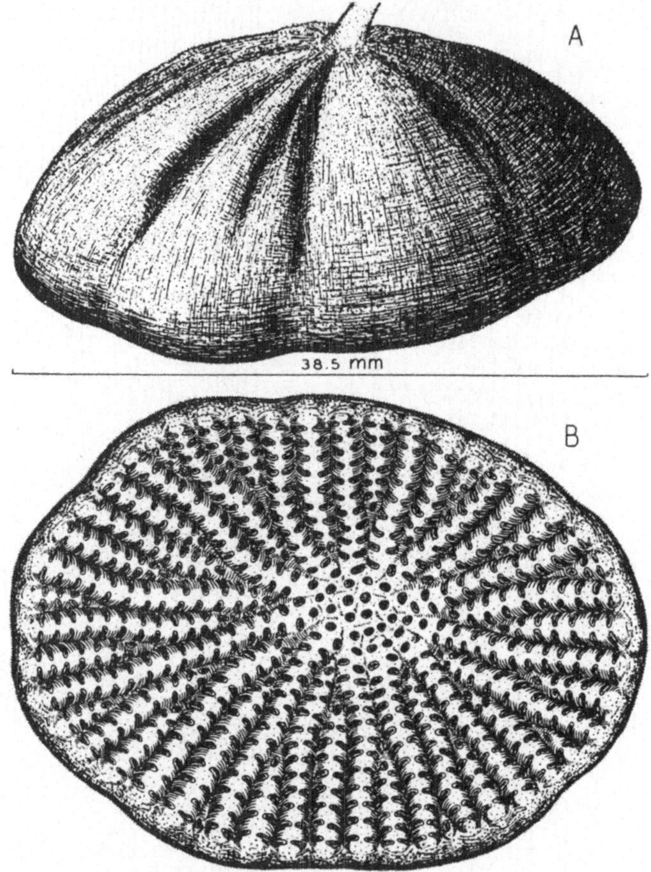

Abb. 47. *Dolerotheca formosa*. Rekonstruktion. (Nach SCHOPF 1948.)

bei weitem größte Art dieser Gattung dar (Abb. 47). Die Zusammengehörigkeit von *Dolerotheca* und *Medullosa* konnte von mehreren Autoren erwiesen werden. — Morphogenetisch von Bedeutung ist *Alcicornopteris Hallei* aus dem Unterkarbon von Schottland (WALTON 1949c), die eine Zwischenstellung einnimmt zwischen den Mikrosporangien der devonischen heterosporen Farngattung *Archaeopteris* einerseits und den oberkarbonischen Synangien wie *Dolerotheca* und *Potoniea* andererseits. Von *Aulacotheca* beschreibt HEMINGWAY (1941b) zwei neue Arten.

Von Pteridospermensamen, für die HEMINGWAY (1941a) den allgemeinen Ausdruck „Carpon" vorschlägt, kamen im vergangenen

Jahrzehnt eine größere Zahl neuer Formen zum Vorschein, und zwar durchweg im jüngeren Paläozoikum (aus dem Devon sind noch keine eindeutigen Samen bekannt). ARNOLD (1948b) hat einen zusammenfassenden Bericht darüber gegeben. Der bedeutendste Fund ist WALTON (1940, 1949a) mit *Calathospermum Scoticum* im Unterkarbon von Schottland gelungen (Abb. 48c). Es handelt sich hierbei um einen 6 cm langen gestielten Becher, der in 6 Segmente aufgespalten ist. Jedes der letzteren führt 4 bis 6 Leitbündel, die sich in der Basis des Bechers vereinigen. Das halbmondförmige kollaterale Bündel im Stiel weist darauf hin, daß dieser einen Teil der Blattrhachis darstellt. Auf dem Grunde des Bechers stehen eine Anzahl gestielter, *Trigonocarpus* ähnlicher Samen. Jeder derselben trägt 9 lange Integumentfortsätze (bekanntlich besitzt auch *Lagenostoma* 9 Integumentlappen). Bei der Reife verlängern sich offenbar die Samenstiele, was schließlich zu einem Herausragen der Samen aus der Kupula geführt haben muß; finden sich doch in vielen Bechern nur noch die langen Samenstiele. Denken wir uns die Zahl der Samen reduziert,

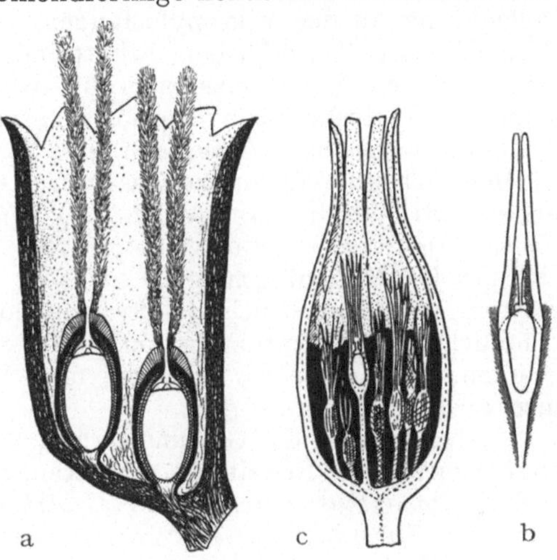

Abb. 48. Pteridospermen-Früchte. a) *Gnetopsis elliptica.* b) *Salpingostoma dasu.* c) *Calathospermum Scoticum.* Nat. Gr. (Nach ANDREWS 1948b, GORDON, WALTON 1940.)

dann ergibt sich eine Form, wie wir sie von der oberkarbonischen *Gnetopsis* (Abb. 48a) kennen. Die Integumentfortsätze, die bei *Gnetopsis* sogar gefiedert sind, dienten wohl der Verbreitung der Samen durch den Wind. Wenn schließlich nur ein Same zur Entwicklung gelangen würde, so kämen wir zu einer *Lagenostoma*-ähnlichen Form. WALTON zeigt ferner, daß wir uns Mikrosporangienstand und Fruchtbecher als homologe Gebilde aus einem segmentierten Blatt entstanden vorstellen können.

LONG (1944) fand in *Lagenostoma* ein gut erhaltenes reifes Prothallium, dessen Gewebe in ein inneres aus polyedrischen Zellen und ein äußeres aus radial gestreckten Zellen differenziert ist; letzteres führt drei Archegonien.

Erwähnenswert ist auch *Salpingostoma* (Abb. 48b), ebenfalls aus dem Unterkarbon von Schottland (GORDON 1941), ein insgesamt 5 cm langer Same mit außerordentlich verlängertem Mikropylarfortsatz und langer, trompetenförmiger Pollenkammer. Es ist der älteste strukturerhaltene Pteridospermensame; seine hohe Spezialisierung läßt auf ein zeitlich weiteres Zurückreichen dieser Ordnung schließen.

Aus dem Oberkarbon von Iowa liegt ein vorzüglich erhaltener, *Trigonocarpus*-ähnlicher Same vor: *Pachytesta vera* (HOSKINS und CROSS 1946). Es handelt sich mit $6^1/_2$ cm Länge und $3^1/_2$ cm Breite um einen der größten Pteridospermensamen. Den Nucellus füllt eine einzige Megaspore, während noch mehrere funktionslose Megasporen, in Tetraden beisammen, gegen die Mikropyle zu sich vorfinden. In der Pollenkammer liegen Pollen vom *Florinites*-Typ.

ARNOLD (1948a) gelang es, die Kutikula mehrerer oberkarbonischer Pteridospermensamen zu mazerieren, wobei sich in einem Fall noch die Pollenkörner in der Mikropyle fanden. — Unter dem Namen *Mega-theca Thomasii* (Unterkarbon, Schottland) beschrieb ANDREWS (1940a) die mit 6,2 cm Länge bislang größte Kupula, allerdings fanden sich keine Samen mehr darin; sie hat eine gewisse Ähnlichkeit mit dem oben besprochenen *Calathospermum*.

Mehrfach glückte es, die Zusammengehörigkeit von Beblätterung und Fruktifikation festzustellen, z. B. von *Pecopteris*-Laub mit einer *Samaropsis*-Frucht (OGURA 1948). Bei *Lonchopteris rugosa* konnte GOTHAN (1941a) wahrscheinlich machen, daß eine mit schmalen Hüllblättern versehene Frucht (*Dictyotesta*) und eine *Whittleseya*-ähnliche männliche Fruktifikation (schon früher als *Boulaya* bekannt) dazugehören. An *Neuropteris tenuifolia* fand HEMINGWAY (1941a) die Samen ansitzend.

Unsre Kenntnis der Gattung *Caytonia* hat durch HARRIS (1940a, b, 1941a) mehrfache Erweiterung erfahren. Es gelang ihm der Nachweis, daß *Caytonanthus oncodes* und *C. Arberi* als Mikrosporophylle zu *Caytonia Sewardi* bzw. *C. Nathorsti* gehören. *Caytonanthus* ist ein robustes Organ, das nicht als Staubblatt in einer Blüte, sondern frei gestanden ist; die Synangien sind im Bau und Dehiszenzmodus von den Antheren der Blütenpflanzen stark verschieden, so daß die *Caytoniales* als Pteridospermen angesehen werden müssen. Zu *Caytonia Sewardi* und *C. Nathorsti* gehört als Beblätterung *Sagenopteris Phillipsi* bzw. *S. colpodes*; in beiden Fällen fand sich Pollen vom *Caytonanthus*-Typ in der Pollenkammer. Das Genus *Gristhorpia* vereinigt HARRIS mit *Caytonia*. — Der Nachweis von *Sagenopteris* im Lias Patagonneis (FRENGUELLI 1941) deutet darauf hin, daß die *Caytoniales* über die ganze Erde verbreitet waren (Europa, Ostasien, Australien, Nord- und Südamerika).

Zu den Caytoniaceen rechnet KRÄUSEL (1949c) einen gefiederten Mikrosporophyllstand aus der Obertrias von Lunz (Niederösterreich), dessen Fiedern scheibenförmige Synangien darstellen (Pollenkörner mit Luftsäcken).

Wie bereits erwähnt, kennen wir die Pteridospermen mit Sicherheit erst vom Unterkarbon ab. Cupulae verschiedener Art (*Condrusia, Xenotheca, Moresnetia*) liegen zwar aus dem belgischen Oberdevon vor (STOCKMANS 1948), aber Samen hat man bisher noch nicht darin gefunden.

Über die Entwicklungslinien innerhalb der Pteridospermen, soweit wir diese Dinge bis jetzt überblicken können, gibt ANDREWS (1948b) eine knappe Übersicht.

b) Cycadales. Wirklich eindeutige Cycadeenreste gehören zu den seltenen Funden. Ein solcher ist *Dioonitocarpidium keuperianum* aus der oberen alpinen Trias (karnische Stufe) von Lunz in Niederösterreich (KRÄUSEL 1949c), das sich von *D. pennaeforme* (vgl. MÄGDEFRAU 24a19, S. 234) durch größere Länge und Samenzahl unterscheidet. Mehrere Cycadeenblätter, durch den Bau ihrer Spaltöffnungen als solche gekennzeichnet, bildet LUNDBLAD (1950a) aus dem Rhät Schwedens ab. — Nach HARRIS (1946c) gehören *Beania* und *Androstrobus* als weibliche bzw. männliche Sporophyllstände zu *Nilssonia*.

c) Bennettitales. Neue Bennettiteenfunde sind in beträchtlicher Zahl beschrieben worden. So führt LUNDBLAD (1950a) aus der Rhät/ Lias-Flora Schwedens 7 verschiedene Blätter und 3 Blütenreste auf. Die in der Obertrias von Lunz gefundenen, als *Bennetticarpus Wettsteini* (weiblicher Zapfen), *Haitingeria Krasseri* (Mikrosporophyll) und *Cycadolepis Wettsteini* (schuppenartige Blätter) beschriebenen Teile von Bennettiteenfruktifikationen gehören nach KRÄUSEL (1949c) wahrscheinlich zu ein und derselben Art, die in die Verwandtschaft von *Williamsonia* zu stellen sein dürfte. Von derselben Fundstelle stammt eine weibliche Bennettiteenfruktifikation (*Westersheimia Pramelreuthensis*), bei welcher 5 kleine Zäpfchen auf einem Stiel hintereinander gereiht sind, was einen völlig neuen Typus eines weiblichen Bennettiteenblütenstandes darstellt. Eine außergewöhnlich kleine Zwitterblüte von nur 2 bis $2^1/_2$ mm Durchmesser haben wir nach KRÄUSEL (1948) in *Sturiella Langeri*, ebenfalls von Lunz, vor uns. — An den bisher als perianthlos angesehenen Blüten von *Williamsoniella* konnte HARRIS (1946d) ein Perianth aus behaarten Brakteen wie bei *Cycadeoidea* nachweisen, das aber wohl frühzeitig abgefallen ist.

Otozamites Bunburyanus aus dem Jura von Yorkshire (HARRIS 1945) besitzt sehr kleine Fiedern, die Spaltöffnungen liegen in Furchen zwischen den Nerven tief eingesenkt und durch Haare geschützt (Xeromorphie!).

Ein Bennettiteenblatt, *Taeniopteris spathulata*, konnte RAO (1943b) an verkieseltem Material aus dem Jura Indiens bis in alle Einzelheiten histologisch aufklären: Obere Epidermis ohne Spaltöffnungen, deutliche Differenzierung des Mesophylls in Palisaden- und Schwammgewebe, untere Epidermis mit Spaltöffnungen, diese mit dem für Bennettiteen typischen Nebenzellpaar; Leitbündel mesarch wie bei den lebenden *Cycas*-Arten. Das aus derselben Fundschicht stammende *Pentoxylon* (SRIVASTAVA) dürfte zu den Bennettiteen gehören.

d) Cordaitales. Von *Cordaites*-Blättern und -Hölzern sind zwar aus dem nordamerikanischen Oberkarbon neue Arten beschrieben worden, aber diese bieten nichts wesentlich Neues gegenüber den früheren Funden aus dem europäischen Karbon und Perm. Wichtig sind nur der Nachweis der Zugehörigkeit der als *Amyelon* bezeichneten Wurzeln (sogar mit gut erhaltenen Wurzelhaaren) zu *Mesoxylon*, einem der Cordaitenhölzer (ANDREWS 1942), sowie die Feststellung von TRAVERSE, daß die Zweigbündel sich aus 2 Bündeln zusammensetzen, welche vom

Primärholz abgehen, durch Proliferation von Tracheiden mit dem Sekundärzuwachs Schritt halten und sich in der Rinde vereinigen.

Den Bau der weiblichen Infloreszenzen konnte FLORIN (1950a) weiter klären. An bis 30 cm langen Achsen stehen zwei Reihen von Brakteen, in deren Achsen die weiblichen Blüten sitzen. Diese stellen kleine, radiär-symmetrische Zapfen dar, an deren Achse zahlreiche Anhangsorgane sitzen, deren meiste steril und schuppenförmig sind, während einige wenige die Samenanlagen tragen und somit Megasporophylle darstellen. Wir haben demnach in den kleinen Zapfen einfache Blüten vor uns. Bezüglich des Sporophyllaufbaues unterscheidet FLORIN drei Stufen. Bei dem primitiven Typus (*Cordaianthus pseudofluitans*, mittl. Oberkarbon) ragen die Megasporophylle über die Spitze der Blüte hinaus, teilen sich mehrfach dichotom und tragen zwei oder mehrere endständige, hängende Samenanlagen bzw. Samen. Im nächsten Stadium (*C. Pitcairniae*, mittl. Oberkarbon) gabeln sich die verlängerten Sporophylle nur noch gelegentlich und sind immer einsamig. Beim letzten, am stärksten reduzierten Typ (*C. Zeilleri*, ob. Oberkarbon) bleiben die Megasporophylle unverzweigt und tragen nur eine einzige, endständige, aufrechte Samenanlage.

Samen von *Cordaites* wurden mehrfach untersucht. Sie sind stets bilateral-symmetrisch, atrop und enthalten einen großen Nucellus. Nach ihrer inneren Struktur hat man verschiedene „Gattungen" unterschieden, z. B. *Cardiocarpus, Diplotesta, Rhabdospermum, Mitrospermum*. Hierzu kommt als neue Form *Kamarospermum* aus dem nordamerikanischen Oberkarbon (KERN und ANDREWS), bei dem sich unter dem Nucellus eine aus Parenchym bestehende und von sklerenchymatischem Gewebe umschlossene „Basalkammer" befindet. — Die flacheiförmigen, als Nucellangium bezeichneten Fossilien, die sich im Oberkarbon von Iowa stellenweise häufig finden und mit *Lepidocarpon* in Beziehung gebracht wurden, hat ANDREWS (1949) näher untersucht mit dem Ergebnis, daß diese Samen nicht zu *Lepidocarpon*, sondern eher zu *Cordaites* gehören.

DARRAH (1941c) hat kurz mitgeteilt, Embryonen in *Cordaites*-Samen gefunden zu haben, aber ohne nähere Beschreibung und ohne Abbildungen. Wir können jedoch, wie ARNOLD (1948b) sagt, nicht beurteilen, ob DARRAH wirklich Embryonen gefunden oder nur Zellen von teilweise kollabierten Gametophyten gesehen hat, was einem Embryo täuschend ähnlich sehen kann.

Die Tatsache, daß man bislang bei Pteridospermen und Cordaiten noch keine Embryonen gefunden hat, hat EMBERGER (1944, 1949) veranlaßt, diese beiden Ordnungen nebst den *Cycadales* und *Ginkyoales* als „Präphanerogamen" zu vereinigen. Wie ARNOLD (1948b) ausführt, können wir auf ein Einzelmerkmal keine natürliche Gruppe gründen, vielmehr deutet ein solches nur eine gleiche Entwicklungshöhe an. Auch MARTENS (1948, 1951) begründet eingehend die Unhaltbarkeit des Begriffes „Präphanerogamen" vom terminologischen, morphologischen, systematischen und phylogenetischen Standpunkt aus.

e) Ginkyoales [1]. Unsre Kenntnis der mesozoischen Vertreter dieser Ordnung (vgl. Fortschr. Bot. **6**, 96) hat eine beträchtliche Erweiterung durch KRÄUSEL erfahren, vor allem anläßlich seiner Bearbeitung der Keuperflora von Lunz in Niederösterreich (KRÄUSEL 1943a). Eine neue Gattung wird durch *Glossophyllum Florini* repräsentiert, von welchem dem Bearbeiter über 230 Blätter vorlagen (Abb. 49). Diese sind zungenförmig, oft etwas sichelartig gekrümmt, bis zu 25 cm lang und parallelnervig, wobei die von Beginn an wie bei *Ginkyo* vorhandenen zwei Bündel zwei Gabelteilungen durchmachen. Spaltöffnungen treffen wir unterseits häufiger als oberseits, ihre Schließzellen sind schwach eingesenkt, die 5 bis 7 Nebenzellen bilden je eine gegen die Spalte geneigte Papille. Bündelverlauf wie Epidermisbau zeigen eindeutig, daß *Glossophyllum* zu den *Ginkyoales* gehört. Ein zweiter Vertreter dieser Ordnung aus derselben Fundschicht liegt in *Gingyoites lunzensis* vor, die zwar schon von STUR benannt, aber von KRÄUSEL weiter geklärt werden konnte (Abb. 50). Die Blätter gleichen in Umriß und Nervatur etwa den Jugendblättern der lebenden *Ginkyo biloba*, die Spaltöffnungen zeigen den für die Ordnung kennzeichnenden Bau (4 bis

Abb. 49. *Glossophyllum Florini*. Keuper. Rekonstruktion eines Zweiges. Die quer durch die Blätter verlaufende Linie gibt die Umgrenzung des der Rekonstruktion zugrundeliegenden Stückes an. 1/2 nat. Gr. (Nach KRÄUSEL 1943a).

7 Nebenzellen mit Papillen). Als männliche Blüte gehört wahrscheinlich *Antholithus Wettsteini* dazu. — Von der mit Lunz gleichaltrigen Fundstelle ,,Neue Welt" bei Basel stammt ein dritter Angehöriger der *Ginkyoales, Sphenobaiera furcata*, mit tief in schmale Abschnitte aufgespaltenem Blatt (Abb. 51). Auch hier zeigen die Spaltöffnungen den *Ginkyo*-Typ. Die Mikrosporangienstände fanden sich bei dieser Art sogar noch in organischem Zusammenhang mit dem beblätterten Sproß.

Im Lithographenschiefer (oberer Malm) fanden sich schon vor Jahrzehnten zwei große beblätterte Zweige, die man mit einem ge-

---

[1] Die übliche Schreibweise ,,*Ginkgo*" geht auf eine schlecht lesbare Schreibung des Namens zurück (chin. gin-kyo = Silber-Aprikose) und muß nach Art. 70 der ,,Int. Regeln d. bot. Nomenklatur" (,,offenbar unbeabsichtigter orthographischer Irrtum") richtiggestellt werden (MOULE 1937, THOMMEN 1949). Die richtige Schreibweise hat vor der falschen obendrein die Vorzüge, daß sie sinnvoll ist, daß die im Schrifttum so häufige Umstellung von k und g wegfällt und daß der Name leicht ausgesprochen werden kann.

wissen Vorbehalt zu *Baiera longifolia* gestellt hatte. Eine Nachuntersuchung durch KRÄUSEL (1943b) ergab jedoch, daß die Reste sich in keiner der bisherigen Gattungen unterbringen lassen, vielmehr die Aufstellung einer neuen Gattung notwendig machen, die KRÄUSEL *Furcifolium* nennt; sie ist gekennzeichnet durch Gabelblätter, die büschelförmig an Kurztrieben stehen, an deren Grunde ein dornartiger Auswuchs sitzt (Abbildung 52). Der heutigen monotypen Gattung *Ginkyo* stehen nunmehr 17 Gattungen fossiler *Ginkyoales* gegenüber.

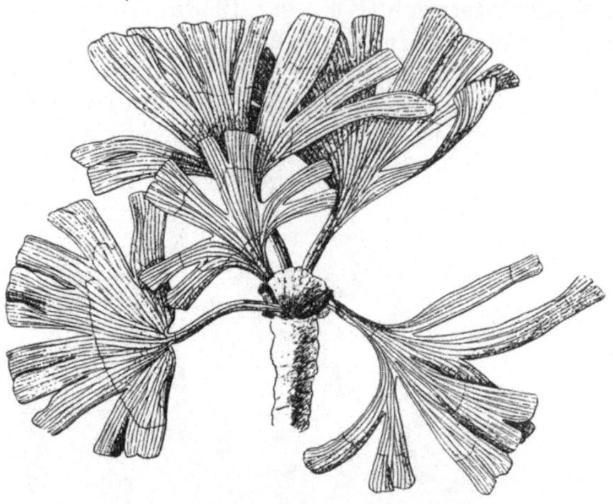

Abb. 50. *Ginkyoites Lunzensis*. Keuper. Rekonstruktion eines Zweiges (vgl. Abb. 49). 1/2 nat. Gr. (Nach KRÄUSEL 1943a.)

zu den Ginkyoalen keinen Zweifel läßt, ist *Dichophyllum Moorei* aus dem Oberkarbon von Kansas (ANDREWS 1941). Die auf Grund vieler Einzelfunde entworfene Rekonstruktion (Abb. 53) zeigt einen auf den ersten Blick *Baiera*-ähnlichen Habitus, aber man weiß nicht recht, wo die Sproßachse aufhört und der Blattstiel beginnt. Vielleicht stellt es eine zwischen den oben besprochenen Psygmophyllen und den jungpaläozoischen *Ginkyoales* vermittelnde Form dar. — Die Morphogenie der weiblichen *Ginkyo*-Blüte wurde vor

Während bei den bisher besprochenen Formen die Zugehörigkeit dies nicht der Fall für

Abb. 51. *Sphenobaiera furcata*. Keuper. Rekonstruktion eines Zweiges. 1/2 nat. Gr. (Nach KRÄUSEL 1943a.)

allem durch *Trichopitys heterophylla*, eine der ältesten Ginkyoalen aus dem Rotliegenden von Autun (Frankreich), geklärt, die FLORIN (1949) einer Nachuntersuchung unterzogen hat. Die Blätter sind durch mehrfache Dichotomie in schmale, linealische Abschnitte gespalten; aus ihren Achseln entspringt je ein verzweigter, Samenanlagen tragender Kurzsproß (Abb. 54). Die Skizze, die ZEILLER vor

50 Jahren in seinen „Eléments de Paléobotanique" gegeben hat, wird somit voll bestätigt.

Die weibliche Blüte der lebenden *Ginkyo biloba* hat im Lauf der Zeit die verschiedensten Deutungen über sich ergehen lassen

Abb. 52. *Furcifolium longifolium.* Malm. Solnhofen. 1/4 nat. Gr. (Nach KRÄUSEL 1943b.)

müssen, und zwar als:

1. axilläre Infloreszenz,
2. axilläre Blüte,
3. modifiziertes Mega sporophyll und Äquivalen eines Laubblattes,
4. verzweigte Plazenta,
5. fertiler Lappen eine Trophosporophylls und
6. axillärer, verzweigte Sporangienstand (Syntelom ohne Beziehung zu Blättern).

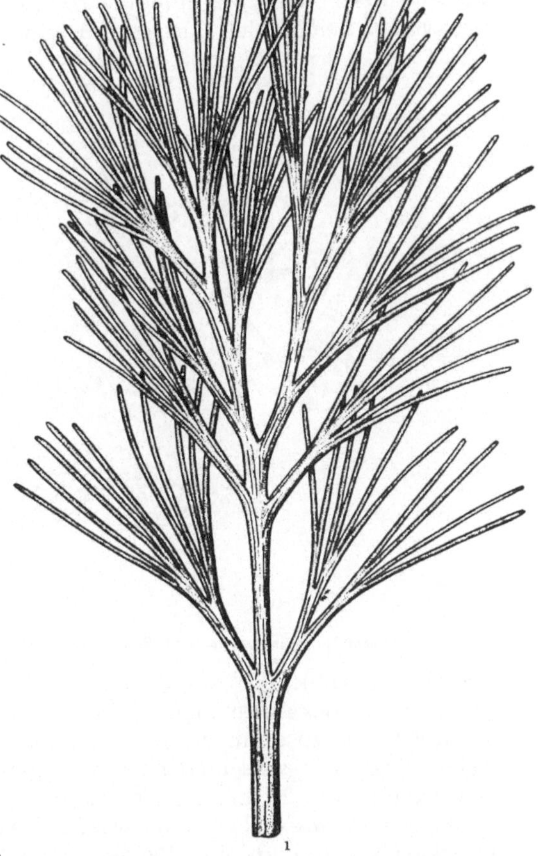

Abb. 53. *Dichophyllum Moorei.* Oberkarbon. Rekonstruktion eines Zweiges. 2/3 nat. Gr. (Nach ANDREWS 1941.)

Das oben geschilderte Verhalten von *Trichopitys,* der ältesten fertil bekannten *Ginkyoales-*Gattung, zeigt klar, daß von den 6 Deutungen der weiblichen *Ginkyo-*Blüte die zweite das Richtige trifft (falls man nicht mit der 6. Deutung der Sproß-Blatt-Entscheidung überhaupt aus dem Wege gehen will). Zum gleichen Ergebnis wie FLORIN kommt — gleichzeitig und unabhängig — EMBERGER (1949) durch Vergleich der weiblichen *Ginkyo-*Blüte mit derjenigen von *Cordaianthus pseudofluitans;* er faßt daher die *Ginkyoales* und *Cordaitales* zur „Classe des Cordaites" zusammen.

Anhangsweise sei noch der Gattung *Czekanowskia* aus dem Jura gedacht, der wir bis heute noch keine sichere Stelle im System zuweisen können. Die Zweige tragen Kurztriebe von ganz beschränktem Wachstum (etwa wie die von *Pinus*), an denen die in schmale, fadenförmige Segmente aufgeteilten Blätter sitzen. Man war geneigt, *Czekanowskia* bei den *Ginkyoales* unterzubringen, aber es bestehen doch gewisse Unterschiede, vor allem wird die Blattbasis von *Czekanowskia* nur von 1 Leitbündel durchzogen, die von *Ginkyo* hingegen von 2

Abb. 54. *Trichopitys heteromorpha*. Unt. Perm. Lodève (Frankr.). 1/2 nat. Gr. (Nach FLORIN 1949.)

(HARRIS 1951 b). Als weiblicher Zapfen gehört wahrscheinlich der schon HEER bekannte *Leptostrobus* dazu; jedenfalls kommt dieser an 8 Fundstellen zusammen mit *Czekanowskia*-Zweigen vor. Aber auch *Leptostrobus* läßt verschiedene Deutungen zu (HARRIS (1951 b), so daß erst weitere Funde Licht in diese Frage bringen können.

f) Coniferales. Die umfassende Bearbeitung der Coniferen des Oberkarbons und unteren Perms durch FLORIN (1938 bis 1945), eine der bedeutendsten paläobotanischen Monographien überhaupt, ist zum Abschluß gelangt. Ein kurzes Referat, allerdings ohne Abbildungen, hat FLORIN (1950b) selbst veröffentlicht. Über die Hefte 1 bis 5, in denen die Gattungen und Arten behandelt werden, wurde bereits früher (Fortschr. Bot. **10**, 96 bis 110) ausführlich berichtet, auch unter Hinweis auf die ungemein wichtigen morphogenetischen Folgerungen, die sich aus dem Fossilmaterial hinsichtlich der Deutung des Blütenbaues der Coniferen überhaupt ergeben. Die 1944 bis 1945 erschienenen Hefte 6 bis 8 sind der Behandlung der allgemeinen Fragen gewidmet: der Morphologie und Histologie der Vegetations- und Reproduktionsorgane sowohl der oberkarbonisch-unterpermischen wie der rezenten

Coniferen und den daraus sich ergebenden phylogenetischen Schlüssen, ferner der Stellung der ältesten Coniferen im System und schließlich deren geologisch-geographischer Verbreitung. Es können hier aus der Fülle der Resultate, soweit sie nicht schon in dem genannten früheren Referat Erwähnung gefunden haben, nur einige der wichtigsten herausgegriffen werden. Die ,,Walchien'' (*Lebachia, Ernestiodendron, Walchia*) besaßen einen monopodialen Aufbau ähnlich dem unsrer heutigen *Araucaria excelsa* und dürften — die stärksten erreichen einen Durchmesser von 10 cm — nicht allzu hoch geworden sein. Die streng zweizeilig und regelmäßig gebauten lateralen Sproßsysteme der Walchien stellen offensichtlich bereits einen spezialisierten Typus dar; demgegenüber repräsentieren die Gattungen *Paranocladus, Lecrosia* und *Buriadia* mit ihrer unregelmäßigen Verzweigung ein ursprünglicheres Verhalten.

Das Sekundärholz der Walchien stimmt sowohl in Form und Anordnung der Hoftüpfel und im rein parenchymatischen Aufbau der Markstrahlen mit den paläozoischen *Dadoxyla* (einschl. *Cordaites*) wie auch mit den lebenden Araucarien überein. Über den inneren Bau der Laubblätter der Walchien wissen wir leider nichts, nur über die Epidermisstruktur sind wir gut unterrichtet. Bei *Lebachia* ist die Epidermis der Laubblätter an den Seitenzweigen letzter Ordnung durch folgende Merkmale gekennzeichnet: Blattunterseite wie -oberseite mit zwei weit voneinander getrennten papillösen Spaltöffnungsgruppen bzw. -streifen, die aus unregelmäßig angeordneten, aber meist längsgerichteten Stomata bestehen. Letztere zum haplocheilen Typus gehörig, monozyklisch oder unvollständig amphizyklisch (vgl. Fortschr. Bot. 1, 94; 3, 45), Nebenzellen 4 bis 10, mit je einer Papille, Schließzellen eingesenkt, oberseits auch Epidermiszellen mit Papille, beiderseits (besonders unterseits) einzellige Haare, Antiklinen der Epidermiszellen gerade. *Ernestiodendron* unterscheidet sich von *Lebachia* vor allem dadurch, daß die Spaltöffnungen beiderseits in einfachen oder auf kürzere Strecken doppelten Längsreihen liegen, also nicht zu Streifen vereinigt sind. Besonders verdient hervorgehoben zu werden, daß die Behaarung der Blätter, wie sie *Lebachia* und *Ernestiodendron* zeigen, von keiner rezenten Conifere bekannt ist.

Über den Bau der Fortpflanzungsorgane wurde bereits früher (Fortschr. Bot. 10, 96 bis 108) ausführlich referiert, so daß es hier genügen soll, FLORINS schematische Zeichnungen des Samenschuppenkomplexes von *Lebachia* und *Ernestiodendron* wiederzugeben (Abb. 55), da den hier dargestellten Bautypen größte morphogenetische Bedeutung zukommt, indem sie die Blütenstandnatur des weiblichen Coniferenzapfens eindeutig beweisen und einen Vergleich mit den weiblichen Blütenständen der Cordaiten (s. o.!) ermöglichen. Die morphogenetischen und phylogenetischen Beziehungen zwischen Cordaiten und den ältesten Coniferen hat FLORIN (1951) in einer reich bebilderten Abhandlung zusammenfassend behandelt. Es sei bei dieser Gelegenheit eingefügt, daß FLORIN (1944, 1948) die ,,*Taxales*'' als eigene Reihe den ,,*Coniferales*'' gegenüberstellt. — *Lebachia* und *Ernestiodendron* faßt

FLORIN zu der neuen Familie der *Lebachiaceae* zusammen; sie treten im obersten Oberkarbon auf, erreichen im Unterrotliegenden ihre Hauptverbreitung über Europa und Nordamerika und verschwinden im Oberrotliegenden.

Von den mesozoischen Coniferengattungen *Brachyphyllum* und *Pagiophyllum* kamen eine Reihe neuer Arten zum Vorschein, vor allem

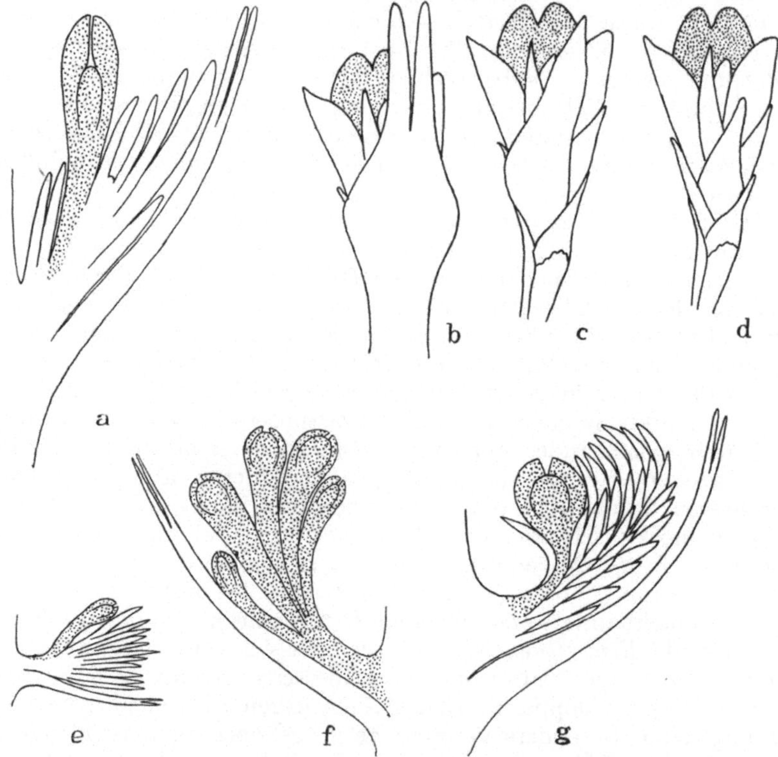

Abb. 55. Samenschuppenkomplexe permischer Koniferen. a) bis d) *Lebachia (Walchia) piniformis*. a) Längsschnitt, b) von der abaxialen Seite gesehen, c) desgl. nach Entfernung des Tragblatts, d) nach Entfernung des Tragblatts und der äußersten sterilen Schuppe. e) *Lebachia (Walchia) Goeppertiana.* f) *Ernestiodendron (Walchia) filiciforme.* g) *Walchiostrobus (Lebachia?) elongata.* a) bis d) 5/1, e) bis g) 3/1 nat. Gr. (Nach FLORIN 1938—45.)

aus dem englischen Dogger (KENDALL 1947, 1948, 1949a, b, c), bei denen an Hand von Mazerationspräparaten auch der Bau der Epidermis und der Spaltöffnungen geklärt werden konnte. *Brachyphyllum* stellt offenbar eine künstliche Gattung dar, in der solche sterile Zweige zusammengefaßt sind, die sich fiederig in einer Ebene verzweigen und angedrückte, kurze, dicke Blätter in spiraliger Anordnung tragen. KENDALL (1949a) hat wahrscheinlich gemacht, daß zu *Brachyphyllum liamillare* ein *Araucaria*-artiger weiblicher Zapfen (*Araucarites Phillipsi*) gehört, während *Brachyphyllum expansum* mit seinen ausgesprochen schildförmigen Zapfenschuppen an *Sequoia* erinnert (KEN-

DALL 1949c). Im Dogger von Yorkshire tritt eine weitere Conifere, *Elatides*, in zwei Arten auf (HARRIS 1943b, 1951b). In ihrer Belaubung ähnelt sie rezenten Taxodiaceen, ihre Mikrosporophylle tragen 3 Pollensäcke, ihre Fruchtschuppen 5 Samen, die denen von *Cunninghamia* gleichen, in deren Verwandtschaft *Elatides* auch gehören dürfte.

Im mittleren Keuper (ob. Gipskeuper) Württembergs fanden sich langgestielte Fruchtschuppen mit 5 Samenanlagen; LINCK (1951) rechnet sie vorbehaltlich zu *Voltzia* (*V. quinquies*).

Aus dem Jura Indiens hat RAO (1943a, 1946, 1949) mehrere Coniferenreste bekannt gemacht, von denen er einen (*Nipaniostrobus Sahnii*) zu den Podocarpaceen rechnet, während er sich in der Zuordnung des anderen (*Nipanioruha granthia*) nicht eindeutig ausspricht. — Auch für die aus der oberen Trias von Lunz (Niederösterreich) als *Stachyotaxus* (KRÄUSEL 1949c) benannten Coniferenzweige bleibt die systematische Stellung ungewiß.

Den fossilen Coniferenhölzern hatte KRÄUSEL schon vor mehr als 30 Jahren eine zusammenfassende Darstellung gewidmet. Derselbe Autor (1949b) hat jetzt den wesentlich umfangreicher gewordenen Stoff nochmals kritisch gesichtet, viele eigene Beobachtungen eingefügt und Bestimmungstabellen für Gattungen und Arten gegeben (mit Ausschluß der vorwiegend paläozoischen *Dadoxyla*, die nur zum geringen Teil von Coniferen stammen). Von den allgemeinen Ergebnissen ist vor allem die Tatsache bemerkenswert, daß die Mehrzahl der innerhalb der lebenden Coniferen unterscheidbaren zwölf Holztypen nicht weiter als bis in die Kreide zurückgeht; im Jura finden wir nur *Cupressinoxylon* und die Podocarpaceen, die dann in der Trias sich auch verlieren.

Die Untersuchungen der im Jungtertiär von Honshu vorkommenden, bisher als *Sequoia disticha* und *S. Japonica* bezeichneten zapfentragenden Nadelholzzweige veranlaßten MIKI zur Aufstellung einer neuen Gattung, *Metasequoia*, die vor allem durch gegenständige Blätter, gestielte Zapfen und gegenständige Zapfenschuppen gekennzeichnet ist. Über die unterscheidenden Merkmale der drei Gattungen *Metasequoia*, *Sequoia* und *Taxodium* unterrichtet Tabelle S. 139 [nach CHANEY (1951)] sowie Abb. 56.

Sequoia und *Metasequoia* unterscheiden sich auch durch Größe der Epidermiszellen und der Stomata (MIKI und HIKITA) sowie durch die Chromosomenzahlen, die bei ersterer $2 n = 66$, bei letzterer $2 n = 22$ beträgt (HIRAYOSHI und NAKAMURA, STEBBINS).

Im Jahre 1944, also drei Jahre nach der Aufstellung der Gattung *Metasequoia* auf Grund fossiler Reste, fand ein chinesischer Forstbeamter, TSANG WANG, an einem Todee-Tempel bei dem Dorf Mou-tao-chi (Prov. Szechuan) einen ihm unbekannten Baum, schickte Zweige an seine vorgesetzte Forstbehörde, deren Direktor WAN-CHUN CHENG 1946 weiteres Material sammeln ließ und einen Teil davon an den Botaniker HSEN-HSU HU schickte. Dieser erkannte, daß es sich um einen lebenden Vertreter der aus dem Tertiär von Japan beschriebenen *Metasequoia* handele, und benannte die Art *Metasequoia glyptostroboides* (HU und CHENG, Abb. 57). Eine neue Expedition im Jahre 1947 stellte die weitere Verbreitung des bis 30 m hohen Baumes in angrenzenden Teilen der Provinz Hupeh fest.

Diese Tatsachen wären aber kaum weiteren Kreisen der Botaniker und Paläobotaniker bekanntgeworden, wenn nicht E. D. MERILL, der Direktor des
Arnold-Arboretum der Harvard-University, die hohe Wichtigkeit der Entdeckungen erfaßt und an zahlreiche botanische Gärten Nordamerikas und

Abb. 56. Taxodiaceen-Sprosse, rezent (obere Reihe) und fossil (untere Reihe). a), d) *Metasequoia*. b),
e) *Taxodium*. c), f) *Sequoia*. Nat. Gr. (Nach CHANEY 1951.)

Europas Samen versandt hätte, wo jetzt überall Jungpflanzen von *Metasequoia* gedeihen. Die paläobotanische Bedeutung von *Metasequoia* zuerst
voll erkannt zu haben, ist das Verdienst von CHANEY (1948b).

Da die Gattung *Metasequoia* Merkmale von *Taxodium* und *Sequoia*
vereinigt, ist es verständlich, daß sich unter den Fossilien, die unter
den beiden letztgenannten Namen gehen, auch zahlreiche *Metasequoia*-
Reste finden. Hinzu kommt noch, daß man früher die Blattstellung bei

Abb. 57. *Metasequoia glyptostroboides.* 1. Zweig im Sommer mit weibl. Zapfen. 2. Weibl. Zapfen. 3. Zweig im Winter mit männl. Blütenständen. 4. Männl. Zapfen. 5., 6. Mikrosporophylle. 7. Same. (Nach Hu und Cheng.)

Sequoia nicht als wesentliches Merkmal ansah und man daher Sprosse mit gegenständigen Nadeln ohne Bedenken zu *Sequoia* zählte. Die Entdeckung von *Metasequoia* macht es nötig, sämtliche fossilen Taxodioideenfunde einer Nachprüfung zu unterziehen. Diese Arbeit hat CHANEY (1951) in einer ungemein gründlichen Weise für das Gebiet des westlichen Nordamerika durchgeführt mit dem Ergebnis, daß dort 5 Arten zu unterscheiden sind: *Metasequoia occidentalis* (früher *Taxodium occidentale* benannt, wozu noch eine Reihe weiterer,

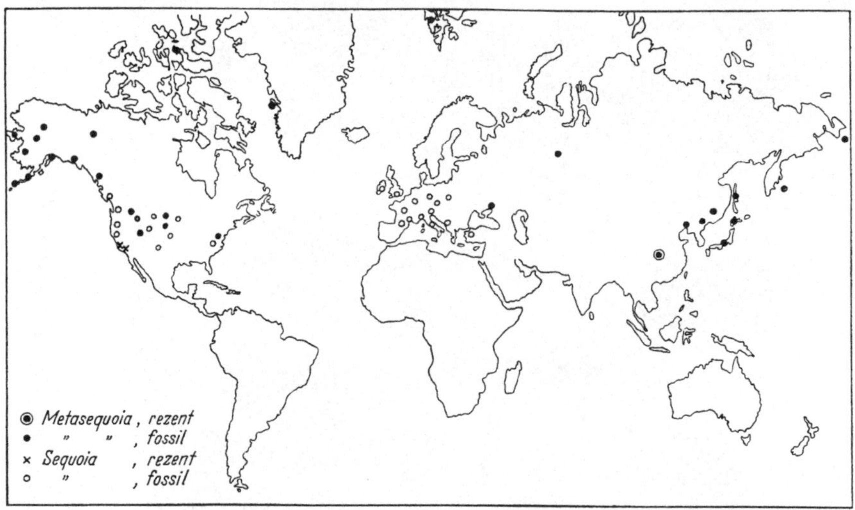

Abb. 58. Verbreitungskarte der Gattungen *Sequoia* und *Metasequoia*. (Nach CHANEY 1948a.)

vor allem als *Sequoia Langsdorfi* bestimmter Reste gehören), *Metasequoia cuneata* (früher *Taxodium cuneatum* nebst einer Anzahl „Sequoia"-Funde), *Sequoia affinis* (hierzu ein Teil der früheren *Sequoia Langsdorfi*), *Sequoia Dacotensis* und *Taxodium dubium*. Bei dieser Gelegenheit hat CHANEY eine ausführliche Geschichte der Erforschung der fossilen Sequoien und Taxodien der nördlichen Halbkugel gegeben. CHANEY (1948a) verdanken wir auch eine Verbreitungskarte der fossilen *Sequoia* und *Metasequoia* zur Tertiärzeit (Abb. 58).

6. *Angiospermae*. Bezüglich der Entstehung der Angiospermen haben sich im vergangenen Jahrzehnt keine neuen Tatsachen ergeben. GAUSSEN (1949) möchte in *Pentoxylon*, das wir oben bei den Bennettiteen kurz erwähnten, eine Ausgangsform der Angiospermen sehen, doch reicht unsre Kenntnis dieses Fossils für phylogenetische Folgerungen noch nicht aus. Die bei allen primitiven Angiospermen zu beobachtende leiterförmige Gefäßdurchbrechung, die auf Treppentracheiden zurückzuführen ist, spricht gegen eine Abstammung der Angiospermen von *Ginkyoales*, *Coniferales* und *Gnetales*, da Treppentracheiden nur bei *Cycadales*, *Bennettitales* und Pteridospermen vorkommen (BAILEY 1949). Nach Feststellungen desselben Autors finden sich 8 der tracheen-

losen Angiospermengattungen in Neukaledonien, so daß vielleicht dort
das Ursprungsgebiet der Angiospermen zu suchen wäre. Zu einem ähnlichen Ergebnis gelangt SUESSENGUTH (1950) durch statistische Untersuchungen der rezenten Flora. An 10 größeren Familien konnte er feststellen, daß die ursprünglichen Typen ausschließlich oder vorwiegend
in Australien beheimatet sind; letztere müssen dort schon während
der oberen Kreide, als die Isolierung Australiens erfolgte, existiert
haben.

	Metasequoia	*Taxodium*	*Sequoia*
Kurztriebe	in gegenständigen Paaren, schlank, abfallend	alternierend, schlank, abfallend	alternierend, kräftig, bleibend
Blattstellung	gegenständig	spiralig	spiralig
Blatt-anordnung	zweizeilig	zweizeilig	zweizeilig
Blätter	gegen die Basis verschmälert, gestielt	gegen die Basis verschmälert, gestielt	gegen die Basis nicht verschmälert, sitzend
	stumpf, mit aufgesetztem Spitzchen	zugespitzt	stumpf, mit aufgesetztem Spitzchen
Blattbasis	hervortretend, schief am Sproß verlaufend	nicht hervortretend, parallel zur Sproßachse verlaufend	hervortretend, wenig schief verlaufend
Weibl. Zapfen	abfallend, Schuppen gegenständig, bleibend	abfallend, Schuppen spiralig, abfallend	meist bleibend, Schuppen spiralig, bleibend
	Stiel lang, kahl	Stiel kurz, schuppig	Stiel kurz, schuppig
Männl. Zapfen	an besonderen Zweigen gegenständig,	an besonderen Zweigen spiralig angeordnet	einzeln an End- oder kurzen Seitenzweigen
	Schuppen gegenständig	Schuppen spiralig angeordnet	Schuppen spiralig angeordnet

An den Blättern der Gattung *Quercus* zeigt CHANEY (1949), daß
ihre Größe sowie die Lappung des Randes seit der Oberkreide stetig
zunehmen. Dieselbe Tendenz der Größenzunahme konnte ELIAS
(1942) für Gräser der Tribus *Stipeae* nachweisen (vgl. auch *Spenophyl-
lum*, MÄGDEFRAU 1942a, S. 162!).

Eine neue Theorie vom morphologischen Wert der Angiospermen-
Blüte entwickelt EMBERGER (1950), indem er die Auffassung von der
Entstehung der „Großblätter" der *Filicales*, *Pteridospermales* usw.
folgerichtig auf die Blüte anwendet und sie nicht, wie üblich, als eine
beblätterte Achse, sondern als ein Sproßsystem („un système plus ou
moin ramifié d'axes fertiles et stériles, très contracté et foliarisé")
auffaßt. Die schon früher von mehreren Autoren (z. B. PASCHER, HAGE-

RUP, SUESSENGUTH, MÄGDEFRAU) vertretene Ansicht, daß die Angiospermen keine phylogenetische Einheit darstellen, wird neuerdings auch von GAUSSEN (1949) und EMBERGER (1950) geteilt, während BOUREAU (1948a) auf Grund des Baues und der Verzweigungsart der Leitbündel sämtliche Gefäßpflanzen als Einheit betrachtet (was natürlich einer schon sehr frühzeitig einsetzenden divergenten Entwicklung mehrerer Linien innerhalb der Gefäßpflanzen nicht widersprechen würde!).

Von monographischen Bearbeitungen einzelner Angiospermenfamilien auf Grund des Fossilmaterials sei vor allem die Behandlung der *Rosaceae* und der *Symplocaceae* im „Fossilium Catalogus" durch KIRCHHEIMER (1942e, 1950c) sowie die Monographie der fossilen *Symplocaceae* und die Zusammenstellung der fossilen *Rosa*-Reste durch denselben Autor (1949a, 1941c) hervorgehoben. Beachtenswert sind auch die jeweils ältesten Funde einer Cactacee (*Eoopuntia*) im Eozän von Utah (CHANEY 1944a) und einer Composite im Oligozän der Lausitz (KIRCHHEIMER 1948b).

IV. Fossile Floren.

1. Allgemeines. Während die Erforschung der Pflanzensippen in ihren Ergebnissen in erster Linie für den Botaniker von Bedeutung ist, um unser Bild vom Bau, vom System und der Phylogenie der Pflanzenformen zu vervollständigen, bietet die Kenntnis der fossilen Floren dem Geologen wertvolle Grundlagen zur Klärung zahlreicher stratigraphischer und paläogeographischer (einschl. paläoklimatologischer) Fragen. Schon für die Gliederung der Erdgeschichte in die fünf großen Zeitalter spielen die Pflanzen eine bedeutsame Rolle. Da die Tierwelt von der Pflanzenwelt abhängig ist, hat man vorgeschlagen (VON BÜLOW 1941, 1943), die auf paläozoologischer Basis beruhende Einteilung in Archaikum, Protero-, Paläo-, Meso- und Känozoikum zu ersetzen durch Aphytikum, Protero-, Paläo-, Meso- und Känophytikum, wobei die Grenzen sich jeweils ein Stück rückwärts verschieben (vgl. VON HUENE). Wenn auch diese Gliederung für den Paläobotaniker manche Vorzüge besitzt, so ist doch, auf die gesamte Erd- und Lebensgeschichte gesehen, die bisherige Einteilung auf Grund der marinen Wirbellosen vorzuziehen (SCHINDEWOLF 1950a, b, STROMER 1942). Welch hohe Bedeutung die fossilen Floren für die Lösung der Probleme der Paläoklimatologie besitzen, zeigt deutlich die neueste Einführung in dieses Gebiet von SCHWARZBACH.

2. Paläozoikum. Gotlandium (Obersilur). Die ältesten bekannten Landpflanzen waren 1935 in Australien entdeckt worden, Formen, die z. T. unseren unterdevonischen Psilophyten ähnlich sehen, sich jedoch in Gemeinschaft mit Graptolithen fanden, also ins Gotlandium (und zwar ins untere Ludlow) gehören (vgl. MÄGDEFRAU 1942a, S. 73). In einem etwas tieferen stratigraphischen Niveau (Valentium — Wenlock) fandt HUNDT an mehreren Stellen des Frankenwaldes und des ostthüringischen Schiefergebirges ähnliche Reste, die allerdings noch genauer paläobotanischer Nachprüfung bedürfen.

Devon. Die umfangreichste und zugleich paläobotanisch bedeutsamste Bearbeitung devonischer Floren ist diejenige Spitzbergens durch Høeg (1942). Die in morphologischer und systematischer Hinsicht wichtigsten Funde wurden bereits oben besprochen (Abschn. III, 4a und c). Die Pflanzen fanden sich von den silurisch-devonischen Grenzschichten bis zum Mitteldevon (diese Schichten erreichen auf Spitzbergen eine Gesamtmächtigkeit von 10000 m!), gehören also dem gleichen Zeitabschnitt an wie die Devonfloren des Rheinlandes. Mit diesen hat die Devonflora von Spitzbergen auch viele Formen gemeinsam, z. B. *Zosterophyllum, Taeniocrada, Drepanophycus, Prototaxites, Hyenia*, während andererseits die oben besprochenen Gattungen *Psilodendrion, Svalbardia* und *Enigmophyton* neue Typen darstellen.

Croft und Lang beschreiben von Monmouthshire und Breconshire (England) eine reichhaltige Unterdevonflora, bestehend aus *Drepanophycus spinaeformis, Psilophyton princeps*, zwei *Zosterophyllum*-Arten, *Taeniocrada, Sciadophyton Steinmanni* u. a.

Die Unterdevonflora Australiens wurde durch neue Funde aus Victoria bereichert (Cookson 1949), ebenso die Mitteldevonflora Norwegens (Høeg 1945) durch je eine neue Art von *Hyenia* (*H. ramosa*) und *Psilophyton* (*P. rectissimum*). Kräusel und Weyland (1948) führen einen Vergleich der unter- und mitteldevonischen Floren Belgiens und des Rheinlandes durch und stellen eine erhebliche Übereinstimmung beider fest. In Zentralmarokko entdeckte Thermier (1950) eine typische Mitteldevonflora mit *Aneurophyton Germanicum, Asteroxylon Elberfeldense* usw.

Der Oberdevonflora von Belgien widmet Stockmans eine umfangreiche Abhandlung, die 25 Arten umfaßt, von denen mehr als die Hälfte neu sind und die fast ausschließlich bei Evieux südlich Liège gefunden wurden. Als wichtigste Gattungen seien genannt: *Archaeopteris, Rhacophyton, Aneurophyton, Sphenopteris, Barinophyton, Bucheria, Sphenophyllum, Cyclostigma*. In der Einleitung gibt Stockmans eine Übersicht über die bisher beschriebenen Oberdevonfloren der Erde. — Aus der Oberdevonflora von Gloucestershire beschreibt Crookall eine Reihe von Lycopodialenstämmchen (*Cyclostigma*). — Die ersten Devonpflanzen Japans macht Tachibana in Gestalt von *Cyclostigma*- und *Leptophloeum*-Stämmchen bekannt, und zwar aus dem Oberdevon des nördlichen Hondo. — Aus dem südlichen Timan gibt Zalessky (1945/48) *Archaeopteris fimbriata* und eine neue *Cardiopteris* (*C. primaeva*) an.— Mägdefrau (1941) faßt unsre Kenntnis der thüringischen Oberdevonflora kurz zusammen.

Unterkarbon. Aus Tiefbohrungen bei Dobrilugk (100 km südlich Berlin) kam erstmals in Deutschland eine kohlebildende Unterkarbonflora zutage (Gothan 1949). Sie besteht aus zwei Dutzend Arten, die in gut erhaltenen Abdrücken vorliegen. Darunter befinden sich neben stratigraphisch indifferenten sowie rein lokalen Formen mehrere eindeutig unterkarbonische wie *Sphenopteridium*- und *Cardiopteridium*-Arten, *Cardiopteris frondosa, Lepidodendron Losseni*, und die oben

(Abschn. III, 4c) bereits besprochene *Asterocalamitopsis*, welche GO-
THAN veranlassen, das Dobrilugker Karbon der Visé-Stufe einzuordnen.
Im Liegenden traf man stellenweise auf Kohlenkalk mit reicher Fauna. —
Der stratigraphisch bisher unsichere Acker-Bruchberg-Quarzit im
Harz, der einem großen, vom Rheinischen Schiefergebirge bis Magde-
burg sich erstreckenden Quarzitzug angehört, konnte durch den Fund
eines Stammstücks von *Asterocalamites scrobiculatus* eindeutig als unter-
karbonisch festgestellt werden (DAHLGRÜN und GOTHAN 1940).

In einem lokalen Kohlenvorkommen südöstlich Belmez gelang es
HARTUNG (1941), auf Grund von Pflanzenresten erstmals in Spanien
Unterkarbon nachzuweisen. Später konnte auch im Kohlenbecken
von Val de Infierno (an der Grenze der Provinzen Sevilla, Badajoz
und Córdoba) eine kohlebildende Flora eindeutig unterkarbonischen
Alters geborgen werden (JONGMANS und MELENDEZ 1950). Auch aus
Ägypten (Sinai und Ras Gharib — Ölfeld) wurden unterkarbonische
Pflanzen bekannt, vor allem *Lepidodendropsis* und *Rhodea*, so daß der
Sinaisandstein mit Sicherheit ins Unterkarbon eingestuft werden
kann (JONGMANS und KOOPMANS).

Die Unterkarbon- (Mississippian-) Flora Nordamerikas ist erst in
neuerer Zeit erforscht worden und gliedert sich in zwei Stufen, von denen
die untere *Triphyllopteris* und *Lepidodendropsis* führt, die obere hingegen
Cardiopteris polymorpha, *Lepidodendron Volkmannianum* und *Asterocalamites* (ARNOLD 1948c).

Eine Übersicht über die Unterkarbonfloren des gesamten euro-
päisch-nordamerikanischen Raumes gibt HIRMER (1939), wobei jeweils
vollständige Pflanzenlisten aller Fundorte eingefügt werden.

Oberkarbon. Allgemeines. In der Stratigraphie der Kohlenflöze
hat man sich in neuester Zeit eine paläobotanische Arbeitsmethode
zunutze gemacht, nämlich die der Pollenanalyse analog entwickelte
Sporenanalyse. Die ersten umfangreicheren mikroskopischen Kohlen-
untersuchungen, auch hinsichtlich der darin enthaltenen Sporenformen, führte der Algenforscher REINSCH in Erlangen durch („Micro-
Palaeophytologia formationis carboniferae" 1884), doch blieben sie
ein halbes Jahrhundert unbeachtet, bis vor etwa 20 Jahren ZERNDT
und dann IBRAHIM, LOSE, WICHERT und RAISTRICK die Sporen als
wertvolle Leitfossilien erweisen konnten. In den letzten Jahren wurde
nun die Sporenanalyse zu einem wichtigen Hilfsmittel der Feinstrati-
graphie, worüber SCHOPF (1949) und HORST in Sammelreferaten berichten. Im Vordergrund des Interesses stehen die Megasporen (ZERNDT,
ARNOLD 1950), von denen wir DIJKSTRA (1946) eine ebenso eingehende
wie gründliche monographische Bearbeitung verdanken. Aber auch die
Mikrosporen sind neuerdings herangezogen worden (GHOSH und SEN,
KOSANKE).

Die Florenfolge des Karbons und Perms nimmt POTONIÉ (1951)
zum Ausgangspunkt für eine theoretische Betrachtung, um zu zeigen,
daß die Typogenese der Pflanzen biotisch bedingt ist. — KRÄUSEL
(1949a) erläutert an Hand von 10 Bildern des „Steinkohlenwaldes"
aus den vergangenen hundert Jahren (das erste Bild dieser Art hat

der Botaniker UNGER 1851 entworfen), wie sich die Anschauung über die Kohlebildung von der Allochthonie allmählich zur Autochthonie gewandelt hat.

Nordamerika. Das nordamerikanische Oberkarbon hat botanisch besondere Bedeutung erlangt durch die in den „coal balls" enthaltenen strukturbietenden Reste. Der wichtigsten Entdeckungen wurde bereits gedacht (Abschn. III, 4 bis 5). Die „coal balls" entsprechen den „Torfdolomiten" oder „Dolomitknollen" des europäischen paralischen Oberkarbons, enthalten aber kein Magnesium, dagegen neben Kalk viel Schwefel und Eisen. Die „coal ball"-Horizonte (SCHOPF 1941) liegen in der Des Moines- und in der Missouri-Serie des Oberkarbons (Pennsylvanian), was unserm Westfal B—D entspricht, also etwas höher als die europäischen Torfdolomithorizonte. Eine Übersicht über die neueren botanischen Ergebnisse der nordamerikanischen „coal ball"-Forschung hat ANDREWS (1951) gegeben.

Was die in Form von Abdrücken erhaltenen Oberkarbonpflanzen betrifft, so ist besonders die Bearbeitung der Flora des Michiganbeckens durch ARNOLD (1949) zu nennen. Sie gehört in das mittlere Oberkarbon (Westfal A—B) und besteht aus 90 Spezies. Unter diesen verdienen zwei *Discinites*-Arten besondere Erwähnung, da hiermit die *Noeggerathiales* (s. Fortschr. Bot. **10**, 81) erstmals im amerikanischen Karbon festgestellt sind.

Mittel- und Westeuropa. HIRMER (1940) gibt, in Fortsetzung der oben genannten Unterkarbon-Abhandlung, eine Übersicht über die Oberkarbonfloren der paralischen Becken des westlichen Mitteleuropa (Holland, Belgien, Ruhrrevier, Aachen und Nordfrankreich) mit eingehenden Florenlisten und stratigraphischen Übersichten. GOTHAN (1941b) setzt seine „Steinkohlenflora der westlichen paralischen Steinkohlenreviere Deutschlands" fort mit der Bearbeitung der restlichen *Sphenopteris*-Arten sowie der Gattungen *Alloiopteris*, *Pecopteris* und *Margaritopteris*. Im Saarrevier gelingt es GUTHÖRL (1943, 1948), stratigraphische und tektonische Fragen auf paläobotanischer Grundlage aufzuklären. KUKUK und HARTUNG (1941) beschreiben die ersten echt versteinerten Baumstämme aus dem Ruhrkarbon; hier hat sich jedoch das Versteinerungsmittel (Dolomit) in Form sphärolithischer Körner abgeschieden und dabei die Holzstruktur weitgehend zerstört.

GOTHAN (1951) arbeitet die pflanzengeographischen Besonderheiten der mitteleuropäischen Karbonfloren heraus. So besitzt, um einige Beispiele herauszugreifen, das Zwickauer Becken *Alethopteris subdavreuxi*, *Neuropteris subauriculata* und *Sphenopteris lanceolata*, das Saarbecken in *Palaeoweichselia defrancei*, *Sphenopteris Damesi*, *Sph. Goldenbergi* und *Alloiopteris Saraepontana*, die böhmischen Reviere in bestimmten *Rhacopteris*-Arten rein endemische Typen, während z. B. *Lonchopteris rugosa* für die paralischen Becken kennzeichnend ist.

Die Steinkohlenfelder Großbritanniens, über die bisher eine paläobotanische Übersicht fehlte, fanden durch JONGMANS (1940a) eine eingehende floristisch-stratigraphische Darstellung.

Nemejc bearbeitete das kohlenführende Oberkarbon Böhmens (Nemejc 1946c, 1947b, 1950, Nemejc und Setlik 1950a, b), der Slowakei (Nemejc 1946b) und Westbulgariens (1942) in floristisch-stratigraphischer Hinsicht und parallelisiert die dortigen Vorkommnisse mit der in Westdeutschland aufgestellten Schichtenfolge. Ferner klärt er (Nemejc 1948, 1949a) einige kritische Arten von *Pecopteris*, *Odontopteris* und *Schizoneura* aus dem böhmischen Permokarbon auf.

Die wenigen paläobotanischen Funde aus dem Karbon der Schweizer Alpen hat Jongmans (1951a) nachgeprüft, mit dem Ergebnis, daß sie ins obere Oberkarbon (Westfal C bis unteres Stephan) gehören.

Corsin (1950b) gliedert das obere Oberkarbon (Stephan) nach Pflanzen in drei Abteilungen, entdeckt Floren diesen Alters in den Meeralpen (Corsin und Faure-Muret 1946, 1951) sowie am Nordhang der Pyrenäen (Barrabé, Corsin und Durand-Delga) und stuft die bisher für älter gehaltenen Karbonschichten des Tödi (Corsin 1946), der Grandes Rousses in Savoyen (Bordet und Corsin), von La Mure südlich Grenoble (Bouroz und Corsin) und der Becken von Blanzy (Corsin 1948b) und Decize (Corsin und Monomakhoff) in das Stephan ein.

Mittelmeergebiet. Aus dem obersten Oberkarbon von Portugal beschreibt Teixeira (1942b, 1943a, 1949a) eine Reihe fossiler Pflanzen (*Rhacopteris Gomesiana*, *Pecopteris*, *Taeniopteris*, *Sphenophyllum*, *Calamites*, *Lebachia*). Jongmans (1950) macht eine reiche Flora aus dem Hohen Atlas, ebenfalls dem obersten Oberkarbon angehörend, bekannt, die 40 Arten umfaßt und völlig denselben Charakter trägt wie die gleichaltrigen Floren Westeuropas.

Seit vor mehr als einem halben Jahrhundert Zeiller die Flora des Steinkohlenreviers von Héraclee (Eregli) bearbeitet hat, ist kaum Wesentliches aus diesem Gebiet hinzugekommen. Erst jetzt hat Jongmans (1939a) neues Material von verschiedenen Fundpunkten aus dem mehr östlichen Teil des anatolischen Kohlenbeckens bestimmt, welches stratigraphisch einen großen Teil der Westfal-Stufe umfaßt.

Osteuropa. Über die osteuropäischen Kohlenbecken (Moskau, Donez, Kaukasus), die z. T. im Oberdevon beginnen und bis ins Perm hinaufreichen, hat Jongmans (1939b, 1943) auf Grund der Literatur wie eigener Untersuchungen zwei stratigraphisch-floristische Abhandlungen verfaßt, deren erste auf zahlreichen Tafeln auch die Belegstücke abbildet. Jongmans setzt sich hierbei auch mit den Veröffentlichungen von Zalessky (z. B. 1941) auseinander.

Nord- und Ostasien. In den gleichen Abhandlungen, in denen Jongmans die osteuropäischen Kohlenbecken behandelt, bespricht er auch die nord- und ostasiatischen stratigraphisch und floristisch, womit er zum erstenmal eine einheitliche Überschau über diesen großen Raum ermöglicht. Die um den Ural gelegenen sowie das Petchora- und Kusnezk-Revier gehören vorwiegend in das Perm, beginnen z. T. aber schon tiefer und führen eine Flora des „Angara-Typus", der neben vielen endemischen Formen *Callipteris*, *Walchia*, *Ullmannia*, primitive *Ginkyoales*, *Gangamopteris* u. a. enthält. Letztere verbindet die Angara-

Flora mit der Gondwana-Flora. Auch die karbonischen Kohlenvorkommen von China, Japan und Indonesien, die dem „Cathaisia-Florentypus" (vgl. Fortschr. Bot. 5, 86) angehören, hat JONGMANS in seine Darstellung mit einbegriffen.

Gondwana-Formation. Da mehrere wichtige Abhandlungen bis zum Abschluß dieses Referates noch nicht zugänglich waren, wird hierüber erst im nächsten Band berichtet werden.

Perm. Die Flora des unteren Rotliegenden im Thüringer Wald und ihre Beteiligung an der Kohlebildung schildert MÄGDEFRAU (1942b), während GOTHAN (1943) die Bedeutung dieser Flora in der Geschichte der paläobotanischen Forschung aufzeigt.

ARNOLD (1941b) beschreibt eine typisch permische Flora vom mittleren Colorado; auch hier zeugen ebenso wie in den gleichaltrigen Schichten Europas lithologische Befunde für größere Trockenheit gegenüber der Oberkarbonzeit.

3. Mesozoikum. Allgemeines. TEIXEIRA (1948) hat eine umfassende Neubearbeitung der gesamten, an bedeutsamen Funden so reichen mesozoischen Flora Portugals durchgeführt. Der erste Band behandelt die Jura- und Kreidefloren (bis zum Cenoman), der zweite die des Senon, jeweils getrennt nach Fundpunkten; die meisten Arten sind auf 58 vorzüglichen Tafeln dargestellt. Eine besondre Abhandlung hat TEIXEIRA (1945a) den fossilen Nymphaeaceen Portugals aus Kreide und Tertiär gewidmet.

Die Pollenanalyse, auf die wir im nächsten Abschnitt noch eingehen werden, wurde von THIERGART (1949a) auch auf das Mesozoikum ausgedehnt und das schon von den Großfossilien bekannte Florenbild bestätigt: Im Keuper herrschen die Pteridophyten vor, in Jura und Wealden die Gymnospermen, die dann beide in der Oberkreide von den Angiospermen zurückgedrängt werden.

Trias. Von der Insel Bintan östlich Sumatra beschreibt JONGMANS (1951b) einige Pflanzenreste, vor allem Pterophyllen, wahrscheinlich triadischen Alters. Damit ist erstmals in Indonesien eine mesozoische Flora nachgewiesen worden.

Über die wichtigsten botanischen Ergebnisse der Bearbeitung der Keuperflora von Lunz in Niederösterreich durch KRÄUSEL (1943a, 1948, 1949c) wurde bereits (Abschn. III, 5) berichtet. — Paläobiologisch bedeutsam ist der Nachweis von Bohrgängen in einem Keuperholz von Südthüringen, die mit den heutigen, von Anobiiden erzeugten Fraßgängen weitgehend übereinstimmen (LINCK 1949).

Von der artenreichen Rhät/Lias-Flora Schwedens hat LUNDBLAD (1950a) die Pteridophyten, Pteridospermen, Cycadeen und Bennettiteen, mit besonderer Berücksichtigung der Epidermisstruktur der einzelnen Arten, behandelt. LUNDBLAD (1949a, b) wandte die „Kutikularanalyse" auch praktisch an, indem sie mit deren Hilfe Proben aus Bohrkernen teils dem unteren bis mittleren Keuper, teils dem Rhät zuweisen konnte.

Jura. Aus dem mitteleuropäischen Jura wurden lediglich die Ginkyoaceen des Solnhofener Schiefers (ob. Malm) durch KRÄUSEL

(1943a) bearbeitet (s. Abschn. III, 5e) und von THIERGART (1944) eine Anzahl Sporenformen des Posidonienschiefers beschrieben. — Aus dem Malm von Portugal beschrieb BOUREAU (1949c) ein neues *Dadoxylon* und aus dem Lias von Indochina ein *Xenoxylon* (BOUREAU 1950). — In ihrer Struktur ausgezeichnet erhaltene Wurzeln vom *Juniperus*-Typus macht SELLING (1944b) aus dem mittleren Mesozoikum von Hopen Island bei Spitzbergen bekannt. — Der Lias des Hochlandes von Iran lieferte neue Pflanzenreste (BOUREAU, FURON und ROSSET), insgesamt 29 Arten; die Florula zeigt die für den Lias typische Zusammensetzung (z. B. *Dictyophyllum, Laccopteris, Nilssonia, Podozamites, Otozamites, Ptilophyllum, Baiera*), wie wir sie von Franken, Grönland und anderen Orten kennen (vgl. Fortschr. Bot. **8**, 110ff.).

Bemerkenswerte Funde ergab der Dogger (Bajocian) von Yorkshire, wo einst die berühmten Caytoniaceen entdeckt wurden. HARRIS (1940 bis 1951) hat diese Pflanzenreste in zahlreichen Arbeiten beschrieben, vorwiegend Cycadeen, Bennettiteen, Ginkyoaceen, Caytoniaceen sowie zwei Lebermoose, während KENDALL (1942 bis 1949) sich der Coniferen angenommen hat und einige Lycopodiinenmegasporen beschreibt. Soweit diese Funde botanisch bedeutsam sind, wurde ihrer bereits in Abschn. III gedacht. Über die Florenfolge dieser Fundschicht („Estuarine series") liegt nur ein knapper Bericht vor (HARRIS 1948b). Wenn die Bearbeitung dieser botanisch bedeutsamen Flora zu einem gewissen Abschluß gekommen sein wird, soll an dieser Stelle ein Gesamtbericht erfolgen.

Unterkreide. Abgesehen von der bereits erwähnten „Flora mesozoica Portuguesa" (TEIXEIRA 1948) mit ihren vielen Kreidepflanzen liegen über die Flora der Unterkreide nur kurze Notizen vor über Coniferenzapfen aus dem Albien von Perte-du-Rhône (BOUREAU 1948b), über die Unterkreideflora von Cercal in Portugal (TEIXEIRA 1947c), über einige Hölzer aus Ungarn (ANDREANSZKY 1949a) und von Cambodge in Indochina (BOUREAU 1950) sowie über *Aponogeton* aus Argentinien, der bisher aus Amerika weder fossil noch rezent bekannt war (SELLING 1947).

Oberkreide. Besonders hervorzuheben sind die höchst ergebnisreichen Forschungen von DEFLANDRE und WETZEL über die Mikrofossilien des Feuersteins Frankreichs und Norddeutschlands, die wir im einzelnen bereits besprochen haben (Abschn. III, 1). Die sich hierbei ergebenden allgemeinen Fragen finden wir bei DEFLANDRE (1935) behandelt.

In den Hangendschichten des der Oberkreide angehörenden Steinkohlenlagers von Bulgarien kommen Blätter von einer bisher völlig rätselhaften Pflanze (*Aenigmatophyllum*) vor, die nach HARTUNG und GOTHAN vielleicht mit der Rosaceengattung *Lyonothamnus* verwandt ist. Aus demselben Fundraum beschreibt HARTUNG (1940) noch eine Reihe weiterer Pflanzenreste (Farne, Coniferen, Cycadeen), darunter auch ältere Formen wie *Hausmannia*.

Sonst wären für die Oberkreide nur einige kürzere Veröffentlichungen zu nennen. Diese betreffen *Onoclea* im Senon von Portugal

(Teixeira 1946d), *Pseudoprotophyllum* im Senon (Teixeira 1945), *Dewalquea* (Teixeira 1946c), eine Oberkreideflorula von Esgueira (Teixeira 1946b), Megasporen aus dem Senon von Südlimburg (Dijkstra 1949), fossile Hölzer von Japan und Mandschukuo (Ogura 1944) sowie von Ungarn (Greguss 1949b). Weyland (1951) gelang die Auffindung mazerierbarer Pflanzenreste im Untersenon von Quedlinburg (Harz). Hofmann (1948) beschreibt Pollen vom Myrtaceentyp im Flysch von Muntigl bei Salzburg, den sie als von *Rhizophora* stammend deutet (vgl. aber Kirchheimer 1950b), was gut zu Abels Auffassung des Flyschs als Sediment der Mangrovezone passen würde.

4. Känozoikum. Allgemeines. Wir beschränken uns hier auf das Tertiär, da die Flora des Quartärs in dem Beitrag „Systematische und genetische Pflanzengeographie" bereits berücksichtigt ist. Ein umfassender Sammelbericht über „Die Forschungsergebnisse der Paläobotanik auf dem Gebiet der känophytischen Floren" von Hirmer (1942) schließt die Abhandlungen des Jahres 1941 noch ein, so daß hier nur die von 1942 ab erschienenen Veröffentlichungen referiert werden sollen.

Ein grundsätzliches Problem hat in den vergangenen Jahren zu einer erregten Diskussion im deutschen Schrifttum geführt, nämlich die Frage, ob die im Tertiär so häufigen Abdrücke von Dicotylenblättern sicher bestimmt, d. h. einer lebenden Sippe eingegliedert werden können. Außer Zweifel steht, daß fossile Früchte sicherer bestimmbar sind als Blätter, wenigstens, wenn wir den inneren Bau der Früchte (Fachverhältnisse usw.) noch untersuchen können. Eine Reihe von Arbeiten Kirchheimers haben in dieser Hinsicht unsre Kenntnis der mitteleuropäischen Tertiärflora wesentlich zu erweitern vermocht. Wie schwierig oder gar unmöglich es oft ist, tertiäre Blätter heutigen Gattungen mit Sicherheit einzuordnen, hat Kirchheimer (1939, 1942b) gezeigt. Suessenguth (1942, 1944) schließt sich, vom Standpunkt des Systematikers lebender Pflanzen aus gesehen, Kirchheimers Auffassung an und legt eindringlich die Schwierigkeiten dar, die sich dem Botaniker beim Bestimmen beblätterter, aber blüten- und fruchtloser Zweige lebender Arten entgegenstellen, während Hirmer (1942), Kräusel und Weyland (1942a), Weyland (1943) und Mädler (1950) die Lage weniger pessimistisch sehen und besonders von der gleichzeitigen Berücksichtigung histologischer Merkmale (Epidermisstruktur) eine Erhöhung der Sicherheit beim Bestimmen tertiärer Blätter erhoffen. Kräusel und Weyland (1950) haben in einigen Fällen hierfür auch den Beweis erbracht.

Ähnlich wie für karbonische hat auch für tertiäre Kohlen die Sporen- und Pollenanalyse in neuester Zeit große Erfolge aufzuweisen. Bereits 1836 hatte Göppert die ersten Pollenkörner aus dem Miozän des Vogelsberges beschrieben und, weit vorausschauend, die mikroskopische Untersuchung tertiärer Sedimente auf ihren Polleninhalt für aussichtsreich erklärt (vgl. Kirchheimer 1940, 1941b). Aber erst vor zwanzig Jahren begannen fast gleichzeitig Kirchheimer und Potonié mit seinen Schülern Venitz und Wolf mit einer systematischen Pollenanalyse der Braunkohlen. THIERGART (1940) faßte unter Beigabe zahlreicher Pollenbilder das innerhalb eines Jahrzehnts Erreichte zusammen und konnte zeigen, daß die einzelnen Stufen des Tertiärs nach ihrem Pollengehalt sich sicher unterscheiden lassen, wenn auch der quantitativen Auswertung der Pollenspektren sich noch manche Schwierigkeiten entgegenstellen (MÜLLER-STOLL 1948, 1950, THIERGART 1950b). Die Pollen- und Sporenformen („*Sporomorphae*"), vor allem, soweit sie stratigraphisch wichtig sind, also Leitfossilien darstellen, haben THIERGART (1947), POTONIÉ, THOMSON und THIERGART (1950) und POTONIÉ (1951) unter Beigabe guten Bildmaterials zusammengestellt. Die Pollenanalyse des Tertiärs ist bereits so weit ausgebaut (vgl. POTONIÉ 1948), „daß nur ein kurzer Blick in das Mikroskop genügt, um ein Kohlenlager einem größeren Hauptabschnitt des Tertiärs zuzuordnen" (THOMSON 1950b). Die Zahl der Pollenformen beträgt infolge der großen Fülle der Baumarten im Tertiär ein Vielfaches der Pollentypen eines quartären Moores. Die Klimaschwankunken waren innerhalb der Unterabteilungen des Tertiärs viel geringer als im Postglazial. Das Pollendiagramm eines Braunkohlenflözes hat daher einen ganz anderen Charakter als das eines Torfprofils. Ersteres zeigt keine qualitativen, sondern nur quantitative Veränderungen, die ökologisch (Eu- bzw. Oligotrophie, Wechsel des Grundwasserstandes usw.) bedingt sind (THOMSON 1950a). Auch haben sich Möglichkeiten ergeben, die Flöze nach ihrem Pollengehalt stratigraphisch zu gliedern, was die Planung beim Braunkohlenbergbau erleichtert (THOMSON und REIN 1950, REIN, THIERGART 1950a). In Mitteleuropa sind pollenanalytisch am gründlichsten die Braunkohlen des Niederrheins (Oligo-Miozän) untersucht worden (THOMSON 1949, THIERGART 1947, 1950a, REIN), ferner Niedersachsen (THOMSON 1945/48, KREMP 1950), Hessen (KREMP 1951, LESCHIK) und die miozäne Braunkohle von Konin an der Warthe (KREMP 1949). Die beiden letztgenannten Veröffentlichungen bringen auch reichliches Bildmaterial mio- und pliozäner Pollenformen. Das unteroligozäne Kalisalzlager der Oberrheins und ein miozänes Salzvorkommen bei Worms unterzog KIRCHHEIMER (1950b) einer pollenanalytischen Untersuchung. Das oberrheinische Salzlager führt u. a. viel Pollen von *Ephedra* (trockene Standorte in der Umgebung der Lagune) sowie von *Sciadopitys*, die man bisher nur vom Oligozän ab kannte (KIRCHHEIMER 1950a, vgl. THIERGART 1949). — Außerhalb Mitteleuropas wurden im Tertiär nur vereinzelt Pollenanalysen engbegrenzter Schichten durchgeführt, vor allem in Frankreich (DUBOIS 1941, FIRTION 1946, 1947, MAZENOT 1945, MAZENOT und LOCQUIN), ferner in Portugal (MONTENEGRO) und Indien (RAO und VIMAL).

Der vom Mesolithikum bis zum Altertum gehandelte Bernstein entstammt den schleswig-holsteinischen Küsten und ist wohl miozänen Alters, während der heute verwendete Bernstein im Ostbaltikum gefunden und für eozänen Alters angesehen wird (W. WETZEL 1939). Daß ersterer immer seltener wird, hängt damit zusammen, daß die Nordseeküsten Sedimentationsgebiete darstellen. Zusammenfassende

Darstellungen unsrer Kenntnis des Bernsteins und seiner Einschlüsse haben BACHOFEN-ECHT und ANDRÉE gegeben.

Westeuropa. Von der Bearbeitung der reichhaltigen alttertiären Flora der Washing Bay (Irland) durch T. JOHNSON erschien bisher erst die Darstellung eines Teiles der Pilze, von denen jedoch *Phragmothyrites* mit der Alge *Phycopeltis* (s. Abschn. III, 2) identisch sein dürfte.

Die im Eozän (Paniselien) von Belgien gefundenen verkieselten Palmenhölzer haben STOCKMANS und WILLIERE untersucht und unter 150 Stammstücken 11 gut gekennzeichnete Arten festgestellt; alle bisher in Europa aus Eo-, Oligo- und Miozän bekanntgewordenen Palmenfunde sind auf drei Karten eingezeichnet. — Aus dem französischen Tertiär bestimmte BOUREAU (1949a, b) zwei Palmenhölzer (Eo- bzw. Miozän) und ein *Cupressinoyxlon* (Paläozän).

Über die jungtertiäre Flora von Portugal liegen zahlreiche, meist kürzere Arbeiten von TEIXEIRA vor. Wahrscheinlich ins Eozän gehört eine kleine, in vulkanischen Tuffen gefundene Flora (TEIXEIRA und ZBYSZEWSKI). Aus dem Miozän (TEIXEIRA 1946a, 1947a) stammen Reste von *Podocarpus, Glyptostrobus, Pinus, Populus, Juglans, Cinnamomum, Panax* usw., aus dem Pliozän (TEIXEIRA 1942a, 1943b, 1944a, b, c, d, 1945c, 1947b, 1949b) *Pinus, Sequoia, Stratiotes, Sabal, Vitis, Populus, Acer, Quercus, Castanea* u. a.

Mitteleuropa. Der Tertiärflora des Niederrheins wurde im letzten Jahrzehnt eine rege Forschungstätigkeit gewidmet. Ein wesentlicher Teil der oben besprochenen pollenanalytischen Arbeit wurde hier geleistet. WEYLAND (1943, 1948) veröffentlichte zwei weitere, umfangreiche Beiträge zur Kenntnis der Flora der in das Oberoligozän (Stampien) gehörigen Ablagerungen von Rott im Siebengebirge und bringt damit diese langjährige Untersuchung zu einem vorläufigen Abschluß. An Neufunden sind besonders bemerkenswert: *Hydrocharis, Terminalia, Arbutus, Vaccinium*, eine Asclepiadaceenblüte, *Dillenia-* und *Ptelea-* Früchte. Da WEYLAND auch die vor hundert Jahren beschriebenen Originalstücke von C. O. WEBER nachprüfen konnte, so war es möglich, ein ungewöhnlich reichhaltiges Material zu erfassen, das aus 251 Arten (meist Blättern, aber auch Blüten und Früchten) besteht, abgesehen von zahlreichen, noch zweifelhaft gebliebenen Funden. Aus den geologischen Verhältnissen können wir schließen, daß die Flora von Rott einem räumlich eng umgrenzten Gebiet entstammt, nämlich niedrigen vulkanischen Bergen, die eine flache Meeresbucht umsäumten. Diese Vegetation muß, aus der Zusammensetzung der Flora zu schließen, eine sehr mannigfaltige gewesen sein (Wasserpflanzen, lianenreicher Auewald, Laubwald, Hartlaubgehölze usw.), was dem aus der Pollenanalyse gewonnenen Bild (THIERGART) voll entspricht. Die Flora von Rott zeigt eine ähnliche Zusammensetzung wie die heutige in Südostasien, wobei natürlich wie bei allen europäischen Tertiärfloren auch deutliche Beziehungen zu Nordamerika hervortreten. Was das Klima betrifft, so können wir auf mäßige Wärme und reiche Niederschläge schließen. Erwähnt sei noch, daß WEYLAND (1947) die Conifere *Amento-*

taxus im Oberoligozän von Düren (Rheinland) nachweisen konnte, während sie bisher in Deutschland nur aus dem Obermiozän von Salzhausen (Wetterau) vorlag.

TEICHMÜLLER (1950) untersuchte die rheinischen Braunkohlen petrographisch und unterscheidet wie THOMSON Bruchwaldkohlen, die viel Pflanzengewebe enthalten, Riedkohlen, die fast ganz aus strukturell stark zersetztem humosem Dextritus bestehen, und subaquatische Kohlen, die einen hohen Gehalt mineralischer Verunreinigungen aufweisen.

Die in den vulkanischen Tuffen der Eifel gefundenen Pflanzenreste haben KRÄUSEL und WEYLAND (1942b) bearbeitet. Der Anteil krautiger Formen liegt hier höher, als dies sonst bei Tertiärfloren der Fall ist. Von den Tuffvorkommen gehören zwei (Buerberg bei Schutz und Daun-Docksweiler) ins Tertiär (Cinnamomum!), zwei (Plaidt und Rieden-Volkesfeld) sind interglazial, zwei weitere (Rockeskyll und Bickeberg) vielleicht auch, alle übrigen müssen dem Postglazial zugewiesen werden. Das Alter des Tertiärs im Graben von Antweiler am Nordabfall der Eifel wird von KIRCHHEIMER (1951b, c) auf Grund von Fruchtfunden in das Oligozän eingestuft.

Bezüglich der Entstehungsgeschichte des oberrheinischen Kalisalzlagers gelangte KIRCHHEIMER (1950b) durch pollenanalytische Untersuchung (s. o.!) zu neuen Erkenntnissen. Pollen von Angiospermen tritt fast vollständig zurück, während solcher von Gymnospermen (*Sciadopitys, Pinus, Podocarpus, Ephedra*) vorherrscht, in den Schichten über dem Salzlager hingegen dominiert der Angiospermenpollen. Das Mengenverhältnis der Pollenarten in den einzelnen Horizonten des Salzlagers schwankt nur wenig. Das Klima war wohl ausgeprägt arid. Die Mergellagen verdanken nach KIRCHHEIMER ihre Entstehung nicht Süßwassereinschwemmungen, sondern wiederholten Staubstürmen. — Ein aus dem Eozän von Kandern (Südbaden) stammendes Holz gehört nach MÜLLER-STOLL (1949) zu *Sterculia*, womit das Holz dieser Gattung erstmals in Mitteleuropa nachgewiesen wurde; bisher war es nur aus dem Tertiär Nord- und Ostafrikas bekannt.

In einem Basalttuff von Homberg in Hessen gelang KIRCHHEIMER (1951) der Nachweis der *Humiriaceae,* einer kleinen, rein tropischen Familie aus der Verwandtschaft der *Burseraceae,* auf Grund zweier vorzüglich erhaltener Früchte; der bisher als miozän angesehene Tuff muß nach diesem Fund wohl ins Oligozän gestellt werden. Fossile *Humiriaceae* kannte man sonst nur aus dem Tertiär von Brasilien, Columbien und Peru (SELLING 1945). — *Apeibopsis*-Früchte, die weder mit Tiliaceen (*Apeiba*) noch mit Flacourtiaceen, wozu man sie auch gerechnet hat, etwas zu tun haben, konnte KIRCHHEIMER (1942d) im Miozän der Wetterau nachweisen.

In einem kleinen Braunkohlenvorkommen im Nördlinger Ries (Bayern) wies KIRCHHEIMER (1949b) *Salvinia, Brasenia, Vitis Teutonica* und *Stratiotes Websteri* nach; letztere spricht für oligozänes Alter.

Den in der eozänen Braunkohle Mitteldeutschlands vorkommenden, bereits 1848 von TH. HARTIG richtig gedeuteten Kautschukrinden widmet GOTHAN (1950b) eine zusammenfassende Darstellung. Die darin von ihm gefundenen Insektenreste werden jedoch von KIRCHHEIMER (1950e) für rezent erklärt. — HUNGER (1947) zeigt, daß im Zeitz-Weißenfelser Revier der *Sequoia*-Wald infolge Absinkens des Grundwasserspiegels von einem *Pinus*-Mischwald abgelöst wurde. — In den eozänen Knollensteinen von Mosel bei Zwickau fand sich eine vorzüglich erhaltene Blätterflora (FISCHER), bestehend aus 45 Arten. 70% davon haben ihre heutigen Verwandten im malesischen Gebiet. Die auffallende Heterophyllie an den Zweigen der Conifere *Elatocladus Sternbergi* führt FISCHER auf jahreszeitliche Klimaschwankungen zurück.

Über die Flora der Braunkohlenlager der Lausitz verdanken wir KIRCHHEIMER mehrere Abhandlungen. Insbesondere konnte er (1942a,b, 1943b) in Fortsetzung seiner früheren Arbeiten eine beträchtliche Zahl von Früchten und Samen bestimmen, und zwar aus den Familien der *Pinaceae, Myricaceae, Juglandaceae, Polygonaceae, Menispermaceae, Lauraceae, Rosaceae, Hamamelidaceae, Rutaceae, Staphyleaceae, Cornaceae, Symplocaceae, Styracaceae* und *Caprifoliaceae*. Die kritischen Untersuchungen KIRCHHEIMERS (1942b) an Laubblättern aus dem Tertiär der Lausitz wurden bereits zu Beginn dieses Kapitels erwähnt. Auf Grund des Vorkommens von Mastixioideenfrüchten stellt KIRCH-HEIMER (1950d) die Braunkohlen der Lausitz ebenso wie die Flöze des Rheinlands in das obere Oligozän.

Das oligozäne Phosphoritvorkommen von Prambachkirchen in Oberösterreich lieferte eine große Anzahl phosphatisierter Hölzer, von denen HOFMANN (1944) 325 untersuchte, deren knappe Hälfte eine Bestimmung zuließ. Folgende Holzgattungen wurden festgestellt: *Taxodio-, Cupressino-, Cedro-, Piceo-, Pinu-, Casuaro-, Betulo-, Alno-, Carpino-, Fago-, Querco-, Guttifero-, Pomo-, Legumino-, Rhizophoro-, Acero-, Celastrino-, Ebeno-, Tectono-, Fraxino-* und *Palmoxylon*. — Die mikroskopische Untersuchung der pliozänen Braunkohle des Hausruck durch HOFMANN (1943) ergab, daß die Xylite überwiegend von *Taxodioxylon sequoianum* stammen, während die Moorkohle in ihrer Grundmasse aus zerfaserten Nadelhölzern besteht, in die große Mengen von Harz, Blättchen, Laubholzgefäßen, Kutikeln usw. eingebettet sind. — Die unterpliozänen Congerienschichten des Wiener Beckens ergaben eine reiche Flora von mehr als 70 Arten (BERGER 1950d), die größtenteils feuchten Ufer- und Tieflandwaldgesellschaften angehören. Unter den Florenelementen herrscht das nordamerikanische mit 32% weit vor. Diese Untersuchungen regten BERGER (1950c) an, eine Floren- und Faunenkarte des europäischen Unter- und Mittelpliozäns zu entwerfen: In Mitteleuropa herrschen warmgemäßigter feuchter Laubwald und Waldfaunen, in Südosteuropa subtropisch-mediterraner Laubwald und Steppenfaunen. — Das Vorkommen von *Cinnamomum* und *Liquidambar* im Mittelmiozän des Wiener Beckens spricht für feuchte Laubwälder, was mit den Säugetierfunden in Einklang steht (BERGER 1950a). — Im Flysch des Wienerwaldes fanden sich zahlreiche Hölzer, und zwar im Oberkreideflysch *Araucario-, Podocarpo-, Phylloclado-*

und *Laurinoxylon*, im Eozänflysch *Cedroxylon* und ein Farnstamm, was auf das Vorkommen von Nadel- und Lorbeerwäldern hinweist (BERGER 1950b).

Osteuropa. Die ungemein reichhaltige Pliozänflora in Kroszienko in Polen fand durch SZAFER (1946—47) eine umfassende Bearbeitung. Ihm gelang es, nicht weniger als 170 Arten, meist durch Früchte oder Samen belegt, nachzuweisen, darunter über 100 dikotyle Gehölze. Die Laubmoose (17 Arten) wurden gesondert beschrieben (SZAFRAN 1949). Auf geographische Elemente verteilt, entfallen auf Kosmopoliten 2,7, Holarktis 6,3, Eurasien 7,1, Mitteleuropa 17,7, Südeuropa 3,5, Balkan bis Kaukasus 7,1, Ostasien 37,1 und östliches Nordamerika 18,5%. Diese Prozentzahlen stimmen weitgehend überein mit denen der Pliozänflora von Frankfurt (Main). Das reiche *Tsuga*-Material von Kroszienko regte SZAFER (1949) zu einer zusammenfassenden Behandlung dieser Gattung im europäischen Tertiär an. Variationsstatistische Untersuchung der Zapfen und Nadeln ergab, daß aus einem primitiven *Tsuga*-Typ des Miozäns sich allmählich die beiden lebenden Arten *Tsuga Canadensis* und *Ts. Caroliniana* herausdifferenzierten.

Die Pflanzenreste (insgesamt 20 Arten) des Miozäns von Inner-Böhmen hat NEMEJC (1949b) einer kritischen Revision unterzogen. $^9/_{10}$ davon sind Gehölze, die als Blätter vorliegen; neben dem südostasiatischen Element tritt vor allem das nordamerikanische hervor. — Die aus dem böhmischen Oligozän seit langem als *Steinhauera* bekannten, verschieden gedeuteten Früchte erkannte KIRCHHEIMER (1943d) als von *Liquidambar* stammend, während er für andre in der Literatur als *Liquidambar* bezeichnete Früchte (z. B. aus dem Miozän von Öhningen) die Zugehörigkeit zu dieser Gattung nicht für erwiesen hält.

RÁSKY (1943) beschreibt eine Oligozänflora aus Ungarn (vorwiegend als Blattabdrücke), die einen subtropisch-mediterranen Charakter zeigt. An Einzelfunden aus dem ungarischen Tertiär sind erwähnenswert der Blütenstand einer Palme (Coryphoidee) (ANDREANSZKY 1949b), *Nipa*-Früchte aus dem Eozän (RÁSKY 1948), *Salvinia*-Blätter (RÁSKY 1949), eine Frucht der Sterculiacee *Tarrietia* (RÁSKY 1950) sowie mehrere Farne (ANDREANSZKY 1949c).

Am Beispiel der Braunkohlenflora von Pernik in Bulgarien erörtern GOTHAN und SACHARIEWA die schwierigen Fragen, die sich bei einem stratigraphischen Vergleich von Tertiärfloren verschiedener Breitengrade ergeben. Auf Grund der aus 55 Arten bestehenden Flora und unter Berücksichtigung aller für die Einstufung wesentlichen Gesichtspunkte halten die genannten Autoren die Kohle von Pernik, die von verschiedenen Geologen für eo-, oligo-, mio- und pliozän angesprochen worden ist, für obermiozänen Alters.

Nordamerika. Im westlichen Nordamerika (California und Oregon) wurden nicht weniger als 10 pliozäne Floren durch CHANEY, AXELROD und CONDIT einer Bearbeitung unterzogen, die in einem umfangreichen Sammelband (CHANEY 1944b) niedergelegt ist. Im Rahmen dieses kurzen Referates müssen wir uns auf die Wiedergabe der wichtigsten allgemeinen Ergebnisse beschränken. Vor allem bemühen sich die genannten Forscher um einen Vergleich der fossilen Arten mit rezenten, um die fossile Flora in Elemente aufgliedern zu können. CHANEY definiert ein Element als eine Gruppe fossiler Pflanzen, deren lebende nächstverwandte Arten einen größeren geographischen und klimatischen Bereich besiedeln, und setzt ihn den Begriffen „plant formation" und „climax community" gleich. Die Tertiärfloren des westlichen Nordamerikas lassen sich in fünf solcher Elemente aufteilen: westamerikanisches, ostamerikanisches, ostasiatisches, südwestamerikanisches und karibisches Element. Letzteres ist in den alttertiären Floren am besten entwickelt, im Pliozän aber stark reduziert. Jedes dieser Elemente läßt sich noch in einzelne Komponenten aufteilen, welche größere floristische Einheiten darstellen. Dem alten Begriff der arkto-tertiären Flora, die im Laufe des Tertiärs von Norden nach Süden wanderte, und dem der neotropisch-tertiären Flora, die immer mehr nach Süden gedrängt wurde, fügen AXELROD und CHANEY die „madro-tertiäre Flora" hinzu, deren Zentrum in den Trockengebieten der Sierra Madre und den angrenzenden Hochländern liegt. Infolge der vom Eozän bis zur Gegenwart abnehmenden, mehr schwankenden Temperatur und der abnehmenden und mehr jahreszeitlich eingeengten Niederschläge wanderte die arkto-tertiäre Flora nicht nur nach Süden, sondern auch nach der Küste zu, und die madro-tertiäre Flora drängte von Süden herein, besonders landeinwärts (s. auch CHANEY 1947). Die gegenwärtige Flora des westlichen Nordamerikas ist in ihrer Zusammensetzung also das Ergebnis der weiten und verschieden gerichteten Florenwanderungen während der Tertiärzeit.

Die Untersuchung von Jungtertiärfloren, die im Bereich der heutigen großen Trockengebiete des westlichen Nordamerikas liegen, ermöglicht es, die Florenentwicklung innerhalb der letzteren zu ergründen (AXELROD 1950). Abb. 59, die diesen Florenwandel vom Untermiozän bis zur Gegenwart schematisch darstellt, läßt erkennen, wie der warmtemperierte Wald, ein Relikt der neotropisch-tertiären Flora, schon im Mittelmiozän verschwindet; er wird ersetzt durch sommergrüne Laubwälder, diese durch Nadelwälder, welche schließlich dem Grasland und der Wüsten- und Halbwüstenvegetation, also der madrotertiären Flora, Platz machen müssen.

Die Miozänflora von Sucker Creck im Grenzland zwischen Oregon und Idaho hat SMITH (1940) nach früheren Bestimmungen zusammengestellt und ihre Arten nach dem Vorkommen der nächstverwandten lebenden Arten in 3 Gruppen aufgeteilt: westamerikanische, ostamerikanische und ostasiatische. Die Flora setzt sich aus zwei Assoziationen zusammen, einer mesophytischen Tieflandassoziation mit *Alnus, Betula, Populus, Salix, Platanus, Carya, Castanea, Fagus, Ostrya, Glyptostrobus* u. a. und einer mehr xerophytischen Hochlandassoziation, bestehend aus *Castanopsis, Arbutus, Pinus, Sassafras, Mahonia, Cedrela* usw. Im Gegensatz zu den Miozänfloren von Zentraloregon treten die Sequoien hier sehr zurück.

Aus dem östlichen Nordamerika verdient vor allem die alttertiäre Flora des Brandonlignits von Vermont (New England) Erwähnung, der aus Harthölzern besteht. Durch Hölzer, Früchte, Samen und Pollen ließen sich fast hundert Arten nachweisen (BARGHOORN 1950, BARGHOORN und SPACKMAN 1950), darunter *Cyrilla, Persea, Gordonia, Nyssa, Quercus, Carya, Symplocos, Ilex*. Diese Flora muß unter einem feuchten subtropischen oder warmtemperierten Klima gewachsen sein und wird von BARGHOORN mit den heutigen „swamp forests" der Südoststaaten verglichen. Es handelt sich dabei übrigens um die erste aus den nordöstlichen Staaten bekanntgewordene Tertiärflora.

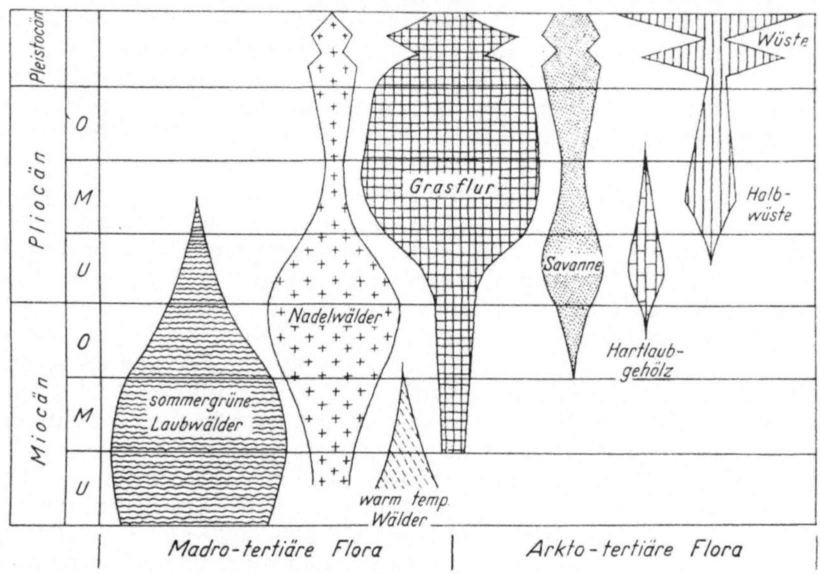

Abb. 59. Vegetationsentwicklung in der gegenwärtigen Wüstenregion (Northern Greath Basin) Nordamerikas. (Nach AXELROD.)

Südamerika. Die bisher in Brasilien gefundenen Tertiärpflanzen hat DOLIANITI zusammengestellt. Aus verschieden alten Tertiärschichten Columbiens untersuchte SCHÖNFELD (1947) eine Anzahl von Hölzern, die durchweg heute in Südamerika lebenden Gattungen nahestehen. FRENGUELLI (1943) fand im Miozän Patagoniens fruchttragende *Casuarina*-Zweige.

Afrika. BOUREAU (1948 bis 1950) gibt sorgfältige Beschreibungen von einer Anzahl fossiler Hölzer aus der Sahara, von denen eines dem Danien, alle anderen dem Tertiär entstammen (*Dado-, Podocarpo-, Fico-, Querco-, Dombeyo-, Sterculio-, Myristico-* und *Caesalpinioxylon*).

Asien. Anläßlich von Untersuchungen japanischer Tertiärpflanzen stellte MIKI die Gattung *Metasequoia* auf (s. Abschn. III, 5f). Aus Hinterindien (Südannam) beschreibt BOUREAU (1950) zwei jungtertiäre Angiospermenhölzer (*Terminalioxylon* und *Sapindoxylon*). — RAO und VIMAL bilden eine Reihe von Sporen und Pollen aus einem eozänen

Lignit von Bikaner im nördlichen Vorderindien ab, von denen jedoch noch keine sichere Bestimmung möglich ist.

Australien. Aus der oligozänen Braunkohle von Victoria machen COOKSON und DUIGAN 6 neue Banksieen bekannt, die in der neuen Gattung *Banksieaephyllum* zusammengefaßt werden, da eine bestimmte Zuordnung zu *Banksia* oder zu *Dryandra* nicht möglich ist; bei dieser Gelegenheit werden die genauen Daten der Blatthistologie für über hundert rezente Arten der beiden genannten Gattungen mitgeteilt. Ferner wurden von mehreren Tertiärfundstellen Südostaustraliens fossile Pollenkörner von 17 verschiedenen Proteaceen (COOKSON 1950), einer Oleacee nebst Blättern mehrerer Oleaceen (COOKSON 1947a) bekannt. Besonders bemerkenswert ist der pollenanalytische Nachweis von 10 verschiedenen *Nothofagus*-Arten im Tertiär Südostaustraliens (COOKSON 1946). *Nothofagus* war demnach damals in Australien viel verbreiteter als heute.

SELLING (1950b) stellt im Tertiär von Tasmanien 3 neue *Araucaria*- und eine *Podocarpus*-Art, deren heutige Verwandte auf Neukaledonien, Neumecklenburg und Fiji leben, fest.

Antarktische Inseln. Während bisher aus dem Tertiär der Kerguelen nur *Araucaria* (sect. *Eutacta*) und *Elatides* bekannt waren, gelang COOKSON (1947b) der pollenanalytische Nachweis von 1 Araucariacee, 5 Podocarpaceen, 2 Monocotylen, 3 Dicotylen und 10 Pteridophyten (meist *Filicales*); *Nothofagus* fand sich auffälligerweise noch nicht.

Literatur.

ANDRÉANSZKY, G.: (1949a) Földtani Közlöny **79**, Nr. 5—8 — (1949b) Hung. acta biol. **1**, 31—36 — (1949c) Index hort. bot. univ. Budapest **7**, 102—108. — ANDRÉE, K.: (1951) Der Bernstein. Stuttgart. — ANDRES, G.: (1952) Geologica Bavarica **14**. 41—47. — ANDREWS, H. N.: (1940a) Bull. Torrey bot. Club **67**, 596—601 — (1940b) Ann. Missouri bot. Gard. **27**, 51—118; (1941) **28**, 375—384; (1942) **29**, 1—18; (1943a) **30**, 429—442; (1943b) **30**, 421—427; (1945) **32**, 323—360 — (1947) Ancient plants and the world they lived in. Ithaka — (1948a) Ann. Missouri bot. Gard. **53**, 207 — (1948b) Bot. Gaz. **110**, 13—31 — (1949) Ann. Missouri bot. Gard. **36**, 479—505 — (1950) Bull. Torrey bot. Club **77**, 29—34 — (1951) Bot. Review **17**, 430—469. — ANDREWS, H. N., u. R. W. BAXTER: (1948) Ann. Missouri bot. Gard. **35**, 193—201. — ANDREWS, H. N., u. E. M. KERN (1947): Ann. Missouri bot. Gard. **34**, 119—186. — ANDREWS, H. N., u. J. A. KERNEN: (1946) Ann. Missouri bot. Gard. **33**, 141—146. — ANDREWS, H. N., u. L. W. LENZ: (1947) Ann. Missouri bot. Gard. **34**, 113—114. — ANDREWS, H. N., u. E. PANNELL: (1942) Ann. Missouri bot. Gard. **29**, 19—34. — ARNOLD, CH. A.: (1941a) Contr. Mus. Paleont. Univ. Michigan **6**, 53—57; (1941b) **6**, 59—70 — (1941c) Mineralogist Mag. **9**, 323—325 — (1944) Amer. J. Bot. **31**, 466—469 — (1945) Michigan Acad. Sci. Arts Lett. Pap. **30**, 3—34 — (1947) An introduction to Paleobotany. New York u. London — (1948a) Bull. Torrey bot. Club **75**, 131—146 — (1948b) Bot. Review **14**, 450—472 — (1948c) J. Geol. **56**, 367—372 — (1948c) Bot. Gaz. **110**, 1—12 — (1949) Contr. Mus. Paleont. Univ. Michigan **7**, 131—269; (1950) **8**, 59—111. — AXELROD, D. J.: (1950) Carnegie Inst. Washington Publ. **590**. BACHOFEN-ECHT, A.: (1949) Der Bernstein und seine Einschlüsse. Wien. — BAILEY, J. W.: (1949) J. Arnold Arboretum **30**, 64—70. — BARGHOORN, E. S. (1950): Bull. Vermont Bot. Bird Club Nr. 18. — BARGHOORN, E. S., u. W. SPACKMAN: (1950) Econom. Geology **45**, 344—357. —

BARRABÉ, L., P. CORSIN u. M. DURAND-DELGA: (1951) C. r. Soc. Géol. France 55—57. — BAXTER, R. W.: (1948) Ann. Missouri bot. Gard. **35**, 209—231; (1949) **36**, 287—352 — (1950) Bot. Gaz. **112**, 174—182 — (1951) Amer. J. Bot. **38**, 440—452. — BENDER, F.: (1951) Palaeontographica **91** B, 152—159. — BERGER, W.: (1950a) Sitzgsber. Österr. Akad. Wiss., math.-nat. Kl. I, **159**, 316—319: (1950b) **159**, 11—24; (1950c) **159**, 65—74; (1950d) **159**, 87—99. — BERSIER, A.: (1939) Bull. Soc. Vaud. sc. nat. **60**, 229—260. — BERTRAND, P. (1941): Bull. Soc. bot. France **88**, 621—635 — (1950) Ann. Paléont. **36**, 125—139. — BERTSCH, K.: (1941) Früchte und Samen. Handb. d. prakt. Vorgeschichtsforsch. **1**. Stuttgart — (1942) Lehrbuch der Pollenanalyse. Handb. d. prakt. Vorgeschichtsforsch. **3**. Stuttgart. — BORDET, P., u. P. CORSIN: (1951) C. r. Soc. Géol. France 73—74. — BOUREAU, E.: (1948a) Rev. scientif. **86**, 653—666 — (1948b) Bull. Mus. Hist. nat. Paris, ser. 2 **20**, 481—491; (1948—1950) **21—22** — (1949a) Bull. Soc. Géol. France, 5. Ser. **19**, 601—609 — (1949b) Rev. gén. Bot. **56**, 464—476 — (1949c) Comun. Serv. Geol. Portugal **29**, 187—194. — (1950) Bull. Serv. géol. Indochina **29**. Nr. 1 und 4. — BOUREAU, E., R. FURON u. L. F. ROSSET: (1950) Mém. Mus. hist. nat., n. s. **30**, 207—242. — BOUROZ, A., u. P. CORSIN: (1950) C. r. Acad. Sci. Paris **230**, 2035—2037. — BROWN, R. W.: (1951) Report of the committee on paleobotany. Nat. research Council, Div. of geol. and geogr. Washington. — BÜLOW, K. VON: (1941) Z. dtsch. Geol. Ges. **93**, 423—432; (1943) **95**, 357—362.

CAROZZI, A.: (1948) Arch. Sci. Soc. phys. hist. nat. Genève **1**, 211—375. — CHALONER, W. G.: (1951) Ann. Mag. Nat. Hist., Ser. 12 **4**, 861—873. — CHANEY, R. W.: (1944a) Amer. J. Bot. **31**, 507—528 — (1944b) Carnegie Inst. Washington, Publ. **553** — (1947) Ecolog. Monogr. **17**, 139—148 — (1948a) Redwoods of the past. Save-the-redwoods-League. Berkeley — (1948b) Proc. nat. Acad. Sci. USA **34**, 503—515 — (1949) JEPSEN-SIMPSON-MAYR, Genetics, Paleontology und Evolution 190—201. Princeton — (1951) Trans. amer. Phil. Soc., N. S. **40**, 171—263. — CHIARUGI:, A. (1947) Palaeontographica Italica **41**, 121—130. — COOKSON, I. (1946): Proc. Linnean. Soc. New South Wales **71**, 49—63; (1947a) **72**, 183—197 — (1947b) Antarct. res. exped. 1929—31., Rep., Ser. A, **2**, 129—142 — (1947c) Proc. Linnean. Soc. New South Wales **72**, 207—214 — (1949) Mem. Nat. Mus. Melbourne **16**, 117—131 — (1950) Austr. J. scientif. Res., Ser. B **3**, 166—177. — COOKSON, I., u. S. L. DUIGAN: (1950) Austral. J. scientif. Res. Ser. B, **3**, 133—165. — CORSIN, P.: (1945) Mém. Soc. Sci. Agric. et Arts Lille, 5. sér. **9**, 1—86 — (1946) C. r. Soc. Géol. France 336—337 — (1948a) Ann. Soc. Géol. Nord **67**, 6—25 — (1948b) C. r. sé. Acad. Sci. **227**, 858—860; (1950) **230**, 117—119 — (1950) Ann. Soc. Géol. Nord **70**, 130—154. — CORSIN, PAUL, u. A. FAURE-MURET: (1946) C. r. Soc. Géol. France 246—247; (1951) 58—59. — CORSIN, PAUL, u. CH. GREBER: (1948) Ann. Soc. Géol. Nord **68**, 65—75. — CORSIN, PAUL, u. C. MONOMAKHOFF: (1948) C. r. se. Acad. Sci. **227**, 980—982. — CROFT, W. N., u. W. H. LANG: (1946) Philos. Trans. roy. Soc. London, Ser. B **231**, 131—165. — CROOKALL, R.: (1939) Bull. Geol. Surv. Great Brit. **2**, 72—77.

DAHGRÜN, F., u. W. GOTHAN: (1940) Z. dtsch. Geol. Ges. **92**, 259—262. — DANGEARD, L.: (1948) Bull. Mus. roy. Hist. nat. Belgique **24**, Nr. 2, 1—3. — DARRAH, W. C.: (1939) Harvard Univ. Bot. Mus. Leafl. **7**, 157—168; (1941a) **9**, 85—100 — (1941b) Amer. Midland Naturalist **25**, 233—269 — (1941c) Chronica botanica **6**, 388—389. — DEFLANDRE, G.: (1935) Bull. biol. France Belgique **69**, 213—244 — (1936a) Les flagellés fossiles. Actual. scientif. et industr., Nr. 335. Paris — (1936b) Bull. Soc. franç. Microsc. **5** II, 76—79 — (1936—37) Ann. Paléont. **23**, 151—191; **26**, 51—103 — (1938) Bull. Soc. franç. Microsc. **7** III, 74—88; (1939a) **8** I, 47—50; (1939b) **8** IV, 141—145 — (1939c) Sci. natur. **1**, 259—264 — (1942) Bull. Soc. Hist. nat. Toulouse **77**, 125—137. — (1943) Bull. Soc. Géol. France, sér. 5, **13**, 499—509 — (1944) C. r. Soc. Géol. France 53—54. (1947a) Bull. Inst. océanogr. Monáco Nr. 921; (1947b) Nr. 918 — (1948) Le botaniste **34**, 191—219 — (1949) XIIIe Congrès intern. Zool. Paris 198—200. —

DEFLANDRE, G., u. H. COURTEVILLE: (1939) Bull. Soc. franç. Microsc. 8, Nr. II—III, 95—106. — DEFLANDRE, G., u. A. LENOBLE: (1948) C. r. sé. Acad. Sci. 226, 509—511. — DESIO, A., u. A. CHIARUGI: (1949) Palaeontographica Italia 45, 77—84. — DIJKSTRA, S. L.: (1946) Eine monographische Bearbeitung der karbonischen Megasporen. Meded. Geol. Sticht. (C) III. 1. Nr. 1. Maastricht — (1949) Meded. Geol. Sticht., N. S. 3, 19—32. — DOLIANITI, E.: (1948)'A paleobotânica no Brasil. Depart. nac. produç. miner., Divis. Geol. e Min., Bol. Nr. 123. Rio de Janeiro. — DUBOIS, G., C. DUBOIS u. L. GLANGEAUD: (1941) Le Mois Linnéen 8, 29—33.

EISENACK, A.: (1938) Z. Geschiebeforschg. 14, 1—30 — (1939) Senckenbergiana 21, 135—152. — ELIAS, M. K.: (1942) Geol. Soc. Amer., Spec. Pap. 41. — EMBERGER, L. (1944): Les plantes fossiles dans leurs rapport avec les végéteaux vivants. Paris — (1949) C. r. sé. Acad. Sci. 229, 961—963 — (1950) Ann. Biol. 26, 279—296. — ERDTMANN, G. E.: (1943) An Introduction to Pollen Analysis. Waltham. — EVERS, R. A.: (1951) Amer. J. Bot. 38, 731—736.

FILZER, P.: (1948) Biol. Zbl. 67, 13—17. — FIRTION, F.: (1946) Bull. Soc. Géol. France, sér. 5 16, 511—514; (1947) 16, 629—642. — FISCHER, E.: (1950) Abh. Geol. Dienst. Berlin. N. F., Nr. 221. — FLORIN, R.: (1938—45) Palaeontographica 85 B — (1940) Sv. bot. Tidskr. 34, 265—292; (1944) 38, 199—206 — (1948) Bot. Gaz. 110, 31—39 — (1949) Acta horti Bergiani 15, 79—109; (1950a) 15, 111—134 — (1950b) Bot. Rew. 16, 258—282 — (1951) Acta horti Bergiani 15, 285—388. — FRENGUELLI, J.: (1941) Notas Museo La Plata 6, 405—437; (1943) 8, 349—354. — FREYBERG, B. VON: (1951) Ann. Géol. Pays Helléniques 3, 87—154.

GAUSSEN, H.: (1944—46) Les Gymnospermes. Toulouse — (1949) C. r. sé. Acad. Sci. 229, 1163—1165. — GHOSH, A. K., u. J. SEN: (1948) Trans. Min. Geol. Met. Inst. India 43, 67—95. — GOLDRING, W.: (1939) New York State Mus. Bull. 315, 1—75. — GORDON, W. T.: (1941) Trans. roy. Soc. Edinburgh 60, 427—464. — GOTHAN, W.: (1941a) Jb. Reichsstelle Bodenforschg. 61, 278—282 — (1941b) Abh. Reichsstelle Bodenforschg., N. F. 196 — (1943) Beitr. Geol. Thüringen 7, 227—233 — (1948a) Die Probleme der Paläobotanik und ihre geschichtliche Entwicklung. Probl. d. Wiss. i. Verg. u. Gegenw., Heft 10. Berlin — (1948b) Z. dtsch. Geol. Ges. 100, 94—105 — (1949) Abh. Geol. Landesanst. Berlin, N. F., Heft 217 — (1950a) Arkiv Botanik Ser 2, 1, 349—354 — (1950b) Sitzgsber. Akad. Wiss. Berlin, math.-nat. Kl., Jg. 1949, Nr. 4 — (1951) Palaeontographica 91 B, 109—130. — GOTHAN, W., u. K. SACHARIEWA: (1947) Z. dtsch. Geol. Ges. 97, 30—53. — GREGUSS, P.: (1941) Matem. termész. Közlemenyek 39, 1—36 — (1943) Földtani Közlöny 73, 582—593 — (1947) Bestimmung mitteleuropäischer Laubhölzer auf xylotomischer Grundlage. Budapest — (1948) Acta Univ. Szeged., Sect. sc. nat., pars. bot. 3, 1—62; (1949a) 4, 1—27. — (1949b) Földtani Közlöny, Nr. 9—12 — (1951) Acta biolog. acad. scient. Hungar. 1, 207—327. — GREGUSS, P., u. I. HORVATH: (1950) Ann. Biol. univers. Szeged 1, 33—63. — GREGUSS, P., u. J. VARGA: (1950) Xylotomischer Bestimmungsschlüssel der Pinusarten. Szeged. — GROSS, K.: (1945—48) Neues Jb. Min. etc., Monatsh., B, 49—53. — GUTHÖRL, P.: (1948): Palaeontographica 87 B, 137—153; (1948) 88 B, 87—112.

HALLE, T. G.: (1938—40) De utdöda Växterna. Växterna's Liv 4 449—667; 5, 1—136. — HARRIS, T. M.: (1939) British Purbeck Charophyta. Brit. Mus. London — (1940a) Ann. Botany, n. s. 4, 713—734 — (1940b) Ann. Mag. Nat. Hist., Ser. 11 6, 249—265 — (1941a) Ann. of Bot., n. s. 5, 47—58 — (1941b) Transact. roy. Soc. London, Ser. B 231, 75—98 — (1941c) Ann. Mag. Nat. Hist., Ser. 11 8, 132—140; (1941d) 8, 292—298 — (1942a) Ann. of Bot., n. s. 6, 577—592 — (1942b) Ann. Mag. Nat. Hist., Ser. 11 9, 393—461; (1942c) 9, 568—587; (1943a) 10, 505—522, 838—854 — (1943b) Ann. of Bot, n. s. 7, 325—339 — (1944a) Ann. Mag. Nat. Hist., Ser. 11 11, 419—433, 661—690; (1944b) Phil. Trans. roy. Soc. London,

Ser. B, **231**, 313—328. (1945) Ann. Mag. Nat. Hist. Ser. 11, **12**, 357—378; (1946a) **12**, 357—378, 475—488, 820—835; (1946b) **13**, 1—24 — (1946c) Philos. Trans. roy. Soc. London, Ser. B **231**, 75—98; (1946d) **231**, 313 bis 329 — (1947) Ann. ¦ Mag. Nat. Hist., Ser. 11 **13**, 392—411, 649—662; (1948a) Ser. 12 **1**, 181—213 — (1948b) Intern. Geol. Congr. Great Britain, 1948, vol. of titl. and abstr. 68—69 — (1949) Ann. Mag. Nat. Hist., Ser 12 **2**, 275—299, 561—585; (1950) **3**, 1001—1030; (1951a) **4**, 915—937 — (1951b) Philos. Transact. roy. Soc. London, B **235**, 483—508. — HARTUNG, W.: (1941) Jahrb. Reichsstelle Bodenforsch. **61**, 267—277 — (1940) Z. Bulg. Geol. Ges. **11**, 95—121. — HARTUNG, W., u. W. GOTHAN: Jb. Preuß. Geol. Landesanst. **59**, 513—525. — HEMINGWAY, W.: (1941a) Ann. of Bot., n. s. **5**, 193—196; (1941b) **5**, 197—201. — HIRAYOSHI, J., u. Y. NAKAMURA: (1943) Bot. and Zool. **11**, 73. — HIRMER, M.: (1939) Palaeontographica **84** B, 45—102; (1940) **84** B, 154—269 — (1942) Bot. Jb. Syst. Pfl. geogr. **72**, 347—563. — HøEG, O. A.: (1942) Norg. Svalbard Ishavs Undersøg., Skrift. Nr. 83 — (1945) Norsk geolog. Tidskr. **25**, 183—192. — HOFMANN, E.: (1943) Sitzgsber. Akad. Wiss. Wien, math.-nat. Kl., I, **152**, 215 bis 223 — (1844) Palaeontographica **88** B, 1—86 — (1948) Phyton **1**, 80—101. — HORST, U.: (1950) Bergbau Energiewirtsch., Sonderbeil. 3. — HOSKINS, J. H., u. A. F. GROSS: (1940) Americ. Midland Natur. **24**, 421—436; (1941) **25**, 523—547; (1943) **30**, 113—163; (1946) **36**, 207—250. — HU, H.-H., u. W.-CH. CHENG: (1948) Bull. Fan Memor. Inst. Biol. **1**, 153—161. — HUCKE, K.: (1949) Mikrokosmos **38**, 193—197. — HUENE, F. VON: (1943) Neues Jb. Min. etc., Mh., B, 28—31. — HUNDT, R.: (1945—48) Neues Jb. Min. etc., Mh., B, 240—243. — HUNGER, R.: (1947) Erdgesch. Sachsen Thüring. **1**, 1—6.

JEPSEN, GL. L., G. G. SIMPSON u. E. MAYR: (1949) Genetics, Paleontology and Evolution. Princeton. — JOHNSON, J. H.: (1940) Bull. Geol. Soc. Amer. **51**, 571—596; (1944) **57**, 1087—1120. — JOHNSON, T.: (1949) Irish Natural. J. **9**, 253—256. — JONGMANS, W. J.: (1939a) „Meteae", Veröff. Inst. Lagerst. forsch. Türkei, Ser. B, Nr. 2 — (1939b) Geolog. Stichting, Jaarversl. 1934—37, 15—192 — (1940) Geol. Sticht.-Geol. Bureau Mijngeb. Heerlen 1938—39, 15—222 — (1943) Palaeontographica **87** B, 1—58 — (1950) Protect. républ. Franç. Maroc, serv. géol., not. et mém., Nr. 76, 155—172 — (1951a): Eclog. geol. Helvet. **43**, 95—104 — (1951b) Kgl. Nederl. Akad. Wetensch., Proceed., Ser. B **54**, 183—190. — JONGMANS, W. J., u. R. G. KOOPMANS: (1940) Geol. Sticht., Mededeel. 1938—39, 223 bis 230. — JONGMANS, W. J., u. B. MELENDEZ: (1950) Estud. Geolog. **6**, 191—210.

KAMPTNER, E.: (1942a) Ann. Naturhist. Mus. Wien **52**, 1—19 — (1942b) Abh. Geol. Bundesanst. Wien **26**, 79—82 — (1946) Anz. Akad. Wiss. Wien, math.-nat. Kl. 100—103 — (1948) Sitzgsber. Österr. Akad. Wiss. Wien, math.-nat. Kl., I **157**, 1—16 — (1949) Anz. Österr. Akad. Wiss. Wien, math.-nat. Kl. 77—80. — KENDALL, M.: (1942) Ann. Mag. Nat. Hist., Ser. 11 **9**, 920—923; (1947) **14**, 225—251; (1948) Ser. 12 **2**, 73—108 — (1949a) Ann. of Bot., n. s. **13**, 151—161 — (1949b) Ann. Mag. Nat. Hist., Ser. 12 **2**, 299—307. (1949c) 308—320 — KERN, E., u. H. N. ANDREWS: (1946) Ann. Missouri Bot. Gard. **33**, 291—306. — KIRCHHEIMER, F.: (1939) Flora **133**, 239—296 — (1940) Planta **31**, 414—417 — (1941a) Z. Pilzkde. **25** (N. F. **20**), 85—91 — (1941b) Zbl. Min. etc. B, 208—216 — (1941c) Rosen-Jb. **56**, 16—24 — (1942a) Planta **32**, 418—446; (1942b) **33**, 91—150 — (1942c) Braunkohle **41**, 76—79 — (1942d) Zbl. Min. etc., B, 191—200 — (1942e) Rosaceae. Fossilium Catalogus, II (Plantae), pars 25. Den Haag — (1943a) Bot. Arch. **44**, 172—204; (1943b) **44**, 362—430 — (1943d) Neues Jb. Min. etc., Mh., B, 216—236 — (1948a) Planta **35**, 110—116 — (1948b) Z. Naturforsch. **3** b, 125—129 — (1949a) Palaeontographica **90** B, 1—52 — (1949b) Neues Jb. Min. etc., Mh., B, 354—362 — (1950a) Neues Jb. Geol. Paläont., Mh., 59—64 — (1950b) Palaeontographica **90** B, 127—160 — (1950c) Symplocaceae. Fossilium Catalogus, II (Plantae), pars 26. Den Haag — (1950d) Braunkohle, Wärme u. Energie

2, 245—251 — (1950e) Neues Jb. Geol. Paläont., Mh., 200—206 — (1951a)
Planta 39, 75—90; (1951b) 39, 527—541 — (1951c) Neues Jb. Geol.
Paläont., Mh., 233—245. — Köck, C.: (1939) Nov. acta Leopold., N. F. 6,
333—359. — Kosanke, R. M.: (1950) Illinois Geol. Surv. Bull., Nr. 74.
— Kräusel, R.: (1939) Senckenbergiana 21, 358—363; (1940) 22, 1—2 —
(1941) Palaeontographica 86 B, 113—135; (1943a) 87 B, 59—93 — (1943b)
Senckenbergiana 26, 426—433; (1948) 29, 141—149 — (1949a) Natur
u. Volk 79, 54—63 — (1949b) Palaeontographica 89 B, 83—203; (1949c)
89 B, 35—82 — (1949d) Natur u. Volk 79, 234—236 — (1950a) Die paläobotanischen Untersuchungsmethoden. 2. Aufl. Jena — (1950b) Versunkene
Floren. Frankfurt a. M. — Kräusel, R., u. H. Weyland: (1942a) Zbl.
Min. etc., B, 255—264 — (1942b) Abh. Senckenberg. Naturf. Ges. 463 —
(1948) Senckenbergiana 29, 77—99; (1949) 30, 129—152. — Kremp, G.:
(1949) Palaeontographica 90 B, 53—93 — (1950) Geolog. Jb. 64, 489—517
— (1951) Notizbl. Hess. Landesamt Bodenforschg. Wiesbaden 6, 269—271.
— Kryshtofovich, A.: (1941) Prodomus florae fossilis federationis rerum
publicarum soveticarum socialisticarum. Paleontology of USSR 12, Suppl.
Moskau u. Leningrad. — Kukuk, P., u. W. Hartung (1941) Glückauf
698—703.

Lacey, W. S.: (1943) New Phytolog. 42, 98—101. — La Motte, R. S.:
(1944) Supplement Catalogue of Mesozoic and Cenozoic Plants of North
America 1919—37. Geol. Surv. Bull. 924. Washington. — Leclerq, S.:
(1942) Ann. Soc. Géol. Belg. 65, 193—211 — (1950) Acad. roy. Belg., Bull.
Cl. Sci., 5. Sér. 36, 77—91. — Leschik, G.: (1951) Palaeontographica 92 B,
1—51. — Levittan, E. D., u. E. S. Barghoorn: (1948) Amer. J. Bot. 35,
350—358. — Lewis, H. P. (1942): Ann. Mag. Nat. Hist., Ser. 11, 9, 49—55.
— Linck, O.: (1943) Natur u. Volk 73, 226—234 — (1949) N. Jb. Min., Mh.,
B, 180—185 — (1951) Jber. Mitt. Oberrhein. Geol. Ver., N. F. 32, 41—46.
— Long, A. G.: (1943) Ann. of Bot., n. s. 7, 133—146; (1944) 8, 105—118.
— Lundblad, B.: (1948a) Meddel. Dansk Geol. For. 11, 351—363 —
(1948b) Sv. bot. Tidskr. 42, 84—86 — (1949a) Sver. Geol. Undersökn.,
Ser. C, Nr. 506; (1949b) Nr. 507 — (1950a) Kgl. Svenska Vetensk. acad.
Handl., Ser. 4, 1, Nr. 8 — (1950b) Sv. bot. Tidskr. 44, 477—487.

Mädler, K.: (1950) Palaeontographica 91 B, 1—6. — Mägdefrau, K.:
(1932) Biol. Zbl. 52, 280—294 — (1938) Beih. Bot. Cbl. 58 B, 243—251 —
(1941) Beitr. Geol. Thüringen 6, 107—108 — (1942a) Paläobiologie der
Pflanzen. Jena — (1942b) Natur u. Volk 72, 178—191 — (1943) Geschichte
der Pflanzen. In: Heberer, G.: Die Evolution der Organismen, 297—332.
Jena — (1948) Vegetationsbilder der Vorzeit. Jena. — Mamay, S. H.:
(1950) Ann. Missouri bot. Gard. 37, 409—476. — Mamay, S. H., u. H. N.
Andrews: Bull. Torrey bot. Club 77, 462, 494. — Martens, P.: (1948)
Acad. roy. Belg., Bull. Cl. Sci., 5. Sér. 33, 919—943. (1950) 36, 811—822. —
(1951) La cellule 54, 103—132. — Mazenot, G.: (1945) C. r. Soc. Géol.
France 230—232. — Mazenot, G., u. M. Locquin: (1947) C. r. Soc. Géol.
France 24—25. — Merill, E. D.: (1948) Arnoldia 8, 1—8. — Miki, S.: (1941)
Jap. J. Bot. 11, 237—303. — Miki, S., u. S. Hikita: (1951) Science 113, 3 bis
4. — Montenegro de Andrade, M.: (1944) Publ. Mus. Lab. Min. Geol. Faculd.
Ci. Pôrto, 2. ser., Nr. 37. — Moret, L.: (1949) Manuel de Paléontologie végé-
tale. Paris. — Moule, A. C.: (1937) T'oung Pao 33, 193—219. — Müller-
Stoll, W. (1948): Planta 35, 601—641 — (1949) Palaeontographica 89 B,
204—218 — (1950) Planta 38, 209—212 — (1951) Mikroskopie des zersetzten und fossilisierten Holzes. In: Freund, H.: Handb. d. Mikrosk. 5 II,
725—816.

Nemejc, F.: (1942) Zprávy geolog. úst. Cechy Moravu 18, 125—156 —
(1946a) Bull. intern. Acad. tchèque Sci. 47, Nr. 7; (1946b) 48, Nr. 15 —
(1946c) Sborník Stát. Geolog. úst. Cechoslov. Rep. 13, 207—257 — (1947a)
Acta Mus. nation. Pragae 3 B, Nr. 2, 45—87 — (1947b) Sborník Stát.
Geolog. úst. Cechoslov. Rep. 14, 363—416 — (1948) Acta Mus. nation.
Pragae 4 B, Nr. 1; (1949a) 5 B, Nr. 1 — (1949b) Studia botan. Cechoslov.
10, 14—103; (1950a) 11, 1—7 — (1950b) Acta Mus. nation. Pragae 6 B,

Nr. 3. — NEMEJC, F., u. J. SETLIK: (1950a) Vestn. státn. geolog. úst. Československ. **25**, 62—76. (1950b) 261—278.
OGURA, Y.: (1944) Jap. J. Bot. **13**, 345—365 — (1948) Proc. Jap. Acad. **24**, Nr. 10. — OVERBECK, F.: (1952) Pollenanalyse. In: H. FREUND: Handb. d. Mikroskopie, Bd. 2. Frankfurt a. M.
PANNELL, E.: (1942) Ann. Missouri Gard. **29**, 245—274. — PFENDER, J.: (1939) Bull. Soc. Vaud. Sci. nat. **60**, 213—228. — PHILLIPS, E. W. J.: (1948) Forest products research bull. Nr. 22. — PIA, J.: (1940a) Anz. Akad. Wiss. Wien, math.-nat. Kl. **77**, 55—62 — (1940b) Közlemen. Debrec. Tisza István-Tudomán. Asván. Földt. Intézétéb. Nr. 18. (Auch in: Acta Geobot. Hung. **3**, 11—17.) — (1940c) J. roy. Soc. West. Austral. **26**, 29—39 — (1941): Natur u. Volk **71**, 84—90 — (1942a) Mitt. Geol. Ges. Wien **33**, 11—34 — (1942b) Sitzgsber. Akad. Wiss. Wien, math.-nat. Kl., I, **151**, 103—114. — POTONIÉ, R. (1948): Z. dtsch. Geol. Ges. **100**, 366—378 — (1949) Geol. Rundschau **37**, 112—113 — (1951a) Palaeontographica **91** B, 131—151 — (1951b) Paläontol. Z. **24**, 166—183. — POTONIÉ, R., P. THOMSON u. F. THIERGART: (1950) Geolog. Jb. **65**, 35—70.
RADFORTH, N. W.: (1939) Trans. roy. Soc. Edinburgh **59**, 745—761 — RAO, A. R.: (1943a) Proc. Nat. Acad. Sci. India **13**, 113—133; (1943b) **13**, 333—355 — (1946) J. Ind. Bot. Soc. 389—397 — (1949) Current Sci. **18**, 447—448. — RAO, A. R., u. K. P. VIMAL: (1950) Current Sci. **19**, 82—84. — RÁSKY, K.: (1941) Földtani Közlöny **71**, 297—305; (1943) **73**, 503—536 — (1945) Fossile Carophytenfrüchte. Budapest (Naturw. Museum) — (1948) Földtani Közlöny **78**, 130—134 — (1949) Borbasia **9**, 85—92 — (1950) Földtani Közlöny **79**, 192—194. — REED, C. F.: (1947) Bol. Soc. Broter. **21** (2), 71—197 — REED, F. D.: (1939) Bot. Gaz. **100**, 769—787; (1941) **102**, 663—683; — (1946) Botan. Gaz. **108**, 51—64. (1949) **110**, 501—510. — REIN, U.: (1950) Geolog. Jb. **65**, 127—144. — REISSINGER, A. (1938) Palaeontographica **84** B, 1—20; (1950) **90** B, 99—126.
SAHNI, B., u. S. R. N. RAO: (1943) Proc. nat. Acad. Sci. USA **13**, 215 bis 223. — SCHINDEWOLF, O. H.: (1950a) Grundfragen der Paläontologie. Stuttgart — (1950b) Grundlagen und Methoden der paläontologischen Chronologie. Berlin — (1951) Neues Jb. Geol. Paläont. **94**, 121—126. — SCHMIDT, E.: (1941) Mikrophotogr. Atlas d. mitteleurop. Hölzer. Neudamm. — SCHÖNFELD, G.: (1947) Abh. Senckenberg. Naturf. Ges. Nr. 475. — SCHOPF, J. M.: (1939) Amer. J. Bot. **26**, 197—207 — (1941a) Illinois State Geol. Surv., Rep. Investig. Nr. 75 — (1941b) Amer. Midland Naturalist **25**, 548—563 — (1948) J. Paleont. **22**, 681—724 — (1949) Economic Geol. **44**, 492—513. — SCHWARZBACH, M.: (1950) Das Klima der Vorzeit. Stuttgart. — SELLING, O.: (1944a) Medd. Göteborg Bot. Trädgard **16**, 1—112 — (1944b) Arkiv Bot. **31** A, Nr. 13, 1—20 — (1945) Sv. Bot. Tidskr. **39**, 257—269; (1947) **41**, 182 — (1948, 1950a) Report on European Paleobotany 1939—47, 1948—49. Stockholm (Naturhist. Reichsmuseum) — (1950b) Sv. bot. Tidskr. **44**, 551—561. — SIMIONESCU, J.: (1940) Acad. Roumaine, Bull. sect. scientif. **22**, 357—366. — SIMPSON, G. G.: (1944) Tempo and mode in evolution. New York. (Deutsch von G. HEBERER unter dem Titel: Zeitmaße und Ablaufformen der Evolution. Göttingen 1951.) — SMITH, H.: (1940) Amer. Midland Naturalist **24**, 437—443; (1941) **25**, 473—522. — SPECK, J.: (1949) Eclogae Geol. Helvet. **42**, 1—11.
SRIVASTAVA, B. P. (1945): Proc. Nation. Acad. Sci. Ind. **15**, 185—211. — STEBBINS, G. L. (1948): Science **108**, 95. — STEERE, W. C.: (1946) Amer. Midland Naturalist **36**, 298—324. — STEIDTMANN, W. E.: (1944) Univ. Michigan Contr. Mus. Paleont. **6**, 131—166. — STEWART, W. N.: (1947) Amer. J. Bot. **34**, 315—324; (1951) **38**, 709—717. — STIPANIC, P. N., u. C. A. MENENDEZ: (1949) Bol. Informat. Petroler. **26**, 44—73. — STOCKMANS, F.: (1948) Mém. Mus. roy. Hist. nat. Belgique Nr. **110**. — STOCKMANS, F., u. Y. WILLIÈRE: (1943) Mém. Mus. roy. Hist. nat. Belgique Nr. **100**. — STROMER, E.: (1942) Zbl. Min. etc. B, 97—104 — (1944) Abh. Bayer. Akad. Wiss., N. F. **54**. — SUESSENGUTH, K.: (1942) Zbl. Min. etc. B, 21—32 — (1944) Repert. spec. nov. regni veg. **53**, 52—60 — (1950) Pacific Sci. **4**,

287—308. — Szafer, W.: (1946—47) Polska Akad. Umiejetn. Rozpr. Wydz. mat.-przyr. 72 B, 1—375 — (1949) Bull. Acad. Polon. Sci. Lettr., Cl. math. nat., Ser. B, I, 23—51. — Szafran, B.: (1949) Bull. Acad. Polon. Sci. Lettr., Cl. math. nat., Ser. B, I, 101—115.

Tachibana, K.: (1950) Proc. Jap. Acad. 26, 54—60. — Teichmüller, M.: (1950) Geolog. Jb. 64, 429—488. — Teixeira, C.: (1942a) Sôbre uma forma Portuguesa fôssil do género Sratiotes. Pôrto — (1942b) Publ. Mus. Labor. Min. Geol. Faculd. Ci. Pôrto, 2. ser., Nr. 27 — (1943a) Comun. Serv. Portug. 24, 1—5 — (1943b) Bull. Soc. Portug. Sci. nat. 14, 135—138 (1944a) Bol. Soc. Broter. 19, 2. ser., 209—221 — (1944b) Anais Faculd. Ci. Pôrto 29, 1—8 — (1944c) Bol. Soc. Broter. 19, 2. ser., 201—208 — (1944d) Anais Faculd. Ci. Pôrto 29, 1—10 — (1945a): Serv. geol. Portug. Lisbonne. Nymphéacées fossiles du Portugal — (1945b) Bull. Soc. Portug. Sci. nat. 15, 101—104; (1945c) 15, 43—48 — (1946a) Bol. Mus. Min. Geol. Univers. Lisboa 14, 1—13 — (1946b) Portug. acta biolog. 1, 235—240 — (1946c) Bol. Ass. Filos. Nat. 2, Nr. 11, 1—3 — (1946d) Anais Ci. Natur., 2. Ser., 1, Nr. 1 — (1947a) Comun. Serv. Geol. Portug. 28, 129—131; (1947b) 28, 145—147 — (1947c) Brotéria, Ser. Ci. nat. 16, 1—14 — (1948) Flora mesozóica Portuguesa. Lisboa (Servic. Geol. Port.) — (1949a) Comun. Serv. Geol. Portug. 29, 177—184; (1949b) 30, 1—10. — Teixeira, C., u. G. Zbyszewski: (1947) Bol. Soc. Geol. Portug. 6, Nr. 3, 1—12. — Termier, H.: (1950) Bull. Soc. Géol. France, 5. sér. 20, 197. — Thiergart, F.: (1940) Die Mikropaläontologie als Pollenanalyse im Dienst der Braunkohlenforschung. Stuttgart — (1942) Beih. Bot. Cbl. 61 B, 619—621 — (1944) Arch. Lagerstättenforschung 77, 45—48 — (1947) Z. dtsch. Geol. Ges 97, 54—65 — (1949a) Palaeontographica 89 B, 1—34 — (1949b) Braunkohle, Wärme u. Energie 153—156 — (1950a) Geol. Jb. 65, 81—106 — (1950b) Planta 38, 205—208. — Thommen, E.: (1949) Verh. Naturf. Ges. Basel 60, 77—103. — Thomson, P. W.: (1945—48) Neues Jb. Min etc., Mh., B, 364—371 — (1949) Palaeontographica 90 B, 94—98 — (1950a) Geol. Jb. 65, 113—1 26 — (1950b) Braunkohle, Wärme u. Energie 39—43. — Thomson, P. W., u. U. Rein: (1950) Geol. Jb. 65, 107—112. — Traverse, A.: (1950) Amer. J. Bot. 37, 318—325.

Voigt, E.: (1949) Mitt. Geol. Staatsinst. Hamburg 19, 111—129.

Walkom, A. B.: (1941—42) J. roy. Soc. West. Austral. 28, 201—207. — Walton, J.: (1940) An introduction to the study of fossil plants. London — (1949a) Trans. roy. Soc. Edinburgh 61, Nr. 25; (1949b) 61, Nr. 26 — (1949c) Ann. of Bot., n. s. 13, 445—452. — Wesley, A., u. B. Kuyper: (1951) Nature (Lond.) 168, 137. — Wetzel, O.: (1944) Z. Geschiebeforschg. 19, 132—140 — (1950) Neues Jb. Min. etc., Abh. 91 B, 161—192. — Wetzel, W.: (1939) Z. dtsch. Geol. Ges. 91, 815—822 — (1950) Erdöl u. Kohle 3, 212—214. — Weyland, H.: (1943) Palaeontographica 87 B, 94—136 — (1947) Senckenbergiana 28, 59—66 — (1951a) Palaeontographica 88 B, 113—188 — (1951b) Paläont. Z. 24, 165. — Wilson, L. R.: (1943) Amer. Midland Naturalist 30, 518—523. — Wood, A.: (1940) Proc. Liverpool Geol. Soc. 18, 14—18 — (1941) Proc. Geol. Assoc. 52, 216—226; (1944) 55, 107—113; (1948) 59, 9—22.

Zalessky, M. D.: (1939) Probl. of Paleontol. 5, 329—374 — (1941) Palaeontographica 86 B, 136—139 — (1944) Neues Jb. Min., Mh., B, 188—192; (1945—48a) B, 42—46; (1945—48b) B, 126—129; (1945—48c) B, 129—137. — Zerndt, J.: (1940) Palaeontographica 84 B, 133—150. — Zimmermann, W.: (1943) Die Methoden der Phylogenetik. In G. Heberer: Die Evolution der Organismen, S. 20—56. Jena — (1948) Grundfragen der Evolution. Frankfurt a. M. — (1949a) Paläobotanik. In: Naturforschung u. Medizin in Deutschland 1939—46. Fiat-Rev. German Sci. 54 III, 169—192 — (1949b) Phylogenie der Pflanzen. Fiat-Rev. German Sci. 54 III, 193—225 — (1949c) Geschichte der Pflanzen. Stuttgart.

7. Systematische und genetische Pflanzengeographie[1].

Von Franz Firbas, Göttingen.

I. Areal- und Florenkunde.

1. Allgemeine Fragen. A. und D. Löve haben als ersten Teil einer Untersuchung über die geobotanische Bedeutung der Polyploidie deren Beziehungen zur geographischen Breite unter sorgfältiger Zusammenstellung der Literatur kritisch untersucht. Danach ist an der Zunahme des Anteils der Polyploiden mit zunehmender geographischer Breite nicht zu zweifeln.

Es ergaben sich folgende Anteile von Polyploiden an der Gesamtflora (deren Angiospermen-Zahl in Klammern):

Timbuktu (etwa 17° n. Br.)	37,0 %	(138)
Kykladen (36$^1/_2$ bis 37$^1/_2$° n. Br.)	34,1 %	(1184)
Sizilien (36$^1/_2$ bis 38$^1/_2$° n. Br.)	37,0 %	(2346)
Zentralungarn (46 bis 49$^1/_2$° n. Br.)	47,1 %	(2086)
Schleswig-Holstein (54 bis 55° n. Br.)	50,2 %	(1131)
Dänemark (54$^1/_2$ bis 58° n. Br.)	53,5 %	(1306)
Großbritannien (50 bis 61° n. Br.)	56,7 %	(1630)
Fär-Oer (etwa 62° n. Br.)	61,3 %	(324)
Island (63$^1/_2$ bis 66$^1/_2$° n. Br.)	63,8 %	(440)
Schweden (55$^1/_2$ bis 69° n. Br.)	56,0 %	(1645)
Kolgujew (69° n. Br.)	64,0 %	(?)
Finnland (60 bis 70° n. Br.)	57,3 %	(1285)
Norwegen (58 bis 71° n. Br.)	57,6 %	(1351)
Südgrönland (60 bis 71° n. Br.)	71,9 %	(328)
Spitzbergen (77 bis 81° n. Br.)	73,6 %	(135)

Diese Zunahme gilt nicht nur für die gesamten Floren, sondern auch für einzelne systematische Kategorien, für Familien und Ordnungen, Monokotyledonen und Dikotyledonen, weiter für die einzelnen Lebensformen mit Ausnahme der Therophyten und für verwandte Pflanzengesellschaften. Neben den heutigen klimatischen Verhältnissen sind bei einem Vergleich auch die glazialen zu berücksichtigen. Unter den Glazialpflanzen Skandinaviens, Islands und Spitzbergens ist der Anteil der Polyploiden besonders hoch. Das hohe — meist tertiäre — Alter auch der Polyploiden macht es unwahrscheinlich, daß ihre Entstehung auf klimatische Extreme zurückgeht. Die Ursache für die Zunahme der Polyploiden unter ungünstigeren Lebensverhältnissen ist in erster Linie (mit Melchers) in der durch die Polyploidie bedingten Erweiterung der genetischen Variabilität zu suchen. Besonders dürfte

---

[1] Dem Bericht liegen über 360 Arbeiten aus den Jahren 1948—51 (mit einigen Nachträgen) zugrunde. Trotz dieser erheblichen Zahl sind dem Berichterstatter besonders auf chorologischem Gebiet und aus der amerikanischen und russischen Literatur noch viele Arbeiten unbekannt geblieben. Es soll im nächsten Jahr versucht werden, einiges nachzutragen

eine Zunahme der Selbstfertilität, eine sehr häufige Erhöhung der Frost-
härte und der Resistenz gegen schlechte Bodendurchlüftung bei den
Polyploiden für ihren hohen Anteil an den arktischen Floren maßgebend sein.

Theoretische Überlegungen über die Folgen, die eintreten, wenn von
zwei nahestehenden, interfertilen Sippen mit verschiedenen ökologischen
Ansprüchen bei fortschreitenden Veränderungen der Standortsbedingungen
die eine in das ursprüngliche Gebiet der anderen eindringt, hat BAKER
an der Verdrängung von *Melandryum dioicum* durch *M. album* in England überprüft. Das sicher der ursprünglichen Flora angehörige *M. dioicum*
herrscht stellenweise noch in reinen Populationen vor, anderwärts ist es
so gut wie ganz von dem mit dem Ackerbau eingedrungenen *M. album*
verdrängt, oder aber die Populationen entsprechen bestimmten Über-
gangsstadien.

Nach KOTILAINEN (2) kann man in Ostfennoskandien nicht nur die be-
kannte Erscheinung feststellen, daß Arten, die im Süden auf Mooren vor-
kommen, im Norden auch auf trockene Mineralböden übergehen (wie etwa
Betula nana), sondern auch umgekehrt beobachten, daß Arten, die in Süd-
westfinnland auf trockenen Standorten angetroffen werden, wie z. B.
Carex digitata, Calamagrostis epigeios, im Nordosten auf Mooren gedeihen.
J. SCHMITHÜSEN (1, 2) bearbeitet die Wirkung des Dürresommers 1947 in
Deutschland. Aus den bisherigen Mitteilungen geht u. a. hervor, daß die
Dürreschäden der Gehölze in deutlicher Beziehung zu den Erwartungen
stehen, die man nach ihrem Verbreitungsgebiet, besonders auch nach ihren
unteren Gebirgsgrenzen hegen mußte, wodurch also die vermuteten Trocken-
grenzen als solche bestätigt werden. Zum Beispiel starke Schäden bei
Picea abies, Fagus silvatica, Acer pseudoplatanus, geringere bei *Carpinus
betulus, Tilia platyphyllos*, fast keine bei *Pinus silvestris, Tilia cordata,
Quercus robur, Acer platanoides* und *A. campestre*. Acker- und Schuttunkräuter mediterraner und kontinentaler Herkunft und amerikanische Zuwanderer mit ähnlicher Ökologie fanden günstige Ausbreitungsbedingungen,
womit die Bedeutung einzelner extrem trockener Jahre für Pflanzenwande-
rungen deutlich wird. In Trockenrasen des Bromion und Festucion valesia-
cae entstanden nicht selten durch das Absterben der wichtigsten Gräser
Lücken, während sich die tiefer wurzelnden Zwergsträucher und Sträucher
resistenter erwiesen. Im allgemeinen sind aber die natürlichen und die
Halbkulturgesellschaften auch solchen klimatischen Anomalien gegenüber
sehr stabil und nur standortsfremde Kulturen sehr empfindlich. TÜXEN
hat die alte Erfahrung von der Bedeutung der Flüsse als Wanderstraßen
näher präzisiert, indem er darauf hinweist, daß die im Sommer trocken-
fallenden, N-reichen Ufersäume und die beim Eisgang angeschürften Ufer-
hänge in Mitteleuropa die eigentlichen Wanderwege sind, während die übrigen
Gesellschaften der Flußtäler mit ihrem dichten Bestandesschluß dem Eindringen und Wandern neuer Arten großen Widerstand entgegensetzen. Nur
die Säume der Auwälder sind noch etwas zugänglicher.

2. Arealtypen, Elemente, Chorogenese. E. HULTÉN (2) hat einen
eindrucksvollen Atlas der Verbreitung der Gefäßpflanzen Nordeuropas
herausgegeben. In vorzüglichem Druck wird auf 1847 Karten im Maßstab 1 : 20 Mill. die Verbreitung aller wildwachsenden und naturali-
sierten nordeuropäischen Arten durch Punkte bzw. Schraffierung verschiedener Dichte wiedergegeben. Damit besitzen diese Länder (Dänemark, Norwegen, Schweden, Finnland und Teile Schleswig-Holsteins,
der baltischen Länder und Rußlands) eine Grundlage für arealkund-
liche Studien, wie sie nirgends sonst in der Welt in gleicher Vollständigkeit und Zuverlässigkeit vorhanden ist. Die Einleitung enthält u. a.

eine Aufstellung von 48 Arealtypen nach der Gesamtverbreitung (jeder wird durch 2 Isochorenkarten veranschaulicht) und von 16 Einwanderungsgruppen für das Untersuchungsgebiet. Man möchte wünschen, daß das Werk für andere Länder zu einer Anregung wird, ihre z. T. ja auch schon weit fortgeschrittenen arealkundlichen Arbeiten einer gleich vollständigen Darstellung zuzuführen.

Die eingehende Kenntnis der fennoskandischen Flora, ihrer Sippengliederung und Verbreitung einerseits, die großen und ebenfalls relativ gut bekannten Veränderungen der Landverteilung dieser Länder in der Spät- und Nacheiszeit andrerseits lassen nun Versuche immer aussichtsreicher erscheinen, die heutige Verbreitung auch ohne paläontologische Funde historisch zu deuten. Einen solchen legt für einige nordische Os- und Sandpflanzen JALAS vor. Es handelt sich um *Pulsatilla vernalis, patens, pratensis, vulgaris, Anthyllis vulneraria, Lotus corniculatus, Oxytropis campestris, Astragalus alpinus, Viola rupestris, Thymus serpyllum, Carex ericetorum, Gypsophila fastigiata, Dianthus arenarius* und ihre Unterarten. Die sehr eingehende systematische, ökologisch-soziologische und geographische Analyse lehrt, daß es sich bei diesen Arten trotz ihres heute häufigen gemeinsamen Vorkommens offenbar um Vertreter sehr verschiedener Einwanderungselemente handelt, die sich erst im Laufe vieler Jahrtausende zusammengefunden haben — von Sippen, die in Skandinavien die letzte Eiszeit überdauert haben (z. B. *Viola rupestris* ssp. *relicta*) über Spätglazialpflanzen und Arten der postglazialen Kiefernzeit (z. B. *Viola rupestris* ssp. *nana*) bis zu Einwanderern der Litorinazeit (*Pulsatilla vulgaris* ssp. *germanica*). Natürlich bleiben die Endergebnisse einer solchen Untersuchung immer stark hypothetisch, aber ihre Gründlichkeit und die relative Vollständigkeit der Unterlagen schränken den hypothetischen Charakter doch erfreulich ein.

Einen Beitrag zur Geschichte der skandinavischen Flora erbrachten auch die Untersuchungen LINDQUISTS (2) an *Betula pendula* (*verrucosa*). Sie besteht aus den 3 Varietäten *saxatilis* (Mitteleuropa, Mittel- und Südrußland), *lapponica* (Nordskandinavien, Nordrußland, Nordsibirien), *platyphyllos* (Ostsibirien). Die nacheiszeitliche Einwanderung der Gesamtart nach Skandinavien dürfte sowohl von Süden (*saxatilis*) wie von Norden (*lapponica*) erfolgt sein. (Vgl. auch die erst S. 182 erwähnten Arbeiten von LINDQUIST über *Picea* und von M. FRIES über einige Hochstauden.)

Aus einer größeren Zahl weiterer chorogenetischer Arbeiten sei zunächst KIRCHHEIMERS Monographie der fossilen Symplocaceen hervorgehoben. Heute mit etwa 400 Arten einer einzigen Gattung nur in Amerika einerseits und im südostasiatischen Raum (bis über Australien und Neuguinea hinaus) andrerseits verbreitet und über 36° bis 37° Breite nach Norden nicht hinausreichend, war die Familie im Tertiär vom Eozän bis ins untere Pliozän auch in Europa weit verbreitet. Allein in Deutschland wurden mindestens 15 fossile Formen gefunden, wobei freilich andere Gattungen als *Symplocos* offenbar schon das Ende des Oligozäns nicht mehr überlebt haben. Es handelt sich also um ein besonders gut durchgearbeitetes Beispiel für den Rückzug einer tropisch-subtropischen Familie aus dem europäisch-westasiatischen Raum.

Von großem Interesse sind weiter WEIMARCKS (1) Juncaceenstudien. Während BUCHENAU die Entstehung dieser Familie in die eurasiatischen Hochgebirge verlegt hat und IRMSCHER sie in den Tropen suchte (obwohl eigentlich tropische Typen in ihr heute nicht bekannt sind), dürfte sie im Bereich des antarktischen Kontinents entstanden sein, dessen florengeschichtliche Bedeutung zu sehr vernachlässigt worden ist. Mit 6 endemischen und 2 nichtendemischen Gattungen auf der Südhemisphäre, nur 2 nichtendemischen Gattungen (*Juncus, Luzula*) auf der Nordhemisphäre, liegt der Schwerpunkt auch heute deutlich im Süden. Die afrikanischen Sippen aus dem Gebiet südlich der nordafrikanischen Wüsten, deren Verbreitung WEIMARCK näher untersucht hat, lassen sich in 2 Haupttypen gliedern: Während der eine von Norden eingewandert ist und die eigentliche Kapflora nicht erreicht hat, besteht der andere aus zahlreichen Kapendemismen oder aus Sippen, die hier ihren Ursprung genommen haben. Das lockende Thema der Kapflora berührt auch J. HANSEN in ihrer Bearbeitung der europäischen und einiger außereuropäischer Arten der Gattung *Erica*. In Europa lassen sich 9 Artengruppen von Sektionswert unterscheiden, von denen nur 3 auch im tropisch-montanen Afrika und im Kapland Vertreter besitzen, und zwar z. T. nahe verwandte. Die kapländischen Ericen weisen außer den in Europa vorhandenen Merkmalen noch weitere auf, die sie phylogenetisch jünger erscheinen lassen. Danach ist das Kapland nur als ein sekundäres Mannigfaltigkeitszentrum der Gattung anzusehen. Die *Erica* nahestehende und offenbar primitivere Gattung *Philippia* aber findet sich auf Madagaskar und in Ostafrika mit vereinzelt bis nach Westafrika vorgeschobenen Standorten. Diesem Tatbestand wird weder die monoboreale Relikthypothese v. ETTINGHAUSENS gerecht (Entstehung der Gattung auf der Nordhalbkugel) noch die Kaptheorie CHRISTS (Entstehung in Südafrika), sondern am besten die teilweise schon von A. ENGLER (1879/82) vertretene, später aber wieder aufgegebene Annahme, daß das wahrscheinlich frühtertiäre Entwicklungszentrum der Ericoideen in dem Raum von den ostafrikanisch-tropischen Gebirgen über Abessinien bis ins östliche Mittelmeergebiet gelegen hat, also nahe dem heutigen Verbreitungsgebiet von *Philippia*. Von diesem Zentrum aus dürfte *Erica* frühzeitig auch ins Kapland gelangt, im Nordwesten bzw. Nordosten des Bereichs aber *Calluna* und *Bruckenthalia* entwickelt worden sein.

Ursprünglich südafrikanisch ist nach MOORE auch die Gattung *Buddleja*. Heute pantropisch, besitzt sie ihre nächstverwandten Gattungen in Südafrika. Sie dürfte sich von hier aus zunächst mit diploiden Sippen bis Nord- und Südamerika einerseits, Süd- und Ostasien andrerseits ausgebreitet haben, wo dann jeweils polyploide Formen hinzutraten. Das heutige Variationszentrum liegt in Amerika. Die vermutliche Chorogenese der beiden neuweltlichen Sektionen der Farngattung *Doryopteris* hat TRYON zu rekonstruieren versucht. Diese dürfte während des Miozäns im südlichen brasilianischen Hochland entstanden sein und sich von hier (vorwiegend als Felsenpflanzen höherer Lagen) teils nach Nordosten, teils westwärts zu den Anden und von da nach Mittelamerika ausgebreitet haben.

Schließlich seien einige der Holarktis gewidmete Arbeiten besprochen. Die Chorogenese des eurasiatischen *Pleurospermum austriacum* hat HORN AF RANTZIEN (2, 4) studiert. Die artenarme Sektion *Eu-Pleurospermum* ist offenbar zentralasiatischen Ursprungs und dürfte sich schon gegen Ende des Tertiärs mit einer weitgehend einheitlichen Sippe über das nördliche Eurasien verbreitet haben. Die Isolierung in Glazialrefugien gab später Anlaß zur Bildung der Unterarten *eu-austriacum* (Europa) und *uralense* (Sibirien), die im Postglazial bzw. in den Interglazialzeiten wieder mehr oder weniger weit in das ehemals vergletscherte Gebiet eingedrungen sind. Während *P. uralense* eine weite ökologische Amplitude besitzt, scheint das in seinen europäischen Refugien stark gefährdete *P. eu-austriacum* durch Biotypenverarmung ökologisch weniger anpassungsfähig geworden zu sein. Allerdings besitzt die mittelschwedische Population, die auf menschliche Einschleppung zurückgeführt wird, ein kräftiges Ausbreitungsvermögen. Nachgetragen sei ein Hinweis auf GUSTAFFSONS systematisch-zytogenetische Arbeit über die europäische *Rubus*-subg. *Eubatus*-Flora, in der (im Gegensatz etwa zu Südamerika) diploide Arten sehr selten sind, amphidiploide hingegen, vielleicht begünstigt durch die Vereinigung verschiedener Populationen in kleinen Glazialrefugien, eine große Rolle spielen. Auch die zytogeographische Studie von GILES über die xerische, Sandböden bewohnende Commelinacee *Cuthbertia graminea* sei noch genannt. Die diploide Rasse ist auf ein kleines geologisch altes Gebiet im südlichen Nordcarolina beschränkt. Die tetraploide, und zwar autopolyploide Rasse, die einen kräftigeren Wuchs und eine größere Variabilität besitzt, hat hingegen in den geologisch jüngeren Küstenlandschaften von Florida bis Nordcarolina und Virginia eine weite Verbreitung gefunden. Die Art erinnert also an das berühmte *Biscutella*-Beispiel MANTONS. Auch bei dem nordamerikanischen *Sedum ternatum* schließt sich nach BALDWIN um ein kleines Gebiet mit diploiden Formen ein weites Feld mit tetraploiden. Bei der Untersuchung der Ausbreitungsgeschichte der Gruppe des *Galium pumilum* fand EHRENDORFER, daß das diploide *G. austriacum* und das tetraploide *G. anisophyllum* vorwiegend in natürlichen Pflanzengesellschaften auftreten (das erstgenannte an glazial wenig beeinflußten reliktreichen Standorten), während das octo- oder hexaploide *G. pumilum* (= *silvestre*) vorwiegend für anthropogen bedingte Wiesengesellschaften bezeichnend ist. Der Verfasser möchte dies nicht durch eine größere Resistenz gegen klimatische Extreme, sondern durch eine größere Variabilität der allopolyploiden Sippen erklären. BENSON hat die Beziehungen der nordamerikanischen *Ranunculus*Arten zu den nordamerikanischen Florengebieten verfolgt und chorogenetisch zu deuten versucht.

Mehr einer ökologischen Arealdeutung sind 2 Arbeiten RUBNERS gewidmet. In einer Diskussion der Horizontal- und Vertikalverbreitung der mitteleuropäischen Holzarten (1) weist er darauf hin, daß möglicherweise die Schneebruchgefährdung bei später Entlaubung für die im Vergleich zu den Nordgrenzen auffällig tiefen oberen Gebirgsgrenzen der Eiche, Hainbuche und vielleicht auch der Schwarzerle verantwortlich zu machen ist. Die andere Arbeit (2) ist einer eingehenden Untersuchung des Areals der Tatralärche (*Larix decidua* var.) gewidmet. Die Lärche ist vor allem auf der kontinentaleren Südabdachung des Tatragebirges verbreitet, wie sie überhaupt auch hier durch zunehmende hygrische und thermische Kontinentalität (in offenkundigem Gegensatz zur Buche) begünstigt wird. Ihre natürlichen Standorte sind teils die Waldgrenze, teils Felsen und steinige Hänge im Waldgürtel, wo sie ebenfalls der Konkurrenz der Fichte entzogen ist und die Standorte oft Reliktcharakter besitzen.

Niedere Pflanzen: Einen Beitrag zur geographischen Verbreitung der Bodenalgen teilt FEHÉR mit. Nach der Untersuchung von 122 Bodenproben aus verschiedenen Erdteilen, in denen insgesamt 685 Arten gefunden worden sind, sind die meisten von diesen Ubiquisten. Eine deutliche Bindung an Klimazonen und Bodentypen ließ sich auch bei den selteneren Formen vorläufig nicht erkennen. PODPĚRA hat einen kurzen Überblick über die

Pflanzengeographie der Moose gegeben und die arealgeographisch interessantesten europäischen Arten (111) zusammengestellt und näher besprochen.

Neue Verbreitungskarten und wichtigere Verbreitungsangaben.

Thallophyten. Verbreitung von Erddiatomeen (BRENDEMÜHL). — Desmidiaceen, seltene Arten in Portugal (SAMPAIO). — *Nitella*, Ser. *Pluricellulatae*, 1 U. [HORN AF RANTZIEN (6)]. — Florenlisten der marinen Algenflora Griechenlands nach Teilgebieten [DIANNELIDIS (1)] und der Sporaden [DIANNELIDIS (2)]. (U = Umrißkarte!)

Cyttaria, ein auf *Nothofagus* auftretender Discomycet, 5 Pu (SANTESSON). — *Clathrus ruber*, Nachweis dieser in Europa südlichen Art bei Berlin (ULBRICH). (Pu = Punktkarte!)

Nordeuropäische Nadelbaumflechten, zahlreiche Pu (AHLNER). — Hawaiische Flechten (MAGNUSSON und ZAHLBRUCKNER).

Bryophyten. *Zygodon conoideus, Ulota phyllantha, Orthotrichum pulchellum, Metzgeria fruticulosa, Frullania fragilifolia*, Pu für Schleswig-Holstein (JENSEN). — *Cryptothallus mirabilis*, Nachweis dieses hypogäischen, saprophytischen Lebermooses in Bohuslän [SJÖRS (4)]. — *Sphagnum subfulvum*, 1 Pu [SJÖRS (1)]. — *Sph. Lindbergii*, 1 Pu für Südschweden. Die äußersten Vorposten in Schonen befinden sich an kulturbedingten Standorten und machen eine Sporenverbreitung über wenigstens 300 km wahrscheinlich [SJÖRS (3)]. — Moosflora des Gebiets von Uppsala mit Analyse der Arealtypen und Pu für Schweden von *Camptothecium lutescens,Grimmia campestris, pulvinata, Tortula muralis, subulata, Thuidium tamariscinum, Brachythecium mildeanum, Entodon orthocarpus* (KRUSENSTJERNA). — Moosflora Westfalens (KOPPE).

Pteridophyten. *Doryopteris* sect. *Lytoneuron* und *Eudoryopteris*, 17 Pu und U für Süd- und Mittelamerika (TRYON). — *Schizaea*: Beschreibung der neuen Art *Sch. confusa* aus der von Madagaskar bis zu den Tonga-Inseln sehr disjunkt verbreiteten *melanesica*-Gruppe, die wohl auf eine tropisch-kontinentale Flora mesozoischen Alters zurückgeht und ihre heutigen äußersten Verbreitungsgrenzen im W und O wohl schon im frühen Tertiär erreicht hat [SELLING (1)]. — *Lycopodium complanatum* in der Drentweder Heide, Nordwestdeutschland [RUNGE (3)].

Spermatophyten. a) Nach Sippen geordnet: *Amelanchier*, 15 Pu der amerikanischen Arten (JONES). — *Aposeris foetida*, 1 Pu und nähere Verbreitungsanalyse für Graubünden (MENZI-BILAND). — *Betula callosa, murithii, raddeana, ermanii*, 1 U, 1 Pu [LINDQUIST (1)], *B.* ser. *verrucosae*, 1 U [LINDQUIST (2)], *B. tortuosa* und *callosa*, 2 Pu [LINDQUIST (3)]. — *Brachypodium serpentini*, Pu; Schuttstauer albanischer Serpentinböden, wohl Tertiärrelikt [MARKGRAF (1)]. — *Buddleja*, 1 U der Gattung (MOORE). — *Bupleurum fruticosum*, an wahrscheinlichem Reliktstandort in Toscana [NEGRI (3)]. — *Chaunostoma* und *Lepechinia*, amerikanische Labiaten (EPLING). — *Digitalis purpurea*, Pu für das Münsterland [RUNGE (2)]. — *Empetrum nigrum*, 1 Pu für die Verbreitung bei Hopsten in Westfalen, die die Bindung an stark ausgelaugte trockene Sandböden bei gleichzeitig hoher Luftfeuchtigkeit zeigt [RUNGE (1)]. — *Erica*, U der europäischen Arten (HANSEN). — *Erigeron gaudini*, am Feldberg/Schwarzwald, wohl spontan, neu für Deutschland; zentralalpin (OBERDORFER u. Mitarb.). — *Galium pumilum, austriacum, anisophyllum*, 3 Pu für die Ostalpen (EHRENDORFER). — Genisteen, U der mediterranen Arten (ROTHMALER). — *Iris*; U von *I. gr. variegatae*, von denen 2 neue Arten von Reliktcharakter aus Mazedonien beschrieben werden (·J. und M. HORVAT). — *Juncaceae*, U der afrikanischen Sippen [WEIMARCK (1)]. — *Larix decidua*, U f. d. Tatra [RUBNER (2)]. — *Laserpitium gaudini* [NEGRI (1)]. — *Loranthus europaeus* in Italien [NEGRI (2)]. — *Narcissus triandrus*, var. div., 2 Pu (FERNANDES). — *Omphalodes scorpioides* in Bayern, Pu (GAUCKLER). — *Orchis strictifolia* v. *ochroleuca*, 1 Pu für Schweden (NANNFELD). — *Phleum arenarium*, 3 Pu und eingehende Erörterung der Verbreitung [HORN AF RANTZIEN (1)].

— *Picea abies* in Fennoskandien, 1 Pu und U, 1 Pu für die var. *arctica* [LINDQUIST (3)]. — *Pleurospermum austriacum*, 4 Pu [HORN AF RANTZIEN (2 u. 4)]. — *Quercus pubescens*, Pu für Elsaß, Süddeutschland, Nordschweiz (OBERDORFER). — *Quercus robur* ssp. *puberula*, *Qu. petraea*, *Qu. petraea* × *robur*, Pu für Dänemark, Schweden, Finnland [WEIMARCK (2)]. — *Quercus petraea* in Schonen [WEIMARCK (3)]. — *Saxifraga* sect. *dactyloides*, U für Europa und chorogenetische Analyse [WEBB (2)]. — *Saxifraga paradoxa*, ostalpiner Endemismus, Pu (BRATH). — *Silene cretica, linicola, crassipes, Sinapis alba* ss. *dissecta, Cuscuta epilinum, Lolium remotum*, U und Pu dieser Leinunkräuter (HJELMQUIST). — *Silene*, Pu der nordamerikanischen Arten (HITCHCOCK und MAGUIRE). — *Symplocaceae*, 1 Pu der Fossilfunde (KIRCHHEIMER). — *Taxodiaceae*, Pu der Fossilfunde in Japan [MIKI (1)]. — *Tristicha hypnoides, Najas* sect. *nudae*, U [HORN AF RANTZIEN (5)]. — *Wahlenbergia*, Verbreitung der indoaustralischen Arten (LOTHIAN).

b) Weitere Arbeiten nach Ländern geordnet: Alaska und Jukon [HULTÉN (1)], zahlreiche Pu. — Britische Inseln, Verbreitungskarten und -analysen in der „Biological Flora": *Sinapis arvensis* (FOGG), *Urtica urens* und *dioica* (GREIG-SMITH), *Sonchus oleraceus, asper* (LEWIN), *Orchis purpurea* (ROSE), *Arbutus unedo* (SEALY und WEBB, vgl. auch SEALY), *Arum maculatum* (SOWTER), *Cuscuta* (VERDCOURT), *Eleocharis* (WALTERS), *Saxifraga* [WEBB (1)]. — U und Pu von *Betula nana, Thalictrum alpinum, Salix herbacea, Subularia aquatica, Callitriche autumnalis, Isoetes echinospora, Empetrum nigrum, Sparganium angustifolium, Polemonium coeruleum, Blindia acuta* (CONOLLY, GODWIN und MEGAW). — Deutschland: Nachweis von *Aphanes microcarpa*, Pu für *Cladium mariscus* und *Menyanthes trifoliata*, rezent und fossil, *Muscari neglectum, racemosum, botryoides* [K. BERTSCH (1)]. — Soziologisch unterbaute floristische Angaben aus dem mittleren Wesertal (TÜXEN und LOHMEYER). — Galapagos-Inseln, 30 Pu (SVENSON). — Grönland, Pu und nähere systematische und chorologische Analyse von *Carex capitata, Luzula multiflora* und *Torularia humilis* s. l. [BÖCHER (3)]. — Island, mehrere neue U und Pu (A. LÖVE). — Karpaten, zahlreiche Verbreitungskarten von Endemismen (PAWLOWSKI). — Weiße Karpaten, Analyse ihrer Florenelemente und genaue Verbreitungsangaben der zugehörigen Arten [PODPĚRA (2)]. — Skandinavien und Finnland: Neufunde für Schweden [SJÖRS (4)]. — 6 Pu und Florenliste für das Österåker-Küstengebiet nö Stockholm [HORN AF RANTZIEN (3)]. — Pu der S. 164 genannten nordeuropäischen Sandpflanzen (JALAS). — Sudeten (Ostsudeten) und Beskiden, floristische Angaben (LIMPRICHT). — Ungarn, floristische Gliederung des transdanubischen Gebiets, U von *Helleborus odorus* (A. O. HORVAT). — Floristische Beobachtungen in der Tiefebene des Komitates Bereg, Nordostungarn (SIMON).

3. Floren- und Vegetationsgebiete. Einem zusammenfassenden Überblick über die Flechten Spitzbergens (MATTICK) kann man entnehmen, daß von den etwa 450 bekannten Arten fast alle auch in anderen Teilen der Arktis und der skandinavischen Gebirge vorkommen. Ob die als Endemiten geltenden Arten dies tatsächlich sind, bleibt noch abzuwarten. Während ozeanische Arten völlig fehlen, sind einige kontinentale Formen der Steppengebiete vorhanden. Interessant ist, daß zahlreiche Arten nur oder fast nur an der hocharktischen Nordküste im Bereich der eisfreien Glazialrefugien vorkommen, der milderen Westküste hingegen fehlen. Hierin spiegelt sich offenbar das geringe Ausbreitungsvermögen dieser auf die Verbreitung mit Hilfe von Thallusbruchstücken angewiesenen Arten.

Durch Mittelschweden läuft von SW nach NO der „limes norrlandicus", die Grenze zwischen dem mitteleuropäischen und dem circumborealen Florengebiet bzw. zwischen der eichenmischwaldreichen Nadelwaldregion Schwedens im Süden und der eichenmischwaldfreien Nadelwaldregion im Norden. FRIES (1, 2) ist der bis auf WAHLENBERG (1826) zurückgehenden Kenntnis dieser Grenze näher nachgegangen und beleuchtet ihre

Bedeutung auch an Hand der Verbreitung der von ihm eingehend studierten Hochstauden wie *Lactuca alpina* u. a. (vgl. S. 164). Daß sich hier so viele Verbreitungsgrenzen häufen, geht vor allem auf den Wechsel in den Höhenverhältnissen des Landes und den dadurch bedingten raschen Klimawechsel zurück.
In Schleswig-Holstein reicht eine zunächst von W. CHRISTIANSEN floristisch festgestellte atlantische Klimazunge von Norden bis zur Linie Tönning—Schleswig. N. JENSEN bestätigt sie genauer durch die Feststellung der Verbreitung von 5 atlantischen Rindenmoosen, die sich besonders gut als Klimaindikatoren verwenden lassen, und weist ein sehr weitgehendes Zusammenfallen der Verbreitungsgrenzen dieser Arten mit Linien gleicher hygrischer Ozeanität auf. Relikte, sehr wahrscheinlich spätglazialen Alters, einer kontinentalen Halbwüstenvegetation sind die weit in das mitteleuropäische Waldgebiet vorgeschobenen Siedlungen der Bunten Erdflechten-Gesellschaft (Toninion). REIMERS hat neue kritische Studien über die Verbreitung ihrer wichtigsten Charakterarten veröffentlicht, besonders auch über die bisher verkannte *Fulgensia bracteata*. W. KOCH hat eine kurze Skizze der pflanzengeographischen Stellung der Kantone St. Gallen und Appenzell nach den die Flora aufbauenden Elementen gegeben.

Für die Frage, wie sich die Ergebnisse der floristischen Pflanzensoziologie in das System der Floren- und Vegetationsgebiete einfügen und dieses vertiefen, ist BRAUN-BLANQUETS Monographie der alpinen Vegetation der Ostpyrenäen von besonderer Bedeutung. Von den Pyrenäen weiß man seit langem (H. CHRIST, A. ENGLER), daß ihre alpine Flora eine auffällige Übereinstimmung oder Verwandtschaft mit der Flora der Alpen, eine sehr viel geringere hingegen mit jener der südlicheren mediterranen Gebirge besitzt. Heute und wohl auch in den Interglazialzeiten an der Grenze zwischen sommergrünen Fallaubwäldern und mediterranen Hartlaubgehölzen gelegen, muß das Gebirge während der Eiszeiten wenigstens einmal von der subarktischen Vegetation erreicht worden sein. Zu diesen Feststellungen findet nun BRAUN-BLANQUET offenkundige Parallelen beim Vergleich der floristisch definierten Pflanzengesellschaften, wobei Abweichungen vor allem ökologisch, durch den trockeneren Klimacharakter der Pyrenäen, verständlich werden. Eigene Ordnungen und Klassen sind nämlich in der subalpin-alpinen Vegetation der Pyrenäen nicht vorhanden, von den 22 Verbänden gehören nicht weniger als 16, von den insgesamt 39 Assoziationen 8 auch den Alpen an. Die mit den Alpen gemeinsamen Gesellschaften sind solche der Schneetälchen, Flachmoore, Quellfluren und azidiphilen Bergheiden, also im ganzen Gesellschaften feuchter Standorte. Sie besitzen dementsprechend in den Pyrenäen eine geringere Ausdehnung. Die 14 vikariierenden Assoziationen sind an größere Trockenheit angepaßte Parallelen zu verwandten Alpengesellschaften, die 17 dem Gebirge eigenen Assoziationen aber sind überwiegend solche der Felsen und Blockhalden mit viel mediterranmontanen Arten und mit Endemismen offenbar tertiären Alters; sie besitzen wohl auch als Gesellschaften ein ähnlich hohes Alter. Die Pyrenäen können also mit den Alpen, Karpaten und den illyrischen Gebirgen noch zum boreo-arktischen Vegetationskreis gerechnet werden, erst die weiter südlich gelegenen Gebirge gehören dem mediterranen Vegetationskreis an. Den Pyrenäen eigen ist allerdings und bezeichnenderweise die Schlußgesellschaft der Vegetationsentwicklung in der alpinen Stufe, der Rasen des Pumileto-Festucetums. Auch wenn man berücksichtigt, daß im floristischen System der Soziologie, wie es der Verf. aufbaut, Grundzüge des Florencharakters notwendigerweise stark zum Ausdruck kommen müssen [vgl. CAIN (3)], sind diese wohlbegründeten Ergebnisse von hohem Interesse.

Die von ihm schon mehrfach behandelte (vgl. Fortschr. Bot. **11**, 100) Frage nach der Grenze zwischen der mitteleuropäischen und der mediterranen Vegetation auf der Balkanhalbinsel hat MARKGRAF (2) durch die Vorlage einer neuen, z. T. auf Luftbildaufnahmen beruhenden und dadurch sehr vervollständigten Karte der Waldstufen Albaniens weiter gefördert. Er legt den von ihm verfolgten Gesichtspunkt — Abgrenzung nach dem Charakter aller Höhenstufen — nochmals dar und nimmt zu dem Abgrenzungsversuch OBERDORFERS, der die untersten Stufen als wesentlich ansieht (vgl. Fortschr. Bot. **12**, 94), Stellung. RAUH weist in einer mehr ökologisch-vegetationskundlichen Studie über die Athos-Halbinsel, Lemnos, Evstratos, Mytiline und Chios auf die große Übereinstimmung in der Flora und Vegetation des griechischen Festlands, der ostägäischen Inseln und Westanatoliens hin und tritt für die Einbeziehung dieser Gebiete in einen gemeinsamen (ostmediterranen) Florenbezirk ein.

R. E. und TH. C. E. FRIES' Untersuchungen über die pflanzengeographischen Verhältnisse des Vulkans Kenia und des nahen Aberdaregebirges in Britisch-Ostafrika enthalten auch wichtige Feststellungen über den Endemismus dieser und anderer afrikanischer Hochgebirge. Der Prozentsatz endemischer Arten nimmt mit der Höhe deutlich zu. Im montanen Regenwald (1800 bis 2380 m) beträgt er 8%, in der Bambus-Hagenia-Stufe (2380 bis 3200 m) 14%, in der alpinen Stufe (3300 bis 4500 m) 53%. Die Ursache hierfür liegt wohl in den glazialen Klimaverhältnissen. Die im Tertiär in den aufsteigenden Gebirgen aus der Flora der Tieflagen entstandenen Oreophyten der höheren Lagen wurden während der Eiszeiten offenbar nicht so tief hinuntergedrängt, daß ihre ungehinderte Verbreitung im Vorland zwischen den Gebirgen (z. B. auf dem Basisplateau des Kenia in 1600 bis 1800 m Höhe) möglich gewesen wäre. Die alpine Stufe hat also damals das Basisplateau nicht erreicht, während sich der montane Regenwald und die Bambusvegetation auf diesem weit ausgebreitet haben dürften.

Seit DARWIN ist der Endemismus der Galapagos-Inseln berühmt; unter den Beispielen für den Reichtum neu entstandener „echter" Inseln an progressiven Endemismen wird diese Inselgruppe immer wieder genannt. Nach HOOKER soll ihre Endemitenzahl 50% der Artenzahl betragen, nach STEWART 40%. Nach neuen Untersuchungen von SVENSON sind diese Zahlen aber zu hoch, sie beziehen sich z. T. nur auf schwer faßbare Varietäten und Formen, und manche als Endemit angesehene Art wurde seither auch anderwärts gefunden. Wahrscheinlich ist der Endemismus der Galapagos nicht ausgeprägter als der der regengrünen Wälder und der Trockenbuschvegetation an der benachbarten Küste des Golfes von Guayaquil in Ekuador und Peru. Zu dieser weist die Flora der Galapagos, die verhältnismäßig jung sein dürfte, die meisten Beziehungen auf. (30 Arten kommen nur hier und auf den Galapagos vor, während diesen und Mexiko lediglich 2 Arten, diesen

und den Bahamainseln lediglich eine ausschließlich eigen sind.) Keinerlei Beziehungen bestehen zu den Regenwäldern der Küstenzone zwischen
dem Äquator und dem Panamagebiet.

Den Endemismus der hawaiischen Inseln berühren MAGNUSSON und
ZAHLBRUCKNER in ihrer Flechtenmonographie. Rund 40 % der hawaiischen
Flechten sind endemisch (gegenüber 80 bis 90 % der Blütenpflanzen). Das
subantarktische Element ist nur schwach vertreten, die tropisch-subtropischen Formen weisen (im Gegensatz zu den Blütenpflanzen) auffällige
Beziehungen zu Südamerika auf. Mit dem Endemismus der australischen
Flora beschäftigt sich von systematisch-phylogenetischen Gesichtspunkten
aus SUESSENGUTH. Von einer größeren Zahl von Familien oder Unterfami-
lien der Angiospermen, die zusammen einen wesentlichen Teil der dortigen
Flora ausmachen, sind diejenigen Sippen, die nach vergleichend-morpho-
logischen Gesichtspunkten die ältesten sind, ganz oder größtenteils auf
Australien beschränkt. Ihre Vorfahren müssen hier schon vor der Isolie-
rung dieses Kontinents vorhanden gewesen sein, die während der oberen
Kreide erfolgt ist. Denn der hohe Endemismus der Flora (etwa 87 % der
Artenzahl) lehrt, daß die Zuwanderung seit der Isolierung nur von geringer Bedeutung gewesen sein kann. Dann müssen die untersuchten Fami-
lien aber noch wesentlich älter sein, ihre Entstehung vielleicht bis in die
Unterkreide oder noch bis in den Jura zurückreichen.

II. Floren- und Vegetationsgeschichte seit dem Tertiär.

An größeren zusammenfassenden Darstellungen erschienen in den
letzten Jahren ein eingehendes Sammelreferat über die Biogeographie
des Pleistozäns in Europa und Nordamerika von E. S. DEEVEY jr.(1),
eine Darstellung der diluvialen Floren- und Faunengeschichte Hollands
von VAN DER VLERK und FLORSCHÜTZ (1949) und der 1. Band einer
spät- und nacheiszeitlichen Waldgeschichte Mitteleuropas nördlich der
Alpen von F. FIRBAS (2). Das Referat DEEVEYs ist für den europäischen
Botaniker ähnlich wie das in Fortschr. Bot. 12 besprochene Buch von
ST. CAIN schon deswegen von hohem Wert, weil es über viele schwer
zugängliche amerikanische Arbeiten unterrichtet. Zu diesen Büchern
treten hinzu eine Neuauflage von K. BERTSCHS „Geschichte des deutschen Waldes" (2) und verschiedene kürzere Sammelberichte und
Vorträge [CHIARUGI, JONKER (1, 2), FIRBAS (4, 5) u. a.]. Nachgetragen
sei auch ein Hinweis auf eine kurze Darstellung der Grundzüge der Entwicklung der holarktischen Flora und Vegetation von WL. SZAFER (1).
1. Methodik. In der Pollenanalyse stehen weiterhin die Bemühungen im Vordergrund, den gesamten Pollen- und Sporengehalt der Ablagerungen zu bestimmen. Führend sind hier neben G. ERDTMANS
Laboratorium in Stockholm-Bromma vor allem die Kopenhagener
Institute von J. IVERSEN und J. TROELS-SMITH. So zeichnet sich auch
ein neues von FAEGRI und IVERSEN verfaßtes kurzes Lehrbuch der
Pollenanalyse besonders durch einen neuen Bestimmungsschlüssel aus,
der zwar nur die nordwesteuropäische Pollenflora berücksichtigt, aber
auf neuen, mit bester Optik durchgeführten Untersuchungen aufbaut
und dadurch die älteren Versuche dieser Art weit übertrifft. IVERSEN
und TROELS-SMITH haben außerdem eine Arbeit über pollenmorpho-
logische Definitionen und Typen veröffentlicht, in der sie den Weg für
eine exakte Beschreibung und Bestimmung der Pollenkörner genauer

festzulegen suchen, wobei für die Bestimmung auch ein einfaches Lochkartenverfahren vorgeschlagen wird. Jeder, der sich nicht mit einer einfachen „Baumpollenanalyse" begnügen, sondern den gesamten fossilen Pollengehalt für die Rekonstruktion der früheren Vegetation heranziehen will, muß heute an diese Arbeiten anknüpfen. Unentbehrlich ist zudem eine möglichst vollständige Vergleichssammlung von rezenten, azetolysierten Pollen. Bedauerlicherweise deckt sich die Terminologie IVERSENs und seiner Mitarbeiter nicht mit jener ERDTMANS. Man wird abwarten müssen, welche sich als zweckmäßiger erweist und durchsetzt.

Von dem Stand und den Aufgaben der gesamten Pollen- und Sporenforschung, die nach einem Vorschlag von HYDE und WILLIAMS jetzt oft als „Palynologie" bezeichnet wird, gibt auch eine Reihe kurzer Aufsätze aus verschiedenen Ländern, die ERDTMAN (1, 6) vereinigt hat, eine gute Vorstellung. Daß es sich hierbei um ein vielen Wissenschaften, dienstbares und weiter aufstrebendes Arbeitsgebiet handelt, kam anläßlich des 7. Internationalen Botaniker-Kongresses (1950) auch in einer palynologischen Konferenz zum Ausdruck, die in Bromma abgehalten wurde.

Eine große Zahl von methodischen Arbeiten kann hier im übrigen nur stichwortartig verzeichnet werden:

Pollenanalyse. Größenmessungen: BRORSON-CHRISTENSEN (1) vergleicht die Wirkung verschiedener Präparationsmethoden und schlägt vor, ähnlich, wie dies schon SCHUBERT (1933) und F. und I. FIRBAS getan haben, die Größenmessungen auf die Größe von *Corylus* zu reduzieren und dadurch vergleichbarer zu machen. ST. CAIN: Messungen an *Picea rubra, canadensis, Mariana.* ST. und L. CAIN (1, 2): Messungen an *Pinus echinata* u. a. BRORSON-CHRISTENSEN (3): Anfertigung von Pollenmikrotomschnitten. Kleinere Beiträge zur Pollenmorphologie und -bestimmung: ERDTMAN (2), BERTSCH (4), FIRBAS (3) (Getreide), NAKAMURA (65 japanische Pollenformen), MÜLLER-STOLL (*Taxus* und andere Coniferen), LÜDI (2) (*Salix, Artemisia*), MIKKELSEN (1) (Cruciferen), TERASMÄE (*Betula nana*). — Statistische Sicherheit: FAEGRI und OTTESTAD, FAEGRI (4). — Sekundärpollen: FRIES und ROSS. — Pollen in Gletschern: GODWIN (3). — Rezente Pollenverwehung und Oberflächenproben: SCAMONI (1) (Pollenanflugversuche im Riesengebirge. Im Versuchsjahr wurden etwa sechsmal soviel *Pinus silvestris*-Pollen aus den Tieflagen als *Pinus Mugo*-Pollen vom Gebirgskamm auf diesem niedergeschlagen!). HYDE (1, 2) (Eingehende Analysen des täglichen Pollenanflugs an 8 Stationen Englands im Jahre 1943). JONASSEN (Sehr lehrreiche Untersuchungen über die wechselnde Vertretung der verschiedenen Gehölze und der Bewaldungsdichte im Pollenniederschlag verschiedener dänischer Landschaften. Die bisherigen Erfahrungen werden im wesentlichen bestätigt und präzisiert. Die Beobachtungen über die Vertretung der Hasel sprechen für das Vorkommen eigener Haselhaine im Boreal). WELTEN (1) (Oberflächenproben oberhalb und unterhalb der Waldgrenze in den Alpen, Beziehungen zu verschiedenen Pflanzengesellschaften).

Großreste. Für die Untersuchung fossiler Samen und Früchte hat BEIJERINCK einen Atlas der holländischen Flora zusammengestellt. — Stratigraphie. E. H. DE GEER sowie KJELLMAN, KALLSTENIUS und WAGER (Beschreibung eines neuen großen Bohrgeräts, das mit Hilfe abrollbarer Metallfolien 7 cm starke Sedimentsäulen von einer Länge bis zu 6 m geschlossen zu entnehmen gestattet.) TROELS-SMITH (Signaturen), VOIGT (Anwendung der Lackfilmmethode auf Torfe). — Rhizopoden: HARNISCH (1) (Einführung in die Bestimmung und Präparationsmethodik)

Bibliographie: ERDTMAN (3, 5), ERDTMAN, HEDBERG und TERASMÄE, GAMS (3, 4).

Für die Altersbestimmung von Pflanzenresten und organogenen Ablagerungen hat sich in den letzten Jahren ein neuer Weg eröffnet in der Feststellung ihres Gehalts an radioaktivem Kohlenstoff. Diese seit 1949 von W. F. LIBBY und seinen Mitarbeitern in Chicago ausgebaute Methode beruht auf folgenden Grundlagen: Neutronen der Höhenstrahlung bewirken ständig eine gewisse Umwandlung von Stickstoff in radioaktiven Kohlenstoff C 14. Dieser wird gleichmäßig genug verteilt, um bei der Assimilation und anderen Umsetzungen neben gewöhnlichem C in einem bestimmten kleinen Prozentsatz $(1:10^{12})$ aufgenommen zu werden. C 14 wandelt sich aber mit einer Halbwertzeit von 5568 ± 30 Jahren (ARNOLD und LIBBY) wieder in Stickstoff um. Daher kann der prozentuale Anteil organischer Substanzen (Holz, Holzkohle, Torf u. a.) an C 14 zur Bestimmung ihres absoluten Alters verwendet werden, und zwar mit der heutigen Methodik innerhalb der letzten 15000 bis 20000 Jahre. Die Methode ist also für das Spät- und Postglazial sehr aussichtsreich, allerdings auch mit nicht unwesentlichen Fehlern behaftet. So beträgt schon der sich aus der statistischen Bestimmung ergebende einfache mittlere Fehler meist mehrere Jahrhunderte. Andere Fehler sind: Nachträglicher C-Austausch, Bicarbonatassimilation. Eine größere Zahl von Bestimmungen aus Europa und Nordamerika (ARNOLD und LIBBY, FLINT und DEEVEY) stimmen größenordnungsmäßig mit den Erwartungen bzw. dem anderweitig ermittelten Alter gut überein, einige wenige Proben gaben sehr abweichende und z. T. sicher falsche Werte. Aus Deutschland liegen bisher 4 Bestimmungen vor: Torfmudde unmittelbar über der vulkanischen Ascheschicht im Alleröd von Wallensen im Hils soll ein Alter von 11044 ± 500 Jahren besitzen. Das entspricht gut den bisherigen Schätzungen des Alters der Allerödzeit (9800 bis 8800 v. Chr.). Proben unmittelbar unter bzw. über dem vermuteten Grenzhorizont im Melbecker Moor südlich Lüneburg ergaben 1446 ± 250 und 1452 ± 290 Jahre einerseits, 1129 ± 115 Jahre andererseits. Danach handelt es sich nicht um den Grenzhorizont, sondern wohl um die bekannte Rekurrenzfläche II. OVERBECK (briefl.) hält dies heute auch nach dem Pollendiagramm für durchaus möglich.

Das bisher wichtigste geochronologische Ergebnis der Untersuchungen ist die Feststellung, daß das Mankatostadium der letzten nordamerikanischen Vereisung (Wisconsin), dem bisher ein Alter von 25000 Jahren zugesprochen wurde, nur etwa 11000 Jahre alt ist und das vorhergehende Two Creeks-Interstadial offenbar der Allerödschwankung entspricht (Mittel von 5 Proben 11404 ± 350 Jahre), für die damit eine zircumpolare Ausprägung nachgewiesen wird. Jungpaläolithische Holzkohlen von *Picea* oder *Larix* aus der Höhle von Lascaux bei Mortignac, Dordogne, ergaben ein Alter von 15516 ± 900 Jahren. Die von den amerikanischen Forschern als „boreal" bezeichnete Pinuszone ihrer Pollendiagramme hat offenbar ein verschiedenes Alter und scheint sich von S nach N sehr stark zu verspäten,

von etwa 7000 bis 4000 v. Chr. Kontrollbestimmungen an Hölzern bekannten Alters (*Sequoia*, Hölzer aus ägyptischen Funden u. a.) ergaben
im ganzen befriedigende, im einzelnen manchmal um einige Jahrhunderte abweichende Werte. Jedenfalls läßt sich, wie auch GODWIN (5)
betont, sagen, daß die auf die Bändertonzählungen DE GEERS und seiner
Mitarbeiter, für die letzten Jahrtausende auch auf die Verknüpfung
mit der Urgeschichte aufgebaute Chronologie des Spät und Postglazials
durch die neuen C 14-Bestimmungen in ihren Grundzügen bestätigt
wird.

Über die Auswertung vorgeschichtlicher Funde für die Vegetationsgeschichte und umgekehrt liegen gute neue Darstellungen von SCHWABE-
DISSEN (Nordwestdeutschland) und WATERBOLK (3, Holland) vor. Von
Interesse ist u. a. der Nachweis einer Torfgewinnung (Torfsoden) in Schleswig und Dänemark schon um Christi Geburt.

Die große Bedeutung, die vulkanische Ascheschichten für die Verknüpfung der vegetationsgeschichtlichen Mooruntersuchungen in Feuer-
land und Patagonien besitzen, hat AUER in einer weiteren Zusammenfassung
seiner hier schon früher (Fortschr. Bot. **11**, 120) besprochenen Arbeiten
hervorgehoben.

Über die Dendrochronologie verdankt man HUBER eine kurze
zusammenfassende Darstellung. Sie enthält auch einige vorläufige Mitteilungen über Arbeiten vor allem zur methodischen Sicherung des Ver-
fahrens und über die mitteleuropäischen Jahrringkurven von Fichten und
Buchen seit 1740 bzw. 1700 n. Chr. Die Jahrringchronologie der Spessart-
eichen haben HUBER, v. JAZEWITSCH, JOHN und WELLENHOFER untersucht. HUBER und v. JAZEWITSCH führen sie bis 1391 zurück.

2. Erd- und klimageschichtliche Grundlagen. Die Fortschritte der
letzten Jahre beruhen einmal im Erscheinen neuer zusammenfassender
Darstellungen und neuer Zeitschriften auf dem Gebiet der Glazialgeologie, weiter darin, daß man — so besonders H. POSER — daran-
geht, auch außerhalb der ehemals vergletscherten Gebiete klima-
bedingte Vorzeitformen wie Eiskeile und asymmetrische Täler als Beweise für ehemaligen Dauerfrostboden oder Dünen als Wirkungen bestimmter vorherrschender Winde zu kartieren und danach die Verteilung von Hoch- und Tiefdruckgebieten im Sommer- und Winterhalb-
jahr zu rekonstruieren. Unter Heranziehung der schon immer be-
achteten Schneegrenzdepression erwachsen daraus zeitlich und räumlich
sehr viel präzisere Einblicke in das früh-, hoch- und spätglaziale Klima,
als wir sie bisher besessen haben. Sie haben bereits zur Darstellung verschiedener Klima- und Landschaftskarten geführt (POSER, BÜDEL,
KLUTE), deren Vergleich mit den paläobotanischen Feststellungen um
so wertvoller sein wird, je unabhängiger voneinander die einzelnen
Quellen ausgewertet werden. Zur Zeit bestehen über geobotanisch so
wichtige Fragen wie die nach den glazialen Niederschlagsverhältnissen
oder nach dem Alter der Lößbildung (hoch- oder spätglazial?) noch sehr
große Meinungsverschiedenheiten. Wesentliche Aufschlüsse über die
Klimaveränderungen des Eiszeitalters versprechen die im Gang befindlichen Analysen der Tiefseesedimente der Ozeane. Im folgenden können
nur die wichtigsten Neuerscheinungen zusammengestellt und stichwortartig gekennzeichnet werden.

Gesamtdarstellungen und Zeitschriften: FLINT, v. KLEBELSBERG, WOLDSTEDT (3), außerdem die Sammelreferate von GRIGOREV (Rußland), LUNDQUIST (Schweden), WOLDSTEDT (2) (Deutschland), (4) (Britische Inseln). — Zeitschrift für Gletscherkunde und Glazialgeologie, Wien, seit 1949 (Fortsetzung d. Zeitschr. f. Gletscherkunde); Eiszeitalter und Gegenwart, Öhringen, seit 1951; Quartär, Freiburg i. Br., 5, 1951; J. Glaciology, seit 1949.

Klimageschichtlich wichtige Arbeiten: BEHRMANN (Wirkung des Golfstroms), BRANDTNER (3) (Pleistozän Niederösterreichs), BÜDEL (1, 2) (Rekonstruktion der eiszeitlichen Landschaftsgliederung Europas, Klimaphasen der Würmeiszeit), FAEGRI (5) (Grundsätze für den Nachweis von Klimaveränderungen), FREISING (Löß), KLUTE (Europäisches Glazialklima), MORAWETZ (Wärmezeit und Ostalpenvergletscherung), K. MÜLLER (Klimaveränderungen des letzten Jahrtausends auf Grund der Weinjahre), PENCK (Rückzug der letzten Vergletscherung), POSER (1 bis 4) Kartierung und klimageschichtliche Auswertung von Vorzeitformen), POSER und HÖVERMANN (Würmeiszeitliche Harzvergletscherung?), SCHWARZBACH (Einführendes Lehrbuch), TODTMANN (Hinweise auf zunächst hohe, später geringe glaziale Niederschläge), VIETE (1, 2) (Rekonstruktionsversuche von meteorologischer Seite), WILHELMY (Sammelreferat über Schwarzerden und Steppen Mittel- und Osteuropas), WUNDT (1) (Eiszeit), (2) (Seespiegelschwankungen und Pfahlbauten, hierüber auch GRADMANN (1), LÜDI (4); Nordwärtsverlagerung des mediterranen Trockengürtels?), WUNDT (3) (Eisbilanzkurve).

Küstenverschiebungen: FARRINGTON (Eiszeitliche Absenkung des Spiegels der Ozeane über 200 m?), ST. FLORIN (Södermanland, Schweden), FROMM (Norrbotten, Schweden), HAARNAGEL (Deutsche Nordseeküste), LEMÉE (4) (Mündungsgebiet der Orne bei Caen), HESSLAND (Myaperiode), v. POST (2, 3) (Halland, Schweden), SANDEGREN (2) (Sammelreferat für Schweden), SAURAMO (1, 3) (Fennoskandien), SCHOTT (Westküste Schleswig-Holsteins), VIRKKALA (Finnland), ZWART (Holland).

3. Interglaziale. Auf dem Gebiet der Interglazialfloren dürfte ein besonders wichtiger Fortschritt der von maßgebender diluvialgeologischer Seite — P. WOLDSTEDT (1, vgl. auch 3) — unternommene Versuch sein, eine Reihe der wichtigsten Interglazialfloren des mitteleuropäischen Flachlands in das 4-Eiszeiten-System einzuordnen. Bleibt dabei auch noch manche Frage offen, so ist doch eine neue Grundlage für fruchtbare Diskussionen und weitere Untersuchungen geschaffen. Hierbei zeigt sich auch, wie wichtig die Kenntnis der Vegetationsentwicklung der Interglaziale für die Bestimmung ihres Alters ist. Sehr klar hebt sich begreiflicherweise die Entwicklung im letzten Interglazial heraus, für die sich die klassische dänische Zonengliederung KN. JESSENS (1928) allgemein bewährt. Wenn man will, kann man sie, wie SELLE am Beispiel von Honerdingen zeigt, noch etwas weiter differenzieren und nach dem arktischen (a, I) und subarktischen (b, II) Abschnitt unterscheiden: III. Birkenzeit (c) — IV. Kiefern-Birkenzeit (d) — V. Kiefern-Eichen-Ulmenzeit (e) — VIa. Kiefern-Eichen-Ulmen-Haselzeit (f) — VIb. Eichen-Ulmen-Haselzeit (f). — VIc. Linden-Haselzeit (f) — VIIa. Hainbuchenzeit (g) — VIIb. Hainbuchen-Fichtenzeit (g) — VIII. Fichtenzeit (h) — IX. Fichten-Kiefern-Tannenzeit (h) — X. Kiefernzeit (i).

Gegenüber der nacheiszeitlichen Entwicklung sind vor allem die stark verspätete Ausbreitung der Hasel (stellenweise nach der Eiche!), das in einem großen Teil Mitteleuropas vollständige Fehlen von *Fagus*, die erst in Polen nachweisbar wird, und ihr Ersatz durch *Carpinus* (mit Werten bis 60% und mehr) sowie die stark verspätete Ausbreitung von *Abies* (erst im Laufe der Fichtenzeit und z. T. sogar während des Rückgangs der Fichtenwälder) hervorzuheben. FIRBAS (5) hat das unterschiedliche Verhalten von *Fagus* und *Carpinus* im letzten Interglazial und im Postglazial auch durch Pollenniederschlagskarten veranschaulicht und darauf hingewiesen, daß die späte Ausbreitung von *Abies* auf hohe Niederschläge zu Beginn der letzten Vereisung deute. Daß diese interglaziale Entwicklung zwischen die Riß- und die Würmvereisung fällt, ist nach WOLDSTEDT an mehreren Stellen völlig sichergestellt, ebenso, daß die Wärmezeit f mit der Transgression des Eemmeeres gleichaltrig ist. Verschiedene dieser Interglazialfloren gehören zum Bröruptyp JESSENS: die Ablagerungen füllen mit ihren Verlandungssedimenten Mulden aus, weisen zuunterst z. T. Torfe auf, die sich noch über Toteis gebildet haben müssen und erst nach dessen Abschmelzen auf den Seegrund gerieten, und werden, soweit sie außerhalb der Grenzen der letzten Vereisung liegen, von Fließerden bedeckt.

Das nächstältere Mindel-Riß-Interglazial, sicher oder sehr wahrscheinlich vertreten in den Paludinenschichten von Berlin, in Ummendorf bei Magdeburg, in Angerburg in Ostpreußen, in Zydowszczyzna und Olszewice in Polen, scheint durch eine im ganzen weniger ausgeprägte waldgeschichtliche Gliederung, ein viel früheres, kräftigeres Auftreten der Fichte und höhere *Abies*-Anteile ausgezeichnet zu sein. Auch in ihm tritt *Fagus* hinter *Carpinus* weit zurück oder fehlt ganz. Die Pollendiagramme der nordwestdeutschen Kieselgurinterglaziale sind untereinander auffällig verschieden. Ihre Altersstellung ist wenigstens teilweise (Neu-Ohe, Munster) noch ganz unsicher. Störend in diesem Gesamtbild sind auch einige buchenführende Interglaziale mitten unter den buchenfreien, vor allem jenes von Fahrenkrug in Holstein [vgl. FIRBAS (5)]. Es bleibt zu prüfen, ob sie der ältesten Interglazialzeit angehören, wie heute meist angenommen wird.

Wir besprechen nun eine Reihe neuer oder neuerlich untersuchter Fundstellen. In England untersuchte GODWIN (in HOLLINGWORTH, ALLISON und GODWIN) die Flora einer conchylienreichen Mudde bei Cambridge aus dem letzten Interglazial. Eine ältere Probe gehört einer Kiefern-Eichenzeit an mit bemerkenswert hohen Pollenwerten von *Acer* und *Hedera*. Einige Brackwasserformen deuten auf die zeitliche Zugehörigkeit zum Eem-Meer. Jüngere Proben weisen viel *Carpinus* auf. Unter den Großresten ist der Nachweis von *Najas marina, flexilis* und *minor* von Interesse, die letzte fehlt heute auf den Britischen Inseln. Ein von THOMSON bearbeitetes Diagramm von dem berühmten Cromer forest bed, das sehr wahrscheinlich in das Günz-Mindel-Interglazial gehört, hat P. WOLDSTEDT (4) veröffentlicht. Es zeigt den Ausklang einer Birken-Kiefernzeit, eine Eichen-Ulmenzeit mit zunehmender Fichte und schließlich den ersten Teil einer Fichtenzeit. Von tertiären Arten und von *Fagus* und *Abies* wurde keinerlei Pollen gefunden, von *Carpinus* unsichere Spuren. Dem Cromer-Interglazial und der vorangehenden Günz-Eiszeit gehört nach WIRTZ und ILLIES auch der bisher ins Oberpliozän gestellte, leider sehr fossilarme Kaolinsand von Sylt an, der nach THIERGART freilich noch *Taxodium, Nyssa* und *Sciadopitys* enthalten soll.

In Holland haben NELSON und v. D. HAMMEN die Flora der mit Cromer wahrscheinlich gleichaltrigen Tegelen-Stufe durch den Nachweis einiger

Sumpf- und Wasserpflanzen bereichert. Wahrscheinlich dem letzten Interglazial gehören von Eshuis in der Landschaft de Peel aufgefundene Schichten an, die zunächst die *Carpinus*-Zeit und dann die Ausbreitung von *Picea* und *Abies* wiedergeben.

Den schon oben genannten Untersuchungen Woldstedts liegen z. T. neue Pollenuntersuchungen von U. Rein und W. Selle an norddeutschen Interglazialen (Godenstedt bei Zeven, Honerdingen, Munster, vgl. Woldstedt, Rein und Selle) zugrunde, die mit Hilfe neuer Bohrungen gewonnen worden sind und die Vegetationsentwicklung in großer Vollständigkeit spiegeln. In das letzte Interglazial gehört offenbar auch das von Thomson (2) untersuchte Interglazial von Wallensen im Hils (Weserbergland). Es weist über den autochthonen Gyttjen und Torfen durch Abtragung von Torflagern — offenbar im arktisch-subarktischen Klima — entstandene allochthone Schwemmtorfe auf, deren Pollendiagramm die Wiederkehr einer ,,Warmzeit" vortäuscht. Doch läßt der hohe Gehalt an Tertiärpollen aus der liegenden pliozänen Braunkohle die wahren Verhältnisse erkennen. Diese Beobachtung ist von allgemeiner Wichtigkeit. Sie deutet darauf hin, daß auch die dänischen Interglazialvorkommen vom Herning-Typ Kn. Jessens so aufzufassen sind, daß also auch dort keine Zweiteilung des letzten Interglazials durch eine Kältezeit vorliegt. Die Frage bedarf weiterer Untersuchung.

Eine dankenswerte Übersicht über die interglazialen Fundstellen Lettlands gab Dreimanis (1, 2). In die Mindel-Riß-Interglazialzeit werden u. a. die bekannten Funde von Kraslava gestellt, in das Riß-Würm-Interglazial jene von Röngu/Ringen. Fraglich ist die Stellung von Desele, das mit bis zu 60 % *Abies* an das Interglazial von Angerburg in Ostpreußen erinnert, das Woldstedt in die vorletzte Interglazialzeit stellt. (Über begreiflicherweise sehr seltene und sehr fragmentarische Interglazialfunde in Schweden vgl. die mir nur z. T. zugänglichen Arbeiten von Sandegren (1), Munthe, Sundius und Sandegren.)

Aus dem durch seine reichen Interglazialfloren berühmten Raum um Grodno hat Srodoń (2) eine weitere, dem letzten Interglazial zugehörige Fundstelle in Žukiewicze bearbeitet und hier und an zwei anderen Stellen neben Zapfen von *Larix sibirica* auch viele von *Picea obovata* (als einziger hier vertretener Fichtenart) gefunden. Durch diesen Nachweis einer ehemals weit nach Westen reichenden Verbreitung dieser Art wird das heutige Vorkommen *obovata*-ähnlicher Formen in mitteleuropäischen Fichtenpopulationen verständlich. (Fliche hat übrigens schon 1875 fossile Reste von *Picea obovata* aus einer Glazialflora bei Nancy angegeben!) Aus der zusammenfassenden Bearbeitung der gesamten Vegetationsentwicklung des letzten Interglazials um Grodno, wie sie Srodoń abschließend vornimmt, ergibt sich etwa die gleiche Periodenfolge, wie sie zunächst Jessen in Dänemark aufgestellt hat, mit dem Unterschied, daß um Grodno *Abies* nur in Spuren auftritt und *Fagus*, wenn auch nur in sehr geringen Pollenmengen, nachweisbar ist. In der zeitlichen Zuordnung der einzelnen Fundstellen stimmt Srodoń mit Woldstedt überein.

Sehr wahrscheinlich den Ausklang eines Interglazials hat Dyakowska bei Katy in den Pieninen (Westkarpaten) untersucht. Auf eine Fichten-Tannenzeit mit *Alnus* und Spuren von *Carpinus*, *Quercus* und *Corylus* folgt eine Kiefernzeit. Die Ablagerungen werden von geologischer Seite, wohl mit Recht, ins letzte Interglazial gestellt. Die Verfasserin erwägt wegen des völligen Fehlens von *Fagus* und wegen des Vorkommens der Rotbuche in den angeblich interglazialen Schichten des nahegelegenen Leki Dolne eine Zuweisung ins Aurignac-Interstadial. Ref. scheint es sehr fraglich, ob es sich bei Leki Dolne wirklich um interglaziale und nicht vielmehr um postglaziale Vorkommen handelt. Das Fehlen der Buche hat Katy jedenfalls mit den von Němejc untersuchten jüngeren Travertinen am Poprad und dem Interglazial von Freck (Avrig) in den transsylvanischen Alpen gemeinsam.

Von Interglazialfloren und älteren Glazialfloren aus dem alpinen Bereich ist zunächst eine Untersuchung von Lemée und Bourdier über ein Torflager bei Armoy im Drancetal, südlich vom Genfer See, zu erwähnen, das zwischen Moränen eingeschaltet ist, die der Würmeiszeit zugerechnet werden. Im Pollengehalt herrschen *Picea* und *Pinus* vor, in der Mitte der Schicht tritt mit geringen Mengen *Quercus* auf. Danach dürfte es sich um ein Würm-Interstadial handeln. Weiter hat im Kanton Luzern P. Müller (2) die bis 15 m mächtigen Ablagerungen eines kleinen Sees untersucht, der durch die äußersten Moränen der Würmeiszeit aufgestaut worden ist. Unter den normalen post- und spätglazialen Torfen und Seekreiden folgen zunächst Mergel mit eindeutigen, an *Artemisia* und *Helianthemum* sehr reichen Spektren einer waldlosen Glazialzeit, dann aber fast 10 m mächtige Mergel, in denen Baumpollen, und zwar vorwiegend von *Pinus* und *Picea*, dann von *Abies* und *Betula* vorherrschen. P. Müller sieht darin den Pollenniederschlag von Nadelwäldern, die hier während der ganzen Würmhochstände in Gletschernähe vorgekommen sein sollen. Lüdi (1) wendet sich gegen diese Deutung und glaubt, daß die fraglichen Mergel insgesamt interstadialen, wenn nicht interglazialen Alters sind. Aber auch die Möglichkeit, daß es sich vorwiegend um älteren Pollen auf sekundärer Lagerstätte handelt, dürfte noch nicht ausgeschlossen sein. Jedenfalls liegt hier ein interessanter Versuch vor, über die bekannten Spätglazialphasen tiefer in die Vegetationsgeschichte des jüngeren Diluviums vorzustoßen.

Wie schwierig die richtige Deutung diluvialer Ablagerungen mit höherem minerogenem Anteil ist, zeigt auch die Untersuchung eines Ton- und Torfvorkommens bei Roggendorf nahe Melk in Niederösterreich durch Brandtner (1). Hier läßt sich eine Entwicklung von einer Birken-Weiden-Kiefernzeit mit hohen Nichtbaumpollenwerten über eine Kiefernzeit bis zur Ausbreitung von *Picea, Alnus, Corylus* u. a. erkennen, die der Verf. ins Aurignac-Interstadial der letzten Eiszeit stellen möchte.

Von hohem Interesse ist eine pollenanalytische Untersuchung der berühmten, an die Wende vom Tertiär zum Diluvium (Villafranchien) gehörigen Ablagerungen von Leffe in den Bergamasker Alpen durch Lona (3). Der Verf. konnte vor allem folgende Gattungen nachweisen (die 4 erstgenannten Coniferen in verschiedenen Pollentypen): *Pinus, Picea, Abies, Tsuga, Cedrus, Betula, Carpinus, Corylus, Ostrya, Castanea, Fagus, Quercus, Carya, Pterocarya, Juglans* (selten), *Zelkowa, Ulmus, Liquidambar?, Nyssa, Tilia, Ilex.* Das Diagramm zeigt mehrere, aber nicht sehr ausgeprägte Schwankungen zwischen Phasen, in denen die montanen Coniferen stärker hervortreten (*Pinus, Picea,* weniger *Abies*) und solchen, in denen thermisch anspruchsvolle Laubhölzer (*Carya, Pterocarya, Quercus, Zelkowa, Ulmus, Ostrya, Carpinus*), aber auch *Cedrus,* häufiger sind. Zuoberst liegen Schichten einer Eichenzeit, in der die Coniferen ganz selten werden und *Tsuga, Cedrus, Carya, Juglans, Fagus* und *Castanea* völlig fehlen. Diese Eichenzeit stellt der Verf. bereits in das erste (Günz-Mindel-) Interglazial. In den älteren Schwankungen glaubt er die Kältevorstöße der Günzeiszeit und der umstrittenen Donaueiszeiten wiedererkennen zu können. Daß diese Kaltzeiten, nach ihrer Flora beurteilt, nicht sehr ausgeprägt waren, würde mit unserem sonstigen Wissen über die ältesten Eisvorstöße gut übereinstimmen. Die warmen Phasen erscheinen im Vergleich mit der Gegenwart etwas wärmer und recht ozeanisch.

Von außereuropäischen Untersuchungen ist vor allem eine Zusammenstellung der postpliozänen Pflanzenreste Japans zu erwähnen [Miki (2), mit Fundkarten]. Ihr liegt der Nachweis von 267 Arten von insgesamt 150 Fundstellen zugrunde. Als wildwachsende Formen der japanischen Flora sind seit dem Pliozän ausgestorben: *Ginkgo, Cupressus, Cunninghamia, Keteleeria, Metasequoia, Pseudolarix, Sequoia; Ailanthus, Carya, Eucommia, Fortunearia, Fothergilla, Hemitrapa, Hemiptelea, Meliodendron, Nyssa.* Nur *Ailanthus, Fothergilla* und *Hemiptelea* werden auch noch von diluvialen Fundorten genannt. Während der diluvialen Kaltzeiten sind boreale Arten 500 bis 600 km weiter südlich oder 1500 bis 2000 m tiefer vorgekommen als heute.

Puri (1) hat eine Reihe weiterer Untersuchungen über die Pflanzenreste der in Fortschr. Bot. **12**, 100, erwähnten pleistozänen Karewaschichten im Himalaya durchgeführt. Sie bestätigen die bisherigen Ergebnisse. E. Hofmann hat aus dem Quartär von Ekuador ein Sapotaceenholz cf. *Mimusops* (*Manilkaroxylon*) beschrieben. Die Bearbeitung der nordamerikanischen Interglazialfloren steht nach Deevey (1) noch im Anfang.

4. Glazial und Spätglazial. Unsere Kenntnisse von der Vegetationsentwicklung während der letzten Eiszeit und vor allem während des Eisrückzugs sind in den letzten Jahren wesentlich erweitert worden. In chronologischer Beziehung ist hervorzuheben: 1. Die schon erwähnte grundsätzliche Bestätigung der Bändertonchronologie de Geers mit Hilfe der C 14-Bestimmungen. 2. Die wohl endgültige Zuordnung des Eisstandes an den fennoskandischen Endmoränen (Salpausselkä) zur jüngeren Tundrenzeit. 3. Die Allerödschwankung erweist sich mit zahlreichen neuen Fundstellen nach wie vor als die wesentlichste Klimaschwankung des Spätglazials [vgl. auch Gams [6]]. In einem Teil Deutschlands können ihre Ablagerungen durch die beim Ausbruch des Laacher-See-Vulkans in der Eifel entstandenen Bimstuffe besonders sicher verknüpft werden. Daneben aber setzt sich immer mehr die Erkenntnis durch, daß es schon einige Zeit vorher eine stadiale Schwankung (Böllingschwankung) gegeben hat, in der sich bereits schüttere Birkenwälder über große Teile Mitteleuropas ausgebreitet haben.

Neben dieser Erweiterung der chronologisch-klimageschichtlichen Unterlagen steht das tiefere Eindringen in den Charakter der glazialen und spätglazialen Vegetation. Im Pollengehalt der Schichten, die vor und zu Beginn der Allerödzeit abgelagert worden sind, treten Ericalen ganz zurück, und ein zeitweise sehr beträchtlicher Anteil von *Artemisia, Helianthemum, Hippophaë,* Chenopodiaceen, zu dem geringere Pollenmengen von *Plantago, Sanguisorba minor* und Spuren von *Centaurea* cf. *cyanus* und *Ephedra* treten, belegt den hervorragenden Anteil der Vegetation trockener Böden. (Ein rezentes Gegenstück einer solchen „Steppentundra" mit viel *Artemisia borealis* und mit Lößbildung hat Böcher (1) aus den kontinentalen, dem Inlandeis nahen Teilen von Westgrönland beschrieben.) Durch die Birken- und Kiefernwälder der

Allerödzeit zurückgedrängt, gewannen diese Elemente auch während der jüngeren Tundrenzeit nochmals an Raum, aber lange nicht in dem Maße wie früher. Denn von Westeuropa her kam es schon im jüngeren Teil der Allerödzeit zu einer Ausbreitung von *Empetrum* in den Birken- und Kiefernwäldern, und West- und Nordwesteuropa wurden bis weit ins holländische und nordwestdeutsche Flachland während der jüngeren Tundrenzeit von Zwergstrauchheiden (vorwiegend *Empetrum*, vereinzelt *Calluna*) beherrscht. Die jüngere Tundrenzeit war also ozeanischer als die ältere — offenbar eine Folge des mit dem Eisrückgang fortschreitenden Anstiegs des Meeresspiegels. Wir betrachten nun die Ergebnisse aus den einzelnen Ländern.

In Irland hat der dänische Botaniker KNUD JESSEN seine 1934 begonnenen paläontologischen Untersuchungen mit einer eindrucksvollen Arbeit abgeschlossen, die die Stratigraphie von 49 Mooren und Seen, ihre pflanzlichen Großreste und ihren Pollengehalt in gleich gründlicher Weise heranzieht. G. F. MITCHELL (1951) hat diese Untersuchungen an 45 weiteren Mooren fortgesetzt. Wenn die Verfasser angesichts des überwältigenden Reichtums dieser Insel an Mooren und Seen ihre Untersuchungen auch nur als vorläufig bezeichnen, so kommt ihnen bei dem großen Interesse, das Irland infolge seiner extrem ozeanischen Lage besitzt, doch besondere Bedeutung zu. Die spätglazialen Hauptabschnitte sind hier folgendermaßen ausgeprägt:

1. Ältere *Salix herbacea*-Zeit. Rückzugszeit der letzten Inlandvereisung mit einer offenen tundrenartigen Vegetation in den Tieflagen.

2. Spätglaziale Birkenzeit, Allerödzeit. Bereits an 17 Fundstellen nachgewiesen, das Inlandeis muß also schon so gut wie ganz verschwunden gewesen sein [FARRINGTON (2)]. Parktundra mit lichten *Betula pubescens*-Beständen und besonders im Westen und Nordwesten auch mit offenen *Empetrum*-Heiden. Einige ozeanische Arten wie *Eleocharis multicaulis*, *Saxifraga hypnoides* nachweisbar, *Pinus* wahrscheinlich noch völlig fehlend.

3. Jüngere *Salix herbacea*-Zeit, entsprechend der Athdown-Gebirgsvergletscherung nach FARRINGTON. In den Tieflagen neuerlich Solifluktion und tundrenartige Gesellschaften.

4. Postglaziale Birkenzeit (Präboreal). Birkenwälder, *Empetrum*-Heiden, gegen Ende beginnende Ausbreitung von *Calluna*, deutlicher Temperaturanstieg.

Für die viel umstrittene Frage nach der Geschichte des lusitanischen Elements, dem eigenartigen Vorkommen südwestmediterraner, z. T. erst in den Pyrenäen und in Nordportugal wieder auftretender Arten in Irland, zeigt die nachgewiesene spätglaziale Tundrenflora, daß der an das Eis anschließende waldlose Vegetationsgürtel recht breit gewesen sein muß. Man darf daher nicht ohne weiteres mit der eiszeitlichen Überdauerung dieser Arten im unvergletscherten Südwesten der Insel rechnen. Immerhin mögen diejenigen unter ihnen, die heute in den Pyrenäen bis in die subalpine Stufe oder höher steigen (*Saxifraga umbrosa*, *S. hirsuta*, *Daboecia polifolia*, *Erica Mackaii*) den Ansichten LLOYD PRAEGERS entsprechend, wenigstens die letzte Eiszeit infolge der starken Absenkung des Ozeanspiegels in der Nähe der Insel überdauert haben. Das kann auch für das berühmte *Eriocaulon septangulare* gelten, einen der wenigen Vertreter des amerikanischen Elements in der europäischen Flora, von dem nun jedenfalls feststeht, daß es seine abgesprengten Standorte auf den Britischen Inseln nicht etwa erst einer Einschleppung durch den Menschen verdankt, da JESSEN Pollenfunde schon in der atlantischen Zeit (mittlere Wärmezeit) des Postglazials gelungen sind. Für einen mediterranen Strauch wie *Arbutus Unedo*, der heute in Irland ein disjunktes Teilareal besitzt und in den südwestirischen Eichenwaldgebieten eine beachtliche Rolle spielt, ist eine glaziale Überdauerung nunmehr sehr unwahrscheinlich geworden. Er dürfte zu Beginn der postglazialen Wärmezeit, in der Haselzeit, eingewandert sein, als die Insel noch mit dem europäischen Festland zusammenhing.

In England hat sich GODWIN (4) mit der Bedeutung der waldlosen Abschnitte des Spätglazials und frühen Postglazials befaßt, gestützt auf zahlreiche Neufunde besonders von den berühmten Fundstellen des Lea Valley bei London. Es wird immer klarer, daß die spätglaziale Flora neben dem arktisch-alpinen Element und den vorerwähnten Arten der „Steppentundra" und zahlreichen Wasser- und Sumpfpflanzen auch eine Artengruppe enthielt, die heute zu den Ruderalpflanzen und Unkräutern zählt: *Polygonum aviculare, Galeopsis tetrahit, Chenopodium album, Sonchus asper, Linaria vulgaris, Centaurea cyanus, Holosteum umbellatum* u. a. Diese Arten fanden offenbar auf den durch Solifluktionsvorgänge immer wieder neu geschaffenen oder vom Eis eben verlassenen offenen Böden gute Ausbreitungsbedingungen und wurden erst durch die postglaziale Bewaldung, oberhalb der Waldgrenze durch ausgedehnte Vermoorungen und z. T. auch durch die Auswaschung der Böden in ihrer Verbreitung beschränkt. Schließlich bot ihnen die Ausdehnung der menschlichen Siedlungen neue Entfaltungsmöglichkeiten. Diese haben bisher fälschlich dazu geführt, sie für junge Zuwanderer zu halten.

Der starke Wechsel der Wanderungs- und Ausbreitungsmöglichkeiten zwischen dem Glazial und Spätglazial einerseits, den postglazialen Waldzeiten andererseits, hatte auch noch andere, von GODWIN für die britische Flora erörterte Folgen. Lehrreich ist in diesem Zusammenhang z. B. auch der Umstand, daß die irische Flora gegenüber der britischen nach PRAEGER gerade an Waldpflanzen und wärmeliebenden Arten stark verarmt erscheint. Es sind diejenigen Arten, die sich erst in den warmen Waldzeiten des Postglazials ausbreiten konnten, als die irische See bereits eine Verbreitungsschranke bildete.

Eine sehr vielseitige Untersuchung spätglazialer, und zwar interstadialer Mudden und Torfe, die von Solifluktionsschutt über- und unterlagert werden, haben CONOLLY, GODWIN und MEGAW aus Cornwall (Hawks Tor) ausgeführt. In den mittleren Schichten treten u. a. *Erica tetralix* und *Lycopus europaeus* auf. Die Verf. ordnen sie mit guten Gründen der Allerödschwankung zu. Doch ist merkwürdig, daß hier, in etwa 250 m Höhe, keine Spuren von Baumwuchs nachzuweisen sind.

In Skandinavien ist die Frage der eiszeitlichen Überdauerung eines Teils der heutigen Flora unter den bekannten Gesichtspunkten der „Überwinterungstheorie" lebhaft weiter verfolgt und z. T. heftig umstritten worden.

So ist es vor allem zu einer Erörterung darüber gekommen, ob auch die Fichte (*Picea abies*) an der norwegischen Küste die letzte Eiszeit überdauert haben kann. B. Lindquist (3) vertritt diese Auffassung auf Grund eines umfangreichen Studiums der Varietäten der europäischen Fichte: In den Randgebieten ihres fennoskandischen Areals — in Westnorwegen, aber auch auf Kola — kommt eine durch kahle einjährige Zweige und gerundete Zapfenschuppen ausgezeichnete Form (v. *arctica* Lindquist) vor; dies soll sich nur durch eine eiszeitliche Überdauerung an der norwegischen Westküste befriedigend erklären lassen. S. Ahlner hat diese Hypothese wesentlich gestützt durch eine sehr eingehende Bearbeitung der heutigen Verbreitung der ozeanischen Flechten Skandinaviens. Im norwegischen Fichtengebiet kommen ausschließlich auf *Picea* einige wenige Flechten vor, die als Endemismen bzw. westarktisch-ozeanische Arten auf eine glaziale Überdauerung hinweisen und damit das gleichzeitige Vorkommen von Fichten vorauszusetzen scheinen. Durch diese Hypothese hat sich nun Kn. Faegri (1, 3) veranlaßt gesehen, an 4 Stellen im westlichen Grenzgebiet des norwegischen Fichtenareals sehr sorgfältige pollenanalytische Mooruntersuchungen durchzuführen. Sie lehren überzeugend, daß die Fichte hier, wie dies schon A. T. Gløersen (1884) ausgesprochen hat, ein junger Einwanderer ist, der erst im Laufe der letzten 1000 Jahre erschien. Die von Lindquist und Ahlner angeführten Argumente können, so bestechend sie erscheinen, nach Faegris Kritik nicht richtig sein. Die Fichte hat danach die letzte Eiszeit (wohl auch frühere Eiszeiten) in Norwegen nicht überdauert. Ein eiszeitliches Überdauern von Birkenwäldern in Fennoskandien macht hingegen nach Selander das dortige disjunkte Vorkommen der westlichen *Urtica gracilis* wahrscheinlich, da es sich um eine Waldpflanze handelt. Auch Lindquist (3) tritt mit guten Gründen für ein Überdauern von *Betula tortuosa* und *B. callosa* ein.

An diese Studien lassen sich dann die Ergebnisse einer sehr eingehenden Arealanalyse von *Lactuca alpina, Aconitum septentrionale, Ranunculus platanifolius* und *Polygonatum verticillatum* in Fennoskandien, also von Leitarten der subalpinen Hochstaudenfluren anschließen, die man M. Fries (2) verdankt. Die Arbeit berücksichtigt in vorbildlicher Weise sowohl die aktuellen klimatischen und edaphischen Bedingungen wie die Verbreitungsökologie und die wahrscheinliche historische Entwicklung und führt vor allem an Hand der Verbreitung des in Mitteleuropa fehlenden *Aconitum septentrionale*, aber auch der Areale von *Ranunculus platanifolius* und *Lactuca alpina* zu dem Ergebnis, daß auch Elemente der Hochstaudenflur die letzte Eiszeit in Refugien an der norwegischen Küste überdauert haben. Wahrscheinlich kommen hierfür vor allem die niederschlagsreichen Küstengebiete in Südnorwegen in Frage, Dahls Küstengebirgstyp der Glazialrefugien [vgl. Fortschr. Bot. **12**, 102, und Faegri (2)].

Die Pollenflora spätglazialer Ablagerungen Schwedens hat Erdtman(4) am Omberg (Ostergötland) an einem Beispiel sorgfältig untersucht, mit dem Ergebnis, daß der *Artemisia*-Pollen vorwiegend zu *A. vulgaris*, z. T. auch zu *A. rupestris*, der von *Helianthemum* zu *H. oelandicum* gehören dürfte. (Die seltenen spätglazialen „*Fagus*"-Pollen älterer schwedischer Arbeiten sind nach v. Post (1) *Helianthemum*. Das Vorkommen von *A. rupestris* hat schon Sterner erwogen.) Vom Omberggebiet hat auch Donner ein wahrscheinlich die Allerödschwankung aufzeigendes Diagramm veröffentlicht. Ein Diagramm vom Nebbe Mosse im südlichen Schonen bestätigt nach Althin, Brorson-Christensen und Berlin das dortige Auftreten lichter Birkenwälder in der Allerödzeit. Hier wurde auch zum erstenmal Pollen von *Ephedra* im Spätglazial gefunden. In Bohuslän dürfte es nach M. Fries (3) ebenfalls zu einer geringen Ausbreitung von *Betula pubescens* in der Allerödzeit gekommen sein.

In Finnland ist ein sehr wesentlicher chronologischer Fortschritt gelungen: Die zunächst von Kn. Jessen, später von vielen anderen vertretene Ansicht, daß die jüngere Tundrenzeit (III) dem Eisstand an den fennoskandischen Moränen entspreche, konnte von Donner durch

Untersuchungen im Salpausselkägebiet Finnlands weitestgehend bewiesen werden. Während sich vor den Salpausselkä und innerhalb dieser Moränenzüge noch eine ausgeprägte waldlose Zeit, offenbar die Tundrenzeit (III) nachweisen läßt, fehlt sie hinter ihnen, der Wald muß nun dem zurückschmelzenden Eise rasch gefolgt sein. Vor den Salpausselkä am Westufer des Onegasees wurden von DONNER außerdem Ablagerungen gefunden, die wahrscheinlich der Allerödzeit (II) angehören.

Über das letzte Glazial und das Spätglazial Hollands hat VAN DER HAMMEN (1, 2) die Ergebnisse sehr gründlicher Untersuchungen aus verschiedenen Teilen des Landes veröffentlicht (20 Diagramme, 17 Fundstellen). Sie sind von besonderer Wichtigkeit. Zunächst liegt aus dem Hochglazial eine Anzahl von Tundratorfen und Humusschichten im Löß vor, die mit Nichtbaumpollenwerten bis zu 95 % (der Gesamtpollen) die Waldlosigkeit und den arktischen Charakter des Klimas und der Vegetation belegen. Pollen von *Artemisia*, *Helianthemum* und *Salix* sind vorhanden, aber nur spärlich. Die bekannten Dryasfloren gehören in diesen Zeitabschnitt. In den Senken bestanden über Frostboden Hypnaceensümpfe.

Den Beginn des Spätglazials verlegt VAN DER HAMMEN in den Anstieg von *Artemisia*, der einem Temperaturanstieg entsprechen müsse, da die Gattung schon vorher vorhanden war, einer Klimaverbesserung also nicht nachzuhinken brauchte. Innerhalb des Spätglazials heben sich in den Pollendiagrammen wie in der Stratigraphie die beiden eingangs genannten (S. 179) Klimaschwankungen deutlich heraus: nach der ältesten (I a) und vor der älteren Tundrenzeit (I c) die Böllingschwankung (I b), mit einer teilweisen Ausbreitung von Birkenwäldern, während Kiefern noch völlig fehlten. Später die Allerödzeit (II), die WATERBOLK (1), VAN DER HAMMEN (1, 2) und DE PLANQUE erstmals in Holland nachgewiesen haben. Sie ist zunächst durch die Ausbreitung von Birkenwäldern, später auch von Kiefern ausgezeichnet, von denen auch reichlich Großreste gefunden worden sind. Dann folgt der Klimarückschlag der jüngeren Tundrenzeit (III) mit weitgehender Verdrängung der Bäume. In der spätglazialen Pollenflora spielen neben *Betula*, *Pinus*, *Salix*, Gramineen und Cyperaceen auch *Juniperus*, *Hippophaë*, *Artemisia*, *Plantago*, *Helianthemum* eine beträchtliche Rolle, die letztgenannten Arten besonders in I. Außerdem wurden neben vereinzelten Pollenfunden von *Sanguisorba officinalis* und *S. minor* auch solche von *Centaurea cyanus* gemacht, in bemerkenswerter Bestätigung der spätglazialen Pollenfunde der Kornblume in Dänemark durch IVERSEN. Ericalen treten zunächst noch ganz zurück, doch beginnt sich *Empetrum* in der jüngeren Allerödzeit auszubreiten und erringt dann während der jüngeren Tundrenzeit (III) eine beherrschende Rolle. Dies muß als Ausdruck eines nunmehr wesentlich ozeanischen Klimas bewertet werden, denn Bodenauswaschung kommt als Ursache nicht in Frage, da gleichzeitig intensive Bodenverwehungen stattgefunden haben. Äolische Vorgänge spielten nämlich während III eine große Rolle und führten zur Ablagerung der jüngeren Decksande, während Frostböden im ganzen Spätglazial nicht mehr nachzuweisen sind (vgl.

auch Burck und van der Hammen, Nelsson und van der Hammen).
In den Übergang II/III fällt die epipaläolithische Kultur von Usselo.

In Belgien wurden in Glazialfloren, die wahrscheinlich der letzten
Eiszeit angehören, in der Nähe von Gent, Mons und Brüssel reichliche
Reste von *Salix herbacea,* an dem letztgenannten Fundort (Hofstade)
auch solche von *Dryas* gefunden (Vanhoorne). Diese Nachweise erweitern das Gebiet der glazialen Dryasfloren recht erheblich über Holland hinaus nach Süden.

Aus Nordwestdeutschland teilt Overbeck ein neues, sehr in-
struktives Spätglazialdiagramm (von Huxfeld) mit, in dem die Allerödschwankung und wohl auch die Böllingschwankung sehr deutlich ausgeprägt sind. Er geht aus diesem Anlaß näher auf die späteiszeitliche
Vegetationsentwicklung Nordwestdeutschlands ein, die derjenigen
Hollands sehr ähnelt: Die ältere waldlose Zeit ist durch eine Ericaceen-
und *Empetrum*-arme Gras- und Seggentundra ausgezeichnet, eine kräftige
Ausbreitung von Birken läßt sich schon vor der Allerödzeit feststellen, in
dieser aber deutlich eine ältere birkenreiche und eine jüngere kiefern-
reiche Phase unterscheiden. Die jüngere Tundrenzeit erst trägt mit ihren
Empetrum-Heiden, denen auch *Calluna* nicht fehlt, einen subarktisch-
ozeanischen Vegetationscharakter. Im Hauptteil des Boreals sind Anzeichen von Vernässung, allenfalls gegen sein Ende solche für ein Absinken
des Grundwassers zu beobachten.

Steusloff (1, 2) hat die älteren Untersuchungen über die würmperi-
glaziale Flora des Emscher-Lippe-Gebiets (C. A. Weber, Kräusel) zusammengefaßt und in soziologisch-ökologischer Beziehung anregend erörtert.
Als Neufund nennt er vor allem den heute in Mitteleuropa völlig fehlenden
nordöstlichen *Potamogeton vaginatus.* Die *Armeria „arctica"* Webers war
pollendimorph, stand also der *A. vulgaris* nahe und ist wahrscheinlich
mit Szafers diluvialer *A. Iverseni* identisch.

Aus dem südlichen Münsterland beschreiben Budde und Steusloff
Braunmoostorfe, die den oberen Horizonten der Niederterrasse angehören,
aus einer Birken-Kiefernzeit stammen und vielleicht dem Alleröd zuzuordnen sind.

Für die richtige Zuordnung der deutschen Allerödvorkommen spielt
die zunächst von K. Steinberg 1936 entdeckte Schicht vulkanischer
Asche eine große Rolle, die im Luttersee im südlichen Harzvorland
gerade an der Wende der Unterabschnitte IIa/IIb in der Mitte der
Allerödzeit liegt. Sie ist zunächst im Hils im Weserbergland wiedergefun-
den worden [Firbas (4)], dann von H. Müller im mitteldeutschen
Trockengebiet bei Aschersleben (östliches Harzvorland) und bei Frank-
leben im Geiseltal bei Halle [vorl. Mitt. bei Firbas (5)], schließlich
auch an 2 Stellen im Südschwarzwald (G. Lang, unveröff.). Nach eingehenden petrographischen Untersuchungen von Frechen entspricht
sie den Laacher Bimstuffen, die zeitlich rasch aufeinander folgenden
Ausbrüchen des Laacher-See-Vulkans angehören.

Die Allerödzeit wurde bisher im Anschluß an die Geochronologie von
de Geer und Sauramo etwa in die Zeit zwischen 9000 bis 10000 v. Chr.
verlegt, und die S. 173 erwähnten C 14-Bestimmungen stehen damit in
gutem Einklang. Sauramo (3, 4) vertritt neuerdings freilich die Ansicht,
daß zwischen den spätglazial-frühpostglazialen Bändertonfolgen de Geers

und den postglazialen LIDÉNS noch eine Lücke von etwa 1000 Jahren klaffe, so daß der Eisrückzug von den mittelschwedischen Endmoränen auf etwa 9000 v. Ch. (statt bisher 8000 v. Chr.) anzusetzen sei. Dann wäre auch die Allerödzeit um 1000 Jahre älter. Wir müssen also bei diesen Altersangaben noch mit möglichen Fehlern rechnen, dürfen aber, wie erwähnt, von der Richtigkeit der Größenordnung überzeugt sein. Gerade für biologische Fragen (z. B. Zeitraum für Artbildungsvorgänge oder Sippenwanderungen) ist damit auch eine feste Grundlage gewonnen.

H. GROSS konnte übrigens zeigen, daß sich mit Hilfe der Datierung der Laacher Tuffschicht nun auch das Alter der bekannten Magdalénien-Siedlung von Andernach bestimmen läßt: es muß früh- bis mittelallerödzeitlich sein. Das Ende der vulkanischen Tätigkeit in der Eifel fällt nach FRECHEN und STRAKA in die jüngere Tundrenzeit bis zum Beginn des Postglazials (III/IV). Die Besiedlung der vulkanischen Böden wurde nach Pollenfunden während der jüngeren Tundrenzeit durch ein Gramineen- und *Artemisia*-Stadium eingeleitet und durch ein *Salix*-Stadium abgeschlossen.

Eigenartig ist, daß sich in Mitteleuropa die höchsten *Artemisia*-Anteile an den spätglazialen Pollenspektren erst im Bereich der Alpen und im Alpenvorland finden, während die weiter nördlich gelegenen heutigen Trockengebiete bisher nur viel geringere Werte ergeben haben [FIRBAS (5)]; Karten darüber und über die Ericalen-Werte der jüngeren Tundrenzeit auch bei FIRBAS (4)]. Im Alpenvorland (Bodensee) und in der Schwäbischen Alb hat G. LANG, durch ähnliche Funde IVERSENS in Dänemark darauf aufmerksam gemacht, auch den Pollen von *Ephedra* im Spätglazial nachweisen können. Ferntransport ist freilich bei so vereinzelten Funden kaum auszuschließen.

Die von SZAFER und JAROŃ schon 1935 zum erstenmal bearbeiteten spätglazialen Seeablagerungen von Roztoki nahe Jaslo am Nordfuß der Karpaten, südöstlich Tarnow, die in einer Höhe von 228 m liegen, gehören nach einer neueren Untersuchung von SZAFER ebenfalls ins jüngere Spätglazial. Ist die Datierung richtig, so sind hier gegen Ende der älteren Tundrenzeit (I) u. a. *Pinus Mugo, Betula nana* und *Prunus* cf. *petraea* vorgekommen, während der Allerödzeit (II) aber eine Ausbreitung subarktischer Wälder erfolgt, von denen *Pinus silvestris* und *Larix polonica* die meisten Reste hinterlassen haben, während sonst noch *Betula pubescens* und cf. *pendula* und einige anspruchsvollere Arten wie *Carex pseudocyperus, Lycopus europaeus* u. a. nachgewiesen sind. In einem Nachtrag zu einer 2. Auflage der wichtigen Arbeit über die Dryasflora von Kroscienko macht SZAFER (in KLIMASZEWSKI, SZAFER, SZAFRAN und URBAŃSKI) weiterhin darauf aufmerksam, daß der dort von ihm erschlossene subarktische Waldkeil nicht im letzten Hochglazial, sondern während der jüngeren Tundrenzeit bestanden habe. Damit tritt also auch SZAFER für einen südlicheren Verlauf der hochglazialen Waldgrenze ein.

Ein eiszeitliches Überdauern von *Pinus, Picea* und sogar von *Quercus* in Innerböhmen und Südmähren glaubt aber J. SLAVÍKOVÁ-VESELÁ annehmen zu dürfen, da sie in paläolithischen Fundstellen Holzkohlen dieser Gattungen fand. Ob für irgendeinen dieser Nachweise bewiesen werden kann, daß er hochglazialen Verhältnissen entspricht, ist aber völlig fraglich. Es werden zur Datierung nur die auf einer unzulässigen Übertragung der Strahlungskurve beruhenden Angaben ,,Würm I, II, III'' usw. gemacht. Die Möglichkeit vereinzelter Refugien von *Pinus silvestris* und *Picea* in Innerböhmen und Südmähren ist aber durchaus zuzugeben. Die Verf. hat mich mißverstanden, wenn sie glaubt, daß ich sie leugne.

In einer Höhle bei Solymar in Ungarn fanden GREGUSS und SZALAI in einem heutigen Laubwaldgebiet Holzkohlenreste von *Taxus, Pinus* und *Larix*. Das Alter ist unbekannt.

Mit Spannung kann man dem Abschluß der Untersuchungen LONAS (2) an spätglazialen Ablagerungen der Poebene im Gebiet der Monti Berici und der Euganeen entgegensehen. Die ältesten Schichten stammen aus einer

Kiefernzeit mit *Betula,* viel *Salix* und Spuren von *Picea* und *Alnus* und bestätigen die bei Forli (FIRBAS und ZANGHERI) erkannte tiefgreifende glaziale Verarmung der Poebene auch weit außerhalb der Vergletscherungsgrenzen.

5. Das Postglazial in Europa. Wir besprechen die wichtigsten Ergebnisse gleich nach Ländern geordnet. Zunächst ist auf Grund der Arbeiten von KN. JESSEN und MITCHELL folgendes über die nacheiszeitlichen Vegetationsperioden Irlands — in Fortsetzung des auf S. 180 über das Spätglazial Gesagten — zu berichten:

Nach der schon besprochenen präborealen Birkenzeit (4) setzt sich die Entwicklung fort in einer 5. Hasel-Birkenzeit (Boreal z. T.). Beginn der Massenausbreitung von *Corylus,* erste Nachweise von *Pinus silvestris* und *Betula pendula.* An wärmebedürftigen bzw. ozeanischen Arten sind schon vorhanden: *Najas flexilis, N. marina, Cladium, Erica tetralix, E. cinerea, Osmunda regalis.*

6. Hasel-Kiefernzeit (Boreal z. T.) Neben Wäldern von Kiefern, Birken, Ulmen (*Ulmus scabra*) und Eichen (*Quercus petraea*), die bis zur Westküste reichen, bestehen ausgedehnte Haselgebüsche besonders auf den reicheren Böden der nördlicheren Landschaften, wo *Corylus*-Maxima über 500 % die Regel sind. Neben limnischen Ablagerungen finden sich vorerst nur Ried- und Bruchtorfe. Erste Nachweise von *Taxus, Hedera, Ilex* und der lusitanischen *Erica Mackai.* Die Meerestransgression erreicht allmählich die heutige Küste. Kulturen mesolithisch.

7a. Erlen-Eichen-Kiefernzeit (Atlantikum). Beginnt mit einer kräftigen Ausbreitung von *Alnus glutinosa.* Dichte Laubmischwälder von Eichen, Erlen, Birken, Kiefern und Ulmen reichen bis an die Westküste, die Hasel ist recht häufig. Weitere Ausbreitung von *Ilex* und *Hedera* (*Ilex*-Pollen bis 20 %). Beginn der Bildung echter und terrainbedeckender ombrogener Hochmoore mit älterem Sphagnumtorf. Fortschreiten der marinen Transgression bis zu ihrem Maximum an der Wende 7a/7b um 3000 v. Chr. Kulturen mesolithisch.

7b. Erlen-Eichenzeit (Subboreal). In den Wäldern gehen *Ulmus* und *Pinus* zurück, doch besiedelt die Kiefer gegen Ende des Abschnitts die Hochmoore und ist auf diesen bis an die äußerste Westküste verbreitet. Größte Häufigkeit von *Quercus, Hedera* und *Ilex,* neuerlich sehr hohe Werte von *Corylus.* Fortsetzung des ombrogenen Hochmoorwachstums bis zu der dem Grenzhorizont gleichgesetzten Rekurrenzfläche RS C, die wahrscheinlich auf 500 v. Chr. zu datieren ist. In den Abschnitt fallen jedenfalls Neolithikum, frühe und mittlere Bronzezeit, während die Zuordnung der Spätbronzezeit noch zweifelhaft ist. Unter dem Einfluß der Vermoorung und der u. a. durch das Auftreten des Pollens von Getreide und von *Plantago* nachweisbaren Besiedlung beginnen die Wälder zurückzuweichen, doch läßt sich keine so deutliche Landnahme pollenanalytisch nachweisen, wie das in Dänemark möglich ist. Marine Regression in Nordostirland.

8. Erlen-Birken-Eichenzeit (Subatlantikum). Die Wälder werden durch Vermoorung und Besiedlung immer stärker bis zu fast völligem Verschwinden verdrängt. Die Kiefer ist aus ihnen verschwunden, hält sich aber reliktartig noch einige Zeit auf Hochmooren. Die Birke nimmt stark zu, *Quercus, Ilex* und *Hedera* gehen zurück. In den in lebhaftem Wachstum befindlichen Hochmooren wird vor allem ein schwach zersetzter Sphagnum cuspidatum- und imbricatum-Torf gebildet; 2 Rekurrenzflächen. In jüngerer Zeit eine neuerliche marine Transgression.

Das postglaziale Klimaoptimum lag nach JESSEN innerhalb der in Irland warm-ozeanisch getönten Wärmezeit (5 bis 7b) im Abschnitt 7b, dem besonders gegen Ende relativ trockneren Subboreal. Das ist das gleiche Ergebnis, zu dem FAEGRI im ozeanischen südwestlichen Norwegen gekommen war (vgl. Fortschr. Bot. **11,** 115). Der Nachweis der Rekurrenzflächen in den Hochmooren schließt sich überraschend gut an die Ergebnisse in Schweden und Dänemark an, und entgegen den in Fortschr. Bot. **12**, 108, besprochenen Arbeiten scheint auch in Irland RS C, der Grenzhorizont, dem ausgeprägtesten Klimaumschwung zu entsprechen.

Aus England liegen Untersuchungen von Godwin (1) und Clapham und Godwin (1, 2) über die Zusammenhänge zwischen Moorwachstum, Wald- und Klimaentwicklung sowie vor- und frühgeschichtlicher Besiedlung im Tiefland von Somerset vor. Auch hier weisen die in küstennahen Tälern entwickelten Hochmoore eine deutliche stratigraphische Zweigliederung auf in einen älteren, stärker zersetzten Sphagnumtorf, dessen Bildung etwa mit dem Neolithikum begann, und einen jüngeren schwach zersetzten Torf. Der sehr deutliche Grenzhorizont zwischen beiden fällt etwa an das Ende der Bronzezeit, im jüngeren Torf wurde abweichend von den normalen Verhältnissen die Bildung schwach zersetzten Sphagnumtorfs zweimal durch die Überflutung mit basenreichem Wasser von den umliegenden Kalkhügeln unterbrochen, was die regelmäßige Zwischenschaltung von Cladium- und Seggentorfen zur Folge hatte. Die ältere Versumpfungsperiode, die allmählich einsetzte, fällt in den Beginn des Subatlantikums, die jüngere kann etwa auf 150 v. Chr. datiert werden; etwa seit römisch-britischer Zeit, nämlich dem Ende des 4. Jahrhunderts n. Chr., hat das Moorwachstum kaum noch Fortschritte gemacht. Durch Pollenfunde von *Plantago* und Getreide lassen sich zwei Siedlungsperioden nachweisen. Zwischen beiden liegt die ältere Überflutungsperiode, am Ende der zweiten die jüngere. Etwa mit dem Grenzhorizont läßt sich ein Rückgang der Erle, eine zunehmende Ausbreitung der Birke, ein Anstieg der Eiche, ein spärliches Erscheinen der Buche und ein Rückgang der Linde beobachten. (Buchenholz wurde auch in einem wahrscheinlich bronzezeitlichen, aber noch nicht sicher datierten Bohlweg gefunden.) Gegenüber der naheliegenden Annahme, daß diese Veränderungen in der Waldzusammensetzung, besonders die Ausbreitung der Birke, mit der Besiedlung des Gebietes zusammenhängen könnten, zeigt die genauere Untersuchung, daß sie wenigstens zum größten Teil eine Folge der Klimaveränderung vom Subboreal zum Subatlantikum sein müssen. Dann ist also die subatlantische Ausbreitung der Birke in England wirklich ein Zeichen „klimatischer Revertenz" im Sinne v. Posts.

In der Nähe von Scarborough in Yorkshire fällt eine überaus reiche und archäologisch wichtige mesolithische Fundstelle von einem frühen Maglemose-Typ nach den ersten Mitteilungen von Clark, Godwin, Fraser und King und von Clark, Walker, Corner, Fraser und King wahrscheinlich in die Wende von der Vorwärmezeit zur frühen Wärmezeit, d. h. in den Beginn der Haselausbreitung. Ein Diagramm aus der Nähe ist u. a. durch die ersten englischen Pollenfunde von *Hippophaë* aus dem frühen Postglazial und durch ein reiches Vorkommen von *Hedera* während der Haselzeit bemerkenswert. Während in England nur *Tilia cordata* heute auf natürlichen Standorten vorkommt, kam in Kent während der Wärmezeit nach Pollenfunden von Burchell und Erdtman auch *Tilia platyphyllos* vor — eine interessante Parallele zu dem wärmezeitlichen Vorkommen der Sommerlinde im norddeutschen Flachland. Bei der Untersuchung von 3 Torfproben von der den Hybriden im Westen vorgelagerten kleinen waldlosen Inselgruppe St. Kilda fand Godwin (2) eine recht bezeichnende, von *Plantago*, Compositen und Gramineen beherrschte Pollenzusammensetzung aus postborealer Zeit, wobei der Gehölzpollen höchstens 5 % der Pollensumme erreicht.

Über die in Norwegen durchgeführten Untersuchungen Faegris zur Ausbreitungsgeschichte der Fichte vgl. S. 182. Ein Vergleich der Flora von Finse im südnorwegischen Gebirge in den Jahren 1907 und 1915 einerseits, 1949 andererseits läßt nach Faegri (6) eine Vorrücken anspruchsvoller Arten erkennen, wahrscheinlich eine Folge der derzeitigen Klimaverbesserung. Die jetzige obere Grenze der subalpinen Stufe dürfte der ehemaligen Lage der Grenze zwischen der unteren und mittleren alpinen Stufe entsprechen. In Südschweden hat M. Fries (3) eine sehr sorgfältige pollenanalytische Monographie der spät- und nacheiszeitlichen Vegetationsentwicklung im nordwestlichen Götaland veröffentlicht. Sie betrifft einen breiten Streifen zwischen Skagerrak und Vänersee von den ozeanischen Küstengebieten über niederschlagsreiches Hochland bis ins kontinentalere Gebiet um den genannten See und ist mit ihrer sorgfältigen botanischen Auswertung um so erfreulicher, als die Pollenuntersuchungen Schwedens in den letzten Jahren weit mehr von geologischer als von botanischer Seite gepflegt worden waren. Neben Mooren standen dem Verf. auch Sedimentprofile aus dem Gullmarsfjord zur Verfügung. In ihnen spiegeln u. a. Anstiege der Nichtbaumpollen, besonders der Ericaceen, die Ausbreitung von *Calluna*-Heiden im Küstengebiet seit dem Subatlantikum wider. In der Gliederung der Perioden schließt sich FRIES nach der Aufstellung und Datierung von 12 Leitniveaus weitgehend dem dänisch-mitteleuropäischen System an, betont aber, daß das Frühboreal (V) nach seinem Vegetations- und Klimacharakter in dem untersuchten Gebiet noch der Vorwärmezeit zugerechnet werden sollte. Die Zeit der Haselhaine hat kaum mehr als ein halbes Jahrtausend gedauert. In der viel umstrittenen Frage der Fichtenwestgrenze kommt M. FRIES zu dem Ergebnis, daß sie im wesentlichen doch klimabedingt sei, und zwar habe offenbar ein Temperaturrückgang zunächst um die Zeit der Rekurrenzfläche IV, um 1200 v. Chr. und dann wieder um die Rekurrenzfläche II, gegen 300 n. Chr., ein deutliches Vorrücken der Fichte in Richtung gegen die Küste veranlaßt. Die Klimaverschlechterung von der Spätwärmezeit zur Nachwärmezeit sei allmählich verlaufen, wobei der deutlichste Sprung nicht mit dem Grenzhorizont, sondern erst mit der Zeit der Rekurrenzfläche II zusammenfalle.

Bei einer Untersuchung des Käringsjön in Halland fanden SANDEGREN und ARBMAN (in ARBMAN) auf Grund von eisenzeitlichen Funden aus dem 3. und 4. Jahrhundert n. Chr., daß die Rekurrenzfläche II GRANLUNDS auf 300 n. Chr. (und nicht 400 n. Chr.) zu datieren ist. Aus Halland (Kvibille) und Oestergötland berichten ÖSTER und LIMMAN über fossile Pollenfunde von *Viscum* aus frühatlantischer bzw. spätborealer Zeit, nachdem schon SUNESON und SANDEGREN fossile Großreste aus spätatlantischen Schichten des Klarälv beschrieben hatten. Diese Funde liegen bereits nördlich der heutigen Nordgrenze der Art, die somit zu jenen Pflanzen zu rechnen ist, die während der Wärmezeit weiter nach Norden gereicht haben als heute. Den bisher nördlichsten fossilen *Trapa*-Fund hat A. L. BACKMAN (2) in Hamrånge, Gästrikland, machen können, während HESSLAND einen spätborealen Fund von *Ceratophyllum submersum* von Kville, Nord-Bohuslän, beschreibt. A. L. BACKMAN (1, 3) hat weiter seine monographischen Studien über die heutige und ehemalige Verbreitung von Wasserpflanzen in eingehenden Bearbeitungen des Verhaltens von *Najas flexilis* im quartären Europa und von der heute nur aus Südostfinnland und Rußland bekannten *Najas tenuissima* fortgeführt. Beide Arten waren, vielleicht gefördert durch die vielen dort bei der raschen Landhebung entstandenen seichten eutrophen Gewässer, im Postglazial in Osterbotten sehr häufig. *Najas flexilis*, oft dem nordamerikanischen Florenelement zugezählt, ist schon aus dem Frühdiluvium von Schwanheim bei Frankfurt a. M. bekannt. Im Postglazial hat sich die Art besonders in den ehemals vereisten Gebieten ausgebreitet, in Fennoskandien bis zu gewissem Grad dem Eisrückzug folgend. *Najas tenuissima* kam nach STOLLER im Interglazial im Rheingebiet bei Cleve vor. Sie erweckt den Eindruck einer „aussterbenden" Art. Pollenuntersuchungen sind in Finnland u. a. auch im Zusammenhang mit der Altersbestimmung eines mesolithischen Netzfundes [SAURAMO (4)] und einiger Tierreste [SALMI (1, 2)] veröffentlicht worden.

Aufschlußreiche Diatomeenuntersuchungen hat M. B. FLORIN (2) im Myksjasjön in Uppland durchgeführt. Sie spiegeln in dem wechselnden Anteil der Salzwasser-, Brackwasser-, Lagunen- und Süßwasserformen sehr schön die Geschichte des Sees vom offenen Fjord bis zur späteren Isolierung und allmählichen Aussüßung. So erklärt sich auch die Erhaltung von *Campylodiscus clypeus* in diesem See, dessen Bedeutung als Brackwasserzeiger danach bestritten worden war. Die gleiche Verf. hat (1) auch eine bei der Isolierung entstandene, durch *Pinus*-Übervertretung ausgezeichnete metachrone Zone in Diagrammen Södermanlands näher beschrieben. — Nach THOMSON (1) ist die Entwicklung der großen Moorgebiete des Ostbaltikums, des Warthe-Dnjepr- und des Pripet-Bereichs wesentlich durch junge tektonische Bewegungen bestimmt worden.

Aus Dänemark liegt wieder eine Anzahl wertvoller vegetationsgeschichtlicher Arbeiten vor. So hat MIKKELSEN (2) eine für die Verknüpfung der Geschichte der Ostsee mit der Vegetationsgeschichte wichtige Bearbeitung des Praestö-Fjords in Südostseeland durchgeführt. Er kann an Hand von zahlreichen Transgressionskontakten und Diatomeenanalysen zeigen, daß hier, zwischen Öresund und Darsser Schwelle im frühen Atlantikum die — 10-m-Linie, gegen Ende des Subboreals erst der heutige Seespiegel erreicht worden ist. Im Subatlantikum erfolgte eine weitere Transgression, zur Gegenwart hin eine Regression. Salinitätsmaxima der atlantisch-subborealen Transgression fallen mit IVERSENS Transgressionsmaxima zusammen. MUNTHES Litorinasee umfaßt danach die Perioden VII und VIII (Atlantikum und Subboreal) und erst mit dem Subatlantikum beginnt die Limnaeazeit. Die Arbeit ist wesentlich genauer als die letzte Bearbeitung dieses Teils der Ostsee durch TAPFER und enthält auch einen interessanten Versuch, die Küstenverschiebungen in Holland und Nordwestdeutschland aus dem Zusammenspiel der eustatischen und isostatischen Bewegungen zu erklären.

Eine pollenanalytische Altersbestimmung einer sehr wahrscheinlich frühsubatlantischen Moorleiche aus Nordostjütland hat B. BRORSON-CHRISTENSEN (2) ausgeführt. Er weist auf die Möglichkeit hin, daß größere Waldrodungen einen Anstieg des Grundwassers in Senken des Geländes und eine Belebung der Torfbildung herbeiführen konnten, die die Bildung einer klimatisch bedingten Rekurrenzfläche vortäuschen kann.

IVERSEN hat seine Ansichten über den Hergang der frühneolithischen Landnahme, wie sie sich in den Pollendiagrammen spiegelt, und deren Einfluß auf die Vegetationsentwicklung (vgl. Fortschr. Bot. **11**, 122) nochmals zusammengefaßt, ergänzt und durch neue Pollendiagramme weiter begründet. Wie zuerst TROELS-SMITH fand, war eine der ersten Reaktionen auf den Siedlungsbeginn auch eine Ausbreitung von *Pteridium*, derjenigen von *Betula* noch etwas vorauseilend, ein weiterer Hinweis, daß die Besiedlung mit großzügigen Brandrodungen verbunden war. Die ganzen beschriebenen Vegetationsveränderungen können aber nur im Bereich der fruchtbaren Böden der Megalithkultur festgestellt werden, nicht auf den armen Böden der Einzelgrabkultur, deren Träger wahrscheinlich nicht in großen Siedlungen, sondern über ein weiteres Gebiet zerstreut lebten. Auch in Mogetorp in Mittelschweden, wo STEN FLORIN frühneolithische Siedlungen ausgegraben hat, läßt sich in den Pollendiagrammen eine deutliche Landnahmephase erkennen, gegenüber Dänemark durch besonders hohe *Pteridium*-Werte, darauf ein *Melampyrum*-Maximum und einen dem Birkengipfel folgenden Kieferngipfel an Stelle des Haselgipfels unterschieden. Entgegen den Einwänden T. NILSSONs, der diese Veränderungen im Pollengehalt doch in erster Linie auf klimatische Ursachen zurückführen möchte, kann IVERSEN seine Deutung mit guter Begründung aufrechterhalten.

Verschiedene Argumente zugunsten der „Waldsiedlungstheorie", besonders aus Westeuropa, enthält auch eine Studie von GRAHAM CLARK (1). Es sind ähnliche Einwände, wie sie besonders NIETSCH, SCHOTT u. a. gegen

die „Steppenheidetheorie" vorgebracht haben, die ihr Begründer R. GRAD-
MANN (2) kurz vor seinem Tode nochmals vorgetragen hat. Lehrreich ist
vor allem der Hinweis [CLARK (2)], daß in West- und Nordeuropa und im
Bereich der Alpen unter den Haustieren im Neolithikum neben dem Rind
das Schwein (wie bekannt) im Vordergrund stand, im Laufe der Bronzezeit und besonders in der Eisenzeit aber das Schaf immer häufiger wurde.
CLARK schließt daraus, daß die Besiedlung zunächst in einem Waldland
erfolgte, dessen zunehmende Lichtung erst der Schafzucht die nötigen Weiden erschloß. Ausnahmen wie die wohl von Natur aus waldlosen oder
gehölzarmen Orkney-Inseln oder die Inseln an der Südküste der Bretagne
bestätigen die Regel.

In einer methodisch (durch Oberflächenproben, Bevorzugung lim-
nischer Sedimente) sehr gut unterbauten pollenanalytischen Untersuchung konnte JONASSEN zeigen, daß die Calluna-Heiden auch auf
den küstennahen Ebenen Jütlands, wo ihre Entstehung allein noch umstritten sein konnte, erst eine Folge der menschlichen Besiedlung und
Waldvernichtung sind. Die spätglazialen Empetrum-Heiden, denen
Calluna fast fehlte, wurden hier zunächst von Birken-Kiefernwäldern,
diese dann von Haselgebüschen und die wieder von Eichenmischwäldern
verdrängt. In ihnen erst begann im Anschluß an kleine Rodungen
im Neolithikum und der Bronzezeit die Ausbreitung von *Calluna*. Zunächst stellten sich auf den verlassenen Waldlichtungen die Bäume
leicht wieder ein. Nach der Klimaverschlechterung in der Eisenzeit wurde dies schon etwas schwerer, die Ausbreitung der Heide machte
größere Fortschritte. Erst umfangreiche Rodungen, besonders die um
1200 n. Chr. aber führten zu der bekannten starken Ausbreitung der
Zwergstrauchheiden, die ihr absolutes Maximum etwa um 1800 n. Chr.
erreichte. In den die Heiden durchziehenden Bachtälchen haben sich
die Wälder länger erhalten.

Aus Holland liegt außer den bereits erwähnten Arbeiten VAN DER
HAMMENS und der zusammenfassenden Darstellung von VAN DER VLERK
und FLORSCHÜTZ eine Anzahl kleinerer Beiträge vor, deren Vergleich vor
allem für die umstrittene Frage nach dem ursprünglichen Anteil der Buche
in den Wäldern und über das Vorkommen von Heideböden vor der Vermoorung von Interesse ist. So hat aus dem südostholländischen Moorgebiet de
Peel ESHUIS eine größere Zahl von Moorprofilen untersucht, die z. T. über
Heidepodsolen aufgewachsen sind und über dem Grenzhorizont mehrfach
Scheuchzeria-reiche Vorlaufstorfe aufweisen. Hier ist der nachwärmezeitliche
Pollenanteil von *Fagus* (bis 30 %) und von *Carpinus* (bis 16 %) sehr hoch,
der Buchenpollen in manchen Proben häufiger als der der Eiche. Auch
in dem Profil im Hurener Veld (Prov. Overijssel) kann *Fagus* Werte bis 20 %
erreichen und bleibt dann hinter *Quercus* nur wenig zurück (VERHOEF).
Hingegen ist Buchenpollen in der Prov. Friesland immer sehr viel
spärlicher als Eichenpollen. So im Gebiet des Snekermeer, wo BODLAENDER
unter altantischem Torf Bleichsand-Ortsteinprofile fand, die nach ihrem
Pollengehalt in borealer Zeit gebildet worden sind und bemerkenswert
hohe Ericalenwerte ergaben (150 bis 200 %). Ähnlich wie die älteren Untersuchungen von SCHRÖDER, VERMEER-LOUMAN und POLAK deuten sie auf
eine vielleicht örtlich sehr beschränkte Heidevegetation, die der Vermoorung
voranging. *Calluna* ist auch durch Großreste nachgewiesen. In diesem Gebiet fanden sich zudem ältere, vielleicht interstadiale Torfe. Ein anderes
Moorgebiet in Friesland, „Het Princehof", wurde von VAN ZEIST bearbeitet.
Hier scheint die basale Podsolierung aber erst unter dem Torf vor sich
gegangen zu sein. In diesem Moor spiegeln hohe Ericaceenwerte unter,
niedrige über dem Grenzhorizont offenbar in erster Linie die wechselnde

Vernässung des Moores selbst wider. *Fagus* bleibt immer unter 10 %, ähnlich wie in der Nähe von Opeinde in Friesland, woher eine Arbeit von DE PLANQUE stammt. Schließlich ist noch eine Untersuchung eines Niedermoorgebiets bei Veenendaal in Geldern, eine palynologisch-archivalische Studie über die Geschichte des „Beekbergerwoud", eines Bruchmoorgebiets bei Apeldoorn (MOERMAN und VAN ZINDEREN-BAKKER) sowie die Untersuchung mehrerer anderer Moore der Veluwe (VAN ZINDEREN-BAKKER) zu erwähnen, wo *Fagus* und *Carpinus* ebenfalls nur geringe Werte erreichen. Interessante Pollenuntersuchungen humoser Böden unter prähistorischen Grabhügeln hat WATERBOLK (3) bei Zeijen ausgeführt. Die unter spätneolithischen Grabhügeln bereits ziemlich hohen Ericaceenwerte deuten daraufhin, daß Calluna-Heiden damals schon vorhanden waren. Unter den jüngeren Grabhügeln nehmen die Ericaceenwerte mehr und mehr zu, ein Ausdruck für die fortschreitende Ausbreitung der Heiden. Eine Bindung der Ericaceenwerte an Heidepodsolprofile ließ sich nicht erkennen. Diese scheinen vielmehr erst unter klimatischem Einfluß seit Beginn der Bronzezeit entstanden zu sein. Weitere Untersuchungen dieser Art dürften recht aufschlußreich werden.

Aus F r a n k r e i c h ist zunächst als Ergebnis der während des Krieges durchgeführten geologisch-technischen Aufnahme ein umfangreiches Werk „Les Tourbières Françaises" zu erwähnen, das auch für die Durchführung vegetationsgeschichtlicher Mooruntersuchungen eine wertvolle Grundlage sein wird. Neben einer weiteren Übersicht über die Ergebnisse der Pollenanalyse von G. DUBOIS, die hier noch nachzutragen ist, sind sodann zwei Arbeiten von LEMÉE hervorzuheben. In der einen (2) wird der Fund eines Bronzebeils der Periode II nach DÉCHELETTE aus einem Moor des Plateau de Millevaches beschrieben. Es fand sich in einer Schicht mit einem *Fagus*-Maximum von 67 %, während 25 cm darunter nur 29 %, 65 cm darunter nur 2 % verzeichnet wurden. Da das Beil nach seiner Lage nicht eingesunken sein kann, muß also die Periode II der Bronzezeit dem Ende der Massenausbreitung der Buche nahestehen. Diese ist somit bemerkenswerterweise am Westrand der Auvergne nicht viel früher erfolgt als etwa in Süddeutschland. In der zweiten Arbeit (1) berichtet LEMÉE über Alpenhumusböden vom Gipfel des 1550 m hohen Aigoual in den Cevennen. Sie sind bis 1 m mächtig und reichen nach ihrem Pollengehalt bis in die postglaziale Wärmezeit zurück. Ihre Zusammensetzung spricht dafür, daß hier immer eine subalpine Rasenvegetation vorhanden war, deren Reste zusammen mit äolischen Einwehungen ein gleichmäßiges Bodenwachstum ermöglicht haben. Erst in den obersten 30 cm läßt sich die offenbar vom Menschen herbeigeführte Lichtung der Gebirgswälder in einem starken Anstieg der *Calluna*- und *Pinus*-Werte erkennen. Über einen Humusboden vom Gipfel des Rhune (Pays basque) machen G. und C. DUBOIS einige Angaben.

D e u t s c h l a n d : OVERBECKS (3) Abhandlung über die Moore N i e d e rs a c h s e n s — eine sehr gute Einführung in die botanische Moorkunde überhaupt — ist in einer zweiten erweiterten Auflage erschienen. Neu darin ist u. a. eine Untersuchung eines kleinen Geestmoores bei Vegesack, das im Pollengehalt die menschliche Besiedlung der Umgebung gut verfolgen läßt: Sehr deutlich besonders in der späten Bronzezeit, dann in der Eisenzeit und schließlich seit dem Mittelalter, hier mit *Fagopyrum* wohl schon seit dem 14. oder 15. Jahrhundert und mit sehr viel Pollen cf. *Humulus*. Weiter wird an Hand neuer Untersuchungen im Gifhorner Moor bei Braunschweig auf das Auftreten von klimatisch bedingten Rekurrenzflächen in den nordwestdeutschen Mooren eingegangen u. a. Für das Verständnis der Hochmoorentwicklung ist auch die Beachtung der sphagnicolen Rhizopoden sehr aufschlußreich, der sich Harnisch (2) widmet. Er findet, in Übereinstimmung mit den kolorimetrischen Untersuchungen von Overbeck, daß der Gehalt an Rhizopoden im jüngeren Moostorf fast immer wesentlich höher ist als im älteren und der Übergang zwischen beiden Torfarten recht allmählich erfolgt. So weit es dessen noch bedarf, ein weiterer Beweis für die frühere Annahme einer „säkulären Trockenperiode" während der Grenzhorizontzeit.

Overbeck (2) hat auch ein neues Profil von der Fundstelle des berühmten Hakenpfluges von Walle in Ostfriesland sehr eingehend, mit besonderer Berücksichtigung der Siedlungszeiger unter den Nichtbaumpollen, untersucht. In Bestätigung älterer, von Rytz und Kn. Jessen an dem angeblich neolithischen Alter des Pfluges geäußerter Zweifel — er war von anderer Seite als der älteste Pflug der Welt ausgegeben worden — wird gezeigt, daß er in die ältere Bronzezeit gehört. Getreidebau muß es in der Nähe der Fundstelle allerdings schon längere Zeit vor der letzten Benützung des Geräts gegeben haben.

H. Schmitz macht nach Untersuchungen bei Lübeck darauf aufmerksam, daß im östlichen Holstein der endgültigen Ausbreitung der Buche, die im älteren Teil der späten Wärmezeit begonnen, aber erst um 1300 n. Chr. zum ersten Höchststand geführt hat, zwei vorübergehende Vorstöße vorangegangen sind. Von ihnen fällt der erste bereits in die Mitte des Atlantikums, der zweite an die Wende zum Subboreal. Läßt sich dies endgültig bestätigen (Untersuchungen von Schütrumpf und Tidelski sprechen dafür), so muß man hierin mit Schmitz wohl einen Beweis für eine lang andauernde klimatische Hemmung der Buchenausbreitung erblicken. In der gleichen Arbeit werden auch die Beziehungen zwischen der Vegetationsentwicklung und der Siedlungsgeschichte näher verfolgt und Belege für ein natürliches Vorkommen der Kiefer in der späten Wärmezeit und der Nachwärmezeit bei Lübeck beigebracht.

Schütrumpf datiert am Boksee die mesolithische Oldesloer Stufe in den Beginn des Erlenanstiegs und teilt ein Diagramm vom Wellsee bei Kiel mit, das zur Bestimmung des Sedimentwachstums herangezogen wird. Von zwei von Werner und Schmitz untersuchten Raseneisenerzlagern Schleswig-Holsteins gehört eines in die späte Wärmezeit, das andere in die ältere Nachwärmezeit. [Über Pflanzenreste des Trenter Moores bei Plön vgl. Harnisch (3)].

An die oft behandelte Frage der sogenannten „Reliktvorkommen" der Kiefer und Fichte im nordwestdeutschen Flachland ist K. Buchwald von floristisch-soziologischen Gesichtspunkten herangegangen. Der Raum gehäufter Kiefernreliktvorkommen deckt sich hier auffällig mit der Verbreitung von *Ledum palustre* und von *Sphagnum fuscum*-reichen Hochmooren. *Ledum*-reiche Kiefernwälder auf trockenen Hochmooren, Birkenbrüche und frühe Stadien von Stieleichen-Birkenwäldern auf Dünen waren offenbar die natürlichen Gesellschaften, in denen sich die Kiefer im nordwestdeutschen Laubholzgebiet vereinzelt erhalten konnte. Bei der Fichte aber handelt es sich weniger um Relikt-, als um klimatisch und edaphisch begünstigte Vorpostenvorkommen in Kiefern-Birken- und in sauren Erlenbrüchen sowie in feuchten Stieleichen-Birkenwäldern.

Einen kurzen, aber gut begründeten Versuch einer Rekonstruktion der Vegetation Westfalens in der älteren Nachwärmezeit hat H. Buder veröffentlicht.

Über die nacheiszeitliche Waldgeschichte des Hohen Venns, die bisher trotz guter Voraussetzungen (verlandete Maare u. a.) noch sehr wenig bekannt ist, sind zwei Arbeiten aus dem Overbeckschen Institut erschienen. Persch hat in dem montan-ozeanischen Hohen Venn 3 Moore untersucht, die bis in den Ausklang der Späteiszeit zurückreichen. Die Waldentwicklung läßt sich hier ähnlich gliedern wie im nordwestdeutschen Flachland. Sie ist zunächst durch sehr hohe Hasel- und Eichenmischwaldpollenwerte (bis 287 % bzw. 69 %), dann durch eine Buchenherrschaft (bis 65 %) ausgezeichnet, während die Kiefer seit dem Beginn der mittleren Wärmezeit 2—3 % nie mehr übersteigt. Ombrogener Hochmoortorf wurde seit der Wende von der frühen zur mittleren Wärmezeit gebildet. Er ist durchweg recht schwach zersetzt und läßt keinen Grenzhorizont erkennen. Unter der danach wahrscheinlich richtigen Voraussetzung eines gleichmäßigen Torfwachstums versucht der Verf. eine absolute Datierung der Diagramme, die (ebenso wie ein Vergleich der Siedlungsgeschichte mit dem Auftreten der Pollen von Siedlungszeigern) zu recht wahrscheinlichen Ergebnissen führt. Hummel hat zwei Maare der Vordereifel in 420 bzw. 460 m Höhe untersucht. Hier prägt sich die warme, dabei aber noch subozeanische Lage während der Wärmezeit in besonders hohen Hasel- und Eichenmischwaldwerten aus (bis 420 bzw. 92 %). In der Nachwärmezeit war auch die Vordereifel ein Buchengebiet (*Fagus* bis 67 %), wenn auch *Carpinus* gegen die Mitte der Nachwärmezeit, etwa um 400 n. Chr., auf 28 % ansteigt. Beim Beginn der mittleren Wärmezeit läßt sich ein Grundwasseranstieg nachweisen, in jüngeren Schichten werden Rekurrenzflächen deutlich. Sowohl die neolithische bis eisenzeitliche Besiedlung (Getreidewerte bis 13,5 %) wie die historische (bevorzugte Rodung von Eichen-Hainbuchenwäldern, später sehr starke Förderung der Eiche) spiegeln sich im Pollengehalt sehr deutlich.

In den Sudeten (Riesengebirge, Altvatergebirge) kamen Firbas und Losert in Bestätigung der älteren Untersuchungen von Rudolph und Firbas mit verbesserter Methodik neuerlich zu dem Ergebnis, daß der Riesengebirgskamm während der Buchen-Tannenzeit bewaldet war und die Waldgrenze nicht unter 1500 m lag. Sehr wahrscheinlich war damals in beiden Gebirgen über einer fichtenarmen Buchen-Tannenstufe ein subalpiner (obermontaner) Buchengürtel entwickelt, von dem sich spärliche Reste bis zur Gegenwart erhalten haben. Durch einen Vergleich der Pollenkurven von Getreide und anderen Siedlungszeigern mit der Besiedlung des Gebirges in historischer Zeit läßt sich zeigen, daß dieser Waldzustand mindestens bis ins 14. Jahrhundert angedauert hat. Erst zwischen dem 14. und 17. Jahrhundert wurde die Waldgrenze um 100 bis 200 m herabgedrückt und die heutige reine Fichtenstufe der Hochlagen ausgebildet, wahrscheinlich in ursächlichem Zusammenhang mit den gleichen Klimaveränderungen, die etwa seit der Mitte des 16. Jahrhunderts in den Alpen und in anderen Gebieten der nördlichen Erdhälfte zu seit langem bekannten großen Gletschervorstößen geführt und auch sonst — z. B. nach K. Müller in den Nachrichten über die Weinjahre — ihre deutlichen Spuren hinterlassen haben. An dem Ersatz der früheren obermontanen Buchenstufe durch eine Fichtenstufe dürfte auch eine Zunahme der Winterkälte schuld sein, ohne daß sich dies zur Zeit sicher beweisen ließe. Haben wir aber in den Sudeten mit solchen Wirkungen von Klimaveränderungen auf die Ausbildung der Waldstufen während des letzten Jahrtausends zu rechnen, dann dürfte die Ausbildung der Fichtenstufe auch im Harz (und in anderen Mittelgebirgen) nicht nur auf die wirtschaftliche Nutzung der Wälder im Zusammenhang mit dem Bergbau u. a. zurückgehen [FIRBAS (1)].

Die Feststellung der ursprünglichen bzw. der heute natürlichen und standortsgemäßen Bestockung mit Hilfe gleichzeitiger Anwendung paläontologischer, archivalischer und pflanzensoziologischer Methoden wird in den letzten Jahren von forstlicher Seite immer planmäßiger verfolgt. So hat SCAMONI (2) derartige Untersuchungen auf den grundwassernahen Talsanden des Thorn-Eberswalder Urstromtals nordwestlich Berlin ausgeführt. Durch Pollenanalysen der Rohhumusschichten gelang es ihm, die Waldgeschichte der einzelnen Standortstypen recht klar zurückzuverfolgen. In dem heute ganz von der Kiefer beherrschten Gebiet müssen Eichen, Rotbuchen (seltener die Hainbuche), Erlen und Birken noch im 18. Jahrhundert eine große Rolle gespielt haben. Ist die Datierung der Pollendiagramme, die leider noch ohne Beachtung der Pollen der Siedlungszeiger vorgenommen worden ist, richtig, so müssen feuchte Stieleichen-Birkenwälder schon gegen Ende der späten Wärmezeit, grundwassernahe Buchenmischwälder in der älteren Nachwärmezeit neben trockenen Stieleichen-Kiefernwäldern reichlich vorhanden gewesen sein, und der untere schwarze Rohhumus bis in die späte Wärmezeit zurückgehen.

Ähnliche Untersuchungen haben im württembergischen Alpenvorland HAUFF, SCHLENKER und KRAUSS in Angriff genommen, wobei sie an archivalische Untersuchungen von v. HORNSTEIN anschließen können. Ein erster Bericht betrifft vor allem das Gebiet der Rißmoränen und Deckenschotter im nördlichen Oberschwaben. Diese ursprünglichen Buchen-Eichen-Mischwaldgebiete, in denen z. T. auch die Tanne und nur am Rande der Moore die Fichte vorkamen, sind seit dem Mittelalter durch die Folgen der Verlichtung und eines intensiven Brandwaldfeldbaus in einem solchen Maße von der Fichte erobert worden, daß es heute sehr schwer fällt, die ursprüngliche Standortsgliederung nachzuweisen. Die Arbeit enthält aber einen wichtigen Versuch, die genetischen Beziehungen zwischen den heutigen Bodenvegetationstypen der Fichtenforste und den ursprünglichen Laubwaldgesellschaften festzustellen. Der mittelalterlichen und neuzeitlichen Ausbreitungsgeschichte der Fichte zwischen Bodensee und Lech im Zusammenhang mit dem Waldfeldbau ist hier übrigens schon v. HORNSTEIN (1) nachgegangen. Er hat sich in einer anderen Arbeit (2) auch um die Klärung der wald- und forstgeschichtlichen Begriffe bemüht. Verschiedene weitere Beiträge zur forstlichen Standortsgliederung enthält im übrigen ein von RUBNER redigiertes Heft der Allgemeinen Forstzeitschrift (1950), während HESMER den Folgen der Niederwaldwirtschaft im Sauerland nachgegangen ist. Archivalische Untersuchungen zur Forstgeschichte hat zudem KUHN im hohenzollernschen Teil des Alpenvorlands unternommen, REINHOLD urkundliche Belege für die Ursprünglichkeit eines Eichen-Buchenmischwaldes in der östlichen Baar beigebracht, HILF eine nachgelassene Karte HAUSRATHS über die Waldbestockung Deutschlands um 1300 veröffentlicht. Waldgeschichtlich wertvolle Mitteilungen enthält zudem das Sammelwerk „Der Feldberg", mit den natürlichen Waldgesellschaften der Baar beschäftigt sich OBERDORFER. Einige Beispiele für die Veränderungen in der Zusammensetzung der Wälder seit Beginn der mittelalterlichen Besiedlung in den Mittelgebirgslandschaften hat FIRBAS (5) zusammengestellt. Sie lehren u. a., wie allgemein verbreitet die Bevorzugung hainbuchenreicher Mischwälder bei der damaligen Rodung des Siedlungslandes war.

Ein bei Ludwigshafen in einem verlandeten Altwasser des Rheins gefundenes Schwert der frühen Hallstattzeit konnten I. MÜLLER und F. FIRBAS der Buchenzeit zuordnen. Die Rotbuche muß damals trotz der heute recht geringen Niederschläge in der Umgebung eine große Rolle gespielt haben, offenbar auf den Niederterrassenböden, die seither Ackerland geworden sind.

Einen kurzen Überblick der Floren- und Vegetationsgeschichte des Südschwarzwalds mit 6 Pollenspektrenkarten hat H. GAMS (2) gegeben. Er enthält anregende Bemerkungen über die vermutliche Herkunft arealgeographisch interessanter Arten. GAMS (1) hat auch mit mehreren Mitarbeitern eine vielseitige Untersuchung des Ibmer Mooses im oberösterreichischen Alpenvorland in Angriff genommen. Ein erster Bericht enthält u. a. ein Pollendiagramm (von PRAMMER-GRÄFLINGER) mit dem Nachweis von viel *Hippophaë* vor Beginn einer kurzen Birkenzeit, Fundkarten von *Najas*, die Mitteilung eines neuen *Betula nana*-Vorkommens u. a.

Ein Pollendiagramm aus dem ehemaligen Salzigen See zwischen Eisleben und Halle, das die Zeit der Buchenausbreitung umfaßt, hat L. HEIN veröffentlicht. Die Entdeckung, daß in diesem Trockengebiet mit heutigen Niederschlägen unter 450 mm pollenführende Ablagerungen vorhanden sind, läßt wesentliche Feststellungen zur Steppenfrage erwarten [H. MÜLLER, unveröff., vgl. FIRBAS (5)].

Zur Frage nach der Vegetationsentwicklung des mitteldeutschen Trockengebiets ist auch eine Beobachtung von KL. SCHWARZ von Interesse, wonach bei Gatersleben als Füllung einer stichbandkeramischen Wohngrube echte Schwarzerde gefunden wurde. Da die Zeit der vorhergehenden Linearbandkeramik für ihre Bildung nicht lang genug erscheint, wird dadurch das vorneolithische Alter der Schwarzerde und die Natürlichkeit ihrer Bildungsbedingungen sehr wahrscheinlich. Die linearbandkeramischen Siedlungen haben sich nach SCHWARZ an die Ränder der Schwarzerdegebiete gehalten, die als natürliche Steppeninseln von Wäldern eingefaßt gewesen sein dürften. Älter als bandkeramische Hütten muß nach S. MÜLLER die Schwarzerde auch in einer kleinen Trockeninsel östlich Stuttgart sein.

Die Vegetationsgeschichte Böhmens, Mährens und der westlichen Slowakei betreffen Holzkohlenuntersuchungen von SLAVÍKOVÁ-VESELÁ. Neben den schon genannten diluvialen Funden hat die Verf. zahlreiche Holzkohlen aus jüngeren Siedlungen bestimmt (insgesamt 2458 Stück). Sie ergeben wichtige Belege über das weit nach Innerböhmen hinreichende natürliche Vorkommen der Tanne und Fichte, das hier immer noch häufige Auftreten der Rotbuche bei gleichzeitiger Seltenheit von *Carpinus* bis in ältere geschichtliche Zeit u. a. Eine Reihe pollenanalytischer Untersuchungen hat im gleichen Gebiet M. PUCHMAJEROVÁ ausgeführt, so im Moorgebiet von Saar (2), bei Olmütz (4), im Wittingauer Becken (5) und bei Rakonitz und Kladno (6). Während die erstgenannten Arbeiten im wesentlichen die älteren Untersuchungen von RUDOLPH und SALASCHEK bestätigen (scheinbare Abweichungen dürften auf methodische Mängel zurückgehen), betrifft die letztgenannte Neuland und ist von Interesse, weil sie auch für dieses Trockengebiet mit heutigen Niederschlägen um 550 mm während der älteren Nachwärmezeit eine beträchtliche Häufigkeit von *Fagus* und örtliche Vorkommen von *Picea* belegt.

Die Untersuchung einiger Moore der mährischen Westbeskiden [PUCHMAJEROVÁ (3)] ergab im Gegensatz zu dem älteren Diagramm SALASCHEKS von Podolan nur Profile, die kaum über die mittlere Wärmezeit zurückreichen, während Moore aus dem Arvabecken in der Slowakei (östliche Westbeskiden) älter sind [PUCHMAJEROVÁ (1)]. Sie zeigen u. a. die für die Karpaten bezeichnende Ausbreitung der Fichte schon zu Beginn des Postglazials und auch in der jüngeren Nacheiszeit eine betonte Fichtenherrschaft. Zwei sehr vollständige Diagramme aus den Waldkarpaten (Czarnohora- und Czywczyngebiet) liegen einer Arbeit von SRODOŃ (1) zugrunde. Hier müssen während der frühen Wärmezeit die Tieflagen durch eine besondere *Ulmus*-Herrschaft, die höheren durch *Picea*, *Pinus silvestris* und *Betula* ausgezeichnet gewesen sein. Die mittlere Wärmezeit kann als Fichten-Erlen-Haselzeit beschrieben werden. Gegen ihr Ende erfolgte eine deutliche Ausbreitung von *Carpinus*, und die Nachwärmezeit ist als Buchen-Fichtenzeit mit zunehmender Ausbreitung von *Abies* vertreten.

Eine Vegetationskarte des Banats im 2. und 3. Jahrhundert n. Chr. hat BORZA entworfen. Ein von ČERNJAVSKI (1) untersuchter Kalktuff von Zcornje Jezersko in Slowenien mit viel *Fagus moesiaca* wird vom Verf. in die letzten postquartären Zeitabschnitte gestellt. Ablagerungen in der Kopaonik-Planina in Serbien in 1500 m Höhe reichen hingegen nach dem von *Picea*, *Pinus* und *Abies* beherrschten Pollendiagramm noch in eine Zeit vor der Buchenausbreitung zurück [ČERNJAVSKI (2)].

Von den in den Alpen durchgeführten Untersuchungen ist ein erstes Diagramm aus dem 2100 bis 2300 m hoch gelegenen Talboden der Miniera im Gebiet des Col di Tenda von besonderem Interesse, da aus den Seealpen noch keine Untersuchungen vorliegen [LEMÉE (3)]. Es zeigt folgende Abschnitte: 1. Pollenfreie Tonmudde; Karsee, noch von Eis bedeckt? 2. Kiefernzeit mit frühzeitigem Erscheinen von *Quercus* und Spuren von *Tilia* und *Ulmus* (Boreal?). 3. Eichen-Kiefernzeit mit regelmäßigem Vorkommen von *Corylus* (am Anfang ein kleiner Gipfel) und, in geringer Menge, von *Abies*. Örtlicher Birkenbewuchs (Atlantikum?). 4. Tannenzeit (*Abies* bis 52 %) mit Spuren von *Fagus*, später mit beginnender Ausbreitung von *Picea* (Subboreal und älteres Subatlantikum?). 5. Kiefernzeit mit starkem Rückgang von *Abies* und weiterer Ausbreitung von *Picea* (jüngeres Subatlantikum?). Heute fehlt die Tanne in diesem Talgebiet, während *Larix*, *Pinus silvestris* und *Pinus cembra* z. T. reichlich vorhanden sind. Es ist interessant, wie spät im Diagramm *Abies* und *Corylus*, vor allem aber *Fagus* auftreten. Man findet keinen Hinweis, daß diese Arten die letzte Eiszeit an der nahen Mittelmeerküste überdauert haben könnten. Nur die Eiche erscheint frühzeitig in solcher Häufigkeit, daß eine Überdauerung am Südfuß der Seealpen möglich scheint. Man wird weiteren Untersuchungen, die auch die Nichtbaumpollen berücksichtigen sollten, mit Spannung entgegensehen können.

In Savoyen hat J. BECKER einige Moore in Höhen zwischen 271 bis 1100 m untersucht. In den Tieflagen herrschen in der Nachwärmezeit Buche und Tanne, in 900 bis 1000 m Höhe tritt die Fichte hinzu. M. WELTEN (2) zeigte an einem Beispiel aus dem Simmental in den Schweizer Alpen, wie gut die Entstehung der Alpweiden mit ihrer Folge: Rodung — Verstrauchung und Strauchrodung — Entstehung einer Gras- und Kräuterweide durch Pollenuntersuchungen aufgedeckt werden kann. Die Geschichte der Moore und Wälder des Pilatus hat P. MÜLLER (1) untersucht. Die Waldentwicklung war hier: Kiefernzeit — Kiefern-Haselzeit — Hasel-Ulmen-Lindenzeit — Tannenzeit — Tannen-Buchenzeit — Buchenzeit — Fichten-Kiefernzeit. Die durch Versumpfung entstandenen Hochmoore des Eigentals sind vor allem in der Tannen- und Tannen-Buchenzeit aufgewachsen, worin sich offenbar die Wirkung des Klimawandels auf Waldzusammensetzung und Moorbildung gut ausprägt.

Die bisherigen, oft erwähnten Angaben P. KELLERS über die Zuordnung neolithischer und frühbronzezeitlicher (?) Fundschichten im Moor „Weiher" bei Thayngen, Kt. Schaffhausen, zur Waldgeschichte bedürfen nach einem neuen Pollendiagramm LÜDIS (3) dringend der Nachprüfung und Bestätigung. Man läßt die berühmte Fundstelle bis zum Abschluß neuer Untersuchungen am besten unberücksichtigt.

Einen kurzen, als Einführung sehr geeigneten Überblick über die Floren- und Vegetationsgeschichte Tirols mit einer Zusammenstellung von Pollenspektren entlang zweier Nord-Süd-Profile hat GAMS (5) gegeben.

Ein von LONA (1) in den Vicentiner Voralpen bei Asiago in 1060 m Höhe gewonnenes Diagramm zeigt wiederum vor der Buchenzeit als jüngster Periode eine sehr ausgeprägte Tannenzeit (vgl. Fortschr. Bot. **12**, 112).

6. Glazial und Postglazial außerhalb Europas. Über die letzte Eiszeit und die Nacheiszeit N o r d a m e r i k a s erhält man aus dem eingangs erwähnten Sammelbericht DEEVEYs (1) und aus einer zusammenfassenden Arbeit von SEARS folgendes Bild: Die Wirkung des eiszeitlichen Klimas auf die Vegetation muß, obwohl noch wenig Untersuchungen vorliegen, doch außerordentlich groß gewesen sein. In diluvialen Ablagerungen Louisianas sind (durch C. A. BROWN 1938) unter etwa 30° n. Br. sichere Großreste von *Larix laricina, Picea glauca* und *Thuja occidentalis* gefunden worden, 4 bis 12 Breitengrade südlich der heutigen Südgrenze dieser Arten, und zwar neben solchen von *Quercus, Magnolia* und *Liriodendron*. Danach kamen damals also Leitarten der heutigen borealen Nadelwälder an der Küste des Golfes von Mexiko vor, wo wahrscheinlich auch die Bäume der gemäßigten Laubwälder ihre Refugien hatten — wenn man diese nicht sogar erst südlich des Rio Grande und im südlichen Florida zu suchen hat. Ausgesprochene Tundrenfloren sind allerdings (wohl aus methodischen Gründen) bisher außerhalb der Vereisungsgrenzen nur in Maine (durch POTZGER und FRIESNER 1948) nachgewiesen worden. Pollenanalytische Untersuchungen der postglazialen Waldentwicklung liegen bereits in größerer Zahl vor, doch sollen viele methodisch noch nicht ganz befriedigen. Ein Grundschema, wie es SEARS für Ohio und DEEVEY für Connecticut und Massachusetts ausgearbeitet haben, läßt sich wahrscheinlich auf den ganzen Osten Kanadas und der Vereinigten Staaten erweitern. Als älteste Periode hebt sich eine *Picea-Abies*-Zeit heraus (A), nach Süden mindestens bis Illinois, Indiana, W-Virginia, S-Carolina und Texas erkennbar. Sie dürfte noch spätglazial oder frühpostglazial sein. Es folgt eine *Pinus*-Periode (B), dem „Boreal" vergleichbar, mit *Pinus rigida* in Neuengland, *P. banksiana* und *resinosa* im mittleren Westen. Und dann eine lange Zeit der Fallaubwälder (C), in der ein mittlerer Abschnitt (C 2, dem Subboreal vergleichbar) auf größere Wärme und Trockenheit hindeutet, ein jüngster (C 3) aber auf ein kühleres und feuchteres „subatlantisches" Klima. Erst in C treten (ähnlich wie in Europa) größere regionale Unterschiede auf. Die Wiederausbreitung von *Tsuga, Quercus* und *Fagus* in die ehemals vergletscherten Gebiete ist wahrscheinlich von Süden (die von *Fagus* von den nördlichen Appalachen?), die von *Carya* von Westen und die von *Tilia* von Nordwesten (Wisconsin) erfolgt.

Durch die große Zahl von Arten, die innerhalb einer Gattung zu berücksichtigen sind und oft sehr verschiedene ökologische Ansprüche stellen, ist die Deutung der Pollendiagramme in Nordamerika natürlich viel schwieriger als in Europa. Sehr unübersichtlich sind die Verhältnisse besonders im pazifischen Nordamerika, wo die zahlreichen Diagramme, die man besonders HANSEN verdankt, wenig differenziert sind, möglicherweise infolge der Durchmischung des Pollenniederschlags aus den hier auf relativ engem Raum immer wieder wechselnden Höhenstufen. Interessant ist, daß hier auch vulkanische Aschenschichten zur Altersbestimmung herangezogen werden.

Trotz dieser Schwierigkeiten sind aber auffällige Parallelen zwischen den beiden Kontinenten schon jetzt unverkennbar. Die postglaziale Wärmezeit, die die Abschnitte B bis C 2 umfassen dürfte, ist ähnlich wie in Europa durch Funde von Warmwassermollusken jenseits ihrer heutigen Nordgrenze und durch ehemals nördlichere Vorkommen von Bäumen belegbar (*Carya* und *Juglans* in Wisconsin, *Tsuga* am Matamak River in Quebec), eine xerische oder xerotherme Periode ist seit langem aus disjunkten Vorkommen xerischer Küstenpflanzen im Bereich der Großen Seen (PEATHIE 1922 u. a.) und aus disjunkten, reliktartigen Inseln der Prärie im mittleren Westen (GLEASON 1922 u. a.) erschlossen worden. Für die Frage der präglazialen Relikte spielt natürlich die hier schon mehrfach erwähnte Nunatakhypothese FERNALDS eine große Rolle, der DEEVEY aber sehr kritisch gegenübersteht. Dafür, daß die postglaziale Wanderung der Sippen (auch von Bäumen) noch nicht abgeschlossen ist, lassen sich in Nordamerika ebenfalls Beispiele anführen.

Die oben wiedergegebene Periodenfolge nach SEARS und DEEVEY reicht offenbar nur bis ins frühe Postglazial bzw. in den Ausklang des Spätglazials zurück. Es fehlten bis vor kurzem Untersuchungen spätglazialer Schichten. Sie sind aber nunmehr begonnen worden und haben ebenfalls eine auffällige Parallelität zu den europäischen Verhältnissen ergeben. An drei Seen und einem Moor im Aroostookgebiet, Nordmaine, konnte nämlich DEEVEY (2) neuerdings durch Pollenuntersuchungen zeigen, daß den postglazialen Zeitabschnitten ähnlich wie in Europa spätglaziale vorangegangen sind, die sich durch hohe Nichtbaumpollenwerte (u. a. viel *Artemisia*) auszeichnen. Die Schichtfolge (Ton — Kalkmudde — Ton), in geringerem Maße auch die wechselnde Höhe der Nichtbaumpollenwerte und der Pollendichte, sprechen dafür, daß diese Schichten ein Interstadial umschließen, und zwar offenbar das Two Creeks-Interstadial, das nach den C 14-Bestimmungen, wie bereits erwähnt, der Allerödzeit gleichzusetzen ist. DEEVEY spricht von einer „Aroostook-oscillation" L 2 zwischen den Abschnitten L 1 und L 3. Die postglaziale Entwicklung wird im Aroostookgebiet vor allem von *Pinus*, *Betula* und besonders anfangs auch von *Picea* beherrscht, zu denen in geringeren Mengen *Abies*, *Fagus*, *Tsuga*, *Quercus* u. a. treten. Sie entspricht den bekannten Abschnitten.

ST. A. CAIN führt an einem See in Michigan, dem Sodon Lake, Oakland Country, paläobotanische Untersuchungen durch, von denen die ersten Ergebnisse erschienen sind. Die Waldentwicklung (CAIN und SLATER) entspricht dem „Central Deciduous Type" von SEARS: Auf eine präboreale Fichtenzeit (A) folgt eine als Boreal angesehene Kiefernzeit mit zunehmender Eichenausbreitung (B) und schließlich eine lange, völlig von *Quercus* beherrschte Eichenzeit (C), die wohl vom Atlantikum bis zur Gegenwart reicht. Besonders in ihrem Beginn treten auch mesophytische Harthölzer wie *Carya*, *Fagus*, *Acer* und *Ulmus* stärker hervor und, etwas verspätet, erscheinen in geringen Mengen *Tsuga*, *Nyssa* u. a. Pollengrößenmessungen, denen man aber noch etwas abwartend gegenüberstehen muß, deuten darauf, daß hier während der Fichtenzeit *Picea rubra* vorhanden war, dann *Pinus banksiana*, während *Pinus resinosa* und besonders *P. strobus* erst später aufgetreten sind [CAIN und CAIN & CAIN (1); in einer anderen Studie —CAIN und CAIN (2) — werden beträchtliche Größenvariationen des rezenten *Pinus echinata*-Pollens innerhalb des heutigen Verbreitungsgebietes der Art beschrieben].

Aus den übrigen Erdteilen sind nur einige wenige Arbeiten zu nennen. PURI (2) zeigte am Beispiel des Kaschmir-Himalaya, wie wichtig die

Kenntnis der pleistozänen Waldentwicklung für das ökologische Verständnis der Wälder und damit auch für den Waldbau in Indien ist. Die Versuche, hier die wirtschaftlich wichtige *Cedrus deodara* aufzuforsten, erscheinen wenig aussichtsreich, da sich Boden und Klima in einem für diesen Baum ungünstigen Sinn verändert haben und bei fortdauernder Gebirgshebung verändern werden. HARRIS, FERGUSSON und COUPER (vgl. auch HARRIS) haben in einem Symposium über die Waldgeschichte Neuseelands die wichtigsten Fragen der dortigen Vegetations- und Klimaentwicklung kurz erörtert, u. a. am Beispiel einer pollenanalytischen und stratigraphischen Untersuchung eines Moores bei Wellington. Das meiste bleibt noch zu tun. Das Postglazial scheint im Süden der Südinsel (Otago) während der Vor- und Frühwärmezeit durch das Vorherrschen von Grasland, später durch das von Podocarpaceenwäldern, zur Zeit des Wärmerückgangs aber durch die Ausbreitung von *Nothofagus*-Wäldern und Grasland ausgezeichnet zu sein. Die Geschichte wichtiger Gattungen, z. B. von *Nothofagus*, läßt sich offenbar durch Pollenuntersuchungen bis in die Kreidezeit zurückverfolgen. Die in Fortschr. Bot. **12**, 122, besprochenen wichtigen Ergebnisse der Mooruntersuchungen SELLINGS auf den Hawaiischen Inseln sind von FAGERLIND angegriffen worden, SELLING (2) hat darauf eingehend geantwortet. Sie dürfen als gut gesichert gelten.

7. Kultur- und Adventivpflanzen. Von paläontologischen Beiträgen ist zunächst ein Buch von WERNECK zu erwähnen (1), das in verdienstvoller Weise die Literatur über die ur- und frühgeschichtlichen Funde von Kultur- und Nutzpflanzen, einschließlich der Waldbäume, in den Ostalpen und am Rande des Böhmerwaldes zusammenträgt und durch eigene Nachprüfungen und Bestimmungen wesentlich ergänzt (112 Fundstellen). Die zahlreichen dabei aufgedeckten Unstimmigkeiten in der Literatur und der Umstand, daß viele Bestimmungen auf Autoren zurückgehen, deren Zuverlässigkeit recht fraglich ist, zeigen, daß die wichtigsten Funde in eingehenden, mit Abbildungen versehenen Monographien nochmals kritisch bearbeitet werden sollten. Bemerkenswert sind u. a. mehrfache Angaben von *Triticum aestivum* (*vulgare*) aus neolithischen und bronzezeitlichen Schichten, reiche Funde von *Secale* in einer hallstattzeitlichen Siedlung in Thunau am Kamp, Niederösterreich, aber auch ein angeblich vollneolithischer *Secale*-Fund von Vösendorf bei Wien (FR. BRANDTNER, E. HOFMANN), mehrere neue Funde von *Triticum monococcum* und *dicoccum* u. a. In einer anderen Mitteilung (2) beschäftigt sich der gleiche Verf. mit der Geschichte von *Juglans* in Österreich.

Eine kurze Darstellung des vorgeschichtlichen Getreidebaus in Dänemark von KN. JESSEN (2) enthält eine wichtige Tabelle der bisherigen Funde. *Triticum monococcum* ist mehrfach von der jüngeren Steinzeit bis in die jüngere Bronzezeit, *Tr. dicoccum* in der jüngeren Steinzeit besonders reichlich und vereinzelt bis in römische Zeit nachgewiesen, ähnlich auch *Tr. compactum/vulgare* und *Hordeum vulgare* (die Gerste mit etwa gleicher Häufigkeit zu allen Zeiten), *Avena sativa* und *A. fatua* aber erst seit der jüngeren Bronzezeit und *Secale cereale* sogar erst seit der älteren römischen Zeit (0 bis 200 n. Chr.). *Panicum miliaceum* ist bisher nur aus der jüngeren Bronzezeit und der keltischen Eisenzeit bekannt, seit der letzteren auch *Linum usitatissimum* u. a.

In einem Nachtrag zu den von ihm und seinem Sohn seit 1931 ausgeführten paläobotanischen Untersuchungen im Federseegebiet berichtet K. BERTSCH (5) auch über neue Funde von Kulturpflanzen, so vor allem von sechszeiliger Gerste, *Hordeum revelatum*, in der wahrscheinlich bronzezeitlichen Dullenriedsiedlung. Hier und in einer anderen Arbeit (3) wendet sich BERTSCH auch gegen die in Fortschr. Bot. **12**, 125, besprochene neue Hypothese von MAC FADDEN und SEARS über die Entstehung des Dinkels aus der Kreuzung von *Triticum dicoccum* mit *Aegilops squarrosa*, indem er vor allem auf den Gegensatz zwischen dem heutigen Verbreitungsgebiet der angenommenen Stammarten und der Lage und dem Alter der vorgeschichtlichen Funde hinweist (Die in Fortschr. Bot. **12**, 126, erwähnten neolithischen Getreidefunde vom Dümmer in Norddeutschland sind auch schon von F. BERTSCH 1939 veröffentlicht worden). SCHWEICKERDT ist auf eine Anregung von E. SCHIEMANN hin die Wiederentdeckung des merkwürdigen, auf das „Roggeveld" im Kapland beschränkten, perennierenden *Secale africanum* gelungen, das der sonst fast ganz eurasiatischen Gattung eine merkwürdige Disjunktion verleiht. (Immerhin wird das wohl nahestehende *S. montanum* auch aus Marokko angegeben.)

J. BAAS hat die römerzeitlichen Obstfunde von der Saalburg im Taunus, die seit JACOBI und HOOPS allzu unbedacht in die Literatur eingegangen sind, einer dankenswerten kritischen Überprüfung unterzogen. Es bleiben: *Prunus insititia, P. avium* (als Wildkirsche), *P. persica, Juglans regia* und *Corylus avellana* (*oblonga* und *ovata*), während *Prunus armeniaca, domestica* ssp. *oeconomica, P. cerasus, P. cerasifera, Corylus tubulosa* und *C. colurna* zu streichen sind!

In einer spätbronzezeitlichen Siedlung von Rockley Down, Wiltshire, fanden ALLISON und GODWIN Reste von *Arrhenaterum elatius v. tuberosum*, einem besonders im Norden und Westen der Britischen Inseln heute noch häufigen Unkraut.

Von systematisch-chorogenetischen Arbeiten ist besonders eine Untersuchung HJELMQUISTS über die Geschichte der spezifischen Leinunkräuter von Interesse. Unter ihnen ist, abgesehen von einigen sehr jungen Formen und solchen, die aus Kulturpflanzen entstanden sein dürften, vor allem eine Gruppe von Sippen wichtig, die von ihren Stammarten um so deutlicher abgesetzt sind, je weiter im Westen und Norden ihres Areals sie gefunden werden (*Camelina sativa v. foedita, Spergula arvensis v. maxima* und *praevisa, Silene cretica* ssp. *annulata, Cuscua epilinum*). Sie sprechen für eine Ausbreitung des Flachsbaus von Südosten gegen Nordwesten. Die nach ihrer systematischen Stellung ältesten Unkräuter weisen auf Asien als Heimat hin (*Silene linicola*: Syrien; *Lolium remotum*: Hochländer von Armenien, Kaukasien, Nordpersien; *Cuscuta epilinum*: Zentralasien). *Silene cretica* hat sich offenbar vom Mittelmeergebiet nach Norden ins schweizerische Pfahlbaugebiet ausgebreitet, andere Unkräuter, wie *Silene linicola, Lolium remotum* und *Cuscuta*, sind über die nördliche Balkanhalbinsel nach Mitteleuropa vorgedrungen. Das Gesamtergebnis spricht für die von verschiedener Seite vertretene Annahme, daß der Lein (*Linum usitatissimum*) einmal aus dem Mittelmeergebiet (*L. angustifolium*), dann aber, durch die Bandkeramiker, auch aus dem südöstlichen Europa, Vorder- und Zentralasien eingeführt worden ist, wobei als Stammpflanze neben *L. angustifolium* vielleicht doch auch Formen von *L. perenne* in Frage kommen.

E. SCHIEMANN (1951) ist der Nachweis eines neuen Fundorts von *Hordeum agriocrithon*, der mutmaßlichen Wildform der sechszeiligen Gerste, sowie von bisher unbekannten brüchigen, bespelzten *intermedium*-Gersten in Südosttibet gelungen. Da die betreffenden Körner als offenbares Unkraut einem Nacktgerstensaatgut beigemischt waren und heute in Tibet, wo Gerstenmehl die wichtigste Nahrung ist, nur Nacktgersten gebaut werden, sieht SCHIEMANN in dem Fund gegenüber FREISLEBEN einen Beweis für die Spontaneität von *H. agriocrithon*. Das reiche tibetanische Gerstenmaterial SCHÄFERS haben BRÜCHER und ÅBERG bearbeitet. Auch hier finden sich *Hordeum agriocrithon* von Lhasa und außerdem primitive Kulturgersten.

Die Geschichte des Ölbaums hat Hoops dargestellt und dabei zwei selbständige Entstehungszentren angenommen, nämlich Syrien-Palästina einerseits, Kreta andererseits, wobei das kretische (seit der Mitte des 3. Jahrtausends v. Chr.) wesentlich älter ist als das syrisch-palästinensische (seit dem 1. Jahrtausend v. Chr.). A. Philippson hält allerdings in seiner Besprechung in „Erdkunde", **1**, S. 230, Kreta für den einzigen Ort der Inkulturnahme. E. Werth hat sich mit den *Andropogon*-Studien Lindenbeins auseinandergesetzt und verteidigt seine Ansicht von der indisch-südasiatischen Herkunft der afrikanischen Hirsekulturen.

Kotilainen (1) hat eine Reihe von Beobachtungen über das Auftreten finnischer Fjeldpflanzen auf kulturbedingten Standorten zusammengestellt, Weiling eine Gesellschaft von Adventivpflanzen beschrieben, die wohl durch deutsche Truppen mit Pferdefutter nach Finnisch-Lappland eingeschleppt worden ist. Widder berichtet über das erste Auftreten der außergewöhnlich expansiven *Veronica filiformis* in Kärnten.

Eine Untersuchung der Veränderungen der heute 1080 Gefäßpflanzen umfassenden Stuttgarter Flora im Laufe der letzten 100 Jahre durch Kreh ergab einen Verlust von 6 % und einen Gewinn von 17 %. Es sind also in dieser stark industrialisierten Kulturlandschaft mehr Arten eingewandert als gleichzeitig ausgestorben.

Literatur.

Ahlner, S.: Acta Phytogeogr. Suec. **22** (1948). IX u. 257 S. — Allison, J., u. H. Godwin.: New Phytol. **48**, 253—254 (1949). — Althin, C. A., B. Brorson-Christensen u. H. Berlin: K. Human Vetenskapssamf. i. Lund, Årsber. **5**, 115—146 (1949). — Arbman, H.: Kgl. Vitt. Hist. o. Antikv. Akad. Handl. Stockholm **59**/1 (1945). 180 S. — Arnold, J. R., u. W. F. Libby: Science **113**, Nr. 2927, 111—120 (1951). — Auer, V.: Gaea **8**, 311—336. Buenos Aires 1948.

Baas, J.: Saalburg-Jb. **10**, 14—28 (1951). — Backman, A. L: (1) Acta Bot. Fenn. **43** (1948). 44 S. — (2) Geol. För. Förh. Stockholm **72**, 136—138 (1950) — (3) Soc. Scient. Fenn. Comment. Biol. **10**/19 (1950). 36 S. — Baker, H. G.: J. Ecology **36**, 96—119 (1948). — Baldwin, I. T. jr.: Amer. J. Bot. **29**, 283—286 (1942). — Becker, J.: C. r. Acad. Sci. (Paris) **228**, 762—764 (1949). — Behrmann, W.: Peterm. Geogr. Mitt. **92**, 154—158. — Beijerinck, W.: Zadenatlas der Nederlandsche Flora ten behoeve van de Botanie, Palaeontologie, Bodenculturen, Warenkennis. 1947. 316 S. — Benson, L.: Amer. J. Bot. **29**, 491—500 (1942). — Bertsch, K.: (1) Veröff. Württ. Landesst. f. Natursch. u. Landschaftspfl. **18**, 145—185 (1949) — (2) Geschichte des deutschen Waldes. 2. Aufl. Jena 1949. 108 S. — (3) Der Züchter **20**, 24—27 (1950) — (4) Ber. dtsch. bot. Ges. **63**, 11—13 (1950) — (5) Veröff. Württ. Landesst. f. Natursch. u. Landschaftspfl. **19**, 88—127 (1950). — Bodlaender, K. B. A.: Rc. Trav. bot. néerl. **42** (1949/50). — Böcher, T. W.: (1) Medd. om Grønland, København **147**/2 (1949). 64 S.; (2) **147**/2 (1949). 63 S.; (3) **147**/7, 1—39 (1950). — Borza, Al.: Bul. Grad. Bot. Muz. Bot. Univ. Cluj **23**, 117—130 (1943). — Brandtner, Fr.: (1) Archaeologia Austriaca **2**, 5—32 (1949); (2) **4**, 72—86 (1949); (3) **5**, 101—113 (1950). — Brath, E.: Phyton **1**, 63—70 (1948). — Brendemühl, I.: Arch. Mikrobiol. **14**, 407—449 (1949). — Brorson-Christensen, B.: (1) Danm. Geol. Undersøg. IV/3/2 (1946). 20 S.; (2) IV/3/5 (1948). 16 S.; (3) Medd. Dansk. Geol. För. **11**, 441—444 (1949). — Brücher, H., u. E. Åberg: Ann. Kgl. Ldw. Hochsch. Schwedens **17**, 247—319 (zit. nach Schiemann) (1950). — Buchwald, K.: Angew. Pflanzensoziol., hrsg. v. R. Tüxen, Stolzenau/Weser, **1** (1951). 72 S. — Budde, H.: Natur u. Heimat **10**, 1—5. Münster i. W. 1950. — Budde, H., u. U. Steusloff: Natur u. Heimat **11**. Münster i. W. 1951. 7 S. — Büdel, J.: (1) Naturwiss. **36**, 105 bis 112, 133—139 (1949); (2) **37**, 438—449 (1950). — Burchell, I. P. T., u. G. Erdtman: Nature (Lond.) **165**, 411 (1950). — Burck, H. D. M., u. T. van der Hammen: Geologie en Mijnbouw **12**, 291—293 (1950).

CAIN, ST. A.: Science **108**, 115—117 (1948). — CAIN, ST. A., u. L. G.: (1) Amer. J. Bot. **35**, 583—591 (1948) — (2) Bot. Gaz. **110**, 325—330 (1948) — (3) Ecol. Monographs **17**, 185—200 (1947). — CAIN, ST. A., u. J. V. SLATER: Ecology **29**, 492—500 (1948). — ČERNJAVSKI, P.: (1) Glasn. přírod. mus. srbsk. zem. Beograd A/**1**, 93—97 (1948) — (2) God. Univ. Beograd, S. 33—43 (1948?). — CHIARUGI, A.: Acad. Nazion de Lincei **16**, 57—109. Roma 1950. — CLAPHAM, A. R., u. H. GODWIN: (1) Phil. Trans. roy. Soc. Lond. **233**, Nr. 599, 233—249 (1948); (2) **233**, Nr. 599, 249—273 (1948). — CLARK, GR.: (1) Antiquity **19**, 57—71 (1945); (2) **21**, 122—136 (1947). — CLARK, GR., H. GODWIN, F. C. FRASER u. J. E. KING: Proc. Prehist. Soc. **6**, 52—69 (1949). — CLARK, GR., D. WALKER, E. J. H. CORNER, F. C. FRASER u. J. E. KING: Proc. Prehist. Soc. **6**, 109—157 (1950). — CONOLLY, P., H. GODWIN u. E. M. MEGAW: Phil. Trans. roy. Soc. Lond. B 615, **234**, 397—469 (1950).

DEEVEY, E. S. jr.: (1) Bull. Geol Soc. Amer. **60**, 1315—1416 (1949) — (2) Amer. J. Science **249**, 177—207. — DEEVEY, E. S. jr., u. I. E. POTZGER: Amer. J. Sci. **249**, 473—511 (1951). — DIANNELIDIS, TH.: (1) Prakt. helen. hydrobiol. Inst. Athenai **3**/2, 71—84 (1950); (2) **4**/1, 35—50 (1951). — DYAKOWSKA, J.: Starunia (Kraków) **23**, 1—18 (1947). — DE GEER, E. H.: Geol. För. Förh. Stockholm **72**, 158—168 (1950). — DE PLANQUE, B. A.: Rec. Trav. bot. néerl. **42**, 41—50 (1949/50). — DONNER, J.: C. r. Soc. géol. Finlande **24**, 1—92 (1951). — DREIMANIS, A.: (1) Geol. Rdsch. **36**, 31—34 (1948) — (2) Geol. För. Förh. Stockholm **71**, 525—536 (1949). — DUBOIS, G.: C. r. Congrès Paris Assoc. p. l'Avanc. d. Sciences, 64e sess. **3**, 606—622 (1945). — DUBOIS, G. u. C.: C. r. soc. de la Soc. Géol. de France **1948**, 309.

EPLING, C.: Brittonia **6**, 352—364 (1948). — ERDTMAN, G.: (1) Sv. bot. Tidskr. **42**, 467—483 (1948) — (2) Anal. Inst. Español de Edafol., Ecol. y Fis. Veg. **7**/2, 1—7 (1948) — (3) Geol. För. Förh. Stockholm **71**, 71—90 (1949) — (4) Sv. bot. Tidskr. **43**, 46—55 (1949) — (5) Geol. För. Förh. Stockholm **72**, 30—50 (1950) — (6) Sv. bot. Tidskr. **45**, 233—256 (1951). — ERDTMAN, G., O. HEDBERG u. J. TERASMÄE: Geol. För. Förh. Stockholm **73**, 100—128 (1951). — ESHUIS, H. J.: Med. Bot. Mus. en Herb. Utrecht **94**, 7—144 (1946).

FAEGRI, KN. (1) Univ. Bergen Årbok Nat. r. **1**, 1—53 (1949) — (2) Oikos **1**, 142—146 (1949) — (3) Naturen **7**, 226—239 (1950) — (4) Geol. För. Förh. Stockholm **73**, 51—56 (1951) — (5) Cent. Proc. roy. meteorol. Soc. **1950**, 188—195 — (6) Blyttia, Oslo **8**, 70—74 (1950). — FAEGRI, KN., u. J. IVERSEN: Text-book of Modern Pollen Analysis. Kopenhagen 1950. 168 S. — FAEGRI, KN., u. P. OTTESTAD: Univ. Bergen Årbok Nat. r. **3**, 1—28 (1948). — FARRINGTON, A.: Proc. roy. Irish Acad. **50**/B 12, 237—243 (1945). — FEHÉR, D.: Mitt. Bot. Inst. Univ. Sopron (Ungarn) **21**, 1—37 (1948) — Der Feldberg im Schwarzwald. 586 S. Freiburg/Br. 1948. — FERNANDES, A.: Bot. Soc. Broter. Coimbra **23** (2 A), 117—213 (1949). — FIRBAS, F.: (1) Nachr. Akad. Wiss. Göttingen, math.-physik. Kl. Biol. Phys. Chem. A. **1948**, 19—23 — (2) Spät- und nacheiszeitliche Waldgeschichte Mitteleuropas nördlich der Alpen. I. Allgemeine Waldgeschichte. Jena 1949. 480 S. — (3) Ber. dtsch. bot. Ges. **63**, 113—116 (1950) — (4) New Phytol. **49**, 163—173 (1950) — (5) Erdkunde **5**, 6—15 (1951). — FIRBAS, F., u. H. LOSERT: Planta (Berl.) **36**, 418—506 (1949). — FLINT, R. F.: Glacial Geology and the Pleistocene Epoch. New York 1947. — FLINT, R. F., u. E. S. DEEVEY: Amer. J. Sci. **249**, 257—300 (1951). — FLORIN, M. B.: (1) Geol. För. Förh. Stockholm **67**, 511—533 (1945); (2) **68**, 429—458 (1946). — FLORIN, ST.: Geol. För. Förh. Stockholm **69**, 337—359 (1947). FOGG, G. E.: J. Ecology **38**, 415—429 (1950). — FRECHEN, J., u. H. STRAKA: Naturwiss. **37**, 184—185 (1950). — FREISING, H.: Jahresh. Geol. Abt. Württ. Stat. Landesamts **1**, 54—59 (1951). — FRIES, M.: (1) Sv. bot. Tidskr. **42**, 51—96 (1948) — (2) Acta Phytogeogr. Suec. **24** (1949). 80 S.; (3) **29** (1951). 220 S. — FRIES, M., u. N. E. ROSS: Ark. Miner. Geol. **1**/7. 199—210 (1950). — FROMM, E.: Geol. För. Förh. Stockholm **71**, 313 bis 327 (1949).

GAMS, H.: (1) Jb. Oberösterr. Musealver. Linz 92, 1—48 (1947) — (2) In: Der Feldberg im Schwarzwald. S. 387—402. Freiburg/Br. 1948 — (3) Z. Gletscherkde. Innsbruck 1949 — (4) Naturforschg. u. Medizin in Deutschland 1939—1946, 44/1 (1949) — (5) Der Schlern; 435—438, 491 bis 493 (1949); 15—17, 67—72, 125—130, 450—454 (1950); 26—29 (1951) — (6) Z. Gletscherkde. u. Glazialgeol. 12, 162—171 (1950). — GAUCK-LER, K.: Ber. bayer. bot. Ges. 28, 1—3 (1950). — GILES, N. H.: Amer. J. Bot. 29, 637—645 (1942). — GODWIN, H.: (1) Phil. trans. roy. Soc. Lond. 233, Nr. 600, 275—286 (1948) — (2) J. Ecology 37, 97—99 (1949) — (3) J. Glaciology 1, 325—332 (1949) — (4) J. Ecology 37, 140—147 (1949) — (5) Amer. J. Sci. 249, 301—303 (1951) — (6) Endeavour (Lond.) 10/37, 5—16 (1951). — GOEDEWAAGEN, M. A.: Med. Bot. Mus. Herb. Utrecht 93, 542—559 (1943). — GRADMANN, R.: (1) Schr. Ver. Gesch. Bodensees 69, 1—15 (1950) — (2) Das Pflanzenleben des Schwäbischen Alb, 4. Aufl. Stuttgart 1950. 449 u. 407 S. — GREGUSS, P., u. J. SZALAI: Földtani Közlöny 1950, 195—197. — GREIG-SMITH, P.: J. Ecology 36, 339—355 (1948). — GRIGOREV, A. A.: Petermanns Geogr. Mitt. 92, 19—32 (1948). — GROSS, H.: Eiszeitalter u. Gegenwart 1, 166—171 (1951). — GUSTAFSON, A.: Lunds Univ. Årssk., N. F., A. 2 39/6 (1943). 200 S.

HAARNAGEL, W.: Probleme d. Küstenforsch. i. südl. Nordseegeb. 4. Hildesheim 1950. 146 S. — HANSEN, J.: Bot. Jb. Syst. 75, 1—81 (1950). — HARNISCH, O.: (1) Biol. Zbl. 67, 551—562 (1948); (2) 68, 397—412 (1949) — (3) Schrift. Naturw. Ver. Schleswig-Holstein 24, 44—47 (1950). — HARRIS, W. F.: Tuatara 3, 53—66 (1950). — HARRIS, W. F., G. J. FERGUSSON u. R. A. COUPER: New Zealand Sci. Rev. 9, 5—14 (1951). — HAUFF, R., G. SCHLENKER u. G. A. KRAUSS: Allg. Forst- u. Jagdztg. 122, 3—28 (1950). — HESMER, H.: Grünes Blatt 2/5, 1—9 (1949). — HESSLAND, J.: (1) Ark. Zool. Stockholm 37, A/8 (1945). 51 S. — (2) Sv. bot. Tidskr. 40, 235—256 (1946). — HILF, R. B.: Forstwiss. Zbl. 68, 521—529 (1949). — HITCH-COCK, C. L., u. B. MAGUIRE: Univ. Washington Publ. Biol 13, (1947). 73 S. — HJELMQUIST, H.: Bot. Notiser (Lund) 1950, 257—298. — HOFMANN, E.: Paläobiologica 8, 280—282 (1948). — HOLLINGWORTH, ALLISON u. GOD-WIN: Quat. J. Geol. Soc. Lond. 150, 495—509 (1950). — HOOPS, J.: Sitzgs-ber. Heidelberg. Akad. Wiss., phil.-hist. Kl. 1942/3, 3 (1944). 95 S. — HORN AF RANTZIEN, H.: (1) Bot. Notiser (Lund) 1946, 364—386 — (2) Sv. bot. Tidskr. 40, 179—213 (1946); (3) 40, 15—30 (1946) — (4) Candollea 11, 9—30 (1947) — (5) Medd. Göteborgs Bot. Trädgård 18, 185—197 (1950); (6) 199—212 (1950). — HORNSTEIN, F. v.: (1) Forstwiss. Zbl. 67, 65—79 (1948); (2) 69, 161—177 (1950). — HORVAT, A. O.: Hungar. Acta Biol. 1, 247—259 (1949). — HORVAT, J., u. M.: Glasn. biol. sekc. Hrvatsko Prir. Dru. Zagreb II B, 1—28 (1947). — HUBER, BR.: Naturwiss. 35, 151—154. (1948). — HUBER, BR., W. v. JAZEWITSCH, A. JOHN u. W. WELLEN-HOFER: Forstwiss. Zbl. 68, 706—715 (1949). — HUBER, BR., u. W. v. JAZE-WITSCH: Allg. Forstztschr. 1950, Nr. 42 u. 49. — HULTÉN, E.: (1) Lunds Univ. Arsskr., N. F. 2, 43/1 — (2) Atlas över växternas utbredning i Nor-den. Stockholm 1950. 511 S. — HUMMEL, M.: Planta (Berl.) 37, 451—497 (1949). — HYDE, H. A.: (1) Brit. med. J. 1, 897—898 (1949) — (2) New Phytologist 49, 398—406, 407—420 (1950). — IVERSEN, J.: Danm. Geol. Undersøg., København, IV r. 3/6 (1949). 25 S. — IVERSEN, J., u. J. TROELS-SMITH: Danm. Geol. Undersøg., København, IV r. 3/8 (1950). 54 S.

JALAS, J.: Ann. Bot. Soc. Zool.-Bot. Fenn. Vanamo 24/1 (1950). 364 S. — JENSEN, N.: Heimat 58, 206—212. Neumünster/Holst. 1951. — JES-SEN, KN.: (1) Proc. roy. Irish. Acad. 52/B/6, 85—290 (1949) — (2) Viking 1951, 15—37. — JOHNSON, F.: Amer. Antiquity 17/1, 1—65 (1951). — JONASSEN, H.: Dansk. Bot. Ark. 13/7 (1950). 168 S. — JONES, G. N.: Illinois Biol. Monogr. Urbana 20/2 (1946). 100 S. — JONKER, F. P.: (1) Vak-bl. Biol., Den Helder 28, 122—129 (1948) — (2) Sonderdruck, 1—18 (1950).

KIRCHHEIMER, F.: Palaeontographica 90/B, 1—52 (1949). — KJELL-MAN, W., T. KALLSTENIUS u. O. WAGER: Proc. roy. Sved. Geotechn. Inst. 1, 1—75 (1950). — KLEBELSBERG, R. v.: Handbuch der Gletscherkunde

und Glazialgeologie. Wien 1949. 403 u. 1028 S. — KLIMASZEWSKI, M.,
W. SZAFER, B. SZAFRAN u. J. URBANSKI: Bull. Serv. Géol. Pologne 24
(1950). 87 S. — KLUTE, F.: Geogr. Rdsch. 1949, H. 3—4, 1—15. — KOCH,
W.: Corona Amicorum, Festg. f. E. Bächler, St. Gallen, 45—55 (1948). —
KOPPE, F.: Abh. Landesmus. Naturkde. Münster/W. 12, 5—96 (1949). —
KOTILAINEN, M. J.: (1) Arch. Soc. Zool. Bot. Fenn. Vanamo 3, 102—114
(1949); (2) 3, 114—120 (1949). — KREH, W.: Jahresh. Ver. vaterl. Naturkde.
Württemberg 1950, 69—124. — KRUSENSTJERNA, E. v.: Acta Phytogeogr.
Suec. 19 (1945). 254 S. — KUHN, K.: Veröff. Württ. Landesst. Naturschutz
Stuttgart 19, 42—56 (1950).
LANG, G.: Naturwiss. 38, 334/35 (1951). — LEMÉE, G.: (1) Rev. Géogr.
Alp. 4, 177—181 (1949) — (2) Bull. Soc. Préhist. France 1949, 68—71 —
(3) C. r. Som. Séances Soc. Biogéogr. 234, 57—61 (1950) — (4) Rev. Géo-
morph. Dynam. 2, 75—80 (1951). — LEMÉE, G., u. FR. BOURDIER.: C. r.
Acad. Sci. Paris 230, 2313—2314 (1950). — LEWIN, R. A.: J. Ecology 36,
203—223 (1948). — LIMPRICHT, W.: Bot. Jb. Syst. 74, 28—100 (1945). —
LINDQUIST, B.: (1) Sv. bot. Tidskr. 39, 161—186 (1945); (2) 41, 45—80
(1947) — (3) Acta Horti Bergiani Uppsala 14/7, 250—342 (1948). — LONA,
F.: (1) Nuovo Giorn. Bot. Ital. 56/4 (1949); (2) 56/4 (1949) — (3) Atti Soc.
Ital. Sci. Natur. Milano 89, 123—179 (1950). — LOTHIAN, N.: Proc. Linnean
Soc. N. S. Wales 71/3—4, 201—235 (1946). — LÖVE, A.: Bot. Notiser
(Lund) 1950, 24—60. — LÖVE, A., u. D.: Portugaliae Acta Biol., A. R. B.
Goldschmidt-Vol. 1949, 273—352. — LÜDI, W.: (1) Ber. Geobot. Inst.
Rübel, Zürich f. 1949, 94—101 (1950); (2) 101—109 (1950); (3) f. 1950,
96—107 (1951); (4) f. 1950, 107—139 (1951). — LUNDQUIST, G.: Geol. För.
Förh. Stockholm 68, 268—302 (1946).
MAGNUSSON, A. H., u. A. ZAHLBRUCKNER: Ark. Bot. Stockholm 31/A,
Nr. 1, 1—96; Nr. 6, 1—109; 32/A, Nr. 2, 1—89 (1943—45). — MARK-
GRAF, F.: (1) Bot. Jb. Syst. 74, 268—270 (1948) — (2) Ber. Geobot. Inst.
Rübel Zürich f. 1948, 109—119 (1949). — MATTIK, F.: Polarforschung
19/II, 261—273 (1949). — MENZI-BILAND, A.: Jber. Naturf. Ges. Grau-
bünden, N. F. 81, 59—71; 82, 178—200 (1948, 1950). — MIKI, SH.: (1) J.
Inst. Polytechn. Osaka City Univ. 1, 63—77 (1950) — (2) Sci. Rep. Osaka
Lib. Arts Univ. 1, 69—116 (1950). — MIKKELSEN, V. N.: (1) Tidskr. Plan-
teavl. København 51, 528—547 (1948) — (2) Dansk Bot. Ark. 13/5 (1949).
171 S. — MITCHELL, G. F.: Proc. roy. Irish Acad. 53/B/11, 111—206 (1951).
— MITCHELL, G. F., u. H. N. PARKES: Proc. roy. Irish Acad. 52/B/7,
291—314 (1949). — MOERMAN, J. D., u. E. M. VAN ZINDEREN-BAKKER:
Nederl. Kruidkundig Arch. 57, 363—384 (1950). — MOHRÉN, E.: Geol. För.
Förh. Stockholm 67, 249—265 (1945). — MOORE, R. J.: Amer. J. Bot. 34,
527—538 (1947). — MORAWETZ, S.: Z. Gletscherkde. Glazialgeol. 1 (1949).
— MÜLLER, I., u. F. FIRBAS: Mitt. Naturkde. Naturschutz Bad. Landesver.
Naturkde. Freiburg, 47—49 (1949). — MÜLLER, K.: Der Weinbau, wiss.
Beih., Mainz 1, 83—103, 123—141 (1947). — MÜLLER, P.: (1) Veröff.
Geobot. Inst. Rübel Zürich 24 (1949). 94 S. — (2) Ber. Geobot. Rübel Zürich
f. 1949, 67—94 (1950). — MÜLLER, S.: Jahresh. Geol. Abt. Württ. Stat.
Landesamts 1, 79—90 (1951). — MÜLLER-STOLL, W. R.: Planta (Berl.) 35,
601—641 (1948). — MUNTHE, H.: Sver. Geol. Und. C. 481 (1946). 16 S.
NAKAMURA, J.: Sci. Rep. Tôhoku Imp. Univ., 4. Ser., Biol., Sendai
17/4, 491—512 (1943). — NANNFELD, J. A.: The Svedberg 1884—1944,
Uppsala, 601—622 (1944). — NEGRI, G.: (1) Nuovo Giorn. Bot. Ital., n. s
50, 155—208 (1943); (2) (1943). 4 S.; (3) 326—331 (1946). — NELSON, H. W.,
u. T. VAN DER HAMMEN: Geologie en Mijnbouw 12, 241—251, 272—276
(1950).
OBERDORFER, E.: Allg. Forst- u. Jagdztg. 21, 1—4, 50—60 (1949). —
OBERDORFER, E., u. Mitarb.: Mitt. Bad. Landesver. Naturkde. u. Naturschutz, N. F. 5, 186—191 (1951). — ÖSTER, J.: Östergötl. Fornminn.
Museiför. Medd., Linköpping (1947). 11 S. — ÖSTER, J., u. G. LINNMAN:
Geol. För. Förh. Stockholm 71, 328—332 (1949). — OVERBECK, FR.:
(1) Planta (Berl.) 37, 376—398 (1949) — (2) Nachr. Niedersachsens Urgesch.

1950, 3 — 31 — (3) Die Moore Niedersachsens. 2. Aufl. In: Geologie u. Lagerstätten Niedersachsens **3**. 112 S. Bremen 1950.

PAWLOWSKI, M. B.: Bull. Acad. Pologne, Sc. L, Sér. B/I f. 1946, 71 — 108 (1947). — PENCK, A.: Erdkunde (Bonn) **1**, 182 — 184 (1947). — PERSCH, FR.: Decheniana (Bonn) **104**, 81 — 93 (1950). — Pleistocene Research Review: Bull. Geol. Soc. Amer. **60**/9, 1305 — 1525 (1949). — PODPĚRA, J.: (1) Prace Mor. Slezk. Ak. věd. Přír. Brno **22**/1/F 226, 1 — 32 (1950 — (2) Spisy Přírod. Fak. Masaryk. Univ. Brno, L 5/325 (1951). 62 S. — POSER, H.: (1) Erdkunde (Bonn) **2**, 53 — 68 (1948) — (2) Naturwiss. **35**, 269 — 276, 307 — 312 (1948) — (3) Erdkunde (Bonn) **4**, 81 — 88 (1950) — (4) Eiszeitalter u. Gegenwart **1**, 27 — 55 (1951). — POSER, H., u. J. HÖVERMANN: Abh. Braunschweig. Wiss. Ges. **3**, 61 — 115 (1951). — POST, L. v.: (1) Geol. För. Förh. Stockholm **67**, 49 — 63 (1945); (2) **68**, 608 — 617; **69**, 293 — 320 (1946, 1947); (3) **70**, 197 — 209 (1948). — PUCHMAJEROVÁ, M.: (1) Studia Bot. Čech. Pragae **5**, 80 — 120 (1942) — (2) Zěmeděl. Arch. Praha **34**/6 (1943). 20 S. — (3) Rozpr. II. tř. České Ak., Praha **54**/18 (1944). 29 S. — (4) Věstn. České Spol. Nauk. tř. mat. přír. Praha, r. 1945, 1 — 14 (1947) — (5) Sborn. Českoslov. Ak. Zeměd. **20**/3, 409 — 413 (1947) — (6) Zpravy Státn. Výzk. Úst. Lesn. ČSR, 78 — 95 (1948?). — PURI, G. S.: (1) J. indian. Bot. Soc. **26**, 261 — 263, 265 — 268, 273 (1948); (2) **27**, 63 — 68 (1949).

RAUH, W.: Sitzgsber. Heidelberg. Akad. Wiss., math.-nat. Kl. **1949**, Nr. 12. 107 S. — REIMERS, H.: Ber. dtsch. bot. Ges. **63**, 147 — 156; **64**, 37 — 51 (1951). — REINHOLD, F.: Forstwiss. Zbl. **68**, 691 — 698 (1949). — ROSE, F.: J. Ecology **36**, 366 — 377 (1948). — ROTHMALER, W.: Bot. Jb. Syst. **74**, 270 ff. (1948). — RUBNER, K.: (1) Forstwiss. Zbl. **68**, 674 — 679 (1949); (2) **70**, 129 — 161 (1951). — RUNGE, FR.: (1) Natur u. Heimat **9**, 4. Münster/W. 1949 — (2) Naturschutz i. Westfalen **9**, 1 — 4 (1949) — (3) Beitr. Naturkde. Niedersachsens **4** (1949).

SALMI, M.: (1) C. r. Soc. Géol. Finl. **21**, 25 — 32 (1948); (2) **22**, 91 — 97 (1949). — SAMPAIO, J.: Bol. Soc. Broteriana, Coimbra **23** (2 A), 105 — 117 (1949). — SANDEGREN, R.: (1) Geol. För. Förh. Stockholm **67**, 436 — 437 (1945); (2) **68**, 303 — 318 (1946). — SANTESSON, R.: Sv. bot. Tidskr. **39**, 319 bis 345 (1945). — SAURAMO, M.: (1) Geol. För. Förh. Stockholm **69**, 79 — 107 (1947) — (2) Sitzgsber. Finn. Akad. Wiss. Helsinki f. 1946, 231 — 235 (1947) — (3) Soc. Sci. Fenn. Årsbok **27**/B 4, (1949). 26 S. — (4) Eripainos Suomen Museo **1951**, 87 — 98. — SCAMONI, A. (1) Forstwiss. Zbl. **68**, 735 — 751 (1949) — (2) Waldkundliche Untersuchungen auf grundwassernahen Talsanden. 156 S. Berlin 1950. — SCHIEMANN, E.: Ber. dtsch. bot. Ges. **64**, 57 — 69 (1951). — SCHIEMANN, E., u. H. G. SCHWEICKERDT: Bot. Jb. Syst. **75**, 196 — 205 (1950). — SCHMITHÜSEN, J.: (1) Kosmos. Stuttgart 1948. 4 S. — (2) Mitt. Flor.-soz. Arb.-Gem. Stolzenau, N. F. **2**, 60 — 63 (1950). — SCHMITZ, H.: Forstwiss. Zbl. **70**, 193 — 203 (1951). — SCHOTT, C.: Schr. Geogr. Inst. Kiel **13**/4 (1950). 34 S. — SCHÜTRUMPF, R.: Schr. Naturwiss. Ver. Schleswig-Holstein **25** (1951). — SCHWABEDISSEN, H.: Offa (Neumünster) **8**, 46 — 74 (1950). — SCHWARZ, KL.: Strena Praehist. 1 — 28. Halle/S. 1948. — SCHWARZBACH, M.: Das Klima der Vorzeit. Stuttgart 1950. 210 S. — SEALY, J. R.: J. Ecology **37**, 365 — 388 (1949). — SEALY, J. R., u. D. A. WEBB: J. Ecology **38**, 223 — 236 (1950). — SEARS, P. B.: Ecology **29**, 326 — 333 (1948). — SELANDER, ST.: Sv. bot. Tidskr. **41**, 264 bis 282 (1947). — SELLING, O. H.: (1) Sv. bot. Tidskr. **41**, 431 — 450 (1944); (2) **45**, 12 — 41 (1951). — SIMON, T.: Ann. Biol. Univ. Debreciensis **1** (7), 146 — 174 (1950). — SJÖRS, H.: (1) Sv. bot. Tidskr. **38**, 404 — 426 (1944) — (2) Acta Phytogeogr. Suec. **21** (1948). 300 S. — (3) Sv. bot. Tidskr. **43**, 568 — 585 (1949) — (4) Bot. Notiser (Lund) **1949**, 95 — 103. — SLAVÍKOVÁ-VESELÁ, J.: Studia Bot. Českoslov. **11**, 198 — 225 (1950). — SOWTER, F. A.: J. Ecology **37**, 207 — 219 (1949). — ŚRODOŃ, A.: (1) Starunia (Krakow) **25**, 1 — 23 (1948) — (2) Acta Geol. Pologne **1**, 365 — 400 (1950). — STERNER, R.: Geol. För. Förh. Stockholm **68**, 113 — 114 (1946). — STEUSLOFF, U.: (1) Natur u. Heimat **11**. Münster/W. 1951. 6 S. — (2) Abh. Landesmus. Naturkde. **14**/2. Münster/W. 1951. 47 S. — SUESSENGUT, K.: Pacific. Sci. **4**, 287 bis

308 (1950). — Sundius, N., u. R. Sandegren: Sver.Geol. Unders. C/495, Årsb. 42/4, 1—46 (1948). — Suneson, S., u. R. Sandegren: Sver. Geol. Unders. C/495, Årsb. 42/4, 1—46 (1948). — Suneson, S., u. R. Sandegren: Sv. bot. Tidskr. 42, 258—272 (1948). — Svenson, H. K.: Amer. J. Bot. 33, 394—498 (1946). — Szafer, W.: (1) Ann. Soc. Géol. Pologne 16, 179—242 (1946) — (2) Starunia (Kraków) 26, 1—29 (1948).

Terasmäe, J.: Sv. bot. Tidskr. 45, 355—361 (1951). — Thomson, P. W.: (1) Neues Jb. Miner. usw. B 1948, 1—9 — (2) Eiszeitalter u. Gegenwart 1, 96—102 (1951). — Todtmann, E. M.: Mitt. Geogr. Ges. Hamburg 49, 188—212 (1950). — Les Tourbières Françaises, I u. II. Paris 1949. 225 u. 634 S. — Troels-Smith, J.: Geol. För. Förh. Stockholm 69, 370—380 (1947). — Tryon, R. M.: Amer. J. Bot. 31, 471—473 (1944). — Tüxen, R.: Mitt. Flor. soz. Arb.-Gem. Stolzenau, N. F. 2, 52—53 (1950). — Tüxen, R., u. W. Lohmeyer: Jber. Naturhist. Ges. Hannover 99/101, 53—75 (1950).

Ulbrich, E.: Ber. dtsch. bot. Ges. 62, 100—105 (1950).

Vanhoorne, R.: Bull. Inst. roy. Sci. nat. Belgique 25/44, 1—5 (1949). — Verhoef, A. M. E.: Med. Bot. Mus. Utrecht 92, 223—231 (1943). — Van der Hammen, T.: (1) Proc. Kon. Nederl. Akad. Wetensch. 52/1, 2, 1—16 (1949) — (2) Leidse Geol. Med. Leiden 17, 71—183 (1951). — Van der Vlerk, J. M., u. F. Florschütz: Nederland in het Ijstijdvak. Utrecht 1949. 287 S. — Verdcourt, B.: J. Ecology 36, 356—365 (1948). — Viete, G.: (1) Tellus (Stockholm), 2, 102—115 (1950) — (2) Z. Meteor. 5, 102—110 (1951). — Virkkala, K.: C. r. Soc. geol. Finl. 21, 59—78 (1949). — Voigt, E.: Mitt. Geol. Staatsinst. Hamburg 19, 111—129 (1949).

Walters, S. M.: J. Ecology 37, 192—195 (1949). — Waterbolk, H. Tj.: (1) Nieuwe Drentsche Volksalmanak, Assen 66, 105—110 (1948); — (2) 67, 126—145 (1949) — (2) Vakblad v. Biologen 30, 41—57 (1950). — Webb, D. A.: (1) J. Ecology 38, 185—213 (1950) — (2) Proc. roy. Irish Soc. 53/B/12, 207—240 (1950). — Weiling, Fr.: Ann. Bot. Soc. Zool. Bot. Vanamo 20, Not. 51—52 (1944). — Weimarck, H.: (1) Sv. bot. Tidskr. 40, 141—178 (1946) — (2) Bot. Notiser (Lund) 1947, 105—134; (3) 1947, 189—206. — Welten, M.: (1) Ber. Geobot. Inst. Rübel Zürich f. 1949, 48—57 (1950); (2) 57—67 (1950). — Werneck, H.: (1) Ur- und frühgeschichtliche Kultur- und Nutzpflanzen in den Ostalpen und am Rande des Böhmerwaldes. Wels 1949. 288 S. — (2) Obst u. Garten 6, 10—11, 20—21 (1951). — Werner, H., u. H. Schmitz: Schr. Naturwiss. Ver. Schleswig-Holstein 25, 138—141 (1951). — Werth, E.: Bot. Jb. Syst. 73, 106—112 (1948). — Widder, F.: Carinthia II (Klagenfurt) 136, 94—102 (1947). — Wilhelmy, H.: Erdkunde (Bonn) 4, 5—34 (1950). — Wirtz, D., u H. Illies: Eiszeitalter u. Gegenwart 1, 73—83 (1951). — Woldstedt, P.: (1) Z. dtsch. Geol. Ges. 99, 96—123 (1947); (2) 100, 379—399 (1948) — (3) Norddeutschland und angrenzende Gebiete im Eiszeitalter. Stuttgart 1950. 464 S. — (4) Geol. Jb. Hannover 65, 621—640 (1950). — Woldstedt, H., U. Rein u. W. Selle: Eiszeitalter u. Gegenwart 1, 83—96 (1951). — Wundt, W.: (1) Meteor. Rdsch. 3, 119—122 (1950) — (2) Naturwiss. Rdsch. 1950, 209—215 (1950) — (3) Quartär 5, 1—6 (1951).

Zeist, W. van: Med. Bot. Mus. Utrecht 101, 28—40 (1950). — Zinderen-Bakker, E. M. van: Tijdschr. Kon. Ned. Aardrijksk. Genootschap 65/2, 174—192 (1948). — Zwart, H. J.: Proc. Kon. Ned. Akad. Wetensch. Amsterdam, B/54/2, 1—14 (1951).

8. Ökologische Pflanzengeographie.

Von HEINRICH WALTER, Stuttgart-Hohenheim.

I. Standortslehre.

1. Größere Werke. „Die Standortslehre" (525 Seiten mit 229 Abb.)
von H. WALTER ist mit der Lief. 3 abgeschlossen worden (als Bd. III,
Teil 1 der „Einführung in die Phytologie", Stuttgart-Ludwigsburg).
In der letzten Lieferung werden behandelt: Der Lichtfaktor mit
einer ausführlichen Besprechung des Assimilathaushalts und der Stoffproduktion, die chemischen Faktoren, unter diesen insbesondere
der Boden und das Halophytenproblem, sowie die mechanischen
Faktoren, also Wind, Feuer, Mahd und Verbiß. Durch Feuer und Beweidung hat der Mensch selbst in wenig besiedelten Gebieten die
Pflanzendecke so stark beeinflußt, daß man praktisch auf der gesamten
Erde kaum noch eine größere Fläche mit völlig unbeeinflußter Vegetation findet.

2. Der Wärmefaktor (Temperatur). WENT konnte durch seine Untersuchungen in Klimakammern mit bestimmten wechselnden Temperaturen
zeigen, daß für die Entwicklung der Pflanzen nicht nur der Jahresgang
der Temperatur von Bedeutung ist, sondern auch der Tagesgang. Es
besteht somit bei den Pflanzen eine Thermoperiodizität. Dabei sind
die Nachttemperaturen für das Wachstum und die Entwicklung oft
wichtiger als die Tagestemperaturen. Das Optimum der Nachttemperaturen ändert sich selbst bei ein und derselben Art mit dem Entwicklungsstadium. Diese im Laboratorium gefundenen Erkenntnisse
prüfen BALCHIN und PYE im Freien nach, indem sie in einem Kältetal
und auf einem Plateau die phänologischen Daten mit den Temperaturmessungen vergleichen. Sie gelangen zum Ergebnis, daß im Frühjahr
ein Zusammenhang der phänologischen Erscheinungen nur mit den
Nachttemperaturen (T-Minimum) besteht, nicht dagegen mit den
Tagesmitteltemperaturen oder den Temperatursummen.

Den Einfluß solcher mikroklimatischer Temperaturdifferenzen auf
Tomatenpflanzen, die als Phytometer dienten, studierten während der
Herbstmonate in einem Tal (Tennesse) SHANKS und NORRIS. Sie fanden, daß die frostfreie Herbstzeit auf kleinstem Raum Differenzen bis
zu 20 Tagen aufwies. Die Tomaten wurden z. T. schon 4 Tage vor dem
von den meteorologischen Stationen angegebenen ersten Schadenfrost
abgetötet. Den Fragen der Frostschäden durch Kaltluftstau und den
Maßnahmen zu deren Verhinderung wird in letzter Zeit erhöhte Aufmerksamkeit geschenkt. SCHNELLE führte eine Geländeaufnahme zur
Feststellung der Frostlagen durch. Die bei Strahlungsfrost erhaltenen
Geländegrenzen erfahren bei Advektivfrost (Wind) oft erhebliche Ver-

schiebungen in der einen oder anderen Richtung. Sehr instruktive
Karten und Querschnitte erläutern die Verhältnisse in einem Oden-
waldtal.

Ganz extreme Frostlöcher findet man in der Baar (zwischen Schwarzwald und Jura). Bei einer Höhenlage von 700 bis 800 m wurden hier
im Donauried 1949 nur 12 frostfreie Tage beobachtet, in Hanglage
dagegen 170. Zur Kartierung der oberen Frostgrenze lassen sich
neben Temperaturmessungen empfindliche Wiesenpflanzen verwenden
(AICHELE). Frost kann in sehr seltenen Fällen auch in Palästina bei
Rehobot auftreten. Über die 1948/49 beobachteten Schäden an wilden
und kultivierten Pflanzen berichtet OPPENHEIMER. Winterannuelle
mediterrane Arten sowie Arten der Trockengebiete erwiesen sich im
allgemeinen als frostresistent, während sommerannuelle Unkräuter
und alle tropischen Exoten schwere Schäden erlitten. Viel weniger
gefährdet sind die Pflanzen durch zu hohe Blattemperaturen, die
in Palästina im Sommer 44,8 bis 52,5° erreichen. KONIS (1) stellte
die letalen Temperaturen fest, indem er an Sträuchern einer Macchie
einzelne besonnte Zweige in mit Ruß geschwärzte Glasgefäße einschloß
und auf diese Weise die Lufttemperatur im Gefäß bis über 60° erhöhte.
Das Temperaturmaximum lag bei jungen Blättern etwa 3°, bei älteren
etwa 12° (z. T. 5 bis 6°) über den höchsten unter natürlichen Verhältnissen gemessenen Temperaturen.

Etwas weiter zurück liegt die sehr eingehende Arbeit von SøRENSEN
über die Temperaturverhältnisse und die phänologischen Erscheinungen im Küstengebiet von NO-Grönland. Das Klima ist arktisch-
kontinental. Von größter Bedeutung ist die starke Einstrahlung, durch
die die Bodenoberfläche erwärmt wird. Die Temperatur der letzteren
ist für die Pflanzenwelt entscheidend. Wenn die mittlere Lufttemperatur im Frühjahr 0° erreicht hat, ist der Boden schon 50 cm tief auf-
getaut. Der rasche Temperaturanstieg nach Abschmelzen des Schnees
bedingt eine sofortige Entfaltung der Blüten, die im Jahr vorher
bereits angelegt wurden (Verf. bringt von den meisten Arten Schnitte
der Vegetationspunkte im Winterzustand). Der niedrige, zwergige
Wuchs der arktischen Arten steht vielleicht im Zusammenhang mit
der schlechten mineralischen Ernährung und dem Stickstoffmangel.
Auf stark gedüngten Stellen entwickelt sich oft eine üppigere Vegetation, was sich in den Alpen ebenfalls beobachten läßt. Auch kann es
sich um eine thermoperiodische Beeinflussung der Entwicklung durch
tiefe Temperaturen handeln, wodurch die Blühreife besonders früh erreicht wird (Vernalisation).

Die Angabe in den Lehrbüchern, daß in der Arktis die Pflanzen
selbst im aufgeblühten Zustand überwintern, entspricht nach TICHO-
MIROW nicht den Tatsachen. Die diesbezügliche ältere Notiz über
Cochlearia arctica ist wahrscheinlich falsch gedeutet worden. Die sehr
weit entwickelten Blütenstände entfalten sich erst im Frühjahr, wenn
bei Einstrahlung unter einer dünnen Eisdecke kleine „Treibhäuser"
entstehen können, so daß die Pflanzen blühend aus dem Schnee heraus-
kommen.

Konis (2) weist durch gleichzeitige Messung der Blattemperatur und der Transpiration am natürlichen Standort von Macchienarten nach, daß Übertemperaturen der Blätter das Dampfdruckgefälle an der Blattoberfläche und damit auch die Transpiration erhöhen. Er vergleicht Blätter in horizontaler und vertikaler Lage miteinander. Bei hohem Sonnenstand ist die Temperatur der ersteren um 3,5 bis 7,3° höher und ihre Transpiration um 30 bis 233 % intensiver als bei letzteren. Es ist somit notwendig, bei Transpirationsmessungen sehr genau auf die Exposition der Blätter zu der Sonneneinstrahlung zu achten. Damit kommen wir zum nächsten Faktor.

3. Der Wasserfaktor (Hydratur). Die Abhängigkeit der Niederschläge von der Höhe über dem Meere im ariden Gebiet von Utah (USA) stellen Lull und Ellison fest. Die 4 Stationen liegen zwischen 1670 m und fast 3000 m N.N. (Wermuthalbwüste bis fast zur Fichtenbaumgrenze) und ergeben als Mittel von 15 Jahren eine proportional mit der Höhe ansteigende Niederschlagsmenge von 250 bis 800 mm. Die jahreszeitliche Verteilung (Wintermaximum) zeigt keine Unterschiede.

Mit den nicht meßbaren Niederschlägen (Tau und Nebel) beschäftigt sich Masson in Dakar. Es werden zunächst eingehend die allgemeinen Voraussetzungen der Taubildung, die Taumessung, der Taufall und die Bedeutung der nicht meßbaren Niederschläge besprochen. Anschließend behandelt Verf. die Tauaufnahme durch die Pflanze. An der nebelreichen Küste an der Westspitze Afrikas wurde bei *Polycarpea nivea* und *Sporobolus spicatus* neben den tiefgehenden Wurzeln ein System von unter der Bodenoberfläche streichenden Würzelchen festgestellt, die in der Lage sind, Tauwasser, das 1 cm tief in den Sand eindringt, aufzunehmen. Es wurde aber keine Pflanze gefunden, die imstande war, von den reichlichen Tauniederschlägen allein ihren Wasserbedarf zu decken. Ebenso konnte zwar eine Wasseraufnahme durch benetzte Blätter nachgewiesen werden, ökologisch war sie jedoch ohne Bedeutung.

Den Wasserhaushalt einer 13 m hohen Fichte in ihrem natürlichen Verbreitungsgebiet bei Innsbruck untersuchten Pisek und Tranquillini. Die Transpiration steigt im Frühjahr nach Abschluß der Winterruhe sprunghaft an und fällt im Herbst beim Übergang zur Winterruhe ebenso steil ab. Berücksichtigt man die Evaporationsunterschiede auf der Sonnen- und Schattenseite des Baumes, so transpirieren bei guter Wasserversorgung im Frühjahr und Herbst alle Teile des Baumes relativ gleich. Im Sommer ist es nur an trüben Tagen der Fall. An klaren Tagen wird dagegen durch Schließbewegungen der Spalten die Wasserabgabe der Schattennadeln stark eingeschränkt. Solange der Boden gut durchfeuchtet ist, sind die Wasserverluste der Kronenbasis deutlich größer als die der Wipfeltriebe. Anders nach einer langen Trockenperiode. Dann wird nicht nur die Transpiration der Schattennadeln, sondern auch die der Sonnennadeln eingeschränkt und an der Kronenbasis energischer als spitzenwärts, so daß nun die Sonnennadeln der Gipfelregion am meisten Wasser abgeben. Der Baum reagiert somit stets als Ganzes. Er vermag bei Wassermangel die Wasserbilanz durch stufenweise Einschränkung der Transpiration (Spaltenschluß) zunächst bei den für die Stoffproduktion weniger beteiligten Teilen (Schattennadeln, dann Kronenbasis) so fein zu regulieren, daß selbst in Dürreperioden keine erheblichen Wasserdefizite und kaum eine Hydraturabnahme festzustellen ist. Diese Befunde der Verff. dürften in erster Linie für die Bäume geschlossener Bestände der feuchteren Klimagebiete gelten, die bei zu hoher Anforderung ganz absterben, wie es bei aufgeforsteten Fichten und Buchen nach 1947 der Fall war. Bäume arider Gebiete können demgegenüber im Extremfall große Teile der Krone opfern, um als Individuum am Leben zu bleiben.

Das ist z. B. bei *Prosopis* und *Alhagi* der Fall, deren Verhalten SMUELI am Toten Meer im Laufe eines Jahres verfolgte. Sie wurzeln sehr tief (*Prosopis* bis 15 m) und erreichen das Grundwasser; trotzdem werfen sie während der langen Dürrezeit die älteren Blätter ab und bilden kleine, xeromorphe Blätter bzw. nur Dornen. Die Transpiration wird ziemlich uneingeschränkt aufrechterhalten, der osmotische Wert steigt von 14,4 auf 25,7 Atm. Die übrigen untersuchten Arten sind Halophyten (*Suaeda*-Arten, *Arthrocnemum*), wobei *Nitraria* eine Zwischenstellung einnimmt. Sie wurzeln in salzhaltigem Boden, und ihre osmotischen Werte sind um so höher, je flacher sie wurzeln (35,9 bis 91,4 Atm). Sie zeichnen sich durch Sukkulenz und geringe Spaltendichte aus. Aber auch hier macht sich während der Dürre Verkleinerung und zunehmende Xeromorphie der Blätter bemerkbar. Der Wasserumsatz dieser Halophyten ist hoch, so daß sie ökologisch nicht zu den Sukkulenten zu rechnen sind. Salzausscheidende Halophyten (*Tamarix*) scheinen den Xerophyten zu ähneln.

Jahreskurven des osmotischen Wertes verschiedener Arten des *Calluneto-Genistetum*, *Querceto-Carpinetum* und *Qu. Betuletum* bringt ANSIAUX. Die Werte stimmen mit denjenigen anderer Autoren gut überein. Bei der Kritik der kryoskopischen Methode, die er selbst benutzt, geht Verf. von der sehr zweifelhaften Theorie des „gebundenen Wassers" aus, ohne die neueren, kritischen Arbeiten dazu zu kennen.

Ein reichhaltiges Material an plasmolytisch (mit Traubenzucker) bestimmten osmotischen Werten von Lebermoosen veröffentlichte WILL-RICHTER. Sehr auffallend sind die jahreszeitlichen Schwankungen, und zwar ein ausgeprägtes Maximum im Winter und tiefes Minimum im Sommer. Die Schwankungsbreite beträgt meist 100 bis 450%. Weiterhin lassen sich Beziehungen zur Feuchtigkeit des Standortes nachweisen, die bei den einzelnen Arten jedoch verschieden stark ausgeprägt sind. Die mittleren osmotischen Werte der xerophilen Moose betragen 0,9 bis 1,7 mol, die der mesophilen 0,4 bis 0,8 mol und die der hygrophilen 0,25 bis 0,6 mol. Die thallösen Lebermoose bilden eine Gruppe für sich; sie zeichnen sich (wie die Sukkulenten) stets durch niedrige Werte aus (Ausnahme *Metzgeria*), unabhängig von der Standortsfeuchtigkeit. Jahresschwankungen treten jedoch auf.

Die Lebermoose gehören zu den poikilohydren Pflanzen, d. h. sie können vorübergehende Austrocknung des Protoplasten vertragen, aber doch nur bis zu einem gewissen Grade. Wie HÖFLER durch umfangreiche Untersuchungen nachgewiesen hat, bestehen deutliche Beziehungen zwischen der Austrocknungsresistenz und den Feuchtigkeitsverhältnissen am Standort. Lebermoose trockener Felsen können eine Hydratur (hy) von 2,5 bis 15% noch vertragen, während Arten überrieselter, feuchter Felsrinnen schon bei 90 bis 95% hy abgetötet werden; Moose mittelfeuchter Standorte haben eine Lebensgrenze bei 60 bis 80% hy, z. B. *Plagiochila* (vgl. auch die Zusammenfassung über Ökologie und Zellforschung von BIEBL). Allerdings ist bei einigen Lebermoosen durch Trockenkultur eine Trockenhärtung des Plasmas festzustellen, d. h. eine Erhöhung der Fähigkeit, stärkere Hydraturabnahmen auszuhalten (HÖFLER).

Mit der Austrocknungsresistenz verschiedener Alvarpflanzen u. a. auf Ödland beschäftigt sich ARVIDSSON. Sie bestimmt durch Welken abgeschnittener Blätter die Grenzwerte des Wasserdefizits, bei dem höchstens 5 bis 10% der Zellen absterben. Diese Defizite erreichen 70 bis 80% des Wassergehalts bei Sättigung (*Cynanchum vincetoxicum, Hypericum perforatum, Filipendula vulgaris, Fragaria viridis, Agrimonia eupatoria, Inula salicina*), sind aber auch bei *Trifolium pratense* und *Medicago sativa* sowie vielen Arten des Waldes und der Wiesen kaum geringer. Nur die Bäume und Sträucher wie auch Sumpfpflanzen (Ausnahme *Caltha*) vertragen keine stärkeren Wassergehaltsabnahmen. Es fragt sich jedoch in allen diesen Fällen, ob die Blätter, die die Turgeszenz wieder erreichen, nach so starken Defiziten noch lebensfähig sind, da der photosynthetische Apparat geschädigt wird, wie es MONTFORT und HAHN nachwiesen. ARVIDSSON konnte auch zeigen, daß Pflanzen durch die Blätter Tau und Nebel aufnehmen; während einer Dürreperiode waren die Defizite bei betauten Pflanzen geringer als bei unbetauten.

Auf die interessanten Untersuchungen von GESSNER über den Wasserhaushalt der Nymphaeaceen sei hingewiesen; obgleich sie mehr physiologischer Natur sind, zeigen sie doch die Anpassungen der Schwimmblattgewächse an die besondere Lebensweise.

4. Der Lichtfaktor und Assimilathaushalt. Die Lichtverhältnisse in unseren Kulturpflanzenbeständen sind für die Entwicklung des Unkrauts von besonderer Bedeutung. Die Beschattungskraft der verschiedenen Kultursorten ist somit ein wichtiges Mittel zur Unkrautbekämpfung. Deshalb untersucht RADEMACHER die Änderung des Lichtgenusses am Boden unter verschiedenen Feldfrüchten im Laufe ihrer Entwicklung und gibt in Form von Schattenkegeln ein anschauliches Bild von den Lichtverhältnissen in verschiedener Höhe über dem Boden innerhalb der Vegetationsschicht. Durch gute Düngung wird die Dichte des Bestandes erhöht und damit dem Unkraut das zur Entwicklung notwendige Licht entzogen. Die stärkere Verunkrautung der Ackerränder wird durch die günstigeren Lichtverhältnisse bedingt.

Merkwürdig starke Schwankungen des Chlorophyllgehalts konnte MONTFORT (1) bei Mittel- und Hochgebirgspflanzen nachweisen. Den photolabilen Arten, deren Chlorophyllgehalt schon während Schönwetterperioden oder bei höherem Lichtgenuß abnimmt und bei schwächerer Strahlung wieder zunimmt, stehen photostabile Arten, wie *Polygonum bistorta, Silene inflata, Anthyllis* usw. gegenüber. Extrem photolabil sind *Mercurialis perennis, Paris quadrifolia, Veratrum album, Adenostyles albifrons,* mäßig photolabil *Picea excelsa, Gentiana*-Arten, *Primula auricula* u. a. Grundsätzliche Unterschiede zwischen Tiefland- und Hochgebirgsarten sind nicht vorhanden. Eine allgemeine Anpassung der alpinen Arten an die UV-reiche Strahlung ist somit nicht nachgewiesen. Auch eine Beziehung zwischen Photostabilität und Cuticuladicke ließ sich nicht feststellen (2).

Verschiedene Resistenz den UV-Strahlen gegenüber finden GESSNER und DIEHL bei Algen. Hier erweisen sich jedoch die Bewohner flacher Gewässer als durchweg resistent, während bei Planktonalgen tiefer Gewässer, die normalerweise keiner UV-Einwirkung ausgesetzt sind, bei Exposition in flachen Schalen ohne Glasdeckel durch die UV-Strahlen eine Chlorophyllzerstörung eintritt.

Den Zuwachs der dem Kambium benachbarten Schichten konnten BYRAM und DOOLITTLE täglich im Laufe eines Jahres mit einer Genauigkeit von 0,01 mm (bis 0,001 mm) bei einer 20 m hohen Kiefer verfolgen und die Abhängigkeit von der Wasserversorgung feststellen. Sehr auffallend war die starke Schrumpfung bei starkem Frost, die nach dem Auftauen sofort zurückging.

5. Bodenverhältnisse und chemische Faktoren. Auf die 3. Auflage des bekannten Lehrbuchs von G. W. ROBINSON (Soils. Their Origin, Constitution and Classification. An Introduction to Pedology, London 1949) sei besonders hingewiesen.

Das so lange vernachlässigte Gebiet der Bodenbiologie findet von zoologischer Seite eine eingehende Berücksichtigung in den Büchern von W. KÜHNELT, „Bodenbiologie" (368 S., Wien 1950) und von H. FRANZ, „Bodenzoologie als Grundlage der Bodenpflege" (316 S., Berlin 1950). Während das erste Werk mehr einen allgemeinen Überblick gibt, ist das zweite eine Zusammenfassung der Methoden und Untersuchungen des Verfs. im Alpengebiet.

Eine Bodenkarte der NO-afrikanischen Wüste, die zum großen Teil vegetationslos ist, aber die Übergänge von der Steinwüste (Hamada) zur Kieswüste (Serir) und der Sandwüste (Erg), sowie die Ton- und Salzpfannen wie auch die Trockentäler und Canyons (Wadi) aufweist, bringt SCHWEGLER.

Zwischen Boden und Vegetation bestehen im allgemeinen so enge Beziehungen, daß bodenkundliche Probleme oft auch von Ökologen eingehend untersucht werden. ZOHARY (1) veröffentlicht eine geobotanische Bodenkarte des westlichen Palästinas. Auf 60 km Entfernung vollzieht sich dort der Übergang von den mediterranen Verhältnissen zur Wüste am Ufer des Toten Meeres. Zum mediterranen Gebiet gehört auch die Umgebung von Algier. Die Vegetation weist hier die verschiedenen Degradationsstadien auf, wie man sie auch am Nordufer des Mittelmeeres antrifft. Entsprechende Degradationsstadien findet man auch bei den Böden, deren Humus- und Nährstoffgehalt abnimmt. Um diese Verhältnisse mit biologischen Methoden zu erfassen, benützen KILLIAN und MOUSSU die Zellulosezersetzung von Filtrierpapierscheiben. Durch Zusatz einer Nitrat- oder Phosphatlösung wird bei den Böden, die arm an diesen sind, eine Intensivierung der Zersetzung hervorgerufen. Als weiterer Test wird das Wachstum von *Aspergillus niger* auf Böden ohne und mit verschiedenen Zusätzen benützt. Schließlich werden auch Aschenanalysen von Blättern der *Oxalis cernua*, die auf den verschiedenen Böden wächst, miteinander verglichen, wobei das Verhältnis von P_2O_5 zu CaO sich für die Charakterisierung der Böden als besonders aufschlußreich erweist. Dieser Quotient ist bei Pflanzen, die von Kalkböden stammen, klein und steigt bei solchen von Silikatböden an. Auch die Böden eines 1946 eingerichteten Reservats (14×14 km) werden in Beziehung zur Vegetation und zum Aschengehalt der Indikatorpflanzen von KILLIAN untersucht.

Beim Säuregehalt der Waldböden soll nach STREMME die Schwefelsäure eine große Rolle spielen. Sie wird von Bakterien und Pilzen gebildet und von höheren Pflanzen aufgenommen. Im Minimum ist sie im Frühjahr, während das Maximum im Herbst erreicht wird. Darauf beruhen die jahreszeitlichen Schwankungen des p_H-Wertes. Schwefelsäure, die durch Oxydation von Pyrit entsteht, spielt auch bei den durch hydrothermische Einwirkung bedingten lokalen chemischen Veränderungen und Auslaugungen bestimmter vulkanischer Gesteine östlich der Sierra Nevada (USA) eine Rolle. Dadurch bilden sich sehr nährstoffarme Böden, auf denen inmitten der Wermuthalbwüste lichte *Pinus ponderosa*- und *P. Jeffreyi*-Bestände wachsen. Eine Bodenflora unter den Kiefern fehlt fast ganz (BILLINGS). Chemische Analysen zeigen, daß die veränderten Gesteine sehr arm an austauschfähigen Basen sowie P und N sind, was durch Gefäßversuche bestätigt wird. Physikalisch unterscheiden sich die Böden auf den veränderten und unveränderten Gesteinen nicht wesentlich.

Unterschiede im Nährstoffgehalt (Phosphor) des Wassers und nicht die p_H-Werte sind auch für die Zusammensetzung der höheren Wasservegetation maßgebend, wie es IVERSEN und OLSEN (unter Auswertung des sehr reichhaltigen Materials LOHAMMARS von schwedischen Seen) zeigen. Oligotroph sind: *Sparganium affine, Litorella uniflora, Lobelia Dortmanna, Myriophyllum alternifolium, Isoëtes lacustre, Sparganium minimum, Carex Hudsonii*. Indifferent sind: *Utricularia vulgaris* und *Sagittaria*. Eutroph sind: *Ceratophyllum demersum, Potamogeton obtusifolius, Lemna minor, Ranunculus lingua, Hydrocharis, Stratiotes, Potamogeton compressus, Lemna trisulca, Sium latifolium*. Die Reihenfolge gibt steigende Ansprüche an, die oft unabhängig von den Aziditätsverhältnissen sind. Zum Beispiel können basiphile Arten, die nur bei einem p_H-Wert über 7 vorkommen, verschiedene Ansprüche an den Nährstoffgehalt des Wassers stellen.

Die Veränderungen, die in einem Dünensandboden nach 20jährigen Aufforstungen mit Kiefern eintreten, studiert an der englischen Küste OVINGTON. Der Sand besteht zu 78% aus SiO_2 und 18% Feldspat. Die Bäume nehmen aus dem Sand eine beträchtliche Menge an Nährstoffen auf, die in der Streuschicht eine Anreicherung erfahren.

Insgesamt sinkt die Menge der ausnutzbaren Nährstoffe im Bodenprofil unter Wald ab. Berücksichtigt man jedoch die Nährstoffmenge, die in der Baummasse enthalten ist, so findet eine bedeutende Vermehrung des Nährstoffkapitals statt, obgleich eine Podsolierung eintritt. Der Wasservorrat ist unter Wald geringer im Vergleich zum unbewaldeten Sand. Denn die Transpiration der Bäume ist größer als die der Sandpflanzen (*Ammophila*), und ein Teil der Niederschläge wird durch die Baumkronen und die Streuschicht zurückgehalten. In dichten Beständen ist das Wasser der begrenzende Faktor für das Wachstum der Bäume, obgleich der Jahresniederschlag 600 mm erreicht. Der Grundwasserspiegel ist unter Wald gesunken.

Wieviel Regenwasser die Moose eines Waldes aufzunehmen vermögen, stellten MÄGDEFRAU und WUTZ in Bayern fest. Die Werte schwanken je nach der Dichte der Decke sehr stark. Im Mittel kommen sie auf 5 mm, bei einer Renntierflechtendecke auf etwa halb soviel. Bei schwachen Niederschlägen wirkt sich die Moosdecke ungünstig aus, bei starken dagegen günstig, weil sie das Einsickern des Wassers in den Boden erleichtert und den oberflächlichen Abfluß verhindert.

Für das Wachstum der Moosdecke (*Hylocomium proliferum*) in einem Fichtenwalde ist die Lichtintensität nur unter den Baumkronen maßgebend. Sonst wird die Stoffproduktion durch die Nährstoffmenge, die den Moosen zur Verfügung steht, bestimmt. Diese ist am größten unter dem Baumtrauf, wo die Streu hinfällt und wo die durch Regenwasser aus toten Nadeln ausgelaugten Stoffe hinkommen. Die gebildete Trockensubstanz erreicht hier jährlich 1 t/ha (TAMM).

Im Rahmen einer Arbeit über den Wasserhaushalt der Wüstennagetiere (Heteromyidae) stellen B. und K. SCHMIDT-NIELSEN die Hydraturverhältnisse im Erdboden fest. Die einzige Wasserquelle dieser Tiere ist der sehr niedrige Wassergehalt der Nahrung und das bei der Veratmung von Kohlenhydraten gebildete Wasser. Die Wasserverluste kommen durch den Harn zustande, dessen Elektrolytkonzentration doppelt so hoch ist als die des Meerwassers, und durch die Wasserdampfabgabe bei der Ausatmung der Luft. Letztere Verluste sind um so geringer, je höher der Wasserdampfgehalt der eingeatmeten Luft ist. Die Messungen wurden in Arizona in der trockensten Jahreszeit mit Hygrometern ausgeführt. Es stellte sich heraus, daß bereits in 30 cm Tiefe die Hydratur der Bodenluft stets 100% beträgt und die Temperatur nur wenig um 30° C schwankt. Im Bau selbst war die relative Dampfspannung nur 30 bis 40%. Die Feuchtigkeit der Luft über dem Boden fiel dagegen tags oft unter 5%, sogar unter 2% (1 mg H_2O im Liter). Nur die nächtliche Lebensweise der Tiere erlaubt es ihnen, ihre Wasserbilanz aufrechtzuerhalten, da bei der Atmung pro ccm veratmetes O_2 0,69 mg H_2O gebildet und unter Berücksichtigung der Luftfeuchtigkeit nur 0,61 mg H_2O ausgeatmet werden. Die Feststellung der hohen Bodenhydratur selbst unter so extremen Bedingungen (9 mm Regen in 4 Monaten) ist besonders wichtig.

Für die Verbreitung der Pflanzenarten auf nassen Böden ist nicht der Wassergehalt des Bodens maßgebend, sondern die Sauerstoffarmut. Deshalb wird das Interzellularsystem in den Wurzeln desto stärker ausgebildet, je nasser der Standort ist. Man kann das leicht nachweisen,

indem man das spezifische Gewicht der jungen Wurzeln bestimmt.
IVERSEN findet dabei folgende Häufigkeit der spez. Gewichte:

	Zahl der Arten	Klassen der spezifischen Gewichte			
		$<0,8$	0,8 bis 0,89	0,9 bis 0,99	$<1,0$
Sumpfpflanzen (Helophyten) .	15	12	4	—	—
Arten nasser Wiesen	20	12	10	10	2
Arten feuchter Standorte . .	9	1	4	9	2
Pflanzen trockener Standorte.	9	—	—	2	9

Die Wurzelsysteme der Strandpflanzen untersucht STEUBING. Ist
der Boden schlickig, dann beträgt die Wurzeltiefe kaum über 10 cm
(*Aster tripolium, Glaux, Spergularia salina*). Handelt es sich um feuchten
oder humosen Sand, so reichen die Wurzeln schon über 30 cm tief.
Bei Sanddünenpflanzen ist das Wurzelsystem horizontal und vertikal
(bis über 1 m) sehr ausgebreitet. Reine Sande halten nicht nur wenig
Haftwasser zurück, sie sind auch nährstoffarm und beweglich. Der
Wurzelzuwachs dieser Pflanzen ist sehr beträchtlich: in den Sommer-
monaten 1,8 bis 9,8 cm pro Woche, im frostfreien Winter 100 mal
geringer.

Eine allgemeine Klassifikation der verschiedenen Wurzelsysteme
gibt CANNON. Er unterscheidet 6 Typen der primären Wurzelsysteme
und 4 Typen von adventiven Wurzelsystemen. Bestimmten ökologischen
Gruppen sind oft bestimmte Typen eigen.

Die Beziehungen zwischen der Vegetation, hauptsächlich der Eichenwälder in Dänemark, und dem Staub-Ton-Gehalt der unteren Boden-
schichten untersuchte KØIE. Die Böden sind alle nährstoffarm, die
p$_H$-Werte liegen zwischen 3,5 und 5,7. Die leichtesten Böden befinden
sich unter Heide; Eichenwälder stocken auf Böden mit 4 bis 14% Staub-
Ton. Auf schweren Böden wird die Eiche durch die Buche verdrängt.
Ergänzend mißt Verf. die Lichtverhältnisse, die Leitfähigkeit der Boden-
lösung, die Glühverluste, den Kali- und Phosphorgehalt sowie die Boden-
saugkraft.

Ein sehr wichtiger Faktor für die arktischen Gebiete ist die Soli-
fluktion. HANSON hat in Alaska die durch das Erdfließen veränderten
Bodenprofile unter verschiedener Vegetationsdecke studiert und die
Wurzeltiefen (45 bis 60 cm) festgestellt. Neben der Vegetation ist die
Hangneigung und die Wasserführung des Bodens für die Bult- und
Treppenbildung maßgebend.

Mit der Frage des Alters der Schwarzerde beschäftigt sich sehr
ausführlich WILHELMY. Da aus einem Waldboden auch unter einer
Grasvegetation kein typisches Schwarzerdeprofil entstehen kann, so
sind die Schwarzerdegebiete niemals bewaldet gewesen. Bestätigt wird
diese Ansicht durch die vorgeschichtliche Forschung.

Zu den chemischen Faktoren kann man auch die Ausscheidung
von toxischen wasserlöslichen Substanzen durch Rosmarin- und
Heidegesellschaften Südfrankreichs rechnen. Darauf soll das Fehlen
der Annuellen in diesen Gesellschaften zurückzuführen sein (BERT-
RAND).

6. Halophyten. Auf die Untersuchungen des Wasserhaushalts der Halophyten, die Smueli am Toten Meer durchführte, haben wir bereits hingewiesen. Der Salzhaushalt wurde dabei nicht berücksichtigt.

In einem umfangreichen, 600 Seiten umfassenden Werk mit zahlreichen Karten gibt Luther eine Darstellung der Verbreitung und der Ökologie höherer Wasserpflanzen im Brackwassergebiet Südfinnlands. Die Arbeit gliedert sich in einen allgemeinen Teil und einen speziellen, in dem von etwa 100 Arten genaue Fundortsangaben gemacht werden. Für diese Arten werden die Salinitätsamplituden angegeben. Sehr viele Süßwasserarten erreichen dabei die obere Grenze bei einem Salzgehalt des Wassers von 0,2 bis 0,25% (oligohaline Arten), andere gehen noch bis zu der in diesem Gebiet äußersten Grenze von 0,6%. Nur wenige dort vorkommende Arten benötigen Salzwasser. Es sind: *Zostera, Zannichellia, Ruppia*-Arten, *Scirpus parvulus, Ranunculus obtusiflorus* und einige Characeen. Verf. beschränkt sich jedoch nicht auf den Salinitätsfaktor, sondern bespricht auch die anderen Faktoren, die für die Verbreitung von maßgeblicher Bedeutung sind.

An dieser Stelle sei auch auf die Zusammensetzung der kontinentalen Halophytenvegetation Mitteleuropas mit besonderer Berücksichtigung der Salzpflanzen des Neusiedler Sees von Wendelberger aufmerksam gemacht. Die Arbeit ist weniger ökologisch als floristisch und vor allen Dingen soziologisch. Dem Standort entsprechend werden die Salzpflanzen nach ihren Ansprüchen an die Wasserverhältnisse in 5 „Hygrobientypen" und nach den Salzansprüchen in 4 „Halobientypen" eingeteilt. Letztere gelten aber nur für die am Neusiedler See herrschenden wenig extremen Verhältnisse, vergleichbar denen der Waldsteppenzone auf dem linken mittleren Dnjeprufer. Chloride treten ganz zurück; wir finden nur Soda-Solontschakböden mit reichlichen Sulfaten. Der größte Teil der Arbeit ist den einzelnen Salzpflanzengesellschaften und ihrer standörtlichen Verbreitung gewidmet, wobei Vergleiche mit den binnendeutschen Verhältnissen und denen der ungarischen Tiefebene gezogen werden.

7. Mechanische Faktoren. Die Frage der Winderosionsgefährdung spielt eine Rolle, wenn Grünlandflächen, z. B. Weiden, umgebrochen werden sollen. Wie Christiansen zeigt, kann der Grad der Gefährdung vor dem Umbruch an der Zusammensetzung der Pflanzendecke erkannt werden. Er führt die Arten von stark, schwach und nicht gefährdeten Weideflächen Schleswig-Holsteins an.

Das Abbrennen von Weideland wird heute allgemein als Raubbau angesehen. Penfound und Kelting kommen auf Grund ihrer Untersuchung in Oklahoma (USA) zum Ergebnis, daß ein Abbrennen im Winter bei einer Schneedecke von mindestens 5 cm eine bessere Ausnutzung des Graslandes als Weide gewährleisten könnte. Wie Curtis und Partch in Wisconsin zeigten, hat die Entfernung der alten Sproßteile durch Feuer und die Düngung des Bodens durch die Asche zur Folge, daß bestimmte Gräser, wie *Andropogon furcatus*, viel stärker blühen.

Die Art der Nutzung von Grünland hat einen starken Einfluß auf die Zusammensetzung der Grasnarbe und auf die Art sowie Höhe der

Erträge. Klapp (1) berichtet über einen 4jährigen Versuch mit einer angesäten Wiese, die 8-, 11- und 20mal im Jahr beweidet oder 3-, 4-, 5- und 19mal gemäht wurde. Das Massenverhältnis der Arten wird auf gesetzmäßige Weise verändert: *Arrhenatherum, Dactylis, Festuca pratensis, Poa palustris* und *Lotus* sind gegen häufige Nutzung empfindlich; *Trifolium repens, Poa pratensis, Lolium perenne, Poa trivialis* und *Poa annua*, sowie Rosettenpflanzen dagegen unempfindlich. Bei wöchentlicher Nutzung bleibt deshalb die Grasnarbe niedrig, und auch die Wurzelmasse sowie -tiefe sind gering. 90% der Wurzelmenge sind in den obersten 5 cm des Bodens enthalten. Weideflächen sind deshalb sehr dürreempfindlich. Die Erträge steigen mit abnehmender Nutzungshäufigkeit an bis zu 128 dz/ha an Trockenmasse bei Dreimahd, die Qualität der Ernte nimmt dabei jedoch ab und ist am besten bei häufigem Schnitt.

Was in diesem Falle für Kulturgrünland festgestellt wurde, konnten Voigt und Weaver für das natürliche Grasland (die nordamerikanische Prärie) bestätigen. Je nach dem Grad der Beweidung kann man mehrere Degradationsstadien derselben unterscheiden. Die Pflanzenarten lassen sich in 3 Gruppen einteilen: 1. Arten, die durch Beweidung mengenmäßig abnehmen, 2. Arten, die im Gegensatz dazu zunehmen, und 3. Unkräuter, die der Prärie fremd sind. Die besten Weiden bestehen nur aus Arten der natürlichen Prärie; bei guten entfällt auf Gruppe 1 nicht einmal die Hälfte, sie sind z. T. durch *Poa pratensis* ersetzt, die auf mäßigen Weiden dominiert. Bei schlechten Weiden findet man diese Art nur fleckenweise, während Unkräuter sich ausbreiten oder der Boden nackt ist. Diese verschiedenen Degradationsstadien werden eingehend beschrieben.

8. Verschiedenes. Zur Verbesserung des Weidelandes in der Wermuthalbwüste N-Amerikas (Idaho) sät man Gräser aus. Es ist deshalb wichtig zu wissen, inwieweit sich diese Gräser im Wettbewerb mit den *Artemisia*-Arten behaupten können. Zu diesem Zweck wurden auf Versuchsparzellen, bei denen die gesamte Pflanzendecke entfernt war, Ansaaten von Gräsern und *Artemisia* ausgeführt, und zwar fand die Aussaat der Gräser 2 oder 1 Jahr vor der *Artemisia*-Aussaat, mit dieser gleichzeitig oder 1, 2 und 3 Jahre später statt (Blaisdell). Es zeigte sich, daß die Gräser, wenn sie mehrere Jahre Vorsprung haben, das Aufkommen von *Artemisia* stark hemmen, dagegen können die Gräser mit alten *Artemisia*-Pflanzen nicht in Wettbewerb treten und werden unterdrückt. Die Entfernung der *Artemisia* vor der Ansaat von Gräsern ist deshalb eine notwendige Maßnahme.

II. Vegetationskunde.

1. Allgemeine Vegetationskunde. Auf dem Trümmerschutt unserer Großstädte vollzieht sich eine Neuansiedlung, wie man sie sonst nur nach vulkanischen Ausbrüchen beobachten kann. In Stuttgart allein wird die Schuttmasse auf 4,9 Mill. cbm geschätzt, beim berühmten Ausbruch des Vulkans Santa Maria (Mittelamerika) 1902 wurden 5,5 Mill. cbm an Asche und Tuff herausgeworfen.

Die Ansiedlung der Vegetation auf den Ruinen von Stuttgart hat KREH in den letzten 6 Jahren verfolgt. 406 Arten wurden gezählt, davon sind 76 Gartenpflanzen. Von diesen treten am häufigsten auf: *Ailanthus, Buddleia, Solidago serotina* und Obsthölzer, insbesondere Pfirsich; von Einjährigen nur *Calendula* und an Bruchstellen der Kanalisation. ganze Beete von Tomaten. Die Gartenunkräuter sind vollzählig vorhanden. Von Wildpflanzen der Umgebung wurden 330 Arten gezählt oder 34% aller um Stuttgart wachsenden Landpflanzen. Viele nicht Anemochore kamen aus 2 bis 3 km Entfernung. Schon nach 2 Jahren waren 90% der Zuwanderer da. Von den Wildpflanzen waren 43% Annuelle, 41% waren bei uns eingebürgerte ausländische Arten, die meist aus Trockengebieten stammen.

Besonders stark vertreten sind einjährige Schuttunkräuter, vor allen Dingen *Chenopodium album*, aber auch andere *Chenopodium-, Atriplex-, Amaranthus-, Polygonum*-Arten, *Erigeron canadense, Lactuca scariola, Solanum nigrum, Lepidium ruderale* u. a. Dazu kommen Pflanzen der Bach- und Flußufer, wie *Tussilago, Solanum dulcamara, Rumex crispus, Convolvulus sepium, Cirsium arvense*, während *Urtica dioica* sich zurückhält (N-Mangel). Stark vertreten sind die Schlagpflanzen: Herrschend ist *Salix caprea* (74 % weiblich), dann *Betula verrucosa, Populus tremula, Rosa canina, Populus nigra, Sambucus racemosa*, auch *Rubus*-Arten und *Clematis*. Häufig ist *Epilobium angustifolium, Senecio viscosus, Impatiens parviflora* u. a. Auch Farne sind zahlreich, sie entwickeln sich sehr langsam. Vertreter der offenen trockenen Standorte, wie *Echium* und *Melilotus*, sind selten, *Reseda lutea* und *Diplotaxis* häufiger. Steppenheidearten fehlen ganz, Wiesengesellschaften bilden lokal dichtere Rasen. Von Moosen treten *Funaria, Bryum argenteum, Ceradoton* massenhaft auf, *Marchantia* nur an feuchten Orten. Der Bestand war anfangs sehr gemischt, mit der Zeit entsteht durch Standortsauslese und Wettbewerb ein einheitliches Bild. Ausmerzend haben die Trockenjahre 1947 und 1949 gewirkt. Durch die fehlende Auflockerung des Keimbetts gehen die Ackerunkräuter zurück. Die erste Therophytenwelle mit führendem *Chenopodium album* (auch *Atriplex hastata*) wurde nach 3 bis 4 Jahren durch die Hemikryptophytenwelle abgelöst; herrschend wurde *Tussilago*. Er nutzt gestaute Nässe auf den erhalten gebliebenen Untergeschossen aus. Er bildet mit Hochstauden (*Epilobium angustifolium, Solidago serotina, Artemisia vulgaris, Solanum dulcamara, Cirsium arvense* u. a.) eine neue, bisher unbekannte Gesellschaft. Die dritte Phanerophytenwelle mit *Salix caprea* ist erst in Ausbreitung begriffen, und die vierte Welle der Waldgesellschaften als Endstadium ist nur durch einzelne Baumkeimlinge angedeutet. 1950 sind auch eine Reihe von Hutpilzen (*Paxillus, Hebeloma, Clitocybe*) im Inneren von Ruinen, also auf Neuland, aufgetreten. Die einzelnen Städte zeigen ihre Besonderheiten: in Ulm fällt die Häufigkeit der *Artemisia absynthium* auf, in Pforzheim die Massen von *Buddleia* und *Verbascum thapsus*.

BUELL und CANTLON (1) beschreiben eine Methode der quantitativen pflanzensoziologischen Aufnahme zweier Waldtypen in New Jersey. Das eine ist ein Kiefernwald, das andere ein Eichenwald mit Ericaceenunterwuchs. Die Standortsbedingungen und der Boden sind gleich. Die beiden Wälder scheinen verschiedene Altersstadien nach Waldbränden darzustellen. Der Kiefernwald ist ein jüngeres, der Eichenwald ein älteres Stadium der Sukzession.

Dieselben Verff. (2) vergleichen 2 Bestände eines *Acer saccharum-Tilia americana*-Waldes in Minnesota einmal an der Präriegrenze, das andere Mal im Grenzgebiet zur Nadel-Mischwaldzone. Sie kommen zu dem Schluß, daß der erste Bestand erst in jüngster Zeit gegen die Prärie vorgedrungen ist und als Vorstadium einen Kiefern-Eichenwald hatte. Für dieses Vordringen des Waldes gegen das Grasland ist wohl nicht das Aufhören von Präriebränden, sondern vielmehr eine Klimaänderung maßgebend. Dafür spricht das Bodenprofil, das eine degradierte Schwarzerde darstellt. Die Präriebrände hörten erst nach der Besiedlung durch Weiße auf. Dem Alter der Bäume entsprechend liegt aber das Vordringen des Waldes hier viel weiter zurück (vgl. dazu Fortschr. Bot. **13**, 163).

Die Ursachen der Entwicklungsserie von Therophytengemeinschaften, die sich in Idaho (USA) auf von *Artemisia tridentata* entblößten Flächen einstellen, ermittelt PIEMEISEL. Zuerst tritt *Salsola kali* auf. Nach 2 Jahren wird sie durch *Sisymbrium sophia* und *S. altissima* abgelöst, während vom 5. Jahr an *Bromus tectorum* dominiert. Diese Gesetzmäßigkeit gilt, wenn die Vegetation keine Störung erfährt. Da alle 3 Arten Therophyten sind, müssen besondere Ursachen für die Sukzession vorliegen. Sie sind an der Entwicklung von *Bromus* am besten erkennbar. Im ersten Jahr treten nur einzelne Pflanzen auf, die aber stark fruchten, im nächsten Jahr sind es schon viele einzelne Individuen, die noch mehr Samen erzeugen, im dritten Jahr ist der Bestand geschlossen, die Samenproduktion ist enorm, so daß im vierten Jahr der Bestand so dicht (bis 8000/qm) ist, daß er degeneriert, die Pflanzen verbrauchen rasch die Wasserreserven, werden strohgelb und fruchten nicht. Im nächsten Jahr verbleibt nackter Boden, und die Sukzession beginnt von neuem, wenn nicht ausdauernde Arten die Oberhand gewinnen. Die Ablösung der 3 Arten ist folgendermaßen zu erklären: *Salsola* besitzt die größte Ausbreitungsfähigkeit, keimt aber spät. Dadurch gewinnt mit der Zeit *Sisymbrium* die Oberhand. *Bromus* breitet sich langsam aus, entwickelt sich jedoch rascher als *Sisymbrium*, so daß einzelne Keimlinge im *Sisymbrium*-Bestand zum Fruchten kommen, was in den nächsten Jahren zur Vorherrschaft führt.

KÜCHLER geht auf die verschiedenen Arten der Vegetationskartierung ein und betont, daß zunächst ein System der Vegetationseinheiten aufgestellt werden muß, und zwar eins, das möglichst Allgemeingültigkeit haben sollte. An verschiedenen Beispielen der bereits vorhandenen Vegetationskarten zeigt er, daß sie entweder von einer physiognomischen, einer floristischen oder einer ökologischen Grundlage ausgehen. Bei sehr vielen Karten wird jedoch je nach Zweckmäßigkeit bald das eine, bald das andere Prinzip angewandt.

Das physiognomische System der Kennzeichnung von Vegetationseinheiten von KÜCHLER baut DANSEREAU weiter aus. Es ist für geographische Zwecke bestimmt und soll keinerlei floristische Kenntnisse voraussetzen, aber die Möglichkeit geben, die Zusammensetzung jeglicher Vegetationseinheiten durch Buchstaben oder Symbole zu charakterisieren, indem man jeweils 6 Merkmalsgruppen benutzt.

Diese sind: 1. Lebensform (Bäume, Sträucher, Kräuter, Bryoide, Epiphyten, Lianen), 2. Größe (hoch, mittel, niedrig), 3. Funktionsfähigkeit (Fallaub, halbimmergrün, immergrün, sukkulent oder blattlos), 4. Blattform (nadelförmig, grasartig, kleinblättrig, breitblättrig, zusammengesetzt, thallusähnlich), 5. Blattextur (dünnhäutig, membranös, hartblättrig, sukkulent) und 6. Deckung (vereinzelt, zerstreut, horst- oder gruppenweise, geschlossen). Jede Pflanze und ihre Rolle in einer Gesellschaft können durch diese 6 Merkmalsgruppen gekennzeichnet werden. Mit den Symbolen läßt sich jede Pflanzengesellschaft schematisch darstellen, wobei man natürlich von den einzelnen Arten nur die dominanten berücksichtigt. Verf. bringt eine Reihe von Beispielen, von denen wir nur die Formeldarstellung anführen wollen.

Das Piceetum Marianae (4 schichtig) würde heißen „Ttenxc.Tlenx(daz). Hldazb(eaxp).Mleafc", das 2 schichtige Caricetum rostratae „Fldazb. Hmdgxc" usw. Diese Formeln und ebenso die symbolischen Zeichen scheinen uns eine Blindenschrift zu sein, für solche, die botanisch blind sind, d. h. keinerlei Pflanzenkenntnisse haben. Zum Beispiel ist das Zeichen für eine Kiefer (Tlenx) und eine Riesenkaktee (Tljnx) dasselbe bis auf das Merkmal „immergrün" bzw. „sukkulent". Ob jemand, der nur die Kiefer kennt oder sogar diese nicht von einer Fichte, die dieselbe Kennzeichnung besitzt, unterscheiden kann, in der Lage sein wird, sich eine *Carnegia* auch nur entfernt vorzustellen, erscheint fraglich. Man kann eben Vegetationskunde nicht ohne eine gewisse floristische Grundlage treiben, und diese muß auch von Geographen gefordert werden, wenn sie sich mit der Pflanzendecke beschäftigen.

Zu der Frage der Klassifizierung der Pflanzengesellschaften nimmt auch BRAUN-BLANQUET erneut Stellung. Er weist nach, daß nur das floristische Einteilungsprinzip nach der Gesellschaftstreue eine sichere Grundlage der Gesellschaftssystematik ist. Sie führt zugleich auch zu ökologischen Einheiten, „was besonders beachtenswert ist, weil die Erklärung der ökologisch bedingten Gesetzmäßigkeit in der Vegetation die wichtigste Aufgabe der Vegetationsforschung darstellt".

Als konkretes Beispiel einer angewandten soziologischen Arbeit kann die Kartierung einer Revierförsterei bei Bremen durch BUCH-WALD dienen. Es werden dabei natürliche Waldgesellschaften, künstliche Forstgesellschaften und die „standortsgemäßen Wirtschaftsforsten" unterschieden. Eine forstliche Standortskartierung auf bodenkundlicher, geschichtlicher und vegetationskundlicher Grundlage wurde in der nö-Schwäb. Alb von JÄNICHEN, MÜLLER, SCHLENKER, SEBALD u. a. als Gemeinschaftsarbeit durchgeführt. Sehr interessant sind dabei die waldgeschichtlichen Karten, die die Veränderungen seit der römischen und alemannischen Zeit bis zur Gegenwart zeigen und die mannigfachen Eingriffe des Menschen verdeutlichen. Trotzdem ist die standörtliche Gliederung auch heute noch für den Waldbau ausschlaggebend.

2. Spezielle Vegetationskunde (Pflanzensoziologie). a) Europa. Von der „Vegetationskarte der Schweiz" (1:200000), die E. SCHMID bearbeitet hat, sind jetzt alle 4 Blätter erschienen (Verlag Huber, Bern), so daß eine Gesamtübersicht über dieses geobotanisch so interessante Gebiet vorliegt. Sie stellt eine auch drucktechnisch vorbildliche Leistung dar. Eine ausführliche Erläuterung der bei der Kartierung angewandten Methode wird hoffentlich bald folgen; denn der Verf. geht bei der Ausscheidung der dargestellten Einheiten seine eigenen Wege.

Eine schöne kurzgefaßte Übersicht der Pflanzengesellschaften des Allgäus gibt OBERDORFER, indem er vier Höhenstufen von der hochmontanen Buchenstufe bis zu dem alpinen Rasen getrennt behandelt. Anschließend fügt er eine Gesamtübersicht aller Assoziationen hinzu.

Die Rolle der Fichte im Landschaftsbild tritt bei der Darstellung nicht genügend hervor. Das beruht auf folgendem: Eine Fichtenstufe ist für den Verf. eine *Piceetum*-Stufe, die durch das Vorkommen von *Lycopodium*, *Blechnum* usw. in der Bodenflora charakterisiert wird. Wachsen dagegen unter den Fichten auf Kalkgestein Arten eines weniger sauren Humus, so spricht Verf. von Fichtenkunstbeständen, „die allerdings ihre Entstehung aus dem *Fagetum* an der Gesamtartenkombination noch leicht verraten". Kann man das ohne eingehendere historische Belege in allen Fällen behaupten? In höheren Lagen ist es durchaus möglich, daß ein Wechsel der Baumschicht als Reaktion auf das veränderte Klima eintritt, ohne daß auf basischem Gestein gleich Charakterarten des *Piceetum* aufzutreten brauchen. Am Vorhandensein einer natürlichen Fichtenstufe im Allgäu, wenn man nur die Baumschicht berücksichtigt, ist kaum zu zweifeln, wenn auch das „*Piceetum*" auf Kalkgestein bei dem unausgeglichenen Relief stark zurücktritt.

Eine eingehende monographische Bearbeitung hat das mittlere Ahrtal durch KÜMMEL erfahren. Die Pflanzengesellschaften werden nach geographischen Gesichtspunkten angeordnet, wodurch man auch ein Bild von der Landschaft erhält. Das Gebiet ist eines der wärmsten in Deutschland und liegt an der Grenze zur atlantischen Region. Das Gestein ist zum größten Teil kalkarm. Die Pflanzengesellschaften des besonders interessanten Kaiserstuhls beschreibt v. ROCHOW. Die Assoziationen werden nach der soziologischen Progression angeordnet. In der Zusammenfassung wird eine kurze Gruppierung der Vegetationseinheiten gegeben. Für einen weiteren Kreis ist die Darstellung der „Pflanzenwelt und Tierwelt um Nürnberg-Erlangen" (51 S., Erlangen 1950/51) von GAUCKLER bestimmt. Eine Aufzählung der bisher beschriebenen Assoziationen und Subassoziationen Belgiens haben LEBRUN u. Mitarb. veröffentlicht.

Das atlantische Gebiet von Westfrankreich zeichnet sich durch eine weitgehende Degradation der Laubwälder zu Zwergstrauchheiden aus. DUCHANFOUR schildert den heutigen Zustand der Wälder und versucht die Ursache klarzulegen, die zu den Veränderungen der Vegetation und zugleich auch des Bodens (starke Podsolierung, Ortsteinbildung) führten. Klima, Art des Muttergesteins und Eingriffe des Menschen schon lange in der Vergangenheit wirkten zusammen. Besondere Verhältnisse liegen in dem südlichen Teil des Landes vor, wo unter Sand eine das Grundwasser stauende Tonschicht liegt. Die Bestände von *Pinus maritima* sind künstlich. Als Klimaxgesellschaft ist ein Laubwald, auf durchlässigem Boden mit viel Buche, sonst hauptsächlich mit Eiche zu betrachten. Verf. läßt die Frage offen, ob nicht die Heide zum Teil auch natürlich ist und den Wald als Folge von Naturkatastrophen, ohne Zutun des Menschen, ersetzen kann.

Ein System von nitrophilen Unkrautgesellschaften Europas hat TÜXEN ausgearbeitet. Er löst die bisherige eine Klasse in 6 Klassen auf: Diese umfassen die Spülsaumgesellschaft der Meeresküste, die einjährige Pioniergesellschaft der periodisch trockenen Ufersäume süßer

Gewässer, die nitrophile Ruderal- und Ackerunkrautgesellschaft, die nitrophile Hemikryptophytengesellschaft feuchter Standorte, die ruderale Staudengesellschaft und die Schlagpflanzengesellschaft der Laub- sowie Nadelwälder. Von den einzelnen Assoziationen konnten nur die Kenn- (Charakter-) und Trenn- (Differential-) Arten angeführt werden.

Mehrere soziologische Arbeiten beschäftigen sich mit den Gesellschaften des Grünlandes. Eine Übersicht der Ödland- und Kulturrasen West- und Süddeutschlands gibt KLAPP (2). Über die Typen und Zustandsstufen des Grünlandes berichtet KRAUSE. Die Artenzusammensetzung der Wiesen Mitteldeutschlands und des Vogelbergs geht aus der Arbeit von KNAPP hervor. Die Varianten und Formen der Dauerweiden, die hauptsächlich durch die Bewirtschaftung bedingt werden, beschreibt BOEKER.

„Die Moore Niedersachsens" mit einer Darstellung ihres Aufbaus, ihrer Dynamik und Entwicklungsgeschichte von OVERBECK sind in 2. Auflage erschienen.

Auf die floristisch-soziologische Einteilung der Moore Europas geht DUVIGNEAUD (1) ein. Es handelt sich um die Frage, ob die Hoch- und Niederungsmoore in eine Klasse gehören, wie es Verf. vorschlägt, oder ob man sie verschiedenen Klassen zurechnen muß.

Die regionale Gliederung der verschiedenen Moortypen in Nordschweden behandelt SJÖRS.

Als Fortseztung der Untersuchungen in dem schottischen Cairngormgebirge (Vgl. Fortschr. Bot. **13**, 166) beschreibt jetzt METCALFE die Calluneten, die z. T. schon alpinen Charakter tragen.

Mit den Pflanzen der Ose und Sande Finnlands, zu denen auch eine Reihe xeromorpher Elemente gehören, beschäftigt sich in einer sehr ausführlichen Arbeit JALLAS. Es werden sowohl die soziologischen Charakterzüge als auch die standörtlichen Ansprüche und die mikroklimatischen Verhältnisse besprochen. Etwas weiter zurück liegt die Bearbeitung der Felsvegetation Ostkareliens durch KOTILAINEN, von der bisher der erste spezielle Teil erschienen ist.

KLIKA bringt Assoziationslisten der Buchen- und Fichtenwälder aus den westlichen Karpaten (Velkej Fatra), während KNAPP (2) die Frage nach der Klimaxgesellschaft im östlichen Niederösterreich aufwirft. Er kommt zu dem Ergebnis, daß es ein Eichenwald ist, während die Steppe nur lokal an trocken-warmen Standorten sich ausbreitet. Die Flußufergesellschaften der mittleren Theiß beschreibt TIMAR.

Aus dem Mittelmeergebiet liegt eine Serie von 14 Vegetationskarten aus Südfrankreich vor: C. KUHNHOLTZ-LORDAT: „La Cartographie Parcellaire de la Végétation" (Montpellier 1949). Zugrunde gelegt werden die Katasterkarten der Gemeinden, die zu kartierende Einheit sind die Parzellen. Sie wurden in der Vergangenheit verschieden genutzt und werden nach Aufhören des Ackerbaus von Wildpflanzen bewachsen. Je nach den Standortsverhältnissen und nach der Nutzungsart dieses Ödlands als Weide mit oder ohne periodisches Abbrennen lassen sich verschiedene Sukzessionsstadien in der Richtung zum Klimaxwald unterscheiden. Der heutige Zustand der Parzellen und nicht die einzelnen

Pflanzengesellschaften sollen kartiert werden, da durch diese Stadien der augenblickliche landwirtschaftliche Wert bestimmt wird.

b) Asien. Den Übergang vom mediterranen Gebiet zum irano-turanischen und saharo-sindischen Gebiet bildet Palästina, für das ZOHARY (2) eine Vegetationskarte entworfen hat. Den nördlichsten Zipfel dieses Gebiets bildet der See Huleh mit den ausgedehnten *Papyrus*-Sümpfen, die hier ihre Nordgrenze erreichen (ZOHARY und ORSHANSKY).

Über die natürlichen Wälder und Gehölzfluren des Irans gibt BOBEK eine kartographische Übersicht mit ausführlicher Beschreibung und Florenliste, die aber nur die Holzpflanzen enthält. Die Karte entspricht nicht dem heutigen Vegetationszustand, da von den Wäldern meist nur kümmerliche Reste verblieben sind. Sie soll vielmehr der Erfassung der landschaftlichen Struktur des Irans dienen. Man kann vier große Waldgebiete im Iran unterscheiden: 1. die Feuchtwälder am Kaspischen Meer, 2. die sich daran anschließenden Trockenwälder der nördlichen und westlichen Randgebirge, in denen verschiedene Eichenarten dominieren und die von Mischwäldern mit Weißbuche und Ahorn zu reinen *Juniperus excelsa*-Wäldern überleiten, 3. die offenen Baumfluren oder Baumsteppen mit *Amygdalus* und *Pistacia*-Arten und schließlich 4. Grundwassergehölze, Auenwälder mit Weiden und Pappeln, aber auch Eichen, Ulmen, *Celtis* und Platanen oder im Süden mit *Nerium, Myrtus, Tamarix* u. a.; an der Küste des Persischen Golfes stellt sich die Mangrove mit *Avicennia* ein.

Kurze Notizen über die Vegetation im benachbarten Afghanistan bringt VOLK.

c) Afrika. Von größtem Interesse ist die Vegetationsmonographie des fast unbekannten, inmitten der Sahara gelegenen Tibestigebirges von MAIRE und MONOD. Nach dem Tode des ersten Verf. stellt der zweite Verf., der ein halbes Jahr in diesem Gebiet verbrachte und die höchsten Gipfel (über 3200 m) bestieg, alle erreichbaren Messungen der Temperatur, der Niederschläge, der Feuchtigkeit, der Winde und der Evaporation zusammen. Die Höhe der Niederschläge auf dem Gipfel lassen sich nicht angeben. Die Zahl der im Tibestigebirge gefundenen Arten beträgt 396. Man kann eine untere saharotropische Zone (bis 1700 m) und darüber eine saharo-mediterrane unterscheiden. Die sehr offenen Pflanzengesellschaften tragen unten in den Wadis den Charakter von *Acacia-Panicum*-Savannen, höher treten auf den Flächen steppenartige Vereine von *Artemisia, Ephedra, Pentzia, Ballota* u. a. auf. An feuchten Standorten zwischen Fels findet man *Ficus* (bis 2000 m), *Capparis* und selbst *Adiantum capillus veneris* (bis 3000 m). Die beobachteten Höhengrenzen der einzelnen Arten werden angegeben und die botanischen Tagebuchnotizen veröffentlicht. Im Gebirge trifft man Mufflons; in einem Gewässer wurden Quallen beobachtet.

Einen guten Überblick über die Vegetationsverhältnisse in Kenya geben EDWARDS und BOGDAN. Sie beschreiben 5 Typen des Graslandes: 1. das Hochlandgrasland in der Waldstufe, 2. das Grasland mit einzelnen Bäumen etwa der „Obstgartensteppe" der deutschen Autoren entsprechend, 3. die Akaziensavanne mit viel *Themeda*, 4. das Grasland des Buschlandes an der Küste und 5. das Grasland der Halbwüstengebiete. Verff. gehen auch auf die wirtschaftliche Bedeutung des Graslandes und auf die Ökologie sowie den Futterwert der Gräser ein. Anschließend werden die wichtigsten Gräser, Leguminosen und Unkräuter beschrieben und sorgfältig abgebildet.

Die natürliche Vegetation in Afrika ist jedoch durch Eingriffe des Menschen stark verändert, z.T. sogar vernichtet, so daß die Bodenerosion sich in verheerendem Umfange bemerkbar macht. Das Ausmaß dieser Gefahr und die Art ihrer Bekämpfung wird für die einzelnen Gebiete der afrikanischen Teile des Commonwealth von sachkundigen Bearbeitern behandelt (SYMPOSIUM). In den Trockengebieten, z. B. in Südafrika, sind das Feuer und die Beweidung die wichtigsten Eingriffe. Abbrennen der Weide dürfte nur in seltenen Fällen gerechtfertigt sein. Die Beweidung müßte rationell geregelt werden, um eine Degradierung zu vermeiden. In den feuchteren Gebieten ist der Wanderackerbau der Eingeborenen die Hauptgefahr, namentlich, wenn bei zunehmender Bevölkerungsdichte die Buschbrache immer mehr eingeschränkt wird. Aber auch von Europäern wird oft Raubbau getrieben. Sehr interessant ist eine erste Zusammenstellung der Klimaentwicklung vom Quartär bis zur Gegenwart und ihre Chronologie für den anglo-ägyptischen Sudan mit den 4 Pluvialzeiten. Prähistorische Funde zeigen, daß das Neolithikum noch feuchter war. In den letzten 4000 Jahren dagegen hat sich das Klima nicht wesentlich geändert (etwas feuchtere Periode vielleicht um 850 v. Chr.). Die scheinbare Austrocknung in dem letzten halben Jahrhundert ist somit eine Folge der Eingriffe des Menschen.

Im Rahmen der Spermatophytenflora des Albert-Nationalparks in Zentralafrika (2 Bände, Bruxelles 1946—48) gibt ROBYNS eine Zusammenfassung der Vegetation dieses interessanten und abwechslungsreichen Gebiets sowie die Höhenstufengliederung bis zu der unteren Grenze der Ruwenzorigletscher in 4300 m Höhe.

Einige Arbeiten von DUVIGNEAUD (2 bis 4) geben eine Übersicht über die botanischen Ergebnisse einer 1948 im Kongogebiet durchgeführten Expedition. Die Route führte von der Küstenregion mit den Mangroven durch die atlantische *Adansonia-Anacardium*-Zone und den Regenwald in die Savannengebiete am unteren Kongo. Berührt wurde auch das Kalaharigebiet südlich von Leopoldville und das Gebiet der Trockenwälder bis zum Miombobezirk von Katanga. Von EVANS liegen Reisebeschreibungen aus dem östlichen Betschuanaland und dem Ngamigebiet sowie aus Ostafrika von Pretoria bis Kenya vor. Besondere Berücksichtigung fanden die Gräser, die für die extensive Weidewirtschaft von größter Bedeutung sind. Wie die Versuche von MEREDITH sowie von HALL, MEREDITH und ALTONA zeigen, wird das natürliche Grasland durch Düngung in seiner Zusammensetzung und Ertragsfähigkeit stark verändert. Die größte Wirkung üben N-Gaben aus, während durch P-Gaben allein zwar der P-Gehalt der Gräser und der Samenansatz eine Erhöhung erfahren, der Ertrag jedoch unverändert bleibt.

d) Amerika. In den höheren Lagen (750 bis 850 m im Norden, 1600 bis 1950 m im Süden) der Appalachen Mnts. erstreckt sich von Maine bis Tennessee (Entfernung 1500 km) ein borealer Urwaldgürtel. *Picea rubra* und daneben *Betula lutea* sind im ganzen Gebiet als Dominanten vertreten, ebenso *Sorbus americana* und *Acer spicatum* in der unteren Baumschicht. Dominant sind auch *Abies balsamea* (mit *Betula papyrifera* und *Acer pensylvanicum*) im Norden und *Abies Fraseri* (mit *Prunus pensylvanica*) im Süden; die Strauchschicht ist schwach ausgebildet. Nur 2 *Viburnum*-Arten sind dem Süden und Norden gemeinsam, von der Krautschicht sind es 12 Arten (OOSTING und BILLINGS).

Der Klimaxwald von Nordwisconsin auf gut drainierten, lehmigen Böden ist der Zuckerahorn (28%)—Hemlocktannen (24%)—Gelbbirken (25%)—Mischwald; dazu kommen in der Baumschicht Linden (14%), Stroben (5%) und Ulmen (2%); *Ostrya, Carpinus, Fraxinus* und Balsamtanne treten vereinzelt auf. In der Strauchschicht sind *Corylus, Dirca* und *Ribes* vertreten, in der Krautschicht *Maianthemum, Dryopteris, Polygonatum, Clintonia, Lycopodium, Viola* u. a. (STEARNS).

Einige Dauerquadrate wurden in den Wäldern am St. Lawrence-Strom von POLUNIN ausgelegt und beschrieben, und zwar in einem *Fagus grandifolia*-, einem *Acer saccharum*- und einem *Pinus strobus-Tsuga*-Bestand. Auf dem sandigen Schwemmland des Canadian-River in Oklahoma siedelten sich 85 Arten an, von denen *Populus deltoides, Salix interior* und *Tamarix gallica* sowie *Xanthium commune, Cyperus esculentus* und *Digitaria sanguinalis* die wichtigsten sind (WARE und PENDOUND). Die Vegetationsentwicklung auf Dolomitfelsen in Tennessee geht von Cyanophyceenflechtenstadien der nackten Felsen oder von Grashorsten in Spalten aus und endet mit einer Dauergesellschaft aus vorherrschendem *Juniperus virginiana* (QUATERMAN).

Boden- und Vegetationsstudien führte MARKS in der unteren Coloradowüste zwischen der mexikanischen Grenze und dem Salton Sea aus. Die Niederschläge betragen hier nur 60 bis 100 mm jährlich (2 Regenzeiten). Die Temperaturen sind im Sommer sehr hoch. Die Klimaxgesellschaft bildet der Kreosotbusch (*Larrea*) in sehr lichten Beständen mit *Franseria*, die Flußläufe werden von *Prosopis*-Bäumen begleitet, in den Niederungen kommen Salzpflanzengesellschaften vor. Die Böden wechseln von ganz leichten Sanden zu schweren Lehmen. Steinharte Kalkausscheidungen kommen in geringer Tiefe vor.

Eine Vegetationskarte von Mexiko (fast 2 Mill. qkm) im Maßstab 1:20 Millionen mit Erläuterungen legt LEOPOLD vor. Es werden 12 Zonen unterschieden. (Siehe nachfolgende Tabelle.)

Besonders merkwürdig sind die Wälder der Wolkenstufe, bei denen die Baumschicht aus Fallaubbäumen besteht; floristisch stehen sie den Wäldern in den südöstlichen USA nahe. Das Klima entspricht demjenigen von Südcarolina, nur sind die Temperaturextreme ausgeglichener. Unter der Baumschicht findet man jedoch eine ganz tropische Flora mit Baumfarnen (MIRANDA und SHARP).

Zonen	Fläche in %	Niederschlags-höhe ·in mm
Gemäßigtes Klima:		
Boreale Wälder	0,5	750 bis 1850
Kiefern-Eichen(Hartlaub)-Wälder	25,8	450 bis 1750
Chapparal (= Macchie)	1,2	350 bis 750
Savanne (*Prosopis*-Grasland)	21,6	225 bis 900
Wüste	23,1	50 bis 375
Tropisches Klima (frostfrei):		
Wälder der Wolkenstufe	0,5	1750 bis 5000
Regenwald	7,3	1500 bis 5000
Immergrüne Wälder	5,5	900 bis 2800
Savannen	0,9	850 bis 2500
Trockenwald	9,1	600 bis 1500
Dornbusch	3,2	400 bis 850
Arides Gebüsch	1,3	300 bis 700

Ebenso mannigfaltig ist die Pflanzendecke des südlich an Mexiko anschließenden Guatemala. Die Berggipfel erheben sich bis 4210 m, die Niederschläge variieren von 150 bis 5000 mm. Die Vegetationskarte dieses Gebietes ist von STEYERMARK im Maßstab von 1:3,5 Millionen entworfen worden.

Die natürliche Vegetation der Kleinen Antillen beschreibt BEARD. Er unterscheidet bei diesen aus steilen Vulkankegeln bestehenden Inseln 4 klimatische Vegetationszonen und dazu noch die dauernd oder nur periodisch nassen Sümpfe.

ROSEVEARE verdanken wir eine ausführliche Literaturzusammenfassung von mehr als 800 Seiten über das Grasland von Süd- und Mittelamerika. In diesen Gebieten haben Feuer und Beweidung die ursprüngliche Pflanzendecke stark verändert. Von den 488 Arten der „feuchten Pampa" Argentiniens sind 170 Arten eingeschleppt (*Bromus mollis, Poa pratensis, Erodium cicutarium* usw.). Die Bodenerosion ist dort überall eine große Gefahr.

Über bereits vorhandene Vegetationskarten von Argentinien berichtet HUECK. Er selber hat die Kartierung des Landes 1:1 Million in Angriff genommen und führt als Beispiel ein Blatt des nordwestlichen Argentiniens an, auf dem die Trockenwaldgebiete des Chaco, die feuchten Wälder am Fuße der Anden, Steppen- und Punagesellschaften bis zur völligen Wüste mit Salzpfannen zur Darstellung kommen. Eine zweite Karte gibt die Kultureinflüsse wieder. Unter dem Pflug ist nur 1% der Fläche, aber die Wälder haben infolge des großen Holzbedarfs schon sehr gelitten.

d) Australien. Eine Übersicht über die Vegetation von Neu-Süd-Wales gibt BEADLE. Er gliedert sie in Hartlaubwälder und Savannen mit dominierenden *Eucalyptus-, Acacia-* und *Casuarina*-Arten, in Salzbuschgesellschaften mit *Atriplex-* und *Kochia*-Gebüsch und in drei Graslandtypen (*Astrebla, Stipa* und *Chloris-Danthonia*). Eine Gliederung der Algenvegetation in der Gezeitenzone Neuseelands führen CHAPMAN, BEVERIDGE mit CHAPMAN, sowie DELLOW durch.

Literatur.

AICHELE, H.: Arch. Wiss. Ges. Land- u. Forstwirtsch. (Freiberg i. Br.) **2**, 28—29 (1950). — ANSIAUX, J. R.: Acad. roy. Belg., Cl. d. Sci. **24**, 1—79 (1949). — ARVIDSSON, I.: Oikos, Suppl. **1**, 1—181 (1951).

BALCHIN, W. G. V. u. N. PYE: J. Ecology **38**, 345—353 (1950). — BEADL, N. C. W.: The vegetation and pastures of western New South Wales. Sydney 1948. 281 S. — BEARD, J. S.: Oxford Forestry Men. **21**, 1—192 (1949). — BERTRAND, G.: C. r. Acad. Sci. Paris **230**, 1990—1991 (1951). — BEVERIDGE, W. A. u. V. J. CHAPMAN: Pacific Sci. **4**, 188—201 (1950). — BIEBL, R.: Ver. Verbr. naturw. Kenntn. Wien **86—89**, 66—84 (1949). — BILLINGS, W. O.: Ecology **31**, 62—74 (1950). — BLAISDELL, J. P.: Ecology **30**, 512—519 (1949). — BOBEK, H.: Bonner Geogr. Abh., H. 8 (1951). — BOEKER, P.: Z. Acker- u. Pflanzenbau **93**, 287—307 (1951). — BRAUN-BLANQUET, J.: Vegetatio **3**, 124—133 (1950). — BUCHWALD, R.: Angew. Pflanzensoz. **1**. Stolzenau/Weser 1951. 72 S.— BUELL, M. F. u. J. E. CANTLON: (1) Ecology **31**, 567—586 (1950); — (2) **32**, 293—316 (1951). — BYRAM, G. M. u. W. T. DOOLITTLE: Ecology **31**, 27—35 (1950).

CANNON, W. A.: Ecology **30**, 542—548 (1949). — CHAPMAN, V. J.: Pacific Sci. **4**, 63—68 (1950). — CHRISTIANSEN, W.: Schr. Naturw. Ver. Schleswig-Holst. **25**, 152—156 (1951). — CURTIS, J. T. u. M. L. PARTCH: Ecology **31**, 488—489 (1950).

. DANSEREAU, P.: Ecology **32**, 172—229 (1951). — DELLOW, V.: Pacific Sci. **4**, 355—374 (1950). — DUCHANFOUR, PH.: Ann. École Nat. d. Eaux et Forêts **9**, 1—332 (1948). — DUVIGNEAU, P.: (1) Bull. Soc. roy. Bot. Belgique **81**, 58—129; (2) **81**, 15—34 (1949) — (3) Bull. Inst. roy. Colon. Belge **20**, 677—689 (1949) — (4) Bull. Soc. Bot. Belgique **83**, 105—110 (1950).

EDWARDS, D. C. u. A. V. BOGDAN: Important Grassland plants of Kenya. Nairobi 1951. 124 S. — EVANS, J. B. POLE: U. S. Africa, Div. Plant Industry, Bot. Surv. Mem. **21**, 7—203 (1948); **22**, 7—305 (1948).

GESSNER, F.: Biol. Gener. **19**, 247—280 (1951). — GESSNER, F. u. A. DIEHL: Arch. Mikrobiol. **15**, 439—454 (1951).

HALL, T. D., D. MEREDITH u. R. E. ALTONA: Empire J. Exp. Agric. **18**, 8—18 (1950). — HANSON, H. C.: Ecology **31**, 606—630 (1950). — HÖFLER, K.: Ber. dtsch. bot. Ges. **63**, 3—10 (1950). — HUECK, K.: Die Erde **1950/51**, 145—145.

IVERSEN, J.: Oikos **1**, 1—5 (1949). — IVERSEN, J. u. S. OLSEN: Sv. bot. Tidskr. **46**, 136—145 (1943).

JALLAS, J.: Ann. Bot. Soc. Zool.-Bot. Fenn. Vanamo **24**, 1—362 (1950). — JÄNICHEN, H., S. MÜLLER, G. SCHLENKER u. O. SEBALD: Mitt. Ver. Forst. Standortskart. Nr. 1. Stuttgart 1951. 36 S.

KILLIAN, CH.: Ann. Inst. Agric. de l'Algérie **5**, Fasc. 3 (1950). — KILLIAN, CH. u. H. MOUSSU: Rev. Gen. Bot. **57**, 389—428 (1950). — KLAPP, E.: (1) Z. Acker- u. Pflanzenbau **93**, 269—286 (1951 — (2) Arbeitsgem. f. Grünlandsoz. (vervielf. Manuskr. 1951). — KLIKA, J.: Prirodov. Sborn. **4**, 1—30 (1949). — KNAPP, R.: (1) Lauterbacher Samml., H. 6 mit Beih. (1951) — (2) Biol. Zbl. **70**, 85—91 (1951). — KØIE, M.: Dansk. Bot. Ark. **14**, Nr. 5, 1—164 (1951). — KONIS, E.: (1) Ecology **30**, 425—429 (1949); (2) **31**, 147—148 (1950). — KOTILAINEN, M. J.: Ann. Bot. Soc. Zool.-Bot. Fenn. Vanamo **20**, 1—199 (1944). — KRAUSE, W.: Arch. Wiss. Ges. Land- u. Forstwirtsch. Freiburg i. Br. **2**, 57—86 (1950). — KREH, W.: Naturwiss. Rdsch. **1951**, H. 7, 298—303. — KÜCHLER, A. W.: Ecology **32**, 275—283 (1951). — KÜMMEL, K.: Pflanzensoz. **7**, Jena 1950. 192 S.

LEBRUN, J., A. NOIRFALISE, P. HEINEMANN u. C. VAN DEN BERGHEN: Bull. Soc. roy. Bot. Belgique **82**, 105—207 (1949). — LEOPOLD, A. S.: Ecology **31**, 507—518 (1950). — LULL, H. W. u. L. ELLISON: Ecology **31**, 479—484 (1950). — LUTHER, H.: Acta Bot. Fenn. **49**, I, 232 S., II, 370 S. (1951).

MÄGDEFRAU, K. u. A. WUTZ: Forstw. Zbl. **70**, 103—117 (1951). — MAIRE, R. u. TH. MONOD: Mem. Inst. Franç. d'Afrique Noire **8**, 1—140 (1950). — MARKS, J. B.: Ecology **31**, 176—193 (1950). — MASSON, H.:

Bull. Inst. franç. d'Afrique noire **10**, 1—180 (1948). — MEREDITH, D.: Fertilising Grasses in S.-Africa, 1—186. Johannesburg 1948. — METCALFE, G.: J. Ecology **38**, 46—74 (1950). — MIRANDA, F. u. A. J. SHARP: Ecology **31**, 313—333 (1950). — MONTFORT, C.: (1) Z. Naturforschg. **56**, 221—226 (1950) — (2) Planta (Berl.) **38**, 499—502 (1950). — MONTFORT, C. u. H. HAHN: Planta (Berl.) **38**, 503—515 (1950).

OBERDORFER, E.: Beitr. naturk. Forsch. in SW-Deutschland **9**, 29—98 (1950). — OOSTING, H. J. u. W. D. BILLING: Ecology **32**, 84—103 (1951). — OPPENHEIMER, H. R.: Palest. J. Bot. (R. S.) **7**, 36—40 (1949). — OVERBECK, F.: Geologie und Lagerstätten Niedersachsens **3**, 4. Abt., 1—112 (1950). — OVINGTON, J. D.: J. Ecology **38**, 303—319 (1950).

PENFOUND, W. T. u. R. W. KELTING: Ecology **31**, 554—560 (1950). — PIEMEISEL, R. L.: Ecology **32**, 53—72 (1951). — PISEK, A. u. W. TRANQUILLINI: Physiol. Plant. **4**, 1—27 (1951). — POLUNIN, N.: J. Ecology **38**, 36—45 (1950).

QUATERMAN, E.: Ecology **31**, 234—254 (1950).

RADEMACHER, B.: Z. Acker- u. Pflanzenbau **92**, 129—165 (1950). — ROCHOW, M. v.: Pflanzensoziologie, Bd. 8 (1951). — ROSEVEARE, G. M.: Bull. 36, Imp. Bur. of. Past. a. Field crops (1948).

SCHMIDT-NIELSEN, B., u. K.: Ecology **31**, 75—85 (1950). — SCHNELLE, F.: Arch. Wiss. Ges. Land- u. Forstwirtsch. **2**, (B), 25—27. Freiburg i. Br. 1950. — SCHWEGLER, E.: Neues Jb. Mineral. **89**, 349—406 (1948). — SHANKS, R. E. u. F. H. NORRIS: Ecology **31**, 532—539 (1950). — SHMUELI, E.: Palest. J. Bot. (J. S.) **4**, 117—143 (1948). — SJÖRS, H.: Bot. Notiser **1950**, 173—222. — SØRENSEN, TH.: Meddel. om Grønland **125**, Nr. 9 (1941). 305 S. — STEARNS, F.: Ecology **32**, 245—265 (1951). — STEUBING, L.: Z. Naturforschg. **46**, 114—123 (1949). — STEYERMARK, J. A.: Ecology **31**, 368—372 (1950). — STREMME, H. E.: Z. Pflanzenernährg. **50**, 89—99 (1950). — SYMPOSIUM: Management and conservation of vegetation in Africa, Bull. 41. Aberystwyth 1951.

TAMM, C. O.: Oikos. **2**, 60—64 (1950). — TICHOMIROW, B. A.: Bull. Soc. Natural. (Moskau), Ser. Biol. **55**, 68—75 (1950). — TIMAR, L.: Ann. Biol. Univ. Debrecen **1**, 72—145 (1950). — TÜXEN, R.: Mitt. Flor.-soz. Arb.-Gem., N. F. **2**, 93—175 (1950).

VOIGT, J. W. u. J. E. WEAVER: Ecol. Monogr. **21**, 39—60 (1951). — VOLK, O. H.: Vegetatio **3**, 210—212 (1951).

WARE, G. H. u. WM. T. PENFOUND: Ecology **30**, 478—484 (1949). — WENDELBERGER, G.: Österr. Akad. Wiss., math.-nat. Kl. **108**, 5. Abh. (1950). 180 S. — WENT, F. W.: Amer. Naturalist **84**, 161—171 (1950). — WILHELMY, H.: Erdkunde **4**, 5—34 (1950). — WILL-RICHTER, G.: Sitzgsber. Österr. Akad. Wiss., math.-nat. Kl. I **158**, 431—542 (1949).

ZOHARY, M.: (1) Palest. J. Bot. (J. S.) **4**, 24—35 (1947) — (2) J. Ecology **34**, 1—19 (1947). — ZOHARY, M. u. G. ORSHANSKY: Palest. J. Bot. (J. S.), **4**, 90—104 (1947).

9. Ökologie.

Von THEODOR SCHMUCKER, Hann. Münden

Der Beitrag folgt in Band XV.

C. Physiologie des Stoffwechsels.

10. Physikalisch-chemische Grundlagen der biologischen Vorgänge.
Von Wilhelm Simonis, Hannover.
Mit 4 Abbildungen.

In dem vorliegenden Bericht wird eine Zusammenfassung der neuen Arbeiten gegeben, die über den Einfluß wenig ionisierender, also vor allem der ultravioletten und der sichtbaren Strahlung auf den Organismus vorliegen. Ferner werden Fragen der Biolumineszenz und des Energietransportes behandelt. Eine Erörterung der übrigen in Betracht kommenden Teilgebiete muß einem späteren Bericht vorbehalten bleiben. Da die Untersuchung der physikalisch-chemischen Grundlagen der Lebensprozesse in immer weiteren Teildisziplinen der Biologie betrieben wird, läßt es sich bei der Darstellung dieser Fragen im Zusammenhang nicht vermeiden, daß Untersuchungen aus verschiedenen Spezialgebieten herangezogen werden, die in anderen Abschnitten unserer Berichte teilweise auch besprochen werden.

I. Technischer und methodischer Fortschritt.

1. Das Spiegelmikroskop. Die Untersuchungsmethoden auf dem Gebiet der Strahlungsforschung wurden durch die Weiterentwicklung des Spiegelmikroskops nach den verschiedensten Richtungen hin außerordentlich gefördert. Beim Spiegelmikroskop werden an Stelle der Objektiv- und Kondensorlinsen sphärische und vor allem asphärische Spiegel benutzt, wodurch vollständiger Achromatismus, wesentlich größere Lichtstärke sowohl am Ort des Objekts als auch bei der Beobachtung gegenüber einem Mikroskop mit Linsensystem erzielt wird und keine Begrenzung der Wellenlänge der untersuchten Strahlung durch ein bestimmtes Linsenmaterial auftritt. Das Licht fällt durch eine Öffnung des konkavasphärisch geschliffenen Kondensors auf einen kleinen, konvexen sphärischen Spiegel, von dem es auf den Kondensor reflektiert wird (Abb. 60). Hierdurch läßt sich auf der Objektebene entweder der Spalt eines Monochromators oder auch ein Prisma, ein Gitter bzw. eine Strahlenquelle abbilden. Durch ein fast gleich gebautes Objektivspiegelsystem kann dann das Objekt auf eine photographische Platte bzw. den Spalt eines Spektrometers abgebildet oder auch direkt beobachtet werden (Burch; Grey; Barer; Barer u. Mitarb.; Mellors). Das Spiegelmikroskop ist für alle Strahlungen von etwa 240 mμ bis gegen 14 μ zu benutzen. Es kann als normales Beobachtungsmikroskop, zur Spektroskopie, zur Untersuchung der Strahlenwirkung auf einzelne Zellen oder besonders Teile von ihnen Verwendung finden (Barer, Holliday und Jope; Mellors u. Mitarb.). Dabei ist die Intensität der Strahlung so groß, daß es ohne weiteres möglich ist, auch noch nach dem Durchgang der Strahlung durch das Objekt einen Spektrographen zur Aufnahme eines Absorptionsspektrums von einzelnen Zellen oder sogar ihrer Teile (z. B. im UV-Bereich) zu benutzen. (Erreichbare Vergrößerung ohne weitere Zusätze bisher etwa 600fach, numerische Apertur 0,4 bis 0,98.) Hierdurch ist eine wesentliche Weiterentwicklung der grundlegenden Arbeiten von CASPERSSON zur Untersuchung der spezifischen UV-Absorption von Zellbestandteilen zu erwarten.

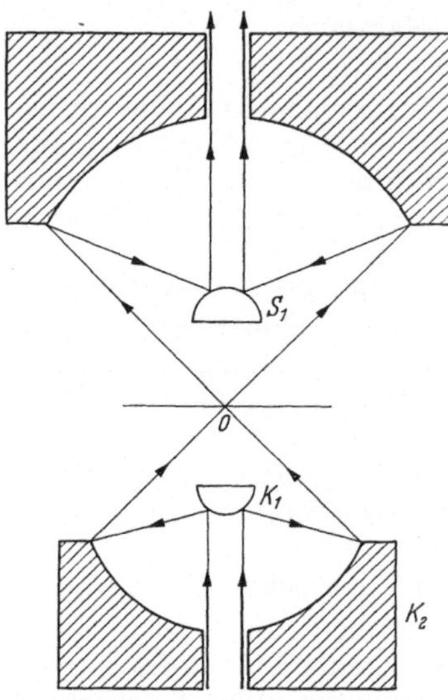

Abb. 60. Schema des Spiegelmikroskops. (Nach BARER, HOLLIDAY u. JOPE.) K_1 und K_2 Kondensorspiegel, S_1 und S_2 Objektivspiegel, O Objektebene.

Eine weitere Verbesserung wird durch geeignete Strahlungsquellen erzielt, die z. B. im UV-Bereich ein kontinuierliches Spektrum an Stelle der früher vorzugsweise benutzten einzelnen Hg-Spektrallinien besitzen (Xenonlampen bzw. Wasserstoffentladungslampen, vgl. KORTÜM und DREESEN).

Mit Hilfe des Spiegelmikroskops ist die UV- oder Ultrarot-Mikrospektrographie imstande, außerordentlich kleine Substanzmengen zu untersuchen: z. B. von mikroskopischen Kristallen ein genaues Absorptionsspektrum aufzunehmen oder sehr kleine Flüssigkeitsmengen — es genügen bereits 0,03 ml — auf unbekannte Substanzen hin quantitativ zu kolorimetrieren (MELLORS, KEANE und STREIM). So liegen Messungen über den Gehalt an Hämoglobin bei einem einzelnen roten Blutkörperchen vor (BARER, HOLLIDAY und JOPE). Schließlich ist hier eine Methode gefunden, mit der auch Fluoreszenzspektren von fluorochromierten Zellbestandteilen aufgenommen oder die eingelagerten Mengen eines Fluoreszenzfarbstoffes in relativem Maß angegeben werden können.

2. Ultrarot-Spektroskopie. Als weitere Methode, die schon jetzt und in Zukunft noch stärker zur Aufklärung von Molekülstrukturen, besonders von Makromolekülen, beitragen wird und die gleichwertig neben die Ultraviolettspektroskopie getreten ist, soll hier noch auf die Ultrarotspektroskopie hingewiesen werden. Es haben nämlich nicht nur viele Substanzen, sondern darüber hinaus vor allem einzelne Atomgruppierungen eine sehr charakteristische Absorption im ultraroten Bereich. Hierzu gehören z. B. spezifische Absorptionsbanden für die

$$=\text{NH}, \quad \text{C}=\text{O}, \quad \text{C}=\text{C}, \quad -\text{C}-\text{H} \quad \text{und manche andere Gruppierungen,}$$

die zur Untersuchung der Molekülanordnung von vielen biologisch wichtigen Substanzen, vor allem natürlich dem Eiweiß, außerordentlich geeignet sind. Durch die Anwendung polarisierter Ultrarotstrahlung ist unter anderem eine Möglichkeit zur Bestimmung von Richtung und Lage bestimmter Molekülgruppen im Gesamtmolekül gegeben (z. B. DARMON und SUTHERLAND, ELLIS und GLATT, CANNON; FUSON und JESIEU; DAVIES sowie viele weitere Arbeiten bei LÜTTKE, vgl. auch SIEBERT, THOMPSON sowie Z. WILLIAMS). Die Ultrarotspektroskopie läßt sich aber auch sonst sehr vielseitig zur qualitativen Analyse, zur Reinheitsprüfung isolierter Substanzen und zur quantitativen Analyse, z. B. von CO_2 in Gasen, Coffein, Penicillin und vielem anderen ausnutzen. Wenn dann noch zusätzlich das Spiegelmikroskop zur Messung der Ultrarotabsorption benutzt wird, genügen sehr kleine Mengen für genaue Bestimmungen. Instrumente zur Ultrarotabsorption sind z. B. der Uras (LUFT; EGLE und ERNST) oder der Ultrarotspektrograph nach PERKIN-ELMER (WHITE und LISTON). Weitere Instrumente und Einrichtungen sowie Grenzen der Methode infolge der Eigenabsorption von Lösungsmitteln oder Gasen werden in den Abhandlungen von W. BRÜGEL sowie LÜTTKE beschrieben. Man vergleiche auch die oben angegebenen Arbeiten zum Spiegelmikroskop.

II. Wirkungen ultravioletter Strahlen.

Die Wirkungen der UV-Bestrahlung auf Zellen und Gewebe sind bekanntlich außerordentlich mannigfaltig. Neue zusammenfassende Darstellungen, die das Gebiet nach verschiedenen Gesichtspunkten betrachten, finden sich bei CURTIS, DANNENBERG, GIESE, GORDON, LOOFBOUROW, McLAREN, SCHREIBER.

Die Arbeiten der jüngeren Zeit beziehen sich, soweit sie nicht unten im einzelnen besprochen werden, auf Untersuchungen an Viren (z. B. bei DULBECCO; LATARJET und MORENNE; OSTER und McLAREN), an Bakterien und Einzelzellen (bei ENGELHARD und HOUTERMANS; JOHNSON u. Mitarb.; R. W. KAPLAN; KIMBALL und GAITHER; LABAW u. Mitarb.; MULLER; NOVICK und SZILARD; STEIN und MEUTZNER; SWENSON; WYSS, HAAS u. Mitarb.), an einzelnen Zellen (bei BRADFIELD und ERRERA; GLUBRECHT), an niederen und höheren Pflanzen (R. KAPLAN; KELNER; GESSNER und DIEHL; MALY; MONTFORT) und nicht zuletzt auf Strahlenschädigungen bei Stoffwechselprozessen (BRANDT u. Mitarb.; DAVIS; GRAUL; MONTFORT; MONTFORT und ROSENSTOCK; SWENSON; SWENSON und GIESE; TOTH). Wichtig sind für das Folgende nur solche Versuche, die neues Licht auf die Wirkung der UV-Strahlung werfen.

1. Untersuchungen an Hormonen und Enzymen als Modellsubstanzen. Frühere Untersuchungen an Lösungen von Roh- oder Reinextrakten von Hormonen und Enzymen wurden von McLAREN 1949 referiert. Kinetische Betrachtungen finden sich bei McLAREN 1951. Bei Hormonen und Enzymen liegen die Verhältnisse insofern günstig, als die Strahlenwirkung durch die spezifischen Hormon- bzw. Enzymeigenschaften geprüft werden kann. Dabei sind nur solche Versuche wirklich brauchbar, bei denen mit einer Strahlung definierter Wellenlänge und Intensität gearbeitet wurde. Es ist aber natürlich wahrscheinlich, daß die Wirkung bei anderen Wellenlängen eine andere ist. Die Quantenausbeute ist wie bei anderen Proteinen relativ niedrig (z. B. Triosephosphatdehydrase $3{,}2 \times 10^{-3}$, SHUGAR; Chymotrypsin $2{,}4$ bis $3{,}5 \times 10^{-3}$, McLAREN und FINKELSTEIN). Die Inaktivierung verläuft meistens nach Beginn der Bestrahlung zunächst als eine Reaktion 1. Ordnung; sie kann vielfach als eine Eintrefferkurve dargestellt werden.

Dabei wird die Aktivität der Enzymlösung häufig bereits nach einer relativ
kurzen Bestrahlungszeit zerstört, wenn noch keine Veränderung des Absorptionsspektrums zu beobachten ist. Bei der Bestrahlung treten oft
die verschiedensten Abbauprodukte auf. So zeigte eine 0,2%ige Insulin-
lösung (E. H. KAPLAN u. Mitarb.) eine während der ersten 30 Minuten
linear verlaufende Abgabe von Tyrosin; die Quantenausbeute dieses Vorgangs betrug aber nur annähernd $^1/_{10}$ desjenigen der Inaktivierung des
Insulins. Erst bei längerer Bestrahlung stieg die Tyrosinabgabe stärker an.
Offensichtlich läuft also mehr als eine Reaktion ab, aber nicht alle Reaktionen verursachen eine Inaktivierung. Hierfür spricht auch der ungleiche
Ablauf von Denaturierung und Photooxydation bei Eiweißen während
der UV-Bestrahlung (FIALA; KOFMAN).

Untersuchungen über den Einfluß der UV-Bestrahlung auf die Enzymaktivität intakter Zellen liegen erst wenig vor. Die Hemmung der Gärung
vorbestrahlter Hefe verläuft proportional der Bestrahlungsdosis (GIESE
und SWANSON). Für allgemeine Fragen sind neue Untersuchungen über
die Wirkung der Bestrahlung auf die Enzymbildung (Adaptation) bei
der Hefe von Bedeutung. SWENSON (1950) wies nach, daß bei der Hefe durch
UV-Bestrahlung die Bildung von Galaktozymase inhibiert wird und gleichzeitig die Teilungsrate abnimmt. Weiter zeigte sich (BRANDT u. Mitarb.),
daß die UV-Strahlen auch hier recht spezifisch wirksam zu sein scheinen;
denn durch Röntgenstrahlen, die vergleichsweise benutzt wurden, war eine
Inaktivierung selbst bei solchen Dosen, die zu 90 % die Teilung unterdrücken,
nicht zu erreichen. Dagegen inaktivierte sichtbares Licht ohne UV-Anteil
den Effekt in Gegenwart von photodynamischen Farbstoffen. Die UV-Bestrahlung selbst wirkt aber auch noch auf die verschiedenen Stoffwechselvorgänge verschieden: obwohl eine Reaktivierung (s. unten S. 237) der
Galaktozymaseaktivität durch sichtbares Licht erzielt werden konnte,
war eine entsprechende Erhöhung der Teilungsrate hier nicht zu erreichen
(SWENSON und GIESE). Diese Erfahrungen zeigen, daß eine UV-Bestrahlung bereits an relativ reinen Enzymlösungen und viel mehr noch in der
Zelle die verschiedensten Effekte hervorruft und daß außerdem die verschiedenen durch die Strahlung induzierten Vorgänge einen wesentlich
voneinander abweichenden Verlauf nehmen können.

2. Die UV-Absorption von Plasma und Zelle. Wirkungen von Strahlungen können natürlich nur dann auftreten, wenn die Strahlen von
der untersuchten Substanz absorbiert werden. Als Ort der Absorption
kommen bestimmte chromophore Systeme in den Molekülen in Betracht,
die durch Strahlen leicht anregbare Elektronen besitzen. Bei der UV-
Absorption handelt es sich dabei nach DANNENBERG (1949) einmal um
sogenannte Chromophore 1. Ordnung, zu denen Atomgruppen mit
Doppel-Bindungen gehören, die durch π-Elektronen gekennzeichnet
sind, also Elektronen, deren stabiler Grundzustand bereits einem höheren
Energieniveau entspricht. Derartige Gruppierungen sind z. B.

$$-\overset{|}{C}=\overset{|}{C}-,\quad \overset{\diagdown}{\underset{\diagup}{C}}=N,\quad \overset{\diagdown}{\underset{\diagup}{C}}=O,\quad -N\overset{O}{\underset{O}{\diagup\!\!\!\diagdown}}\;.$$

Die Absorption wird verstärkt, wenn Wechselwirkungen zwischen
mehreren solcher Gruppen auftreten. Das ist dann der Fall, wenn
chromophore Gruppen in Ringsystemen beieinander liegen oder wenn
sie in einer Kette in Form konjugierter Doppelbindungen angeordnet
sind. Chromophore 2. Ordnung sind durch einsame Elektronenpaare der
äußeren Elektronenschale gekennzeichnet (z. B. NH_2-, SH- und OH-
Gruppe, Halogene in organischer Bindung usw.). Hieraus geht her-

vor, daß eine UV-Absorption an den verschiedensten Molekülen auftreten kann. Bei der Untersuchung von Organismen und Zellen hat sich gezeigt, daß hier offenbar der größte Beitrag zur gesamten Absorption von den Proteinen und Nucleoproteiden, einschließlich mannigfaltiger Enzymsysteme (CASPERSSON, GIESE, McLAREN) geliefert wird, wenn auch außerdem viele andere Verbindungen mit chromophoren Systemen in der Zelle vorliegen können.

Das UV-Absorptionsspektrum der Proteine wird durch verschiedene chromophore Systeme bestimmt: Zunächst durch die isolierten —CO—NH—-Gruppen in der Polypeptidkette, die fast nur unterhalb 220 mμ absorbieren. Ferner ist die neuerdings an Faserproteinen entdeckte, bei Dehnung und polarisiertem Licht gut zu beobachtende „Peptenolgruppe" $\left(\begin{array}{c} \mathrm{HO} \\ | \\ \mathrm{-C=N-} \end{array} \right)$, also eine tautomere

Form der Peptidgruppierung, wichtig, die im Bereich von 250 mμ absorbiert (KRATKY und SCHAUENSTEIN; SCHAUENSTEIN u. Mitarb.). Vor allem spielt aber die Absorption in den aromatischen Aminosäuren an den Seitenketten der Polypeptidkette der Eiweiße eine erhebliche Rolle. Besonders die fünf Aminosäuren Tryptophan, Tyrosin, Phenylalanin, Histidin und auch Cystin, dieses infolge seiner —S—S—-Brücke, besitzen eine ausgeprägte Absorptionsfähigkeit. Tryptophan und Tyrosin absorbieren am stärksten, ihr Absorptionsmaximum liegt bei 280 mμ, ein Minimum bei 240 mμ mit daran anschließendem Anstieg zu den kurzen Wellenlängen hin. Abgesehen von der oben genannten Peptenolgruppe ist im wesentlichen nur das Tyrosinabsorptionsspektrum wegen seiner OH-Gruppe p_H-abhängig.

Da sich die Absorption der einzelnen absorbierenden Systeme im Eiweiß im wesentlichen addiert, so ist zu erwarten, daß die Absorption bei etwa 310 mμ beginnt und nach den kurzen Wellenlängen hin einen ähnlichen Verlauf nimmt wie die Tryptophanabsorption. Das gilt im großen und ganzen für Globuline und Albumine. Bei globulären Eiweißen vom Histontyp zeigt sich ein Maximum bereits bei 290 mμ, das durch die besondere Gruppierung von Diaminosäuren mit Tyrosin erklärt wird. Bei Faserproteinen kommt zu der genannten Absorption noch die der Peptenolgruppe bei 250 mμ hinzu.

Außer den Eiweißen sind für die UV-Absorption in der Zelle noch die Nucleinsäuren wichtig, die infolge der Absorption in den Purin- und Pyrimidinringsystemen eine ausgeprägte Eigenabsorption besitzen. Das Maximum der Absorption liegt bei etwa 260 mμ. In der Zelle treten Kombinationen des Absorptionsspektrums der Nucleinsäuren mit dem der verschiedenen Proteine auf, wie sie z. B. von CASPERSSON schon vor einigen Jahren beobachtet wurden.

3. Das Wirkungsspektrum der UV-Schädigung. Bei der Untersuchung eines Strahlungseffektes nimmt man an, daß die bei verschiedenen Wellenlängen untersuchte Strahlenwirkung — das Wirkungsspektrum — annähernd dem Absorptionsspektrum der die Strahlung absorbierenden Verbindung entspricht. Eine vollständige Übereinstimmung ist bei solchen Versuchen allerdings nicht erzielt worden (Kritik der Methoden bei UBER, s. auch McLAREN 1949). Auch muß beachtet werden, daß die Aktionsspektren exakt nur dann mit dem Absorptionsspektrum einer in Frage kommenden absorbierenden Substanz zu vergleichen sind, wenn die Quantenausbeute in dem untersuchten Bereich konstant ist. Das ist aber durchaus nicht immer der Fall. Die Quantenausbeute steigt in manchen Fällen mit fallender Wellenlänge (Urease nach LANDEN, vgl. McLAREN 1949). Eine Reihe von Typen solcher Wirkungsspektren ist diskutiert worden (SCHREIBER, GIESE). Es interessieren hier vor allem zwei Typen: bei der einen Gruppe folgt das Aktionsspektrum dem Absorptionsspektrum der Proteine: z. B. Einfluß auf Cilienbeweglichkeit (GIESE und LEIGHTON), Spermatozoidenbeweglichkeit (SCHREIBER 1948), Teilung von Seeigeleiern (GIESE), Mitoseeffekte (FRIEDEWALD u. Mitarb.). Bei der zweiten Gruppe folgen die Wirkungen viel stärker dem Absorptionsspektrum der Nucleinsäuren. Hier liegen die Maxima der Wirkungsspektren also bei 260 mμ. Beispiele sind: Mutagene Effekte (Beispiele bei GIESE, MULLER), Abtötung von Viren, Bakterien und Pilzen und Beeinflussung der Teilungsrate (Literatur bei GIESE). Neuerdings wurde eingehender das Wirkungsspektrum der Hemmung der Galaktozymasebildung untersucht (SWENSON 1950). Das Wirkungsspektrum entspricht hier ebenfalls weitgehend der Absorption der Nucleinsäuren, die damit für die Produktion des adaptiven Enzyms, das die Galaktosevergärung ermöglicht, verantwortlich gemacht werden.

4. Angriffspunkte der UV-Strahlung. Über die Vorgänge bei der Absorption ultravioletter Strahlen im Eiweiß und in der Zelle haben sich im Zusammenhang mit den Vorstellungen über den Bau und die Struktur des Eiweißes (s. Fortschr. Bot. **12** und **13**) und unter Berücksichtigung der Erfahrungen bei der Eiweißdenaturierung (z. B. HAUROWITZ) die folgenden Ansichten ergeben (DANNENBERG; GIESE; McLAREN): Zunächst wird die Strahlenenergie in den chromophoren Gruppen der Proteine absorbiert. Dadurch werden diese Gruppen angeregt. Die Anregungsenergie kann dann (s. unten S. 249) zu den Wasserstoffbrücken zwischen oder auch längs der Peptidketten weitergegeben werden und vermag diese zu lösen. Ähnlich sollen Bisulfidbrücken des Cysteins zwischen zwei Polypeptidketten gesprengt werden können, wodurch reaktionsfähige SH-Gruppen freigelegt werden. Durch diese Vorgänge wird die geordnete Faltung des Eiweißes zerstört und das Eiweiß durch Eingehen neuer inter- und auch intramolekularer Bindungen irreversibel verändert. Außerdem soll es auch schon frühzeitig (McLAREN) zu einer Spaltung der Peptidbindungen kommen, da deren Bindungsenergie relativ gering ist. Schließlich treten im Gefolge der Strahlung Oxydationen auf, die zu den verschiedensten Folgeprodukten führen können.

Diese Vorstellungen sind durch eine Reihe neuer Befunde zu ergänzen und zu verändern: Vor allem hat sich gezeigt, daß die Wirkungen der UV-Strahlung nicht irreversibel, sondern teilweise reaktivierbar sind. Infolgedessen ist eine Spaltung der Peptidbindung wenigstens bei schwacher Bestrahlung unwahrscheinlich geworden. Auch treten Oxydationsprozesse stärker hervor, und die Freilegung von Sulfhydrylgruppen hat sich in einer Reihe von Untersuchungen als sehr wahrscheinlich herausgestellt. Neuerlich mehren sich die Anzeichen, daß bei der UV-Bestrahlung auch indirekte Effekte, ähnlich wie bei der Röntgenbestrahlung, eine Rolle spielen und sich den übrigen Strahlungswirkungen überlagern.

Die Ansichten über die Photolyse der Nucleoproteide differieren viel stärker. Ob eine Depolymerisation oder ein andersartiger Abbau erfolgt oder zunächst sogar eine erhöhte Orientierung innerhalb oder zwischen den Makromolekülen auftritt, ist bisher nicht eindeutig zu entscheiden. Es ist auch nicht unwahrscheinlich, daß die von den Nucleinsäuren absorbierte Energie auf die Proteine übertragen werden kann und deren Abbau fördert.

a) Peptidbindung. Eine Spaltung der CO—NH-Bindung hat sich an Modellsubstanzen und auch an Proteinen bei stärkerer Bestrahlung verschiedentlich nachweisen lassen. Die Spaltung braucht dabei nicht auf die der chromophoren Gruppe anliegende Peptidbindung beschränkt zu sein, sondern zwischen die chromophore Gruppe und die fragliche Peptidbindung können mehrere CH_2-Gruppen eingeschaltet sein. Da neuerdings bekannt wurde (KRATKY und SCHAUENSTEIN), daß die Peptenolgruppe selbst als chromophore Gruppe fungieren kann, und die älteren Versuche zur Feststellung einer Peptidspaltung besonders mit Substanzen vorgenommen wurden, die an Oberflächen gespreitet wurden, so wäre es denkbar, daß infolge der Spreitung die Peptenolgruppe einen maßgeblichen Anteil an der Absorption hätte. Kürzlich wurde nun gezeigt, daß auch in wäßriger Lösung bei fehlenden freien Aminogruppen Peptidbindungen gespalten werden, wobei die Energie zur Peptidbindung auch hier über 1 bis 3 CH_2-Gruppen hinweg gelangen muß (MANDL und McLAREN; MANDL u. Mitarb.; McLAREN u. FINKELSTEIN). Die Quantenausbeute des Vorgangs ist allerdings niedrig. Die Spaltung wird durch Sauerstoff nicht merklich beeinflußt. Da auch bei der Inaktivierung von Chymotrypsin die Quantenausbeute nicht vom Sauerstoff abhängt, so schließt McLAREN, daß die Wirkung der Bestrahlung unter Verlust der enzymatischen Aktivität keine Photooxydation darstellt — Photooxydationen sollen sekundäre Reaktionen sein —, und er neigt deshalb eher der Ansicht zu, daß es sich auch bei den genannten Prozessen um eine Peptidspaltung handelt.

Die von E. H. KAPLAN u. Mitarb. bei der Inaktivierung von Insulin gefundene Tyrosinabspaltung, die mit einer Peptidspaltung zu tun haben könnte, läuft aber nicht mit der Insulininaktivierung selbst parallel, da deren Quantenausbeute um eine Zehnerpotenz höher liegt. Auch fanden McLEAN und GIESE [1950 (2)] bei der Bestrahlung ihrer Polypeptidmodellsubstanzen keine Änderung basischer und keine wesentliche Änderung saurer Gruppen nach Bestrahlung, die auf eine Spaltung der Peptidbildung schließen lassen. Und endlich ließ sich bei der Photosensibilisierung durch Farbstoffe (vgl. S. 244), die hier vergleichsweise herangezogen werden kann, nach den neuen Untersuchungen von WEIL u. Mitarb. ebenfalls zunächst keine Spaltung oder Hydrolyse einer Peptidbindung feststellen.

b) Oxydationsprozesse. Bei der UV-Bestrahlung treten sehr bald Änderungen in der Absorption der UV-bestrahlten Substanzen auf, die Rückschlüsse auf die während der Bestrahlung ablaufenden Vorgänge zulassen. Bei aromatischen Aminosäuren und auch bei Proteinen steigt die Absorption im allgemeinen an (GIESE; McLEAN und GIESE; E. H. KAPLAN u. Mitarb.). Da Untersuchungen mit aromatischen Aminosäuren und ihren analogen aromatischen Verbindungen ohne Seitenketten gezeigt haben, daß der Einfluß der Seitenketten auf das Absorptionsspektrum gering ist, muß es sich also um Veränderungen in der unmittelbaren Nähe der chromophoren Gruppen handeln. Es wird angenommen, daß diese Absorptionserhöhung durch Oxydationsvorgänge an den bestrahlten Aminosäuren erfolgt; denn die Oxydation z. B. von Tyrosin zu Dioxyphenylalanin (Dopa) läßt ebenfalls die Absorption ansteigen. Auch ist eine Erhöhung des Phenolgehaltes nach Bestrahlung beobachtet worden. Ähnliche Veränderungen zeigen sich bei Aminosäuren unter dem Einfluß von Oxydasen und auch dann, wenn Tyrosin mit Ozon behandelt wird. Es soll dabei die Oxydation über die Bildung von Dopa hinausgehen und weiter zu Chinonen führen (starke Bestrahlung von Aminosäuren ergibt schließlich Folgeprodukte mit einer Absorption im sichtbaren Bereich, McLEAN und GIESE). Für die Bildung von Dopa bei Bestrahlung werden indirekte Beweise vorgebracht (HAAS, SIZER, LOOFBOUROW). Wurden Tyrosinverbindungen, ferner Insulin und Pepsin mit Permanganat behandelt, so traten in der Feinstruktur der Absorptionsspektren — die Eiweiße wurden in der Kälte untersucht — die gleichen Veränderungen auf wie bei UV-Bestrahlung. Hier sei an frühere Untersuchungen von MITCHELL und RIDEAL bzw. CARPENTER erinnert, bei denen die durch UV-Bestrahlung herbeigeführte Inaktivierung von Insulin durch Hydrochinon und Phenol rückgängig gemacht werden konnte. Auch diese Befunde sprechen für eine wesentliche Beteiligung von Oxydationsprozessen bei der Bestrahlung.

c) Sulfhydrylgruppen. GIESE betont in Analogie zur Röntgenstrahlung auch die Möglichkeit einer Freilegung und Oxydation von SH-Gruppen durch UV-Bestrahlung, sei es an beteiligten Enzymen oder an den Struktureiweißen. Denn bei der Röntgenstrahlung können reduzierende Substanzen, wie z. B. Glutathion, eine Schutzwirkung gegenüber der Strahlenschädigung ausüben (vgl. die Arbeiten von BARRON u. Mitarb.; Zusammenfassung bei CURTIS, ferner LANGENDORFF 1951). Da kürzlich auch SHUGAR eine solche Schutzwirkung durch Cystein gegenüber UV-Bestrahlung fand, liegt diese Deutung recht nahe. WELS (1949, 1950) hält gleichfalls die Freilegung von Sulfhydrylgruppen bei der Bestrahlung von Eiweiß mit UV-haltigem Licht für sehr wichtig, wodurch ein reversibles, reaktionsfähiges Sulfhydryl-Disulfid-System gebildet werden soll. Für eine Freisetzung von SH-Gruppen spricht auch der Befund, daß SH-Inhibitoren das Absterben von Paramaecien bei Bestrahlung beschleunigen (CALCUTT). Die Vermehrung der freien SH-Gruppen bei ultravioletter Bestrahlung zieht HOLTZ (1950) bereits zur Erklärung der pharmakologischen Wirkung der UV-Strahlung heran (vgl. auch FITZPATRICK u. Mitarb.).

Mit diesen Beobachtungen stehen auch die folgenden Befunde im Einklang, die sich auf die Veränderungen des Absorptionsspektrums der Nucleoproteide und Nucleinsäuren nach UV-Bestrahlung beziehen. Die meisten früheren Arbeiten ergeben eine Abnahme der Absorption nach Bestrahlung (HEYROTH und LOOFBOUROW, CASPERSSON u. a.). HOLLAENDER bzw. kürzlich OSTER und McLAREN fanden dagegen einen Anstieg bei konzentrierten Lösungen und langer Bestrahlung (0,3 % Nucleinsäure, gewonnen aus Tabakmosaikvirus). Auch KUNITZ stellte einen anfänglichen schwachen Anstieg fest. Eine Nachprüfung dieser Befunde von RAPPORT und CANZANELLI (1950) zeigte nun, daß bei geringen Konzentrationen Ribonucleinsäure, Desoxyribosenucleinsäure und 3-Adenylsäure eine mit der Bestrahlungsdauer zunehmende Absorptionsabnahme bis zu einer vollständigen Unterdrückung der beteiligten Chromophorenringsysteme aufweisen. Bei hohen Konzentrationen (0,5 %) ergab sich dagegen keine Änderung. Nach Untersuchungen von COMMONER und LIPKIN, die nicht unwidersprochen blieben (POLLISTER und SWIFT), zu denen aber COMMONER nochmals Stellung genommen hat, kann die Orientierung von Nucleoproteiden durch UV-Bestrahlung erhöht werden: auch hieraus würde eine Erniedrigung des Absorptionskoeffizienten resultieren. Schließlich zeigten Untersuchungen von BRADFIELD und ERRERA, daß die Veränderungen der Nucleoproteidabsorption bei verschiedenen intakten Zellen tierischer Gewebe nach Bestrahlung mit 2654 Å zwar im einzelnen unterschiedlich sein können — so wies das Cytoplasma von Erythrocyten einen anfänglichen Abfall, anschließend aber einen Anstieg auf, der auf Nebeneffekte wie Schrumpfen, Wasserverlust und Permeabilitätsänderungen zurückgeführt wurde —, aber die Absorption anderer Zellen, z. B. Erythroblasten im Knochenmark, erniedrigte sich deutlich. Da dieser Abfall mit Substanzen unterdrückt werden konnte, die freie Sulfhydrylgruppen inaktivieren, so kann hieraus der wichtige Schluß gezogen werden, daß auch SH-Gruppen für den strahleninduzierten Abbau der Nucleoproteide wichtig sind.

d) **Indirekte Effekte.** Daß Gifte, die durch UV-Strahlung im bestrahlten Medium gebildet werden, Schädigungseffekte zustande bringen, ist schon häufiger angenommen worden. Derartige indirekte Strahlungseffekte haben sich nach Bestrahlung mit Röntgenstrahlen (eine Übersicht über das Gebiet bei LANGENDORFF 1950) nachweisen lassen und erlangen hier ständig wachsende Bedeutung. Aber sie sind offenbar auch bei wenig ionisierender Strahlung vorhanden. Unter der Annahme, daß bei UV-Bestrahlung noch andere Prozesse als nur eine Energieabsorption im Gen bei einer Erzeugung von Mutationen eine Rolle spielen, wurden entsprechende Versuche an Mikroorganismen angestellt (STONE; WYSS; HAAS). Es zeigte sich, daß eine UV-Bestrahlung des Nährmediums vor der Beimpfung mit Staphylokokken eine spätere Erhöhung der Mutationsrate bewirkte. Die Zugabe von Katalase zum bestrahlten Nährmedium vor der Beimpfung eliminierte die Mutationserhöhung vollständig (WYSS u. Mitarb.). Eine ähnliche Erhöhung der Mutationsrate wurde beobachtet, wenn man an Stelle der UV-Bestrahlung Wasserstoffperoxyd verabfolgte. Wurde jedoch eine Suspension von ruhenden Bakterien erst gewaschen und dann mit H_2O_2 behandelt, so befanden sich unter den hier überlebenden Zellen keine höheren Mutantenzahlen als in der Ausgangskultur. Hieraus wurde geschlossen, daß bestimmte Verbindungen, die aus einer Peroxydreaktion mit einer Verbindung des Nährmediums entstanden waren, für das Entstehen der Mutationen verantwortlich zu machen sind. Im Einklang steht hiermit, daß Natriumacidgaben, die die Katalase inhibieren, die Mutation stark erhöhen. Auch die Befunde von MONOD u. Mitarb. sind zu beachten, die nach UV-Einstrahlung eine Erholung durch Zugabe von Katalase bzw. Peroxydase fanden. Eine eingetretene Photoreaktivierung (s. unten) war bei Anwesenheit von Katalase oder Peroxydase wirksamer. Es darf also angenommen werden, daß nach der Strahlungsabsorption durch Proteine oder Nucleoproteide Reaktionen sensibilisiert werden können, bei denen Peroxyde gebildet werden (vgl. Peroxydbildung bei photosensibilisierenden Farbstoffen S. 244).

Ein anderer indirekter Effekt ist die Verringerung der durch UV-Bestrahlung verursachten Inaktivierung einer Blattphosphatase oder von Amylase und Pepsin durch Vitamin C. Dieser Schutzeffekt kann aber auch dann erzielt werden, wenn Fermentansatz und Vitamin C in getrennten Küvetten — Vitamin C als Strahlenfilter — der Strahlung ausgesetzt wurden. Dabei verringerte sich die Menge des aktiven Vitamins (DAS und GIRI).

5. Reaktivierung. Fast gleichzeitig beobachteten KELNER 1949 und DULBECCO 1949, daß sichtbares Licht — auch langwelliges Ultraviolett ist wirksam — Schädigungen von ultravioletter Bestrahlung teilweise rückgängig machen kann (Abb. 61). Die Keimungshemmung von Actinomycetensporen (KELNER) und die Inaktivierung von Bakteriophagen (alle sieben Phagen der T-Gruppe) wurden durch das nach Bestrahlung einwirkende kurzwellige Licht (440 mμ war schon unwirksam) weitgehend aufgehoben (DULBECCO). Diese Reaktivierung schien zunächst ein recht begrenzter Effekt zu sein. Inzwischen ist er aber auch an vielen anderen Objekten beobachtet worden. So bei Bakterien (KELNER 1950; NOVICK und SZILARD), bei Seeigeleiern (BLUM

u. Mitarb.; GIESE u. Mitarb.; MARSHAK 1950), bei der Hefe (SWENSON u. GIESE), ferner bei *Paramaecium* (KIMBALL und GAITHER) und auch bei Rohextrakten von Enzymen (SHUGAR). Auf einige weitere ältere Beobachtungen weist GIESE hin (MARSHAK, WELLS und GIESE bei Seeigeleiern, ROBERTS, ALDONS bei Protozoen).

Die Reaktivierung tritt bei verschiedenen durch UV-Strahlung beeinflußten Prozessen auf, so wird z. B. die Keimungshemmung rückgängig gemacht, die Überlebensrate steigt, die Teilungsfähigkeit wird heraufgesetzt und Veränderungen des Makronucleus bei *Paramaecium* werden verringert. Aber auch durch UV hervorgerufene genetische Strahlungseffekte treten bei nachträglicher Lichtbestrahlung vermindert in Erscheinung: Die Zahl der Mutanten von Bakterien wird herabgesetzt, und bei *Paramaecium* werden nach Autogamie durch UV-Bestrahlung auftretende Veränderungen (Letalwirkungen) vermindert. Interessant ist, daß die Reaktivierung nicht alle strahlenbedingten Veränderungen gleichmäßig betrifft. So wird die schon mehrmals erwähnte Galaktozymasebildung der Hefe viel stärker restituiert als ihre Vermehrungsfähigkeit (SWENSON und GIESE); die Überlebensrate bei *Paramaecium* verhält sich gegenüber den allein mit UV bestrahlten Tieren wie 2:1; die Teilungsdauer wird dagegen um das

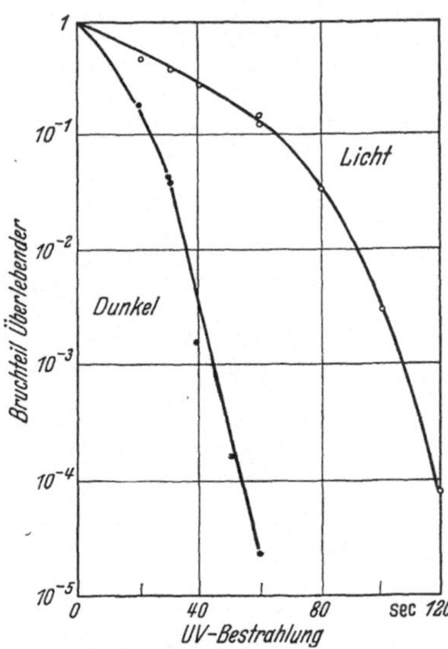

Abb. 61. Reaktivierung bei Bacterium coli nach verschiedener UV-Bestrahlung durch Belichtung. (Nach KELNER).

4- bis 8fache beschleunigt (KIMBALL und GAITHER). Bestimmte Mutationen für die Phagenresistenz werden bei *Escherichia coli* offensichtlich auch verschieden reaktiviert (DULBECCO 1949).

Eine aktivierende Wirkung tritt nach Bestrahlung mit UV verschiedener Wellenlänge (2537; 2650; 2800 bis 3130 Å) auf. Bisher ließ sich aber noch nicht definitiv entscheiden, ob bei dieser unterschiedlichen Vorbehandlung die Reaktivierung bei gleicher nachfolgender Belichtung gleich hoch ist oder nicht (KIMBALL und GAITHER). Ebenso konnte bisher nur ein etwas genaueres Wirkungsspektrum der Reaktivierung von Bakteriophagen (DULBECCO 1950) aufgenommen werden mit einem Maximum bei 3650 Å und beiderseitigem Abfall auf niedrige Werte bei 3150 Å bzw. 4350 Å; bei 4800 war keine Wirkung mehr vorhanden (Abb. 62). KELNER gibt für *Streptomyces* 4340 Å, für *Escherichia coli* 4000 Å als günstig an, während sonst der Bereich zwischen 3600 und 4400 Å als wirksam angesehen wird. Der Erfolg der Reaktivierung wächst zunächst proportional mit steigender Lichtintensität und der Zeitdauer der Bestrahlung, um später weniger rasch zuzunehmen.

Hieraus schließt DULBECCO, daß Dunkelreaktionen an dem Vorgang der Lichtreaktivierung beteiligt sind. Sauerstoff hat nach JOHNSON auf die Reaktivierung keinen Einfluß. Offensichtlich besteht eine Temperaturabhängigkeit der Reaktivierung, obwohl zunächst nicht damit gerechnet wurde, daß mit steigender Temperatur im Anschluß an UV-Bestrahlung allein bereits deutliche Reaktivierungserscheinungen zu beobachten sind, z. B. bei Bakteriophagen (BRESCH), aber auch bei Bakterien (STEIN und MEUTZNER). Vgl. auch die Wärmereaktivierung bei Enzymen (RAPKINE, SHUGAR, SIMINOWICH).

Für die bisher noch nicht eindeutige Aufklärung über die Ursachen der Photoreaktivierung erwiesen sich außer dem bisher Gesagten noch 3 weitere Befunde als aufschlußreich:

1. Durch die Lichteinwirkung wird nur ein gewisser Prozentsatz der Schäden rückgängig gemacht, und zwar derart, daß bei steigender UV-Dosis die Reaktivierungsrate einigermaßen konstant bleibt. Das Licht setzt also die Wirkung einer bestimmten UV-Dosis ohne Änderung der Form der Dosiseffektkurve herab (NOVICK und SZILARD, ähnlich KELNER und DULBECCO, auch die Ergebnisse von KIMBALL und GAITHER an *Paramaecien* stimmen im großen und ganzen damit überein). NOVICK und SZILARD versuchen auf Grund dieser Befunde die Reaktivierung der Bakterien in folgender Weise zu erklären: Durch die UV-Strahlung entsteht proportional zur Dosis eine giftige Verbindung, die in einer

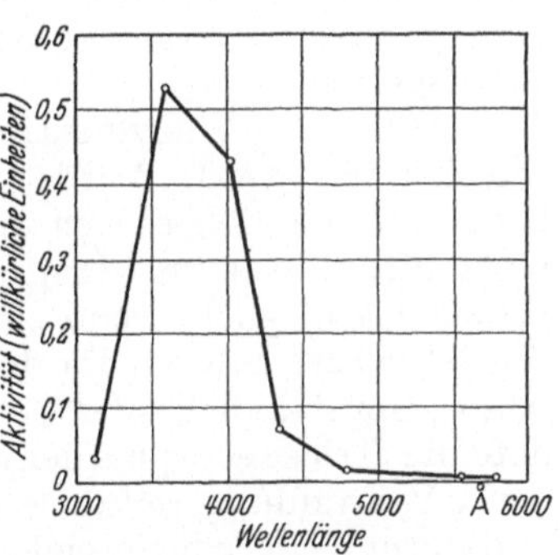

Abb. 62. Das Wirkungsspektrum der Photoreaktivierung von Bacteriophagen (T2r). (Nach DULBECCO). Phage T2r 20 sec UV bestrahlt, an ruhende Bakterien adsorbiert und in Lösung bei 37°C mit „Licht" verschiedener Wellenlängen bestrahlt.

lichtempfindlichen und einer lichtunempfindlichen Form gebildet wird. Hierdurch machten sie das konstante Ansteigen der Reaktivierungsrate verständlich.

2. Ferner ließ sich bei Untersuchungen mit Seeigeleiern (BLUM u. Mitarb., GIESE u. Mitarb.) zeigen, daß die UV-Wirkung selbst nur dann eintrat, wenn entweder ein später zur Befruchtung gebrachtes Sperma bestrahlt wurde oder ein kernhaltiges — befruchtetes oder auch unbefruchtetes — ganzes Ei oder eine kernhaltige Eihälfte benutzt wurde. Dagegen konnten keine Bestrahlungsschäden (Hemmung der Furchung) festgestellt werden, wenn eine kernlose Eihälfte bestrahlt wurde, die erst nach der Bestrahlung befruchtet wurde. Hieraus schlossen BLUM u. Mitarb., daß diese zur Beobachtung der UV-Wirkung herangezogene Schädigung offenbar nur vom Kern, nicht aber vom Plasma abhängt. (Vielleicht ist für die gerade untersuchte Wirkung nur der Anteil der UV-Strahlung wichtig, der durch bestimmte Nucleoproteide absorbiert wird?) Bei den Reaktivierungsversuchen selbst zeigte sich dann, daß UV-bestrahltes Sperma, vor der Befruchtung belichtet, später keine Furchung des Seeigeleies ermöglicht; unter diesen Bedingungen fällt also eine Reaktivierung aus. In allen anderen Fällen

— Belichtung des kernhaltigen, kernlosen oder auch befruchteten Eies nach UV-Bestrahlung — trat dagegen Reaktivierung ein. Diese Untersuchungen wurden zunächst als Hinweis dafür angesehen, daß zu einer Reaktivierung immer die Anwesenheit von Cytoplasma erforderlich sei. Es schien eine vielleicht mehr als nur äußerliche Ähnlichkeit im Verhalten von Ei und Sperma zur Phagenreaktivierung zu bestehen; denn auch nur ein an Bakterien adsorbierter Phage ist durch Licht reaktivierbar (DULBECCO 1950). Ob ein solcher Zusammenhang mit dem Cytoplasma aber wirklich besteht, erscheint fraglich. Eine kürzlich erfolgte Untersuchung von GIESE läßt darauf schließen, daß die Stärke des zur Aktivierung benutzten Lichtes hier möglicherweise für das Ausbleiben des Effektes von Bedeutung ist; denn durch sichtbares Licht geringer Intensität gelang GIESE auch eine Reaktivierung von bestrahltem Sperma.

3. Auch bei Enzymextrakten ist Reaktivierung nach Bestrahlung möglich (SHUGAR). Wurde ein solches Enzymsystem — in dem fraglichen Fall handelt es sich um Triosephosphatdehydrase — mit 2537 Å bestrahlt, so war nur dann eine Erholung nach Bestrahlung mit 3100 bis 3800 Å möglich, wenn sich in dem Fermentansatz auch reduzierte Co-Dehydrase befand. Da deren Spektrum in dem gleichen Bereich eine Absorptionsbande besitzt, so liegt die Annahme nahe (vgl. oben S. 236), daß die Triosephosphatdehydrase an ihren SH-Gruppen im Gefolge der UV-Strahlung teilweise oxydiert worden ist und deshalb zur Reaktivierung ein reduzierendes Agens benötigt. Durch Energieabsorption bei der reaktivierenden Bestrahlung wird die reduzierte Co-Dehydrase in der Lage sein, die Triosephosphatdehydrase teilweise zu reaktivieren. Die Reaktivierung ist aber nicht vollständig, weil nur in der Umgebung der angelagerten und angeregten Co-Dehydrase eine Reduktion des Enzyms an den Sulfhydrylgruppen möglich ist.

Ob die hier wahrscheinlich gemachte Wechselwirkung zwischen zwei Systemen bei allen Reaktivierungsvorgängen eine Rolle spielt, müssen weitere Versuche zeigen, denn die Reaktivierungsprozesse brauchen natürlich durchaus nicht alle dem gleichen Schema zu folgen. Es könnte durch die UV-Bestrahlung auch eine relativ labile Veränderung eines Zellbestandteiles eingetreten sein, dessen ursprünglicher Zustand durch die spätere Lichtbestrahlung wieder hergestellt wird. Als Modell für eine solche Reaktivierung könnte die Umwandlung von Pyridin in NH_4-Glutaronaldehydenolat durch Bestrahlung mit UV und anschließende Rückverwandlung in Pyridin durch Bestrahlung mit Licht (400 bis 700 mμ) dienen (FREYTAG; vgl. auch Photosensibilisierung, S. 244).

Abschließend sei noch bemerkt, daß eine Reaktivierung durch sichtbares Licht nach Röntgenbestrahlung bisher nicht oder nur in ganz geringem Ausmaß festgestellt wurde (BLUM u. Mitarb.; DULBECCO; KIMBALL und GAITHER). Ebensowenig war durch sichtbares Licht eine Reaktivierung nach vorhergehender, durch Riboflavin photosensibilisierter Inaktivierung von Bakteriophagen möglich (GALSTON, vgl. S. 241).

Die Entdeckung der Photoreaktivierung hat also das Problem der UV-Strahlenwirkung erneut in Fluß gebracht. Die UV-Wirkung ist nicht mehr als völlig irreversibel anzusehen, und infolgedessen spielen für den reaktivierbaren, reversiblen Anteil der UV-Wirkung Abbauprozesse, die zur Spaltung der Peptidbindung führen, wohl keine Rolle. Es treten dagegen andere Theorien in den Vordergrund, welche die oben S. 234 genannten Vorstellungen ergänzen: Die Annahme einer Giftwirkung bestimmter durch UV erzeugter Substanzen, die durch den Nachweis indirekter Effekte bei der UV-Strahlenwirkung Bedeutung gewinnt, ferner die Oxydationstheorie, die einen oxydativen Abbau an den chromophoren Systemen selbst oder an besonders empfindlichen Bindungen (SH-Gruppen, Wasserstoffbrücken) nahelegt. Darüber hinaus erweist sich immer mehr, daß die UV-Wirkung in der lebenden Substanz gleichzeitig an ganz verschiedenen Stellen angreift, wobei im einzelnen unterschiedliche Mechanismen wirksam sein müssen, worauf besonders die Arbeiten von SWENSON und GIESE bzw. von KIMBALL und GAITHER hindeuten.

6. Bemerkungen zur Treffertheorie. Im Vorausgegangenen ist die Diskussion ohne besondere Berücksichtigung der Treffertheorie durchgeführt worden. Dafür müßte nämlich die Wirkung der ionisierenden Strahlung, die hier nicht behandelt wurde, stärker herangezogen werden. Außerdem sind aber die Aussagen der Treffertheorie zu allgemein, um bei der genauen Untersuchung der zwischen Bestrahlung und sichtbarer Wirkung ablaufenden Vorgänge eine Aufklärung zu ermöglichen. Trotzdem können eine ganze Reihe der angegebenen Effekte in Form einer Eintrefferkurve dargestellt werden. Bei anderen ist aber auch das nicht möglich. (Im Fall einer Eintrefferkurve ist der Verlauf der Schädigung bekanntlich in halblogarithmischer Darstellung eine Gerade.) Von verschiedenen Seiten ist die vereinfachende Anwendung der Treffertheorie einer gründlichen Kritik unterzogen worden. Es sei hier auf die ausführliche Darstellung der genetischen Seite durch MULLER (1950) hingewiesen. Weiteres Material zu der Frage findet sich bei McLAREN, vor allem bei CURTIS. Die Notwendigkeit der Untersuchung der Zwischenprozesse wird verschiedentlich diskutiert, so bei MARQUARDT, ENGELHARD und HOUTERMANS, GLUBRECHT u. a.

III. Wirkungen der sichtbaren Strahlung.

1. Verschiedene photodynamische Wirkungen. Die verschiedensten photodynamischen Wirkungen sind auch in den letzten Jahren wieder festgestellt worden. So bewirkt sichtbares Licht nach Anfärbung mit Erythrosin Mutationserhöhung bei Pilzen und bei *Escherichia coli* (Phagenresistenz), eine Hemmung der Koloniebildung bei Pilzen und der Teilungsfähigkeit bei Bakterien, Veränderungen, die von R. W. KAPLAN unter vereinfachenden Vorstellungen mit Hilfe der Treffertheorie als 1-, 2- und 3-Treffervorgänge gedeutet werden. Nach Acriflavinfärbung wird die photosensibilisierte Inaktivierung des Tabakmosaikvirus von OSTER und McLAREN untersucht. Nach Riboflavinzusatz konnte GALSTON (1950) Bakteriophagen durch sichtbares Licht inaktivieren. Es ergab sich ein Mehrtreffervorgang.

Bei Pflanzen wurde die Wirkung von Fluorescein, Eosin und Jodeosin auf die Atmung von Wurzeln (*Daucus*, *Petroselinum*) und farblose Gewebe

(*Asparagus*) von ZIEGLER untersucht. Belichtung + Farbstoff läßt die Atmung um 15 bis 20 % ansteigen. Die Farbstoffe allein wirken schwach hemmend. Bei früheren Versuchen von GESSNER hatte sich bei Photosensibilisierung mit Rhodamin keine Steigerung der Atmung ergeben. Je nach ihrem Angriffspunkt, den Absorptions- und Lösungsverhältnissen der Farbstoffe, treten bei der Photosensibilisierung also unterschiedliche Effekte auf. Weitere Beispiele finden sich im folgenden Absatz.

2. Photosensibilisierte Aktivierung und Inaktivierung von Fermentsystemen und Wuchsstoffen. Durch Bestrahlung mit sichtbarem Licht verschiedener Wellenlänge können manche Fermentsysteme bei Vorhandensein eines Photorezeptors unter bestimmten Bedingungen in vivo und auch in vitro aktiviert und inaktiviert werden. Zu vielen bekannten Beispielen (MCLAREN) fügten GALSTON und BAKER (1949) die Inaktivierung von Urease, Tyrosinase und Amylase durch sichtbares Licht nach Riboflavinzusatz hinzu. Ihre Ergebnisse konnte MANDELS für Difkoinvertase bestätigen. Durch Photosensibilisierung mit Rose bengale (15 Min. in 1:40000, belichtet mit 500 erg/mm²sec) ließ sich die Bildung des Galaktozymasesystems bei der Adaptation von Hefe an Galaktose unterdrücken (BRANDT, FREEMANN und SWENSON). Ähnliche Vorgänge spielen in vivo eine Rolle, auch wenn der Photorezeptor und das Wirkungsspektrum des Vorganges vielfach noch unbekannt sind. TOLBERT und BURRIS gelang z. B. die Feststellung, daß durch Bestrahlung mit Licht geringer Intensität in etiolierten Weizenblättern die Bildung bzw. die Aktivität eines Enzyms hervorgerufen wird, das Glykolsäure zu Glyoxylsäure oxydiert, Stoffe, die möglicherweise bei der Photosynthese von Bedeutung sind. Die Chlorophyllbildung koinzidiert nicht mit der Lichtaktivierung dieses Enzyms, auch ist Chlorophyll offenbar zur Aktivierung nicht erforderlich.

Eingehender ist die Inaktivierung von Wuchsstoffen unter Beteiligung von Photorezeptoren untersucht worden, ein Vorgang, der für das Verständnis des biochemischen Mechanismus der Lichtwirkung und speziell für die phototropische Krümmung von Bedeutung ist.

GALSTON u. Mitarb. glauben im Riboflavin bzw. in einem Flavoprotein einen solchen Stoff gefunden zu haben, obwohl bisher β-Carotin als Vermittler hierfür galt. Die Fähigkeit des Riboflavins, als photosensibilisierender Stoff zu dienen, ist allerdings schon viel länger bekannt. Zunächst gelang GALSTON und HAND die Feststellung, daß das Wachstum etiolierter Epikotylabschnitte von *Pisum* in Lösungen von Indolessigsäure (I.E.S.) im Licht gehemmt wird. Weitere Versuche, durch Zufuhr bestimmter Substanzen künstlich eine Inaktivierung der I.E.S. im Licht zu erreichen, führten zu der Feststellung, daß Riboflavin in der Lage ist, im Licht in vitro I.E.S. zu oxydieren (GALSTON 1949). Vor allem aber zeigte sich, daß Gewebebrei aus Epikotylmaterial eine Photoinaktivierung von I.E.S. herbeiführt. Die Bestimmung des Wirkungsspektrums dieser Inaktivierung ergab eine gute Übereinstimmung mit einem Flavinspektrum (GALSTON und BAKER 1949; GALSTON 1950; Abb. 63). Da sich das wirksame Reagens außerdem als thermolabil erwies und keine Dialyse durch Cellophan zeigte, so erscheint der Schluß berechtigt, daß die Lichtinaktivierung der I.E.S. auf dem Weg über eine Photosensibilisierung eines Flavoproteinenzyms erfolgt. Überdies ließ sich die I.E.S. abbauende Reaktion durch Katalase und gewisse Metallionen hemmen. So wurde wahrscheinlich gemacht, daß in dem Rohextrakt H_2O_2 produziert wird (GALSTON 1950; GALSTON und BAKER 1951). Andererseits konnte der I.E.S.-Abbau nach Dialyse eines Hemmstoffes noch beschleunigt werden. Zufügen des Dialysiermaterials stellte die Hemmung wieder her. Hieraus ergibt sich bisher folgendes Bild des Vorganges: In dem Gewebebrei vorhandenes, reduziertes Flavoprotein wird photooxydiert. Bei diesem Vorgang wird H_2O_2 gebildet, das mit Hilfe einer Peroxydase die I.E.S. abbaut. Ist ein Hemmstoff (Dialysat!) vorhanden, der H_2O_2 blockiert, vermag Licht den

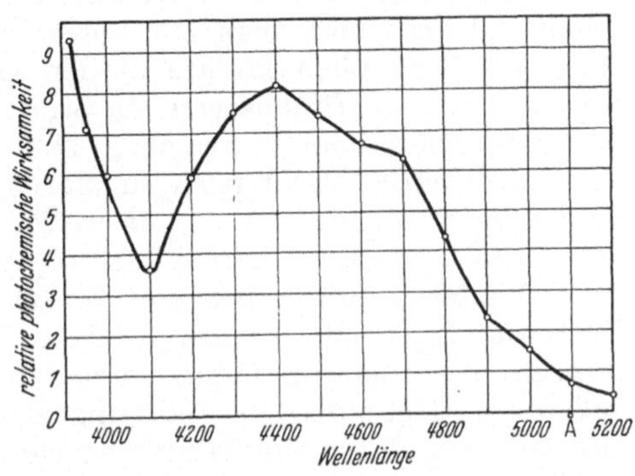

Abb. 63.   Das Wirkungsspektrum für die Photoinaktivierung von I.E.S. durch Brei von etioliertem Erbsen-Epikotyl. Das Spektrum gleicht einem Flavin-Absorptionsspektrum. (Nach GALSTON 1950.)

weiteren Vorgang durch vermehrte Bildung von H_2O_2 auf dem Weg über das Flavoproteinsystem zu aktivieren. Fehlt der Hemmstoff, so vermag auch Licht fast keine weitere Aktivierung zu erzeugen, da dann genügend H_2O_2 vorhanden ist, um unter Mitwirkung der festgestellten Peroxydase I.E.S. zu oxydieren:

$$\text{Flavoprotein} \xrightarrow{\text{Licht}} \text{Flavoprotein}_{ox} + H_2O_2$$

$$H_2O_2 + \text{I.E.S.} \xrightarrow{\text{Peroxydase}} \text{I.E.S.}_{ox} + H_2O.$$

Abgesehen von gewissen Schwierigkeiten dieser Erklärung, die unter anderem darin liegen, daß WAGENKNECHT und BURRIS in einem von TANG und BONNER gefundenen I.E.S. oxydierenden Enzym Cu festgestellt haben, während Peroxydasen Fe-Proteine darstellen (weitere Diskussion bei LARSEN), sprechen aber noch andere Hinweise dafür, daß in der Tat an Stelle des bisher angenommenen β-Carotins ein Flavinsystem auch beim Phototropismus photosensibilisierend wirkt: Durch Riboflavingaben zu Agarstückchen, die mit Wuchsstoffauszügen aus *Avena*-Koleoptilspitzen getränkt und dann belichtet waren, wurde deren Wirkung auf die Krümmung von *Avena*-Koleoptilen fast vollständig unterdrückt (GALSTON und BAKER 1951). β-Carotin sensibilisiert zwar die Photoinaktivierung von Auxin-a-Lacton, aber nicht die von I.E.S., und in einem Gemisch von Carotin und Riboflavin ist nur der Riboflavinanteil an der Inaktivierung der I.E.S. beteiligt (REINERT). Riboflavin ließ sich außerdem in der *Avena*-Koleoptile besonders in der obersten 0,25 mm langen Spitze nachweisen, die relativ frei von Carotinoiden ist (GALSTON 1950). Auch der Umstand, daß Riboflavin ebenso wie die Wuchsstoffe im Cytoplasma vorhanden ist, während sich

β-Carotin nur in den Plastiden findet, spricht für die Annahme, daß Riboflavin einen Photorezeptor für die Inaktivierung von Wuchsstoff darstellt. Jüngst haben zusätzlich BANDURSKY und GALSTON gezeigt, daß eine Mutante vom Roggen, die weniger als das 0,01fache der normalen Konzentration an Carotinoiden besitzt, normalen Riboflavingehalt aufweist und auch zur normalen phototropischen Krümmung fähig ist. Schließlich konnte in den Untersuchungen von SCHOPFER ein Stamm von *Phycomyces* carotinfrei gezogen werden, der aber trotzdem phototropisch reagiert. Die Bedeutung des Carotins in der *Avena*-Koleoptile bleibt noch zu klären, aber sonst zeigt sich hier ein Erfolg versprechender Weg zur weiteren Auflösung des Mechanismus der Strahlenwirkung beim Phototropismus.

3. Photosensibilisierung von Eiweißen und Modellsubstanzen. Die Untersuchungen photosensibilisierter Abbauvorgänge an Modellsubstanzen, die auch im Organismus vorkommen, zeigen bereits jetzt, daß die auftretenden Veränderungen sehr mannigfaltig sind, so daß ihre Deutung durch die Treffertheorie allein nicht möglich ist. Einige Punkte mögen herausgegriffen werden: Bei der Belichtung von Myosinlösung mit Methylenblauzusatz stieg die Viskosität so weit an, daß schließlich ein festes Gel entstand, dessen Zustandekommen als Polymerisierung der photooxydierten Myosinteilchen gedeutet wurde (ENGELHARDT u. Mitarb.). Ein ähnliches Ansteigen der Viskosität stellten WEIL und BUCHERT (1951) bei der Untersuchung von β-Lactoglobulin in Gegenwart von Methylenblau fest. Eine photochemische Polymerisation fanden auch EVANS und URI bei Vinylverbindungen in Anwesenheit von Eisen-3-Hydroxyd. Man könnte daran denken, daß möglicherweise auch die lichtinduzierten Polarisierungsvorgänge durch ähnliche, die Eiweißstruktur ändernde Prozesse zustande kommen.

Über andere Veränderungen an Aminosäuren und Eiweißen wird in den weiterführenden Arbeiten von WEIL u. Mitarb. berichtet. Bei der Belichtung zahlreicher Aminosäuren in Gegenwart von Methylenblau treten unter Sauerstoffaufnahme vorwiegend nur an den fünf Aminosäuren Tyrosin, Tryptophan, Histidin, Methionin und Cystin Veränderungen auf, die zu Oxydationen am zyklischen Kern (vgl. UV-Wirkungen S. 235) und zur schließlichen Sprengung der Ringe führen. Dabei werden intermediär außerdem oxydierende Substanzen gebildet; beim Methionin war es z. B. H_2O_2 (WEIL und MAHER 1950). Man vergleiche auch die genau untersuchte H_2O_2-Bildung bei der Belichtung von Dianthron und Helianthron (BROCKMANN 1949). Bei der Übertragung der an Aminosäuren gemachten Erfahrungen auf Eiweiße (β-Lactoglobulin) war das in die Polypeptidkette eingebaute Histidin gegenüber der Photooxydation am empfindlichsten; es war bereits vollständig oxydiert, wenn Tryptophan erst zu 50% und Tyrosin noch gar nicht angegriffen worden war (WEIL und BUCHERT 1951). Methionin wurde als Aminosäure rapide oxydiert, aber nach dem Einbau in der Polypeptidkette nicht angegriffen. Im übrigen fiel während der Photooxydation die Löslichkeit, Viskosität und Molekulargewicht stiegen an. Die Temperaturabhängigkeit des Vorganges war so gering, wie es einer rein photochemischen Umwandlung entspricht. Die Photooxydation war p_H-abhängig (Anstieg zum basischen Bereich). Andere Eiweiße, z. B. Salmin und Gelatine, die die genannten Aminosäuren nicht oder nur wenig enthalten, wurden dementsprechend im Gegensatz zu Lysozym, Insulin und β-Lactoglobulin bei Methylenblaugegenwart fast nicht photooxydiert. Als weiteres wichtiges Ergebnis wurde keine Hydrolyse einer Peptidbindung durch Photooxydation festgestellt (vgl. die Diskussion zur Frage der Peptidspaltung durch UV S. 235). Diese Arbeiten stellen also einen wesentlichen Fortschritt für das Verständnis der photosensibilisierten Reaktionen dar.

4. Photochemischer Primärvorgang. Die Theorie des photochemischen Primärvorganges ist durch Untersuchungen von G. O. SCHENCK gefördert worden. Bisher wurden bekanntlich besonders zwei verschiedene Möglichkeiten der Photosensibilisierung erörtert (vgl. auch BANDOW bzw. FÖRSTER): Nach den älteren Ansichten von GAFFRON, die durch K. WEBER ergänzt wurden, wird durch den Sensibilisator, der, abgesehen von der Lichtabsorption und dem zu durchlaufenden angeregten Zustand, chemisch nicht an der Reaktion beteiligt ist, die „Aktivierung" eines Acceptors (A) in Gang gesetzt, der dann chemisch weiter reagiert. Nach den Auffassungen von KAUTZKY dagegen handelt es sich bei der Photosensibilisierung stets um eine „Sauerstoffaktivierung". SCHENCK konnte nun die Ansicht von KAUTZKY in gewissen Punkten bestätigen, sie aber auch weiterführen. Danach sind alle photosensibilisierten Reaktionen in Lösungen, wie sie gerade für die lebende Zelle in Betracht kommen, Reaktionen mit O_2, und alle Beobachtungen gehen dahin, daß die Wirkung des Photosensibilisators auf einer chemischen Reaktion des angeregten Sensibilisators mit O_2 beruht. Der Sensibilisator ($Sens_{norm}$) wird dabei zunächst durch die Strahlung in ein gegenüber O_2 reaktionsfähiges „phototrop isomeres" Diradikal ($Sens_{rad}$) verwandelt, z. B.

$$\diagdown \underset{\diagup}{C} = \overset{|}{C} - \overset{|}{C} = \underset{\diagdown}{C} \diagup \overset{Licht}{\longrightarrow} \diagdown \underset{\diagup *}{C} - \overset{|}{C} = \overset{|}{C} - \underset{* \diagdown}{C} \diagup .$$

Dieses bildet im Licht metastabile Verbindungen zwischen $Sens_{rad}$ und O_2. In einer weiteren Reaktion kommt es dann zwischen dieser metastabilen Verbindung und dem Acceptor (A) zu einer chemischen Reaktion, zur Bildung von AO_2:

$$Sens_{norm} \xrightarrow{Licht} Sens_{rad}$$
$$Sens_{rad} + O_2 + A \longrightarrow Sens_{rad} \cdots O_2 + A$$
$$Sens_{rad} \cdots O_2 + A \longrightarrow Sens_{norm} + AO_2$$

5. Chlorophyllzustand. Auf Grund der oben genannten Überlegung und weiterer Experimente (SCHENCK und KINKEL 1951) ergibt sich auch ein besseres Verständnis für die Tatsache, daß sich manche Lösungen von photosensibilisierbaren Farbstoffen bei Anwesenheit geeigneter Acceptoren (z. B. eines Monoolefins neben Mythylenblau oder in den oben angeführten Untersuchungen von GALSTON:

Riboflavin und I.E.S.) bei Abwesenheit von O_2 rasch entfärben, bei seiner Gegenwart aber wesentlich länger stabil bleiben. Hier verhindert nach SCHENCKS Vorstellungen die metastabile Verbindung $Sens_{rad} \cdots O_2$ ein Ausbleichen des Sensibilisators.

$$Sens_{norm} + A \xrightarrow{Licht} Sens_{rad} + A$$
$$Sens_{rad} + A \longrightarrow SensH_2 + Dehydro\ A.$$

Bei Anwesenheit von O_2 sind hierzu erst die Reaktionsprodukte (AO_2) imstande und diese meist erst nach wesentlich längerer Zeit durch eine Reaktion mit $Sens_{rad}$.

Für Chlorophyll könnte bei seiner großen Lichtbeständigkeit in den Pflanzen nach SCHENCK ein Gleiches gelten. Ähnlich wird von FRANCK eine frühere Beobachtung von RABINOWITCH und WEISS diskutiert, die kürzlich von LIVINGSTON genauer untersucht wurde, wonach Chlorophyll in organischen Lösungsmitteln bei starker Belichtung und O_2-Ausschluß reversibel ausbleichen kann. Nach SCHENCK ist es aber dann erforderlich anzunehmen, daß das Chlorophyll in der im Abschnitt 4 dargestellten Weise als phototrop isomeres Diradikal Sauerstoff anlagert. Daß es hierzu fähig zu sein scheint, zeigen Untersuchungen der α-Terpinen-Photosynthese zu Ascaridol bei O_2-Gegenwart, die durch Chlorophyll photosensibilisiert wird. Ascaridol wird bei Belichtung auch in *Chenopodium anthelminticum* gebildet (SCHENCK 1949). Diese Ergebnisse werden dadurch ergänzt, daß interessanterweise kürzlich von DOROUGH und CALVIN (1951) auch an Carotinoiden von *Chlorella* bei O^{18}-Gegenwart (H_2O^{18}) eine bei Belichtung gesteigerte Anlagerung von O^{18} an das Carotinoid selbst festgestellt wurde, die also auch für chemische Veränderungen bei Belichtung spricht. Es würde sich dann auch bei der Photosynthese nicht nur um eine Übertragung von Anregungsenergie handeln, sondern um eine chemische Reaktion an dem angeregten Chlorophyllmolekül. Demgegenüber hält STRAIN noch daran fest, daß das Chlorophyll nicht chemisch bei der Photosynthese in irgendeiner Form verändert wird.

Schließlich sei noch auf die hier zu weit führende sehr anregende und aufschlußreiche Zusammenfassung von FRANCK über die physikalischen Grundlagen der Photosynthese hingewiesen, in denen die hier interessierende Frage des metastabilen Chlorophyllzustandes bei Belichtung in Beziehung zur Fluoreszenz eingehend diskutiert wird.

IV. Biolumineszenz.

Trotz zahlreicher in der letzten Zeit an Bakterien (Zusammenfassung F. H. JOHNSON) und an tierischen Leuchtorganen ausgeführten Untersuchungen der Lumineszenzerscheinungen ist die Aufklärung der Grundvorgänge bei der Biolumineszenz, die eine Summe von photochemischen und Dunkelprozessen darstellen, bisher immer noch nicht gelungen. Die neuen Arbeiten versuchen von 3 verschiedenen Seiten her dem Lumineszenzprozeß auf die Spur zu kommen.

1. Bekanntlich ließ sich zeigen (HARVEY), daß bei dem extracellulären Leuchtvorgang von *Cypridina* (japanischer Ostrakode)

2 Substanzen zur Lichterzeugung notwendig sind, das Luciferin, das bei dem Leuchtvorgang irreversibel oxydiert wird, und das hierzu erforderliche oxydative Fermentsystem, die Luciferase. Luciferin $+ H_2O + O_2$ allein ergibt keine Lichterscheinung, kann aber durch sichtbare Strahlung mit Hilfe von Eosin, Fluorescein oder Riboflavin zur Lumineszenz photosensibilisiert werden. Luciferase ist möglicherweise ein Flavoproteinsystem, da Leuchtorgane und auch Leuchtbakterien viel Flavin enthalten. Es wurde nun versucht, das schon früher bis zu einem bestimmten Grad gereinigte Luciferinsystem (ANDERSON) in seiner Zusammensetzung und Konstitution chemisch (CHASE und GREGG) und unter Zuhilfenahme des erneut ausgemessenen Absorptionsspektrums (SPRUIT; CHASE und BRIGHAM) weiter zu klären. Aus den älteren Absorptionsdaten war geschlossen (CHASE 1943), daß das Luciferinmolekül einen Naphthohydrochinonkern enthalte. Die neuen exakten Messungen unter besonderer Berücksichtigung der Instabilität von Luciferin in Luft — die Oxydation in Luft ist sicher ein anderer Vorgang als die Oxydation beim Leuchtprozeß — ergaben im sichtbaren Spektralbereich ein Maximum bei 435 mμ, im UV-Bereich ein scharfes Maximum bei 265 mμ und ein schwaches bei etwa 310 mμ, Minima bei 360 und 245 mμ. Ein Vergleich mit verschiedenen von SPRUIT hergestellten synthetischen Verbindungen (Naphthohydrochinonderivate) zeigen zwar eine gewisse Ähnlichkeit mit diesen Spektren, aber durchaus keine quantitative Übereinstimmung (CHASE und BRIGHAM). Abgesehen von der Ähnlichkeit des Absorptionsspektrums basierte die Annahme eines Naphthohydrochinonderivates u. a. besonders auf dem früheren Befund, daß gereinigtes Luciferin keinen Stickstoff enthalten sollte. Inzwischen haben CHASE und GREGG jedoch im gereinigten Luciferin 8% Stickstoff gefunden. Da aber auch hier die Reinheit des benutzten *Cypridina*-Luciferinextraktes nicht sicher feststeht, ist immer noch nicht endgültig bewiesen, ob der N wirklich dem Luciferin entstammte.

McELROY (1947) gelang bei der Feuerfliege *Photinus* eine Reinigung und Trennung eines „Luciferin"- und eines „Luciferase"extraktes. Aus seinen Untersuchungen geht jedoch hervor, daß diese Extrakte offenbar andere chemische Eigenschaften besitzen als die von *Cypridina*. Die beiden Leuchtorgane von *Phrixothrix* enthalten ebenfalls wahrscheinlich Substanzen verschiedener Art (HARVEY 1950). Aus Messungen des Aktionsspektrums bei der photochemischen Inaktivierung der Luminiszenz von Leuchtbakterien wurde früher geschlossen (KLUYVER, VAN DER KERK und VAN DER BURG), daß auch *Photobacterium phosphoreum* Luciferin enthält; denn das gemessene Inaktivierungsspektrum korrespondiert mit dem Absorptionsspektrum von 1,4-Naphthochinonabkömmlingen. Bis jetzt liegt aber kein exakter Beweis für das Vorhandensein weder von Luciferin noch von Luciferase bei Leuchtbakterien vor, da das leuchtfähige System noch nicht aus Bakterien extrahiert werden konnte, obwohl vielfach analoge Substanzen wie bei *Cypridina* angenommen wurden (SPRUIT; CHASE und BRIGHAM). Da eine methodisch verbesserte Untersuchung der Lumineszenzspektren von Leuchtbakterien (SPRUIT-VAN DER BURG 1950) unter Berücksichtigung der Eigenabsorption der verwendeten Bakteriensuspension für 3 untersuchte Arten von Photobakterien unterschiedliche Absorptionsmaxima ergab, erscheint es immer wahrscheinlicher, daß das Leuchten der Organismen durch verschiedene Substanzen verursacht wird.

2. Einen wichtigen Fortschritt in der Erkenntnis des Leuchtprozesses selbst bedeutete der frühere Befund von MCELROY und BALLENTINE, daß gereinigtes *Cypridina*-Luciferin labiles Phosphat enthält und daß ein Extrakt aus der Feuerfliege *Photinus*, der nach anfänglichem Leuchten sein Leuchtvermögen weitgehend verloren hat, durch Adenosintriphosphat (ATP) vorübergehend zu hellem Leuchten gebracht werden kann (MCELROY 1947). Es gelang weiter festzustellen, daß ein Luciferin (gelbgrün fluoreszierendes, hitzestabiles System) und ein Luciferaseextrakt (hitzelabil) aus der Feuerfliege, die auch nach Mischung nicht zu leuchten vermögen, durch ATP bei Anwesenheit von anorganischen Ionen (Mg, Co oder Mn) zur Lumineszenz angeregt werden (MCELROY und STREHLER). In weiteren Versuchen wurde nach einer partiellen Reinigung des Lumineszenzsystems gefunden (MCELROY 1951), daß die labile Phosphatgruppe von ATP während der Leuchtreaktion offensichtlich nur zu einem Bruchteil verschwindet: die zunächst festgestellte Abgabe von anorganischem P beim Leuchtvorgang ließ sich auf die Beimengung einer ATP-ase im anfänglich verwendeten Rohextrakt zurückführen. Da anorganisches Triphosphat und Pyrophosphat in der Lage sind, den relativ rasch abklingenden Leuchtvorgang nach ATP-Zugabe erneut anzuregen, wird angenommen, daß ATP im Extrakt gebunden wird und nur zu einem kleinen Teil für die Lichtproduktion zur Verfügung steht. ATP ist noch vorhanden; denn durch Hexokinase kann Phosphat auf Glucose übertragen werden. Zugabe von Triphosphat setzt dann durch Austausch einen Teil der ATP wieder in Freiheit. Aus diesen Daten wird gefolgert, daß die Phosphatbindungsenergie zusammen mit der irreversiblen Oxydation von Luciferin die Aktivierungsenergie für die Verbindungen liefert, die schließlich das Lumineszenzlicht emittieren. Die Ergebnisse sind gleichzeitig ein wichtiger weiterer Hinweis für die Verwendung energiereicher Phosphatverbindungen im Organismus. Bei Leuchtbakterien hemmt nach älteren Angaben P ebenso wie Ca in höheren Konzentrationen die Lumineszenz (JOHNSON und HARVEY). Neuerdings zeigte SCHNEYER jedoch, daß Ca und P, zusammen in niedriger Konzentration gegeben, einen stimulierenden Effekt auf den Leuchtvorgang ausüben. Der Einfluß wächst bei Erniedrigung der Temperatur. Eine Beteiligung von energiereichem P am Leuchtprozeß ist bei Leuchtbakterien aber noch nicht nachgewiesen.

3. Schließlich wird versucht, das zum Leuchtvorgang wichtige System dadurch zu erfassen, daß durch Bestrahlung von Leuchtbakterien gewonnene Mutanten, die kein Leuchtvermögen mehr besitzen, durch Zugabe geeigneter Substanzen wieder zum Leuchten gebracht werden (Anzucht und Kulturmethoden bei MILLER, FARGHALY und MCELROY). Bei Bestrahlung von *Achromobacter Fischeri* (MCELROY

und FARGHALY) wurden Mutanten gefunden, die nicht mehr zu leuchten vermögen, deren Wachstum aber gleichzeitig auch unterdrückt ist. Zugaben von Arginin bzw. d-1-Asparaginsäure ergaben erneutes Wachstum und nach einer Latenzzeit auch Leuchten. Zugabe von Methionin, Leucin und Isoleucin hob die Latenzzeit auf, so daß diese Aminosäuren vielleicht etwas mit dem Leuchtsystem zu tun haben. FARGHALY fand, daß besonders Methionin und Lysin sowie Methionin und Histidin, letztgenanntes aber nicht für sich allein, die Lumineszenz fördern. Da DOUDOROFF bei *Bacterium phosphoreum* beobachtete, daß Methionin auch hier zur Lichtproduktion erforderlich war, so darf wohl geschlossen werden, daß Methionin eine wichtige Funktion bei der Synthese des Leuchtsystems ausübt. Auch hier sind aber weitere Versuche nötig.

V. Energietransport.

Zur Erhaltung der Strukturen der lebenden Substanz und zum Ablauf der Stoffwechselprozesse ist dauernde Zufuhr von Energie an die Orte des Verbrauchs erforderlich. Diese Energiezufuhr muß möglichst verlustlos erfolgen, da bei den im wesentlichen isotherm ablaufenden Lebensprozessen anfallende Wärme nicht wieder in Arbeit umgesetzt werden kann. Die Fragen des Energietransportes sind seit dem letzten Bericht (Fortschr. Bot. 12) wieder mehrfach besprochen worden. Sie sollen hier in 2 Abschnitten behandelt werden, je nachdem, ob die Energie an oder in bestimmten Strukturen weitergeleitet wird (Energieleitung bzw. Energiewanderung) oder ob die Energie durch Diffusion, gebunden an einen mehr oder weniger weit bewegbaren materiellen Träger, transportiert wird (Energieüberführung; Definition nach BÜCHER). Beide Erscheinungsformen des Energietransportes scheinen aber eng miteinander in Beziehung zu stehen. Zusammenfassende Darstellungen finden sich bei BÜCHER und BANDOW; Teildarstellungen bei GEISSMAN und BRIEGLEB.

1. Energieleitung und -wanderung. Bei den verschiedensten Prozessen in der Zelle ist eine Energieausbreitung unter Beteiligung der Eiweißstruktur anzunehmen. Hierher gehört u. a. die Elektronenübertragung bei der Atmung durch die Atmungsfermentsysteme (z. B. Cytochromsystem), die Weitergabe der Wirkung aktivierender Gruppen bei Enzymen, die Übertragung von Anregungsenergie bei der Einstrahlung von UV oder sichtbarem Licht auf reagierende Gruppen, der Energietransport in den an der Photosynthese beteiligten Farbstoffen, bei Tieren außerdem die Energieausbreitung bei der Muskelkontraktion und die Erregungsleitung der Nervenzelle. Es ist deshalb verständlich, daß mit Hilfe der vorhandenen Modellvorstellungen der Eiweißstrukturen verschiedene, experimentell allerdings noch nicht entscheidbare Vorstellungen zur Erklärung dieser Phänomene diskutiert werden. Als Grundlage wird von der Theorie der Eiweißstruktur ausgegangen und das Vorhandensein von Wasserstoffbrücken zwischen den gestreckten oder auch gefalteten Polypeptidketten berücksichtigt. Die Wasserstoffbrücken können parallel zur Polypeptidkette und vor

allem senkrecht zu ihr vorhanden sein. Die Theorie der Wasserstoff-
brücken (vgl. BRIEGLEB) ist durch die neuen, s. oben S. 230, genannten
Untersuchungsmethoden der Ultrarotspektroskopie wesentlich aus-
gebaut worden: eine Covalenzbindung wird bei den H-Brücken auf
Grund dieser neuen Untersuchungen nicht angenommen. Die Kräfte der
H-Brückenbindung sind wesentlich elektrostatischer Natur (BRIEGLEB;
CANNON; FUSON und JESIEU; DAVIES).

Die Probleme der Energiewanderung, bei der die Energie ohne
Bindung an einen materiellen Träger in Form einer elektrodynamischen
Koppelung von Elektronenoszillatoren weitergegeben werden soll,
werden in den Arbeiten von SCHEIBE, SCHEIBE und BRÜCK, FÖRSTER
an Hand von Modellsubstanzen diskutiert. In den Farbstoffpolymeri-
saten von SCHEIBE ist der Energietransport auch über VAN DER WAALS-
sche Bindungen hinweg möglich.

Nach den Vorstellungen der Energieleitung bewegen sich dagegen Teile der Atome oder Moleküle als Träger der Energie an bestimmten Strukturen entlang. Es wird entweder das Bändermodell
von SCHÖN benutzt, wonach durch die Anregungsenergie Elektronen auf ein höheres Energieniveau gehoben werden, so daß sie
innerhalb einer Struktureinheit beweglich werden. EVANS und GER-
GELY berechnen unter bestimmten, nicht bewiesenen Voraussetzungen
die Größe einer solchen Energieleitung sogar über Wasserstoffbrücken hinweg. Oder aber es wird an eine andere Möglichkeit
gedacht, nach der sich im Eiweiß eine „Störung" durch Änderung mesomerer Molekülzustände unter Vermittlung der π-Elektronen
ausbilden kann. Wie sich an Modellen von Diphenylpolyenen zeigen
ließ, ist die Fortleitung der Störung hier aber sofort unterbrochen,
sobald an einer Stelle keine konjugierten Doppelbindungen auftreten
(BRIEGLEB). Über Wasserstoffbrücken hinweg soll sich diese Störung
nur durch Protonenverschiebung auszubreiten vermögen (WIRTZ).
Schließlich wird von SCHMITT und PURRMANN, ebenfalls unter Zuhilfenahme von Systemen konjugierter Doppelbildungen, eine Energieleitung im Eiweiß über die Säureamidgruppen und die Wasserstoffbrücken hinweg vorgeschlagen (Amidkettentheorie). Entgegen dem Vorschlag von WIRTZ setzt die Elektronenüberführung über die Säureamid-
kette aber den Übergang von Elektronen über die H-Brücke neben
einer Protonenverschiebung voraus. Ein ähnlicher Vorschlag wird ausführlich von GEISSMAN diskutiert.

Die Möglichkeit für das Bestehen mesomerer Zustände wird schließlich von LANGENBECK dazu benutzt, die aktivierende Wirkung von
Apofermenten auf zugehörige Co-Fermente zu erklären. Die bisherigen
Untersuchungen haben nämlich ergeben, daß bereits kleine Veränderungen an bestimmten Gruppen des Apoferments, nämlich an den
freien Resten der Polypeptidketten (aktivierende Gruppen) genügen,
um die Wirkung eines Fermentes zu verändern (z. B. Dehydrierung
der Thiolgruppen einiger Hydrolasen, Acetylierung von p-Oxyphenyl-
gruppen des kristallinen Pepsins). Die aktivierende Wirkung dieser
Gruppen soll nun nach LANGENBECK dadurch übertragen werden, daß

die betreffenden Gruppen den für die katalytische Wirkung geeigneten mesomeren Zwischenzustand im Proteinmolekül des Apofermentes einstellen. Die aktivierende Wirkung soll dann weiter vom Apoferment auf das Co-Ferment über VAN DER WAALSsche Bindungen übertragen werden. Energieübertragung auch über VAN DER WAALSsche Bindungen hinweg ist von SCHEIBE an Modellsubstanzen festgestellt worden. Zum Unterschied von der Energieleitung, wo die mesomeren Zustände vorübergehend gebildet werden, sollen sie bei der Wirkung aktivierender Gruppen so lange vorhanden sein, wie die aktivierenden Gruppen vorliegen.

2. Energieüberführung. Für die Energieüberführung bildet das Adenylsäuresystem mit seiner Fähigkeit zur Übertragung von energiereicher Phosphatbindungsenergie ein bekanntes Beispiel (vgl. Fortschr. Bot. 12 und 13). Eine genaue thermodynamische und kinetische Betrachtung des Problems findet sich bei OESPER und bei OGSTON und SMITHIES. Auch ist in den letzten Jahren die Beteiligung energiereicher Phosphate bei der Biolumineszenz (MCELROY) sehr wahrscheinlich gemacht worden und ihre mögliche Bedeutung bei der Photosynthese wurde wiederholt betont (KANDLER, HOLZER).

Vor allem wurde aber durch zahlreiche Untersuchungen festgestellt, daß bei dem zentralen Vorgang der Energiegewinnung während des Abbaus der Kohlenhydrate, der bis vor kurzem noch völlig rätselhaft war, oxydative Phosphorylierungen eine große Rolle spielen (LEHNINGER; FRIEDKIN und LEHNINGER; LYNEN und HOLZER). Wenn auch der Reaktionsmechanismus im einzelnen immer noch zur Diskussion steht (z. B. JUDAH und ASHMAN, POTTER u. Mitarb.; BARKULIS und LEHNINGER; CASE und MCILWAIN u. a.), so zeigt doch das unter verschiedenen Bedingungen und mit spezifischen Hemmstoffen bei der Atmung untersuchte P:O-Verhältnis, daß während der Elektronenübertragung durch die Atmungsfermente auf den Sauerstoff Adeninnucleotide Phosphat in energiereicher Bindung aufnehmen und so als Primäracceptoren der bei der Atmung frei werdenden Energie dienen. Mit dieser sogenannten Atmungskettenphosphorylierung (im Gegensatz zu der bekannten Substratphosphorylierung beim Glucoseabbau) tritt also ein wichtiger Knotenpunkt verschiedener Energieübertragungsmechanismen in Erscheinung: die Energieleitung mit Hilfe des Elektronentransportes und der Phosphorylierungsvorgang. Den Übergang von dem einen zum anderen System versuchen SCHMITT und PURRMANN bereits mit ihren oben genannten Überlegungen zu beschreiben.

Es wurde schon häufiger vermutet, daß außer energiereichen Phosphatbindungen noch andere Systeme zur Übertragung von Bindungsenergie in der Zelle vorkommen. LYNEN fand nun bei Untersuchungen über den Abbau der Essigsäure einen neuen Typ einer solchen Bindung. Schon in früheren Arbeiten wurde die Bedeutung der sogenannten „aktivierten Essigsäure" für viele Probleme des intermediären Stoffwechsels als wichtig erkannt (vgl. OCHOA; MARTIUS und LYNEN; vgl. ferner S. 334). LIPMANN und KAPLAN entdeckten bei Untersuchungen über die Acetylierung von Sulfonamiden in der Leber ein unbekanntes Co-Ferment, das die Acetylierung wesentlich fördert. Die weitere Untersuchung (z. B. KORKES, STERN, GUNSALUS und OCHOA; SNELL u. Mitarb.) ergab, daß die „aktivierte Essigsäure" wahrscheinlich eine Verbindung zwischen diesem Co-Ferment A und Essigsäure darstellt. LYNEN und REICHERT konnten kürzlich den wirksamen Faktor beim Essigsäureabbau der Hefe genauer identifizieren. Das Co-Ferment A, das ein Pantothensäurederivat darstellt und außerdem Adermin, Phosphorsäure und β-Merkapto-Äthylamin enthält, besitzt als Wirkgruppe eine SH-Gruppe und vermag die Acetylgruppe von einem Acetyldonator auf einen Acceptor zu übertragen.

$$\text{Acetyl-D} \Big\rangle \quad \Big\langle \begin{matrix} R-SH \\ R-S-CO-CH_3 \end{matrix} \Big\rangle \quad \Big\langle \begin{matrix} \text{Acetyl-A} \\ A \end{matrix}$$

Acetyldonator   Co-Ferment A   Acetylacceptor.

Die an S in energiereicher Form gebundene Acetylgruppe, deren Bindungsenergie inzwischen zu $\triangle F = -13$ Kcal/Mol (p_H 7) berechnet wurde (STERN und OCHOA[1]), kann entweder für endergone Biosynthesen direkte Verwendung finden (untersucht wurde bereits der Aufbau von Acetylsulfanilamid, Acetylcholin und vor allem der von Citronensäure), oder aber es kann auch eine Überführung dieser Acylmerkaptanbindungsenergie in Phosphatbindungsenergie und umgekehrt stattfinden. LYNEN und REICHERT schlagen folgendes Schema vor:

$$\text{ATP} + R-SH \qquad\qquad R-S-COCH_3 + H_3PO_4$$
$$\updownarrow \qquad\qquad\qquad\qquad\qquad\qquad \updownarrow$$
$$\text{ADP} + R-S-PO_3H_2 \;\rightleftharpoons\; R-S-PO_3H_2 + CH_3-COOH.$$

Der Energietransport unter Zuhilfenahme eines materiellen Trägers, an den die Energie in Form von Bindungsenergie geknüpft ist, ist also in der Zelle noch weiter verbreitet, als es auf Grund der zahlreichen Ergebnisse mit dem Adenylsäuresystem bisher schon als erwiesen zu gelten hat[1].

Literatur.

ALBAUM, H. G., M. OGUR u. A. HIRSHFELD: Arch. of Biochem. **27**, 130 (1950). — ANDERSON, R. S.: J. Gen. Physiol. **19**, 301 (1935).

BANDOW, F.: Lumineszenz. Stuttgart: Wissenschaftl. Verlagsanstalt 1950. — BANDURSKI u. W. A. GALSTON: unveröffentlicht, nach W. A. GALSTON 1950. — BARER, R.: Lancet **1**, 533 (1949). — BARER, R., A. R. H. COLE u. H. W. THOMPSON: Nature (Lond.) **163**, 198 (1949). — BARER, R., E. R. HOLLIDAY u. E. M. JOPE: Biochimica et Biophysica Acta **6**, 123 (1950). — BARKULIS, S., u. A. L. LEHNINGER: J. of biol. Chem. **190**, 339 (1951). — BARRON, S. G.: Biol. Bull. **97**, 44 (1949). — BARRON, S. G., u. SH. DICKMAN: J. Gen. Physiol. **32**, 537 (1949). — BARRON, S. G. u. V. FLOOD: J. Gen. Physiol **33**, 229 (1949/50). — BLUM, H. F., G. M. LOOS, J. P. PRICE u. J. C. ROBINSON: Nature (Lond.) **164**, 1011 (1949). — BLUM, H. F., J. C. ROBINSON u. G. M. LOOS: Biol. Bull. **99**, 342 (1950) — J. Gen. Physiol. **34**, 167 (1950). — BRADFIELD, J. R. G.,

---

[1] Anmerkung bei der Korrektur: Inzwischen ist über die Bedeutung von Acetyl-Co-Enzym A zur Energieausnutzung in der Zelle eine wertvolle Zusammenstellung von H. HOLZER [Angew. Chem. **64**, 248 (1952)] erschienen.

u. M. ERRERA: Nature (Lond.) **164**, 532 (1949). — BRANDT, C. L., P. J. FREEMANN u. P. A. SWENSON: Science (N. Y.) **113**, 383 (1950). — BRESCH, C.: Z. Naturforschg. **5b**, 420 (1950) — Z. Elektrochem. **55**, 580 (1951). — BRIEGLEB, G.: In: Zwischenmolekulare Kräfte. Karlsruhe: G. Braun 1949. — BROCKMANN, H.: Angew. Chem. **61**, 336 ,389 (1949). — BROCKMANN, H., E. WEBER u. E. SANDER: Naturwiss. **37**, 43 (1950). — BROCKMANN, H., E. H. FREIH. v. FALKENHAUSEN, R. NEEFF, A. DORLARS u. G. BUDDE: Chem. Ber. **84**, Nr. 9, 865 (1951). — BRÜGEL, W.: Physik und Technik der Ultrarotstrahlung. Hannover 1951. — BÜCHER, F. B.: Angew. Chem. **62**, 256 (1950). — BÜCHER, TH., u. J. KASPERS: Naturwiss. **42**, 93 (1946). — BURCH, C. R.: Proc. Phys. Soc. London **59**, 41 (1947).

CALCUTT, G.: Nature (Lond.) **166**, 443 (1950). — CANNON, C. G.: Angew. Chem. **63**, 440 (1951). — CARPENTER, D. C.: J. amer. chem. Soc. **62**, 289 (1940). — CASE, E. M., u. H. McILWAIN: Biochem. J. **48**, 1 (1951). — CASPERSSON, T.: Chromosoma **1**, 562 (1940) -- Symp. Soc. exp. Biol. **1**, 127 (1947) — Nature (Lond.) **163**, 66 (1949) — Cell Function and Cell Growth. New York 1950. — CHASE, A. M.: J. of biol. Chem. **150**, 433 (1943). — CHASE, A. M., u. J. H. GREGG: J. cell. and comp. Physiol. **33**, 67 (1949). — CHASE, A. M., u. E. BRIGHAM: J. of biol. Chem. **190**, 529 (1950). — COMMONER, B.: Science (N. Y.) **111**, 71 (1950). — COMMONER, B., u. D. LIPKIN: Science (N. Y.) **110**, 31, 41 (1949). — CURTIS, G.: Ann. Rev. Physiol. **13**, 41 (1951).

DANNENBERG, H.: Z. Naturforschg. **4b**, 327 (1949) — Angew. Chem. **63**, 208 (1951). — DARMON, S. E., u. G. B. SUTHERLAND: Nature (Lond.) **164**, 440 (1949). — DAS, R., u. K. V. GIRI: Science (N. Y.) **114**, 131 (1951). — DAVIES, M. M.: Angew. Chem. **63**, 440 (1951). — DAVIS, E. A.: Science (N. Y.) **112**, 113 (1950). — DOROUGH, G. D., u. M. CALVIN: J. amer. chem. Soc. **73**, 2362 (1951). — DOUDOROFF, M.: J. Bacter. **44**, 451 (1942). — DULBECCO, R.: Nature (Lond.) **163**, 949 (1949) — J. Bacter **59**, 329 (1950).

EGLE, K., u. A. ERNST: Z. Naturforschg. **4b**, 351 (1949). — ELLIS, J. W., u. L. GLATT: J. chem. Physics **19**, 449 (1951). — ENGELHARDT, W. A., N. S. DEMJANOWSKAJA u. T. W. WENKSTERN: Ber. Akad. Wiss UdSSR (N. S.) **72**, 923 (1950), Ref. — ENGELHARD, H., u. T. HOUTERMANS: Z. Naturforschg. **5b**, 30, 264 (1950); **6b**, 384 (1951). — EVANS, M. G., u. J. GERGELY: Biochim. et Biophys. Acta **3**, 188 (1949). — EVANS, M. G., u. N. URI: Nature (Lond.) **164**, 404 (1949).

FARGHALY, A. H.: J. cell. and comp. Physiol. **36**, 165 (1950). — FIALA, S.: Biochem. Z. **318**, 67 (1947). — FITZPATRICK, TH. B., A. B. LERNER, E. CALKINS u. W. H. SUMMERSON: J. invest. Derm. **12**, 7 (1949). — FÖRSTER, TH.: Naturwiss. **33**, 166 (1946) — Z. Elektrochemie **52**, 292 (1948), Diskussionsbemerkung. — FRANCK, J.: Ann. Rev. Plant. Physiol. **2**, 53 (1951). — FREYTAG, H.: Z. Naturforschg. **3b**, 465 (1948). — FRIEDEWALD, J. S., W. BUSCHKE, J. CROWELL u. A. HOLLAENDER, J. cell. a. comp. Physiol. **32**, 161 (1948). — FRIEDKIN, M., u. A. L. LEHNINGER: J. of biol. Chem. **178**, 611 (1949). — FUSON, N., u. M. L. JESIEU: Angew. Chem. **63**, 440 (1951).

GAFFRON, H.: Biochem. Z. **287**, 130 (1936). — GALSTON, A. W.: Proc. Nat. Acad. Sci. **35**, 10 (1949) — Science (N. Y.) **111**, 619 (1950). — GALSTON, A. W., u. R. S. BAKER: Amer. J. Bot. **36**, 773 (1949) — Plant. Physiol. **26**, 311 (1951). — GALSTON, A. W., u. M. E. HAND: Amer. J. Bot. **36**, 85 (1949). — GEISSMAN, T. A.: Quart. Rev. Biol. **24**, 309 (1949). — GESSNER, F.: Planta (Berl.) **32** (1941/42). — GESSNER, F., u. A. DIEHL: Arch. Mikrobiol. **15**, 439 (1951). — GIERER, A., u. K. WIRTZ: Ann. Physik **6**, 257 (1949). — GIESE, A. C.: Physiologic. Rev. **30**, 431 (1950). — GIESE, A. C., u. H. L. LEIGHTON: unveröffentlicht, s. GIESE: Physiologic. Rev. **30**, 431 (1950). — GIESE, A. C., u. W. H. SWANSON: J. cell. a. comp. Physiol. **30**, 285 (1947). — GLUBRECHT, H.: Angew. Chem. **62**, 412 (1950) — Z. Naturforschg. Im Druck. — GORDON, E. E.: Arch. physic. Med. **29**, 36 (1948). — GRAUL, E. H.: Strahlenther. **78**, 257 (1949); **80**, 35, 281 (1949). — GREY, D. S.: J. optical Soc. Amer. **39**, 723 (1949).

HAAS, F. L., J. B. CLARK, O. WYSS u. W. S. STONE: Amer. Naturalist **84**, 261 (1950). — HAAS, W. J., I. W. SIZER, J. R. LOOFBOUROW: Biochim. et Biophys. Acta **6**, 601 (1951). — HARVEY, E. N.: Biol. Bull. **99**, 360 (1950). — HAUROWITZ, F.: Chemistry and Biology of Proteïns. New York 1950. — HEYROTH, F. F., u. J. R. LOOFBOUROW: J. amer. chem. Soc. **53**, 3441 (1931). — HOLLAENDER, A.: J. Nat. Cancer Inst. **2**, 23 (1941). — HOLTZ, F.: Strahlenther. **83**, 138 (1950). — HOLZER, H.: Z. Naturforschg. **6b**, 424 (1951).

JOHNSON, F. H.: Adv. Enz. **7**, 215 (1947). — JOHNSON, F. H., E. A. FLAGLER u. H. F. BLUM: Proc. Soc. exper. Biol.Med. **74**, 32 (1950). — JUDAH, J. D., u. H. G. W. ASHMAN: Biochem. J. **48**, 33 (1951).

KANDLER, O.: Z. Naturforschg. **5b**, 338 (1950). — KAPLAN, E. H., E. D. CAMPBELL u. A. D. McLAREN: Biochim. et Biophys. Acta **4**, 493 (1950). — KAPLAN, R. W.: Z. Naturforschg. **3b**, 29 (1948) — Naturwiss. **37**, 276, 308 (1950) — Planta (Berl.) **38**, 1 (1950). — KAUTZKY, A.: Strahlenther. **80**, 163 (1949) —. KELNER, A.: Proc. Nat. Acad. Sci. **35**, 73 (1949) — Bact. Proc. **53** (1950). — KIMBALL, R. F., u. N. GAITHER: J. cell. Physiol. **37**, 211 (1951). — KLUYVER, A. J., G. J. M. VAN DER KERK u. A. VAN DER BURG: Proc. K. Akad. Wetensch. Amsterdam **45**, 886 (1942.) (Nach CHASE u. BRIGHAM.) — KOFMAN, E. B.: Biochimija **14**, 372 (1949). Russisch. Ref. Ber. Wiss. Biol. **70**, 513 (1949). — KORKES, S., J. R. STERN, J. C. GUNSALUS u. S. OCHOA: Nature (Lond.) **166**, 439 (1950). — KORTÜM, G., u. G. DREESEN: Ber. dtsch. Chem. Ges. **84**, 182 (1951). — KRATKY, O., u. E. SCHAUENSTEIN: Z. Naturforschg. **5b**, 281 (1950). — KUNITZ, M.: J. of biol. Chem. **164**, 563 (1946).

LABAW, L. W., V. M. MOSLEY u. R. W. G. WYCKOFF: Biochim. et Biophys. Acta **5**, 327 (1950). — LANGENBECK, W.: Naturwiss. **37**, 44 (1950) — Z. Elektrochem. **59**, 393 (1950) — Angew. Chemie **63**, 220 (1951). — LANGENDORFF, H.: Strahlenther. **83**, 33 (1950); **85**, 391 (1951). — LARSEN, P.: Ann.Rev.PlantPhysiol. **2**, 169 (1951). — LATARJET, R., u. P. MORENNE: Ann. Inst. Pasteur. **80**, 220 (1951). — LEHNINGER, A. L.: J. of biol. Chem. **178**, 625 (1949); **190**, 345 (1951). — LIPMANN, F., u. N. O. KAPLAN: J. of biol. Chem. **174**, 37 (1948). — LIVINGSTON, R.: In: Photosynthesis in Plants. Ames Jowa 1949. — LOOFBOUROW, G. R.: Growth XII Suppl., 77 (1948). — LUFT, K. F.: Angew. Chem. B **19**, 9 (1947). — LÜTTKE, W.: Angew. Chem. **63**, 402 (1951). — LYNEN, F.: Angew. Chem. **63**, 490 (1951). — LYNEN, F., u. H. HOLZER: Liebigs Ann. **563**, 213 (1949). — LYNEN, F., u. E. REICHERT: Angew. Chem. **63**, 47 (1951).

MALY, R.: Z. Abstammgslehre **83**, 447 (1951). — MANDELS, G. R.: Plant. Physiol. **25**, 763 (1950). — MANDL, I., u. A. D. McLAREN: Nature (Lond.) **164**, 749 (1949). — MANDL, I., B. LEVY u. A. D. McLAREN: J. amer. chem. Soc. **72**, 1790 (1950). — MARQUARDT, H.: Z. Abstmmgslehre **83**, 513 (1951). — MARSHAK, A.: Biol. Bull. **97**, 315 (1950). — MARTIUS, C., u. F. LYNEN: Adv. Enz. **10**, 167 (1950). — McELROY, W. D.: Proc. Nat. Acad. Sci. **33**, 342 (1947) — J. of biol. Chem. **191**, 547 (1951). — McELROY, W. D., u. R. BALLENTINE: Proc. Nat. Acad. Sci., U. S. **30**, 377 (1944). — McELROY, W. D., u. A. H. FARGHALY: Arch. Biochem. **17**, 379 (1948). — McELROY, W.D., u. B. L. STREHLER: Arch. Biochem. **22**, 420 (1949). — McLAREN, A. D.: Adv. Enz. **9**, 75 (1949) — Arch. Biochem. **31**, 72 (1951). — McLAREN, A. D., u. P. FINKELSTEIN: J. amer. chem. Soc. **72**, 5423 (1950). — McLEAN, D. J., u. A. C. GIESE: (1) J. of biol. Chem. **187**, 537 (1950); (2) **187**, 543 (1950). — MELLORS, R. C.: Science (N. Y) **112**, 381 (1950). — MELLORS, R. C., R. E. BERGER u. H. G. STREIM: Science (N. Y). **111**, 627 (1950). — MELLORS, R. C., J. F. KEANE jr. u. H. G. STREIM: Nature (Lond.) **166**, 26 (1950). — MILLER, H., A. H. FARGHALY u. W. D. McELROY: J. Bacter. **57**, 595 (1949). — MITCHELL, J. S., u. E. K. RIDEAL: Proc. roy. Soc. London s. A. **167**, 342 (1939). — MÖGLICH, F., u. M. SCHÖN: Naturwiss. **26**, 199 (1938). — MONOD, M. J., A. TORRIANI u. M. JOLIT: C. r. Acad. Sci. Paris **229**, 557 (1949). — MONTFORT, C.: Planta (Berl.) **38**, 119 (1950) — Z. Naturforschg. **5b**, 221 (1950). — MONTFORT, C., u. L. ROSENSTOCK: Z.

Naturforschg. **5b**, 171 (1950). — MULLER, H. G.: J. cell. Physiol. **35**, 9 (1950). — NOVICK, A., u. L. SZILARD: Proc. nat. Acad. Sci. U. S. A. **35**, 591 (1949).

OCHOA, S.: Physiol. Rev. **31**, 56 (1951). — OESPER, P.: Arch. Biochem. **27**, 255 (1950). — OGSTON, A. G., u. O. SMITHIES: Physiol. Rev. **28**, 283 (1948). — OSTER, G., u. A. D. McLAREN: J. Gen. Physiol. **33**, 215 (1949/50). — POLLISTER, A. W., u. H. H. SWIFT: Science (N. Y.) **111**, 68 (1950). — POTTER, V. R., G. G. LYLE u. W. C. SCHNEIDER: J. of biol. Chem. **190**, 193 (1951).

RABINOWITCH, E., u. J. WEISS: Vgl. in RABINOWITCH: Photosynthesis I. New York 1945. — RAPKINE, L., D. SHUGAR u. SIMINOWITCH: Arch. Biochem. **26**, 33 (1950). — RAPPORT, D., u. A. CANZANELLI: Science (N. Y.) **112**, 469 (1950). — REINERT, J.: Naturwiss. **39**, 47 (1952).

SCHAUENSTEIN, E., J. O. FIXL u. O. KRATKY: Mh. Chem. **80**, 143 (1949). — SCHENCK, G. O.: Naturwiss. **35**, 28 (1948) — Z. Naturforschg. **3b**, 59 (1948) — Angew. Chem. **61**, 332, 389 (1949); **62**, 481 (1950) — Z. Elektrochem. **55**, 505 (1951) — Angew. Chem, **63**, 286 (1951) — Naturwiss. **38**, 355 (1951). — SCHENCK, G. O., u. K. G. KINKEL: Naturwiss. **38**, 355, 503 (1951). — SCHEIBE, G.: Z. Elektrochem. **52**, 283 (1948). — SCHEIBE, G., u. D. BRÜCK: Z. Elektrochem. **54**, 403 (1950). — SCHMITT, W.: Z. Naturforschg. **2b**, 98 (1947). — SCHMITT, W., u. R. PURRMANN: Z. Naturforschg. **3b**, 411 (1948). — SCHNEYER, L. H.: J. cellul. Physiol. **37**, 337 (1951). — SCHÖN, M.: Angew. Chem. **63**, 222 (1951). — SCHOPFER, N. H., u. Mitarb.: Experientia **6**, 419 (1950); **7**, 218 (1951). — SCHREIBER, H.: Strahlenther. **77**, 243 (1948). — SHUGAR, D.: Biochim. et Biophys. Acta **6**, 548 (1951) — Experientia **7**, 26 (1951). — SIEBERT, W.: Angew. Chem. **62**, 389 (1950). — SNELL, E. E., u. Mitarb.: J. amer. chem. Soc. **72**, 5349 (1950). — SPRUIT, C. J. P.: Enzymologia **13**, 191 (1949). — SPRUIT-VAN DER BURG, A.: Biochim. et Biophys. Acta **5**, 175 (1950). — STEIN, W., u. I. MEUTZNER: Naturwiss. **37**, 167 (1950). — STERN, J. R., S. OCHOA u. F. Lynen, vgl. H. HOLZER, Anm. S. 252. — STONE, W. S., F. HASS, J. B. CLARK u. O. WYSS: Proc. nat. Acad. Sci. U. S. A. **34**, 142 (1948). — STRAIN, H. H.: Science (N. Y.) **112**, 161 (1950). — SWENSON, P. A.: Proc. nat. Acad. Sci. U. S. A. **36**, 699 (1950). — SWENSON, P. A., u. A. C. GIESE: J. cell. a. comp. Physiol. **36**, 369 (1950). — SZENT-GÖRGYI, A.: Chemistry of Muscular Contraction. New York 1947. TANG, Y. W., u. J. BONNER: Arch. Biochem. **13**, 11 (1947). — THOMPSON, H. W.: Z. Elektrochem. **54**, 495 (1950). — TOTH, A.: Österr. bot. Z. **96**, 161 (1949). — TOLBERT, N. E., u. R. H. BURRIS: J. of biol. Chem. **186**, 791 (1950).

UBER, F. M.: Biophysical Research Methods. New York: Interscience Publ. 1950.

WAGENKNECHT, A. C., u. R. H. BURRIS: Arch. Biochem. **25**, 30 (1950). — WEIL, L., u. J. MAHER: Arch. Biochem. **29**, 241 (1950). — WEIL, L., W. G. GORDON u. A. R. BUCHERT: Arch. Biochem. Biophys. **33**, 90 (1951). — WEIL, L., u. A. R. BUCHERT,: Arch. Biochem. Biophys. **34**, 1 (1951).

WEBER, K.: Z. wiss. Photogr. **39**, 104 (1940). — WELS, P.: Arch. f. exper. Path. **208**, 116 (1949) — Forschg. u. Fortschr. **26**, 309 (1950). — WELS, P., u. A. C. GIESE: unveröffentlicht; s. GIESE: Physiologic. Rev. **30**, 431 (1950). — WHITE, J. U., u. M. D. LISTON: J. opt. Soc. Amer. **40**, 29 (1950). — WILLIAMS, Z.: Science (N. Y.) **113**, 51 (1951). — WIRTZ, K.: Z. Naturforschg. **2b**, 94, 167 (1947); **3b**, 131 (1948) — Z. Elektrochem. **54**, 47 (1950). — WYSS, O., F. HAAS, J. B. CLARK u. W. S. STONE: J. Cell. Physiol. **35**, 133 (1950).

ZIEGLER, H.: Z. Naturforschg. **5b**, 345 (1950).

11. Zellphysiologie und Protoplasmatik.

Von Hans Joachim Bogen, Marburg a. d. L.

Im vorliegenden Bericht werden die Abschnitte über Elektrolytaufnahme und über die allgemeinen Bedingungen des Zellstoffwechsels, die im Vorjahre noch vernachlässigt werden mußten, ausführlicher behandelt. Sie stehen überdies wegen der hier anzutreffenden engen Koppelung zwischen Prozeß und Struktur im Mittelpunkt des Interesses. Bei ihrer Besprechung war es notwendig, z. T. auf ältere Arbeiten zurückzugreifen, während im übrigen vorwiegend die Literatur der Jahre 1950 und 1951 verarbeitet wurde, wenn auch noch mit starken Beschränkungen. Der Referent hofft, damit auf den wichtigsten Gebieten den Anschluß an den gegenwärtigen Stand der Forschung herzustellen und vom nächsten Band ab gleichmäßig und ausführlich referieren zu können. (Abgeschlossen am 31. 12. 1951.)

1. Cytoplasma.

a) Chemische Konstitution. Proteine. Mehrere Untersuchungen an synthetischen (z. B. Polyamiden) und einfachen natürlichen Proteinen (Keratin) bestätigen die Wichtigkeit der im vorigen Band besprochenen Faktoren, die der Aufrechterhaltung der Molekelform und damit auch der Spezifität dienen (Salzbrücken, H-Bindungen, Dithionbrücken usw., vgl. Haurowitz). Allerdings sollen nicht immer feste Beziehungen zwischen Bindungsform und Konfiguration bestehen (Darmon und Sutherland). Die gleichen Autoren schlagen eine Erweiterung des Ambrose-Schemas der α-Konfiguration vor, das neuen Untersuchungsergebnissen nicht mehr gerecht wird und seit einiger Zeit im Brennpunkt der Kritik steht. Besondere Beachtung verdienen hier zwei neue Polypeptidkonfigurationen, die Pauling u. Mitarb. aus den interatomaren Abständen, den Valenzwinkeln und der Resonanz der Doppelbindungen konstruieren und in einer Reihe von Veröffentlichungen diskutieren. Es handelt sich um zwei durch H-Brücken stabilisierte Schraubenanordnungen: bei der α-Schraube (helix) kommen 3,7 Aminosäurereste, bei der γ-Schraube 5,1 Reste auf einen Umgang. Erstere entspricht der Struktur des α-Keratins, des α-Myosins, tritt aber auch bei Hämoglobin, Myoglobin u. a. Globularproteinen auf, letztere bei superkontrahiertem Keratin und Myosin. Die beiden Formen sind die einzigen Schraubenkonfigurationen, in denen alle Aminosäurereste gleichwertig sind. Da sie leicht ineinander und in die β-Konfiguration der gestreckten Kette (Denaturierung) überführbar sind, liefern die bereits experimentell geprüften Vorstellungen eine bessere Grundlage für das Verständnis sowohl der Muskelkontraktion als auch anderweitiger „Faltungsänderungen" von Plasmaproteinen (Plasmaströmung, „carrier"-Molekeln, vgl. S. 274). Perutz verteidigt demgegenüber seine bereits früher vertretene Ansicht, daß der α-Konfiguration eine pseudohexagonale Anordnung zugrunde liegt.

Einen weiteren formbestimmenden Faktor sieht TALMUD in den Wechselbeziehungen zwischen Proteinmolekel und Lösungsmittel. Nach seiner Ansicht trägt etwa die Hälfte der Aminosäurereste hydrophoben Charakter; in einem polaren Lösungsmittel bilden diese den „Kern" der Globularstruktur, während die Oberfläche von hydrophilen Resten besetzt ist. Für eine solche Konfiguration würden etwa 130 Aminosäurereste erforderlich sein. Je nach dem Charakter des Lösungsmittels ist auch ein kontinuierlicher Übergang von der Globular- zur Fibrillarstruktur möglich. — ELÖD und ZAHN finden bei Keratinfasern unter bestimmten Bedingungen Kautschukelastizität; sie beruht auf der Tendenz parallelisierter Teilchen, wahrscheinlichere Konstellationen einzunehmen.

Nach STEINHARDT und ZAISER ist die Bindung zwischen Wollprotein und Kationen bzw. Hydroxylionen keine spezifische chemische Bindung, sondern erfolgt durch VAN DER WAALSsche Kräfte, d. h. unter Ladungserhaltung. Wesentlich umfassender ist eine experimentelle Studie KLOTZ', in der die multiplen Gleichgewichte der Ionenbindung und die Abhängigkeit von Außenbedingungen, ebenfalls zunächst an einfachen Proteinen (Serumalbumin, Lysozym u. a.), untersucht werden. ZAIDES schließlich diskutiert die Salzadsorption an Kollagenfibrillen. Sie bewirkt eine Desorientierung der Fibrillen, die in CsCl vollständig ist.

Lipoproteine. BUTLER berichtet über ein Symposium der Faraday-Society, das den Lipoproteinen gewidmet war. Im Mittelpunkt der Diskussion standen 1. die Art der Bindungskräfte zwischen Proteinen und Lipoiden, 2. die natürlich vorkommenden Fettproteine des Blutes und 3. die Beziehungen zwischen Lipoproteinen und Zellstrukturen. Hier ist vor allem das Referat CLAUDES zu erwähnen, das sich eingehend mit den Chondriosomen beschäftigt (s. S. 262).

Nucleoproteine, Nucleinsäuren (NS). Über das cytochemische Verhalten der NS liegt ein Sammelreferat von LUMB vor. — Die Vorstellung, daß Ribose-NS im Cytoplasma z. T. in gebundener Form vorhanden ist, wird neuerlich für tierische Zellen bestätigt (z. B. JEENER); dabei zeigen die verschiedenen Cytoplasmafraktionen (Chondriosomen, Mikrosomen u. a.) unterschiedlichen NS-Gehalt. HOWARD und PELC weisen am Nucleoprotein der *Vicia-Faba*-Zellen nach, daß die Synthese der DNS im Kern (P^{32}) und in den Proteinanteilen (S^{35}) gleichzeitig erfolgt, und zwar kurz vor der Teilung, nicht aber in ausdifferenzierten Zellen, die keine weiteren Teilungen durchmachen.

Adenosintriphosphat (ATP). Nach den Untersuchungen von LINDBERG sowie ALBAUM u. Mitarb. scheint auch das ATP an Plasmastrukturen gebunden aufzutreten und am Aufbau des Cytoplasmas beteiligt zu sein. LINDBERG stellt eine Aufnahme von Orthophosphat (mit P^{32}) und dessen Einbau in ATP an der Oberfläche von befruchteten *Paracentrotus*-Eiern fest. Hier ist sie wegen ihrer Bindung an Plasmastrukturen nur wenig wirksam. Ähnlich verhält es sich mit einem ATP-Präparat, das ALBAUM u. Mitarb. mit neuer Methode aus den Sprossen der Mungbohne isolierten: seine reaktionsfähigen Gruppen sind durch strukturelle Bindung in der Aktivität behindert.

b) Physikalisch-chemisches und physiologisches Verhalten. Die eigentlich zellphysiologische Fragestellung setzt erst ein, wenn das Zusammenwirken der Plasmakonstituenten zu betrachten ist, d. h. die Architektur und Organisation des Cytoplasmas. Dieses Problem, das dem Problem des Lebendigen sehr nahe kommt, ist von verschiedenen Seiten angegangen worden. WARIS konnte im Cytoplasma von *Micrasterias* und anderen Desmidiaceen ein plasmatisches G r u n d g e r ü s t nachweisen, das nach der Zellteilung den bilateralsymmetrischen Bau der Tochterzellen bestimmt, und zwar, wie aus Versuchen mit (durch Zentrifugierung) kernlos gemachten Zellen hervorgeht, unabhängig vom Kern. Außerdem können Cytoplasmamutationen auftreten. WARIS schließt daraus auf das Bestehen eines Vererbungsmechanismus, der in der Architektur des Cytoplasmas verankert sei. Der Grad der Differenzierung hingegen wird offenbar vom Kern gesteuert.

Einen anderen Weg schlug OSTERHOUT ein. An *Nitella*-Zellen konnte er zeigen, daß die Abtötung größerer Zellregionen nicht notwendig auch den Tod der gesamten „Zelle" zur Folge hat, nämlich dann nicht, wenn ein Stofftransport unterbunden ist (3). Noch überzeugender wirkte der Versuch, wenn eine mittlere ölbedeckte Zone die beiden Zellenden voneinander trennte (2); die Abtötung des einen Endes bewirkte sehr bald das Absterben am anderen Ende — unter Aufhebung der Semipermeabilität —, während die Mittelzone noch längere Zeit Semipermeabilität und Plasmaströmung zeigte. Es erscheint bemerkenswert, daß nach diesen Versuchen auch mit l o k a l e r Aufhebung der Semipermeabilität gerechnet werden kann, wenigstens bei *Nitella*-Zellen.

Gleichfalls mit *Nitella* arbeitete BRECKHEIMER-BEYRICH, der es gelang, mit dem Zentrifugenmikroskop das Cytoplasma in 3 optisch unterscheidbare Fraktionen zu zerlegen, die unterschiedliche Rückwanderungsgeschwindigkeiten aufweisen; diese Behandlung dürfte indes zu drastisch sein, als daß von ihr neue Beiträge zum Problem der Cytoplasmaintegration erwartet werden können.

Besonders aufschlußreich haben sich mikrurgische Versuche gezeigt: Neben einem Übersichtsreferat von CHAMBERS verdient besonders eine umfangreiche Arbeit von KOPAC Erwähnung, wenngleich sie nicht Pflanzenzellen, sondern unreife *Asterias*-Eier zum Objekt hat. Hier werden die an der Oberfläche wirksamen physikalischen und chemischen Eigenschaften der Cytoplasmaproteine und -nucleoproteine untersucht. Als Test dient der DEVAUX-Effekt, d. h. die Schrumpfung (crinkling) der Oberfläche eines in die Zelle injizierten Öltropfens unter dem Einfluß der Oberflächendenaturierung. Dieser Effekt tritt in normalen Eiern nicht auf, wohl aber, wenn durch mechanische Verletzung eine Cytolyse herbeigeführt wird. Dadurch werden die Nucleoproteinkomplexe zerlegt; die frei gewordenen NS können als antidenaturierende Faktoren neue Verbindungen mit verschiedenen Proteinfraktionen eingehen, während die Proteine bzw. die weiter aufgespaltenen Proteinbruchstücke an der Oberfläche der injizierten Öltropfen denaturieren, d. h. gestreckt werden und damit die Schrumpfung der Tropfenoberfläche einleiten. Dieses stark vereinfachte Schema kann sehr erheblich kompliziert werden durch das Interferieren weiterer Proteinfraktionen mit unterschiedlicher Fähigkeit zur Denaturierung. Die Befunde, die in einem großangelegten Schema zusammengefaßt sind, zeigen deutlich die Verflechtung zahlreicher Reaktionsketten; sie sind dadurch besonders bemerkenswert, daß hier wohl zum ersten Male Modellversuche („Injektion" von Öltropfen in zahlreiche Modellsubstanzen, darunter Enzyme u. v. a. m.), die eine direkte Messung der Grenzflächenkräfte gestatten („drop-retraction-method"), unmittelbar vergleichbar sind mit den entsprechenden Injektionsversuchen an der lebenden bzw. cytolysierten Zelle.

Eine Übersicht über die Bedeutung der Eiweißstruktur für physiologische Prozesse gibt MICHAEL.

PFEIFFER untersucht an Plasmatropfen aus *Vaucheria*- und *Caulerpa*-Zellen, die mit Chrysoidin und anderen Farbstoffen angefärbt sind, den Strömungsdichroismus. Sein Ausmaß steigt mit der Viscosität und dem Entquellungsgrad, nimmt aber bei steigender Temperatur ab und scheint durch Orientierungsphänomene bedingt zu sein, an denen sich Lipoide stark beteiligen. — HOU und MERKLE beobachten, daß kalkfeindliche Pflanzen weniger Ca, K und P, aber mehr Mn enthalten als kalkliebende, während der Al- und Fe-Gehalt in beiden Gruppen gleich hoch ist.

Hydratation, Viscosität. Die Menge des gebundenen Wassers (definiert als diejenige Wassermenge, die bei $20°$ C im Exsiccator nicht entzogen, wohl aber bei 80 bzw. $110°$ C ausgetrieben wird) ist bei *Aspergillus niger* proportional dem osmotischen Wert der Kulturlösung, in der die Kulturen gezogen worden waren. Als Ursache wird das Wasserbindungsvermögen der Proteine angesehen, da die Wassermenge, die von Zuckern gebunden werden kann, wesentlich geringer ist. Weitere Untersuchungen werden in Aussicht gestellt (TODD und LEVITT).

Zahlreich waren die Versuche, aus experimentellen Veränderungen der Viscosität Aufschluß über viscositätsbestimmende Faktoren zu gewinnen, doch liefern die Ergebnisse kein einheitliches Bild. TOBIAS und SOLOMON arbeiten mit 160 bis 220 V Gleichstrom an *Helodea* und finden eine anodische Verlagerung der Chloroplasten und des Cytoplasmas, eine kathodische der Vacuole. Sie schließen hieraus auf eine negative Ladung der Chloroplasten, während sie sich aller Aussagen über den Ladungssinn des Cytoplasmas und der Vacuole enthalten. Der Strom bewirkt ein reversibles Ansteigen der Cytoplasmaviscosität an der Anode, während die Viscosität am kathodischen Ende der Zelle unverändert bleibt.

VIRGIN beobachtet, ebenfalls an *Helodea*, nach Belichtung mit einem schmalen Lichtstrahl (22000 Lux) eine Viscositätserhöhung in den (ganz oder teilweise) belichteten Zellen, getestet an der Chloroplastenbewegung, und führt sie auf ungleiche Verteilung des Auxins durch Lichtwirkung zurück. NORTHEN erklärt die Abnahme der Strukturviscosität in meristematischen Zellen der Zwiebelwurzel nach Colchicineinwirkung mit einer Desaggregation von Plasmaproteinen, während WILSON für die Verzögerung der normalen Viscositätsänderungen im befruchteten *Arbacia-* und *Chaetopterus*-Ei, die durch Röntgenstrahlen erzielt wird (d. i. verlängertes Einhalten des Maximalwertes, Verzögerung des 2. Abfalles) die Zerstörung von Heparin bzw. heparinähnlichen Substanzen durch Röntgenstrahlen verantwortlich macht.

Nach STÅLFELT erhöhen Heteroauxin, Indolylpropionsäure, Colchicin und Oxychinolin die Viscosität, und zwar in den gleichen Konzentrationen, wie sie die Mitose hemmen. (Beim Oxychinolin ist dabei bemerkenswert, daß es in geringen Konzentrationen die Viscosität entweder völlig unbeeinflußt läßt oder aber gleich so stark heraufsetzt, daß das Plasma gänzlich unbeweglich wird.) Er schließt hieraus, daß die Viscositätsänderungen bei ausdifferenzierten, sich differenzierenden, streckenden und teilenden Zellen auf Strukturänderungen des Cytoplasmas beruhen.

GENKEL und TSVETKOVA finden, daß in Zellen sukkulenter Pflanzen KCl-Lösungen die Viscosität herab-, $CaCl_2$-Lösungen aber heraufsetzen. — Die im Vorjahre erwähnte Arbeit SCHWÖBELS liegt nunmehr im Druck vor.

Plasmaströmung. KAMIYA hat eine neue Methode entwickelt, um die Intensität der Plasmaströmung, definiert als in der Zeiteinheit transportiertes Plasmavolumen, zu messen. Er bedient sich hierbei zweier Kammern, die durch eine kalibrierte Kapillare miteinander verbunden sind. In ihr zeigt ein gefärbter Tropfen die jeweils herrschenden Druckverhältnisse an. Als Objekt dient *Physarum polycephalum*, das auch in den folgenden Untersuchungen benutzt wurde. KAMIYA und ABE gelingt es, im Plasmodium Potentialänderungen zu messen, die mit der Plasmaströmung parallel laufen. Sie treten jedoch erst etwa 30 bis 100 sec nach den entsprechenden Strömungsänderungen auf und sind also nicht deren Ursache. Umgekehrt läßt sich (nach Sistieren der Strömung mit Gegendruck oder durch Unterbrechung des plasmatischen Zusammenhanges im Plasmodium) zeigen, daß die Potentiale keine Strömungspotentiale sind.

Die Beziehungen zwischen Stoffwechsel und Plasmaströmung haben unabhängig voneinander LOEWY und ALLEN u. PRICE untersucht, gleichfalls an *Physarum polycephalum*. Die bisher stillschweigend vorausgesetzte Koppelung zwischen Atmung und Plasmaströmung ist danach offenbar, wenn überhaupt vorhanden, nur sehr lose. Durch Cyanid, Jodacetat und herabgesetzte Sauerstoffspannung wird die Atmung (gemessen als O_2-Aufnahme) zu 75% gehemmt, während die Plasmaströmung unverändert bleibt. Umgekehrt kann durch Na-Azid die Strömung sofort gestoppt werden, wogegen noch etwa 25% der ursprünglichen O_2-Aufnahme bestehen bleibt. Schließlich kann durch 2,4-Dinitrophenol die Atmung stimuliert, die Strömung vollständig gehemmt werden (ALLEN und PRICE). LOEWY kann zeigen, daß die Strömung selbst im O_2-freien Raum über 24 h anhalten kann, wenn nur etwa 5% CO_2 vorhanden ist. In reiner N_2-Atmosphäre stirbt das Cytoplasma innerhalb 20 bis 80 min ab; CO_2 ist imstande, diesen Effekt zu verhindern. Als Erklärung für die Rolle des CO_2 werden herangezogen 1. die Aufrechterhaltung einer bestimmten Pufferung, 2. die Erhaltung notwendiger Stoffwechselzwischenprodukte auf dem Wege der CO_2-Fixierung (WOOD-WERKMAN-Reaktion). Hier ist zunächst wichtig, daß manche Effekte, die bisher auf der Basis des O_2-Mangels gedeutet wurden, in Wirklichkeit auf CO_2-Mangel beruhen können. Ferner erscheint damit die Beteiligung energiereicher Phosphatbindungen am Zustandekommen der Plasmaströmung sichergestellt. Da andrerseits die Mitwirkung des ATP an der Muskelkontraktion seit langem feststeht und neuerdings eine ähnliche Beziehung zwischen dem Faltungszustand von Proteinen und den alkalischen Phosphaten diskutiert wird [DANIELLI (2)], erfährt damit die Vorstellung SEIFRIZ' (vgl. vorjähr. Bericht) eine starke Stützung. Im gleichen Sinne sprechen sich GOLDACRE und LORCH aus. Sie entwerfen ein für die Bewegung der Amöbe geltendes Schema, in das die Orte der Faltung und Streckung eingezeichnet sind. Gegründet wird dieses Schema auf Mikrofotos und Untersuchungen über die ATP- und Heparinwirkungen (vgl. hierzu WILSON S. 259).

BEAMS findet an zentrifugierten *Helodea*-Zellen (35 000 g), daß die Plasmaströmung erst eine Stunde nach der Zentrifugierung allmählich wieder einsetzt. Die Befunde stehen im Widerspruch zu den Ergebnissen VIRGINS (vgl. vorjähr. Bericht) und BRECKHEIMER-BEYRICHS (S. 258). TOBIAS und SOLOMON können, gleichfalls an *Helodea*, beobachten, daß die Strömung bestehen bleibt, auch wenn unter dem Einfluß eines angelegten Gleichstromes (vgl. S. 259) die Chloroplasten am anodischen Zellende versammelt sind.

2. Cytoplasma-Einschlüsse.

POLITIS findet die zunächst an *Acacia trinervata*, *Coelogyne cristata* und *Eria stellata* beobachteten Tanninoplasten (vgl. vorjähr. Bericht) in weiteren acht *Acacia*-Arten. Er vermutet, daß sie ihren Ursprung in „Nucleargenen" haben, die in das Cytoplasma übertreten, wo sie entweder ungeteilt bleiben, sich mehrfach teilen oder zu chondriosomenähnlichen Gebilden werden können. QUILICHINI untersucht Auftreten und Entwicklung der Stärkekörner, Aleuronkörner und Lipoidtropfen in einigen Leguminosen (*Cercis, Dorycnium, Cytisus*). — Die Eiweißspindeln von *Epiphyllum*- und *Peireskia*-Arten sind nach ROSENZOPF als Viruseinschlußkörper zu bewerten: spindelfreie Pflanzen (als Reis oder Unterlage) können durch Pfropfung mit spindelhaltigen Pflanzen zur Spindelbildung veranlaßt werden; desgleichen hat eine Injektion von Gewebesaft spindelhaltiger Pflanzen das Entstehen von Eiweißspindeln zur Folge. Dabei bleibt die Infektionstüchtigkeit nach Passieren eines BERKEFELD-Filters und nach Erhöhen der Temperatur auf 70°C erhalten, nicht aber beim Kochen.

3. Chondriosomen.

Sammelreferat über Chondriosomen in Pflanzen: NEWCOMER.

DANGEARD behandelt Meristemzellen der Wurzelspitze (*Phaseolus, Lupinus, Cucurbita*) mit verdünnter Essigsäure und beobachtet danach ein vollständiges Verschwinden der Chondriosomen. Da etwa 24 Stunden nach Abschluß der Behandlung in den gleichen Zellen erneut Chondriosomen sichtbar sind, glaubt er damit den Beweis erbracht zu haben, daß die

Chondriosomen aus dem Cytoplasma neugebildet werden können. Gleichwohl wird heute von der Mehrzahl der Cytologen die Ansicht vertreten, die Chondriosomen seien Gebilde sui generis, wobei es nach wie vor offen bleibt, ob die unter diesem Begriff zusammengefaßten Einschlüsse wirklich gleichartig sind; eine Kontinuität kann weder der Form noch der Zahl, weder der Anfärbbarkeit noch der chemischen Zusammensetzung nach mit Sicherheit aufgewiesen werden (vgl. auch MARENGO). Die Zellphysiologie, die einstweilen noch weit davon entfernt ist, das entwicklunggeschichtliche Moment berücksichtigen zu können, sondern sich gerade anschickt, stoffwechselphysiologisch zu arbeiten, bemüht sich daher mehr um eine Aufklärung der Funktion der Chondriosomen.

In einem zusammenfassenden Bericht von CLAUDE wird dargestellt, daß zahlreiche Enzyme (Cytochromoxydase, Bernsteinsäureoxydase, Cytochrom c, d-Aminosäureoxydase, Fettsäureoxydasen, Glieder des Citronensäurecyclus) nahezu ausschließlich in den Chondriosomen lokalisiert sind. Während diese Ergebnisse vorwiegend an Zentrifugaten erhalten wurden, läßt sich unmittelbar färberisch zeigen, daß auch RNS in den Chondriosomen vorhanden ist (VENDRELY-RANDAVAL). Einer mehr indirekten Beweisführung bedienen sich MASCRÉ und PARIS. Aus der Parallelität von Chondriosomenauflösung nach Behandlung mit Acrolein (*Allium*- und *Lupinus*-Wurzeln) und dem Verlust der hydrolytischen Aktivität (*Aucuba*- und Kirschlorbeerblätter) schließen sie, daß die Invertase in den Chondriosomen verankert sei, und daß ihre Aktivität durch die Festigkeit der Lipoprotein- bzw. Plasma-Enzym-Bindung bestimmt werde. Wenn auch dieser Befund für die Richtigkeit der Auffassung OPARINS spricht, so ist ihm doch keine große Beweiskraft zuzumessen, weil die parallelisierten Phänomene an verschiedenen Objekten auftreten.

Morphologisch können MÜHLETHALER, MÜLLER und ZOLLINGER in elektronenmikroskopischen Untersuchungen nachweisen, daß die Chondriosomen eine etwa 200 Å dicke Membran aus Fibrillen und globulären Molekeln besitzen (vgl. den Beitrag FREY-WYSSLINGS).

4. Plastiden.

An Hand neuer Untersuchungen faßt STRUGGER die MENKEschen Vorstellungen über die Strukturordnung im Chloroplasten zusammen und erweitert sie zu einem Schema, das ein allgemeingültiges Grundbauprinzip repräsentiert. Seine Grundlage ist der Aufbau aus (oberflächen-) parallelen Stroma- und sog. Trägerlamellen. Letztere sind ihrerseits submikroskopisch lamelliert und tragen die lamellierten Grana, die — innerhalb der Trägerlamelle — durch intergranuläre Lamellarbezirke verbunden sind. Ob die Zahl der submikroskopischen Lamellen in den granulären und intergranulären Bereichen die gleiche ist, kann heute noch nicht mit Sicherheit entschieden werden. Die Grana verschiedener Trägerlamellen liegen geldrollenartig übereinander; diese Anordnung wie die gesamte Lamellierung spricht dafür, daß den Chloroplasten eine Duplikantennatur zukommt, die sich vom Primärgranum (Plastidogenscheibchen, vgl. vorjähr. Bericht) herleitet. STRUGGER vergleicht dieses lamelläre Duplikantensystem mit dem nematischen Duplikantensystem des Kernes. — Vom stoffwechselphysiologischen

Standpunkt aus verdient der Befund Aufmerksamkeit, daß die Grana Ort der Photosynthese, die Stromalamellen dagegen Ort der Stärkesynthese sind und, nach ihrer starken Anfärbbarkeit mit basischen Kernfarbstoffen zu urteilen, als nucleinsäurehaltig bezeichnet werden. — Es darf jedoch nicht vergessen werden, daß zwischen dem Modell des Photosyntheseapparates, wie es nach dem gegenwärtigen Stande der Photosyntheseforschung entworfen werden kann, und der sichtbaren Chloroplastenstruktur noch keinerlei Beziehungen bestehen; die Bedeutung der Lamellierung bleibt daher einstweilen unklar.

Die äußere Membran der Plastiden hat SCOTT näher untersucht; sie findet, daß sie, ähnlich wie die Kernmembran (s. u.), von feinen Fibrillen = Plastodesmata durchzogen ist. Ihr Durchmesser beträgt weniger als 1 μ; sie verbinden das Chloroplastenstroma mit dem Cytoplasma und dienen vermutlich als Leitungsbahnen für Assimilate u. dgl.

Über Änderungen der Chloroplastenstruktur berichten WOODS und DU BUY. Gewisse Typen mutierter Chondriosomen entwickeln sich zu Chloroplasten, deren Grana stark vergrößert, aber der Zahl nach geringer sind. In späteren Stadien vakuolisieren diese Makrograna. Parallelerscheinungen treten nach Infektion mit einigen Stämmen des Tabakmosaikvirus auf, jedoch niemals nach Behandlung mit toxisch wirkenden Stoffen.

ALEKSANDROV und SAVCENKO sprechen hingegen den Plastiden, speziell den Chloroplasten, jede Individualität ab und fassen sie als spezialisierte Teile des Plasmas auf. Sie werden zu dieser zweifellos überspitzten Formulierung veranlaßt durch einige Beobachtungen an chloroplastenhaltigen Phellodermzellen von Grauerle, Espe und Faulbaum. In diesen Zellen verschmelzen die Chloroplasten etwa vom November ab zu einer einheitlichen Masse unter fortschreitender Vakuolisierung. Im März beginnt umgekehrt die Aufteilung der Chloroplastenmasse, bis im April der Normalzustand wiederhergestellt ist.

Über Lagerung und Verteilung der Chromoplasten in den Zellen von *Cucurbita*- und *Gaillardia*-Kronblättern berichtet KÜSTER. Er findet verschiedene Verteilungen, die als diffuse Verteilung, Querwandstellung und Kernsystrophe (*Cucurbita*) bzw. als Längswand-, Gürtel-, Querwand- und Zentralstellung (auf dem Plasmastrang) bezeichnet werden. Die Stellungen lassen sich experimentell nicht verändern; lediglich bei *Gaillardia* kann durch hypertonische Mittel Gürtelstellung herbeigeführt werden.

5. Kern.

BAUD legt nunmehr die ausführlichen Mitteilungen vor über die submikroskopische Mikroskopie und Konstitution der Kernmembran (von Leberzellen); sie enthalten die Einzelheiten der Befunde, die im Vorjahre kurz erwähnt wurden. Vom Standpunkt des Botanikers ist interessant, daß die Doppelbrechungskurven der Kernmembran, die PFEIFFER für pflanzliche Objekte aufgestellt hatte, nicht bestätigt werden konnten (Minimum bei n = 1,56 anstatt 1,47 nach PFEIFFER). Wiederholungen der Versuche PFEIFFERs bestätigen die Richtigkeit der Messungen BAUDs.

Scott findet unter Anwendung des Phasenkontrastverfahrens, daß die Zellkerne von *Echinocystis* (Endosperm), *Acanthus, Tropaeolum* und *Nicotiana* (Epidermis, Subepidermis) eine Membran besitzen, die gleicherweise von Fibrillen — Nucleodesmata genannt — durchzogen ist wie die Plastidenmembran. Sie werden als Mikrokanäle für den Stofftransport aufgefaßt, so daß Nucleoplasma, Plastidenstroma und Cytoplasma ein kontinuierliches Netzwerk darstellen. Ein Vergleich mit den Befunden Bauds ist aufschlußreich. Wohl hat Baud keine Nucleodesmata nachgewiesen, doch berichtet er, daß die der eigentlichen Kernmembran anliegende Außenseite kontinuierlich in die kernnahen Plasmateile, die innen angelagerte Schicht kontinuierlich in das Kernchromatin übergehe. Das ist insbesondere im Hinblick auf die Überführung von NS in das Cytoplasma von Bedeutung.

Die Lage des Zellkernes in Epidermiszellen untersucht Küster; er führt sie auf die Einwirkung physikalischer Agentien zurück, im Gegensatz zu Bünning und Sagromsky, die hierfür die von den Schließzellen ausgehenden chemischen Wirkungen verantwortlich machen.

6. Vacuole.

Die anthocyan- bzw. flavonhaltigen Vacuolen von Blütenblattzellen waren im Berichtsjahr Gegenstand einer Reihe von Untersuchungen. In einigen dieser Vacuolen sind die Farbstoffe nicht in gelöster Form vorhanden, sondern mehr oder weniger fest mit einem farblosen, eiweißreichen, kolloidalen Grundkörper verbunden. Dieser kann fest und spröde sein und beim Anstechen mit der Mikronadel zerbrechen, ohne daß der Farbstoff freigesetzt wird (Toth: *Pelargonium zonale*), oder aber er ist mehr zäh, und sein Farbstoff kann schon durch Wasser herausgelöst werden (Bancher: *Delphinium*-Arten). In alternden Zellen von *Delphinium cultorum* werden ferner anthocyangefärbte Fadenknäuel beobachtet, die mit der Mikronadel aus der Zelle herausgezogen werden können und nur eine ganz geringe Plastizität, aber keinerlei Elastizität besitzen. — Die flavonhaltigen Vacuolen der Zellen von *Nemesia, Eschscholtzia* u. a. enthalten demgegenüber sehr viel weniger Kolloide, wohl aber verschiedene Farbstoffe in wechselnden Kombinationen. Beim Plasmolysieren solcher Zellen findet Cholnoky (3, 4) nicht nur eine Parallelität zwischen Färbung und Plasmolyseform (bei gelbgefärbten Vacuolen Krampfplasmolyse, in roten Zellen konvexe Plasmolyseform), sondern es treten nach einiger Zeit Entmischungserscheinungen auf, wobei die Farbstoffe gleichfalls ,,entmischt", d. h. auf verschiedene Phasen verteilt werden. Cholnoky vermutet, daß sie auch in der nicht entmischten Vacuole an verschiedene Vacuolenkolloide gebunden waren. Möglicherweise kommt daher dem Auftreten von Vacuolenkolloiden eine größere Bedeutung zu, als bisher allgemein angenommen.

Bei einigen Pilzen (*Polyporus, Polystictus, Daedalea*) scheint die Vacuole als Depot für (hydrolysierende) Enzyme zu funktionieren (Bose): Fetttropfen, Glykogen- und Proteingrana entstehen nicht nur in unmittelbarer Nähe der Vacuolen, sondern werden alsbald aufgelöst, wenn durch Beschädigung des Tonoplasten proteolytische und glykolytische Enzyme in das Plasma gelangen. — HILTZ findet in den Vacuolen cystolithenhaltiger Zellen von *Ficus* kein anomales Verhalten, das zu dem beträchtlichen $CaCO_3$-Umsatz in Beziehung stünde.

7. Stoffaufnahme.

a) Wasser. Eine sehr gedrängte Zusammenfassung gibt BENNET-CLARK.

Für die Koppelung von (metaosmotischer) Wasseraufnahme und Atmung, über die im Vorjahre berichtet wurde, werden neue Belege gebracht. ROSENE (2) findet an Zwiebelwurzeln eine reversible Hemmung der Wasseraufnahme (und -abgabe) bei Verminderung des O_2-Druckes. HACKETT und THIMANN bemühen sich erfolgreich, diesen Zusammenhang weiter aufzuklären. Sie messen die Wasseraufnahme von Kartoffelscheiben unter dem Einfluß von Na-Azid, Dinitrophenol, Arsenit und Fluoracetat. Obgleich die nach wie vor bestehenden Bedenken gegen die Verwendung von Gewebsstücken mit großen Verwundungsflächen nicht unterdrückt werden sollen (vgl. auch RUHLAND und HEILMANN), so sind die Effekte doch außerordentlich deutlich: die Zunahme an Frischgewicht (die gleich der Wasseraufnahme gesetzt wird) kann bis auf 25% herabgesetzt werden. Im einzelnen wirken die verwendeten Stoffe auf ganz verschiedene Strukturen ein: Azid beeinflußt die Cytochromoxydase, Arsenit hemmt SH-haltige Enzyme, Fluoracetat blockiert die Verarbeitung der Essigsäure im Citronensäurecyclus, während Dinitrophenol auf die Phosphorylierungen einwirkt; alle Substrate sind jedoch Glieder des Systems, das den oxydativen Stoffwechsel steuert. Verff. vermuten, daß analog der Ionenakkumulation eine metabolisch kontrollierte Wasserakkumulation stattfindet.

Mit diesen Ergebnissen zunächst nicht vereinbar ist der frühere Befund LEVITTS, wonach KCN die Wasseraufnahme nicht hemmt. Doch liegt hier möglicherweise eine Spezialwirkung vor (vgl. die Grundatmung, Anionenatmung und 3. Atmung nach LUNDEGÅRDH, die sich ebenfalls durch ihre KCN-Empfindlichkeit unterscheiden).

MITCHELL und MARTH hingegen, die das Wasseraufnahmevermögen von Früchten untersuchen, nehmen an, daß die unter dem Einfluß von Heteroauxin, 4-Chlorphenoxyessigsäure u. a. zu beobachtende Steigerung der Wasseraufnahme die Folge einer Veränderung der Proteinkomponente des Plasmas (und ihrer Hydratation) sei. Vergegenwärtigt man sich jedoch, daß nicht nur die von HACKETT und THIMANN festgestellten Effekte von strukturgebundenen Enzymen abhängig sind, sondern auch das gesamte Cyclophorasesystem, das den Tricarbonsäurekreislauf beherrscht, so sind die beiden Auffassungen nicht mehr allzuweit voneinander unterschieden.

ROSENE (1) bestimmt mikropotometrisch die pro μ^2 Oberfläche von Wurzelhaaren (*Raphanus*) aufgenommene Wassermenge; sie liegt bei 1,16 bis 4,46 μ^3 bei jungen bzw. 0,47 bis 1,94 μ^3 bei alten Wurzeln.

Sollte es gelingen, diese Methode so weit auszubauen, daß mit ihr auch die o. a. Hemmeffekte studiert werden könnten, so würden sich die bedenklichen Wundeffekte vermeiden lassen und zuverlässigere Werte erhalten werden.

Über die Wasserpermeabilität gibt HÖFLER einen kurzen Bericht, der sich im wesentlichen auf seine Versuche an *Gentiana* und auf die Ergebnisse SEEMANNs stützt, die beide im vorigen Bande referiert wurden.

v. GUTTENBERG und BEYTHIEN stellen an Epidermiszellen der Blattunterseite von *Rhoeo* fest, daß streckungsfördernde Wuchsstoffe (Heteroauxin, Avena-Extrakt, Phenylessigsäure u. a.) in geringen Konzentrationen die Wasserpermeabilität (gemessen als Deplasmolysezeit) erhöhen, in stärkeren jedoch hemmen. Hemmstoffe des Streckungswachstums setzen hingegen in allen Konzentrationen die Wasserpermeabilität herab (Ausnahme: Äthylen). Verff. übertragen diese Befunde auf die Zellen der Streckungszone und vermuten, daß der Primäreffekt der Wuchsstoffe die Regulation der Wasserpermeabilität sei (wobei freilich zu berücksichtigen bleibt, daß man aus der Desplasmolysezeit nicht ohne weiteres die Wasserpermeabilität berechnen kann).

Die Wasserpermeabilität unplasmolysierter Zellen von *Beta vulgaris* bestimmt MYERS aus dem Wasserverlust von Gewebsschnitten in Lösungen verschiedenen osmotischen Wertes. Sie macht mit $0{,}7\mu\,\mathrm{h}^{-1}$ nur etwa $^1/_{20}$ von der der plasmolysierten Protoplaste aus ($13\mu\,\mathrm{h}^{-1}$). Dieser sehr überraschende Befund wird damit erklärt, daß die unter dem Turgordruck der Wand angepreßten Zellgrenzschichten nur dort durchlässig sind, wo sie an die Poren der Cellulosemembran angrenzen.

b) Elektrolyte. Es kann nicht Aufgabe dieses Abschnittes sein, die so überaus umfangreichen Untersuchungsergebnisse nochmals zu besprechen, die BURSTRÖM in den Fortschr. Bot. ausführlich verarbeitet hat. Da überdies auch von anderer Seite umfassende Zusammenstellungen vorliegen (z. B. USSING, WADLEIGH, MULDER, ROBERTSON 1, 2), genügt es, hier einige Gesichtspunkte gesondert herauszustellen, die für die Zellphysiologie Bedeutung haben.

Vielfach ist es zweckmäßig, den Gesamtkomplex der Elektrolytaufnahme in folgende Teilgebiete zu untergliedern:

1. Permeation, d. h. „osmotische" Stoffaufnahme. Sie beruht auf dem Ausgleich eines Konzentrationsgefälles; ihr Ausmaß wird bestimmt durch die Höhe dieses Gefälles, ihre Geschwindigkeit durch die Durchlässigkeitsverhältnisse der plasmatischen Grenzschichten.

2. Adsorption bzw. Austauschadsorption. Sie ist ebenso wie die Permeation physikalisch definiert, doch kommt es hier nicht zu einem Konzentrationsausgleich. Statt dessen kann sogar eine Anreicherung auftreten (auch als „passive Akkumulation" bezeichnet). Begrenzender Faktor ist die Austauschkapazität sowie u. U. die Geschwindigkeit der Diffusion von und zu den Adsorptionsorten.

Die auf beiden Wegen in das Zellinnere gelangten Elektrolyte können weitertransportiert und weiterverarbeitet werden:

3. Akkumulation i. e. S. unter Mitwirkung physiologischer Faktoren („metaosmotische" Stoffaufnahme).

4. Sekretion, d. i. Abgabe gegen ein Konzentrationsgefälle. Sekretion ist nicht identisch mit „leakage" = Abgabe proportional einem Konzentrationsgefälle.

Alle diese Prozesse können bei der Elektrolytaufnahme zusammenwirken; eine exakte Trennung wird häufig nicht einmal rein gedanklich möglich sein, z. B. weil unter Permeabilität ursprünglich lediglich die Durchlässigkeit der Grenzschicht verstanden wurde, ohne Rücksicht auf die bei der Aufnahme ablaufenden Prozesse.

1. Permeation. Ihre Bedeutung für die Elektrolytaufnahme wird allgemein als gering eingeschätzt; sie wird hauptsächlich an Modellen studiert. SOLLNER stellt in einem Sammelreferat die Ergebnisse seiner zahlreichen Untersuchungen über die Permeabilität von Membranen zusammen, die aus kationen- und anionenselektiven Anteilen aufgebaut sind. Das System, in das sie eingeschaltet sind, wirkt wie ein Flüssigkeitsring (im Sinne von DOLEZALEK und KRÜGER 1906), wobei äquivalente Mengen von Kationen und Anionen durchgelassen werden. Das Verhalten solcher Membranen ist einer quantitativen Behandlung zugänglich. TOLLIDAY, WOODS und HARTUNG bestimmen aus den Temperaturbeziehungen die Aktivierungsenergien permeierender Teilchen; sie sind höher als bei freier Diffusion (für KCl z. B. 5100 cal/mol gegen 3700 bis 4400).

ÄYRÄPÄÄ untersucht mit verhältnismäßig grober Methode (Farbumschlag neutralrotgefärbter Hefezellen) die „Permeabilität" für schwache Basen und findet eine klare Beziehung zur Lipoidlöslichkeit. Lediglich die kleinsten Molekeln (Ammoniak, Methylamin, Hydrazin) zeigen einen Siebeffekt, der als Orientierungseffekt gedeutet wird. Danach würde die Aufnahme der schwachen Basen wie die der Anelektrolyte lediglich durch die Permeabilität der Grenzschichten, die als Lipoidfilter wirken, bestimmt.

2. Adsorption. WILLIAMS und COLEMAN führen den Kationenaustausch der Pflanzenwurzeln als Kontaktphänomen auf das Bestehen einer ionischen Doppelschicht in der Zellmembran (Pektinstoffe) zurück. Ihre Grundlage ist eine elektronegative feste Phase, deren p_H-Wert niedriger ist als der der umgebenden Flüssigkeit. Diese p_H-Differenzen („H-Ionen-Potentiale") bleiben bei verschiedenen Temperaturen und auch nach Abtöten der Wurzeln erhalten; die H-Ionen können gegen Kationen ausgetauscht werden. (Vgl. auch MATTSON, ERIKSSON, VAHTRAS und WILLIAMS.) BERSIN betrachtet die Ionenaufnahme ebenfalls als Austauschvorgang; als Austauscher fungieren hochmolekulare Polyuronide, aber auch basische Proteine. Damit würde die Austauschadsorption wenigstens z. T. ins Cytoplasma·bzw. die „Zellgrenzproteine" verlegt. Die Potentialmessungen an Wurzeloberflächen, wie sie z. B. LUNDEGÅRDH schon vor vielen Jahren durchführte, sprechen gleichfalls für die Annahme, daß die Austauschadsorption, als erster Schritt der Ionenaufnahme, in der Protoplastenoberfläche stattfindet (METZNER an *Lepidium*).

Bestätigt wird die Ansicht LUNDEGÅRDHS durch ALEŠIN und JASTREBOV (1); sie finden allerdings niedrigere Potentialwerte und erklären dies damit, daß sie im Gegensatz zu LUNDEGÅRDH mit intakten Wurzeln gearbeitet haben. Die gleichen Autoren berichten in einer weiteren Arbeit (2) über schädigende Effekte von Al- und PO_4-Ionen auf Wurzelbildung und Ertrag und setzen sie in Beziehung zu den starken Änderungen der Potentialhöhen, die z. T. zu einer Umkehr des Vorzeichens führen können.

BETHE verlegt in einer Übersichtsdarstellung die Austauschadsorption schließlich in die Kolloide des Zellinneren. Sie kann auch ohne Beteiligung von Stoffwechselprozessen zu einer Akkumulation führen, allerdings meist nur für basische (Farb-) Stoffe, weil der p_H-Wert im Zellinneren in der Regel auf der alkalischen Seite des IEP liegt. Wesentlich ist hierbei offenbar die Überführung der aufgenommenen Ionen in nichtdiffusible Komplexe. Das Auftreten solcher Verbindungen konnten OLSEN an Buchenblättern, MALM an Hefezellen und COWIE, ROBERTS und ROBERTS an *Escherichia coli* wahrscheinlich machen. Bei der Hefe ist das K elektrostatisch gebunden an nichtdiffusible Anionen, aus welcher Bindung es unter der Einwirkung von HF freigesetzt und nach außen abgegeben wird. Bei *Escherichia* hängt die Na-Konzentration der Zelle ausschließlich von der Na-Konzentration im Außenmedium ab; eine Auswaschung ist zu 95% bereits in 4 min möglich. Anders beim K: dieses liegt in den Zellen in der Hauptsache in gebundener, nichtdiffusibler Form vor; nur ein kleiner Teil ist frei und steht im Gleichgewicht mit der Konzentration im Medium. Da ruhende Zellen wenig, wachsende viel K binden, und bei hungernden Zellen ein Glucosezusatz den Betrag an gebundenem K sprunghaft erhöht, wird hier bereits eine Beteiligung physiologischer Prozesse sichtbar; sie äußert sich indessen nur in einer Bereitstellung von bindendem bzw. „austauschendem" Material.

Übrigens dürfen diese Befunde keineswegs verallgemeinert werden: ABELSOHN und DEWYAL finden an Oocyten von *Rana pipiens* in radioaktiver RINGER-Lösung, daß nur 12% des Gesamtnatriumgehaltes auswaschbar sind, der Rest liegt gleichfalls in gebundener Form vor. Es scheint danach, als ob bereits die vorwiegend physikalischen Austauschphänomene je nach Species eine Selektion zwischen verschiedenen Kationen ermöglichen. (Vgl. auch die analogen Befunde von SCHUBERT und LINDENBAUM für Calcium.)

SANDSTRÖM weist nach, daß ihrer Epidermis beraubte Wurzeln Kationen und Anionen etwa im gleichen Verhältnis aufnehmen; die Selektivität, d. h. die Differenz in der Aufnahmegeschwindigkeit von Kationen und Anionen, kann also ihre Ursache in besonderen Mechanismen der Epidermiszellen haben.

Daß die Austauschadsorption nicht lediglich Voraussetzung, sondern sogar begrenzender Faktor der Ionenaufnahme sein kann, zeigen die überraschenden Befunde OLSENs an Roggenpflanzen: hier ist die Geschwindigkeit der Ionenaufnahme in allen Konzentrationen über 0,003 m.äqu./l unabhängig von der Konzentration. Während OLSEN selbst hieraus auf das Ablaufen eines aktiven, energieverbrauchenden Prozesses schließt, folgert BURSTRÖM, „daß die Wurzeloberfläche schon bei niedrigen Konzentrationen der Außenlösung an Mineralionen adsorptiv gesättigt wird". (Vgl. hierzu BROYER, S. 270.)

3. **Akkumulation.** Nach den bisher besprochenen Prozessen ist eine Ionenakkumulation möglich auf rein physikalischer Basis (Adsorption, Komplexbildung, Donnangleichgewichte) sowie unter nur indirekter Beteiligung physiologischer Faktoren (z. B. Bereitstellung nichtdiffusibler Anionen für die Kationenbindung). Es kann jedoch keinem Zweifel unterliegen, daß bestimmte physiologische Prozesse auch unmittelbar an der Akkumulation mitwirken können. Hier ist besonders die Atmung bzw. ein Teil der Atmung zu berücksichtigen. Nach den ausgedehnten Untersuchungen LUNDEGÅRDHs (1 bis 13) haben wir wenigstens bei Wurzelspitzen die Gesamtatmung in 3 Komponenten zu trennen: 1. die Grundatmung, 2. die Anionenatmung und 3. die dritte Atmung. Die Trennung und die Zuordnung der (Anionen-) Aufnahme zur 2. Komponente der Atmung wird durchgeführt mittels „Teilvergiftung". Die Grundatmung ist cyan- und CO-unempfindlich, die 2. Atmung kann durch KCN und CO gehemmt werden — womit gleichzeitig die Anionenaufnahme unterbleibt —, die 3. Atmung, die nur in der äußersten Wurzelspitze nachweisbar ist (0 bis 30 mm), wird durch KCN wenig beeinflußt. Es scheint überflüssig, diese Ableitungen im einzelnen nochmals durchzuführen, da sie von BURSTRÖM eingehend besprochen worden sind. Es mag der Hinweis genügen, daß der Transport der Anionen durch das Plasma und ihre Anreicherung in der Vacuole aufs engste gekoppelt erscheinen mit der „Elektronenleiter", über die die letzten Schritte der aeroben Atmung laufen (Übertragung der dem Wasserstoff der Dehydrasen abgenommenen Elektronen über die Cytochrome und die Cytochromoxydase auf den molekularen Sauerstoff der Luft). Diese „Elektronenleiter" ist als räumliche Struktur vorzustellen; in ihr fließt, ähnlich wie in einem metallischen Leiter, ein Elektronenstrom von innen nach außen. Der Stärke nach proportional, aber in entgegengesetzter Richtung soll der Anionenstrom fließen. — In den letzten Veröffentlichungen konnte das Vorhandensein des Cytochromsystems und seine Beteiligung an der Anionenatmung (Verschiebung der Absorptionsbanden) spektroskopisch nachgewiesen werden.

Wenn auch manche Einzelheiten noch der Klärung bedürfen (so z. B. der gerichtete Transport von Anionen in einem System, bei dem der Valenzwechsel Fe^{2+}/Fe^{3+} ausschließlich von Elektronen besorgt wird, ferner die Abgabe der Anionen am Ende der „Elektronenleiter" in die Vakuole), so kann doch nicht mehr daran gezweifelt werden, daß die Atmung direkt die Ionenaufnahme regelt, und daß ionenübertragende Strukturen in der Zelle vorhanden sind. Nach LUNDEGÅRDH trifft das übrigens nur für die Anionen zu, während die Kationen lediglich adsorptiv aufgenommen werden; ihre Freisetzung aus der Adsorptionsbindung und Akkumulation in der Vakuole wird durch die getrennt aufgenommenen Anionen besorgt. Die Befunde LUNDEGÅRDHs sind inzwischen anderweitig vielfach bestätigt worden (WEEKS und ROBERTSON, ERIKSSON, SUTTER u. v. a. m.).

Auch der Befund CONWAYs an Hefezellen, wonach die Zugabe von Azid nicht allein eine sehr starke Herabsetzung der Atmung bewirkt, sondern sogar zu einer Abgabe von Kaliumionen führen kann, läßt sich z. T. in diesem Sinne verstehen; ein unmittelbarer Vergleich erscheint indessen noch verfrüht. Überhaupt sollte stets berücksichtigt werden, daß eine allzu schematische Übertragung der Vorstellungen, die an meristematischen Zellen gewonnen wurden, auf andere Objekte, insbesondere ausdifferenzierte Zellen, immer bedenklich ist.

Wenn daher andere Autoren Vorstellungen entwickelt haben, die von denen LUNDEGÅRDHs abweichen, so braucht das noch nicht zu bedeuten, daß sie einander ausschlössen. HELDER vertritt nach seinen Untersuchungen an Maispflanzen die Ansicht, die NO_3-Aufnahme werde überhaupt nicht durch einen energieverbrauchenden Transportmechanismus besorgt, sondern lediglich durch den NO_3-Verbrauch (Proteinsynthese) reguliert. Zu ähnlichen Ergebnissen kommen STEWARD und STREET. DAVIES und OGSTON sowie ROBERTSON sprechen sich für die Beteiligung von Phosphorsäureestern am aktiven Anionentransport aus, und JACOBSOHN, OVERSTREET, KING und HANDLEY postulieren, ebenfalls für (Gersten-) Wurzeln, die Existenz eines hypothetischen Stoffwechselproduktes HR, das an der äußeren Plasmagrenzschicht Kationen bindet ($HR^{\cdot} + K = KR + H^{\cdot}$) und durch das Plasma zur Vakuole transportiert. Diese Anschauung stellt bereits einen Beitrag zur sog. „Trägertheorie" der Stoffaufnahme dar, die im Abschnitt Anelektrolytaufnahme besprochen werden soll.

Eine weitere Komplikation ergibt sich aus einer Arbeit von REES und SKELDING. Diese Autoren konnten aus roten Rüben eine wasser- und chloroformlösliche Substanz extrahieren, die die Aufnahme von Kationen und Anionen hemmt bzw. stark verzögert. Diese Substanz ist indessen nur im Winter zu gewinnen; in jungen und überalterten Rüben tritt sie nicht auf.

BROYER schließlich untersucht an Gerstenwurzeln mit radioaktiven Isotopen das Verhältnis zwischen Austauschadsorption und metabolischer Akkumulation. Es ist keineswegs konstant; je nach Temperatur und Salzgehalt kann der eine oder der andere Prozeß begrenzend wirken.

4. Sekretion. Nach LUNDEGÅRDHs Theorie erfordert nur die Anionenakkumulation eine Mitwirkung von Stoffwechselprozessen; sie wird als „up-hill"-Seite eines Zustandes hoher Salzkonzentration bezeichnet. Die Abgabe von Ionen (und Wasser) an die Umgebung bzw. die Gefäße erfolgt dagegen lediglich auf Grund osmotischer Gesetzmäßigkeiten und stellt somit die „down-hill"-Seite dar. VAN NIE, HELDER und ARISZ, die nicht wie LUNDEGÅRDH über längere Zeiträume messen, kommen zu anderen, mathematisch formulierbaren Ableitungen und vertreten eine entgegengesetzte Ansicht. Insbesondere HELDER betont, daß die Ionenabgabe ein „aktiver" Sekretionsvorgang ist, der Energie erfordere und erst seinerseits die Ursache für die Ionenakkumulation abgebe. Zur Klärung dieser Widersprüche erscheinen weitere Versuche wünschenswert.

c) Farbstoffe. HÖFLER stellt in einer kurzen Übersicht seine Versuche mit Acridinorange und Coriophosphin zusammen. Er betont erneut, daß sie für die „Ionenfallen"-Funktion der Vakuole und für die Lipoidtheorie der

Permeabilität sprechen. STIEGLER berichtet über eindrucksvolle metachromatische Effekte mit Cresylechtviolett, die besonders gut in den Membranen von Trichomen sichtbar werden. GOIDANICH und CAMICI färben Wundmeristeme der Kartoffel mit ammoniakalischer Gentianaviolettlösung und finden gleichfalls Metachromasie: die aus dem Abbau der Stärke entstehenden aliphatischen Verbindungen, die sich an der Zellwandbildung beteiligen bzw. im Plasma verarbeitet werden, lassen sich deutlich unterscheiden. DRAWERT (1) benutzt das (saure) Sulfonamid Prontosil solubile als relativ unschädlichen Vitalfarbstoff; seine Anwendung ist indessen beschränkt, weil die meisten Zellen kein Speicherungsvermögen für saure Farbstoffe haben. In einer 2. Studie (2) werden, in Ergänzung früherer Versuche, weitere 16 basische und 12 saure Farbstoffe an Modellen und lebenden Zellen untersucht; die Ergebnisse bestätigen im allgemeinen die Richtigkeit seiner früheren Befunde (vgl. vorjähr. Bericht).

Über den Mechanismus der Farbstoffspeicherung gehen die Meinungen noch immer weit auseinander. KELLER, PERNER, HÖFLER machen hauptsächlich die Ladungsverhältnisse verantwortlich (und deren Veränderung mit der Entwicklung — PERNER) und sprechen von chemischer oder adsorptiver (KOPACZEWSKI) Bindung, während CHOLNOKY in jeder Anfärbung speziell des Zellkernes eine irreversible Bindung an verschiedenen Komponenten annimmt, die das Anzeichen einer hochgradigen Vergiftung ist. JOHANNES und DRAWERT (2) dagegen halten das cH-Gefälle für die Speicherung für entscheidend.

KÖLBEL hat die Vitalfärbung mit Acridinorange dazu benutzt, aus dem Umschlagspunkt des Sinnes der elektrophoretischen Wanderung den IEP des lebenden Plasmas, also eine Eigenschaft des gefärbten Untersuchungsmaterials (Hefezellen), abzuleiten. Es ist charakteristisch für die Unsicherheit in der Deutung von Vitalfärbeeffekten, daß DRAWERT (3) gerade das Gegenteil nachweisen konnte: die Lage des Umschlagpunktes hängt vom Dissoziationsgrad der benutzten Farbstoffe (sowie vom physiologischen Zustande der Zellen) ab, beruht also im wesentlichen auf einer Eigenschaft des Untersuchungsmittels.

Dagegen scheint die Frage, ob Rot- oder Grünfluorochromierung mit Acridinorange eine sichere Aussage über den Lebenszustand erlaubt, im negativen Sinne entschieden zu werden. STAUDENMAYER findet zwar bei der Fluorochromierung von Arthropodengewebe STRUGGERS Angaben bestätigt (lebendes Gewebe grün, totes rotfluorochromiert). HÖFLER dagegen hält die Rotfluoreszenz toter Zellkerne für das Anzeichen elektroadsorptiver Speicherung, die Grünfluoreszenz toter und lebender Kerne beruhe jedoch auf chemischer Farbstoffbindung: es handele sich bei den Färbungsunterschieden also nicht um eine „Lebensreaktion". Selbst JOHANNES, der die Vitalfärbung mit Acridinorange bei *Phycomyces* sehr sorgfältig studiert hat und im wesentlichen die Theorie STRUGGERs bestätigt, kann feststellen, daß bei Langfärbungen an Sporen ein mit dem Eindringen des Acridinorange (mit abnehmender cH) parallel verlaufendes Abnehmen der Keimfähigkeit auftritt. STOKKINGER schließlich findet an menschlichen Spermien, daß die Spermienköpfe je nach der Verdünnung rot bis grün gefärbt sind, wobei kein Unterschied zwischen lebenden und toten Spermien festgestellt werden kann.

In diesem Zusammenhange möchte der Ref. eigene, noch nicht veröffentlichte Befunde anführen, aus denen hervorgeht, daß zumindest bei Hefezellen die Entscheidung, ob Rot- oder Grünfluoreszenz des Plasmas eintritt, von der Suspensionsdichte (bei gleicher Farbstoffkonzentration 1:10000), also vom Farbstoffangebot abhängt: lebende Hefe kann jederzeit zu 100% rotfluorochromiert werden, wenn nur die Suspensionsdichte genügend herabgesetzt wird. (Als Folge dieser Rotfluorochromierung tritt alsbald der Zelltod ein.) Umgekehrt können tote Hefezellen grün fluoreszieren, wenn die Suspensionsdichte sehr groß ist. Offenbar handelt es sich hier u.a. um eine Konkurrenz um die vorhandenen Farbstoffmolekeln.

Es hat ganz allgemein den Anschein, als ob die Frage nach der Schädlichkeit der „Vital"farbstoffe vielfach zu leicht genommen bzw. die Befunde über die relative Unschädlichkeit zu schnell verallgemeinert wurden. In den letzten Jahren ist eine ganze Reihe von Tatsachen bekanntgeworden, die für eine hohe Giftigkeit dieser Stoffe sprechen. Zwar konnte DÉSIRÉ auch nach 14tägiger Anfärbung der Vacuolen in den Drüsenhaaren von *Pinguicula* mit Neutralrot keine Schädigung beobachten. Dagegen werden Tumorgewebskulturen von *Rumex acetosa* durch Neutralrot, Malachitgrün, Methylenblau, Kristallviolett, Trypanblau, Pyronin, Azur A, Methylgrün bereits bei 10^{-7} im Wachstum gehemmt; lediglich in noch geringeren Konzentrationen (bis 10^{-10}) trat bei den 4 letztgenannten Farbstoffen eine Stimulierung ein (NICKELL). Toluidinblau wird von Muskelgewebe gebunden, und zwar bei p_H 4,2 an Nucleinsäuren, bei p_H 6,8 an NS und Proteine ($-$COOH-Gruppen) (HERRMANN, NICHOLAS und BORICIOUS). POLLISTER und LEUCHTENBERGER konnten für Methylgrün ein ähnliches Verhalten feststellen und die Anfärbung mit Methylgrün als Maß für den Totalgehalt an DNS verwenden. (Vgl. hierzu auch die Absorptionsmessungen KURNICKS sowie KURNICKS und MIRSKYS, aus denen hervorgeht, daß Methylgrün hochpolymere NS im stöchiometrischen Verhältnis (1:10) anfärbt, während Pyronin die niederen Polymeren in wechselnden Verhältnissen färbt.) Methylenblau und α,α-Dipyridyl hemmen in 10^{-4} die Aufnahme von Glukose und Chlorionen sowie den Sauerstoffverbrauch; der erste Effekt scheint eine Hemmung des Phosphatstoffwechsels zu sein (STENLID an Weizenwurzeln). Berberin hemmt ebenfalls die Sauerstoffaufnahme (MEISSEL u. Mitarb.) bzw. besondere Oxydationsprozesse (SCHMITZ).

Auch das Acridinorange ist für manche Objekte stark giftig: SCHILDMACHER konnte Stechmückenlarven in 1:100000 abtöten. Andere Acridinderivate sind genauer untersucht worden; sie hemmen die Atmung (O'CONNOR), blockieren die Acetylcholinwirkung, lösen die Eiweißkontraktur (MÜSSBICHLER), stören die Mitose ähnlich wie das Colchicin (RONDONI und NECCO) und sind sogar mutagen bzw. können Adaptation bei Coliphagen hervorrufen (MUTSAARS).

Sicherlich dürfen diese Befunde ebensowenig verallgemeinert werden; es erscheint jedoch dringend geboten, an jedem Untersuchungsobjekt zu prüfen, inwieweit Schädigungen vorliegen, und inwieweit die Anfärbung erst die Folge einer Störung ist, die vom Farbstoff ausgeht. Diese kann von Objekt zu Objekt durchaus verschieden sein, so daß Färbeeffekte möglicherweise gar nicht untereinander vergleichbar sind.

d) Anelektrolyte. Für die Permeabilität für Anelektrolyte ist die Arbeit von RUHLAND und HEILMANN von besonderer Bedeutung. An *Beggiatoa mirabilis* wird in Narkoseversuchen (mit zahlreichen primären Alkoholen der gesättigten aliphatischen Reihe von C_1 bis C_9) gezeigt, daß die Permeation reversibel gehemmt wird. Diese Hemmung ist abhängig a) von der Länge der Alkoholmolekeln, b) von der Molekelgröße der permeierenden Stoffe und erstreckt sich gleichermaßen auf hydrophile und hydrophobe Substanzen. Die Ergebnisse, die im Abschnitt Narkose ausführlicher dargestellt werden, bestätigen erneut, daß der Aufnahme hydrophiler und hydrophober Stoffe rein räumliche Verhältnisse zugrunde liegen, daß also die Ultrafiltertheorie auch für die Permeation der lipoidlöslichen Stoffe und für die Permeation bei Narkose gilt.

COLLANDER untersucht die Längenänderungen von *Nitella*-Zellen während der Permeation von 28 schnellpermeierenden Nichtelektrolyten (Alkohole, Aldehyde, Ketone, HDO usw.) und setzt die Kontraktion bzw. ihren Rückgang in Beziehung zum Verteilungskoeffizienten bzw. zur Molrefraktion der eindringenden Substanzen. Er findet seine früheren Befunde bestätigt: für Molekeln mittlerer Größe entscheidet der Verteilungskoeffizient Äther/Wasser; kleinere Molekeln jedoch werden schneller aufgenommen, als ihrer Lipoidlöslichkeit entspricht — sie benutzen anscheinend den Porenweg. OSTERHOUT, der gleichfalls an *Nitella* mit einer Capillarmethode die Aufnahmegeschwindigkeit für Wasser und Äthylalkohol vergleicht, kommt zu dem gleichen Ergebnis: Wasser dringt etwa 18mal schneller ein als Äthylalkohol. Da dieser Befund mit der Existenz eines geschlossenen Lipoidfilmes nicht vereinbar ist, vermutet OSTERHOUT, daß das Wasser in der Plasmaoberfläche einen höheren Verteilungskoeffizienten besitze als der Alkohol. Die Schlußfolgerungen beider Autoren sind wohl nicht unbedingt zwingend, aus methodischen Gründen, weil die Stoffaufnahme indirekt auf Grund der Wasseraufnahme gemessen wird, letztere aber keineswegs ausschließlich osmotisch erfolgen muß (vgl. Abschnitt Wasseraufnahme), aus theoretischen Gründen, weil die Stoffaufnahme ausschließlich als permeatorisch betrachtet, d. h. auf den ungestörten Ausgleich eines angelegten Konzentrationsgefälles gegründet wird. Dieser aber ist z. B. bei *Chara* keineswegs gegeben (vgl. vorjähr. Bericht).

KURSANOV, KRIUKOVA und SEDENKO messen die Aufnahme von Invertase, Glucose, Rohrzucker und Glycin durch Zuckerrüben, *Cyclamen*-Hypocotyl, *Hordeum* und *Potamogeton*, und zwar durch Bestimmung des in der Außenlösung verbleibenden Restes. Während der Aufnahme wird die Atmung (O_2-Aufnahme) erheblich gesteigert. Verff. vermuten, daß hierdurch die Energie bereitgestellt wird, die für die Aufnahme zusätzlich erforderlich ist. Damit wäre ein weiterer Hinweis gegeben für die Annahme, daß auch die Aufnahme von Anelektrolyten z. T. metaosmotisch bedingt sein kann.

Eine andere Form nichtdiosmotischer Anelektrolytaufnahme scheint bei menschlichen Erythrocyten vorzuliegen. LEFÈVRE und DAVIES können feststellen, daß 6-C-Alkohole überhaupt nicht eindringen; die entsprechenden Ketone werden lediglich entsprechend ihrer Diffusionskonstante aufgenommen; die Aufnahme der Aldosen jedoch erfolgt sehr viel schneller. Sie besitzt einen hohen Temperaturkoeffizienten und ist hemmbar durch Hg-Ionen und organische Hg-Komplexe. Verff. nehmen an, daß die Monosaccharide um bestimmte „carrier"-

Molekeln konkurrieren, mit ihnen Komplexe bilden und in dieser Form durch die Grenzschicht bzw. das Plasma transportiert werden. Unter diesem Aspekt würden die Untersuchungen einen weiteren Beitrag zur „Trägertheorie" der Stoffaufnahme darstellen (s. folgenden Abschnitt).

e) Theorie der Stoffaufnahme. Dem Siebeffekt der Plasmahaut ist eine theoretische Studie gewidmet, die WARTIOVAARA vorlegt. Die Siebwirkung äußert sich als relative Disproportionalität zwischen Lipoidlöslichkeit und Permeationsvermögen und ist innerhalb homologer Reihen bei den kleinstmolekularen Stoffen, etwa bis zum 4. Gliede, nachweisbar. Für sie wird (ähnlich wie es BOGEN für alle Stoffe durchgeführt hat, vgl. vorjähr. Bericht) der Diffusionswiderstand der Plasmahaut ausgedrückt durch das Produkt der Zahlenwerte zweier Faktoren, nämlich Lipoidlöslichkeit (LL) und Siebwirkung (SW). Dem LL-Faktor wird die übliche Deutung gegeben, ausgehend vom Verteilungskoeffizienten; die SW dagegen stelle lediglich einen Orientierungsfaktor dar, der von der Länge und der zufälligen räumlichen Lage der permeierenden Molekeln abhängt. Es wird vermutet, daß die von dicht gepackten orientierten Molekeln gebildete Plasmahaut die (Alkohol-) Molekeln vorzugsweise in senkrechter Stellung zu ihr durchläßt. Die Lage einer gegen die Phasengrenze anprallenden Molekel werde aber mit zunehmender Kettenlänge immer mehr kritisch, ihre nachträgliche Orientierung schwieriger. Die durch die LL bestimmte maximale Anzahl effektiver Zusammenstöße werde also immer mehr herabgesetzt auf einen Bruchteil, der von der Gestalt der Molekel abhängig ist; die Siebwirkung verschwinde, und die reine LL werde wirksam.

In einem Referat stellt RIDEAL den seit langem diskutierten Permeationsmechanismen, Lösung (Lipoidmembranen) und Ultrafiltration, einen weiteren Mechanismus gegenüber, der in polymeren Membranen ablaufen kann. Sein Prinzip ist, daß die aufzunehmenden Molekeln von den Membranmolekeln festgehalten werden, z. B. in EYRINGschen Löchern, wie sie bei der zufälligen Bewegung der Kettenmolekeln gelegentlich auftreten, oder auch in festerer Bindung. Die dabei auftretende Entropieänderung und die erforderliche Aktivierungsenergie gestatteten dann keine „freie" Diffusion; vielmehr werde die Translokation der „permeierenden" Molekeln von der Membransubstanz besorgt. Diese schaffe sie gewissermaßen als Träger durch die Membran und gegebenenfalls auch durch das Binnenplasma und gebe sie an anderen Orten wieder frei. Diese Vorstellung ähnelt den Anschauungen über die Bildung von Protein-Ionenkomplexen (vgl. S. 268, 270) wie auch dem altbekannten Guajacol-Modell OSTERHOUTS; soweit sie — etwas voreilig als „Trägertheorie" der Stoffaufnahme bezeichnet — dabei einen „aktiven" Transport begreift, ist sie gegenwärtig noch durchaus hypothetisch und ermangelt der experimentellen Unterbauung. Immerhin werden einige Befunde über die Aufnahme von Zuckern (LEFÈVRE und DAVIES, S. 273) und Kationen (JACOBSOHN, OVERSTREET, KING und HENDLEY) in diesem Sinne gedeutet. WILBRANDT und ROSENBERG (unveröff., zit. nach DANIELLI) und

GOLDACRE und LORCH nehmen einen ganz entsprechenden Mechanismus für die Sekretion in Anspruch, unter besonderer Einbeziehung kontraktiler Proteine. Zutreffendenfalls würde damit eine eindeutig nichtdiosmotische Stoffaufnahme nicht allein konstatiert, sondern auch mit der physiologischen Aktivität (z. B. Plasmaströmung) bzw. der Reaktionsgeschwindigkeit im Plasma verbunden. Weiterhin könnte man, einer theoretischen Studie DANIELLIS (2) folgend, die alkalischen Phosphatasen bzw. Phosphokinasen in den Stofftransport einbeziehen: diese sollen unter Mitwirkung des ATP und damit letztlich der Atmung den Kontraktionszustand der „carrier"-Molekeln bestimmen. Es ist fraglos noch zu früh, um die Gültigkeit dieser Hypothesen zu beurteilen; sie dürften jedoch künftig in den Diskussionen der Stoffaufnahme größeren Raum einnehmen, insbesondere, weil so „objektspezifische" Unterschiede in der Stoffaufnahme auf Stoffwechseleigentümlichkeiten (anstatt auf spezifische Permeationsmechanismen) zurückführbar werden.

Es muß jedoch klargestellt werden, daß der Nachweis meta- bzw. nichtdiosmotischer Prozesse nicht das geringste gegen die Existenz eines Ultrafilters in der Plasmahaut besagt. Diese beiden Prinzipien liegen auf ganz verschiedenen Ebenen. Die Ultrafilterstruktur kann dann am deutlichsten nachgewiesen werden, wenn die Stoffaufnahme lediglich als Konzentrationsausgleich abläuft, d. h. ungestört von allen Sekundärprozessen. Ist sie dagegen durch metaosmotische Prozesse überlagert, so wird nicht nur das Ausmaß, sondern auch die Geschwindigkeit der Stoffaufnahme verändert und die letztere nicht mehr ausschließlich durch die Permeabilität begrenzt. Trotzdem besteht die Ultrafilterstruktur fort.

In einem Kommentar, den STEINBACH seinem Sammelreferat über Permeabilität anfügt, werden die Begriffe Permeabilität, Aufnahme, Komplexbildung und aktiver Transport in ähnlicher Weise wie hier definiert und ausführlich besprochen.

f) Stoffleitung. Sammelreferat: CRAFTS.

KURSANOV und ZAPROMETOV weisen nach, daß Aminosäuren in abgeschnittenen Weizenstengeln schneller transportiert werden als das Transpirationswasser. Auch in geteilten Stengeln reichern sich die Aminosäuren stets im obersten Teil des Internodiums an, gleichgültig, ob dieses normal oder invers eingestellt wird. Sie schließen hieraus, daß Aufnahme und Weiterleitung von den Adsorptionsverhältnissen des Plasmas abhängen. — CHEN kann mit P^{32} und C^{14} wahrscheinlich machen, daß verschiedene Stoffe im gleichen Phloemgewebe in entgegengesetzter Richtung wandern können. Auch hier dürften Molekularbewegungen, nicht aber Massenströmungen stattfinden.

8. Allgemeine Bedingungen des Zellstoffwechsels.

Die Zellphysiologie hat in den letzten Jahren begonnen, sich die Ergebnisse der allgemeinen Stoffwechselphysiologie zunutze zu machen und für die Erforschung des Zellstoffwechsels auszuwerten. Dabei war offenbar die Einsicht maßgebend, daß die Koordination der verschiedenen chemischen Leistungen nur dann verständlich werden kann, wenn die Korrelation mit den Zellstrukturen aufgehellt wird. Hierfür sind spezielle zellphysiologische und cytologische Methoden entwickelt worden, die eine gesonderte Betrachtung unter zellphysiologischem Aspekt gerechtfertigt erscheinen lassen. Insofern soll daher in keiner Weise dem Abschnitt PAECHS vorgegriffen werden, sondern vielmehr eine engere Beziehung zwischen „Makrophysiologie" und Zellphysiologie angestrebt werden, zumal hier nur die allgemeinen Bedingungen für den Ablauf von Stoffwechselprozessen ins Auge gefaßt sind. Andrerseits sollen diese doch immer nur im Hinblick auf die Zelle betrachtet werden, so daß eine Überschneidung mit dem Kapitel „Physikalisch-chemische Grundlagen der biologischen Vorgänge" nicht zu befürchten ist.

Die einfachste Möglichkeit der Koordinierung verschiedener, selbst gegenläufiger Prozesse ist gegeben durch die räumliche Trennung von Enzymen bzw. von Enzym und Substrat. Sie ist seit CLAUDE BERNARD bekannt und in den letzten Jahren immer häufiger bestätigt worden. Ihre Grundlage ist die Fixierung der Enzyme an bestimmten Strukturen; der Nachweis erfolgt mit fraktioneller Zentrifugierung des gesamten Zellinhaltes, mit selektiver oder partieller Vergiftung einzelner Enzyme bzw. Enzymsysteme, mit speziellen Farbstoffen oder durch mikrochemische Reaktionen. Letztere werden besonders beim Phosphatasenachweis verwendet [GOMORI-Technik; über Fehlerquellen DANIELLI (1)]. Aus den Ergebnissen scheint hervorzugehen, daß ein großer Teil der den Kohlenhydratabbau regelnden Enzyme in den Chondriosomen (s. S. 262), die Lipase in Cytoplasmagranula wirksam ist (GOMORI 1946). Andere Enzyme treten nur im Cytoplasma auf, wie z. B. Dipeptidasen (PHILIPSON) und Aldolase (TEWFIK und STUMPF), während die für die Totalsynthese der Hexosen notwendige Phosphorylase in den Chloroplasten lokalisiert ist (CHIN). Auch innerhalb des Grundplasmas kann eine Trennung eintreten: nach BARRON, ARDAD und MASON ist die Brenztraubensäure-Oxydase vorwiegend in den peripheren Partien verankert, während die Carboxylase mehr in der „Zellmitte" auftreten soll.

Anders verhält es sich mit den Phosphatasen. Sie sind an der Zelloberfläche (ROTHSTEIN und MEIER), im Binnenplasma (OHLMEYER, BRILMEYER und KRUPP) und im Zellkern, speziell in den Chromosomen gefunden worden (LANIELLI und CATCHESIDE, WILLMER, KRUGELIS u. a.). Hier muß die unterschiedliche Aktivität durch andere Prinzipien erreicht werden. Nach einer theoretischen Studie DANIELLIS (2) ist sie eng gekoppelt mit der Kontraktilität der Proteine und dem Stofftransport. (Ähnlich kann auch der Befund FLECKENSTEINS und FETTIGS verstanden werden, daß die Phosphatasen direkt oder mittelbar die Hitzekoagulation des Eidotters hemmen: diese steht ja zum Faltungsbzw. Kontraktionszustand der Proteine in engster Beziehung.)

Nach OHLMEYER, BRILMEYER und KRUPP kann die Phosphataseaktivität noch sehr viel feiner reguliert werden. Die (Prostata-) Phosphatase geht nämlich mit Nucleinsäuren Bindungen ein, wobei ihre Aktivität erheblich herabgesetzt wird. Die Bindung kann wieder gelöst werden durch Verringerung der cH oder (und) durch Zugabe von Proteinen, die das Enzym von den NS verdrängen.

Andrerseits geht aus Arbeiten von BRACHET und POTTER, LYLE und SCHNEIDER hervor, daß die Phosphataseaktivität das Ausmaß der

Oxydationen bestimmt. Wie BRACHET zeigt, treten in kernlos gemachten Teilen (Amöben) die gleichen Veränderungen auf wie nach Behandlung mit Dinitrophenol, das die Koppelung von Oxydation und Phosphorylierung aufhebt. In Amphibieneiern bewirkt Dinitrophenol eine Anhäufung von RNS in den Kernen. Verf. schließt hieraus, daß der Kern bei der Koppelung eine Rolle spiele. POTTER u. Mitarb. arbeiten mit zentrifugierten Homogenisaten von Rattenleber. Die Geschwindigkeit, mit der die Oxydation nach dem Citronensäurecyclus in den Chondriosomen abläuft, kann verdoppelt werden durch Zugabe äquivalenter Mengen von Zellkernen, obgleich die letzteren für sich allein nahezu inaktiv sind. Die Kerne bewirken dabei lediglich eine Erhöhung des Phosphatumsatzes. Die Aktivität der Chondriosomenenzymgarnitur wird somit reguliert durch das Phosphatgleichgewicht, mit anderen Worten, der Abbau energiereicher Phosphatbindungen begrenzt die O_2-Aufnahme der Chondriosomen, nicht aber des gesamten Homogenisates.

Weitere Möglichkeiten der „Steuerung" sind gegeben durch Unterschiede in der Enzymkonzentration (LINDERSTRÖM-LANG) bzw. der Geschwindigkeit der Enzymbildung. Letztere wird sogar zur Erklärung der Thermophilie bestimmter Bakterien herangezogen (ALLEN, S. 282).

Die Enzymsynthese ihrerseits ist in vielen Fällen identisch mit der Proteinsynthese. Nach VIRTANEN soll sogar das gesamte Protoplasma eine enzymatisch aktive Masse darstellen; hierzu gesellt sich der Befund WILLIAMS', daß in *Citrullus*-Samen bzw. -Keimlingen, die außerordentlich reich an Urease sind, die Fähigkeit zur Harnstoffspaltung keine Rolle spiele, die Urease vielmehr als Reserveprotein diene. Immerhin sind charakteristische Differenzierungen möglich: VIRTANEN zeigt, daß bei Senkung des N- bzw. des Eiweißgehaltes zunächst die sog. adaptiven Enzyme verschwinden, und CHIN konnte eine Cytochrombildung auf Kosten der Cytoplasmaproteine nachweisen.

Die Proteinsynthese selbst kann, wie aus Untersuchungen von BRACHET und CHAUTRENNE an *Acetabularia* hervorgeht, auch ohne Mitwirkung des Kernes vonstatten gehen. Als Ort der Proteinsynthese haben nach SIEKEWITZ und ZAMEČNIK, HULTEN, KELLER RNS-reiche Mikrosomen zu gelten. Im übrigen erfolgt ein beständiger Austausch der Aminosäuren der Proteine gegen die freien Aminosäuren (MELCHIOR, KLIOZE und KLOTZ an *Escherichia coli*, BORSOCK u. Mitarb. an Knochenmark) und ein schneller Einbau von (markierter) Essigsäure (ABRAMS, GOLDINGER und BARRON an Knochenmark).

Zum Abschluß sei noch auf eine reaktionskinetische Studie von WOLVEKAMP und BOOJI hingewiesen. In ihr wird gezeigt, daß selbst bei verhältnismäßig einfachen Kettenprozessen, wie sie etwa durch Substrattransmission gegeben sind, sog. dominierende Prozesse oder begrenzende Faktoren nicht mehr auftreten; werden sie noch durch das Interferieren eines „Strukturfaktors" kompliziert, so dürfen keine einfachen Abhängigkeitsbeziehungen erwartet werden, wenn man den Einfluß eines äußeren Faktors, z. B. der Temperatur, untersucht.

9. Ionenwirkungen.

Die Wurzeln von *Lemna minor* sind Gegenstand einer eingehenden Untersuchung durch PIRSON und SEIDEL. In diesen Wurzeln können meristematische Zellen, Zellen der Streckungs- und der „Dauer"zone nebeneinander untersucht werden. Messungen der Plasmolysezeit, der Deplasmolysezeit in Harnstoff, des osmotischen Wertes, der Wachstumsgeschwindigkeit und des respiratorischen Sauerstoffverbrauchs ergeben eine ausgeprägte physiologische Zonierung, wobei am Ende der Streckungszone die Plasmolysezeit ein Maximum, die Harnstoffpermeabilität und der osmotische Wert hingegen ein Minimum zeigen. Diese Befunde an der Normalwurzel werden verglichen mit den entsprechenden Daten von Wurzeln, die in K- bzw. Ca-Mangel aufgezogen wurden. In beiden Fällen erfolgt eine Wachstumshemmung mit gleichzeitiger und gleichartiger Verschiebung und Verflachung der Gradienten von Plasmolysezeit und Harnstoffpermeabilität, die mit verschiedenen Alterszuständen charakterisiert werden kann. Der osmotische Wert dagegen sinkt bei beginnendem K-Mangel und steigt beim Einsetzen des Ca-Mangels; der respiratorische Sauerstoffverbrauch schließlich ist in beiden Mangelzuständen erhöht. Daraus ergeben sich u. a. folgende für die Zellphysiologie und Protoplasmatik sehr bedeutungsvolle Konsequenzen: 1. die verschiedenen plasmatischen Kenngrößen können weitgehend selbständig sein (vgl. auch BIEBL, DIANNELIDIS, WEISSENBÖCK). 2. Ihre Veränderung durch Ionen beruht auf durchaus unspezifischen Effekten; sie sind lediglich sekundäre Symptome verschiedener Alterszustände bzw. vorzeitig einsetzender Alterungserscheinungen. Die Auffassung von der „quellenden" K- und „entquellenden" Ca-Wirkung (im Hinblick auf die Stabilisierung des Plasmazustandes) ist daher unzulänglich. 3. Die für die Atmung verantwortlichen Spezialstrukturen werden durch Faktoren der Mineralsalzernährung unabhängig vom allgemeinen plasmatischen Verhalten verändert; sie können nicht einmal zu den verschiedenen Alterszuständen in Beziehung gesetzt werden.

BOGEN untersucht an Zwiebelschuppenepidermen die unmittelbaren Wirkungen von LiCl-Lösungen, wie sie sich als Vakuolenkontraktion und Kappenplasmolyse äußern. Er weist nach, daß die Kappenplasmolyse nicht auf einer (durch Intrabilitätserhöhung hervorgerufenen) Überschwemmung des Cytoplasmas mit „quellenden" Li-Ionen beruht, sondern ebenso wie die Vakuolenkontraktion als Reizreaktion aufgefaßt werden kann, die durch sehr geringe (hypotonische) Li-Konzentrationen, aber auch durch (nicht „quellendes") Neutralrot auslösbar ist. Voraussetzung ist lediglich, daß die verwendeten Lösungen hypertonisch gemacht werden, etwa durch Rohrzuckerzusatz. Der Aufquellungsgrad ist der Li-Konzentration proportional, wird aber durch stärkere Hypertonie herabgesetzt. Die Aufquellung ist reversibel in LiCl; es bedarf nicht der Übertragung in „entquellende" Ca-Lösungen. Des weiteren kann sie durch mechanischen Druck rückgängig gemacht werden (Deplasmolyseversuche). Dabei sind Erscheinungen zu beobachten, die als umgekehrte Vakuolenkontraktion gedeutet werden.

Für die Ätiologie der Kappenplasmolyse wird das Schema Intrabilitäts-
erhöhung/Permeabilitätserniedrigung aufgegeben und an seine Stelle
das allgemeinere Schema Plasmaaufquellung/Entquellung von Vaku-
olenkolloiden gesetzt, wobei vermutlich Relaxations- und Kontraktions-
mechanismen eine Rolle spielen.

Aus beiden Arbeiten dürfte hervorgehen, daß die bei Ionenmangel-
wie Ionenüberschußversuchen auftretenden Veränderungen zell-
physiologischer Reaktionen nicht mit den bisher üblichen einfachen
Vorstellungen über die „Kolloidaktivität" der Ionen zu vereinbaren
sind; diese bedürfen vielmehr dringend einer Revision.

10. Reizerscheinungen.

STUHLMANN und DARDEN untersuchen mit nicht polarisierbaren
Elektroden und einem Kathodenstrahloszillographen die in den Borsten
von *Dionaea muscipula* auftretenden Aktionsströme. Die Ergebnisse
bestätigen die prinzipielle Übereinstimmung mit denen an Säugetier-
nerven. Der Anstieg ist nach 0,1 sec beendet, während der Abfall erheblich langsamer stattfindet. Zugleich wird die Überlappung mit
einem später sich manifestierenden Folgepotential festgestellt, das
zunächst negativ, später positiv ist und erst nach etwa 1,5 sec in das
Ruhepotential übergeht. — TASAKI und KAMIYA untersuchen mit
entsprechenden Methoden den elektrischen Effekt, der nach elektrischer
oder mechanischer Reizung in den Plasmodien von *Physarum polycephalum* in gleicher Weise auftritt. Er ist nicht dem „Alles-oder-Nichts"-
Gesetz unterworfen.

BÜNNING, GRÖNER und STIEFEL können an *Coprinus lagopus* zeigen,
wie nach einer mechanischen Reizung ein Refraktärstadium eintritt,
in dem die Pflanze für photische Reize weniger empfindlich ist; nach
Zwischenschaltung einer Ruheperiode jedoch erhöht sich der Effekt
der anschließenden Lichtreizung ganz erheblich.

Die Arbeit KAHLs über Schütteleffekte im Plasma, die eine der
Grundlagen der Dürreresistenztheorie STOCKERs darstellt und im
vorigen Bande besprochen wurde, liegt nunmehr im Druck vor. In
der Diskussion werden die Ergebnisse im größeren Rahmen der Reiz-
physiologie der Zellen betrachtet.

Nicht unbedingt zu den Reizerscheinungen ist der Orientierungseffekt zu rechnen, der in Zellhaufen oder Pseudoplasmodien von
Dictyostelium discoideum unter dem Einfluß einseitiger Erwärmung
beobachtet wird. BONNER u. Mitarb. konnten feststellen, daß bereits
ein Temperaturabfall von 0,05 °C/cm genügt, um das Pseudoplasmodium zu veranlassen, sich der Wärmequelle zuzuwenden. Auf die einzelne
Zelle umgerechnet ergibt das zwischen den beiden Zellenden eine Temperaturdifferenz von nur 0,0005 °C. Ähnliche Effekte lassen sich auch
durch einseitige Belichtung erzielen. Da hierbei die Wellenlänge bedeutungslos ist, vermuten Verff., daß auch bei der Lichteinwirkung
lediglich die durch die Bestrahlung hervorgerufene leichte Erwärmung
der dem Licht zugewendeten Seite genüge, um die Reaktion auszulösen.

11. Narkose.

Ein wichtiger experimenteller Beitrag zum Problem der Narkose wird von RUHLAND und HEILMANN vorgelegt. Obgleich der eigentliche Gegenstand der Untersuchung die Permeabilität ist, müssen die Befunde auch im Hinblick auf die Narkose ausgewertet werden. An *Beggiatoa mirabilis* wird die Permeation von 16 hydrophilen und hydrophoben Anelektrolyten unter dem anästhesierenden Einfluß von 11 verschiedenen primären Alkoholen der gesättigten aliphatischen Reihe von C_1 bis C_9 untersucht. Die wichtigsten Ergebnisse sind: 1. Die Permeation wird reversibel gehemmt. 2. Das Ausmaß der Hemmung ist abhängig a) von der Länge der Alkoholmolekeln, b) von der Molekelgröße der permeierenden Stoffe: mit zunehmender Kettenlänge der Alkohole greift der hemmende Einfluß stufenweise auf immer kleinere Molekeln der permeierenden Stoffe über. Während Nonanol die Aufnahme der Stoffreihe Erythrit bis Äskulin ($\mathfrak{R}_{MD}$ 26,77 bis 76,30) hemmt, vermögen Methanol bis Propanol nur die Aufnahme von Saccharose und Äskulin ($\mathfrak{R}_{MD}$ 70,35 bzw. 76,30) herabzusetzen. 3. Die jeweilige Permeationshemmung erstreckt sich gleicherweise auf hydrophile und hydrophobe Stoffe. — Die anästhesierende Alkoholwirkung ist räumlich vorzustellen, und zwar so, daß die Alkoholmolekeln die Porenwände der Plasmahaut als kondensierte Filme auskleiden. Für das Problem der Narkose ergibt sich hieraus u. a. eine Übereinstimmung mit der Dehydratationstheorie, nach der ja eine reversible Porenverengerung anzunehmen ist; darüber hinaus aber wird erneut ersichtlich, daß bei der Permeation wie bei der Narkose die zwischenmolekularen Kräfte (VAN DER WAALSsche Kräfte) eine überragende Rolle spielen.

In einer theoretischen Studie kommt BERGSTERMANN zu ganz ähnlichen Schlüssen. Nach seinen Ausführungen wirken die Narkotika weder durch spezifische Lipoidlöslichkeit noch durch die spezifische Adsorption, sondern durch ihre unspezifischen zwischenmolekularen Kräfte (hier Dispersionskräfte genannt). Ihnen kommt lediglich die Rolle von Verstärkern bzw. Stabilisatoren der spezifischen, durch COULOMBsche Kräfte vermittelten intermolekularen Bindungen zu (Stabilisatortheorie).

12. Strahlenwirkungen.

SEEMANN berichtet über die Erhöhung der Wasserpermeabilität unter dem Einfluß der Wärme und der UV-Bestrahlung. Nach Wiederabkühlung auf Zimmertemperatur tritt auch die Normalpermeabilität wieder auf, während die Wirkung der UV-Strahlen erst nach 24 h abklingt. TRUDOVA stellt fest, daß die (Cytoplasma- und Zellkern-) Kolloide durch Röntgenbestrahlung eine Verschiebung des IEP erfahren, die zu einer Verschiebung des p_H-Wertes nach der alkalischen Seite führt. Dabei sollen auch die chemischen Eigenschaften der Proteine verändert werden. (Vgl. dazu S. 232 ff.)

Neben der direkten Übertragung der Strahlenenergie auf die Zellstrukturen gibt es auch „indirekte" Strahlenwirkungen. Sie entstehen, wie LANGENDORFF nachweist, durch H_2O_2, das in geringer Menge gebildet werden und reine unverdünnte Enzymlösungen inaktivieren kann. Schützend wirken hier insbesondere SH-Gruppen-tragende Aminosäuren (JAEGER. Vgl. dazu S. 236 f.)

13. Resistenz.

a) Kälte- und Frostresistenz. SIMINOVITCH und BRIGGS finden in den Rindenzellen von *Robinia* eine Korrelation zwischen dem Gehalt an wasserlöslichen Proteinen und Frostresistenz. Wasserunlösliche Proteine sind während des ganzen Jahres in gleicher Menge vorhanden; die Nichteiweißverbindungen zeigen erhebliche Schwankungen im Laufe des Jahres, ohne daß eine Beziehung zur Frostresistenz erkennbar wäre (vgl. hierzu den vorjähr. Bericht: PISEK). In einer 2. Studie (BRIGGS und SIMINOVITCH) werden die wasserlöslichen Proteine elektrophoretisch in 5 Fraktionen aufgeteilt. Es treten (im Sommer) lediglich quantitative Verschiebungen auf. Dabei zeigte ein anderer „Klon" wesentliche Abweichungen im Verhältnis der Fraktionen. Verff. vermuten, daß der erhöhte Gehalt der resistenten Pflanzen an wasserlöslichen Proteinen auf eine erhöhte Wasserpermeabilität zurückzuführen ist.

GESSNER und ZWERENZ zeigen an verschiedenen Pflanzen, daß bei N-Mangel die Kälteresistenz erhöht ist. Eine Beziehung zu den Befunden SIMINOVITCHS läßt sich jedoch vorerst nicht herstellen.

ELGORT und LADARIJA beobachten andrerseits in Zellen abgekühlter (nicht resistenter) *Citrus*-Sprosse eine Erhöhung der Elektrolytpermeabilität, gemessen an der Leitfähigkeit der Außenlösung. Sie tritt vor dem Sichtbarwerden der Schädigungen auf; ihr Ausmaß wird mit steigender Resistenz geringer.

Über abgestufte Kälteresistenz von Hochmooralgen berichtet HÖFLER. Die meisten Blaualgen sind besonders resistent, während z. B. *Clostridium Dianae* zu den empfindlichsten Formen gehört.

b) Trockenresistenz. MONTFORT und HAHN versuchen, die bisherigen statischen Trockenresistenzteste (Feststellung des Lebenszustandes) durch einen dynamischen Test zu ersetzen, indem sie nach verschieden starker Austrocknung und anschließender Wassersättigung den zeitlichen Ablauf von Atmung und Assimilation messen. Dabei wird die Atmung zunächst stark stimuliert; das Ausmaß der Steigerung ist nicht allein von der Dauer und dem Grade der Entquellung, sondern auch von der Resistenz abhängig; ähnlich verhält es sich mit der Depression der Photosynthese. Dadurch gelingt es, feinere Abstufungen der konstitutionellen Trockenresistenz zu erfassen. Diese zeigt weder zum anatomischen Bau der Transpirationsorgane noch zum Vorleben in bestimmter Feuchtigkeit eindeutige Beziehungen, wohl aber zum Verwandtschaftskreis, wenigstens innerhalb der Pteridophyten.

Andersartige Befunde macht HÖFLER an *Metzgeria conjugata*, die er über verschieden konzentrierten Schwefelsäurelösungen austrocknen läßt; er ermittelt so einen „kritischen Schwellenwert", d. h. diejenige relative Feuchtigkeit, bei der ein Teil der Zellen noch überlebt. Dieser Wert ist im wesentlichen von der Vorgeschichte des Pflanzenmaterials abhängig: während er im feuchten Sommer 1942 bei 25% H_2SO_4 gefunden wurde, lag er im trocknen Sommer 1943 bei 60% und wurde durch einige starke Regenfälle nur wenig herabgesetzt. Damit wäre eine der Frosthärtung analoge Trockenhärtung des Plasmas konstatiert, die sogar „statisch" zu erfassen ist. HÖFLER betrachtet sie als protoplasmatisches Merkmal. — Es darf indessen in diesen Befunden kein Widerspruch zu denen MONTFORTs gesehen werden; konstitutionelle Resistenz und Trockenhärtung brauchen einander keineswegs auszuschließen.

LAL und MEHROTRA finden an 12 Zuckerrohrvarietäten eine gewisse Korrelation zwischen Trockenresistenz und einigen Zellindices (z. B. Länge und Breite der Blattepidermiszellen und Spaltöffnungen); sie wird jedoch vielfach überdeckt durch Einflüsse der Chromosomenzahlen, des Alters und der Größe von Sprossen und Blättern. — HENKEL (zitiert als GENKEL) führt die Trockenresistenz auf die Elastizität des Plasmas zurück. Mit der Zentrifuge bestimmt er die Zeit bis zur Ablösung des Plasmas der Epidermiszellen von der Wand; sie ist bei Euxerophyten am höchsten, bei Hemixerophyten und Sukkulenten am geringsten.

c) Hitzeresistenz. Nach WILLIAMS und ZIMMERMANN besteht bei sporenbildenden Bakterien keine Korrelation zwischen der Hitzeresistenz der vegetativen Zellen und der der zugehörigen Sporen, vielmehr können bei Stämmen mit stark resistenten vegetativen Zellen wenig resistente Sporen auftreten und umgekehrt. Das braucht indessen nicht zu bedeuten, daß die Hitzeresistenz kein konstitutionelles Merkmal ist, denn sie wird an den vegetativen Zellen als Tötungszeit bei 53° C, an den Sporen aber bei 99,5° C gemessen.

Ähnlich wie MONTFORT und HAHN bei der Trockenresistenz, so versuchen auch CHRISTOPHERSEN und PRECHT (1 bis 3) die Hitzeresistenz dynamisch aufzufassen. Sie untersuchen an Hefezellen (*Torulopsis*), die bei verschiedener Temperatur angezogen wurden, die Veränderung der Hitzeresistenz und die Adaptation zahlreicher Prozesse, Enzymsysteme und einzelner Enzyme. Wenn auch nicht in allen Fällen klare Beziehungen zutage treten, so wird doch deutlich, daß die Hitzeresistenz mit der Adaptationstemperatur ansteigt; ebenso verschiebt sich das Maximum der Abhängigkeitskurven der Atmung. Dagegen nimmt die Hitzeresistenz der Dehydrasen und der Katalase mit dem Kulturalter zu.

Über die Thermophilie liegt eine sorgfältige Studie von ALLEN vor. Sie weist nach, daß bei thermophilen Bakterien bestimmte katalytische Systeme (z. B. Katalase, Peroxydase) bereits bei solchen Temperaturen rasch zerstört werden, bei denen die Bakterien gut wachsen können, und schließt hieraus, daß die Thermophilen bei hohen Temperaturen ihre Enzyme schneller aufbauen können, als diese durch Hitze zerstört werden: der Temperaturkoeffizient der Enzymbildung ist bei Thermophilen höher als bei Mesophilen. Das Temperaturmaximum der Bakterien wird dann erreicht, wenn die thermische Zerstörung der Enzyme die Enzymsynthese übersteigt, das Minimum, wenn die Enzymsynthese so gering geworden ist, daß sie den im Gefolge des Stoffwechsels eintretenden Enzymabbau nicht mehr kompensieren können. Auch damit wird der dynamische Charakter der Temperaturabhängigkeit verdeutlicht.

14. Protoplasmatik.

Die Schließzellen waren das Objekt mehrerer Untersuchungen. STÖGER findet an *Tradescantia*-Blättern die höchste Permeabilität (für Harnstoff, Sulfoharnstoff, Azetamid, Glycerin, Urotropin) bei hydroaktiver und photoaktiver Öffnungstendenz. Wenn dagegen die beiden Reaktionssysteme der Spaltöffnungsbewegung gegeneinander geschaltet sind, so zeigen die Schließzellen verminderte Durchlässigkeit. — Die Schließzellen von *Stratiotes aloides* werden frühzeitig funktionslos. Gleichwohl ähneln sie wegen ihrer hohen Harnstoffpermeabilität, des hohen osmotischen Wertes und der Kernform den funktionstüchtigen Schließzellen anderer Objekte, während hinsichtlich der KNO_3-Permeabilität und der Plasmolyseform kein Unterschied gegenüber den Epidermis- und Nebenzellen zu beobachten ist [DIANNELIDIS (1)]. Dem Funktionsverlust entspricht offenbar nicht der Verlust aller jener plasmatischen Merkmale, die zur protoplasmatischen Charakterisierung der Schließzellen üblicherweise verwendet werden. — WEISSENBÖCK unterdrückt durch Colchicinbehandlung von Samen die Teilung der Stomatamutterzellen zu Schließzellen. Gleichwohl zeigen diese Mutterzellen ähnliche protoplasmatische Eigenschaften wie normal entwickelte Schließzellen (z. B. höhere Harnstoffpermeabilität, höheren osmotischen Wert).

Der protoplasmatischen Anatomie der ganzen Blätter von *Halophila stipulacea* ist eine Studie von DIANNELIDIS (2) gewidmet. Obgleich sie im anatomischen Bau den *Helodea*-Blättern sehr ähneln, ergeben sich in protoplasmatischer Hinsicht vielfach Differenzen. Im allgemeinen sind die Mittelzellen bzw. Rippenzellen vor den Randzellen durch höhere osmotische Werte, höhere Harnstoffpermeabilität, höhere Resistenz und höhere Viscosität ausgezeichnet. O. HÄRTEL untersucht die Haftorgane von *Parthenocissus tricuspidata*, hauptsächlich auf Membraneigenschaften. Er findet Differenzen im IEP, in der chemischen Zusammensetzung (Pektin/Lignin) und in der polarisationsoptisch erschließbaren Membrantextur.

Das Auftreten von doppelbrechenden Myelinsubstanzen im subkutikularen Raum der Drüsenhaare von *Verbascum Blattaria* beschreiben O. HÄRTEL, KENDA und WEBER. Wenn dieses Sekret durch die Kutikula austritt, bilden sich in Wasser sehr eindrucksvolle Myelinfiguren. — Über einen Fall von spontaner Systrophe in den Oberhautzellen der Corollröhreninnenseite bei *Buddleia japonica* berichtet GERM. Die Spontansystrophe kann durch Einlegen der Zellen in Wasser weitgehend aufgelöst werden. In der Antherenepidermis von *Papaver Rhoeas* beobachtet KENDA zahlreiche anthocyangefärbte Tropfen, die vermutlich Koazervate aus dem Zellsaft sind. — Die durch die Milbe *Eriophyes nervisequus faginus* erzeugten Gallen auf der Oberseite von Buchenblättern bestehen aus keulenförmig ausgewachsenen Epidermiszellen. Der osmotische Wert und die Anfärbbarkeit mit basischen und sauren Farbstoffen sind herabgesetzt (DRAWERT und THIELKE). — Die chlorophyllfreien und grünen Zellen panaschierter *Abutilon*-Pflanzen sind in protoplasmatischer Hinsicht nicht unterschieden. Lediglich bei längerer Versuchsdauer steigt in den grünen Zellen der osmotische Wert infolge fortgesetzter CO_2-Assimilation und mangelnder Ableitungsmöglichkeit der Assimilate an, während er in den gelben Zellen sinkt [BIEBL (1)].

Über Vitalfärbungsversuche an Hochmooralgen liegen 2 Abhandlungen vor (CHOLNOKY und HÖFLER, HÖFLER und SCHINDLER), die eine reiche Fülle von Beobachtungsmaterial enthalten. Sie wurden mit vergleichend cytologischer Fragestellung unternommen und zeigen quantitative und qualitative Differenzierungen im Speichervermögen. Im allgemeinen erfolgt die Anfärbung rasch und intensiv, doch gibt es auch Formen, die mit Neutralrot überhaupt nicht anfärbbar sind (die Heteroconte *Chlorobotrys regularis*). Als wichtigstes Ergebnis verdient festgehalten zu werden, daß vielfach selbst das „unschädliche" Neutralrot Anlaß zur Bildung und Anfärbung grobdisperser Phasen im Plasma ist, und daß die Vakuolenkontraktion als normale Reaktion der Zellen auf den Impuls der Vitalfärbung angesehen wird. Ferner ist bei einigen Formen (*Cymbella cistula* u. a.) mit Toluidinblau im schwach sauren Bereich eine Anfärbung besonderer Plasmaeinschlüsse beobachtet.

KUCHAR beschreibt den Plasmolyseverlauf bei *Oscillatoria limosa* und *tenuis* und beobachtet ein Platzen der Zellen bei Deplasmolyse. — SCHILLER entdeckt bei der Untersuchung von *Trachelomonas intermedia* einen neuen Pyrenoidtyp. — SCHWENGBERG verwendet *Funaria* als Objekt und berichtet über Vitalfärbungseffekte und bemerkenswerte Plasmakonfigurationen.

BIEBL untersucht die Resistenz pflanzlicher Plasmen gegen ZnSO-, H_3BO_3, $MnSO_4$ (1) und $VOSO_4$ (2). Es finden sich hinsichtlich der „Resistenzgrenzen" charakteristische Unterschiede zwischen den Objekten. Sie werden als Anzeichen konstitutioneller Resistenz gewertet und als neues protoplasmatisches Merkmal bezeichnet. Dabei wird hervorgehoben, daß die Gruppierung der Objekte nach dieser Resistenz in der Regel eine andere Reihenfolge ergibt, als wenn sie nach den bisher verwendeten protoplasmatischen Merkmalen (Permeabilität, Plasmolyseform, Vitalfärbung usw.) erfolgt.

Während diese Untersuchungen mit Substanzen durchgeführt wurden, denen die Pflanzen auf ihren Standorten nur sehr selten begegnen (Galmeiböden), widmet sich LINDNER dem Studium der Resistenz gegen KNO_3, KCl, $Ca(NO_3)_2$, $CaCl_2$ und Mischlösungen, wobei er Ruderalpflanzen mit Wiesenpflanzen vergleicht. Die Ergebnisse variieren stark, doch läßt sich allgemein sagen, daß die Ruderalpflanzen eine hohe KNO_3-Permeabilität und eine erhöhte Resistenz gegen KNO_3 aufweisen (Ausnahme: *Artemisia vulgaris*). — RECKENDORFER prüft die Arsenschäden an *Phaseolus vulgaris* mit mikrochemischen und protoplasmatischen Methoden. 10^{-8} mg As_2O_3 pro Zelle führen bereits zu irreversiblen Schädigungen.

Literatur.

ABELSON, P. H., u. W. R. DEWYAL: Biol. Bull. **96**, 205 (1949). — ABRAMS, R., J. M. GOLDINGER u. E. S. GUZMAN BARRON: Biochim. et Biophys. Acta **5**, 74 (1950). — ALBAUM, H. G., M. OGUR u. A. HIRSCHFELD: Arch. of Biochem. **27**, 130 (1950). —ALEŠIN, G. N., u. M. T. JASTREBOV: Dokl. Akad. Nauk SSSR **69**, 85 (1949), zit. nach Ber. wiss. Biol. **70**, 191; **70**, 523 (1950), zit. nach Ber. wiss. Biol **71**, 25. — ALLEN, M. B.: J. gen. Physiol. **33**, 205 (1950). — ALLEN, P. J., u. W. H. PRICE: Amer. J. Bot. **37**, 313 (1950). — ÄYRÄPÄÄ, T.: Physiol. Plantarum **3**, 402 (1950).

BANCHER, E.: Protoplasma (Wien) **40**, 194 (1951). — BARRON, E. S. G., M. J. ARDAD u. M. MASON: J. gen. Physiol. **34**, 211 (1950). — BAUD, CH. A.: Bull. Histol. appl. **26**, 12, 99 (1949). — BEAMS, H. W.: Biol. Bull. **96**, 246 (1949). — BENNET-CLARK, T. A.: Endeavour **10**, 151 (1951). — BERGSTERMANN, H.: Naturwiss. **38**, 128 (1951). — BERSIN, TH.: Forsch. Fortschr. **26**, 251 (1950). — BETHE, A.: Naturwiss. **37**, 177 (1950). — BIEBL, R.: (1) Österr. bot. Z. **97**, 168 (1950) — (2) Protoplasma (Wien) **39**, 251 (1950) — (3) Biol. generalis (Wien) **19**, 236 (1950). — BOGEN, H. J.: Planta (Berl.) **39**, 1 (1951). — BONNER, J. T., W. W. CLARKE, C. L. NEELY u. M. K. SLIFKIN: J. cell. a. comp. Physiol. **36**, 149 (1950). BORSOCK, H.: Physiol. Rev. **30**, 206 (1950). — BORSOCK, H., C. L. DEASY, A. G. HAAGEN-SMIT, G.KEIGHY u. P. H. LOWY: J. biol. Chem. **186**, 297, 309 (1950). — BOSE, S. R.: Cellule **53**, 153 (1950). — BRACHET, J.: Experientia (Basel) **7**, 344 (1951). — BRACHET, J., u. H. CHAUTRENNE: Nature (Lond.) **168**, 950 (1951). — BRECKHEIMER-BEYRICH, H.: Ber. dtsch. bot. Ges. **62**, 55 (1950). — BRIGGS, D. R., u. D. SIMINOVITCH: Arch. of Biochem. **23**, 18 (1949). — BROYER, T. C.: Plant Physiol. **25**, 367 (1950). — BÜNNING, E., u. H. SAGROMSKY: Z. Naturforschg. **3**b, 203 (1948). — BÜNNING, E., M. GRÖNER u. G. STIEFEL: Ber. dtsch. bot. Ges. **63**, 157 (1951). — BUTLER, J. A. V.: Nature (Lond.) **164**, 1079 (1949).

CHAMBERS, R.: Biol. Rev. **24**, 246 (1949). — CHEN, S. L.: Amer. J. Bot. **38**, 203 (1951). — CHIN, C. H.: Nature (Lond.) **165**, 928 (1950). — CHOLNOKY, B. J.: (1) Bot. Not. (Lund) **1949**, 163 — (2) Österr. bot. Z. **97**, 380 (1950) — (3) Protoplasma (Wien) **40**, 152 (1951) — (4) Mikroskopie **6**, 91 (1951). — CHOLNOKY, B. J., u. K. HÖFLER: Sitzgsber. Österr. Akad. Wiss. Wien, math.-nat. Kl. I **159**, 143 (1950). — CHRISTOPHERSEN, J., u. H. PRECHT: Biol. Zbl. **69**, 240, 300; **70**, 261 (1950/1). — CLAUDE, A.: Adv. Protein Chem. **5**, 423 (1949). — COLLANDER, R.: Physiol. Plantarum **3**, 45 (1950). — CONWAY, E. J., u. P. T. MOORE: Biochem. J. (Proc.) **47** III (1950). — COWIE, D. B., R. B. ROBERTS u. J. Z. ROBERTS: J. cell. a. comp. Physiol. **34**, 243 (1949). — CRAFTS, A. G.: Bot. Rev. **17**, 203 (1951).

DANGEARD, P.: C. r. Acad. Sci. (Paris) **230**, 27, 496 (1950). — DANIELLI, J.: (1) Nature (Lond.) **165**, 762 (1950); (2) **168**, 465 (1951). — DARMON, S. E., u. G. B. SUTHERLAND: Nature (Lond.) **164**, 440 (1949). — DAVIES, R. E., u. A. G. OGSTON: Biochem. J. **46**, 324 (1950). — DÉSIRÉ, CH.: C. r. Soc. Biol. Paris **140**, 265 (1946). — DIANNELIDIS, TH.: (1) Protoplasma (Wien) **39**, 441 (1950) — (2) Phyton (Horn) **3**, 29 (1951). — DRAWERT, H.: (1) Protoplasma (Wien) **39**, 688 (1950); (2) **40**, 85 (1951) — (3) Z. Naturforschg. **6**b, 141 (1951). — DRAWERT, H., u. CH. THIELKE: Protoplasma (Wien) **40**, 200 (1951).

ELGORT, S. G., u. Z. N. LADARIJA: Dokl. Akad. Nauk, SSSR **70**, 913 (1950), zit nach Ber. wiss. Biol. **70**, 312. — ELÖD, E., u. H. ZAHN: Kolloid-Z. **113**, 10 (1949). ERICKSSON, E.: Lantbrukshögskolans Ann. **16**, 420 (1949).

FLECKENSTEIN, A., u. B. FETTIG: Z. Naturforschg. **6**b, 213 (1951).

GENKEL, P. A.: Bot. Žiurnal **34**, 461 (1949), zit. nach Ber. wiss. Biol. **69**, 296. — GENKEL, P. A., u. J. V. TSVETKOVA: Dokl. Akad. Nauk SSSR **74**, 1025 (1950), zit nach Chem. Abstr. **45**, 3037. — GERM, H.: Protoplasma (Wien) **39**, 483 (1950). — GESSNER, F., u. F. ZWERENZ: Naturwiss. **37**, 453 (1950). — GOIDÀNICH, G., u. L. CAMICI: Ann. sperim. Agrar. **2**, 419 (1948). — GOLDACRE, R. J., u. F. N. LORCH: Nature (Lond.) **166**, 497 (1950). — GOMORI,

H.: Arch. of Path. **41**, 121 (1946). — v. GUTTENBERG, H., u. A. BEYTHIEN: Planta (Berl.) **40**, 36 (1951).

HACKETT, D. P., u. K. v. THIMANN: Plant. Physiol. **25**, 648 (1950). — HÄRTEL, O.: Biol. generalis (Wien) **19**, 193 (1950). — HÄRTEL, O., G. KENDA u. F. WEBER: Protoplasma (Wien) **39**, 619 (1950). — HAUROWITZ, F.: Experientia (Basel) **5**, 347 (1949). — HERRMANN, H., J. S. NICHOLAS u. J. K. BORICIOUS: J. biol. Chem. **184**, 321 (1950). — HELDER, R. J.: Proc. Kon. Nederl. Akad. Wetensch. C **64**, 3, 275 (1951). — HILTZ, P.: C. r. Acad. Sci. Paris **228**, 194 (1949). — HÖFLER, K.: (1) Protoplasma (Wien) **39**, 677 (1950) — (2) Ber. dtsch. bot. Ges. **63**, 3 (1950) — (3) Mikrochem. **36/37**, 1146 (1951) — (4) Verh. zool. bot. Ges. Wien **92**, 234 (1951). — HÖFLER, K., u. H. SCHINDLER:‡Protoplasma (Wien) **40**, 137 (1951). — HOU, H. Y., u. F. G. MERKLE: Soil Sci. **69**, 471 (1950). — HOWARD, A., u. S. R. PELC: Nature (Lond.) **167**, 599 (1951). — HULTÉN, T.: Exp. Cell Research **1**, 376 (1950). — HENKEL, vgl. u. GENKEL.

JACOBSOHN, L., R. OVERSTREET, H. M. KING u. R. HANDLEY: Plant. Physiol. **25**, 639 (1950). — JAEGER, K.: Röntgen- u. Laborat.-Praxis **3**, 215 (1950). — JEENER, R.: Nature (Lond.) **163**, 837 (1949). — JOHANNES, H.: Arch. Mikrobiol. **15**, 13 (1950).

KAHL, H.: Planta (Berl.) **39**, 346 (1951). — KAMIJA, N.: Protoplasma (Wien) **39**, 344 (1950). — KAMIJA, N., u. S. ABE: J. Colloid Sci. **5**, 149 (1950). — KELLER, E. B.: Fed. Proc. **10**, 206 (1951). — KELLER, R., u. B. CHIEGO: Protoplasma (Wien) **39**, 44 (1949). — KLOTZ, J. M.: Cold Spring Harbor Symp. **14**, 97 (1950). — KENDA, G.: Phyton (Horn) **2**, 287 (1950). — KÖLBEL, H.: Z. Naturforschg. 4b, 145 (1949). — Kopac, W.: Ann. New York Acad. Sci. **50**, 870 (1950). KOPACZEWSKI, W.: Ann. Inst. Nat. Recherche Agron. Ser. A. Ann. Agron. **1**, 26 (1950). — KRUGELIS: J. cell. a. comp. Physiol. **20**, 374 (1942), zit. nach DANIELLI (2). — KUCHAR, K.: Phyton (Horn) **2**, 213 (1950). — KURNICK, N. B.: J. gen. Physiol. **33**, 243 (1950). — KURNICK, N. B.:, u. A. E. MIRSKY: J. gen. Physiol. **33**, 265 (1950). — KURSANOW, A., N. KRIUKOVA u. D. SADENKO: Biokhimija **13**, 456 (1948), zit. Biol. Abstr. **25**, 29145. — KURSANOW, A., u. M. N. ZAPROMETOV: Dokl. Akad. Nauk SSSR **69**, 89 (1949), zit. nach Ber. wiss. Biol. **70**, 206. — KÜSTER, E.: Ber. dtsch. bot. Ges. **62**, 23 (1949).

LAL, K. N., u. O. N. MEHROTRA: Bot. Gaz. **111**, 193 (1949). — LANGENDORFF, H.: Strahlenther. **83**, 33 (1950). — LANIELLI u. CATCHESIDE: Nature (Lond.) **156**, 294 (1945), zit. nach DANIELLI (2). — LEFÈVRE, P. G., u. R. J. DAVIES: J. gen. Physiol. **34**, 515 (1950). — LEVITT, J.: Plant Physiol. **23**, 505 (1948). — LINDBERG, O.: Exp. Cell Research **1**, 105 (1950). — LINDERSTRÖM-LANG, H.: Z. physiol. Chem. **173**, 32 (1928). — LINDNER, E.: Protoplasma (Wien) **39**, 508 (1950). — LOEWY, A. G.: J. Cell. a. Comp. Physiol. **35**, 151 (1950). — LUMB, E. S.: Quart. Rev. Biol. **25**, 278 (1950). — LUNDEGÅRDH, H.: (1) Ark. Bot. K. Svenska Vet. Akad. **31** A, 1 (1943); (2) **32** A, 1 (1945) — (3) Ann. Rev. Biochem. **16**, 503 (1947) — (4) Disc. Faraday Soc. **3**, 139 (1948) — (5) Ann. Roy. Agr. Coll. Schweden **16**, 339 (1949) — (6) **16**, 372 (1949) — (7) Physiol. Plantarum **2**, 388 (1949) — (8) Nature (Lond.) **165**, 513 (1950) — (9) **167**, 71 (1950) — (10) Physiol. Plantarum **3**, 103 (1950) — (11) Ark. Bot. Andra Ser. **1**, 295 (1950) — (12) Ark. Kemi **3**, 69 (1951); (13) **3**, 469 (1951).

MALM, M.: Physiol. Plantarum **3**, 376 (1950). — MARENGO, N. P.: Amer. J. Bot. **36**, 603 (1949). — MASCRÉ u. PARIS: Bull. Soc. chim. biol. Paris **33**, 109 (1951). — MATTSON, S., E. ERIKSSON, K. VAHTRAS u. E. G. WILLIAMS: Z. Pflanzenernährg. **45**. 23 (1949). — MELCHIOR, J. B., O. KLIOZE u. J. M. KLOTZ: J. biol. Chem. **189**, 411 (1951). — MEISSEL, M. N., N. A. POMOTSCHNIKOVA u. J. u. M. SCHAWLOMKI: Dokl. Akad. Nauk SSSR **70**, 1065, zit. nach H. SCHMITZ. — METZNER, H.: Planta (Berl.) **38**, 605 (1951). — MICHAEL, G.: Z. Pflanzenernährg. A + B **47**, 205 (1949). — MITCHELL, J. W., u. P. C. MARTH: Bot. Gaz. **112**, 70 (1950). — MONTFORT, C., u. H. HAHN: Planta (Berl.) **38**, 503 (1950). — MÜHLETHALER, K. A., F. MÜLLER u. H. H. ZOLLINGER: Experientia (Basel) **6**, 16 (1950). — MULDER, E. G.: Ann. Rev. Plant

Physiol. **1**, 1 (1950). — Müssbichler, H.: Experientia (Basel) **7**, 185 (1951). — Mutsaars, W.: Nature (Lond.) **165**, 397 (1950). — Myers, G. M. P.: J. exper. Bot. **2**, 129 (1951).

Newcomer, E. H.: Bot. Rev. **17**, 53 (1951). — Nickell, L. G.: Bot. Gaz. **112**, 290 (1950). — Nie, R. v., R. J. Helder u. W. H. Arisz: Proc. K. Nederl. Akad. Wetensch. Amsterdam **53**, 567 (1950). — Northen, H. T.: Amer. J. Bot. **37**, 705 (1950).

O'Connor, R. J.: Nature (Lond.) **163**, 40 (1949). — Ohlmeyer, P., H. Brilmeyer u. H. Krupp: Z. Naturforschg. **4b**, 263 (1949). — Olsen, C.: (1) Physiol. Plantarum **1**, 136 (1948); (2) **3**, 152 (1950). — Opie, E.: J. exper. Med. **91**, 285 (1950). — Osterhout, W. J. V.: (1) J. gen. Physiol. **33**, 275 (1950); (2) **34**, 279 (1951); (3) **34**, 321 (1951).

Pauling, L., K. B. Corey u. H. K. Branson: Proc. Nat. Acad. Sci. USA **37**, 205 (1951). — Pauling, L., u. K. B. Corey: Proc. Nat. Acad. Sci. USA **37**, 235, 241, 251, 256, 261, 272, 282 (1951). — Perner, E. S.: Protoplasma (Wien) **39**, 400 (1950). — Perutz, M. F.: Nature (Lond.) **167**, 1053 (1951). — Pfeiffer, H. H.: Kolloid-Z. **117**, 52 (1950). — Philipson, C.: C. r. Carlsberg Sér. chim. **20**, 4, 1 (1934). — Pirson, A., u. F. Seidel: Planta (Berl.) **38**, 431 (1950). — Politis, J.: C. r. Acad. Sci. Paris **226**, 1465 (1948). — Pollister, A. W., u. C. Leuchtenberger: Proc. Nat. Acad. Sci. USA **35**, 111 (1949). — Potter, R., G. G. Lyle u. W. C. Schneider: J. biol. Chem. **190**, 293 (1951).

Quilichini, R.: C. r. Acad. Sci. Paris **226**, 690 (1948).

Reckendorfer, P.: Pflanzenschutz Ber. (Wien) **4**, 1 (1950). — Rees, W. J., u. A. D. Skelding: Nature (Lond.) **166**, 823 (1950). — Rideal, J.: Nature (Lond.) **166**, 987 (1950). — Robertson, R. N.: (1) Ann. Rev. Plant Physiol. **2**, 1 (1951) — (2) Proc. Linnean Soc. N. S. Wales **75**, 1 (1950). — Rondoni, P., u. A. Necco: Experientia (Basel) **7**, 142 (1951). — Rosene, H.: (1) J. gen. Physiol. **34**, 65 (1950) — (2) J. cell. a. comp. Physiol. **35**, 179 (1950). — Rosenzopf, E.: Phyton (Horn) **3**, 95, 102 (1950). — Rothstein, A., u. R. Meier: J. cell. a. comp. Physiol. **34**, 97 (1949) — Ruhland, W., u. U. Heilmann: Planta (Berl.) **39**, 91 (1950).

Sandström, B.: Physiol. Plantarum **3**, 496 (1950). — Schildmacher, H.: Biol. Zbl. **59**, 468 (1950). — Schiller, J.: Österr. bot. Z. **96**, 473 (1949). — Schmitz, H.: Naturwiss. **38**, 405 (1951). — Schubert, J., u. A. Lindenbaum: Nature (Lond.) **166**, 913 (1950). — Schwengberg, L.: Ber. oberhess. Ges. Natur- u. Heilkunde Gießen, Naturwiss. Abt. **4**, 157 (1949). — Schwöbel, W.: Verh. dtsch. Zool. Marburg **1950**, 44. — Scott, F. M.: Bot. Gaz. **111**, 252 (1950). — Seemann, F.: Protoplasma (Wien) **39**, 535 (1950). — Siekewitz, D., u. P. C. Zamečnik: Fed. Proc. **10**, 246 (1951). — Siminovitch, D., u. D. R. Briggs: Arch. of Biochem. **23**, 8 (1949). — Sollner, K.: J. Elektrochem. Soc. **97**, 139C (1950). — Stålfelt, M. G.: Proc. 6th Internat. Congr. Exp. Cytol. **1950**, 63 — An. Estacion Exp. de Aula Dei **2**, 62 (1950). — Staudenmayer, Th.: Naturwiss. **37**, 70 (1950). — Steinbach, H. B.: Ann. Rev. Plant Physiol. **2**, 323 (1951). — Steinhardt, J., u. E. M. Zaiser: J. biol. Chem. **183**, 789 (1950). — Stenlid, G.: Physiol. Plantarum **3**, 197 (1950). — Steward, F. C., u. H. E. Street: Ann. rev. Biochem. **16**, 471 (1947). — Stiegler, A.: Protoplasma (Wien) **39**, 493 (1950). — Stockinger, L.: Mikroskopie **4**, 53 (1949). — Stöger, E. M.: Protoplasma (Wien) **39**, 588 (1950). — Strugger, S.: Ber. dtsch. bot. Ges. **64**, 69 (1951). — Stuhlman, O., u. E. B. Darden, Science (N. Y.) **111**, 491 (1950). — Sutter, E.: Experientia (Basel) **6**, 264 (1950).

Talmud, D. L.: Vestnik Akad. Nauk SSSR **17**, 28 (1947), zit. nach Chem. Zbl. (sowjet. Zone) **1948** I, 591. — Tasaki, J., u. N. Kamiya: Protoplasma (Wien) **39**, 333 (1950). — Tewfik, S., u. P. K. Stumpf: Amer. J. Bot. **36**, 567 (1949). — Tobias, J. M., u. S. Solomon: J. cell. a. comp. Physiol. **35**, 1 (1950). — Todd, G. W., u. J. Levitt: Plant. Physiol. **25**, 331 (1950). — Tolliday, J. D., E. F. Words u. E. J. Hartung: Trans. Faraday Soc. **45**, 148 (1949). — Toth, A.: Protoplasma (Wien) **40**, 187 (1951). — Trudova, R. G.: Dokl. Akad. Nauk SSSR **72**, 197 (1950), zit. nach Ber. wiss. Biol. **72**, 142.

USSING, H. H.: Physiol. Rev. **29**, 127 (1949).
VENDRELY-RANDAVEL, C.: Acta Anat. (Basel) **7**, 225 (1949). — VIRGIN, H.: Nature (Lond.) **166**, 485 (1950). — VIRTANEN, A. J., u. N. WINKLER: Acta chem. scand. **3**, 272 (1949).
WADLEIGH, C.: Ann. Rev. Biochem. **18**, 655 (1949). — WARIS, H.: Physiol. Plantarum **3**, 236 (1950). — WARTIOVAARA, V.: Physiol. Plantarum **3**, 462 (1950). — WEEKS, D. C., u. R. N. ROBERTSON: Austral. J. Sci. Research B **3**, 487 (1950). — WEISSENBÖCK, K.: Phyton (Horn) **2**, 134 (1950). — WILBRANDT, W., u. ROSENBERG: unveröff., zitiert nach DANIELLI (2). — WILLIAMS, D. E., u. N. T. COLEMAN: Plant and Soil **2**, 243 (1950). — WILLIAMS, O. B., u. C. H. ZIMMERMANN: J. Bacteriol. **61**, 63 (1951). — WILLIAMS, W. T.: Nature (Lond.) **165**, 79 (1950). — WILLMER: J. of exper. Biol. **19**, 11 (1942), zit. nach DANIELLI (2). — WILSON, W. L.: Protoplasma (Wien) **39**, 305 (1950). — WOLVEKAMP u. BOOJI: Processus en chaine et facteurs limitatifs en biochimie et biologie. Paris: Masson & Cie. 1949. — WOODS, M. W., u. H. G. DU BUY: Amer. J. Bot. **38**, 419 (1951).
ZAIDES, A. L.: Dokl. Akad. Nauk SSSR **72**, 1059 (1950), zit. nach Chem. Abstr. **45**, 3880.

12. Wasserumsatz und Stoffbewegungen

Von BRUNO HUBER, München

Der Beitrag folgt in Band XV

13. Mineralstoffwechsel

Von HANT BURSTRÖM, Lund (Schweden)

Der Beitrag folgt in Band XV

14. Stoffwechsel organischer Verbindungen I.
(Photosynthese.)

Von André Pirson, Marburg a. d. Lahn.

Mit 10 Abbildungen

Vorbemerkung.

Die rapide Ausweitung der Photosyntheseforschung äußert sich u. a. darin, daß kaum noch im Zusammenhang über das Gesamtgebiet referiert wird. Statt dessen liegt eine große Anzahl von Darstellungen einzelner Teilgebiete vor. Wenn auch an dieser Stelle ein größerer Rahmen gezogen wurde, wobei wie in früheren Jahren eine allgemeinere Erläuterung der Probleme und zugleich ein möglichst vollständiger Überblick über die Literatur für den spezieller orientierten Leser anzustreben war, so mußte doch eine gewisse Beschränkung eintreten. Alle Arbeiten über die Beeinflussung der Photosynthese durch äußere Faktoren[1] wurden für den nächsten Bericht zurückgestellt und im übrigen das Hauptgewicht auf die biochemischen Probleme gelegt, welche zur Zeit im Vordergrund stehen. Arbeiten über Plastidenmorphologie wurden nur insofern erwähnt, als eine Beziehung zur Photosynthese besteht, was vorerst noch selten der Fall ist. Auch die oft recht subtilen Deutungen im Bereich indirekter Methodik, z. B. bei den Fluoreszenzerscheinungen, werden nur kurz berührt, weil sich die erforderliche Breite der Darstellung und häufiges Zurückgreifen auf ältere Befunde und Hypothesen für einen Jahresbericht von selbst verbieten. Überhaupt muß oft auf jeweils einschlägige Sammelreferate verwiesen werden, die durch Hinzufügen von „S" zum Autornamen gekennzeichnet und im Literaturverzeichnis gesondert aufgeführt sind. Berücksichtigt wurden hauptsächlich ‚Publikationen der Jahre 1949/51. Die zitierten Arbeiten russischer Autoren waren nur im Referat zugänglich.

I. Plastidenfarbstoffe.

1. Biochemie der Pigmente. Wie bei vielen Naturstoffen folgt die Biosynthese des Pyrrols und der Porphyrine durchaus nicht den vom Chemiker eröffneten Wegen des Aufbaus. Mit Hilfe der Isotopen ^{15}N und ^{14}C haben besonders D. Rittenberg u. Mitarb. nachgewiesen, daß tierische und bakterielle Häminkörper den Stickstoff ausschließlich vom Glycin, den Kohlenstoff vom α-C-Atom des Glycins, sowie von N-freien C_2-Bausteinen (Essigsäure bzw. ihrer aktivierten Form) und deren Kondensationsprodukten beziehen, wobei offenbar in einem Zuge die substituierten Porphine entstehen. Im Falle von *Chlorella* wurde auch die Chlorophyllsynthese aus Glycin und Acetat verfolgt (Salomon u. Mitarb.). Herkunft und Bildung der Methinbrücken sind noch nicht befriedigend geklärt. Die gesamte einschlägige Literatur hat Granick (S 1, S 2) zusammengestellt (neueste Angaben bei Shemin und J. Wittenberg). Granick selbst (1) konnte das in einer C-heterotrophen Chlorellamutante angereicherte eisenfreie Protoporphyrin 9 iso-

---

[1] Diese betreffen besonders den CO_2-Faktor; als wichtige diesbezügliche Publikationen seien vorerst wenigstens zitiert: Egle u. Schenk, Gabrielsen u. Schou, Heath, Österlind (1, 2), Warburg und Mitarb. (5, 6).

lieren, welches das für Tier und Pflanze gemeinsame Ausgangsprodukt aller höheren Porphyrine darstellen dürfte. Durch Einbau von Mg oder Fe gabelt sich der Syntheseweg in den Hämin- und den Chlorophyllzweig, dessen erstes Zwischenprodukt Mg-protoporphyrin in einer zweiten Chlorellamutante gefaßt wurde (2); beim Chlorophyllaufbau findet also kein Austausch von Eisen gegen Magnesium statt (vgl. Fortschr. Bot. **12**, 253). Eine dritte, ebenfalls heterotrophe Mutante (4) lieferte Mg-vinylphaeoporphyrin a 5, die phytolfreie Vorstufe des Protochlorophylls. Danach stellt sich GRANICK (S 2) den Chlorophyllaufbau folgendermaßen vor (Abb. 64 nebenan. S. 291):

Zum Unterschied von der Zerlegung eines Syntheseverlaufs mit Hilfe der klassischen Neurosporamethodik entfällt bei den biochemischen Chlorellamutanten natürlich eine exakte genetische Kontrolle; auch eine Überbrückung der durch Mutation entstandenen Lücke in der Reaktionskette durch Zufuhr ausgefallener Zwischenprodukte erscheint hier wenig aussichtsreich, so daß die Beweisführung nicht den strengsten Anforderungen genügt. Daher mag eine Erörterung älterer Theorien der Chlorophyllbildung auch weiterhin berechtigt sein [vgl. ARONOFF (S 1)].

Im übrigen war bisher nur der letzte Schritt der Chlorophyllbildung aus Protochlorophyll experimentell zugänglich. KOSKI und J. H. C. SMITH (1) haben mit verfeinerter Methodik das Absorptionsspektrum von Protochlorophyll aus etiolierten Gerstenblättern vermessen und die Identität mit dem Pigment der Kürbissamenhäute bestätigt (starke Absorptionsbande bei 432 und schwächere Bande bei 623 mμ). Für ein Vorkommen von Protochlorophyll b ergaben sich keine Anzeichen. KOSKI gibt nun auch für 18° Koinzidenz von Protochlorophyllschwund und Bildung des Chlorophyll a an (vgl. Fortschr. Bot. **12**, 252). Das erneut aufgenommene Wirkungsspektrum der Chlorophyllbildung stimmt mit dem Absorptionsspektrum des Protochlorophylls befriedigend überein, wobei jedoch eine Beteiligung der Chlorophyllabsorption nicht sicher ausgeschlossen werden konnte (KOSKI, FRENCH und SMITH). Die relativ geringe Chlorophyllbildung im Bereich der Blaubande (420 bis 440 mμ) ist die Folge einer unwirksamen Absorption durch die Carotinoide. Eine nahezu carotinoidfreie, aber bei Dunkelaufzucht protochlorophyllführende Maismutante bildet dagegen im Blau Chlorophyll a in der zu erwartenden vollen Stärke, ja sogar etwas besser als im Rot. Diese Mutante soll nach kurzer Belichtung im Dunkeln Protochlorophyll zurückbilden (KOSKI und SMITH [2]).

Da es sich bei der Photoreaktion Protochlorophyll → Chlorophyll a um eine Hydrierung handelt, liegt der Gedanke nahe, Protochlorophyll könne als H-Acceptor im Zuge der Photosynthese selbst reduziert werden. Dies würde bei völliger Abwesenheit von Chlorophyll im etiolierten Blatt eine photosynthetische Wirksamkeit des Protochlorophylls erfordern. Auch mit empfindlichster Methodik (Phosphoreszenzlöschung an Trypaflavinadsorbaten) konnte eine photosynthetische O_2-Entwicklung im Zeitpunkt beginnender Chlorophyllbildung bisher nicht nachgewiesen werden [J. H. C. SMITH (2)]; der photochemische

Verlauf des letzten Schrittes der Chlorophyllproduktion bleibt also noch ungeklärt.

Die von *Chlorella* bekannte Chlorophyllbildung im Dunkeln kann durch Mutation stillgelegt werden; dabei gibt es nach GRANICK (S 2)

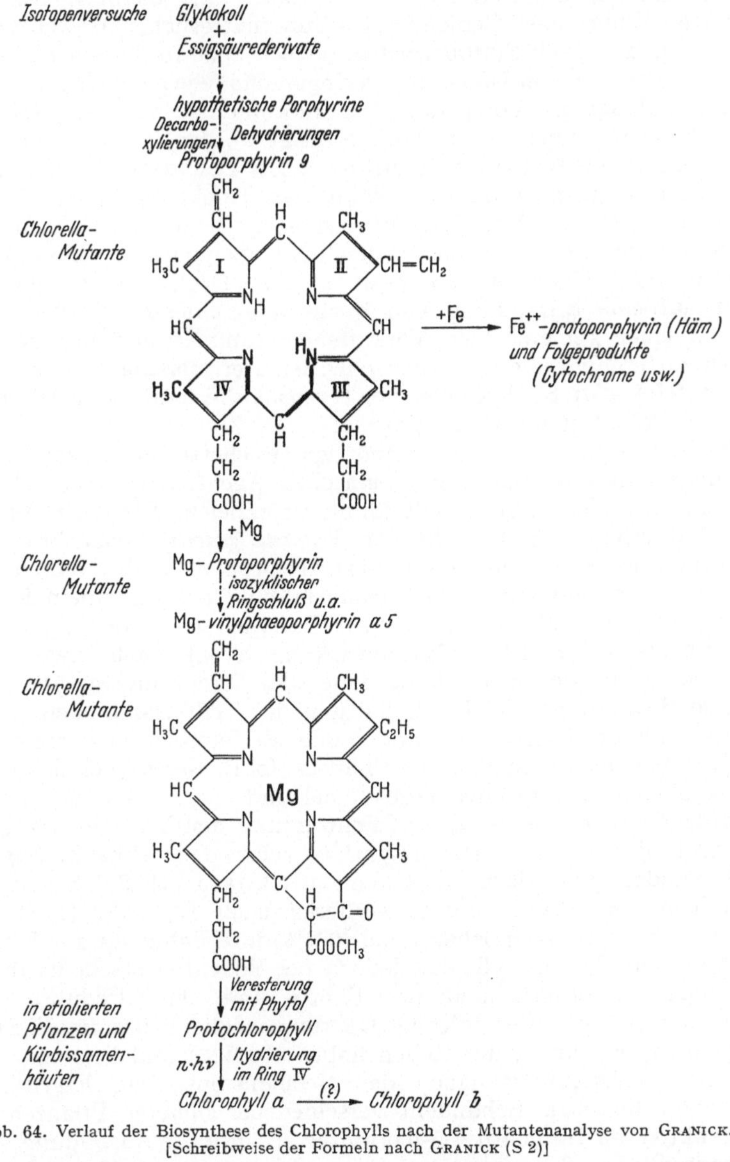

Abb. 64. Verlauf der Biosynthese des Chlorophylls nach der Mutantenanalyse von GRANICK. [Schreibweise der Formeln nach GRANICK (S 2)]

Mutanten, die dennoch im Licht Chlorophyll normal synthetisieren und zur Photosynthese befähigt sind. Das Chlorophyll scheint in diesem

19*

Fall ganz wie bei höheren Pflanzen gebildet zu werden. Photochemische und Dunkelproduktion nebeneinander bzw. in zeitlicher Trennung und damit vielleicht auf verschiedenen Wegen kommen auch bei den vielzitierten Coniferenkeimlingen vor; die Dunkelsynthese ist nach Smith und Koski auf die Keimblätter beschränkt und bleibt in frühzeitig isolierten Embryonen (fehlender Einfluß mütterlichen Gewebes?) aus [Bogorad (2)]; nach Schou wird sie jedoch auch in diesem Fall durch reichliche Zufuhr von Glucose in geringem Maße ermöglicht.

Der anfängliche Vorsprung des Chlorophyll a vor der b-Komponente beim Ergrünen ist oftmals bestätigt worden (zuletzt von Koski sowie von Blaauw-Jansen u. Mitarb.). Bei Defektmutanten mit verminderter Pigmentproduktion kann der Effekt besonders hervortreten (Schwartz). Von Highkin ist sogar u. a. eine C-autotrophe Gerstenmutante beschrieben worden, die trotz normalen Chlorophyll a-Gehaltes kein Chlorophyll b besitzen soll. Doch darf daraus noch nicht auf eine Entstehung von b aus a geschlossen werden; beide können einer gemeinsamen Vorstufe entstammen und nur der Weg davon zu b schwieriger gangbar bzw. leichter ausschaltbar sein [vgl. Smith (S1)]. — In Schließzellen von *Hymenocallis* fand Freeland merkwürdigerweise fast nur Chlorophyll a.

Nicht nur durch eine weitestmöglich gesicherte Mutation (Strahlenwirkung), sondern auch mit chemischen Agentien ist eine selektive Ausschaltung der Chlorophyllbildung zu erzielen. Die beim Versuch einer bakterienfreien Anzucht von *Euglena gracilis* beobachtete Verhinderung des Ergrünens durch Streptomycin beruht freilich mehr auf einer Hemmung der Plastidenausbildung als auf einem Eingriff in Endstufen der Chlorophyllsynthese (Provasoli u. Mitarb., Jírovez). Die Reversibilität dieser Hemmwirkung hängt nach Lwoff und Schaeffer von der Einwirkungsdauer des Streptomycins ab. Durch 6tägige Behandlung soll bei Erhaltung der Teilungsfähigkeit permanenter Chlorophyllschwund und volle C-Heterotrophie erzwungen werden. Von mehreren höheren Pflanzen (z. B. Gerstenkeimlingen) ist ein ähnlicher Streptomycineffekt bekannt [v. Euler (1, 2)]; die Plastidendegeneration ist dabei nicht immer deutlich; doch fragt es sich auch hier, ob die Farbstoffsynthese selbst den primären Angriffspunkt bildet [vgl. dazu v. Euler u. Mitarb. (1, 2), Schwartz]. Keimlinge von *Pinus Jeffreyi* verlieren nach Bogorad (1) im Anschluß an Streptomycinbehandlung (0,2%) ihre Fähigkeit zur Dunkelsynthese von Chlorophyll, das jedoch bei Belichten erscheint (unterschiedliche Empfindlichkeit der Photo- und Dunkelreduktion des Protochlorophylls?). Verschiedene Deutungsmöglichkeiten für die Streptomycinwirkung auf grüne Zellen haben Hutner und Provasoli (S) referiert. — Unklar ist auch der Mechanismus einer Ergrünungshemmung, die nach Behandeln verschiedener höherer Pflanzen mit dem Lakton 3-a-Iminoäthyl-5-methyltetronsäure zur Ausbildung völlig chlorophyllfreier Keimpflanzen führt (Hamner und Tukey). Ausgewachsene Blätter verlieren in diesem Fall ebenfalls den Farbstoff (Absterben nach 3 bis 4 Wochen). Die Substanz wird als Herbizid in

Betracht gezogen, besonders für Monocotylen. Eine ähnliche Ergrünungshemmung durch 3-Nitro-4-oxybenzoesäure und verwandte Substanzen wird von READY u. Mitarb. beschrieben. Völlig verschiedene Substanzen hindern also selektiv die Ausbildung des Chlorophyllapparats im weiteren Sinne.

Die Chlorophyllbildung läuft in ergrünenden Keimlingen mit der Entwicklung der Katalaseaktivität konform (DRABKIN). Beide Prozesse sind durch CO_2-Entzug nicht beeinflußbar. v. EULER (2) hat an verschiedenen Gerstenmutanten mit mehr oder weniger gestörter Chlorophyllbildung Paralleluntersuchungen über Chlorophyll- und Katalasegehalt durchgeführt. Wenn Plastidenschwund vorliegt, ist auch die Katalase stark reduziert, also die Porphyrinsynthese betroffen. Bei Mutanten mit erhalten gebliebenen Plastiden sinkt dagegen die Katalase nicht mit dem Chlorophyllgehalt ab, die Chlorophyllbildung ist also anscheinend in einem späteren Syntheseschritt blockiert. Die beobachtete Letalität mancher blaßgrüner Mutanten steht offenbar nicht immer mit dem geringen Pigmentgehalt in Zusammenhang (SCHWARTZ). — EYSTER fand in dunkel aufgezogenen chlorophylldefekten oder -armen Maismutanten z. T. einen hohen Katalasegehalt; Aktivitätsschwund trat erst nach Belichten ein. Die hellen Partien streifiger Panaschüren zeigten keine Katalaseverminderung.

Die starke Abhängigkeit der Manifestation des *Aurea*-Charakters natürlicher Mutanten von der Standortsbeleuchtung, die jedem Beobachter ins Auge fällt, stellt nur den Extremfall eines in allen Höhenstufen auftretenden photolabilen Typs des Chlorophyllapparats dar [MONTFORT (1)]. Eine Regeneration von Chlorophyll nach Überführung von Starklicht in Schatten (bzw. bei Schönwetter-Trübwetterwechsel) ist nach MONTFORT und KRESS-RICHTER gut nachweisbar. Dabei handelt es sich jedoch nicht um ganz kurzfristige Schwankungen (etwa gar innerhalb eines Tages); selbstverständlich sagen dieselben auch zunächst nichts über die Photosyntheseleistung aus. Das Fehlen oder Vorhandensein einer „Lichtechtheit" des Chlorophylls fordert zu einer vergleichenden strukturell-biochemischen Untersuchung des Pigmentapparats auf. Die Ausbildung von Kutikularschichten als eines physiologisch-anatomischen Faktors (UV- und Blaufilter) scheint hier keine wesentliche Rolle zu spielen [MONTFORT (2)]. Die auf S. 290 erwähnte nahezu carotinoidfreie Maismutante hat Albinocharakter, jedoch nur deshalb, weil das primär auftretende Chlorophyll extrem photolabil ist (SMITH und KOSKI). Man wird hier an die in vitro erwiesene Schutzwirkung von Carotinoiden erinnert, die vielleicht sogar zugleich als funktionell obligatorische Komponente zum biochemischen Ablauf der Photosynthese gehört (DOROUGH und CALVIN, vgl. S. 316). Auch bezüglich des Chlorophyllschwundes bei UV-Bestrahlung gibt es Typen verschiedenen Resistenzgrades, und zwar schon unter nächstverwandten Planktonalgen (GESSNER und DIEHL).

Erneut wurde die Chlorophyllbildung unter dem Einfluß der Temperatur verfolgt. Bei 5° ist das Ergrünen von Kartoffelknollen stark gehemmt, bei 19° das Maximum erreicht (E. C. LARSEN); ähnliche

Erfahrungen liegen für etiolierte Getreidekeimlinge schon von SMITH vor. Eine Untersuchung verschiedener ökologischer Typen erscheint hier wünschenswert. — Ein Einfluß der Polyploidisierung auf den Pigmentgehalt ist nicht nachweisbar (SCHWANITZ). — Einige Narkotika und Gifte sollen in Minimaldosen das Ergrünen von Getreidekeimlingen stimulieren (BREBION). — Im Zusammenhang mit Stoffwechselmessungen haben PIRSON u. Mitarb. (1, 2) Chlorophyllbildung bzw. -schwund bei *Ankistrodesmus* unter dem Einfluß eines Mineralsalzdefizits vergleichend beobachtet (Mn-, K-, P-, Mg-, Fe- und N-Mangel). Viele Einzelbefunde lieferte die chromatographische Prüfung der Pigmentverhältnisse von Blättern bei variierter Mineralsalzversorgung (BUKATSCH). Ähnlich extensive Versuche an der reifenden Tomatenfrucht (Außenbzw. Ernährungsfaktoren) beziehen sich im wesentlichen auf Carotinoide (DENISEN). Nach HINKLE und EISENMENGER ist in zahlreichen höheren Pflanzen der prozentuale Pigmentschwund bei Mg-Mangel für Chlorophyll, Carotin und Xanthophylle ungefähr von gleicher Größe, also kein Sondereinfluß des Mg-Mangels auf die Bildung des Chlorophylls nachweisbar. GILBERT denkt an die Möglichkeit, daß der hohe Peroxydasegehalt in *Aleurites fordii* (Tung-Baum) bei Mg-Mangel durch Umleitung der gesamten Porphyrinsynthese auf den „Häminweg" zustande komme (vgl. Abb. 64).

Das alte Problem einer biochemischen Verknüpfung des Chlorophylls mit den Carotinoiden über das Phytol wird von S. FRANK aufgegriffen. In etiolierten Haferkoleoptilen entsprechen sich nach stärkerer Belichtung Chlorophyllsynthese und Carotinoidschwund. Auffallenderweise sollen beide Vorgänge ein fast identisches Wirkungsspektrum besitzen. Eine umgekehrte Bildung von Carotinoiden auf Kosten von Chlorophyll erfolgt trotz manchmal positiven Augenscheins (z. B. Fruchtreifung) sicher nicht generell; die Frage wird von BANDURSKI kritisch beleuchtet, dessen umfangreiche Versuchsdaten an abgetrennten Bohnenblättern eher für eine Carotinoidsynthese im Licht aus reaktionsfähigen Photosyntheseprodukten oder im Dunkeln (in geringerem Ausmaß) aus zugeführtem Zucker sprechen.

Unter der Vielzahl der Plastidenpigmente, besonders bei niederen Pflanzen, über die STRAIN (S 1, S 2) zusammenfassend berichtet, sind

Tabelle 1. *Neue Chlorophylle aus Algen* [nach STRAIN (S 2)].

	Vorkommen	Absorptionsmaxima (mμ) in Methanol	Absorptionsminima in Methanol
Chlorophyll c (= Chl γ = Chlorofucin)	Laminariales	450, 585, 624	515, 610
Chlorophyll d . . .	Rotalgen	403, 457, 682	515
Chlorophyll e . . .	*Tribonema bombycinum*	415, 654	510, 550
Chlorophyll a	Grünalgen	432, 665	480
Chlorophyll b . . .	höhere Pflanzen	475, 650	530

WASSINK und KERSTEN (2) sowie TANADA geben Chlorophyll c auch für Diatomeen an.

die neuen Chlorophylle c, d und e bemerkenswert, die in einigen Algen
das Chlorophyll a an Stelle des Chlorophylls b begleiten (Tab. 1).
Eine Konstitutionsaufklärung konnte erst beim Chlorophyll c in
Angriff genommen werden [GRANICK (3)]; es gehört zu den Phaeo-
porphyrinen, ist also im Pyrrolring IV noch nicht hydriert (vgl. Abb. 64).

2. Optische Eigenschaften und Funktionen der Pigmente. Eine zusammenfassende Darstellung des Absorptionsverhaltens der Plastiden-
farbstoffe gibt neuerdings ARONOFF (S 1, 2); eine umfassende Übersicht
findet man auch bei RABINOWITCH (S 2). Die wichtigsten Absorptionsdaten der neuen Algenchlorophylle sind in Tab. 1 wiedergegeben.

Die Reflexion grüner Blattflächen haben BILLINGS und MORRIS
unter ökologischem Aspekt vermessen. Im allgemeinen beträgt bei
400 mμ der Reflexionsanteil um 5%, bei 550 mμ 15%, bei 675 mμ 5 bis
6%, zwischen 775 und 1100 mμ jedoch etwa 50%. Wüstenpflanzen
zeichnen sich im sichtbaren und infraroten Spektralbereich durch erhöhte Reflexion aus. Die bekannte geringe Infrarotreflexion von Coni-
ferenbeständen ist nach SEYBOLD keine Eigentümlichkeit der Einzel-
nadel, sondern auf das Fehlen einer zusammenhängenden Reflexions-
fläche zurückzuführen, also auf stärkere optische Tiefengliederung
(erhöhte Absorptionsgelegenheit).

Die Fluoreszenzhelligkeit des Chlorophylls, genauer die Fluoreszenzausbeute (fluorescence yield), wird in vivo im Induktionsverlauf
und im stationären Zustand vielfach als Indikator für die Leistungsfähigkeit des Photosyntheseapparats angesehen, und zwar im Sinne
umgekehrter Proportionalität. WASSINK (S 2) verweist jedoch auf
Fälle, in denen eine Photosynthesehemmung ohne Fluoreszenzbeein-
flussung, eine gleichsinnige Erniedrigung beider Größen oder andere
Abweichungen vorkommen. An Hand des auf diesem Gebiete wohl um-
fangreichsten Erfahrungsmaterials, welches WASSINK u. Mitarb. in jahre-
langer Bemühung an Grünalgen, Diatomeen und vor allem an Purpurbakterien erarbeitet haben — oft mit Parallelmessungen von Fluoreszenz und Photosynthese —, wird die Auffassung begründet, daß die
Energieübertragung vom angeregten Chlorophyll auf den photochemischen Energieacceptor und mit ihr die Fluoreszenzausbeute in
der Hauptsache vom Redoxpotential am Photosyntheseort bestimmt
sei. J. FRANCK (S 2) macht seinerseits im Zuge seiner sehr diffizilen
Überlegungen darauf aufmerksam, daß beim komplexen Chlorophyllmolekül im Unterschied zu ein- oder zweiatomigen Molekülen der erste
Anregungszustand Chl* durch strahlungslosen Übergang („internal
conversion") einen metastabilen Zustand Chl' auf etwas niedrigerem
Energieniveau ausbilden kann; dieser erst vermittelt die photochemische Reaktion. LIVINGSTON (S) hat diese energetischen Beziehungen anschaulich wiedergegeben. — KAUTSKYS wiederholt dargelegter
Hypothese von der Bedeutung metastabilen Sauerstoffs für Fluoreszenz
und Photosynthese schließen sich die anderen Bearbeiter des Gebiets
nicht an. Vielmehr wird ein Energieübergang vom Chlorophyll auf den
Acceptor ohne Vermittlung von Sauerstoff angenommen. Dieser Acceptor braucht nicht mit H_2O identisch zu sein (vgl. S. 307), FRANCK

rechnet damit, daß die Fluoreszenzausbeute bestimmt wird von dem Ausmaß des Übergangs vom primär erregten fluoreszenzfähigen Chl* zum metastabilen, photochemisch wirksamen Chl'. Dieser Vorgang ist seinerseits an gewisse strukturelle Voraussetzungen gebunden und daher sehr empfindlich gegen zellfremde und zelleigene Substanzen von „narkotischem" Charakter; sofern die letzteren im Stoffwechsel leicht auftreten oder verschwinden, spielen sie möglicherweise die Rolle von Regulatoren der Photosynthese.

Ob die in anderen Fällen als Kennzeichen eines relativ langlebigen metastabilen Zustands benutzte Phosphoreszenz beim Chlorophyll vorkommt, ist noch nicht sicher. Am gelösten Pigment war sie unter Spezialbedingungen zwar eben zu erfassen (KAUTSKY u. Mitarb., CALVIN und DOROUGH), doch ist die Sicherheit dieses Nachweises umstritten [LIVINGSTON (S)]. — In diesem Zusammenhang sei die Entdeckung eines sehr schwachen Nachleuchtens von Chlorophyll in vivo und in aktiven Chloroplasten erwähnt, das bei Normaltemperatur 30 Sekunden dauert und bei —196° auf 2 Minuten verlängert ist (STREHLER und ARNOLD). Die Erscheinung wird als Chemilumineszenz gedeutet, welche mit oxydativen Nachwirkungen im frisch verdunkelten Photosyntheseapparat in Zusammenhang stehen könnte; ihre Bedeutung ist jedoch noch keineswegs klar.

Im ganzen gesehen stehen Fluoreszenzmessungen, wie alle indirekten Methoden zur Analyse des Photosynthesemechanismus, zur Zeit nicht eigentlich im Schwerpunkt der Forschung. Sie werden aber trotz vieler Unsicherheiten in der Auswertung dort notwendig bleiben, wo man sich um eine genauere Einsicht in das Wesen des photochemischen Teilvorgangs bemüht. Von unmittelbarer Bedeutung ist die Fluoreszenzmessung bei der Beurteilung einer Mitwirkung der Begleitpigmente des Chlorophylls an der Photosynthese. DUTTON u. Mitarb. fanden an Diatomeen und Chlorellen etwa gleiche Ausbeute für die Chlorophyllfluoreszenz unabhängig vom Spektralbereich, und zwar nur in vivo und nicht im Pigmentextrakt, wo der von den Carotinoiden absorbierte Strahlungsanteil keine Fluoreszenzanregung bewirkte. In den Plastiden wird daher ein strukturgebundener Mechanismus vermutet, der eine annähernd verlustlose Energieübertragung von einem Pigment zum andern ermöglicht. WASSINK und KERSTEN (1), die unabhängig von der Wisconsin-Gruppe bei Diatomeen ähnliche Ergebnisse hatten und dabei ihre Fluoreszenzmessungen durch erneuten Vergleich von Wirkungsspektrum und Lebendabsorption ergänzten, nehmen an, daß der Symplex Chlorophyll-Protein-Carotinoid für diesen Mechanismus erforderlich sei. Die Ausnutzbarkeit der von Carotinoiden absorbierten Energie ist jedoch wohl nach Maßgabe der jeweils vorliegenden Strukturverhältnisse quantitativ ganz verschieden, am größten offenbar im Fall des Fucoxanthins (Braunalgen, Diatomeen). Für das farbgebende Spirilloxanthin in *Rhodospirillum rubrum* fand THOMAS im Unterschied zu den daneben vorhandenen anderen Carotinoiden ein Photosyntheseminimum im Bereich maximaler Absorption (550 mμ), also keine oder nur sehr unvollkommene Energieverwertung.

Bei dieser Gelegenheit wurde eine annähernde Koinzidenz der Wirkungsspektra von Photosynthese und Phototaxis beobachtet; beide haben auch gleiche Lichtsättigung und Blausäureempfindlichkeit (THOMAS und NIJENHUIS). Die von MANTEN entwickelte Theorie einer engen Kausalbeziehung von Photosynthese und Phototaxis (Reizauslösung bei plötzlichem Photosyntheseabfall) wird hierdurch gestützt.

Auch TANADA hält die Fucoxanthinabsorption in Diatomeen für photosynthetisch voll verwertbar, im Gegensatz zur Absorption der sonstigen Carotinoide dieser Algen. — Für den Fall des Phycocyans in Blaualgen, wo nach EMERSON und LEWIS ebenfalls mit einer Strahlungsverwertung zu rechnen ist, versuchen ARNOLD und OPPENHEIMER auch

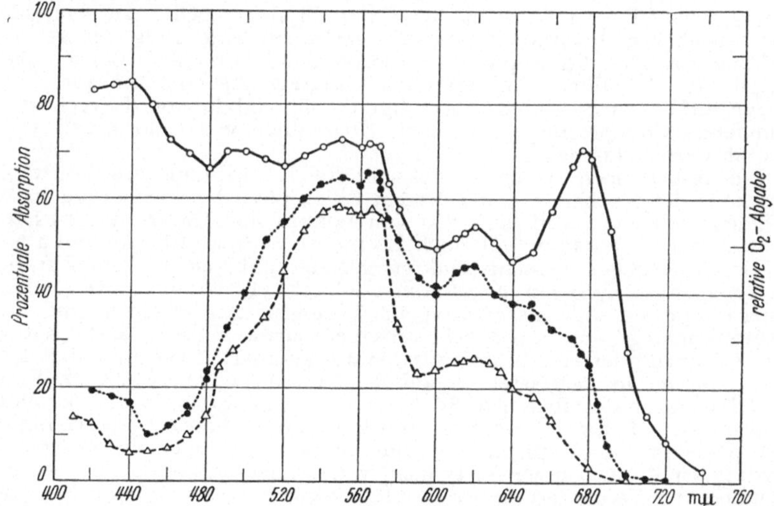

Abb. 65. Absorptionsspektrum und Wirkungsspektrum der Photosynthese eines Rotalgenthallus (*Porphyra naiadum*) nach HAXO und BLINKS
—— O —— O —— O Absorption des Thallus, —— △ —— △ —— △ Absorption des wäßrigen Extrakts, ------ ● ------ ● ------ ● Photosynthese.

theoretisch die Möglichkeit einer wirksamen Energieübertragung zum Chlorophyll durch „internal conversion" sicherzustellen. — Das bemerkenswerteste Ergebnis in diesem Bereich hat jedoch die Untersuchung von Rotalgen gebracht. In sorgfältigen und kritisch durchgearbeiteten Experimenten fanden HAXO und BLINKS, daß das Wirkungsspektrum der Photosynthese (polarographisch vermessen) der Florideenthalli weit mehr der Phycoerythrin- als der Chlorophyllabsorption entspricht; dies gilt besonders im Bereich der Rotbande des Chlorophyll a, wo die Photosynthese schon stark abfällt (vgl. das Beispiel der Abb. 65). Entsprechende Messungen an Grün- und Blaualgen zeigen dagegen weitgehende Konformität von Absorption und Photosynthese, bestätigen also die auch sonst gemachten Erfahrungen. Danach sieht es so aus, als ob man das Phycoerythrin als selbständiges Photosynthesepigment, das Chlorophyll dagegen hier als kaum wirksam anzusehen habe. Dies erscheint sehr erstaunlich, da man von dem offenen Pyrrolsystem (Bilingruppierung) des Phycoerythrins eine photosynthetische Wirksamkeit viel weniger erwarten wird als etwa vom Protochlorophyll, das offenbar als Photosynthesepigment nicht in Betracht kommt [J. H. C. Smith (2)]. Jedenfalls wird die Rolle des Phycoerythrins bei der Photosynthese der Florideen Gegenstand weiterer Untersuchungen sein müssen.

Messungen der Absorption und Fluoreszenz von Rotalgen unter besonderer Berücksichtigung der Frage der Fluoreszenzanregung durch verschiedene Wellenlängen liegen bereits vor [van Norman, French und MacDowall; Duysens, letzterer zitiert nach Rabinowitch (S 2)]. Die Vielzahl der Pigmente und deren z. T. geringe Konzentration (besonders beim Chlorophyll d) erschwert solche Messungen; es scheint eine Energieübertragung vom Phycoerythrin zu den Chlorophyllen möglich zu sein, nicht aber umgekehrt. Rabinowitch (S 2) macht zur Erklärung der geringen Wirkung des vom Chlorophyll a absorbierten Lichts (Abb. 65) die etwas komplizierte Annahme, Chlorophyll a übertrage die von ihm absorbierte Energie auf das unwirksame Chlorophyll d, während die vom Phycoerythrin stammende Energie umgekehrt nach Übernahme von Chlorophyll a voll genutzt werden könne.

Die bisher noch wenig berücksichtigte Erscheinung des reversiblen Schwunds der Rotbande von gelöstem Chlorophyll bei Belichtung in Abwesenheit von Sauerstoff (entdeckt von Porret und Rabinowitch) haben Knight und Livingston [vgl. auch Livingston (S)] an Chlorophyll a nach reaktionskinetischen Gesichtspunkten genauer untersucht. Vielleicht liegt eine reversible Oxydation metastabilen Chlorophylls vor mit Hilfe von Elektronenacceptoren, die als Spuren im Lösungsmittel zugegen sind. Das „photobleaching" wird durch sehr verschiedenartige Zusätze, z. B. Lanthan- und Ceroionen oder elementares Jod, stark gefördert. Linschitz und Rennert konnten in verglasten organischen Lösungen von Chlorophyll a bei der Temperatur des flüssigen Stickstoffs das „photobleaching" besonders genau messen (Schwund der Rot- und Blaubande, jedoch Verstärkung der Absorption im langwelligen Rot und Gelbgrün), wobei ein Zusatz von Oxydationsmitteln (Chinonen, Iminen) verstärkend wirkte. Einige Befunde, besonders die Verhinderung des Bandenschwunds durch O_2, sprechen mehr für einen Reduktionseffekt [Franck (S 2) und besonders Krasnovskij und Brin]; Evstigneev u. Mitarb. (1, 2) nehmen an, daß bei dem Effekt eine Komplexbildung zwischen dem Magnesium des Chlorophylls und Fremdmolekülen von Bedeutung ist. Nach Knight und Livingston liefert die Kalkulation des Energieumsatzes beim „photobleaching" nur geringe Quantenausbeuten, die jedoch höher liegen als bei der irreversiblen Photooxydation in Gegenwart von O_2. — Trotz der bestehenden Unklarheiten, auch bezüglich des Vorkommens unter den Bedingungen in der lebenden Zelle, wird die Erscheinnug besonders von den Forschern beachtet, die eine reversible chemische Veränderung am Chlorophyll im Zuge seiner photochemischen Wirkung für wahrscheinlich halten.

3. Pigmentlokalisation. Die elektronenoptische Untersuchung von Photobakterien (Pardee u. Mitarb.), sowie der Blaualge Synechococcus cedorum (Calvin u. Lynch) hat Anhaltspunkte für das Vorliegen von farbstofftragenden Strukturen geliefert. Man wird also vielleicht zu präzisen Vorstellungen von einem Feinbau innerhalb des „Chromatoplasmas" gelangen können.

II. Zusammensetzung und Leistungsfähigkeit
von isoliertem Chloroplastenmaterial.

1. Bestandteile des Chloroplasten. Neben den Farbstoffen interessieren vor allem die Plastidenfermente. Freilich besagt der Nachweis eines solchen allein nichts Sicheres über dessen Zugehörigkeit zur Fermentgarnitur der Photosynthese, was bekanntlich mit Bezugnahme auf die Katalase oft genug betont worden ist (so neuerdings wieder von ANDREEVA und ZUBKOVIC). Das Vorkommen von Atmungsfermenten in Chloroplasten wird nach dem derzeitigen Forschungsstande leicht in dem Sinne ausgelegt werden, daß dieselben den umkehrbaren Teilschritten des Atmungsverlaufs innerhalb der Dunkelreaktionen der Photosynthese zugeordnet seien. Von neuen Befunden ist der Nachweis der Polyphenoloxydase zu nennen, die nach LI und BONNER in Chloroplasten aus Teeblättern vorkommt und von ARNON (1, 2) bei *Beta vulgaris* in den Chloroplasten, und zwar in fester Bindung, gefunden wurde. Der Kupfergehalt dieses Ferments wurde zunächst nur mit Hilfe von Kupfergiften (besonders Natrium-diäthylthiokarbaminat, lichtunabhängige CO-Hemmung), aber dann auch unmittelbar analytisch erfaßt (WHATLEY, ORDIN und ARNON); Kupfer und Eisen sind bei Bezugnahme auf das Trockengewicht in den Chloroplasten etwa in doppelter Menge, Mangan, Zink und das in Zellfraktionen erstmalig nachgewiesene Molybdän in etwa gleicher Konzentration vorhanden wie im gesamten Blatt. ARNON (4) denkt sogar daran, daß eine Polyphenoloxydase als Photosyntheseferment die Aufgabe haben könnte, (hypothetische) chinoide Acceptoren des Photowasserstoffs zu regenerieren. LATIES untersuchte ein cyanidunempfindliches oxydatives Fermentsystem aus Spinatblättern, dessen Wirkung lichtunabhängig zu sein schien; seine thermolabile Komponente war im Chloroplastensediment, der thermolabile Anteil in der überstehenden Lösung anzutreffen. R. HILL (S 1, S 2), der wieder in die Bearbeitung der Plastiden eingegriffen hat, fand in Blättern (Petersilie, Holunder, offenbar auch in einigen Algen) ein neues Cytochrom „f", das wahrscheinlich auf die Chloroplasten beschränkt ist. Es bildet etwa $1/_3$ des gesamten Blatthämins, wozu noch Cytochrom c und ein weiteres neues Cytochrom b_3 gehören, beide auch in nicht grünen Teilen auftretend. Cytochrom f reagiert nicht mit CO und liegt im Extrakt in reduzierter Form vor; seine Gesamtmenge ist gering, höchstens $1/_{150}$ des Chlorophylls (HILL und SCARISBRICK). Ein Vergleich mit den von anderen Autoren untersuchten organischen Eisenfraktionen ist vorerst nicht möglich, zumal der Gehalt an Cytochrom f sehr verschieden sein kann; so ist er in den früher von LIEBICH auf die Eisenfraktionen hin untersuchten Spinatchloroplasten trotz deren hohen Eisengehalts kaum nachweisbar. Die Annahme der Mitwirkung eines Spezialcytochroms an der Photosynthese hat somit noch ganz hypothetischen Charakter. — DU BUY u. Mitarb. fanden im Fermentansatz Cytochromoxydase in fraktionierten Chloroplasten und Mitochondrien von *Nicotiana* und *Lonicera* wirksam; auf Grund von Vitalfärbungsversuchen an *Allium*-Zellen spricht sich übrigens PERNER entgegen den sonstigen Erfahrungen für eine Lokalisation dieses Fermentes in „Mikrosomen" aus. Zum Vergleich sei auf eine Zusammenstellung von K. LANG (S) über die Lokalisation von Fermenten in den Bestandteilen tierischer Zellen hingewiesen.

BRADFIELD sowie WAYGOOD und CLENDENNING (1, 2) fanden in den Blattzellen von Landpflanzen (weniger in Wasserpflanzen) Karbonanhydrase,

jedoch anscheinend auf das Cytoplasma beschränkt, was aber die Möglichkeit
einer Mitwirkung des Ferments an der Photosynthese nicht ausschließt, wobei
an eine beschleunigte Überführung von CO_2 in HCO_3-Ionen gedacht wird;
es ist freilich durchaus fraglich, ob diese Reaktion eine allgemeinere Voraussetzung für den Eintritt von CO_2 in den Photosyntheseapparat bildet.
Die Annahme von DAY und FRANKLIN, daß in *Sambucus* die Karbonanhydrase nur chloroplastengebunden sei, hielt einer Nachprüfung nicht stand;
dasselbe gilt vielleicht auch für ähnliche Angaben von STEEMANN NIELSEN und
KRISTIANSEN, die ihrerseits gerade in Wasserpflanzen das Ferment gut
nachweisen konnten. Mit der pflanzlichen Karbonanhydrase haben sich auch
YEN und TANG (2), sowie BYERRUM und LUCAS beschäftigt, ohne daß ihre
Lokalisation und Funktion dadurch eindeutig geklärt worden ist. Nach VAN
GOOR bestehen einige Zweifel an der Identität tierischer und pflanzlicher Kar-
bonanhydrase.

TAKASHIMA gibt eine Vorschrift, wonach aus einem granareichen
Sediment von Kleeblättern bemerkenswerterweise nach Abtrennung der
Carotinoide ein kristallisiertes Chlorophyll-Lipoprotein erhältlich ist.
2 Moleküle Chlorophyll treffen darin auf 1 Molekül Protein (M. G. 19 200).
Die Absorption ähnelt derjenigen von echt gelöstem Chlorophyll. Irgendeine physiologische Aktivität hatte dies Präparat nicht mehr. Nach
WHATLEY u. Mitarb. ist das molare Verhältnis von Chlorophyll: Svedberg-Einheit in Chloroplasten von *Beta* bei 40% Protein und 5% Chlorophyll etwa 2,4. — Ältere und neuere Angaben über das Vorkommen von
Nucleinsäuren in Chloroplasten (vgl. z. B. H. METZNER) gehören nach
dem bisherigen Forschungsstand nicht in den Bereich eigentlicher
Photosyntheseprobleme. — Über Bau und Zusammensetzung der Chloroplasten liegt ein ausführliches Referat von WEIER und STOCKING (S) vor.

2. Stoffwechselaktivität des Chloroplastenmaterials. Die Bedeutung,
welche der photochemischen Sauerstoffentwicklung durch isolierte
Chloroplasten oder durch deren Fragmente für die Analyse des Photo-
syntheseverlaufs in vivo zugemessen wird, drückt sich in einer großen
Zahl von Publikationen aus. Der allgemein als ,,HILL-Reaktion" bezeichnete Vorgang ist bekanntlich an die Anwesenheit geeigneter
Oxydationsmittel (H-Acceptoren), der sog. HILL-Reagenzien, gebunden
(vgl. Fortschr. Bot. **12**, 259 f.). Eine wesentliche Beschränkung ist zunächst damit gegeben, daß verhältnismäßig wenige Pflanzen Chloro-
plasten von hoher Aktivität liefern; von etwa 80 untersuchten Arten
und Varietäten waren nach CLENDENNING und GORHAM (2, 3) nur 8 (z. T.
Chenopodiaceen) dem meist verwendeten Spinat ungefähr gleichwertig.
Methodisch wichtig ist, daß die Chloroplasten einen möglichst geringen
Dunkelverbrauch von O_2 haben sollen. Die starke Variabilität der
Licht- und Dunkelreaktion, deren Ursache noch unklar ist, zeigt jedenfalls an, wie tiefgreifend im allgemeinen die beim Fraktionieren der
Zellbestandteile auftretenden Störungen sind. Ihr Ausmaß hängt auch
von der Vorgeschichte des Ausgangsmaterials ab (Vorbelichtung,
Tagesrhythmik u. dgl.), obwohl diesbezügliche Befunde nicht einheitlich und sicher reproduzierbar zu sein scheinen. Alte Blätter oder
solche von Mineralsalzmangelpflanzen lieferten weniger aktive Präparate, wobei sich freilich eine echte Spezifität einzelner Mangelfaktoren
noch nicht herausarbeiten läßt. Bemerkenswert ist die Angabe, daß

leichtes Anwelken bei Weizen und Spinat zu einer Erhöhung der Aktivität der anschließend isolierten Plastiden führen soll. Verschiedentlich wurde auch versucht, die Reaktionsfähigkeit der Plastiden langfristig zu erhalten. Einen wirklichen Erfolg erzielten GORHAM und CLENDENNING, die nach Aufbewahren in 0,5 mol Saccharose bei —40° Spinatchloroplasten noch nach einem Jahr voll aktiv fanden; auch beim Trocknen durch Eissublimation blieb die Aktivität z. T. länger erhalten. Stabilisierung durch Tiefsttemperaturen in Phosphat + KCl erreichte auch VERESCHINSKI. Dispergieren durch Ultraschall oder mittels einer Nadelventil-Presse [MILNER u. Mitarb. (1)] setzt die Aktivität herab. Eine Wiedervereinigung der Teilchen, welche durch Zusätze von Methanol (bis 20%) und verschiedenen Salzen in nicht ganz übersichtlicher Weise bewirkt wird, regeneriert und stabilisiert die Leistungsfähigkeit [MILNER u. Mitarb. (2, 3)]. Dies spricht für die Bedeutung von solchen strukturellen Faktoren, welche eine räumliche Annäherung aktiver Zentren besorgen. Der Lipoidgehalt der Plastiden scheint für die Stabilität ihrer Leistung von Bedeutung zu sein. Die starke, freilich nicht ausgesprochen spezifische Förderung der HILL-Reaktion durch Chlorionen (KCl) ist von mehreren Untersuchern bestätigt worden (vgl. Fortschr. Bot. 12, 261). Eine Notwendigkeit des Chlorids für die intakte Zelle läßt sich daraus jedoch kaum ableiten. ARNON und WHATLEY (1) kultivierten Mangold und Zuckerrüben chloridfrei und fanden trotz optimalen Wachstums auch dann wieder den aktivierenden Effekt des KCl auf die daraus gewonnene Chloroplastenfraktion. Das Chlorid verhindert offenbar die Photooxydation einer für die extrazelluläre HILL-Reaktion erforderlichen Komponente, ohne jedoch für die Photosynthese benötigt zu werden. Nach den Erfahrungen von PIRSON u. Mitarb. (2) könnten an der strukturellen Stabilisierung des Photosyntheseapparats in vivo andere Ionen beteiligt sein; dem Kaliumion kommt in dieser Hinsicht vielleicht eine besondere Rolle zu.

MACDOWALL hat frühere Einzelangaben über die Wirkung bekannter Photosynthesegifte auf die HILL-Reaktion in einer systematischen Untersuchung ergänzt (Indophenoltechnik). Hemmend wirken 2,4-Dinitrophenol, Hydroxylamin, o-Phenanthrolin, Sublimat, Kupfersulfat und Narkotika, während Cyanid, Natriumacid, Pyrophosphat, Thioharnstoff und Jodacetat in dem in Betracht kommenden Konzentrationsbereich weitgehend indifferent sind. Es wird daraus der Schluß gezogen, daß die zweite Substanzgruppe an solchen Dunkelreaktionen der Photosynthese angreift, welche in der HILL-Reaktion ausgeschaltet sind; so soll z. B. entsprechend früheren Vorstellungen (vgl. Fortschr. Bot. 11, 205) Cyanid die primäre CO_2-Bindung stilllegen. Die Argumentation ist vielleicht etwas zu schematisch, wie denn auch die Erfahrungen der verschiedenen Autoren über partielle Vergiftungen auf diesem Gebiete nicht völlig übereinstimmen [vgl. zuletzt ARNON und WHATLEY (2, 3), ANDREEVA und ZUBKOVIC, CLENDENNING und GORHAM (1)].

Die Zahl der HILL-Reagenzien ist weiter vermehrt worden. Am meisten werden p-Chinon und Kaliumferricyanid (jetzt gewöhnlich

ohne Kaliumferrioxalatzusatz, vgl. Fortschr. Bot. **12**, 260, sowie SPIKES)
verwendet. Neben der Sauerstoffbestimmung mit Hämoglobin [HILL
(S 2)] oder auf manometrischem Wege ist eine acidimetrische und eine
kolorimetrische Methode (Reduktion von Indophenolfarbstoffen) zur
quantitativen Erfassung der HILL-Reaktion im Gebrauch (HOLT,
SMITH und FRENCH). SPIKES u. Mitarb. (1, 2) empfehlen die Messung
des Redoxpotentials, dessen zeitliche Veränderung und Endeinstellung
bei geeignetem Versuchsansatz Geschwindigkeit und Grad der Reduktion von HILL-Reagenzien empfindlich anzeigt. HILL (S 1) hat die
Redoxpotentiale einiger Oxydationsmittel im Vergleich zur Sauer-
stoffelektrode mit deren Eignung als Wasserstoffacceptoren für isolierte Chloroplasten verglichen. Tabelle 2 führt die E_0'-Werte von HILL-

Tabelle 2. *Redoxpotentiale (50% Reduktion) im Vergleich zur Sauerstoff- und
Wasserstoffelektrode bei p_H 7.* [Nach HILL (S 1), ergänzt.]

Redox-System	E_0' Volt
$O_2/2OH^-$	$+0{,}81$
Kaliumferricyanid/Kalium-	
ferrocyanid	$+0{,}43$
Cytochrom f (Fe^{+++}/Fe^{++}) .	$+0{,}37$
p-Chinon/Hydrochinon	$+0{,}28$
Cytochrom c (Fe^{+++}/Fe^{++}) .	$+0{,}26$
2,6-Dichlorindophenol (ox/red)	$+0{,}22$
Dehydroascorbinsäure/	
Ascorbinsäure	$+0{,}06$
Methylenblau/Leukomethylen-	
blau	$+0{,}01$
Pyridin-nucleotid (DPN, TPN)	
ox/red	$-0{,}28$
$2H+/H_2$	$-0{,}40$

Reagenzien und anderen Verbindungen auf, deren Eignung zur Debatte
steht. Nach MEHLER liegt die untere Potentialgrenze für wirksame
HILL-Reagenzien etwa bei $+ 0{,}1$ Volt. Im kritischen Bereich kann jedoch eine Reoxydation derselben durch den entstehenden Sauerstoff
das Bild trüben. — Von besonderem Interesse ist die Frage nach
dem Vorkommen zelleigner HILL-Reagenzien, die man bisher noch
nicht gefunden hatte [vgl. z. B. YEN und TANG (1)]. MEHLER hat gezeigt,
daß entsprechend der Erwartung Cytochrom c von belichteten Chloroplasten reduziert wird, wenn man die Cytochromoxydase durch Cyanid
oder besser noch durch Natriumazid ausschaltet. Nach Lage seines Redoxpotentials sollte auch Cytochrom f als HILL-Reagens in Betracht kommen.
Co-Dehydrase II (TPN) wurde als Wasserstoffacceptor für belichtetes
Chloroplastenmaterial von VISHNIAC und OCHOA und etwa gleichzeitig
von TOLMACH (1) (vgl. auch TOLMACH und GAFFRON) sowie von
ARNON (3) entdeckt. Da das Redoxpotential des TPN zu niedrig liegt,
um diesem allein eine meßbare Oxydationswirkung zu gestatten, bedarf es der Kombination mit dem von OCHOA u. Mitarb. in Tauben-
leber aufgefundenen „malic enzyme" und seines Reaktionssystems
(vgl. Fortschr. Bot. **12**, 263). Dies Ferment befördert in vitro unter spe-

zifischer Mitwirkung der TPN die oxydative Dekarboxylierung von
l-Äpfelsäure:

$$HOOC-CH_2-CHOH-COOH + TPN_{ox} \overset{Mn^{++}}{\rightleftharpoons} CH_3-CO-COOH+CO_2+TPN_{red}$$

Mit Hilfe von TPN$_{red}$ wird die Reduktion vom Plastidenmaterial umgekehrt, d. h. bei Gegenwart von Brenztraubensäure unter Aufnahme
von CO_2 im Licht Äpfelsäure synthetisiert. Zusatz von Manganionen
fördert die Reaktion, was besonders von ARNON (3) deutlich gezeigt
worden ist. Die Experimentalbeweise für den Reaktionsverlauf (vgl.
Abb. 66) und die ihm zugeordnete O_2-Entwicklung durch das Plastidenmaterial sind von den genannten Autoren auf zum Teil methodisch verschiedenen Wegen beigebracht worden. Bemerkenswert ist, daß das
,,malic enzyme'' auch in grünen Pflanzen weit verbreitet ist (CONN,
VENNESLAND und KRAEMER), und zwar offenbar im Plasma und nicht
in den Plastiden lokalisiert. Ähnliche Ergebnisse wurden mit einem auf
Co-Dehydrase I (DPN) spezialisierten ,,malic enzyme'' aus *Lactobacillus
arabinosus* erhalten sowie mit Milchsäuredehydrase aus Kaninchen-
muskel, welche mit belichteten Chloroplasten Brenztraubensäure (ohne
CO_2-Aufnahme) in Milchsäure überführt [VISHNIAC und OCHOA, vgl. auch
OCHOA (S)]. Die eindrucksvollen Ergebnisse[1] besagen selbstverständlich nicht, daß die von unberufener Seite allzu oft beschworene ,,künst-
liche Photosynthese'' gelungen sei. Denn ganz abgesehen von der Verwendung des in seiner Komplexität noch recht ,,natürlichen'' Plastiden-
materials ist es keineswegs erwiesen, daß in den genannten Versuchen
eine Annäherung der HILL-Reaktion an die Normalphotosynthese in
vivo erfolgt ist. Gerade die Äpfelsäure kommt wahrscheinlich als
Zwischenprodukt der photosynthetischen CO_2-Assimilation nicht in
Betracht (BASSHAM, BENSON und CALVIN). Daß zelleigene oder wenigstens nicht grundsätzlich zellfremde Wasserstoffacceptoren für die
Plastidensubstanz aufgefunden sind, bedeutet allein schon einen großen
Fortschritt; sie fördert die Auffassung, daß bekannte Fermentketten
des aeroben Abbaus auch bei der Reduktion des Photosynthesemechanismus eine Rolle spielen (vgl. HOLZER). Der Nachweis eines generellen
Vorkommens der neben Cytochrom f hier besonders in Erwägung zu
ziehenden Pyridinfermente in grünen Zellen bzw. Chloroplasten wäre
in dieser Beziehung sehr erwünscht.

Bei dem Versuch, den Chloroplasten in Gegenwart der wasserlöslichen Zellfraktion ohne sonstige Zusätze Hexosediphosphat, Brenztraubensäure oder 3-Phosphoglycerinsäure (letzteres als möglicherweise
spezifischen Wasserstoffacceptor der Photosynthese) anzubieten, fand
TOLMACH (2) im Licht eine an der Phosphoreszenz von Trypaflavinadsorbaten nachweisbare O_2-Abgabe, die einer Reduktion von optimal
16% des Substrats entsprechen soll, also erheblich größer ist, als der
minimale O_2-Ausstoß ohne Substratzusatz (MOLISCH-Effekt). Doch ist
unsicher, ob in einem so wenig definierten System wirklich eine

---

[1] Diese sind inzwischen auf weitere Karboxylierungs-bzw. Redoxsysteme
ausgedehnt worden (OCHOA und VISHNIAC).

unmittelbare Verwertung der genannten Verbindungen im Sinne echter HILL-Reagenzien stattfand.

Eine wesentliche Schwierigkeit bei der Auswertung der HILL-Reaktion für die Analyse des Photosynthesemechanismus ergibt sich aus der Unkenntnis des in situ von den belichteten Plastiden erzeugten Redoxpotentials. Bei entsprechend höherer Reduktionskraft bzw. Oxydierbarkeit des reduktionsseitigen Photoprodukts wäre es möglich, daß Substanzen niedrigeren Potentials reduziert werden, welche in vitro als wirksame HILL-Reagenzien nicht mehr in Frage kommen. — In quantitativer Hinsicht ist die HILL-Reaktion der Photosynthese insofern unterlegen, als ihre O_2-Entwicklung — bezogen auf Chlorophyllgehalt — die photosynthetische O_2-Produktion kaum erreicht, was man ursprünglich angenommen hatte; dies hat aber wohl nicht prinzipielle, sondern nur methodische Gründe (bisher unvermeidbare irreversible Störungen bei der Plastidenpräparation). Entsprechendes gilt für die bisherigen Angaben über den Quantenbedarf, der jedenfalls um ein Mehrfaches höher ist als der Optimalwert von WARBURG und BURK im kontinuierlichen Photosyntheseverlauf (nach CHEN z. B. 26 Quanten pro Molekül O_2). Die Identität des Reaktionssystems im isolierten Plastidenmaterial mit dem entsprechenden Anteil des Photosynthesemechanismus ist dennoch bisher von keiner Seite ernstlich bezweifelt worden. Beiden ist übrigens auch das Wirkungsspektrum gemeinsam [CHEN (1, 2)][1]; ferner berichteten HOLT und ARNOLD von gleicher Empfindlichkeit gegen UV-Bestrahlung (234 mμ) niedriger und hoher Beleuchtungsstärke.

Als HILL-Reagens kann schließlich auch der Sauerstoff mit den isolierten Plastiden in Reaktion treten (MEHLER, vgl. auch MEHLER und GAFFRON). Sind nämlich andere Oxydationsmittel nicht oder nur in geringer Konzentration zugegen, so dient Sauerstoff den belichteten Plastiden als H-Acceptor, und es wird H_2O_2 gebildet; dieses wurde durch die peroxydatische Oxydation von Äthylalkohol zu Acetaldehyd nachgewiesen. Der Bruttovorgang stellt sich somit als Photooxydation dar, ohne aber im eigentlichen Sinne eine solche zu sein:

$$2\,H_2O \overset{n \cdot h\nu}{\to} 2\langle H\rangle + 2\langle OH\rangle$$

$$2\langle OH\rangle \to H_2O + {}^1/_2 O_2$$

$$2\langle H\rangle + O_2 \to H_2O_2 \ (\text{HILL-Reaktion})$$

$$H_2O_2 + C_2H_5OH \xrightarrow[\text{als Peroxydase}]{\text{Katalase}} 2\,H_2O + C_2H_4O$$

$$\overline{{}^1/_2 O_2 + C_2H_5OH \to H_2O + C_2H_4O\,.}$$

Bemerkenswert ist, daß in der Reaktionsfolge H_2O_2 auftritt, jedoch nicht vor der O_2-Entwicklung, wo es bekanntlich immer wieder vermutet worden ist. Wäre dies der Fall, so wäre nach MEHLER nämlich

---

[1] Vgl. dagegen neuerdings O. WARBURG (4).

auch in Gegenwart von üblichen HILL-Reagenzien, wie Chinon, eine Oxydation von Äthanol zu erwarten gewesen, weil dieses das H_2O_2 abgefangen und zur Oxydation benutzt hätte; der Alkohol blieb aber unter diesen Bedingungen unverändert. GERRETSEN (2) erhielt ohne sonstige H-Acceptoren mit Chloroplastensuspensionen im Licht ein so hohes Redoxpotential, daß er ebenfalls eine Bildung von H_2O_2 annehmen zu müssen glaubt. Hierbei ist ein Zusatz von Manganionen erforderlich, denen daher eine im einzelnen noch nicht genau festlegbare Funktion auch bei der Photosynthese zugeschrieben wird. Darüber ist an anderer Stelle im Zusammenhang mit dem unmittelbaren Nachweis der Manganwirkung auf die Photosynthese einzelliger Algen [PIRSON u. Mitarb. (1, 2)] zu berichten.

Während man aus Algen bisher kein wirksames Plastidenmaterial hat präparieren können, gelang es CLENDENNING und EHRMANTRAUT durch Behandeln von *Chlorella* mit 0,08% Chinon im Dunkeln den Teilmechanismus der CO_2-Reduktion selektiv und irreversibel außer Funktion zu setzen. Auch die Dunkelatmung wird weitgehend stillgelegt. Derart behandelte Algen können im Licht wie Chloroplasten HILL-Reaktionen geben, und zwar in diesem Fall ohne Chloridzusatz; es wird sogar die gleiche O_2-Entwicklung erreicht wie bei der Photosynthese, wozu allerdings höhere Beleuchtungsstärken kontinuierlichen Lichts erforderlich sind. Bei Lichtblitzversuchen ergab sich in beiden Fällen bei 0,03 bis 0,04 sec Dunkelpause der Maximalwert der O_2-Produktion. — Neben diesen Experimenten kann als weiteres Argument für die Zugehörigkeit des photochemischen Mechanismus der HILL-Reaktion zur Photosynthese der interessante Befund von DAVIS (1) gelten, daß eine UV-Mutante von *Chlorella* im Licht noch Sauerstoff abscheidet, ohne CO_2 zu verarbeiten. Diese O_2-Ausscheidung überschreitet freilich günstigenfalls das Gaswechselgleichgewicht nur um ein Geringes und scheint an zelleigene H-Acceptoren gebunden zu sein. Ob auch in diesem Fall die üblichen HILL-Reagenzien verwertet werden, ist bisher offenbar noch nicht festgestellt worden. Andere C-heterotrophe Mutanten haben ihren Photosyntheseapparat ganz eingebüßt, obwohl sie im Unterschied zu den GRANICKschen Mutanten (vgl. S. 289f.) noch normales Chlorophyll produzieren. An diesen Formen beobachtete übrigens DAVIS (2) keine Atmungssteigerung im Licht, d. h. also keine echte Lichtatmung. — SMITH, FRENCH und KOSKI haben an Plastidenpräparaten aus ergrünenden Gerstenkeimlingen festgestellt, daß die Befähigung zur HILL-Reaktion (Indophenolreduktion) gleichlaufend mit der Chlorophyllbildung zunimmt.

Isoliert stehen Angaben von BOITSCHENKO (vgl. Fortschr. Bot. **12**, 261) über eine CO_2-Reduktion durch isolierte Chloroplasten im Licht. Über die Natur der aus den Chloroplasten isolierbaren Reduktionsprodukte werden sogar ins einzelne gehende analytische Angaben gemacht (Formiate, Uronsäuren und Kohlenhydrate). Ebenso sollen die Wirkgruppen einer oder mehrerer „Hydrogenasen", welche die Reduktion von CO_2 vermitteln, aus den Plastiden isoliert worden sein; sie sollen Eisen, Kupfer und Zink enthalten. Genauere Daten konnte Ref. nicht einsehen.

III. Die Gliederung des Photosynthesevorgangs.

1. Allgemeines. Wie aus dem vorhergehenden Abschnitt ersichtlich, empfiehlt es sich, die Reaktionen des isolierten Chloroplastenmaterials trotz der wichtigen Aufschlüsse, die man an ihnen auch für den Photosynthesevorgang selbst zu gewinnen vermochte, vorerst von der Photosynthese in vivo getrennt zu behandeln. Sie sind jedoch in ein Schema einbezogen, welches den Problem- und Erkenntnisstand der biochemischen Photosyntheseforschung wiederzugeben versucht und den folgenden Darlegungen als Richtlinie vorangestellt sei (Abb. 66).

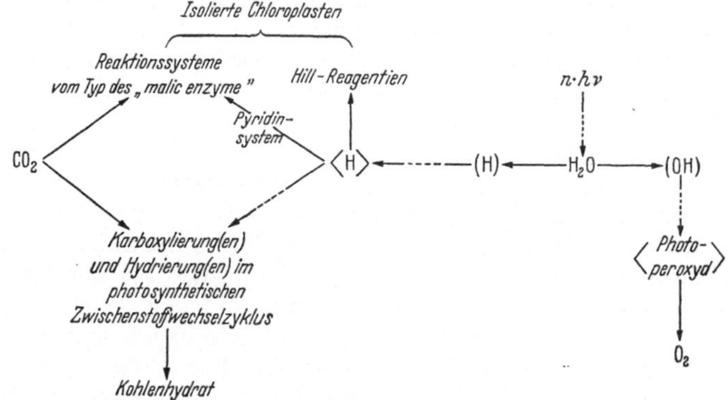

Abb. 66. Gliederung der Photosynthese und ihrer extrazellulären Teilreaktionen (schematisch).

Aus ihm wird besonders die Dreiteilung des Gesamtvorgangs in die photochemische Reaktion und die enzymatischen Vorgänge der CO_2-Reduktion und O_2-Freisetzung ersichtlich, welche bereits im letzten Bericht ausführlich behandelt ist.

Schematische Darstellungen von Reaktionsverläufen in mehr oder weniger detaillierter Ausführung werden in der Photosyntheseforschung, besonders bei referierenden Publikationen, viel verwendet [z. B. RABINOWITCH (S 1), VAN NIEL (S 1, S 2), PIRSON (S 1, S2)]. Ihre didaktischen Vorzüge sollten jedoch nicht über zwangsläufig miteingeführte Vereinfachungen hinwegtäuschen, die nicht ohne weiteres zulässig sind bzw. noch einer kritischen Bearbeitung bedürfen. Aus dem Folgenden wird hervorgehen, in welcher Hinsicht dies auch für das angeführte Schema gilt.

2. Photochemische Reaktion. Der primäre Photoprozeß ist zweifellos derjenige Teilvorgang, über den bis jetzt noch am wenigsten präzise Aussagen gemacht werden können, obwohl er gewissermaßen das Zentrum des Photosynthesemechanismus bildet. Seine Kennzeichnung kann bisher nur mit indirekten Methoden, insbesondere fluoreszenzoptischer Art, angegriffen werden; Ausführung und Auswertung der Versuche verbleiben weitgehend im Zuständigkeitsbereich der Physikochemiker. — Vgl. hierzu S. 245.

Daß die Photosynthese der grünen Zellen eine Wasserspaltung enthält, kann als gesichert gelten; dies wird aus Homologiegründen von mehreren Autoren auch für die Purpurbakterien angenommen,

obwohl bei diesen bekanntlich die O_2-Entwicklung fehlt (vgl. S. 318f.).
Daß die Wasserspaltung unmittelbar photochemisch erfolgt, scheint zwar
zunächst die einfachste Annahme zu sein, ist aber nicht exakt bewiesen;
ein solcher Beweis dürfte auch methodisch schwer zu erbringen sein.
Jedenfalls kann die Annahme, daß die Lichtenergie primär ein anderes
Substrat durch Wasserstoffverschiebung aktiviert (vgl. Fortschr. Bot.
12, 270) und die Wasserspaltung erst als Folgereaktion eintritt, nicht
von vornherein ausgeschlossen werden. Eine solche Photoreaktion
wird von RABINOWITCH (S 1) erwogen und schon seit längerer Zeit
von WASSINK (S 1, 2) und seinen Mitarbeitern mit besonderer Bezugnahme auf Photosynthese und Fluoreszenzverhalten bei Purpurbakterien zur Grundlage ausführlicher Überlegungen gemacht [für
grüne Zellen vgl. auch KOK (1)].

Der Bereich des Photoprozesses wird von FRANCK (S 2) über eine
Wasserspaltung hinaus auf die spezifische Reduktion der C_2- und
C_3-Körper ($= R$) ausgedehnt: $R + H_2O + n \cdot h \cdot \nu \rightarrow RH_2 + \frac{1}{2} O_2$.
Dieser Vorgang soll sich im engsten Oberflächenkontakt mit dem Kom-
plex metastabiles Chlorophyll-Protein abspielen, wobei angenommen
wird, daß unterhalb des Lichtsättigungsbereichs der Photosynthese
Chlorophyll und Reaktionspartner R normalerweise in größenordnungsmäßig gleicher Konzentration vorliegen. Die sensibilisierende Wirkung
des Chlorophylls soll mit einer reversiblen Dehydrierung des Farbstoffs
verbunden sein (FRANCK und HERZFELD). Damit bleibt kein Raum für
einen längeren Weg des „Photowasserstoffes" über eine mehr oder
weniger lange Reihe von Überträgern zum endgültigen Reduktor $\langle H \rangle$;
eine solche Vorstellung liegt andererseits den Biochemikern nahe, welche
dazu neigen, ihre am Atmungsvorgang gewonnenen enzymologischen
Gesichtspunkte wenigstens auf Teilschritte der Photosynthese zu übertragen und Reversibilität nicht nur für Dekarboxylierungen, sondern
auch für Dehydrierung und Wasserstofftransport anzunehmen. Eine
Wasserstoffübertragung in diesem Sinne kann natürlich nicht mehr
dem eigentlich photochemischen Bereich angehören. Eine solche Annahme bleibt zunächst noch ganz theoretisch, solange über Existenz
bzw. Lokalisation derartiger Überträger nicht mehr als bisher bekannt
ist. Es kann bisher nur auf die Cytochrome [HILL (S 1, 2)] verwiesen
werden, deren Funktion aber nicht unbedingt auf der „Reduktionsseite"
des Photosynthesemechanismus gesucht zu werden braucht.

Wenig befriedigend sind bisher die Angaben über den Mechanismus
einer etwaigen *Photolyse des Wassers*. RABINOWITCH (S 1) hat verschiedene Reaktionsmöglichkeiten hierfür zusammengestellt. R. SCHENCK (1, 2)
hält einen Lichtangriff am Ionenpaar H^+ und OH^- für den einzig disku-
tablen Fall, wobei eine Entladung durch Elektronenübergang vom Anion
zum Kation stattfinden soll. Es werden dabei also Elektrolyse und Photolyse homologisiert und ferner eine Theorie der Elektronenaustauschvorgänge
an kristallinen Leuchtphosphoren auf den Photosyntheseapparat übertragen.
Ohne Bezugnahme auf das vorhandene Schrifttum werden diese Vorstellungen durch thermodynamische Kalkulationen zu stützen versucht unter Anbringung von Korrekturen für das Verhalten von Reaktionspartnern im
heterogenen System (4). Solche Versuche haben von jeher wenig überzeugend
gewirkt. Dies gilt auch für Berechnungen hinsichtlich etwa möglicher

Zwischenprodukte der Photosynthese (1, 2), weshalb der Anspruch von
SCHENCK, die Photosynthese nach der stofflichen und energetischen Seite
geklärt zu haben, keine Anerkennung finden dürfte. — EVANS und URI
erinnern daran, daß Kationen hoher Oxydationsstufe, wie die Ce++++-
Ionen, die Photolyse von Wasser katalysieren können. Auch für dreiwertiges
Eisen ist dies diskutabel, wenn die Sensibilisation durch Chlorophyll in
Rechnung gesetzt wird und ein metastabiler Zustand des Komplexes
Kation—Substrat genügende Lebensdauer besitzt [vgl. RABINOWITCH (S 1)].

3. Der Weg des Kohlendioxyds (Karboxylierung und Reduktion).

Zur Zeit des letzten Berichtes bestanden hinsichtlich der Zugehörigkeit der von CALVIN u. Mitarb. in Berkeley mit Hilfe von $^{14}CO_2$ nachgewiesenen Karboxylierungs- und Reduktionsprodukte erhebliche
Meinungsverschiedenheiten, die sich zunächst noch zu verschärfen
schienen [vgl. BENSON, CALVIN u. Mitarb., dagegen BROWN, FAGER
und GAFFRON, sowie FAGER]. Diese Unstimmigkeiten sind aber in der
Hauptsache nicht mehr aktuell, seit sich auch die Chicagogruppe
davon überzeugen konnte, daß als sehr frühes Produkt der $^{14}CO_2$-Auf-
nahme bei Belichtung Phosphoglycerinsäure erscheint und dann
im Licht rascher verarbeitet wird als im Dunkeln; sie erfüllt somit die
Bedingung für ein Photosynthesezwischenprodukt (FAGER, ROSEN-
BERG und GAFFRON, sowie GAFFRON, FAGER und ROSENBERG). ^{14}C erscheint zunächst in der Karboxylgruppe; die Verteilung der Radioaktivität erfolgt weiterhin rasch über das ganze Molekül (CALVIN,
BASSHAM und BENSON); das von FAGER und ROSENBERG benutzte
Präparierverfahren läßt eine Markierung von C_1 bis C_3 (β-C-Atom) in
etwa 2 Minuten erkennen. Im Radiogramm scheint die 2-Phospho-
glycerinsäure der 3-Phosphoglycerinsäure voranzugehen [CALVIN (S)], die
umgekehrte Reihenfolge also, welche bei Dissimilationsvorgängen beobachtet wird. Nach ARONOFF (Sojablätter) tritt auch 2, 3-Diphosphoglyce-
rinsäure auf. Die so verlockende Reversibilitätshypothese der photosynthetischen CO_2-Reduktion (vgl. Fortschr. Bot. 12, 263) wird — wenngleich
in Beschränkung auf einige Teilreaktionen — experimentell anscheinend
noch besonders gestützt durch die Beobachtung von BENSON und CAL-
VIN, sowie von WEIGL, daß im Licht Partner des Citronensäurezyklus
(C_4-, C_5- und C_6-Körper) kaum auftreten, die andrerseits im Dunkeln
gut nachweisbar sind. Als Erklärung konnte zunächst dienen, daß gemeinsame Zwischenprodukte von Photosynthese und Atmung im
Licht dem Abbau entzogen werden, was einer Hemmung der Atmung
durch die Photosynthese entspräche. In diesem Sinne hat sich auch
KOK (2) geäußert. Ein solcher schon aus grundsätzlichen Erwä-
gungen heraus schwer akzeptabler Schluß hat erwartungsgemäß
keine allgemeine Anerkennung gefunden. STEWARD und THOMPSON
haben darauf hingewiesen, daß unter den Versuchsbedingungen von
BENSON und CALVIN der Citronensäurezyklus in der belichteten Zelle
aus nicht markierten Kohlenstoffreserven gespeist werden kann, deren
Abbau natürlich der tracer-Methodik nicht zugänglich ist. Bei dem
im Licht niedrigen intracellulären CO_2-Spiegel kommt als solche Neben-
quelle von Atmungsmaterial nach früheren Erfahrungen (STEWARD
und STREET) vor allem Glutaminsäure in Betracht. Ferner braucht der

Kohlenhydratabbau in grünen Zellen nicht unbedingt über den Citronensäurezyklus zu verlaufen.

Vor allem aber spricht auch der experimentelle Augenschein eher
gegen als für eine Hemmung der Atmung grüner Zellen im Licht.
WARBURG u. Mitarb. (1) (vgl. auch WARBURG und BURK) haben nämlich gezeigt, daß der respiratorische Sauerstoffverbrauch von *Chlorella*
nicht verändert wird, falls man durch geeignete Versuchsanstellung
erreicht, daß die Photosynthese durch völligen CO_2-Mangel sistiert
bleibt (Absorption aller Atmungskohlensäure). KOK (3) konnte allerdings
diese Versuche nicht reproduzieren. Bei einer UV-Mutante von *Chlorella*,
die zwar die Fähigkeit zur Photosynthese, aber nicht zur Chlorophyllbildung eingebüßt hatte, fand DAVIS (1, 2) ebenfalls keine Beeinflussung
der Atmung durch das Licht. BROWN, NIER und VAN NORMAN haben
die Wirkung der Belichtung auf die Atmung mit markiertem Sauerstoff
($^{18}O_2$) geprüft. Bei *Chlorella* und Blättern war die Isotopenaufnahme
nicht beeinflußbar; bei einigen anderen Algen (besonders Cyanophyceen)
ging sie allerdings im Licht zurück. Daraus auf eine echte Atmungshemmung zu schließen, ist wohl nicht zulässig. Denn gerade bei der
feineren Verteilung des Pigmentapparats der Blaualgenzellen könnte
man bei der Atmung im Licht an eine Benachteiligung des von außen
gebotenen $^{18}O_2$ gegenüber dem intraplasmatisch anfallenden photosynthetischen $^{16}O_2$ denken. Nicht eindeutig ist auch das Ergebnis eines
bei gleicher Zielsetzung von WEIGL mit ^{14}C durchgeführten Versuches.
Der experimentell recht schwierige[1] Vergleich der Verdünnung von
frisch gebotenem $^{14}CO_2$ durch das respiratorische $^{12}CO_2$ im Dunkeln und
im Licht zeigt zwar anscheinend eine Atmungshemmung bei Belichtung
an; doch kann dabei im Licht aus räumlichen Gründen eine bevorzugte
Aufnahme des $^{12}CO_2$ der Atmung in den Photosyntheseapparat stattgefunden und das Ergebnis verfälscht haben (vgl. dazu WEIGL, WAR
RINGTON und CALVIN). — Die Problematik der Beziehungen zwischen
Atmung und Photosynthese dürfte noch lange nicht ausgeschöpft
sein. Wenn beide Vorgänge auch nur biochemische Knotenpunkte besitzen oder sich streckenweise chemisch gleicher Bahnen oder gleicher
Enzyme bedienen, so müßte man eine Trennung der beiderseitigen
Reaktionssysteme im mikromorphologischen Bereich heranziehen, um
ein ungestörtes Nebeneinander zu erklären. Die Fermentlokalisation
im Plastiden, im Cytoplasma und seinen Organellen ist jedoch noch
nicht genügend geklärt, um eine fruchtbare Diskussion dieser Fragen
zu ermöglichen; die weitere Forschung in dieser Richtung wird auch zum
Verständnis der Photosynthesevorgänge beitragen können.

Was die neben Phosphoglycerinsäure in Betracht kommenden
Photosynthesezwischenprodukte betrifft, so kann die lehrreiche Feststellung getroffen werden, daß sehr spezielle Hypothesen [vgl. CALVIN
(S)] einer dem Stand der experimentellen Erkenntnisse entsprechenden,
d. h. allgemeineren Betrachtungsweise Platz gemacht haben. Diese
durch experimentelle Kontroversen und kritische Diskussionen (z. B.
OCHOA, WOOD, ARONOFF) geförderte Entwicklung berücksichtigt vor

---

[1] Vgl. hierzu auch S. 334.

allem die Tatsache, daß der mit der tracer-Methodik geführte Nachweis des C-Einbaus großenteils bereits Sekundärprodukte erfaßt (vgl. S. 317), die freilich oft erstaunlich schnell auftreten und ihren Weg kaum über das „Normalassimilat" Kohlenhydrat genommen haben können (vgl. Tab. 3). Dies gilt für einzelne Aminosäuren, aber auch für Lipoidsubstanzen (CLENDENNING für *Chlorella*) und ebenso für Verbindungen, deren Einschaltung in den Weg vom CO_2 zum Kohlenhydrat an sich gut möglich wäre. Im Fall der Äpfelsäure haben BASSHAM, BENSON

Tabelle 3. *Radioaktive Produkte einer 30 Sekunden dauernden Einwirkung von $^{14}CO_2$ im Licht auf Scenedesmus.* Nach CALVIN, BASSHAM, BENSON u. Mitarb. Die Zahlen geben Prozente des ingesamt eingebauten ^{14}C an. (Die aufschlußreichere Registrierung des *zeitlichen* Verlaufs des ^{14}C-Einbaus an Stelle des Vergleichs bei zwei Beleuchtungsstärken ist für eine gleich große Zahl von Verbindungen bisher nicht veröffentlicht worden.)

Beleuchtungsstärke (Lux) Gesamteinbau von ^{14}C (Zählungen/min $\cdot 10^{-6}$)	8500 0,65	85 000 3,70
3-Phosphoglycerinsäure	33	12
2-Phosphoglycerinsäure (?)	17	~5
Phospho-Brenztraubensäure	10	5
Triosephosphate	1,3	1,5
Hexosephosphate	17	62
Äpfelsäure	4,1	6,1
Asparaginsäure	2,5	2,0
Alanin	1,2	1,6
Serin	0,3	0,5
Glycin	0,2	0,4
Glykolsäure	0,3	0,8
Saccharose	0,3	1,0
Fette	—	2,4
Bernsteinsäure	—	0,1
Fumarsäure	—	0,15
Citronensäure	1,2	0,6

und CALVIN direkt zeigen können, daß kein Intermediärprodukt vorliegt; Malonat, welches durch Verdrängungshemmung die Succinodehydrase ausschaltet, verhindert im Licht zwar die Äpfelsäurebildung, verändert jedoch sonst das Photosyntheseradiogramm nicht, was bei Unterbrechung eines Zyklus natürlich zu erwarten gewesen wäre. Äpfelsäure ist also ein Nebenprodukt; damit wird zugleich das klarste Gegenargument gegen eine Reaktionsfolge vom Typ des Citronensäurezyklus innerhalb der Photosynthese beigebracht. An einem zyklischen Verlauf der Karboxylierungs- und Reduktionsvorgänge ist jedoch nicht zu zweifeln, da nur durch einen solchen der für die laufende Nachbildung von Phosphoglycerinsäure erforderliche C_2-Acceptor regeneriert werden kann. In der Formulierung dieses Zyklus stehen sich die Arbeitsgruppen in Berkeley und Chicago noch mit verschiedenen Vorstellungen gegenüber.

BASSHAM, BENSON und CALVIN stellen sich den Kreisprozeß in der durch Abb. 67 bezeichneten Weise vor. Als Glied des eigentlichen Zyklus ist bisher nur die Phosphoglycerinsäure sicher erfaßt; ob ein C_4-Körper

— etwa Oxalessigsäure als Produkt einer WOOD-WERKMAN-Reaktion —
wirklich auftritt, wie man sich eine Spaltung $C_4 \rightarrow 2C_2$ und den CO_2-
Acceptor der C_2-Stufe vorstellen soll, bleibt vorläufig offen bzw. im
Bereich reiner Hypothesen. Nur die letzte Frage ist vielleicht einer Be-
antwortung nähergerückt mit dem Nachweis, daß markierte Glykolsäure
im Licht von *Scenedesmus* weiterverarbeitet wird, wobei die vom
$^{14}CO_2$-Einbau im Licht bekannten Produkte auftreten (SCHOU, BENSON
u. Mitarb.). Glykolsäure, über deren Dunkelumsatz in Pflanzenzellen

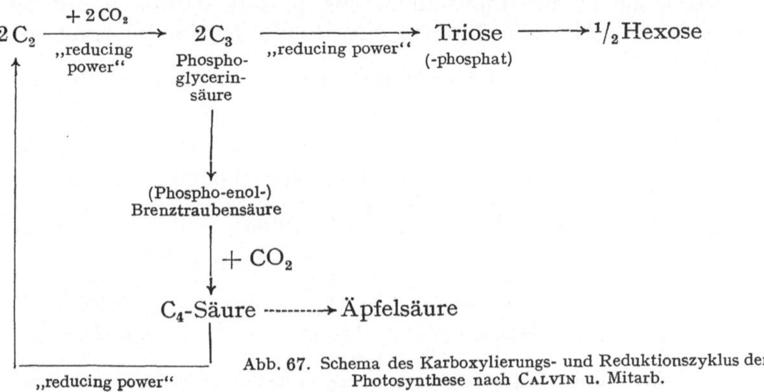

Abb. 67. Schema des Karboxylierungs- und Reduktionszyklus der Photosynthese nach CALVIN u. Mitarb.

Arbeiten von KOLESNIKOV (1, 2), CLAGETT u. Mitarb., TOLBERT u. Mitarb. und von ANDERSON unterrichten, haben außerdem BENSON und
CALVIN, sowie BURRIS, WILSON und STUTZ in belichteten grünen Zellen
mit der tracer-Methodik fassen können. Daß diese selbst oder — wie
LIPMANN diskutiert — das Glykolylphosphat durch direkte reduktive
Karboxylierung in Phosphoglycerinsäure übergeht, hat sich jedoch
noch nicht sicher beweisen lassen. Als andere C_2-Körper des Zyklus
hat man Glyoxylsäure [vgl. KOLESNIKOV (1), R. SCHENCK (1)] sowie
Glykolaldehyd (GAFFRON, FAGER und ROSENBERG) unverbindlich in
Erwägung gezogen. — Der CALVINSche Zyklus umfaßt zwei Karboxylierungen sowie mehrere Hydrierungsschritte und hat in dieser Beziehung die Ähnlichkeit mit dem (umgekehrten) Citronensäurezyklus beibehalten. Diese zweigeleisige CO_2-Bindung und die Vielseitigkeit bei
der Betätigung der „reducing power" bildet den Gegenstand kritischer
Diskussion. Dabei spielt die von BENSON und CALVIN beobachtete
erhöhte $^{14}CO_2$-Fixierung im Dunkeln in unmittelbarem Anschluß an
eine Belichtungsperiode eine besondere Rolle, da diese als deutlichster
Ausdruck für eine über Sekunden oder gar Minuten stabile allgemeine
Reduktionskraft des angeregten Photosyntheseapparats angesehen
wird. Eine solche kurzfristige Nachwirkung der Photosynthese in Form
einer nachträglichen CO_2-Aufnahme erinnert an das schon früher mehrfach beobachtete, aber nicht immer nachweisbare „pickup"-Phänomen
[vgl. zuletzt VAN DER VEEN (1)]. Es besteht jetzt Übereinstimmung
darin, daß dieser Effekt tatsächlich noch dem Photosynthesemechanismus angehört und nicht etwa eine durch Massenwirkung gesteigerte

Dunkelfixation von CO_2 darstellt (vgl. Fortschr. Bot. **12**, 264, Anm. 2). Doch fragt es sich, wie weit nach dem karboxylatischen Einbau noch der weitere Reduktionsweg durchlaufen wird. GAFFRON und FAGER (S) nehmen an, daß nicht die „reducing power", sondern der photosynthetische CO_2-Acceptor (C_2-Körper) die Belichtung überdauert und daß die nachträgliche CO_2-Bindung an ihn nur bis zur Phosphoglycerinsäure zu führen vermag; dafür werden von GAFFRON, FAGER und ROSENBERG auch experimentelle Stützen beigebracht. — Die Restaufnahme des $^{14}CO_2$ ist cyanidempfindlich, wie es seit RUBEN u. Mitarb. (vgl. Fortschr. Bot. **11**, 205) für die einleitende Karboxylierung mehrfach

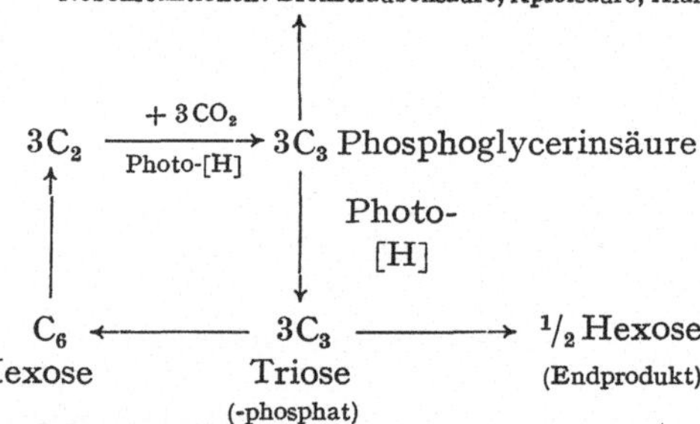

Abb. 68. Schema des Karboxylierungs- und Reduktionszyklus der Photosynthese nach GAFFRON u. Mitarb.

festgestellt worden ist; Hydroxylamin ist dagegen ohne Wirkung, weil es nur die O_2-Entwicklung hemmt. Im Sinne der besonders von FRANCK (S 2) vertretenen Theorie einer spezifischen Reduktion im Photosynthesemechanismus (vgl. S. 307) will GAFFRON die Zahl der Reduktionsschritte und ebenso der Karboxylierungen weitestmöglich beschränken. So ergibt sich ein Schema mit völlig eigenständigem Zwischenstoffwechselzyklus der Photosynthese, wobei die Brenztraubensäure mit ihren Folgeprodukten ausgegliedert, aber dafür die Hexose in den Kreisprozeß einbezogen wird (vgl. Abb. 68).

Soll nicht nur eine einzige Karboxylierung, sondern ebenfalls nur ein „relativ direkt photochemischer Reduktionsschritt" [GAFFRON u. FAGER (S)] vorliegen, so muß man diesen für die Bildung des Triosephosphats aus Phosphoglycerinsäure in Anspruch nehmen, hätte dann aber die Triose zum Teil wieder als H-Donator für eine ohne Mitwirkung des Lichts erfolgende reduktive Karboxylierung des C_2-Körpers einzusetzen (GAFFRON, FAGER u. ROSENBERG). — Die etwas ungewöhnliche Annahme einer partiellen Hexosespaltung $C_6 \rightarrow 3C_2$ kann sich nur auf das Vorkommen einer umgekehrten Kondensation von Glykolaldehyd zu Hexose in tierischen Geweben berufen (DISCHE). Der Gedanke einer partiellen Rückverarbeitung von Photsyntheseprodukten zum Zwecke des Betriebes eines Kreisprozesses ist übrigens auch in ganz anderem Zusammhang aufgetaucht (vgl. S. 325).

4. Phosphorylierungen im Photosyntheseverlauf. Der Nachweis der Phosphoglycerinsäure und phosphorylierter Triosen bzw. Hexosen hat den ersten sicheren Beweis für eine chemische Mitwirkung der Phosphorsäure im Photosyntheseverlauf geliefert, nachdem dies Problem schon seit längerem im Anschluß an Erfahrungen bei der Chemosynthese vor allem theoretisch erörtert worden war [vgl. Rabino-witch (S 1), Pirson (S 2)]. Damit lag es zugleich nahe, auch bei Er-örterung des biochemischen Sinnes der Phosphorylierungen die diesbezüglichen Erkenntnisse vom Kohlenhydratabbau vice versa als Richtlinie heranzuziehen.

Ein Indizium für die Beteiligung von Phosphat lieferte auch die Beobachtung von Wassink, Tjia und Wintermans an Purpurschwefelbakterien, daß Belichtung und Verdunklung mit Aufnahme bzw. Abgabe von Phosphat durch die Zellen verbunden sind. Das Ausmaß der beobachteten Schwankungen des Phosphatgehalts im Nährmedium war in diesem Falle vom CO_2 mitbestimmt; in Abwesenheit desselben ist die Phosphataufnahme im Licht verstärkt; bei Verdunkelung mit gleichzeitiger CO_2-Zufuhr wird umgekehrt besonders viel Phosphat abgegeben. Dies entspricht dem Verhalten chemoautotropher Schwefelbakterien (Vogler und Umbreit, vgl. Fortschr. Bot. **12**, 267) und legt eine entsprechende Energieübertragung vom Photoprozeß zum Reduktionsvorgang mit Hilfe energiereicher Phosphatbindungen nahe. — Phosphatverarmte Zellen sprechen auf Phosphatzufuhr sofort mit einer kräftigen Steigerung der Photosynthese an, und zwar deutlich nur im Starklicht (Pirson u. Mitarb. für *Ankistrodesmus*, Lindeman für *Lemna minor*); im Schwachlicht ist die Auswertung erschwert durch eine stark ins Gewicht fallende gleichzeitige Atmungssteigerung in der Erholungsphase; immerhin ist nach diesen Befunden eine Beteiligung des Phosphats an den Dunkelreaktionen wahrscheinlich. Die Ergebnisse von Erholungsversuchen an Mangelzellen schließen jedoch als Deutungsmöglichkeit nicht aus, daß das Phosphat-Ion mehr die strukturellen als die chemischen Voraussetzungen des Reaktionsverlaufs beeinflußt. Den aufschlußreicheren Nachweis einer lichtabhängigen Veränderung in der Bindungsform des Phosphats hat Kandler in überzeugender Weise geführt. Bei *Chlorella*, die im Dunkeln wie Hefe die Glucoseveratmung mit Phosphorylierungsprozessen verbindet, also wohl über ein Adenylsystem (ADP $\rightleftharpoons$ ATP) verfügt (Lynen und Zöllner), tritt bei Einsetzen der Belichtung eine ruckartige Verminderung des anorganischen Phosphats im Trichloressigsäureextrakt ein und umgekehrt unmittelbar nach Verdunkelung eine Vermehrung desselben (Abb. 69). Der letztere Effekt koinzidiert mit einem Steilabfall des Sauerstoffverbrauches, der als Rest einer im Licht gesteigerten Atmung gedeutet wird. Während im stationären Zustand zwischen belichteten und verdunkelten Algen keine wesentlichen Unterschiede im Phosphatspiegel bestehen, zeigen die beiden Übergangsphänomene eine Förderung der organischen Phosphatbindung durch den Photosynthesemechanismus an. Daß die Bindung an das System Adenosindiphosphat erfolgt bzw. zum Typ der energiereichen Phosphatbindungen ($\sim$ph) gehört, ist einleuchtend, allerdings zunächst noch nicht exakt bewiesen. Wassink, Wintermans und Tjia berichten ebenfalls von einer Veränderung der Phosphatbindung (Übergang des Phosphats in die „Trichloressigsäure-unlösliche" Fraktion), die bei *Chlorella* in Abwesenheit von CO_2 mit 30% des in den Zellen

vorhandenen Phosphats erheblich ins Gewicht fällt und wahrscheinlich
der lichtabhängigen Phosphataufnahme durch *Chromatium* (s. o.) entspricht. CO_2 und Glucose verringern im Licht diese Phosphatverschie-
bung, sind dagegen bei Dunkelheit unwirksam. Eine befriedigende Auswertung dieser Angaben ist vorerst noch nicht möglich, ebensowenig
im Hinblick auf die Verschiedenheit der untersuchten Fraktionen ein
Vergleich mit den Ergebnissen anderer Autoren. — Die Verteilung des
Phosphats auf verschiedene Fraktionen in Abhängigkeit von der Belichtung haben SIMONIS und GRUBE an *Helodea* mit Hilfe von ^{32}P verfolgt; man hat dabei neben hoher Empfindlichkeit des Isotopennach-
weises den grundsätzlichen Vorteil, einen erhöhten Umsatz auch bei
Erhaltung des dynamischen Gleichgewichts zwischen den Fraktionen
fassen zu können. Die technischen Schwierigkeiten solcher Messungen
sind bei *Helodea* zum Teil geringer als bei grünen Einzellern (vgl. dazu

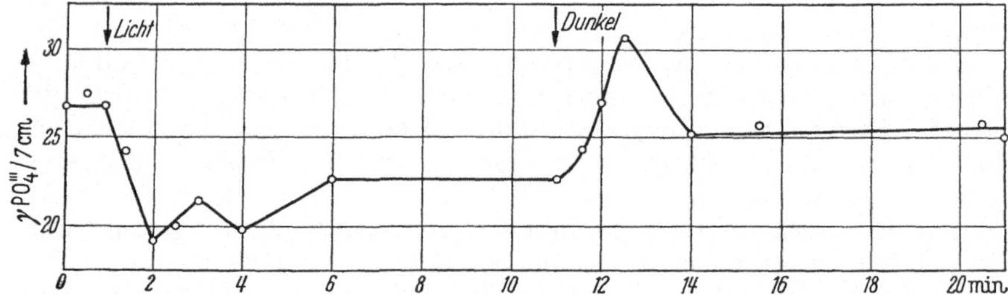

Abb. 69. Änderungen im anorganischen Phosphatspiegel von *Chlorella* bei Belichtung und
Verdunkelung (KANDLER).

Fortschr. Bot. **12**, 267), so daß es gelang, einen verstärkten Übergang
von Phosphat in die Trichloressigsäure-lösliche Fraktion sicherzustellen;
CO_2-Zufuhr wirkt dabei fördernd.

Bei Deutung und Lokalisation der lichtabhängigen Phosphatbindung setzen alle Bearbeiter voraus, daß energiereiches Phosphat
im Reduktionsverlauf benötigt wird. KOK (1) denkt an Bildung von ∼ph
im Zusammenhang mit einer partiellen Reoxydation des photochemisch
verfügbar gemachten Wasserstoffs bzw. Reduktors durch den Sauerstoff, also an einen für den Photosyntheseapparat spezifischen Modus.
KANDLER erörtert daneben die Möglichkeit, daß mit Hilfe der Licht-
quanten ein erstes Redoxsystem sehr hohen Energieniveaus erzeugt
wird und die Energie dann über eine Fermentkette bis zum Potential
des Endreduktors HX abfällt, wobei gleichzeitig eine Anzahl energiereicher Phosphatbindungen gespeichert wird. Diese betätigen bzw.
ermöglichen zusammen mit HX (gewissermaßen als ,,Primärassimilate'')
die Reduktions- bzw. Karboxylierungsvorgänge.

Schließlich sind auch Versuche gemacht worden, einen Phospho-
rylierungsmechanismus innerhalb der Photosynthese mit Hilfe spezifischer Giftwirkungen zu erfassen und zu lokalisieren. Während die
Hemmung der Photosynthese im Starklicht durch Natriumfluorid
(SIMONIS an Moosblättchen) in dieser Beziehung wohl nicht eindeutig
ist, wird von HOLZER die Hemmung der Photosynthese von *Chlorella*

durch 2,4-Dinitrophenol bei kaum beeinflußter Atmung als ein Anzeichen für die Beteiligung von Adenosintriphosphat am Photosynthesevorgang angesehen; Dinitrophenol blockiert nämlich das System der „Atmungskettenphosphorylierung" (ADP + Phosphat → ATP bei der Passage von Elektronen durch die Fermentkette des aeroben Kohlenhydratabbaus, vgl. LYNEN und HOLZER), so daß alle ATP-gebundenen Synthesen in Wegfall kommen. Neben einer Fermentkettenphosphorylierung kommt nach den Erfahrungen der Enzymologie als Teilreaktion im photosynthetischen Reduktionsverlauf auch eine (inverse) „Substratphosphorylierung" in Betracht; diese spielt sich bei der Atmung im Zuge der Triosephosphatdehydrierung ab, die unter intermediärer Bildung von 1,3-Diphosphoglycerinaldehyd (?) in summa bekanntlich folgendermaßen abläuft:

$$\text{(Hexosediphosphat} \rightarrow) \text{ Phosphoglycerinaldehyd} + \text{ADP} + \text{Phosphat}$$
$$+ \text{ Pyridinferment}_{\text{oxyd.}} \rightarrow$$
$$\rightarrow \text{ Phosphoglycerinsäure} + \text{ATP} + \text{Pyridinferment}_{\text{red.}}$$

Das für die Reaktion spezifische Gift Jodessigsäure (Jodacetamid) hemmt die Dunkelatmung von *Chlorella* und bewirkt infolgedessen eine Anhäufung des Startmaterials Hexosediphosphat (HOLZER, pers. Mitt.). Unsicher ist wiederum, ob die in der Photosynthese nachgewiesene Phosphoglycerinsäurehydrierung (CALVIN u. Mitarb.) wirklich die genaue Umkehrung des Vorgangs darstellt. STEPKA fand bei Jodacetamideinwirkung im Licht an *Chlorella* keine Hemmung des $^{14}CO_2$-Einbaues und auch keine Anhäufung von Phosphoglycerinsäure, sondern sogar eine Förderung der $^{14}CO_2$-Bindung; er schließt daraus, daß im Zuge der Photosynthese das System der Triosephosphatdehydrase umgangen wird oder umgangen werden kann. Abb. 70 gibt die vorerst theoretische Vorstellung von HOLZER wieder, als Beispiel von genau spiegelbildlich zu den entsprechenden Dissimilationsschritten formulierten Teilreaktionen der Photosynthese. Die Einbeziehung der HILL-Reaktion in die mit Hilfe von

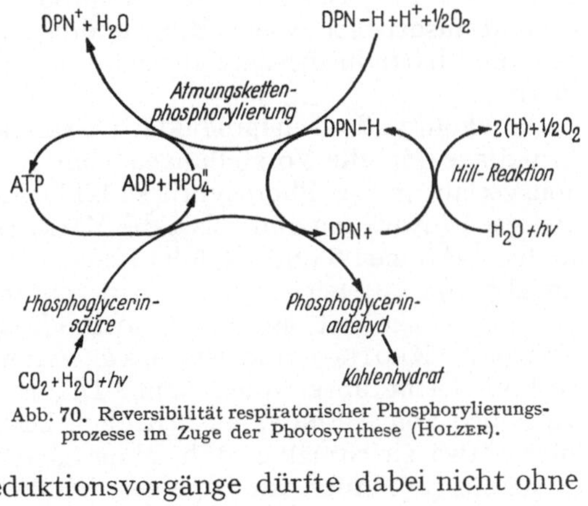

Abb. 70. Reversibilität respiratorischer Phosphorylierungsprozesse im Zuge der Photosynthese (HOLZER).

Dehydrasen betriebenen Reduktionsvorgänge dürfte dabei nicht ohne weiteres berechtigt sein.

5. Die Sauerstoffentwicklung. Von Vorgängen, die sich möglicherweise noch zwischen die Wasserspaltung und die O_2-Abgabe einschalten, haben wir noch keine nähere Kenntnis. Daß eine echte katalatische H_2O_2-Zerlegung nicht in Betracht kommt, wird entgegen der mehrfach bekräftigten gegenteiligen Auffassung japanischer

Autoren (zuletzt TAMIYA, sowie YAMAFUJI, YOSHIHARA und KONDO) meist als sicher angesehen, dafür aber mit einer Spaltung von ,,Photoperoxyden" gerechnet. TAMIYA setzt sich ausführlich mit den gegen die Katalasebeteiligung vorgelegten Argumenten auseinander. Daß die Katalase in *Chlorella* vom Sauerstoffdruck nicht beeinflußt, die Photosynthese im Starklicht dagegen durch hohe O_2-Tension herabgesetzt wird, soll nach TAMIYA und HUZISIGE nicht gegen die Katalasehypothese sprechen, sondern mit einer Beeinträchtigung der Karboxylierungen durch den hohen Sauerstoffpartialdruck erklärbar sein. Das Ferment der O_2-Entwicklung hat die in der Photosyntheseforschung oft herangezogene Hydroxylaminempfindlichkeit mit der Katalase gemein. Es sei in diesem Zusammenhang nochmals vermerkt, daß H_2O_2 bzw. Katalase möglicherweise auf der Reduktionsseite des Photosynthesemechanismus auftreten bzw. von Bedeutung sein können, falls in vivo Sauerstoff als HILL-Reagens mit dem photochemischen Reduktor in Reaktion treten sollte (vgl. MEHLER, S. 304).

Einen ersten Versuch, den ,,Weg des Sauerstoffs" ähnlich wie denjenigen des Kohlenstoffs unmittelbar einzusehen, haben DOROUGH und CALVIN unternommen. Sie fanden bei der Aufarbeitung von Chlorellen nach Photosynthese in Gegenwart von $H_2{}^{18}O$ einen Einbau des schweren Isotops in die (allerdings noch sterinhaltige) Xanthophyllfraktion der Carotinoide und halten daher eine chemische Funktion dieser Pigmente bei der Sauerstoffentwicklung (durch intermediäre Epoxydbildung) für möglich; die Sicherung dieser im Grundsatz schon früher gelegentlich geäußerten Hypothese steht noch aus. Die Anlagerung von Sauerstoff an Carotinoide könnte lediglich eine Schutzfunktion derselben gegen schädliche Photooxydationen im Photosyntheseapparat ausdrücken, was z. B. neuerdings wieder von HÉRISSET erörtert wird, und hätte in diesem Fall nichts mit dem eigentlichen Chemismus zu tun.

6. Photosyntheseendprodukte (Assimilatproblem). Eine wichtige Grundlage für alle Vorstellungen vom Karboxylierungs- und Reduktionsverlauf in der Photosynthese bildet der Nachweis, daß bei kuizfristiger Einwirkung von $^{14}CO_2$ die Markierung von Hexosen zunächst an den C-Atomen 3 und 4 erfolgt [vgl. CALVIN (S)]. Eine anderslautende Angabe von GIBBS (1), wonach eine anfängliche Bevorzugung von C_1 und C_6 erfolge, ist auf einen methodischen Fehler zurückzuführen [VITTORIO, KROTKOV und REED, vgl. GIBBS (2)], wie er bei der tracer-Technik leicht unterlaufen kann. Die Erstmarkierung in C_3 und C_4 wird auch von ARONOFF ausdrücklich bestätigt. Die übrigen C-Atome folgen etwa gleichmäßig, d. h. ohne augenfälligen Abfall nach C_1 und C_6 [GIBBS (2)]. Auch im Zuge der Dunkelassimilation tritt ^{14}C langsam ins Kohlenhydrat ein; es bleibt aber wohl infolge Ausfalls der zyklischen Regeneration des C_2-Acceptors für die weitere Karboxylierung bei der C_3- und C_4-Markierung. — Bezüglich der entstehenden Kohlenhydrate bestätigt die tracer-Technik artspezifische Unterschiede. Immerhin fällt der häufige und rasche Einbau des ^{14}C in Saccharose auf, deren phosphorylierte Fructosekomponente anfänglich bevorzugt ist (CALVIN und BENSON für *Chlorella*, BENSON auch für Gersten- und *Soja*-Blätter); ARONOFF und VERNON (1) finden jedoch gerade für *Soja* die Reihenfolge Triosen, Glucose (15 sec), Saccharose, Raffinose, Mannose (50 sec); Fructose ließ sich allein kaum fassen, auch schien der Phosphorylierungsgrad aller Produkte nach den letztgenannten Autoren relativ gering. In *Helianthus*-Blättern wurden Monosaccharide weder im Licht noch im Dunkeln gefunden [GIBBS (2)].

Von besonderem Interesse ist der tracer-radiographische Nachweis der Sedoheptose, die bisher im wesentlichen nur den Sukkulenten zugeschrieben worden ist. Sie fand sich als früheres Produkt des Lichteinbaus von ^{14}C (wohl in Form ihres Monophosphats) in Algen, Purpurbakterien und vielen Blättern (BENSON, BASSHAM und CALVIN). Es wird vermutet, daß dieser Zucker laufend den gesuchten C_2-Körper für die einleitende Karboxylierung $C_2 + C_1 = C_3$ liefert, vielleicht über ein C_4-Spaltprodukt. Die Autoren nähern sich damit unausgesprochen der von GAFFRON vorgeschlagenen Einbeziehung eines Kohlenhydrats in den Zyklus der CO_2-Verarbeitung (vgl. Abb. 68). Der Hinweis auf eine etwa mögliche Beziehung der Sedoheptose zum Säurestoffwechsel (C_4-Säuren, $C_3 + C_4 \rightleftharpoons C_7$) ist im übrigen nicht neu und bleibt auch weiterhin unverbindlich.

Daß in langfristigen Versuchen alle Kohlenhydrate (z. B. auch Cellulose; HARTT und BURR) und andere Zellsubstanzen radioaktiv werden, ist leicht verständlich. BURRIS, WILSON und STUTZ haben daraus eine Methodik zur biosynthetischen Produktion markierter C-Verbindungen entwickelt. Auch für N-freie organische Säuren, deren Entstehung möglicherweise nicht über einen Citronensäurezyklus erfolgt (STUTZ und BURRIS), gelten ähnliche Überlegungen. Solche Sekundärprozesse gehören natürlich nicht mehr zum Photosyntheseablauf.

Eine andere Frage ist es, ob der Photosyntheseapparat in vivo Reduktionen an Verbindungen ausführt, die sicher außerhalb des Bereiches von Photosynthesezwischenprodukten liegen, ob sich also im Licht ein weitgehend unspezifischer Reduktionsmechanismus ähnlich den HILL-Reaktionen isolierter Plastiden innerhalb der Zelle betätigen kann. Mit der Annahme einer derart generellen Reduktionskraft ist wohl KANDLER am weitesten gegangen, wenn er nahezu alle in Betracht kommenden Reduktionen in grünen Zellen mit Hilfe des photosynthetischen Reduktors und gleichzeitig anfallender energiereicher Phosphate ermöglicht sehen will. Es bedarf aber gewiß in jedem solchen Fall einer kritischen Untersuchung, bevor man etwa von einer Energielieferung durch die — im Licht vielleicht gesteigerte — Atmung und von Beteiligung nicht photosynthetischer H-Donatoren absehen dürfte. Auch die Mitwirkung bzw. die Verfügbarkeit der jeweils zuständigen Fermentsysteme am Reaktionsort (Lokalisation in den Plastiden?) ist in kritische Betracht zu ziehen. Die in diesem Zusammenhang wichtige Frage, ob frisch gebildete Photosyntheseprodukte ein besonders aktives Substrat für die Atmung abgeben, wird von WEIGL, WARRINGTON und CALVIN negativ beantwortet; im Licht scheinen die Neuassimilate sogar vor der Veratmung geschützt zu sein, im Dunkeln erfolgt keine Unterscheidung zwischen ihnen und vorhandenen Kohlenhydratreserven. Vorerst besteht also noch kein zwingender Anlaß, etwa die von 1 abweichenden Gaswechselquotienten wachsender Zellen (MYERS, PIRSON u. Mitarb.) als echte, d. h. nicht nur apparente Photosynthesequotienten zu deuten. Im Sonderfall der Nitratreduktion liegen seit den Untersuchungen von BURSTRÖM Anzeichen für eine enge Bindung an die Photosynthese vor. Zwar ist Nitrat kein HILL-Reagens für isoliertes Plastidenmaterial (HOLT und FRENCH), aber MENDEL und VISSER haben mit ^{15}N als tracer gezeigt, daß in Tomatenblättern bei Blockierung des Kohlenhydratumsatzes mit Jodacetat die Nitratreduktion zwar im Dunkeln, aber nicht im Licht gehemmt wird. Die komplexen Beziehungen zwischen Kohlenhydratumsatz und Nitratverarbeitung (vgl. MYERS) sollen im nächsten Bericht ausführlicher behandelt werden.

Mit der Feststellung, daß Verbindungen aus dem zyklischen Zwischenstoffwechsel der Photosynthese (besonders C_2- und C_3-Körper) unmittelbar in den weiteren Stoffaufbau eingehen, wird die Photosynthese aus ihrer biochemischen Isolierung gelöst und mit dem gesamten Stoffumsatz vernetzt. Ob umgekehrt auch Produkte des Dunkelumsatzes in den Photosyntheseapparat eintreten können, wird weitgehend von der räumlichen Verteilung der zuständigen Fermentsysteme innerhalb der grünen Zellen bzw. ihrer plasmatischen Organellen abhängen. Der alte Begriff des ,,Assimilats" verliert jedenfalls heute seine scharfe Umgrenzung; dies gilt insbesondere für wachsende grüne Zellen (MYERS). Hier dürfte es oft schwer sein, das Ende des Photosynthesevorgangs festzustellen und etwa zu entscheiden, ob die im Markierungsexperiment frühzeitig und offenbar vom Kohlenhydrat unabhängig erscheinenden Aminosäuren (besonders Alanin, Glycin und Serin) als Photosynthese-Endprodukte bezeichnet werden können (vgl. VERNON und ARONOFF).

Für die Photosynthese, die Photoreduktion in H_2 (vgl. S. 320) und die Chemosynthese (Knallgasreaktion mit CO_2-Verbrauch) durch *Scenedesmus* haben BADIN und CALVIN in relativ langfristigen Versuchen mit $^{14}CO_2$ die Natur der Assimilationsprodukte vergleichend geprüft; es ergaben sich keine Anhaltspunkte für tiefergehende Unterschiede.

7. Photosynthesen ohne Sauerstoffentwicklung. Im Sinne einer vergleichend biochemischen Betrachtungsweise liegt es, den Photosyntheseformen ohne Sauerstoffentwicklung, die man in Anaerobiose bei Purpurbakterien und H_2-adaptierten Grünalgen findet, ebenso wie der Normalphotosynthese eine (photochemische) Wasserspaltung zugrunde zu legen. Demgemäß wäre der Reaktionsverlauf der Bakterienphotosynthese in folgender Weise aufzugliedern:

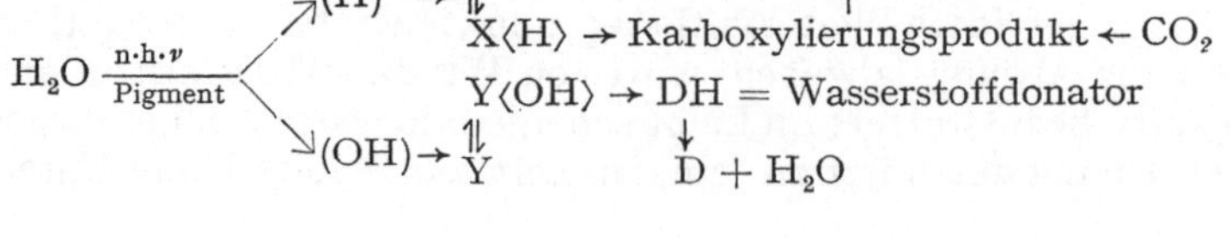

$$\begin{array}{ccl}
 & X & \text{reduz. Endprodukt} \\
\nearrow (H) \rightarrow \updownarrow & & \uparrow \\
 & X\langle H\rangle \rightarrow & \text{Karboxylierungsprodukt} \leftarrow CO_2 \\
H_2O \xrightarrow{\;n\cdot h\cdot\nu\;}_{\text{Pigment}} & Y\langle OH\rangle \rightarrow & DH = \text{Wasserstoffdonator} \\
\searrow (OH) \rightarrow \updownarrow Y & & \downarrow \\
 & & D + H_2O
\end{array}$$

Die Verbindung Y⟨OH⟩ (eventuell Photoperoxyd) müßte bei der Normalphotosynthese so labil sein, daß eine glatte O_2-Abgabe erfolgt, während
ihre Beseitigung bei den Purpurbakterien eines organischen H-Do-
nators oder freien Wasserstoffs (D = 0) bedürfte. VAN NIEL, auf dessen
diesbezügliche Darlegungen (S 1—3) verwiesen sei, begründet einen
solchen Unterschied mit dem geringen Energiebetrag, welchen die
Infrarotquanten bei der Purpurbakterienphotosynthese einbringen;
diese Überlegungen sind freilich nicht übertragbar auf das entsprechende Verhalten H_2-adaptierter Grünalgen. Für die Funktion der
H-Donatoren als Reaktionspartner primärer Photooxydationsprodukte
spricht nach VAN NIEL besonders die Tatsache, daß die Purpurbakterien mehrfach auch im Dunkeln Reaktionssysteme zur aeroben Dehydrierung dieser Donatoren betätigen, in diesem Fall also an Stelle
der Photoperoxyde O_2 als H-Acceptor benutzen können.

WASSINK u. Mitarb. nehmen dagegen an, daß die Photoreaktion
sich an den organischen Verbindungen selbst — eventuell nach gewisser Umformung — abspielt, so daß diese den Wasserstoff des reduzierenden Systems liefern und nicht primär das Wasser [vgl. Was-
SINK (2)]. Das Prinzip vergleichender Behandlung könnte man danach
auf die Normalphotosynthese grüner Zellen derart anwenden, daß
man auch dort ein photochemisches System DH = D + ⟨H⟩ annimmt
und DH aus H_2O unter O_2-Entwicklung erst im Zuge einer Dunkelreaktion regenerieren läßt. Eine solche allgemeine Betrachtungsweise der
Photosynthese (vgl. z. B. schon DORRESTEIN, WASSINK und KATZ) wurde
im Zuge der Auswertung vergleichender Messungen von Fluoreszenz und
Photosynthese entwickelt. Sie wird auch von RABINOWITCH (S 1, S. 144)
in Betracht gezogen und ist im letzten Bericht (Fortschr. Bot. **12**, 270)
in den Vordergrund gestellt worden. Die Konzeption von VAN NIEL
mit photochemischer Wasserspaltung erscheint demgegenüber einfacher
und daher zunächst plausibler. Allerdings liegen bei den Purpurbakterien die Verhältnisse im allgemeinen nicht so klar, daß die obige
Formulierung für eine Verwertung der H-Donatoren (z. B. organischer
Säuren) genau zutreffen würde. Organische Säuren können nämlich in den
Aufbaustoffwechsel einbezogen werden, vielleicht sogar über eine unmittelbare Reduktion neben oder an Stelle von CO_2 im Photosyntheseapparat [vgl. dazu GEST (S)]. Im Falle des Acetats ist mit der tracer-
Methodik bei *Rhodospirillum rubrum* eine sehr beträchtliche Beteiligung
am photosynthetischen Stoffaufbau nachgewiesen worden (CUTINELLI u.
Mitarb., KAMEN u. Mitarb.). Die von FOSTER aufgefundene und als Beispiel für die VAN NIELsche allgemeine Bruttogleichung $CO_2 + 2H_2D$
$= CH_2O + H_2O + 2D$ besonders beachtete stöchiometrische Dehydrierung von Isopropylalkohol zu Aceton im Zuge der Photosynthese
von Athiorhodaceen ist nach SIEGEL und KAMEN (1) wohl als Ausnahme-
fall zu werten; sie war nicht exakt reproduzierbar. Normalerweise wird
offenbar das Aceton im Stoffwechsel der betreffenden Bakterien (*Rhodo-
pseudomonas gelatinosa*) ebenfalls weiterverwertet (SIEGEL). Diese
Einschränkungen erscheinen jedoch nicht ausreichend, um die Grundlage einer vergleichenden Betrachtung all er Photosynthesetypen zu

erschüttern oder auch nur die diesbezüglichen Vorstellungen VAN NIELS zu widerlegen.

Die außer von Purpurbakterien zunächst nur von *Scenedesmus* bekannte und in diesem Fall durch H_2-Adaptation in Anaerobiose herbeigeführte Photosynthese unter H_2-Aufnahme wird jetzt allgemein „Photoreduktion" genannt, wenngleich der Reduktionsvorgang selbst hier ebensowenig primär photochemischen Charakter besitzt wie bei der Normalphotosynthese. Der Reaktionstyp ist bei Algen weit verbreitet; er wurde bei verschiedenen Cyanophyceen (FRENKEL, GAFFRON und BATTLEY) und Chlorophyceen, ja sogar bei Braunalgen (*Ascophyllum*) und Protoflorideen (FRENKEL und RIEGER) nachgewiesen. Im Fall von *Porphyridium cruentum* findet in zweiwöchiger Anaerobiose mit Hilfe der Photoreduktion Trockengewichtszunahme und Pigmentneubildung statt. Im einzelnen ist je nach Objekt die Länge der erforderlichen Inkubationszeit (Dunkelvorbehandlung in H_2-Atmosphäre), die Geschwindigkeit der Deadaptation im Starklicht (vgl. Fortschr. Bot. **11**, 211) und die Möglichkeit wiederholter Adaptation verschieden.

Wie *Scenedesmus* (vgl. Fortschr. Bot. **12**, 272) entwickelt auch *Chlamydomonas moewusii* nach H_2-Adaptation in Anwesenheit von CO_2 bei Belichtung Wasserstoff (FRENKEL). Das hierfür zuständige Ferment, von den Bearbeitern Hydrogenase genannt, ist jedoch in Gegenwart organischer Substrate am stärksten bei Purpurbakterien wirksam (Athiorhodaceen, nach BREGOFF und KAMEN auch Thiorhodaceen). Auffallenderweise kann die Wasserstoffentwicklung der Bakterien (nicht der Algen) mit CO_2-Abgabe verbunden sein, wozu GEST, KAMEN und BREGOFF, sowie KAMEN (S) für das Beispiel Äpfelsäure als organisches Substrat folgenden hypothetischen Reaktionsverlauf formulieren:

$$8\,H_2O + 8\,X + 8\,Y \xrightarrow{n \cdot h \cdot \nu} 8\,HX + 8\,YOH$$

$$\underset{\text{Äpfelsäure}}{C_4H_6O_5} + 4\,HX \rightarrow C_4H_8O_4 + H_2O + 4\,X$$

$$\tfrac{1}{2}\,C_4H_8O_4 + 8\,YOH \rightarrow 2\,CO_2 + 6\,H_2O + 8\,Y$$

$$\tfrac{1}{2}\,C_4H_8O_4 \rightarrow (CH_2O)_2$$

$$4\,HX \rightarrow 2\,H_2 + X$$

<hr>

$$C_4H_6O_5 + H_2O \xrightarrow{n \cdot h \cdot \nu} \underset{\tfrac{1}{3}\text{Hexose}}{(CH_2O)_2} + 2\,CO_2 + 2\,H_2$$

Hierin dient das organische Material dem photochemisch gebildeten Reduktor und dem Photoperoxyd als Wasserstoffacceptor und -donator. Die CO_2-Reduktion kommt dabei überhaupt in Wegfall, d. h. es wird reine Photoheterotrophie angenommen. Der H_2-Entwicklung geht vielleicht die Bildung von Ameisensäure (Formiat) voraus (GEST und KRAMPITZ, KOHLMILLER und GEST); die Reaktion $HCOOH = CO_2 + H_2$ mit Hilfe einer Formico-Dehydrase würde danach auch für photosynthetische Bakterien in Betracht kommen [vgl. KOFFLER und WILSON (S)]. Die organischen Substrate für „photoheterotrophe" Formen können je nach der verwendeten Art variieren; ihre Verwertung ist zum Teil auch von der CO_2-Konzentration bestimmt. Im ganzen sind also die Verhältnisse noch unübersichtlich [SIEGEL und KAMEN (1, 2), KOHLMILLER und GEST, GEST (S)].

Die Wasserstoffentwicklung (Hydrogenaseaktivität) ist maximal nur in Edelgasatmosphäre; N_2 unterdrückt sie in auffälliger Weise. Diese Beobachtung führte nicht ohne Umwege zur Entdeckung einer lichtabhängigen Stickstoffbindung (KAMEN und GEST, GEST und KAMEN sowie GEST, KAMEN und BREGOFF). Dies Ergebnis ist mit ^{15}N sichergestellt und danach auch durch KJELDAHL-Analysen erhärtet worden. LINDSTRÖM, BURRIS und WILSON haben den wichtigen Befund bestätigt. Wahrscheinlich haben alle Photobakterien mit Hydrogenaseaktivität (neben Purpur- auch Chlorobakterien) die Fähigkeit zur N_2-Bindung im Licht (LINDSTRÖM, TOVE und WILSON); bei Grünalgen (*Chlamydomonas*) konnte FRENKEL dieselbe nicht nachweisen. Es ergibt sich die interessante Möglichkeit einer vergleichenden Betrachtung der neuen Reaktion mit der lichtunabhängigen N_2-Bindung durch *Azotobacter*. So kann man erörtern, ob der Photowasserstoff ⟨H⟩ direkt zur N_2-Bindung dient, der Stickstoff sich also wie ein „HILL-Reagens" verhält oder ob der erforderliche H-Donator auf weniger direktem Wege geliefert wird, etwa von reaktionsfähigen Photosynthese-Endprodukten. Im letzteren Falle bestünde kein prinzipieller Unterschied zur N_2-Bindung durch *Azotobacter*.

Die H_2-Entwicklung im Licht vermittels Hydrogenase (nicht aber die H_2-Aufnahme) wird nicht nur durch N_2, sondern auch durch gebundenen Stickstoff (Ammonsalze und einige Aminosäuren) unterdrückt. Eine befriedigende Kausalanalyse dieser auffälligen Steuerung ist noch nicht gefunden [SIEGEL und KAMEN (2)].

Einen besonderen Photosynthesetyp hat H. LARSEN für Ruhezellen von *Chlorobium thiosulphatophilum* (grünes Schwefelbakterium) beschrieben. Sie stellt im Bruttoverlauf eine Kondensation $C_3 + C_1$ dar und entspricht der von Propionsäurebakterien bekannten Summengleichung:

$$CH_3-CH_2-COOH + CO_2 \xrightarrow{n \cdot h\nu} HOOC-CH_2-CH_2-COOH.$$

Man könnte hier also von einer „hemiheterotrophen" C-Versorgung sprechen, die allerdings kein Wachstum ermöglicht. Der Vorgang liefert ein genau definiertes Photosyntheseprodukt im Unterschied zur Bakterienphotosynthese in wachsenden Zellen, wo oft in konventioneller Weise ⟨CH_2O⟩ (Kohlenhydratstufe) als Photosyntheseprodukt eingesetzt wird.

VAN NIEL (S 2) hat die Ergebnisse seiner vergleichenden Betrachtungsweise zu einer phylogenetischen Deutung der Entstehung der C-Autotrophie herangezogen. Unter Bezugnahme auf die bekannten Vorstellungen von HALDANE und OPARIN wird nach (!) Entstehung der zellulären Organisation aus nichtorganogenen C-Verbindungen eine Entwicklungstendenz angenommen, die folgendermaßen schematisiert sei (Abb. 71):

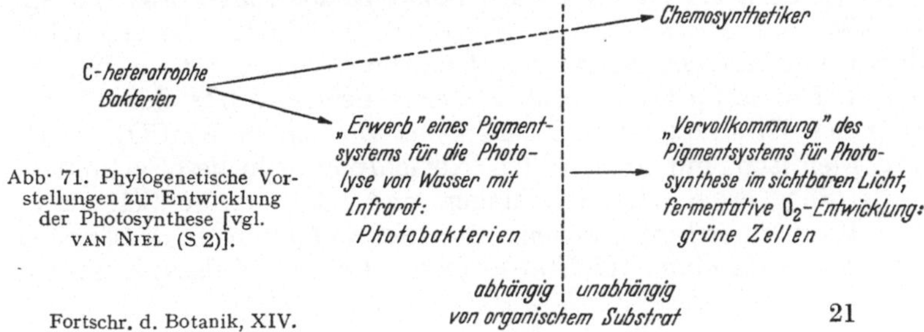

Abb· 71. Phylogenetische Vorstellungen zur Entwicklung der Photosynthese [vgl. VAN NIEL (S 2)].

Bei den Purpurbakterien und grünen Schwefelbakterien sollen in gleitender Progression Intermediärfälle zwischen der C-Autotrophie und der C-Heterotrophie vorkommen. Natürlich sind solche Betrachtungen ebenso reizvoll wie spekulativ. Man mag etwa die Chemosynthetiker anders lokalisieren bzw. enger mit den Purpurbakterien (Zusammenhang zwischen Schwefelbakterien und Thiorhodaceen) verknüpfen.

IV. Photochemische Ausbeute.

Etwa seit 1937 galten für die Mehrzahl der Photosyntheseforscher niedrige photochemische Ausbeuten im Bereich von $\varphi = 0,08 - 0,12$ (8—12 Quanten pro Molekül entwickelten Sauerstoffs) als optimal und daher maßgeblich für alle energetischen Überlegungen. Die Autoren, welche weiterhin an dieser Auffassung festhalten, können über die älteren Angaben hinaus neue Befunde anführen, welche für niedrige Ausbeuten sprechen.

MOORE und DUGGAR erhielten mit polarographischer Methode (O_2-Bestimmung mit der Hg-Tropfelektrode) für *Chlorella* im Anzuchtmedium Ausbeuten von $0,1 \pm 0,02$, und zwar in allen Spektralbereichen sowie unterhalb oder wenig oberhalb des Gaswechselgleichgewichts. Die φ-Werte veränderten sich bei Anbringung der Atmungskorrektur kaum, was gegen die Annahme einer Lichtwirkung auf den respiratorischen Sauerstoffverbrauch zu sprechen scheint (vgl. S. 309). ARNOLD hat die photochemische Ausbeute durch vergleichende Messung der Erwärmung lebender und frisch getöteter Zellen bei Belichtung im Mikrokalorimeter zu bestimmen versucht; er teilt für Grünalgen (in KNOP-Lösung oder Karbonat-Bikarbonat-Puffer) sowie für Blätter Quantenzahlen von 9—20 mit. Nach TANADA streut die manometrisch bestimmte photochemische Ausbeute von *Navicula minima* zwischen 520 und 680 mμ nach Vornahme gewisser Korrekturen um 0,11; im Blau sinkt sie wenig, aber signifikant, im langwelligen Rot stark ab. Für die Diatomeen sollen die verwendeten Karbonat-Bikarbonat-Puffer sauren Nährlösungen (p$_H$ 4,5) mindestens gleichwertig sein. YOCUM und BLINKS berichten kurz über Messungen bei Grün-, Braun- und Rotalgen in Karbonatpuffer. Ihre φ-Werte liegen meist zwischen 0,1 und 0,06; bei *Porphyra* wurde im Rot (675 mμ) nur 0,035 gefunden (vgl. S. 297). Eine bessere Ausbeute von etwa 0,13 hat KOK in Kulturlösung etwas oberhalb des Kompensationsproduktes erhalten, doch wird seine Absorptionsmessung als ungenau kritisiert (RIEKE). Im Karbonatpuffer wird die Ausbeute offensichtlich schlechter. RIEKES eigene Bestimmungen lieferten im Karbonat-Bikarbonat-Puffer (15:85) für *Chlorella* und *Scenedesmus* φ-Werte um 0,08; *Chlorella* erbrachte in Kulturlösung und *Scenedesmus* in Bikarbonat $+ CO_2$ etwas bessere Ausbeuten. Die auf CO_2-Verbrauch bezogenen φ-Werte der Photoreduktion des H_2-adaptierten *Scenedesmus* wurden in $KHCO_3 + CO_2$ ungefähr identisch mit denen der Normalphotosynthese gefunden, wobei allerdings erhebliche Streuungen und methodische Schwierigkeiten in Kauf zu nehmen waren. Die hier aufgeführten Messungen sind bei unvollständiger Lichtabsorption (dünne Zellsuspensionen) durchgeführt und enthalten daher die mit der Absorptionsmessung verbundenen Unsicherheitsfaktoren.

Angesichts dieser sich gegenseitig stützenden Angaben hat WARBURG unter Einsatz erheblichen Arbeitsaufwands mit einer Reihe von Mitarbeitern und in verschiedenen Laboratorien seine alten und neueren Messungen nachgeprüft und gegenüber einer Reihe anscheinend schwerwiegender Einwände gesichert. Seine Befunde ergeben durchweg höhere φ-Werte zwischen 0,2 und 0,4 (Quantenzahl 2,5—5). Die gegen solche Ausbeuten geäußerten kritischen Bedenken und die experimentellen und grundsätzlichen Darlegungen WARBURGS zu ihrer Widerlegung können im Hinblick auf viele dabei zu beachtende methodische Einzelheiten an dieser Stelle nicht in aller Ausführlichkeit erläutert werden. Es handelt sich besonders um die folgenden Gesichtspunkte:

1. Zwecks besserer Erfassung und Berücksichtigung der Atmungsgröße war ursprünglich eine intermittierende Belichtung gewählt worden (Licht-Dunkel-Wechsel von 5—15 Minuten). EMERSON und LEWIS hatten eingewendet, daß hierbei infolge von Unregelmäßigkeiten des Gasaustausches nach Ein- und Ausschalten der Belichtung schwerwiegende Meßfehler auftreten müßten. Die sich ergebende Kontroverse betraf besonders das Ausmaß solcher Abweichungen der Gaswechselquotienten (EMERSON und NISHIMURA) sowie die Genauigkeit der Bestimmung der Quotienten [NISHIMURA, WITTINGHAM und EMERSON und auf der anderen Seite WARBURG u. Mitarb. (3), BURK u. Mitarb. (2)]. WARBURG u. Mitarb. (1, 2) sowie BURK u. Mitarb. (vgl. auch WARBURG und BURK) halten die in Betracht kommenden Fehlerquellen dieser Art ihrerseits für belanglos.· Die diesbezügliche Diskussion hat inzwischen an Aktualität verloren durch den Nachweis, daß auch im kontinuierlichen Licht die gleichen niedrigen Quantenzahlen erhalten werden können [WARBURG u. Mitarb. (2)].

2. Die anfängliche Verwendung sehr dichter Algensuspensionen (totale Lichtabsorption) konnte vom physiologischen Gesichtspunkt aus Bedenken hervorrufen. Dieselben wurden insofern anerkannt, als neuere Messungen in Suspensionen geringer Dichte ausgeführt und die nun erforderliche Bestimmung von Reflexion bzw. Transmission mit einem neuartigen sinnreichen Verfahren vorgenommen wurde. Die durch Abb. 72 erläuterte Methode beruht auf der Anwendung der zuvor von WARBURG und SCHOCKEN beschriebenen actinometrischen Strahlungsmessung. Daß sich auch unter diesen Bedingungen keine anderen Quantenzahlen ergaben, die dichte Zellpackung in den früheren Messungen also offenbar ohne Einfluß war, ist ebenso auffällig wie bemerkenswert.

3. Die Messungen waren zunächst in der Nähe des Kompensationspunktes, z. T. im Bereich negativer C-Bilanz durchgeführt worden. KOK (1—3) und J. FRANCK haben daher die Möglichkeit in Betracht gezogen, daß in diesem Gebiet vornehmlich eine photosynthetische Reduktion von Zwischenprodukten des respiratorischen Umsatzes erfolgen könnte, welche bereits auf höherem Energieniveau liegen als CO_2. Eine solche Reduktion organischer Verbindungen im Photo-

syntheseapparat liegt ja besonders nach den Erfahrungen mit photo-heterotrophen Bakterien (S. 320) im Bereich der Diskussionsmöglich-keiten. Der Einwand, welcher voraussetzt, daß die photochemische Ausbeute abhängig vom Energieinhalt des Endacceptors für $\langle H \rangle$ sei, wird damit entkräftet, daß die hohen Ausbeuten inzwischen auch bei Beleuchtungsstärken gemessen wurden, die ein Mehrfaches des Kompensationswertes betrugen [Warburg u. Mitarb. (2)]. Solche Messungen waren dadurch möglich, daß zunächst mit weißem Licht kompensiert und dann die Ausbeute aus dem Anstieg der apparenten

Abb. 72. Spezialmanometergefäß zur aktinometrischen Messung der Lichtabsorption in Algensuspensionen [Burk und Warburg (2)]. Das transmittierte Licht ruft in der aktinometrischen Lösung einen photooxydativen O_2-Verbrauch hervor, der quanitativ manometrisch erfaßt wird.

Photosynthese bei zusätzlicher Beleuchtung mit dem verfügbaren schwachen monochromatischen Licht ermittelt wurde. Bei entsprechender Verwendung anderer engbegrenzter Spektralbereiche ergaben sich keine wesentlichen Abweichungen. Durch die Vornahme der Weißlichtkompensation unterscheiden sich die neueren Messungen von Warburg u. Mitarb. von denen aller übrigen Bearbeiter. Daß dieser Unterschied bei der Deutung der unterschiedlichen Ergebnisse eine Rolle spielen könnte, ist nicht gerade wahrscheinlich. Es bleibt in diesem Zusammenhang aufzuklären, warum nach Kok (1—3) die Photosynthese im Schwachlichtbereich nicht kontinuierlich und linear ansteigt, sondern in der Nähe des Kompensationspunktes einen Knick aufweist, welcher einen sprunghaften Abfall der photochemischen Ausbeute auf ungefähr die Hälfte anzuzeigen scheint (Quantenzahlen etwa 4 bzw. 8). Diese bemerkenswerte Beobachtung ist von van der Veen (1) an Tabakblättern reproduziert worden.

4. Warburg (1) hat seinerseits Kritik geübt an der Verwendung von Bikarbonat-Karbonat-Puffern bei Messungen der photochemischen Ausbeute. In dem oft (aber nicht von allen Autoren) benutzten Gemisch (pH etwa 9) ist die Photosynthese tatsächlich bei manchen Algenstämmen beträchtlich vermindert (vgl. auch Pirson u. Mitarb.) und kann daher keine optimalen Ausbeuten liefern. Die Hemmung ist nach Warburg u. Mitarb. (6) auf den geringen Gehalt des Puffers an freiem CO_2 zurückzuführen, welches für *Chlorella* als einzige C-Quelle in Betracht kommt, wie auch Österlind mitgeteilt hat. Durch Erhöhung des Bikarbonat-Karbonat-Verhältnisses und der Konzentration läßt sich ein Puffer herstellen, in welchem CO_2 nicht mehr begrenzend wirkt und die Photosyntheseleistung ebenso hoch ist wie in Nährlösung (pH 4,5). Die besonders einfache Photosynthesemessung in diesem Gemisch hat wiederum die hohen Ausbeuten geliefert.

Somit erscheinen viele methodische Bedenken gegen die hohen φ-Werte zerstreut; sie sind inzwischen auch z. T. zurückgezogen bzw. eingeschränkt worden (vgl. Franck). Es bleibt die manchen

Autoren vorerst noch unüberwindlich erscheinende Schwierigkeit, die guten Ausbeuten, die bei Bezugnahme auf den Energieinhalt der gebildeten Glucose eine fast bis zu 90%ige chemische Nutzung der absorbierten Lichtenergie anzeigen, theoretisch verständlich zu machen. Die Unterschiede der diesbezüglichen Gedankengänge kann man durch zwei Antithesen kennzeichnen: 1. Die gemessene hohe photochemische Ausbeute zwingt zur Annahme eines relativ glatten und einfachen Gesamtverlaufs der Photosynthese. 2. Die Photosynthese ist nach bisherigen Vorstellungen ein so komplexer Prozeß, daß eine nahezu verlustlose Energieausnutzung nicht denkbar ist.

Bei der genaueren Verfolgung des Einflusses intermittierender Belichtung sind nun BURK und WARBURG (1, 2) zu neuartigen Ergebnissen gekommen, die sich auf die weitere Behandlung des Quantenproblems stärkstens auswirken werden. Bei einem Wechsel von wenigen Minuten (1:1 bis 3:3) zwischen weißem Licht, welches bei kontinuierlicher Belichtung kompensiert, und schwachem monochromatischem Zusatzlicht (436, 546 oder 644 mμ) traten unerwartete Druckschwankungen auf (Abb. 73a). Ihre genaue Festlegung erfolgte durch Mitteln einer größeren Zahl von Druckmessungen aufeinanderfolgender Wechsel, weil die Messung des Druckverlaufs eines einzigen Wechsels einer zu starken Streuung unterworfen ist. Auf diese Weise wurde für einen Wechsel die in Abb. 73b wiedergegebene Kurve erhalten. Der Anfangsanstieg der apparenten Photosynthese in „weiß + grün" ergibt bei Berücksichtigung der aktinometrisch gemessenen Strahlungsabsorption eine photochemische Ausbeute von ungefähr 1. Dem Anstieg läuft ein anfänglich ebenso steiler Druckabfall bei Wegnahme des grünen Zusatzlichtes entgegen; dieser zeigt einen Wiederverbrauch des oberhalb vom Kompensationspunkt gewonnenen Produkts der einquantigen Lichtreaktion an. Diese oxydative Rückreaktion beschränkt sich jedoch auf $^2/_3$ des Anfangsgewinns. Der Punkt X kennzeichnet den verbleibenden Gewinn eines ganzen Wechsels; die Linie O—X besitzt einen Neigungswinkel, welcher der photochemischen Ausbeute von 0,27 (Quantenzahl nahe 4) entspricht, wie sie im kontinuierlichen Licht gemessen wird. Daß eine solche lediglich apparente Ausbeute im Dauerlicht keine biophysikalische Konstante darstellt und dementsprechend auch keineswegs ganzzahlig zu sein braucht, liegt auf der Hand. Der Stoffgewinn im kontinuierlichen Licht löst sich hiernach in eine hochwirksame photochemische Synthese ($\varphi = 1$) und eine Extraatmung auf, die als Nachwirkung der Belichtung faßbar ist. Dieser Reaktion kommt nach BURK und WARBURG die Aufgabe einer Energielieferung zu, durch welche die folgende einquantige Photoreaktion (n·h·ν ~ 40000 cal im Rot) mit einem zusätzlichen Betrag von etwa 70000 cal versehen wird, womit der Energieinhalt von Kohlenhydrat (110000 cal) erreicht ist. Da der Gaswechselquotient, dessen Messung unter den vorliegenden Versuchsbedingungen recht hohe Ansprüche an methodische Genauigkeit stellt, im Zusatzlicht nicht stark von —1 abweicht, kann in dieser Phase tatsächlich bereits Kohlenhydrat oder ein Körper ähnlichen Energieniveaus entstanden sein. Die folgende partielle Veratmung zeigt ebenfalls einen Gaswechselquotienten nahe an —1. WARBURG und GELEICK erwägen allerdings auch die Möglichkeit des Entstehens (und Wiederverschwindens) von Glycerinsäure, da geringe Abweichungen des Quotienten von —1, falls sie reell sind, für ein Produkt dieser Energiestufe sprechen würden. Die Problematik eines solchen Kreisprozesses aus einer energieliefernden Dunkelreaktion und einer energieverbrauchenden Photoreaktion besteht in der Notwendigkeit einer Startenergie und vor allem einer überaus rationell fortlaufenden Energieübertragung.

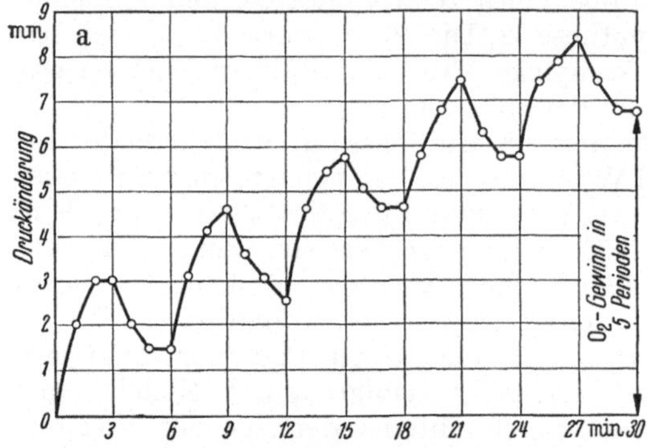

Abb. 73a. Druckänderungen am Manometer bei 3 Minuten-Wechsel von „Grün + Weiß" und „Weiß". Weiß dient zur Kompensierung der Zellatmung [WARBURG (2)].

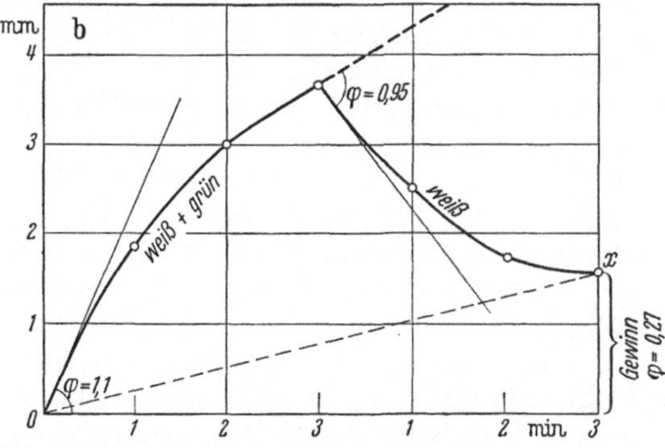

Abb. 73b. Einzelner Wechsel: Aufspaltung der Photosynthese in Lichtreaktion und partielle Rückreaktion, Mittelwerte von 5 Messungen [WARBURG u. Mitarb. (5)].

Die recht hohen Ausbeuten, die bei Energieübertragungen im Zuge von Transphosphorylierungen nachgewiesen sind [60—70% bei der Atmungskettenphosphorylierung, vgl. hierzu OESPER (S)], legen es nahe, eine Einbeziehung energiereichen Phosphats (besonders also des ATP-Systems) in den Kreislauf anzunehmen. Dies müßte bei Einsetzen der Photosynthese zur Verfügung stehen und bei der Extraatmung jeweils immer wieder regeneriert werden. — KANDLER freilich fand die Nachatmung unmittelbar nach Ausschalten der Belichtung nicht mit einer Erhöhung, sondern mit einer Erniedrigung des organischen Phosphats verknüpft. Mit HOLZER teilt er (pers. Mitt.) daher die Auffassung, daß die einquantige Photoreaktion einen energiereichen oxydablen „40 kcal-Stoff" produziert, dessen partielle Veratmung in der Dunkelphase die Energie für die Vervollständigung der Synthese bis zum 100 kcal-Niveau liefern soll.

Die Einbeziehung einer oxydativen Reaktion macht die alte Frage nach der Notwendigkeit von Sauerstoff für die Photosynthese wieder aktuell. WARBURG (2) findet für *Chlorella*-Suspensionen ($p_H < 5$) bei Gegenwart von Phosphor als Absorptionsmittel im Licht keinen photosynthetischen CO_2-Verbrauch; weil unter diesen Bedingungen der in der Lichtreaktion entstehende Sauerstoff nicht mehr verfügbar ist, wird der Kreisprozeß und damit die Photosynthese unterbrochen. KAUTSKY, der aus anderen Gründen bekanntlich schon vor längerer Zeit eine Mitwirkung des Sauerstoffs an der Photosynthese forderte, versucht seine älteren Fluoreszenzbefunde mit den Ergebnissen von BURK und WARBURG in Beziehung zu setzen, was jedoch angesichts der völligen Verschiedenheit der experimentellen Grundlagen vorerst schwer möglich erscheint. Bemerkungen von R. SCHENCK (3) zum Kreisprozeß beruhen auf einem Mißverständnis der methodischen Voraussetzungen [vgl. WARBURG (3)]. Grundsätzlich sollte es der weiteren Experimentalarbeit vorbehalten sein, festzustellen, welches Detailbild sich dem durch die neuen energetischen Befunde gezogenen Rahmen einfügen wird; dieses muß natürlich alle gesicherten biochemischen Befunde (z. B. diejenigen der tracer-Methodik) enthalten. Mit Interesse wird man auch weitere Äußerungen von Seiten der Autoren erwarten, welche sich mit der Deutung der WARBURGschen Messungen bisher nicht einverstanden erklärt haben.

Bemerkenswerte, wenn auch vorerst nur theoretische Überlegungen zum Mechanismus des Photosynthesezyklus haben schließlich BURK, CORNFIELD und SCHWARTZ angestellt, auf die wegen ihrer weitreichenden Folgerungen hier schon in Kürze hingewiesen werden soll. Danach kann die einquantige Photoreaktion nicht in einer primären Spaltung von H_2O bestehen, weil die Energie eines Quants im Sichtbaren hierzu nicht ausreicht. Vielmehr soll ein bereits energiereiches chlorophyllführendes Substrat für die Photoreaktion bereitstehen. H- und OH-Gruppen desselben werden in der Photoreaktion umgesetzt die als relativ einfacher Prozeß dem EINSTEINschen photochemischen Äquivalentgesetz folgend unter Absorption eines Lichtquants durch ein Chlorophyllmolekül die Freisetzung von einem Molekül O_2 und die Reduktion von einem Molekül CO_2 besorgt. Die oxydative Dunkelreaktion erneuert dann das energiereiche Substrat des Photoprozesses durch Nachlieferung von H und OH aus H_2O. BURK u. Mitarb. greifen in diesem Zusammenhang die Lichtblitzexperimente von EMERSON und ARNOLD auf und führen aus, daß bei den dort verwendeten relativ hochfrequenten Licht-Dunkel-Perioden die optimale Nutzung des absorbierten Lichtes bei weitem nicht erreicht sein kann. Damit schließen sie sich einer ausführlichen Kritik dieser Lichtblitzversuche durch TAMIYA und CHIBA an, die jedoch von anderer Seite nicht anerkannt worden ist [vgl. FRANCK (S)]. Eine mathematische Analyse scheint die Möglichkeit zu eröffnen, durch Kombination geeigneter Licht- und Dunkelperioden photochemische und fermentative Reaktionen so aneinander anzupassen, daß günstigste Energieausbeuten auch im Bereich hoher Beleuchtungsstärken erreichbar sind, was bisher für unmöglich gehalten wurde. Es wird sogar bereits eine enorme Steigerung der Substanzerzeugung in der Praxis (Massenkultur von Algen) in Erwägung gezogen. Die Kalkulationen beziehen sich freilich nur auf die Kinetik der Photosynthese, und es bleibt zweifelhaft, ob unter den Bedingungen intermittierender Belichtung der Wachstumsvorgang zwangsläufig der Photosynthese folgt. Es sei in diesem Zusammenhang erwähnt, daß die Vermehrung von Grünalgen und Diatomeen bei Licht-Dunkel-Wechseln, wie sie von BURK und WARBURG zur Entzerrung von Photo- und Dunkelprozeß benutzt werden, eher ein Minimum als ein Maximum aufweist (IGGENA, AUFDEMGARTEN, BEHREND).

Literatur.

I. Zusammenfassende Darstellungen.

ARNON, D. I., in MCELROY, W. D. u. B. GLASS (Herausg.), Copper Metabolism. Baltimore 1950, S. 89—114. — ARONOFF, S.: (1) Bot. Rev. **16** (10), 525—588 (1950) — (2) Chem. Rev. **47**, 175—195 (1950).

CALVIN, M.: J. Chem. Educ. **26**, 639—657 (1949).

FOSTER, J. W.: In: WERKMAN, C. W., u. P. W. WILSON: Bacterial physiology. New York 1951, S. 361—403. — FRANCK, J.: (1) In: FRANCK, J., u. W. E. LOOMIS (S), 293—348 — (2) Ann. Rev. Plant Physiol. **2**, 53—86 (1951) — (3) Symp. Soc. Exp. Biol. **5**, 160—175 (1951). — FRANCK, J., u. W. E. LOOMIS (Herausg.): Photosynthesis in Plants. Amer. Iowa 1949.

GAFFRON, H., u. E. W. FAGER: Ann. Rev. Plant Physiol. **2**, 87—114 (1951). — GEST, H.: Bact. Rev. **15**, 183—210 (1951). — GRANICK, S.: (1) In: FRANCK, J., u. W. E. LOOMIS (S), 113—132. — (2) Ann. Rev. Plant Physiol. **2**, 115—144 (1951).

HILL, R.: (1) Symp. Soc. Exp. Biol. **5**, 222—231 (1951) — (2) Adv. Enzymol. **12**, 1—39 (1951). — HUTNER, S. H., u. L. PROVASOLI: In: LWOFF, A. (Herausg.): Biochemistry and Physiology of Protozoa. New York 1951, S. 27—128.

KAMEN, M. D.: Federation Proc. **9**, 543—549 (1950). — KOFFLER, H., u. P. W. WILSON: In: WERKMAN, C. W., u. P. W. WILSON: Bacterial Physiology. New York 1951, S. 517—530.

LANG, K.: 2. Coll. dtsch. Ges. physiol. Chem. Mosbach 1952. — LIVINGSTON, R.: In: FRANCK, J., u. W. E. LOOMIS (S), 179—196. — LOOMIS, W. E.: In: SUMNER, J. B., u. K. MYRBÄCK: The Enzymes. Vol. II, 2. New York 1952, S. 1052—1073.

NIEL, C. B. VAN: (1) Amer. Scient. **37**, 371—383 (1949) — (2) In: FRANCK, J., u. W. E. LOOMIS (S), 437—495 — (3) In: SUMNER, J. B., u. K. MYRBÄCK: The Enzymes. Vol. II, 2. New York 1952, S. 1074—1088.

OCHOA, S.: In SUMNER, J. B., u. K. MYRBÄCK: The Enzymes. Vol. II, 2. New York 1952, S. 929—1032. — OESPER, P., in: MCELROY W. D. u. B. GLASS (Herausg.), Phosphorus Metabolism I. Baltimore 1951, S. 523—536.

PIRSON, A.: (1) Ber. dtsch. bot. Ges. **63**, 73—82 (1950) — (2) Naturwiss. **37**, 241—249 (1950).

RABINOWITCH, E. I.: (1) Photosynthesis and Related Processes. Bd. I. New York 1945; (2) Bd. II, 1. New York 1951.

SMITH, J. H. C.: (1) J. Chem. Educ. **26**, 631—638 (1949) — (2) In: FRANCK, J., u. W. E. LOOMIS (S), 55—94. — STRAIN, H. H.: (1) In: FRANCK, J., u. W. E. LOOMIS (S), 133—178 — (2) In: SMITH, G. M. (Herausg.): Manual of Phycology. Waltham, Mass. 1951, S. 243—262.

UMBREIT, W. W.: In: WERKMAN-WILSON: Bacterial Physiology. New York 1951, S. 566—575.

WASSINK, E. C.: (1) Adv. Enzymol. **11**, 91—199 (1951) — (2) Symp. Soc. Exp. Biol. **5**, 251—261 (1951). — WEIER, T. E., u. C. R. STOCKING: Bot. Rev. **18**, 14—75 (1952).

II. Einzelarbeiten.

ANDERSON, E. H.: J. Gen. Physiol. **28**, 297 (1945). — ANDREEVA, T. F., u. L. E. ZUBKOVIC: Dokl Akad. Nauk SSSR., N. S. **70**, 525—528 (1950). — ARNOLD, W.: In: FRANCK, J., u. W. E. LOOMIS (S), 273—276. — ARNOLD, W., u. J. R. OPPENHEIMER: J. gen. Physiol. **33**, 423—435 (1950). — ARNON, D. I.: (1) Nature (Lond). **162**, 341 (1948) — (2) Plant Physiol. **24**, 1—15 (1949) — (3) Nature (Lond.) **167**, 1008—1010 (1951). — ARNON, D. I., u. F. R. WHATLEY: (1) Science (N. Y.) **110**, 554—556 (1949) — (2) Arch. Biochem. **23**, 141—156 (1949) — (3) Amer. J. Bot. **37**, 675 (1950). — ARONOFF, S.: Arch. Biochem. **32**, 237—248 (1951). — ARONOFF, S., u. L. VERNON: Arch. Biochem. **27**, 239—240 (1950); **28**, 424—439 (1950). — AUFDEMGARTEN, H.: Planta (Berl.) **29**, 643—678 (1939).

BADIN, E. J., u. M. CALVIN: J. Amer. Chem. Soc. **72**, 5266—70 (1950). — BANDURSKI, R. S.: Bot. Gaz. **111**, 95—109 (1949). — BASSHAM, J. A., A. A. BENSON u. M. CALVIN: J. of biol. Chem. **185**, 781—787 (1950). — BEHREND, H.: Arch. Mikrobiol. **14**, 531—533 (1950). — BENSON, A. A.: Arch. Biochem. Biophys. **32**, 223—224 (1951). — BENSON, A. A., M. CALVIN, V. A. HAAS, S. ARONOFF, A. G. HALL, J. A. BASSHAM u. J. W. WEIGL: In: FRANCK, J., u. W. S. LOOMIS (S), 381—401. — BENSON, A. A., u. M. CALVIN: J. of exper. Bot. **1**, 63—68 (1950). — BENSON, A. A., J. A. BASSHAM, M. CALVIN, T. C. GOODALE, V. A. HAAS u. W. STEPKA: J. Amer. Chem. Soc. **72**, 1710 (1950). — BENSON, A. A., J. A. BASSHAM u. M. CALVIN: J. Amer. Chem. Soc. **73**, 2970—2971 (1951). — BILLINGS, W. D., u. R. I. MORRIS: Amer. J. Bot. **38**, 327—331 (1951). — BLAAUW-JANSEN, G., J. G. KOMEN u. J. B. THOMAS: Biochim. Biophys. Acta **5**, 179—185 (1950). — BOGORAD, L.: (1) Amer. J. Bot. **37**, 676 (1950) — (2) Bot. Gaz. **111**, 221—241 (1950). — BOITSCHENKO, E. A.: Dokl. Akad. Nauk SSSR. **70**, 1037—1040 (1950). — BOOTH, V. H.: Analyt. Chem. **21**, 957—960 (1949). — BOYLE, F. P.: Science (N. Y.) **108**, 259 (1948). — BRADFIELD, J. R. G.: Nature (Lond.) **159**, 467 bis 468 (1947). — BREBION, G.: C. r. Acad. Sci. (Paris) **231**, 1537—1539 (1950). — BREGOFF, H. M., u. M. D. KAMEN: J. Bacter. **63**, 147—149 (1952). — BROWN, A. H., E. W. FAGER u. H. GAFFRON: (1) Arch. Biochem. **19**, 407 bis 428 (1948) — (2) In: FRANCK, J., u. W. E. LOOMIS (S), 403—422. — BROWN, A. H., A. O. NIER u. R. W. VAN NORMAN: zit. nach GAFFRON u. FAGER (S). — BUKATSCH, F.: Phyton (Austria) **3**, 174—186 (1951). — BURRIS, R. H., P. W. WILSON u. R. E. STUTZ: Bot. Gaz. **111**, 63 (1949). — BURK, D., u. O. WARBURG: (1) Naturwiss. **37**, 560 (1950) — (2) Z. Naturforsch. **6b**, 12—22 (1950). — BURK, D., ST. HENDRICKS, M. KORZENOVSKY, V. SCHOCKEN u. O. WARBURG: (1) Science (N. Y.) **110**, 225—229 (1949). — BURK, D., A. L. SCHADE, J. HUNTER u. O. WARBURG: (2) Symp. Soc. Exp. Biol. **5**, 312—335 (1951). — BURK, D., J. CORNFIELD u. M. SCHWARTZ: Scient. Monthly **73**, 213—223 (1951). — BUY, H. G. DU, M. M. WOODS u. M. D. LACKEY: Science (N. Y.) **111**, 572—574 (1950.) — BYERRUM, R. U., u. E. H. LUCAS: Plant Physiol. **27**, 111—120 (1952).

CALVIN, M., u. G. DOROUGH: J. Amer. Chem. Soc. **70**, 699 (1948). — CALVIN, M., u. V. LYNCH, Nature (Lond.) **169**, 455—456 (1952). — CALVIN, M., J. A. BASSHAM u. A. A. BENSON: Federation Proc. **9**, 535 (1950). — CALVIN, M. J., A. BASSHAM, A. A. BENSON, V. H. LYNCH, C. OUELLET, L. SCHOU, W. STEPKA u. N. E. TOLBERT: Symp. Soc. Exp. Biol. **5**, 284—305 (1951). — CHEN, S. L.: (1) Carnegie Inst. Washington Yearbook **49**, 94—95 (1950) — (2) Plant Physiol. **27**, 35—48 (1952). — CLAGETT, C. O., N. E. TOLBERT u. R. H. BURRIS: J. of biol. Chem. **178**, 977 (1949). — CLENDENNING, K. A.: Arch. Biochem. **27**, 75—88 (1950). — CLENDENNING, K. A., u. H. C. EHRMANTRAUT: Arch. Biochem. **29**, 387—403 (1950). — CLENDENNING, K. A., u. P. A. GORHAM: (1) Canad. J. Res. C **28**, 78—101 (1950); (2) C **28**, 114—139 (1950); (3) C **28**, 102—113 (1950). — CONN, E., B. VENNESLAND u. L. M. KRAEMER: Arch. Biochem. **23**, 179 (1949). — CUTINELLI, C., G. EHRENSVÄRD u. L. REIO: Arkiv Kemi **2**, 257—361 (1950).

DAVIS, E. A.: (1) Carnegie Inst. Washington Yearbook **49**, 95—98 (1950) — (2) Science (N. Y.) **112**, 113—115 (1950). — DAY, R., u. J. FRANKLIN: Science (N. Y.) **104**, 363—365 (1946). — DENISEN, E. L.: Iowa State Coll. J. Sci. **25**, 549—574 (1951). — DISCHE, Z.: Federation Proc. **7**, 151 (1948). — DORRESTEIN, R., E. C. WASSINK u. E. KATZ: Enzymologia **10**, 355 (1942). — DOROUGH, G. D., u. M. CALVIN: J. Amer. Chem. Soc. **73**, 2362 (1951). — DRABKIN, B. S.: Biokhimija **13**, 101—103 (1948). — DUTTON, H. J., W. M. MANNING u. B. M. DUGGAR: J. Phys. Chem. **47**, 308—312 (1943).

EGLE, K.: Naturwiss. **38**, 350—351 (1951). EGLE, K. u. W. SCHENK: Beitr. Biol. Pflanz. **29**, 75—105 (1952). — EMERSON, R., u. CH. M. LEWIS: J. Gen. Physiol. **25**, 579—595 (1942). — EMERSON, R., u. M. S. NISHIMURA: In: FRANCK, J., u. W. E. LOOMIS (S), 219—238. — EULER, H. v.: (1) Z. Naturforsch. **5b**, 448 (1950) — (2) Festschr. Akad. Göttingen Math.-phys. Kl. **1951**, 123—140. — EULER, H. v., M. BRACCO u. L. HELLER: (1) C. r. Acad. Sci. Paris **227**, 16 (1948). — EULER, H. v., u. L. HELLER: (2) Ark. Kem. **1**, Nr. 35 (1949). EVANS, M. G. u. N. URI: Nature (Lond.) **166**, 602—603 (1950). — EVSTIGNEEV, V. B., u. V. A. GAVRILOVA: (1) Dokl. Akad. Nauk SSSR. **74**, 781—783 (1950). — EVSTIGNEEV, V. B., V. A. GAVRILOVA u. A. A. KRASNOVSKIJ: (2) Dokl. Akad. Nauk SSSR. **70**, 261—264 (1950). — EYSTER, H. C.: Plant Physiol. **25**, 630—638 (1950).

FAGER, E. W.: In: FRANCK, J., u. W. E. LOOMIS (S), 423—436. — FAGER, E. W., u. J. L. ROSENBERG: Science (N. Y.) **112**, 617—618 (1950). — FAGER, E. W., J. L. ROSENBERG u. H. GAFFRON: Federation Proc. **9**, 535—542 (1950). — FOSTER, J. W.: J. Gen. Physiol. **24**, 123—134 (1940). — FRANCK, J.: Arch. Biochem. **23**, 297—314 (1949). — FRANK, S.: Arch. Biochem. **30**, 52—61 (1951). — FREELAND, R. O.: Amer. J. Bot. **37**, 677 (1950). — FRENKEL, A. W.: Amer. Chem. Soc. Meeting Rep. **1950**, 12—13. — FRENKEL, A., H. GAFFRON u. E. H. BATTLEY: Biol. Bull. **97**, 269 (1949); **99**, 157—162 (1950). — FRENKEL, A. W., u. C. RIEGER: Nature (Lond.) **167**, 1030 (1951).

GABRIELSEN, E. K., u. L. SCHOU: Experentia **5**, 116—117 (1949). — GACHKOVSKI, V. F.: Dokl. Akad. Nauk SSSR. **70**, 51—54 (1950). — GAFFRON, H., E. W. FAGER u. J. L. ROSENBERG: Symp. Soc. Exp. Biol. **5**, 262—283 (1951). — GERRETSEN, F. C.: (1) Plant an Soil **2**, 323—343 (1950); (2) **2**, 159—193 (1950). — GESSNER, F., u. A. DIEHL: Arch. Mikrobiol. **15**, 439 bis 453 (1951). — GEST, H., u. M. D. KAMEN: Science (N. Y.) **109**, 558—559 (1949). — GEST, H., u. L. O. KRAMPITZ: Amer. Chem. Soc. Meeting Rep. **1950**, 12. — GEST, H., M. D. KAMEN u. H. M. BREGOFF: J. of biol. Chem. **182**, 153—170 (1950). — GIBBS, W.: (1) J. of biol. Chem. **179**, 499—500 (1949) — (2) Plant Physiol. **26**, 549—556 (1951). — GILBERT, S. G., zit. nach GRANICK (S). — GOOR, H. VAN: Enzymologia **13**, 73—164 (1949). — GORHAM, P. R., u. K. A. CLENDENNING: Canad. J. Res. C **28**, 513—524 (1950). — GRANICK, S.: (1) J. of biol. Chem. **172**, 717—727 (1948); (2) **175**, 333—342 (1948) (3) **179**, 505 (1949); (4) **183**, 713—730 (1950). — GRIFFITH, R. B., u. C. R. THOMPSON: Bot. Gaz. **111**, 165—175 (1950).

HAMNER, C. I., u. E. B. TUKEY: Bot. Gaz. **112**, 525—528 (1951). — HARTT, C., u. G. O. BURR: Amer. J. Bot. **37**, 678 (1950). — HAXO, F. T., u. L. R. BLINKS: J. gen. Physiol. **33**, 389—422 (1950). — HEATH, O. V. S.: J. exp. Bot. **1**, 29—62 (1950). — HÉRISSET, A.: Trav. Lab. Chim. Biol. et Physiol. Univ. Angers **2**, 3—14 (1950). — HIGHKIN, H. R.: Plant. Physiol. **25**, 294—306 (1950). — HILL, R., u. R. SCARISBRICK: New Phytologist **50**, 98—111 (1951). — HINKLE, D. A., u. W. S. EISENMENGER: Soil Sci. **70**, 213—220 (1950). — HOLT, A. S., u. W. A. ARNOLD: Biol. Bull. **97**, 268 (1949). — HOLT, A. S., u. C. S. FRENCH: Arch. Biochem. **19**, 368—378 (1948). — HOLT, A. S., R. F. SMITH u. C. S. FRENCH: Plant Physiol. **26**, 164 bis 173 (1951). — HOLZER, H.: Z. Naturforsch. **6b**, 424—430 (1951).

IGGENA, M. L.: Arch. Mikrobiol. **9**, 129—166 (1938).

JÍROVEC. O.: Experimentia **5**, 74 (1949).

KAMEN, M. D., u. H. GENT: Science (N. Y.) 109, 560 (1949). — KAMEN, M. D., S. J. AJL, S. L. RANSON u. J. M. SIEGEL: Science (N. Y.) 113, 302 (1951). — KANDLER, O.: Z. Naturforsch. 5b, 423—437 (1950). — KAUTSKY, H.: Z. Naturforsch. 6b, 292—295 (1951) — KAUTSKY, H., A. HIRSCH u. W. FLESCH: Ber. Deutsch. Chem. Ges. 68, 152 (1935). — KNIGHT, J. D., u. R. LIVINGSTON: J. physic. Chem. 54, 703—717 (1950). — KOHLMILLER jr., E. F., u. H. GEST: J. Bacter. 61, 269—282 (1951). — KOLESNIKOV, P. A.: (1) Dokl. Akad. Nauk SSSR. 27, 353 (1940) — (2) Biochim. 13, 370 (1948). — KOK, B.: (1) Enzymologia 13, 1—56 (1948) — (2) Biochem. Biophys. Acta 3, 625—631 (1949) — (3) Symp. Soc. Exp. Biol. 5, 211—221 (1951). — KOSKI, V. M.: Arch. Biochem. 29, 339—343 (1950). — KOSKI, V. M., u. J. H. C. SMITH: (1) J. Amer. Chem. Soc. 70, 3558—3562 (1948) — (2) Arch. Biochem. Biophys. 34, 189—195 (1951). — KOSKI, V. M., C. S. FRENCK u. J. H. C. SMITH: Arch. Biochem. Biophys. 31, 1—17 (1951). — KRASNOVSKIJ, A. A., u. G. P. BRIN: Dokl. Akad. Nauk SSSR. 74, 1239—1242 (1950).

LARSEN, E. C.: Science (N. Y.) 111, 206—207 (1950). — LARSEN, H.: J. of biol. Chem. 193, 167—174 (1952). — LATIES, G. G.: Arch. Biochem. 27, 404—409 (1950). — LI, L., u. J. BONNER: Biochem. J. 41, 105 (1947). — LINDEMAN, W.: Proc. Kon. Akad. Wetensch. C 54, 287—295 (1951). — LINDSTRÖM, E. S., R. H. BURRIS u. P. W. WILSON: J. Bacter. 58, 313—316 (1949). — LINDSTRÖM, E. S., S. R. TOVE u. P. W. WILSON: Science (N. Y.) 112, 197—198 (1950). — LINSCHITZ, H., u. J. RENNERT: Nature (Lond.) 169, 193—194 (1952). — LIPMANN, F.: Federation Proc. 9, 549—550 (1950). — LWOFF, A., u. P. SCHAEFFER: C. r. Acad. Sci. Paris 228, 779—781 (1949). — LYNEN, F., u. H. HOLZER: Liebigs Ann. 536, 213—239 (1949). — LYNEN, F., u. N. ZÖLLNER: zit. nach H. HOLZER: Z. Naturforsch. 6b, 424—430 (1951).

MACDOWALL, F. D. H.: Plant Physiol. 24, 462—480 (1949). — MANTEN, A.: Diss. Utrecht 1948. — MEHLER, A. H.: Arch. Biochem. Biophys. 33, 65 bis 77 (1951). — MEHLER, A. H., u. H. GAFFRON: Biol. Bull. 99, 318—319 (1950). — MEHLER, A. H., u. A. H. BROWN: Federation Proc. 10, 255 (1951). — MENDEL, J. L., u. D. W. VISSER: Arch. Biochem. Biophys. 32, 158 bis 169 (1951). — METZNER, H.: Naturwiss. 39, 64—65 (1952). — MILNER, H. W., N. S. LAWRENCE u. C. S. FRENCH: (1) Science (N. Y.) 111, 633 bis 634 (1950). — MILNER, H. W., M. L. G. KOENIG u. N. S. LAWRENCE: (2) Arch. Biochem. 28, 185—192. — MILNER, H. W., C. S. FRENCH, M. L. G. KOENIG u. N. S. LAWRENCE: (3) Arch. Biochem. 28, 193—200 (1950). — MONTFORT, C.: (1) Z. Naturforsch. 5b, 221—226 (1950) — (2) Planta (Berl.) 38, 499—502 (1950). — MONTFORT, C., u. I. KRESS-RICHTER: Planta (Berl.) 38, 516—520 (1950). — MOORE, W. E., u. B. M. DUGGAR: In: FRANCK, J., u. W. E. LOOMIS (S), 239—250. — MYERS, J.: In: FRANCK, J., u. W. E. LOOMIS (S), 349—364.

NISHIMURA, M. S., C. P. WITTINGHAM u. R. EMERSON: Symp. Soc. Exp. Biol. 5, 176—210 (1951). — NORMAN, R. W. VAN, C. S. FRENCH u. F. D. H. MACDOWALL: Plant. Physiol. 23, 455—466 (1948).

OCHOA, S.: Federation Proc. 9, 551—553 (1950). — OCHOA, S. u. W. VISHNIAC: Science (N. Y.) 115, 297—301 (1952). — ÖSTERLIND, S.: (1) Physiol. Plantarum 3, 351—360 (1950); (2) 3, 430—434 (1950); (3) 4, 242 (1951).

PARDEE, A., H. K. SCHACHMANN u. R. Y. STANIER: Nature (Lond.) 169, 282—283 (1952). — PERNER, E. S.: Biol. Zbl. 51, 43—69 (1952). — PIRSON, A., u. G. WILHELMI: (1) Z. Naturforsch. 5b, 211—218 (1950). — PIRSON, A., C. TICHY u. G. WILHELMI: (2) Planta (Berl.) 40, 199—253 (1952). — PROVASOLI, L., S. H. HUTNER u. A. SCHATZ: Proc. Soc. exper. Biol. a. Med. 69, 279 (1948).

READY, D., C. E. MINARIK u. D. BRADBURY: Plant Physiol. 27, 210—211 (1952). — RIEKE, P. F.: In: FRANCK, J., u. W. E. LOOMIS (S), 251—272. — RUTTNER, F.: Österr. Bot. Z. 95, 208—238 (1948).

Salomon, K., K. I. Altman u. D. R. Rocco: Federation Proc. 9, 222 (1950). — Schenck, R.: (1) Naturwiss. 38, 280 (1951) — (2) Z. Elektrochem. 55, 658—661 (1951) — (3) Naturwiss. 39, 89—90 (1952); (4) 39, 110—111 (1952). — Schou, L.: Physiol. Plantarum 4, 617—620 (1951). — Schou, L., A. A. Benson, J. A. Bessham u. M. Calvin: Physiol. Plantarum 3, 487—495 (1950). — Schwanitz, F.: Züchter 21, 30—36 (1951). — Schwartz, D.: Bot. Gaz. 111, 123—130 (1949). — Seybold, A.: Biol. Zbl. 76, 71—77 (1948). — Shemin, D., u. J. Wittenberg: J. of biol. Chem. 192, 315—334 (1951). — Siegel, J. M.: J. Bacter. 60, 595—606 (1950). — Siegel, J. M., u. M. D. Kamen: J. Bacter. 59, 693—697 (1950); 61, 215—218 (1951); 4, 693—697 (1950). — Simonis, W.: Z. Naturforsch. 4b, 109 — 114 (1949). — Simonis, W., u. K. H. Grube: Z. Naturforsch. 7b, 194—196 (1952). — Smith, H. J.C.: (1) In: Franck, J., u. W. E. Loomis (S), 209—217. — (2) Carnegie Inst. Wash. Yearbook 50, 123—124 (1951). — Smith, H. J.C., u. V. M. Koski: Carnegie Inst. Wash. Yearbook 47, 93—96 (1948). — Smith, H. J. C., C. S. French u. V. M. Koski: Plant Physiol. 27, 212—213 (1952). — Spikes, J. D.: Arch. Biochem. Biophys. 35, 101—109 (1952). — Spikes, J. D., R. Lumry, H. Eyring u. R. E. Wayrynen: (1) Arch. Bioch. 28, 48—67 (1950) — (2) Proc. nat. Acad. Sci. USA. 36, 455—460 (1950). — Steemann-Nielsen, E.: (1) Physiol. Plantarum 4, 189—198 (1951); (2) 5, 145—159 (1952). — Steemann-Nielsen, E., u. J. Kristiansen: Physiol. Plantarum 2, 325—331 (1949). — Stepka, W.: zit. nach S. Tewfik, u. P. K. Stumpf: J. of biol. Chem. 192, 527—534 (1951). — Steward, F. C., u. H. E. Street: Ann. Rev. Biochem. 16, 471—502 (1947). — Steward, F. C., u. J. F. Thompson: Nature (Lond.) 166, 593—596 (1950). — Strehler, B. L., u. W. A. Arnold: Fed. Proc. 10, 255 (1951). — Stutz, R. E., u. R. H. Burris: Plant Physiol. 26, 237—243 (1951).

Takashima, S.: Nature (Lond.) 169, 182—183 (1952). — Tanada, T.: Amer. J. Bot. 38, 276—283 (1951). — Tamija, H.: Stud. Tokugawa Inst. 6, 43—132 (1949). — Tamiya, H., u. H. Huzisige: Acta phytochim. (Tokyo) 15, 83—104 (1949). — Thomas, J. B.: Biochim. Biophys. Acta 5, 186—196 (1950). — Thomas, J. B., u. L. E. Nijenhuis: Biochim. Biophys. Acta 6, 317—324 (1950). — Tija, J. E.: Nederlands XXX. Natuur- en Geneeskundig Congres Eindhoven 1951. — Tolbert, N. E., C. O. Clagett u. R. H. Burris: J. of biol. Chem. 181, 905 (1949). — Tolmach, L. J.: (1) Nature (Lond.) 167, 946—948 (1951) — (2) Arch. Biochem. Biophys. 33, 120 bis 142 (1951). — Tolmach, L. J., u. H. Gaffron: Federation Proc. 10, 259 (1951).

Veen, R. van der: (1) Physiol. Plantarum 2, 217—234 (1949); (2) 2, 287—296 (1949); (3) 3, 247—257 (1950); (4) 4, 486—494 (1951). — Vereschinski, I. V., Biokhimija 16. 350—351 (1951). — Vernon, L.,u. S. Aronoff: Arch. Biochem. 29, 179—186 (1950). — Vishniac, W., u. S. Ochoa: Nature (Lond.) 167, 768—769 (1951). — Vittorio, A., G. Krotkov u. G. B. Reed: Proc. Soc. exper. Biol. a. Med. 74, 775 bis 776 (1950). — Vogler, K. G., u. W. W. Umbreit: J. gen. Physiol. 26, 157—167 (1943).

Warburg, O.: (1) Amer. J. Bot. 35, 194—204 (1948) — (2) Z. Elektrochem. 55, 447—452 (1951) — (3) Naturwiss. 39 185 (1952) — (4) Z. Naturforsch. 7b, 443—446 (1952). — Warburg, O., u. B. Burk: Arch. Biochem. 25, 410 bis 443 (1949). — Warburg, O., u. H. Geleick: Z. Naturforsch. 6b, 134 bis 141 (1951). — Warburg, O., u. V. Schocken: Arch. Biochem. 21, 363 (1949). — Warburg, O., D. Burk, V. Schocken, M. Korzenovsky u. St. B. Hendricks: (1) Arch. Biochem. 23, 330—333 (1949). — Warburg, O., D. Burk, V. Schocken u. St. B. Hendricks: (2) Biochim. Biophys. Acta 4, 335—348 (1950). — Warburg, O., D. Burk u. A. L. Schade: (3) Symp. Soc. Exp. Biol. 5, 306—311 (1950). — Warburg, O., H. Geleick u. K. Briese: (4) Z. Naturforsch. 6b, 285—292 (1951); (5) 6b, 417—424 (1951); (6) 7b, 141—144 (1952). — Wassink E. C.: (1) Enzymologia 10, 257 (1942) — (2) Antonie van Leeuwenhoek 12, 281—293 (1947) — (3) Enzymologia 12, 362 bis 372 (1948). — Wassink, E. C., u. F. A. H. Kersten: (1) Enzymologia 11,

282—312 (1944); (2) **12** 3—32 (1946). — WASSINK, E. C., J. E. TJIA u. J. F. G. M. WINTERMANS: Proc. Kon. Nederl. Akad. Wetensch. C **52**, 412—422 (1949). — WASSINK, E. C., J. F. G. WINTERMANS u. J. E. TJIA: Proc. Kon. Nederl. Akad. Wetensch. C **54**, 41—52 (1951). — WAYGOOD, E. R., u. K. A. CLENDENNING: Canad. J. Res. C **28**, 673—689 (1950) — Science (N. Y.) **113**, 177—179 (1951). — WEIGL, J. W.: Doctoral Thesis Berkeley 1949, 126 S. — WEIGL, J. W., P. M. WARRINGTON u. M. CALVIN: J. Amer. Chem. Soc. **73**, 5058—5063 (1951). — WHATLEY, F. R., L. ORDIN u. D. I. ARNON: Plant Physiol. **26**, 414—418 (1951). — WOOD, H. G., Federation Proc. **9**, 553—555 (1950). — WOOD, H. G., G. O. BURR u. C. E. HARTT: Federation Proc. **9**, 248 (1950).

YAMAFUJI, K., F. YOSHIHARA u. H. KONDO: Enzymologia **14**, 30—38 (1950). — YEN, L. F. u. P. S. TANG: (1) Chinese J. Physiol. **18**, 31—42; (2) 43—50 (1951). — YOCUM, S. C., u. L. R. BLINKS: Amer. J. Bot. **37**, 683 (1950).

15. Stoffwechsel organischer Verbindungen II.

Von Karl Paech, Tübingen.

1. Allgemeines.

a) Verwendung von Isotopen für Stoffwechselversuche. Die theoretisch zu erwartenden Unterschiede im chemischen Verhalten von Isotopen des gleichen Elementes werden immer häufiger auch bei biologisch wahrscheinlichen oder verwirklichten Reaktionen beobachtet. Diese Abweichungen können, wenn sie unberücksichtigt bleiben, die Schlußfolgerungen aus solchen Experimenten auf falsche Wege führen. Da das Wasserstoffatom, das im biologischen Geschehen eine so zentrale Rolle spielt, das einzige Element ist, bei dem chemische Kräfte genügen, um alle Elektronen vom Kern zu entfernen, tritt es in chemischen Reaktionen wenigstens vorübergehend als nackter Kern auf (nämlich als H-Ion). Dadurch machen sich Unterschiede in der Masse des Kernes gerade beim Wasserstoff besonders in chemischen Vorgängen bemerkbar. Diese Unterschiede in der Kernmasse sind zudem wegen der geringen Masse zwischen Wasserstoff und Deuterium gleich 100%, während bei anderen Elementen ein Neutron mehr oder weniger nur relativ geringe Unterschiede in der Kernmasse hervorruft, bei P^{32} etwa 3%. Als Folge der verschiedenen Kernbeschaffenheit ist u. a. die C—H-Bindung schwächer als die C-Deuterium- oder C-Tritiumbindung; die Aktivierungsenergie für den Wasserstoff im Verhältnis zu seinen Isotopen ist entsprechend geringer. Da Dehydrasen sehr empfindlich für kleine Änderungen in der Aktivierungsenergie sind, unterscheiden sie zwischen Verbindungen, die mit D oder T an Stelle von H markiert sind (vgl. Hevesy). Bernsteinsäure, welche D-Atome in den Methylengruppen statt der H-Atome enthält, wird von Bernsteinsäure-Dehydrase viel langsamer oxydiert als normale Bernsteinsäure. Nicht nur die Aktivierungsenergie der D-Atome ist höher als die der H-Atome, sondern auch die Affinität des Enzyms ist zur normalen Bernsteinsäure bedeutend größer als zur deuterierten (Thorn). Die Verwendung D-haltiger Verbindungen ist zwar für qualitative Zwecke gerechtfertigt, bei quantitativen Beziehungen ist aber große Vorsicht geboten. Beim Kohlenstoff ist die zur Sprengung der C—C-Bindung aufzuwendende Energie abhängig vom Isotop. Bei der Decarboxylierung von Malonsäure beträgt das Verhältnis der Spaltungsenergie $C^{12}-C^{12}/C^{12}-C^{14}$ etwa 1,12 (Yankwich und Calvin). Tatsächlich können auch Pflanzen zwischen den Kohlenstoffisotopen unterscheiden. Gerstenpflanzen nehmen $C^{12}O_2$ (also das normale Kohlendioxyd) rascher auf als $C^{14}O_2$ (Weigl und Calvin).

Die meisten der künstlich radioaktiven Elemente senden zwar β-Strahlen aus, manche aber auch α-Strahlen, die kräftig ionisierend wirken und die bei genügender Konzentration im Organismus störende, meist schädigende Nebenwirkungen entfalten. Diese „Tracer" zeigen dann gar nicht das Verhalten des normalen Organismus, sondern dasjenige des bestrahlten an. Bei bestimmten medizinischen Anwendungen der künstlich radioaktiven Isotopen wird ja gerade die Strahlenwirkung für therapeutische Zwecke ausgenutzt. In tierischen Geweben sind mit P^{32} Abweichungen in der Zellteilungsrate und Wachstumsgeschwindigkeit beobachtet worden. Bei verschiedenen Pflanzen wurden zunächst keine bemerkenswerten Verschiebungen in makroskopisch nachprüfbaren Eigenschaften (z. B. Trockengewichtszunahme) gefunden (BOULD u. a.). Inzwischen sind aber Beobachtungen gesammelt worden, die auch bei Pflanzen erhebliche Abweichungen des Stoffwechsels mit solchen „markierten" Elementen von demjenigen der normalen andeuten. Bei höheren P^{32}-Konzentrationen sind in den Wurzelspitzen die Kernteilungen unterbrochen, das Cytoplasma erscheint weniger viskös und die Zellulosewände sind verstärkt (MACKIE u. Mitarb.). Gerste, die weniger Phosphor aufnimmt als Weizen, ist weniger gefährdet. Im Weizen wird zudem der Phosphor und damit P^{32} rasch in die Sprosse geleitet, wo er stärkere Schäden verursachen kann. Vor allem in den Wurzelspitzen werden die Anaphasen der Kernteilung gestört (EHRENBERG u. Mitarb.). Tabakpflanzen, die 14 Tage lang $C^{14}O_2$ erhielten, hatten später kleinere und schmälere Blätter, deren Zahl größer als bei den Kontrollen war. Histologisch fiel die geringere Größe der Plastiden und die Reduktion des Interzellularvolumens auf (GANZ u. Mitarb.).

b) Strukturgebundene Enzyme. Die großartige Ausweitung unseres Blickfeldes beim Vordringen auf dem Gebiet der Stoffwechselphysiologie ist in erster Linie der Abtrennung und isolierten Untersuchung von Enzymvorgängen zu verdanken. Nur auf diese Weise war es möglich, Licht in das komplizierte Neben- und Durcheinander von Reaktionsgängen, die in der lebenden Zelle streng gekoppelt sind, zu bringen. Aber diese übliche biochemische Technik muß in Kauf nehmen, daß die lebende Zelle zerstört und die Ordnung der Prozesse in der Zelle vernichtet wird. In zunehmendem Maße geht man nun daran, die isoliert geklärten Prozesse in die lebende strukturierte Zelle zurückzuprojizieren, aus der man sie gelöst hat. Zwei Fragen sind dabei wichtig: erstens, wie sind die einzeln untersuchten Reaktionen zu dem Geflecht des normalen Stoffwechsels verknüpft bzw. wodurch werden beobachtete pathologische Abweichungen verursacht; und zweitens, an welche der schon bekannten mikroskopischen und submikroskopischen Strukturen der Zelle sind bestimmte Vorgänge gebunden? Obwohl die früheste Einsicht in die Zusammenhänge zwischen Zellarchitektur und physiologischer Funktion an pflanzlichen Zellen gewonnen wurde (Photosynthese in den Chloroplasten, Stärkebildung in Leukoplasten), hinkte dann die Aufklärung der intracellulären Lokalisierung von enzymatischen Vorgängen in pflanzlichen Zellen stark hinter der Erkenntnis der Strukturgebundenheit in tierischen Zellen her. Teilweise bietet die experimentelle Methode dafür eine Erklärung; denn über die ältere cyto- und histochemische Technik hinaus werden die

Zellen heute in erster Linie durch fraktioniertes Zentrifugieren in die
verschiedenen Strukturelemente (Zellkern, Mitochondrien, Mikrosomen, Cytoplasma) zerlegt, und dabei sind mit tierischen Zellen weniger
Veränderungen und Artefakte während der Trennung zu befürchten
als bei dem grundlegend anderen Bau der pflanzlichen Zelle. Jedoch
auch schon bei der Aufarbeitung tierischer Gewebe können gewisse
Enzyme aus ihren natürlichen Zellfraktionen herausgelöst oder Enzyme,
die gelöst waren, an Partikel adsorbiert werden. Zellkerne werden oft
beim Zerkleinern der Gewebe verletzt, und osmotische Schäden können
auftreten, wenn die Flüssigkeiten zur Suspension der verschiedenen
Elemente nicht sorgfältig auf die in der Zelle herrschenden Bedingungen
abgestimmt werden. Die bei der Isolierung der einzelnen Bestandteile
heute noch eingeschleppten Verunreinigungen und Veränderungen sind
immerhin so groß, daß man auch für tierisches Zellmaterial die Genauigkeit von Zahlenangaben nicht überschätzen darf. Einige sichere
Einsichten sind trotzdem gewonnen worden (vgl. K. LANG). Den Zellkernen fehlen alle an den biologischen Oxydationen beteiligten Enzymsysteme, neben den eigentlichen sauerstoffübertragenden Enzymen
auch die meisten Dehydrasen. Jedoch ist es wahrscheinlich, daß der
Zellkern eine Rolle bei der Koppelung von Oxydationen mit Phosphorylierungen spielt (BRACHET). Glykolyse findet in den tierischen Zellkernen in geringem Umfange nur dann statt, wenn ihnen Hexosediphosphat geboten wird. Dagegen ist der Zellkern reichlich mit allen
Enzymen ausgestattet, welche zur Aufspaltung und Synthese von Eiweiß, Desoxyribonucleotiden, Ribonucleotiden und Lipoiden nötig sind.
Experimente und Berechnungen unter plausiblen Annahmen lassen auch
schon die energetischen Voraussetzungen für die beobachteten morphologischen Leistungen (Zellteilung) erkennen. Die genaue Charakterisierung des Enzymbestandes der Zellkerne ist nur möglich, wenn sie
in nichtwäßrigen Medien isoliert werden, da sonst die Diffusion von
Enzymen in die Suspensionsflüssigkeit nicht ausgeschlossen ist. Ein
Vergleich der auf diese sorgfältige Weise gewonnenen Kerne verschiedener Gewebe zeigt, daß die Zellkerne in ihren Eigenschaften ebenso
verschieden sind wie die Gewebe, aus denen sie stammen (STERN u. a.).
Im übrigen wird die enzymatische Ausstattung der Zellkerne durch den
physiologischen Zustand der Zellen beeinflußt.

Die Mitochondrien mit einem Durchmesser von 0,5 bis $2\,\mu$
können in tierischen Zellen 15 bis 25 % der Zellmasse ausmachen. Tumorzellen enthalten weniger Mitochondrien als gewöhnliche Körperzellen.
In diesen Organellen sind in erster Linie die Enzyme der biologischen
Oxydation lokalisiert, die Oxydasen und die Enzyme des Citronensäurecyclus. In den Mitochondrien tierischer Zellen finden im wesentlichen
alle energieliefernden Prozesse statt. Hier wird energiereiches Phosphat gebildet. Die einzelnen Enzymsysteme sind in und auf den Mitochondrien offenbar streng gesondert und geordnet untergebracht. Auf
Grund der Stoffwechselleistungen der Mitochondrien muß eine submikroskopische Struktur gefordert werden, die morphologisch noch gar
nicht nachgewiesen ist. Wenn einzelne Glieder der Enzymschar aus

den Mitochondrien herausgelöst werden, haben sie oft ganz andere Eigenschaften als im Verband der intakten Partikel (z. B. fehlen der isolierten Komponente häufig Coenzyme). Isolierte Mitochondrien sind stets sehr labil und besonders empfindlich gegen osmotische Schädigungen. Ungeklärt ist noch, ob sie eine Membran haben oder nicht. Manches spricht für eine Grenzschicht mit selektiver Permeabilität (DE DUVE u. a.; vgl. auch S. 3). Zur Funktion vgl. S. 261 f.

Mikrosomen sind in tierischen Zellen Partikel sui generis mit hohem Lipoidgehalt, die reich an bestimmten Hydrolasen sind (Esterasen, Phosphatasen). Über die Funktion der Mikrosomen ist aber noch recht wenig bekannt. Im Zellplasma schließlich sind in erster Linie die Enzyme der Glykolyse lokalisiert. Sie scheinen jedoch die geringste Ordnung zu haben. Man findet unter ihnen meist Lyoenzyme.

Ähnlichen Untersuchungen mit pflanzlichem Material stehen weit größere Schwierigkeiten im Wege. Manche Ab- und Umwege der Untersuchung der Funktion strukturgebundener Enzyme in pflanzlichen Geweben sind daher verständlich. Die vor allem von OPARIN und KURSSANOV entwickelte Vorstellung, daß die an Strukturen des Plasmas gebundenen Hydrolasen synthetisch und nur die in gelöstem Zustande im Plasma vorhandenen hydrolytisch tätig seien, ist aus thermodynamischen Gründen nicht haltbar (vgl. Fortschr. Bot. **13**, 271). Das größte Hindernis, das der unveränderten Isolierung pflanzlicher Zellelemente im Wege steht, ergibt sich aus dem fundamentalen Unterschied im Bau der tierischen und pflanzlichen Zelle: der Inhalt der Vakuole, der durch den Tonoplasten streng vom Cytoplasma getrennt ist, kommt beim Aufbrechen der Zellen unumgänglich mit den plasmatischen Bestandteilen in Berührung. Hohe Salz- und Säurekonzentrationen, Gerbstoffe, Saponine und andere Vakuoleninhaltsstoffe würden die vitale Struktur von Zellkernen, Plastiden und Cytoplasma stark beeinträchtige1. Und auch ohne Zugabe irgendeiner Suspensionsflüssigkeit, die aber meist erforderlich ist, würden bei dem relativ großen Anteil des wäßrigen Zellsaftes Auslaugungen vorkommen. Am „harmlosesten" in dieser Hinsicht ist wohl die Fraktionierung meristematischer Zellen und von Reserveorganen der Samen. Zur Gewinnung isolierter Chloroplasten, mit denen man heute wie mit Suspensionen von Mikroorganismen arbeitet, eignen sich ja auch nur bestimmte Blätter, denen schädigende Stoffe in den Vakuolen fehlen.

Soweit es sich um fundamentale Zellfunktionen handelt, z. B. die kerngebundenen Enzyme, bedürfen die an tierischen Zellelementen gewonnenen Einsichten vielleicht nur der Bestätigung mit pflanzlichem Material. Die Ausstattung der Plastiden mit Enzymen und die Lokalisation von Enzymen auf den Plasmagrenzschichten Plasmalemma und Tonoplast werfen dagegen neue, speziell botanische Probleme auf. Die Zelloberfläche ist höchstwahrscheinlich nicht nur durch Bestimmung der semipermeablen Eigenschaften am Zellstoffwechsel beteiligt, sondern auch dadurch, daß sie der Sitz bestimmter Enzymsyteme ist. Vor allem werden Saccharase und Phosphatasen dort vermutet (ROTHSTEIN). Nach Hemmung mit Uranylionen und anderen Eingriffen ge-

winnt man jetzt auch bei der Hefe den Eindruck, daß die Glucose-
aufnahme nicht ein einfacher Diffusionsvorgang ist, sondern daß sie
einen aktiven Vorgang, an dem eine Phosphorylierung beteiligt ist, darstellt (ROTHSTEIN u. a.). Die Enzyme dieser Phosphorylierung müßten
auf der Oberfläche der Hefezelle lokalisiert sein (vgl. dazu auch BROOKS).

Eine etwas unkritische Übernahme der für tierische Gewebe entwickelten Technik des fraktionierten Zentrifugierens nach recht
scharfer Zerkleinerung der Zellen führt sicher zu Artefakten und höchstens zu sehr groben Anhaltspunkten für die intracelluläre Verteilung
der Enzyme in pflanzlichen Zellen, zumal, wenn dabei nur in destil-
liertem Wasser suspendiert und mehrmals ausgewaschen wird (STAF-
FORD). Außerdem wurden durch die Aufarbeitung Kerne und Plastiden
zertrümmert. Es ist deshalb nicht überraschend, daß die Stärkephosphorylase in dem auch bei schärfstem Zentrifugieren nicht sedimen-
tierenden Anteil, also scheinbar im Cytoplasma, gefunden wird, obwohl man bei vorsichtigem Experimentieren sehr wohl zeigen kann, daß
Phosphorylase in den Plastiden wirksam ist, wie nach dem ausschließlichen Auftreten der Stärke in den Plastiden zu erwarten war (PAECH
und KRECH). Das Bernsteinsäureoxydasesystem (Bernsteinsäuredehydrase + Cytochromoxydase) fand sich an Partikel gebunden, die aber
auch im Elektronenmikroskop nicht als Mitochondrien oder Mikrosomen identifiziert werden können, sondern lediglich als lipoidreiche
Tröpfchen beschrieben werden müssen, deren Trockensubstanz 35 bis
40% Eiweiß, 30% Lipoide, 0,5 bis 1% Pentosenucleinsäuren und 0,7
bis 0,9% Desoxypentosenucleinsäure enthält.

Viel überzeugender sind die Ergebnisse der sorgfältigen Suche nach
dem Sitz eines Enzyms, das in *Allium Cepa*-Epidermiszellen die oxydative Bildung von Indophenolblau katalysiert und das den Umständen
nach Cytochromoxydase sein muß (PERNER). Die charakteristische
oxydative Farbstoffsynthese aus den zugegebenen Komponenten findet
in der lebenden Zelle nur auf der Oberfläche der Mikrosomen statt.
Das betreffende Enzym ist weder in der Plasmagrundsubstanz noch
in den Mitochondrien und den Leukoplasten nachweisbar. Ob das eine
reale Verschiedenheit zu den tierischen Zellen bedeutet, in denen das
Cytochromsystem ja an die Mitochondrien gebunden ist, kann erst gesagt werden, wenn geklärt ist, ob tierische und pflanzliche Mitochondrien
tatsächlich homolog sind. Auf alle Fälle regt dieser Befund zu einer erneuten Untersuchung der cytologischen Struktur und der Funktion der
„Mikrosomen" in Pflanzenzellen an, die gegenüber den Mitochondrien
(vgl. NEWCOMER) vernachlässigt und in ihrer biologischen Bedeutung
vielleicht unterschätzt worden sind. Die Mikrosomen sind bestimmt
nicht einfache Fetttröpfchen, sondern Eiweiße und Lipoide beteiligen sich
an der Zusammensetzung und an einer definierten Struktur (PERNER).

Aus Kartoffelknollen konnten durch relativ schwaches Zentrifugieren Partikel gewonnen werden, die Bernsteinsäuredehydrase+Cyto-
chromoxydase enthalten (MILLERD). Die Partikel, deren cytologische
Merkmale nicht genauer untersucht sind, wurden wohl hauptsächlich
in Analogie zu den Befunden an tierischen Zellen (vgl. RECKNAGEL) als

Mitochondrien bezeichnet. Die Cytochromkomponente des Atmungssystems ist in *Nicotiana*- und *Lonicera*-Blättern auf Mitochondrien und Plastiden nachgewiesen worden (DU BUY u. a.). Aus den Keimlingen von *Phaseolus aureus* sind Partikel isoliert worden, die fähig sind, alle Reaktionen des Citronensäurecyclus auszuführen, also die vollständige Oxydation von Brenztraubensäure zu CO_2 und Wasser zu katalysieren (MILLERD u. a.). Während der Aufarbeitung wurden osmotische Konzentration, p_H und die sehr wichtige Phosphatkonzentration optimal erhalten. Die betreffenden Partikel hatten einen Durchmesser von 0,5 bis 2 μ und ließen sich mit Janusgrün anfärben, was dafür spricht, daß es „echte" Mitochondrien sind. Hier treffen sich die Einsichten in die Strukturgebundenheit von Enzymen mit den Erkenntnissen über die natürliche Koppelung von enzymatischen Einzelvorgängen zu Kettenprozessen, denn man hatte schon seit einiger Zeit die ganze Schar der zum Betrieb des Citronensäurecyclus erforderlichen Enzyme als Cyclophorasesystem abgetrennt (GREEN).

So lassen sich also durch vorsichtige Handhabung der Technik des fraktionierten Zentrifugierens und der enzymatischen Analyse der Fraktionen auch bei pflanzlichen Zellen wichtige Aufschlüsse über die intracelluläre Verteilung der Enzyme erhalten, obwohl nochmals betont werden soll, daß die unvermeidliche Vermengung mit dem Vakuolensaft bei der Öffnung der Zellen manche Artefakte erzeugen muß, so daß dieser experimentelle Weg noch nicht zur letzten Klarheit über die normalen Verhältnisse führen wird. Auch der Einfluß des Sauerstoffs, der ja zum lebenstätigen Plasma nur auf geregelten Bahnen zugeführt wird, müßte noch besser bei der Zerlegung der Plasmakomponenten berücksichtigt werden.

2. Kohlenhydrate.

Die neuen technischen Mittel zur Untersuchung von einfachen und zusammengesetzten Zuckern, vor allem die Papierchromatographie (vgl. CRAMER), die mit so winzigen Mengen von Substanzen eine Identifizierung gestattet, mit denen noch vor 10 Jahren eine Strukturaufklärung völlig aussichtslos war, sind der genauen Kenntnis mancher längt bekannter Naturstoffe zugute gekommen. Das Xylan aus dem Espartogras (*Stipa tenacissima*) ist eine reine Polyxylose ohne einen Arabinoseanteil (CHANDA, HIRST u. a.). Dagegen stellte sich heraus, daß das Inulin aus *Dahlia* nicht, wie bisher angenommen, ausschließlich aus d-Fructose aufgebaut ist. Es enthält auch d-Glucose ungefähr im Verhältnis 36:2 (HIRST u. a.). Laminarin aus *Laminaria cloustoni* ist ein Polysaccharid aus Glucoseresten, die durch β-1,3-Bindungen verknüpft sind (CONNELL u. a.). Die β-glucosidische Verknüpfung bringt dieses Polysaccharid in die Verwandtschaft der Zellulose, von der es sich dadurch unterscheidet, daß die Glucosidbrücke nicht vom 1. C-Atom eines Glucosemoleküls zum 4. C-Atom der nächsten (sondern eben zum 3. C-Atom) geschlagen ist. Diese Abweichung ist biologisch insofern interessant, als sie zeigt, wie neben einem allgemeinen weitverbreiteten Bautyp manche „Außenseiter" unter den Organismen auch andere chemische Möglichkeiten ausnützen. Die Hydroxyle im Glucosemolekül sind prinzipiell alle zur Kondensation mit der bevorzugten, aus der Aldehydgruppe am 1. C-Atom hervorgegangenen OH-Gruppe geeignet. Daß das Vorherrschen der Stärke unter den α-Polysacchariden und der Zellulose unter den β-Polysacchariden, beide mit 1,4-Bindungen, mit der größeren Stabilität und der Kristallisierbarkeit und wahrscheinlich noch anderen „zweckmäßigen" Eigenschaften gerade dieser Konfiguration zusammenhängt, ist recht wahrscheinlich. Im Glykogen werden an bestimmten Verzweigungsstellen übrigens auch 1,3-Bindungen, in diesem Falle natürlich der α-Form, vermutet (BELL).

Im kristallinen Anteil der Zellulose der nativen Faser sind keine Hydroxylgruppen der Glucosereste für Umsetzungen frei. Im amorphen Anteil dagegen stehen die beiden Hydroxyle am 2. und 3. Kohlenstoffatom der Glucose für chemische Reaktionen zur Verfügung (LAUER). Die Dichte des Zellulosekristalls wird zu 1,592, die des amorphen Teils zu 1,428 angegeben. Der Konfiguration des Stärkemoleküls dürfte ein aus 3 Glucosemolekülen bestehender Ring zugrunde liegen, der sich schraubenförmig wiederholt (KREGER). Schraubenwindungen aus 2 bzw. 6 Glucoseeinheiten, wie bisher meist angenommen, sind unwahrscheinlich. Aus einer verbreiteten amerikanischen Maissorte, aber nur aus dieser einen, wurde neben Stärke ein Polysaccharid gewonnen, das sich in nichts vom tierischen Glykogen unterscheidet. Das Molekül ist stärker verzweigt als das Amylopektinmolekül (MEYER und FULD). Die „inneren" Glieder des Astwerkes bestehen aus 3 bis 4 Glucoseresten, die äußeren Äste, d. h. die von den Verzweigungsstellen frei abstehenden, sind aus 6 bis 7 Glucosen zusammengesetzt. Im Amylopektin sind die Äste durchschnittlich 25 Glucoseeinheiten lang (POTTER und HASSID).

Auch in bezug auf den Verzweigungsgrad scheinen in der Natur die verschiedensten Typen verwirklicht und erblich festgelegt zu sein. Mikroorganismen werden in dieser Hinsicht sicher noch eine große Mannigfaltigkeit enthüllen. *Neisseria perflava* z. B. baut aus aufgenommenem Rohrzucker ein Polysaccharid mit verzweigten Molekülen auf, dessen Äste aus ungefähr 12 Glucoseeinheiten bestehen. Somit steht dieses stärkeähnliche Polysaccharid zwischen Glykogen und Amylopektin (BARKER u. a.).

Nachdem durch die Entdeckung der Polysaccharidsynthese aus phosphorylierten Zuckern als unmittelbaren Bausteinen das Prinzip der Polymerisierung im Organismus aufgefunden worden ist, handelt es sich nun darum, die feineren Modellierungen der Vorgänge herauszuarbeiten, die zu den mannigfaltigen natürlich vorkommenden Stoffen führen. Eine wichtige Rolle spielen dabei die für die Tätigkeit reiner Enzyme nötigen „Primers", d. h. „Keime" bzw. Anfangsglieder, die Ansatzstellen für die Anfügung neuer Glucoseglieder liefern. Reine Phosphorylase kann nicht von Glucosephosphat allein ausgehend Stärkemoleküle aufbauen. Es muß jeweils ein mindestens 5 bis 6 Glucoseeinheiten großes Bruchstück eines Stärkemoleküls geliefert werden, ehe ein Aufbau von Stärke einsetzen kann (vgl. BALLEY u. a.; PEAT). Es ist also keine Stärkesynthese ohne vorhandene „Keime" (im kristallographischen Sinne verstanden) möglich. Das ist ein sehr einfaches und durchsichtiges Beispiel für den Anteil einer „historischen" Komponente am Stoffwechselgeschehen. Die Stärkesynthese ist der einfachste Fall einer identischen Reproduktion eines Gebildes, das vererbt worden ist. Der Weiterbau der Ketten geht von den nichtreduzierenden Enden des Bruchstückes aus.

Ein anderes recht interessantes Teilproblem bei der Aufklärung des Baues natürlicher stärkeähnlicher Polysaccharide ist die Frage nach der Bildung der Verzweigungsstellen in den Kohlenhydraten, welche verzweigte Moleküle haben. Das für die Herstellung dieser Gabelungen in Glykogen und Amylopektin verantwortliche Q-Enzym („Verzweigungsfaktor") benutzt als Substrat die gestreckten Ketten der Amylose. Es kann mit Glucose-1-Phosphat nichts anfangen und ist deshalb keine Phosphorylase. Die Amyloseketten werden vom Q-Enzym an bestimmten Stellen, bei dem aus der Kartoffel stammenden Enzym ungefähr im Abstand von 20 bis 25 Glucosemolekülen, zerbrochen, die 1,4-glucosidischen Bindungen werden gelöst und unter Verwendung der dabei frei werdenden Energie werden die 1,6-Verzweigungsbindungen geknüpft. Die für den Aufbau einer glucosidischen Bindung nötige Energie wird also durch Sprengung einer anderen glucosidischen Bindung gewonnen. Das Q-Enzym ist somit eine Transglucosidase, ein Enzym, das Glucosereste überträgt. Die Einlagerung von Wasser zur Sprengung und die erneute Abspaltung von Wasser bei der Einführung der neuen Verzweigungsbindung ist also überflüssig. Auch eine Phosphorsäureübertragung findet dabei nicht statt, weil in der Amylosekette die 1,4-glucosidischen Bindungen die erforderliche Energie mitbringen. Eine weiterreichende Frage ist die nach der Reversibilität der Bildung dieser verzweigten Stellen. Besteht ein Mechanismus, durch den die Verzweigungsstellen gelöst und die entstehenden Bruchstücke zu gestreckten langen Ketten aneinandergefügt werden? Alle bisherigen Beobachtungen sprechen gegen eine solche reversible Funktion des Q-Enzyms, die thermodynamisch nicht unmöglich ist, weil die transglucosidatische Reaktion ohne wesentliche Wärmetönung abläuft. In Muskeln ist ein Enzym (Amylo-1,6-Glucosidase) aufgefunden worden, das spezifisch die Verzweigungsstellen im Glykogen und Amylopektin löst (CORI und LARNER). Dieses Enzym ist aber offenbar eine Hydrolase, denn es wird freie Glucose abgespalten. In Kartoffeln ist ein ähnliches Enzym vorhanden („R-Enzym"), das die 1,6-Verzweigungen des Amylopektins aufspaltet. Unverzweigte Polysaccharidketten (Amylose) werden nicht angegriffen (HOBSON u. a.).

Viele Mikroorganismen können Polysaccharide aufbauen, ohne Phosphorsäureester der Zucker als Bausteine zu benutzen (s. o. *Neisseria*). Das Prinzip dieser Synthese ist stets die Übertragung der glucosidischen Bindung eines Di- oder Trisaccharides unter Anfügung des Zuckers an vorhandene niedere Saccharide. Als Beispiel für solche bereits in größerer Zahl bekannte Synthesen (vgl. PEAT) sei die Funktion eines aus *Escherichia coli* gewonnenen Enzyms kurz beschrieben, das aus Maltose ein Polysaccharid aufbaut, indem es unter Ausnutzung der Energie der Glucosidbindung nach Abstoßung einer der beiden in der Maltose vereinigten Glucosen jeweils eine weitere Glucose anhängt (MONOD und TORRIANI). Neben der Kette des Polysaccharides fallen freie Glucosemoleküle ab. Wenn diese aus dem Massenwirkungsgleichgewicht entfernt werden, indem sie z. B. aus dem lebenden Bakterium in das umgebende Medium diffundieren, schreitet die Reaktion nach der Gleichung fort:

$$\text{Glucose}-\text{Glucose} + \text{Glucose}\overset{\nearrow}{-}\text{Glucose} \to \text{Glucose}-\text{Glucose}-\text{Glucose}$$
$$\quad\text{(Maltose)} \qquad\qquad \text{(Maltose)}$$

$$\text{Glucose}-\text{Glucose}-\text{Glucose} + \text{Glucose}\overset{\nearrow}{-}\text{Glucose} \longrightarrow$$
$$\qquad\qquad\qquad\qquad\qquad \text{(Maltose)}$$
$$\text{Glucose}-\text{Glucose}-\text{Glucose}-\text{Glucose usw.}$$

oder: $\quad$ n Maltose $\longrightarrow$ $\quad$ $(\text{Glucose})_n + \text{n Glucose}$

Dieser Vorgang ist reversibel. Wenn das von den Zellen abtrennbare Enzym mit dem Polysaccharid, das z. T. durch Kartoffelstärke ersetzbar sein soll, und freier Glucose zusammengebracht wird, dann entsteht schließlich nur Maltose, indem die freie Glucose auf Kosten der in dem Polyglucosan vorhandenen Glucosidbindungen zu Maltose glykosidiert wird. Es ist auch hierbei — wie oben beim Q-Enzym schon erwähnt — keine Glucosephorsäure im Spiel. Das Enzym ist eine echte Transglucosidase. Die Spaltung des Polysaccharides könnte in Analogie zu dem Vorgang der „Hydrolyse" und „Phosphorolyse" zutreffend als „Glucolyse" bezeichnet werden, da in die vorhandene Glucosidbindung des Polysaccharides nicht Wasser oder Phosphorsäure, sondern jeweils ein Molekül Glucose eingelagert wird, wodurch als Spaltprodukt Maltose entsteht, deren beide Glucosereste verschiedener Herkunft sind: der eine aus dem Polysaccharid, der andere aus der zugesetzten freien Glucose.

Es ist sehr wohl möglich, daß die Aufklärung des Auf- und Umbaues polymerer Kohlenhydrate sich eines Tages als richtungweisend auch für die Aufhellung anderer Zweige des Stoffwechsels, in erster Linie des Eiweißumsatzes, erweisen wird. Als nächste Aufgabe stellt sich aber wohl das Problem des Pektin- und Zelluloseaufbaues. In Analogie zur Stärkesynthese muß man erwarten, daß Enzyme vorhanden sind, die aus einem Phosphorsäureester der Glucose das Zellulosemolekül zusammensetzen können. Das als Baustein benötige Glucose-1-Phosphat müßte das β-Glucosephosphat sein, während das α-Isomere aus der Stärkephosphorolyse anfällt und für die Stärkesynthese wieder verwendbar ist. Es ist natürlich nahegelegen, in Pflanzenteilen, die lebhaft Zellulose aufbauen, nach einem Enzym zu suchen, das Zellulose phosphorolytisch zerlegt und dessen Tätigkeit ähnlich wie die der Stärkephosphorylase reversibel, also auch synthetisch ist. Cellulase wurde in Tabakpflanzen (in Blättern und Wurzeln) und in geringen

Mengen in anderen höheren Pflanzen gefunden (TRACEY). Das Enzym, das gelöste und wieder ausgefüllte Zellulose angreift, ist in seinen Eigenschaften der aus Pilzen und Schnecken bekannten Cellulase sehr ähnlich. Es ist in sehr geringen Konzentrationen im ganzen Blatt vorhanden und kommt wahrscheinlich nur in den Zellen vor, in denen die junge primäre Zellwand im Laufe der weiteren Differenzierung umgebaut wird.

Der Einblick in die Funktion der Stärkephosphorylase und in das Zusammenspielen mit der Amylase in der intakten Zelle ist noch immer sehr begrenzt. In unverletzten Zellen ist oft die geringe Durchlässigkeit für Glucose-1-Phosphat ein Hindernis beim Experimentieren. Wenn die Semipermeabilität aufgehoben wird, tritt in entsprechenden Zellen meist eine außerordentlich rasche Stärkesynthese ein (vgl. Tab. 1 aus DYAR).

Tabelle 1. *Stärkesynthese aus Glucose-1-Phosphat in Wurzelspitzen von Erbsen.*

Behandlung:	Zeit bis zum sichtbaren Auftreten von Stärke bei Jodzugabe.
Ganze Spitzen, unbehandelt	6 bis 8 Std.
ganze Spitzen, in Toluoldampf	15 bis 30 Min.
ganze Spitzen, gefroren gewesen	10 bis 15 Min.
Schnitte, die gefroren waren	10 bis 15 Min.

In Erbsenwurzeln findet eine besonders intensive Stärkesynthese in der Wurzelhaube statt, auch in meristematischen Zellen und im Procambium, während in der Rinde nur geringe Aktivität herrscht.

Im Lebenscyclus der Kartoffelpflanze ist eine hohe Phosphorylaseaktivität immer dann nachweisbar, wenn Stärke aufgebaut wird oder solange der Stärkevorrat konstant erhalten bleibt, also während der Ausbildung und Ruhe der Knolle. Wenn die Stärke mobilisiert wird, geht die Phosphorylasemenge zurück (MARRÉ und FELICI). Die quantitativen Beziehungen gibt Tab. 2 wieder, wobei die Aktivität der Phosphorylase durch die Menge des aus Glucose-1-Phosphat freigesetzten organischen Phosphats statt der gebildeten Stärke ausgedrückt

Tabelle 2. *Phosphorylaseaktivität in Kartoffelknollen und -pflanzen.*

Ende der Ruheperiode der Knolle.	13	neue Knollen, Durchmesser 3 bis 6 mm	14,3
Auspflanzen der Knollen . .	13	Durchmesser 7 bis 12 mm	12,6
15 Tage später, Stärke schwach mobilisiert	7,1	Durchmesser 35 bis 40 mm	13
25 Tage später, Stärke kräftig		junge Triebe,	
mobilisiert	3,9	3 bis 4 mm lang	9,1
45 Tage später, Stärke fast		8 bis 12 mm lang	6,9
ganz verschwunden	1,1	15 bis 30 mm lang	3,8
		40 bis 60 mm lang	1,4
		80 bis 100 mm lang, erste Blätter entwickelt	1,7

Aktivität = mg anorganisches Phosphat von 10 g Frischgewicht in 20 Min. bei 30° C freigesetzt. Auf die Fragwürdigkeit der Bezugsgröße „Frischgewicht" sei nur hingewiesen.

wird, was nur dann erlaubt ist, wenn nicht gleichzeitig Phosphatase aktiv ist, die Glucose-1-Phosphat ohne synthetischen Erfolg in Glucose und anorganisches Phosphat hydrolysieren würde.

In der Stärkescheide von etiolierten Kartoffeltrieben tritt bei Zugabe von Glucose-1-Phosphat ebenfalls rasch und reichlich Stärke auf (PAECH u. KRECH). Auch Schließzellen, die der Stärke beraubt waren, synthetisieren rasch aus exogenem Glucose-1-Phosphat Stärke, während in Epidermiszellen etwas später, aber überraschenderweise auch dort Stärke gebildet werden kann, wo unter natürlichen Verhältnissen nie welche beobachtet wurde. Diese Fähigkeit bietet ein Beispiel für Stoffwechselverhältnisse, die wir wahrscheinlich als weiter verbreitet annehmen dürfen, wo Anlagen vorhanden sind, die im normalen Geschehen gar nicht ausgenutzt werden (vgl. Fortschr. Bot. 13, 274). Bei Enzymen mag einfach Mangel an geeignetem Substrat, sonst wohl überhaupt Mangel an Rohstoffen oder Bausteinen der Grund für das Brachliegen solcher Eigenschaften sein.

Die cytologische Verteilung der Phosphorylase scheint noch nicht ganz geklärt zu sein. In Chloroplasten der Blätter ist sie leicht nachzuweisen (eigene Beobachtungen). In Epidermiszellen enthalten die Leukoplasten das stärkesynthetisierende Enzym. Häufig erscheinen im Versuch allerdings auch außerhalb der Plastiden Stärkekörnchen. Daß nur der Zellkern in meristematischen Zellen besondere Fähigkeiten zur Stärkesynthese aus Glucosephosphat haben soll (DYAR), muß durch Untersuchungen an anderen Objekten geprüft werden. Sollte aber tatsächlich in meristematischen Zellkernen eine hohe Phosphorylasekonzentration vorliegen, dann würde dies ein für das Verständnis von Differenzierungsvorgängen sehr aufschlußreiches Phänomen darstellen, weil in ausdifferenzierten Zellen das Enzym schließlich in den Plastiden lokalisiert und in den Zellkernen nicht mehr nachweisbar ist.

3. Atmung und Gärungen.

Das Hauptinteresse bei der Beschäftigung mit den Atmungsvorgängen ist auch bei Pflanzen heute nicht mehr auf den Gasumsatz, sondern auf die zellphysiologischen Grundvorgänge des Zwischenstoffwechsels gerichtet. Hier wurzelt der pflanzliche Stoffumsatz in einem für alle Organismen ähnlichen System von Reaktionen, die nicht weiter ableitbar sind, die ähnlich wie die morphologischen Einheiten der Organismen als elementare Prozesse des Lebensgeschehens hingenommen werden müssen, die sich nicht allein aus den chemischen und physikalischen Eigentümlichkeiten der beteiligten Stoffe erklären lassen, sondern die eben nur auf dem für das Lebendige charakteristischen Substrat in der vorgefundenen Form ablaufen. Bei der Entstehung des Lebens wurden gewisse Urphänomene auch im Stoffwechsel gesetzt. Die Zurückführung des Stoffumsatzes auf solche Einheiten überwindet die zunächst für wesentlich gehaltene, später mehr aus didaktischen Gründen beibehaltene Unterscheidung in Betriebs- und Baustoffwechsel.

Auf einen ganz entscheidenden Knotenpunkt des intermediären Stoffumsatzes hat die Identifizierung der sog. ,,aktiven Essigsäure" Licht geworfen (LYNEN, REICHERT und RUEFF). Von den verschiedensten Seiten her konvergierten die Fäden der schon entwirrten Stoffwechselvorgänge auf eine Substanz, die 2 C-Atome enthalten, durch Oxydation aus Brenztraubensäure hervorgegangen, der Essigsäure nahestehend, mit ihr aber nicht identisch, labil für den Stoffumsatz und doch stabil genug für einen Transport im Bereich der Zelle, ja vielleicht sogar zwischen den Zellen sein sollte. Die Vermutung hatte sich zunächst auf Acetylphosphat gerichtet. Damit stimmten aber manche Beobachtungen und Tatsachen sehr bald nicht mehr überein. Acetylphosphat wird z. B. von der Zelle nicht ohne weiteres mit Oxalessigsäure zu Citronensäure kondensiert (STERN und OCHOA 1950), was von dem gesuchten C_2-Zwischenkörper verlangt werden mußte. Man war gezwungen, ganz unbestimmt von ,,aktiver Essigsäure" zu sprechen (vgl. Fortschr. Bot. **13**, 282, 284). Im biologischen System verhielt sich nur die Kombination Essigsäure + ATP + Coenzym A, das die Acetylierung katalysiert (STERN, SHAPIRO und OCHOA), wie die gesuchte ,,aktive Essigsäure". Das Coenzym A ist analog den Codehydrasen (und anderen Coenzymen!) im wesentlichen aus einem bei heterotrophen Organismen als Wuchsstoff oder Vitamin bekannten Teilstück – in diesem Falle der Pantothensäure (vgl. Fortschr. Bot. **12**, 319) – mit Phosphorsäure und einem Pyridin- bzw. Purinkern aufgebaut.

$$\text{R'}-\text{OCH}_2-\overset{\overset{\displaystyle CH_3}{|}}{\underset{\underset{\displaystyle CH_3\ OR''}{|}}{C}}-\text{CH}-\overset{\overset{\displaystyle O}{\|}}{C}-\text{NH}-\text{CH}_2-\text{CH}_2-\underset{\underset{\displaystyle O}{\|}}{C}-\text{NH}-\text{CH}_2-\text{CH}_2-\text{SH}$$

(Thioäthanolamin)

(Pantothensäure)

R' } Phosphorsäure
R" } bzw. Adenylsäure   Coenzym A

Phosphorsäure und Adenylsäure sind über je eine OH-Gruppe der Pantothensäure angeknüpft. An welcher von beiden die eine oder die andere Säure sitzt, ist noch nicht entschieden. Das in der Formel dargestellte Bruchstück des Coenzyms A mit unveresterten Alkoholgruppen hat sich als *Lactobacillus bulgaricus*-Faktor, ein typischer Mikroorganismen,,wuchsstoff", herausgestellt (SNELL u. a.).

Nachdem eine direkte Abhängigkeit der Acetatoxydation von dem Coenzym A-Gehalt bei der Hefe gefunden worden war, taucht die Vermutung auf, daß vielleicht Coenzym A selbst etwas mit der aktivierten Essigsäure zu tun haben könnte. Und tatsächlich wurde die chemische Natur dieses zentralen Zwischenproduktes als ein Derivat vom Coenzym A aus Hefe isoliert. Es ist nämlich das an der SH-Gruppe acetylierte Coenzym A. Die aktive Essigsäure ist also nicht eine bestimmte C_2-Verbindung, sondern sie ist faßbar nur als das acetylbeladene Coenzym einer Transacetylase, eines Enzyms oder verschiedener substratspezifischer Enzyme, die der Acetylübertragung dienen. Die Zelle bedient sich also auch hier eines Mechanismus, der chemische

Radikale zu handhaben gestattet, wie es bei den Transmethylasen, Phosphoferasen, Transaminasen und anderen Überträgerenzymen der Fall ist. Auch die oben genannten Transglucosidasen übertragen ja nicht das komplette Glucosemolekül, sondern eben das Glucosidradikal. Das lange gesuchte zentrale C_2-Bruchstück des Kohlenhydratabbaues, das der Oxydation im Citronensäurekreislauf anheimfällt, das aber auch als Baustein in mancherlei Zweige des synthetischen Stoffwechsels eingeführt wird, z. B. in den Fettaufbau, ist ein nur in seiner Verknüpfung mit einem Überträger faßbares Radikal. Das vorgeschlagene Symbol für diesen wichtigen Körper ist $\overline{CoA}-S-CO\cdot CH_3$, wobei $\overline{CoA}$ den Rest des Coenzyms A bis auf die SH-Gruppe darstellt.

Die Probe auf die Richtigkeit dieser Vorstellung stellt die in stöchiometrischen Verhältnissen durchgeführte Synthese von Citronensäure aus Oxalessigsäure und $\overline{CoA}-S-CO\cdot CH_3$ in Gegenwart des entsprechenden kondensierenden Enzyms dar (NOVELLI und LIPMANN; STERN und OCHOA 1951; vgl. auch Fortschr. Bot. **13**, 284).

Aus dieser Erkenntnis erheben sich verschiedene Fragen. Welche Verbindungen können Donatoren und welche Acceptoren für diesen Übertragungsmechanismus darstellen? Wie hoch ist das Gruppenpotential (vgl. Fortschr. Bot. **12**, 288) der Coenzymacetylbindung? Welchen Vorteil bietet der Zelle gerade diese Acetylverbindung vor anderen, z. B. dem Acetylphosphat, das aus dem physiologischen Bereich nicht ausgeschlossen zu sein scheint, das aber doch nur eine untergeordnete Bedeutung hat? Als Donator kommt in erster Linie wohl Brenztraubensäure in Betracht, die durch oxydative Decarboxylierung in einen Acetylrest umgesetzt wird. Aber auch die durch Mitwirkung von ATP auf das höhere Energieniveau gehobene stabile Essigsäure wird als Acetyl vom Coenzym A aufgenommen. Der Energiegehalt der Coenzymacetylbindung ist zwar noch nicht genau bestimmt worden, aber er liegt sicher recht hoch, etwa bei 10000 cal/Mol. Hier liegt also ein neuer Typ energiereicher Gruppenbindungen vor. Die Vorteile der Coenzym-A-Acetylgruppierung liegen darin, daß die Acylmercaptane unter physiologischen Temperatur- und p_H-Bedingungen relativ beständig sind, z. B. das Kochen vertragen, während Acetylphosphat dabei bereits einer Hydrolyse anheimfällt. Die „aktive Essigsäure" muß aber in der Zelle in relativ hoher Konzentration vorhanden sein können, wenn sie in die verschiedenen Synthesen eingehen soll. Die Übernahme auf neue Enzyme verlangt einen Transport. Während dieser Zeit würde der spontane Zerfall von Acetylphosphat mit seiner kürzeren Halbwertszeit schon ins Gewicht fallen und einen Verschleiß der in der Bindung aufgestapelten Energie bedeuten. Wenn also das Acetylphosphat grundsätzlich für den gleichen Zweck wie das Coenzym-A-Acetyl geeignet ist, so erlaubt dieses durch seine chemischen Eigenschaften doch einen rationelleren Stoffumsatz. Es hat positiven Selektionswert. Obwohl die diesen Vorstellungen zugrunde liegenden experimentellen Tatsachen sich zunächst nur auf die Hefe beziehen, bestehen doch kaum Zweifel, daß es sich dabei um einen allgemeinen Mechanismus handelt. Dafür spricht u. a. schon die weite Verbreitung des Coenzyms A.

Nachdem festgestellt worden war, daß z. B. in Erbsensamen (STUMPF) der glykolytische Angriff auf **Hexosediphosphat** mit dem in tierischen Zellen und in Hefe aufgedeckten identisch ist (vgl. Fortschr. Bot. **13**, 278), werden bei anderen höheren Pflanzen bestimmte entscheidende Glieder dieses Systems vermißt (TEWFIK und STUMPF). Kürbissamen, Gerstenkeimlinge, Erbsen- und Spinatblätter scheinen unter den experimentellen Bedingungen Hexosediphosphat **nicht** in Phosphoglycerinsäure umsetzen zu können. Danach wird vermutet, daß die Triosephosphatdehydrase in den Zellen ausgewachsener Pflanzenorgane entweder gehemmt ist oder fehlt. Die weitere Umsetzung von Phosphoglycerinsäure zu Brenztraubensäure und Acetaldehyd wird jedoch auch in den Präparaten aus Erbsenblättern durchgeführt. Es ist durchaus möglich, ja sogar wahrscheinlich, daß das fehlende Glied, das durch die Triosedehydrase katalysiert wird, nur wegen der im Vergleich zu tierischem Material und Hefezellen ungleich schwierigeren experimentellen Verhältnisse beim Arbeiten mit Brei, Homogenaten und Extrakten aus höheren Pflanzen nicht aufgefunden wurde. Es besteht also noch kein Grund, anzunehmen, daß der Weg vom Hexosediphosphat über andere Stationen als bei der allgemeinen Glykolyse zu Phosphobrenztraubensäure führen muß. Prinzipiell andere Bahnen schlägt allerdings die Glucoseoxydation ein (s. u.).

Ein nach den neuen Einsichten in den intermediären Stoffwechsel sehr wesentliches Glied im Energieumsatz bildet die Übertragung der bei Oxydationen (Dehydrierungen) frei werdenden Energie auf **energiereiche Phosphorsäurebindungen**. In zellfreien Extrakten von *Escherichia coli* wird bei der in einem Schritt verlaufenden Oxydation von Bernsteinsäure zu Fumarsäure eine beträchtliche Menge anorganischen Phosphats in ATP (Adenosintriphosphat) aufgenommen, d. h. die Phosphorsäure wird auf das hohe Energieniveau im ATP gehoben. Die durch Oxydation gewonnene Energie kann tatsächlich in den zentralen zelleigenen Energiespeicher ATP eingeführt werden (HERSEY und AJL). Ein quantitatives Verhältnis wurde dabei noch nicht errechnet. Der Wirkungsgrad, mit dem die Oxydationsenergie für den chemischen Betrieb der Zelle in Form von ATP zur Verfügung gestellt wird, kann also nicht angegeben werden. In tierischem Material findet die Bildung energiereicher Phosphorsäuregruppen beim Wasserstofftransport von der α-Ketosäure zum Cytochrom c statt (SLATER).

Endoxydasen[1]. Es besteht kein Zweifel mehr, daß auch in vielen höheren Pflanzen das „**Cytochromsystem**" (Cytochrome + Cytochromoxydase) vorhanden ist. Spektroskopisch kann man am einfachsten in den makroskopisch nicht gefärbten Pflanzenteilen, z. B. Kartoffelknollen, das charakteristische Absorptionsspektrum der reduzierten Cytochrome nachweisen (BHAGVAT und HILL), obwohl die Sauerstoffaufnahme der Kartoffelknolle nicht HCN-empfindlich ist, was ja gegen die Teilnahme des Cytochromsystems an der normalen

---

[1] Vgl. dazu die zusammenfassenden Darstellungen von LARDY sowie in SUMNER u. MYRBÄCK.

Atmung spricht (s. u.). Da zusammen mit dem Cytochromsystem jedoch in Pflanzen stets auch Bernsteinsäuredehydrase gefunden wird (z. B. auch in Pilzen, SHEPHERD), ist die Ausstattung des oxydativen Teils der Atmung in den höheren Pflanzen als identisch mit derjenigen in den Tieren anzusehen. Ob in den Pflanzen dieses System allerdings immer in Funktion ist oder ob daneben andere konkurriere de Systeme (Polyphenolasen) zum Zuge kommen, ist eine andere Frage. In der Kartoffelknolle sind beide Systeme vorhanden (BARRON u. a.). Da die Ausschaltung der Polyphenolase die O_2-Aufnahme nur teilweise unterbindet, muß auf alle Fälle noch ein anderer Weg für den Wasserstofftransport offen stehen. Obwohl die Cytochromoxydaseaktivität in der Kartoffel nur ungefähr 3 % derjenigen der Polyphenolase ausmacht, würde sie doch ausreichen, die ganze Atmung des Knollengewebes zu bewältigen (GODDARD und HOLDEN).

Die bisher etwas unklaren Beziehungen zwischen den Enzymen, die Monophenole oxydieren („Tyrosinase", Monophenoloxydase), und denjenigen, die o-Diphenole u. ä. oxydieren (Catecholase, Polyphenolase), werden jetzt dadurch etwas geklärt, daß einerseits aus höheren Pilzen ein offenbar einheitliches Enzym, das sowohl Tyrosin als auch Brenzkatechin oxydiert, gefunden wurde. Es enthält 4 Cu-Atome pro Eiweißmolekül (MALLETTE und DAWSON). Andererseits zeigt sich, daß die Fähigkeit lebender Zellen (Schnitte von Bataten, *Ipomoea Batatas*), sowohl Mono- als auch o-Diphenole zu oxydieren, beim Zerstören der Zellen sofort auf die Oxydation von Diphenolen allein eingeschränkt wird (EIGER und DAWSON). Dies ist auch wieder ein Beispiel dafür, daß durch unvorsichtige Analyse vor allem nach Zerstören der pflanzlichen Zellen ein ganz falsches Bild von der tatsächlichen chemischen Ausstattung der Zellen gewonnen wird (s. S. 338).

In Blättern verschiedener Pflanzenarten ist das Cytochromsystem in den Chloroplasten lokalisiert. Bei Keimlingen und ausgewachsenen Pflanzen von *Soja* wurde festgestellt, daß die Cytochromoxydase durchaus auch in älteren Blättern aktiv ist (DUCET und ROSENBERG) und nicht etwa nach der Keimung verschwindet (WAYGOOD). Junge Blätter und Keimlinge haben zwar eine höhere Cytochromoxydase-Aktivität und ältere Organe eine schwächere, aber das entspricht dem Verhältnis der Atmungsintensität. Sofern in den untersuchten Blättern eine Polyphenolase gefunden wurde, war sie sehr schwach und war zwischen Cytoplasma und Chloroplasten verteilt.

Die Bildung von Cytochrom in Hefekulturen ist von reichlicher Belüftung abhängig (EPHRUSSI und SLONIMSKI). Ohne Sauerstoffzutritt bleibt der Cytochromgehalt niedrig, er steigt aber rasch an, wenn mit O_2 durchblasen wird. Das Cytochrom verhält sich also in gewisser Weise wie adaptive Enzyme.

Das Chlorophyll in den Blättern stellt der Charakterisierung der Häminkomponenten in ihnen besondere Schwierigkeiten in den Weg. Entweder muß das Chlorophyll erst entfernt werden, ohne die Hämin-Verbindungen zu beeinträchtigen, oder die Cytochrome müssen ohne Verunreinigung durch die grünen Pigmente gewonnen werden. Blätter sind besonders reich an Cytochromen. Sie können bis zehnmal soviel wie chlorophyllfreie Pflanzenteile enthalten (HILL und SCARISBRICK). Drei Cytochromkomponenten wurden herausgelöst: Cytochrom c und b_3 werden auch in nichtgrünen Pflanzenteilen gefunden, Cytochrom f hingegen wurde bisher ausschließlich in Chloroplasten entdeckt. Es unterscheidet sich in manchen Eigenschaften von den anderen Cytochromen und könnte vielleicht etwas mit der Umwandlung von Licht- in chemische Energie zu tun haben. Sicher besteht aber ein genetischer Zusammenhang zwischen den beiden Tetrapyrrolpigmenten Chlorophyll und Hämin, die die Pflanzen bilden können. Schließlich geht nicht nur der plausibelste Weg der phylogenetischen Entstehung des Chlorophylls von den Häminen aus, sondern auch die Ontogenese des Chlorophylls ist an eisenhaltige Vorstufen gebunden, die am ehesten im Hämin zu vermuten sind. Nebenprodukte der Chlorophyllbildung scheinen im Laufe der Evolution wichtige entwicklungsphysiologische Funktionen übernommen zu haben, wenn die vorläufig geäußerten Anschauungen über die Rolle eines Pigments mit einer offenen Tetrapyrrolkette (ähnlich dem C-Phycocyanin aus *Aphanizomenon flos-aquae*) zutreffen (HENDRICKS, BORTHWICK und PARKER). Das Pigment hat ein Absorptionsmaximum bei 640 mμ, ein Minimum bei 480 mμ. Es soll nicht nur für die Vermittlung des photoperiodischen Reizes bei Kurz- oder Langtagpflanzen verantwortlich sein, sondern es soll auch den Einfluß des Lichtes auf die Blattstreckung, die Internodienstauchung und andere Wachstumsvorgänge übertragen. Das Pigment ist in carotinoidfreien Albinoblättern von Gerste in minimalen, aber biologisch wirksamen Mengen vorhanden.

Aus Spinatblättern kann hochgereinigte K a t a l a s e gewonnen werden (GALSTON u. a.). Besonders reiche Katalasequellen sind manche Bakterien, z. B. *Micrococcus lysodeikticus*. Jedes Katalasemolekül enthält 4 Häminruppen, die wahrscheinlich unabhängig voneinander wirksam sein können (CHANCE und HERBERT).

Über die Bedeutung der A s c o r b i n s ä u r e und der Ascorbinsäureoxydase (s. S. 355) im normalen Atmungsgeschehen der höheren Pflanzen ist noch lange keine Klarheit gefunden. Die Redoxpotentiale der verschiedenen Endoxydasesysteme und der Ascorbinsäure liegen so, daß diese als Wasserstoffüberträger in den pflanzlichen Atmungsvorgang allgemein eingeschaltet sein könnte (WAYGOOD). In Blättern höherer Pflanzen wird Ascorbinsäurebildung durch reichliche Zuckerversorgung gefördert (ÅBERG). *Aspergillus niger* gibt bei Zuckerfütterung neben viel Citronensäure wenig Ascorbinsäure an das flüssige Substrat ab, ohne daß Anhaltspunkte für einen Zusammenhang der Entstehung der beiden Säuren bestehen (GALLI). Der Pilz vermag auf Kosten der Ascorbinsäure zu wachsen und sich zu erhalten. Die 2-Ketogluconsäure ist eine Vorstufe, und ihre Umwandlung in Ascorbinsäure läßt sich mit einem aus dem Pilz extrahierten Enzym durchführen.

D i r e k t e O x y d a t i o n d e r G l u c o s e. Neben dem so durchsichtigen Mechanismus der glykolytischen Spaltung der Glucose und der anschließenden Oxydation der Bruchstücke ist sowohl der Chemismus als auch die biologische Bedeutung der direkten Oxydation der Glucose (ohne einleitende Spaltung in C_3-Bruchstücke) recht in Dunkel gehüllt. Relativ klar ist der Glucosedehydrasemechanismus im tierischen Material (Säugetierleber), der schematisch aus folgenden Gliedern besteht: $O_2 \leftarrow$ Cytochromoxydase $\leftarrow$ Cytochrom c $\leftarrow$ Diaphorase $\leftarrow$ Glucose-dehydrase ($=$ Protein $+$ Codehydrase I) $\leftarrow$ d-Glucose. Das Endprodukt der Dehydrierung ist die Gluconsäure (RENVALL). Dehydriert wird hierbei also das 1.C-Atom der Glucosekette. Der Name Notatin für dieses Enzym sollte ausgemerzt werden, da er weder der üblichen

$$\begin{array}{ccc} \text{HOCH} & & \text{O} \\ | & & \| \\ \text{--C--} & \text{O} + O_2 \rightarrow & \text{C} \quad + H_2O_2 \\ | & & | \\ & & \text{--C--} \quad \text{O} \end{array}$$

Ende des Glucose-Moleküls   Ende des Gluconsäure-Moleküls

Nomenklatur von Enzymen entspricht noch die Funktion des Enzyms bezeichnet und nicht einmal Priorität vor Glucoseoxydase hat. Das Enzym wurde rein zufällig eben auch aus *Penicillium notatum* isoliert.

Von Bakterien (*Pseudomonas, Escherichia coli*) wird sowohl Glucose nach Aufnahme von einem Mol O_2 pro Mol Glucose zu Gluconsäure als auch Gluconsäure nach Aufnahme von einem weiteren halben Mol O_2 zu 2-Ketogluconsäure oxydiert (COHEN; STOKES und CAMPBELL). In *Pseudomonas* ist freie Glucose Substrat für die Oxydation. Bei den *Coli*-Bakterien hingegen wird die am 6.C-Atom phosphorylierte Glucose oxydativ angegriffen. Das erste Oxydationsprodukt ist 6-Phosphoglucon-säure. Interessant ist dann der weitere Weg, der über Pentose-5-Phosphat (Ribose-5-Phosphat) zu Triosephosphat führt. Diese Oxydation ist irreversibel. Da bei *Escherichia coli* auch der allgemeine glykolytische Abbau nachgewiesen ist, wird das Triosephosphat also von zwei Seiten her erreicht. Außerdem liegt Ribose auf dem Weg, womit also ein Übergang von den primären Kohlenhydraten der Photosynthese zu der als Baustein der Ribosenucleinsäure ubiquitären Pentose aufgezeigt ist. Merkwürdigerweise wird Desoxyribose nicht durch weitere Umwandlung der Ribose gebildet, sondern offenbar aus Bruchstücken der anaeroben glykolytischen Spaltung der Zucker aufgebaut. Ein Enzymextrakt aus *Escherichia coli* katalysiert nämlich folgende bisher nicht ins Auge gefaßte Kondensation der beiden aus dem Zuckerabbau längst bekannten Spaltstücke (RACKER):
Phosphoglycerinaldehyd $+$ Acetaldehyd $\rightleftharpoons$ Desoxypentosephosphat. Diese Kondensation ist insofern von außerordentlicher Bedeutung, weil hier aufgezeigt wird, wie aus C_2- und C_3-Bruchstücken der Glykolyse neue Verbindungen zusammengefügt werden. Dieses Prinzip der Synthese dürfte für die Entstehung sehr vieler sekundärer Pflanzenstoffe zutreffen. Ein Enzym aus Weizenkeimlingen verbindet Acetaldehyd und Brenztraubensäure zu Acetoin $CH_3 \cdot CO \cdot CHOH \cdot CH_3$, das bisher als Stoffwechselprodukt von Bakterien und Pilzen angesehen wurde (SINGER und PENSKY).

In phageninfizierten Bakterien, die sich nicht vermehren, aber Virussubstanz bilden, findet deshalb eine Umschaltung von der unmittelbaren Glucoseoxydation mit Riboseproduktion zu glykolytischer Spaltung und Desoxyribosesynthese statt.

In vitro lassen sich Spaltstücke der Glykolyse unter milden Bedingungen ohne Teilnahme von Enzymen zu Pentosen zusammenfügen (HOUGH und JONES).

Pseudomonas oxydiert freie Glucose über freie Glucon- und 2-Ketogluconsäure, aber am Ende soll ein Pentosephosphat entstehen (CAMPBELL und NORRIS). In Hefe ist 2-Ketogluconsäure als Stufe zwischen die 6-Phosphogluconsäure und die oxydativ entstehende Ribosephosphorsäure eingeschaltet (COHEN und McNAIRSCOTT). Auch hier sind wie mehrmals im Citronensäurezyklus Dehydrierung und Dekarboxylierung gekoppelt. Codehydrase II nimmt den Wasserstoff auf (HORECKER und SMIRNIOTIS).

$$6\text{-Phosphogluconsäure} + \text{TPN} \rightarrow \text{Ribosephosphat} + \text{TPN} \cdot \text{H}_2 + \text{CO}_2$$
(Codehydrase II)

Biologie der Atmung. Immer noch bestehen einander widersprechende Auffassungen über die Existenz eines direkten Einflusses von Licht auf die Atmung. Auf der einen Seite wird in chlorophyllfreien Organen (Scheiben aus Kartoffelknollen, Spargelstangen, Zwiebeln und in albinotischen Blättern von *Acer Negundo*) eine vorübergehend z. T. stark erhöhte Lichtatmung (CO_2-Abgabe) wenigstens für bestimmte Spektralbereiche gefunden (MONTFORT und ROSENSTOCK; ROSENSTOCK). Andererseits wird bei Berechnungen der photosynthetischen Intensität stets und immer noch ein Betrag der Dunkelatmung zugerechnet, so, als ob diese unverändert während der Belichtung weiterliefe. Mit Hilfe der Isotopentechnik läßt sich zwischen dem aus der Atmosphäre aufgenommenen mit O^{18} markierten Sauerstoff und dem aus normalem Wasser photosynthetisch freigesetzten Sauerstoff unterscheiden. Die Ergebnisse solcher Versuche waren nicht einheitlich (BROWN u. a.). Bei *Chlorella* und allen untersuchten Blättern höherer Pflanzen (*Pinus, Nicotiana, Hordeum* u. a.) hatte Licht verschiedener Stärke keinerlei Einfluß auf die O_2-Aufnahme. In einer Blaualge und einigen Grünalgen wurde die Sauerstoffaufnahme mit steigender Lichtintensität stark gehemmt. Unter den mit dieser Technik untersuchten Pflanzen befindet sich keine, bei der Licht die Sauerstoffaufnahme erhöht hätte. Im Dunklen werden die durch Photosynthese neugebildeten C-Verbindungen rasch wieder oxydiert, und zwar in ungefähr konstantem Verhältnis zur „endogenen" Atmung, die auf Kosten schon vorhandener „älterer" Assimilate abläuft (WEIGL u. a.).

Recht bemerkenswerte Zusammenhänge bestehen zwischen dem Atmungsverlauf und dem Eiweißumsatz. In dem Augenblick, in dem die Atmung von Äpfeln, die bei $12°$ C lagern, anzusteigen beginnt, setzt auch eine Bildung von Protein ein, die mit dem Erreichen des Atmungsmaximums zum Stillstand kommt. Der Aufbau geht natürlich auf Kosten der in den Früchten enthaltenen löslichen Stickstoffverbindungen (Amide, Aminosäuren, NH_4-Salze). Solche direkte Beziehungen zwischen Atmung und Eiweißbildung haben offenbar tiefere Ursachen. Sie bestehen unter den verschiedensten Bedingungen. Wenn immer der charakteristische Atmungsanstieg des Klimakteriums einsetzt, ob am Baum, während der Lagerung oder künstlich durch Äthylen hervorgerufen, so ist er stets von einer Zunahme des Eiweißgehaltes der Früchte begleitet. Wenn der Atmungsanstieg verzögert oder die Höhe des Anstiegs abgeflacht wird, z. B. durch 10% CO_2 in der umgebenden Atmosphäre, so resultiert eine entsprechende Verzögerung der Eiweißbildung oder eine geringere Zunahme (HULME 1949). Da das Verhältnis der Atmungsintensität zum Proteingehalt in Äpfeln am Baum in der Periode vom Ende der Zellteilung bis zum Einsetzen des Reifungsanstieges ungefähr konstant bleibt, hat man dieses Verhältnis als R/P-Wert (Respiration/Protein) in die physiologische Betrachtung der Fruchtreifung eingeführt (GRIFFITHS u. a.). Der R/P-Wert kann als physiologische Konstante für die ausgewachsenen Früchte einer jeden Apfelsorte angesehen werden, eine Konstante, die innerhalb gewisser Grenzen unabhängig von den klimatischen Bedingungen und Bodenverhältnissen ist, unter denen die Bäume während des Wachstums der Früchte stehen (HULME 1951). Die spätreifenden Äpfel haben einen relativ niedrigen R/P-Wert von 3,4 bis 3,6; die mittelfrühen lagen mit R/P von 4,8 bis 4,1 unter den frühreifen mit R/P von durchschnittlich 5,1.

Umsatz der Karbonsäuren. Die Heraushebung der organischen Säuren aus dem allgemeinen Gang des Kohlenhydratabbaues, in den sie als ein wesentliches Teilstück eingebaut sind, soll nur unter den bereits im letzten Bericht begründeten Gesichtspunkten geschehen (vgl. Fortsch. Bot. **13**, 281).

Ein vorher in tierischen Organen aufgefundenes, jetzt auch in höheren Pflanzen entdecktes „Äpfelsäure-Enzym" katalysiert die folgende Reaktion: Brenztraubensäure $+ CO_2 +$ Codehydrase—II-$H_2 \rightleftharpoons$ l-Äpfelsäure $+$ Codehydrase II. Die Anwesenheit von Mn·· ist erforderlich (VISHNIAC und OCHOA). Wenn wasserstoffbeladene Codehydrase ($TPN_{red.}$) zur Verfügung steht, kann Äpfelsäure in einem Gang aus Brenztraubensäure gebildet werden. Wichtig ist nun, daß TPN durch den photolytisch aus Wasser frei gemachten Wasserstoff beladen werden kann. Eine beleuchtete Granasuspension reduziert das oxydierte TPN nach der Formel $TPN_{ox.} + H_2O \rightleftharpoons TPN_{red.} + O_2$. Dabei hat TPN ein viel tieferes Redoxpotential als alle bisher benutzten „Hill"-Reagenzien (TOLMACH). Auch Codehydrase I ($=$ DPN) kann auf diese Weise laufend mit Wasserstoff beladen werden. Die photochemische Reduktion des Coenzyms (natürlich durch Vermittlung der Chloroplasten) unterhält also den Vorgang der reduktiven Bindung von CO_2 in Richtung auf die Äpfelsäurebildung. Diese Einführung von CO_2 ist eine echte Assimilation. Das CO_2 wird gleichzeitig auf eine reduzierte Stufe gehoben. Im Dunkeln findet diese CO_2-Fixierung mit Hilfe des „Äpfelsäureenzyms" nicht statt, weil der erforderliche Wasserstoff fehlt. Bei *Scenedesmus* scheint Äpfelsäure nicht auf dem Wege zwischen primärem

CO_2-Acceptor und Kohlenhydrat zu liegen (BASSHAM, BENSON und CALVIN).

Man gewinnt nun allmählich eine durchgegliederte Vorstellung davon, daß prinzipiell die Dunkelfixierung von CO_2 und die CO_2-Aufnahme für die Photosynthese gleich sind. Der Unterschied von heterotrophen und autotrophen Organismen besteht dann im wesentlichen in der Weise, in der die Energie bzw. der aktive Wasserstoff für die reduktive Assimilation geliefert wird (vgl. OCHOA 1951; UTTER und WOOD). Die photolytische Spaltung des Wassers versorgt diejenigen Schritte des Citronensäurekreislaufes, die unter Reduktion CO_2 einführen können, mit Wasserstoff, der auf die Codehydrasen übertragen wird und der in heterotrophen Organismen nur aus anderen vorher abgelaufenen Dehydrierungen bezogen werden muß. Das Entscheidende dabei ist, daß die Pyridinnucleotide der Codehydrasen wirklich durch belichtete Chloroplasten reduziert werden können. Die Voraussetzung dafür ist eine entsprechende Lage der Energiepotentiale (TOLMACH). Für die Richtung des Ablaufes reversibler enzymatischer Reaktionen sind die thermodynamischen Bedingungen maßgebend. Obleich die Reaktion α-Ketoglutarsäure $+ CO_2 + TPN_{red.} \rightleftharpoons$ Isocitronensäure $+ TPN$ reversibel ist, ergeben die Berechnungen der Gleichgewichtskonzentrationen, daß das Gleichgewicht weit nach der linken Seite, also nach der Decarboxylierung, liegt. Die Reaktion kann in Richtung nach rechts, nach der Fixierung von CO_2, nur verschoben werden (bei bestimmter CO_2-Tension), wenn sie mit einem Dehydrasesystem niedrigen Redoxpotentials gekoppelt wird, welches stets TPN reduziert. Das gelingt in vitro z. B. mit der Glucose-6-Dehydrase als Beispiel für heterotrophe Organismen oder mit belichteten Chloroplasten in der autotrophen Zelle. Die Summenreaktion wäre im ersten Falle also Glucose-6-Phosphat $+ \alpha$-Ketoglutarsäure $+ CO_2 \xrightarrow{\text{TPN, Mn}^{..}}$ 6-Phosphogluconsäure $+$ Isocitronensäure. Glucosephosphat liefert also Wasserstoff und Energie für die reduktive Karboxylierung von Ketoglutarsäure. In diesem System kann die reduktive CO_2-Assimilation noch weiter gefördert werden, wenn Aconitase anwesend ist, denn ungefähr 90 % der Isocitronensäure wird dann in Aconit- und Citronensäure umgewandelt (vgl. Fortschr. Bot. **13**, 285). Die Endprodukte dieser gekoppelten Reaktionen sind Glucon- und Citronensäure, zwei Stoffwechselprodukte, die wir z. B. bei *Aspergillus niger* nach reichlicher Zuckerfütterung vorfinden. Citronensäure ist dabei im Stoffwechsel der Schimmelpilze kein bloßes End-, sondern ein normales Intermediärprodukt. Wann und warum Citronensäure entsteht und wo die in wechselnden Mengen auftretende Oxalsäure abgezweigt wird, bleibt noch aufzuklären (LEWIS und WEINHOUSE).

Im Gegensatz zu früheren Vorstellungen scheint auch die Reaktion Ketoglutarsäure $+ CO_2 + (H_2) \rightleftharpoons$ Isocitronensäure nur von einem Enzym, wenigstens nicht immer von der gemeinsamen Wirkung von Isocitricodehydrase $+$ Oxalbernsteinsäuredekarboxylase katalysiert zu werden (GRAFFLIN und OCHOA).

Häufig sah man bisher eine ausgeglichene Kohlenstoffbilanz als ausreichenden Beleg für die Wahrscheinlichkeit einer biologischen Umsetzung im Bereich des Stoffwechsels an. Man versuchte mögliche und wahrscheinliche Bausteine aneinanderzufügen und urteilte oft nur nach der Summengleichung. Erst in den letzten 20 Jahren ist der thermodynamische Gesichtspunkt bei der Erörterung biochemischer Umsetzungen in den Vordergrund gerückt worden, und heute sollten wir bei jeder Stoffumwandlung im Organismus nicht nur nach Bausteinen und „Vorstufen", sondern stets auch nach den energetischen Beziehungen zwischen Ausgangsstoff und den vermuteten Zwischenstufen fragen. Aus Glucosemolekülen kann eben nur unter Aufbietung von Energie Stärke aufgebaut werden. Brenztraubensäure und CO_2 werden zwar von einem Enzym kondensiert, aber das Gleichgewicht dieses reversiblen Vorganges liegt unter den normalen Bedingungen der Zelle so weit nach der CO_2-Abgabe hin (für die Anlagerung werden 5300 cal/Mol verbraucht), daß eine bemerkenswerte CO_2-Aufnahme nur stattfindet, wenn gleichzeitig die Oxalessigsäure zu Äpfelsäure hydriert wird. Auch die wasserstoffübertragenden Schritte können nicht in willkürlicher Reihenfolge ausgeführt werden. Das Redoxpotential der beteiligten Verbindungen entscheidet, in welcher Richtung der Wasserstoff transportiert werden muß.

Obwohl der Citronensäurekreislauf von Einzellern bis zu höheren Pflanzen und Tieren weit verbreitet ist, haben sich doch auch Organismen entwickelt und erhalten, die verschiedene im Kreislauf auftauchende Säuren auch auf anderen Wegen umwandeln können. *Rhizopus nigricans* bildet Bernstein- und Fumarsäure weder von der Äpfelsäure noch von der Ketoglutarsäure her, wie es der Citronensäurekreislauf verlangt, sondern kondensiert diese C_4-Dikarbonsäuren aus 2 C_2-Verbindungen, wobei von der Glucose her weder Acetat noch Acetylphosphat als faßbare Zwischenkörper auftreten (FOSTER u. a.). Wenn dabei auch Äthylalkohol als Grundstoff für die Kondensation zu den C_4-Säuren benutzt werden kann, so besagt das noch nichts über die tatsächliche Funktion als Zwischenverbindung. Wahrscheinlich kann Äthylalkohol sehr leicht in die zur Kondensation bereite Verbindung umgewandelt werden. Alkohol kann in der Hefe leicht als Acetyl an Coenzym A angelagert werden (s. S. 345). Ein weiteres Beispiel für Säureumwandlungen außerhalb des Citronensäurezyklus liefert *Aerobacter aerogenes*, bei dem die oxydative Verwertung von Brenztraubensäure nicht über eine Kondensation an Oxalessigsäure verläuft (AJL). *Escherichia coli* kann so adaptiert werden, daß Essigsäure in und über die C_4-Dikarbonsäuren umgewandelt wird, ohne daß die Trikarbonsäuren dabei eine Rolle spielen. Verschiedene Bakterien bilden Propionsäure durch Dekarboxylierung von Bernsteinsäure (JOHNS).

Noch immer ist das genaue Schicksal der Oxalsäure in höheren und niederen Pflanzen in Dunkel gehüllt. *Aspergillus niger* oxydiert Oxalsäure lebhaft, und es besteht ein gewisses Gleichgewicht zwischen Bildung dieser Säure aus Glucose und ihrem Verbrauch, so daß man annehmen darf, daß Oxalsäure eine normale und wichtige Rolle bei der

Atmung von *Aspergillus niger* spielt, jedoch sind noch gar keine Zwischenstufen zwischen der Glucose, die zweifelsfrei als Rohmaterial dient, und der Oxalsäure zu erkennen (ALLSOPP). Für *Trametes cinnabarina* besteht ein solches Verhältnis zu Glucose nicht. Hier ist die Alkalität des Mediums ausschlaggebend für die Oxalsäurebildung (DE STEVENS u. a.). Für *Lentinus lepideus* zweigt wahrscheinlich vom Oxalacetat ein Weg ab, der zu Oxalat und acetyliertem CoenzymA (s. S. 345) führt. Die Reversibilität dieses Vorganges könnte dann dem Verbrauch der Oxalsäure aus dem Medium dienen (vgl. auch LEWIS und WEINHOUSE). In Tabakblättern scheint die Oxalsäure nicht mit den übrigen Pflanzensäuren enger gekoppelt zu sein (VICKERY und ABRAHAMS).

Im Gewebe von Kartoffelknollen läuft der oxydative Abbau über den Citronensäurekreislauf (BARRON u. a.). Hier läßt sich sogar in Gewebeschnitten höherer Pflanzen die für die Einführung des C_2-Bruchstückes in den Kreislauf entscheidende Kondensation an Oxalessigsäure nachweisen. Anaerob fällt außer viel Äthylalkohol auch etwas Milchsäure an.

Den Ursprung der Ascorbinsäure sucht man am ehesten bei einer direkten Oxydation der Hexose (s. S. 349), wofür die oft mit ihr vergesellschaftete Glucuronsäure sprechen könnte, wenn nicht auch Anhaltspunkte beständen, daß beide durch Aldolkondensation aus Glycerinaldehyd und Oxybrenztraubensäure aufgebaut werden können (GANAPATHI). Kohlenhydratmangel setzt den Ascorbinsäuregehalt herab (DEMERS). Die vorläufig noch ganz rätselhaften Faktoren, die das Verhältnis von Ascorbinsäure zur Dehydroform bestimmen, sollen von der Intensität des Stoffwechsels abhängen, und zwar so, daß hohe Aktivität der oxydierenden Enzyme des Atmungsumsatzes das Verhältnis zugunsten der reduzierten Ascorbinsäure verschieben (KURC). Ascorbinsäureoxydase ist ein Kupfer-Eiweiß-Enzym von blaugrüner Farbe, das 6 Cu-Atome je Molekül enthält und ein Molekulargewicht von etwa 150000 hat (DUNN und DAWSON). Die Tätigkeit der Ascorbinsäureoxydase wird durch β-Indolylessigsäure stark angeregt (NEWCOMB). Das Enzym scheint zudem im Cytoplasma im engen Kontakt mit der Zellwand lokalisiert zu sein. Daß aus diesem Einfluß und aus den Hinweisen auf die Lage des Enzyms in der Zelle schon auf die normale Funktion des Wuchsstoffes geschlossen werden kann, muß wohl erst noch durch weitere Versuche erhärtet werden.

4. Bildung und Sprengung von Benzolkernen.

Die pflanzlichen Organismen bauen mit größter Leichtigkeit Moleküle mit Benzolringen auf. Sie beschreiten dabei sicher verschiedene Wege, aber es ist uns noch nicht gelungen, einen einzigen davon aufzudecken. So leicht aromatische Körper gebildet werden, so schwer sind sie durch die Mittel der Zellen in höheren Pflanzen wieder angreifbar. Sie bleiben vom Stoffumsatz im allgemeinen ganz ausgeschlossen und häufen sich als träge Bestandteile, meist mit dem Alter zunehmend, an. Die chemischen Eigenschaften des Benzolkerns machen dieses Verhalten ja durchaus verständlich. Im Hinblick auf die chemische Trägheit und Stabilität des aromatischen Kernes sind die Fähigkeiten derjenigen Organismen, die ihn trotzdem sprengen können, um so erstaunlicher.

Bei *Escherichia coli* liegt Shikimisäure auf dem Wege des Aufbaues aromatischer Aminosäuren (Tyrosin, Phenylalanin, p-Aminobenzoesäure). Keine andere der bekannten hydroaromatischen Verbindungen kann Shikimisäure dabei ersetzen. Eine Vorstufe dieser Säure ist zwar in Kulturflüssigkeiten entsprechender Mutanten des Bakteriums nachgewiesen, aber noch nicht identifiziert worden (DAVIS). Merkwürdigerweise kann eine Mutante aromatische Aminosäuren über Shikimisäure, eine andere über Chinasäure herstellen, aber beide hydroaromatische Säuren können einander nicht vertreten (GORDON u. a.).

$$
\begin{array}{cc}
\text{COOH} & \text{COOH} \\
| & | \\
\text{COH} & \text{C} \\
\diagup \diagdown & \diagup \diagdown \\
\text{H}_2\text{C} \quad \text{CH}_2 & \text{HC} \quad \text{CH}_2 \\
| \quad\quad | & \| \quad\quad | \\
\text{HOCH} \quad \text{HCOH} & \text{HOCH} \quad \text{HCOH} \\
\diagdown \diagup & \diagdown \diagup \\
\text{HCOH} \quad\text{Chinasäure} & \text{HCOH} \quad\text{Shikimisäure}
\end{array}
$$

Auch die Abbauwege sind zunächst nur bei Mikroorganismen erkundet worden (HAPPOLD), die ja im natürlichen Kreislauf des Kohlenstoffes in erster Linie für die Oxydation der aromatischen Verbindungen verantwortlich sind (STANIER). Mit dem experimentellen Kunstgriff der simultanen Adaptation wurde herausgefunden, daß *Pseudomonas* wenigstens 4 verschiedene Möglichkeiten des Angriffs auf aromatische Verbindungen zu kennen scheint (vgl. Fortschr. Bot. **13**, 217). Charakteristisch für die der Ringsprengung vorausgehenden Schritte ist die Anfügung eines weiteren phenolischen Hydroxyls an den monosubstituierten Benzolkern bzw. die Einführung von 2 Hydroxylen an nicht phenolische aromatische Verbindungen. Das zeigt gleichzeitig, daß die betreffenden Mikroorganismen in der Lage sind, sehr leicht phenolische Hydroxyle anzuhängen, ein Vorgang, der bei höheren Pflanzen noch nicht nachgewiesen wurde, der aber Licht in die Genese vieler sekundärer Stoffe mit aromatischen Ringen bringen würde, die meist in einer Serie von nahe verwandten, nur in der Zahl der phenolischen Hydroxyle sich unterscheidenden Verbindungen auftreten. Der Mechanismus der Hydroxyleinführung wurde zwar schon studiert (SLEEPER), aber bestimmte Zwischenglieder konnten noch nicht sichergestellt werden. Eine intermediäre Ringöffnung ist unwahrscheinlich, Peroxyde könnten Zwischenstufen sein. Die für die oxydative Ringsprengung nötigen Enzyme ließen sich teilweise sogar von den Zellen abtrennen (SLEEPER u. a., STANIER u. a.). Für *Pseudomonas* ist folgende Vorbereitung vor der Ringöffnung wahrscheinlich (s. nächste Seite; STANIER).

Die beiden Hydroxyle stehen stets in ortho-Stellung. Die Orientierung der biochemisch im Tierkörper eingeführten Hydroxylgruppen in Benzolderivaten gehorcht offenbar anderen, komplizierteren Gesetzen (J. N. SMITH).

Die erste faßbare aliphatische Verbindung nach der Ringsprengung ist bei verschiedenen Mikroorganismen die β-Ketoadipinsäure (STANIER u. Mitarb., KILBY; EVANS und SMITH), die als ein allgemeines Intermediärprodukt beim oxydativen Abbau von aromatischen Kör-

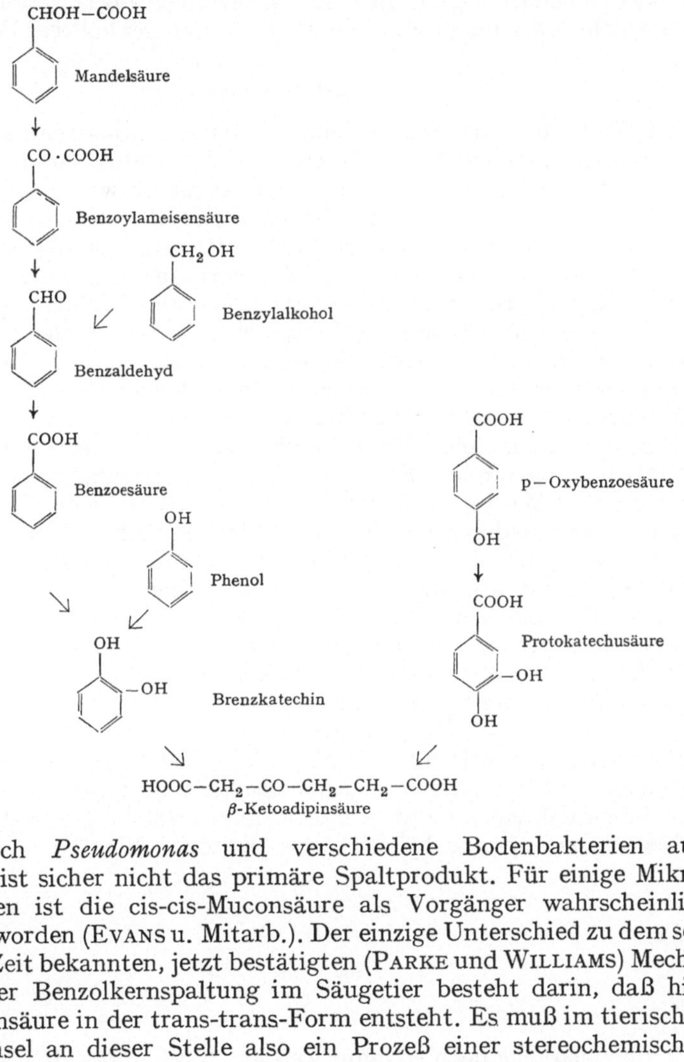

CHOH—COOH   Mandelsäure

CO·COOH   Benzoylameisensäure

CH$_2$OH   Benzylalkohol

CHO   Benzaldehyd

COOH   Benzoesäure

OH   Phenol

—OH   Brenzkatechin

COOH   p—Oxybenzoesäure

COOH   Protokatechusäure

$$HOOC-CH_2-CO-CH_2-CH_2-COOH$$
β-Ketoadipinsäure

pern durch *Pseudomonas* und verschiedene Bodenbakterien auftritt. Sie ist sicher nicht das primäre Spaltprodukt. Für einige Mikroorganismen ist die cis-cis-Muconsäure als Vorgänger wahrscheinlich gemacht worden (EVANS u. Mitarb.). Der einzige Unterschied zu dem seit längerer Zeit bekannten, jetzt bestätigten (PARKE und WILLIAMS) Mechanismus der Benzolkernspaltung im Säugetier besteht darin, daß hier die Muconsäure in der trans-trans-Form entsteht. Es muß im tierischen Stoffwechsel an dieser Stelle also ein Prozeß einer stereochemischen Inversion eingeschaltet sein. Bei bestimmten Vibriokulturen wurde jedoch aus Benzoat auch Lävulinsäure gebildet (KILBY).

Brenzkatechin   →   cis-cis-Muconsäure   → β—Ketoadipinsäure

Die Ketoadipinsäure wird fast quantitativ zu Bernsteinsäure und in anderen Fällen auch zu Essigsäure und Ameisensäure weiter abgebaut, womit der Anschluß an die aus dem allgemeinen Zwischenstoffwechsel bekannten Kohlenstoffverbindungen gefunden ist. Im tierischen Organismus scheint in erster Linie Acetessigsäure aufzutreten, ein normales Zwischenprodukt der β-Oxydation der höheren Fettsäuren.

5. Stickstoff-Umsatz.

Die Liste der natürlich vorkommenden Aminosäuren schien seit langem abgeschlossen. Man rechnete mit 21 α-Aminosäuren, von denen einige relativ selten gefunden wurden, aber man erwartete keine neuen mehr. Eine genauere Trennung der nach Eiweißhydrolyse anfallenden Aminosäuren besonders mit Hilfe der Papierchromatographie (vgl. Cramer) brachte mehrere neue Aminosäuren zunächst aus Bakterien zutage, z. B. α,γ-Diaminobuttersäure aus *Bacterium polymyxa*. In Gelatine wurde δ-Oxylysin sichergestellt. Weiterhin scheint γ-Aminobuttersäure im Pflanzenreich sehr weit verbreitet zu sein. Sie wurde in autoklaviertem Hefeextrakt bis zu 2% vom Trockengewicht, in jungen und ausgewachsenen Äpfeln, die auch β-Alanin enthalten, in Wurzeln von *Beta vulgaris* (hier bis zu 0,02% des Frischgewichtes) und in Tabakblättern gefunden (Reed; Hulme und Arthrington; Westall; Roberts und Wood). Von den α-Aminosäuren scheint die α-Aminoadipinsäure in niederen und höheren Pflanzen nicht selten zu sein. Sie wurde sowohl aus dem Eiweiß der Maiskörner als auch aus einem Amylasepräparat aus *Aspergillus oryzae* isoliert und dürfte auch in anderen Eiweißen enthalten sein, obwohl sie in einer ganzen Reihe untersuchter pflanzlicher und tierischer Objekte zunächst nicht angetroffen wurde (Windsor). In *Neurospora* ist die Aminoadipinsäure die Vorstufe für die Synthese des Lysins.

Eine recht merkwürdig gebaute Aminosäure, deren Bedeutung für den Eiweißaufbau allerdings noch nicht geklärt ist, wurde aus dem Holz von *Baikiaea plurijuga* (Rhodesisches Teakholz) isoliert. Dieses Baikiain enthält einen teilweise hydrierten Pyridinkern und steht damit in Verwandtschaft zur Nikotinsäure (King u. Mitarb.).

$$\begin{array}{c} \text{H} \\ \text{C} \\ \diagup \quad \diagdown \\ \text{HC} \qquad \text{CH}_2 \\ | \qquad\qquad | \\ \text{H}_2\text{C} \quad\ \ \text{HC}-\text{COOH} \\ \diagdown \quad \diagup \\ \text{N} \\ \text{H} \end{array}$$

Schließlich mag noch erwähnt werden, daß Norleucin wahrscheinlich von der Liste der natürlichen Aminosäuren gestrichen werden muß.

Auch ein neues Amid ist neben den bisher bekannten Asparagin und Glutamin aufgefunden worden. Im Blutungssaft von Stengeln der Erdnuß (*Arachis hypogaea*) wurde ein Amid papierchromatographisch nachgewiesen, dessen Aminosäure folgende Struktur haben dürfte: $\text{COOH}-\text{CH}(\text{NH}_2)-\text{CH}_2-\text{CH}=\text{CH}-\text{COOH}$. In der Erdnußpflanze kommt das Amid in verschiedenen Geweben junger und alter Pflanzen vor; es wurde aber in anderen Pflanzenarten noch nicht nachgewiesen. (DONE und FOWDEN).

Für *Escherichia* und *Neurospora* ist der Vorläufer für die Synthese von Isoleucin in Form einer Dioxyverbindung gefunden worden (α,β-Dioxy-β-äthylbuttersäure; ADELBERG). Das C-Gerüst dürfte durch Kondensation einer einbasischen C_4-Säure mit Acetat aufgebaut werden. *Streptococcus faecalis* kondensiert Glykokoll und eine C_1-Verbindung, etwa Formiat, zu. Serin. Folsäure ist bei Vorgängen, die C_1-Körper addieren, als Coenzym beteiligt (LASCELLES und WOODS).

So werden recht verschiedene Mechanismen der Aminosäuresynthese in Pflanzen aufgedeckt. Die hydrierende Aminierung entsprechender α-Ketosäuren wird nur bei wenigen angewendet, und damit engen sich die Grenzen der Umaminierungsvorgänge ein. Aminosäuren mit aromatischen Teilen im Molekül schienen von der Umaminierung zunächst ausgeschlossen. Mit tierischem Material ist aber nun gezeigt worden, daß die Aminogruppe auch von Tyrosin und Phenylalanin auf Pyruvat unter Bildung von Alanin und außer den beiden genannten auch von Tryptophan auf α-Ketoglutarsäure unter Bildung von Glutaminsäure übertragen werden kann. Die Umkehrung der Transaminierung, also die Übertragung der Aminogruppe von Alanin auf Phenylpyruvat unter Bildung von Phenylalanin gelingt mit den Leberpartikeln ebenfalls (ROWSELL; GUNSALUS). Somit findet also eine Umaminierung auch unter Einbeziehung der Aminosäuren mit aromatischen Resten statt, dazu sind mit dem genannten tierischen Material auch Histidin und Methionin an die Umamierung angeschlossen (vgl. Fortschr. Bot. **12**, 306). In *Neurospora* hängen offenbar 13 Aminosäuren durch Transaminierung zusammen, da die betreffende Mutante zwar bei Zuführung einer Aminosäure die Aminogruppe übertragen, aber keine Ketosäuren aminieren kann (FINCHAM). Bei der Umaminierung wird die Aminogruppe nicht als NH_3 frei, das trifft sowohl für Alanin als auch für Leucin in Wechselbeziehung mit α-Ketoglutarsäure zu (SHEMIN). In höheren Pflanzen existieren wahrscheinlich auch Enzyme, die die Amidgruppe von Glutamin gegen freies Ammoniak und Hydroxylamin austauschen (STUMPF u. a.). Von Bedeutung ist sicher, daß diese Transamidase in höchster Konzentration in den Wurzelknöllchen von Klee und Lupinen gefunden wurde.

Tryptophan wird in Tieren, Bakterien, Pilzen und höheren Pflanzen oxydativ abgebaut (SANADI und GREENBERG; STANIER und TSUCHIDA; LEIFER u. Mitarb.; MASON). Der Maisembryo wandelt das vom Endosperm gelieferte Tryptophan über Oxyanthranilsäure in Nikotinsäure um. Bei Zusatz von überschüssigem Tryptophan wird dieses teilweise zu β-Indolylessigsäure umgesetzt. Auch in Erbsenkeimlingen wird Nikotinsäure und β-Indolylessigsäure aus Tryptophan gebildet (GALSTON). Normalerweise überwiegt hier aber die Umwandlung in IES. Die interessanteste Stufe bei der Entstehung von Nikotinsäure aus dem Tryptophan ist die Umwandlung des Benzolkernes in einen

Pyridinring. Dabei wird nicht einfach der Amino-N der Oxyanthranilsäure in den Ring eingeführt, denn das Stickstoffatom im Ring stammt nur zu 50% aus der vorgegebenen Aminogruppe und zur anderen Hälfte aus gleichzeitig anwesenden (mit N^{15} markierten) NH_4-Salzen. Deshalb muß ein bisher noch unbekanntes symmetrisches Diaminozwischenprodukt eingeschaltet sein (LEIFER u. Mitarb.).

Bestimmte Stämme von *Pseudomonas fluorescens* setzen die aus Tryptophan entstandene Oxyanthranilsäure über Brenzkatechin weiter oxydativ um.

Damit ist dann der Anschluß an die Sprengung N-freier, aromatischer Ringe erreicht. Der Abbau mündet auch hier wieder in der β-Ketoadipinsäure (s. S. 356). Die dazu nötigen Enzyme wurden von den Bakterienzellen abgetrennt (STANIER und HAYAISHI).

Im tierischen Organismus (Leber) wird der fünfgliedrige Ring des Tryptophans enzymatisch peroxydiert, ehe er zum Kynurenin geöffnet wird (KNOX u. Mitarb.).

Die Entstehung von Trimethylamin aus Cholin wird für *Chenopodium vulvaria* nachgewiesen (CROMWELL). Das dafür verantwortliche Enzym kann von der Zelle abgetrennt werden. Damit ist also ein Weg für die Genese der auch als Blütenduft auftretenden Amine aufgezeigt.

Über den Mechanismus, durch den die Zelle Aminosäuren zu Peptiden und Eiweißen zusammenfügt, wissen wir noch nichts. Die Wahrscheinlichkeit, daß Aminoacylphosphate (das sind Anhydride aus Phosphorsäure und einer Aminosäure) als energiereiche Zwischenprodukte fungieren, verstärken sich weiter (KOSHLAND). Die thermodynamischen, chemischen und biologischen Hinweise stimmen alle zu einem Aminoacylphosphat als Intermediärkörper. Es schien bisher so, als ob die Hefe aus den Aminosäuren des Substrates den Stickstoff in Form von Ammoniak nach Desaminierung der Aminosäuren aufnähme. Danach dürfte keine Aminosäure als N-Quelle für die Hefe den NH_4-Salzen überlegen sein. Das stimmt zwar für jede einzelne Aminosäure, aber es erweist sich als unzutreffend, wenn ein Gemisch von Aminosäuren gegeben wird. Desaminierung geht dann nur in dem Ausmaß vor sich, als solche Aminosäuren neu aufgebaut werden müssen, die nicht in der zugegebenen Aminosäuremischung vorhanden sind (THORNE). Die Überlegenheit von Aminosäuregemischen nimmt mit der Komplexität der Gemische zu. Pyridoxin als Co-Enzym für die Desaminierung wird mit komplexen Mischungen ebenso überflüssig wie bei Fütterung mit Ammoniumsalzen. Die Verwendung von vorgebildeten Aminosäuren für die Eiweißsynthese in der Hefe ist natürlich nicht so zu verstehen, daß sie in Umkehr einer hydrolytischen Spaltung kondensiert werden, sondern auch hier muß den thermodynamischen Verhältnissen entsprechend die dazu erforderliche Energie aus einer zelleigenen Quelle geliefert werden.

In zunehmendem Umfang wirft die Virusphysiologie Fragen auf dem Gebiet des N-Stoffwechsels der befallenen Pflanze auf. Wenn auch häufig der Gesamteiweißgehalt eines infizierten Blattes unverändert erhalten bleibt, so enthüllt die Elektrophorese doch schon nach wenigen Tagen eine Veränderung in der Qualität der Eiweiße. Es entsteht in rasch zunehmender Menge eine neue Komponente (elektrophoretisch nachgewiesen), während andere anfangs vorhandene Eiweißfraktionen eingeschmolzen werden (WILDMANN, CHEO und BONNER). Das Viruseiweiß scheint demnach ausschließlich aus Cytoplasmaeiweiß zu entstehen. Wenn aber nach der Infektion zur Zeit aktivster Virusbildung markiertes Ammoniumsalz geboten wird, erscheint der daher stammende Stickstoff zwei- bis dreimal so schnell im Virusprotein als im übrigen Blatteiweiß. Die Annahme, daß Ammoniak zunächst in Plasmaeiweiß eingebaut und erst von dort in Virusprotein umgewandelt wird, müßte zu Werten führen, die weit unter den beobachteten liegen. Das Viruspartikel wird also aus Bausteinen aufgebaut, um die Cytoplasma und Virus konkurrieren. Es kann sich dabei um Aminosäuren handeln (MENEGHINI und DELWICHE). Die Viruseiweißbildung ist nicht reversibel, das Virusprotein wird nicht mehr in den Eiweißumsatz einbezogen, es steht nicht im dynamischen Gleichgewicht mit anderen Zelleiweißen (vgl. auch SPENCER; TAKAHASHI).

N-Bindung. Unsere Vorstellung von der Bindung des atmosphärischen Stickstoffs ist vor wenigen Jahren durch die Auffindung des Leguminosenhämoglobins in den tätigen Wurzelknöllchen bereichert worden. Dieses Hämoglobin aus *Soja*-Knöllchen besteht aus 2 Komponenten mit dem IEP bei p_H 4,4 und 4,7 (ELLFOLK und VIRTANEN). Das Hämoglobin ist charakteristisch für die symbiontische N-Bindung, in frei lebenden stickstoffbindenden Organismen kommt es nicht vor. Das Hämoglobin befindet sich nicht in den Bakterien, sondern im Cytoplasma und den Vakuolen der bakterienhaltigen Zellen (J. D. SMITH). Die Funktion des Hämoglobins in den Wurzelknöllchen kann nicht in seiner Wirkung als Redoxkatalysator bestehen, es hat aber auch mit der Sauerstoffaufnahme, ohne die bekanntlich keine N-Bindung vor sich geht, nichts zu tun (J. D. SMITH).

Molybdän spielt offenbar nicht nur bei der N-Bindung, sondern auch bei der Nitratreduktion in grünen Pflanzen eine Rolle (ANDERSON und SPENCER).

Daß photosynthetisch tätige Bakterien mit Hilfe des durch die Photolyse des Wassers freigesetzten Wasserstoffs N_2 binden können, wird bestätigt (LINDSTRÖM u. a.). Die reduktive Bindung des Stickstoffs scheint für verschiedene Mikroorganismen ein Weg der Weiterleitung und Ausnutzung des durch den Mechanismus des photosynthetischen Systems frei gemachten Wasserstoffs zu sein, so daß indirekt die N_2-Bindung ein lichtabhängiger Prozeß sein kann (ROSENBLUM). Wenn auch der Chemismus der N_2-Bindung noch nicht aufgeklärt ist, so muß bei der aeroben Fixierung doch mit dem Oxim als einer Zwischenstufe gerechnet werden, während bei anaeroben stickstoffbindenden Organismen (z. B. *Clostridium butyricum*) keine Spur von Oxim-N zu entdecken war. Hier dürfte vielleicht eher der Weg über Di-Imide und Hydrazin führen (VIRTANEN u. Mitarb.).

Literatur.

ÅBERG, B.: Physiologia Plantarum **2**, 164 (1949). — ADELBERG, E. A.: J. Bacter. **61**, 365 (1951). — AJL, S. J.: J. Bacter. **59**, 499 (1950). — ALL-SOPP, A.: J. of Exper. Bot. **1**, 71 (1950). — ANDERSON, A. J., u. D. SPENCER: Austral. J. Sci. Res. **3**, 414 (1950).

BAILEY, J. M., u. Mitarb.: J. Chem. Soc. Lond. **1950**, 3692. — BARKER, S. A., u. Mitarb.: J. Chem. Soc. Lond. **1950**, 2884. — BARRON, E. S. G., u. Mitarb.: Arch. of Biochem. **28**, 377 (1950). — BASSHAM, J. A., A. BENSON u. M. CALVIN: J. of Biol. Chem. **185**, 781 (1950). — BELL, D. J.: Angew. Chem. **60**, 79 (1948). — BHAGVAT, K., u. R. HILL: New Phytologist **50**, 112 (1951). — BOULD, C., u. Mitarb.: Nature (Lond.) **167**, 140 (1951). — BRACHET, J.: Experientia **7**, 344 (1951). — BROOKS, S. C.: Adv. in Enzymol. **7**, 1 (1947). — BROWN, A. H., u. Mitarb.: Zit. in Ann. Rev. Plant Physiol. **2**, 88 (1951).

CAMPBELL, J. J. R., u. F. C. NORRIS: Cand. J. Res. Sect. C **28**, 203 (1950). CHANCE, B., u. D. HERBERT: Biochem. J. **46**, 402 (1950). — CHANDA, S. K., E. L. HIRST u. Mitarb.: J. Chem. Soc. Lond. **1950**, 1289. — COHEN, S. S.: Nature (Lond.) **168**, 746 (1951). — COHEN, S. S., u. D. B. McNAIRSKOTT: Science (N. Y.) **111**, 543 (1950). — CONNELL, J. J., u. Mitarb.: J. Chem. Soc. Lond. **1950**, 3494. — CORI, G. T., u. J. LARNER: J. of Biol. Chem. **188**, 17 (1951). — CRAMER, F.: Papierchromatographie. Verlag Chemie 1952. — CROMWELL, B. T.: Biochem. J. **46**, 578 (1950).

DAVIS, B. D.: J. of Biol. Chem. **191**, 315 (1951). — DEMERS, M.: Rev. canad. de Biol. **10**, 249 (1951). — DONE, J., u. L. FOWDEN: Biochemic. J. **49**, XX (1951). — DU BUY, H. G., u. Mitarb.: Science (N. Y.) **111**, 572 (1950). — DUCET, G., u. A. J. ROSENBERG: Bull. Soc. Chim. Biol. Paris **33**, 321 (1951). — DUNN, F. J., u. C. R. DAWSON: J. of Biol. Chem. **189**, 485 (1951). — DE DUVE, CHR., u. Mitarb.: Nature (Lond.) **167**, 389 (1951). — DYAR, M. T.: Amer. J. Bot. **37**, 786 (1950).

EHRENBERG, L., u. Mitarb.: Hereditas **35**, 469 (1949). — EIGER u. DAW-SON: Arch. Biochem. **21**, 181 (1948). — ELLFOLK, N., u. A. I. VIRTANEN: Acta chem. scand. (København) **4**, 1014 (1950). — EPHRUSSI, B., u. P. P. SLONIM-SKI: C. r. Acad. Sci. Paris **230**, 685 (1950). — EVANS, W. C., u. B. S. SMITH: Biochemic. J. **49**, X (1951). — EVANS, W. C., u. Mitarb.: Nature (Lond.) **168**, 772 (1951).

FOSTER, J. W., u. Mitarb.: Proc. Nat. Acad. Sci. U.S.A. **35**, 663 (1949).

GALLI, A.: Ber. schweiz. bot. Ges. **56**, 113 (1946). — GALSTON, A. W.: Plant Physiol. **24**, 577 (1949). — GALSTON, A. W., u. Mitarb.: Acta chem. scand. (København) **5**, 781 (1951). — GANAPATHI, K.: Current Sci. **19**, 381 (1950). — GANZ, A., u. Mitarb.: Bot. Gaz. **113**, 195 (1951). — GODDARD, D. R., u. C. HOLDEN: Arch. of Biochem. **27**, 41 (1950). — GORDON, M., u. Mitarb.: Proc. Nat. Acad. Sci. USA **36**, 427 (1950). — GRAFFLIN, A. L., u. S. OCHOA: Biochim. et Biophysic. Acta **4**, 205 (1950). — GREEN, D. E.: Biol. Rev. Cambridge Philos. Soc. **26**, 410 (1951). — GRIFFITHS, D. G., u. Mitarb.: J. Hort. Sci. **25**, 277 (1950). — GUNSALUS, J. C.: Federat. Proc. **9**, 556 (1950).

HAPPOLD, F. C.: Biochem. Soc. Symp. **5**, 85 (1950. — HENDRICKS, S. B., H. A. BORTHWICK u. M. W. PARKER: Vorgetragen auf dem VII. Intern. Bot. Congreß Stockholm 1950. — HERSEY, D. F., u. S. J. AJL: J. Gen. Phy-siol. **34**, 295 (1951) — J. of Biol. Chem. **191**, 113 (1951). — HEVESY, G.: Radioactive Indicators. New York u. London 1948. — HILL, R., u. R. SCA-RISBRICK: New Phytologist **50**, 98 (1951). — HIRST, E. L., u. Mitarb.: J. Chem. Soc. Lond. **1950**, 1297. — HOBSON, P. N., u. Mitarb.: Biochemic. J. **47**, XXXIX (1950). — HORECKER, B. L., u. P. Z. SMYRNIOTIS: Arch. of Biochem. **29**, 232 (1950). — HOUGH, L., u. J. K. N. JONES: J. Chem. Soc. Lond. **1951**, 1122. — HULME, A. C., u. W. ARTHRINGTON: Nature (Lond.) **165**, 716 (1950). — HULME, A. C.: Abstr. 1st Intern. Congr. of Biochem. Cambridge 1949, 493 — J. Hort. Sci. **26**, 118 (1951).

JOHNS, A. T.: J. Gen. Microbiol. **5**, 326, 337 (1951).

KILBY, B. A.: Biochemic. J. **49**, 671 (1951). — KNOX, W. E., u. A. H. MEH-LER: J. of Biol. Chem. **187**, 419 (1950). — KOSHLAND, D. E.: J. Amer. Chem.

Soc. **73**, 4103 (1951). — KREGER, D. R.: Biochem. et Biophys. Acta **6**, 406, (1951). — KURZ, F. A.: Dokl. Akad. Nauk. SSSR **72**, 81 (1950).

LANG, K.: In: 2. Colloquium Mosbach. Mikroskopische und chemische Organisation der Zelle. Berlin-Göttingen-Heidelberg: Springer 1952. — LARDY, H. A.: Respiratory Enzymes. Burgess Publ. Comp. 1949. — LASCELLES, J., u. D. D. WOODS: Nature (Lond.) **166**, 649 (1950). — LAUER, K.: Kolloid-Z. **121**, 36 (1951). — LEIFER, E., u. Mitarb.: J. of Biol. Chem. **184**, 589 (1950). — LEWIS, K. F., u. S. WEINHOUSE: J. Amer. Chem. Soc. **73**, 2500 (1951). — LINDSTROM, E. S., R. H. BURRIS u. P. W. WILSON: J. Bacter. **58**, 313 (1949). — LYNEN, F., E. REICHERT u. L. RUEFF: Liebigs Ann. **574**, 1 (1951).

MACKIE, R. W., u. Mitarb.: Amer. J. Bot. **39**, 229 (1952). — MALLETTE u. DAWSON: Arch. of Biochem. **23**, 29 (1949). — MARRÉ, E., u. L. FELICI: Atti Acad. Naz. Lincei, Ser. 8, **9**, 111 (1950). — MENEGHINI, M., u. C. C. DELWICHE: J. of Biol. Chem. **189**, 177 (1951). — MEYER, K. H., u. M. FULD: Helv. chim. Acta **32**, 757 (1949). — MILLERD, A.: Proc. Linnean Soc. N. S. Wales **76**, 123 (1951). — MILLERD, A., u. Mitarb.: Proc. Nat. Acad. Sci. U. S. A. **37**, 855 (1951). — MONOD, J., u. A. M. TORRIANI: Ann. Inst. Pasteur **78**, 65 (1950). — MONTFORT, C., u. G. ROSENSTOCK: Z. Naturforschg. **5b**, 171 (1950).

NASON, A.: Amer. J. Bot. **37**, 612 (1950). — NEWCOMB, E. H.: Proc. Soc. Exper. Biol. a. Med. **76**, 504 (1951). — NEWCOMER, E. H.: Bot. Rev. **6**, 53 (1951). — NOVELLI, G. D., u. F. LIPMANN: J. of Biol. Chem. **182**, 213 (1950).

OCHOA, S.: Symposia Soc. Exper. Biol. **5**, 29 (1951).

PAECH, K., u. E. KRECH: Planta (Berl.) im Druck. — PARKE, D. V., u. R. T. WILLIAMS: Biochemic. J. **49**, LII (1951). — PEAT, S.: Adv. Enzymol. **11**, 339 (1951). — PERNER, E. S.: Biol. Zbl. **71**, 43 (1952). — POTTER, A. L., u. W. Z. HASSID: J. Amer. Chem. Soc. **73**, 997 (1951).

RACKER, E.: Nature (Lond.) **167**, 408 (1951). — RECKNAGEL, R. O.: J. Cell. a. Comp. Physiol. **35**, 111 (1950). — RENVALL, S.: Acta chem. scand. (Københ.) **4**, 738 (1950). — ROBERTS, E. A. H., u. D. J. WOOD: Arch. of Biochem. **33**, 299 (1951). — ROSENBLUM, E. D., u. P. W. WILSON: J. Bacter. **59**, 83 (1950). — ROSENSTOCK, G.: Planta (Berl.) **40**, 70 (1951). — ROTHSTEIN, A.: Science (N. Y.) **114**, 683 (1951). — ROWSELL, E. V.: Nature (Lond). **168**, 104 (1951).

SANADI, D. R., u. D. M. GREENBERG: Arch. of Biochem. **25**, 323 (1949). — SHEMIN, D.: Cold Spring Harbor Symp. **14**, 161 (1950). — SHEPHERD, C. J.: Biochemic. J. **48**, 485 (1951). — SINGER, TH. P., u. J. PENSKY: Arch. of Biochem. **31**, 457 (1951). — SLATER, E. S.: Nature (Lond.) **166**, 982 (1950). — SLEEPER, B. P.: J. Bacter. **62**, 657 (1951). — SLEEPER, B. P., u. Mitarb.: J. Bacter **59**, 117, 129 (1950). — SMITH, J. D.: Biochemic. J. **44**, 585, 591 (1949). — SMITH, J. N.: Biochem. Soc. Symp. **5**, 15 (1950). — SNELL, E. E., u. Mitarb.: J. Amer. Chem. Soc. **72**, 5349 (1950). — SPENCER, E. L.: Plant Physiol. **16**, 227 (1941). — STAFFORD, H. A.: Physiologia Plantarum **4**, 696 (1951). — STANIER, R. Y., u. M. TSUCHIDA: J. Bacter. **58**, 45 (1949). — STANIER, R. Y.: Bacteriol. Rev. **14**, 179 (1950). — STANIER, R. Y., u. Mitarb.: J. Bacter. **59**, 137, 527 (1950). — STANIER, R. Y., u. O. HAYAISHI: Science (Lancaster, Pa.) **114**, 326 (1951). — STERN, J. R., B. SHAPIRO u. S. OCHOA: Nature (Lond.) **166**, 403 (1950). — STERN, H., u. Mitarb.: Science (N. Y.) **114**, 685 (1951). — STERN, J. R., u. S. OCHOA: J. of Biol. Chem. **179**, 491 (1950); **191**, 161 (1951). — DE STEVENS, G.: Arch of Biochem. **33**, 304 (1951). — STOKES, F. N., u. J. J. R. CAMPBELL: Arch. of Biochem. **30**, 121 (1951). — STUMPF, P. K.: J. of Biol. Chem. **182**, 261 (1950). — STUMPF, P. K., u. Mitarb.: Arch. of Biochem. **30**, 126 (1951). — SUMNER, J. B., u. K. MYRBÄCK: The Enzymes. Bd. 1 u. 2. New York 1950/52.

TAKAHASHI, W. N.: Phytopathology **31**, 117 (1941). — TEWFIK, S., u. P. K. STUMPF: J. of Biol. Chem. **192**, 519 (1951). — THORN, M. B.: Biochem. J. **49**, 602 (1951). — THORNE, R. S. W.: (Nature (Lond.) **164**, 369 (1949). — TOLMACH, L. J.: Nature (Lond.) **167**, 946 (1951). — TRACEY, M. V.: Biochem. J. **47**, 451 (1950).

UTTER, M. F., u. H. G. WOOD: Adv. Enzymol. **12**, 41 (1951).

VICKERY, H. B., u. M. D. ABRAHAMS: J. of Biol. Chem. **180**, 37 (1949). — VIRTANEN, A. I., u. Mitarb.: Suomen Kemistilehti Ser. B **22**, 23 (1949) — Acta chem. scand. (København) **3**, 1044 (1949). — VISHNIAC, W., u. S. OCHOA: Nature (Lond.) **167**, 768 (1951).

WAYGOOD, E. R.: Can. J. Res. Sect. C **28**, 7 (1950). — WEIGL, L. W., u. M. CALVIN: J. of Chem. Phys. **18**, 210 (1950). — WEIGL, J. W., u. Mitarb.: J. Amer. Chem. Soc. **73**, 5058 (1951). — WESTALL, R. G.: Nature (Lond.) **165**, 717 (1950). — WILDMAN, S. G., C. C. CHEO u. J. BONNER: J. of Biol. Chem. **180**, 985 (1949).

YANKWICH u. M. CALVIN: J. of Chem. Phys. **17**, 109 (1949).

D. Physiologie der Organbildung.

16. Vererbung.

A. Genetik der Mikroorganismen.

Von HANS MARQUARDT, Freiburg i. Br.

Mit 2 Abbildungen

I. Bakterien-Genetik.

1. Mutationen und Mutations-Auslösung.

Eine wesentliche Eigenschaft der Bakterienmutationen, die nur beim K 12-Stamm von *Escherichia coli* bis heute durch Kreuzungs-analyse weiter bestätigt werden können, ist die Stabilität der neu auf-getretenen Merkmale. Da die Bakteriengenetik aber fast stets nur mit sehr hohen Individuenzahlen arbeitet, werden Rückmutationen einer-seits und weitere Mutationsschritte andererseits bei laufender Weiter-kultur dieser geforderten Stabilität gefährlich. Dies gilt in einem stär-keren Maße, als bisher angenommen wurde. So konnten NOVIK und SZILARD an *Escherichia coli* B 1 zeigen, daß trotz gleichbleibender B 1-Eigenschaften bereits nach 10 Tagen die Ausgangsform in einer Kultur verdrängt war durch eine Mutante B 1 f, die fünfmal schneller wuchs. Der Nachweis gelang mit Hilfe eines „Chemostaten", d. h. eines Wuchsgefäßes, in welches so viel Nährlösung zuströmte, daß gerade die Zahl der ablaufenden Bakterien durch die in Teilung neu entstehenden Zellen ersetzt wird.

Bei dieser latenten Labilität durch weitere Mutationsschritte ist es auf der anderen Seite erstaunlich, daß eine Reinkultur von h^+-Mu-tanten (Histidin-unabhängig) sich praktisch rein erhält, obwohl die spontane Rate zu h^- (Histidin-bedürftig) $1{,}2 \cdot 10^{-6}$ pro Bakterium und Zellgeneration beträgt. Dasselbe gilt für h^--Kulturen trotz einer Rück-mutationsrate zu h^+ von $2{,}9 \cdot 10^{-8}$ (LIEB). Markierung der h^+-For-men mit Lac$^+$ (Lactose fermentierend) und der h^--Formen mit Lac$^-$ (Lactose nicht fermentierend) ergab nach ATWOOD u. Mitarb. in einer h^--Reinkultur, daß zunächst tatsächlich die zu fordernden h^+-Mutan-ten entstehen, außerdem aber auch h_1^--Mutanten mit einer über-legenen Vitalität. Infolgedessen werden bald sowohl die ursprüng-lichen h^+- wie h^--Formen ersetzt durch die neue h_1^--Form. Sie ihrer-seits mutiert wieder zu h_1^+ und gleichzeitig h_2^-, die alle h_1-Formen verdrängt. Je nach der Dauer der Kultur ist daher am Ende an Stelle der reinen h^--Form eine h_x^--Form vorhanden und auf diese kompli-zierte Weise die Kultur mit ganz geringen Ausnahmen (h_x^+-Rückmuta-tionen) konstant geblieben. Über die Ursachen dieser laufenden Selek-tionsvorgänge und über das auffällige, kurzzeitige Vorhandensein der einzelnen h_1, $h_2 \cdots h_x$-Formen ist nichts bekannt.

Während diese Ergebnisse auf zweifellos echte Mutationsvorgänge zurückgeführt werden müssen, scheinen nach den allerdings erst kurz publizierten Befunden an pigmentbildenden Bakterien (Bunting u. Mitarb.) zunächst als Mutationen interpretierte Änderungen vorsichtiger bewertet werden zu müssen: Der Hy-Stamm von *Serratia marcescens* (= *Bact. prodigiosum*) bleibt auf Peptonagar relativ farbkonstant, auf synthetischem Medium dagegen entstehen aus den normalroten Bakterien in großer Zahl weiße Kolonien, die nach weiterer Bebrütung gesprenkelt werden. Diese abweichenden weißen Kolonien, auf Peptonagar zurückgebracht, schlagen schnell wieder in rote Formen zurück, wobei es sich nicht um einen Selektionsvorgang, sondern um einen echten Übergang der weißen in rote Zellen handelt. Gesprenkelte Kolonien ergeben zu $^2/_3$ wieder gesprenkelte, zu $^1/_3$ dagegen rote Kolonien, stabil bleibende weiße entstehen dabei nicht. Dieses Verhalten erinnert stark an Hefen mit adaptiven Enzymen, die auf dem einen Substrat konstant bleiben, auf dem andern dagegen eine charakteristische Eigenschaft nach einigen Zellgenerationen verlieren, um sie nach Zurücksetzung auf das erste Medium zeitlich etwas verzögert wieder zu erhalten. Eine Änderung der Erbkonstitution bei diesem beliebig oft und sogar an abgetöteten Zellen noch auslösbaren Umschlägen tritt nicht ein. Mutationsauslösende Agenzien, wie Ultraviolett (UV) oder Senfgas, erhöhen zwar die Zahl der Zellen mit abweichenden Farben, aber der Prozentsatz von weißen Kolonien, die gesprenkelt werden, bleibt konstant. Diese vermutlich auf adaptive Enzyme zurückgehende Gruppe von Bakterienzellen spricht damit auch auf mutagene Agenzien nicht an, was die Verff. in ihrer Auffassung bestärkt, daß es sich um nichtmutative Phänomene handelt. Wir halten gerade diese Befunde für besonders bedeutungsvoll, denn sie zeigen deutlich, daß erst sorgfältige Untersuchungen des weiteren Verhaltens von Bakterien mit veränderten Merkmalen notwendig sind, um den Begriff der Mutation, wie er bei höheren Organismen verwendet wird, im Rahmen der Bakteriengenetik zu gebrauchen.

Nachdem über die Erfolge von Bestrahlungen mit kurzwelligen Strahlen auch bei Bakterien ausreichend Erfahrungen vorliegen, stehen jetzt Kombinationsexperimente in Analogie zu den Untersuchungen an höheren Organismen im Vordergrund. Erhöhung des O_2-Gehaltes der Atmosphäre während der Röntgenbestrahlung erhöht die Strahlenwirkung, Ersatz der Luft durch N_2 setzt die Strahlenempfindlichkeit herab, gleichgültig, ob dies an Tumorzellen (Crabtree und Cramer), Bohnenwurzeln (Mottram, Thoday und Read), Hefen (Anderson und Turkowitz), Gerstensamen (Hayden und Smith), *Tradescantia*-Pollenmitosen (Giles und Riley 1, 2) und *Drosophila*-Mutationen (Baker und Sgourakis) untersucht wird. Analoge Experimente an *Escherichia coli* bringen je nach dem untersuchten Mutationsschritt widersprechende Ergebnisse (Anderson). Rückmutationen eines purinbedürftigen Stammes zur Purinunabhängigkeit treten bei Bestrahlung unter O_2-Atmosphäre 20—25 mal häufiger auf als bei derselben Röntgendosis unter N_2. Im Gegensatz dazu reagiert die Rückmutationsrate des Streptomycin-abhängigen Stammes zur Unabhängigkeit überhaupt nicht auf das Vorhandensein von O_2 oder N_2 während der Bestrahlung.

Das Wesentliche dieser Befunde liegt somit in der Tatsache, daß zwar die Purinmutanten, nicht aber die Streptomycinmutationen ein den höheren Organismen vergleichbares Verhalten zeigen; Verallgemeinerungen nach Feststellung der Reaktion der Bakterien hinsichtlich eines einzelnen Mutationsschrittes sind daher vorsichtiger als bisher vorzunehmen.

Wird nicht die Mutationsrate, sondern die Anzahl überlebender Bakterien getestet, dann bewirkt eine Dosis von 40000r bei Bestrahlung unter N_2, He, H_2 oder CO_2 stets eine größere Überlebensrate als unter O_2 (HOLLAENDER u. Mitarb.). Wird aber zusätzlich noch das Nährmedium variiert, dann überdeckt sein Einfluß die Wirkung des bei Bestrahlung vorhandenen Gases. So reagieren die Colibakterien in anaeroben, glucosehaltigen Kulturen bei N_2-Atmosphäre wesentlich empfindlicher als bei O_2-Atmosphäre, während bei aeroben Fleischbrüh- oder Glucosemedien das Umgekehrte gilt. Zusatz von Cystein zum Kulturmedium erwies sich in dem Test auf die Anzahl der Überlebenden ebenso wie bei der Phagenresistenz (LATARJET und EPHRATI) als besonders wirksamer Schutz gegen die letale Wirkung einer Röntgenbestrahlung.

Außer Cystein übt aber auch Brenztraubensäure eine Schutzwirkung aus (THOMPSON u. Mitarb.). Sowohl die Zahl der überlebenden wie die Zahl streptomycinresistenter Bakterien sinkt bei Zusatz von Brenztraubensäure vor einer Bestrahlung von *Escherichia coli, Bacillus anthracis* und *Micrococcus pyogenes* var. *aureus*. Diese Wirkung ist nicht zufällig gefunden, sondern auf Grund der Arbeiten über die Bedeutung des H_2O_2 (vgl. vorjährigen Bericht, S. 316) nach der Summenformel $CH_3CO \cdot COOH + H_2O_2 \rightarrow CH_3COOH + CO_2 + H_2O$ theoretisch gefordert worden. Die erste, mögliche Deutung der Schutzwirkung von Brenztraubensäure nimmt daher an, daß nach der genannten Formel das durch die Bestrahlung entstehende H_2O_2 vor seiner Wirkung auf die Funktionsträger der Bakterienzelle unschädlich gemacht wird. Die zweite Deutung schließt an die mutationssteigernde Wirkung von O_2 an: Da Brenztraubensäure ein gutes Substrat für oxydativ wirkende Fermente darstellt, könnte bei seiner Gegenwart die O_2-Spannung in der Zelle herabgesetzt und damit die mutagene Wirkung der Bestrahlung gemildert werden. Als dritte Möglichkeit wird noch die Bedeutung der Sulfhydrilgruppen als besonders strahlenempfindliche Stellen herangezogen; Pyruvat könnte sie gegen Eingriffe der Röntgenstrahlen stabilisieren. Als Nebenergebnis bei diesen Experimenten ergab sich noch, daß ebenso wie normales Nährmedium, vor Impfung mit Bakterien bestrahlt, auch pyruvathaltige Kulturlösung toxisch und mutagen wird, jedoch in geringerem Umfang als ohne diesen Zusatz.

Während die genannten Faktoren die Wirkung der verschiedenen Strahlenarten beeinflussen, hat sich speziell für die Ultraviolettbehandlung das Phänomen der „Photoreaktivierung" nachweisen lassen. Von zahlreichen Autoren ist zunächst festgestellt worden, daß bei Testung der Überlebendenrate die Wirkung einer UV-Bestrahlung zurückgeht, wenn anschließend eine Belichtung mit mittleren Intensitäten weißen Lichtes vorgenommen wird (KELNER, MONOD u. Mitarb., NOVIK und SZILARD, ferner KIMBALL und GAITLER bei *Paramaecium*, bei *Neurospora* vgl. S. 387). Die Inaktivierung der Bakterien durch UV erfolgt bis zu einer Temperatur von $-70°$, die Photoreaktivierung dagegen nur bei Normaltemperatur; im gefrorenen Zustand wirkt Belichtung dagegen als zusätzlicher, letaler Faktor und damit in entgegengesetztem Sinne (HEINMETZ und TAYLOR). Eine Ergänzung bringt die Arbeit von LATARJET und CALDAS, nach welcher zwar eine Belichtung mit 3000 Lux über 2 Stunden nach schwerer UV-Dosis bei lysigenen Stämmen (Definition des Begriffs im vorjährigen Bericht WEIDELS, S. 376) von *Escherichia coli* K 12 und *Bact. megatherium* keine Photoreaktivierung bewirkt, aber bei Zugabe von Katalase und noch deutlicher bei Kombination mit der genannten Lichtintensität die Reaktivierung eintritt. 5 Minuten Berührung mit katalasehaltigem Medium bis 2 Stunden nach der Bestrahlung genügt dabei, wenn erst nach Abschluß der Bestrahlung die Katalasebehandlung erfolgt. Vgl. dazu S. 237 ff.

Ähnlich wie die zusätzliche Belichtung wirkt auch hohe Temperatur nach UV-Behandlung (ANDERSON 1, 2; STEIN und MEUTZNER), jedoch verhalten sich die verschiedenen Bakterienstämme nicht einheitlich, indem zwar *E. coli* B (strahlenempfindlich) eine nachweisbare Hitze-, nicht aber eine Photoreaktivierung zeigt, *E. coli* B/r (strahlenresistent) dagegen weder von hoher Temperatur noch von Licht reaktiviert wird. Insgesamt reagieren auf die hohe Temperatur von 10 *Coli-* und 7 mituntersuchten Hefestämmen nur 2 Bakterienstämme positiv. Hitzereaktivierung scheint somit der seltenere Vorgang gegenüber der Photoreaktivierung zu sein.

Diese rein physiologischen Vorgänge hätten in diesem Rahmen nicht behandelt werden müssen, wenn nicht an Strepotmycinresistenzmutationen dieselbe Reaktion festgestellt worden wäre (NEWCOMBE, NEWCOMBE und WHITEHEAD). Geringe UV-Dosen (500 erg/cmm) mit nachfolgender Lichtbehandlung setzen die Mutationsrate von streptomycinempfindlichen zu streptomycinresistenten auf 10% der allein bei UV-Behandlung auftretenden Mutanten herab. Bei steigender Dosis überdeckt die letale Wirkung der Strahlung den Mutationseffekt. Von einer bestimmten Dosis ab bleibt nämlich der Mutationsprozentsatz konstant, während die Zahl der inaktivierten Bakterien weiter stark ansteigt. Daraus läßt sich schließen, daß die inaktivierten Bakterien sich in eine photoreaktivierbare und eine photostabile Gruppe gliedern.

Bei der komplizierteren Versuchsanstellung UV + Licht + UV + Licht werden nach der ersten UV + Licht-Behandlung die Bakterien gegen die zweite UV-Behandlung empfindlicher, und die anschließende zweite Belichtung hat keine reaktivierende, sondern eine zusätzlich letale Wirkung.

Das Auseinanderfallen der von einer bestimmten Dosis ab konstanten Mutationsrate und der weiter steigenden Inaktivierungsrate schließt die frühere Interpretation KELNERS aus, nach welcher Tötung und Mutabilität durch einen gemeinsamen photosensiblen Faktor ausgelöst werden. Eine abweichende Deutung, die behandelte Bakterienpopulation zerfalle in eine leichter und eine schwerer mutable Gruppe, wobei die letztere bei hoher Dosis eher stirbt als mutiert, erscheint ebenfalls nicht anwendbar. ANDERSON und WHITEHEAD nehmen daher an, daß zwei Substanzen, eine lichtempfindliche, d. h. durch Licht rückgängig zu machende, und eine lichtunempfindliche bei UV-Bestrahlung gebildet werden. Je nach ihrer Quantität bei verschiedener Strahlenintensität treten verschiedene Grade der Rückwirkung auf physiologische Aktivität und auf die genetische Struktur ein. Die Befunde von LATARJET und CALDAS weisen darüber hinaus darauf hin, daß es sich bei diesen Substanzen eventuell wieder um organische Peroxyde oder ihnen nahestehende Reaktionsprodukte handelt.

Im Gegensatz zu diesen Modifikationen der Bakterienreaktion auf Strahlung mit Hilfe äußerer Bedingungen sind auch in Analogie zu Erfahrungen an höheren Organismen innere Bedingungen für die Strahlenempfindlichkeit verantwortlich (MEFFERD und WYSS). Werden die Sporen des sporenbildenden *Bac. anthracis* und dann die mit Hilfe niederer Temperatur verlangsamt ablaufende Keimung der Sporen UV-bestrahlt, dann steigt die Anzahl der Streptomycinresistenzmutationen in einer frühen Phase der Keimung gegenüber der vorherigen Unempfindlichkeit stark an. Die Erfahrung, daß der anabiotische Zustand auf kurzwellige Strahlung nur wenig durch Mutabilität anspricht, gilt somit auch bei Bakterien.

Von NEWCOMBE und WITKIN ist ferner beobachtet worden, daß in verschiedenen Entwicklungsphasen der nichtsporenbildenden *E. coli* das Verhältnis der Zellen mit einem bzw. zwei und mehr Kernäquivalenten verschieden ist. Da eine Mutation aber nur an den Erbeinheiten e i n e s Kernäquivalents eintreten kann, muß bei mehrkernigen Zellen durch die anschließenden Zell- und Kernteilungen eine Kernentmischung stattfinden, d. h. die ausgelöste Mutation einige Zellteilungen später eintreten. Ein entsprechender Nachweis ließ sich durch UV-Induktion von Lac^--Mutanten in Lac^+-Kulturen auf Eosinmethylenblauagar leicht führen, da sich „delayed mutations" durch sektorial unterbrochene Lac^-/Lac^+-Stellen anzeigen. Das Auftreten der Doppelmutanten (Lac^- + streptomycinunabhängig) läßt weiter schließen, daß das Phänomen der delayed mutations nicht nur auf Kernentmischung zurückgeführt werden kann, sondern daß noch Spaltungsvorgänge extranucleärer Erbeinheiten, erst nach mehreren Zellteilungen eintretende Mutationen oder genetischer Austausch zwischen Untereinheiten der Kernäquivalente einer Zelle in Frage kommen.

Über die C h e m o g e n e t i k d e r B a k t e r i e n ist an Mutationsschritten zur Phagenresistenz und zur Streptomycinunabhängigkeit von DEMEREC u. Mitarb. eine inhaltsreiche Untersuchung erschienen. Unter den anorganischen Salzen sind $HgCl_2$, $AgNO_3$, Na_2SiO_2 sowie die Säuren H_2SO_4, H_3PO_4, HNO_3, HCl, HBO_3 wirkungslos, die Basen NaOH und KOH dagegen unsicher wirksam. NH_3, H_2O_2 — entsprechend älteren Untersuchungen — und $CuSO_4$ sind gesichert mutagen, ebenso die organischen Säuren Ameisen-, Essig- und in geringerem Maße Milchsäure (Na-Lactat dagegen ist unwirksam), ferner Formaldehyd, Phenol, α-Dinitrophenol, Pikrinsäure, Äthyl-n-propyl-urethan (n-Butyl- und Isoamyl-urethan schwach wirksam), Neutralrot + Licht, Acriflavin, Coffein und Necrosin, die physiologisch aktive Euglobulinfraktion des Exsudates entzündeter Wirbeltiergewebe. Nichtmutagen sind demgegenüber Na-Salicylat und das Methylurethan. Unter dem Eindruck der mutagenen Eigenschaften derartiger heterogener Verbindungen halten die Verff. einen direkten Angriffspunkt der Substanzen an den erbtragenden Strukturen für unwahrscheinlich und ziehen die Möglichkeit eines Eingriffs an den Funktionsketten im Cytoplasma mit entsprechenden Rückwirkungen auf die erbtragenden Strukturen vor.

Ebenfalls auf Grund von Rückmutationen von Streptomycinbedürftigkeit zu Streptomycinunabhängigkeit konstatieren CLARK u. Mitarb. die mutagene Wirkung von Menandion (2-Methyl-1-4-naphthochinon) bei *Micrococcus pyogenes*. In Parallele zu den Bestrahlungsexperimenten hebt Cysteinzugabe die Wirkung der genannten Substanz praktisch auf; in dieselbe Richtung, aber in schwächerem Grade, wirken Methionin, Glutathion und N-Thioglykolat, während Glycin unwirksam bleibt. Eine antagonistische Wirkung wird ferner von dem nach DEMEREC u. Mitarb. nicht mutagen wirkenden $HgCl_2$ und $AgNO_3$ ausgeübt, überraschenderweise aber auch von $CuSO_4$, das allein ja mutagen ist und daher entgegengesetzt wirken sollte.

Anhangsweise sei vermerkt, daß an der virulenten und für den Experimentator gefährlichen *Pasteurella pestis* durch Campherzusatz zum Nährmedium „Gigas-Bakterienzellen" in Analogie zu BAUCHS Ergebnissen mit Hefen erzielt wurden, welche gegenüber der Maus die originale Virulenzstufe beibehalten haben (WON).

2. Resistenz- und biochemische Methoden.

Nachdem durch HINSHELWOOD gegen die Interpretation der Resistenz als Folgeerscheinungen von Mutationen energische Einwände erhoben wurden, ist verschiedentlich eine Nachkontrolle früherer Ergebnisse vorgenommen worden (BRONSCHEIN u. Mitarb., GILSON und GILSON). Für die in erster Linie untersuchte Streptomycinresistenz ergab sich dabei ebenso wie für die früher bearbeitete Penicillinresistenz, daß die höheren Stufen bis zur absoluten Resistenz (bei *Escherichia coli* ab 20 γ/ml Dihydrostreptomycinsulfat, DEMEREC) nur über mehrere Mutationsschritte erreicht werden können. Dies erklärt sich nach NEWCOMBE und McGREGOR, welche mit dem Stamm K 12 Kreuzungs- und Rekombinationsexperimente vornahmen, dadurch, daß die Mutationen nicht nur an dem „Streptomycinlocus", sondern auch an anderen Loci eintreten. Noch genauer analysierten CAVALLI und MACCACARO die Genetik der Chloromycetinresistenz. Sie kreuzten beispielsweise die chloromycetinresistente Form $T^- L^- B_1^- Lac^- Mal^- Gal_1^- Xyl^- Ma^- V_1^-$

B^+M^+ (bedürftig für Threonin, Leucin, Vitamin B_1, ohne Fermentation von Lactose, Maltose, Galaktose, Xylose, Mannit, resistent gegen Phagenstamm T_1, unabhängig von Biotin und Methionin) mit einem chloromycetinempfindlichen Stamm entgegengesetzter Eigenschaften $T^+L^+B_1^+Lac^+Mal^+Gal_1^+Xyl^+Ma^+V_1^+B^-M^-$. Nach der Analyse der Zahlen verschiedener Rekombinantenklassen ist die Chloromycetinresistenz polygen gesteuert: 1—2 Resistenzloci liegen zwischen (BM) und Lac, ein oder mehrere Loci zwischen Lac und V_1, der am häufigsten mutierte Locus ist eng mit V_6 gekoppelt; es sind aber darüber hinaus noch mehrere, nicht genauer identifizierte Loci beteiligt.

Bei niederen Resistenzgraden — für Streptomycinresistenz von *Esch. coli* unter 4 γ/ml (DEMEREC) — ist eine Beteiligung der genetischen Konstitution nicht wahrscheinlich. In diesem Bereich wird die vorhandene Resistenz auf das Wirksamwerden adaptiver Enzyme zurückgeführt, ohne daß allerdings in entsprechenden Deadaptationsversuchen diese Interpretation gestützt worden wäre. Bei den *Coli*-Stämmen B, B/r (strahlenresistent), B/r/1 (Strahlen- und Phagenstamm 1-resistent) und B/6 liegt die spontane Mutationsrate von Empfindlichkeit zu genetischer Resistenz bei $1 \cdot 10^{-9}$ pro Bakteriengeneration. Von 208 näher untersuchten Resistenten sind 124 (= 60%) gleichzeitig streptomycinbedürftig, d. h. nur noch auf streptomycinhaltigem Medium teilungsfähig. Werden diese Formen aber auf streptomycinfreies Medium gebracht, durchlaufen sie durchschnittlich 2,7 Normalteilungen, um danach Fadenbildungen zu ergeben, die nach Erreichung der 10fachen Länge sich nicht weiter teilen oder verändern. Dieser Auslauf einer abnormen Teilungstätigkeit ist in seinen Einzelheiten allerdings abhängig von der Streptomycinkonzentration, auf welcher die bedürftigen Bakterien vor der Übertragung gelebt haben (BERTANI). Die Rückmutationsrate von Streptomycinbedürftigkeit zur Unabhängigkeit liegt bei $1,4 \cdot 10^{-8}$. Dieser Mutationsschritt läßt sich zur Bestimmung der Dosiswirkungskurve einer UV-Bestrahlung verwenden. Im Gegensatz zu den früheren Befunden an der Phagenresistenz verläuft hier die Kurve linear und stellt so keine Vieltrefferkurve dar. Das analoge Experiment mit dem Mutationsschritt B/r zu Br/s (streptomycinbedürftig) hat dasselbe Ergebnis, ist aber sehr schwer zahlenmäßig einwandfrei auszuwerten, da hier die Nullpunktmutationen (vgl. Bd. 13, S. 314) vollständig fehlen und die Zahl der Mutanten daher nicht nur von der Dosis, sondern auch von dem Zeitpunkt der Auszählung abhängig ist.

Während die streptomycinbedürftigen *Coli*-Bakterien auf streptomycinfreiem Medium überhaupt nicht wachsen, ist dies zwar bei den Resistenten der Fall, aber auch sie haben gegenüber dem Wildtyp eine verlangsamte Wachstumsrate. Umgekehrt liegen dagegen die Verhältnisse bei dem streptomycinresistenten *Micrococcus pyogenes* var. *aureus* (ENGLISH und MCCOY), bei welchem erst durch Biotinzugabe das Wachstum der Empfindlichen die Stufe der Resistenten erreicht. Auch auf semisynthetischem Medium behalten die Resistenten ihre Wachstumsüberlegenheit bei.

24*

Werden in voller Teilung befindliche Bakterien mit Röntgen-
oder γ-Strahlen kontinuierlich bestrahlt, dann ist die Zahl der Mutationen zur Streptomycinresistenz allein von der verabreichten Dosis
abhängig, gleichgültig, über wieviel Teilungen die Bestrahlung sich er-
streckte (RUBIN). Dabei auftretende Störungen im Nucleinsäurestoffwechsel sind noch nicht in ihren Einzelheiten publiziert.

Ein besonderer Fall der Resistenz von *E. coli* ist von FRÉDÉRICQ
und FRÉDÉRICQ und BETZ-BAREAU beschrieben worden. Colicine von
E. coli wirken auf diese Bakterien letal, indem sie über Rezeptoren
an den lebenden Zellen angreifen. Für verschiedene Colicine sind spezifische Rezeptoren vorhanden. Durch einzelne Mutationsschritte kann
nur ein Rezeptorsystem nach dem anderen abgebaut werden, bis eine
vollständige Resistenz gegen die verschiedenen Colicintypen erreicht
ist. Derartige Untersuchungen, am kreuzbaren Stamm K 12 vorgenommen, ergeben ein typisches, faktorielles Verhalten der Defekt-
mutationen für Rezeptoren; die bisher gefaßten Faktoren rekombi-
nieren sich unabhängig voneinander.

Die Untersuchung der biochemischen Mutanten bei Bakterien
steht im Schatten der biochemischen Genetik von *Neurospora* (vgl.
S. 392). Vor allem die Aminosäurebedürftigkeit ist von verschiedenen
Seiten bearbeitet worden. An *Bacillus subtilis*-Mutanten von BURK-
HOLDER und GILES stellte TEAS fest, daß von 12 dieser biochemischen
Mutanten 7 Threonin zum Wachstum benötigen, 2 Threonin und
Methionin, die aber auch auf Homoserin reagieren, 3 weitere benötigen
dieselben Aminosäuren, ohne aber mit Homoserin zu wachsen. Daraus
läßt sich schließen, daß wie bei *Neurospora* auch bei *Bac. subtilis*
Homoserin eine gemeinsame Vorstufe von Threonin und Methionin ist.
Mit 90000—100000 r läßt sich der Threonin/Methionin-bedürftige Zu-
stand zum Wildtyp in einer Häufigkeit von $3 \cdot 10^{-7}$ zurückmutieren.

Über den Zusammenhang von Cystein- und Methioninsynthese
läßt sich bei *Salmonella typhi murinum* unter Einbeziehung früherer
Befunde (LAMPEN u. Mitarb., SIMMONDS, COWIE u. Mitarb., PLOUGH
u. Mitarb. 1, 2) genauere Angaben machen. Das aufgenommene an-
organische Sulfat wird zu Sulfid reduziert und das SH-Radikal in
Cystein eingebaut. Cystein mit Homoserin führt zu Cystathionin und
weiter zum 4-Carbon-Homocystein, welches durch Methylierung in
Methionin übergeführt wird. Die Untersuchung zahlreicher, diesen
Ablauf an den Einschnittstellen unterbrechenden Mutationen führte
zur Auffindung einzelner Mutationsschritte, die gleichzeitig bei der
Überführung des Sulfats in das Sulfid und bei der Methylierung des
Methionins unterbrechen. Dies widerspricht — und darin liegt die
allgemein genetische Bedeutung dieser Befunde — der einfachen
Form der one-gene-one-enzyme-Hypothese (vgl. S. 402) und kann nur
durch die Annahme einer Mitwirkung von Suppressorgenen interpretiert werden.

Nach DAVIS und MINGIOLI treten bei *E. coli* Methionin-bedürftige
Mutanten auf, welche nicht nur durch Methionin-, sondern auch bei
Vitamin B_{12}-Gabe normal wachsen. In Syntrophieversuchen läßt sich

die Anreicherung einer Methioninvorstufe nachweisen, mit welcher Homocystein-bedürftige wachsen können. Wahrscheinlich geschieht daher die Methylierung zu Methionin mit Hilfe von B_{12}, welches dabei die Rolle eines Co-Enzyms hat.

Bei gehemmtem Wachstum infolge von Sulfonamiden reichert sich in *E. coli*-Zellen 4-Amino-imidazol-5-carboxamid als Zwischenstufe bei der Purinsynthese an (BEN ISHAI u. Mitarb.). Methionin und Äthionin liefern im weiteren Ablauf dieses Prozesses das C 2-Atom, wobei die p-Aminobenzoesäure als Überträger des C-Atoms fungiert. Somit ist weiterhin die Purinsynthese von der Methioninbildung abhängig.

Komplexe Verhältnisse sind bei l-Valin-bedürftigen *Coli*-Bakterien festgestellt worden (COHEN u. Mitarb.). Zugabe von l-Valin oder α-Ketovalin + l-Isoleucin in gleicher Konzentration ermöglicht normales Wachstum; die letztere Substanz dagegen, in stärkerer Konzentration verabreicht, wirkt wachstumshemmend. 10^{-5} bis 10^{-4} Mol Valin + 3—10faches an Leucin führt zu einer totalen Blockade des Wachstums. Die hemmende Wirkung des l-Isoleucins kann durch l-Leucin und α-Ketoleucin wieder aufgehoben werden. Bei konstantem Valingehalt und steigender Isoleucinzugabe benötigt die Enthemmung durch Leucin um so mehr dieser Substanz, je höher die Isoleucinkonzentration ist.

Im übrigen sind im Berichtsjahr eine Reihe von Einzelarbeiten über das biochemische Verhalten der Bakterien erschienen, die keine speziellen genetischen Akzente tragen. Wir greifen hier nur zwei Arbeiten über die Zuckervergärung heraus. Nach KLEIN und DOUDOROFF besitzt *Pseudomonas tumefaciens* den enzymatischen Apparat zur Glucoseveratmung mit Ausnahme einer glucosespezifischen Hexokinase. Sie tritt erst in einer Mutante auf und ermöglicht ihr im Gegensatz zur Wildform einen schnellen Zuckerabbau. Kann das Ferment auf Grund entsprechender genetischer Konstitution synthetisiert und zur Funktion gebracht werden, dann hat es die Eigenschaften eines typisch adaptiven Enzyms und erscheint daher nur bei Gegenwart der Glucose im Substrat.

Daß derartige zuckerangreifende Fermente in der Zelle hoch empfindliche Bausteine darstellen, ist von JACOBI u. Mitarb. an der β-Galaktosidasefunktion gezeigt worden. Bei der UV-Bestrahlung eines dieses Ferment besitzenden Stammes, der außerdem mit T_2-Phagen infiziert war, wird bereits bei 2000 erg/qmm die β-Galaktosidasebildung vollständig gehemmt, obwohl die Vermehrung der mitbestrahlten Phagen nur um 40% gesenkt wird. In vitro dagegen erweist sich eine 10—20fache höhere Dosis diesem Ferment gegenüber als kaum wirksam.

3. Karyologische Untersuchungen.

Über die karyologische Grundlage der im folgenden Abschnitt zu besprechenden Rekombinationsvorgänge nach Mischung zweier Bakterienstämme mit genetisch verschiedenen Eigenschaften ist dem Referenten seit dem vorjährigen Bericht keine wesentliche Untersuchung begegnet. Dafür sind in zahlreichen Arbeiten die Einsichten über den Bau und den Formwechsel der Kernäquivalente zu erweitern versucht worden. Zusammenfassungen über diese Frage publizierten BISSET (1) und — in etwas einseitiger Berücksichtigung der Literatur — DELAPORTE. Vgl. ferner die Darstellung JAAGS (oben S. 44ff).

Von DE LAMATER und HUNTER sind überraschend schöne Mikrophotographien von Bakterienmitosen . mit auffälligen Centrosomen, 3 Chromosomen in Meta- und Anaphase veröffentlicht worden, ein Befund, der nach BISSET (2) auf einer Fehlinterpretation beruht: Die Centrosomen sind in Wirklichkeit die Kerne zweier Zellen, und die mit der recht unspezifischen Thioninfärbung dargestellten „Chromosomen" sind in Wirklichkeit der Plasmawandbelag der ungefärbt gebliebenen Zellwand zwischen beiden Zellen, welcher DNS-haltig ist. Um derartigen Irrtümern zu entgehen, auf die auch von BISSET (1) hingewiesen ist, schlägt daher CASSEL (1) eine kombinierte DNS- und Zellwandfärbung (Feulgen + Tanninsäure) vor.

Die Darstellung der DNS und damit der Kernäquivalente gelingt nur nach Entfernung der Ribonucleinsäure durch Hydrolyse mit HCl, durch kalte Perchlorsäure (CASSEL 2) und durch Ribonucleasen. Nach HOFFMANN ist dagegen die völlige Entfernung der RNS von den Kernäquivalenten bei den gebräuchlichen Ribonucleasen und. den üblichen HCl-Hydrolysezeiten sehr schwierig. Die dargestellten Kernäquivalente besitzen in dieser Interpretation daher ein Zentrum aus DNS, um das eine Randschicht schwer abzulösender RNS vorhanden ist, welche nach noch nicht veröffentlichten Befunden Mitochondrienfunktion besitzen soll. Im Gegensatz dazu sind n. MUDD u. Mitarb. bei *E. coli*, *Bac. megatherium* und *Micrococcus cryophilus* oxydoreduktive Enzymsysteme in selbständigen Grana im Cytoplasma vorhanden, welche in vivo mit Tetrazoliumsalzen, mit dem Nadireagens auf Indophenoloxydase, mit Janusgrün und der HARMANschen Mitochondrienfärbung genau wie Mitochondrien der höheren Organismen reagieren.

Bei den Größenordnungen der Kernäquivalente liegt es nahe, von der Elektronenmikroskopie weitere Aufschlüsse über ihren Feinbau zu erwarten. Die Schwierigkeit besteht aber in der Deutung der so erhaltenen Dichteunterschiede und in dem Vorhandensein sekundärer Eingriffe der Elektronenbeschießung. So sind sowohl die elektronenbestrahlten Bakterienzellen wie auch die tragende Collodiummembran gegen eine Reihe von sonst verändernden Agenzien refraktär geworden (HILLIER u. Mitarb.). Eine 2. und 3. elektronenoptische Aufnahme desselben Bakteriums fällt mit der 1. identisch aus, so daß bei fortgesetzter Elektronenbestrahlung keine weiteren Änderungen eintreten.

Andererseits muß ein elektronenoptisches Bild nicht nur durch die eingestrahlten Energien unbefriedigend geworden sein; WINKLER u. Mitarb. fanden beim Vergleich von Lebenduntersuchungen im Phasenkontrast und in nicht zu hoch vergrößerten elektronenoptischen Aufnahmen, daß nicht durch einfaches Antrocknen der Bakterien, sondern nur durch Fixierung in OSO_4-Dampf brauchbare Aufnahmen

erhalten werden können. So behandelte und mit Chrom bedampfte junge
E. coli-Zellen zeigen heller als das Cytoplasma erscheinende Kernäquivalente, über denen das Cytoplasma etwas eingedellt ist (MUDD
u. Mitarb.). Zusammen mit Befunden auf Grund anderer Technik
(ROBINSON und COSSLET, TULASNE 1, 2, MUDD und SMITH) ergibt sich
daraus, daß die Kernäquivalente Orte geringerer optischer und elek-
tronenmikroskopischer Dichte im Vergleich zum Cytoplasma darstellen.

Einen etwas radikaleren Weg zur Analyse des Feinbaus der Elemente
von Kernäquivalenten schlägt MARSHAK (1, 2) ein. Mit 5%iger CrO$_3$-
Lösung fixierte, durch Ultraschall zerstörte *E. coli*-Zellen werden zentrifugiert und eine dunkler gefärbte Fraktion größerer Partikel bei 900 g
bzw. eine heller gefärbte Fraktion mit kleineren Partikeln bei 3600 g
erhalten. Die durchschnittliche Größe der schwereren Partikel entspricht derjenigen der DNS-haltigen Kernäquivalente. Bei 17 500 ×
und 52 500 × Vergrößerung zeigen diese Partikel einen spiraligen Bau,
wobei an einzelnen sogar eine maior- und minor-Spirale erkannt werden
kann. Parallel damit unternommene chemische Aufarbeitung dieser
Fraktion zeigt einen Purin- und Pyrimidingehalt, der auf eine Kern-
äquivalentanreicherung in dieser Fraktion hinweist. Aus diesen beiden
Ergebnissen wird der kühne Schluß gezogen, daß der Feinbau der Elemente von Kernäquivalenten Parallelen zum typischen Feinbau der
Chromosomen hat und somit auch die Kernäquivalente chromosomen-
ähnliche Bildungen enthalten.

Abgesehen von dem auch mit Hilfe der Elektronenmikroskopie
noch recht ungeklärten Feinbau der einzelnen Kernäquivalente, war
die Tatsache ihrer in verschiedenen Entwicklungsphasen nicht immer
gleichen Anzahl und Ausbildung Gegenstand weiterer Untersuchungen.
DI MODRONE BORGHI fand bei Plattenimpfung von *E. coli* und
30 minütlicher Kontrolle der stark wachsenden Kulturen 3 verschiedene,
quantitativ erfaßte Zustände: In der ersten Stunde vor allem eine
„undifferenzierte Form", charakterisiert durch Totalfärbung des verhältnismäßig kleinen Zelleibs mit der ROBINOWschen Giemsa-HCl-
Technik. Nach zahlenmäßigem Rückgang dieser Gruppe treten die
„intermediären Formen" auf mit etwas größeren Zellen und 2 DNS-
Aggregationen an entgegengesetzten Zellpolen. Nach Rückgang auch
dieser Gruppe herrschen mit einem Höhepunkt nach 3 Stunden bei
35° die „differenzierten Zellen" vor, welche 2—4 dicke, kurz-stäbchen-
förmige Kernäquivalente enthalten. Von der 5. Stunde ab nehmen
die Intermediären und Undifferenzierten erneut zu. Bei *Salmonella
typhi* besteht zwischen dem Teilungs- und dem Ruhekern in der
Microcyste ebenfalls ein charakteristischer Unterschied (BISSET 3). In
dem letzteren Zustand ist eine deutliche Kernmembran ausgebildet,
welche exzentrisch liegende Chromatingrana umschließt, so daß ein
an Hefe- und Pilzkerne erinnernder Bau des Kernäquivalents vorzuliegen scheint.

Auch unter pathologischen Bedingungen sind typische karyologische Änderungen im Verhalten der Kernäquivalente beschrieben

worden. So tritt nach Infektion mit geradzahligen Phagen ein Zusammenbruch der Kernäquivalente ein, indem feingranuläres DNS die angeschwollenen Zellen gleichmäßig (LURIA und HUMAN) oder vorwiegend an der Zelloberfläche (MURRAY u. Mitarb.) erfüllt. Kurz vor der Lysis treten außerdem „banded cells" auf, in denen statt distinkter DNS-Grana verwaschene, das Bakterium quer durchziehende Bänder ausgebildet sind. Durch 0,0009%iges H_2O_2 konnte ferner CASSEL (3) bei *Bac. cereus, pumilus, mesentericus* und 2 streng anaeroben Stämmen von *Clostridium* nach 10minutiger Einwirkung eine Verschmelzung der in Mehrzahl vorhandenen Kernäquivalente innerhalb einer Zelle erreichen.

Es ergibt sich somit, daß wohl in den meisten Fällen pro Bakterienzelle mehr als nur ein einzelnes Kernäquivalent vorhanden ist und daß mit einem typischen Formwechsel der Kernäquivalente in den verschiedenen Wachstumsphasen einer Kultur gerechnet werden muß. Wesentlich ist dabei die Tatsache, daß diese karyologischen Ergebnisse jetzt erstmals ernsthaft zur Deutung experimenteller genetischer Befunde herangezogen wurden, und zwar zur Interpretation des verspäteten Auftretens von Resistenzmutationen. Diese zwischen Cytologie und Genetik hergestellte Beziehung bei den Bakterien ist aber bedeutungsvoller, als aus den Originalarbeiten hervorgeht: In der bisherigen Bakteriengenetik ist die Ähnlichkeit der erhobenen Befunde mit denjenigen an höheren Organismen stark betont worden, was sich auch aus unserem vorjährigen Bericht klar ergibt. Cytologisch bedeutet dies, daß auch bei Bakterien die erbtragenden Strukturen den Grundbauplan eines typischen Zellkerns besitzen. Dieser Analogieschluß scheint aber in den meisten Fällen nicht berechtigt zu sein, denn in der Bakterienzelle sind die an die DNS gebundenen Erbeinheiten nicht in einem in Einzahl vorhandenen „Zellkern", sondern in mehreren Kernäquivalenten pro Zelle lokalisiert, die zudem noch Formwechselprozesse durchlaufen.

Unter diesem Aspekt sind zwei verschiedene Möglichkeiten der Anordnung der Erbeinheiten in Kernäquivalenten denkbar. Im ersten Fall sind, entsprechend der strengen Definition des Gens, die einzelnen Erbeinheiten zwar auf mehrere Kernäquivalente verteilt, aber pro Zelle ist dennoch jede Erbeinheit nur in Einzahl vorhanden. Das hätte die Konsequenz, daß bei den Zellteilungen die vorhandenen Kernäquivalente streng gesetzmäßig sich teilen müßten und daß ihre Teilungsprodukte ebenso gesetzmäßig auf die Tochterzellen weitergegeben werden, um eine genetische Defizienz und damit Letalität zu vermeiden. Der Teilungsmodus der Bakterien, soweit er heute bekannt ist, läßt aber eine so strenge Gesetzmäßigkeit nur schwer erwarten.

Im anderen Fall aber — und mit ihm wurde bei der Interpretation der delayed mutations allein gerechnet — enthalten die einzelnen Kernäquivalente bestimmte oder alle Erbeinheiten je einmal, so daß pro Zelle eine bestimmte, an DNS gebundene Erbeinheit zweimal oder häufiger vorhanden ist. Dies steht aber im Widerspruch mit den Verhältnissen bei Organismen mit einem echten Zellkern, denn die Einmaligkeit eines bestimmten Locus in einem haploiden Satz ist eine charakteristische Eigentümlichkeit der im Zellkern lokalisierten Erbeinheiten. Enthalten daher die Kernäquivalente je einen vollständigen Satz von Erbeinheiten, dann sind in der Zellteilung wesentlich weniger strenge Gesetzmäßigkeiten bei der Verteilung der Tochterkernäquivalente notwendig, und es wird dabei gleichzeitig im Laufe der Teilungen eine „Kernäquivalententmischung" möglich. Ein derartiger Vorgang ist im Rahmen der Karyogenetik nicht zu erwarten, sondern nur bei Plasmavererbung, denn er setzt voraus, daß mehrere, gleichartige Erbeinheiten pro Zelle vorhanden sind, welche in den Zellteilungen nicht streng gesetzmäßig verteilt werden. Mit anderen Worten heißt das, daß in der Bakteriengenetik Sondergesetzlichkeiten auftreten können, welche unter dem Aspekt der Karyogenetik höherer Organismen nicht zu erwarten sind. Eine der Ursachen dafür liegt in dem Vorhandensein mehrerer Kernäquivalente pro Zelle und den daraus sich ergebenden Konsequenzen. Es ist nur logisch, wenn — selbst bei nur oberflächlichem Durchdenken der Situation — die charakteristischen Phänomene der Karyo- und Plasmagenetik bei Organismen ineinander überzugehen drohen, welche eben keinen echten Zellkern, sondern nur Kernäquivalente besitzen. Die von OEHLKERS getroffene Unterscheidung in karyotische und akaryotische Vererbung erfährt somit durch derartige Befunde weitere Bestätigung.

4. Kreuzungsanalyse.

Noch immer ist die Möglichkeit der Kreuzung von Bakterien mit dem Effekt des Auftretens von Prototrophen auf den K 12-Stamm von *E. coli* beschränkt. (Zusammenfassung in LEDERBERG [4]). Nur McELROY und FRIEDMAN beschreiben in einer vorläufigen Mitteilung an einfachen Defektmutanten bei Leuchtbakterien (*Achromobacter fisheri*) eine auffällig hohe Zahl von Prototrophen nach Mischung von Stämmen mit entgegengesetzter Eigenschaft. Doch werden wohl noch genauere Untersuchungen abzuwarten sein, ehe die Tatsache der Kreuzbarkeit auch bei dieser Gattung gesichert ist.

In der Mehrzahl der Publikationen über K 12 werden die bisher gewonnenen Einsichten und Deutungen weiter ausgebaut. BAILEY (1, 2) entwickelt auf Grund der maximum likelihood-Methode Formeln zur Berechnung der map distance einzelner Gene unter Zugrundelegung der LEDERBERGschen Genkarte (vgl. vorjährigen Bericht Abb. 48, S. 332) und erhält für die Strecke M bis Lac 19,7, für Lac bis V_1 35,9 und für V_1 bis [T, L] 25,0. Mit einer besonderen Versuchsanstellung versuchte DAVIS nochmals, ob nicht ohne direkten Kontakt der beiden Stämme allein durch Stoffdiffusion Prototrophe ausgelöst werden können, jedoch mit negativem Erfolg. NELSON, der vorwiegend mit L^-T^- (Leucin-Threoninbedürftigen) bzw. C^-Ph^- (Cystin-Phenylalaninbedürftigen) Kreuzungen arbeitete, erhielt eine Proportionalität der Prototrophenzahl zur Anzahl eingebrachter Elternbakterien und bei speziellen Arbeitsbedingungen eine Abhängigkeit von dem Zeitpunkt

der Mischung beider Bakteriensorten. Trotz sorgfältigster Versuchsanstellung bestehen aber in einzelnen Versuchsserien große Unterschiede
in der Zahl auftretender Prototrophen. Es wird daher an eine verschiedene Bereitschaft zur „Syngamie" in verschiedenen Entwicklungsphasen einer wachsenden Kultur gedacht, was mit den Befunden über
den vorhandenen Formwechsel der Kernäquivalente gut zusammen-
stimmen würde.

Bis zu einer Bebrütung von 24 Stunden nach Mischung der Bakterien ergibt die Größe der prototrophen Kolonien eine eingipfelige
Kurve. Bei längerer Bebrütung tritt aber eine zweigipfelige Kurve auf,
bis nach 50 Stunden das Wachstum ganz aufhört. Die zwischen 24
und 50 Stunden neu auftretenden Prototrophen sind und bleiben als
Kolonie kleiner, nach Abimpfung auf neues Medium verwischt sich aber
jeder Unterschied zwischen den beiden Koloniegrößen. Nach der Deutung NELSONS scheiden die zunächst erscheinenden, kräftig wachsenden Prototrophen nicht identifizierte Stoffe aus, welche nach einiger
Zeit den elterlichen Bakterien eine begrenzte Vermehrung ermöglichen.
Die wenigen neu entstandenen Zellen konjugieren nachträglich und
bilden prototrophe Nachkömmlinge, die infolge des bereits eingetrete-
nen Zuckerverbrauchs im Medium die Größe der alten prototrophen
Kolonien nicht mehr erreichen können.

Während in der üblichen Technik zum Ansetzen der Mischung
zweier Bakteriensorten der Bodensatz aus einer Zentrifugierung elter-
licher Bakterien in einer Waschflüssigkeit verwendet wird, haben
MACCACARO und BOOTH die überstehende Flüssigkeit mit 10^6 Zellen/ccm
verwendet. Die Ausbeute an Prototrophen verbesserte sich dabei entscheidend, so daß das Verhältnis der Prototrophen zu den eingebrachten
Zellen von 10^{-6} auf 10^{-4} ansteigt. Vermutlich kommen bei dieser Technik geringe Mengen irgendwelcher Wachstumsfaktoren in das Minimalmedium. In den ersten Stunden nach der Mischung tritt dann eine
geringe Vermehrung der elterlichen Bakterien ein, und es entstehen infolgedessen mehr Prototrophe als ohne diesen zusätzlichen Teilungs-
prozeß.

Während alle bisherigen Untersuchungen dieser Art an Populationen durchgeführt wurden, entwickelte ZELLE eine diffizile (in dem
Titel der Arbeit: a simple) Technik, die Aufspaltung eines einzelnen
Bakteriums in den folgenden Teilungsschritten mit Hilfe eines Agar-
filmes mit markierten Vertiefungen zur Aufnahme der neugebildeten
Bakterien zu verfolgen, die mit dem Mikromanipulator transportiert
werden. Anwendung fand dieses Verfahren für die Prüfung der Auf-
spaltung einer diploiden Heterozygote $\dfrac{\text{mal}^+ \text{Xyl}^+ \text{Ma}^+}{\text{mal}^- \text{Xyl}^- \text{Ma}^-}$ (fähig bzw.
unfähig, Maltose, Xylose bzw. Mannit zu fermentieren), wie sie bei einem
länger im diploiden Zustand verharrenden K 12-Stamm auftritt. Bei
der ersten Einzel-Zellisolation ist die ganze Nachkommenschaft diploid
geblieben, bei der zweiten Isolation dagegen ergab sich die Aufspaltung
der Abb. 74, die in einem einzelnen Bakterium beim Übergang der 3.
in die 4. Generation eintritt. Auffällig war dabei das Auftreten einzelner

Zellen in den verschiedenen Zellgenerationen, welche sich nicht mehr weiterteilten. Eine Deutung hierfür wird nicht gegeben. Wenn dieser Verlust einer Teilungsfähigkeit nicht technisch durch die Manipulation mit den Bakterien bedingt ist, müßte an „Irrtümer" bei der Verteilung der Kernäquivalente in den Teilungen gedacht werden.

Ebenfalls unter Verwendung eines bestimmten in der Diploidie länger verharrenden K 12-Stammes wurden mit der üblichen Populationstechnik die Dominanzverhältnisse von Ss (streptomycinempfindlich) und Sr (streptomycinresistent) bestimmt (LEDERBERG 1). Durch Mischung der

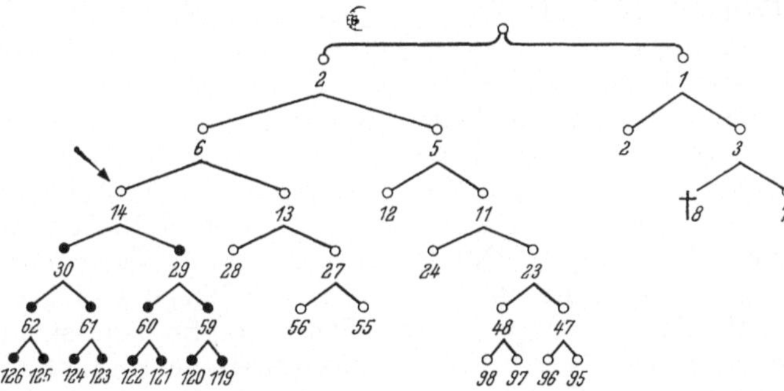

Abb. 74.

Konstitutionen $B^- M^- T^+ B_1^+ Lac_1^+ Lac_4^+$ Ss und $B^+ M^+ T^- B_1^- Lac_1^- Lac_4^-$-Sr (Biotin, Methionin, Threonin, Vitamin B_1-bedürftig oder -unabhängig, im Locus Lac_1 bzw. Lac_4 mutiert zur Nichtlactosefermentierung) wurden Prototrophe hergestellt, die teils bereits haploide Aufspaltungen, teils noch Heterozygoten waren. Durch die Art der verwendeten Eigenschaftskombinationen der Eltern konnten unter den seltenen, lactosefermentierenden Prototrophen die Heterozygote $\frac{Lac_1^+ \, Lac_4^-}{Lac_1^- \, Lac_4^+}$ herausselektioniert werden, die nur streptomycinempfindlich war. Daraus kann einerseits geschlossen werden, daß in der Heterozygote Ss über Sr dominiert, andererseits ist von LEDERBERG aber auch die Möglichkeit berücksichtigt worden, daß bei den Zellteilungen bis zur Feststellung der Eigenschaft eine einseitige Kernäquivalententmischung stattgefunden hat und nur Ss-haltige Kernäquivalente weitergegeben werden.

Für die Frage, inwieweit bei der Bildung der Prototrophen sexualitätsähnliche und crossing-over-ähnliche Prozesse beteiligt sind oder andersartige Abläufe vorliegen, bringt HAYES einen sehr wesentlichen Beitrag. Wieder wird mit streptomycinempfindlichen bzw. -resistenten K 12-Stämmen mit den Markierungs- „Genen" $M^- B^- L^+ T^+ A^+$ bzw. $M^+ B^+ L^- T^- A^-$ (bedürftig bzw. unabhängig für Methionin, Biotin, Leucin, Threonin, Aneurin) gearbeitet.

$$M^- B^- L^+ T^+ A^+ Ss \times M^+ B^+ L^- T^- A^- Sr$$

ergeben eine bestimmte Anzahl Prototrophe. Wird der Ss-Elter mit 1000—2000 γ/ccm Streptomycin behandelt, dann ist meist kein Bakterium bei Verimpfung mehr teilungsfähig. Der streptomycinbehandelte

Elter sollte daher bei der oben genannten Kreuzung keine oder nur eine geringe Zahl von Prototrophen ergeben. Tatsächlich stellte sich trotz der schweren Schädigung des streptomycinempfindlichen Elters dieselbe Zahl von Prototrophen ein! Damit ist nachgewiesen, daß hier zur Prototrophenbildung gar nicht voll vitale Eltern notwendig sind, sondern auch in teilungsunfähigem Zustand von inaktivierten Zellen rekombinierbare Elemente „abdiffundieren" können. Weitere Experimente zeigen darüber hinaus, daß dieser Rekombinationsvorgang oder dieses „Abdiffundieren" nur in einer einzigen Richtung möglich ist und die Form $M^+B^+L^-T^-A^-$ zwar genetische Elemente aufnehmen, sie aber nicht abgeben kann, so daß dann Prototrophe ausbleiben.

Ein zweites Ergebnis scheint uns vor allem für das Verständnis der Tatsache der ausschließlichen Kreuzbarkeit des K 12-Stammes wesentlich, wenn auch nach den vorliegenden Publikationen von LIEB und LEDERBERG (2) die Bedeutung für den Prozeß der Prototrophenbildung noch nicht abzusehen ist: Der K 12-Stamm erwies sich nämlich als lysogen. Durch schwache UV-Dosen konnten Bakterien zur Lysis gebracht werden, wobei ein Phage λ in Freiheit gesetzt wird, für den der Unterstamm „Sens" empfindlich ist und somit einen Indikator darstellt. Einige charakteristische Eigenschaften der Phagen λ und λ_2 sind bereits ermittelt; der Indikatorstamm ist aber nicht zu 100% empfindlich, sondern ein wechselnder Anteil der Individuen ist λ-resistent. Genetische Faktoren scheinen daran nicht beteiligt zu sein, da der Prozentsatz der Resistenten von den Kulturbedingungen abhängig ist. Das Verhalten der $Sens^r$-Zellen ist recht kompliziert und leitet aus der eigentlichen Bakteriengenetik in die Phagenbiologie über.

Während die bisherigen Ergebnisse in das Hypothesengebäude „Kopulation-Meiosis-crossing-over-ähnliche Vorgänge" sich einordnen ließen, fallen die Arbeiten von HAYES, LIEB und LEDERBERG aus diesem Rahmen, denn 1. geben auch schwer geschädigte, inaktive Zellen rekombinationsfähige Elemente ab, 2. geht bei den HAYESschen Kombinationen der Austausch nur in einer einzigen Richtung, und 3. ist das Vorhandensein des Phagen λ in den K 12-Stämmen vermutlich nicht ohne Einfluß auf das Vorhandensein der Rekombination gerade bei diesem Stamm allein. Wir sehen daher in den genannten Arbeiten einen entscheidenden Anstoß, eine bisher für recht plausibel gehaltene, vielen Arbeiten zugrunde liegende Interpretation von neuem in Frage zu stellen und damit den Weg frei zu machen für eine Vertiefung unserer Einsichten in den noch wie am ersten Tag undurchsichtigen Vorgang der Bakterienrekombination.

II. Genetik der Pilze (mit Ausnahme der Hefen).

1. Die Grundlagen.

Unter den in steigendem Umfang genetisch bearbeiteten Pilzen steht *Neurospora crassa* an erster Stelle; in weitem Abstand folgen *Glomerella*, *Ophiostoma multiannulatum* und *Penicillium*. Auch

die Hefen müssen hier angeschlossen werden, mit Rücksicht auf die bei
ihnen vorhandenen Sonderprobleme werden sie in einem eigenen Kapitel
des nächstjährigen Berichtes behandelt. Außer diesen saprophytischen
Pilzen sind aber auch parasitische, und zwar Rostpilze, genetisch
analysiert worden.

Der Ausgangspunkt für die geradezu stürmische Entwicklung der
Pilzgenetik war eine Arbeit von BEADLE und TATUM über biochemische
Mutationen bei diesem Objekt. Das methodische Prinzip zur Analyse
dieser Mutationsgruppe ist von uns bereits im Rahmen der Bakteriengenetik behandelt worden, und WEIDEL illustrierte es für *Neurospora*
mit einigen schematischen Zeichnungen. Es wird bei konidienbilden-
den Ascosporen folgendermaßen verfahren: Die Aufschwemmung einer
großen Zahl von Konidien wird mit einem mutagenen Agens behandelt.
Sie werden in protoperithecienhaltige Kulturen des anderen Geschlechts mit Wildtypeigenschaften eingebracht. Die Hyphen aus den
keimenden Ascosporen befruchten die Protoperithecien, und die so
entstehenden F_1-Zygoten bilden die Ascosporen. Sie werden auf einem
alle Nährstoffe enthaltenden Medium ausgesät und die einzelnen, daraus
hervorgehenden beliebig vegetativ vermehrbaren Pilzstämme auf
Minimalmedium geprüft, ob sie wachstumsfähig sind. Die wachstums-
fähigen Stämme besitzen offensichtlich das gesamte hierzu notwendige
biochemische System und sind uninteressant. Die nichtwachsenden
dagegen müssen an irgendeiner Stelle die Fähigkeit zur Bildung einer
wachstumsvoraussetzenden Substanz verloren haben. Wie bei dem Verfahren im Rahmen der Bakteriengenetik werden daher solche unter der
Wirkung des mutagenen Agens mutierte Stämme in Minimalmedien
gebracht, die entweder alle lebensnotwendigen Vitamine oder alle
Aminosäuren oder alle Purinderivate enthalten. Der mutierte Pilz
wird nur in demjenigen Minimalmedium wachsen, welches den von ihm
nicht mehr synthetisierten Stoff enthält, also etwa auf dem Amino-
säuregemisch. Danach wird der mutierte Stamm auf Minimalmedium
mit je einer Aminosäure gebracht. Im typischen Fall tritt dann nur
in dem Medium mit der mutativ ausgefallenen Substanz, etwa Methionin, ein Wachstum ein. Auf diese Weise ist nachgewiesen, daß durch
das mutagene Agens eine biochemische Mutation ausgelöst wurde, in
dem herangezogenen speziellen Fall eine methioninbedürftige Form,
im Gegensatz zum Wildtyp, welcher „unabhängig" von dieser Substanz zu wachsen vermag.

Bei dieser Methode ist aber die Isolation und die Bearbeitung
einer sehr großen Zahl von Ascosporen notwendig. Der Arbeitsaufwand
kann bei *Neurospora* nach LEIN u. Mitarb. verringert werden, wenn
nach Behandlung von etwa 10^7 Konidien pro ml und Kreuzung die
Ascosporen einige Zeit auf Minimalmedium gebracht werden. Die
kräftig und schnell wachsenden Kolonien werden verworfen, nur die
eben gekeimten, offensichtlich schwachwüchsigen Pilze aber abgeimpft
und auf biochemische Mutationen weiter untersucht. Für die Erzielung der sexuellen Fortpflanzung bei diesen Verfahren ist ein spezieller Nährboden von WESTERGAARD und MITCHELL entwickelt worden.

Es kann aber auch das bei den Bakterien geschilderte Verfahren angewendet werden, bei dem auf dem Minimalmedium zunächst die uninteressanten Normalformen wachsen; nach einiger Zeit wird vollständiges Medium zugegeben und die dann erst als kleinere Kolonien wachsenden Formen isoliert, um genauer untersucht zu werden.

Dieselbe Arbeitsersparnis, aber um den Preis einer Einengung der gefaßten Mutationen, wird durch Verwendung eines bedürftigen Stammes erreicht. Seine Konidien werden behandelt, mit der bedürftigen Form gekreuzt und die entstehenden Ascosporen unmittelbar auf Minimalmedium ausgesät. Jetzt keimen und bilden Mycel nur diejenigen mutierten Sporen, welche zur Unabhängigkeit revertiert sind, d. h. bei denen mutativ die Bildung der bei der Ausgangsform blockierten Substanz wieder möglich geworden ist.

Die Notwendigkeit, behandelte Konidien erst mit dem Wildtyp des anderen Geschlechts zu kreuzen, um dann die Ascosporen auf Mutationen zu analysieren, ergibt sich vor allem aus der Mehrkernigkeit der „Makrokonidien" bei *Neurospora*. Praktisch in allen Fällen wird ja nur das Genom e i n e s der vorhandenen Kerne verändert; das entstehende Mycel enthält daher neben Abkömmlingen des mutierten Kernes vorwiegend solche der nichtmutierten Kerne, welche die Manifestation der nur latent vorhandenen Mutation verhindern. Erst bei der Befruchtung eines mutierten Kernes mit dem Protoperithecium des Wildtyps entstehen Asci, deren Sporen hinsichtlich Mutation und Wildtyp aufspalten.

Ein Verzicht auf die zwischengeschaltete Kreuzung ist erst möglich geworden, nachdem Stämme mit Mikrokonidien verwendet wurden, die nur einen einzigen Kern pro Konidie besitzen. So konnten etwa mit der Mikrokonidien besitzenden morphologischen Mutante „*fluffy*" (LINDEGREN) die behandelten Konidien unmittelbar auf vollständigem Medium ausgesät werden und die Zahl auftretender, in den laufenden Passagen konstant bleibender Farb-, Wuchs- und Verzweigungsmutanten bestimmt werden. Oder die von BARRAT und GARNJOBST genetisch genau untersuchte, in Methylcholanthrenexperimenten erhaltene Mikrokonidienmutante konnte zunächst biochemisch „bedürftig" gemacht, diese Mikrokonidien einem mutagenen Agens ausgesetzt und direkt auf Minimalmedium gebracht werden. Darauf wachsen dann nur Konidien, in deren Genom eine Rückmutation zur biochemischen Unabhängigkeit stattgefunden hat.

Ähnlich wie bei Bakterien ist aber bei derartigen „Direktbestimmungen" der Mutationsrate insofern Vorsicht notwendig, als nicht selten ein Mycel zunächst mutiert erscheint, um nach kürzerer oder längerer Zeit zum normalen Phänotyp zurückzufinden. Derartige Fälle müssen natürlich ausgeschieden werden.

Aber auch die Methode der Bestimmung von Rückmutationen als ganze ist neuerdings in ihrer Berechtigung von GRIGG angezweifelt worden: Zu verschiedenen biochemisch bedürftigen Konidien wurde eine geringe Zahl von unabhängigen Wildtypkonidien zugegeben. Vor allem bei der Verwendung der inositbedürftigen und der adeninbedürftigen, purpurfarbenen Mutante wird das Wachstum der Wildtypkonidien auf dem Minimalmedium praktisch durch das Vorhandensein einer hohen Zahl von nicht wachsenden Konidien vollkommen gehemmt. Erst bei starker Verdünnung wird der hemmende Einfluß der ersteren so weit zurückgedrängt, daß auf dem Minimalmedium das Mycel der biochemisch unabhängigen Wildtypen erscheinen kann. Wird aber nun im Mutationsversuch etwa eine große Anzahl von bedürftigen Konidien bestrahlt, dann sterben unter der Wirkung der Bestrahlung so viele Zellen, daß praktisch der eben erwähnte Verdünnungseffekt eintritt: Die nach dieser Behandlung auftretenden Wildtypen sind nach GRIGGS Befunden daher keine strahleninduzierten Mutanten, sondern bereits früher vorhandene, durch den Wegfall des hemmenden Einflusses der Überzahl bedürftiger Konidien manifest gewordene Spontanmutationen. Mikro- und Makrokonidien üben verschiedene Grade der Hemmung aus.

In einer daraufhin vorgenommenen Neuuntersuchung haben KÖL-MARK und WESTERGAARD das Ergebnis von GRIGG ebenfalls erhalten, wenn die Glucosekonzentration im Minimalmedium niedrig gewählt wurde. Die in den Mutationsexperimenten aber angewandten höheren Konzentrationen ermöglichten auch bei der höchsten Zahl verwendeter bedürftiger Konidien ein ungehemmtes Wachstum der zugesetzten unabhängigen Formen, so daß hier der GRIGGsche Effekt ausblieb. Nach der Meinung der dänischen Autoren liegt daher kein Grund zur Kritik der Rückmutationsmethode bei der experimentellen Mutationsauslösung vor. Immerhin zeigt sich, daß Experimente mit Hilfe von Minimalmedium nur bei strenger Einhaltung seiner Zusammensetzung dieselben quantitativen Ergebnisse zeitigen und offensichtlich Abweichungen hierbei sofort das Ergebnis des Mutationsexperimentes beeinflussen.

Das scheint auch für die Dauer der Einwirkung des Minimalmediums auf behandelte biotinbedürftige Konidien von *Aspergillus nidulans* zu gelten (MACDONALD und PONTECORVO). Wird schnell nach Aufbringen auf das Minimalmedium vollständiges Medium zugegeben, dann treten nur 3% Mehrfachmutanten (außer der vorhandenen Biotinbedürftigkeit noch ein oder mehrere weitere biochemische Defekte) auf; werden dagegen die Konidien 140 Stunden auf Minimalmedium belassen und erfolgt dann erst die Zugabe des vollständigen Mediums, finden sich bis 40% Doppel- und Mehrfachmutanten.

Nach der Identifikation einer Mutante mit konstant bleibenden Eigenschaften kann sie kreuzungsanalytisch weiterbearbeitet werden, sofern sie nicht — was bei stark wirkenden mutagenen Agenzien häufig der Fall ist — eine zu hohe Sterilität besitzt. Die Möglichkeit einer Tetradenanalyse nach Kreuzung ist ein besonders wertvoller methodischer Vorzug vieler Ascomyceten. Es können daher sichere Entscheidungen über die Zahl der jeweils mutierten Erbeinheiten, über die Lokalisation auf der Genkarte und über die Allelieverhältnisse von phänotypisch gleichen oder ähnlichen Mutationen gefällt werden.

Bei Ascomyceten gelingt darüber hinaus verhältnismäßig leicht die Auslösung der Heterokaryose, indem bei gemeinsamer Kultur zweier verschiedener Mycelien Hyphenanastomosen auftreten und damit

Zellen mit mehreren Kernen verschiedener Herkunft gebildet werden, aus denen heterokaryotisches Mycel hervorgeht. Bei verschiedenen Ascomyceten sind derartige Heterokaryosen verschieden stabil, so daß leichter oder schwerer eine ,,Kernentmischung" in den Sektoren des Mycels auftritt. Bei der Bereitschaft von *Neurospora* zur Sexualität kann die Heterokaryose zur Prüfung der Dominanzverhältnisse von Wildtyp und verschiedenen Mutanten geprüft werden, vor allem, wenn die eine Form mit einer morphologischen Markierungseigenschaft versehen wurde. Ebenso lassen sich die zwei verschiedenen *Neurospora*-Arten, *crassa* und *sitophila*, zu einem Heterokaryon zusammenfügen.

Bei den nur schwer zur Sexualität zu bringenden *Penicillium*-Arten kann diese Methode als eine Art Kreuzungsersatz verwendet werden, denn heterokaryotische Zellen verhalten sich praktisch wie Heterozygoten, nur daß die Allele in zwei verschiedenen, haploiden Kernen derselben Zelle lokalisiert sind und nicht in einem einzigen diploiden. Die theoretische und praktische Bedeutung dieser Möglichkeit ist eingehend bei PONTECORVO (1) diskutiert.

Neben die genannten methodischen Vorzüge von *Neurospora* tritt aber auch noch eine glückliche karyologische Konstitution. McCLINTOCK entwickelte eine Technik, welche die Darstellung der 7 Paare meiotischer Pachytänchromosomen im Ascus erlaubt, vergleichbar mit den günstigen Verhältnissen beim Mais. Dabei werden Längendifferenzen um das 2,7fache beschrieben (Länge des größten Chromosoms 15 μ); das Nucleolenchromosom als zweitlängstes des Satzes ist besonders leicht zu identifizieren. Bei drei ihrer gestörten Fertilität wegen untersuchten biochemischen Röntgenmutanten hat die Pachytänanalyse das Vorhandensein je einer heterozygoten reziproken Translokation ergeben. Die bei der einen Form besonders auffälligen Störungen der Ascosporenbildung haben sich auf Chiasmabildung im interstitiellen Segment, d. h. auf der Strecke zwischen Centromer und Translokationspunkt, zurückführen lassen, wie dies bei einer ähnlichen Translokation bei *Oenothera Hookeri* (MARQUARDT) beobachtet wurde.

Es ist sehr überraschend, daß dieser, auch die Cytogenetik so erfolgversprechend erschließenden Arbeit von McCLINTOCK keine weiteren gefolgt sind. Zwar zitiert HOROWITZ (3) eine unveröffentlichte Doktorarbeit SINGLETONS über dieses Thema, welche wir aber in den Zeitschriften nicht haben finden können, und bei Rassen von *N. tetrasperma* und *sitophila* ist von DODGE u. Mitarb. und FINCHAM (5) ebenfalls die Chromosomenzahl 7 bestätigt. So gibt es trotz bester Ansätze heute weder von *Neurospora* noch von einem anderen Pilz eine ausgebaute Cytogenetik. Die Mutationsforschung steht daher hier noch auf dem Stadium, in welchem sich die *Drosophila*-Genetik vor Ausnützung der Speicheldrüsenchromosomenanalyse befunden hat, und alle die damaligen Mängel der Aussage über das Mutationsgeschehen haften heute wieder der Pilzgenetik an. Es konzentrierte sich das Interesse der Untersucher hauptsächlich auf zwei Problemkreise: auf die biochemischen Mutationen in ihrer Bedeutung für eine Aufklärung der Biosynthese von Stoffen und Stoffgruppen sowie auf die experimentelle Mutationsauslösung.

2. Die experimentelle Mutationsauslösung.

Die Wirkung des schon klassischen Mittels zur Erhöhung der Mutationsrate eines biologischen Objektes, die der Röntgenstrahlen, ist von LINDEGREN und LINDEGREN sowie von SANSOME u. Mitarb. bei *Neurospora* untersucht worden. Verwendet wurde dabei die mikrokonidienbildende Mutante *fluffy*, und als Mutanten wurden die in verhältnismäßig geringer Zahl auftretenden Abweicher in Mycelfarbe, Wuchs- und Verzweigungsform erfaßt. Die Kreuzung dieser Abweicher mit der Ausgangsform *fluffy* gab von insgesamt 39 Fällen 36 mal eine Spaltung nach mutiert und Wildtyp, 2 mal lag eine genetische Reversion zu *fluffy* vor. Die Auszählung der mutierten Formen durfte dabei nicht zu früh erfolgen, da während des Mycelwachstums nicht selten eine Rückkehr des abweichenden Phänotyps zur Norm stattfand.

Die Dosisabhängigkeitskurve der röntgeninduzierten Mutationen verlief, wie erwartet, linear, fraktionierte Bestrahlung (6 Stunden Pause zwischen den Teildosen) ergab niedrigere Mutationsraten als kontinuierliche Bestrahlung mit derselben Intensität. Während unter 134 Kontrollkulturen nur eine steril war, erhöhte sich die Häufigkeit bei den Mutanten auf 50% der Gesamtzahl mit allen Übergängen zwischen den Extremzuständen „völlig steril/normal". Höhere Röntgendosen ergaben auch bei phänotypisch normal gebliebenen Formen häufige Sterilität.

Dieselbe Dosiskurve ist von HOLLAENDER und SWANSON sowie SWANSON u. Mitarb. (1) bei *Aspergillus terreus* an morphologischen Mutationen (Mycelzustand, Koloniegestalt, Wachstumsrate, Grad der Konidienbildung, Farbe von Konidien und Mycel) erhalten worden. Ebenso wie bei Bakterien wurden bei diesem Objekt die Mutationen von den Phänokopien durch die Konstanz der abweichenden Eigenschaften bei lang dauernder Kultur unterschieden. Bestrahlung mit Infrarotstrahlen (≈ 10000 Å), wobei die Temperatursteigerung nicht mehr als 5° betrug, und anschließende Röntgenbestrahlung erhöhten die Mutationsrate stark, obwohl Infrarotstrahlen allein nicht wirksam sind. Eine Verschiebung der Häufigkeit verschiedener Typen von morphologischen Mutationen erfolgte aber dabei nicht.

Eine röntgeninduzierte, fast pigmentfreie morphologische Mutante von *Aspergillus niger*, wie sie in den eben geschilderten Arbeiten an *A. terreus* ebenfalls auftrat, ist von DILLER u. Mitarb. eingehender untersucht worden. Sie zeigte außer dieser auffälligen Eigenschaft reduzierte Wachstumsrate und herabgesetzte Konidienbildung, bei Kultur auf glucosehaltigem Medium war die Citronensäurebildung deutlich gesteigert, auf Zugabe wachstumsfördernder Substanzen zum Medium sprach sie stärker als der Wildtyp an, der Gehalt an 14 Aminosäuren war zwischen Mutante und Wildtyp verschieden, und der Gesamtnucleinsäuregehalt der Mutante lag tiefer. Dieser, mit weichen Röntgenstrahlen mit einer einzigen Bestrahlung erhaltene Mutationsschritt erweist sich so als überraschend pleiotrop.

Die Ultraviolettbestrahlung spielt im Rahmen der experimentellen Mutationsforschung an Pilzen eine größere Rolle, da hier die

Absorption an peripheren Gewebeschichten, die bei höheren Organismen so sehr stört, nicht ins Gewicht fällt. Mit derselben *fluffy*-Mutante und derselben Methode der Mutationsfeststellung bei *Neurospora* fanden HOLLAENDER u. Mitarb. (2) einen anderen Typ der Dosisabhängigkeitskurve als nach Röntgenbestrahlung: Die Kurve stieg zu einem Maximalwert bei einer bestimmten UV-Intensität an, um bei weiter steigender Dosis abzufallen. Es wird durch diese Strahlenart weniger Sterilität ausgelöst, und als weiterer Ausdruck der milderen Wirkung kehrten mehr Formen mit zunächst reduzierter Wachstumsrate wieder zum Ausgangszustand zurück. Die Kreuzungsanalyse von 60 Mutationen ergab aber andererseits, daß unter ihnen 24 mal zwei und mehr Mutationsschritte in einem Konidienkern ausgelöst wurden. Die wirksamste Wellenlänge für Mutationsauslösung lag bei 2650 Å, der Wellenlänge maximaler Absorption der Desoxyribosenucleinsäure. Bei 2967 Å war der Prozentsatz getöteter Konidien und Mutationen gleichermaßen niedrig, bei 2280 Å lag die Zahl der Getöteten besonders hoch.

Ähnliche Ergebnisse liegen von EMMONS und HOLLAENDER (1, 2) und HOLLAENDER und EMMONS an *Trichophyton mentagrophytes*, einem parasitischen Hautpilz, vor, welcher beim Meerschweinchen schwere Dermatomykosen setzt. Dieser Pilz hat den großen Vorzug, daß aus der Atmosphäre im Laboratorium keine Infektionen erfolgen können und spontan praktisch keine morphologischen Mutationen auftreten. Die UV-induzierten, von 1941 bis 1946 konstant gebliebenen Mutationen unterscheiden sich vom Wildtyp so stark, daß der Spezialist in Systematik von Hautpilzen sie als weit voneinander verschiedene Arten klassifizieren würde.

Bei *Aspergillus terreus* erwies sich nach HOLLAENDER u. Mitarb. (1), RAPER u. Mitarb. und HOLLAENDER und EMMONS (2), daß die im Sonnenlicht ausgeprägte Wellenlänge von 3600 Å zwar nicht mutagen wirkt, wohl aber die ebenfalls vorhandenen Längen zwischen 2900 bis 3150 Å. Die Mutationsrate betrug dabei nur den 5. bis 6. Teil derjenigen bei 2600 Å. Sonnenexposition in Washington löst daher ebenfalls 6% Mutationen aus. Daß aber auch noch 3650 Å wenigstens physiologische Wirkungen hat, ergibt sich aus der Tatsache, daß auf einem Spezialmedium die Kontrolle überhaupt nicht, die mit der wirksamen Wellenlänge von 2650 Å bestrahlten Konidien schwach gehemmt werden, während das Medium für die 3650 Å-Serie stark letal wirkt.

ROEGNER u. Mitarb. und WILSON und STAUFFER bestätigen dieselben Unterschiede der Wirksamkeit verschiedener Wellenlängen an morphologischen und biochemischen Mutanten von *Penicillium chrysogenum*. Die letzteren wurden dabei mit der bei Bakterien üblichen Technik (6 Tage Konidien auf Minimalmedium, danach Zugabe von vollständigem Medium und Bestimmung der Zahl von nachträglich wachsenden Kolonien) identifiziert. Die größte Zahl biochemischer Mutationen ist bei einer Letalität von 77% der UV-bestrahlten Konidien, die größte Zahl morphologischer Mutanten bei 92—98%iger Letalität erhalten worden. Bedürftigkeit für Aminosäuren, Vitamine und Purine sind als biochemische Mutationen aufgetreten; ‚Adeninbedürftigkeit' findet sich bei allen Wellenlängen besonders häufig, während bei 2534 Å vor allem die Zahl der Vitaminbedürftigen erhöht wird.

Aus den Bestrahlungsversuchen an *Neurospora, Trichophyton, Aspergillus* und *Penicillium* ergibt sich somit, daß durch UV auf die Konidien einerseits eine letale, andererseits eine mutagene Wirkung ausgeübt wird. Für eine Makrokonidien bildende Form von *Neurospora* hat ATWOOD nachgewiesen, daß die letale Wirkung vorwiegend ein physiologischer Vorgang ohne Letalmutation sein muß. Er stellte ein Heterokaryon aus einem ornithinbedürftigen und einem amycelial wachsenden Stamm her. Das Heterokaryon ist normalwüchsig (Rezessivität von amycelial), homokaryotisch amyceliale Makrokonidien dagegen geben amyceliales Wachstum. Eine UV-Bestrahlung dieser Konidien erlaubt die genannte Schlußfolgerung, die NORMAN zwar für die Makrokonidien, nicht aber für die Mikrokonidien anerkennt. Die letale Wirkung der Bestrahlung auf Mikrokonidien ist etwa doppelt so groß wie auf Makrokonidien, weil eine kompensatorische Wirkung der in Mehrzahl vorhandenen Kerne bei den ersteren nicht möglich ist. Die Letalität der Konidien erscheint daher nach dieser Auffassung genetisch, ein anderer Teil nichtgenetisch verursacht. Bei dieser Verschränkung physiologischer und genetischer Wirkung der UV-Strahlen ist daher auch die Erscheinung der Photoreaktivierung bei *Neurospora* gefunden worden, festgestellt an der Rückmutationsrate von inositbedürftigen Formen (GOODGAL, SNYDER).

Kombination einer Bestrahlung der Konidien bei *Aspergillus terreus* mit Infrarot ($\approx 10\,000$ Å) mit anschließender UV-Exposition ergibt erst im Maximalteil der Dosisabhängigkeitskurve reiner UV-Bestrahlung eine Erhöhung des Mutationsprozentsatzes und eine Verlangsamung des Rückgangs im abfallenden Teil der Kurve (SWANSON u. Mitarb. 1), wodurch frühere, etwas anders lautende Befunde eine Korrektur finden (SWANSON und HOLLAENDER). Eine ähnliche Erhöhung, jedoch so, daß das Maximum der Mutationsrate bereits bei geringerer UV-Intensität erreicht wurde, trat bei Vorbehandlung der Konidien mit wäßriger Lösung von Stickstofflost während 30 Minuten ein, wobei die Stickstofflostbehandlung allein nicht gesichert mutagen wirkte. Dieser Befund gilt für die morphologischen Mutanten bei *Aspergillus terreus* (SWANSON und GOODGAL) und nach SWANSON u. Mitarb. (2) für dieselbe Mutationsgruppe bei einem Mikrokonidienstamm von *Neurospora*. Ein Sammelreferat über einen Teil der vorliegenden Ergebnisse von Bestrahlungsversuchen bei *Neurospora* liegt bei TATUM (2) vor.

Wohl die interessantesten Experimente mit UV stellen die Übertragung der Erfahrungen von Bakterienversuchen (vgl. vorjähriges Referat, S. 316) auf *Neurospora* dar. Nach der Zusammenfassung von WYSS u. Mitarb. hat sich ja ergeben, daß die Wirkung der UV-Strahlen wohl über entstehende organische Peroxyde geht. So konnten WAGNER u. Mitarb. bei *Neurospora* bestätigen, daß die Zahl der biochemischen Mutanten erhöht wird, wenn die Konidien überhaupt nicht bestrahlt werden, sondern nur das Medium eine 30—120 Minuten dauernde UV-Bestrahlung erhält, auf welches nach Abschluß der Behandlung die Konidien 3 Tage gebracht werden. Dadurch steigt die Mutationsrate etwa auf die Hälfte des Wertes an, welcher durch Direktbestrahlung der Konidien mit UV erreicht worden wäre. Ein entscheidender Hinweis, daß die Wirkung des bestrahlten Mediums auf katalytisch durch Bestrahlung gebildeten organischen Peroxyden beruht, ist von DICKEY u. Mitarb. erbracht worden: Vor allen Dingen das Peroxyd des Di-isopropyläthers, aber auch das tertiäre Butylperoxyd sowie das hydroxymethyltertiäre Butylperoxyd erhöhen die Rate biochemischer Mutationen bei *Neurospora* stark. Das einfache H_2O_2 wirkt in den Versuchen der genannten Autoren nicht oder kaum mutagen. In analogen Experimenten von WAGNER u. Mitarb. gibt dagegen eine Kombination von H_2O_2 mit einzeln für sich nicht mutagenen Substanzen wie Formaldehyd und Aceton ein eindeutig positives Ergebnis (DICKEY u. Mitarb.). Das Atmungsgift Alkalicyanid entfaltet möglicherweise ebenfalls über entstehende Peroxyde seine deutlich mutagene Wirkung (WAGNER u. Mitarb.).

Entsprechend den Erfahrungen an höheren Organismen erhöht das aufgenommene $^{35}SO_4''$ durch seine Radioaktivität die Zahl biochemischer Mutanten bei *Neurospora*, selbst wenn die absorbierte Strahlenmenge unter 10000 rep blieb (HUNGATE und MANNELL). Dies gilt vor allem, wenn nur radioaktives Sulfat als S-Quelle im Kulturmedium vorhanden war.

Auch ohne Isotopenradioaktivität lösen die anorganischen Salze Uranylnitrat, Thoriumnitrat, Natriumarsenit, Lithiumchlorid, Quecksilberchlorid, Kupfersulfat, Tantalkaliumfluorid auf *Ustilago zeae* bei Zugabe zum Kartoffeldextroseagar bleibende Sektormutanten aus (STAKMAN und ROWELL); für Uranylnitrat ist eine identische Wirkung auch beim Kulturchampignon beobachtet worden, wobei die morphologischen Mutanten auch durch sexuelle Fortpflanzung hindurch unverändert erhalten bleiben (WAHL).

Außer Senfgas (HOROWITZ u. Mitarb. 2) sind die Stickstofflostverbindungen in diesem Zusammenhang besonders sorgfältig untersucht worden. Nach MCELROY u. Mitarb. und TATUM u. Mitarb. (4) sind die mit ihrer Hilfe ausgelösten Mutationen qualitativ identisch mit den nach kurzwelliger Bestrahlung erhaltenen; dasselbe gilt für *Coprinus fimentarius* (FRIES 1) und für *Penicillium chrysogenum* (ROEGNER u. Mitarb.), wobei das Maximum der Wirkung in den ersten Minuten der Behandlung erzielt wird, da sich diese Verbindungen schnell zersetzen. Die Mutagenität steigt von Äthyl-(β-chloräthyl)-amin über Methyl-bis-(β-chloräthyl)-amin zu Tris-(β-chloräthyl)-amin deutlich an. Wirkt 0,2%iges Bis-chloräthylmethylamin unter Druck auf *Neurospora*-Konidien ein, dann tritt ein überraschender Effekt ein: Mit steigendem Druck nimmt die Zahl der morphologischen Mutationen ab, während diejenige der biochemischen Mutationen stark ansteigt. Wird erst 15 Minuten nach Beginn der Lostbehandlung die Konidiensuspension unter Druck gesetzt, ist der Abfall der morphologischen Mutanten geringer, in 30 Minuten Abstand ist Druckanwendung wirkungslos (McElroy und de la Haba). Die Deutung dieser Befunde weist nachdrücklich auf das im ersten Abschnitt betonte Fehlen einer cytologischen Betrachtung von *Neurospora* hin: Da morphologische Mutanten häufig steril sind, werden sie hier einfach als Chromosomenmutationen, die biochemischen Mutationen dagegen als echte Genmutationen betrachtet und entsprechend vereinfachte Überlegungen über das Problem der Mutationsauslösung angestellt.

Weitere mutagene Substanzen sind für *Ophiostoma multiannulatum* Coffein (Fries 2), für *Neurospora* Propiolacton (Smith und Srb) in Analogie zu den bei höheren Organismen ebenso wirkenden komplizierteren Lacton Cumarin (Oestergren). Dieses Ergebnis wurde mit der Kolmark und Westergaardschen Rückmutationsmethode bei Adenin- und Inositbedürftigen erhalten, wobei Temperaturerhöhung von 25° auf 35° die Wirksamkeit etwa verdoppelte. Eine Prüfung mit Hilfe canavaninempfindlicher Stämme (Horowitz und Srb) und Bestimmung der Zahl auftretender Resistenten ergab insofern kein zuverlässiges Ergebnis, als die rein genetische Grundlage dieser Änderung im Resistenzverhalten wegen der extrem hohen spontanen Mutationsrate in Zweifel gezogen werden muß.

Methylcholanthren, eine Hautkrebs auslösende Substanz, hat auf *Neurospora*-Konidien nur eine schwache mutagene Wirkung (Tatum u. Mitarb.), was den Erfahrungen an *Drosophila* entspricht. Immerhin konnte durch diesen Befund die weitgehende Parallelität von mutagener und carcinogener Wirkung erneut bestätigt werden. — Negative Mutationsergebnisse wurden von Dickey u. Mitarb. mit Phenol, Formaldehyd, $KMnO_4$ und tertiärem Butylalkohol erhalten; dies ist insofern von Bedeutung, als die mutagene Wirkung des Phenols bei *Drosophila* hart umstritten ist und bei demselben Objekt Formaldehyd nicht als Substanz, sondern nur in der Verbindung mit dem Futter wirksam wird.

3. Die Mutationen.

a) Nichtbiochemische Mutationen. Bei der Vielfalt der untersuchten Pilze und der verwendeten Methoden sind eine Reihe von Mutationen nichtbiochemischer Art näher untersucht worden. Im Sinne der alten *Neurospora*-Genetik ist zunächst das crossing over-Verhalten verschiedener Markierungsgene auf dem geschlechtsbestimmenden Chromosom in Kreuzungen von *N. crassa* und *sitophila* durch Fincham (2) untersucht worden; dabei erfolgte bei Vorhandensein des Chromosoms aus *N. sitophila* häufigeres crossing over zwischen dem Centromer und den Markierungsgenen als beim *N. crassa*-Chromosom.

Durch Einwirken von 20-Methylcholanthren-11,14-endo-α-β-succinat auf Konidien von *N. crassa* trat eine „koloniebildende" Mutante mit Mikrokonidienbildung (98% der Konidien einkernig) auf, die sich in den 2 Genen col 1 und m vom Wildtyp unterscheidet (Barrat und Garnjobst). Der col 1-Locus gehört zur 4., das m-Gen zur 2. Koppelungsgruppe und ist eng gekoppelt oder vielleicht identisch mit dem Locus peach. Die Herstellung von heterokaryotischem Mycel aus Formen mit col 1 und $+^{col\,1}$ zeigt Dominanz von $+^{col\,1}$. Das col-Gen ist bereits früher von LINDEGREN und LINDEGREN, BEADLE und COONRADT, BONNER, HOROWITZ und HOULAHAN, McELROY u. Mitarb. in Mutationsversuchen erhalten worden. Zwei weitere mit col 1 nicht allele Gene sind von BARRAT und GARNJOBST beschrieben. Zwischen den verschiedenen Koppelungsgruppen zugehörigen Genen col 1 bzw. col 2 und m bestehen insofern Wechselwirkungen, als m nur im Genotyp mit col 1 ausschließlich Mikrokonidien bildet, während im Genom mit $+^{col\,1}$ Makro- und Mikrokonidien entstehen.

Eine ascussterile Mutante kann nach DODGE u. Mitarb. auf einem speziellen Nährboden zur Fertilität gebracht werden, wobei anstatt 4 großer Sporen — wie dies bei der untersuchten Art *N. tetrasperma* der Fall ist — 8 kleine Ascosporen gebildet werden, von denen die Hälfte bald nach der Keimung zugrunde geht. Das verantwortliche Gen E hat pleiotrope Eigenschaften, von denen 4 Effekte gefaßt sind; vermutlich handelt es sich um eine eingreifende Chromosomenmutation, welcher aber trotz Feststellung der Gesamtchromosomenzahl dieser wenig untersuchten Art nicht nachgegangen worden ist.

Einen besonders interessanten Fall eines die Lebenszeit von *Neurospora* bestimmenden Gens hat SHENG untersucht. Die zunächst sogar auf Minimalmedium normalwüchsige Mutante erleidet auf allen Substraten einen Wachstumsrückgang bis zum Tode (Wachstumsmessungen nach der Methode von RYAN u. Mitarb. 1). Kreuzungsanalysen ergeben monogenische Vererbung; der verantwortliche Locus nd befindet sich auf der Koppelungsgruppe I, 15 MORGAN-Einheiten vom Centromer entfernt. Versuche mit heterokaryotischem Mycel aus nd und $+^{nd}$ zeigen, daß ein $+^{nd}$-Kern etwa 0,4—3,5 nd-Kerne kompensieren kann. Bei günstigen Bedingungen läßt sich zwar die Geschwindigkeit und der Ertrag des Wachstums steigern, ohne daß aber dabei die Lebenszeit verlängert wird. Ebensowenig gelingt dies durch Einschaltung von Perioden nichtwachsenden Zustandes.

Mit zwei Methoden kann aber eine „Verjüngung" dieses nd-Stammes, d. h. eine Verlängerung seiner Lebenszeit, erzielt werden. Ein Heterokaryon aus nd al_2 lys_1 $+^{pan}$ pe^m fl und $+^{nd}$ $+^{al_2}$ $+^{lys_1}$ pan pe^m fl (heterozygot bezüglich frühsterbend, albino, lysin- und pantothensäurebedürftig, homozygot bezüglich mikrokonidienbildend und fluffy) gibt neben anderen Konstitutionen homokaryotische nd lys_1-Konidien, die frühsterbend und lysinbedürftig sind. Sie zeigen den Verjüngungseffekt, indem sie noch in der 5. Passage leben, wo die ursprüngliche nd-Form kein Wachstum mehr zeigt. Ferner gehen aus der Kreuzung nd al_2 $\times$ Wildtyp nd-Ascosporen hervor, die ebenfalls eine verlängerte Lebenszeit haben. Reziproke Kreuzungen geben — vermutlich durch den identischen Betrag des von beiden Sexualpartnern eingebrachten Plasmons — dasselbe Ergebnis. Da im Heterokaryon und in der Kreuzung die verjüngende Wirkung aus dem Wildtypplasma kommen muß, wurde nd $\times$ nd gekreuzt, jedoch ohne Ascosporen zu erhalten.

Wahrscheinlich bewirkt das Gen nd eine toxische Substanz im Plasma, die bei Einkreuzung oder Heterokaryose durch das eingebrachte normale Plasma verdünnt wird, so daß der Verjüngungseffekt auftreten kann.

Während bei *Neurospora* die Herstellung des Heterokaryons eine ergänzende Methode neben der Kreuzungsanalyse darstellt, ist bei *Aspergillus* und *Penicillium* dieses Verfahren die einzige Möglichkeit einer genetischen Analyse. Für *Penicillium asymetricum* ergab sich dabei nach JINKS, daß auch frisch eingefangene Stämme spontan heterokaryotisch sein können. Ferner können in heterokaryotischen Mycelien in seltenen Fällen spontane Rekombinationen stattfinden; wird eine lysinbedürftige, gelbe Konidien besitzende Form von *Aspergillus nidulans* nach ROPER mit einer adeninbedürftigen, weiße Konidien besitzenden Form zu einem Heterokaryon vereinigt, dann finden sich unter Hunderttausenden von Konidien einige wenige unabhängige und grüne Konidien besitzende Nachkommen, obwohl normalerweise nur Konidien mit dem einen oder anderen biochemischen Defekt bzw. weißer oder gelber Konidienfarbe auftreten müßten.

Eingehende Analysen „klassischer" Merkmale von Pilzen sind an *Glomerella* durchgeführt worden (LUCAS, LUCAS u. Mitarb., EDGERTON u. Mitarb., CHILTON u. Mitarb., LUCAS, WHEELER u. Mitarb., CHILTON und WHEELER, WHEELER und CHILTON, WHEELER u. Mitarb. 1, 2). Herausgehoben sei davon nur die Feststellung MARKERTS (1, 2), daß bei vergleichenden Behandlungen von *Neurospora* und *Glomerella* mit Röntgen- und UV-Strahlen sowie schnellen Neutronen die biochemischen *Glomerella*-Mutationen stets auch morphologisch vom Wildtyp verschieden sind, was bei *Neurospora* nicht der Fall ist. Ebenso sind genetische Grundanalysen an dem tetrapolaren Hymenomyceten *Schizophyllum commune* von PAPAZIAN (1, 2, 3) vorgenommen worden, wozu eine Methode zur Isolation der 4 Sporen einer Basidie entwickelt werden mußte (PAPAZIAN 3).

Eine eigene Methode der Mutationsuntersuchung der parasitischen Uredinee *Puccinia graminis* ist von JOHNSON entwickelt worden. Nachdem CRAIGIE (1, 2) festgestellt hatte, daß die Pyknidiosporen die männlichen Gameten, die Aecidiosporenanlagen in Analogie zu den Protoperithecien die weiblichen Gameten enthalten, ist eine Kreuzung durch Aufbringen von Pyknidiosporen auf aecidienprimordienenthaltende Blätter der Wirtspflanze möglich, denn es bedarf des Zusammentreffens von Sporen eines +-Stammes mit den Primordien eines —-Stammes, um fertile Aecidiosporen zu ergeben. Teleutosporeneigenschaften werden dabei genetisch analysiert. Von 8 physiologischen Rassen der *Pucc. graminis* var. *Tritici* erwies sich nur eine einzige als homozygot für alle prüfbaren Eigenschaften (JOHNSON und NEWTON, WATERHOUSE und WATSON); eine Rasse von *P. anomala* war als Extremfall so heterozygot, daß 6 verschiedene physiologische Rassen aus der Aufspaltung gewonnen werden konnten (D'OLIVEIRA).

Bei Kreuzungen homozygoter, durch klar faßbare pathogene Eigenschaften unterschiedener Rassen kommt es zu typischen Mendelspaltungen (JOHNSON und NEWTON, JOHNSON u. Mitarb.). Erstmals bei Hymenomyceten wird durch klare Differenzen zwischen reziproken Kreuzungen das Vorhandensein eines Plasmons aufgewiesen; daraus läßt sich schließen, daß bei dem — heute noch unbekannten — Kopulationsmodus die Pyknidiosporen eine geringere Plasmamenge in die Zygote einbringen als die Aecidiosporenprimordien.

Während hier auf die Passage durch die Wirtspflanze nicht hat verzichtet werden können, ist HOLSON und CUTLER die Züchtung von *Gymnosporangium juniperi virginianae*, ebenfalls eines Rostpilzes, auf künstlichem Medium gelungen, wobei auf eine allerdings nicht ganz typische Weise einzelne Isolate zur Sporenbildung zu bringen waren. Damit ist für diesen Parasiten prinzipiell die Möglichkeit einer genetischen Bearbeitung auch unabhängig von der Wirtspflanze gegeben.

b) Biochemische Mutationen. Dieses Thema stellt den Schwerpunkt der neueren Pilzgenetik dar; dementsprechend sind die hier gewonnenen Ergebnisse in Sammelreferaten von BONNER (1, 2), BEADLE (1, 2), TATUM (1), KUHN, PONTECORVO (2), CATCHESIDE, WORK, WEIDEL, HOROWITZ, HOROWITZ und MITCHELL zusammengefaßt worden, so daß sich die folgende Darstellung in erster Linie auf die wohl umfassendsten Darstellungen der zwei letztgenannten Autoren stützt. Modifikationen der ursprünglich verwendeten Technik zur Identifikation biochemischer Mutanten, die teilweise in den vorhergehenden Abschnitten erwähnt wurden, sind von FRIES (1—5), LEIN u. Mitarb., TATUM u. Mitarb., PONTECORVO (1, 2), MACDONALD und PONTECORVO für *Neurospora*, von FRIES für *Ophiostoma multiannulatum*, von BONNER (1—4), PONTECORVO (3) für *Penicillium notatum* und für Brandpilze von PERKINS entwickelt worden. Die arbeitersparende Verwendung von Rückmutationen bereits bedürftiger Stämme geht auf RYAN sowie RYAN und LEDERBERG zurück.

Die Haupttypen biochemischer Mutationen bei *Neurospora* sind von HOULAHAN u. Mitarb., 118 Mutanten mit Bedürftigkeit für Adenin, Arginin, Cholin, Histidin, Inosit, Isoleucin und Valin, Phenylalanin, Prolin, Pyrimidin, Pyridoxin mit und ohne p_H-Abhängigkeit, Riboflavin, Serin, Leucin, Lysin, Methionin, Nicotinsäure, Tryptophan, p-Aminobenzoesäure, Sulfonamide, Succinat, Thiamin, Threonin, Valin, nicht identifizierte Substanzen und mit Unfähigkeit, Nitrat zu verarbeiten, genetisch analysiert worden. In über 6000 gelungenen *Ascus*-Analysen ließen sich die entsprechenden Loci 5 Koppelungsgruppen zuordnen und die Entfernung vom Centromer in MORGAN-Einheiten angeben. *Neurospora* ist damit in die Reihe der botanischen Objekte mit reich ausgestatteter Genkarte gerückt. Die grundlegende Arbeit basiert auf den Dissertationen von DOERMANN (1, 2), SRB (1, 2), BUSS, REGNERY, HUNGATE und GRANT. Ohne diese genetische Lokalisation sind bei *Glomerella* von MARKERT und bei dem Brandpilz *Ustilago maydis* von PERKINS in ähnlicher Zahl und Art biochemische Mutationen beschrieben worden. Bei dem letzteren Objekt wurden die Basidiosporen mit UV bestrahlt und mit Hilfe des Minimalmediums die biochemisch Bedürftigen herausselektioniert. Zur genetischen

Weiterprüfung wurden die zu kreuzenden Basidiosporensorten untereinander gemischt und das Gemisch auf 2—3 Wochen alten Mais ge-
impft. Frühestens nach 10 Tagen bilden sich Chlamydosporen, die
in nährstoffkomplettem Agar suspendiert werden. Nach ihrer Keimung
werden die entstehenden Basidiosporen bzw. die daraus gebildeten
Sporidien isoliert und die Spaltung hinsichtlich Unabhängigkeit und
Bedürftigkeit festgestellt. Von 15 so untersuchten Defektmutanten
spalteten 10 aus Kreuzungen wieder heraus.

Während die bisherigen Arbeiten darauf ausgerichtet waren, möglichst verschiedene Möglichkeiten biochemischer Mutationen von
Pilzen aufzufinden, streben die folgenden die Aufklärung der biochemischen Synthese eines oder mehrerer, eng verwandter Substanzen an,
welche durch eine Mutation nicht mehr vom Organismus gebildet werden können. Das methodische Prinzip dabei beruht auf der Auffindung
möglichst zahlreicher, etwa argininbedürftiger Mutanten. Sie werden
auf ihre Wachstumsreaktion bei Zugabe verschiedener Vorstufen
der betreffenden Substanz untersucht. Auf diese Weise hat sich feststellen lassen, daß tatsächlich die einzelnen, durch Enzyme bewirkten
stufenförmigen Umwandlungen von Vorstufen zur fertigen Substanz bei
Neurospora in den meisten Fällen monogenisch gesteuert werden. Durch
Auffindung von Mutanten mit je einem genetischen Block auf möglichst
vielen Etappen des Syntheseweges ist es somit möglich, eine nur in
wenig Zwischenstufen bekannte Synthese mit Hilfe dieser Methode der
biochemischen Genetik in ihren Einzelheiten auszubauen. So haben
sich in der *Neurospora*-Genetik die Hauptakzente von der eigentlich
genetischen Problematik verschoben, und sie hat etwas den Charakter
einer Hilfswissenschaft der Biochemie angenommen.

Ein oft zitiertes Ergebnis dieser Arbeitsrichtung ist der Nachweis
der Gültigkeit des KREBSschen Citronensäurezyklus durch SRB und
HOROWITZ bei *Neurospora* und durch PONTECORVO (4) bei *Aspergillus*.
Von 7 verschiedenen ornithinbedürftigen Mutanten waren einzelne
entweder durch Ornithin allein, durch Citrullin oder Arginin zum
Wachstum zu bringen. Der Nachweis des Vorhandenseins von Arginase
und Urease in *Neurospora* gibt den Hinweis darauf, daß in dem Kreisprozeß eine Abzweigung von dem Arginin mit Hilfe der Arginase zu
Harnstoff und mit Hilfe der Urease zu CO_2 und NH_3 vorliegt. SRB bei
Neurospora und BONNER bei *Penicillium* zeigten, daß eine zweite Abzweigung beim Ornithin liegt, indem vermutlich über α-Amino-δ-
oxyvaleriansäure Prolin entstehen kann (FINCHAM).

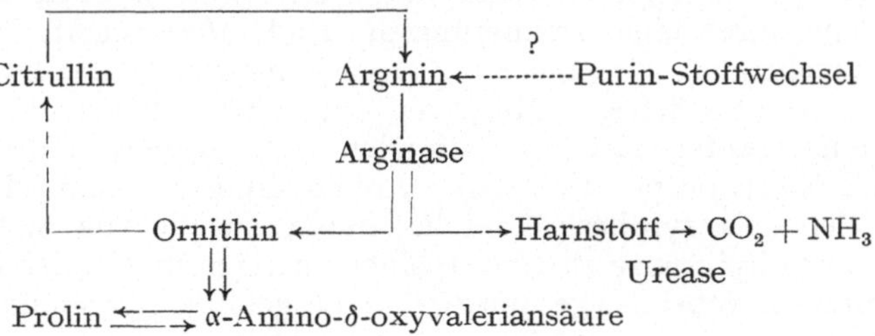

Eine monogenisch bedingte, argininbedürftige Mutante besitzt nach
SRB (2) den genetischen Block zwar zwischen Ornithin und Citrullin,
bedarf aber zu vollem Wachstum außer Arginin bzw. Citrullin noch
eines Purins (Adenin, Guanin, Guaninsäure oder Uridin, schwächer
wirksam Harnstoff, Xanthin und Hypoxanthin). Möglicherweise liegt
daher auch noch an der Stelle des Arginins eine Verknüpfung mit dem
Purinstoffwechsel vor (HOULAHAN und MITCHELL).

Für S-haltige Aminosäuren hat sich der Syntheseprozeß vom
Sulfat-Ion aus verfolgen lassen. Nach PHINNEY sowie HOROWITZ (1, 2)
wird SO_4 durch je einen genkontrollierten Schritt zu SO_3 bzw. S_2O_3
reduziert. Die Rolle des SO_3 als S-Lieferant kann auch durch Cystein-
säure übernommen werden. Es scheinen daher bei der Cysteinsynthese
zwei Wege der Sulfatreduktion vorhanden zu sein, ein anorganischer
($SO_4 \rightarrow S_2O_3$) und ein organischer Weg, doch sind an dieser Stelle noch
eingehendere Untersuchungen notwendig. Nach HOROWITZ (1, 2), TEAS u.
Mitarb., TEAS (1—3) sowie FLING u. HOROWITZ bestehen zwischen
Cystein, Homoserin, Threonin und Methionin folgende Beziehungen:

$$\begin{matrix} \text{Cystein} \\ + \\ \text{Homoserin} \\ \downarrow \\ \text{Threonin} \end{matrix} \quad \rightarrow \text{Cystathionin} \rightarrow \text{Homocystein} \rightarrow \text{Methionin}$$

An Stelle von Threonin kann eine von TEAS (2) erhaltene biochemische
Defektmutante auch Canavanin zum Wachstum verwenden. Da der
Ausgangsstamm aber aus einem Gemisch canavaninempfindlicher und
-resistenter Formen bestand, ist es wahrscheinlich, daß diese auf Canavanin reagierende, bedürftige Mutante mit Hilfe eines canavaninspal-
tenden Enzyms die an sich hemmende Wirkung dieser Substanz über-
winden kann. Vom selben Autor (3) wurde eine auf Homoserin oder auf
die Kombination von Threonin und Methionin reagierende sowie eine
nur auf Threonin reagierende Mutante genetisch analysiert. Die erste
besaß auf dem geschlechtsbestimmenden Chromosom das entsprechende
Gen, wobei in 67 Asci mit der ebenfalls dort lokalisierten Eigenschaft
aurescent keine Rekombination eintrat (Chromosomenmutation?). Die
andere Mutante war von einem Gen einer anderen Koppelungsgruppe
hervorgerufen.

Ähnliche Hemmungen sind auch bei histidinbedürftigen Formen
durch Gemische verschiedener Aminosäuren von LEIN u. Mitarb. erhalten worden. Die Synthese von Glycin geht nach einer Arbeit von
WRIGHT wahrscheinlich über die Oxydation der Glykolsäure zu Glyoxylsäure, welche durch eine Aminierung die Endstufe erreicht.

Eine eingehendere Untersuchung der bereits von DOERMANN (1, 2)
gefundenen lysinbedürftigen Mutanten durch MITCHELL und HOULA-
HAN zeigte nach entsprechenden Befunden von BORSOOK u. Mitarb. an
Leber- und Nierenpräparaten, daß α-Aminoadipinsäure eine der Vorstufen in der Lysinsynthese darstellt; durch Zugabe von markierter
ε-C^{14}-α-Aminoadipinsäure zu einer lysinbedürftigen und danach wachsenden Mutante, wobei das gesamte C^{14} in das gebildete Lysin überführt

wird, konnte WINDSOR diesen Befund streng beweisen. GOOD u. Mitarbeiter machten darüber hinaus noch wahrscheinlich, daß die α-Amino-ε-oxycapronsäure zwischen Aminoadipinsäure und Lysin vermittelt. Auffindung weiterer Mutanten, die auf alle die genannten Substanzen nicht ansprechen, zeigen, daß noch weitere, unbekannte Synthesestufen genetisch blockiert werden können. Auch bei *Ophiostoma multiannulatum* sind dieselben Vorstufen von BERGSTRÖM und ROTTENBERG (1, 2) nachgewiesen worden.

Eine Eigentümlichkeit der lysinbedürftigen Mutanten im Gegensatz zum Wildtyp ist die Tatsache der Hemmung durch entsprechende Konzentrationen von Arginin (BERGSTRÖM und SJÖBEK), eine Erscheinung, die der Hemmung der Lysinbedürftigen durch Canavanin entspricht. Genetisch ist die Lysinbedürftigkeit der von DOERMAN untersuchten Mutanten von mindestens 3, eventuell 6 Genen gesteuert.

Leucinbedürftigkeit wird nach SHENG und RYAN durch zwei, verschiedenen Koppelungsgruppen angehörigen Genen bewirkt, die vermutlich an zwei verschiedenen, noch nicht identifizierten Stellen der Synthese angreifen.

Eine monogenische Mutante von *Neurospora* zeigte nach BONNER u. Mitarb. zunächst nur auf Caseinhydrolysat, dann auch auf einem genau abgestimmten Gemisch von 70—80% l-Valin und 20–30% l-Isoleucin Wachstum. Bei einer Nachuntersuchung von BONNER stellte sich heraus, daß die unmittelbare Vorstufe des Isoleucin die α-Keto-β-methyl-n-valeriansäure darstellt; eine Anreicherung der Ketosäure infolge einer Blockade der Synthese zu Isoleucin scheint dabei gleichzeitig die Überführung der entsprechenden Ketosäure zu Valin zu verhindern und so die Doppelblockade zu verursachen.

Die Synthese von Tryptophan ist besonders eingehend und mit schönen Erfolgen untersucht worden, nachdem TATUM und BONNER (1, 2), TATUM u. Mitarb. (2) zunächst festgestellt hatten, daß durch Kondensation je eines Moleküls von Serin und Indol das Tryptophan entsteht. Das entsprechende Enzym ist von UMBREIT u. Mitarb. isoliert worden, wobei Pyridoxal als Co-Enzym funktioniert. In der Mutante, die diese Koppelung nicht mehr vollziehen kann, wird nach LEIN u. Mitarb., MITCHELL und LEIN sowie GORDON und MITCHEL ein weniger spezifisches Enzym zwar gebildet, aber mit anderen zelleigenen Substanzen geht es leicht inaktive Komplexe ein. Die weiteren Beziehungen der einzelnen Vorstufen (vgl. Schema) sind von BEADLE u. Mitarb., MITCHELL und NYC (Brücke zwischen Tryptophan und Nicotinsäure), BONNER und BEADLE, BONNER (4), NYC u. Mitarb. (2) (Isotopenexperimente), YANOFSKY und BONNER, BONNER und YANOFSKY, HENDERSON, TATUM, HASKINS und MITCHELL, NYC und MITCHELL, LEIFER u. Mitarb., HASKINS geklärt worden.

Die gegenseitigen Beziehungen der über das Indol an den Tryptophankreisprozeß angeschlossenen Shikimi- und Chinasäure sind noch nicht geklärt. Der Weg vom Kynurenin zur Nicotinsäure führt an den in anderem Rahmen von BUTENANDT u. Mitarb. erfolgreich untersuchten

Augenpigmenten von Insekten vorbei (vgl. die Zusammenfassung von
WEIDEL). Auf Grund von Isotopenversuchen an *Neurospora* von BONNER
und PATRIDGE vorübergehend erhobene Einwände gegen den Tryptophankreisprozeß sind auf Grund älterer Ergebnisse von TATUM u. Mitarb. (2)

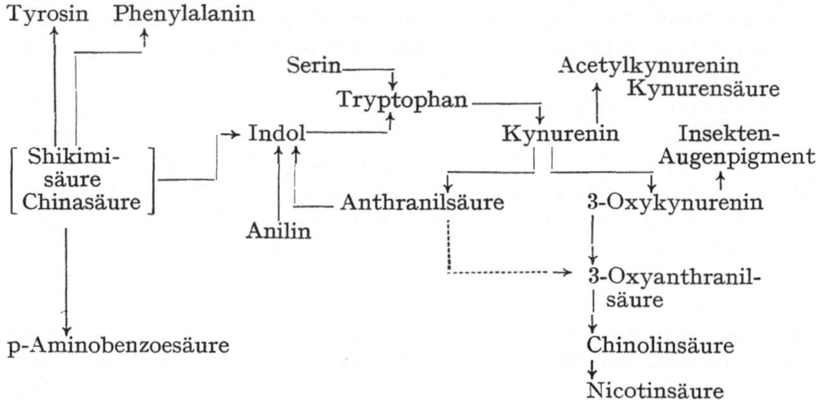

nicht stichhaltig. Ein möglicher Zusammenhang des Tryptophankreisprozesses mit der Bildung von Polyphosphaten ist von HOULAHAN und
MITCHELL vermutet worden.

Eine ähnliche biochemische Untersuchung ist von PONTECORVO (4)
an *Aspergillus* durchgeführt worden, wobei der Ablauf gegenüber
Neurospora möglicherweise etwas vereinfacht ist; *Lentinus* kann nach
FRIES (5) zudem statt Anthranilsäure Anilin verwenden.

Wegen der zwischen p-Aminobenzoesäure (PAB) und dem Indol-
Tryptophan-Kreisprozeß bestehenden Beziehungen seien hier die
Untersuchungen über die Bedeutung dieser Substanz angeschlossen.
PAB-Bedürftigkeit war bei *Neurospora* erstmals von TATUM und
BEADLE (1,2) nachgewiesen, ebenso der übliche Antagonismus zwischen
dieser Substanz und den Sulfonamiden. EMERSON und CUSHING erhielten ferner eine monogenisch bedingte Sulfonamidresistenz sowie eine
ebenso gesteuerte Sulfonamidbedürftigkeit; beide Anlagen spalteten
unabhängig aus einer Norm mit beiden Eigenschaften. ZALOKAR (1, 2)
fand bei einer Bearbeitung dieser Mutanten, daß eine PAB- und
Sulfonamidbedürftige auch ohne Sulfonamide wuchs, wenn in geringer
Konzentration PAB vorhanden war, welches aber in höheren Konzentrationen wachstumshemmend wirkt. Es scheint daher die Bedeutung der Sulfonamidzugabe bei diesbezüglich bedürftigen Mutanten
auf ihrer Überempfindlichkeit gegenüber der in Normalmenge produzierten PAB zu bestehen, die zum Effekt einer Intoxikation führt und
nur durch das Sulfonamid unschädlich gemacht werden kann. Welcher
Art diese Fehlreaktion mit PAB in der Mutante ist, läßt sich noch nicht
sagen. Es bestehen aber Verbindungen sowohl zur Methionin- wie zur
Threoninsynthese (ZALOKAR 2, STREHLER), so daß die Reaktion wohl
in dieser Richtung liegen dürfte.

Reversionen der sulfonamidbedürftigen Formen zum Wildtyp sind nach EMERSON und CUSHING Suppressormutationen in anderen als die Bedürftigkeit bestimmenden Loci. Dies läßt sich leicht aus dem Antagonismus gegen p-Aminobenzoesäure (PAB) verstehen, indem jeder die Menge gebildeter PAB herabsetzende Mutationsschritt gleichzeitig die Sulfonamidbedürftigkeit zwangsläufig herabsetzt. In Kultur bei 35° wächst auf Minimalmedium weder die sulfonamidbedürftige noch die Doppelmutante „PAB + sulfonamidbedürftig", wohl aber das Heterokaryon aus beiden Formen. Dieser Zustand ist dikaryontisch-homozygot für Sulfonamidbedürftigkeit, aber „heterozygot" hinsichtlich der PAB-Bildung, die nur herabgesetzt erfolgt und daher die Zugabe von Sulfonamid nicht erfordert.

Das ebenfalls mit dem Methionin in Beziehung stehende Cholin (wegen der Gleichwertigkeit der Methylgruppe in biochemischen Abläufen, HOROWITZ und BEADLE, HOROWITZ u. Mitarb. 1) ist von HOROWITZ (2), HOROWITZ u. Mitarb., JUKES und DORNBUSCH untersucht worden, und folgender Syntheseweg ist wahrscheinlich:

Amino-Äthanol (AA) → Monomethyl-AA → Dimethyl-AA → Cholin
Die Methylgruppen stammen dabei vermutlich aus den Kohlenhydraten.

Die Thiaminbildung erfolgt nach TATUM und BELL durch Koppelung von substituiertem 2,5-Dimethyl-4-aminopyrimidin und Methylhydroäthylthiazol zum Endprodukt. Einige *Neurospora*-Mutanten passen aber insofern nicht in dieses Schema, als sie an Stelle von Thiamin sowohl mit Thiazol wie mit Pyrimidin Wachstum zeigen. Da diese Defektmutation monogenisch bedingt ist, mußte aus ihrem Verhalten geschlossen werden, daß entweder durch den Mutationsschritt eine gemeinsame Vorstufe von Pyrimidin und Thiazol blockiert worden ist, oder daß es sich hier um ein pleiotropes Gen handelt, welches in zwei unabhängige Syntheseprozesse eingreift (vgl. die Diskussion von HOROWITZ 3, S. 56).

Eine interessante Eigenschaft verrät die riboflavinbedürftige Mutante von *Neurospora* (MITCHELL und HOULAHAN 2). Unterhalb 25° C verhält sie sich hinsichtlich der Riboflavinproduktion wie der Wildtyp; erst oberhalb 28° muß diese Substanz dem Minimalmedium zugesetzt werden.

Ähnliche Befunde auch an anderen biochemischen Mutationen und ihre genetische Analyse zeigen, daß allele Serien von Genen vorhanden sind und durch die einzelnen Allele nicht nur festgelegt wird, ob ein Syntheseschritt getan werden kann oder nicht, sondern auch der Temperaturbereich, in dem dies der Fall oder nicht der Fall ist. Eine deutliche Schwelle für den Umschlag der Eigenschaften liegt in der Größenordnung um 30° C. Ebenso wie diese „Temperaturmutationen" sind von STOKES u. Mitarb. erstmals „p_H-Mutationen" gefunden worden, wo das biochemische Verhalten vom p_H abhängig ist und z. B. bei einer pyridoxinbedürftigen Mutante der Umschlag zur Nichtbedürftigkeit bei 5,8 und höher liegt.

Für die Genphysiologie sind diese Befunde insofern wesentlich, als nun zu klären ist, ob es sich dabei um die gengesteuerte Produktion

eines Enzyms mit veränderten Temperaturcharakteristika handelt,
ob ein qualitativ oder quantitativ verändertes Genprodukt gebildet
wird oder ob überhaupt das Gen inaktiviert ist und die Zelle einen
neuen Syntheseweg geht.

Mutationen zu Pantothensäurebedürftigkeit (RYAN u. Mitarb. 2, TATUM und BEADLE 3, WAGNER und GUIRARD, WAGNER) haben
bei der Verkoppelung von β-Alanin mit Pantoyl-Lacton (d-l-α-
Oxy-β,β-dimethyl-γ-butyrolakton) einen genetischen Block; 2 genetisch genauer untersuchte, mit Röntgen- bzw. UV-Bestrahlung gewonnene Mutanten dieser Art sind am selben Locus mutiert. Von Bedeutung ist dabei der Befund, daß auch in vitro die pantothensäurebedürftige
Mutante bei Zugabe der beiden Vorstufen das Endprodukt synthetisieren kann. Wenn daher dies wirksame Enzym nicht durch die Aufarbeitung des Mycels erst freigesetzt worden ist, dann haben wir hier
eine Defektmutante, bei welcher wieder nicht das Enzym ausgefallen
ist, sondern nur blockiert wurde.

Die Rückmutationsrate dieser Form ist sehr gering (GILES und
LEDERBERG, GILES 1); ohne daß daher dieses Phänomen stört, konnten
WAGNER und HADDOX als zweite Besonderheit dieser Mutation zeigen,
daß bei Zusatz der Vorstufen zum Medium der Pantothensäurebedürftigen und einer kleinen Menge von Pantothensäure die Synthese
in Gang kommt und damit die Bedürftigkeit überwunden ist. Ähnliches ist bereits bei einer riboflavinbedürftigen Form von MITCHELL
und HOULAHAN (1) beobachtet worden.

Zugabe von Tryptophan zum Medium des Wildtyps sowohl wie der
Pantothensäurebedürftigen hemmt das Wachstum. Kreuzung einer
Pantothensäure- $\times$ Tryptophanbedürftigen ergibt hohe Ascosporenste-
rilität (der zweite Kreuzungspartner enthält vermutlich eine Chromosomenmutation); herausspaltende Doppelmutanten zeigen bei Versorgung
mit den beiden Pantothensäurevorstufen eine 5—6mal höhere Syn-
theseleistung als der Wildtyp. Es ist daher nicht ausgeschlossen, daß
die Mutation gar nicht in die Pantothensäuresynthesevorgänge eingreift, sondern in einen anderen Syntheseprozeß. Basisch angereicherte,
sonst nicht in höherer Konzentration gebildete Verbindungen hemmen
dann sekundär die Pantothensäuresynthese.

Von den Bausteinen der Nucleinsäuren sind zunächst die Purine
biochemisch-genetisch analysiert worden (MITCHELL und HOULAHAN 1,
PIERCE und LORING, LORING und FAIRLEY) und folgende Beziehungen
gefunden worden:

Vorstufe $\longrightarrow$ Hypoxanthin $\longrightarrow$ Adenin $\longrightarrow$ Guanin

Purpurpigment

Purinbedürftige Mutationen sprechen meist auf Zugabe von Adenin
und Hypoxanthin an, eigentümlicherweise aber nicht auf Zugabe von

Guanin allein; es sieht daher so aus, als könne zwar aus Adenin durch Umaminierung Guanin entstehen, aber nicht umgekehrt, so daß stets Adenin zugegeben werden muß. Ein Purpurpigment ist bei einer adeninbedürftigen Mutation beobachtet worden und scheint nur dann zu entstehen, wenn durch Blockade der Aminierung von Hypoxanthin noch unbekannte Vorstufen zur Pigmentbildung frei werden. Durch einen weiteren Mutationsschritt kann nach MILCHELL und MITCHELL aber auch die Synthese des Pigments blockiert werden. Eine derartige Doppelmutante ist gegenüber der Purpurmutante wüchsiger und daher mit einem deutlichen Selektionsvorteil versehen, der in Mischkulturen die andere Form ausschaltet.

Auf Amino-imidazol-5-carboxamid reagieren die purinbedürftigen Mutationen von *Ophiostoma multiannulatum* positiv (FRIES u. Mitarb.); es ist aber nicht ganz sicher, ob diese Substanz, welche sich bei Zugabe zum Medium schnell zersetzt, eine echte Vorstufe der Hypoxanthin-Adenin-Guanin-Reihe ist.

Die große Seltenheit reiner Guaninmutanten veranlaßte FRIES (3, 4), auf einem Spezialmedium, das eine mögliche Hemmung der Guaninbedürftigen durch Adenin oder Hypoxanthin vermeidet, erneut UV-Mutationsversuche durchzuführen. Bei 95%iger Tötung der Konidien erhielt er bei *Ophiostoma multiannulatum* tatsächlich 0,03% echte, guaninbedürftige Formen.

Unter den Pyrimidinen sind Defektmutanten für Uridin und Cystidin aufgetreten, welche auch auf die entsprechenden Nucleotide Uridyl- und Cytidylsäure ansprechen (LORING und PIERCE, MITCHELL und HOULAHAN 2). Es scheinen daher die beiden Substanzen in der Zelle leicht in beiden Richtungen ineinander übergehen zu können; als mögliche Vorstufe kommt Orotinsäure in Frage, die bei Cystidin-Uridin-Bedürftigen stark angereichert wird und in Form eines Orotinsäureglykosids von MICHELSON u. Mitarb. isoliert worden ist. Auf einen engen Zusammenhang der Pyrimidinsynthese mit dem KREBSschen Tricarbonsäurezyklus weist der Befund hin, daß eine allerdings nur schwache Kompensation des fehlenden Uridins bzw. Cystidins erreicht werden kann durch Oxalessigsäure, Aminofumarsäurediamid, Cytosin und Uracil.

Mit den Aminosäuresynthesen besteht insofern eine Querverbindung, als einzelne lysinbedürftige Formen sich mit Uracil und wahrscheinlich auch mit Uridin anreichern; der biochemische Zusammenhang zwischen beiden Erscheinungen ist noch unklar (HOULAHAN und MITCHELL 3).

Genetisch sind die Pyrimidinmutationen durch den erstmaligen Nachweis des Vorhandenseins von Suppressormutationen bedeutungsvoll. Eine pyrimidinbedürftige Form von HOULAHAN und MITCHELL (2) wuchs plötzlich auf Minimalmedium und erschien so rückmutiert. Die Kreuzung mit dem Wildtyp führte zu Aufspaltungen in den Asci, die zur folgenden Interpretation zwingt. Die in einem Locus pyr zur Pyrimidinbedürftigkeit mutierte Form hat in einem anderen Locus s eine

zweite Mutation (pyr-Bedürftigkeit unterdrückend) erfahren, so daß
die folgenden *Ascus*-Typen auftreten können:

$$+ + \times \text{ pyr, s}$$
$$\downarrow$$

++ : Wildtyp
pyr, s : pyr-Bedürftigkeit unterdrückt (Phänotyp = wild)
　+ s : phänotypisch wild
pyr + : pyrbedürftig

Der Suppressor ist nur auf Allele von pyr wirksam; nicht allele, ebenfalls pyrmidinbedürftige Formen werden bei Einkreuzung von s nicht
verändert.

Ähnliche scheinbare Rückmutationen, die tatsächlich auf mutativ
entstandene Suppressorgene zurückzuführen sind, wurden von GILES (2)
an methioninbedürftigen Stämmen von *Neurospora* nachgewiesen;
dabei handelt es sich um 4 Suppressoren in je einer Rückmutation,
von denen 3 mit großer Wahrscheinlichkeit einander allel sind. Bei der
genetischen Analyse von Suppressorgenen in acetatbedürftigen Formen
fanden LEIN und LEIN (4) den Locus für Acetatbedürftigkeit und den
Suppressorlocus auf ein und demselben Chromosom.

Bei der zuletzt genannten Mutation handelt es sich um eine erst
von LEIN und LEIN (1) aufgefundene und eingehender untersuchte
Gruppe von biochemischen Mutationen, welche für die Klärung des
Fettstoffwechsels von *Neurospora* bedeutungsvoll zu werden beginnen
(LEIN und LEIN 2, 3, 4). Bereits BEADLE (4, 5) hatte in seinem Sammelreferat darauf hingewiesen, daß *Neurospora* auch gesättigte und ungesättigte Fettsäuren als C-Quelle verwenden kann, normalerweise aber
unabhängig davon ist. Es sind daher Mutanten erhalten worden, die
für die ungesättigten Öl-Linol- und Linolensäuren bedürftig waren und
auf Minimalmedium nur bei ihrer Zugabe wuchsen, dagegen kein
Wachstum zeigten, wenn gesättigte Fettsäuren verwendet wurden.
Bei stärkeren Konzentrationen schlug die Förderung durch ungesättigte
Säuren in ihr Gegenteil um. Der genetische Block der Mutante liegt dabei wahrscheinlich an der Stelle der Synthese der Ölsäure, aus welcher die
Linolsäure weiter gebildet werden kann, ebenso wie aus Linolsäure
die Linolensäure. Es scheint nach diesen Ergebnissen bei *Neurospora*
zwei voneinander unabhängige Wege der Fettsäuresynthese zu geben,
von denen der eine, zu den ungesättigten Säuren führende, gefaßt ist.

Während diese Mutanten auf Acetat nicht wachsen, sind von den
Autoren auch acetatbedürftige Formen isoliert worden (Technik nach
LEIN u. Mitarb.). Da das von *Neurospora* benötigte Acetat aus den natürlichen Fettsäuren außer Palmitin- und Stearinsäure stammt, muß durch
den Mutationsschritt auf diesem Wege eine Blockade bewirkt worden
sein.

Über das Vorhandensein und die Natur einzelner Enzyme bei
Wildtyp und Mutanten sowie über den Einfluß von Kulturbedingungen
auf ihre Wirksamkeit liegen einige spezielle Untersuchungen vor. Bei
Mutanten mit einer bestimmten Blockade des, einen Syntheseschritt
bewirkenden Enzyms braucht dieses nicht in allen Fällen ausgefallen

zu sein, wie etwa in dem erwähnten Fall der Riboflavinsynthese. Eine Mittelstellung nimmt in dieser Hinsicht die Tryptophandesmolase nach MALCOLM und MITCHELL ein, wo bei einfacher Extraktion von Wildtyp-mycel und tryptophanbedürftigem Mutantenmycel zwar der Wildtyp, aber nicht der Mutantenextrakt Desmolaseaktivität entfaltet. Bei ver-besserter Extraktionsmethode läßt sich aber auch in der Mutante das Vorhandensein dieses Enzyms nachweisen, welches in vitro höchstens die halbe Aktivität der Wildtypdesmolase entfaltet.

Nach FINCHAM (1, 2) ist nicht nur ein Enzymsystem vorhanden, welches NH_3 in α-Aminogruppen einbaut; zwei vermutlich unterein-ander allele Mutanten ohne diese Fähigkeit sind durch Zugabe von Ge-mischen aus Glutamin-Asparaginsäure, Alanin und Ornithin zum Wachs-tum zu bringen, weniger wirksam waren Arginin, Prolin, Methionin, Iso-leucin, Norleucin, Valin, Leucin, Phenylalanin und Tryptophan. Cystein, Glykokoll, Serin, Threonin, Homoserin, α-Amino-δ-oxyvaleriansäure, Lysin, Histidin, Citrullin; alle Ketosäuren und die d-Aminosäuren sind dagegen wirkungslos. Bei Glutaminsäure als N-Quelle treten Wachstums-hemmungen sowohl bei der Wildform wie bei den Mutanten auf, wenn Glykokoll, Serin, Histidin und Threonin gleichzeitig vorhanden sind, durch welche Aminogruppen auch ohne Bildung von Intermediärproduk-ten zwischen NH_3 und den α-Aminogruppen transferiert werden können.

Weiterhin sind von THAYER und HOROWITZ unter Einbeziehung der Untersuchungen von HOROWITZ (1) und BENDER u. Mitarb. l-Aminosäure-oxydasen nachgewiesen, welche die l-Aminosäuren zu den entsprechen-den Ketosäuren desaminierten. Ihre Aktivität, die im Wildtyp nach-gewiesen werden kann, ist nicht nur von der genetischen Konstitution, sondern auch von den Kulturbedingungen abhängig. So werden bei einer geeigneten Biotinkonzentration wesentlich mehr Oxydasen gebildet, was durch weiteren Zusatz von Aminosäuren noch gesteigert wird. Damit erweisen sich aber die l-Aminosäureoxydasen als substratabhängig, d. h. nehmen den Charakter von adaptiven Enzymen an.

Eine ähnliche Wechselwirkung zwischen biochemischer Defekt-mutation und Enzymaktivität ist von NASON u. Mitarb. beschrieben worden; eine zinkbedürftige Mutante ist auf ihr enzymatisches Ver-halten geprüft worden, und es ergab sich dabei der Ausfall von Alkohol-dehydrogenase, von tryptophansynthetisierendem Ferment in zellfreien Extrakten; Hexokinase und Fumarase sind unverändert geblieben, während die DPN-ase in ihrer Wirkung auf das 15fache ansteigt. Sowohl auf Minimal- wie auf Normalmedium bleibt dieses enzymatische Verhalten unverändert.

Das Vorhandensein von Melanin bei *Neurospora* (FOX und GRAY) und *Glomerella* (MARKERT 1) sowie die dabei auftretenden Farb-mutanten geben Gelegenheit, die Genetik der Ausfärbung mit der Tyrosinase- (Dopaoxydase-) Wirkung in Zusammenhang zu bringen, welche die ersten Syntheseschritte der Melaninbildung, d. h. die An-fügung einer zweiten Hydroxylgruppe in Orthostellung zu einer bereits vorhandenen Gruppe in Phenolen und die Oxydation von o-Di-phenolen zu den entsprechenden Orthochinonen ermöglicht. Bei der

Albino-2-Mutante von *Neurospora* verhielten sich die $+$ - und $-$ -Formen hinsichtlich der Dopaoxydaseaktivität verschieden, ohne daß bereits eine genaue genetische Analyse der Situation erfolgt wäre. Bei *Glomerella cingulata* sind 3—6 Loci an der Tyrosinaseaktivität beteiligt, so daß diese Eigenschaftsausprägung deutlich polygen bestimmt ist. Diese Einsichten sind an UV-Mutationen einer grau gefärbten Form von *Glomerella* gewonnen worden.

4. Allgemeine Ergebnisse der biochemischen Mutationsforschung.

Die fast nicht mehr vollständig überschaubaren Ergebnisse an biochemischen Mutationen bei *Neurospora* und anderen Pilzen haben den eindeutigen Nachweis erbracht, daß die biochemischen Stoffwechselprozesse der Zelle in einem erstaunlichen Umfang unter genetischer Kontrolle stehen. Darüber hinaus sind bei den verwendeten Methoden etwa 80% der gefaßten Gene für biochemische Abläufe nur für einen einzigen, scharf umschriebenen Syntheseschritt verantwortlich, ohne deutlicher pleiotrope Wirkung auf andere biochemische Prozesse oder auf morphologische Eigenschaften. Unter dem Eindruck dieser Befunde ist daher von BEADLE (1) erstmals die one-gene-one-enzyme-Hypothese klar formuliert worden, die von demselben Autor (3) später als one-gene-one-function-Hypothese umbenannt wurde. Mit dieser Formulierung soll eben zum Ausdruck gebracht werden, daß die Mehrzahl der Gene von *Neurospora* nur eine einzige primäre Funktion im Rahmen eines bestimmten biochemischen Ablaufs haben. Mit dem Für und Wider dieser Hypothese beschäftigen sich alle zusammenfassenden Darstellungen über die biochemische Genetik in erster Linie (BONNER 2, HOROWITZ 3, HOROWITZ und MITCHELL, BEADLE 3, HALDANE, MONOD).

Sehen wir aber nicht die Pilzgenetik isoliert von anderen genetischen Zweigen, sondern versuchen wir ihre Einsichten dem heutigen Gesamtbild der Genetik zuzuordnen, dann ergibt sich die folgende Situation: Gemessen an den Ergebnissen der experimentellen Mutationsforschung, vor allem an *Drosophila* und Mais, sind die Ergebnisse an *Neurospora* in der Zahl und der Eigenart der beobachteten Mutationen außerordentlich eindrucksstark. Für das Problem der Natur des Mutationsvorganges sind sie dagegen verhältnismäßig unergiebig, da jede cytogenetische Bearbeitung der Mutationen fehlt. Wie außerordentlich wertvoll eine sorgfältige cytogenetische Bearbeitung von Mutationen sein kann, die zunächst mit genetischen Methoden als solche erkannt wurden, haben die Arbeiten an *Drosophila* und Mais seit etwa 1938/39 zur Genüge gezeigt. Die Gene können in der Mutationsforschung eben nicht als zwar im Chromosom lokalisierte, aber in ihnen doch selbständige, molekulare Gruppierungen verstanden werden, sondern nur als Chromosomenloci, abhängig von der Natur des Locus und seiner Umgebung (Euchromatin und Heterochromatin). Diese Seite der Mutationsproblematik ist bei den Pilzen, wie wir in dem einleitenden Kapitel begründet haben, praktisch noch unbearbeitet.

Ein zweites, in den Zusammenfassungen der speziellen *Neurospora*-Genetik stark in den Vordergrund gerücktes Problem ist die Genphysiologie, d. h. die Analyse der Wirkungsweise eines Gens. Folgendes Grundschema hierfür hat sich aus der biochemischen Genetik ergeben (Abb. 75). Im Zellkern, auf einem seiner Chromosomen, befindet sich ein mit genetischen Methoden identifizierter Locus, der ein primäres ,,Genprodukt'' sezerniert. Dieses Genprodukt gelangt auf einem nicht näher untersuchten Wege in das Cytoplasma. Dort ist eine Substanz A vorhanden, welche unter dem Einfluß eines eben durch dieses Genprodukt gebildeten Enzyms zur Substanz B umgeformt wird. Unterbleibt spontan oder unter experimenteller Einwirkung diese Umformung von A in B über zahlreiche Zellgenerationen, dann wird ein Mutationsvorgang in dem betreffenden Chromosomenlocus angenommen, welcher in vielen Fällen durch Kreuzungsanalyse aufgewiesen werden kann. Damit ist zunächst die Frage gestellt, in welcher Beziehung das Genprodukt und das entsprechende Enzym zueinander stehen. Eine klare Entscheidung, ob die beiden miteinander identisch sind, oder ob es sich um

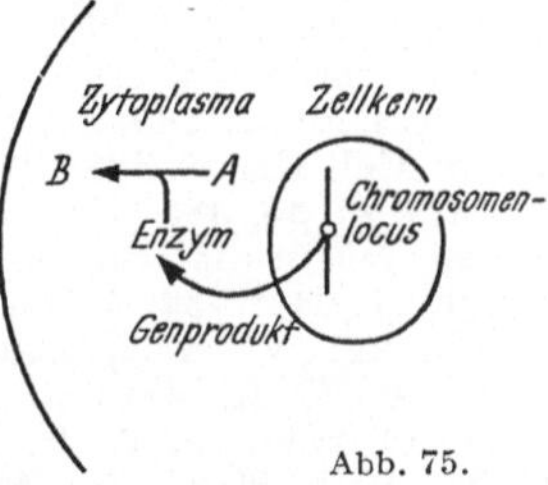

Abb. 75.

zwei verschiedene Dinge handelt, welche eventuell durch zahlreiche Zwischenstufen voneinander getrennt sind, konnte nicht gefällt werden. Nach BEADLES (3) sehr durchdachter Darstellung ist die erste Möglichkeit die unwahrscheinlichere.

Aber von dieser und ähnlichen Fragen abgesehen, geht durch das Grundschema der Genwirkung ein eigentümlicher Bruch: Auf der Seite des Zellkerns ist zwar die gesamte strukturelle Komplexität der Zelle berücksichtigt: Zellkern, Chromosomen und Chromosomenloci als Orte der Sekretion. Auf der Seite des Cytoplasmas dagegen fehlt jede Berücksichtigung seiner besonderen Struktur; diese Stelle der Zelle erscheint wie ein Reagenzglas: in dem Lösungsmittel Cytoplasma (statt Wasser) befindet sich die Substanz A, es wird vom Zellkern (als anderem Reagenzglas) ein Genprodukt zugegeben, welches ein Enzym bildet oder es bereits darstellt, und dann vollzieht sich die Synthese. Während für den Biochemiker der hier scharf gezeichnete Bruch kaum fühlbar sein mag, ist er für den Cytologen sehr störend, um so mehr, als die Mikroorganismengenetik an Hefen und an *Paramaecium* das Unbefriedigende dieses Bildes herausgespürt hat. An diesen beiden Objekten sind ausgedehnte Bemühungen unternommen worden, die leere Stelle des ,,Reagenzglas-Cytoplasmas'' auszufüllen durch Berücksichtigung und Analyse der Bedeutung cytoplasmatischer Strukturen (Grana, Mitochondrien). Dabei hat sich ergeben, daß dies nicht nur möglich ist, sondern auch ein sicherer Nachweis einer gewissen selbständigen Bedeutung dieser Strukturelemente für die Genetik und damit für die Genphysiologie erbracht werden kann. Es ist dabei in diesem Rahmen gleichgültig, ob sie als Plasmagene (DARLINGTON, SONNEBORN), Cytoplasmafaktoren (EPHRUSSI) oder als Plasmaeinheiten (MARQUARDT 2) bezeichnet werden. Es ist überraschend, zu sehen, daß ähnliche Befunde an *Neurospora* bisher noch nicht erhoben worden sind.

Literatur.

1. Bakterien.

ANDERSON, E. A.: Amer. J. Bot. **36**, 807 (1949) — J. Bacter. **61**, 389 (1951). — Proc. nat. Acad. Sci. USA. **37**, 340 (1951). — ANDERSON, R. S., u. H. TURKOWITZ: Amer. J. Roentgenol. **46**, 537 (1941). — ATWOOD, K. C., L. K. SCHNEIDER u. F. J. RYAN: Proc. nat. Acad. Sci. USA. **37**, 146 (1951). BAILEY, N. T.: J. Heredity **5**, 111, 298 (1951). — BAKER, W. K., u. E. SGOURAKIS: Proc. nat. Acad. Sci. USA. **36**, 176 (1950). — BEN-ISHAI, R., B. VOLCANI u. E. D. BERGMANN: Experientia **7**, 62 (1951). — BERTANI, G.: Genetics **36**, 598 (1951). — BISSET, K. A.: The Cytology and Life History of Bacteria. Edinburgh: Lingstone 1950 — J. exp. Cell Res. **1**, 473 (1950) — Nature (Lond.) **169**, 247 (1952). — BISSET, K. A., J. GRACE u. E. O. MORRIS: J. exp. Cell Res. **2**, 388 (1951). — BRONSCHEIN, H., W. DIETTRICH u. G. HÖHNE: Naturwiss. **38**, 383 (1951). — BUNTING, M. J., E. L. LABRUM u. J. HEMMERLY: Amer. Naturalist **85**, 331 (1951). — BURKHOLDER, P. R., u. N. H. GILES: Amer. J. Bot. **34**, 345 (1947).

CASSEL, W. A.: J. Bacter. **59**, 185 (1950); **62**, 239, 514 (1951). — CAVALLI, L. L., u. G. A. MACCACARO: Nature (Lond.) **166**, 991 (1950). — CLARK, J. B., O. WYSS u. W. S. STONE: Nature (Lond.) **166**, 340 (1950). — COHEN, G. N., M. L. HIRSCH u. M. RAYMOND: C. r. Acad. Sci. Paris **233**, 765 (1951). — COWIE, D. B., E. T. BOLTON u. M. K. SANDS: J. Bacter. **60**, 233 (1950). — CRABTREE, H. G., u. W. CRAMER: Proc. roy. Soc. Lond. B **113**, 238 (1933).

DAVIS, B. D.: J. Bacter. **60**, 507 (1950). — DAVIS, B. D., u. E. S. MINGIOLI: J. Bacter. **60**, 17—28 (1950). — DE LAMATER, E. D., u. ST. MUDD: J. exp. Cell Res. **2**, 499 (1951). — DE LAMATER, E. D., u. M. E. HUNTER: Amer. J. Bot. **38**, 659 (1951). — DELAPORTE, B.: Adv. in Genetics **3**, 1 (1950). — DEMEREC, M.: Genetics **36**, 585 (1951). — DEMEREC, M., G. BERTANI u. J. FLINT: Amer. Naturalist **85**, 119 (1951).

ENGLISH, A. R., u. E. McCOY: J. Bacter. **62**, 19 (1951).

FRÉDERICQ, P.: C. r. Soc. Biol. Paris **142**, 855 (1948). — FRÉDERICQ, P., u. BETZ-BAREAU: C. r. Soc. Biol. Paris **145**, 1436 (1951).

GIBSON, M. J., u. F. GIBSON: Nature (Lond.) **167**, 113 (1951). — GILES, N. H., u. H. P. RILEY: Proc. nat. Acad. Sci. USA. **35**, 640 (1949); **36**, 337 (1950).

HAYDEN, B., u. L. SMITH: Genetics **34**, 26 (1949). — HAYES, W.: Nature (Lond.) **169**, 118 (1952). — HEINMETZ, F., u. W. W. TAYLOR jr.: J. Bacter. **62**, 477 (1951). — HILLIER, J., ST. MUDD, A. G. SMITH u. E. H. BEUTNER: J. Bacter. **60**, 641 (1950). — HINSHELWOOD, C. M.: Nature (Lond.) **166**, 1089 (1950). — HOFFMAN, H.: J. Bacter. **62**, 561 (1951). — HOLLAENDER, A., G. E. STAPLETON u. F. L. MARTIN: Nature (Lond.) **167**, 103 (1951).

JACOB, F., A. M. TORRIANI u. J. MONOD: C. r. Acad. Sci. Paris **233**, 1230 (1951).

KELNER, A.: J. Bacter. **58**, 511 (1949). — KIMBALL, R. F., u. N. T. GAITHER: Genetics **35**, 118 (1950). — KLEIN, H. P., u. M. DOUDOROFF: J. Bacter. **59**, 739 (1950).

LAMPEN, J. O., R. R. ROEPKE u. M. J. JONES: Arch. Biochem. **13**, 55 (1947). — LATARJET, R., u. L. E. EPHRATI: C. r. Soc. Biol. Paris **142**, 497 (1948). — LATARJET, R., u. L. R. CALDAS: J. gen. Physiol. **35**, 455 (1952). — LEDERBERG, J.: J. Bacter. **61**, 549 (1951). — LEDERBERG, E. M.: Genetics **36**, 562 (1951) — In: Genetics in the 20th Century, ed. Dunn, New York 1951, S. 263. — LIEB, M.: Genetics **36**, 460, 562 (1951). — LURIA, S. E., u. M. L. HUMAN: J. Bacter. **59**, 551 (1950).

MACCACARO, G. A., u. C. P. BOOTH: Nature (Lond.) **169**, 196 (1952). — MARSHAK, A.: Proc. nat. Acad. Sci. USA. **37**, 38 (1951) — J. exp. Cell Res. **2**, 243 (1951). — McELROY, W. D., u. ST. FRIEDMAN: J. Bacter. **62**, 129 (1951). — MEFFERD, R. B., u. O. WYSS: J. Bacter. **61**, 357 (1951). — MODRONE BORGHI, L. N. DI: Experientia **7**, 62 (1951). — MONOD, J., A. M. TORRIANI

u. R. Jolit: C. r. Acad. Sci. Paris **229**, 557 (1949). — Mottram, J. C.: Brit. J. Radiol. **8**, 32 (1935). — Mudd, St., u. A. G. Smith: J. Bacter. **59**, 561 (1950). — Mudd, St., A. G. Smith, J. Hillier u. E. H. Beutner: J. Bacter. **60**, 635 (1950). — Mudd, St., A. F. Brodie., L. C. Winterscheid, P. E. Hartman, E. H. Benter u. R. A. McClean: J. Bacter. **62**, 729 (1951). — Murray, R. G. E., D. H. Gillen u. F. C. Heagy: J. Bacter. **59**, 603 (1950).

Nelson, Th. C.: Genetics **36**, 162 (1951). — Newcombe, H. B.: Genetics **35**, 682 (1950); **36**, 570 (1951). — Newcombe, H. B., u. H. A. Whitehead: J. Bacter. **61**, 243 (1951). — Newcombe, H. B., u. McGregor: J. Bacter. **62**, 539 (1951). — Novik, A., u. L. Szilard: Proc. nat. Acad. Sci. USA. **35**, 591 (1949); **36**, 708 (1950).

Oehlkers, F.: Z. Vererbgsl. **84**, 213—250 (1952).

Plough, H. H., N. N. Young u. M. R. Grimm: J. Bacter. **60**, 145 (1950). — Plough, H. H., H. Y. Miller u. M. E. Berry: Proc. nat. Acad. Sci. USA. **37**, 640 (1951).

Robinow, C. F., u. V. E. Cosslett: J. Appl. Phys. **19**, 124 (1948). — Rubin, B. A.: Genetics **36**, 573 (1951).

Simonds, S. J.: Biol. Chem. **174**, 717 (1948). — Stein, W., u. J. Meutzner: Naturwiss. **37**, 167 (1950).

Teas, H. J.: J. Bacter. **59**, 93 (1950). — Thoday, J. M., u. J. Read: Nature (Lond.) **160**, 608 (1947). — Thompson, T. L., R. B. Mefferd u. O. Wyss: J. Bacter. **62**, 39 (1951). — Tulasne, R.: C. r. Soc. Biol. Paris **143**, 1390, 1392 (1949).

Winkler, A., M. Knoch u. H. Kinig: Naturwiss. **38**, 241 (1951). — Witkin, E.: Genetics **36**, 583 (1951). — Won, W. D.: J. Bacter. **60**, 102 (1950). — Wyss, O., u. M. B. Wyss: J. Bacter. **59**, 287 (1950).

Zelle, M. R.: J. Bacter. **16**, 345 (1951a). — Zelle, M. R., u. J. Lederberg: J. Bacter. **61**, 351 (1951).

2. Pilze.

Atwood, K. C.: Genetics **35**, 95 (1950).

Barrat, R. M., u. L. Garnjobst: Genetics **34**, 351 (1949). — Beadle, G. W.: (1) Chem. Rev. **37**, 15 (1945) — (2) Ann. Rev. Biochem. **17**, 727 (1948) — (3) Genetics in 20th Century. New York 1951. — Beadle, G. W., u. E. Tatum: Proc. nat. Acad. Sci. USA. **27**, 499 (1941). — Beadle, G. W., u. V. Coonradt: Genetics **29**, 291 (1944). — Beadle, G. W., H. K. Mitchell u. J. F. Nyc: Proc. nat. Acad. Sci. USA. **33**, 155 (1947). — Bender, A. E., H. A. Krebs u. N. H. Horowitz: Biochemic. J. **45**, 21 (1949). — Bergström, S., u. B. Sjöbek: Physiol. Plantarum **3**, 68 (1950). — Bergström, S., u. M. Rottenberg: Acta Chem. Scand. **4**, 553 (1950) — Physiol. Plantarum **4**, 421 (1951). — Bonner, D.: (1) Amer. J. Bot. **33**, 788 (1946) — (2) Cold Spring Harb. Symp. Quant. Biol. **11**, 14 (1946) — (3) Science (N. Y.) **108**, 735 (1948) — Proc. nat. Acad. Sci. USA. **34**, 5 (1948). — Bonner, D. M., u. G. W. Beadle: Arch. Biochem. **11**, 319 (1946). — Bonner, D. M., u. C. Yanofsky: Proc. nat. Acad. Sci. USA. **35**, 576 (1949). — Bonner, D. M., u. C. W. H. Patridge: Federation Proc. **9**, 154 (1950). — Borsook, H., C. Deasy, A. J. Hagen-Smith, G. Keighley u. P. H. Lowy: J. of biol. Chem. **173**, 423 (1948). — Buss, H.: Diss. Stanford Univ. 1944.

Catcheside, D. G.: Ann. Rev. Physiol. **12**, 47 (1950). — Chilton, S. J., G. B. Lucas u. C. W. Edgerton: Amer. J. Bot. **32**, 549 (1945). — Chilton, S. J., u. H. E. Wheeler: Amer. J. Bot. **36**, 270 (1949). — Craigie, J. H.: Nature (Lond.) **120**, 765 (1927). — Phytopathology **18**, 1005 (1928).

Darlington, C. D.: Nature (Lond.) **154**, 164 (1944). — Dickey, F. H., G. H. Cleland u. C. Lotz: Proc. nat. Acad. Sci. USA. **35**, 581 (1949). — Diller, V. M., A. G. Tytell, A. Tytell u. H. Kersten: Plant. Physiol. **25**, 340 (1950). — Dodge, B. O., J. R. Singleton u. A. Rolnick: Proc. amer. philos. Soc. **94**, 38 (1950). — Doermann, A. H.: (1) Arch. Biochem. **5**, 373 (1944) — (2) Diss. Stanford Univ. 1946. — d'Oliveira, B.: Ann. Appl. Biol. **26**, 56 (1939).

EDGERTON, C. W., S. J. CHILTON u. G. B. LUCAS: Amer. J. Bot. **32**, 115 (1945). — EMERSON, S., u. J. E. CUSHING: Federation Proc. **3**, 379 (1946). — EMMONS, C. W., u. A. HOLLAENDER: (1) Amer. J. Bot. **26**, 467 (1939) — (2) Arch. f. Dermat. **52**, 257 (1945). — EPHRUSSI, B.: Pubbl. della Staz. Zool. di Napoli Suppl. **22**, 1 (1950).

FINCHAM, J. R. S.: (1) Ann. Bot. **13**, 23 (1949) — (2) J. of biol. Chem. **182**, 61 (1950) — (3) Heredity 4, 270 (1950) — (4) J. of biol. Chem. **182**, 61 (1950) — (5) J. Genet. **50**, 221 (1951). — FLING, M., u. N. H. HOROWITZ: unveröffentl. (zitiert nach HOROWITZ 1950). — FOX, A. S., u. W. D. GRAY: Proc. nat. Acad. Sci. USA. **36**, 538 (1950). — FRIES, N.: (1) Nature (Lond.) **159**, 199 (1947); (2) **162**, 846 (1948) — (3) Hereditas **36**, 134 (1950); (4) **36**, 368 (1950) — (5) Physiol. Plantarum **3**, 185 (1950). — FRIES, N., S. BERGSTRÖM u. K. ROTTENBERG: Physiol. Plantarum **2**, 210 (1949).

GILES, N.: (1) Genetics **33**, 105 (1948); (2) **35**, 108 (1950). — GILES, N. H., u. E. Z. LEDERBERG: Amer. J. Bot. **35**, 150 (1948). — GOOD, N., R. HEILBRUNNER u. H. K. MITCHELL: Arch. Biochem. **28**, 464 (1950). — GOODGAL, S. H.: Genetics **35**, 667 (1950). — GORDON, M., u. H. K. MITCHELL: Genetics **35**, 110 (1950). — GRANT, H.: Diss. Stanford Univ. 1945. — GRIGG, G. W.: Nature (Lond.) **169**, 98 (1952).

HALDANE, J. B. S.: In R. T. WILLIAMS: Biochemical Aspects of Genetics. New York und London 1950. — HASKINS, F. A., u. H. K. MITCHELL: Proc. nat. Acad. Sci. USA. **36**, 427 (1950). — HASKINS, F. A.: unveröffentl. (zitiert nach HOROWITZ u. MITCHELL 1951). — HENDERSON, L. M.: J. of biol. Chem. **181**, 677 (1949). — HOLLAENDER, A., u. C. W. EMMONS: Cold Spring Harb. Symp. **9**, 179 (1941). — HOLLAENDER, A., K. B. RAPER u. R. D. COGHILL: (1) Amer. J. Bot. **32**, 160 (1945). — HOLLAENDER, A., E. R. SENSOME, E. ZIMMER u. M. DEMEREC: (2) Amer. J. Bot. **32**, 226 (1945). — HOLLAENDER, A., u. C. W. EMMONS: Cold Spring Harb. Symp. **11**, 78 (1946). — HOLLAENDER, A., u. C. P. SWANSON: Genetics **32**, 90 (1947). — HOLSON, H. H., u. V. M. CUTTER: Proc. nat. Acad. Sci. USA. **37**, 400 (1951). — HOROWITZ, N. H.: (1) J. of. biol. Chem. **154**, 141 (1944); (2) **171**, 255 (1947) — (3) Adv. in Genetics **3**, 33 (1950). — HOROWITZ, N. H., u. G. W. BEADLE: J. of biol. Chem. **150**, 325 (1943). — HOROWITZ, N. H., D. M. BONNER u. M. B. HOULAHEN: (1) J. of biol. Chem. **159**, 145 (1945). — HOROWITZ, N. H., M. B. HOULAHAN, M. S. HUNGATE u. B. WRIGHT: (2) Science (N. Y.) **104**, 233 (1946). — HOROWITZ, N. H., u. A. M. SRB: J. of biol. Chem. **174**, 371 (1948). — HOROWITZ, N. H., u. H. K. MITCHELL: Ann. Rev. Biochem. **20**, 465 (1951). — HOULAHAN, M. B., u. H. K. MITCHELL: Proc. nat. Acad. Sci. **34**, 465 (1948). — HOULAHAN, M. B., G. W. BEADLE u. H. G. CALHOUN: Genetics **34**, 493 (1949). — HUNGATE, M. S.: Diss. Stanford Univ. 1946. — HUNGATE, F. P., u. T. MANNELL: Genetics **36**, 555 (1951).

JINKS, J. D.: Heredity **5**, 302 (1951). — JOHNSON, T.: Cold Spring Harbor Symp. Quant. Biol. **11**, 85 (1946). — JOHNSON, T., M. NEWTON u. M. BROWN: Sci. Agric. **14**, 360 (1934). — JOHNSON, T., u. M. NEWTON: Canad. J. Res. **18**, 599 (1940). — JUKES, T. H., u. A. C. DORNBUSCH: Proc. Soc. exper. Biol. a. Med. **58**, 142 (1945).

KOLMARK, G., u. M. WESTERGAARD: Nature (Lond.) **169**, 626 (1952). — KUHN, R.: Angew. Chem. **61**, 1 (1949).

LEIFER, Z., W. H. LAUGHAM, J. F. NYC u. H. K. MITCHELL: J. of biol. Chem. **184**, 589 (1950). — LEIN, J., H. K. MITCHELL u. M. B. HOULAHAN: Proc. nat. Acad. Sci. USA. **34**, 435 (1948). — LEIN, P. S., u. L. LEIN: (1) J. Bacter. **58**, 595 (1949) — (2) Genetics **35**, 120 (1950) — (3) J. Bacter. **60**, 185 (1950) — (4) Genetics **36**, 561 (1951). — LINDEGREN, C. C., u. G. LINDEGREN: J. Hered. **32**, 226, 435 (1941). — LORING, H. S., u. J. G. PIERCE: J. of biol. Chem. **153**, 61 (1944). — LORING, H. S., u. J. L. FAIRLEY: J. of. biol. Chem. **172**, 843 (1948). — LUCAS, G. B., Amer. J. Bot. **33**, 802 (1946). — LUCAS, G. B., S. J. CHILTON u. C. W. EDGERTON: Amer. J. Bot. **31**, 233 (1944).

MACDONALD, K. D., u. G. PONTECORVO: Heredity **4**, 270 (1950). — MALCOLM, G., u. H. K. MITCHELL: Genetics **35**, 110 (1950). — MARKERT,

C. L.: (1) Genetics **35**, 60 (1950); (2) **36**, 564 (1951). — MARQUARDT, H.: (1) Z. Vererbgsl. **82**, 415 (1948) — (2) Ber. dtsch. bot. Ges. **65,**197 (1952). —McCLINTOCK, B.: Amer. J. Bot. **32**, 671 (1945). — McDONALD, K. D., u. G. PONTECORVO: Heredity **4**, 270 (1950). — McELROY, W. D., J. CUSHING u. H. MILLER: J. Cell. Comp. Physiol. **30**, 331 (1947). — McELROY, W. D., u. G. DE LA HABA: Science (N. Y.) **110**, 640 (1949). — MICHELSON, A. M., W. DRELL u. H. K. MITCHELL: Proc. nat. Acad. Sci. USA. **37**, 396 (1951) — MITCHELL, H. K., u. M. B. HOULAHAN: (1) Amer. J. Bot. **33**, 31(1946).—(2) Federation Proc. **6**, 506 (1947) — (3) J. of biol. Chem. **174**, 883 (1948). — MITCHELL, H. K., u. J. LEIN: J. of biol. Chem. **175**, 481 (1948). — MITCHELL, H. K., u. J. F. NYC: Proc. nat. Acad. Sci. USA. **34**, 1 (1948). — MITCHELL, M., u. H. K. MITCHELL: Proc. nat. Acad. Sci. USA. **36**, 115 (1950). — MONOD: In R. T. WILLIAMS: Biochemical Aspects of Genetics. New York und London 1950.

NASON, A. N., O. KAPLAN u. S. P. COLOWICK: Amer. J. Bot. **37**, 669 (1950). — NORMAN, A.: Genetics **36**, 570 (1951). — NYC, J. F., u. H. K. MITCHELL: Amer. chem. Soc. **70**, 1847 (1948). — NYC, J. F., F. A. HASKINS u. H. K. MITCHELL: Arch. Biochem. **23**, 162 (1949). — NYC, J. F., H. K. MITCHELL, E. LEIFER u. W. H. LAUGHAM: J. of biol. Chem. **179**, 783 (1949).

OESTERGREN: Bot. Notiser **4**, 376 (1948).

PAPAZIAN, H. P.: (1) Amer. J. Bot. **39**, 813 (1949) — (2) Bot. Gaz. **112**, 139 (1950) — (3) Genetics **36**, 441 (1951). — PERKINS, D. D.: Genetics **34**, 607 (1949). — PHINNEY, B.: Genetics **33**, 624 (1948). — PIERCE, J. G., u. H. S. LORING: J. of biol. Chem. **160**, 409 (1945). — PONTECORVO, G.: (1) Cold Spring Harb. Symp. **11**, 193 (1946) — (2) Proc. Feder. Soc. **5**, 182 (1947) — (3) J. gen. Microbiol. **3**, 122 (1949) — (4) Heredity **4**, 265 (1950) — (5) Symp. Biochem. Soc. **4**, 40 (1950).

RAPER, K. B., R. D. COGHILL u. A. HOLLAENDER: Amer. J. Bot. **32** 165 (1945). — REGNERY, D. C.: Diss. Calif. Inst. Techn. 1945. — ROEGNER, F. R., M. H. STAHLMANN u. J. F. STAUFFER: Amer. J. Bot. **37**, 670 (1950). — RYAN, F. J.: Cold Spring Harb. Symp. Quant. Biol. **11**, 215 (1946). — RYAN, F. J., G. W. BEADLE u. E. L. TATUM: (1) Amer. J. Bot. **30**, 784 (1943). — RYAN, F. J., R. BALLENTINE, E. STOLOVY, M. E. CORSON u. L. K. SCHNEIDER: (2) J. amer. chem. Soc. **67**, 1857 (1945). — RYAN, F. J., u. J. LEDERBERG: Proc. nat. Acad. Sci. USA. **32**, 163 (1946).

SANSOME, E. R., M. DEMEREC u. A. HOLLAENDER: Amer. J. Bot. **32**, 218 (1945). — SHENG, T. C.: Genetics **36**, 199 (1951). — SHENG, T. C., u. F. J. RYAN: Genetics **33**, 221 (1948). — SINGLETON, J. R.: Thesis, Calif. Inst. Techn. 1948 (zitiert nach HOROWITZ). — SMITH, H. H., u. A. M. SRB: Science (N. Y.) **114**, 490 (1951). — SNYDER, B. J.: J. Bacter. **62**, 163 (1951). — SONNEBORN, T. M.: Heredity **4**, (1950). — SRB, A. M.: Diss. Stanford Univ. 1946 — Bot. Gaz. **111**, 140 (1949). — SRB, A. M., u. N. H. HOROWITZ: J. of biol. Chem. **154**, 129 (1944). — STAKMAN, E. C., u. J. B. ROWELL: Amer. J. Bot. **37**, 670 (1950). — STOKES, J. L., J. W. FOSTER u. C. R. WOODWARD: Arch. Biochem. **2**, 235 (1943). — STREHLER, B. L.: J. Bacter. **59**, 105 (1950). — SWANSON, C. P., u. A. HOLLAENDER: Amer. J. Bot. **33**, 832 (1946). — SWANSON, C. P., u. S. H. GOODGAL: Genetics **33**, 127 (1948). — SWANSON, C. P., A. HOLLAENDER u. B. N. KAUFMAN: Genetics **33**, 429 (1948). — SWANSON, C. P., W. D. McELROY u. H. MILLER: Proc. nat. Acad. Sci. USA. **35**, 513 (1949).

TATUM, E. L.: (1) Federation Proc. **8**, 511 (1949) — (2) J. Cell Comp. Physiol. **35**, Suppl. 1, 119 (1950). — TATUM, E. L., u. G. W. BEADLE: (1) Proc. nat. Acad. Sci. USA. **28**, 234 (1942) — (2) Growth Symposium **4**, 27 (1942). — TATUM, E. L., D. M. BONNER u. G. W. BEADLE: (1) Arch. Biochem. **2**, 251 (1943). — TATUM, E. L., u. T. T. BELL: Amer. J. Bot. **33**, 15 (1946). — TATUM, E. L., u. D. M. BONNER: (1) J. of biol. Chem. **151**, 349 (1943) — (2) Proc. nat. Acad. Sci. USA. **30**, 30 (1944). — TATUM, E. L., D. M. BONNER u. G. W. BEADLE: (2) Arch. Biochem. **3**, 477 (1944). — TATUM, E. L., u. G. W. BEADLE: (3) Ann. Mo. Bot. Gard. **32**, 125 (1945). — TATUM, E. L., R. W. BARRAT u. V. M. CUTLER: (3) Science (N. Y.) **109**,

509 (1949). — TATUM, E. L., R. W. BARRAT, N. FRIES u. D. BONNER: (4) Amer J. Bot. 37, 38 (1950). — TEAS, H. J.: (1) Genetics 33, 632 (1948); (2) 33, 127 (1948) — (3) Calif. Inst. Techn. Thesis (zitiert nach HOROWITZ 1950). — TEAS, H. J., N. H. HOROWITZ u. M. FLING: J. of biol Chem. 172, 651 (1948). — THAYER, P. S., u. N. H. HOROWITZ: J. of biol. Chem. 192,755 (1951).

UMBREIT, W. W., W. A. WOOD u. J. C. GUNSALUS: J. of biol. Chem. 165, 732 (1946).

WAGNER, R. P.: Proc. nat. Acad. Sci. USA. 35, 185 (1949). — WAGNER, R. P., u. B. M. GUIRARD: Proc. nat. Acad. Sci. USA. 34, 398 (1948). — WAGNER, R. P., u. C. H. HADDOX: Amer. Naturalist 85, 319 (1951). — WAGNER, R. H., C. H. HADDOX, R. FUERST u. W. S. STONE: Genetics 35, 237 (1950). — WAHL, J.: Phytopathology 40, 1 (1950). — WATERHOUSE, W. L., u. J. A. WATSON: J. roy. Soc. New Southwales 77, 138 (1944). — WEIDEL, W.: Naturwiss. 39, 55 (1952). — WESTERGAARD, M., u. H. K. MITCHELL: Amer. J. Bot. 34, 573 (1947). — WHEELER, H. E.: Amer. J. Bot. 37, 304 (1950). — WHEELER, H. E., L. S. OLIVE, C. T. ERNEST u. C. W. EDGERTON: (1) Amer. J. Bot. 35, 722 (1948). — WHEELER, H. E., u. S. J. CHILTON: Phytopathology 38, 28 (1949). — WHEELER, H. E., J. W. McGAHEN u. S. J. CHILTON: (2) Phytopathology 40, 31 (1950). — WILSON, L. G., u. J. F. STAUFFER: Amer. J. Bot. 37, 671 (1950). — WINDSOR, E.: J. of biol. Chem. 192, 607 (1951). — WORK, T. S.: Ann. Rep. Progress Chem.; Chem. Soc. London 44, 254 (1948). — WRIGHT, B. E.: Arch. Biochem. Biophys. 31, 332 (1951). — WYSS, O., F. HAAS, J. B. CLARK u. S. S. WILSON: J. cell. comp. Physiol., Suppl. 1133 (1950).

YANOFSKY, C., u. D. M. BONNER: Proc. nat. Acad. Sci. USA. 36, 167 (1950).

ZALOKAR, M.: Proc. nat. Acad. Sci. USA. 34, 32 (1948) — J. Bacter. 60 (1950).

16b. Genetik der Samenpflanzen.

(Berichte über die Jahre 1940 bis 1950 für ausländische Literatur,
und 1945 bis 1950 für deutsche Literatur.)

Von Cornelia Harte, Köln.

A. Einleitung.

Die genetische Literatur der Berichtsjahre läßt trotz der scheinbaren
Vielfalt der Titel erkennen, daß sich die Forschung auf einige wenige große
Problemkreise konzentriert, während andere Fragen nur in vereinzelten Mit-
teilungen angeschnitten werden. Diese von vielen Seiten angegangenen
Fragen sollen im folgenden kurz umrissen und dann ihre wichtigsten Ergebnisse ausführlicher dargestellt werden, soweit sie nicht so umfangreich
sind, daß sie in eigenen Referaten bearbeitet werden. Wegen der Länge des
Zeitraumes, den der Bericht umfassen mußte, um den Anschluß an frühere
Bände herzustellen, konnten nur die wichtigsten Arbeiten herangezogen
werden und auch diese nicht mit der sonst gewünschten Ausführlichkeit
behandelt werden.

Zunächst führt eine Reihe von Untersuchungen die klassische Vererbungslehre weiter, indem die genetischen Grundlagen bestimmter Merkmale untersucht werden. Auf die jeweils zugrunde liegende Feststellung der
Erblichkeit des Merkmals und seiner Variabilität folgt die Bestimmung der
Anzahl der beteiligten Erbfaktoren sowie der Zahl der Glieder in den Allelenreihen, ihre Dominanz- und Epi-hypostasieverhältnisse, die Bestimmung des
Phänotyps der möglichen Allelenkombinationen und schließlich die Prüfung
der Übereinstimmung der gefundenen Spaltungszahlen mit der Erwartung
bei Zutreffen der auf Grund der ersten Beobachtungen aufgestellten Hypothese. Fast immer sind diese Untersuchungen verbunden mit Bestimmungen
über die Koppelung der beteiligten Faktoren untereinander und mit anderen,
bereits bekannten Genen der untersuchten Art.

Einen sehr großen Raum nehmen die von Straub referierten Arbeiten
ein, in denen genetische und cytologische Beobachtungen im Zusammenhang
betrachtet werden.

In enger Beziehung zu Cytologie (s. Referat Geitler) und Cytogenetik
(s. Referat Straub) stehen die Mutationsuntersuchungen. Nur wenige davon
befassen sich ausschließlich mit Genmutationen, da die rein theoretischen
Fragen der Mutationsauslösung sich durch die vertieften Kenntnisse über
den Zusammenhang zwischen Gen und Chromosom nur noch im Rahmen der
Cytogenetik bearbeiten lassen. In zunehmendem Maße stehen aber praktische Gesichtspunkte bei der Mutationsauslösung im Vordergrund, mit dem
Ziel, züchterisch wertvolle Mutanten von Kulturpflanzen zu erhalten.

Neben der Untersuchung der im Zellkern enthaltenen Gene wurde die
Erforschung der Erbträger außerhalb der Zellkerne im Plasma weitergeführt.

Über die Genetik der Mikroorganismen wird gesondert berichtet (s. Referat Marquardt).

In allen genannten Fällen steht die Genetik als Wissenschaft im Mittelpunkt. In zunehmendem Maße wird sie jedoch zusammen mit Cytologie
und Cytogenetik von anderen Wissenschaftszweigen als Hilfsmittel für die
Lösung ihrer speziellen Aufgaben herangezogen. Die beiden Hauptgebiete,

auf denen diese Entwicklung festzustellen ist, sind die Entwicklungsphysiologie, in der die Genphysiologie, die Untersuchung der Abhängigkeit der Entwicklung von den Erbanlagen und die Beeinflußbarkeit dieser Vorgänge, zu einem selbständigen Zweig geworden ist (s. Referat LANG), und die Systematik, die als experimentelle Taxonomie immer mehr die Kreuzungsanalyse zur Klärung der Verwandtschaftsverhältnisse und zur Festsetzung der Artgrenzen heranzieht. In engem Zusammenhang hiermit steht die Populationsgenetik, von der auf botanischem Gebiet allerdings nur sehr wenige neue Arbeiten vorliegen.

Eine weitere Gruppe von Untersuchungen befaßt sich mit den Fragen der Pflanzenzüchtung auf wissenschaftlicher genetischer Grundlage. Diese eigentlich der angewandten Botanik angehörenden Arbeiten sollen aber in diesem Referat außer Betracht bleiben.

Im folgenden sei zunächst auf einige allgemein-genetische Veröffentlichungen hingewiesen. PUNNETT (1950) berichtet über die Frühzeiten der genetischen Forschung in England in einem amüsanten Vortrag, der interessante Einblicke in die Auseinandersetzungen zwischen Vertretern und Gegnern einer sich entwickelnden Wissenschaft gibt. Die in Deutschland bis 1945 durchgeführten Untersuchungen wurden in den Fiat-Berichten zusammenfassend dargestellt. Die dort referierten Arbeiten sollen daher nicht mehr im einzelnen berücksichtigt werden. Über die oft schwer zugänglichen Arbeiten der Kriegsjahre liegen zwei Bibliographien vor. Eine Zusammenstellung der deutschen genetischen Literatur von 1939 bis 1945 erschien als Sonderheft des „Züchter", ist aber trotz ihres großen Umfanges nicht ganz vollständig. Die japanischen Arbeiten waren nicht zugänglich und können daher hier nicht berücksichtigt werden. Eine Übersicht der wichtigsten Titel, deren Unvollständigkeit allerdings vom Herausgeber selbst besonders betont wird, erschien in Heredity (CUA 1950), kurze Zusammenfassungen der wichtigsten Ergebnisse veröffentlichte die gleiche Zeitschrift.

B. Die genetische Forschung in den Berichtsjahren.

I. Mendelismus.

a) Genanalysen. Als Grundlage für genetische und cytogenetische Arbeiten wurden die Empfehlungen über die Symbolisierung der Gene und Chromosomenabweichungen herausgegeben (Genetica 1941, J. of Heredity 1940). Diese sehr gut durchdachten und brauchbaren Anregungen werden leider noch nicht in allen Veröffentlichungen angewendet, obwohl ihre Beachtung eine wesentliche Erleichterung für das Verständnis der genetischen Arbeiten bedeuten würde.

Die Arbeiten über Genanalysen lassen sich in mehrere große Gruppen unterteilen, je nach der Art der Merkmale, die untersucht werden. Äußerlich sichtbare, qualitative, morphologische Merkmale lassen sich zwar leicht feststellen, aber die Aufklärung ihrer genetischen Grundlagen in den Einzelfällen, vor allem bei polymerer Bedingtheit der Eigenschaften, bietet oft große Schwierigkeiten. Hierdurch ist es erklärlich, daß sich eine ganze Reihe von Untersuchungen mit diesen Fragen befassen.

Bei der schon gut bekannten Gattung *Pisum*, insbesondere innerhalb der Art *sativum*, ergab die Untersuchung verschiedenartiger Eigenschaften, wie Blatt-, Wuchs- und Formmerkmale, daß meist sehr einfache Spaltungszahlen vorliegen (LAMPRECHT 1948, 1949a, b; WELLENSIEK 1949a, 1950a). Daneben ist aber auch komplizierte polymere Vererbung einiger Merkmale nachgewiesen (LAMM 1949; LAMPRECHT 1950b, 1944a, b, c; WELLENSIEK 1943). Interessant ist die Auffindung neuer Blütenfarbtypen durch WELLENSIEK (1950b), da bisher trotz der sehr genauen genetischen Bearbeitung der Art nur 2 Blütenfarbgene bekannt waren, die als Basisgene für die Anthocyanbildung wirken (WELLENSIEK 1949b).

Die Untersuchungen an *Phaseolus* befassen sich mit wenigen Ausnahmen mit der Vererbung von Merkmalen der Samenschale. Für Einzelgene lassen sich in den entsprechenden diallelen Kreuzungen meist klare Spaltungszahlen nachweisen, aber die gesamte Färbung der Schale wird durch das Zusammenwirken so vieler Anlagen beeinflußt, daß eine schwer analysierbare Polymerie des Merkmals zustande kommt. Neben der Färbung wurde besonders die Musterbildung, die als Teilfarbigkeit und als Scheckung auftreten kann, beachtet (LAMPRECHT 1940a, b, c; PRAKKEN 1940).

Bei Sojabohnen sind verschiedene erbliche Typen mit defekten Samenschalen bekannt. Typ I wird durch zwei recessive Gene hervorgerufen, zusammen mit einem Gen für Verhinderung der defekten Schale. Typ II entsteht durch die Wirkung von zwei komplementären Faktoren. Kreuzungen zwischen Typ I und II ergeben Mittelformen. Jeder dieser neuen Phänotypen wird durch andere Kombinationen der verschiedenen Allele hervorgerufen (LIU 1949).

Die Blütenfüllung von *Tropaeolum* ist einfach recessiv gegenüber normal, aber es gibt eine große Anzahl von Modifikatoren, durch deren Wirkung die Reaktion des Hauptgens gegenüber Umwelteinflüssen verändert wird (EMSWELLER und BLODGETT 1948). Für die Gattung *Oenothera* wurde sowohl die Komplex- wie die Genanalyse weitergetrieben. BAERECKE (1944) führte eine Untersuchung der Komplexe einheimischer Arten von *Oenothera* durch. HARTE (1948) brachte Feststellungen über eine große Anzahl von Merkmalen bei spaltenden *Oenothera*-Bastarden. Mit wenigen Ausnahmen sind die untersuchten Eigenschaften polymer bedingt und ergeben komplizierte Spaltungen, die nur mit Hilfe besonderer statistischer Methoden erfaßt werden konnten.

Die von DAVIS (1940) untersuchte *Oe. cantabrigiana* ist nahe verwandt mit der *Oe. biennis*, von ihr aber durch die stärkere Anthocyanbildung unterschieden. Die Pollen- und Eizellenletalfaktoren sind vertauscht. Der *albicans*-ähnliche Komplex kommt im Pollen vor, der *rubens*-ähnliche in den Eizellen. Die amerikanischen *Oenothera*-Arten lassen sich in Gruppen einordnen. In der *Hookeri*-Gruppe sind beide Genome identisch, bei *irrigua* nur wenig verschieden. In der *strigosa*-Gruppe sind beide Komplexe sehr verschieden, aber mit *Hookeri* verwandt, während in der *biennis*-Gruppe schließlich ein Komplex mit der ersten Gruppe verwandt ist, der andere davon erheblich abweicht (CLELAND 1940).

Eine Untersuchung an *Pinus nigra* ist von besonderem Interesse. Aus sicher selbstbestäubten Zapfen von alleinstehenden Bäumen wurden die Samen gesammelt. Es keimten nur 25 Samen, unter denen 8 *albina* waren. Die Spaltung nach weiße:grüne Keimlinge zeigt eine gute Übereinstimmung mit der Erwartung 1:3. Bei den Samen eines anderen Baumes traten im gleichen Verhältnis Sämlinge auf, deren Kotyledonen zwar grün waren, die aber farblose Nadeln hatten und bald eingingen. Derartige Chlorophyllabweicher sind als durch mendelnde Gene verursacht auch von anderen Pflanzen genügend bekannt. Es handelt sich aber hier um den erstmaligen Nachweis von einfachen, monohybriden Spaltungen bei Coniferen, der deswegen Erwähnung verdient (JOHNSSON 1948).

Weitere, in großer Anzahl vorliegende Feststellungen, die sich mit dem Nachweis vererbbarer, qualitativer Merkmale befassen, brauchen nicht im einzelnen besprochen zu werden, da sie keine grundsätzlich neuen Erkenntnisse bringen.

Wichtig sind jedoch die Befunde über die Vererbung von Eigenschaften in bezug auf zwei spezielle Fragen, nämlich über den erblichen Einfluß bei der Ausbildung quantitativer und physiologischer Merkmale.

Bei *Pirus* sind 5 einfach mendelnde Gene für Wachstum und Blattform nachgewiesen; alle quantitativen Merkmale, wie Größe und andere Eigenschaften der Früchte, haben dagegen polymere Basis (CRANE und LEWIS 1949). Die ausführlichsten Untersuchungen über die Vererbung quantitativer Merkmale liegen für die Fruchtgröße vor an Tomaten und *Capsicum*. Die Fruchtgröße bei Tomaten ist eine komplexe Eigenschaft, die sich in mehrere Komponenten zerlegen läßt. Wichtig sind vor allem die Zahl der Loculi und das Gewicht pro Loculus. FOGLE und CURRENCE (1950) kamen zum Ergebnis, daß je 3 Gene für beide Merkmale vorhanden sind. Das Wachstum der Früchte beruht auf Zellvermehrung (vor der Anthese) und Zellvergrößerung (nach der Anthese). Das Wachstum wird begrenzt durch Gene und Umweltfaktoren, wobei die Gene nicht additiv wirken, sondern zu einer geometrischen Reihe führen (MACARTHUR 1941). Die ausführlichste Analyse wurde von POWERS (1940) durchgeführt. Beide genannten Merkmale werden danach durch mindestens 3 Gene beeinflußt. Die endgültige Fruchtgröße wird bestimmt durch die Zahl der Meristemzellen, die gerade nach Festlegung der Zahl der Loculi vorhanden sind (a), die Zellvermehrungsrate (b) und die Wachstumsrate der Einzelzelle (c). Die endgültige erreichte Fruchtgröße x ist dann $a \cdot b \cdot c$. Wenn für jedes Gen 2 Allele mit verschiedener Wirkungsstärke vorliegen und die Gene unabhängig voneinander wirken, ergibt sich eine geometrische Reihe der Fruchtgröße. Allgemein muß sich für alle Gene, die auf verschiedene Entwicklungsstadien quantitativer Merkmale einwirken, diese Gesetzmäßigkeit nachweisen lassen. Die beiden Gene G-g (gefurchte — glatte Frucht) und $O\text{-}o^{ob}$ sind mit 18% crossing-over ge-

koppelt. Dadurch ist die betreffende Koppelungsgruppe in 3 Teile zerlegt. In jedem dieser Teile liegen Gene, die die Fruchtgröße beeinflussen,
unabhängig von den beiden genauer erfaßten Faktoren.

In einer ausführlichen statistischen Analyse von P- bis F_4-Generatio-
nen von *Capsicum frutescens* L. kommt KHAMBANONDA (1950) zu dem
Ergebnis, daß Länge und Breite der Frucht bestimmt werden durch
Gene für Fruchtform und -gewicht. Besondere Gene für Fruchtlänge
sind nicht vorhanden oder haben nur modifikatorischen Effekt,
nachdem die Form (lang-schmal oder breit-oval) festgelegt ist. Diese
wird durch nur ein Gen bestimmt, wobei oval schwach dominant ist.
Die Einflüsse von Genen und Umweltbedingungen auf die Fruchtgröße sind multiplikativ.

Die Samengröße von Bohnen wird hauptsächlich von zwei Ein-
flüssen bestimmt, der Größe der Kotyledonen und der Wachstums-
fähigkeit der von der Mutterpflanze gelieferten Samenschale. In einer
über lange Zeit hinweg geführten Kreuzungsreihe wurde von FRETS
(1949a, b, 1950) versucht, den realen Anteil dieser beiden Faktoren
zu bestimmen. Die Bastardsamen zeigen Matroklinie, stimmen aber
nicht völlig mit der Muttersorte überein. Die Variabilität (σ) der Kreuzungen ist nicht größer als die der Ausgangsformen, die Variationsbreite aber kleiner. Dies gilt sowohl für die Maße wie für die Indices.
Bei der Kreuzung großsamig $\times$ kleinsamig fehlen die extrem großen
Varianten, bei der reziproken Kombination die extrem kleinen. Häufig
stimmt eine Kreuzung in einer Maßzahl oder einem Index mit der
Mutterform überein, aber nie in allen zugleich. Außer den Genen, die
die Größe der Samenschale bestimmen, wirken also noch andere Gene
für die Größe des F_1-Embryos mit. Für die Folgegenerationen dieser
Kreuzungen von zwei Formen mit großer erblicher Variationsbreite
ist zu erwarten, daß die F_1 in der Mitte zwischen den Elternformen
liegt. Bei gleichbleibenden Ursachen nichterblicher Variation werden
also die Extreme der Elternformen nicht erreicht. In der F_2 tritt eine
Aufspaltung ein. Infolge der Polymerie des komplexen Merkmals
„Samengröße" werden die den Elternformen entsprechenden genotypischen Kombinationen sehr selten sein. Diese vereinzelt auftretenden Individuen werden sich dabei wahrscheinlich im Phänotyp dem
Mittelwert der Elternform nähern. Erst bei einer sehr zahlreichen F_2
sind die genotypischen Elternkombinationen so häufig zu erwarten,
daß sie deren ganze phänotypische Variationsbreite zum Ausdruck
bringen können. Bei einer F_2 begrenzten Umfanges wird die Variationsbreite der F_2 also immer geringer sein als die der Elternformen, auch
wenn diese Genkombinationen tatsächlich herausspalten. Die Zusammensetzung des Merkmals aus einzelnen, durch jeweils mehrere
Gene beeinflußten Komponenten wird noch dadurch bestätigt, daß
in den Folgegenerationen reine Linien herausspalten, die gegenüber den
Elternformen Veränderungen der Maße und vor allem der verschiedenen Indices zeigen.

Studien über die Petalengröße (MARSDEN-JONES und TURRILL
1947) an *Saxifraga granulata* zeigten, daß die genetische Basis sehr kom-

pliziert ist. Ein plasmatischer Einfluß ist nicht nachweisbar. Die absolute Größe der Petalen ist von Umwelteinflüssen und der Stellung der
Blüte in der Infloreszenz abhängig, aber das Längen-Breiten-Ver-
hältnis ist genetisch bestimmt. Eine genetische Grundlage für die Lage
der breitesten Stelle der Petalen konnte nicht nachgewiesen werden.
Es ist ein Satz von Genen vorhanden, die Größe und Form der Petalen
an normalen Blüten bedingen. Ein oder mehrere Faktoren, die eine
Verweiblichung der Blüten bestimmen, bedingen zugleich schmalere
Petalen, als das gleiche Genom sonst an Zwitterblüten hervorrufen
würde. Außerdem sind mehrere Faktoren vorhanden für Anomalien
an den Petalen, zum Teil zugleich an den Antheren, die hierdurch
indirekt die Blütengröße beeinflussen. Durch das Zusammenwirken
aller dieser Faktoren entsteht eine kontinuierliche Variabilität in der
Petalengröße innerhalb der Art.

Die Faserlänge bei Baumwolle wird in ähnlicher Weise durch das
Zusammenwirken polymerer Faktoren beeinflußt. Es ließen sich zwar
keine einzelnen Gene bestimmen, aber durch eine mit besonderer Feinheit ausgeführte Versuchsplanung und statistische Auswertung konnte
der maßgebliche Einfluß der Erbanlagen neben stark auf die Variabilität wirkenden Umweltfaktoren nachgewiesen werden (HUTCHINSON
1941).

Die Vererbung physiologischer Merkmale wurde an vielen Pflanzen
untersucht. Es ergaben sich dabei interessante Aufschlüsse über die
genetische Bedingtheit des gesamten Entwicklungsablaufs. Der Einfluß
bestimmter Gerstenmutationen auf die allgemeine Vitalitätsreaktion der
Pflanzen zeigte sich in Ertragsversuchen durch Vergleich der Ausgangsform mit reinen Linien der Mutanten und spaltenden Aufzuchten. In
einzelnen Punkten sind die Mutanten der Ausgangsform überlegen, in
anderen unterlegen. Die Reaktion im Vergleich mit der Ausgangsform
ist relativ und nur gültig für die bestimmten Umweltbedingungen,
unter denen sie festgestellt wurde. Bei Stickstoffdüngung sind die Mutanten z. B. bei einer bestimmten Düngergabe überlegen, bei höheren
oder niedrigeren Dosen unterlegen. Mutanten, die in Reinkultur geringere Leistungen ergeben, können in der Mischkultur sich der Ausgangsform und den Heterozygoten überlegen zeigen (GUSTAFSSON und
NYBOM 1950).

Bei *Nicotiana tabacum* finden sich Linien mit reiner Lichtkeimung
und typische Dunkelkeimer sowie indifferente Formen. In der F_1 ist
Lichtbedürftigkeit dominant gegenüber Dunkelkeimung. Differenzen
zwischen den reziproken Kreuzungen gehen zu Lasten des Endosperms
(HONING 1943). Auch für die Reaktion bei Austrocknung der Samen
ergeben sich Rassendifferenzen, die genetisch bedingt sein müssen.

Die Entwicklungsgeschwindigkeit ist eine komplexe Reaktion,
deren genetische Grundlage in einzelnen Punkten für die Tomate aufgeklärt wurde (FOGLE und CURRENCE 1950). Die Entwicklung wurde
in drei Phasen aufgeteilt: Keimung bis zur Blütenbildung, Blütezeit
bis zum Fruchtansatz, von da bis zur Reife der Früchte. Für das erste
Stadium wurden fünf oder mehr Gene nachgewiesen, vier für das

zweite und drei für das dritte Stadium, die jeweils auf die Dauer des betr. Stadiums einwirken. Bei *Lathyrus* ist frühblühend recessiv gegenüber spätblühend bei unifaktorieller Spaltung (LITTLE und KANTOR 1941). Frühe Blüte ist bei *Tagetes* ebenfalls durch ein einziges Gen bedingt. Die Frühblüher entwickeln die erste Blüte nach 12 Wochen im Gegensatz zu normal 17 Wochen. Für die Ausprägung des Merkmals ist Langtag erforderlich, im Kurztag sind beide Genotypen nicht zu unterscheiden. Der Faktor ist subletal durch Schwäche der frühblühenden Pflanzen (LITTLE, KANTOR, ROBINSON 1940). JOHNSSON (1949) untersuchte die Frühblüte bei Birken. Normal blühen diese erst im Alter von 5 bis 10 Jahren. In Kulturen traten 2 Pflanzen von *Betula verrucosa* auf, die bereits im zweiten Jahr zur Blüte kamen. Diese wurden mit normalen Pflanzen gekreuzt. Die F_2 zeigte ein Aufspaltung nach $^3/_4$ Frühblüher und $^1/_4$ Nichtblüher (Auszählung im 2. Jahr). Diese Spaltung legt die Annahme eines Gens für Blühreife nahe. Die Kreuzung entsprechender Formen innerhalb der Art *B. pubescens* ergab in F_2 1 Früh-:3 Spätblüher, wie es bei dieser tetraploiden Art erwartet wird, wenn der Differenz nur ein Gen zugrunde liegt. Die Untersuchungen in allen drei Arten zeigen, daß die Erreichung der Blühreife durch Gene bestimmt wird, die unabhängig von der jeweiligen vegetativen Entwicklung wirken.

Die photoperiodische Reaktion wurde an Nachkommen von Mais-Teosinte-Bastarden bestimmt. Die verwendete Maisrasse war fast tagneutral. Diese Eigenschaft zeigte sich als schwach dominant in allen Kreuzungen mit mexikanischen Teosinte-(*Euchlaera*)-Rassen, intermediär dagegen mit Sorten aus Guatemala, die stärkere Kurztagspflanzen sind als die mexikanischen Rassen. Für die photoperiodische Reaktion sind mehrere Gene verantwortlich, die meisten liegen auf den Chromosomen 8 und 10. Die Blütezeit wird durch modifizierende Gene beeinflußt, die besonders ihren arteigenen Genkomplex fördern. Die photoperiodische Reaktion und die Bildung von Schößlingen werden nicht durch die gleichen Gene bedingt (ROGERS 1950a, b). Bei Gerste kommen einjährige und winterannuelle sowie kurz- und langtagsbedürftige Formen vor. Die Sommerformen sind dominant gegenüber den Winter- und Übergangsformen. Die Unterschiede zwischen den Sommerformen, die unter allen Bedingungen zum Blühen kommen, und den Kälte- und Kurztagsformen werden vom Verfasser auf eine Serie multipler Allele zurückgeführt. Hinzu kommen noch Verstärkungsfaktoren für Blühhemmung (HOFFMANN 1944). Eine andere Deutung durch Polymerie beider Merkmale (Licht- und Kältereaktion der Blütenbildung) läßt sich aber durch die Versuchsergebnisse nicht ausschließen und würde besser mit den Befunden an anderen Pflanzen übereinstimmen.

Die Krankheitsresistenz wurde in einer ganzen Reihe von Fällen geprüft. Am genausten untersucht ist wohl die „*blackarm*"-Erkrankung der Baumwolle durch *Bacterium malvacearum*. Kreuzungen zwischen stark empfindlichen und weitgehend resistenten Baumwollrassen ergaben Hinweise auf 2 Hauptgene B_1 und B_2, dazu weitere Modifikatoren, die zusammen den Grad der Resistenz bestimmen (KNIGHT und CLOUSTON 1941; KNIGHT 1948a, b, c). Ähnlich liegen die Verhältnisse bei der Mehltauresistenz der Gerste (HONECKER 1942). Diese ist gegenüber den Mehltaurassen A, D und H durch ein Gen bestimmt (d). Das Resistenzallel ist recessiv in bezug auf die Rassen A und D, intermediär für H. Resistenz gegen die Rassen A und D wird durch ein weiteres dominantes Gen bedingt (B). Formen der Konstitution ddBB sind resistent gegen die meisten Mehltaurassen. Eine Steigerung der Wirkung dieser Kombination in bezug auf die Resistenz gegen Rasse A ist nicht gegeben. Dazu kommen Chlorose- und Nekrosefaktoren als Nebengene vor, wodurch die Anfälligkeit für andere Mehltaurassen herabgesetzt wird. Die Wirkung der Nebengene ist nur an den anfälligen Genotypen zu erkennen. Sie können sich in ihrer Wirkung im Gegensatz zu den Hauptgenen gegenseitig steigern. Bei anderen Gerstenformen (Gopalgersten) wird die Resistenz dagegen durch das Zusammenwirken polymerer Gene erzeugt. Bei einer anderen Gerstenrasse ist die gesamte Resistenz durch ein Gen bestimmt (FREISLEBEN und METZGER 1942). Die Immunität gegen Mehltau bei *Pisum sativum* aus Peru spaltet monohybrid, wobei „anfällig" dominant ist. Das Gen ist gekoppelt mit einem Anthocyanfaktor und einem Gen für Interrodienlänge (HARLAND 1948). In Versuchen mit Varietätenkreuzungen von *Vigna sinensis* und Artkreuzungen von *V. sesquipedalis* wurden erblich gegen Mehltau resistente Formen gefunden. Über die Zahl der beteiligten Gene konnte jedoch nichts ausgesagt werden (FENNEL 1948). Ebenfalls genetisch durch polymere Faktoren bedingt ist die Anfälligkeit gegen Rost- und Bakterieninfektionen beim Weizen (GRANHALL 1943). Die Resistenz von *Pirus* gegen *Venturia pirina* ist polymer bedingt, wobei die Übertragung durch die Eizelle wirksamer ist als durch den Pollen. Neben den Genen ist also wohl auch ein plasmatischer Faktor an der Resistenz beteiligt (CRANE und LEWIS 1949).

Die Genetik der Blütenfarben wurde noch an einer Reihe von Pflanzen untersucht. Bei *Trifolium* treten zwei Faktoren für rosa Blütenfarbe auf, die im doppelt-heterozygoten Bastard normal purpurfarbene Blüten ergeben (NIJDAM 1950). Die Blütenfarbfaktoren sind alle pleiotrop wirksam. Sie beeinflussen die gesamte Anthocyanbildung auch in anderen Pflanzenteilen, besonders in den Samenschalen. In diesen kombinieren sie ihre Wirkung mit weiteren Genen, die ausschließlich auf die Färbung bestimmter Organe einwirken (NIJDAM 1941). Bei *Pisum* lassen sich die recessiven Allele der beiden Grundfaktoren der Färbung dadurch unterscheiden, daß das eine die Anthocyanbildung völlig hemmt, das andere nur die Blütenfärbung verhindert, die Blattachselfärbung dagegen unverändert läßt. Die Normalallele wären hier im ersten Fall als Grundgen für die Anthocyanbildung, im zweiten dagegen als Grundfaktor für die Blütenfärbung anzusehen (WELLENSIEK 1949b). Für die Grundlage der Farbstoffbildung in Blüten und anderen Organen ergab sich übereinstimmend bei allen neu untersuchten Pflanzen eine Bestätigung der bisher bekannten Befunde: Es sind bestimmte Basisgene vorhanden für die Bildung der einzelnen

Farbstoffgruppen, weitere Gene wirken als Modifikatoren der Färbung, als Verstärker oder Abschwächer und für die Verteilung der Farbstoffe in der Pflanze, wobei verschiedene Gene manchmal den gleichen phänotypischen Effekt hervorbringen können.

b) Komplementäre Faktoren. Bei einigen Art- und Rassenkreuzungen wurde festgestellt, daß die Partner Faktoren enthalten, die in den reinen Formen ohne Wirkung sind, weil sie nur im Zusammenwirken mit einem bestimmten Allel eines anderen Gens die Möglichkeit haben, in die Entwicklungsvorgänge einzugreifen. Solche komplementären Faktoren, die in F_2 eine bifaktorielle oder polymere Spaltung ergeben. wurden als dominante Hemmungsgene bei *Godetia* festgestellt. Die große Zahl der in einem verhältnismäßig kleinen Material aufgezeigten Hemmungsgene und Komplementärfaktoren wirft die Frage auf, ob nicht die potentiell dominanten Mutationen sehr häufig sind und nur durch das Fehlen der entsprechenden Komplementärfaktoren nicht zur Auswirkung kommen können (HIORTH 1946). Bei *Streptocarpus* wurden komplementäre subletale Gene in Artkreuzungen gefunden. Auch diese sind dominant und werden in F_1 sichtbar. Die Heterozygoten als männliche Kreuzungspartner ergeben im Vergleich mit der ♀ Rückkreuzung zu viele subletale Phänotypen. Die Erklärung hierfür ist, daß Pollenschläuche, die viele Gene mit dem Griffel gemeinsam haben, im Wachstum bevorzugt sind. Die hierfür verantwortlichen Isolationsgene können nur durch Vergleich der reziproken Rückkreuzungen entdeckt werden. Eine Normalisierung der F_1 durch Mutation der Subletalgene ist möglich (LAWRENCE 1947). Beim Weizen kommen zwei komplementäre, dominante Letalgene vor. Die beiden untersuchten Varietäten enthalten je ein Gen dominant-homozygot, das andere recessiv-homozygot. In der Kreuzung geht die F_1 im Zweiblattstadium an den durch die Kombination der dominanten Allele hervorgerufenen Nekroseerscheinungen zugrunde (CALDWELL und COMPTON 1942).

c) Multiple Allele. Das Vorkommen von Reihen multipler Allele konnte bei einer Anzahl von Pflanzen als Ursache für die Mannigfaltigkeit der Ausbildung eines bestimmten Merkmals aufgezeigt werden. Die vermutete Allelenreihe für die Licht- und Temperaturreaktion der Blühreife bei Gerste wurde bereits erwähnt. Weitere Reihen wurden entdeckt bei *Coleus* für die Blattfarbe (BOYE 1940). Die beiden Allele P und p^G (purpur und grün) sind dominant über p (dunkles Mittelfeld, grüner Rand), wirken aber miteinander intermediär (grau). Weitere Beispiele werden von RIFE (1941) in einer Zusammenfassung der *Coleus*-Genetik gegeben. Bei *Godetia* ist die Fleckung der Blütenblätter (ohne Fleck, Zentralfleck, Basisfleck) durch eine Reihe von multiplen Allelen bedingt. Bei Kreuzung von Zentralfleck × Basisfleck entstehen Pflanzen mit beiden Zeichnungsmustern. Es liegt also keine Dominanz vor, sondern eine unabhängige Wirkung der Allele. In F_2 treten beide Elternformen wieder auf (HIORTH 1940). Ein ähnlicher Fall wurde von STEPHENS (1948) an *Gossypium* analysiert. Dort konnte aber nachgewiesen werden, daß die vermutete Serie von 3 Allelen für die Blütenfärbung (gelb/ohne Fleck — weißer Fleck — roter

Fleck) durch die sehr enge Koppelung von 2 Genen mit je zwei Allelen (mit Fleck — ohne Fleck, mit Anthocyan — ohne Anthocyan) zustande kommt. Die auf Grund dieser Hypothese vorausgesagten Austauschpflanzen konnten tatsächlich nachgewiesen werden. Nach dieser Untersuchung ist zu vermuten, daß noch für viele andere Allelenreihen, bei denen sich die Allele nicht linear anordnen lassen, ebenfalls eng gekoppelte Gene vorliegen. Weitere Serien wurden gefunden für die Samenfarbe bei Bohnen. Die Fleckung, Marmorierung und Streifung der Testa ist von vielen Genen bestimmt, darunter eine Serie von 5 Allelen (LAMPRECHT 1940). Für die Färbung wurden 3 unabhängige Allelenserien gefunden (SMITH und BECKER-MADSEN 1948). Bei *Pisum* kommen 3 Allele eines Gens vor, die eine verschieden starke Punktierung der Testa bewirken (LAMBRECHT 1942).

d) Homomere Faktoren bei Polyploiden. Besondere Verhältnisse liegen bei Polyploiden vor, vor allem bei Formen, die ganz oder teilweise autopolyploid sind. Bei einigen Merkmalen muß ein Zusammenwirken aller homomeren Loci angenommen werden. So wird die HCN-Glukosid-Bindung bei *Lotus corniculatus* durch ein dominantes Gen mit tetrasomer Vererbung bestimmt (DAWSON 1940). Bei *Phleum pratense* kommen Chlorophyllabweicher vor, die durch homomere Faktoren entstehen (WEXELSEN 1941). Bei Weizen ist das Merkmal *striatovirescens* durch 3 recessive Gene von der Normalform verschieden. Bei dieser hexaploiden Art mußten 3 Loci gleichzeitig mutieren, damit die Eigenschaft auftreten konnte (FRANKEL 1950).

e) Heterosis. Die genetischen Grundlagen der Heterosis waren mehrfach Gegenstand besonderer Untersuchungen. MURDOCH (1940) stellte fest, daß beim Mais die Bastardembryonen größer sind als bei den Elternarten, ohne jedoch die Ursachen dafür aufzeigen zu können. Eine Zusammenstellung der bis jetzt bekannten Fälle von monohybrider Heterosis beim Mais gibt BRIEGER (1950). Bei der Gerste konnten ebenfalls mehrere derartige Fälle nachgewiesen werden. NYBOM (1950) fand superdominante Faktoren, bei denen sich die Heterosis nur auf das gleiche Merkmal bezieht, das von den beiden Allelen auch homozygot beeinflußt wird. Bei den Chlorophyllmutanten findet sich jedoch echte Heterosis (GUSTAFSSON, NYBOM und v. WETTSTEIN 1950). Zwei Mutanten, *albina* 7 und *xantha* 3, zeigen heterozygot geringe Heterosis, beim dihybriden Bastard ist diese sehr stark ausgeprägt. Die Vitalitätsreaktion ist sehr komplex. Gleiches gilt für die Kombination dieser beiden Gene mit einer weiteren Mutante, *alboxantha*. Alle drei Mutanten sind homozygot letal, die heterozygoten Pflanzen sind den normalen überlegen bei dichtem Stand und hohen Düngergaben. Der Ertrag ist gleich demjenigen der Ausgangsform, wenn durch weiten Stand die Konkurrenz zwischen den Pflanzen ausgeschaltet wird. Die Letalfaktoren können also heterozygot begünstigend wirken, was für Überlegungen und Berechnungen über die Ausmerzungszeit besonders zu berücksichtigen ist. Die Untersuchung zeigt deutlich, daß die Begriffe wie Heterosis, superdominant und superrecessiv relativ sind und nur unter bestimmten Umweltbedingungen zutreffen.

Die bereits zitierte Arbeit von BRIEGER gibt eine abwägende Beurteilung der beiden genetischen Hypothesen über die Entstehung der Heterosis. Neben der Dominanzhypothese, die annimmt, daß die Kombination komplementärer, dominanter Allele im Bastard die bessere Wüchsigkeit hervorruft, und die bisher noch in keinem Fall widerlegt werden konnte, erhält die Heterozygotiehypothese durch die ständig wachsende Anzahl von Fällen, in denen eindeutig Heterozygotie in nur einem Gen für die Vitalitätssteigerung verantwortlich gemacht werden kann, ein immer größeres Gewicht. Der ganze Fragenkomplex der Heterosis ist wahrscheinlich durch eine Kombination beider Möglichkeiten zu erklären.

f) Genetik der Geschlechtsbestimmung. Die Untersuchung der Geschlechtsbestimmung bei Pflanzen ist weitgehend eine Frage der Cytogenetik geworden (vgl. S. 460), so daß sich nur sehr wenige rein genetische Arbeiten hiermit befassen. Bei den *Amaranthaceae* ist die Diöcie durch einen x-y-Mechanismus bestimmt. Die xx-Pflanzen sind ♀. Bei Kreuzung von zwei diöcischen Arten entstehen keine Intersexe. Der auslösende Mechanismus ist also bei allen untersuchten Arten der gleiche. *Acnida tamariscina* ergibt bei Art- und Gattungskreuzungen in F_2 sterile Formen, bei denen sowohl ♀ wie ♂ Blüten unterdrückt sind. Die Ursache hierfür ist in einem Gen zu suchen, das mit einem Farbfaktor gekoppelt ist und in der Art homozygot oder heterozygot vorhanden sein kann, aber erst nach Kreuzung zur Wirkung kommt (MURRAY 1940). Bei der Baumwolle treten Pflanzen auf, die ♀ steril sind und die jungen Früchte abwerfen (STROMAN 1941). Diese Pflanzen, die phänotypisch ♂ sind, unterscheiden sich von den normalen Zwittern durch ein recessives Gen. Bei *Cucurbita* wurde ein monohybrid spaltender Faktor gefunden, der völlige Sterilität der Homozygot-recessiven bedingt. Die Blüten sind in beiden Geschlechtern äußerlich normal, die ♂ mit sterilen Antheren, die ♀ fallen nach der Blüte ab. Hier ist also ein einziges Gen für die normale Ausbildung der Monöcie verantwortlich (CURTIS und SCARCHUK 1941). Bei Gerste sind ♂ sterile, also rein ♀ Pflanzen bekannt. Das Allel hierfür ist recessiv, die Form ist nur als Heterozygote zu erhalten. Die Geschlechtsbestimmung des normalen Hanfes erfolgt durch xx = ♀ und xy = ♂. Durch Monöciegene entsteht eine Verweiblichung der männlichen Pflanzen, durch Selbstung treten dann auch yy-Weibchen auf. Bei den monöcischen Typen besteht eine polymere Bestimmung des Geschlechts. Durch die Wirkung anderer Gene können entsprechend maskulinisierte xx-Weibchen auftreten. Die scheinbar einfache Geschlechtsbestimmung des normalen Hanfes beruht also auf einem komplizierten System verschiedenartiger Gene (HOFFMANN 1946).

Bei Kreuzungen in der Gattung *Parthenium* fanden sich Hinweise auf die Geschlechtsvererbung, die beweisen, daß eine geringe Anzahl von Majorgenen vorhanden ist, deren dominante Allele für die normale Fortpflanzung notwendig sind. Bei ihrem Fehlen tritt Apomixis auf. Daneben sind aber modifizierende Faktoren vorhanden, die zu einem großen Teil für die fakultative Natur der geschlechtlichen Fortpflanzung dieser Gruppe verantwortlich sind (GARDNER 1947).

27*

II. Koppelungsuntersuchungen.

BHAT (1947) unternimmt es, an Hand der alten Originalprotokolle von PUNNETT die Genkarte des B-Chromosoms von *Lathyrus odoratus* nachzuprüfen. Er gelangt zu einer Bestimmung der genauen Koppelungs- und Lagewerte von drei Loci. Die Arbeit enthält interessante Hinweise auf die Besonderheiten der verwendeten statistischen Methode.

Noch einige weitere Arbeiten verdienen Erwähnung, weil sie sich mit der statistischen Auswertung von Koppelungsversuchen befassen. FISHER und BAILEY (1949) stellen Formeln auf für die Bearbeitung von Daten mit verschiedener Vitalität der einzelnen Genotypen, die es ermöglichen, doch genaue Koppelungswerte zu berechnen, wenn eine Klasse ganz oder teilweise ausfällt. KRAMER und BURNHAM (1947) geben eine Methode an, mit der die Versuchsdaten aus Rückkreuzungen, F_2- und F_3-Daten zur Berechnung der Koppelungswerte vereinigt werden können. Von RAO (1950) wird eine Methode zur Auswertung von Dreipunktversuchen entwickelt.

Bei *Oenothera* konnten trotz der Polymerie fast aller Merkmale doch Koppelungsgruppen aufgestellt werden, wenn auch keine Genkarten. Dies war möglich durch Verwendung der Korrelationen mit bekannten Translokationen und einigen monohybrid spaltenden Merkmalen (HARTE 1948a, b). In Baumwollkreuzungen wurden die Koppelungsverhältnisse von drei neuen Mutanten *curly*, *virescent* und *yellow seedling* untersucht. Mit den bereits bekannten Genen wurde zum Teil Koppelung gefunden, so daß ihre Einordnung in die bekannten Koppelungsgruppen möglich ist (YU 1940a, b). Die Tristylie bei *Oxalis valdiviensis* ist durch 2 Gene bedingt, die eng gekoppelt sind, mit etwa 5,74% Austausch (FYFE 1950).

Die Koppelungsgruppen von *Pisum* konnten trotz der schon sehr zahlreichen Untersuchungen immer noch nicht widerspruchslos zusammengefügt werden. Die im folgenden genannten Versuche klären zwar manches, zeigen aber auch neue Schwierigkeiten auf. Zum Teil muß dies den weitgehenden Strukturverschiedenheiten der einzelnen Rassen zugeschrieben werden. Hier soll aber nur auf die rein genetischen Daten und nicht auf die cytogenetischen Zusammenhänge eingegangen werden, wenn beide auch sehr schwer zu trennen sind. v. ROSEN (1942) führte an 30 Loci aus allen Koppelungsgruppen crossing-over-Versuche durch. Die Gene von *Pisum sativum* und *P. abyssinicum* sind weitgehend identisch, und auch die Reihenfolge in den Koppelungsgruppen stimmt überein. Es besteht aber eine Neigung zur Erniedrigung der crossing-over-Werte in dieser Artkreuzung. Innerhalb der Art *sativum* konnten die Gene Gp-Cp-Fs-Ast in dieser Reihenfolge zu einer Koppelungsgruppe zusammengefügt werden (LAMPRECHT 1942, 1948). Neue Untersuchungen des gleichen Verfassers liegen auch für das Chromosom V vor (LAMPRECHT 1950c). Die Spaltungszahlen in der Koppelungsgruppe N-Z-Fa-Td wurden kontrolliert. Die Koppelung Z-Fa konnte dabei bestätigt werden, die Zugehörigkeit der beiden anderen Gene wurde erstmalig festgestellt. Die Beziehungen zu den übrigen

Gruppen wurden geprüft und die Daten anderer Autoren, besonders die Ergebnisse von WINGE und v. ROSEN, einer Revision unterzogen (LAMPRECHT 1945). In einer großen Anzahl von neuen Kreuzungen mit vielen Individuen wurden die Koppelungsverhältnisse der Gene Oh-Ar-S-Wb untersucht. Bisher waren zwei Gruppen bekannt, Oh-Ar und S-Wb-K. Beide gehören jetzt zusammen. Die Gruppe S-Wb-K wurde früher von v. ROSEN an eine große Gruppe von WINGE angeschlossen. Das ist nach den vorliegenden Versuchen nicht begründet. Die crossing-over-Werte, besonders bei den sehr engen Koppelungen, zeigen eine sehr große und gesicherte Variabilität (LAMPRECHT 1946). LAMM (1947) konnte die Faktoren Cy_1 und Cy_2 verschiedenen Koppelungsgruppen zuweisen. Die Möglichkeit einer Duplikation wird erwogen, wodurch identische Loci in verschiedenen Chromosomen vorhanden wären. Eine Entscheidung hierüber konnte aber nicht getroffen werden. Wenn sich eine andere, aber sehr lockere Koppelung als real herausstellen würde, spräche dies für die genannte Hypothese. In Kreuzungen zwischen dem Primärtyp E (reziproke Translokation N III) und einer normalen Linie mit mehreren recessiven Genen wird die Lage des Translokationspunktes in den Koppelungsgruppen bestimmt. Es sind 3 der bisher bekannten Gruppen daran beteiligt. Dies veranlaßt zu einer Diskussion darüber, ob zwei davon zu einer vereinigt werden müssen, oder ob mehr als zwei Chromosomen an der Translokation beteiligt sind. Die Semisterilität des Bastards spricht für die erste Auffassung (NILSSON 1950). Da die Berechnungen von Koppelungswerten mit Translokationspunkten bei *Pisum* eine besondere Rolle spielen, bringt LAMM (1950) besondere Methoden zur Auswertung von Koppelungen unter Einbeziehung der Semisterilität, die bei *Pisum* als Folge von Translokationen auftritt. Auch WELLENSIEK (1950) hat Koppelungsuntersuchungen in seine Versuche einbezogen. In einer Kreuzung mit 6 Genen fanden sich zwei bis jetzt unbekannte Koppelungen, Cr-Gp und B-L. Die enge Koppelung B-L erklärt das gemeinsame Auftreten der Eigenschaften „rosa Blüte" und „smooth" (Samenschale). Bisher wurde irrtümlicherweise eine Identität dieser beiden Gene angenommen. Die Variabilität der crossing-over-Werte ist bei *Pisum* besonders groß, wie von LAMPRECHT (1948c) durch die Auswertung umfangreicher Versuche festgestellt wurde. Koppelungen von über 25% zeigen nur geringe Schwankungen, die nicht statistisch gesichert sind. Je kleiner die Strecke ist, um so größer sind die Abweichungen zwischen einzelnen Kreuzungen. Die Variabilität innerhalb einer Kreuzung ist durchschnittlich kleiner als zwischen verschiedenen Kreuzungen. Die einzelnen Genpaare sind durch einen unterschiedlichen Grad der Variabilität ihrer Koppelungswerte ausgezeichnet. Sowohl innerhalb der Gruppe mit enger Koppelung (0 bis 25%) als auch in der Gruppe mit weniger enger Verbindung (25 bis 50%) besteht keine Korrelation zwischen der Stärke der Koppelung und der Größe der Variabilität. Stärker gekoppelte Gene, die etwa in der Mitte der Gruppe liegen, zeigen nur eine sehr geringe Differenz der einzelnen Koppelungswerte. — Vgl. dazu S. 474.

An Gerste wurden sehr viele Koppelungsuntersuchungen durchgeführt, so daß diese Pflanze in dieser Hinsicht zu den am besten bekannten gehört. Die Gene für zwei neu aufgetretene chlorophylldefiziente Formen konnten der Gruppe I zugewiesen werden (ROBERTSON und COLEMAN 1940). Die Koppelungsverhältnisse der verschiedenen Gene für Mehltauresistenz konnten in mehreren Arbeiten geklärt werden. FREISLEBEN und METZGER (1942) stellten fest, daß der von ihnen untersuchte Resistenzfaktor mit dem Allel k des Kapuzenfaktors gekoppelt ist, „anfällig" entsprechend mit dem Allel für begrannt. Die Spindelgliedzahl wird durch wenige, mindestens 2 Faktoren bestimmt, die den Koppelungsgruppen 1 und 4 zugehören. BRIGGS (1945) bestimmte die Beziehung zwischen zwei Genen für Mehltauresistenz, Ml_p und ml_d, die beide eng gekoppelt sind und durch die crossing-over-Werte von 36,6 und 12,1 % mit dem albino-Faktor at zur Koppelungsgruppe II gehören. Von IMMER und HENDERSON (1943) wurden 11 Gene neu lokalisiert und den Gruppen I (tr-v-e-y-f-lg-or), IV (i-k-zd-lg1-gl-gl2-bl) und VII (yc-fc-br-t) zugewiesen. Faktoren für *chlorina*-Sämlinge und für hellgrüne Sämlinge spalteten unabhängig von einem oder mehreren Faktoren aus allen sieben Koppelungsgruppen, so daß ihre Zuordnung vorerst noch unklar bleibt. Da bei der Gerste, ähnlich wie bei *Pisum*, die Koppelung mit Translokationspunkten von Bedeutung ist, wurden von JOACHIM (1947) auch hierfür besondere Methoden ausgearbeitet. Mit ihrer Hilfe konnte festgestellt werden, daß die Translokation A der Gruppe I angehört. Die zweite beteiligte Gruppe muß noch bestimmt werden.

Die Untersuchung des *incana*-Charakters bei der Levkoje zeigte, daß Behaarung und Anthocyanbildung polymer bedingt sind. Für „behaart" sind 3 Gene verantwortlich, G, E und J. Davon wirken G und E gleichzeitig auf die Blütenfärbung, wenn noch der Faktor F hinzukommt, der auf die Behaarung ohne Einfluß ist. Mit E ist ein Modifikator der Blütenfärbung L gekoppelt. Zur gleichen Gruppe gehört der Faktor T (t = helles Laub). F ist mit einem Gen für blaue Farbtöne gekoppelt. Eine Koppelung von Behaarungs- und Farbfaktoren ist dagegen nicht erwiesen (KAPPERT 1948).

III. Mutationsforschung.

a) Labile Gene. Da die eigentliche Mutationsforschung zur Cytogenetik gehört, sind hier nur einige Sonderkapitel zu besprechen, nämlich die spontane Mutabilität unifaktoriell spaltender Faktoren und die züchterische Anwendung der künstlichen Mutationsauslösung. Über labile Gene vgl. S. 476ff.

In das Gebiet der spontanen Mutabilität gehört vor allem das Verhalten der labilen Gene. Eine reversible Scheckung, die auf ein leicht mutierendes, also labiles Gen zurückgeführt werden muß, wurde von DALE (1941) an *Petunia* beobachtet. Der Scheckungsfaktor zeigt monohybride Spaltung. Die dunklen Flecke in den hellen Bezirken der Petalen beruhen auf häufiger Rückmutation. Die sich sehr ähnlich verhaltende carmin-weiß-Scheckung von *Nicotiana* geht jedoch nicht auf ein labiles Gen zurück, sondern ist durch die Anwesenheit eines Ringchromosoms zu erklären (STINO 1940). Der Versuch, diese Deutung auch auf *Petunia* zu übertragen, wurde nicht gemacht.

Aus *Malva parviflora* entstehen wiederholt Mutanten, die stärker zerschlitzte Blätter haben. Eine Rückmutation (*rediviva*) zu ungeteilten Blättern tritt ebenfalls häufig auf. Die Ausgangsform und die Rückmutation unterscheiden sich phänotypisch nicht, wohl aber in ihrem Verhalten in Kreuzung mit *M. tenuifolia*, die stark zerschlitzte Blätter besitzt. Der Bastard mit *rediviva* hat fast normale Blätter, mit der Normalform sind diese dagegen stärker geteilt. Die Form *tenuifolia* ist weitgehend steril durch Mangelernährung infolge zu geringer Blattfläche, Rückschlagsprosse mit normalen Blättern ermöglichen aber normale Fruchtbildung. Vegetative Mutationen erfolgen nur von zerschlitzt zu normal, nicht umgekehrt, und sind am häufigsten an den oberen Blättern der Sprosse. Die Nachkommen sind zunächst nicht konstant, stabilisieren sich aber nach mehreren Selbstungsgenerationen. Nach Kreuzung dieser Rückmutanten mit der Normalform treten wieder die *tenuifolia*-Typen auf. Durch die scheinbar während mehrerer Selbstungsgenerationen konstante Rückmutation wurde der *tenuifolia*-Charakter des Allels also nicht verändert (HEDLUND 1949). Leider fehlt bei diesen sehr interessanten Befunden jede Diskussion der Labilität im Zusammenhang mit anderen Arbeiten. FABERGÉ und BEALE (1943) fanden bei *Portulaca grandiflora* ein labiles Gen, das von „farblos" zu „gefärbt" mutiert. Folge davon sind Flecken und Streifen auf Stengel und Blüten. Bei steigender Temperatur findet sich eine Reduktion der Mutationsrate, erkenntlich an der verminderten Fleckenzahl. Die Mutation soll hier, wie früher bei *Delphinium* festgestellt wurde, nur im Stadium der Chromosomenspaltung auftreten. Wenn diese durch niedere Temperatur (25°, hohe Temp. = 40°) verlangsamt wird, besteht die Möglichkeit, daß durch Störung dieses Prozesses die identische Verdoppelung der Gene verhindert wird und die Mutation eintritt. Für das Zutreffen dieser Hypothese konnten wohl einige Wahrscheinlichkeitsbeweise erbracht werden, aber als endgültig erwiesen kann sie nicht angesehen werden. Bei *Pisum* wurde für 3 Gene eine verstärkte, dauernde Mutabilität beobachtet (LAMPRECHT 1941). Pur (purpurfarbige Hülsen) mutiert über zwei Zwischenallele zu grün (pur). Das Allel v (weiche Hülse der Zuckererbse) mutiert spontan zu V (Kneifelerbse). In der Ausgangslinie betrug die Mutationsrate etwa 1%. Durch Selektion auf Nichtmutieren gelangte man zu einer Linie mit nur 1 bis $2^0/_{00}$ Mutationen. Besonders in Kreuzungen mit Heterozygotie für dieses Merkmal liegt die Mutationsrate sehr hoch, bis zu 20%. Für das Gen Gl ist die Mutationsfrequenz zu gl entweder 0 oder $1^0/_{00}$. Die Mutation ist hier von Heterozygotie in anderen Genen, die im gleichen Chromosom liegen, abhängig. Die Mutationsrate schwankt für alle drei Gene sehr stark (für Pur von 2 bis 33%), in deutlicher Abhängigkeit von der genetischen Konstitution der Pflanzen, in denen die Mutationen stattfinden. An Mais läßt sich die spontane Mutationsrate von Farbfaktoren des Endosperms sehr gut beobachten. STADLER (1946) untersuchte das Gen R. Das Allel R^r (Pflanze und Aleuron gefärbt) mutiert spontan häufig zu zwei verschiedenen Formen r^r (Pflanze gefärbt, Aleuron farblos) und R^g (Pflanze ungefärbt, Aleuron gefärbt). Die Häufigkeit der beiden Mutationsschritte ist gleich (10^{-3} bis 10^{-4}). Zwischenstufen der Pflanzenfärbung wurden nicht beobachtet. Spontane Mutationen zu r^g (Pflanze und Aleuron farblos) sind äußerst selten, aber häufiger, als erwartet wird, wenn sie zufällige Kombinationen der beiden ersten Mutationsschritte wären. Die Mutation für Pflanzenfärbung hat einen starken Einfluß auf die Veränderung der Aleuronfarbe, wie sich in der deutlich herabgesetzten Mutabilität der Aleuronfärbung beim Allel R^g zeigt. Die Mutationen zu R^r und r^g stellen wahrscheinlich unabhängige Veränderungen von verschiedenen Komponenten des Gens oder Genkomplexes R^g dar. Das Verhalten des Gens A wurde in ähnlicher Weise von LAUGHNAN (1948, 1949) analysiert. Die Allele unterscheiden sich durch das Verhältnis von braunen zu purpurnen Farbstoffen in den einzelnen Pflanzenteilen. Ebenso wie für R lassen sie sich nicht linear anordnen. Es besteht hier ein Zusammenhang zwischen der Mutationsrate bestimmter Allele und dem crossingover, der nahelegt, das „Gen" A als einen Komplex mehrerer sehr eng gekoppelter Färbungsgene aufzufassen.

Einen Übergang zwischen der spontanen und der induzierten Mutabilität bilden die Versuche mit Selbststerilitätsgenen. Der Versuchsansatz ist sehr einfach: Wenn der Pollenschlauch bei einer unverträglichen Kreuzung den Griffel doch durchwachsen kann, reagiert sein Selbststerilitätsallel nicht in der gewohnten Weise mit dem Griffel. Bleibt diese Veränderung in der nächsten Generation erhalten, so kann von einer Mutation des Allels gesprochen werden. Die spontane Mutationsrate der Selbststerilitätsgene von *Oenothera organensis* liegt bei 1,87 auf 10^6 Gene in den Nachpachytänstadien der Meiosis, und bei 0,6 in den Vorpachytänstadien (LEWIS 1948). Zur Bestimmung der Mutationsrate wurden sowohl Pollenschlauchmessungen wie Zählung der befruchteten Samenanlagen nach sterilen Kreuzungen vorgenommen. Nach Röntgenbestrahlung von Zellen vor der Meiosis wird sowohl bei *Oe. organensis* wie bei *Prunus avium* eine erhöhte Mutationsrate erhalten. Die Bestrahlung von reifenden Pollen ist unwirksam, da dann die Reaktion bereits festgelegt ist und eine Mutation sich nicht mehr bemerkbar machen kann (LEWIS 1949). Die Untersuchung der Mutanten ergibt Hinweise darauf, daß das Selbststerilitätsgen aus zwei Anteilen besteht, von denen einer im Griffel, der andere im Pollen wirksam ist. Zwischen beiden ist crossing-over ausgeschlossen.

b) Mutationen bei Kulturpflanzen. Alle Untersuchungen über Mutationsauslösung an Kulturpflanzen gehen vom behandelten Samen aus. Es wird der Schädigungsgrad der X_1 (= bestrahlte Generation) und die Mutationsrate in X_2 (= Selbstung der X_1-Pflanzen) bestimmt. Über die Bedeutung der Mutationsforschung für die Züchtung gibt GUSTAFSSON (1492) einen zusammenfassenden Bericht. Ein Sammelreferat über Mutationen bei Kulturpflanzen erschien ebenfalls von GUSTAFSSON (1947) mit umfangreichen Literaturangaben. Das Schwergewicht dieser Untersuchungen liegt bei den bedeutendsten Kulturpflanzen, nämlich Getreide und Leguminosen.

Der Einfluß von Zusatzfaktoren bei der Strahlenmutation ist von besonderem Interesse für die praktische Arbeit und wurde entsprechend mehrfach untersucht. Die Resistenz ruhender Samen gegenüber Röntgenbestrahlung ist bei den einzelnen Arten sehr verschieden. Bedeutende Differenzen wurden von GUSTAFSSON (1944) gefunden. Sojabohnen und *Helianthus annuus* vertragen 7500 r bereits nicht mehr, Cruciferen dagegen keimen bei 100000 r noch sehr gut. Vielleicht spricht der Fettgehalt der Samen mit, aber dagegen läßt sich das Verhalten von *Helianthus* anführen. Daß der Samengröße und der Samenhülle (Spelzen) eine besondere Rolle bei der Röntgenempfindlichkeit zukommt, stellten FRÖIER und GUSTAFSSON (1943) fest durch Versuche mit normalen und entspelzten Körnern von Getreide. Bei der Röntgenbestrahlung von Gerstenkörnern im Vakuum und in Luft zeigte die letztere Serie die größeren Schädigungen. Die Mutationsrate war bei gleicher Dosis in Luft 3,4 bis 0,35%, im Vakuum 2,1 bis 0,32% (HAYDEN und SMITH 1949).

Nach Samenbehandlung von Feldbohnen mit Röntgenstrahlen ist die X_1 stark gestört durch absterbende Sämlinge, verzögerte Entwicklung und Spätreife. In der F_2 waren unter 1434 Aufzuchten 152 Mutationen zu finden. Der Einfluß auf die bestrahlte Generation hängt ab von der Dauer der Keimung vor der Behandlung und von der r-Dosis. Die meisten Mutanten betreffen Chlorophyllabweichungen, aber es können alle weiteren morphologischen Merkmale ebenfalls verändert werden (GENTER und BROWN 1941). In entsprechenden Versuchen mit *Pisum sativum* traten die gleichen X_1-Schädigungen auf. In F_2 fanden sich nur Chlorophyllmutationen, keine Veränderungen anderer Merkmale, obwohl diese bei *Pisum* auftreten könnten. Alle Mutanten zeigen monohybride Spaltung mit großem Recessivenmangel, der auf Gametenletalität, nicht auf Zygotenletalität zurückgeführt wird (v. ROSEN 1942).

An Gerste wurden von mehreren Autoren Mutationsversuche in großem Umfang durchgeführt, die zu übereineinstimmenden Ergebnissen führten. Es treten morphologische Mutationen auf. Beeinflußt werden u. a. Strohlänge, Standfestigkeit und Reifezeit, dazu kommen zahlreiche Chlorophyllmutanten. In Versuchen mit Bestrahlung von über H_2SO_4 getrockneten Samen wurde eine sehr hohe Mutationsrate erhalten. Unter Einbeziehung der Sterilitäts- und physiologischen Mutanten sind praktisch in jedem Samen, der noch keim- und entwicklungsfähig war, eine oder mehrere Mutationen entstanden. Etwa 20% der Pflanzen hatten in der Nachkommenschaft voll vitale und fertile Mutanten (GUSTAFSSON 1941a, b). Der Vergleich von 10 lebensfähigen Mutanten mit der Ausgangsform bei verschiedenen Düngerstufen ergab bereits für die Frühentwicklung große Differenzen. Einige Mutanten sind der Ausgangsform und zum Teil sogar der sehr guten Vergleichssorte Maja überlegen, entweder durch höheres 1000-Korngewicht oder durch eine größere Anzahl von Körnern. Für Stärke- und Proteingehalt sind deutliche Unterschiede vorhanden. Es ist damit erwiesen, daß auch durch Röntgenbestrahlung Mutanten erzeugt werden können, die einen positiven Selektionswert haben (GUSTAFSSON 1941 b).

Die Häufigkeit von Chlorophyllmutationen bei diploiden und tetra-ploiden Pflanzen derselben Gerstenrasse ist deutlich verschieden: bei 2n sehr viele, bei 4n keine einzige. Hier werden die mutierten Loci durch die normalen kompensiert und können nicht zur Auswirkung kommen. Für die Diploiden besteht eine gute Proportionalität zwischen Bestrahlungsdosis und Mutationsrate bei 5000 und 10000 r, nicht aber bei 15000 r (9,8%, 21,15%, 13,91%). Samenansatz in X_1, Sterilität und Mutationsrate zeigen aber eine deutliche Korrelation (MÜNTZING 1942). Mutationen mit sehr großem morphologischem Effekt erhielt GUSTAFSSON (1946a) bei Gerste. Diese Gene wirken pleiotrop, die Homozygoten sind meist wenig ertragreich. Durch Kombination mit anderen Linien können manchmal einige der ungünstigen Eigenschaften entfernt werden. Die Wirkung der mutierten Allele hängt weitgehend von der genotypischen Umgebung ab, in die sie eingelagert werden.

Parallel zu den schwedischen Untersuchungen wurden Röntgen-mutationsversuche von STUBBE und BANDLOW (1946) durchgeführt. Die aufgefundenen Mutanten betreffen alle Habitusmerkmale. In den gleichen Versuchen von FREISLEBEN und LEIN (1943a, b), die in allen Entwicklungsstadien sehr exakt ausgewertet wurden, ergibt sich in bezug auf die Dosisabhängigkeit der Wirkung ein Gegensatz zu der zitierten Arbeit von GUSTAFSSON und FRÖIER. Es werden hier niedrigere r-Dosen für die praktische Anwendung empfohlen, da dann die Überlebensrate höher ist. Die Mutationen des Chlorophyllapparates werden als Testmutationen für die mutationsauslösende Wirkung der Bestrahlung benutzt. Es besteht keine gesicherte Beziehung zwischen den verschiedenen Mutationstypen und der Fertilität in X_1. Die Ergebnisse können als Eintrefferkurven gedeutet werden, aber von den Verfassern selbst wird auf die Unsicherheit hingewiesen, die dabei durch entwicklungsgeschichtliche Faktoren entsteht.

Der mutagene Effekt von 32 P steht nach den Befunden von THOMPSON, MACKEY, GUSTAFSSON und EHRENBERG (1950) zwischen Neutronen- und Röntgenbestrahlung, sowohl was die Schädigung der Behandlungsgeneration wie die Mutationsrate betrifft.

Eine große zusammenfassende Darstellung über das Auftreten von Chlorophyllmutanten bei Hafer und Weizen gibt FRÖIER (1946). Die Mutationsrate dieser Gene ist sehr gering. Die 2n-Formen haben bereits bei niedriger Röntgendosis viel Chlorophyllmutanten, beim 6n-Hafer treten solche ebenfalls auf, aber erst bei viel höheren Dosen von über 20000 r. Bei Weizen (6n) wurden keine Chlorophyllabweicher gefunden, trotzdem genügend andere Mutanten und Chromosomenstörungen auftraten. Beim 6n-Hafer sind demnach mehr nichtreduplizierte Chlorophyllgene vorhanden als beim Weizen. Über die Modifikationen und Mutationen bei Hyacinthen nach Kältebehandlung und Röntgenbestrahlung der Zwiebeln berichtet DE MOL (1941, 1943) und findet dabei interessante Parallelformen, die als Phänokopien auftreten. Durch Mutationen werden keine Abweichungen erhalten, die nicht auch als Modifikationen beobachtet sind.

Die folgende Untersuchung dürfte von allgemeinem Interesse sein: ANDERSON, LONGLEY und RETHERFORD (1949) untersuchten die Mutationsrate von Mais, der im Strahlungsbereich der Bikini-Atombombe ausgelegt war. Zum Vergleich wurden unbehandelte Samen und Röntgenbestrahlungen (5000 bis 20000 r) herangezogen. Die Schädigung der aus den behandelten Samen entstehenden X_1 war bei den einzelnen Proben sehr verschieden. Eine Gruppe entsprach in der Häufigkeit der Keimlings- und Pollenschäden etwa der Bestrahlung mit 15000 r, die anderen lagen im Schädigungsgrad unter der Vergleichsgruppe von 5000 r. Die Art der zu beobachtenden Schäden war bei Atombomben- und Röntgenbehandlung die gleiche. Es traten gefleckte und gestreifte Sämlinge, Schwächlinge, die das Keimlingsstadium nicht überlebten, und Pflanzen mit starker Wachstumsverzögerung auf. Die Wirkung der Atomstrahlung war einheitlicher als bei der vergleichbaren Röntgendosis. Es fanden sich keine ganz normalen, aber auch keine extrem geschädigten Pflanzen in dieser Gruppe. Ein großer Teil zeigte Pollensterilität, bis zu 63% der Pflanzen einer Probe. Durch die Art der Pollenentnahme nur aus dem zentralen Teil der Rispe sind wahrscheinlich viele geschädigte Sektoren übersehen, so daß der tatsächliche Schädigungsgrad noch viel höher liegt. Einige genau untersuchte Pflanzen ergaben pro Rispe etwa 3 geschädigte Sektoren, jeder durchschnittlich $2^1/_2$ Zweige umfassend. Größere und kleinere Schädigungsbereiche kommen aber häufig vor. Diese Pollensterilität beruht erfahrungsgemäß auf Chromosomenaberrationen. Das gefundene Ausmaß der Pollensterilität in den einzelnen Proben darf nicht im Sinne einer Dosisproportionalität der Schädigung ausgewertet werden, da es das Ergebnis einer Konkurrenz zwischen ungeschädigten und geschädigten Zellen im Vegetationskegel ist und viele besonders stark geschädigte Zellen während der Frühstadien der verlangsamten Keimlingsentwicklung ausgeschaltet werden. Ergänzende Untersuchungen hierzu wurden von RANDOLPH, LONGLEY und LI ausgeführt (1948).

Allen Untersuchungen ist gemeinsam, daß sie auf eine theoretische Auswertung im Sinne der Treffertheorie verzichten. Der Einfluß entwicklungsgeschichtlicher Faktoren auf die Mutationsrate, die im einzelnen Versuch gefunden wird, und die dadurch zustande kommende Selektionswirkung wird jetzt allgemein in Betracht gezogen. Im Vordergrund des Interesses steht nicht mehr die Mutation, sondern die Mutante und ihr Verhalten in der Nachkommenschaft in Kreuzungen und im Vergleichsversuch mit der Ausgangsform, also ihre genetischen, züchterischen und entwicklungsphysiologischen Eigenschaften.

Die X_1-Schädigung wird besonders stark beachtet, sogar oft so weit, daß ihre Auswertung wichtiger erscheint als die Auffindung der Mutanten in der Folgegeneration.

IV. Plasmavererbung.

Bei den Versuchen, Genanalysen an verschiedensten Objekten durchzuführen, ergaben sich immer wieder Hinweise auf eine Beteiligung von Erbträgern außerhalb des Zellkernes, vor allem bei Artkreuzungen. Zunächst sei auf zwei Darstellungen verwiesen, die den heutigen Stand der Plasmonforschung unter verschiedenen Gesichtspunkten geben. Eine Zusammenfassung, vor allem auf den *Streptocarpus*-Versuchen basierend, erschien von OEHLKERS (1943/49). SONNEBORN (1950) veröffentlichte ein Sammelreferat mit vielen Literaturangaben, die aber vom *Paramaecium*-Standpunkt aus interpretiert werden.

Die drei folgenden Untersuchungen zeigten das Vorkommen von Plasmafaktoren als Nebenergebnis bei der genetischen Auswertung der Folgegenerationen aus Bastardierungen. In der Nachkommenschaft der Kreuzung *Mirabilis Jalapa* × *longiflora* treten in der F_2 keine rein väterlichen Formen auf. Besonders für die Vererbung von Blütenlänge und Behaarung wird deswegen eine Beteiligung des Plasmas vermutet (PRAKKEN 1944). Für die Kreuzung *Melandrium dioicum* × *album* wurde die Erblichkeit einer ganzen Reihe von Merkmalen untersucht, ohne daß eine genaue Feststellung der Anzahl der beteiligten Gene möglich war. In vielen Fällen findet sich eine deutliche Matroklinie, die jedoch nie vollständig ist. Diese Merkmale sind alle polymer bedingt, aber es müssen starke plasmatische Einflüsse vorhanden sein (BAKER 1950). Die Untersuchungen von CRANE und LEWIS (1949) an Birnen ergaben, daß an der Vererbung der Krankheitsresistenz auch das Plasmon beteiligt sein muß.

Die Bedeutung des Zusammenwirkens von Genom und Plasmon kommt besonders deutlich in den Versuchen von JONES (1950) zum Ausdruck. Beim Mais kann Pollensterilität durch chromosomale Gene und durch plasmatischen Einfluß zustande kommen. Im letzteren Fall wechselt die Pollenproduktion von völliger Sterilität bis zu wechselnder Häufigkeit von normalem Pollen. Einige Gene haben die Fähigkeit, an Pflanzen, die plasmatisch steril sind, die Pollenproduktion in verschiedenem Ausmaß wiederherzustellen. Die Pollen von teilweise fertilen, aber eigentlich plasmatisch sterilen Pflanzen sind nicht als völlig normal anzusehen, da sie in der Konkurrenz mit Pollen von fertilen Pflanzen unterliegen.

Die ausführlichste Bearbeitung des Plasmons liegt für die Gattung *Epilobium* vor. Charakteristisch sind hier die reziprok gleichen oder reziprok verschiedenen Hemmungen der Art- und Rassenbastarde, die durch das Zusammenwirken von Genom und Plasmon entstehen. Die neueren Untersuchungen zeigten jetzt, daß die Hemmungen durch Veränderungen des Plasmons beseitigt werden können. Bei diesen Änderungen des Plasmons kommen alle Übergänge von Modifikationen zu Nachwirkungen, Dauermodifikationen und erblicher Änderung vor. Die Modifikationen sind durch Veränderung der Umwelt bedingt und jederzeit rückgängig zu machen. Die erblichen Veränderungen sind nicht alle konstant, aber die weitere Umwandlung geht immer in Richtung auf eine stärkere Normalisierung, ist irreversibel und reagiert nicht auf Umweltfaktoren. Auf Grund des Phänotyps der Pflanzen ist eine Unterscheidung, um welche Art der Enthemmung es sich handelt, nicht zu treffen. Einige Abänderungen sind in der Nachkommenschaft völlig konstant, andere ergeben aus den Samen stärker normalisierte Pflanzen, noch andere sind vegetativ konstant, ihre Nachkommen sind aber von denen der Ausgangspflanze nicht zu unterscheiden, also wieder gehemmt. Hierbei können sowohl Abänderungs- wie Entmischungsvorgänge zugrunde liegen. Bei einer schnellen und vollständigen Entmischung ergibt sich das Bild einer Mutation. An der gehemmten Pflanze entstehen Seitensprosse, die völlig anders gestaltet sind und die u. U. einen ganz normalen Habitus zeigen können. Bei einer langsamen Entmischung der plasmatischen Komponenten kommt eine gleitende Normalisierung zustande (MICHAELIS 1948a, b, 1949a, b, c, 1950). Es entstehen dabei deutlich charakterisierte Zwischenformen. Die Entwicklung kann auf einer dieser Stufen stehenbleiben. Einige Scheckungen gehen auf Entmischung von Plastiden zurück, andere sind als echte Plasmonveränderungen zu erklären. Die *contractum*-Abänderungen sind inkonstant und machen vegetativ Normalisierungen durch, während andere wiederum sehr konstant sind und durch Stecklinge mehrere Jahre lang erhalten werden können. Die Abänderungen können weder durch chromosomale Störungen noch durch Virusinfektion erklärt werden, so daß eine bleibende erbliche Veränderung des Plasmas als Ursache angenommen werden muß. Zwischen gehemmten und enthemmten Pflanzen ließen sich physiologische Unterschiede nachweisen (ROSS 1948a, b).

Die weitere genetische Auswertung der Versuche hat einen Fall von plasmoninduzierter Genlabilität aufgedeckt (MICHAELIS 1949d). Die Mutationsrate des einmal labil gewordenen Gens ist dann weiterhin unabhängig vom Plasma, wie am Beispiel der gescheckten Mutante *pallidovariabile* gezeigt werden konnte. Die Entstehung der Hemmungen durch Zusammenwirken von Plasmon und Genom wurde bestätigt durch einige Genmutationen, die aus Röntgenversuchen erhalten wurden. Eine von diesen zeigte völlig normale *E. parviflorum*-Pflanzen, erst bei der Kreuzung auf *E. hirsutum* ESSEN trat eine Spaltung nach gehemmten und nicht gehemmten Pflanzen auf. Dieses mutierte Allel war also in der Art selbst völlig unwirksam und zeigte seine Veränderung erst durch die andersartige Reaktion, die es mit dem *hirsutum*-Plasma ergab (MICHAELIS 1950).

V. Genetische Untersuchungen
zur Klärung von Fragen der botanischen Systematik.

Die meisten der hierhergehörenden Arbeiten befassen sich zugleich mit der cytologischen Analyse der Arten und ihrer Bastarde. An dieser Stelle wird nur auf die genetischen Ergebnisse eingegangen werden. Die Untersuchungen an Artbastarden, die bereits in den vorhergehenden Teilabschnitten Erwähnung fanden, werden nicht nochmals herangezogen. Vgl. S. 461 ff.

Einige Untersuchungen befassen sich mit der Klärung der systematischen Stellung von Formen, die als Kulturrassen bisher nicht sicher eingeordnet werden konnten. Die Kreuzungsanalyse von Bastarden mit *Aquilegia vulgaris* zeigte, daß die bei den Gartenformen vorkommenden Gene für zweifarbige Blüte wahrscheinlich aus *A. flabellata* stammen. Die Kultursippen können danach nicht völlig der erstgenannten Art zugewiesen werden (SCHAFER 1941). Die Untersuchungen an *Verbena*, vor allem über die Genetik der Blütenfärbung, ergaben, daß auch hier die Kulturformen als Bastardnachkommen aus verschiedenen Artkreuzungen innerhalb der Gattung anzusehen sind (BEALE 1941). CRANE (1941a, b) führte eine Analyse von Artkreuzungen in der Gattung *Rubus* durch. Neben dem hier nicht zu referierenden Ergebnis über die verschiedenartigen Fortpflanzungsverhältnisse gelang ihm der Nachweis, daß *Rubus loganobaccus* als Bastard aus *R. vitifolius* und *R. idaeus* entstanden ist. Die Kreuzungen zeigten, daß *R. vit.* in den Eizellen heterogametisch ist. Zu dem gleichen Ergebnis der Bastardnatur von *R. loganobaccus*, ausgedehnt auf noch andere Brombeerkulturformen, kamen WALDOW und DARROW (1948).

Eine Anzahl von Untersuchungen sind den Artbastarden mit *Saccharum* gewidmet. Die Kreuzung mit *Narenga porphyrocoma* ergab einen Bastard, der im allgemeinen intermediär war, aber sich sowohl für die quantitativen wie qualitativen Merkmale mehr dem Zuckerrohr näherte. Interessant ist, daß eine sogenannte Wildform des Zuckerrohrs durch Vergleich mit den Versuchspflanzen als Bastard zwischen den genannten Arten erkannt wurde (JANAKI-AMMAL 1941, 1944).

Viele amerikanische Untersuchungen befassen sich mit der Aufklärung der Herkunft der Kulturrassen des Maises. Bisher wurde angenommen, daß Mais eine Kulturform von *Euchlaena* sei. LAUGHAM (1940) analysiert in *Zea-Euchlaena*-Bastarden das photoperiodische Verhalten, die Anordnung der Ährchen am Kolben (gepaart : einfach) und die Ausbildung des Mittelsprosses an der ♂ Infloreszenz (zweireihig : mehrreihig). Für alle diese Eigenschaften enthält der Mais die dominanten Allele, während Mutationen zur recessiven Form, die bei *Euchlaena* normal vorhanden ist, beobachtet wurden. Es ist also möglich, eine Entstehung des Kulturmaises durch wenige dominante Mutationen aus *Euchlaena* (Teosinte) zu erklären. Die Ergebnisse von zwei anderen Untersuchungen, die bereits erwähnt wurden (ROGERS 1950), widersprechen diesen Schlußfolgerungen nicht. In scharfem Gegensatz hierzu steht die Hypothese von MANGELSDORF (1948), der an frühere Untersuchungen anknüpft und auf Grund von Kreuzungsnalysen und der Untersuchung südamerikanischer Formen¦ annimmt, daß Teosinte als Bastard zwischen *Zea* und *Tripsacum* entstanden ist (vgl. dazu S. 435), also keine Primitivform darstellen kann. Diese soll vielmehr in der Nähe des „pod corn" (*Zea Mays* var. *tunicata*) zu suchen sein. Die neue Beweisführung stützt sich auf das Verhalten des Gens Tu, das in einer Serie multipler Allele vorkommt und pleiotrop auf Infloreszenzmerkmale einwirkt, so daß das höchste Allel eine Kombination primitiver Merkmale verursacht. Schwächer wirkende Allele kommen in südamerikanischen Maisrassen vor, viel seltener in Nordamerika. Zwei neue Allele traten während der Versuche als Mutationen auf. Beim Mais haben die genetischen Prüfungen so zwar viele Hinweise auf eine Verbindung zu anderen Gattungen gegeben, ohne aber bis jetzt eine klare Entscheidung über die verwandtschaftlichen Beziehungen zu erlauben.

Bei der zweiten Gruppe von Untersuchungen stehen die Differenzen zwischen Wildarten im Vordergrund. Mit Hilfe einer möglichst umfassenden Merkmalsanalyse der Elternarten und der Bastarde mit ihren Nachkommenschaften wird versucht, die genetischen Vorgänge bei der Artbildung zu erfassen und zu einer neuen Einteilung der Arten zu kommen.

Die Kreuzungsversuche mit *Betula*-Arten zeigten sehr deutliche Heterosis für Höhe, Durchmesser und Volumen der Stämme. Blattgröße und -form sind bei den Bastarden intermediär. Durch die Berücksichtigung der Kreuzungsergebnisse ließ sich eine Revision der Gattung durchführen. Eine größere Anzahl nordeuropäischer Formen konnte zur Sammelart *Betula pubescens* zusammengefaßt werden, die aus *Betula verrucosa* entstanden ist und deren Polymorphie auf der Grundlage der Polyploidie zu erklären ist (JOHNSSON 1947). In gleicher Weise wurden die Verwandtschaftsverhältnisse zwischen vielen *Nicotiana*-Arten durch genetische Untersuchung geklärt. Die Arten unterscheiden sich durch ihren Allelenbestand und chromosomale Strukturveränderungen (KOSTOFF 1941). Durch Artkreuzungen innerhalb der Gattung *Brassica* und folgende Spaltungsanalyse konnten 3 Artengruppen aufgestellt werden: *Brassica rapa* + *chinensis, oleracea* und *japonica*. Alle Merkmale ergeben polymere Spaltung, die so reichhaltig ist, daß sie kaum eindeutig erfaßt werden kann. Einzelne Merkmale, die bei keinem der beiden Eltern vorkommen, treten bei den Nachkommen neu auf. Sie entstehen durch Kombination recessiver, komplementärer Gene der Elternarten, so z. B. die Lackfarbe der Blätter, die auf Fehlen des Wachsüberzuges beruht (BRUNS 1944). Die Untersuchung der genetischen Grundlage der Bitterstoffbildung in der Gattung *Lotus* führte zu der Einsicht, daß von den diploiden *Lotus*-Arten nur *L. tenuis* die Stammform des tetraploiden *L. corniculatus* sein kann (DAWSON 1940). Bei Artkreuzungen innerhalb der Gattung *Bromus* sind die Bastarde im allgemeinen intermediär, aber für einzelne

Merkmale ergibt sich bei genauerer Untersuchung deutliche Dominanz. Die Eigenschaften von *B. mollis* sind in einigen Fällen in allen Kombinationen dominant, in anderen zeigen sie wechselnde Dominanzverhältnisse. Dies sind vor allem solche, die, wie die Wuchshöhe, schon von vornherein Polymerie vermuten lassen (KNOWLES 1944).

Die Analyse des Bastards *Mirabilis Jalapa* × *longiflora* ergab eine polymere Spaltung für die Wuchsform (aufrecht und niederliegend ohne Hauptsproß) (PRAKKEN 1944). Die Differenz der Blütenfarbe ist durch 2 Farbgene und mindestens 3, wahrscheinlich mehr, Intensivierungsfaktoren bestimmt. Für die Blütenlänge ist die F_1 intermediär, die F_2 zeigt polymere Spaltung, wobei die mittleren Typen vorherrschen. Die Anzahl der beteiligten Gene muß also sehr groß sein. Eindeutige Spaltungszahlen konnten nur für wenige Blütenmerkmale erhalten werden. Einige Pflanzen der F_2 besaßen drei Blüten in jedem Involucrum, obwohl beide Elternarten nur eine haben. Die Anzahl der Blüten gilt aber als gattungsunterscheidendes Merkmal. Ein systematisch wichtiges, innerhalb der Gruppe sehr einheitlich ausgebildetes Merkmal wird also bei den untersuchten Arten durch jeweils ganz andere Genkombinationen bestimmt, so daß in der Bastardnachkommenschaft Rückschläge zur vermuteten Urform auftreten können.

Am weitesten wurde die Untersuchung für die Gattungen *Pisum* und *Gossypium* getrieben. Der genetische Vergleich zwischen der afrikanischen Wildart *Gossypium anomalum* und asiatischen Kulturarten ergab Spaltungen für verschiedene Merkmale (Flavon- und Anthocyanbildung, Blattform). Es wurden Allelenserien und polymere Faktoren für viele Merkmale nachgewiesen. Die Arten *G. arboreum* und *herbaceum* sind in den Hauptgenen identisch, die Differenzen liegen in den Modifikatoren. *G. anomalum* ist gerade in den Hauptgenen von beiden Arten verschieden und hat die Modifikatoren mit einer von ihnen gemeinsam, wenn nicht andere* auftreten. Für die sehr interessanten Einzelheiten muß auf das umfangreiche Original verwiesen werden (SILOW 1942). Durch v. ROSEN (1944) wurden Artkreuzungen zwischen 30 Gartenrassen von *Pisum sativum* und der Wildart *P. abyssinicum* ausgeführt. Für eine Reihe von Genen ergeben sich klare Spaltungen, für andere Abweichungen. Allgemein zeigt sich bei *abyssinicum* als Eizellenpartner in der F_2 ein deutlicher Recessivenmangel, der bei der reziproken Kombination nicht eintritt. Zu den Gendifferenzen treten also auch noch plasmatische Unterschiede zwischen den Arten. Die Koppelungsverhältnisse in den Artbastarden sind normal, mit im allgemeinen guter Homogenität der Werte aus verschiedenen Kreuzungen. Mehrere Fälle eines crossing-over von über 50% wurden gefunden. Die von LAMPRECHT aufgezeigte große Variabilität der Austauschwerte bei einzelnen Strecken trat auch hier auf. Im ganzen stimmen die Genkarten von *P. sativum* und *abyssinicum* überein.

Die letzte und wohl interessanteste Gruppe der Untersuchungen befaßt sich mit der genetischen Ursache der Artbarriere, die eine Vermischung der Arten verhindert und für ihre Konstanz sorgt. Zwischen *Antirrhinum majus, glutinosum* und *orontium* kommen spontan fast keine Bestäubungen vor, künstliche Bastardierung ist aber erfolgreich. Wenn beide Pollensorten nebeneinander auf die Narben gebracht werden, ergeben sich Bastardsamen in genügender Menge neben der reinen Form. Die Arten *majus* und *glutinosum* sind also nicht durch eine Sterilitätsgrenze getrennt; *majus* und *orontium* sind dagegen durch eine artspezifische Unverträglichkeitsreaktion isoliert, die Störungen der Bastardierung und der Spaltungsverhältnisse in den Rückkreuzungen hervorruft. Feldbeobachtungen zeigten, daß Bienen Blüten von *majus* und *glutinosum* nicht nacheinander besuchen, sondern sich streng an eine der beiden Arten halten. Der Pollen des Bastards, der gefärbte Blüten besitzt, wird dagegen auf *glutinosum* (mit weißen Blüten) übertragen. Die weiße Blütenfarbe ist also nicht der Faktor, der für die praktische Isolierung der beiden Arten verantwortlich ist. Die Arten werden getrennt durch eine Eigenschaft, die für die Blütenstetigkeit der Bienen verantwortlich ist, sich aber morphologisch nicht fassen läßt. Sie ist erblich mit Dominanz des *glutinosum*-Anteils (MATHER 1947).

Bei Gattungskreuzungen zwischen *Triticum monococcum* und *Aegilops umbellulata* fanden sich in der ersten Art zwei Allele, die als dominante Letalfaktoren in Kreuzungen mit der anderen Art wirken. Innerhalb der eigenen Art sind sie unwirksam. Die Allele unterscheiden sich durch das Entwicklungsstadium, in dem sie die Letalität verursachen. Ein drittes normales Allel ist in *Tr. aegilopoides* vorhanden. Tripelbastarde, die dieses Allel mit einem der *Monococcum*-Allele im *Aegilops*-Genom vereinigen, sind normal lebensfähig. Auch die Semiletalität von Bastarden mit *Ae. bicornis* ist durch ein Gen bedingt, und die Sterilität zwischen *Tr. monococcum* und *Haynaldia villosa* scheint ebenfalls eine sehr einfache genetische Grundlage zu haben. Die Artbarriere wird innerhalb dieser Gruppe durch sehr einfache genetische Basis aufrechterhalten (SEARS 1944).

Die Artgrenze zwischen *Phaseolus vulgaris* L. und *multiflorus* LAM. ist Gegenstand ausführlicher Untersuchungen von LAMPRECHT (1941, 1948). Spontane Bastarde zwischen *vulgaris* und *multiflorus* werden selten beobachtet. Die F_1 ist intermediär, aber sehr stark *multiflorus*-ähnlich, was auf teilweise Dominanz vieler Allele dieser Art hindeutet. Die F_2 dagegen besteht fast ausschließlich aus *vulgaris*-ähnlichen Pflanzen. Die F_1 ist weitgehend steril, der Samenansatz bei Selbstung sehr klein, der Pollen bis zu 90% leer. Die F_2 gibt polymere Spaltung für fast alle Merkmale. Fast alle Gene sind mehr oder weniger intermediär, völlige Dominanz findet sich nur, wenn diese auch für die entsprechenden Merkmale innerhalb der einen Elternart vorkommt, z. B. für grüne : gelbe Hülsen. Die Meiosis ist normal, mit Bivalentbildung, die Degeneration des Pollens setzt erst später ein. Die Artunterschiede sind bedingt durch Plasmonwirkung und Differenzen in über 100 Genen. Bei der Gametenbildung werden *multiflorus*-Kombinationen im *vulgaris*-Plasma eliminiert.

Innerhalb der Gattung *Nigella* gelang bei Versuchen von Artkreuzungen nur die Kombination *hispanica* × *sativa*. Die F_1 ist intermediär, aber so hochgradig steril, sowohl für Pollen wie Eizellen, daß hier eine genetische Analyse unmöglich ist. Die Arten sind durch eine Sterilitätsbarriere getrennt (REINDERS 1943).

Alle diese Untersuchungen zusammengenommen zeigen, daß die genetische Arbeitsweise mit Erfolg angewendet werden kann. Eine ausführliche Darstellung der dabei verfolgten Methoden und eine genetische Formulierung der Artgrenzen gibt LAMPRECHT (1949). Diese Zusammenstellung sei erwähnt, es ist aber nicht möglich, die Ergebnisse seiner Überlegungen kurz zusammengefaßt hier wiederzugeben. Die Artbarrieren sind in jedem der untersuchten Fälle so verschiedenartig, daß die darauf basierten Artgrenzen nicht einheitlich definiert werden können.

Literatur.

ANDERSON, E. G., A. E. LONGLEY, D. H. LI u. K. L. RETHERFORD: Genetics **34**, 639—646 (1949).

BAERECKE, M. L.: Flora (Jena) **38**, 57—92 (1944). — BAKER, H. G.: Genetica ('s-Gravenhage) **25**, 126—156 (1950). — BEALE, G. H.: J. Genet. **40** 337—358 (1940). — BHAT, N. R.: J. Genet. **48**, 343—358 (1948). — BOYE, Ch. L.: J. Genet. **39**, 191—196 (1940). — BRUNE, W.: Z. Pflanzenzüchtg. **26**, 144—185 (1944). — BRIEGER, F. G.: Genetics **35**, 420—445 (1950). — BRIGGS, F. N.: Genetics **30**, 115—118 (1945).

CALDWELL, R. M., u. L. E. COMPTON: J. Hered. **34**, 67—69 (1943). — CRANE, M. B.: J. Genet. **40**, 109—118, 129—140 (1940). — CRANE, M. B., u. D. LEWIS: Heredity **3**, 85—97 (1949). — CUA, L. D.: Heredity **4**, 121—133 (1950). — CURTIS, L. C., u. J. SCARCHUK: J. Hered. **32**, 32 (1941).

DALE, E. E.: J. Hered. **32**, 123—126 (1941). — DAVIS, B. M.: Genetics **25**, 433—437 (1940). — DAWSON, D. R.: J. Genet. **39**, 49—72 (1940).

EMSWELLER, S. L., u. C. O. BLODGETT: J. Hered. **39**, 155—156 (1948).

FABERGÉ, A. C., u. G. H. BEALE: J. Genet. **43**, 147—187 (1943). — FENELL, J. L.: J. Hered. **39**, 275—279 (1948). — FISHER, R. A., u. N. T. J. BAILEY: Heredity **3**, 215—228 (1949). — FOGLE, H. W., u. T. M. CURRENCE: Genetics **35**, 363—380 (1950). — FRANKEL, O. H.: Heredity **4**, 103—116 (1950). — FREISLEBEN, R., u. A. LEIN: Z. Pflanzenzüchtg. **25**, 235—304, 255—283 (1943). — FREISLEBEN, R., u. I. METZGER: Z. Pflanzenzüchtg. **24**, 507—522 (1942). — FRETS, G. P.: Genetica ('s-Gravenhage) **24**, 18—56, 57—58 (1949); **25**, 338—356 (1950). — FRÖIER, K.: Hereditas (Lund) **32**, 297—406 (1946). — FRÖIER, K., u. A. GUSTAFSSON: Hereditas (Lund) **30**, 583—589 (1944). — FYFE, V. C.: Heredity **4**, 365—371 (1950).

GARDNER, E. J.: Genetics **35**, 262—276 (1947). — GENTER, C. F., u. H. M. BROWN: J. Hered. **32**, 39—44 (1941). — GRANHALL, I.: Hereditas (Lund) **29**, 269—380 (1943); **32**, 287—293 (1946). — GUSTAFSSON, A.: Hereditas (Lund) **27**, 225—242, 337—359 (1941) — Züchter **14**, 57—64 (1942) — Hereditas (Lund) **30**, 165—178 (1944); **32**, 120—122 (1946); **33**, 1—100 (1947). — GUSTAFSSON, A., u. N. NYBOM: Hereditas (Lund) **36**, 113—133 (1950). — GUSTAFSSON, A., N. NYBOM u. U. v. WETTSTEIN: Hereditas (Lund) **36**, 383—392 (1950).

HARLAND, S. C.: Heredity **2**, 263—369 (1948). — HARTE, C.: Z. Vererbungslehre **82**, 495—640 (1948) — Z. Naturforschg. **3b**, 99—105 (1948). — HAYDEN, B., u. L. SMITH: Genetics **34**, 26—43 (1949). — HEDLUND, T.:

Hereditas (Lund) **33**, 507—520 (1949). — HIORTH, G.: Hereditas (Lund) 26, 441—453 (1940) — Züchter **17/18**, 69—78 (1946/47). — HOFFMANN, W.: Z. Pflanzenzüchtg. **26**, 56—91 (1944) — Züchter **17/18**, 257—277 (1946/47). — HONECKER, L.: Z. Pflanzenzüchtg. **24**, 429—506 (1942). — HONING, J. A.: Genetica ('s-Gravenhage) **23**, 1—21 (1943). — HUTCHINSON, J. B.: J. Genet. **40**, 271 (1940).

IMMER, F. R., u. M. T. HENDERSON: Genetics **28**, 419—440, (1943). — JANAKI-AMMAL, E. K.: J. Genet. **41**, 217—254 (1941); **44**, 23—32 (1944). — JOACHIM, G. S.: Genetics **32**, 580—591 (1947). — JOHNSSON, H.: Hereditas (Lund) **35**, 112—114, 115—135 (1949) — J. Hered. **39**, 9—10 (1948). — JONES, D. F.: Genetics **35**, 507—512 (1950).

KAPPERT, H.: Züchter **19**, 289—297 (1948/49). — KHAMBANONDA, J.: Genetics **35**, 322—343 (1950). — KNIGHT, R. L.: J. Genet. **48**, 43—50 (1947/48); **48**, 359—369, 370—387 (1948). — KNIGHT, R. L., u. T. W. CLOUSTON: J. Genet. **41**, 391—409 (1941). — KNOWLES, P. F.: Genetics **29**, 128—140 (1944). — KOSTOFF, D.: Genetica ('s-Gravenhage) **22**, 215—230 (1941). — KRAMER, H. H., u. C. R. BURNHAM: Genetics **32**, 379—390 (1947).

LAMM, R.: Hereditas (Lund) **33**, 405—419 (1947); **35**, 203—214 (1949); **36**, 457—469 (1950). — LAMPRECHT, H.: Hereditas (Lund) **26**, 65—99, 277—291, 292—304 (1940) — Züchter **13**, 97—105 (1941) — Hereditas (Lund) **27**, 51—175 (1941); **28**, 143—156, 157—164 (1942); **30**, 613—630 (1944); **31**, 347—382 (1945); **32**, 41—59 (1946) — Agri Hortique Genetica VI, 1—9, 10—48, 49—63, 83—141 (1948); VII, 1—28, 112—133, 134—153 (1949); VIII, 1—6, 153—162, 163—184 (1950). — LAUGHAM, D. G.: Genetics **25**, 88—107 (1940). — LAUGHNAN, J. R.: Genetics **33**, 488—517 (1948) — Proc. nat. Acad. Sci. USA **35**, 167—178 (1949). — LAWRENCE, W. J. C.: J. Genet. **48**, 16—30 (1947/48). — LEWIS, D.: Heredity **2**, 219—236 (1948); **3**, 339—355 (1949). — LITTLE, T. H. M., u. J. H. KANTOR: J. Hered. **32**, 379—383 (1941). — LITTLE, T. H. M., J. H. KANTOR u. B. A. ROBINSON: J. Hered. **31**, 73—78 (1940). — LIU, HOU-LEE: J. Hered. **40**, 317—322 (1949).

MACARTHUR, J. W.: J. Hered. **32**, 291—295 (1941). — MARSDEN-JONES, E. M., u. W. B. TURRILL: J. Genet. **48**, 206—218 (1948). — MANGELSDORF, P. C.: Ann. Missouri bot. gard. **35**, 377—406 (1948). — MATHER, K.: Heredity **1**, 175—186 (1947). — MICHAELIS, P.: Züchter **19**, 326—331 (1948/49) — Z. Naturforschg. **3b**, 196—202 (1948) — Z. Vererbungslehre **82**, 197—229 (1948); **83**, 36—85 (1949) — Naturwiss. **36**, 220 (1949); **37**, 494 (1950).— Protoplasma (Wien) **39**, 260—274 (1950). — DE MOL, W. E.: Genetica ('s-Gravenhage) **22**, 231—260 (1941); **23** 329—352 (1943). — MÜNTZING, A.: Hereditas (Lund) **28**, 217—221 (1942). — MURDOCH, H. A.: J. Hered. **31**, 361 bis 363 (1940). — MURRAY, M. J.: Genetics **25**, 409—431 (1940).

NILSSON, E.: Hereditas (Lund) **36**, 75—93 (1950). — NIJDAM, F. E.: Genetica ('s-Gravenhage) **22**, 123—130 (1941); **25**, 516—518 (1950). — NYBOM, N.: Hereditas (Lund) **36**, 321—328 (1950).

OEHLKERS, F.: Ber. Naturforsch. Ges. Freiburg Brsg. **39**, 83—121 (1943/49).

POWERS, L.: J. Genet. **39**, 139—170 (1940) — PRAKKEN, R.: Hereditas (Lund) **30**, 201—212 (1944) — Genetica ('s-Gravenhage) **22**, 331—408 (1941). — PUNNETT, R. C.: Heredity **4**, 1—10 (1950).

RAO, C. R.: Heredity **4**, 37—59 (1950). — RANDOLPH, L. T., A. E. LONGLY u. C. H. LI: Science (N. Y.) **108**, 13—15 (1948). — REINDERS, D. E.: Genetica ('s-Gravenhage) **23**, 22—30 (1943). — RIFE, D. C.: J. Hered. **39**, 85—91 (1948). — ROBERTSON, D. W., u. O. H. COLEMAN: J. Genet. **39**, 401—410 (1940). — ROGERS, J. S.: Genetics **35**, 513—540, 541—558 (1950). — v. ROSEN, G.: Hereditas (Lund) **28**, 136—142, 313—338 (1942); **30** 261—400 (1944). — ROSS, H.: Z. Vererbungslehre **82**, 98, 187 (1948).

SCHAFER, B.: J. Genet. **41**, 339—348 (1941). — SEARS, E. R.: Genetics **29**, 113—127 (1944). — SILOW, R. A.: J. Genet. **42**, 259—358 (1942). — SMITH, F. L., u. C. BECKER-MADSEN: J. Hered. **39**, 191—194 (1948). — SONNEBORN, T. M.: Heredity **4**, 11—36 (1950). — STADLER, L. J.: Genetics **31**, 377—394 (1946). — STEPHENS, S. G.: Genetics **33**, 191—214 (1948). — STINO, K. R.: J. Hered. **31**, 19—24 (1940). — STROMAN, G. N.: J. Hered. **32**, 167—168 (1941). — STUBBE, H., u. G. BANDLOW: Züchter **17/18**, 365—374 (1946/47). — SUNESON, C. A.: J. Hered. **31**, 213—214 (1940).

THOMPSON, K. F., J. MACKEY, A. GUSTAFSSON u. L. EHRENBERG: Hereditas **36**, 220—224 (1950).

WALDOW, G. F., u. G. M. DARROW: J. Hered. **39**, 99—107 (1948). — WELLENSIEK, S. J.: Genetica ('s-Gravenhage) **23**, 77—92 (1943); **24**, 65—73, 74 bis 89 (1949); **25**, 183—187, 525—529 (1950). — WEXELSEN, H.: J. Hered. **32**, 227—231 (1941).

YU, CHI PAO: J. Genet. **39**, 61—68, 69—77 (1940).

17. Cytogenetik.

(Bericht über die Jahre 1946—1951.)

Von J. STRAUB, Köln.

Auf dem Gebiete der Cytogenetik hat die Polyploidieforschung bedeutsame Fortschritte erzielt. Dank zahlreichen Untersuchungen an experimentell gewonnenen und an wilden Polyploiden wissen wir jetzt ziemlich gut, woher der Unterschied im Verhalten der beiden Klassen von Polyploiden rührt. Diese Befunde lassen auch den Weg erkennen, auf dem die Polyploidieforschung gehen muß, um die Rolle der Genomvermehrung in der Evolution der Pflanzenwelt endgültig erfassen und den Daten über die Verbreitung Polyploider den richtigen Sinn geben zu können. In den Berichtsjahren ist der Zusammenhang, der zwischen dem Verhalten des einzelnen Chromosoms bzw. der Chromosomenteile und der Merkmalsbildung besteht, ebenfalls vielfältig bearbeitet worden. Die hier gemachten Entdeckungen mußten aber zu einem großen Teil Phänomene bleiben, deren Deutung noch aussteht.

Polyploidie.

1. Die Eigenschaften der experimentell erzeugten Autopolyploiden.

Die Literatur über die morphologischen und physiologischen Eigenschaften experimentell hergestellter Polyploider ist sehr umfangreich geworden. Zusammenfassungen von NOGGLE (1946) und EIGSTI (1947) vermitteln einen Eindruck davon. Bevor wir einige charakteristische Beispiele wiedergeben, muß der Begriff der Autopolyploidie klargestellt werden. G. L. STEBBINS jr. (1951) hat die polyploiden Pflanzen in seiner umfangreichen Darstellung der ,,Variation and evolution in plants" in drei Gruppen eingeteilt: Autopolyploide, Allopolyploide und Autoallopolyploide. Die ersten bilden als Tetraploide nur Viererverbindungen in der Meiosis (Quadrivalente) und spalten störungsfrei nach 4 Allelen. Sie besitzen als diploide Eltern entweder reine Linien oder Bastarde zwischen Varietäten einer Art. Der STEBBINS'sche Begriff der Autopolyploidie ist also weit gefaßt. Er schließt z. B. auch Tetraploide ein, bei denen umfangreiche genische Differenzen zwischen den beiden Genompaaren vorliegen. Die tetraploide *Biscutella laevigata* gehört zu dieser Art der Autopolyploiden. Ihre diploiden Ahnen waren mindestens Rassen einer Art, vielleicht sogar verschiedene Arten, und müssen sich also durch morphologische und physiologische Merkmale unterschieden haben. Infolge neuer Genkombinationen läßt sich die tetraploide *B. laevigata* von jeder diploiden unterscheiden.

Man würde diese Art der Polyploiden wohl besser genisch Allopolyploide (siehe später) nennen. Autopolyploide im Sinne von Formen mit absolut identischen Genomen gibt es in der Natur überhaupt nicht. Die experimentell gewonnenen Tetraploiden, deren Eigenschaften hier besprochen werden sollen, stellen Autopolyploide im STEBBINS-schen Sinne dar, wobei der Grad der genischen Verschiedenheit meist unbekannt oder schwer faßbar ist. Die Allopolyploiden haben, als Tetraploide betrachtet, zwei Paare von Genomen, deren Gene, Chromosomensegmente oder Chromosomen in so starkem Maße voneinander verschieden sind, daß der entsprechende diploide Bastard mit Sterilitätserscheinungen behaftet ist. Sind die beiden Genome noch in einer beachtlichen Zahl von Chromosomensegmenten oder Chromosomen gleich, so ist die Sterilität der diploiden Form gering. Solche Allotetraploide bilden neben Bivalenten auch Multivalente. Sie heißen Segment-allopolyploide" (z. B. *Solanum tuberosum*). Im Gegensatz dazu stehen die Genomallopolyploiden. Ihre elterlichen Genome sind so stark verschieden, daß sie im diploiden Bastard nur ganz schwach oder gar nicht mehr paaren (Art- und Gattungsbastarde). Die Tetraploide bildet alsdann nur Bivalente (z. B. *Raphano-Brassica*). Genomallopolyploide heißen Amphidiploide, wenn der entsprechende diploide Bastard durch absolute Sterilität ausgezeichnet ist.

Die Autoallopolyploiden gehen aus Allopolyploiden, meist Genomallopolyploiden, durch Genomverdoppelung hervor. Sie kommen sinngemäß nur als hexaploide oder noch höher polyploide Formen vor (z. B. *Helianthus tuberosus*).

Einige Beispiele sollen zunächst den Einfluß der Genomvermehrung auf die Eigenschaften einer Pflanze erläutern. Die von EKDAHL (1949) verwendete *Galeopsis pubescens* scheint der idealen Autotetraploidie am nächsten zu kommen. Die dargestellten Werte wurden durch Feldversuche gewonnen, und zwar bei verschiedenen Pflanzdichten. Wir beschränken die vereinfachte Wiedergabe der EKDAHLschen Befunde auf die geringere Pflanzdichte von 8,16 Pflanzen pro m² Anbaufläche. Die Pflanzen wurden bei einem Alter von 100 Tagen geerntet.

Mit dem erhöhten Zellvolumen ist eine Vergrößerung der einzelnen Organe verbunden. Die Zellenzahl pro Organ (siehe Blatt) ist etwa gleichgeblieben. Aber die 4 n-Pflanze bildet bedeutend weniger Blätter, und die Zahl der Seitenzweige ist geringer, sodaß eine einzelne 4n-Pflanze bedeutend geringeres Trockengewicht produziert. Bezogen auf gleiches Trockengewicht assimiliert und atmet die Tetraploide weniger. Der Gesamtertrag des 4n-Anbaues ist herabgesetzt, auch dann, wenn man den Ertrag auf gleiche Blattflächen bezieht und damit der Tetraploiden mit den dicken Blättern einen Vorteil gibt. Der Mineralgehalt der Tetraploiden ist, bezogen auf die gleiche Anbaufläche, für Kalium und Phosphor nicht erniedrigt. Für den Blattphosphor läßt sich sogar eine Erhöhung pro 100 g Trockengewicht statistisch sichern (7,6 gegenüber 6,5 pro 100 g Blattrockengewicht). SCHWANITZ (1948; 1949a, b; 1950a, b, c, d, e; 1951a, b) hat an einer großen Zahl von Kulturpflanzen (z. B. Senf, Rübsen, Ölrettich, Furchenkohl, Chicorée, Rettich, Grün-

Vergleich von diploider und autotetraploider Galeopsis pubescens
(nach EKDAHL, zusammengefaßt und vereinfacht).

	2n	4n	4n/2n
Epidermiszellvolumen			2,69
Zellenzahl pro ⌠Epidermiszellen			0,95
Blatt . . . ⌡Stomata			0,97
Blattgröße in cm²	2,41	3,7	1,54
Blattfläche pro Pflanze in m²	0,185	0,168	0,91
Blattdicke	2,5	2,9	1,17
Blattzahl pro Pflanze	769	454	0,59
Zahl der Seitenzweige pro Pflanze . .	90	54	0,60
Frischgewicht pro Pflanze in g	273	257	0,94
Trockengewicht pro Pflanze in g . . .	34,6	27,7	0,80
Samenzahl pro Blüte	2,35	0,22	0,09
Assimilation ⌠mg CO_2 pro Stunde und gr Trockengewicht . .	7,7	6,9	0,9
⌡mg CO_2 pro Stunde und 50 cm² Blattfäche . .	1,24	1,31	1,06
Atmung . . . ⌠mg CO_2 pro Stunde und gr Trockengewicht . .	0,7	0,583	0,83
⌡mg CO_2 pro Stunde und 50 cm² Blattfläche .	0,0854	0,0843	0,98
Chlorophyll-gehalt . . . . ⌠pro gr Trockengewicht .	148	135	0,91
⌡pro cm² Blattfläche . .	352	456	1,30
Gesamterträge ⌠Trockengewicht pro Hektar in kg	2822	2261	0,80
Blattfläche in ha pro Hektar	1,51	1,37	0,91
Trockengewicht in kg pro ha Blattfläche . .	1870	1651	0,88
assimiliertes N_2 in kg pro Hektar	53,2	48,5	0,91
aufgenommenes Kalium in kg pro Hektar . .	67,4	67,5	1,00
aufgenommener Phosphor in kg pro Hektar . .	5,05	5,09	1,01
⌡aufgenommenes Calcium in kg pro Hektar . .	38,6	31,6	0,82

kohl, Weißkohl, Wirsing), darunter auch Arzneipflanzen (*Digitalis ambigua, purpurea, lanata, lutea, Verbascum thapsiforme*) Autotetraploide hervorgerufen und ihre Eigenschaften studiert. Die Ergebnisse sind gegenüber denen, die für *Galeopsis* gefunden wurden, als sehr ähnlich oder gleichartig zu bezeichnen. Dies gilt für die Verhältnisse der

Zellgrößen wie für den Chlorophyllgehalt und die Assimilations- und Atmungsintensitäten. Einige Untersuchungsreihen von SCHWANITZ seien noch im einzelnen dargestellt, denn sie vervollständigen das Bild von den physiologischen Eigenschaften der Autotetraploiden. Im Hinblick auf die Konkurrenz von Tetraploiden und Diploiden am natürlichen Standort ist der Wasserhaushalt von Interesse. SCHWANITZ (1949a) erfaßt die Spaltöffnungs- und Gefäßbündelverhältnisse im Blatt, z. B. bei 2n- und 4n-Rübsen.

		Spaltengröße in μ	Zahl d. Spaltöffnungen pro cm²	Spaltenfläche pro cm² Blattfläche d. Unterseite	Länge d. Gefäßbündel in cm pro cm² Blattfläche	Gefäßbündeldurchmesser in μ
Rübsen ..	2 n	24	24215	0,58 ⎫ Statist. nicht gesichert	47	7,6
,,	4 n	55	11869	0,66 ⎭	36	9,4

Das Ergebnis zeigt: 4n-Rübsen besitzt geringere Spaltöffnungszahlen, kürzere Gefäßbündelstrecken bei größerem Gefäßbündeldurchmesser und etwa gleiche Spaltöffnungsflächen bei größeren Einzelspalten. Mit diesen morphologischen Verhältnissen ist eine niedrigere Transpiration von 4n gegenüber 2n verbunden. Beim roten Fingerhut beträgt die Transpiration im Freiland (in gr pro Stunde) 0,6 für 2n, 0,35 für 4n. Der Wassergehalt tetraploider Pflanzen liegt regelmäßig über dem von 2n-Pflanzen (SCHWANITZ, 1949a). Messungen erfolgten an aufeinanderfolgenden Maitagen im Jahre 1943 und ergaben:

Digitalis ⎰ 2 n 78 | 80 | 81 | 81 | 81 | 81 | 82 | 81 % des Frisch-
purpurea ⎱ 4 n 84 | 84 | 85 | 83 | 85 | 85 | 84 | 84 gewichtes

Daraus erklärt sich das Verhalten von 2n- und 4n-Pflanzen des roten Fingerhutes, die gleichen Trocknungsbedingungen, unter denen sie zur starken Welke kommen mußten, ausgesetzt waren. Nach dem Wiedereinstellen in Wasser erholen sich mehr Tetraploide:

		völlig erholt	± geschädigt	abgestorben
Digitalis purpurea	2 n	13 %	33 %	53 %
,, ,,	4 n	28 %	40 %	31 %

Die Überlegenheit der Tetraploiden mag darauf beruhen, daß das kritische Wasserdefizit bei ihnen später erreicht wird als bei diploiden. Untersuchungen von EHRENSBERGER (1948b) über die osmotischen Werte und die Permeabilität von Di- und Tetraploiden sind in diesem Zusammenhange von Interesse. An dem zellphysiologisch günstigen Objekt *Rhoeo discolor* konnte ein Absinken der osmotischen Werte mit steigender Genomzahl gemessen werden. Der osmotische Wert entspricht für 2n 0,172, für 4n 0,156 Mol Rohrzucker. Man darf von Autotetraploiden also keinesfalls eine erhöhte Frostresistenz erwarten. Die Glycerinpermeabilität der Epidermiszellen beträgt für 4n nur 0,69, wenn die von 2n = 1 gesetzt wird. Die Harnstoff- und Methylharnstoffpermeabilität ergibt für 4n die Werte 0,83 bzw. 0,74. Setzt man sie zur Plasmaoberfläche in Beziehung, so läßt sich nachweisen, daß mit der vergrößerten Protoplastenoberfläche der Tetraploiden ein Absinken der Permeabilität verbunden ist.

Jede autotetraploide Pflanze besitzt verminderte Fertilität, d. h. sie entwickelt pro Blüte weniger Samen als die diploide. Der Grad der Fertilitätssenkung ist verschieden. Autotetraploider Roggen hat nach MÜNTZING (1951) einen Kornansatz von 62% gegenüber 80% des diploiden. Für autotetraploide *Ribes nigrum*-Sorten betragen die Fertilitätswerte 58, 41 und 49% des diploiden Wertes (VAARAMA, 1947a).

BERNSTRÖM (1950) berichtet von einer interessanten Veränderung in der Fertilität der chasmogamen und cleistogamen Blüten bei *Lamium amplexicaule* nach Polyploidisierung. Die Zahl der 4n-chasmogamen Blüten ist relativ zu den 4n-cleistogamen bedeutend herabgesetzt. Die 4n-chasmogamen sind darüber hinaus in der Fähigkeit zur Selbstbestäubung beeinträchtigt, wodurch ihr Samenansatz im Verhältnis zu den cleistogamen absinkt. Der Grund liegt hauptsächlich in den mit der Zellvergrößerung veränderten anatomischen Verhältnissen.

Vielfach dürfte die Ausbildung der generativen Organe bei Tetraploiden geschwächt sein. So stellt SCHWANITZ (1950e) bei 4n-*Papaver nudicaule* nur 81,9% der Antherenzahl der 2n-Form fest. In einer Anthere von *Dianthus superbus* 2n werden 3294 Pollenkörner gezählt, bei 4n nur 1833. Für *Verbascum thapsiforme* betragen die entsprechenden Werte 14314 und 9283. 2n gelber Senf bildet je Fruchtknoten durchschnittlich 4,7 Samenanlagen aus, der tetraploide nur 4,1. Die entsprechenden Samenzahlen betragen 4,3 und 2,4. Am diploiden gelben Senf blühten 10706 Blüten, am tetraploiden 4009. Auch die Zahl der Blütensprosse ist bei Tetraploiden kleiner: diploide Zitronenmelisse bildet 39, die tetraploide 21. Für zweijährige *Digitalis purpurea* lauten die entsprechenden Zahlen 3,98 und 2,09. ABEGG, STEWART und COONS (1946) berichten von der geringeren Neigung tetraploider Zuckerrüben zum Schossen. Bei Herbstastern ist die Zahl der vergrünten Blüten und steckengebliebenen Blütenköpfchen größer als bei den diploiden Ausgangsformen (SCHWANITZ, 1950e). In manchen Fällen scheinen die geringere Blütenbildung und das relativ stärkere Blattwachstum physiologische Folgen nach sich zu ziehen, die von züchterischer Bedeutung sein können. BANNAN (1947) berichtet von tetraploidem *Taraxacum kok-saghyz*, das aus solchen Ursachen sehr kräftige Wurzeln bildet, wobei innerhalb tetraploider Zuchten der Grad der Blütenbildung umgekehrt proportional der Größe des Wurzelwerkes ist.

Aus der gegebenen Darstellung geht hervor, daß die diploiden Arten den autotetraploiden Formen in den meisten Eigenschaften überlegen sind. Es wundert nicht, daß KIELLANDER (1950) von äußerst langsamem Wachstum der autotetraploiden *Picea Abies* berichtet, daß EHRENBERG (1949) von dem schlechteren Gedeihen tetraploider Ulmen schreibt, und daß JOHNSSON (1950) triploide *Alnus glutinosa* findet, welche trotz größerer Wuchshöhe verminderten Holzertrag abwirft. Die Nachteile der Autotetraploiden hängen mit dem vergrößerten Zellvolumen zusammen. Man muß jedoch hervorheben, daß keine Regel aufgestellt werden kann, wonach die Ausbeute jedes physiologischen Einzelprozesses einer tetraploiden Pflanze verschlechtert sei. Die einzelnen Gene oder Genkomplexe, welche die betreffenden Prozesse steuern, reagieren auf die Genomvermehrung verschieden. Dabei scheint es einzelne zu geben, die nach Polyploidisierung eine erhöhte Wirkung auszuüben vermögen, so daß die betreffende Tetraploide trotz des erhöhten Zellvolumens eine Intensivierung des zugehörigen Prozesses erfährt. So ist es zu verstehen, daß tetraploider Mais (ELLIS, RANDOLPH und MATRONE, 1946)) trotz langsameren Wachstums um 40% erhöhten Gehalt an Carotin und Rohprotein besitzt, dem ein Verlust an Rohfaser und Zellulose gegenübersteht. Die Eigenschaften tetraploiden Roggens, im Korn erhöhten Proteingehalt zu führen, macht ihn anbauwürdig, obwohl die Blütenzahl und der Kornansatz pro Ähre kleiner und die Bestandesdichte um 12% geringer sind. (MÜNTZING, 1951).

Eine letzte Gruppe von Beobachtungen an Autotetraploiden zeigt ebenfalls die Bedeutung der genischen Steuerung für die Veränderungen, welche nach Polyploidisierung auftreten. Bereits PIRSCHLE (1942) konnte zeigen, daß die Tetraploidisierung bei drei *Impatiens balsamina*-Sorten, die sich in wenigen Farbgenen unterscheiden, verschiedene Folgen hat: Die 4n-eosin-Mutante ist der diploiden eosin-Mutante im Frisch- und Trockengewicht unterlegen, bei der Mutante „weiß" ist kein Unterschied zwischen 2n und 4n zu finden, während die tetraploide Mutante „weinrot" mehr Frisch- und Trockengewicht erzeugt als die diploide. VAARAMA (1947a) hat ein ähnliches Beispiel veröffentlicht. Die verschiedenen Stämme in der Nachkommenschaft eines tetraploiden *Ribes nigrum* zeigen unterschiedliches Verhalten hinsichtlich der Beerengröße. Das Gewicht von 100 Früchten beträgt in drei 4n-Stämmen 122, 152, 86,2 gegenüber 100 des diploiden Vergleichsstammes. Für 50 Samen lauten die entsprechenden Gewichtswerte 141, 135,5, 102,4 gegenüber 100 für 2n.

Es ist sehr wichtig, die genische Steuerung jedes einzelnen morphologischen Merkmales und jedes physiologischen Verhaltens sich vor Augen zu halten. Nur dann wird der Gegensatz erklärbar, der sich zwischen den besprochenen Eigenschaften Autotetraploider und den Merkmalen wilder Polyploider auftut.

2. Die Eigenschaften der wilden Polyploiden.

Nach den Befunden, welche HAGERUP und TISCHLER in den Jahren 1932 und 1935 veröffentlichten, nimmt der Prozentsatz an Polyploiden innerhalb der Gesamtflora zu, je weiter man nach Norden kommt. Die Polyploiden sind auch bei der Besiedlung von Standorten mit größerer Meereshöhe im Vorteil, ferner vertragen sie höhere Salzkonzentrationen des Bodens. Die wilden Polyploiden sollen also durch größere „Kampfkraft" ausgezeichnet sein. TISCHLER (1946) bringt neue Befunde. Die Insel Trischen erhob sich 1854 aus dem seichten Wattenmeer der Nordsee als Neuland. Die entstandenen Dünen (mit 40 Arten) tragen 60% polyploide und 30% diploide Arten (10% sind nicht einwandfrei einzuordnen). Die Marschwiesen (mit 27 Arten) enthalten 66,7% Polyploide und 29,6% Diploide. Wo die alleinige Wirkung der natürlichen Kampfkraft ausgeschaltet ist, finden sich mehr Diploide, denn die Ackerpflanzen (mit 43 Arten) weisen 48,7% Diploide und 43,6% Polyploide (7,7% unbestimmte) auf. Bei der Besiedlung von Brachland verfolgte HERMANN (1947) das Vordringen von Poly- und Diploiden, und zwar sowohl auf nährstoffreichen wie nährstoffarmen (abgeplaggte Flächen und solche, die mit Bruchwaldtorf belegt wurden) Böden. Nach 4 Jahren wachsen auf den nährstoffarmen Böden 52,8%, auf den reichen dagegen nur 44,7% Polyploide. Interessanterweise tragen die nährstoffreichen Böden mehr Therophyten als die armen. Im Kampf mit der Quecke werden 23 Arten schnell verdrängt; darunter befinden sich 35% polyploide und 65% diploide Arten. 34 Arten überstehen die Quecke oder können sie sogar überwuchern; 65% davon sind polyploid, 35% diploid. Infolge der Beschattung durch heranwachsende Erlen verschwinden 45 Arten mit 37,8% polyploiden und 62,2% diploiden, während 49 Arten sich halten können, unter denen 73,5% polyploide und 26,5% diploide gezählt werden. Ein ungewolltes Konkurrenzexperiment machen 400 Versuchspflanzen der *Veronica*-Gruppe *Pentasepala* mit 2n-, 4n-, 6n- und 8n-Vertretern mit (SCHERRER, 1949). Sie blieben von 1939 bis 1948 aus kriegsbedingten Gründen sich selbst überlassen; 1949 finden sich nur noch hexaploide und octoploide Arten vor.

Die Untersuchung der Floren auf ihren Polyploidiegehalt hat auch schon in der Pflanzensoziologie Eingang gefunden. W. CHRISTIANSEN (1949) ordnet die Flora von Schleswig-Holstein nach pflanzensoziologischen Gesichtspunkten und stellt den jeweiligen Polyploidiegrad fest. Er soll um so größer sein, je schwieriger der Standort ist. Leider wird nicht gesagt, worin eigentlich die Schwierigkeit eines Standortes besteht. Die Untersuchungen von W. CHRISTIANSEN wie auch die oben wiedergegebenen von HERMANN ließen wesentlich tragfähigere Schlüsse zu, wenn eine Prüfung der Chromosomenzahlen mit Hilfe der cytologischen Schnellmethoden durchgeführt worden wäre. Die alleinige Zuhilfenahme von Chromosomenzahlentabellen vermag erhebliche Fehler zu veranlassen, zumal dort, wo nur verhältnismäßig wenige Arten in einer Assoziation oder einer Besiedlungspopulation vorhanden sind. Zu groß erscheint die Präzision, mit der im Übergang zur Verlandung der Polyploidiegrad abnimmt. W. CHRISTIANSEN (1949) fand nämlich folgende Polyploidieprozentsätze:

Lemnetum (1 Art!)	100 %
Potameto perfoliati-Ranunculetum fluitantis . .	88,9%
Potametum lucentis	78,7%
Myriophyllo verticilati-Nupharetum	76,9%
Scirpo Phragmitetum.	75 %
Filipendulo-Geranietum palustris	65,4%

W. CHRISTIANSEN weist darauf hin, daß die Polyploidie mit der am Ort vorhandenen Strömungsgeschwindigkeit zunehme. Es ist aber nicht glaubhaft, daß zwischen der Polyploidie und der Strömungsgeschwindigkeit ein direkter Zusammenhang bestehen kann. Immerhin erschien uns der Befund als solcher bemerkenswert. Wir werden nämlich später bei der Besprechung des Zusammenhanges von Polyploidie und „life-form" ähnliche Feststellungen kennenlernen, wobei allerdings der ursächliche Zusammenhang eine ganz andere Deutung erfahren wird.

Dem Zusammenhang von Polyploidie und geographischer Verbreitung haben A. und D. Löve (1949) eine eingehende Studie gewidmet. Sie geben zunächst eine Übersicht über die laufende Erhöhung der Polyploidiegrade mit zunehmender nördlicher Breite.

Die Häufigkeit von polyploiden Angiospermen in verschiedenen Gebieten. (Nach A. und D. Löve, 1949.)

Standort	Geogr. Breite	Zahl d. Blütenpflanzen	% an zytol. Untersuchten	% an Polyploiden		
				monocotyle	dicotyle	Insgesamt
Timbuktu	etwa 17° N. lat.	138	21,0	67,0	31,0	37,0
Kykladen	36,5° bis 37,5°	1184	48,3	44,7	31,2	34,1
Sizilien	36,5° bis 38,5°	2346	37,6	51,5	32,8	37,0
Zentral-Ungarn. .	46° bis 49,5°	2086	68,6	—	—	47,1
Schleswig-Holstein	54° bis 55°	1131	91,7	62,0	46,2	50,2
Dänemark	54,5° bis 58°	1306	90,4	70,2	47,4	53,5
Groß-Britannien .	50° bis 61°	1630	72,6	75,1	49,8	56,7
Färöer-Inseln . .	etwa 62°	324	90,1	80,0	50,3	61,3
Island	63,5° bis 66,5°	440	83,2	84,0	52,5	63,8
Schweden	55,5° bis 69°	1645	87,3	74,8	48,7	56,0
Kolgujew	69°	—	—	—	—	64,0
Finnland	60° bis 70°	1285	85,5	77,2	48,9	57,3
Norwegen	58° bis 71°	1351	86,5	76,1	49,8	57,6
Süd-Grönland . .	60° bis 71°	328	81,4	92,7	60,2	71,9
Spitzbergen . . .	77° bis 81°	135	82,1	95,0	61,4	73,6

Hält man Di- und Monocotyle getrennt, so liegt der Prozentsatz an polyploiden Monocotylen überall stark über dem der polyploiden Dicotylen. Dies rührt von dem erheblichen Anteil der Monocotylen an Gramineen und Cyperaceen her, die hochgradig polyploide Familien darstellen. Man erkennt dies sehr klar aus den Analysen, die A. und D. Löve von der Flora dreier Pflanzenareale gewonnen haben, wobei sie die Arten in ihre systematischen Reihen aufteilten.

In den dargestellten Reihen (Seite 445) steigt der Polyploidiegrad von dem Vergleichsareal der carpatho-pannonischen Flora über Sjaelland (56° N. lat.) und Pite Lappmark (etwa 68° N. lat.) nach Sassen (etwa 80° N. lat.) an. Schwach ist der Anstieg bei den *Tubiflorae* und *Ericales*, sehr stark bei den *Gramineae* und *Campanulatae*. Wir entnehmen dieser Tabelle ferner, daß mit steigendem Polyploidiegrad die Zahl der Arten abnimmt.

A. und D. Löve vertreten die HAGERUP-TISCHLER'sche Auffassung, nach der Polyploide extremere Klimate besser ertragen können, weil sie größere Resistenz gegen Kälte und Austrocknung („hardiness") besitzen. A. und D. Löve geben auch die Gründe an, die nach ihrer Ansicht für die besonderen physiologischen Eigenschaften der Polyploiden verantwortlich zu machen sind: Sie sind besser anpassungsfähig, weil sie als polyploide Bastarde über eine größere Variabilitätsbreite

Polyploidie bei verschiedenen Angiospermen-Reihen.
(Vereinfacht nach A. und D. Löve, 1949.)

Reihen	Carpatho-Pannonien etwa 50°		Sjaelland. (Dän. Inseln) 56°		Pite Lappmark (Schwed. Provinz) 68°		Sassen (Spitzbergen) 80°	
	Arten-zahl	% an Polypl.	Arten-zahl	% an Polypl.	Arten-zahl	% an Polypl.	Arten-zahl	% an Polypl.
Cyperaceae . . .	130	91,6	73	93,7	51	100,0	11	100,0
Gramineae	217	56,4	99	59,2	35	77,1	24	95,5
Salicales — Juglandales — Myricales — Fagales . .	46	35,7	18	50,0	18	55,6	3	66,7
Centrospermae . .	204	30,7	74	30,0	22	36,8	11	60,0
Ranales	115	39,8	35	62,9	15	40,0	7	66,7
Rhoeadales	183	38,2	61	54,2	18	50,0	16	60,0
Rosales	395	45,8	123	48,3	43	55,3	16	68,8
Ericales		35,0	16	31,3	22	31,8	2	50,0
Tubiflorae	318	45,8	122	53,9	31	45,5	3	50,0
Cucurbitales — Campanulatae .	411	29,9	105	39,0	24	60,9	4	100,0

verfügen. Dabei wird auf die Darlegungen von Melchers (1946) hingewiesen, nach denen die größeren Genkombinationsmöglichkeiten polyploider Bastarde zu stärkeren Genwirkungen führen können, als es bei den vergleichbaren diploiden Bastarden möglich ist. Wir werden das weiter unten näher zu betrachten haben. Es ist wesentlich, daß A. und D. Löve als Grundlage der erhöhten Variationsfähigkeit die Bastardnatur der Polyploiden fordern. A. Löve (1949) weist in einer besonderen Untersuchung nach, daß in Nordwesteuropa keine Polyploiden existieren, die nicht durch morphologische Charakteristika von den nächststehenden Diploiden oder anderen Polyploiden zu unterscheiden wären. Bei 30 Arten, in denen Di- und Polyploide vorkommen, läßt sich nachweisen, daß bereits die klassischen Systematiker die polyploiden Formen als besondere Typen erkannt haben. Die unterscheidenden Merkmale sind aber nicht aus den verschiedenen Genomzahlen zu verstehen, vielmehr können nur Genverschiedenheiten die abweichenden Merkmale hervorrufen. Die nächstliegende Erklärung dafür liegt in der Annahme, daß diploide Bastarde die Ausgangsformen der natürlichen Polyploiden waren. Darin muß auch ·der Schlüssel zum Verständnis der höheren Konkurrenzfähigkeit der wilden Polyploiden gesucht werden.

 - Das Bild von der besonderen geographischen Verbreitung der Polyploiden hat aber noch eine ganz andere Interpretation gefunden. Untersucht man die polyploiden Vertreter einer Flora auf ihre Fortpflanzungsverhältnisse hin, dann stellt sich heraus, daß sie zu einem sehr hohen Prozentsatz durch vegetative Vermehrungsfähigkeit ausgezeichnet sind. Å. Gustafsson (1948) weist in einer sehr aufschlußreichen Veröffentlichung auf den Zusammenhang von „Polyploidy, life-form and vegetative reproduction" hin. Analysiert man z. B. eine kanadische Unkrautflora, so findet sich nach GUSTAFSSON folgende Zusammensetzung:

	Ein- und zwei-jährige, nur Samenbildner	Perennierend, ohne Wurzelaus-läufer oder andere vegetative Vermehrung	Perennierend mit Ausläufern, vivipar etc.
Zahl der Pflanzen	83	35	39
Prozentsatz an Polyploiden. .	34%	46%	64%

Die Pflanzen mit Apomixis (im weitesten Sinne) besitzen den größten Polyploidieanteil. GUSTAFSSON (1948) betrachtet unter diesem Aspekt alle Arten von 37 in Skandinavien vorkommenden Gattungen und findet als Regel, daß mit zunehmendem Polyploidiegrad die sexuelle Fortpflanzung immer mehr schwindet.

Ein Beispiel mag dies erläutern: Die Gattung *Cardamine* enthält drei Annuelle: *hirsuta* und *impatiens* sind diploid (16), *flexuosa* ist tetraploid (32). Die anderen *Cardamine*-Arten sind perennierend; die meisten davon haben höhere Chromosomenzahlen. *C. bellidifolia* und die Ausläufer bildende *amara* sind mit 16 Chromosomen diploid. *C. pratensis* mit 30 bis 84 Chromosomen vermehrt sich ausgiebig vegetativ, viele *pratensis*-Pflanzen sind samensteril. *C. bulbifera*, mit 96 Chromosomen (dodekaploid), ist schließlich vollkommen apomiktisch; sie vermehrt sich durch Bulbillen und Rhizome. Von *Cardamine pratensis* mit 30 bis 76 Chromosomen ist noch bemerkenswert, daß sie auf den Wiesen von Südschweden ökotypisch differenziert ist: Die höheren Teile der Wiesen tragen Formen mit 30 Chromosomen, tiefere solche mit 56 bis 58. Im Wasser stehen schließlich Rassen mit 72 bis 76 Chromosomen. Mit dem Hydrophytismus nimmt die Polyploidie zu.

GUSTAFSSON kommt nach Untersuchung der 37 Gattungen zu folgendem Gesamtergebnis:

	2n	4n	6n	8n	≧ 10n	Summe:
Annuelle . . .	12	10 bis 12	3 bis 7	3 bis 5	0 bis 1	28 bis 37
Perennierende .	3	8	1	7	16 bis 18	35 bis 37

Bei den annuellen Pflanzen herrschen die Di- und Tetraploidie vor, bei den perennierenden sind die hochpolyploiden zu finden.

Es ist einleuchtend, daß GUSTAFSSON zu einer anderen Deutung des Zusammenhanges von Polyploidie und extremem Klima gelangt: Es besteht kein direkter Zusammenhang zwischen der Polyploidie und den Standortfaktoren, welche besondere Resistenz gegenüber Kälte oder dem Salzgehalt des Bodens von der dort siedlungsfähigen Flora erfordern. Der Polyploidiegrad nimmt nach Norden vielmehr deshalb zu, weil die dort bevorzugten Lebensformen (life-form, im Sinne RAUNKIAERS) perennierende Pflanzen sind, die sich großenteils durch Apomixis auszeichnen. Unter diesen Pflanzengruppen ist die Polyploidie vorherrschend. GUSTAFSSON führt als Stützen seiner These noch folgende Tatsachen an: 1. Die rumänische Halophytenflora ist nicht durch besonders hohen Polyploidiegrad ausgezeichnet, obwohl dort zweifellos extreme Standortbedingungen gegeben sind. Aber bei der Halophytenflora Rumäniens überwiegen die Therophyten, die als Annuelle diploid sind. Die Halophytenflora Norddeutschlands ist dagegen reicher an perennierenden Formen, dementsprechend findet man für sie einen erhöhten Polyploidiegrad. 2. Auch bei Wasserpflanzen ist die sexuelle Fortpflanzung schwach ausgebildet (siehe auch M. ERNST-SCHWARZENBACH, 1950) und durch die vegetative Vermehrung ersetzt. So erklärt sich nach GUSTAFSSON die Tatsache, daß Uferfloren reich an Polyploiden sind und daß der Polyploidiegrad mit steigendem Hydrophytismus zunimmt. Der eigentliche Grund dafür liegt wiederum in der Veränderung des ,,lifeform system". GUSTAFSSON versucht aber auch direkt zu zeigen, daß extreme Standortbedingungen die Polyploidie nicht zu fördern brauchen: Der norwegischen ,,snow-layers"-Flora von Knutshö, die in einer Höhe von 1400 bis 1500 m gedeiht, steht nur eine kurze Vegetationszeit zur Verfügung. Apomiktische Arten sind darunter etwa gleich häufig wie sexuell reproduzierende. So wundert sich GUSTAFSSON gar nicht, daß die Polyploiden nicht vorherrschen.

Die Tatsache, daß häufig Perennieren und die verschiedensten Formen der Apomixis mit der Polyploidie verbunden sind, ist A. und D. LÖVE nicht entgangen. Sie sind der Frage nicht ausgewichen, ob der erhöhte Prozentsatz an Polyploiden durch Änderung des ,,biologischen Spektrums", d. h. der Zusammensetzung der Vegetation aus verschiedenen Lebensformen, zustandekommen könne. Die folgende Tabelle stellt die biologischen Spektren von vier Florenbezirken mit ihrem Polyploidiegrad dar; die Angaben von A. und D. LÖVE wurden dabei etwas vereinfacht.

Biologisches Spektrum und Polyploidie in verschiedenen Gebieten.
(Vereinfacht nach A. und D. LÖVE.)

	Pardubice (Tschechoslow.)			Sjaelland (Dänemark)			Pite Lappmark (Schwed. Provinz)			Sassen Quarter (Spitzbergen)		
	Zahl	% aller Formen	% Poly-pl.	Zahl	% aller Formen	% Poly-pl.	Zahl	% aller Formen	% Poly-pl.	Zahl	% aller Formen	% Poly-pl.
Phanerophyten	61	6,8	47,5	62	6,2	51,6	19	6,1	47,4	1	1,1	100,0
Chamaephyten (bis 30 cm)	23	2,6	39,1	34	3,5	52,9	43	13,9	46,5	19	21,1	63,1
Hemicryptophyten	446	49,6	54,0	470	47,8	54,5	171	55,3	63,2	57	63,3	76,7
Geophyten	89	9,9	74,2	96	9,7	77,1	37	11,9	97,3	9	10,0	100,0
Hydrophyten	71	7,9	60,6	97	9,9	56,7	20	6,4	70,0	1	1,1	100,0
Therophyten (annuell)	210	23,2	39,5	224	22,9	39,3	20	6,4	45,0	3	3,4	33,3
Summe	900	100	52,3	983	100	53,2	310	100	63,2	90	100	76,7

Aus der Zusammenstellung wird ersichtlich, daß die annuellen Therophyten mit zunehmender nördlicher Breite immer seltener werden, wobei ihr Polyploidieprozentsatz relativ niedrig liegt. Die besonders interessierenden Hemicryptophyten und Geophyten nehmen nach Norden hin zu bzw. bleiben gleich, wobei in beiden Fällen der Polyploidieprozentsatz ansteigt. Auf Grund dieser Analyse glauben A. und D. Löve zwar, daß die Veränderung der Lebensform für die Erhöhung des Polyploidiegrades eine Rolle spielen könne, sie vermögen aber darin nicht die Hauptursache zu sehen. Ihre von Gustafsson abweichende Meinung stützen sie durch Vergleich der Monocotylen in den Distrikten Sjaelland (Dänemark) und Sassen (Spitzbergen). In Sjaelland wachsen 78 diploide und 194 polyploide Monocotyle, was einem Polyploidieprozentsatz von 71,32 entspricht. In Sassen kommen weniger Therophyten vor. Unter Berücksichtigung des Therophytenabfalls, also unter Beachtung der Gustafssonschen Regel, müßte man auf Sassen unter den 33 vorhandenen Monocotylen 7,6 diploide und 24,4 polyploide erwarten, tatsächlich ist das Verhältnis aber 1:32.

Bevor der Versuch gemacht wird, die unterschiedlichen Meinungen zu einer einheitlichen Auffassung zu vereinigen, seien Ergebnisse referiert, welche die Verbreitung nahe verwandter, im Polyploidieverhältnis stehender Arten behandeln. Derartige Untersuchungen führen weiter als Berechnungen des Polyploidiegrades von Gesamtfloren.

Myers (1947) faßt die cytologischen Verhältnisse bei den Futtergräsern zusammen (1805 Arten aus 142 Genera). Die wilden Polyploiden sollen durchweg eine größere geographische Verbreitung als die diploiden Verwandten besitzen. Hartung (1946) kann bei intraspezifischen Polyploidierassen von *Elymus* und *Agropyron* keinen Zusammenhang zwischen Polyploidiestufe und geographischer Verbreitung bzw. Polyploidie und erhöhter Anpassungsfähigkeit feststellen. Nach Cramer (1947) läßt sich jedoch für fakultativ apomiktische *Poa pratensis* eine positive Korrelation von Chromosomenzahl und Ausbreitungsrate nachweisen. Die Chromosomenzahlen von 66 Klonen umfassen dabei den Bereich von 50 bis 85. E. I. Nielsen (1947) prüft in Wisconsin 63 Linien von *Panicum virgatum* mit den Chromosomenzahlen n = 18, 36, 54, 72, 90, 108 auf Winterfestigkeit. Es besteht kein Zusammenhang von Winterhärte und Polyploidiestufe: hochpolyploide südliche *virgatum*-Rassen gehen ein, eine diploide Rasse aus Wisconsin ist am widerstandsfähigsten. Moffett und Hurcombe (1949) stellen die Chromosomenzahlen von 94 südafrikanischen Gräsern fest. Die gefundenen Polyploiden zeigen keine besondere Anpassung an ökologisch schwierige Standorte, dagegen scheinen geographische Trennungen von vergleichbaren di- und tetraploiden Arten vorzukommen; *Eleusine indica* z. B., die bisher nur als diploid bekannt ist, gedeiht in Südrhodesien nur als tetraploide Form. Auch Favarger (1950) hält die Polyploidie für besonders günstig für das Zustandekommen der geographischen Isolation. Sowohl die Unterart *euincanus* (2n = 40) als auch die Unterart *carniolicus* (2n = 60, 80 und mehr als 90) von *Senecio incanus* gehören dem Curvuletum an, *euincanus* in den West-, *carniolicus* nur in den Ostalpen. Auf der Grundlage dieses geographischen Vikariierens kommt es nach Favarger sehr leicht zum ökologischen Variieren. Die Polyploidie spielte bei der Artbildung und Ausbreitung der Gattung *Crepis* eine ganz untergeordnete Rolle (E. Babcock, 1947); die wenigen polyploiden *Crepis*-Arten sind durch keine besondere Konkurrenzfähigkeit ausgezeichnet. Howard (1951) bemerkt für *Nasturtium microphyllum* (2n = 64), das früher als Chromosomenrasse von *Nasturtium officinale* (2n = 32) aufgefaßt wurde, ein Vorkommen an Standorten mit niedrigerem p_H und geringerem Kalkgehalt.

Ehrendorfer (1949) berichtet von den geographisch-ökologischen Verhältnissen in der *Galium pumilum*-Gruppe: *Galium austriacum* ist meist di- und tetra-, selten hexa- und octoploid, *G. anisophyllum* steht als 2n-Form in den nordöstlichen, als 3n-Form in den nördlichen Kalkalpen, *G. pumilum* Murray ist octoploid. Allgemein zeigen die Polyploiden keine erhöhte Anpassung an extreme Klimate, sie sind aber durch größere Variabilität innerhalb der Art oder Rasse ausgezeichnet. Gegenüber den stenöcischen Diploiden, deren Areal postglacial kaum erweitert wurde, muß man die Polyploiden als euryöcisch bezeichnen. Die Polyploiden drangen in bevorzugtem Maße in die postglacial frei gewordenen und die vom Menschen geschaffenen Räume ein.

Lawrence (1947) verdanken wir eine aufschlußreiche Untersuchung über die Chromosomenzahlen der *Achillea*-Gruppe *millefolium* in ihrer Beziehung zur geographischen Verbreitung. In Californien kommen die tetraploide *Achillea lanulosa* (2n = 36) und die hexaploide *A. borealis* (2n = 54) nebeneinander vor. *A. borealis* bleibt mehr an der Küste, *lanulosa* schließt sich im Osten an. Die beiden kreuzen sich nicht, dagegen haben sie eine Unzahl ökologischer Rassen gebildet, die an ähnlichen Standorten so ähnlich sind, daß man durch Chromosomenzahlbestimmung die Zugehörigkeit prüfen muß. Alpine Zwergrassen und hohe Rassen aus mittleren Berglagen kommen bei *lanulosa* und *borealis* in gleicher Weise vor. Dabei können sehr ähnliche Ökotypen durch ganz verschiedene Umweltsfaktoren verursacht sein: man kennt von *A. borealis* Zwergrassen aus kaltem, regnerischem Klima und von *lanulosa* gleich niedrige Formen aus kontinentalem, regenarmem Klima mit kurzer Vegetationsdauer. — Keck (1946) untersuchte die Subsection *vulgaris* von *Artemisia* mit Chromosomenzahlen von 18, 36 und 54. *Artemisia Douglasiana* (2n = 54) ist eine (Genom-) Allopolyploide aus *A. Suksdorfii* (2n = 18) und einer verwandten Form der tetraploiden *A. ludoviciana* (2n = 36). Während *A. Suksdorfii* in ihrer Verbreitung beschränkt und morphologisch stabil ist, zeigt sich *ludoviciana* sehr variabel und vermag verschiedene Standorte einzunehmen; *A. Douglasiana* ist sehr variabel und durch eine „Aggressivität" ausgezeichnet, wie sie auch *ludoviciana* nicht besitzt.

G. L. Stebbins jr. (1951) vertritt die Auffassung, daß die intensive cytogenetische Bearbeitung solcher „Artkomplexe" allein imstande sei, die Rolle der Polyploidie bei der Evolution und Ausbreitung der Arten zu erfassen. Er hat daher versucht, die geographische Verbreitung der Diploiden und Polyploiden solcher Komplexe in 100 Fällen festzustellen. Die betreffenden Arten bzw. Gattungen gehören dem gemäßigten und arktischen Bereich der nördlichen Hemisphäre an. Die

Hälfte davon wächst in Regionen, die von der Pleistocänvergletscherung betroffen waren. STEBBINS findet, daß die Polyploiden in 60 der 100 Fälle weiter verbreitet sind als die diploiden Verwandten. In 7 Fällen sind die Areale gleich, in 33 nehmen die Polyploiden ein kleineres Areal ein. Diese Verhältnisse gelten sowohl in eisbedeckten als auch in eisfreien Regionen. Der Schluß dürfte berechtigt sein, daß die Polyploiden nicht immer, sondern nur häufig die größere geographische Verbreitung besitzen. Die Untersuchung der gegenseitigen Lage der Verbreitungsgebiete ergibt: In 31 Fällen sind die Diploiden um ein polyploides Zentrum verbreitet, in 28 Fällen ist es umgekehrt; 27mal liegt das Areal der Polyploiden nördlich des Areals der Diploiden, nur 7mal wachsen die Diploiden im Norden der Polyploiden, 7 Fälle lassen sich nicht einreihen.

3. Die Ursachen für den Selektionswert der Polyploiden.

Auf Grund der oben dargestellten Befunde läßt sich nichts allgemein Gültiges darüber aussagen, wie sich vergleichbare Di- und Polyploide in ihrer geographischen Verbreitung und ihren ökologischen Eigenschaften unterscheiden. Man darf wohl G. L. STEBBINS jr. (1951) zustimmen, wenn er den in nördlichen Breiten erhöhten Polyploidieprozentsatz auf eine Kombination von drei Ursachen zurückführt: 1. Die Floren dieser Breiten besitzen einen besonders hohen Anteil an perennierenden Pflanzen mit vegetativer Vermehrung, und unter diesen herrschen Polyploide vor. Wir werden unten zu zeigen versuchen, wie es zu dem Zusammenhang von Polyploidie und Apomixis kommt. 2. Die Areale, die hauptsächlich untersucht wurden, waren den starken Schwankungen der klimatischen Faktoren und der Ernährungsbedingungen während und nach der Eiszeit unterworfen. Polyploide, vor allem Allopolyploide (siehe dazu ebenfalls weiter unten) vermögen infolge ihrer Bastardnatur solche extremen Veränderungen der Umweltbedingungen besonders gut zu ertragen und werden daher die geeignetsten Siedler für Neuland sein. 3. Einige Polyploide scheinen an extreme Klima- und Bodenbedingungen — im alten Sinne von HAGERUP und TISCHLER — besser angepaßt zu sein als die diploiden Vorfahren.

Es bleibt zunächst zu klären, weshalb perennierende Pflanzen mit Apomixis in erhöhtem Maße polyploid sind. GUSTAFSSON (1946) trägt die Auffassung vor, daß das Auftreten des Perennierens und der Apomixis eine direkte Folge der Polyploidie sei. Die Polyploidie fördert nach GUSTAFSSON eine physiologische Konstitution, die Potenzen zur Entwicklung kommen läßt, welche in der diploiden Pflanze latent vorhanden sind. Zu diesen Potenzen werden diejenigen des Perennierens, der Bildung von Überdauerungsorganen, vor allem aber der autonomen Entwicklung von unreduzierten Eizellen gerechnet. Demgegenüber muß aber gesagt werden, daß bei allen bislang erzeugten Polyploiden ein Auftreten solcher, als neu zu bezeichnender Eigenschaften nirgendwo beobachtet wurde. Der Zusammenhang zwischen Polyploidie und Apomixis von perennierenden Formen dürfte vielmehr nach G. L. STEBBINS jr. dadurch gegeben sein, daß nur dann günstige Aussichten auf Entstehung und Erhaltenbleiben von Polyploidie bestehen, wenn die diploiden Ausgangsformen die Eigenschaften des Perennierens und der vegetativen Vermehrung bereits besitzen. Ist dies der Fall, dann kann die kritische Periode der neu entstandenen Polyploiden, in welcher sie durch Sterilität zunächst benachteiligt ist, überwunden werden. Annuelle Pflanzen können solche Sterilitätsperioden nicht überstehen. Die Frage bleibt jedoch offen, weshalb der polyploide Bastard dem entsprechenden diploiden im Perennieren bzw. in der Apomixis überlegen sein kann. Bevor wir dies erklären, sei noch der zweite Grund dargestellt, den G. L. STEBBINS für den Zusammenhang von Polyploidie, Perennieren und Apomixis anführt. Rassen- und Artbastarde zeichnen sich gegenüber den Eltern häufig durch eine erhöhte Anpassungsfähigkeit an extreme Bedingungen aus. Solche Bastarde werden, wenn sie mit vegetativen Vermehrungsorganen ausgerüstet sind, ihre samentüchtigen Eltern ohne weiteres verdrängen können, sobald schwieriger werdende Außenbedingungen die Selektion verschärfen. Auch hier verschiebt sich die Frage dahin, weshalb dazu nicht der diploide Bastard ausreicht, mit anderen Worten, warum es dazu der Polyploidie bedarf.

Die Lösung des Polyploidieproblems ist nur möglich, wenn die genphysiologischen Wirkungen, die im diploiden und tetraploiden Bastard auftreten können, Beachtung finden. MELCHERS hat bereits 1938 (Genetik und Evolution. Z. Abstammgslehre 76, 248ff.) auf die erhöhten Genkombinationsmöglichkeiten der Tetraploiden hingewiesen und erklärt 1946 seine Vorstellung näher. Es wird angenommen, ein Gen F fördere ein selektionswürdiges Merkmal, wobei FF stärker wirke als F, FFF stärker als FF. Ferner hebe das Gen H die Wirkung von F auf. Die diploiden Bastarde der Konstitution FFhh und Ffhh bilden das Merkmal in entsprechendem Grade aus. Werden sie tetraploid gemacht, so liegt das Merkmal bereits in den Pflanzen FFFFhhhh und FFffhhhh gegenüber den vergleichbaren Diploiden verstärkt vor; in der erstgenannten Tetraploiden ist es am intensivsten gefördert. Aber auch andere Tetraploide werden diesen Genotypus herausspalten und damit Formen schaffen, die jeder diploiden hinsichtlich dieses Merkmals überlegen sind. Die geforderten genetischen Grundlagen, vor allem die zunächst eintretende Bastardierung, können bei jeder Polyploidisierung als gegeben betrachtet werden. Was die kumulative Wirkung des F-Gens betrifft, so kann MELCHERS auf bekannte Beispiele an Polyploiden (Moosversuche von F. VON WETTSTEIN, Blütenfarbengenetik bei *Dahlia variabilis*, bearbeitet durch LAWRENCE und SCOTT-MONCRIEFF) hinweisen. Die größere Anpassungsfähigkeit der Polyploiden im genetisch-phylogenetischen Sinne erklärt sich also aus der Möglichkeit, daß sich Gene für selektionswürdige Merkmale in Polyploiden stärker anreichern lassen als in Diploiden.

Nach dieser Vorstellung kann in den Polyploiden nichts zutage treten, was in schwächerer Form nicht schon in Diploiden vorhanden ist. Das Perennieren und die apomiktische Vermehrung lassen sich durch die Polyploidisierung nur über das Maß hinaus verstärken,

wie sie in den diploiden Eltern vorhanden sind oder in den diploiden
Bastarden herausspalten können. Gerade dies stimmt mit Befunden
an apomiktischen Polyploiden überein. In den diploiden Verwandten von hochpolyploiden Formen trifft man die Apomixis in schwächerer Form bereits an (GUSTAFSSON, 1948). Die
„Herabregulierung" der Zellgröße und das Zurückgehen des anfänglichen Sterilitätsgrades Polyploider beruhen auf Selektionsvorgängen:
die Zellgröße, welche infolge der quantitativen Vermehrung der Genome
zunächst gesteigert ist, gerät unter die Wirkung von Genkombinationen,
welche die Zellgröße in Richtung auf kleineres Volumen und relativ
größere Oberfläche beeinflussen; für die Senkung der Sterilitätsverhält-
nisse gilt das gleiche. Aus diploiden Bastarden können auch solche Polyploide hervorgehen oder herausspalten, die frost- und welkeresistenter
sind als die diploiden Verwandten, aber auch Formen, die höheren
Kalkgehalt, höhere Salzkonzentrationen oder auch größeren Wassermangel des Bodens besser ertragen. Man kann erwarten, daß aus Polyploid gewordenen Bastarden auch weniger gut angepaßte Formen
herausspalten. Sie werden aber meistens nicht erhalten bleiben. Ferner
ist es einleuchtend, daß die Polyploidie nicht für jedes Merkmal und in
jeder Art oder Gattung zur Bildung leistungsfähigerer Formen fähig
ist. Nicht jedes fördernde Gen wird sich so verhalten, wie dies oben angenommen wurde, und das genotypische Milieu wird zur Kumulation
nicht immer geeignet sein. Schließlich mag sich die Kumulation von
hemmenden Genen häufig störend auswirken. Nicht zuletzt kann das
gesteigerte Zellvolumen in bestimmten Gattungen ein Hindernis
bilden, dem die Selektion machtlos gegenübersteht.

Einige Befunde, die nur nach diesen Überlegungen sinnvoll gedeutet
werden können, seien kurz wiedergegeben. *Parthenium argentatum*-Rassen
mit 36, 54 und 72 Chromosomen (fakultativ apomiktisch) zeigen statistisch
gesicherte Unterschiede in der Resistenz gegenüber dem Ascomyceten
Verticillium Wilt. (GERSTEL, 1950); im Versuch weisen die diploiden 23,8%
Erkrankungen, die triploiden 6,3% und die tetraploiden 2,5% auf. —
WULFF (1946) findet bei di, tri- und tretraploiden Rassen von *Acorus Cala-
mus* resp. 2,17, 3,12 und 6,82% Gehalt an ätherischem Öl. Die genannten
Acorus-Sippen sind keineswegs Autopolyploide. Die tetraploide ist vielleicht
mit *Acorus spurius* Schott identisch. — Auch die tetraploide *Larix decidua*,
die H. CHRISTIANSEN (1950) auf Seeland in Dänemark beobachtet, ist eine
Allopolyploide. Sie trägt *pendula*-Typ mit wenigen, langen Ästen. Ihre
Nadeln zeigen enormen Gigas-Charakter, und auffallend breite Schuppen
schließen die viel größeren Zapfen. Schließlich weist die Meiosis der tetraploiden Kulturapfelsorte „Hibernal" (VAARAMA, 1948a), die Gigas-Merk-
male besitzt und gleichzeitig frostresistent ist, auf Bastardursprung hin. —
LUNDQUIST (1947) berichtet von der schwächeren Inzuchtsdepression in
eingezüchtetem Roggen; sie erscheint als Folge des erhöhten Grades und
der ausgedehnteren Erhaltung der Heterozygotie.

Einige Vererbungsexperimente an künstlichen Polyploiden deuten
direkt darauf hin, daß es bei den Polyploiden auf die Genkombinationsmöglichkeiten ankommt. STRAUB (1946) stellt die luxurierenden 2n-
und 4n-Bastarde aus *Antirrhinum majus* Sippe 50 und *A. glutinosum*
Wildsp. *orgiva* her. In den diploiden und tetraploiden Selbstungsgenerationen wird bis zur F_4 nach den wüchsigsten, frühestblühenden

und fertilsten Pflanzen selektioniert. Es gelingt, das Verhältnis der Wuchshöhen laufend zugunsten der Tetraploiden zu verschieben (1,38 → 1,52 → 1,53). Eine tetraploide F_4-Linie besitzt z. B. den Wert $8,3 \pm 1,7$, während der beste Wert der diploiden bei $5,79 \pm 0,6$ liegt. Unter den langsamer wachsenden Tetraploiden können auch Linien ausgelesen werden, die früher blühen als die diploiden Vergleichslinien. Schließlich bringt die laufende Selektion nach den samenreichsten Kapseln auch eine Steigerung der Fertilität zustande. Die Verhältniszahlen der Samenzahlen pro Kapsel betragen für 4n/2n in der F_1, F_2, F_3 und F_4 resp. 0,54, 0,57, 0,65, 0,69. Ganz ähnliche Resultate erzielt E. NILSSON (1950) bei Tomaten. Während die Tetraploiden aus reinen Linien durch alle schlechten Eigenschaften echter Autopolyploider, vor allem geringen Ertrag, ausgezeichnet sind, ergeben Kreuzungen verschiedener solcher 4n-Linien ertragreichere Bastardlinien. Allerdings gelang es NILSSON bisher nur in einem einzigen Falle, mit Tetraploiden den Ertrag einer diploiden Linie zu erreichen. NILSSON ist der Meinung, daß es nur eine Frage der Zeit sei, durch Selektion über diesen Wert hinauszukommen. Die Wirksamkeit verschiedener Genkombinationen beim Zustandekommen der Fertilität Tetraploider geht auch aus den Versuchen von SCHWANITZ (1950a) hervor. Neben schwach fertilen Sippen des tetraploiden gelben Senfs und Rübsens treten gut fertile auf. Sie zeichnen sich morphologisch durch ein kleineres Verhältnis von Zelloberfläche zu Zellvolumen aus.

Die Untersuchungen von KUCKUCK und LEVAN (1951) an tetraploiden Leinsippen stellen ein besonders lehrreiches Beispiel für die Selektionsmöglichkeiten bei Tetraploiden dar. Faserleine wie ,,Herkules" und ,,O_{41}", ebenso Ölleine wie ,,Szekacs" und ,,Palermo" dienten als Ausgangsmaterial. In den 4n-Nachkommenschaften wurde nach der Pflanzenhöhe und vor allem nach der Fertilität (Samenzahl pro Kapsel) selektioniert. Während die Faserleine keine Selektion nach der Pflanzenhöhe zulassen, steigt diese bei dem 4n-Öllein ,,Palermo" deutlich von 1940 bis 1950 an: 1940 ist 4n-Palermo um 4,8% größer als 2n-Palermo, 1950 dagegen um 42,9%. Die Fertilität der 4n-Linien beträgt auch im Jahre 1950 nur 45 bis 68% der diploiden, aber von 1940 an hat sie laufend zugenommen.

Samenzahlen von drei tetraploiden Leinsorten.
(Nach KUCKUCK und LEVAN, vereinfacht.)

Jahr	4 n-Herkules	4 n-O_{41}	4 n-Palermo
1940	2,36	1,23	1,00
1941	1,64	1,21	0,83
1942	2,67	1,89	2,34
1943	2,97	2,62	2,79
1950	4,81	3,70	3,48
Steigerung im Jahre 1950 gegenüber 1940 (1940 = 100) . . .	203,8	300,0	348,0

Auch die Kapselzahl pro Pflanze läßt sich durch Selektion erhöhen, dagegen versagt jede Selektion beim 1000-Korngewicht. Der durchschnittliche Ertrag pro Einzelpflanze (Kapselzahl × Samenzahl × Samengewicht) ist bei einigen 4n-Sippen über den Ertrag der diploiden angestiegen, bei anderen Sippen bleibt er kleiner.

Durchschnittserträge aus Einzelpflanzen verschiedener Leinsippen.
(Nach KUCKUCK und LEVAN, vereinfacht.)

| Sorte | Ertrag in mg | | Relative Leistung |
	2 n	4 n	der 4 n, bei 2 n = 100
Herkules . . .	92,4	106,3	115
O$_{41}$	56,5	69	122
Szekacs . . .	134,6	77,9	57,9
Palermo . . .	150,0	184,0	122,6

Kreuzungsnachkommenschaften (z. B. 4n-Herkules × 4n-Palermo), die ebenfalls über elf Generationen beobachtet werden, lassen keine so starke Selektion zu wie die einzelnen Linien. Nur in einem Falle zeigen die Durchschnittserträge von 4n-Kreuzungen im Jahre 1950 eine Transgression über die Leistungen beider diploider Eltern.

Durchschnittserträge der 4 n × 4 n Nachkommenschaften verschiedener Leinsippen. (Nach KUCKUCK und LEVAN, vereinfacht.)

| Kreuzung | Ertrag (1950) | Relative Leistung im Vergleich zu | |
		1. Elter = 100	2. Elter = 100
Herkules × O$_{41}$	54,84	51,5	79,4
Herkules × Szekacs	111,78	105,1	143,4
Palermo × Szekacs	153,08	83,2	196,4

KUCKUCK und LEVAN schreiben die Selektionsergebnisse dem oben dargestellten Prinzip zu, das MELCHERS zuerst formuliert hat. Die Möglichkeit zur Umkombination zwischen dominanten und recessiven Allelen desselben Gens und der verschiedenen Gene, die das gleiche Merkmal beeinflussen, geben der Selektion auf tetraploider Basis besondere Chancen. Daß die Selektion in den Kreuzungsnachkommenschaften nicht den Erfolg der Einzellinien zeitigt, ist zunächst erstaunlich. Denkt man aber daran, daß durch Einkreuzen auch Hemmungsgene in den Bastardgenotypus gelangen können, so löst sich das Rätsel.

4. Polyploidie und Apomixis.

Auf den Zusammenhang von Polyploidie und Apomixis wurde bereits oben hingewiesen. HARTUNG (1946) gibt die Chromosomenzahlen von 26 Arten der Gattung *Poa* an, die an apomiktischen Arten und Rassen reich ist. Bei *Poa pratensis* erstrecken sich die Chromosomenzahlen von 28 (= 4 × 7) bis 105 (= 15 × 7). Oberhalb der Stufe mit 49 Chromosomen scheinen überzählige Chromosomen keinerlei störenden Einfluß mehr zu besitzen. HARTUNG findet folgende Zahlenreihe in den Rassen von *Poa pratensis*: 49, 50, 52, 54, 56, 58, 64, 66, 67, 68, 69, 70, 73, 74, 76, 77, 78, 80, 81, 84. Auf dieser Grundlage beruht der

hohe Polymorphismus der Art, wobei Apomixis (Pseudogamie) die
Erhaltung gewährleistet. Für das Zustandekommen des Zusammenhanges von Polyploidie — Apomixis — Polymorphismus ist die Entwicklungsgeschichte der betreffenden Apomixis (z. B. Apo-
Diplosporie) und ihre Genetik von Bedeutung. BERGMANN (1950)
analysiert die Gametophytenentwicklung an zwei Herkünften der apomiktischen *Chondrilla juncea* (Diplosporie). Bei beiden Rassen fehlt
die Paarung in den EMZ, so daß diploide Eizellen zustande kommen,
während die PMZ sich unterscheiden; in den PMZ der einen Herkunft
werden noch haploide Pollen ausgebildet, bei der zweiten kommen
diploide zustande. Solche Befunde machen es wahrscheinlich, daß die
genetische Grundlage der Apomixis keine einfache sein wird. Pseudo-
games *Parthenium argentatum* ist zur Analyse der genetischen Verhältnisse geeignet. Das tetraploide *Parthenium* bildet nämlich gelegentlich diploide Nachkommen (= Polyhaploide), die fakultative Apomikten
sind und sich mit amphimiktischen Diploiden kreuzen lassen. GERSTEL
und MISHANCE (1950) konnten durch reziproke Kreuzungen feststellen,
daß die Apomixis bei *Parthenium* durch recessive Gene bedingt ist.
Obwohl die Polyploidisierung amphimiktischer Arten nur sexuell reproduzierende Tetraploide ergibt, kann die Wirkung der recessiven
Apomixisgene mit der Genomzahl verändert werden. 2 Apomixis-
genome + 1 Amphimixisgenom ergeben nämlich eine Pflanze mit
schwacher Apomixis. Die Chromosomenzahl scheint also quantitativ
modifizierende Effekte bei der Apomixis auszuüben. In dieser Hinsicht
sind die Untersuchungen von NYGREN (1948, 1949a, b) an der apomiktischen *Calamagrostis purpurea* (Diplosporie) und an viviparen
Deschampsia-Arten besonders aufschlußreich. *Calamagrostis purpurea*
zeichnet sich wie *Poa pratensis* durch großen Formenreichtum aus;
die Chromosomenzahlen reichen von 56 bis 91. Bestäubt man die apomiktische *Calamagrostis purpurea* mit Pollen amphimiktischer *Calamagrostis*-Arten, so besitzen die Nachkommen neben der mütterlichen
Chromosomenzahl einige abweichende Zahlen. Die Polyploidisierung
der amphimiktischen *Calamagrostis canescens* ergibt *purpurea*-ähnliche
Pflanzen, die apomiktisch sind. Beide Ergebnisse sprechen dafür, daß
die Apomixis bei *Calamagrostis* in verschiedenem Grade fakultativ ist
und daß die Genomvermehrung die Apomixis begünstigt bzw. verstärkt.

Der Formenreichtum, den die wilden apomiktischen Polyploiden
besitzen, entstand wohl zu einer Zeit, als die Polyploiden noch fakultative Apomikten waren. Sie trugen gleichzeitig Bastardnatur mit allen
Möglichkeiten der Genkombination. Mittels hoher Chromosomenzahlen
läßt sich das genetische System der Apomixis offenbar verstärken,
sodaß die Apomixis schließlich obligatorisch wird. Die Fähigkeit zur
rein apomiktischen Vermehrung bringt vielfach einen bedeutenden
Selektionsvorteil mit sich und setzt sich deshalb endgültig durch.
Die Beobachtungen und Experimente an einer Reihe (di- und octoploid) von *Deschampsia*-Arten, die NYRGEN (1949a) veröffentlichte,
zeigen dieses Prinzip für die Viviparie. Es wird dabei auch klar er-

sichtlich, daß schon die Diploiden gelegentlich zur Viviparie neigen. Äußere Bedingungen dürften daran maßgeblich beteiligt sein. *Deschampsia alpina* mit 26 bis 52 Chromosomen ist stets, die tetraploide *Deschampsia caespitosa* (26 Chromosomen) dagegen nicht vivipar. Unterwirft man aber verschiedene geographische *caespitosa*-Rassen der Einwirkung des 8-Stunden-Tages, so zeigt die im Norden verbreitete Rasse — und nur diese — Viviparie.

D'AMATO (1949) findet eine triploide Variation der *Statice oleaefolia*, die im Gegensatz zur diploiden apomiktische Fähigkeiten besitzt. Schließlich veranschaulicht TYSDALL (1950) bei *Parthenium*, wie sich die Apomixis in der Züchtung auswerten läßt. Kreuzungen von polyploiden apomiktischen (fakultativ) *argentatum*-Pflanzen mit dem amphimiktischen *P. stramonium*, das kautschukarm aber sehr wüchsig ist, ergeben Bastarde, die man mit *argentatum* rückkreuzen kann. Auf diese Weise läßt sich eine hochpolyploide Pflanze mit 90 Chromosomen erzielen, die mit konstanter Apomixis einen um 40 % erhöhten Kautschukertrag verbindet.

5. Meiosis und Fortpflanzung bei wilden und künstlich hergestellten Polyploiden.

Die Bastardnatur wilder Polyploider umfaßt alle Grade, die zwischen den Extremen der Autopolyploidie mit genischen Verschiedenheiten und der Amphidiploidie liegen. LEIN (1948) berichtet über das tetraploide *Hordeum bulbosum* des Balkans. Es bildet Quadrivalente, die fast störungsfrei verteilt werden, und ist selbststeril wie das diploide; die beiden Erscheinungen sprechen für Autopolyploidie mit genischen Unterschieden der Genome. Das gleiche gilt wohl für das hexaploide *Phleum pratense*, das NORDENSKIÖLD (1949) durch Kreuzen colchicinierter *Phleum nodosum*-Pflanzen nachmachen kann. Das diploide *Phleum nodosum* ist als Fremdbefruchter heterozygot. Auffallenderweise besitzt das künstliche hexaploide *nodosum* hohe Fertilität (90%). Es scheint, daß die *Phleum*-Chromosomen ihrem Bau nach zur Bivalentenbildung neigen.

VIVEIROS (1949) beschreibt eine polyploide Reihe von *Haworthia tessellata* Haw., die von diploid bis octoploid reicht, wobei nur 3 n fehlt. Die Pflanzen sind morphologisch unterscheidbar und stellen genische, vielleicht sogar Segment-Allopolyploide dar. — In der *Veronica*-Gruppe *Pentasepala* erweisen sich die einzelnen 4 n-Formen unter sich als reine Mendelrassen, ebenso die 6n-Formen (SCHERRER, 1949). Kreuzungen tetraploider *Veronica Teucrium*-Formen ergeben fertile Hexaploide. Ihre Morphologie spricht dafür, daß sie mit den natürlichen Hexaploiden gleichzusetzen sind. Die geographische Verbreitung der natürlichen Hexaploiden macht eine gleichartige Genese dieser Formen in der Natur wahrscheinlich. Die polyploiden *Veronica*-Arten sind danach starke Bastardpolyploide. — A. VAARAMA (1947b) kann durch cytologische Analyse die Segment-Allopolyploidie der *Berberis candidula* nachweisen. — Das grönländische *Melandrium triflorum* ist vermutlich eine Amphidiploide aus *Melandrium apetalum* und *furcatum*, die in der Arktis weit verbreitet sind; Kreuzungen zwischen *apetalum* und *furcatum* deuten darauf hin (NYGREN, 1951). — ATCHINSON (1947) untersucht 33 Arten der Gattung *Erythrina* (*Tribus Phaseoleae*) cytologisch. 31 besitzen die diploide Chromosomenzahl 42, 2 dagegen 84. Ein Vergleich der Haploidzahl 21 mit den Grundzahlen der Leguminosen zeigt den allopolyploiden Ursprung der Gattung. — CHIN und YOUNGKEN (1947) klären an Hand der Chromosomenmorphologie von 7 *Rheum*-Arten die Trabantenverhältnisse auf. Das tetraploide *Rheum undulatum* mit 3 Paar Trabantenchromosomen ist eine Amphidiploide aus einer diploiden Art mit 1 und einer weiteren diploiden mit 2 Paar Trabantenchromosomen. — Die hexaploide *Sequoia sempervirens* muß nach G. L. STEBBINS jr. (1948) als autoallopolyploider Bastard aus einer frühtertiären oder mesozoischen *Metasequoia* und einer ausgestorbenen Taxodiaceen-ähnlichen Form, etwa der Gattung *Sequoiadendron*, aufgefaßt werden. — *Rosa Kordesii* ist eine Amphidiploide aus *Rosa rugosa* und *Rosa Wichuraiana* (WULFF, 1951).

Echte Genomanalysen wurden bei *Betula* und bei zahlreichen Gramineen durch Artkreuzungen und Beobachtung der Bastardmeiosis durchgeführt. Kreuzungen von *Betula verrucosa* (2n = 28) mit *Betula japonica* (2n = 28), *B. verrucosa* mit *B. papyrifera* (2n = 84) sowie *B. pubescens* (2n = 56) mit *B. papyrifera* ergeben durchweg heterotische Bastarde. Aus der Paarung der Bastarde geht hervor, daß *B. verrucosa*, *japonica* und *papyrifera* strukturell gleiche oder ähnliche Genome besitzen. Zwischen *B. pubescens* und *papyrifera* bestehen jedoch starke Genomunterschiede. B. ♀ *pubescens* × ♂ *papyrifera* ergibt eine sterile Hybride (JOHNSSON, 1949).

Die Bastarde, welche STEBBINS und WALTERS (1949) aus *Elymus triticoides* und *E. condensatus* sowie aus *Agropyron Parishii* und *Elymus condensatus* (alle 2n = 28 = 4 × 7) herstellen, zeigen meiotische Unregelmäßigkeiten, welche die Tetraploiden als Segmentallopolyploide charakterisieren. Inversionen und Translokationen liegen den Genomverschiedenheiten zugrunde. Durch Kreuzungen mit dem diploiden *Agropyron inerme* (2n = 14) können die Genome der tetraploiden *Agropyron Parishii* und *Elymus glaucus* analysiert werden. Im Bastard mit *E. glaucus* kommen Brükken und Fragmente vor, im Bastard mit *E. Parishii* fehlen sie. Bezeichnet man *Agropyron inerme* mit der Genomformel A_1A_1, so müssen *A. Parishii* $A_1A_1E_1E_1$ und *Elymus glaucus* $A_2A_2E_1E_1$ heißen (STEBBINS und SINGH, 1950).

STEBBINS und WALTERS (1949) sowie WALTERS (1950) haben die Genome der octoploiden *Bromus carinatus* und *B. maritimus* (beide mit 2n = 56 = 8 × 7) sowie des hexaploiden *B. Trinii* analysiert. Die octoploiden erhalten die Genomformel $AABBC_1C_1LL$, der hexaploide *B. Trinii* dagegen C_2C_2DDEE. Die Verwandtschaft von C_1 und C_2 kommt in der Bildung einiger Quadrivalente der Bastardmeiosis zum Ausdruck. Die 49chromosomigen Bastarde bilden Univalente neben ganz wenigen Bivalenten und sind hochgradig steril. Colchicininduzierte Polyploide (93 bis 100 Chromosomen = 14fach) zeigen in der Meiosis hauptsächlich Quadrivalente. Sie vereinigen Wüchsigkeit mit guter Fertilität. Diese Amphidiploiden mit der Genomformel $AABBC_1C_1C_2C_2DDEELL$ können als Beweis dafür dienen, daß hohe Chromosomenzahlen bei einzelnen Pflanzen kein Hindernis für gutes Wachstum bilden. — McFADDEN und SEARS (1946) beschäftigen sich erneut mit der Genomanalyse des *Triticum aestivum*. Neben *Triticum dicoccoides* soll *Aegilops squarrosa* ein Stammelter sein. — ZUKOVSKIJ (1949) entdeckt in Szetschuan eine neue hexaploide Kulturweizenart. Von den jetzt bekannten *Triticum*-Arten sind 3 diploid (davon 2 wild), 10 tetraploid (davon 2 wild) und 7 hexaploid (keine wild).

Die Züchtung bedient sich in steigendem Maße der Möglichkeiten, welche die Amphidiploidie bietet.

Von spontaner Entstehung einer neuen selbstfertilen, aber kreuzungssterilen *Gossypium*-Amphidiploiden aus *G. davidsonii* und *G. anomalum* berichtet Brown (1951). *Triticum aestivum lutescens* O 62 wird durch Lesik (1948, 1) mit *T. durum hordeiforme* gekreuzt. Die mit Colchicin oder Temperaturbehandlung im Genom verdoppelten Bastarde tragen 70 Chromosomen (decaploid), sind 100%ig fertil und übertreffen die Eltern um 5 bis 10% in der Leistung. Auch die Amphidiploide aus *Avena sativa* und *A. abyssinica* ist 100%ig fertil (Lesik, 1948, 2). Zhebrak (1949) erhält nach Kreuzung des *Triticum turgidum* (Halbwinterform) mit *T. Timopheevi* (Sommerform) den amphidiploiden Bastard *T. soveticum* ssp. *turgidum* mit 56 Chromosomen. Nach Rückkreuzung mit *T. aestivum* tritt in F$_4$ eine Pflanze mit kurzer kompakter Ähre auf. F$_5$ besteht aus rein züchtenden *T. compactum*-Pflanzen, die sich als Winterformen erweisen. Durch die Kreuzungsexperimente konnte ein in Afghanistan wild vorkommender amphidiploider Weizen nachgemacht werden. — Die Erfolge beim Einkreuzen von *Agropyron*-Eigenschaften in das Weizengenom hängen wesentlich vom gewählten *Agropyron*-Elter ab (Thompsom und Grafius, 1950). Während die meisten Bastarde aus *Triticum aestivum* × *Agropyron trichophorum* kreuzungs- und selbststeril sind, wird in einer bestimmten Kreuzung eine mäßig fertile Hybride gefunden (2 n = 63). Die zunächst sehr unregelmäßige Meiosis scheint sich von Generation zu Generation zu normalisieren. Es besteht daher die Aussicht, einen Weizen mit wertvollen *Agropyron*-Eigenschaften, vor allem den Resistenzfaktoren, züchten zu können. — R. M. Love (1947) unterstreicht die Bedeutung Amphidiploider mit Heterosiseigenschaften für die Züchtung von Futtergräsern. Rudorf (1950) stellt seine Versuche dar, neue Rapsformen durch Auslösung von Amphidiploidie bei Bastarden zwischen *Brassica campestris*, *B. rapa* und *B. oleracea* verschiedener Herkünfte zu gewinnen.

Scott (1951) findet für die Erdbeerzüchtung einen geeigneten Weg zur Züchtung von Kulturformen mit Walderdbeeraroma. Eine tetraploid gemachte *Fragaria vesca* (2n = 28) ergibt mit jeder 56chromosomigen Kulturform einen Bastard von 42 Chromosomen. Dieser läßt sich mit der Kulturform rückkreuzen, wobei eine 70chromosomige, · fertile Form entsteht. Ihre cytologische Untersuchung zeigt, daß sie eine Amphidiploide aus der wilden *F. vesca* und der Kulturform darstellt. Sie bildete sich aus unreduzierten Eizellen der 42chromosomigen F$_1$ nach Befruchtung mit 28chromosomigen Gameten. Durch Kreuzung verschiedener 70chromosomiger Amphidiploider scheint das Zuchtziel erreichbar. Darrow (1950) zählt Beispiele aus der Obstzüchtung auf, aus denen die große Bedeutung der Allopolyploidie für die künstliche Erzeugung wertvoller Obstsorten hervorgeht.

Das spontane Auftreten der Genomvermehrung in der Natur ist eng mit der Bastardierung verbunden. Fernandes (1950) beschreibt die Pollenentwicklung von *Narcissus Poetaz*, Sorte Alsace, die 10 Chromosomen von *N. Tazetta* und 7 von *N. poeticus* besitzt. Die Bastardmeiosis verläuft schwer gestört, so daß fast kein gesunder haploider Pollen gebildet wird. Einige diploide Körner sind funktionstüchtig und lassen amphidiploide Nachkommen entstehen. — Genetisch bedingte Asyndese, wie sie Andersson (1947) von *Picea Abies* schildert, scheint ebenfalls zu neuen Chromosomenzahlen zu führen. Dasselbe gilt von Spindelstörungen, die Vaarama (1948b) bei tetraploidem *Ribes nigrum* antrifft.

Zwei ausgedehnte Untersuchungen sind der Auslösung der Haploidie gewidmet. EHRENSBERGER (1948a) erzielt Haploide durch Bestäubung mit röntgenbestrahltem Pollen; sie arbeitet mit *Gasteria*-Arten und *Antirrhinum majus* Sp. 50 unter Verwendung von recessiven Markierungsgenen. Oberhalb der Bestrahlungsdosis von 800 r nimmt die Zahl der haploiden Eizellen, die nach Bestäubung mit bestrahltem Pollen die Embryoentwicklung beginnen, stark zu, doch wird das Wachstum wegen der Endospermstörungen häufig sistiert. Besonders interessant ist das Ergebnis, daß sich diploide Eizellen tetraploider Pflanzen in bedeutend erhöhtem Prozentsatz parthenogenetisch zu „Haploiden" entwickeln. Leider sind die betreffenden Zahlen statistisch nicht gesichert. — CHASE (1949) stellt die Haploidzahlen in vielen verschiedenen Maiskreuzungen fest, wobei ein Elter ebenfalls Gene mitbringt, die schon makroskopisch eine Vorselektion auf haploide Nachkommen ermöglichen. Die großen Schwankungen in den Prozentsätzen an zu gewinnenden Haploiden deuten darauf hin, daß die Elternformen für die Ausbeute verantwortlich sind. Diejenigen Linien, welche als Pollen- oder Eizellenspender eine besonders große Haploidenzahl ergeben, weisen bei Kreuzungen untereinander noch eine weitere Steigerung der Ausbeute an Haploiden auf.

Für die Erhaltung neu entstandener Polyploider sind die Fertilitätsverhältnisse von großer Bedeutung. Sie werden in erster Linie durch die Ausbildung balancierter Genome in der Telophase I der Meiosis bestimmt. Das Zustandekommen der Balance hängt von den Paarungsverhältnissen ab. LINNERT (1948, 1949) widmet zwei Untersuchungen der Cytologie und vor allem der Paarung Polyploider. Die Objekte sind di- und tetraploide Oenotheren (*O. Hookeri, franciscana,* Bastarde) sowie *Digitalis purpurea, ambigua* und *lutea.* Bei *Oenothera* besteht bezüglich des Partnerwechsels deutliche Interferenz und eine Abhängigkeit vom Cytoplasma. Die Größe der Interferenz vermag auch die Chiasmabildung zu beeinflussen, und zwar in dem Sinne, daß mit sinkendem Partnerwechsel die Chiasmabildung schwächer wird. Unter diesen Verhältnissen werden Bivalentbildungen begünstigt. Bei *Digitalis* fördert das vorhandene Heterochromatin zwar die Multivalentbildung, aber die niedrige Chiasmafrequenz wirkt ihr entgegen. Im Laufe der Untersuchungen an Di- und Tetraploiden findet LINNERT bei den letzteren einen bedeutend erhöhten Prozentsatz an Chromosomenmutationen (0,05 % bei 2n, 3 bis 18 % bei 4n). Sie sieht darin eine Möglichkeit zur fortschreitenden Genomentfremdung, mit der sich der Übergang zur Bivalentenbildung anbahnt. Unterwirft man autotetraploide Linien der Röntgenstrahlenwirkung, so erweisen sie sich allerdings als unempfindlicher (LEVAN, 1944, bei Faserleinen; SMITH, 1946, bei 4n- und 6n-Weizen sowie autotetraploider Gerste; GUSTAFSSON, 1947, bei weißem Senf; GRANHALL, GUSTAFSSON, NILSSON und OLDEN bei Apfel- und Birnensorten; CLARK und MITCHELL, 1951, bei n- und 2n-*Habrobracon*). FRANKEL (1950) macht uns mit einem ungewöhnlichen Mutationsvorgang bei Polyploiden bekannt. Im Zusammenhang mit einer Translokation ist eine Genmutation beim

Weizen in drei homologen Chromosomenpaaren vermutlich gleichzeitig eingetreten.

Die Sterilitätserscheinungen Polyploider haben ihre Ursache nicht allein in meiotischen Störungen. Es können auch Störungen der weiteren gametophytischen Entwicklung auf genischer oder physiologischer Grundlage beteiligt sein. QUADT (1949) kann nur auf Grund solcher Störungen die Sterilitätserscheinungen in verschiedenen 4 n-*Lycopersicum esculentum*-Kreuzungen erklären. GAGNIEU (1948) weist in einem allgemeinen Bericht über die Fertilität Polyploider darauf hin, daß derartige Fertilitätsstörungen viel bedeutsamer seien, als man bisher glaubte.

Für die praktische Erzielung der Genomvermehrung sei noch auf zwei Tatsachen hingewiesen. Kreuzungen zwischen Polyploiden gelingen leichter, wenn ein Partner auf eine geeignete Unterlage gepfropft wird. STELZNER (1949) vermag Bastarde von *Solanum tuberosum* mit tetraploidem *S. polyadenium* nur zu erhalten, wenn er *S. tuberosum* auf Tomaten pfropft. Zur Erlangung erwünschter Fertilität im Feldanbau dürfen tetraploide und diploide Linien nicht nahe beisammen stehen, da sonst die diploiden Eizellen der Tetraploiden hauptsächlich von den schnell wachsenden haploiden Pollenschläuchen erreicht werden. Dadurch entstehen viele triploide und abortive Samen, die den Samenertrag bedeutend herabsetzen. OLSSON und RUFELT (1948) finden beim Anbau einer einzigen Reihe tetraploiden Senfes neben einer Reihe diploiden Senfes für die tetraploiden Pflanzen einen Ertrag von 95 bis 96 g; ist eine tetraploide Reihe von zwei diploiden Reihen flankiert, dann beträgt der entsprechende Wert nur 55,2 g; allein angebaut liefert eine 4n-Pflanze 213 bis 224 g. Dasselbe Resultat erhält JULÉN (1950) beim autotetraploiden Rotklee: 4n $\times$ 2n ergibt 5,9 g Samen, 4n $\times$ 4n 21,3 g. Die Wachstumsgeschwindigkeit des 2n-Rotkleepollens im 4n-Griffel beträgt 36,1 μ pro min, die des n-Pollens im 4n-Griffel 60,4 μ pro min. Beim autotetraploiden Roggen machen sich dieselben Gesetzmäßigkeiten geltend (PRINZ ZU LÖWENSTEIN, 1951).

6. Die Wirkung der Genome gegenüber verschiedenen Plasmen und einzelnen Genwirkungen.

SCHLÖSSER (1949) berichtet von reziprok verschiedenen Kreuzungen zwischen tetraploiden Zucker- und Futterrüben. Die Wirkung bestimmter Genome im jeweiligen Plasma wird am Zuckergehalt abgelesen. Ein Zuckerrübengenom kann sich im eigenen Plasma besser durchsetzen als im Futterrübenplasma. Die triploiden Bastarde zeigen dies noch deutlicher als die tetraploiden.

WESTERGAARD (1948) beobachtet in der Nachkommenschaft von triploidem *Melandrium album* und in den Kreuzungen von 3n $\times$ 4n-Pflanzen Intersexe. Sie sind aneuploid. Kreuzungen von 3n $\times$ 2n ergeben keine Intersexe. Die Nachkommenschaft von Intersexen enthält Weibchen ohne y-Chromosom und Männchen oder Intersexe mit mindestens einem y-Chromosom. Die aneuploiden Intersexe mit einem y-Chromosom verdanken ihre Entstehung einer Störung der inneren Balance des Autosomenkomplexes, der männlich und weiblich bestimmende Autosomen enthält. Ihr Verhältnis ist zugunsten der weiblich bestimmenden verändert. Diese führen im Zusammenwirken mit einer geeigneten Zahl von x-Chromosomen zu intersexueller Entwicklung, obwohl 1 y-Chromosom vorhanden ist. Auf Grund dieser Befunde entwickelt WESTERGAARD folgende Vorstellung von der Geschlechtsbestimmung bei *Melandrium*: Das Geschlecht wird durch ein quantitatives Zusammenwirken zwischen zwei Genkomplexen bestimmt. Der eine enthält die in allen Autosomen lokalisierten Gene, welche männliche und weibliche Entwicklung auszulösen vermögen; sie sind in beiden Geschlechtern vorhanden. Der andere Komplex enthält die „sex deciding genes"; er hat seinen Sitz im y-Chromosom. Die in y lokalisierten, männlich bestimmenden Gene stehen in absoluter Koppelung mit einem Weiblichkeitsunterdrücker. Fehlt y, dann entwickeln sich normalerweise Weibchen und nicht Intersexe, weil einige entscheidende Schritte in der Entwicklung zu männlich blockiert sind. WESTERGAARD glaubt, daß diese Vorstellung seinen Befunden bei *Melandrium* allein (vgl. auch Fortschr. Bot. 10, 251) und manchen Tatsachen bei anderen Objekten besser gerecht würde als andere Theorien der Geschlechtsbestimmung.

Chromosom und Gen.

1. Cytogenetische Beobachtungen über die Artbildung.

Die zahlreichen Veröffentlichungen über die Bedeutung der Polyploidie für die geographische Verbreitung und die ökologische Anpassung der Pflanzen könnten leicht den Eindruck erwecken, als ob die Genomvermehrung die bedeutendste Rolle bei der Evolution der höheren Pflanzen gespielt habe. Dies ist keineswegs der Fall. E. BABCOCK (1947) hat auf Grund 25jähriger vergleichend morphologischer, pflanzengeographischer, genetischer und cytologischer Untersuchungen eine zusammenfassende Darstellung von der Artbildung innerhalb der Gattung *Crepis* gegeben. Unter 113 *Crepis*-Arten finden sich 15 polyploide. Fast die gesamte Gliederung der Gattung vollzieht sich auf diploider Basis: Aus den primitivsten Formen des nördlichen Zentralasiens, welche feuchte Standorte bewohnen, perennieren und großen, derben Habitus tragen, entwickeln sich in mehreren unabhängig voneinander verlaufenden Linien schließlich die jüngsten *Crepis*-Arten, die klein, zart, annuell, frühreif und an trokkenen Sommer angepaßt sind. Die beiden genannten Extreme sind zahlenmäßig seltener als die Arten, welche in morphologischer und physiologischer Hinsicht reich gegliederte Übergangsformen darstellen. Parallel zu den Merkmalsänderungen im Laufe der Artumbildung läßt sich cytologisch der Übergang von der Chromosomengrundzahl 6 zu 5, 4 und schließlich 3 beobachten, wobei die Chromosomen kleiner und zunehmend asymmetrisch werden. Die mutative Grundlage bildet die reziproke Translokation. Sie führt zu intraspezifischer Isolation, mit deren Hilfe die genetische Isolation fortschreiten kann. Das Auftreten interspezifischer Letalgene spielt für die genetische Isolation die Hauptrolle.

Jene Arten, welche die wenigsten, zudem kleine und asymmetrische Chromosomen besitzen, sind an extrem trockene Standorte angepaßt. BABCOCK sieht dafür folgenden cytogenetischen Zusammenhang: Pionierformen dürfen genetisch nicht variabel sein; wenige kleine Chromosomen sind am geeignetsten, um einen hohen Grad genetischer Einheitlichkeit zu garantieren. Dazu verhilft auch die auffallend geringe Chiasmahäufigkeit der *Crepis*-Chromosomen.

Die interspezifische Kreuzung spielt bei der Evolution von *Crepis* in geringerem Maße mit. Nur die 12 amerikanischen Arten mit der Grundzahl 11 dürften auf diese Weise entstanden sein.

Die Phylogenie der Gattung *Narcissus* wird von FERNANDES (1941) zu rekonstruieren versucht. Er wendet ebenfalls morphologische, cytologische und pflanzengeographische Untersuchungsmethoden an. Die Urnarcisse, deren Karyotypus (n = 7) mit großer Wahrscheinlichkeit nachgebildet werden kann, entsteht wohl zu Beginn des Quartärs in Südostspanien. Die Entwicklung vollzieht sich aber unter mannigfaltigeren Mutationsvorgängen als bei *Crepis*, nämlich in einer Reihe mit der Grundzahl 7, in einer zweiten mit der Zahl 10 oder 11 und in einer dritten mit 15; Bastardierungen und Genomvermehrungen führen zu neuen Zahlen (bis zu 2n = 50), welche teils in euploiden Arten und Varietäten erhalten bleiben, teils zu aneuploiden Formen Anlaß geben. Indem auch die Chromosomenmorphologie durch reziproke Translokationen oder Deletionen, welche mit Duplikationen ausbalanciert werden, einem starken Wechsel unterworfen wird, erhalten die Arten und Rassen mit verschiedenen Chromosomenzahlen häufig auch noch ein chromosomenmorphologisches Gepräge. Bei den chromosomalen Änderungen lassen sich, wie bei *Crepis*, Entwicklungsrichtungen erkennen, die von ± isobrachialen zu heterobrachialen und schließlich „cephalobrachialen" Chromosomen führen. Das bunte Bild der Mutationsvorgänge in der Gattung *Narcissus* wird schließlich durch das Auftreten von Genmutationen vervollständigt. FERNANDES glaubt, daß vor allem Temperaturschocks und das UV-Licht die mannigfaltigen Erbänderungen auslösten. Mit der Kultivierung der Narcisse erhöhte sich die Formenfülle schließlich noch ganz erheblich.

Vielgestaltig sind auch die mutativen Vorgänge bei der Gattungs- und Artbildung der Pteridophyten (MANTON, 1950). Während die Genomvervielfachung nur innerhalb der Gattungen Arten bildet, scheint die Aneuploidie für die Entstehung von neuen Gattungen verantwortlich zu sein. Die Euploidie führt am Pteridophytenstammbaum immer wieder zu Formen mit hohen Chromosomenzahlen. Unter steigender Genomzahl erschöpft sich aber offensichtlich die Entwicklungsmöglichkeit: von *Selaginella* mit n = 9 kennt man 800 Arten, von *Equisetum* mit n = 108 nur 25. Die entscheidenden Schritte der Artbildung spielen sich als Genmutationen auf diploider Basis ab.

Gegenüber den geschilderten Beispielen ist die originelle „Geschichte der Garten-Hyazinthen", die DARLINGTON, HAIR und HURCOMBE (1951) aufzeichnen, ziemlich einfach. Um 1550 bis 1850 n. Chr. dominieren die diploiden (2n = 16) Formen. Im Gegensatz zu den meisten Züchtungen erweisen sich die triploiden Hyazinthen

(2n = 24), die um die Jahre 1700 bis 1900 auftreten, als günstige Kulturformen. Aus Kreuzungen von 2n × 3n entwickeln sich um 1800 bis 1920 Hyazinthensorten mit den Chromosomenzahlen 16 bis 24, denen sich schließlich zwischen 1850 und 1920 die Varietäten mit (3n + 1)-Zahlen anschließen, nachdem man die triploiden unter sich gekreuzt hat. Ab 1900 tauchen endlich hypotetraploide Formen auf. Von den 106 untersuchten Varietäten haben 36 die diploide Chromosomenzahl 16; 9 ergaben Zahlen zwischen 17 und 23, wobei keine Zahl fehlt; 28 sind mit 24 Chromosomen triploid; 33 besitzen die Zahlen zwischen 25 und 31. Alle Zahlen von 16 bis 31, aber keine tetraploiden, sind also vertreten! DARLINGTON, HAIR und HURCOMBE können bei *Hyacinthus* im 8er-Satz die Chromosomen in drei Gruppen (L, M und S) einteilen, wobei außerdem das Nucleolenchromosom identifizierbar ist. Auf dieser Grundlage vermögen die Autoren für jede aneuploide Form die überzähligen oder fehlenden Chromosomen anzugeben. Zwei Tatsachen verdienen dabei hervorgehoben zu werden: 1. Da alle Formen mit aneuploiden Zahlen zwischen 2n, 3n und 4n gut wachstumsfähig sind, müssen „die einzelnen Chromosomen bezüglich der genetischen Ausbalancierung weitgehend in sich selbst gefestigt sein". 2. Die Züchtung der Hyanzinthen zog fast keine strukturellen Mutationen nach sich; unter den 106 Varietäten sind nämlich nur 4, die eine Chromosomendeletion bzw. Translokation tragen.

MACARTHUR und CHIASSON (1947) untersuchen die Grundlage der Artverschiedenheiten in den Sectionen *Eulycopersium* und *Eriopersicum* der Gattung *Lycopersicum*. Die betreffenden Arten sind in physiologischen Eigenschaften sehr stark verschieden. Sie besitzen die gleiche diploide Chromosomenzahl. Alle „Arten" sind kreuzbar, die Bastarde bilden Bivalente und spalten nach den unterschiedlichen Merkmalen. Hier beruht die Evolution nur auf Genmutationen. LAMPRECHT (1951) kommt auf Grund einer entsprechenden Studie zum Resultat, daß *Pisum humile* als Rasse von *Pisum sativum* gelten muß. Sehr viel stärkere Genomunterschiede treten naturgemäß zutage, wenn SAX und SAX (1947) die Gattungsbastarde aus *Sorbus*, *Aronia*, *Amelanchier* und *Pyrus* herstellen; die Bastardmeiosis zeigt erhebliche strukturelle Verschiedenheiten der Partner, sodaß partielle Sterilität nur zu wenigen, in der Vitalität stark herabgesetzten Nachkommen führt. — Zwei Untersuchungen sind wieder der Frage nach dem Ursprung des Kulturmaises gewidmet. BROWN (1949) analysiert 171 Maislinien im Pachytän, wobei er die Zahl der „Knobs" bestimmt. Nach deren Häufigkeit lassen sich Gruppen innerhalb der untersuchten Linien bilden. Ihre geographische Verbreitung läßt darauf schließen, daß als Herkunftsland des Maises eher Mexiko als Guatemala zu gelten hat. Der Frage nach den Vorfahren von Mais ist MANGELSDORF (1947) wieder nachgegangen: kreuzt man den *Zea-Tripsacum*-Bastard mit *Zea mays* zurück, dann entsteht ein triploider Bastard, da im Bastard nur unreduzierte Eizellen funktionieren. Durch weitere Rückkreuzungen erhält man immer mehr maisähnliche Formen, die *Tripsacum*-Gene eingebaut enthalten. Auf Grund dieser Kreuzungsexperimente und ähnlicher Rückkreuzungen von *Zea* und *Euchlaena* zieht MANGELSDORF den Schluß, daß die Entwicklung des Kulturmaises von einem wilden Spelzmais ausging und daß eine explosive Evolution zum Kulturmais nach. Einkreuzen von *Tripsacum* einsetzte, d. h. nach Vordringen des Wildmaises in das *Tripsacum*-Areal.

Chromosomale Änderungen in statu nascendi, die zur Artdifferenzierung führen können, beschreibt SUOMALAINEN (1947) bei *Poly-*

gonatum, von dem sie die *alternifolia*-Gruppe eingehend cytologisch untersucht. Neben Diploiden mit n = 9 und 10 kommen Triploide und eine Tetraploide vor. Unter den diploiden lassen sich an Hand der Chromosomenmorphologie (sekundäre Einschnürungen) zwei Typen unterscheiden, der *latifolium*- und der *officinale*-Typ. Verschiedene Herkünfte von *Polygonatum multiflorum* gehören verschiedenen Typen an. Das bedeutet, daß innerhalb der gleichen Art chromosomale Verschiedenheiten vorliegen, die sonst die unterscheidenden Merkmale des Karyotyps zweier Arten ausmachen.

2. Trisome, Monosome und Formen mit B-Chromosomen.

Trisome sind dort von besonderem Interesse, wo die Beziehungen des überzähligen Chromosoms zum Genom infolge vielfachen Segmentaustausches innerhalb des haploiden Satzes sehr vielfältige sein können. RENNER (1949) gibt einen zusammenfassenden Bericht über die 15 chromosomigen Mutanten der *Oenothera Lamarckiana* und ihrer Verwandten. Dabei ordnet er die bereits bekannten und einige neue Trisome nach einem für die Komplexheterozygoten sinnvollen Prinzip. Die Isotrisomen enthalten ein Chromosom, das in der Ausgangsform als Bivalent vorhanden ist, dreimal. Sie stehen im Gegensatz zu der vielgestaltigen Gruppe der anisotrisomischen Mutanten, welche höchstens 2, nie 3 gleiche Chromosomen besitzen. Unter ihnen lassen sich zwei Gruppen unterscheiden. Zur ersten, den additiv-trisomischen, gehört die trisome Mutante *lata*. Sie enthält das Chromosom 5—6 zweimal; der Schenkel 5 ist ein drittes Mal zusammen mit dem Chromosomenschenkel 8 auf einem Chromosom zu finden, der Schenkel 6 entsprechend auf dem Chromosom 6—7. Die additiv-Trisomen, von denen 7 verschiedene bekannt sind, spalten durch Verlust des überzähligen Chromosoms den ursprünglichen Komplex wieder heraus. Sie heißen daher auch „dimorphe". Die Glieder der anderen Gruppe anisotrisomischer Mutanten sind dagegen „monomorph". Bei ihnen geht im ursprünglichen Komplex ein Chromosom verloren und wird durch 2 des anderen Komplexes ersetzt. Scheidet etwa 3—6 aus dem Komplex *albicans* aus und wird durch 4—3 und 6—5 ersetzt, so enthält der neue Komplex die Hälften 4 und 5 überzählig. Das Prinzip ist vielgestaltig zu verwirklichen: es kann mehr als 1 Chromosom aus einem Komplex ausscheiden und durch eine entsprechend große Zahl des anderen ersetzt werden. In allen derartigen kompensierten Trisomen ist der neue Komplex nur als solcher erhaltungsfähig.

Bei *Oenothera* entstehen neue Trisome bevorzugt aus bereits vorhandenen. Der Grund dürfte darin zu suchen sein, daß die Trisomen in der Meiosis hauptsächlich offene Ketten bilden, an deren Ende non-disjunction stattfindet. Es ist dabei auffallend, daß das 3-Ende für die Entstehung von Trisomen besonders günstig ist.

Die Bedeutung des überzähligen Chromosoms für den einzelnen Komplex von *Oenothera* äußert sich in der Gonenkonkurrenz. Bei der additiv-trisomischen Mutante *dependens* von *Oenothera Lamarckiana* (Komplexe:

gaudens und *velans*) findet RENNER folgende Häufigkeiten der Komplexe mit 7 bzw. 8 Chromosomen:

gaudens 7	:	*velans* 8		*velans* 7	:	*gaudens* 8
24 %	:	41 %		30 %	:	5 %

65 % 35 %

Es wird häufiger nach *gaudens* 7 : *velans* 8 getrennt als nach *velans* 7 : *gaudens* 8. In der Gonenkonkurrenz ist das 8 chromosomige *gaudens* dem 7 chromosomigen *velans* stark unterlegen; das überzählige Chromosom, das aus dem Komplex *gaudens* stammt, hemmt den *gaudens*-Komplex. Genau so läßt sich zeigen, daß *velans* durch das komplexfremde Chromosom in der Konkurrenzfähigkeit nicht beeinträchtigt wird (RENNER, 1949).

Die trisomen Oenotheren lassen keine Anhaltspunkte dafür erkennen, daß Formen mit neuen Chromosomenzahlen aus ihnen entstehen könnten. Unter den kompensiert Trisomischen, die an und für sich konstante, extrem heterozygotische Oenotheren zu bilden vermöchten, findet sich bisher kein einziger Typ, der hinsichtlich Wüchsigkeit und Fruchtbarkeit den 14-chromosomigen gewachsen wäre (RENNER, 1949).

Bei amphidiploiden Arten, wie etwa dem hexaploiden Kulturweizen, der 21 Bivalente [(7 + 7 + 7) × 2] in der Meiosis bildet, verhalten sich Formen mit überzähligen oder fehlenden Chromosomen anders als bei echten diploiden Pflanzen. Sie ertragen ein zuviel oder zuwenig an Chromosomen leichter. SMITH, HUSKINS und SANDER (1949, 1950) sowie HUSKINS und SANDER (1949) haben auf Grund eigener Untersuchungen und unter Auswertung schon bekannter Daten die Cytogenetik der compactoiden und speltoiden Weizen erschöpfend behandelt. Vermehrt man das Genom von *Triticum aestivum* um bestimmte Teile des Chromosoms C (= Chromosom 9, nach SEARS) oder um das ganze Chromosom C, dann .ändern sich die Eigenschaften nach *Triticum compactum* hin. Die Ähre wird gedrungen, es entsteht eine „Compactoide". Umgekehrt führt der Verlust des C-Chromosoms zu Formen, welche *Triticum spelta* ähneln, also zu „Speltoiden". Das C-Chromosom der compactoiden Weizensorten kann nicht nur in normaler Form dreimal vorliegen. Cytologisch läßt sich nachweisen, daß von ihm auch der lange Arm mit endständigem Centromer (= Ctl-Chromosom) überzählig sein kann, oder ein Isochromosom, das aus zwei langen C-Armen mit mittelständigem Centromer besteht (= Cil-Chromosom). Die verschiedenen C-Chromosomen bzw. C-Arme rufen als überzählige Chromosomen nicht nur quantitativ verschiedene Effekte in der Ausbildung der compactoid-Eigenschaften (compactoide, subcompactoide, subnormale) hervor, sondern bewirken auch verschiedene, zahlenmäßig konstante Aufspaltungen in Normale und bestimmte Klassen der Compactoiden innerhalb der Selbstungsnachkommenschaften der Compactoiden. Das gleiche gilt beim Fehlen des C-Chromosoms bzw. des ganzen genetisch wirksamen langen Arms oder auch nur des wirksamen Teiles von C (30 crossover-Einheiten) hinsichtlich der Speltoideigenschaften und der Nachkommenschaft bestimmter Speltoidformen. In allen Fällen entspricht die Aufspaltung den Erwartungen, die man auf Grund des Verhaltens der betreffenden C-Chromosomen in der Reifeteilung und auf Grund der Elimination bestimmter Gameten mit überzähligen oder fehlenden Chromosomen hegen darf, und stets ist ein deutlicher Zusammenhang zwischen der Ausprägung der Compactoid- bzw. Speltoideigenschaften und den Quantitäten der C-Arme festzustellen.

Eine subcompactoide Form des Typus I besitzt die Chromosomenformel 40 + C + Cil. Sie hat durch das Cil-Chromosom einen überzähligen langen Arm von C. Sie bildet Gameten mit 20, 20 + C, 20 + Cil Chromosomen. Entsprechend enhält die Nachkommenschaft: 1 Speltoide (40 Chromosomen = 42 — 2 C), 110 Heterozygot-Speltoide (40 + C), 210 Normale (40 + 2 C), 10 Subnormale (40 + Cil), 107 Subcompactoide (40 + C + Cil), 9 Compactoide (40 + CilCil), dazu 4 Zwerge, die nicht klassifizierbar sind. Die Subcompactoiden des Typus II mit der Konstitution 40 + CCC ergeben andere Aufspaltungen, ebenso auch der dritte Typus der Subcompactoiden mit 40 + CCCil. In der Nachkommenschaft dieses dritten Typus treten hochgradig Compactoide mit 40 + CCCC und 40 + CCCilCil auf. Von solchen Compactoiden und Subcompactoiden berichten auch SANCHEZ-MONGE und MACKEY (1948). Bei den Speltoiden sind die Spaltungen einfacher: Eine (40 + C) Form (= monosom) ist eine unbegrannte Speltoide. Sie spaltet in Normale (40 + CC), unbegrannte Speltoide (40 + C) und begrannte Speltoide (40) (= nullisom) im Verhältnis von 1:5:wenige. Die Nullisomen sind kleine, sterile Formen. Unbegrannte Speltoide können aber auch 42 Chromosomen besitzen, wobei einem C-Chromosom ein sichtbares Stück des langen Armes fehlt. Diese unterscheiden sich gegenüber den monosomen Speltoiden nur durch die Aufspaltung in der Nachkommenschaft; sie lautet: 1 normal:1 begrannte Speltoide:wenige unbegrannte Speltoide. Ist der Verlust im Chromosom C schließlich so klein, daß er nicht mehr gesehen werden kann, so spalten die drei verschiedenen Typen im Verhältnis von 1:2:1 heraus. Hierbei sind alle Pflanzen voll fertil, im Gegensatz zu den beiden vorhergehenden Fällen, die verschiedene Sterilitätsgrade zeigen.

O'MARA (1948) findet nach Kreuzungen von *Triticale* und *Secale* charakteristisch gestaltete *Triticum aestivum*-Pflanzen, die das Chromosom I von *Secale cereale* zusätzlich enthalten. Er kann beweisen, daß die auftretenden phänotypischen Effekte vom langen Arm des Chromosoms I ausgehen. Sie bleiben nämlich aus, wenn ein Isochromosom von *Secale* überzählig ist, das den kurzen Arm von Chromosom I doppelt enthält. UNRAU (1950) beschreibt die Entstehung und die Eigenschaften der 21 Monosomen des *Triticum aestivum*. BROWN (1947) berichtet von tetraploiden *Gossypium hirsutum*, das (4n — 1)-Pflanzen somatisch entstehen läßt.

Erstaunliche Chromosomenverhältnisse schildert HIRSCH (1949) bei dem Ascomyceten *Hypomyces solani* f. *cucurbitae*. Bei Kreuzungen entstehen neben ♀ und ♂ auch Zwitter und Neuter. Die Zwitter haben 4 Chromosomen; Weibchen und Männchen haben jeweils 3, wobei beim Weibchen das eine, beim Männchen das andere der mittelgroßen Chromosomen fehlt; Neuter tragen wahrscheinlich 2 Chromosomen.

Während die bisher betrachteten Formen charakteristische Merkmalsbildungen als Folge der Hyperploidie besitzen, ist bei bestimmten anderen Pflanzen mit überzähligen Chromosomen eine solche Wirkung nicht konstatierbar. Die überzähligen Kernschleifen (= B-Chromosomen) dieser zweiten Art von Tri- und Tetrasomen unterscheiden sich aber wesentlich von den normalen Chromosomen des diploiden Satzes: Sie sind bedeutend kleiner und meist ganz, selten teilweise heterochromatisch. Ferner paaren sie sich mit den Chromosomen des diploiden Satzes nicht. Derartige B-Chromosomen sind schon früher beim Mais beschrieben worden. In den Berichtsjahren werden sie für mehrere andere Gräser, aber auch bei *Oenothera, Centaurea* und *Alectorolophus* gefunden. Vgl. auch S. 3/4.

Formen mit echten B-Chromosomen stehen nicht unvermittelt neben den normalen Hyperdiploiden. HÅKANSSON (1949) beschreibt nämlich bei *Godetia viminea* (2n = 18) Individuen mit 19 Chromosomen, deren Nachkommenschaft Pflanzen mit 20 und 21 Chromosomen enthält. Diese „akzessorischen" Chromosomen ähneln den B-Chromosomen, indem sie sich mit den A-Chromosomen — so ·heißen die normalen des diploiden Satzes — nicht paaren und auch keinerlei Einfluß auf die Fertilität ausüben. Im Gegensatz zu echten B-Chromosomen besitzen sie aber normale Größe. LEWIS (1951) beschreibt entsprechende Formen mit 1 bis 6 überzähligen Chromosomen in californischen Rassen von *Clarkia elegans*. LEWIS kann wahrscheinlich machen, daß die akzessorischen Chromosomen in strukturellen Verschiedenheiten zwischen den Normalgenomen ihren Ursprung haben. Andererseits sollen chromosomale Störungen, Brückenbildungen und Chromosomenelimination innerhalb der A-Chromosomen durch die Gegenwart von B-Chromosomen bedingt sein (HÅKANSSON, 1950).

Die Rassen mit echten B-Chromosomen zeigen einen deutlichen Größenunterschied zwischen A- und B-Chromosomen. Bei *Alectorolophus minor* (14 A-Chromosomen, 8 B-Chromosomen) besitzen die B-Chromosomen nur $^1/_3$ der A-Länge und Breite (H. v. WITSCH, 1950). Die B von zwei *Oenothera*-Rassen, welche *Oe. Hookeri* nahestehen, sind $^1/_2$ bis $^1/_4$ so lang wie die A. Sie sind wie die A aus Eu- und Heterochromatin aufgebaut. 0 bis 3 solcher B kommen auf 14 A. Die B-Chromosomen paaren sich nur untereinander (CLELAND, 1951). Bei *Anthoxanthum aristatum* sind die A-Chromosomen 6 μ, die B 4 μ lang (ÖSTERGREN, 1947). Die B-Chromosomen der Gräser scheinen regelmäßig rein heterochromatisch zu sein.

BOSEMARK (1950) findet bei wilder *Festuca pratensis* in 104 Pflanzen folgende B-Verhältnisse:

$$2n + 1B + 2B + 3B + 4B + 5B + 6B + 7B$$

| 855 | 97 | 68 | 8 | 11 | 3 | 3 | 2 |

Bastardiert man Pflanzen mit B-Chromosomen, so finden sich in der Nachkommenschaft mehr B vor. Die Kreuzung von 2 *Festuca pratensis*-Pflanzen mit (2n + 2B) ergab folgendes Resultat:

$$2n + 1B + 2B + 3B + 4B + 5B + 6B$$

| 1 | 12 | 11 | 35 | 1 | — | 1 |

Der B-Durchschnitt steigt also von 2 auf 2,5 (BOSEMARK, 1950). MÜNTZING (1950) untersucht Unkraut- und Kulturroggen von Kleinasien auf ihre B-Chromosomen hin. Der Unkrautroggen hat mit 13,29% einen bedeutend höheren Prozentsatz an B-haltigen Pflanzen als der Kulturroggen mit 3,7, 3,23 und 3,13. Auch hier stellt sich die Erhöhung der B-Zahl bei der Kreuzung zweier (2n + 2B)-Formen ein, denn die entsprechende Analyse ergab:

$$2n + 1B + 2B + 3B + 4B + 5B \quad \text{Durchschnitt} + 3,58B$$

| 0 | 1 | 7 | 7 | 36 | 2 |

Aus Versuchen an B-haltigen Maislinien ist schon länger folgendes bekannt: Eine Maispflanze mit 0 B als Mutter, gekreuzt mit einer

2 B-Linie, ergibt eine F_1, welche sowohl 0 B- wie 2 B-Pflanzen enthält; man sollte nur Nachkommen mit 1 B erwarten. Ja, es entstehen sogar Pflanzen mit 3 und 4 B. Zur Klärung dieses Sachverhaltes ist es zunächst notwendig, die Paarung der B-Chromosomen und ihr Verhalten bei der Verteilung in der Meiosis zu verfolgen. MÜNTZING und LIMA-DE-FARIA (1949) haben bei zwei schwedischen Roggenlinien ein bestimmtes B-Chromosom, das etwa halb so groß wie die A-Chromosomen ist (das sogenannte „Standardfragment"), und ein daraus entstandenes Isochromosom mit 2 homologen Armen (das sogenannte Isofragment) im Pachytän analysiert. Es erfolgt ganz normale Paarung der homologen Teile. Im Isofragment legen sich die homologen Arme aneinander, so daß nachher Ringe entstehen.

Allerdings sind die B bei Wildpflanzen, wenn sie zu mehreren vorkommen, offenbar nicht homolog. So berichtet FRÖST (1948) von den B der *Centaurea scabiosa*, daß sie sich gar nicht oder nur unregelmäßig paaren und aus zerstreuter Metaphasenanordnung unregelmäßig zu den Polen verteilt werden. Dieselben Beobachtungen macht HÅKANSSON (1948) bei *Poa alpina*.

Das Ergebnis der dargestellten Maiskreuzungen und die Vermehrung der B-Chromosomen in den Festuca- und Roggenkreuzungen lassen sich sicher nicht auf Paarungsanomalien zurückführen. ROMAN (1947) hat auf sehr originelle Weise den Grund für das Sonderverhalten gefunden. Er bestäubt eine B-lose Form, welche das Endosperm-Gen su homozygot enthält, mit einer Translokationshomozygoten, bei der ein durch Su markiertes Stück des Chromosoms 4 an ein B-Chromosom translociert ist (TB4a). Man sollte lauter phänotypische Su-Pflanzen erwarten, jedoch treten zu 50% su-Samen auf. Die Erklärung, die sich auch in mehreren weiteren Fällen als gültig erwies, liegt in dem Vorkommen von Nichttrennung (non-disjunction) der Tochterchromosomen des B-Chromosoms in der zweiten Pollenmitose. Dadurch entstehen generative Kerne mit 0 und solche mit 2 B. Das Nichttrennen der Tochterchromosomen scheint auch in der zweiten Reifeteilung und in der ersten Pollenmitose gelegentlich vorzukommen. Ferner dürften die Mitosen bei der Embryosackentwicklung betroffen sein (HÅKANSSON, 1948, 1).

MÜNTZING (1948, a und b) ist der Frage nachgegangen, ob das Centromer eines B-Chromosoms besondere Eigenschaften aufweist. Er vergleicht zunächst beim Roggen die Lage der B- und der A-Chromosomen in der Metaphasenplatte. Die kleineren B liegen meist zentral. Aber es läßt sich zeigen, daß nur die geringere Größe daran schuld ist. A und B haben gleiche Centromerenstärke. Die Eigenschaft, non-disjunction durchzuführen, scheint in bestimmten Teilen der B-Chromosomen verankert zu sein. MÜNTZING beobachtet nämlich, daß die Deletion eines Stückes im langen Arme vom Standard-B imstande ist, die non-disjunction aufzuheben.

Die Frage nach der genetischen Bedeutung der B-Chromosomen ist noch völlig offen geblieben. Im allgemeinen fallen die Pflanzen mit B-Chromosomen morphologisch gegenüber den B-losen nicht auf. MÜNTZING und AKDICK (1948) können allerdings eine Zunahme der Stomatagrößen mit steigender Zahl der „Standardfragmente" und „Isofragmente" beim Roggen messen. Alle Autoren aber kommen zu dem

Schluß, daß es sich bei den B um „inerte" oder „subinerte" Genomteile handele. Weshalb sie in Wildpflanzen offensichtlich erhaltungsfähig sind, bleibt unklar. Es ist unter diesem Gesichtspunkt bemerkenswert, daß die B aus Heterochromatin bestehen. Hier scheint die Auffassung von MATHER gerechtfertigt zu sein, nach welcher das Heterochromatin unspezifische Genkomplexe einschließt, deren Teile nur „supplementary effects" ausüben.

3. Chromosomale Mutanten, besonders die Translokationsheterozygoten.

SPARROW und SPARROW (1950) untersuchen 15 wilde *Trillium erectum*-Pflanzen cytologisch. Sie finden in allen Fragmentationen. Die Pflanzen lassen sich in zwei Gruppen einteilen: Die eine (11) enthält eine Fragmentationshäufigkeit von 0,67%, die andere (4) eine solche von 2,9%. Die Beobachtung weist auf innere Faktoren der Mutationsauslösung hin. Bei *Triticum monococcum* zeigt SMITH (1947), wie man centromerenhaltige Chromosomenfragmente zur raschen Lokalisation von Genen oder Gengruppen verwenden kann. Da die Übertragung der Fragmente durch Eizellen und Pollen gestört ist, müssen entsprechend gelagerte Gene gestörte Spaltungsverhältnisse aufweisen. Unter Verwendung dominanter Gene im fragmentierten Chromosom tritt ein Recessivenüberschuß zutage. Werden zusätzlich Translokationen zum fragmentierten Chromosom ausgelöst, so läßt sich die Genlokalisation auch auf die Gene jeder anderen Koppelungsgruppe ausdehnen.

KAPLAN (1949) kommt auf Grund von Röntgenbestrahlungsversuchen an Gerste zu dem Ergebnis, daß die Ursache für die Letalität der tauben Körner in den einzelnen Ähren eine chromosomenmutative sein muß und nicht etwa in einer Plasmaschädigung oder dergleichen bestehen kann. Bei Erhöhung der Röntgendosis verstärken sich die Sterilitätseffekte zwar, aber die Sterilitätsmaxima werden nicht verschoben, sondern nur erhöht bzw. neu gebildet. Den höchsten Anteil haben die Ähren mit 25% tauben Körnern. Unter der Voraussetzung, daß dem Auftreten tauber bzw. verkümmerter Körner im wesentlichen *Chromosomenstückverluste* zugrunde liegen, kann man Berechnungen darüber anstellen, welche Sterilitätsgrade besonders häufig sein müßten, wenn einerseits gonische, andererseits zygotische Letalität vorläge. Bei zygotischer Letalität müßten die Ähren mit 25%; 43,7%; 57% und 83,2% tauben Körnern besonders häufig sein, bei gonischer vor allem 50%ig taube Ähren. Die Auszählungen ergeben, daß den tauben Gerstenkörnern zygotische Letalität zugrunde liegt. Die betreffenden Chromosomendefekte machen also nicht die weibliche Gone, sondern erst die Zygote funktionsuntüchtig.

Inversionen und Duplikationen sind im Hinblick auf die Frage nach der crossover-Häufigkeit in den umgedrehten bzw. verdoppelten Abschnitten von Interesse.

D. T. MORGAN jr. (1950) bestimmt bei *Zea mays* Lage und Länge von invertierten Stücken der Chromosomen 2, 4 und 5. In den Inversionsheterozygoten zeigen die Gene der invertierten Stücke erhöhte Koppelung. RUSSEL und BURNHAM (1950) untersuchen die crossover-Werte in einer Maislinie, welche die Hälfte des langen Armes von Chromosom 2 invertiert hat. Hier tritt keine Beeinflussung der Koppelung durch die Inversion zutage. Sehr eingehend hat FRANKEL (1949, 1) Paarung und Chiasmabildung in *Triticum aestivum*-Formen mit invertierten, am Ende eines Chromosomes liegenden

Duplikationen analysiert. Die Paarung erfolgt nicht zufallsgemäß, sondern bevorzugt innerhalb des Duplikationschromosoms. Partnerwechsel, wie er bei Anwesenheit dreier gleicher Chromosomen eintritt, findet FRANKEL nicht. Die nach der Paarung einsetzende Chiasmabildung läuft bevorzugt in der Region ab, wo das duplizierte Stück mit dem normalen Chromosom zusammenhängt. Die Chiasmenzahl des duplizierten Stückes ist deshalb von der Länge dieses Abschnittes ziemlich unabhängig. Ganz besonders eindrucksvoll erscheint uns der Befund, daß bei intrachromosomaler Paarung eine Chromatideninterferenz über die Duplikationsstelle hinweg besteht, und zwar derart, daß die Chiasmabildung häufiger zwischen Schwesterchromatiden als innerhalb desselben Chromatids eintritt. FRANKEL (1949, 2) findet bei *Triticum* auch Duplikationsformen, die sich bei künstlicher Kultur dadurch dauernd zu erhalten vermögen, daß aus (nicht näher erklärbaren) Anaphasenbrücken der Meiosis I Chromosomen mit duplizierten Teilen hervorgehen, die unter intrachromosomaler Paarung und Chiasmabildung immer wieder die gleichen Chromosomenmutanten liefern.

In einigen Untersuchungen wurden Translokationen wieder dazu benutzt, Gene oder Koppelungsgruppen bestimmten Chromosomen zuzuordnen.

Entsprechende Arbeiten sind von LAMM (1951) bei *Pisum* durchgeführt, wo die Gene St und B zwischen 3 Translokationspunkten gelagert sind. ROMAN und ULLSTRUP (1951) wenden Translokationen von A-Stücken nach B-Chromosomen beim Mais an, um am Ausfall bestimmter Gametensorten den genetischen Gehalt der A-Stücke zu erfassen. So liegt das Gen für Resistenz gegen *Helminthosporium carbonum* distal im siebenten Achtel des langen Schenkels von Chromosom 1.

Bei Formen mit reziproken Translokationen treten die verschiedensten Grade der Eizellen- und Pollenletalität auf. Dies hängt mit der Verteilung der Partner einer meiotischen Translokationsfigur, also eines 4er- oder 6er-Ringes, zusammen sowie mit der Chiasmabildung innerhalb solcher Konfigurationen. BURNHAM (1949 und 1950) hat auf originelle Weise Translokationen des Chromosoms 6 von *Zea mays* dazu benutzt, um den Zusammenhang der Größe bzw. Lage des translocierten Stückes mit dem Verteilungsmodus zu klären. Die Translokationspunkte und die Centromerenlage sind aus Pachytänanalysen bekannt. Das Chromosom 6 trägt den nucleolusbildenden Körper. Man kann deshalb an der Nucleolusbildung in den Tetradenkernen ablesen, wie der 4er-Ring verteilt wurde. Es gibt drei Verteilungsmöglichkeiten eines 4er-Ringes: 1. die Zickzackverteilung, die bei den natürlichen Translokationsformen (*Oenothera*, *Rhoeo*) die Regel ist und dort zu lebensfähigen Gonen führt; 2. die „adjacent-1"-Verteilung, bei der homologe Centromere zu verschiedenen Polen gehen; 3. die „adjacent-2"-Verteilung, bei der sie zu den gleichen Polen wandern. BURNHAM kommt zu folgenden Resultaten: 4er-Ringe zeigen wenig adjacent-2-Verteilung, wenn die interstitiellen Segmente (= Stück zwischen Centromer und Austauschpunkt) groß sind und aus diesem Grunde viel crossover durchführen. Kurze interstitielle Segmente sind dagegen mit viel adjacent-2-Verteilung behaftet. In offenen 4er-Ketten kommt nie adjacent-2-Verteilung vor.

Eine ähnliche Analyse führen HANSON und KRAMER (1949) an Hand zweier reziproker Translokationen bei Gerste durch, wobei sie die Sterilitätseffekte der F_2 auswerten. Hier wird darüber hinaus wieder berichtet, daß die crossover-Werte in Translokationsheterozygoten herabgesetzt sind. LAMM (1948) stellt bei Translokationsformen von *Pisum* ebenfalls fest: Einem crossover-Wert der Gene St—B von 26% in der Normallinie entsprechen 12,8% in der Translokationsheterozygoten, wobei der Translokationspunkt links von St—B liegt.

MARQUARDT (1948) beobachtet röntgeninduzierte 4er-Ringe mit großen interstitiellen Segmenten bei *Oenothera Hookeri*. Die etwa 50% betragende Gonenletalität deutet er als Folgeerscheinung interstitieller Chiasmen. Bei kleinen interstitiellen Segmenten unterbleibt der störende Einfluß von Chiasmen, eine Einrichtung, die bei *Oenothera* im allgemeinen durch das Vorhandensein heterochromatischer Mittelstücke gegeben ist. In diesem Zusammenhang interessiert der Versuch, bei *Campanula persicifolia*, die normalerweise 8 Bivalente oder (6 Bivalente + 4er-Ring) bildet, Formen mit großen Ringen aufzubauen (DARLINGTON und LaCOUR, 1950). Durch Kreuzung von 4er-Ring-Formen verschiedener Herkünfte gelingt dies bis zum 12er-Ring; DARLINGTON und LaCOUR konnten daher Pflanzen mit 0 bis 5 reziproken Translokationen miteinander vergleichen. Die Fertilität sinkt mit steigender Zahl der reziproken Translokationen sehr stark ab:

Ringgröße und Fertilität bei Campanula persicifolia.
(Nach DARLINGTON und LaCOUR, vereinfacht.)

Zahl der Translokationen ♀＼♂	0	1	2	3	4	5	Fertilität im Mittel
0	30	24	27	21	20	21	24%
1	27	11					19%
2	12		14				13%
3	3,5			2,3		3,3	2,9%
4	6				2	2,0	
5	2,5			1,0	1,5	0,5	1,4%

Das Verhalten von *Campanula persicifolia* steht im Gegensatz zu dem entsprechender Formen von *Oenothera*. Beide Pflanzen haben Chromosomen mit heterochromatischem Mittelstück und euchromatischen Endsegmenten. Man kann also nur den Schluß ziehen, daß das regelmäßige Verteilen der Ringpartner und die damit verbundene Ausbildung lebensfähiger Genome bei *Oenothera* durch einen langsamen Selektionsprozeß zustande kamen. CLELAND (1943), der einen allgemeinen Überblick über die *Oenothera*-Forschung gibt, stellt fest, daß die Entwicklung großer stabiler Ringe mit einem Übergang von der Fremd- zur Selbstbefruchtung verknüpft ist. *Campanula persicifolia* ist extremer Fremdbefruchter. DARLINGTON und LaCOUR glauben daher, daß der Schlüssel für das Verständnis der hochfertilen *Oenothera*-Ringformen und der schwach fertilen, zerfallenden Ringformen von *Campanula persicifolia* nicht im cytologischen Geschehen, sondern in den Unterschieden der Befruchtungsweisen, im „breeding habit of the species" zu suchen sei.

Sie sehen eine Stütze für ihre Auffassung im Verhalten von *Campanula*-Formen, die anderen strukturellen Bastardcharakter tragen: In russischen Herkünften finden DARLINGTON und LACOUR Formen, die statt eines Chromosomes a—b zwei telozentrische Chromosomen besitzen, die durch Fehlteilung des Centromers von a—b entstanden sind. Die beiden bestehen aus je einem Chromosomenarm. Die entsprechende heterozygote Form (a—b; a; b) verhält sich bei Wildkreuzungen (= Fremdbefruchtung) anders als bei Inzucht. Während die erste Kreuzungsart alle möglichen Formen gleich häufig ergibt, sind bei Inzucht die Homozygoten, also Formen ohne telocentrische Chromosomen (a—b, a—b) und homozygot-telocentrische (a, a, b, b), weit im Nachteil. Die Inzucht bewahrt also den strukturell heterozygotischen Zustand.

Mit einem interessanten Mechanismus zur Erhaltung der Heterozygotie macht uns WINGE (1947) bekannt. Bei *Saccharomycodes Ludwigii* trennen sich die Partner der Genpaare N—n und L—l in Meiosis I infolge der Genlage (nahe am Centromer) stets voneinander. Die entstehenden Kerne werden so gelagert, daß Kerne mit recessiven Genen fast immer solchen mit entsprechend dominanten gegenüberliegen. Da bei der Keimung des Ascus benachbarte Sporen kopulieren, bleibt die Heterozygotie bestehen.

Cytogenetisch bedeutsame Translokationsformen beschreibt HIORTH (1947) bei *Godetia Whitneyi*. Eine besondere kalifornische Linie erweist sich hinsichtlich bestimmter Blattmerkmale als heterozygot. Sie spaltet im Überschuß Homozygote ab. Die Beobachtung der Meiosis erklärt dieses Verhalten: Man findet eine Dreierkette + ein Univalent. Das mittlere Kettenglied, welches stets zu einem anderen Pol als die beiden Endglieder geht, manövriert mit dem Univalent zusammen. Da das Univalent aber zuvor in 70% der Fälle eliminiert wird, fällt dieser α_1-Komplex (mittleres Kettenglied + Univalent) häufig aus, und der δ_1-Komplex (Endglieder) erhält das Übergewicht. In einer zweiten *Whitneyi*-Linie ist es auf der Grundlage von „3er-Kette + Univalent" zur Ausbildung der Komplexe α_2 und δ_2 gekommen. Hierbei tritt nach Selbstbestäubung immer nur die Heterozygote auf, d. h. diese Form stellt eine echte Komplexheterozygote dar. Schließlich berichtet HIORTH (1948, 1 und 2) von *Whitneyi*-Formen mit 13 Chromosomen. Sie tragen eine reziproke Translokation, so daß eine 4er-Figur gebildet wird. Durch eine zweite Translokation wird das mittlere Segment eines Chromosoms in den 4er-Ring verlagert. Unter der Annahme, daß die mittleren Teile bei *Godetia* die gentragenden und die Endsegmente ± genleer sind, läßt sich die Paarungskonfiguration der betreffenden Pflanzen verstehen: 4 Bivalente + 4er-Kette + 1 Univalent. Diese „Pseudomonosomen" führen alle lebenswichtigen Gene in doppelter Auflage. Ihre Selbstbestäubung ergibt neben anderen die zu erwartenden 12chromosomigen Nullisomen, die steril und zwergwüchsig sind. Aus Kreuzungen von verschiedenen Monosomen untereinander wachsen aber fertile Nullisome heran. Sie besitzen das Chromosom, welches den genetischen Inhalt von 2 Chromosomen der 14er-Form trägt, doppelt.

Bei den altbekannten komplexheterozygotischen *Oenothera*-Arten und bei *Rhoeo discolor* wurden vor allem die Paarungs- und cross-over-Vorgänge analysiert. *Rhoeo discolor*, die aus ihren besonders großen 12 Chromosomen einen 12er-Ring bildet, zeigt als tetraploide

Form alle Konfigurationen, die bei Vorhandensein von 12 × 2 gleichen Chromosomen und je vier paarungsfähigen Enden möglich sind; in der Meiosis treten neben Zellen mit vielen Bivalenten (12 wurden nicht gefunden!) solche mit großen Ringen auf; der zu erwartende 24er-Ring konnte beobachtet werden (BAUMGART, 1949). Bei *Oenothera* ist RENNER (1948) der Frage nachgegangen, ob die in der Metaphase der Meiosis sichtbaren interstitiellen Chiasmen, die als Querarme erscheinen, die cytologische Grundlage des genetisch feststellbaren crossing-over sein könnten. Auf Grund der Parallelität bei der Verschiebung von crossover-Werten und Chiasmenzahlen glaubt RENNER, die Frage positiv beantworten zu können.

Die Zahl der „Dauerchiasmen" scheint von Außenbedingungen ganz oder nahezu unabhängig zu sein. In verschiedenen *Hookeri*-Verbindungen weisen die crossover-Werte der Genpaare pP, sS eine klare Beziehung zu den Chiasmawerten auf: Bei Verbindungen mit 24% crossovers findet man unter 100 PMZ 75 interstitielle Chiasmen; bei 18,5% crossovers sind es nur 60; entsprechende Werte lauten ferner: 2,3% co — 6,5 Chiasmen; 5% co — 8 Chiasmen. Ein zweiter Befund von RENNER spricht im gleichen Sinne: Bei *Oenothera* (*Lamarckiana vetaurea* × *biennis*) *velutirubata* liegen im einzigen Bivalent die Gene vet—Vet und r—R. Zu 2% tritt Austausch ein, wobei vet R entsteht. Der, entsprechende Chiasmaprozentsatz beträgt 1,8 bzw. 5,2.

Das crossing-over bei *Oenothera* ist auch von HARTE (1948) eingehend bearbeitet worden: Nach der Analyse von 59 Genen, unter denen sich 37 neue befinden, werden die dargestellten Faktoren in ihre Koppelungsgruppen eingeordnet. Deren Zahl deckt sich mit der Zahl an frei rekombinierbaren Chromosomengruppen jedes Bastards. Was die Größe der crossover-Werte betrifft, so kann HARTE zeigen, daß *Oenothera* auch hierbei keine Sonderstellung einnimmt, denn sie findet Werte von 0 bis 50%. Auffallend ist jedoch, daß die Austauschwerte bestimmter Strecken in verschiedenen Komplexkombinationen sehr stark voneinander abweichen können. Die Bastarde besitzen vergrößerte crossover-Werte, während die heterozygoten Arten niedrige ergeben. Die Abweichungen sind so stark, daß sie nicht als zufällige Schwankungen um einen Mittelwert angesehen werden dürfen. Nun bestehen die *Oenothera*-Chromosomen aus einem heterochromatischen Mittelstück und zwei euchromatischen Enden, und im Heterochromatin kommen nur äußerst selten Chiasmen vor. Da HARTE die Lage zweier Loci, zwischen denen das eine Mal ein Austausch möglich ist und das andere Mal keiner gefunden wird, auf verschiedenen Chromosomenschenkeln kennt, und da die cytologische Analyse außerdem beweist, daß sich zwischen beiden Loci Heterochromatin befindet, so kommt sie zu folgender Erklärung der Schwankungen in den Austauschwerten: Es gibt Chromatinteile, die in einem Komplex zur euchromatischen Region gehören, in einem anderen Komplex zur heterochromatischen; wenn zwei solche Komplexe in einem Bastard vereinigt sind, kann der längere Heterochromatinteil eines Chromosoms euchromatisiert werden. Dadurch erlangen beide Komplexe hinsichtlich des Eu- und Heterochromatins gleiche

Struktur. Die vergrößerten Euchromatinstrecken bilden alsdann Chiasmen, und infolgedessen müssen die crossover-Werte im Bastard erhöht werden. Euchromatisierung heterochromatischer Teile, wie sie hier für *Oenothera* angenommen wird, braucht nicht als fragwürdige Hypothese zu gelten, nachdem der gleiche Vorgang bei *Drosophila* an den Speicheldrüsenchromosomen direkt nachgewiesen wurde. HARTE weist allerdings darauf hin, daß die geforderte Heterochromatisierung bei *Oenothera* wesentlich umfangreicher sein müßte als die bei *Drosophila* festgestellte, wenn Umchromatisierung die Grundlage für die starke Steigerung der crossover-Werte bildet.

Es wird immer deutlicher, daß das Ausmaß der Austauschvorgänge, die sich zwischen homologen Chromosomenteilen abspielen, von verschiedenen inneren Bedingungen beeinflußt werden kann. Im Chromosom V von *Pisum*, dessen Koppelungsgruppe „Cp-Gp-Centromer-Fs-Ast" LAMPRECHT (1950) eingehend studiert, zeigen die vom Centromer entfernt liegenden Gene größere Variabilität der crossover-Werte als die mehr centrisch gelegenen. Ferner ist die Austauschhäufigkeit größer, wenn nur ein Genpaar spaltet gegenüber der Spaltung in allen Paaren. FINCHAN (1949, 1951) hat den Einfluß des Gesamtgenoms auf einzelne crossover-Werte in origineller Weise nachgewiesen: Durch Kreuzung von *Neurospora crassa* mit *Neurospora sitophila* kann man unter Verwendung von Stämmen, bei denen einzelne Chromosomen mit Genen markiert sind, Formen herstellen, welche z. B. ein Chromosom von *sitophila*, alle anderen Kernschleifen von *crassa* führen. Bestimmte Gene auf *crassa*-Chromosomen weisen im Restgenom von *sitophila* mehr Austausch auf als im *crassa*-Genom. OEHLKERS (1949) beweist die Abhängigkeit des crossover-Wertes vom Plasma. Einen wertvollen Hinweis auf die Grundlage solcher Verschiedenheiten können wir einer Studie von MARQUARDT (1951) über die Beeinflussung der Chiasmahäufigkeit in der Meiosis von *Vicia Faba* entnehmen. Die Chiasmenzahl fällt als Folge der Röntgenbestrahlung des Ruhekernes von 18,17 auf 15,64 ab. Parallel damit steigt die Häufigkeit der Chromosomenmutationen. Gut möglich, daß beide Erscheinungen die Folgen von Veränderungen sind, welche durch die Röntgenbestrahlung im Stoffwechsel der Zelle, vielleicht im Eiweißstoffwechsel, ausgelöst wurden. Es wundert einen bei dieser Betrachtungsweise nicht, wenn MÜNTZING und AKDIK (1948) im ingezüchteten Roggen Phänomene beobachten, die mit steigender Inzucht immer stärker werden: absinkende und stark variabel werdende Paarung, schwache Chromosomenfärbbarkeit, Einsetzen von Fragmentationen, Sterilitätserscheinungen.

Vorläufig ganz unverständlich sind jedoch Paarungs- und Verteilungsvorgänge, wie sie auf Grund der genetischen Daten anzunehmen sind, die MOEWUS (1940, Abstammungslehre **78**, 501—522) für *Chlamydomonas* veröffentlicht hat. HARTE (1948) wertet die entsprechenden Zahlenangaben mit statistischen Methoden zur Bestimmung der Größe von Interferenz und Koinzidenz aus. Danach lassen die Daten von MOEWUS ein cytologisches Verhalten der *Chlamydomonas*-Chromosomen (für Chromosom X besonders dargestellt) in der Meiosis erwarten, wie es bisher bei keinem Objekt beobachtet wurde: Chiasmen werden zwischen ganzen Chromosomen gebildet; in der Hälfte der Fälle tritt in den Chromosomen kein Chiasma auf, was ihre normale Verteilung aber nicht behindert; ein Bivalent besitzt nie mehr als zwei Chiasmen; sind zwei vorhanden, dann liegen sie eng benachbart, was einer negativen Interferenz gleichkommt.

4. Die Entstehung von Chromosomen- und Genmutationen.

DARLINGTON (1950) widmet dem Zusammenhang von Chromosomenbruchgeschehen und Nucleinsäurestoffwechsel des Chromosoms eine kleine Studie. Er weist darauf hin, daß Chromosomenbrüche gegen Ende des Ruhekernstadiums am leichtesten, am schwersten zwischen Meta- und Telophase eintreten. Die Rekombinationen verhalten sich gerade umgekehrt. Der Grund für beide Verhaltensweisen ist in der zunehmenden Anlagerung von Nucleinsäure gegen die Metaphase hin zu suchen, wodurch die Rekombination der Chromosomen erleichtert, das Auftreten von Fragmentationen aber erschwert wird. Chromosomenaberrationen hängen vermutlich immer mit Störungen der Nucleinsäureversorgung des Chromosoms zusammen.

Eine gegenüber der Fragmentation besonders empfindliche Stelle des Chromosoms dürfte das Centromer sein, da es „Nucleinsäure-ungeschützt" ist. LIMA-DE-FARIA (1949 und 1950) untersucht unter diesem Aspekt das Centromer bei *Secale* und *Agapanthus* cytologisch. Die Fehlteilung des Centromers, auf die DARLINGTON immer wieder hinweist, führt zur Bildung von telozentrischen und von Isochromosomen.

MARQUARDT (1950, 1, 2) gibt eine zusammenfassende Darstellung der Typen von Chromosomenaberrationen und der Methoden ihrer Analyse. Im Anschluß daran stellt er die bisherige Auffassung über die Bruchentstehung dar und versucht unter Berücksichtigung jüngster Experimente, in denen verschiedene mutationsauslösende Agentien kombiniert werden, eine neue Interpretation des Mutationsgeschehens. Der Begriff des potentiellen Bruches und seiner einheitlichen Natur ist ersetzt durch den Begriff der Lockerstelle. Sie stellt eine Bindung zwischen Untereinheiten des Proteinskelettes dar, die im Normalzustande bereits vorliegt und unter bestimmten spontan eintretenden oder experimentellen Bedingungen gelockert werden kann, wobei sie längere Zeit im aktivierten Zustand zu bleiben vermag. Die Lockerung kann sehr verschiedene Grade einnehmen. Diese entscheiden über das Verhalten der betreffenden Chromosomenstellen in der folgenden Rekombinationsphase. Der Vorzug dieser Interpretation liegt in der Beachtung der Tatsache, daß das Eintreten von Brüchen und jeglichen Mutationsvorgängen mit dem Stoffwechselgetriebe der Zelle und dem jeweiligen physiologischen Zustand verknüpft ist. Die neue Auslegung des Bruch- und Rekombinationsgeschehens steht nicht im Gegensatz zur biophysikalischen Deutung, sondern erweitert sie und vermag dadurch der Vielfalt der experimentellen Beobachtungen an spontanen, strahlen- und chemisch-induzierten Chromosomenmutationen besser gerecht zu werden.
Die Kenntnis der Grundlagen von Mutationsvorgängen am Chromosom ist deshalb von großer Wichtigkeit, weil sie die Vorstellungen mit-

bestimmt, welche über die Natur der Genmutationen gebildet werden können. Hier scheint sich immer mehr die Auffassung durchzusetzen, daß kein grundsätzlicher Unterschied zwischen Chromosomen- und Genmutationen besteht. Es sind zahlreiche Fälle bekanntgeworden, in denen die Mutation des Gens nur auf der Verlagerung eines bestimmten Chromosomenstückes beruht. Zwar beschreibt KAPLAN (1950) Röntgenbestrahlungsversuche an Gerste, in denen sich die Größe der F_1-Spaltungen — diese sollen die Genmutationen erfassen — unter verschiedenen physiologischen Bedingungen als unveränderlich erweist, während die Zahlen der sterilen F_1-Pflanzen und der Wurzeln mit Chromosomenbrüchen — damit sollen die Chromosomenmutationen erfaßt werden — je nach Behandlung statistisch gesichert schwanken, aber unseres Ermessens müßten die cytologischen Grundlagen solcher Analysen noch stärker vertieft bzw. erweitert werden, wenn die Befunde eine „Unterschiedlichkeit des Wesens beider Mutationsmechanismen" für jedermann beweisen sollten.

Den unmittelbaren Zusammenhang der Änderung eines Merkmals, das auf einem „Gen" beruht, mit einer chromosomalen Mutation, nämlich einer Translokation, zeigt LAMPRECHT (1949) bei der Erbse. Nach HAGBERG und TJIO (1950) sowie TJIO und HAGBERG (1949) beruht die Mutante *erectoides* 1 und 7 der Gerste „golden barley" auf einer chromosomalen Änderung in der Nähe eines Translokationspunktes; beide *erectoides*-Mutanten sind homozygote Translokationsformen.

Unvergleichlich tiefe Einblicke in das Mutationsgeschehen und die cytologische Grundlage der Gene vermittelt uns McCLINTOCK (1950). In konsequenter Weiterführung ihrer früheren cytogenetischen Untersuchungen am Mais (McCLINTOCK, 1944) gelangt sie zu Entdeckungen, welche der Cytogenetik völlig neue Aspekte liefern. Die Beobachtungen beziehen sich auf die sogenannten „mutablen Loci". Am leichtesten kann man sie erfassen, wenn die betreffenden Genwirkungen als Farben oder andere gut sichtbare Merkmale in Erscheinung treten. Es sind vor allem folgende Loci zu nennen: c (colour, Endosperm), wx (waxy, Endosperm), yg_2 (yellow green, Blatt), y (yellow, Blatt), pyd (pale-yellow, Blatt). Mutationen dieser Loci treten als Farbsprenkelungen (variegation) (mit Ausnahme von waxy), häufig als Mosaikmuster und in günstigen Fällen als Zwillingsflecken verschiedener Beschaffenheit zutage. Aus der Größe und der Lage der Änderungen läßt sich der Zeitpunkt der Mutation während der Entwicklung bestimmen. McCLINTOCK kann zunächst feststellen, daß die Mutation solcher Loci eintritt, wenn der Locus Ds in den kurzen Arm des Chromosoms 9 zu liegen kommt. Er erhielt seinen Namen „Dissociation-Locus", weil die zunächst gefundene Wirkung darin besteht, daß ein Bruch in diesem Arm entsteht. Der Bruch ruft eine „Genmutation" hervor, indem das centromerenlose Chromosomenstück als Fragment verlorengeht und die Wirkungen der Loci, die im unbeschädigten Chromosom liegen, in Erscheinung treten. Sind diese Loci (in einer heterozygoten Pflanze) die recessiven, so ändert sich das entsprechende Merkmal, indem z. B. auf sonst roten Körnern weiße Flecken gebildet werden.

Die genannte Fähigkeit des Ds-Locus kann aber nur wirksam werden, wenn die betreffende Zelle den Faktor Ac (activation) besitzt. Ac wirkt nicht auf den ds-Locus, und in ac-Pflanzen tritt Ds nicht in Funktion.

Die Art der phänotypisch sichtbaren Mosaikmuster ließ McClintock zu dem Schluß kommen, daß es verschieden wirksame Formen (states), verschiedene Zustände von Ac und Ds geben muß. Der genetisch bestimmbare Zustand von Ac legt die Zeit in der Entwicklung fest, zu der Ds in Funktion tritt, und der Zustand von Ds entscheidet über die Häufigkeit und den Ort der dissociation-Mutation. Daneben spielt aber auch die Zahl der vorhandenen Ac, ihre Dosis, eine Rolle. Je mehr Ac, um so später tritt eine Mutation auf. Verschiedene Zustände und verschiedene Dosen der Ac lassen sich kombinieren, wobei McClintock das bedeutsame Resultat erhält: Ac besteht aus Untereinheiten (subunits), die innerhalb des Locus wechseln können. McClintock sagt: „Der Zustand jedes einzelnen Ac ist ein Ausdruck der Zahl von reduplizierten Einheiten, die in diesem Locus vorhanden sind." Auch für Ds kann McClintock den Aufbau aus kleineren Teilen beweisen.

Gerät Ds durch Translokation eines kleinen Chromosomenstückes, das den Ds-Locus trägt, in die Nähe von dem Gen C, dann wird dieses unter der Wirkung von Ds recessiv und bildet das Merkmal von c. Aber gleichzeitig stellt man fest, daß c damit auch mutabel geworden ist und immer wieder zu C mutiert. Dieser Mutationsschritt geschieht unter der Wirkung einer erneuten Entfernung des Ds-Locus (Positionseffekt), die ihrerseits je nach dem Zustand des Ds-Locus verschieden häufig erfolgt.

Schließlich kann McClintock auch für die Loci c und wx beweisen, daß sie aus Untereinheiten bestehen. Unter der Wirkung von Ac mutieren c bzw. wx zu C bzw. Wx. Der Mutationsvorgang besteht in einer Vermehrung der Zahl der Untereinheiten. Bei dem Übergang von c zu C treten auch Zwischenstufen auf, die an der Kornfarbe erkannt werden. Es erscheinen dabei reziprok verschiedene Zwillingsflecken, die nur so erklärbar sind: In der Mitose tritt gelegentlich eine ungleiche Verteilung der Untereinheiten der C- bzw. Wx-Loci auf, d. h. es muß ein ungleiches, mitotisches crossover innerhalb des Locus stattfinden, wobei zufällig verschiedene Zahlen von Untereinheiten den neuen Loci zugeteilt werden. Die Mutation innerhalb eines Locus beruht also auf einem somatischen crossing-over, das zu ungleichen Teilen führt.

Die kurz dargestellten Ergebnisse über die mutablen Loci sind durch cytogenetische Arbeiten fundiert, deren Fülle ungemein beeindruckend ist. Ergänzend zu den Resultaten, die einen gleich guten Einblick in die inneren Ursachen der Mutabilität wie in den Aufbau eines Gens bzw. eines Locus geben, muß der Befund McClintocks noch referiert werden, daß der Ac-Locus heterochromatischer Natur ist. Wir dürfen hoffen, daß dieser Befund mithelfen wird, unsere Unkenntnis über die Bedeutung dieses Chromatins gesichertem Wissen weichen zu lassen. Goldschmidt (1950) interpretiert die McClintockschen Befunde. Er erinnert an die alten Versuche von Lilienfeld an der schlitzblättrigen Malve, deren Genlabilität nach den Befunden McClin-

TOCKS noch viel eindrucksvoller geworden ist. Er zeigt auch, wie die Geschlechtsverhältnisse bei *Lymantria* unter dem Aspekt verschiedener Quantitäten und Dosen der Gene aufzufassen sind, und betont dabei die Tatsache, daß das Heterochromatin eng mit den geschlechtsbestimmenden Loci verbunden ist. In einer Schrift über „Heterochromatic Heredity" legt GOLDSCHMIDT (1949) seine Meinung über die genetische Rolle des Heterochromatins im einzelnen dar, wobei er seine Experimente über den „podoptera effekt" (Veränderung des *Drosophila*-Flügels in einen beinartigen Anhang) als Grundlage verwendet. Die Wirkung des Heterochromatins bezieht sich danach vor allem auf die Grundprozesse des Wachstums und der frühen Entwicklung; heterochromatische Loci stehen nicht im Verhältnis echter Allelie, sondern bewirken das zugehörige Merkmal durch „a sort of generalized, unspecific effect with results in interaction of a pseudoallelic type between different loci". Die großen heteropyknotischen Heterochromatinteile sollen einen quantitativ steigernden oder hemmenden Einfluß bei der Wirkung der heterochromatisch lokalisierten Gene ausüben. Es kann kein Zweifel bestehen, daß alle diese Befunde und Hypothesen wertvolle Anregungen für die cytogenetische Forschung bieten werden.

Literatur.

ABEGG, F. A., D. STEWARD u. G. H. COONS: Proc. fourth general meeting americ. soc. sugar beet technologists **1946**, 223—229. — ANDERSSON, E.: Hereditas (Lund) **33**, 301—347 (1947). — ATCHISON, E.: Amer. J. Bot. **34**, 407—414 (1947).

BABCOCK, E.: Adv. Genet. **1**, 69—93 (1947). — BANNAN, N. W.: Canad. J. Res. C **25**, 59—72 (1947). — BAUMGART, D. C.: J. Hered. **40**, 25—28 (1949). — BERGMAN, B.: Herditas (Lund) **36**, 297—320 (1950). — BERNSTRÖM, P.: Hereditas (Lund) **36**, 492—506 (1950). — BOSEMARK, N. O.: Herditas (Lund) **36**, 366—368 (1950). — BRABEC, F.: Planta (Berl.) **37**, 57—95 (1949). — BROWN, M. S.: Amer. J. Bot. **34**, 384—388 (1947) — Evolution **5**, 25—41 (1951). — BROWN, W. L.: Genetics **34**, 524—536 (1949). — BURNHAM, C. R.: Proc. nat. Acad. Sci. USA. **35**, 349—359 (1949) — Genetics **35**, 446—481 (1950).

CHASE, S. S.: Genetics **34**, 328—332 (1949). — CHIN, T. C., u. H. W. YOUNGKEN: Amer. J. Bot. **34**, 401—407 (1947). — CHRISTIANSEN, H.: Danske Vid. Selsk. Biol. Med. **18** (1950). — CHRISTIANSEN, W.: Biol. Zbl. **68**, 369—384 (1949). — CLARK, A. M., u. J. C. MITCHELL: J. of exper. Zool. **117**, 489—498 (1951). — CLELAND, R. E.: Sci. Monthly **68**, 35—41 (1949) — Evolution **5**, 165—176 (1951).

D'AMATO, F.: Caryologia **2**, 71—84 (1949). — DARLINGTON, C. D.: Pubbl. Staz. Zool. Napoli **22**, 22—31 (1950). — DARLINGTON, C. D., u. L. F. LA COUR: Heredity **4**, 217—248 (1950). — DARLINGTON, C. D., J. B. HAIR u. R. HURCOMBE: Heredity **5**, 233—252 (1951). — DARROW, G. M.: Sci. Monthly **70**, 211—219 (1950). — DUNCAN, R. E., u. J. G. ROSS: J. Hered. **41**, 259—268 (1950).

EHRENBERG, C. E.: Hereditas (Lund) **35**, 1—26 (1949). — EHRENDORFER, F.: Österr. bot. Z. **96**, 109—138 (1949). — EHRENSBERGER, R.: (a) Biol. Zbl. **67**, 537—546 (1948) — (b) Z. Naturforsch. **3b**, 120—125 (1948). — EIGSTI, O. F.: Lloydia **10**, 65—114 (1947). — EKDAHL, I.: Hereditas (Lund) **35**, 397—421 (1949). — ELLIS, G. H., L. F. RANDOLPH u. G. MATRONE: J. agric. Res. **72**, 123—130 (1946). — ERNST-SCHWARZENBACH, M.: Arch. Klaus-Stiftg. **25**, 483—488 (1950).

FAVARGER, C.: Arch. Klaus-Stiftg. **25**, 472—477 (1950). — FERNANDES, A.: Genetica Iberica **2**, 149—174 (1950). — Boletim da Sociedade Broteriana **25**, 113—190 (1951). — FINCHAM, J. R. S.: Ann. of Bot. **13** (1949) — J. Genet. **50**, 221—229 (1951). — FRANKEL, O. H.: (a) Heredity **3**, 163—194 (1949); (b) **3**, 293—317 (1949); **4**, 103—116 (1950). — FRÖST, S.: Hereditas (Lund) **34**, 255—256 (1948).

GAGNIEU, A.: Ann. agronomiques **1947**, 1—28 — Ann. Biol **24**, 321—350 (1948). — GERSTEL, D. V.: Agronomy J. **42**, 310—311 (1950). — GERSTEL, D. V., u. MISHANEC: Bot. Gaz. **112**, 96—106 (1950). — GOLDSCHMIDT, R.: Hereditas (Lund) Suppl.-Vol., 244—255 (1949) — Amer. Naturalist **84**, 437—455 (1950). — GRANHALL, I., A. GUSTAFSSON, FR. NILSSON u. E. J. OLDÉN: Herditas (Lund) **35**, 269—279 (1949). — GUSTAFSSON, A.: Lunds Universitets Arsskrift, N. F. **42** u. **43**, 370 pp (1946, 1947) — Hereditas (Lund) **33**, 1—100 (1947); **34**, 1—22 (1948).

HAGBERG, A., u. J. H. TJIO: Hereditas (Lund) **36**, 487—491 (1950). — HÅKANSSON, A.: Hereditas (Lund) **34**, 35—59, 233—247 (1948); **35**, 375—389 (1949); **36**, 39—59 (1950). — HÅKANSSON, A., u. S. ELLERSTRÖM: Hereditas (Lund) **36**, 256—296 (1950). — HANSON, W. D., u. H. H. KRAMER: Genetics **34**, 687—700 (1949). — HARTE, C.: (a) Z. Vererbungslehre **82**, 495—640 (1948) — (b) Biol. Zbl. **67**, 504—510 (1948). — HARTUNG, M. E.: Amer. J. Bot. **33**, 516—531 (1946). — HERMANN, G.: Planta (Berl.) **35**, 177—187 (1947). — HIORTH, G.: Biol. Zbl. **66**, 20—41 (1947) — (a) Z. Vererbungslehre **82**, 1—11 (1948); (b) **82**, 230—275 (1948). — HIRSCH, H. E.: Amer. J. Bot. **36**, 113—121 (1949). — HOWARD, H. W.: Nature (Lond.) **168**, 477 bis 478 (1951). — HUSKINS, C. L., u. C. F. SANDERS: Canad. J. Res. C **27**, 332—347 (1949).

INLÉN, U.: Hereditas (Lund) **36**, 151—160 (1950).

JOHNSSON, H.: Hereditas (Lund) **35**, 115—135 (1949); **36**, 205—219 (1950).

KAPLAN, R. W.: Z. Vererbungslehre **83**, 203—219 (1949) — Naturwiss. **37**, 546—547 (1950). — KECK, D. D.: Proc. Calif. Acad. Sci. **25**, 421—468 (1946). — KIELLANDER, C. L.: Hereditas (Lund) **36**, 513—516 (1950). — KRAMER, H. H.: J. Amer. Soc. Agronomy **39**, 181—191 (1947). — KUCKUCK, H., u. A. LEVAN: Züchter **21**, 195—205 (1951).

LAMM, R.: Hereditas (Lund) **34**, 280—288 (1948); **37**, 356—372 (1951). — LAMPRECHT, H.: Agri Hort. Genetica **7**, 85—95 (1949); **8**, 163—184 (1950); **9**, 3/4, 107—134 (1951). — LAMPRECHT, H., u. H. MOKOS: Agri Hort. Genetica **8**, 153—162 (1950). — LAMPRECHT, H., u. V. SVENSSON: Agri Hort. Genetica **7**, 96—111 (1949). — LAWRENCE, W. E.: Amer. J. Bot. **34**, 538—545 (1947). — LEIN, A.: Züchter **19**, 6—9 (1948/49). — LESIK, F. L.: (a) Doklady Akad. Nauk SSSR. **60**, 145—147 (1948); (b) **60**, 299—300 (1948). — LESLEY, M. M.: J. Hered. **41**, 26—28 (1950). — LEVAN, A.: Hereditas (Lund) **30**, 225—230 (1944). — LEWIS, H.: Evolution **5**, 142—157 (1951). — LIMA-DE-FARIA, A.: Hereditas (Lund) **35**, 422—444 (1949); **36**, 60—74 (1950). — LINNERT, G.: Chromosoma **3**, 328—356, 399—417 (1949). — LOVE, R. M.: J. Amer. Soc. Agronomy **39**, 41—46 (1947). — LÖVE, A.: Cariologia **3**, 263—284 (1951). — LÖVE, A., u. D. LÖVE: Hereditas (Lund) **29**, 145—163 (1943) — Portug. Acta Biol., Ser. A., R. Goldschmidt Volumen, 273—352 (1949). — LÖWENSTEIN, J. PRINZ zu: Z. Pflanzenzüchtg. **31**, 104—133 (1951). — LUNDQVIST, A.: Hereditas (Lund) **33**, 570—571 (1947).

MACARTHUR, J. W., u. L. P. CHIASSON: Genetics **32**, 165—177 (1947). — MANGELSDORF, P. C.: Adv. Genet. **1**, 161—207 (1947). — MANTON, J.: Univ. Press (Cambridge) **11** (1950). — MARQUARDT, H.: Z. Vererbungslehre **82**, 415—429 (1948) — Chromosoma **4**, 232—238 (1951). — MATSUURA, H.: Chromosoma **4**, 284—297 (1951). — McCLINTOCK, B.: Genetics **29**, 478—502 (1944) — Proc. nat. Acad. Sci. USA. **36**, 344—355 (1950). — McFADDEN, E. S., u. E. R. SEARS: J. Hered. **37**, 81—89, 107—116 (1946). — MELCHERS, G., Z. Naturforchg. **1**, 160—165 (1946). — MOFFETT, A. A., u. R. HURCOMBE: Heredity **3**, 369—373 (1949). — MORGAN jr., D. T.: Genetics

35, 153—174 (1950). — MÜNTZING, A.: (a) Hereditas (Lund) **34**, 161—180 (1948); (b) **34**, 435—442 (1948); **36**, 507—509 (1950); **37**, 17—84 (1951). — MÜNTZING, A., u. S. AKDIK: Hereditas (Lund) **34**, 248—250 (1948). — MÜNTZING, M., u. A. LIMA-DE-FARIA: Hereditas (Lund) **35**, 253—268 (1949). — MYERS, W. M.: Bot. Rev. **13**, 319—367, 369—421 (1947).

NIELSEN, E. L.: J. Amer. Soc. Agron. **39**, 822—827 (1947). — NILSSON, E.: Hereditas (Lund) **36**, 181—204 (1950). — NISSEN, Ø.: Agronomy J. **42**, 136—144 (1949). — NOGGLE, G. R.: Lloydia **9**, 153—173 (1946). — NORDENSKIÖLD, H.: Hereditas (Lund) **35**, 190—202 (1949). — NYGREN, A.: Hereditas (Lund) **34**, 113—134 (1948); (a) **35**, 27—32 (1949); (b) **35**, 285—300 (1949); **37**, 373—381 (1951).

OEHLKERS, F.: Proc. 8th Int. Congr. Genetics **1950**, 635. — OLSSON, G., u. B. RUFELT: Hereditas (Lund) **34**, 351—365 (1948). — ÖSTERGREN, G.: Hereditas (Lund) **33**, 261—296 (1947).

QUADT, F.: Z. Pflanzenzüchtg. **28**, 1—22 (1949).

REESE, G.: Planta (Berl.) **38**, 324—376 (1950). — RENNER, O.: Z. Naturforschg. **3b**, 188—196 (1948) — Z. Vererbungslehre **83**, 1—25 (1949).— ROMAN, H.: Genetics **32**, 391—409 (1947). — ROMAN, H., u. A. J. ULLSTRUP: Agronomy J. **43**, 450—454 (1951). — RUDORF, W.: Z. Pflanzenzüchtg. **29**, 35—54 (1950). — RUSSELL, W. A., u. C. R. BURNHAM: Sci. Agricult. **30**, 93—111 (1950).

SÁNCHEZ-MONGE, E., u. J. MACKEY: Hereditas (Lund) **34**, 321—337 (1948). — SAX, H. J., u. K. SAX: J. Arnold Arboretum **28**, 137—140 (1947). — SCHERRER, H.: Planta (Berl.) **37**, 293—298 (1949). — SCHWANITZ, F.: Züchter **19**, 70—86 (1948/49); (a) **19**, 221—232 (1949); (b) **19**, 344—359) (1949); (a) **20**, 53—57 (1950); (b) **20**, 76—81 (1950); (c) **20**, 131—135 (1950); (d) **20**, 208—209 (1950); (a) **21**, 30—36 (1951); (b) **21**, 65—75 (1951). — SCHWANITZ, F., u. H.: Züchter **20**, 336—346 (1950). — SCHLÖSSER, L. A.: Planta (Berl.) **37**, 535—564 (1949). — SCOTT, D. H.: Genetics **36**, 311—331 (1951). — SMITH, L.: Agric. Res. **73**, 137—158 (1946) — Genetics **32**, 341 bis 349 (1947). — SPARROW, R. C., u. A. H. SPARROW: Amer. Naturalist **84**, 477—488 (1950). — STEBBINS jr., G. L.: Adv. Genet. **1**, 403—429 (1947) — Science (N. Y.) **108**, 95—98 (1948) — Evolution **3**, 188—193 (1949) — Columbia Univ. Press., New York, sec. ed. 1951. — STEBBINS jr., G. L., u. R. SINGH: Amer. J. Bot. **37**, 388—393 (1950). — STEBBINS jr., G. L., u. M. S. WALTERS: Portug. Acta. Biol., Ser. A, Goldschmidt Vol. (1949) — Amer. J. Bot. **36**, 291—301 (1949). — STELZNER, G.: Züchter **19**, 331—333 (1949). — STEPHENS, S. G.: Bot. Rev. **16**, 115—149 (1950). — STEWART, R. N.: Proc. Amer. Soc. Hort. Sci. **57**, 408—410 (1951). — STRAUB, J.: Z. Naturforschg. **1**, 342—345 (1946). — SUOMALAINEN, E.: Ann. Acad. Sci. Finn. A **4**, 1—65 (1947) — Hereditas (Lund) **35**, 86—108 (1949). — SWANSON, C. P.: Quart. Rev. Biol. **26**, 281—282 (1951).

THOMPSON, D. L., u. J. E. GRAFIUS: Agronomy J. **42**, 298—303 (1950). — TISCHLER, G.: Z. Naturforsch. **1**, 157—159 (1946). — TJIO, H. J., and A. HAGBERG: An Estacion exp. Aula Dei **2**, 149—167 (1951). — TSCHERMAK, E.: Naturwiss. **30**, 44/45 (1942). — TYSDAL, H. M.: Agronomy J. **42**, 351—355 (1950).

UNRAU, J.: Sci. Agricult. **30**, 66—89 (1950).

VAARAMA, A.: (a) Acta Agralia Fennica **67**, 2, 55—93 (1947) — (b) Hereditas **33**, 422—424 (1947); (a) **34**, 147—160 (1948) — (b) Nature (Lond.) **162**, 782—783 (1948) — Hereditas (Lund) **35**, 136—162 (1949). — VENKATARAMAN, T. S.: Current Sci. **18**, 218 (1949). — VIVEIROS, A.: Portug. Acta Biol., Ser. A, Goldschmidt Vol. 200—230 (1949).,

WALTERS, M. S.: Genetics **35**, 11—37 (1950). — WANNER, H., u. A. BRUHIN, A.: Arch. Klaus-Stiftg. **24**, 155—161 (1949). — WESTERGAARD, M.: Hereditas (Lund) **34**, 257—279 (1948). — WINGE, O., u. A. VAN LEEUWENHOEK: J. Microbiol. a. Serol. **12**, 129—132 (1947). — WITSCH, H. v.: Nachr. Akad. Wiss. Göttingen, Math.-Phys. Kl 21 (1950). — WULFF, H. D.: Z. Naturforschg. **1**, 600—603 (1946) — Züchter **21**, 123—132 (1951).

ZHEBRAK, A. R.: Doklady Akad. Nauk SSSR. **68**, 393—396 (1949). — ZUKUVSKY, P. M.: Doklady Akad. Nauk SSSR. **69**, 261—263 (1949).

18. Wachstum und Bewegung.

Von Hermann von Guttenberg, Rostock.

Die Fülle an Literatur, die in den letzten zehn Jahren über das Wachstumsproblem veröffentlicht wurde, erschwert es sehr, einen Bericht zu bieten, der diese Zeit wenigstens einigermaßen überbrückt. Ref. mußte sich daher noch mehr als in anderen Jahren Beschränkung auferlegen, die z. T. auch dadurch bedingt ist, daß die Literatur äußerst zerstreut und somit schwer erhältlich ist. Daher mußte z. T. auf in der Zwischenzeit erschienene zusammenfassende Darstellungen zurückgegriffen werden. Von solchen sind besonders zu nennen: der Sammelband „Plant Growth Substances"[1], ein Artikel von Audus[2] und eine Darstellung von Linser[3]. Ein weiteres Sammelwerk „Plant Hormones"[4] stand mir leider nicht zur Verfügung. Bei der Besprechung der Wuchsstoffe wurden Arbeiten rein entwicklungsphysiologischen Inhaltes nicht behandelt, da dies an anderer Stelle geschieht.

1. Wachstum.

Die Natur der Wuchsstoffe. Zu den wichtigsten Aufgaben der Wuchsstofforschung gehört die Klärung der Natur der Streckungswuchsstoffe (Wst. e), die heute von der Mehrzahl, insbesonders der angelsächsichen Autoren als Auxine bezeichnet werden. Der Vorschlag von Friedrich (vgl. Fortschr. Bot. **12**), dafür den weniger mißverständlichen Ausdruck Auxone zu verwenden, hat sich leider nicht durchgesetzt. Es muß also im folgenden zwischen Kögls Auxin (A.) und β-Indolessigsäure (IES = Heteroauxin, H.A.) unterschieden werden. Wie schon im letzten Referat berichtet wurde, ist an der universellen Verbreitung des H.A. nicht mehr zu zweifeln. Gleich dem Ref. (vgl. Fortschr. Bot. **12**) fanden verschiedene Autoren IES besonders in Samen; aus Maiskörnern wurde sie u. a. von Haagen Smit, Leech und Bergren, ferner von Berger und Avery jr., von Dandliker sowie von Haagen Smit, Dandliker, Wilken und Murneek zum Teil sogar in kristallinem Zustand aus Extrakten gewonnen. In diesen wurde dabei stets nur ein geringer Prozentsatz des an sich vorhandenen Wst.s erfaßt, da neben freiem, unmittelbar extrahierbarem Wst. stets noch eine größere Menge vorkommt, die an Eiweiß gebunden ist.

Auf Grund dieser und eigener Befunde kamen, wie schon im letzten Bericht kurz geschildert wurde, Bonner und seine Mitarbeiter zu der

---

[1] Plant Growth Substances, ed. Folke Skoog, Univ. of Wisconsin Press 1951.
[2] Audus, L. J.: Biol. Rev. **24** (1949).
[3] Linser, H.: Verh. zool.-bot. Ges. Wien **92** (1951).
[4] Plant Hormones (Growth of Plants), Reinhold Publ. New York 1948.

Auffassung, daß die IES der einzige oder wenigstens der maßgebliche Wst. der Pflanzen sei. Nunmehr liegen zwei weitere Studien dieses Arbeitskreises über die chemische Natur des Streckungs-Wst.s vor. WILDMAN und MUIR untersuchen den Wst. von Samenanlagen des Tabaks und anderer Objekte, WILDMAN und BONNER nochmals den der *Avena*-Koleoptile. Dabei wird eine neue Gewinnungsmethode angewendet, die den Vorzug hat, enzymatische Umsetzungen während der Extraktion, für die stets Äther verwendet wird, zu vermeiden. Das Material wird erst in flüssiger Luft vereist, dann im Vakuum in gefrorenem Zustand getrocknet, wozu ein „lyophil apparatus" nach CAMPBELL und PRESSMAN verwendet wird. Das Material wird dann kalt zermahlen und im Vakuum im Dunklen über P_2O_5 aufbewahrt. Auch die anschließende Ätherextraktion erfolgt bei $0°$. Diese erst von LINK, EGGERS und MOULTON verwendete Methode hat den Vorzug, die Wirkung der Enzyme auszuschalten, die aus Tryptophan IES erzeugen. Frühere Diffusionsversuche von MUIR hatten ergeben, daß Samenanlagen wenige Tage nach der Befruchtung im *Avena*-Test sehr wirksam sind; sie bewirken in vier Stunden einen Winkel von $21{,}2°$. Die Extrakte ergaben sehr verschiedene Resultate je nach der Extraktionstemperatur und dem Wassergehalt des Äthers. Bei $0°$ kann weder mit trockenem noch mit „feuchtem" (frisch gewonnenem) Äther (Wassergehalt 5%) Wst. extrahiert werden, wohl aber mit feuchtem Äther bei $23°$. Es muß also während der Extraktion ein enzymatischer Prozeß verlaufen, der Wst. frei macht. Bei Zusatz von Tryptophan wird der Effekt etwas gesteigert, Cyanide hemmen die Wst. Produktion bis zu 78%; dies entspricht früheren Versuchen von WILDMAN, FERRI und BONNER, in welchen die Umwandlung von Tryptophan zu IES in Spinatblättern durch Cyanide gehemmt war. Es liegt also offenbar in beiden Fällen dasselbe Enzymsystem vor. Durchaus entsprechende Ergebnisse wurden an etiolierten Mais- und *Avena*-Koleoptilspitzen, grünen Tomatenstengelspitzen und Karottengewebe erzielt. WILDMAN und BONNER untersuchten mit der gleichen Methode *Avena*-Koleoptilen noch ausführlicher. Bei $0°$ erhält man aus deren Spitzen (5 mm) mit Äther nur etwa die Hälfte des bei $23°$ extrahierbaren Wst.s und etwa 20% des diffusiblen. Die rückwärtigen Koleoptilzonen enthalten weniger davon. Ferner wurde Spitzenbrei auf p_H 7 gepuffert, zentrifugiert und dem zellfreien Saft Tryptophan zugesetzt. Nach $3^1/_2$ stündiger Inkubation wurde getestet. Dabei ergaben sich nach Ansäuerung im *Avena*-Test negative Krümmungen; war der Saft aber vorher erhitzt worden, so blieb nur $^1/_6$ der Wirkung erhalten. Demnach besitzen auch *Avena*-Koleoptilspitzen ein aus Tryptophan IES frei machendes Enzym. Den höchsten Gehalt davon enthält wieder die Spitze. In „physiologischen" Spitzen (nach Dekapitierung) ist aber nur ein sehr geringer apikaler Wirkungsanstieg zu verzeichnen. Die kolorimetrische (SALKOWSKI-) Methode läßt den extrahierten Wst. als IES erkennen. Als Molekulargewicht wurde in Diffusaten 206 bestimmt, also 18% mehr als der IES entspricht; das Molekulargewicht des Auxin a liegt bei 328. Aus den Untersuchungen geht zweifellos hervor, daß die Koleoptilspitzen IES enthalten und durch Tryptophanabbau produzieren. Der Schluß aber, daß die Masse („bulk") des *Avena*-Wst.s aus H.A. bestehe, ist unzulässig. Erstens bleibt unbewiesen, daß der allein zur Extraktion benützte Äther alle Wst.e herauslöste, und zweitens wurde auch das Molekulargewicht in der Weise bestimmt, daß der Wst. erst aus dem Agardiffusat durch Äther ausgezogen wurde, so daß hierfür das gleiche gilt.

In diesem Zusammenhang ist ferner eine Arbeit von KRAMER und WENT zu nennen. Sie suchten den Diffusionskoëffizienten und damit das Molekulargewicht des Wst.s von Tomatensproßspitzen zu ermitteln. Dazu wandten sie die Extraktions- und Diffusionsmethode an, um zu erkennen, ob es sich bei beiden Gewinnungsmethoden um die gleiche Substanz handle. Die Extraktion erfolgte mit Äther bei 2°, die Diffusion durch Agarblöckchen, die schließlich an *Avena* getestet wurden. Erst aus 40 Tage alten Spitzen ließen sich namhafte Wuchsstoffmengen gewinnen. Der durchschnittliche Diffusionskoëffizient betrug $D_{23} = 0{,}617$, was einem Molekulargewicht von 201 entspricht, gegenüber 175 von Heteroauxin. Der extrahierte Wst. ergab einen ähnlichen Wert. Ein Säure-Laugen-Zerstörungsversuch zeigte, daß Säure den Wuchsstoff völlig zerstört; aber auch der einzige Laugenversuch ergab eine Abnahme bis auf 13%. Man wird demnach WENT zustimmen, wenn er H.A. als einen wesentlichen Anteil des Tomatenspitzen-Wst.s betrachtet, aber weitere Schlüsse lassen sich daraus nicht ziehen, da die Substanzen nicht gereinigt worden waren.

Die Versuche von WILDMAN und BONNER veranlaßten REINERT zu einer Nachuntersuchung. Auch er extrahierte *Avena*-Koleoptilspitzen mit Äther und verglich zunächst im *Avena*-Test die Wirksamkeit seiner Extrakte mit einer IES-Standardkurve. Dabei ergab sich, daß eine 3 mm lange Koleoptilspitze einen Wst.-Gehalt besitzt, der 43×10^{-12} g-Äquivalenten IES entspricht. Die Wirkungskurven des Extraktes und von IES erwiesen sich als identisch. Da sich der Extrakt gegen Kochen in NaOH meist (aber stark schwankend) widerstandsfähig erwies und überdies durch Erbsenenzym zerstört wird, betrachtet REINERT den gewonnenen Wst. als H.A., woran auch kaum zu zweifeln ist. Versuche mit dem Kressewurzeltest fielen in gleichem Sinne aus, wobei sich ergab, daß die Ansäuerung des Extraktes mit Essigsäure, wie sie MOEWUS (1) angewendet hatte, im Wurzeltest unzulässig ist, da diese Säure selbst hemmt. Ref. (noch unveröffentlicht) fand dies auch für andere Carbonsäuren bestätigt, und zwar hemmen diese Säuren stärker als anorganische, so daß ein spezifischer und nicht einfach ein p_H-Effekt vorliegt.

Die Frage, ob der Wst. der Pflanzen, im besondern der *Avena*-Wuchsstoff, nur IES ist, oder ob auch ein säurefester Wst. vorkommt, ist indessen auch durch REINERTs Versuche nicht entschieden. Er arbeitete, wie die amerikanischen Autoren, ausschließlich mit Ätherextrakten. Ref. fand (noch unveröffentlicht) bei Extraktion verschiedener Pflanzenteile, besonders an *Phaseolus*-Keimlingen, daß mit Äther fast ausschließlich H.A. gewonnen wird, wogegen Alkoholextrakte reichlich einen säurefesten Wst. enthalten. Dieser läßt sich aus dem Alkohol-rohextrakt nach Ansäuerung durch Äther abtrennen, während eine neutrale Phase des Rohextraktes einen Hemmstoff enthält.

In voller Übereinstimmung dazu stehen Versuche von LINSER (2), der sich der Adsorptionsanalyse bediente. Aluminiumoxyd nach BROCKMANN adsorbiert am oberen Ende der Säule aus Alkoholextrakten von Rosenkohl einen Wst., der sich mit NaOH eluieren läßt. Im Filtrat erscheint ein weiterer Wst., und zwar macht dieser etwa 70% des Gesamt-Wst.s aus, während die Säule nur 22% festhält. Der adsorbierte Wst. wurde mit Hilfe der Uroroseïnreaktion nach WEISS als H. A. erkannt. Beim Filtrat versagt diese Reaktion, es liegt hier also ein anderer Wst. vor, der noch nicht näher geprüft wurde. Doch wurde folgendes festgestellt. Das eingedampfte und mit Petroläther aufgenommene Filtrat wurde durch eine Säule von Puderzucker geschickt, der adsorbierte Anteil durch Auflösen des Zuckers und Ausschütteln mit Äther wiedergewonnen. Es zeigte sich, daß jetzt der oberste Säulenabschnitt einen Hemmstoff enthielt, die folgenden Säulenabschnitte aber einen fördernden Wst., der nur an der Säulenbasis, wo er sich stark konzentrierte, im *Avena*-Test auch positive Krümmungen ergab. Auffällig ist, daß der oberste Stoff (Hemmstoff) zwar an *Avena* positive Krümmungen bewirkt, aber an Koleoptilzylindern das Längenwachstum fördert. Wird nun Benzol als Lösungsmittel verwendet (Aluminiumoxydsäule), so erscheint im Filtrat viel weniger Wst., der meiste wird in der Säule festgehalten, woraus Ref. schließen möchte, daß Benzol viel mehr IES aus der Pflanze herauslöst als der Alkohol, dagegen weniger vom zweiten Wst. (A.?). Wir erhielten die gleiche Differenz bei Äther- und Alkohol-extraktionen.

JERCHEL und MÜLLER fangen IES mit Hilfe der Papierchromatographie auf. Der Nachweis gelingt durch Besprühen der trockenen Streifen mit Zimtaldehydlösung und anschließendes Einbringen in HCl-Atmopshäre, wobei Rotfärbung auftritt, oder durch Krokonsäure in Aceton, wobei nach HCl-Einwirkung rotbraune Färbung eintritt. Auch wird das Absorptionsspektrum des Eluates geprüft und der Kressewurzeltest durchgeführt. Es wird eine Methode zur Unterscheidung von Tryptophan angegeben. Aus Maiskörnern wurden je Gramm ~5 γ IES gewonnen, aus Harn 100 γ/Liter.

MOEWUS findet in schwarzen Johannisbeeren und Kirschen einen Wst., der durch Erbsenenzym zerstörbar ist, also dem H.A. entspricht. Bei reifen Früchten ruft Pankreatinzusatz zum Saft keine Wuchsstoffvermehrung hervor; somit ist gebundener Wst. in diesen nicht mehr vorhanden, dagegen wurde solcher in großer Menge (etwa 90%) in unreifen Früchten angetroffen. Saft unreifer Früchte kann beträchtliche Mengen von H.A. binden. In reifen Früchten ist entweder das zur Bindung notwendige Protein nicht mehr vorhanden, oder es liegen hier Hemmstoffe vor.

Als eine Vorstufe des H.A. hatte LARSEN (Fortschr. Bot. **12**) Indolacetaldehyd (IAA) entdeckt. Nunmehr untersuchte er (2) die Frage, ob dieser Stoff im *Avena*-Test direkt wirkt, oder ob seine Wirkung darauf beruht, daß er von der Testkoleoptile in IES umgewandelt wird. Es wird gezeigt, daß Koleoptilenbrei und -saft zugeführten, aus Tryptophan gewonnenen Aldehyd in die Säure verwandeln, dies aber nicht mehr geschieht, wenn der Saft vorher gekocht wurde. Es findet also eine enzymatische Umsetzung statt. Die durch den IAA erzielten Krümmungswinkel sind geringer als die, die man durch Säure entsprechender Konzentration erhält, ebenso das Wachstum von Koleoptilzylindern. Dabei ist aber nicht zu entscheiden, ob der IAA selbst eine bestimmte Wirkung hat, oder ob das Resultat auf einer nicht vollkommenen Oxydation zu Säure beruht. In einer weiteren Arbeit untersucht LARSEN (3) die Umwandlung von Naphthylacetaldehyd (NAA) zu Naphthylessigsäure (NES) durch Koleoptilspitzen. Er knüpft dabei an ASHBY an, der gefunden hatte, daß aus Wurzeln von *Artemisia Absinthium* ausgepreßter Saft ein Enzym enthält, das diese Umwandlung durchführt. Die Wurzeln werden durch Naphthylacetaldehyd im Wachstum gehemmt. Nach LARSEN (4) ist er aktiv im *Avena*-Test, nach VELDSTRA und BOOIJ auch im Erbsentest. Vergleichskurven zeigen, daß NAA bei Anwendung verschiedener Konzentrationen nur $^1/_{16}$ der Wirkung von NES hat. Synthetischer Aldehyd wird vom Koleoptilensaft bei p_H 5,8 und 22° im Dunklen sehr rasch in die Säure verwandelt. Daß eine enzymatische Reaktion vorliegt, ergibt sich wieder daraus, daß Kochen des Saftes die Wirkung aufhebt. Für zwei verschwindende Aldehydmoleküle erscheint nur ein Säuremolekül. Ein Teil des Aldehydes dürfte also auch hier nicht oxydiert, sondern adsorptiv gebunden werden. Die Wirkung der Aldehyde im *Avena*-Test ist bei IES, NES und Phenylessigsäure 11%, 0,4% und 7,3% der Säurewirkung. GORDON und SANCHEZ NIEVA (1, 2) beschäftigen sich· mit den Wst.n der *Ananas*. Sie verwenden die Basen der Blätter, die wenig Auxin, aber viel „precursor", d. h. Stoffe, die sich leicht in IES überführen lassen, enthalten, und benutzten als Extraktionsmittel Äther. Aus diesem wird durch Zusatz von $NaHCO_3$ eine neutrale und von HCl (p_H 2,8) eine saure Fraktion gewonnen und dann an *Avena* getestet. Der freie dabei gewonnene Wst. wird durch Säure gänzlich, durch Lauge zu $^3/_4$ zerstört. Erbsenenzym inaktiviert den Wst. völlig, die Diffusionsgeschwindigkeit ist die gleiche wie die des H.A., so daß an der Identität der Substanzen nicht gezweifelt werden kann. Das „neutrale Auxin" läßt sich wie bei LARSEN durch Erde, Milch oder Schardinger-Enzym in aktiven sauren Wst. verwandeln; die Substanz wird durch Säure und Lauge vollkommen zerstört und gibt Aldehydreaktionen. Danach ist so gut wie sicher, daß Indolacetaldehyd vorliegt. In einer zweiten Mitteilung werden physiologische Ergänzungen gebracht. Es zeigt sich, daß zwischen Säure und Aldehyd im Blatt enge Beziehungen bestehen. Die Säure entsteht in Extrakten aus Gewebebrei nur so lange, als Vorräte des Aldehyds vorhanden sind. Mit Aldehydreagenzien ist er auch im Brei direkt nachweisbar. Setzt man ihn diesem zu oder auch Indolbrenztraubensäure oder Tryptamin, so werden Aldehyd und Säure vermehrt. Die Blätter enthalten also offenbar ein Enzymsystem, das den Umsatz Tryptophan-IES durchführt.

Ashby und Clark empfehlen als neues Testobjekt die Keimwurzeln von *Artemisia Absinthium*. Diese sind über eine größere Spanne für Wst.e empfindlich als *Avena*-Koleoptilen. Es werden damit IES, 1-Naphthylessigsäure (NES) und ihre Aldehyde getestet. Alle vier Stoffe stimulieren das Wachstum von *Avena*-Koleoptilen und hemmen das der *Artemisia*-Wurzeln. Die Wurzelhemmung durch die Aldehyde beträgt nur $^1/_{10}$ der durch die zugehörigen Säuren verursachten; NAA hemmt nur $^1/_{10}$ so stark wie IAA. Von den Säuren hemmt die NES in höheren Konzentrationen schwächer als die IES, in niederen Konzentrationen dagegen stärker. Geprüft wurde der breite Bezirk zwischen $10^{-5}\,\gamma/\mathrm{l}$ und $10^5\,\gamma/\mathrm{l}$ $(= 10^{-14}\,\mathrm{g/ccm}$ und $10^{-4}\,\mathrm{g/ccm})$.

Außer den schon genannten Arbeiten, in denen bei der Extraktion von Pflanzenteilen neben IES noch ein zweiter, und zwar säurefester Wst. gewonnen wurde, der vielleicht dem Köglschen Auxin entspricht, liegen noch weitere Befunde vor, die dies bestätigen. Ich möchte zunächst auf eine Arbeit von Avery jr., Berger und White hinweisen, die erfolgreich mit Hydrolysemethoden arbeiteten. Versuchsobjekte waren Kohlsorten. Alkalische Hydrolyse (1 n-NaOH, p_{H} 12) unter Druck ergab Ausbeuten von 0,03 bis 0,075 mg-Äquivalenten IES je g Trockengewicht; bei saurer Hydrolyse (0,5 n-HCl) erhielten die Autoren gleichfalls beträchtliche, wenn auch etwas geringere Wst.-Mengen. Somit gibt es hier neben dem laugenfesten auch einen säurefesten Wuchsstoff. Berger und Avery jr. gewannen aus Maisendospermen einen Wst. ,,precursor'', der in Äther und absolutem Alkohol unlöslich ist, aber durch wäßrigen Alkohol und alkalische Hydrolyse extrahiert werden kann. Er ist zunächst inaktiv in *Avena*- und anderen Testen; erhitzt man ihn aber mit Alkali, so entstehen IES-Kristalle. Proteolytische Enzyme ergeben dagegen wenig aktiven Wuchsstoff. Der inaktive Wst. macht etwa 10% des durch alkalische Hydrolyse unmittelbar aus dem Endosperm gewinnbaren aus. Ob daneben noch andere Wst.e vorliegen, bleibt unentschieden. Dagegen erzielte Gordon aus Weizenkörnern wieder verschiedene Wst.e. Zunächst gelang es ihm, durch Trypsinbehandlung zu zeigen, daß Wst.e an verschiedene Eiweißkomponenten des Endosperms gebunden sind. Diese wurden erst durch Ätherbehandlung von freien Wst.en befreit und waren ohne das Enzym unwirksam. Auch gelang es, im Autoklaven durch alkalische Hydrolyse Wst.e zu gewinnen. Der Ätherextrakt der Körner enthält aber auch säurefeste, durch Alkali zerstörbare Wst.e, die nur an Globulin und ,,Proteose'' gebunden sind, während beiderlei Wst.e aus Protamin, Lutelin und Albumin zu gewinnen sind. Es scheinen also verschiedene ,,precursors'' vorzuliegen, die aus einem bestimmten Eiweiß und daran gebundenem Wst. bestehen (,,Auxinproteïne''). Auch Tsui findet, daß man aus getrockneten Tomatenpflanzen durch Säurehydrolyse (Optimum 0,6 mol HCl) Wst. extrahieren kann, daneben auch einen andern durch alkalische Hydrolyse. Beide nehmen bei Zinkmangel ab, die Pflanzen enthalten dann auch weniger Tryptophan.

In einer Reihe von Arbeiten beschäftigten sich Pohl und Tegethoff, Tegethoff sowie Pohl (1, 3, 4) mit dem in der Koleoptile aufsteigenden „inaktiven" Wst., und zwar bei Maiskeimlingen. Als Grundlage diente ihnen eine ältere Beobachtung Pohls (vgl. Fortschr. Bot. **6**), daß die Wst.-Abgabe der Koleoptilspitze von der Zufuhr eines Wst.s aus dem Endosperm abhängt. Da dieser nun als solcher zu nicht akropetaler Ausbreitung befähigt ist, muß er in einer veränderten Form als „inaktiver Wst." aufsteigen. Die Umwandlung vollzieht sich nach Voss (Fortschr. Bot. **9**) im Scutellum, in dem dieser auch einen Hemmstoff fand, den er als Wst.-Antagonisten betrachtet. Funke und Söding (vgl. Fortschr. Bot. **12**) fanden im Endosperm und im Scutellum ein Auxin, das sie für Auxin a halten, im Scutellum ferner einen H_2O_2-festen Wst. und einen Hemmstoff (Hst.). Diese beiden Stoffe scheinen sich ineinander verwandeln zu können; sie sind laugenbeständig, nicht aber säurefest. Diese Substanz, die „Antiauxin" genannt wird, soll im Scutellum aus dem Endospermauxin entstehen, in der Koleoptile aufsteigen und hier wieder in „Auxin" umgewandelt werden. Pohl und Tegethoff stellten sich nun die Aufgabe, den Scutellum-Hst. näher zu prüfen. Zu seiner Gewinnung wurden Kataphorese und Extraktion angewendet. Mit Hilfe einer geeigneten Apparatur gelang die kataphoretische Trennung aus Scutellumbrei, wobei der Hst. zur Anode wandert. Bei der Extraktion erwies sich Alkohol als bestes Lösungsmittel. An Kressewurzeln getestet, ergab ein Konzentrat des gewonnenen Hst.s eine starke Hemmung, die bei steigender Verdünnung erlosch, ohne in eine negative Wirkung umzuschlagen. Dies spricht für reinen Hst.-Charakter der Substanz. Bei Verdünnung eines Endospermextraktes dagegen schlägt anfängliche Hemmung der Testwurzeln in eine Förderung des Wachstums um, was für Wst.e charakteristisch ist. Der Scutellum-Hst. vermag sowohl den Endosperm-Wst. als auch zugesetzte IES zu inaktivieren und nimmt im Verlaufe der Keimung ab. Da auch der Endosperm-Wst. schwindet, kamen die Verf. zu der Vorstellung, daß die Abnahme (Inaktivierung) beider Stoffe dadurch zustande komme, daß sie sich zu einer neuen, dritten Substanz, dem „inaktiven Wst.", verbinden. Der Hemmstoff selbst erwies sich als nicht fettlöslich (Petroläther) und entspricht darin einem von van Overbeek sowie Overbeek, Davila Olivo und Santiago de Vasquez im Zuckerrohr aufgefundenen Hst. Er widersteht der Einwirkung von H_2O_2 und verliert durch Behandlung mit Essigsäure und Kalilauge seine Fähigkeit, H.A. zu inaktivieren. Hydrolyseversuche und das Verhalten gegen Ultrafeinstfilter machen es wahrscheinlich, daß die Wst.-Hst.-Verbindung (der inaktive Wst.) keine Eiweißverbindung ist; es wird vermutet, daß es sich um eine Esterbindung handelt. Der inaktive Wst. hat gleichfalls eine hemmende Wirkung, die jedoch schwächer ist als die des Hst.s allein. Stellt man den inaktiven Wst. dadurch her, daß man den Hst. entweder mit Endosperm-Wst. oder mit IES versetzt, so kann man durch Säure- und Alkalihydrolyse die zugesetzten Wst.e wieder frei machen; daraus wäre zu folgern, daß der Endosperm-Wst. IES ist. Daß diese der einzige Wst. des Endosperms ist, kann indessen nicht zutreffen, da, wie oben geschildert wurde, von mehreren Autoren (u. a. Guttenberg und Lehle Joerges, Fortschr. Bot. **12**) in diesem auch ein säurefester Wst. angetroffen wurde. Überdies hat POHL selbst früher gezeigt, daß der Wst.-Gehalt der Koleoptilspitze nur dann erhalten bleibt, wenn entleerte Endosperme mit Auxin a, nicht aber, wenn sie mit H.A. versorgt werden. Wichtig ist, daß die hemmende Wirkung des Hst.s durch Koleoptilspitzenbrei restlos ausgeschaltet wird, nicht aber, wenn der Brei vorher gekocht worden war. Es findet also in der Spitze ein enzymatischer Umbau des inaktiven Wst.s statt, bei dem ein aktiver Wst. entsteht. Aus einer weiteren Arbeit von POHL (3) ist folgendes zu entnehmen. Wäßrige Auszüge von *Avena*-Koleoptilspitzen bewirken je nach Zahl und Alter der Koleoptilen im Kressewurzeltest Hemmung oder Förderung; sie enthalten also Wuchsstoffe. Ein Extrakt von 10 solchen Koleoptilspitzen wird nunmehr mit dem durch Elektrodialyse gewonnenen Maisscutellum-Hst. vermischt. Dieser allein bewirkt eine 41,5%ige Hemmung. Im Gemisch wird diese nach 24 Stunden restlos aufgehoben, es bleibt nur der Hemmeffekt des Koleoptilenextraktes übrig. Diese Inaktivierung erfolgt nur zwischen p_H 6 und p_H 7, nicht bei p_H 5 und p_H 8, auch ist sie temperaturabhängig. Beides spricht für den enzymatischen Charakter des Vorgangs; er findet nur in den Spitzen, nicht aber in den tieferen Zonen der Koleoptile statt, und zwar auch dann nicht, wenn diese eine „physiologische Spitze" neu gebildet hat. Über den Hst. des Maisscutellums wird weiter berichtet, daß er eine neutral reagierende Substanz ist und das Wachstum von Kressewurzeln ähnlich hemmt wie H.A. $10^{-0} - 10^{-8}$ g/ccm; die Wirkungskurven decken sich fast. Doch fehlt dem Hemmstoff die für das H.A. charakteristische Förderung des Wurzelwachstums bei weiterer Verdünnung. IES und der Hst. verhalten sich nicht additiv. O_2 setzt die Wirksamkeit von Hst. und Wst. nach 1 bis 3 Tagen erheblich herab, nicht aber die des Gemisches beider Stoffe. Die zwischen diesen Stoffen beobachteten Ähnlichkeiten veranlassen nunmehr POHL (4) zu der Annahme, daß der Scutellumstoff Indolacetaldehyd sei. Er prüft solchen in reiner Substanz an Kressewurzeln und bekommt die gleiche Hemmwirkungskurve wie mit Scutellumhemmstoff. Danach hält er diese Stoffe für identisch; die Bezeichnung „neutraler Wst." dürfe für den IAA nicht mehr verwendet werden, er sei ein Hemmstoff. POHL sagt nichts darüber aus, wie er sich nunmehr den Zusammenschluß von IES und IAA zu einem inaktiven aufsteigenden Wst. vorstellt, den er früher als eine Esterverbindung angesehen hatte; es wäre über Indoläthylalkohol möglich. — Im Anschluß sei noch über eine weitere Arbeit von POHL (2) berichtet, die sich mit dem Wst.-Haushalt von Pollenschläuchen (*Petunia*) befaßt. Die Pollenschläuche werden nach der Methode von STRAUB (Keimung auf Narbe, Abschneiden des Griffels, Weiterwachsen der Schläuche in Nährlösung) kultiviert. IES 10^{-6} bis 10^{-10} mol/l (= 0,175 $\times 10^{-6}$ g/ccm bis 0,175 $\times 10^{-10}$ g/ccm) stimuliert das Wachstum etwas bei 6 mm langen Griffeln; 10^{-4} mol/l hemmt hier. Wird der Griffelrest länger (12 mm), so hemmen 10^{-4} bis 10^{-10} mol/l. Vermutlich bilden die Pollenschläuche also während ihres Wachstums IES. Maisscutellum-Hst. hemmt die Pollenschläuche stärker als Kressewurzeln, die Hemmung steigt linear mit der Hst.-Konzentration an. Wichtig ist in dieser Arbeit folgende Bemerkung: ,,Im Koleoptilspitzenbrei von *Avena* wird nur ein Teil des hier vorhandenen Wst.s durch Scutellumhemmstoff inaktiviert, während der transportable, basalwärts wandernde erhalten bleibt." Das spricht nach Ansicht des Ref. dafür, daß der inaktivierte Teil H.A. ist, der nicht angegriffene vielleicht dem polar wandernden Auxin a entspricht.

Überblicken wir die im vorstehenden Teil dieses Berichtes mitgeteilten Tatsachen, so lassen sich die folgenden Hauptergebnisse herausschälen. Es kann als feststehend betrachtet werden, daß es nicht nur einen, sondern mindestens zwei in das Streckungswachstum eingreifende Wirkstoffe gibt. Der eine ist IES, charakterisiert durch das Molekulargewicht 175 (etwas höhere Werte in Extrakten dürften sich auf Verunreinigungen zurückführen lassen), ferner durch relative Laugenbeständigkeit, absolute Säureempfindlichkeit und Zerstörbarkeit durch das Erbsenenzym. Die IES entsteht in der Pflanze aus Tryptophan, wobei als Zwischenprodukte des enzymatischen Abbaues Indolbrenztraubensäure, Tryptamin oder Indolacetaldehyd nachweisbar sind; der letztgenannte hat Hemmwirkung, stellt also einen Hst. dar, der in einen Wst. verwandelt werden kann. Die zweite Substanz ist absolut säurefest und wird durch das Erbsenenzym nicht angegriffen. Ob es sich dabei nur um ei n en Stoff handelt, bleibt noch festzustellen, ebenso ob er oder ein Teil davon dem KÖGLschen Auxin a oder b entspricht. Beiderlei Stoffe sind in der Pflanze an Eiweiße gebunden, werden nur enzymatisch in Freiheit gesetzt und sind nur in diesem Falle durch Extraktion oder Diffusion zu gewinnen. Ein Vergleich der Arbeiten von SÖDING-FUNKE einerseits und POHL-TEGETHOFF andererseits läßt trotz mancher Widersprüche manches Gemeinsame erkennen. Der Hst., den die erstgenannten im Scutellum fanden, dürfte mit dem von POHL erkannten identisch sein, und das ,,Antiauxin" dem ,,inaktiven Wst." entsprechen, da das Antiauxin ja auch unter Einwirkung der Koleoptilspitze einen aktiven Wst. abgibt. Beiderlei Stoffe sind im Gegensatz zu den Wst.n H_2O_2-beständig. Nur hält SÖDING sein Antiauxin für ein Umwandlungsprodukt des Endospermauxins, während POHL den inaktiven Wst. als eine Verbindung des Endosperm-Heteroauxins mit dem Hemmstoff auffaßt, den er für Indolacetaldehyd hält, der ja auch ein Umwandlungsprodukt der IES wäre. Keinesfalls ist die aufsteigende Substanz mit den an Eiweiß gebundenen ,,bound auxins" identisch. Solange aber nicht eindeutig geklärt ist, welche der beiden im Endosperm vorkommenden Wuchsstoffe sich am aufsteigenden inaktiven Wuchsstoff beteiligt, kann über diesen nichts Sicheres ausgesagt werden.

2,4-Dichlorphenoxyessigsäure. Über die physiologischen Wirkungen der 2,4-D liegt in Anbetracht der großen Bedeutung dieses Stoffes für die Unkrautbekämpfung (amerikanische Produktion 10 Millionen Pfund jährlich!) bereits eine sehr umfangreiche Literatur vor. Da sich diese meist nicht auf reine Wachstumserscheinungen bezieht, sei auf die Zusammenstellung der Literatur z. B. bei LINSER (2) und in dem Werke ,,Plant growth substances" verwiesen. Hier möchte ich zunächst eine Arbeit von Linser (3) hervorheben, in der gezeigt wird, daß Phenoxyessigsäure im Pastentest die *Avena*-Koleoptile in allen Konzentrationen (10^{-2} g/ccm bis 10^{-5} g/ccm) im Wachstum hemmt, dagegen p-Chlorphenoxyessigsäure und noch mehr 2,4-D in 10^{-2} g/ccm einen fördernden Einfluß haben. Muir, Hansch und Gallup zeigen, daß 2,4-D in der Konzentration 10^{-4} mol ($= 0,220 \times 10^{-4}$ g/ccm) eine gleiche oder sogar noch höher fördernde Wirkung auf Koleoptilzylinder hat als IES. Dagegen hat nach Avery, Berger und Shalucha 2,4-D, an entsamten *Avena*-Koleoptilen getestet, nur 0,1% der Wirkung von IES. Daraus darf wohl geschlossen werden (Ref.), daß für 2,4-D Transportschwierigkeiten bestehen. Dementsprechend ist die Substanz im Erbsentest nach Fults und Payne wirksam und hat auch entwicklungsphysiologische Wirkungen, wie z. B. Wurzelbildung an Kotyledonen nach Akamine, Parthenokarpie nach Zimmermann usw. Das Wurzelwachstum wird durch 2,4-D schon bei geringer Konzentration gehemmt, so nach Audus bei *Lepidium* in $6,8 \times 10^{-7}$ mol, bei *Cucumis* nach Ready und Grant bei $2,1 \times 10^{-7}$ mol und bei *Zea Mays* nach Swanson bei $2,4 \times 10^{-6}$ mol (10^{-7} mol $= 0,22 \times 10^{-7}$ g/ccm).

Aminosäuren. Wright und Srb stellen fest, daß Canavanin, eine dem Arginin strukturell analoge Aminosäure, das Wachstum von Mais- und Kressekeimlingen auf das stärkste hemmt. Arginin hebt die Hemmung wieder auf, ebenso Ornithin, Citrullin und Glutaminsäure, die Verf. für ,,precursors" des Arginins halten. Den gleichen Antagonismus von Canavanin und Arginin hatten schon vorher Horwitz und Srb an *Neurospora* und Volcani und Snell an Bakterien festgestellt. Nach Bonner hemmt Canavanin die durch IES bewirkte Wachstumsförderung von *Avena*-Koleoptilen.

Nikotinsäure. Galston (2) berichtet über das Zusammenwirken von Nikotinsäure (NS) und IES. Dieses kann in synergistischem und antagonistischem Sinn erfolgen. So fördert IES $10\,\gamma$/ml + NS $0,5\,\gamma$/ml ($1\,\gamma$/ml $= 10^{-6}$ g/ccm) die Wurzelbildung von Erbsenepikotylen am Licht stark, nicht aber im Dunkeln; dagegen wird die durch NS $25\,\gamma$/ml bewirkte Knospenförderung durch IES verschiedener Konzentrationen gehemmt. Verf. weist darauf hin, daß die NS gleich der IES sich von Tryptophan ableitet. Als Zwischenprodukte treten dabei, wie zuerst Beadle, Mitchell und Nyc sowie Mitchell und Nyc bei *Neurospora* erkannten, Kynurenin + 3-Hydroxyanthranilsäure auf. Dieser Abbau soll sich langsamer als der zur IES vollziehen. Die genannten Zwischenprodukte wirken, apikal auf Schnittflächen dargeboten, ebenso fördernd auf die Knospenbildung ein wie die NS, nicht aber der Ausgangsstoff Tryptophan. In einer früheren Arbeit fand Galston (3), daß kultivierte Spargelspitzen im Dunkeln durch IES im Wachstum gehemmt, im Lichte aber gefördert werden. NS erhöht die Hemmung im Dunkeln, obwohl sie allein wirkungslos ist. Es bestehen also deutliche, wenn auch noch nicht durchschaubare Zusammenhänge zwischen der Wirkung beider Substanzen. Nach Audus allerdings wird zwar das Wachstum von Kressewurzeln durch NS

höherer Konzentration gehemmt, dagegen wird die durch IES bewirkte Hemmung durch Zugabe von NS nicht erhöht. Ref. fand
(v. GUTTENBERG und STRUTZ), daß Keimung und Basidienwachstum
von *Ustilago zeae* sowohl durch IES als auch durch NS sehr stark
und gleichmäßig gefördert werden, während andere Wirkstoffe und
Aminosäuren keine oder geringe Effekte haben.

Gramineen-Mesokotyl. MER studierte die Wachstumsbedingungen
des seltener untersuchten Mesokotyls von *Avena* und suchte vor
allem eine Erklärung für die bekannte starke Lichthemmung. Das Mesokotyl wird durch mehrfaches rasch hintereinander vorgenommenes
Dekapitieren der Koleoptile nicht gehemmt, hängt also nicht von einer
Wst.-Versorgung seitens dieses Organes ab. Wird dagegen der Kotyledonarknoten entfernt, so wird das Wachstum stark gehemmt. Somit
kommen das Knotenmeristem oder die Vegetationsspitze als Wst.-
Lieferanten in Betracht. Kurze Erwärmung auf 40° hemmt das Wachstum der Koleoptile, nicht aber das des Mesokotyls. Die Lichthemmung
wird durch Behandlung mit KCN nicht ausgeschaltet, obwohl dieses
das Auxin inaktiviert. Demnach kann die Lichthemmung nicht das
Ergebnis einer Auxinzerstörung sein. Entsprechend fand OVERBEEK (2)
in beleuchteten und unbeleuchteten Mesokotylen keine Auxindifferenz.
Nach GALSTON (siehe später) soll Auxin durch Riboflavin photokata-
lytisch zerstört werden. Die stärkste Lichthemmung des Mesokotyls
liegt nun nach WEINTRAUB und PRICE bei 6300—6600 Å, das Maximum
der Riboflavinwirkung indessen bei 4400 Å. Somit kommt eine derartige Auxinzerstörung für das Mesokotyl nicht in Frage. Nach diesen
Angaben überrascht es etwas, daß MER doch an eine Auxinlieferung vom
Kotyledonarknoten her denkt. Indessen hält er es auch für möglich,
daß am Licht ein Hemmstoff entsteht. GALSTON und HAND fanden in
belichteten und verdunkelten Erbsenepikotylen gleiche Auxinmengen
und schlossen daraus auf ein durch Licht beeinflußtes Nicht-Auxin-
system, welches die Kette der Wachstumsreaktionen teilweise blok-
kiere. Die Reaktion auf Auxinzufuhr sei gestört, die Pflanze gegen
Auxin unempfindlicher geworden.

Kartoffelwuchsstoffe. Ein viel bearbeitetes Untersuchungsobjekt
für Wst.e ist die Kartoffelknolle geworden, da die künstliche Verlängerung oder Verkürzung der Keimruhe von großer praktischer Bedeutung ist. Die neuere Literatur über diesen Gegenstand findet man
ausführlich besonders bei SCHULZE und FISCHNICH sowie FISCHNICH
und WOLLNER zusammengestellt; eine Zusammenfassung von JÄHNL
konnte Ref. noch nicht einsehen. Hier möchte ich zunächst auf einen
wichtigen neuen Befund HEMBERGs (1) hinweisen. Schon 1933 hatte
GUTHRIE (1) gezeigt, daß Äthylenchlorhydrinbehandlung, die die Keimung beschleunigt, einen Anstieg des Glutathiongehaltes in der
Knolle bewirkt. Später (2) zeigte der Genannte, daß auch zugesetztes
Glutathion die Ruheperiode abkürzt. HEMBERG (1) behandelt nun
Kartoffelscheiben einige Tage lang mit 2%iger Glutathionlösung und
findet in Wasserextrakten eine starke Hemmstoffabnahme, gemessen
im *Avena*-Test. Danach ist anzunehmen, daß Äthylenchlorhydrin erst

auch fördern. Cumarin und Zimtsäure haben keine oder nur sehr schwach hemmende Wirkung.

Vogt studierte den Wst.-Hst.-Gehalt in verschiedenen Getreidewurzeln. Die Hemmstoffe werden bevorzugt durch Alkoholextraktion (Methanol) erfaßt, was mit den früheren Linserschen und eigenen Versuchen übereinstimmt. Als Test diente das Wachstum der gleichen Wurzeln und auch das der Blätter. Entfernung des Endosperms setzte den Hst.-Gehalt nicht herab, obwohl Wurzel- und Blattwachstum etwas verringert war. Da die Pflanzen dann schon drei Tage alt waren, ist anzunehmen, daß zwar die Wirkstoffe, aber noch nicht alle Reservestoffe in den Embryo eingewandert waren, Dauerlicht führt zu stärkerer Hemmung als Verdunkelung. Bei Kultur in saurem Medium erlosch die Hemmung, bei p_H 5,7 war sie am größten. Der Hst. ist resistent gegen H_2O_2, kann also kein Auxin a sein; durch HCl-Behandlung des Extraktes wird er gänzlich inaktiviert, doch fördert der Extrakt jetzt in starker Verdünnung das Wachstum. Die Förderung kann nicht durch IES bewirkt sein, da HCl diese zerstört. Daher nimmt Verf.in an, daß ein inaktiver Wst. durch Säurehydrolyse in einen aktiven Wst. verwandelt wird. Alkalibehandlung des Extraktes setzte die Hemmung nicht herab, bei Verdünnung trat wieder Förderung ein; das spricht dafür, daß neben dem inaktiven Wst. auch die laugenfeste IES vorhanden ist. Ultraviolettstrahlung zerstört sämtliche Wst.e des Extraktes, nicht aber den Hst., so daß dieser übrigbleibt. Da diese Strahlung auch reine IES z. T. zerstört, wird die Annahme, daß diese in den Wurzeln vorhanden sei, weiter gestützt. Der vom Wst. befreite Hst. wurde nun mit IES gemischt. Dabei ergab sich, daß der Hst. den Wst. inaktivierte und dabei seine hemmende Wirkung verlor. Im ganzen ergibt sich, daß die Wurzeln IES, einen inaktiven Wst. und einen Hst. enthalten. Auf Grund ihrer Versuche schließt sich Verf.in der Ansicht von Pohl an, daß Hst. und Wst. sich zu einem inaktiven Wst. zusammenschließen.

Die schon kurz erwähnte Trijodbenzoesäure (TJBS) hat nach Thimann und Bonner (1, 2) wechselnde Effekte. Allein hemmt sie bei 10^{-4} mol/l das Streckungswachstum von *Avena*-Koleoptilen stark. Im Erbsentest ist die Hemmung gering. Kombiniert man bei diesem Test TJBS mit IES, so wird die Einkrümmung der Spaltstücke sehr verstärkt, und es kann dann auch das Wachstum und die Krümmung von Koleoptilen beträchtlich erhöht werden. Das trifft aber nur bei sehr schwacher IES-Konzentration (1 mg/l = 10^{-6} g/ccm) zu, bei stärkerer kommt es zur Hemmung. Im Erbsentest müssen beide Stoffe gleichzeitig geboten werden, nachträglich zugegeben bleibt TJBS wirkungslos. Die Verff. wollen diese und ähnliche Kombinationseffekte durch die Annahme erklären, daß die gebotenen Stoffe in Anbetracht ihrer strukturellen Ähnlichkeit sich mit dem spezifischen Eiweißsubstrat der IES verbinden. Das kann nach Ansicht des Ref. wohl die hemmende, nicht aber die fördernde Wirkung erklären. Nach Snyder verhindert TJBS die Wurzelbildung von *Coleus*-Stecklingen und fördert die Achselknospenbildung der Schminkbohnen, wenn die Substanz in

$\times 10^{-6}$ g/ccm) wird durch Naphthol 10^{-4} mol etwas, durch NMSP 10^{-3} mol gänzlich aufgehoben. In gleicher Weise wird auch der Hemmeffekt von 2,4-D unterdrückt, erheblich weniger der von IES. Es wird ferner der Einfluß von 2,3,5-Trijodbenzoesäure geprüft, die nach THIMANN und BONNER (1, 3) den fördernden Effekt der IES im Erbsentest und bei Koleoptilen erhöht, in höherer Konzentration aber nach GALSTON (4) sowie WAARD und FLORSCHÜTZ die *Avena*-Koleoptile hemmt. Bei der Wurzel macht sich indessen bei keiner Konzentration ein besonderer Effekt bemerkbar. Naphthol und NMSP werden demnach als Wst.-Antagonisten aufgefaßt. Da die unbehandelte Wurzel bereits einen für das Wachstum supraoptimalen Auxingehalt besitzt, müßten in ihr Antagonisten vorhanden sein.

BURSTRÖM (1) findet, daß zusätzliche Auxingaben das Wachstum von Weizenwurzeln in einer Startphase etwas fördern, anschließend aber hemmen (vgl. auch später); IES habe also einen doppelten Effekt. p-Chlorophenoxy-Isobuttersäure $(3 \times 10^{-6}$ mol/l) hat den entgegengesetzten Effekt, d. h. es hemmt die erste Phase und fördert die zweite. Daraus wird geschlossen, daß diese Säure ein Wst.-Antagonist ist. In solchen und ähnlichen Fällen wäre indessen noch zu prüfen (Ref.), ob die betreffende Substanz im Organ wirklich vorkommt; nur dann kann von einem natürlichen Antagonisten gesprochen werden. AKKERMANN und VELDSTRA stellten fest, daß ein Teil der Hemmstoffe der Tomaten Kaffee- und Ferulasäure ist. HEMBERG (2) prüft diese Substanzen (rein) im *Avena*-Test. Sie haben hier zusammen mit IES einen synergistischen Effekt, ebenso die Traumatinsäure; allein bewirken sie keine Hemmung der Koleoptilen, was auffällt, da LARSEN (5) *Avena*-Hemmung durch Tomatenblastokolin beobachtete. Auch nach HEMBERG (2) haben saure Ätherauszüge aus Tomaten, in höherer Konzentration mit IES gemischt, eine bald stärker, bald schwächer hemmende Wirkung; nur bei stärkster Verdünnung wirken diese synergistisch. Daraus könne man schließen, daß die Tomaten einen etwa gleichbleibenden Gehalt an IES, aber einen schwankenden an Hst. besitzen. HEMBERG (3) stellt auch das Vorhandensein von Hemmstoffen in Winterknospen der Esche fest. Er testet an *Avena* die Herabsetzung der durch IES bewirkten negativen Krümmung. Die Hemmung ist im Oktober sehr stark, im Februar viel schwächer. Werden die Knospen mit Äthylenchlorhydrin behandelt, das die Hst.e der Kartoffel zerstört, so tritt auch hier eine Verminderung der Hst.e ein. Das spricht für die Gleichheit der Substanzen in beiden Fällen. Ref. möchte darauf hinweisen, daß er (GUTTENBERG und LEHLE-JOERGES, Fortschr. Bot. **12**) für den verwandten Flieder im Herbst das Verschwinden der Wst.e, im Frühjahr deren neuerliches Auftreten feststellte, so daß also Hst. und Wst. sich in den Knospen ablösen, wie dies HEMBERG früher für die Kartoffel fand. Nach HÖHN wird die Bildung der Kotyledonarknospen von *Vicia Faba* und der Hypokotylknospen des Leins nach Dekapitierung der Sprosse studiert. Auf die Stümpfe gebrachte IES 10^{-4} mol/l und 2,4-D hemmen die Bildung beim ersten Objekt, das zweite bedarf etwas höherer Konzentrationen, doch kann hier 2,4-D stark verdünnt

Pastenform entsprechend angebracht wird. Damit verhält sich TJBS umgekehrt wie Indolbuttersäure (und auch wie die IES, Ref.). TJBS erscheint hier also als deutlicher Wst.-Antagonist (Ref.).

MARX, BAYERLE und MARX finden, daß Dicumarin eine etwa dreimal so starke Hemmwirkung zeigt als Cumarin. Getestet wurde an Kresse- und Weizenkeimlingen. Die Hemmung erstreckt sich auf Sprosse und Wurzeln; diese zeigen die vom Colchizin, H.A. usw. her bekannten Anschwellungen, die auf Mitosestörung hinweisen. Es wird eine Hemmung der Enzymtätigkeit vermutet. Auch Sulfanilamidothiazol hat Blastokolinwirkung, die aber durch p-Aminobenzoesäure ausschaltbar ist.

Wuchsstoffe und Wasserpermeabilität des Protoplasmas. Von der früher allgemein verbreiteten Ansicht, daß die Wst.e direkt auf die Zellmembran einwirken, beginnt man mehr und mehr abzurücken. In einer früheren Arbeit (GUTTENBERG und KRÖPELIN, Fortschr. Bot. 12) hatte Ref. mitgeteilt, daß Wst.e die Gelenkpolster von *Phaseolus* zu Bewegungen veranlassen, die den normalen nastischen dieser Pflanzen durchaus entsprechen. Da diese Bewegungen im allgemeinen reversibel sind, war von vornherein kaum an Wst.-bedingte Veränderungen der Zellmembran zu denken. Da nun die Inhaltsaugkräfte während der Bewegung nachweislich konstant bleiben, war es wahrscheinlich, daß Wst.e die Durchlässigkeit des Plasmas für Wasser verändern. Für das Streckungswachstum läßt sich folgern, daß eine Wst.-bedingte Erhöhung der Wasserpermeabilität den ersten Anstoß für die Streckung geben könnte; jedenfalls wird die Wasseraufnahme, die zur Füllung des sich vergrößernden Raumes notwendig ist, dadurch erleichtert. Vorversuche an *Allium*- und *Rhoeo*-Epidermen hatten eine Erhöhung der Wasserpermeabilität durch IES und Auxin erkennen lassen. In einer neuen Arbeit wurde dieser Vorgang vom Ref. (GUTTENBERG und BEYTHIEN) auf breiter Basis geprüft. Unter Verwendung von Mannit als Plasmolytikum und *Rhoeo*-Epidermen als Versuchsobjekt wurde der Einfluß verschiedener Wst.e und Hst.e auf die Geschwindigkeit der Deplasmolyse studiert. Für IES ergab sich eine ansteigende beträchtliche Beschleunigung der Deplasmolyse zwischen 10^{-5} und 10^{-7} g/ccm. Bei H. A. 10^{-4} g/ccm erfolgte entweder Hemmung oder Dauerplasmolyse vor Erreichung der Zellmembran; bei 10^{-3} g/ccm trat Zerstörung des Plasmas ein. Spätere Modellversuche mit Gelatine (GUTTENBERG und MEINL) ließen erkennen, daß deren Quellung bei H.A.-Zusatz durchaus entsprechend verläuft; die Quellung nimmt in H.A. 10^{-4} bis 10^{-7} g/ccm laufend zu, während bei 10^{-3} g/ccm Peptisation (Zerfließen der Gelatine) eintritt. Es darf somit geschlossen werden, daß die durch H.A. bewirkte Erhöhung der Wasserpermeabilität auf erhöhter Plasmaquellung beruht. Die Effekte sind durchaus spezifisch und nicht p_H-bedingt. Die Dauerplasmolyse bei 10^{-4} g/ccm erklärt sich wohl aus der hier höchsten Entquellung des Plasmas, die eine weitere Dehnung des Protoplasten bei dem nur mehr geringen Diffusionspotential verhindert. Pflanzeneigener Wst. (Koleoptilenextrakt), Phenylessigsäure, Colchicin und Ascorbinsäure verhalten sich prinzipiell gleich. Sie alle bewirken, je nach der Konzentration, eine Förderung oder eine Hemmung des Wassereintrittes. Die fördernden und hemmenden Konzentrationen entsprechen genau denen, die im *Avena*-Test negative oder positive Krümmung bewirken. Blastokoline verhalten sich im ganzen umgekehrt. Cumarin z. B. hemmt die Deplasmolyse zwischen 10^{-5} und 10^{-3} g/ccm ansteigend, eine Förderung findet niemals statt. Das gleiche gilt für Tomatenextrakt, Ferulasäure, Parasorbinsäure und Benztetronsäure. Äthylen fördert den Wassereintritt in allen wirksamen Konzentrationen bis 10^{-8} g/ccm. Kaliumchlorid fördert optimal bei 10^{-5} g/ccm, Calciumchlorid hemmt zwischen 10^{-2} und 10^{-3}. Wichtig waren Kombinationsversuche. Das Kaliumsalz schaltet die an sich stärkere Ca-Hemmung gänzlich aus, hebt die hemmende Wirkung von H.A. 10^{-4} g/ccm auf und verhindert die Plasmazerstörung in H.A. 10^{-3} g/ccm. Cumarin und H.A. ergaben, gemeinsam geboten, keine einfache Wirkungssummation. Hier, wie in den anderen Fällen, setzt sich die fördernde Wirkung stärker als zu erwarten durch. Daraus wird geschlossen, daß die verschiedenen Stoffe an gleichen Punkten angreifen. Nur das Äthylen macht davon eine Ausnahme: Hemmung durch H.A. und Förderung durch Äthylen kompensieren sich vollkommen. (Vgl. oben S. 266).

Die geschilderten Ergebnisse stimmen prinzipiell mit einigen z. T. schon älteren Arbeiten überein, über welche hier noch nicht berichtet wurde. In allen diesen Untersuchungen wurde aber mit ganzen Organteilen gearbeitet, so daß eine direkte Beobachtung der Vorgänge nicht möglich war. Zunächst fand REINDERS, daß Kartoffelscheiben unter anaeroben Bedingungen kein Wasser aufnehmen; dieser Prozeß sei also nicht ein einfach osmotischer Vorgang, sondern der Energiezufuhr bedürftig. Bei Zusatz von H.A. (Optimum 10^{-5} g/ccm) nahm die Wasseraufnahme bei Luftzufuhr erheblich zu, doch war der Effekt erst nach zwei Tagen deutlich. Die Trockensubstanz nahm dabei ab, woraus REINDERS auf erhöhte Atmung schloß. Wieder unterbleibt der Effekt bei anaeroben Bedingungen. COMMONER, FOGEL und MULLER bestätigten die Ergebnisse von REINDERS, aus welchen diese den Schluß gezogen hatte, daß die erhöhte Wasseraufnahme bei Zusatz von H.A. auf eine atmungssteigernde Wirkung dieses Wst.s zurückzuführen sei. OVERBEEK (3) wandte dagegen ein, daß die gleichzeitige Erhöhung von Wasseraufnahme und Atmung nicht notwendig ursächlich miteinander verknüpft sein müßten; vielmehr könne man die Erscheinungen auch durch verminderten Wanddruck erklären. Auch LEVITT meint, daß die Wasseraufnahme der Kartoffelscheiben bei H.A.-Zufuhr nicht durch eine aktive Absorption bedingt sein könne, da sie bei Temperaturen von 0 bis 2° nicht absinkt. Wasseraufnahme und Atmungsverluste verlaufen bei verschiedenen Temperaturen nicht gleichsinnig, und KCN kann den Effekt nicht verhindern. Aus seinen Versuchen zieht LEVITT ferner den Schluß, daß die Förderung der Wasseraufnahme durch H.A. auch nicht durch Erhöhung des osmotischen Wertes oder durch eine stärkere Hydratation des Plasmas bewirkt werde.

POHL hatte sich schon 1939 für die Annahme einer Erhöhung der Wasserpermeabilität durch Wst.e eingesetzt. Nunmehr (5) liegt eine ergänzte ausführliche Darstellung seiner Versuche vor. Zweimal dekapitierte Haferkoleoptilen werden von der Schnittfläche aus mit dem Kalisalz der IES versorgt (100 γ/l $= 10^{-7}$ g/ccm). Es erfolgt nach einer halben Stunde ein rapider Anstieg des Wachstums, so daß der Zuwachs das 4fache der Kontrollen beträgt. Die Zellsaugkraft in der Streckungszone wird mit 6 bis 7 Atmosphären, der Wanddruck aber nur mit 0,5 bis 0,6 Atmosphären, also etwa $^1/_{10}$ des Sz-Wertes, bestimmt, die Zellen sind somit nur sehr schwach gespannt. Deswegen könne man nicht annehmen, daß eine weitere Herabsetzung des Wanddruckes die plötzliche Streckung auf das 4fache ermögliche. Dieser Schlußfolgerung vermag Ref. nicht ganz zu folgen. Wenn nämlich während der Streckung der Wanddruck laufend infolge Erhöhung der Wanddehnbarkeit abnimmt, so ist eine so weitgehende Verlängerung doch wohl möglich. Praktisch würde ja jeweils bei plötzlichem Nachgeben der Membran der Wanddruck vorübergehend ganz aufhören und erst durch Neuaufnahme von Wasser wiederhergestellt werden. Trotzdem wird man geneigt sein, dem Schlusse des Verf. zu folgen, daß eher an die Verringerung eines anderen die Wasseraufnahme hemmenden Widerstandes zu denken ist. In seinen neuen Versuchen schneidet POHL aus vorher dekapitierten Koleoptilen 3 mm lange Zylinder aus der Streckungszone heraus, deren Wachstumsveränderungen er verfolgt. In Aqua bidest. (pH 6) erfolgt nach $^1/_2$ Stunde ein Wachstumsanstieg. Unter Verwendung von Acetatpuffer wird dann die pH-Abhängigkeit dieses Vorganges geprüft. Es ergibt sich, daß die Streckung, d. h. die Wasseraufnahme der Zellen, um so größer ist, je niedriger der pH-Wert wird (Grenzen pH 4,2 bis 5,6). POHL führt dies auf einen schädigenden Einfluß der Wasserstoffionen zurück. Bringt man Zylinder in eine 0,5 mol Mannitlösung, so wird der Effekt durch Saugkrafterniedrigung gesenkt. Die elastische und plastische Dehnbarkeit der Membran nimmt umgekehrt bei sinkendem pH-Wert ab; somit kann die Ursache der beobachteten pH-bedingten Streckung nicht in einer Dehnbarkeitszunahme der Membran liegen. Die wechselnde Wasserpermeabilität wird durch die Veränderung der Zylinderlänge in hypo- und hypertonischen Mannitlösungen untersucht; dabei wird in zwei Pufferbereichen (pH 4,3 und 7,4) gearbeitet. Bei niedrigen pH-Werten verläuft sowohl Wasseraufnahme als Wasserabgabe am schnellsten, woraus wieder hervorgeht, daß der verstärkte Zuwachs in diesen pH-Bereichen nicht auf Membranänderungen beruht. Zusatz von H.A. (100 γ/l $= 10^{-7}$ g/ccm) bewirkt eine starke Wachstumszunahme, die die pH-bedingten Differenzen weitgehend ausgleicht; nur bei pH 4,2 ist das Wachstum gering. Nunmehr wurden Zylinder in gepufferte H.A.-Lösung 80 γ/l ($= 0,8 \times 10^{-7}$ g/ccm) gebracht, worin sie 2- bis 3mal stärker wachsen als Kontrollen. Nachfolgende Behandlung mit Mannit 0,35 mol führt bei den Versuchspflanzen zu einer stärkeren Kontraktion. Der H.A.-Effekt kann also nicht auf einer erhöhten plastischen Wanddehnbarkeit, sondern nur auf einer Erhöhung der Wasserpermeabilität beruhen. Zwischen Säure- und H.A.-Effekt besteht der Unterschied, daß dieser sich sofort, jener erst nach $^1/_2$ Stunde bemerkbar macht. Auf weitere

theoretische Schlußfolgerungen des Autors kann hier nicht näher eingegangen werden.

Auch BRAUNER und HASMAN studierten den Einfluß von IES auf
die Wasseraufnahme von Kartoffelscheiben. Diese ist bei Zusatz von
H.A. 10^{-5} bis 10^{-6} g/ccm erheblich größer als in reinem Wasser, und
zwar bereits nach 6 Stunden und nicht erst nach 2 Tagen, wie REIN-
DERS angab. Aus der Tatsache, daß die H.A.-Kurve nach 24 Stunden
im Bereich der höchsten Spannungen wesentlich geradliniger ansteigt als die Wasserkurve, läßt sich schließen, daß das Auxin nunmehr
die Dehnbarkeit der Zellwände über ihren Wert in reinem Wasser gesteigert hat. Dies wird auch durch Messungen bestätigt. Nach längerer
Einwirkungsdauer des H.A. ist also die Duktilität der Membran vergrößert.

RIETSEMA studiert die Wachstumsveränderungen von *Avena*-
Koleoptilzylindern. Verf. macht darauf aufmerksam, daß bei der
Zylindermethode erst 6 Stunden abgewartet werden müssen, während
welcher sich im Wasser eine durch Gewebespannung bedingte Verlängerung vollzieht. Während der folgenden Stunden erfolgt dann in
IES ein gleichartiger Anstieg der Wachstumsrate; diese ist nach
4 Stunden maximal. Die Beziehung zwischen der IES-Konzentration
und dem Ansteigen der Wachstumsrate erfolgt nach der FREUNDLICH-
schen Formel für Adsorptionsphänomene. Bei zusätzlicher Darbietung
von Glucose steigt die Wachstumsrate sofort an, wogegen Zucker allein
das Wachstum erst nach 3 bis 10 Stunden beschleunigt. Der p_H-Wert
von Cytoplasma und Vakuole (Mikroinjektion von Indikatoren) erweist sich als unabhängig vom p_H-Wert der Umgebung (Phosphatpuffer),
doch ist eine Beeinflussung des Plasmalemmas möglich. Die Beziehung
zwischen autonomem Wachstum und p_H-Wert verläuft nach der
Dissoziationskurve (den Prozenten undissoziierter Moleküle); das
Optimum liegt bei p_H 4. Zusatz von IES dagegen verursacht ein Wachstum, das vom Außen-p_H-Wert in der Weise abhängt, daß ein Optimum
auf der sauren Seite (p_H 4,8 bis 5,2) und ein zweites bei p_H 5,9 bis 6,0 auftritt. Bei *Avena*-Ätherextrakten wurde indessen nur ein Optimum
im sauren Bereich gefunden; doch waren die Extrakte nicht gereinigt.
Die Wirkung des Zuckers ist unabhängig vom p_H-Wert. Aus dem
Ganzen schließt Verf., daß die „Dissoziationshypothese" für Wst.e unbewiesen und unwahrscheinlich ist. Vielmehr sei anzunehmen, daß eine
adsorptive Anionenbindung stattfindet. Daß Wuchsstoffe nicht nur
als Säuren, sondern spezifisch wirken, stimmt mit den Ergebnissen des
Ref. durchaus überein, und die Adsorptionstheorie der Wst.e erfährt
durch die Arbeit eine weitere Unterstützung. Auch BROWN und SUT-
CLIFFE arbeiten mit Koleoptilzylindern, denen sie Zucker bieten. Die
für das Wachstum optimale Zuckerkonzentration betrug 2%, Zugabe
von KCl förderte den Effekt. Mit der Zuckeraufnahme nimmt der
Zellulosegehalt zu, auch ist ein Atmungsanstieg damit verbunden, der
gleichfalls durch KCl erhöht wird. Verf. schließen, daß der aufgenommene Zucker den osmotischen Druck erhöht, was wieder die Wasseraufnahme fördert. KCl soll eine weiter atmungsbedingte Wasserauf-

nahme bewirken. Ref. möchte annehmen, daß bei diesen Versuchen Zucker lediglich als Reservestoff dient und, da Kalisalze die Streckung fördern, die Wasseraufnahme einfach eine Folge dieses Vorgangs ist.

Membranwachstum. Von hoher Bedeutung für das Studium des Membranwachstums dürften die elektronenoptischen Untersuchungen werden, die besonders FREY-WYSSLING (1, 2, 3), FREY-WYSSLING und MÜHLETHALER sowie MÜHLETHALER (vgl. auch Fortschr. Bot. **12**, 77ff.) durchgeführt haben. Aus diesen Arbeiten sei hier folgendes angeführt. Frühere Studien, die unter Verwendung von polarisiertem Licht und Röntgenstrahlen ausgeführt worden waren, hatten zu dem Schluß geführt, daß die Zellwand ein submikroskopisches Netzwerk von kristallinen Micellarsträngen darstelle, die einen Durchmesser von 50 Å besitzen und zwischen sich intermicellare Räume frei lassen. Da die Membran aber kolloidale Metalle aufnimmt, müssen die Micellarstränge zu größeren Einheiten (Mikrofibrillen, Durchmesser 250 Å) verbunden sein, die durch Kapillarräume getrennt sind. Mit Hilfe des Elektronenmikroskops gelang es nun, diese Fibrillen optisch darzustellen. Ihr Verlauf entspricht durchaus den bisher angenommenen Strukturen (Röhren-, Faserstruktur usw.). Besonders wichtig sind die Beobachtungen an wachsenden Zellspitzen, so z. B. von Wurzelhaaren, *Spirogyra*-Zellen und auch Zellen von Koleoptilen. Bei diesen wurde nämlich nachgewiesen, daß das Flächenwachstum nicht über die ganze Membran gleichmäßig verteilt ist, sondern nur an den Spitzen erfolgt. Im allgemeinen läßt sich sagen, daß die Zellspitzen während des Wachstums aus einer sich vergrößernden Grundsubstanz bestehen, aus der die Mikrofibrillen bogenförmig sozusagen herauswachsen. Weiter rückwärts werden zahlreiche weitere Fibrillen zusätzlich eingelagert und nunmehr entsprechend ihrer späteren Ordnung orientiert. Aus allen Beobachtungen folgt, daß sich die Flächenzunahme aktiv durch Ausscheiden neuer Zellwandteile vollzieht, womit die Intussuszeptionstheorie ihre endgültige Bestätigung gefunden hat. Auch hat die von der Histologie mehrfach beobachtete Tatsache, daß scheinbare Zellverschiebungen durch gemeinsames lokales Wachstum benachbarter Membranteile zustande kommen, ihre Erklärung gefunden. Für die Wachstumsphysiologie ergeben sich wichtige Schlüsse. Die Theorie, daß die Streckung durch Turgordruck bewirkt würde, hat an Wahrscheinlichkeit sehr eingebüßt. Diesem Druck kommt nur eine sehr untergeordnete Bedeutung zu, denn die Wand verhält sich aktiv. Die Volumzunahme der Zelle ist abhängig vom Volumen der Zellwand, von der Zellwandtension und einem spezifischen Verlängerungsfaktor. In Weizenwurzel-Epidermen bleiben Turgor und Wandspannung während der Streckung gleich, was sich verändert, ist der Elastizitätsmodul. Er sinkt von 600 auf 60 kg/cm². Diese Werte sind sehr viel niedriger als die ausgewachsener Zellen. Meristemzellen lassen sich also sehr leicht spannen, sie verändern ihren Elastizitätsmodul automatisch, und zu ihrer Dehnung genügt ein geringer Bruchteil der Energie, die die Atmung bereitstellt. Sauerstoffentzug bringt Wurzelhaarspitzen zum Platzen. Dies wird damit erklärt, daß die wachstumsbedingte Herabsetzung des Elastizitätsmoduls zwar noch anhält, die zweite Phase aber, die durch Einbau neuer Fibrillen die Festigkeit wiederherstellt, ausgeschaltet ist. Versuche mit wuchsstoffbehandelten Zellen liegen noch nicht vor, versprechen aber wichtige Ergebnisse. Ref. möchte annehmen, daß die Versorgung der Zellen mit Wst.en das Plasma dazu anregt, zunächst die Grundsubstanz durch Hydratation aufzulockern (Senkung des Elastizitätsmoduls), wobei die vom Ref. festgestellte Erhöhung der Wasserpermeabilität von Bedeutung sein dürfte. Anschließend bedingen die Wst.e dann eine Vermehrung der Grundsubstanz und das Entstehen neuer Mikrofibrillen.

Schon früher hatte sich BURSTRÖM (2, 3, 4) gegen die ,,Turgordehnungstheorie'' ausgesprochen, da die bestehenden Turgordrucke sehr niedrig sind, und infolge der Starrheit der Wände auch mehrfach höhere Drucke nur eine unbedeutende Dehnung hervorrufen; die Zellen sind normalerweise unter der Elastizitätsgrenze gespannt, und der Turgor nimmt bei der Streckung bald ab, bald zu oder bleibt auch konstant. Auch BURSTRÖM unterscheidet zwei Phasen (Versuchsobjekt: Weizenwurzeln), die sich auch bei H.A.-Zufuhr erkennen lassen. Die erste Phase soll in einer Lösung der Haftpunkte bestehen, was sich auch an Wurzeln in einer vorübergehenden Wachstumserhöhung zeigt; während der zweiten Phase unterbleibt bei diesem Objekt der sonst beobachtete Einbau von Zellulose, was zur Hemmung führt. Wandspannung und osmotischer Wert sind jetzt gegenüber Normalzellen erhöht. — ZIEGENSPECK hat seine ausgedehnten Untersuchungen über den Feinbau der Zellwand fortgesetzt (1) und eine Zusammenfassung gegeben (2), die auch für den Physiologen wichtig ist und ein ausgedehntes Literaturverzeichnis bietet. Auf weitere Arbeiten von ROELOFSEN über elektronenoptische Membranuntersuchung kann hier nur aufmerksam gemacht werden.

Wuchsstoffe und Atmung. Da das Wachstum einerseits das Vorhandensein von Wuchsstoffen, andererseits Atmung voraussetzt, war von vornherein anzunehmen, daß Wechselwirkungen zwischen Wst.-Wirkung und Atmung bestehen. THIMANN betont, daß die große Mannigfaltigkeit der Auxineffekte es wahrscheinlich macht, daß die Wst.e in einen grundlegenden Stoffwechselprozeß eingreifen. Wie schon in Fortschr. Bot. **11** und **12** ausgeführt wurde, fanden COMMONER und THIMANN, daß gewisse am Atmungsvorgang beteiligte C-Säuren, so besonders Äpfel- und Fumarsäure, das Wachstum und die Atmung gleichmäßig anregen, wenn sie zusammen mit IES 10^{-5} bis 10^{-6} mol/l Koleoptilzylindern geboten werden. Daraus schlossen sie, daß die Wst.e auf diesen Teil des Atmungssystems katalytisch einwirken. Die Frage wurde dann in einer Reihe von Arbeiten besonders von BERGER und AVERY weiterverfolgt. Sie fanden u. a., daß aus Koleoptilen gewonnene Äpfelsäure- und Alkoholdehydrase um 150 bis 200% wirksamer sind, wenn die Koleoptilen vorher mit IES 10^{-5} mg/l (= 10^{-5} g/ccm = etwa 5×10^{-5} mol/l) behandelt wurden, nicht aber, wenn man ihnen den Wst. in vitro zuführt. Mit Zucker versorgte Koleoptilzylinder erhöhen nach Zugabe von IES den Sauerstoffverbrauch um 35%. Indessen vermuten Verff., daß die Säuren als Substratstoffe dienen und nicht katalytisch wirken. Während in diesen Studien versucht wurde, Wachstum und Atmung durch Zufuhr spezifischer Stoffe anzuregen, bemühen sich andere, aus künstlicher Atmungshemmung Schlüsse zu ziehen. Ein Stoff, der die Dehydrasentätigkeit verhindert und das Wachstum stark herabsetzt, wurde, wohl zuerst von Howard und McClintock, in der Monojodessigsäure gefunden. Diese hemmt, wie z. B. auch Arsenit, die Sulfhydrilgruppe (SH). Thimann, Bonner und Christiansen [siehe auch Thimann und Bonner (1, 2) sowie Bonner] bestätigen jetzt diese Wirkung des Jodacetats an Koleoptilzylindern, wobei Konzentrationen zwischen 10^{-5} mol und 5×10^{-5} mol/l zur Anwendung kamen. Wichtig ist, daß dieser Hemmungseffekt durch eine Reihe organischer Säuren, die dem Atmungssäuresystem angehören (Malat, Fumarat, Succinat, Isocitrat, Pyruvat) weitgehend ausgeschaltet wird. Diese in der Pflanze selbst vorhandenen Säuren müssen also Schutzstoffe gegen Jodacetat sein, und zwar besonders in der Jugend, da hier der Gehalt an solchen Säuren am größten ist. Nach Christiansen, Kunz, Thimann und Bonner verschwinden bei der Hemmung die reduzierenden Zucker, wogegen der Fettgehalt ansteigt. Der O_2-Verbrauch wird dabei nicht verändert, was damit übereinstimmt, daß die Baustoffe zwar umgewandelt werden, aber erhalten bleiben. Die organischen Säuren werden nach Thimann u. Mitarb. im Wachstum verbraucht, sammeln sich aber an, wenn Auxin + Arsenit geboten wird. Aus dem vorliegenden Tatsachenmaterial schließt Thimann, daß der Wachstumsvorgang den Säurestoffwechsel mit in sich einschließt. Werden die maßgeblichen Plasmaorte von Jodacetat besetzt, so werden die 4C-Säuren von diesen abgehalten und umgekehrt; das erste hemmt das Wachstum, das zweite fördert es. Der Gedanke wird dann auch für eine Reihe weiterer Stoffe durchgeführt und vermutet, daß die Auxine zu den Schutzstoffen gehören. Bezüglich weiterer Einzelheiten muß auf die Originalarbeit verwiesen werden. Kelly und Avery zeigen, daß auch 2,4-D die Atmung rasch wachsender Bohnen steigert. Das Maximum liegt bei 10^{-7} g/ccm, wogegen 10^{-4} g/ccm die Atmung hemmen. Koleoptilen zeigen bei Zusatz von 2,4-D 10^{-6} bis 10^{-8} g/ccm erhöhten Sauerstoffverbrauch, der bei Zusatz von Äpfelsäure weiter zunimmt. Yamaki findet in Pufferlösungen für abgeschnittene Koleoptilspitzen ein Wachstumsmaximum bei p_H 3,2. Bei Zusatz von IES verschiebt es sich nach p_H 3,5. Bei diesen p_H-Werten müssen beiderlei Wst.e (Auxin und H.A.) als undissoziierte Moleküle vorliegen, denen somit die größte Wirksamkeit zukommt. Bei den angegebenen p_H-Werten lassen sich auch zwei Wachstumsoptima feststellen, ein weiteres liegt bei p_H 7,5. Im ersten Bereich stimmen also Wst.-Wirkung und Atmungsanstieg überein.

2. Bewegung.

a) Tropismen.
Plagiotropismus. Snow (1) untersuchte im Anschluß an Münch (1938) die Zusammenhänge zwischen Plagiotropismus und korrelati-

ver Hemmung. Sein Versuchsobjekt war *Impatiens Roylei*. Dekapitiert man junge Pflanzen, so richten sich die neu entstehenden Achselsprosse steil (65°) dorsokonkav auf. Bringt man auf den Stumpf aber H.A.-Paste 1:350, so werden die neuen Seitenachsen, abgesehen von ihren äußersten Spitzen, dorsokonvex, wobei sie sich nur um 10 bis 30° aufrichten. In beiden Fällen wird das Wachstum nicht gehemmt. Apikaler Wuchsstoffverlust veranlaßt also keine Wachstumshemmung der Seitenachsen, bewirkt aber steile Aufrichtung. Beraubt man die Seitenachsen ihrer Blätter, so kommt es zu einer starken Aufrichtung, verbunden mit Wachstumshemmung. Dekapitiert man zusätzlich die Hauptachse, so ändert sich das Verhalten prinzipiell nicht. Nach H.A.-Behandlung des Stumpfes aber werden die Seitenachsen im Wachstum gehemmt, und sie krümmen sich nunmehr dorsokonvex. Blattverlust ohne Wst.-Zufuhr führt also zur Aufrichtung, verbunden mit Hemmung, während bei Wst.-Zufuhr zwar die Hemmung bleibt, aber statt der Aufrichtung dorsokonvexe Krümmung eintritt. H.A. bedingt also Epinastie, hemmt aber das Wachstum nicht, zusätzliche Entblätterung beläßt die Epinastie und hemmt das Wachstum. Entblätterung bei vorhandener Stammspitze ergibt Epinastie und normales Wachstum. Intakte Seitensprosse sind also in ihrem Wachstum von der Stammspitze unabhängig. Der Scheitel bewirkt nur die Epinastie, während die Entblätterung das Wachstum der Seitensprosse hemmt, ohne ihre Epinastie zu beeinflussen. Danach scheinen Hemmung und Epinastie alternative Reaktionen zu sein, die durch ein und denselben Einfluß bewirkt werden: sobald die Epinastie schwindet, erscheint die Wachstumshemmung. Das gilt auch für eine Reihe anderer Pflanzen; wenn solche im Dunkeln ihre Seitenachsen aufrichten, so dürfte das eine Folge von Auxinmangel sein. Weitere Versuche wurden so angestellt, daß die Richtung von Epinastie und Geotropismus sich unter einem Winkel von 90° kreuzten (Horizontallage der Pflanze). Beblätterte Seitentriebe vollführen jetzt normale epinastische und geotrope Bewegungen (beide Winkel etwa 55°). Auch entblätterte Seitensprosse verhalten sich so, doch werden die Winkel jetzt kleiner (etwa 30°). Daraus schließt SNOW, daß nicht nur der Auxinstrom der Hauptachse, sondern auch das Auxin der Seitenachsen für deren Epinastie von Bedeutung ist, während MÜNCH annahm, daß die Epinastie durch die Hauptachse, der Geotropismus nur durch die Seitenachsen induziert werde. Ref. möchte dazu bemerken, daß offenbar der abfließende Wst. des Stammscheitels im wesentlichen die Epinastie bewirkt, während die Entblätterung zu einem teilweisen Wst.-Verlust der Seitenachsen führt.

SACHS (1879) entwickelte die Vorstellung, daß man die Plagiotropie eines Organs ganz allgemein verstehen könne, wenn man annimmt, daß dieses aus lauter orthotropen Komponenten aufgebaut sei, die parallel zur medianen Symmetrieebene stünden. Die morphologisch oberen Enden dieser Komponenten würden sich also gegenüber Licht und Schwerkraft wie Sprosse, die basalen Enden wie Wurzeln verhalten. SNOW (2) unterzog diese Hypothese an den dekussierten Laubblättern von *Stachys silvatica* einer experimentellen Prüfung. Läßt man Licht schräg von oben auf ein Blatt von der Spitze her einfallen, so senkt es sich unter dorsokonvexer Krümmung; das gegenüberliegende Blatt, das dem Licht die Basis zukehrt, erfährt eine dorsokonkave Aufrichtung. Snow fixiert nun ein Blatt am Stiel und an der Spitze und löst aus dem basalen Teil der Lamina durch Schnitte einen Lappen so heraus, daß dieser am apikalen Ende noch mit der Lamina verbunden bleibt. Nunmehr kehrt sich bei gleicher Beleuchtung der Effekt um. Am lichtzugekehrten Blatt senkt sich der Lappen (in der Gegenrichtung) dorsokonvex, während der Lappen des hinteren Blattes sich etwas dorsokonkav hebt. Die Lappen verhalten sich also, was die Krümmungsrichtung betrifft, wie die ganzen Spreiten. Nach Sachs' Theorie hätten sie sich aber im ersten Fall dorsokonkav aufrichten, im zweiten dorsokonvex senken müssen, denn nur so könnten sich die „orthotropen Elemente" in der oben angegebenen Weise in die Lichtrichtung einstellen. Nach Snow ist also die Hypothese von Sachs für dorsiventrale Laubblätter unzutreffend. Die Blätter senken sich vielmehr, wenn ihr Ansatzpunkt am Blattstiel zur Lichtrichtung gekehrt ist („zentrifugale Beleuchtung"), und sie heben sich, wenn das Licht „zentripetal" einfällt.

Torsionen. In einer Reihe weiterer Arbeiten versucht Snow (3, 4, 5, 6) das Zustandekommen der Torsionen zu erklären, die er, soweit sie durch Reize induziert sind, als Strophismen bezeichnet. Wichtig für die Beurteilung der Frage ist vor allem folgender Befund. Legt man einen beblätterten Sproß horizontal und bestreicht man dann eine Flanke mit H.A.-Paste, so erfolgt eine Torsion, die die Paste nach oben führt. Das gleiche kann man an Koleoptilen und Wurzeln erreichen. Verf. führt dieses Verhalten darauf zurück, daß der Wst. das Organ plagiotrop umstimmt und dabei die behandelte Seite zur Dorsalseite des Organes wird. Bei normal plagiotropen Organen nimmt man heute wohl ganz allgemein den Standpunkt ein, den Ref. schon 1933 (Fortschr. Bot. 2) vertrat, daß nämlich die Epinastie durch einen erhöhten Wst.-Längsstrom auf der Dorsalseite bedingt wird, während tropistische Reaktionen, z. B. der mit der Epinastie meist verbundene negative Geotropismus, auf eine transversale Ablenkung des Wst.s zurückzuführen sei. Die Möglichkeit, Plagiotropie und Epinastie durch Wst.-Zufuhr künstlich herbeizuführen, spricht für diese Auffassung. Sind Epinastie und die Reizbewegung einander opponiert, so kommt es zu einer einfachen Summation der Reaktionen, kreuzen sie sich aber, so entsteht eine Torsion. Darin besteht ein deutlicher Unterschied gegenüber gekreuzter tropistischer Reizung, bei der das Resultantengesetz gilt, also keine Torsion auftritt. Daß die Torsionen aus einem Zusammenwirken von Epinastie und Schwerkraft zustande kommen, hat Snow durch Klinostatenversuche bewiesen. Er rotierte *Phaseolus*-Keimpflanzen, deren Blattstiele seitlich mit H.A. bestrichen waren, an der horizontalen Klinostatenachse und erzielte dabei starke negative („epinastische") Krümmung; sowie die Pflanzen aber wieder aufgestellt wurden, trat die Torsion ein. Damit stimmen Versuche in Inverslage überein. Auch aus dieser wird die Auxinpaste nach oben gedreht, obwohl jetzt die morphologische Unterseite oben liegt. Es gibt zwei Theorien über das Zustandekommen der Torsionen. Nach SCHWENDENER und KRABBE (1892) ist der erste Effekt der Reizung ein Wechsel in der Wachstumsrichtung der peripheren Zellen. Nach RAWITSCHER hingegen ändert sich primär die Wachstumsverteilung, und dies habe erst sekundär das schraubige Wachstum zur Folge; dieses vollziehe sich in den „orthotropen Elementen". SNOW sucht eine Entscheidung dadurch herbeizuführen, daß er abgeschnittene Organe an der Spitze fixiert. Dabei tordiert z. B. die Fiederblattrachis einer *Spiraea* normal, d. h. im gleichen Sinne zur Befestigungsstelle, als wenn sie basal fixiert wäre. Auffallenderweise verhalten sich aber die Teilblätter von Leguminosen und die Blattstelle von Labiaten umgekehrt. Die Versuche SNOWs konnten also, trotz aller angewendeten Mühe, das Problem der Torsionen noch nicht klären. Ref. ist der Ansicht, daß die Torsionen folgendermaßen zustande kommen. Der Wst.-Strom verläuft in plagiotropen Organen autonom bevorzugt auf der Dorsalseite und führt so zur Epinastie. Bei aufrechter Hauptachse fließt ein kleiner Teil des Wst.s schwerebedingt abwärts, und die angestrebte geotrope Aufrichtung hemmt die Epinastie, wobei es zu einer Kompensation in wechselnder Winkelstellung kommt. Die Krümmungstendenzen liegen in einer Ebene. Bei horizontaler Lage des Hauptsprosses (Flankenlage der Blätter und Seitenachsen) verläuft der Hauptstrom nach wie vor in der morphologischen Dorsalseite längs, führt somit ohne Schwereeinfluß (am Klinostaten) zu verstärkter Epinastie. Ist die Schwerkraft aber nicht ausgeschaltet, so fließt auch hier ein Teil des Wst.s abwärts und regt so eine Aufkrümmung an. Die Wst.-Ströme verlaufen jetzt aber nicht mehr in einer Ebene, sondern kreuzen sich im rechten Winkel. Der die Epinastie bewirkende Hauptstrom verläuft nach wie vor auf der morphologisch dorsalen, jetzt seitlich liegenden Flanke, der durch die Schwerkraft abgelenkte Strom aber auf der neuen Unterseite. Dann muß aber als Resultante eine Krümmung schräg nach oben zustande kommen, die ohne Torsion nicht möglich ist. Bei der schrägen Erhebung rückt nämlich der ursprünglich physikalisch unten liegende Längsstreifen zur Seite, wodurch eine neue Unterseite entsteht, die sich wieder so verhält. Das durch die Schwerkraft induzierte Wachstum vollzieht sich also laufend in neuen Längsstreifen, es „wandert um den Stengel herum" und führt so zur Torsion. In SNOWs Versuchen wurde eine „künstliche Epinastie" dadurch erreicht, daß er mit sehr starken Wst.-Pasten arbeitete.

Geotropismus. ZIEGLER untersucht mit elektrometrischer Methode die Zuckerverteilung in geotrop gereizten Sprossen von *Helianthus annuus* und *Bryophyllum tubiflorum*. Die schon von früheren Autoren gefundene Zuckerzunahme der Unterseite beginnt erst mit der Reaktion (etwa 45 Minuten), erreicht bei *Helianthus* ihr Maximum nach 12 Stunden und sinkt dann in gleicher Weise durch weitere 12 Stunden ab. *Bryophyllum* zeigt den höchsten Zuckerwert erst nach 5 Tagen. Auch die Atmung läßt bei *Helianthus* erst nach Reaktionsbeginn unterseits eine Zunahme erkennen, wieder findet sich das Maximum nach 12stündiger Exposition, bei *Bryophyllum* nach 2 Tagen. Die einfache Annahme eines unmittelbaren Zusammenhanges zwischen Zuckeranhäufung und Atmungsanstieg wird unwahrscheinlich, da der O_2-Verbrauch viel länger anhält als die Zuckervermehrung. Verf. hält es für möglich, daß die unterseitige Auxinansammlung für die Intensivierung des Atmungsvorganges verantwortlich ist. Dem möchte Ref. entgegenhalten, daß der Atmungsanstieg viel zu spät eintritt, um mit der raschen unterseitigen Auxinvermehrung in Zusammenhang gebracht zu werden.

BRAUNER und VARDAR fanden, daß die Spreite des *Tropaeolum*-Blattes bei der geotropen Reizung eine analoge Rolle spielt wie beim Phototropismus. Die Perzeption des Reizes erfolgt im Stiel, die Spreite ist der Auxinlieferant. Der Phototropismus wird aber durch die Entfernung der Spreite viel stärker gehemmt als der Geotropismus. Als Erklärung dafür wird angenommen, daß für phototrope Bewegungen ein größerer Auxinvorrat nötig ist als für die geotropen, da im ersten Fall eine teilweise Lichtzerstörung des Auxins eintritt, während im zweiten Fall nur eine Verlagerung des Wst.s erfolgt; auch besteht die Möglichkeit einer Befreiung wirksamen Auxins durch die Schwerkraft.

BÜNNING und GLATZIE weisen darauf hin, daß besonders die seismonastischen Bewegungen dem „Alles oder Nichts"-Gesetz folgen und ein absolutes sowie ein relatives Refraktärstadium besitzen. Es könnte nun sein, daß dieses Gesetz auch für die tropistische Erregung gilt. Das wäre möglich, wenn nicht alle Zellen des gereizten Organes gleichzeitig erregt würden, vielmehr nach und nach; das gäbe eine einfache Erklärung für die Abhängigkeit der Reaktionsstärke von der Reizstärke. Verf. prüfen diese Möglichkeit durch intermittierende geotropische Reizung im Vergleich mit kontinuierlicher an Kressewurzeln und Haferkoleoptilen. In der Tat wird die Reaktion um so größer, je größer der zeitliche Abstand zwischen zwei aufeinanderfolgenden Reizen gewählt wird. Bei der Wurzel gilt das bis zu 6 Minuten, bei der Koleoptile bis etwa 30 Minuten. Der verstärkte Effekt der intermittierenden Reizung wird so gedeutet, daß durch den ersten Teilreiz eine bestimmte Anzahl von Zellen in Erregung versetzt wird, wodurch diese absolut refraktär werden. Die Verstärkung bei der zweiten Reizung setzt voraus, daß die erst erregten Zellen ihr Refraktärstadium im wesentlichen beendet haben und jetzt zusammen mit den restlichen Zellen gereizt werden. Verf. schließen aus ihren Versuchen, daß auch bei Tropismen das „Alles oder Nichts"-Gesetz für jede Zelle gilt und das Verhalten des ganzen Organes sich aus der Summation solcher Einzelerregungen erkläre. Ref. möchte dazu bemerken, daß, wenn das „Alles oder Nichts"-Gesetz gilt, bei der zweiten Reizung dieselben Verhältnisse vorliegen wie bei der ersten; denn die schon erregten Zellen haben dann ihr Refraktärstadium mehr oder minder abgeschlossen, und die anderen waren bis dahin gänzlich unerregt geblieben. Der neue Reiz trifft also wieder lauter unerregte Zellen. Danach muß man wohl annehmen, daß die Tatsache, daß Reizpausen die Reaktion verstärken, andere Ursachen hat.

Phototropismus. Das Zustandekommen der Wst.-Differenz an Licht- und Schattenseite phototrop gereizter Organe wird teils durch die Annahme eines Quertransportes, teils durch die einer lichtbedingten Auxinzerstörung erklärt. Bei dieser sollen Carotine eine wichtige Rolle spielen, da sie Licht der in Frage kommenden Wellenlängen absorbieren. In einer ersten Mitteilung wiesen nun GALSTON und HAND nach, daß etiolierte Erbsenepikotylstücke ihre durch IES verschiedener Konzentration bewirkte Wachstumsbeschleunigung am Licht (Tageslichtlampen) einbüßten. Dabei nimmt ihr Auxingehalt aber nicht ab, wohl aber die der Versuchslösung, in die sie eintauchen. Diese allein zeigt bei gleicher Beleuchtung keine IES-Zerstörung. Somit muß zusätzlich aufgenommener Wst. in der Pflanze zerstört worden sein. Jedenfalls halten Verf. danach die lichtbedingte Wachstumshemmung für einen auxinunabhängigen Prozeß. GALSTON setzte dann seine Versuche mit BAKER (1) fort und änderte seine Auffassung nun dahin ab, daß für die Lichthemmung vorher etiolierten Materials eine durch Riboflavin (= Laktoflavin) sensibilisierte Photoinaktivierung der IES verantwortlich zu machen sei. In vitro zerstört Riboflavin die IES dadurch, daß es diese am Licht durch H-Übertragung oxydiert. Da das Absorptionsspektrum des Riboflavins besser als das des Carotins mit dem Lichtwirkungsspektrum beim Phototropismus übereinstimmt, wird ihm die Hauptrolle bei der Zerstörung zugeschrieben. In einer letzten Mitteilung stellen GALSTON und BAKER (2) fest, daß die Lichthemmung grüner Epikotylstücke durch Zusatz von H.A. 10^{-3} g/ccm aufgehoben wird, während etiolierte Stücke im Dunkeln durch H.A. nur eine geringe Förderung erfahren. Andererseits wirkt Saccharosezusatz über 1% am Licht hemmend, während 4% im Dunkeln sehr stark fördern. Die Verf. ziehen daraus den Schluß, daß das erhöhte Wachstum der mit H.A. versorgten Lichtpflanzen durch photosynthetische Zuckerbildung ermöglicht werde. Licht hemme das Wachstum durch Auxinzerstörung, fördere es aber durch Zuckerbildung. Überraschend sei, daß Zucker das Wachstum etiolierter Stücke stärker anrege als das belichteter.

BRAUNER untersuchte die phototrope Reaktion der Blattfiedern von *Robinia*. Sie reagieren bei fixierter Rachis bei Beleuchtung von oben oder unten im Spreitengelenk positiv; bei Lichteinfall parallel zur Rachis wenden sie sich nach vorn, wobei ihre Gelenke tordieren, bis die Spreiten transversal eingestellt sind. Schon in einer früheren Untersuchung an *Phaseolus* hatte der Autor gefunden, daß die primäre Reizwirkung in einer Erhöhung der Wasserpermeabilität der beleuchteten Seite besteht. In Luft führt dies zu einer positiven Reaktion, da hier das Sauggefälle nach außen (zur trockeneren Luft) führt, wogegen es in Wasser bei umgekehrtem Saugpotential zu einer vorübergehenden negativen Krümmung kommt. Bei Versuchen in Luft läßt sich nun nicht entscheiden, ob bloß eine Erhöhung der Wasserpermeabilität vorliegt, oder ob es zu einer völligen Aufhebung der Semipermeabilität kommt. Verf. entscheidet sich auf Grund zahlreicher Versuche, auf die hier im einzelnen nicht eingegangen werden kann, für die zweite Annahme, die von vornherein wenig wahrscheinlich ist. Ref. möchte bemerken, daß Verf. in seiner Untersuchung das Verhalten der Spreiten ausschließlich von den Verhältnissen auf der Lichtseite her beurteilt. Die jeweilige Expansion oder Kontraktion dieser Seite muß aber stets von einer entgegengesetzten Reaktion der Schattenseite begleitet werden. Ref. konnte zeigen, daß die Bewegungen der Variationsgelenke weitgehend von der Wst.-Versorgung beider Gelenkseiten abhängen und daß Wst.-Zufuhr die Wasserpermeabilität der Gelenkzellen erhöht. Wenn nun auch das Licht Permeabilitätsveränderungen herbeiführt, so ergeben sich sehr komplizierte Verhältnisse, deren Klärung vielleicht zu einer andern Auffassung führen könnte, als sie BRAUNER vertritt.

Schon in der eben besprochenen Arbeit wurde von BRAUNER auch der Einfluß der Wellenlängen des Lichtes geprüft und als Wichtigstes gefunden, daß Blaulicht bei gleichem Energiegehalt wirksamer ist als Weißlicht. Rote Strahlen haben keinen oder schwach negativen Erfolg. In einer weiteren ausführlichen Untersuchung (2) werden diese Verhältnisse jetzt für *Phaseolus* geprüft. Die Versuche werden teils in Luft, teils in Wasser ausgeführt. Aus den beobachteten Tatsachen wird geschlossen, daß das Verhalten der Blätter sich aus dem Zusammenwirken zweier antagonistischer Faktoren erklären lasse: der eine besteht in einer Erhöhung der Wasserpermeabilität, der andere in einer Verringerung des Saugpotentials; diese wieder könne entweder auf einer Herabsetzung der Wanddehnbarkeit oder auf einer Abnahme der Inhaltssaugkraft beruhen. Für die Rotreaktion dürfte das Chlorophyll, für das Blaulicht das Carotin als Sensibilisator verantwortlich sein.

Elektrotropismus. SCHRANK (1, 2, 3, 4, 5) und WILKS untersuchen das elektrische Feld ungereizter und tropistisch gereizter Koleoptilen. Ungereizt besitzt die Koleoptile eine äußere Längspolarität, und zwar ist die Spitze gegenüber der Basis elektronegativ, wobei die Spannung etwa 50 Millivolt beträgt. Die stärkste Negativität liegt 5 bis 8 mm unter der Spitze. Dieses ist auch die Stelle der stärksten Radialpolarität. In den obersten 17 mm ist dabei die Innenseite gegenüber der Außenseite positiv, in der basalen Region kehrt sich das Verhältnis um. Dadurch entsteht innen eine zur äußeren gegenläufige Längspolarität. Eine transversale Polarität existiert in der aufrechten Koleoptile nicht, gegenüberliegende Punkte haben gleiche Ladung. Wird die Koleoptile horizontal gelegt, so kommt es sofort zu einer Positivierung der Unterseite. Dabei tritt in der Spitzenzone eine höhere transversale Spannung auf als an der Basis. Im Gegensatz zu BRAUNER findet SCHRANK, daß durch Kochen getötete Koleoptilen keine elektrische Veränderung mehr zeigen. Die elektrische Transversalpolarität besteht nachweislich früher, als sich die quere Wuchsstoffwanderung vollzieht. Somit kann diese nicht die Ursache jener sein. Belichtet man die Koleoptile einseitig (100 Watt Dauerlicht), so wird nach 10 Minuten die Schattenseite vorübergehend gegenüber der Lichtseite negativ, anschließend kehrt sich das Verhältnis aber um, die Differenz beträgt jetzt 8 Millivolt. Wieder tritt die elektrische Querpolarität vor der Krümmung auf. Der Effekt wurde nur knapp unter der Spitze gemessen, das Verhalten der basalen Teile bleibt unbekannt. SCHRANK (2) prüfte auch die elektrischen Änderungen bei mechanischer Reizung, die nach STARK (1916) eine positive Krümmung bewirkt. Die Reizung erfolgte durch einen elektrisch betriebenen Vibrator. Dabei ergab sich, daß die gereizte Seite elektrisch negativ wird, wobei die Geschwindigkeit des Eintretens und die Höhe der Spannung von der Reizungsdauer abhängt; darin herrscht Übereinstimmung mit dem Krümmungseffekt. Die geotrope Aufrichtung der Koleoptilen kann verhindert werden, wenn man die Unterseite gleichzeitig mechanisch reizt. Dekapitierte Koleoptilen zeigen in solchen Versuchen zwar die Querpolarisation, können sich aber wegen Wst.-Mangels nicht krümmen. In allen Versuchen wurde also die elektropositive Seite konvex. Somit besteht in der Tat die Wahrscheinlichkeit eines kataphoretischen Quertransportes des Auxinanions als Ursache der Krümmung. In vitro wurde ein solcher Quertransport vom Ref. (vgl. KOCH, Fortschr. Bot. 4) nachgewiesen. Schickt man einen Strom von 10 Mikroampère während 10 Minuten quer durch die Koleoptile (10 mm unter der Spitze), so kommt es nach SCHRANK zu einer Krümmung zum positiven Pol (3). Nach 3 Stunden beginnt unter den Elektroden eine umgekehrte Krümmung, und die Spitze wird schließlich gerade gestreckt, wobei sie durch die basale Krümmung zur negativen Seite gesenkt wird. Dieses Ergebnis ist zunächst überraschend, weil die erste Krümmung nicht zur negativen Seite erfolgt. Ref. möchte dazu bemerken, daß er mit seinem Schüler KOCH an *Avena*-Koleoptilen schon 1934 die gleiche positive Krümmung erzielte, wenn diese submers vom elektrischen Strom durchflossen waren. Wurde der Strom aber an *Helianthus*-Hypokotylen durch Einstich von Platinelektroden direkt durch das Organ geschickt, so resultierte die zu erwartende Krümmung zum negativen Pol. Wir erklärten dies damit, daß im ersten Fall die Kutikula den Strom nicht leitet, somit ein umgekehrter Induktionsstrom in den Koleoptilen entsteht, der zur Anhäufung des Auxins auf der Seite des äußeren positiven Pols führt, während im zweiten Fall der Strom die Pflanze tatsächlich durchfließt. Da nun SCHRANK Flüssigkeitselektroden verwendete, mußte er gleichfalls Krümmung zum positiven Pol erhalten. Wurzeln krümmen sich nach unserer Erfahrung, da sie keine Kutikula besitzen, in Wasser, wie zu erwarten, zum positiven Pol. Die elektrotrope Krümmung konnte SCHRANK durch antagonistisches Licht kompensieren, wir durch die Schwerkraft. SCHRANK ist danach wie wir der Ansicht, daß zwischen Auxinverteilung und Krümmung ein ursächlicher Zusammenhang besteht. WILKS stellte auch Versuche mit längs angebrachtem Strom an. Die Koleoptilen krümmen sich dabei stets zur Seite des seitlichen Kontaktes, doch wirkt der Längsstrom hemmend, und zwar etwas stärker, wenn er von der Basis zur Spitze läuft als umgekehrt. Phototrope Krümmungen werden durch Längsstrom gehemmt.

b) Schlafbewegung. BRAUNER und ARSLAN setzen sich mit der vom Ref. (GUTTENBERG und KRÖPELIN, vgl. Fortschr. Bot. 12) durchgeführten

Untersuchung über die Wirkung von Wst.en auf die Bewegung der Sekundärgelenke von *Phaseolus* auseinander. In fast gleichzeitiger Arbeit konnten die Verf. unsere Ergebnisse im wesentlichen bestätigen; in Einzelheiten aber ergaben sich größere Differenzen. So fand BRAUNER wie wir bei einseitiger Wst.-Pastenbehandlung stets negative Krümmungen, doch reagierte bei ihm die Unterseite stärker als die Oberseite; infolgedessen erfolgte auch bei Anbringung eines Pastenringes Blatthebung und nicht, wie in unseren Versuchen, Blattsenkung. Auch weitere Differenzen verlaufen im gleichen Sinne. Sie erklären sich offenbar aus einer Verschiedenheit des Materials. Da die Bewegung stets auf dem Zusammenwirken beider Gelenkhälften beruht, müssen Unterschiede in der Empfindlichkeit oder in der Wanddehnbarkeit beider Seiten zu differenten Ergebnissen führen. Beobachtungsfehler sind ausgeschlossen, da die Reaktionen über große Winkeldifferenzen verlaufen. Gleich uns ist BRAUNER der Ansicht, daß die Verlängerung der Oberseite auf Wanddehnung, die der Unterseite auf Entfaltung des Blasebalggewebes zurückzuführen ist. Bei lateraler Anbringung der Paste kommt es auch zu negativer Krümmung, verbunden mit einer leichten, durch die Dorsiventralität bedingten Torsion. Wie sehr die Bewegung von der Wst.-Zufuhr seitens der Lamina und somit auch von deren Bauverhältnissen abhängt, geht aus Versuchen hervor, bei welchen die Wst.-Zufuhr entweder nur durch den Mittelnerven oder nur durch die Seitennerven bewirkt wurde. Im ersten Fall resultiert eine Blatthebung, die abends etwas zurückgeht, im zweiten eine leichte Hebung, die nachts in eine stärkere Senkung umschlägt. Somit versorgen die Seitennerven die Oberseite des Polsters, die Mittelrippe die Unterseite.

Die Beobachtung des Ref., daß der Wst.-Strom tagesrhythmisch aus der Lamina in den Blattstiel (oder in das Gelenk) abfließt und so ursächlich mit der nyktinastischen Bewegung verbunden ist, wurde von BEZLER und BÜNNING für *Soja* und *Hyoscyamus niger* bestätigt. Entsprechende Zusammenhänge fanden auch LAIBACH und KRIBBEN an Gurkenkotyledonen. Die Methode bestand darin, daß eines der opponierten Blätter entfernt wurde, wobei eine rhythmische Bewegung des Hypokotyls eintritt, die durch entsprechende Wst.-Abgabe aus dem erhaltenen Blatt gesteuert wird.

Literatur.

ÅBERG B.: Physiol. Plant. **3** (1950). — AKAMINE, E. K.: Science (N.Y.) N. s. **108** (1948). — AKKERMAN, A. M., u. H. VELDSTRA: Rec. trav. chim. Pays-Bas et Belg. (Amsterd.) **66** (1947). — AUDUS, L. J.: New Phytologist **48** (1949). — ASHBY, W. C.: Bot. Gaz. **112** (1951). — ASHBY, W. C., u. W. CLARK: Bot. Gaz. **112** (1951). — AVERY, G. S. jr., J. BERGER u. B. SHALUCHA: Bot. Gaz. **104** (1942). — AVERY, S. G. jr., J. BERGER u. R. C. WHITE: Amer. J. Bot. **32** (1945).

BAUMEISTER, G.: Planta (Berl.) **38** (1950). — BEADLE, G. W., H. K. MITCHELL u. J. NYC: Proc. nat. Acad. Sci. USA. **33** (1947). — BERGER, J., u. G. S. AVERY jr.: (1, 2) Amer. J. Bot. **30** (1943) — (3) Science (N. Y.) **98** (1943) — (4) Amer. J. Bot. **31** (1944). — BERGER, J., u. R. D. WHITE: Amer. J. Bot. **31** (1944). — BEZLER, W., u. E. BÜNNING: Naturwiss. **37**

(1950). — BONNER, J.: Amer. J. Bot. **36** (1949). — BRAUNER, L. u. M.: (1) Rev. Fac. Sci. Univ. Istanbul **12** (1947); (2) **13** (1948). — BRAUNER, L., u. N. ARSLAN: Rev. Fac. Sci. Univ. Istanbul **16** (1951). -- BRAUNER, L., u. M. HASMAN: Bull. Fac. Med. Istanbul **12** (1949). — BRAUNER, L., u. Y.VARDAR: Rec. Fac. Sci. Univ. Istanbul **15** (1950). — BROWN, R., u. S. F. SUTCLIFFE: J. of exper. Bot. **1** (1950). — BÜNNING, E., u. D. GLATZLE: Planta (Berl.) **36** (1948). — BURSTRÖM, H.: (1) Physiol. Plant. **3** (1950) — (2, 3) Ann. Landw. Hochsch. Schweden **10** (1942) — (4) Plant Growth Substances, ed. F. Skoog, Univ. Wisconsin Press 1951.

CAMPBELL, D. H., u. D. PRESSMAN: Science (N. Y.) **99** (1944). — CHRISTIANSEN, G. S., L. J. KUNZ, W. D. BONNER u. K. V. THIMANN: Plant. Physiol. **24** (1949). — COMMONER, B., S. FOGEL u. W. H. MULLER: Amer. J. Bot. **30** (1943). — COMMONER, B., u. K. V. THIMANN: J. gen. Physiol. **24** (1941).

DANDLIKER, W.: Thesis, California Inst. of Techn. (1945). — DENNY, F. E.: (1) Contrib. Boyce Thompson Inst. **14** (1945); (2) **12** (1942).

EVENARY, M.: Bot. Rev. **15** (1949).

FISCHNICH, O., u. F. WOLLNER: Forschungsanstalt f. Landw. Braunschweig **1951**, H. 3. — FREY-WYSSLING, A.: (1) Growth Symposium **12** (1948) — (2) Amer. Rev. Plant Physiol. (1950) — (3) Elektronenmikroskopie. Neujahrsblatt Naturf. Ges. Zürich 1951. — FREY-WYSSLING, A., u. K. MÜHLETHALER: Schweiz. Landw. Mh. **1950**, H. 6. — FULTS, J. S., u. M. G. PAYNE: J. Amer. Soc. Agron. **39** (1947).

GALSTON, A. W.: (1) Proc. nat. Acad. Sci. USA. **34** (1949) — (2) Plant Physiol. **24** (1949) — (3) J. of biol. Chem. **169** (1947) — (4) Amer. J. Bot. **34** (1947). — GALSTON, A. W., u. R. S. BAKER: (1) Amer. J. Bot. **36** (1949) — (2) Plant Physiol. **26** (1951). — GALSTON, A. W., u. M. E. HAND: Amer. J. Bot. **36** (1949). — GORDON, S. A.: Amer. J. Bot. **33** (1946). — GORDON, S. A., u. F. SANCHEZ-NIEVA: (1, 2) Arch. Biochem. **20** (1949). — GUTHRIE, J. D.: (1) Contrib. Boyce Thompson Inst. **5** (1933); (2) **11** (1946). — GUTTENBERG, H. v., u. A. BEYTHIEN: Planta (Berl.) **40** (1952). — GUTTENBERG, H. v., u. G. MEINL: Planta (Berl.) **40** (1952). -- GUTTENBERG, H. v., u. I. STRUTZ: Arch. f. Mikrobiol. **17** (1952).

HAAGEN SMIT, A. J., W. B. DANDLIKER, S. H. WILKEN u. A. E. MURNEEK: Amer. J. Bot. **33** (1946). -- HAAGEN SMIT, A. J., W. D. LEECH u. W. R. BERGREN: Amer. J. Bot. **29** (1947). — HEMBERG, T.: (1) Physiol. Plant. **3** (1950); (2) **4** (1951); (3) **1** (1949). — HÖHN, K.: Planta (Berl.) **39** (1951). — HORWITZ, N. W., u. A. M. SRB: J. of biol. Chem. **174** (1948). — HOWARD, P. H., u. L. McCLINTOCK: J. Cell Comp. Physiol. **15** (1940).

JÄHNL, A.: Veröff. Bundesanst. f. alpine Landw. H. 4. Wien: Springer 1950. — JERCHEL, D., u. R. MÜLLER: Naturwiss. **38** (1951).

KELLY, S., u. G. S. AVERY jr.: Amer. J. Bot. **36** (1949). — KRAMER, M., u. F. WENT: Plant Physiol. **24** (1949).

LAIBACH, F., u. F. J. KRIBBEN: Z. Naturf. **4b** (1949). — LARSEN, P.: (1) Dansk Bot. Arkiv **11** (9) (1944) — (2) Amer. J. Bot. **36** (1949) — (3) Plant Physiol. **26** (1951) — (4) Nature (Lond.) **159** (1947) — (5) Planta (Berl.) **30** (1939) — (6) Amer. J. Bot. **34** (1947). — LEVITT, J.: Plant Physiol. **23** (1948). — LINK, G. K. K., V. EGGERS u. J. E. MOULTON: Bot. Gaz. **102** (1941). — LINSER, H.: (1) Verh. zool.-bot. Ges. Wien **92** (1951) — (2) Planta (Berl.) **39** (1951) — (3) Protoplasma (Berl.) **39** (1950).

MARX, R., H. BAYERLE u. E. MARX: Biochem. Z. **319** (1949). — MER, C. S.: Ann. of Bot., N. s. **15** (1951). — MEYER, E.: Planta (Berl.) **38** (1950). — MITCHELL, H. K., u. J. NYC: Proc. nat. Acad. Sci. USA. **34** (1948). — MOEWUS, F.: Planta (Berl.) **37** (1949) — MOEWUS, F., L. MOEWUS u. E. SCHADER: Z. Naturf. **6b** (1951). — MÜHLETHALER, K.: Schweiz. bot. Ges. **60** (1950). — MUIR, R. M.: Amer. J. Bot. **29** (1942). — MUIR, R. M., C. H. HANSCH u. A. H. GALLUP: Plant Physiol. **24** (1949).

OVERBEEK, I. VAN: (1) Ann. Rev. Biochem. **13** (1944) — (2) Rec. Trav. bot. néerl. **33** (1936) — (3) Amer. J. Bot. **31** (1944). — OVERBEEK, I. VAN, G. DAVILA OLIVO u. E. M. SANTIAGO DE VASQUEZ: Bot. Gaz. **106** (1945).

PAECH, K.: Z. Naturf. 4b (1949). — POHL, R.: (1) Planta (Berl.) 39 (1951) — (2, 3) Biol. Zbl. 70 (1951) — (4) Ber. dtsch. bot. Ges. 64 (1951) — (5) Planta (Berl.) 36 (1948). — POHL, R., u. B. TEGETHOFF: Naturwiss. 36 (1949).

READY, D., u. V. Q. GRANT: Bot. Gaz. 109 (1947). — REINDERS, D. E.: Rec. Trav. bot. néerl. 39 (1942). — REINERT, J.: Z. Naturf. 5b (1950). — RIETSEMA, I.: Proefschrift Utrecht, 1950. — ROELOFSEN, P. A.: (1, 2) Bioch. et Bioph. Acta 6 (1950); 7 (1951) — (3) Protoplasma (Berl.) 40 (1951) — (4) Rec. Trav. bot. néerl. 42 (1949/50).

SCHRANK, A. P.: (1, 2) Plant Physiol. 20 (1945); (3) 23 (1948); (4) 21 (1946) — (5) Plant Growth Substances, ed. F. Skoog, Univ. Wisc. Press. 1951. — SCHULZE, W., u. O. FISCHNICH: Forschungsanstalt f. Landw. Braunschweig 1951, H. 3. — SNOW, R.: (1) New Phytologist 44 (1945); (2) 46 (1947); (3) 41 (1942); (4) 44 (1945); (5) 45 (1947); (6) 49 1950). — SNYDER, W. E.: Plant Physiol. 24 (1949). — STELZNER, G.: Forschungsdienst 17 (1944). — SWANSON, C. P.: Bot. Gaz. 107 (1946).

TEGETHOFF, B.: Planta (Berl.) 38 (1951). — THIMANN, K. V., Plant Growth Substances, ed. F. Skoog, Univ. Wisc. Press 1951. — THIMANN, K. V. u. W. D. BONNER: (1, 2) Amer. J. Bot. 35 (1948); 36 (1949) — (3) Plant Physiol. 23 (1948). — THIMANN, K. V., W. D. BONNER u. G. S. CHRISTIANSEN: Plant Growth Substances, ed. F. Skoog, Univ. Wisc. Press. 1951. — TSUI, CH.: Amer. J. Bot. 35 (1948).

VELDSTRA, W., u. W. L. BOOIJ: Bioch. et Bioph. Acta 3 (1949). — VOGT, J.: Planta (Berl.) 40 (1951). — VOLCANI, B. F., u. E.E. SNELL: J. of biol. Chem. 174 (1948).

WAARD, J. DE, u. P. A. FLORSCHÜTZ: Proc. Kon. Nederl. Akad. Wetensch. 51 (1948). — WEINTRAUB, R. S., u. L. PRICE: Smithsonian Misc. Coll. 101 (1947). — WEISS, M.: Wien. klin. Wschr. 1947. — WILDMAN, S. G., u. J. BONNER: Amer. J. Bot. 35 (1948). — WILDMAN, S. G., M FERRI u. J. BONNER: Arch. Biochem. 13 (1947). — WILDMAN, S. G., u. R. M. MUIR: Plant Physiol. 24 (1949). — WILKS, S. S.: Bioelectric Fields and Growth, Unix. Texas Press 1947. — WRIGHT, I. E., u. A. M. SRB.: Bot. Paz. 112 (1950).

YAMAKI, T.: Acta Phytochim. 15 (1949).

ZIEGENSPECK, H.: (1) Protoplasma (Berl.) 40 (1951) — (2) Z. Mikroskopie 3 (1948). — ZIEGLER, W.: Z. Naturf. 6b (1951). — ZIMMERMANN, P. W.: Plant Hormones, Growth of Plants. NewYork: Reinhold Publish. 1948.

19. Entwicklungsphysiologie.

Von ANTON LANG, Los Ange'es (Calif.).

Der Beitrag folgt im Band XV.

20. Viren: Bakteriophagen.

Von W. WEIDEL, Tübingen.

Der Beitrag folgt in Band XV.

Sachverzeichnis.

Berichtigung.

In Abb. 59 (S. 154) gehört die Legende „Arkto-tertiäre Flora" zur linken, „Madro-tertiäre Flora" zur rechten Hälfte des Schemas.

(Nach Angabe von Prof. MÄGDEFRAU.)